A Dictionary of Seed Plant Names

Vol. 6 In Latin, Chinese, Japanese, Russian and English

种子植物名称

拉汉日俄英 科属卷

尚衍重 编著

中国林业出版社
China Forestry Publishing House

内容简介

本卷收录种子植物"科"和"属"2类名称102 504条，其中拉丁名55 370条（正名17 686条，异名37 684条），汉文名称25 705条（正名17 686条，异名8 019条），英文名称11 908条，日文名称4 900条，俄文名称4 620条。学名的命名人均依据《国际植物命名法规》的要求予以标准化。科名3 654个条目（正名1 057条，异名2 597条）。正名条目内容包括学名和外文名称，该科所包含的世界属数与种数、中国属数与种数、分布、科名模式和标符。属名条目51 716条（正名16 629条，异名35 087条）。正名条目给出了学名、发表年代、（保留属名）、汉名、外文名称、该属隶属的科名、包含的世界的种数、中国的种数、学名诠释与讨论、分布、模式、参考异名和标符。15 750个属的学名做了诠释。

图书在版编目(CIP)数据

拉汉日俄英种子植物名称：科属卷 / 尚衍重编著. —北京：中国林业出版社，2021.10
ISBN 978-7-5219-1101-5

Ⅰ. ①拉… Ⅱ. ①尚… Ⅲ. ①种子植物–专有名称–拉、汉、日、俄、英 Ⅳ. ①Q949.4-61

中国版本图书馆 CIP 数据核字(2021)第 061067 号

中国林业出版社·自然保护图书出版中心

策划编辑：刘家玲　温　晋
责任编辑：刘家玲　温　晋　李　敏　宋博洋

出版　中国林业出版社（100009　北京市西城区刘海胡同 7 号）
　　　网址　http://lycb.forestry.gov.cn
　　　E-mail　wildlife_cfph@163.com　电话　010-83143519
发行　中国林业出版社
印刷　北京中科印刷有限公司
版次　2021 年 10 月第 1 版
印次　2021 年 10 月第 1 次
开本　889mm×1194mm　1/16
印张　154
字数　8708 千字
定价　998.00 元

本卷说明

一、本卷收录种子植物"科"和"属"2 类名称 102 504 条，其中拉丁名 55 370 条（正名 17 686 条，异名 37 684 条），汉文名称（正名 17 686 条，异名 8 019 条），英文名称 11 908 条，日文名称 4 900 条，俄文名称 4 620 条。属下单元名称，仅仅当其是属的基源异名（Basionym）时，才在讨论中出现，并列入"参考异名"；其余的均不涉及。

This volume contains Names of seed plant "Families" and "Genera" category 102 504 of which the Latin name 55 370 (Correct name 17 686, Synonyms 37 684), Chinese Names (Correct names 17 686, Synonyms 8 019), English names 4 900, Japanese names 4 900, and Russian names 4 620. The name of subgenera, which only when it is a Basionym, appears in the discussion and includes the "reference synonyms".

二、书中所收学名的命名人，条目中和"参考异名"中的名称，均依据《国际植物命名法规》的要求予以标准化。在讨论中则保持原文献的用法。

The Authors of the name received in the book, the entrys and the names in the "reference synonyms", are standardized in accordance with the requirements of the International Plant Naming Code. The use of the original literature is maintained during the discussion.

三、条目以学名字母顺序排列，同时每个条目给出一个编号，编号升序排列。

Entries are arranged in alphabetical order, with each entry given a number, numbered ascending.

四、科名 3 654 个条目，其中正名 1 057 条，异名 2 597 条。正名条目内容包括学名、汉文名称、英文名称、日文名称和俄文名称，该科所包含的世界属数与种数，中国属数与种数，分布，科名模式和标符。

Families 3 654 entries, of which 1 057 are Correct name and 2 597 are Synonyms. The Correct names entries include Scientific names, Chinese names, English names, the Japanese names and the Russian names, the number of Genera and species of world and in Chinese, distribution, the Type of the section and the sign.

五、属名条目 51 716 条，其中正名 16 629 条，异名 35 087 条。正名条目给出了学名、发表年代、（保留属名）、汉名、日文名称，俄文名称，英文名称、该属隶属的科名、包含的世界的种数、中国的种数、学名诠释与讨论、分布、模式、参考异名和标符。

Genera entry 51 716, of which 16 629 is Correct name, and 35 087 is Synonyms. The Correct name entry gives Latin name, the date of publication, (nomen conservandum), the

Chinese name, the Japanese name, the Russian name, the English name, the subordinate section name, the number of species of the world included, the number of Chinese species, the interpretation and discussion of the name of the study, distribution, pattern, reference name and sign.

六、在属的正名 16 629 个条目中，15 750 个学名做了诠释；909 个名称词源不详，留待后补。

Of the 16 629 Correct name, 15 750 are interpreted; 909 name etymology is unknown, left to be supplemented.

七、属的异名共计 35 087 条。其中同模式异名或称命名异名 10 087 对，用"≡"表示；异模式异名或称分类学异名用"="表示。另有 758 条属名的归属尚须研究考证；它们或为"废弃属名"（Nom. rej.），或为"裸名"（Nom. nud.），或为"不合格发表的名称"（Nom. inval.），或为非法名称（Nom. illegit.）。

Synonyms of Genera 35 087. Of them, nomenclatural synonym (homotypic synonym) with "≡", taxonomic synonym (heterotypic synonym) with "=". Another 758 names are Unresolved; they are "nomen rejiciendum" or "nomen nudum" or "nomen invalidpublication", or "nomen illegitimum".

八、有 17 个属名是废弃属名或晚出的非法名称（8 个废弃属名，9 个晚出的非法名称）；但是由于国内外很多重要文献仍作为正名使用，故按照承认的属名格式收录于本书，但是在学名后面做了标注，在讨论中做了说明。

There are 17 names that are nomen rejiciendum or late names (8 nomen rejiciendum, 9 nomen illegitimum), but because many important literatures are still used as Correct name, they are included in the book in the recognized birth form, but are marked after the Latin names and explained in the discussion.

九、书中标注的（保留科名）、（保留属名）、（废弃属名）均依据《国际植物命名法规》2006 年维也纳法规。

nomen rejiciendum and nomen conservandum of The book's are all in accordance with the "International Code of Botanical Nomenclature (Vienna Code".

十、《国际植物命名法规》中所列废弃名称，通常仅仅给出最早的一个名称。在本书中，凡经笔者考证应该废弃的名称，均加了标注；书中共标注废弃名称 2 560 条。

The nomen rejiciendum, Code usually give only one of the earliest names. In this book, all the names that should be discarded by the author are marked.

十一、汉文名称中，异名放在正名后面的（）内，不止一个者用"，"隔开；外文名称中，同种文字中不同的名称之间亦用"，"隔开。英文名称每个单词首字母均大写。

In The Chinese name, Synonyms is placed in the ( ) after the Correct name, more than one person is separated by "，". And in the foreign name, the different names in the same language are separated by "，" separated. The English name is capitalized on each word.

十二、书中标符代表：●为木本植物，■为草本植物，★为中国特有属，☆为中国目前尚无分布记载的属。

The title representation of： ● for woody plants, ■ for herbs, ★ for Chinese-specific, and ☆ is not yet documented in China.

十三、属的分类地位，学者之间常常有分歧。这种情况，不同的科之间用"//"隔开。

the classification status of scholars often have differences. In this case, different Genera are separated by "//" between them.

十四、索引中名称后面的数字是条目编号，并非页码。

The number after the names in the index is the entry number, not the page number.

十五、本卷是在前五卷的基础上，又经过大量考证修订而成，并补充进了一些新资料。本卷新增补的内容有：名称发表的时间；标注了非法名称（Nom. illegit.）、未合格发表的名称（Nom. inval.）、裸名（Nom. nud.）、多余的名称（Nom. superfl.）、保留科名、保留属名、废弃属名等信息；属名（包括异名）所隶属的科名（汉名和学名）；科名包含的世界属数与种数和中国分布的属数与种数；属名包含的世界的种数和中国分布的种数；学名诠释与讨论；分布；模式；参考异名。希望这些内容能给读者带来一些便利。

This volume is based on the first five volumes, and after a large number of examination and revision, and added some new information. The new additions to this volume include： time of publication of the name, and the label Nom. illegit. , Nom. inval. , Nom. nud. , Nom. superfl. , nomen conservandum, nomen rejiciendum, and other information; It is hoped that these contents can bring some convenience to the readers.

十六、在 51 716 条属的学名中，有 37 792 条含有药用植物；其中正名 6 401 个，异名 31 391 条。其药用信息将在《药用生物》一书中详述。

Of the 51 716 genus, 37 792 contain medicinal plants. The medicinal information will be detailed in the book "Medicinal Biology".

十七、本卷的责任编辑刘家玲、温晋、牛玉莲、李敏四位编审，都是经验丰富的资深编辑，对本卷的编审付出了大量的时间和心血。分布一项，温晋主任逐条做了审核与调整。张海清同志根据需要，随时编写文字处理程序，既保证了质量，又加快了进度。索引亦由海清完成。刘轶文同志和邢凤羽同志亦做了大量辅助工作。至为感谢。

The responsibility of this volume editor Liu Jialing, Wen Jin, Niu Yulian, Li Min, are experienced senior editors, the review of this volume paid a lot of time and effort. Distribution of one, Wen Jin director made an article by article audit and adjustment. Comrade Haiqing Zhang has written word processing procedures according to his needs, which not only ensures quality, but also speeds up the progress. The index is also completed by Haiqing Zhang. Comrade Weiwen Liu and Fengyu Xing have also done a great deal of auxiliary work. Thanks a lot.

目 录

1　Aa Rchb. f.（1854）【汉】阿兰属。【隶属】兰科 Orchidaceae。【包含】世界 25 种。【学名诠释与讨论】〈阴〉（人）H. A. van der Aa，植物学者。另说作者为了使此属在字母排序中排在第一位而命名为 Aa。【分布】阿根廷，巴拉圭，秘鲁，玻利维亚，厄瓜多尔，哥伦比亚，哥斯达黎加，中美洲。【后选模式】Aa paleacea（Kunth）Schlechter［Ophrys paleacea Kunth］。【参考异名】Myrosmodes Rchb. f.（1854）■☆

2　Aakesia Baill. = Akeesia Tussac（1808）；~ = Blighia K. König（1806）［无患子科 Sapindaceae］●☆

3　Aakia J. R. Grande（2014）【汉】阿禾属。【隶属】禾本科 Poaceae（Gramineae）。【包含】世界 1 种。【学名诠释与讨论】〈阴〉词源不详。似来自人名。【分布】南美洲，中美洲。【模式】Aakia tuerckheimii（Hack.）J. R. Grande［Panicum turckheimii Hack.］。■☆

4　Aalius Kuntze（1891）Nom. illegit. ≡ Aalius Rumph. ex Kuntze（1891）Nom. illegit. ; ~ ≡ Sauropus Blume（1826）［大戟科 Euphorbiaceae］●■

5　Aalius Lam.（1783）Nom. inval., Nom. nud. ≡ Aalius Rumph. ex Lam.（1783）Nom. inval., Nom. nud. ; ~ ≡ Sauropus Blume（1826）［大戟科 Euphorbiaceae］●■

6　Aalius Lam. ex Kuntze（1891）Nom. illegit. ≡ Aalius Rumph. ex Lam.（1783）Nom. nud. ; ~ ≡ Sauropus Blume（1826）; ~ = Breynia J. R. Forst. et G. Forst.（1775）（保留属名）［大戟科 Euphorbiaceae］●■

7　Aalius Rumph.（1743）Nom. inval. = Aalius Rumph. ex Kuntze（1891）Nom. illegit. ; ~ ≡ Sauropus Blume（1826）= Breynia J. R. Forst. et G. Forst.（1775）（保留属名）［大戟科 Euphorbiaceae］●■

8　Aalius Rumph. ex Kuntze（1891）Nom. illegit. ≡ Sauropus Blume（1826）; ~ = Breynia J. R. Forst. et G. Forst.（1775）（保留属名）［大戟科 Euphorbiaceae］●■

9　Aalius Rumph. ex Lam.（1783）Nom. inval., Nom. nud. ≡ Aalius Rumph. ex Kuntze（1891）Nom. illegit. ; ~ ≡ Sauropus Blume（1826）; ~ = Breynia J. R. Forst. et G. Forst.（1775）（保留属名）［大戟科 Euphorbiaceae］●■

10　Aama B. D. Jacks.（1844）Nom. illegit. = Aama Hassk.（1844）Nom. illegit. ~ = Adamia Wall.（1826）; ~ = Dichroa Lour.（1790）［虎耳草科 Saxifragaceae］●

11　Aama Hassk.（1844）Nom. illegit. = Adamia Wall.（1826）; ~ = Dichroa Lour.（1790）［虎耳草科 Saxifragaceae//绣球花科（八仙花科，绣球科）Hydrangeaceae］●

12　Aapaca Metzdorff（1888）Nom. inval. = Uapaca Baill.（1858）［大戟科 Euphorbiaceae］■☆

13　Aaronsohnia Warb. et Eig（1927）【汉】阿氏菊属（肋脂菊属）。【隶属】菊科 Asteraceae（Compositae）。【包含】世界 2 种。【学名诠释与讨论】〈阴〉（人）Aaron Aaronsohn，1876-1919，美国植物学者。【分布】北非，西南亚。【模式】Aaronsohnia factorovskyi O. Warburg et A. Eig.■☆

14　Aasa Houtt.（1776）= Tetracera L.（1753）［锡叶藤科 Tetraceraceae//五桠果科（第伦桃科，五丫果科，锡叶藤科）Dilleniaceae］●

15　Ababella Comm. ex Moewes = Turraea L.（1771）［楝科 Meliaceae］●

16　Abacosa Alef.（1861）= Vicia L.（1753）［豆科 Fabaceae（Leguminosae）//蝶形花科 Papilionaceae//野豌豆科 Viciaceae］■

17　Abalemis Raf.（1834）= Anemone L.（1753）（保留属名）［毛茛科 Ranunculaceae//银莲花科（罂粟莲花科）Anemonaceae］■●

18　Abalon Adans.（1763）Nom. inval. ≡ Abalum Adans.（1763）Nom. illegit. ; ~ ≡ Helonias L.（1753））; ~ ≡ Narthecium Huds.（1762）（保留属名）［百合科 Liliaceae//黑药花科（藜芦科）Melanthiaceae//纳茜菜科（肺筋草科）Nartheciaceae//蓝药花科（胡麻花科）Heloniadaceae］■☆

19　Abama Raf.（1837）Nom. illegit. = Narthecium Huds.（1762）（保留属名）［百合科 Liliaceae//纳茜菜科（肺筋草科）Nartheciaceae//黑药花科（藜芦科）Melanthiaceae］■

20　Abamaceae J. Agardh = Melianthaceae Horan.（保留科名）●☆

21　Abaminaceae J. Agardh = Liliaceae Juss.（保留科名）■●

22　Abamineae J. Agardh = Liliaceae Juss.（保留科名）■●

23　Abandion Adans.（1763）Nom. illegit. ≡ Abandium Adans.（1763）Nom. illegit. ; ~ = Bulbocodium L.（1753）［百合科 Liliaceae//秋水仙科 Colchicaceae//春水仙科 Bulbocodiaceae］■☆

24　Abandium Adans.（1763）Nom. illegit. ≡ Bulbocodium L.（1753）Nom. illegit.［百合科 Liliaceae//秋水仙科 Colchicaceae//春水仙科 Bulbocodiaceae］■☆

25　Abapus Adans.（1763）Nom. illegit. ≡ Gethyllis L.（1753）; ~ = Papiria Thunb.（1776）［石蒜科 Amaryllidaceae］■☆

26　Abapus Raf.（1838）Nom. illegit. ≡ Papiria Thunb.（1776）; ~ = Abapus Adans.（1763）Nom. illegit. ; ~ = Gethyllis L.（1753）; ~ Papiria Thunb.（1776）［石蒜科 Amaryllidaceae］■☆

27　Abarema Pittier（1927）【汉】阿巴豆属。【隶属】豆科 Fabaceae（Leguminosae）//含羞草科 Mimosaceae。【包含】世界 20-50 种。【学名诠释与讨论】有人认为，可能来源于当地植物俗名。【分布】巴拿马，秘鲁，玻利维亚，厄瓜多尔，哥伦比亚，哥斯达黎加，尼加拉瓜，热带美洲，南美洲，中美洲。【后选模式】Pithecellobium auaremotemo C. F. P. Martius。【参考异名】Jupunba Britton et Rose（1928）; Klugiodendron Britton et Killip（1936）; Pithecellobium sect. Abaremotemon Benth.●☆

28　Abasaloa Benth. et Hook. f. = Abasoloa La Llave（1824）［菊科 Asteraceae（Compositae）］■☆

29　Abasaloa La Llave ex Lex.（1824）Nom. illegit. ≡ Abasoloa La Llave（1824）［菊科 Asteraceae（Compositae）］■☆

30　Abasicarpon（Andrz. ex Rchb.）Rchb.（1858）= Arabis L.（1753）; ~ = Cheiranthus L.（1753）［十字花科 Brassicaceae（Cruciferae）］●■

31　Abasicarpon Andrz. ex Rchb.（1858）Nom. illegit. ≡ Abasicarpon（Andrz. ex Rchb.）Rchb.（1858）; ~ = Arabis L.（1753）; ~ = Cheiranthus L.（1753）［十字花科 Brassicaceae（Cruciferae）］●■

32　Abasoloa La Llave ex Lex.（1824）Nom. illegit. ≡ Abasoloa La Llave（1824）［菊科 Asteraceae（Compositae）］■☆

33　Abasoloa La Llave（1824）【汉】阿巴菊属。【隶属】菊科 Asteraceae（Compositae）。【包含】世界 1 种。【学名诠释与讨论】〈阴〉（人）Abasolo。此属的学名，ING 和 IK 记载是"Abasoloa La Llave in La Llave et Lexarza, Nov. Veg. Descr. 1 : 11. 1824"。"Abasoloa La Llave ex Lex.（1824）≡ Abasicarpon（Andrz. ex Rchb.）Rchb.（1858）"的命名人引证有误。亦有文献把"Abasoloa La Llave（1824）"处理为"Eclipta L.（1771）（保留属名）"的异名。【分布】墨西哥，中美洲。【模式】Abasoloa taboada La Llave。【参考异名】Abasaloa Benth. et Hook. f. ; Abasaloa La Llave ex Lex.（1824）Nom. illegit. ; Eclipta L.（1771）（保留属名）■☆

34　Abatia Ruiz et Pav.（1794）【汉】阿巴特木属（阿巴特属）。【隶属】刺篱木科（大风子科）Flacourtiaceae。【包含】世界 9 种。【学名诠释与讨论】〈阴〉（人）Abat。【分布】秘鲁，玻利维亚，厄瓜多尔，哥伦比亚，哥斯达黎加，热带南美洲，中美洲。【模式】Abatia rugosa Ruiz et Pavón。【参考异名】Graniera Mandon et Wedd. ex Benth. et Hook. f.（1867）; Myriotriche Turcz.（1863）; Raleighia Gardner（1845）●☆

35　Abauria Becc.（1877）= Koompassia Maingay ex Benth.（1873）［豆

科 Fabaceae（Leguminosae）//云实科（苏木科）Caesalpiniaceae］●☆

36 Abavo Risler ＝Adansonia L.（1753）［木棉科 Bombacaceae//锦葵科 Malvaceae//猴面包树科 Adansoniaceae］●

37 Abaxianthus M. A. Clem. et D. L. Jones（2002）【汉】远轴兰属。【隶属】兰科 Orchidaceae。【包含】世界 1 种。【学名诠释与讨论】〈阳〉（拉）abaxialis，远轴的，离轴的+希腊文 anthos，花。antheros，多花的。antheo，开花。希腊文 anthos 亦有"光明，光辉，优秀"之义。【分布】热带。【模式】Abaxianthus convexus（Blume）M. A. Clem. et D. L. Jones［Desmotrichum convexum Blume］■☆

38 Abazicarpus Andrz. ex DC.（1821）＝Abasicarpon（Andrz. ex Rchb.）Rchb.（1858）；~ ＝Cheiranthus L.（1753）［十字花科 Brassicaceae（Cruciferae）］●■

39 Abbevillea O. Berg（1856）＝Campomanesia Ruiz et Pav.（1794）［桃金娘科 Myrtaceae］●☆

40 Abbotia Raf.（1836）＝Triglochin L.（1753）［眼子菜科 Potamogetonaceae//水麦冬科 Juncaginaceae］■

41 Abbottia F. Muell.（1875）【汉】北澳茜草属。【隶属】茜草科 Rubiaceae。【包含】世界 1 种。【学名诠释与讨论】〈阴〉（人）Francis Abbott，1834-1903，澳大利亚植物学者（出生于英国）。1859-1903 年主管霍巴特植物园。此属的学名是"Abbottia L. P. Perestenko，Bot. Zurn.（Moscow & Leningrad）62：398. 27 Feb 1977（non F. v. Mueller 1875）"。亦有文献把其处理为"Timonius DC.（1830）（保留属名）"的异名。【分布】澳大利亚（北部）。【模式】Abbottia singularis F. v. Mueller。【参考异名】Timonius DC.（1830）（保留属名）●☆

42 Abdominea J. J. Sm.（1914）【汉】阿道米尼兰属。【英】Abdominea。【隶属】兰科 Orchidaceae。【包含】世界 1 种。【学名诠释与讨论】〈阴〉（拉）abdomen，所有格 abdominis，腹部，或系来自 abdo，隐藏。暗喻喙的形状。【分布】泰国，印度尼西亚（爪哇岛），加里曼丹岛，马来半岛。【模式】Abdominea micrantha J. J. Smith。●■☆

43 Abdra Greene（1900）＝Draba L.（1753）［十字花科 Brassicaceae（Cruciferae）//葶苈科 Drabaceae］■

44 Abdulmajidia Whitmore（1974）【汉】马来西亚玉蕊属。【隶属】玉蕊科（巴西果科）Lecythidaceae。【包含】世界 2 种。【学名诠释与讨论】〈阴〉词源不详。【分布】马来西亚。【模式】Abdulmajidia maxwelliana T. C. Whitmore。●☆

45 Abebaia Baehni（1964）＝Manilkara Adans.（1763）（保留属名）［山榄科 Sapotaceae］●

46 Abela Salisb.（1817）Nom. inval.［松科 Pinaceae］●☆

47 Abelemis Britton（1892）Nom. illegit. ≡Abelemis Raf. ex Britton（1892）［毛茛科 Ranunculaceae//银莲花科（罂粟莲花科）Anemonaceae］■

48 Abelemis Raf. ex Britton（1892）＝Abalemis Raf.（1834）；~ ＝Anemone L.（1753）（保留属名）［毛茛科 Ranunculaceae//银莲花科（罂粟莲花科）Anemonaceae］■

49 Abelia R. Br.（1818）【汉】六道木属（六条木属，糯米条属）。【日】ツクバネウツギ属。【俄】Абелия。【英】Abelia。【隶属】忍冬科 Caprifoliaceae。【包含】世界 5-30 种，中国 5 种。【学名诠释与讨论】〈阴〉（人）Clarke Abel，1780-1826，英国医生、植物学者。此属的学名，ING、TROPICOS、GCI 和 IK 记载为"Abelia R. Br.，Narr. Journey China 376. 1818［Aug 1818］"。它曾先后被处理为"Linnaea sect. Abelia（R. Br.）A. Braun & Vatke，Oesterreichische Botanische Zeitschrift 22：291. 1872"和"Linnaea subgen. Abelia（R. Br.）Graebn.，Botanische Jahrbücher für Systematik，Pflanzengeschichte und Pflanzengeographie 29：125.

1900"。【分布】巴基斯坦，玻利维亚，厄瓜多尔，墨西哥，中国，喜马拉雅山至东亚，中美洲。【模式】Abelia chinensis R. Brown。【参考异名】Diabelia Landrein（2010）；Linnaea sect. Abelia（R. Br.）A. Braun & Vatke（1872）；Linnaea subgen. Abelia（R. Br.）Graebn.（1900）；Vesalea M. Martens et Galeotti（1844）；Zabelia（Rehder）Makino（1948）●

50 Abelicea Baill.（1876）Nom. illegit. ≡Zelkova Spach（1841）（保留属名）［榆科 Ulmaceae］●

51 Abelicea Rchb.（1828）＝Zelkova Spach（1841）（保留属名）［榆科 Ulmaceae］●

52 Abelicia Kuntze ＝Abelicea Rchb.（1828）［榆科 Ulmaceae］●

53 Abeliophyllum Nakai（1919）【汉】六道木叶属（白花连翘属，翅果连翘属）。【日】ウチワノキ属。【英】Forsythia。【隶属】木犀榄科（木犀科）Oleaceae。【包含】世界 1 种。【学名诠释与讨论】〈中〉（属）Abelia 六道木属+希腊文 phyllon，叶子。phyllodes，似叶的，多叶的。phylleion，绿色材料，绿草。【分布】朝鲜。【模式】Abeliophyllum distichum Nakai。●☆

54 Abelmoschus Medik.（1787）【汉】秋葵属（黄葵属）。【日】アベルモスクス属，トロロアオイ属，トロロアフヒ属。【俄】Абелимош。【英】Abelmoschus。【隶属】锦葵科 Malvaceae。【包含】世界 15 种，中国 6-8 种。【学名诠释与讨论】〈阳〉（阿）abualmisk，麝香之父。指该植物的种子具麝香味。【分布】澳大利亚，巴基斯坦，巴拿马，秘鲁，玻利维亚，厄瓜多尔，哥伦比亚（安蒂奥基亚），哥斯达黎加，马达加斯加，尼加拉瓜，中国，中美洲。【后选模式】Abelmoschus moschatus Medikus［Hibiscus abelmoschus Linnaeus］。【参考异名】Diplanoma Raf.（1833）；Laguna Cav.（1791）；Lagunaea Schreb.（1806）Nom. illegit. ；Lagunea Pers.（1806）Nom. illegit. ●■

55 Abels Lindl. ＝Caucaea Schltr.（1920）［兰科 Orchidaceae］■☆

56 Abena（Schauer）Hitchc.（1893）Nom. illegit. ≡Stachytarpheta Vahl（1804）（保留属名）［马鞭草科 Verbenaceae］■●

57 Abena Neck.（1790）Nom. inval. ≡Abena Neck. ex Hitchc.（1893）；~ ＝Stachytarpheta Vahl（1804）（保留属名）［马鞭草科 Verbenaceae］■●

58 Abena Neck. ex Hitchc.（1893）Nom. illegit. ＝Stachytarpheta Vahl（1804）（保留属名）［马鞭草科 Verbenaceae］■●

59 Aberemoa Aubl.（1775）（废弃属名）＝Guatteria Ruiz et Pav.（1794）（保留属名）［番荔枝科 Annonaceae］●☆

60 Aberia Hochst.（1844）＝Dovyalis E. Mey. ex Arn.（1841）［刺篱木科（大风子科）Flacourtiaceae］●

61 Aberrantia（Luer）Luer ex Luer（2005）【汉】阿拜兰属。【隶属】兰科 Orchidaceae。【包含】世界 1 种。【学名诠释与讨论】〈阴〉（拉）aberans，所有格 aberantis，离开道路。此属的学名，Luer（2004）发表为"Aberrantia（Luer）Luer，Monogr. Syst. Bot. Missouri Bot. Gard. 95：253. 2004［Feb 2004］"，同时还发表了"Pleurothallis subgen. Aberrantia Luer（2004）"，用的是同一模式；所以二者都是不合格发表的名称。Luer（2005）重新发表了"Aberrantia Luer，Monogr. Syst. Bot. Missouri Bot. Gard. 103：310. 2005［Apr 2005］"，此名称则是晚出的非法名称了。如果表述为"Aberrantia（Luer）Luer ex Luer（2005）"，就合法了。【分布】巴拿马，中美洲。【模式】Aberrantia aberrans（Luer）Luer。【参考异名】Aberrantia（Luer）Luer（2004）Nom. inval. ；Aberrantia Luer（2005）Nom. illegit. ；Pleurothallis R. Br.（1813）；Pleurothallis subgen. Aberrantia Luer（2004）■☆

62 Aberrantia（Luer）Luer（2004）Nom. inval. ≡Aberrantia（Luer）Luer ex Luer（2005）［兰科 Orchidaceae］■☆

63 Aberrantia Luer（2005）Nom. illegit. ≡Aberrantia（Luer）Luer ex

Luer(2005)［兰科 Orchidaceae］■☆

64 Abesina Neck.（1790）= Verbesina L.（1753）（保留属名）［菊科 Asteraceae（Compositae）］●■☆

65 Abies D. Don（1838）Nom. illegit. = Abies Mill.（1754）［松科 Pinaceae］●

66 Abies L.（1737）Nom. inval. = Abies Mill.（1754）［松科 Pinaceae］●

67 Abies Mill.（1754）【汉】冷杉属。【日】モミ属。【俄】Пихта。【英】Fir, Silver Fir, Whitewood。【隶属】松科 Pinaceae//冷杉科 Abietaceae。【包含】世界 49-50 种，中国 29-49 种。【学名诠释与讨论】〈阴〉〈拉〉abeo, 升起来，指某些种植株高大。另说 abeo, 离，去，指其球果成熟时，种鳞从中轴上脱落。另说为 Abies alba 的古拉丁名。此属的学名，ING、TROPICOS 和 IK 记载是"Abies P. Miller, Gard. Dict. Abr. ed. 4. 28 Jan 1754"。"Abies D. Don in Loud. Arb. Brit. iv. 2329（1838）= Abies Mill.（1754）"是晚出的非法名称。"Abies L., Fl. Lapp. 227, 1737 = Abies Mill.（1754）"是命名起点著作之前的名称。"Picea D. Don ex Loudon, Arbor. Fruticet. Britt. 4：2329. 1 Jul 1838（non A. Dietrich 1824）"是"Abies Mill.（1754）"的晚出的同模式异名（Homotypic synonym, Nomenclatural synonym）。【分布】巴基斯坦，玻利维亚，中国，北温带，中美洲。【后选模式】Abies alba P. Miller［Pinus picea Linnaeus, non Abies picea P. Miller］。【参考异名】Abies D. Don（1838）Nom. illegit.；Abies L.（1737）Nom. inval.；Picea D. Don ex Loudon（1838）Nom. illegit. ●

68 Abietaceae Bercht. et J. Presl = Abietaceae Gray（保留科名）；~ = Pinaceae Spreng. ex F. Rudolphi（保留科名）●

69 Abietaceae Gray（1822）（保留科名）［亦见 Pinaceae Spreng. ex F. Rudolphi（1830）（保留科名）松科］【汉】冷杉科。【包含】世界 1 属 49-50 种，中国 1 属 29-49 种。【分布】北温带，中美洲。【科名模式】Abies Mill.（1754）●

70 Abietia Kent（1900）Nom. illegit. ≡ Pseudotsuga Carrière（1867）；~ = Keteleeria Carrière（1866）；~ = Pseudotsuga Carrière（1867）+ Keteleeria Carrière（1866）［松科 Pinaceae］●

71 Abiga St. -Lag.（1880）Nom. illegit. ≡ Ajuga L.（1753）［唇形科 Lamiaceae（Labiatae）］■●

72 Abildgaardia Vahl（1805）【汉】阿氏莎草属。【隶属】莎草科 Cyperaceae。【包含】世界 10 种。【学名诠释与讨论】〈阴〉〈人〉Peder Christian Abildgaard, 1740-1801, 丹麦植物学家，兽医。此属的学名，ING、APNI 和 IK 记载是"Abildgaardia M. Vahl, Enum. 2：296. Oct~Dec 1805"。"Abilgaardia Poir., Dict. Sci. Nat., ed. 2. ［F. Cuvier］1（Suppl.）：3. 1816［12 Oct 1816］"是其变体。"Abildgaardia Vahl（1805）"曾被处理为"Fimbristylis sect. Abildgaardia（Vahl）Benth., Genera Plantarum 3：1048. 1883"。亦有文献把"Abildgaardia Vahl（1805）"处理为"Fimbristylis Vahl（1805）（保留属名）"的异名。【分布】巴基斯坦，巴拿马，玻利维亚，厄瓜多尔，哥斯达黎加，马达加斯加，尼加拉瓜，中美洲。【后选模式】Abildgaardia monostachya（Linnaeus）M. Vahl［Cyperus monostachyos Linnaeus］。【参考异名】Abildgardia Rchb.（1828）；Abilgaardia Poir.（1816）Nom. illegit.；Fimbristylis Vahl（1805）（保留属名）；Fimbristylis sect. Abildgaardia（Vahl）Benth.（1883）；Iria（Pers.）R. Hedw.（1806）Nom. illegit.（废弃属名）■☆

73 Abildgardia Rchb.（1828）= Abildgaardia Vahl（1805）；~ = Fimbristylis Vahl（1805）（保留属名）［莎草科 Cyperaceae］■

74 Abilgaardia Poir.（1816）Nom. illegit. = Abildgaardia Vahl（1805）［莎草科 Cyperaceae］■☆

75 Abioton Raf.（1840）Nom. illegit. ≡ Capnophyllum Gaertn.（1790）［伞形科（伞形科）Apiaceae（Umbelliferae）］■☆

76 Ablania Aubl.（1775）= Sloanea L.（1753）［椴树科（椴科，田麻

科）Tiliaceae//杜英科 Elaeocarpaceae］●

77 Abobra Naudin（1862）【汉】阿波瓜属（药葫芦花属）。【俄】Áóoбрa。【英】Craneberry Gourd。【隶属】葫芦科（瓜科，南瓜科）Cucurbitaceae。【包含】世界 1 种。【学名诠释与讨论】〈阴〉源于巴西植物俗名。【分布】南美洲。【模式】Abobra viridiflora Naudin。■☆

78 Abola Adans.（1763）Nom. illegit. ≡ Cinna L.（1753）［禾本科 Poaceae（Gramineae）］■

79 Abola Lindl.（1853）Nom. illegit. = Caucaea Schltr.（1920）［兰科 Orchidaceae］■☆

80 Abolaria Neck.（1790）= Globularia L.（1753）［球花木科（球花科，肾药花科）Globulariaceae］●☆

81 Abolboda Bonpl.（1813）【汉】三棱黄眼草属（阿波黄眼草属）。【隶属】黄眼草科（黄谷精科，芴草科）Xyridaceae//三棱黄眼草科 Abolbodaceae。【包含】世界 17-20 种。【学名诠释与讨论】〈阴〉词源不详。此属的学名，ING、GCI 和 IK 记载是"Abolboda Humboldt in Humboldt et Bonpland, Pl. Aequin. 2：109. Feb 1813"。"Abolboda Humb.（1813）≡ Abolboda Bonpl.（1813）"和"Abolboda Humb. et Bonpl.（1813）≡ Abolboda Bonpl.（1813）"的命名人引证有误。【分布】玻利维亚，南美洲。【模式】Abolboda Abolboda pulchella Humboldt。【参考异名】Abolboda Bonpl.（1813）Nom. illegit.；Abolboda Humb. et Bonpl.（1813）Nom. illegit.；Albolboa Hieron.；Chloerum Willd. ex Link；Chloerum Willd. ex Spreng.（1820）；Poarchon Mart. ex Seub.（1855）Nom. illegit.■☆

82 Abolboda Humb.（1813）Nom. illegit. ≡ Abolboda Bonpl.（1813）［黄眼草科（黄谷精科，芴草科）Xyridaceae//三棱黄眼草科 Abolbodaceae］■☆

83 Abolboda Humb. et Bonpl.（1813）Nom. illegit. ≡ Abolboda Bonpl.（1813）［黄眼草科（黄谷精科，芴草科）Xyridaceae//三棱黄眼草科 Abolbodaceae］■☆

84 Abolbodaceae（Suess. et Beyerle）Nakai［亦见 Xyridaceae C. Agardh（保留科名）黄眼草科（黄谷精科，芴草科）］【汉】三棱黄眼草科。【包含】世界 1-2 属 17-20 种。【分布】热带南美洲。【科名模式】Abolboda Humb.（1813）■☆

85 Abolbodaceae Nakai（1943）= Abolbodaceae（Suess. et Beyerle）Nakai；~ = Xyridaceae C. Agardh（保留科名）■

86 Aborchis Steud. = Disa P. J. Bergius（1767）［兰科 Orchidaceae］■☆

87 Aboriella Bennet（1981）【汉】长穗冷水花属。【隶属】荨麻科 Urticaceae。【包含】世界 1 种，中国 1 种。【学名诠释与讨论】〈阴〉词源不详。此属的学名"Aboriella Bennet（1981）"是一个替代名称。"Smithiella Dunn, Bull. Misc. Inform. 1920：210. 17 Aug 1920"是一个非法名称（Nom. illegit.），因为此前已经有了硅藻的"Smithiella H. Peragallo et M. Peragallo, Diat. Marit. France 343. 1901"。故用"Aboriella Bennet（1981）"替代之。同理，隐藻的"Smithiella B. V. Skvortzov, J. Jap. Bot. 43：15. Jan 1968 ≡ Smithimastix B. V. Skvortzov 1969"亦是非法名称。亦有文献把"Aboriella Bennet（1981）"处理为"Pilea Lindl.（1821）（保留属名）"的异名。【分布】中国，东喜马拉雅山。【模式】Aboriella myriantha（Dunn）S. S. R. Bennet［Smithiella myriantha Dunn］。【参考异名】Dunniella Rauschert（1982）Nom. illegit.；Pilea Lindl.（1821）（保留属名）；Smithiella Dunn（1920）Nom. illegit.■

88 Abortopetalum O. Deg.（1932）= Abutilon Mill.（1754）［锦葵科 Malvaceae］●■

89 Abramsia Gillespie（1932）= Airosperma K. Schum. et Lauterb.（1900）［茜草科 Rubiaceae］■☆

90 Abrochis Neck.（1790）Nom. inval. ≡ Abrochis Neck. ex Raf.

91 (1838);~=Disa P. J. Bergius(1767)［兰科 Orchidaceae］■☆

91 Abrochis Neck. ex Raf.(1838)=Disa P. J. Bergius(1767)［兰科 Orchidaceae］■☆

92 Abroma Jacq.(1776)【汉】昂天莲属(水麻属)。【俄】Аброма。【英】Abroma, Ambroma。【隶属】梧桐科 Sterculiaceae//锦葵科 Malvaceae。【包含】世界 1-2 种, 中国 1 种。【学名诠释与讨论】〈阴〉(希)a, 无, 不+broma, 食物。指该植物不适合食用。此属的学名, ING、APNI、GCI 和 IK 记载是"Abroma Jacq., Hort. Bot. Vindob. 3:3. 1776"。"Abroma Mart"是"Theobroma L.(1753)［梧桐科 Sterculiaceae//锦葵科 Malvaceae//可可科 Theobromaceae］"的异名。【分布】澳大利亚, 马来西亚, 中国, 热带亚洲。【模式】Abroma fastuosum N. J. Jacquin, Nom. illegit.［Theobroma augustum Linnaeus(as 'augusta'); Abroma augustum(Linnaeus)Linnaeus f.］。【参考异名】Ambroma L. f.(1782); Hastingia Koenig ex Endl.; Tridalia Noronha(1790)●

93 Abroma Mart.=Theobroma L.(1753)［梧桐科 Sterculiaceae//锦葵科 Malvaceae//可可科 Theobromaceae］●

94 Abromeitia Mez(1922)【汉】翅果紫金牛属。【隶属】紫金牛科 Myrsinaceae。【包含】世界 1 种。【学名诠释与讨论】〈阴〉(人)Johannes Abromeit, 1857-1946, 德国植物学者。此属的学名是"Abromeitia Mez, Bot. Arch. 1:100. 15 Feb 1922"。亦有文献把其处理为"Fittingia Mez(1922)"的异名。【分布】新几内亚岛。【模式】Abromeitia pterocarpa Mez。【参考异名】Fitchia Hook. f.(1845); Fittingia Mez(1922)●☆

95 Abromeitiella Mez(1927)【汉】阿根廷菠萝属。【英】Bromeliad。【隶属】凤梨科 Bromeliaceae。【包含】世界 3-5 种。【学名诠释与讨论】〈阴〉(人)Johannes Abromeit, 1857-1946, 德国植物学者+-ellus, -ella, -ellum, 加在名词词干后面形成指小式的词尾。或加在人名、属名等后面以组成新属的名称。此属的学名是"Abromeitiella Mez, Bot. Arch. 19:460. 1 Sep 1927"。亦有文献把其处理为"Deuterocohnia Mez(1894)"的异名。【分布】阿根廷, 玻利维亚, 热带南美洲。【模式】Abromeitiella pulvinata Mez。【参考异名】Deuterocohnia Mez(1929); Meziothamnus Harms(1929)■☆

96 Abronia Juss.(1789)【汉】沙马鞭属(匍匐美女樱属, 沙地马鞭草属, 叶子草属)。【日】アブロニア属, ハイビジョザクラ属, バイビジョザクラ属。【俄】Аброния。【英】Abronia, Sand Verbena, Sand-verbena。【隶属】紫茉莉科 Nyctaginaceae。【包含】世界 33-35 种。【学名诠释与讨论】〈阴〉(希)abros, 纤弱, 高贵, 优美。指总苞纤弱。【分布】玻利维亚, 北美洲。【模式】Abronia californica J. F. Gmelin。【参考异名】Apaloptera Nutt., Nom. illegit.; Hapaloptera Post et Kuntze(1853); Tricatus Pritz.(1866); Tricratus L' Hér.(1798)Nom. illegit.; Tricratus L' Hér. ex Willd.(1798); Tripterocalyx Hook.(1853)Nom. illegit.; Tripterocalyx Hook. ex Standl.(1853)Nom. illegit.; Tripterocalyx(Torr.)Hook.(1853)■☆

97 Abrophaes Raf.(1838)Nom. illegit. ≡Leonicenia Scop.(1777)(废弃属名);~=Miconia Ruiz et Pav.(1794)(保留属名)［野牡丹科 Melastomataceae//米氏野牡丹科 Miconiaceae］●☆

98 Abrophyllaceae Nakai(1943)［亦见 Carpodetaceae Fenzl 腕带花科, Escalloniaceae R. Br. ex Dumort.(保留科名)南美鼠刺科和 Rousseaceae DC. 鲁索木科(卢梭木科, 毛岛藤灌科)］【汉】东澳木科(王冠果科)。【包含】世界 1 属 3 种。【分布】澳大利亚东部。【科名模式】Abrophyllum Hook. f. ex Benth.(1864)●☆

99 Abrophyllum Hook. f.(1864)Nom. illegit. ≡Abrophyllum Hook. f. ex Benth.(1864)［醋栗科(茶藨子科)Grossulariaceae//东澳木科 Abrophyllaceae//腕带花科 Carpodetaceae//南美鼠刺科(吊片果科,

100 鼠刺科, 夷鼠刺科)Escalloniaceae］●☆

100 Abrophyllum Hook. f. ex Benth.(1864)【汉】东澳木属。【隶属】醋栗科(茶藨子科)Grossulariaceae//东澳木科 Abrophyllaceae//腕带花科 Carpodetaceae//南美鼠刺科(吊片果科, 夷鼠刺科)Escalloniaceae。【包含】世界 2-3 种。【学名诠释与讨论】〈中〉(希)abros, 纤弱, 高贵, 优美+phyllon, 叶子。指叶形美丽。此属的学名是一个替代名称, ING、APNI 和 IK 记载是"Abrophyllum Hook. f. ex Benth., Fl. Austral. 2:437. 1864"; TROPICOS 则记载为"Abrophyllum Hook. f., Fl. Austral. 2:437, 1864"; 四者引用的文献相同。"Brachynema F. v. Mueller, Fragm. 3:90. Sep 1862"是一个非法名称(Nom. illegit.), 因为此前已经有了"Brachynema W. Griffith, Notul. Pl. Asiat.(Posthum. Pap.)4:176. 1854 =Sphenodesme Jack(1820)［马鞭草科 Verbenaceae//唇形科 Lamiaceae(Labiatae)//六苞藤科(伞序材科)Symphoremataceae］"。故用"Abrophyllum Hook. f. ex Benth.(1864)"替代之。同理, 蓝藻的"Brachynema A. Ercegovic, Acta Bot. Inst. Bot. Univ. Zagreb. 6:35. 1931 ≡ Ercegovicia G. De Toni 1936"和黄藻的"Brachynema G. Ålvik, Bergens Mus. Årbok 1934(Naturvidensk. rekke 6):35. 7 Jul 1934 ≡ Brachynematella P. C. Silva 1979"亦是晚出的非法名称。此属被不同的学者置于不同的科中。【分布】澳大利亚(东部)。【模式】Abrophyllum ornans(F. v. Mueller)Bentham［Brachynema ornans F. v. Mueller］。【参考异名】Abrophyllum Hook. f.(1864)Nom. illegit.; Brachynema F. Muell.(1862)Nom. illegit.●☆

101 Abrotanella Cass.(1825)【汉】垫菊属。【隶属】菊科 Asteraceae(Compositae)。【包含】世界 20 种。【学名诠释与讨论】〈阴〉(属)Abrotanum=Artemisia 蒿属+-ellus, -ella, -ellum, 加在名词词干后面形成指小式的词尾。或加在人名、属名等后面以组成新属的名称。【分布】澳大利亚, 新西兰, 温带南美洲, 新几内亚岛。【模式】Abrotanella emarginata Cassini。【参考异名】Ceratella Hook. f.(1844); Scleroleima Hook. f.(1846); Trineuron Hook. f.(1844)■☆

102 Abrotanum Duhamel(1755)Nom. illegit. = Artemisia L.(1753)［菊科 Asteraceae(Compositae)//蒿科 Artemisiaceae］●■

103 Abrotanum L. = Artemisia L.(1753)［菊科 Asteraceae(Compositae)//蒿科 Artemisiaceae］●■

104 Abrotanum Mill.(1754)=Artemisia L.(1753)［菊科 Asteraceae(Compositae)//蒿科 Artemisiaceae］●■

105 Abrus Adans.(1763)【汉】相思子属(鸡母珠属, 相思豆属)。【日】タウアヅキ属, トウアヅキ属。【俄】Абрус, Чёточник。【英】Abrus, Lucky Bean, Rosary Pea, Rosarypea, Rosary-pea。【隶属】豆科 Fabaceae(Leguminosae)//蝶形花科 Papilionaceae。【包含】世界 12-17 种, 中国 2-4 种。【学名诠释与讨论】〈阳〉(希)abros 或 habros, 柔软的, 优美的, 雅致的。指叶形漂亮。【分布】巴基斯坦, 巴拿马, 秘鲁, 玻利维亚, 哥伦比亚(安蒂奥基亚), 哥斯达黎加, 马达加斯加, 尼加拉瓜, 中国, 中美洲。【模式】Abrus precatorius Linnaeus。【参考异名】Hoepfneria Vatke(1879); Hulthemia Blume ex Miq.●■

106 Abryanthemum Neck.(1790)Nom. inval. ≡Abryanthemum Neck. ex Rothm.(1941);~≡Carpobrotus N. E. Br.(1925)［番杏科 Aizoaceae］●☆

107 Abryanthemum Neck. ex Rothm.(1941)Nom. illegit. ≡Carpobrotus N. E. Br.(1925)［番杏科 Aizoaceae］●☆

108 Absinthium L.(1753)= Artemisia L.(1753)［菊科 Asteraceae(Compositae)//蒿科 Artemisiaceae］●■

109 Absinthium Mill.(1754)Nom. illegit. =Artemisia L.(1753)［菊科 Asteraceae(Compositae)//蒿科 Artemisiaceae］●■

110 Absinthium Tourn. ex L.（1753）≡ Artemisia L.（1753）［菊科 Asteraceae（Compositae）//蒿科 Artemisiaceae］●■

111 Absintion Adans.（1763）= Absinthium Mill.（1754）［菊科 Asteraceae（Compositae）］●■

112 Absolmsia Kuntze（1891）【汉】滑藤属。【英】Absolmsia。【隶属】萝藦科 Asclepiadaceae。【包含】世界1种，中国1种。【学名诠释与讨论】〈阴〉（拉）ab-，从，离开，在远处，在外+（属）Solmsia 佐尔木属。另说纪念德国植物学者 Hermann Maximilian Carl Ludwig Friedrich zu Solms-Laubach，1842-1915。此属的学名"Absolmsia Kuntze（1891）"是一个替代名称。"Astrostemma Bentham，Hooker's Icon. Pl. 14：7. Apr 1880"是一个非法名称（Nom. illegit.），因为此前已经有了"Asterostemma Decaisne，Ann. Sci. Nat. Bot. ser. 2. 9：371. t. 10, f. D. 183［萝藦科 Asclepiadaceae］"。故用"Absolmsia Kuntze（1891）"替代之。【分布】中国，加里曼丹岛。【模式】Absolmsia spartioides（Bentham）O. Kuntze［as 'spartioides'］［Astrostemma spartioides Bentham］。【参考异名】Astrostemma Benth.（1880）Nom. illegit. ■

113 Absynthium G. Gaertn.，B. Mey. et Scherb.（1801）= Absinthium L.（1753）［菊科 Asteraceae（Compositae）］●■

114 Abulfali Adans.（1763）Nom. illegit. ≡ Thymbra L.（1753）［唇形科 Lamiaceae（Labiatae）］●☆

115 Abumon Adans.（1763）（废弃属名）≡ Agapanthus L' Hér.（1789）（保留属名）［百合科 Liliaceae//百子莲科 Agapanthaceae］■☆

116 Abuta Aubl.（1775）【汉】脱皮藤属（阿布塔草属，阿布藤属）。【隶属】防己科 Menispermaceae。【包含】世界32-35种。【学名诠释与讨论】〈阴〉（图皮）abuta，红棕脱皮藤 Abuta rufescens 的俗名。该植物巨毒。【分布】巴拿马，秘鲁，玻利维亚，厄瓜多尔，哥伦比亚（安蒂奥基亚），哥斯达黎加，几内亚，尼加拉瓜，热带南美洲，中美洲。【后选模式】Abuta rufescens Aublet。【参考异名】Abutua Batsch；Anelasma Miers（1851）；Batschia Mutis ex Thunb.（1792）Nom. illegit.；Trichoa Pars.（1807）●☆

117 Abutilaea F. Muell.（1853）= Abutilon Mill.（1754）［锦葵科 Malvaceae］●■

118 Abutilodes Kuntze（1891）Nom. illegit. ≡ Modiola Moench（1794）［锦葵科 Malvaceae］■☆

119 Abutilodes Siegel（1736）= Modiola Moench（1794）［锦葵科 Malvaceae］■☆

120 Abutilon Adans.（1763）Nom. illegit. ≡ Abutilon Tourn. ex Adans.（1763）Nom. illegit.；~ = Abutilon Mill.（1754）［锦葵科 Malvaceae］●■

121 Abutilon Mill.（1754）【汉】苘麻属（风铃花属）。【日】アブーチロン 属，イチビ 属。【俄】Абутилен，Абутилон，Грудника，Канатник。【英】Abutilon，Chinese Hemp，Chinese Jute，Chinese Lantern，Chingma，Flowering-malpe，Flowering-malpe，Indian Mallow，Manchurian Jute，Velvetleaf。【隶属】锦葵科 Malvaceae。【包含】世界100-200种，中国9-15种。【学名诠释与讨论】〈中〉（阿）abutilon，一种桑树名。指其叶类似某种桑叶。另说阿拉伯语 abutilum，类似药用锦葵的一种植物古名。另说希腊文 a-，无，不+bous 牡牛+tilos 痢疾。指具有治疗牲畜痢疾之功效。此属的学名，ING、APNI、GCI、TROPICOS 和 IK 记载是"Abutilon Mill.，Gard. Dict. Abr.，ed. 4. ［23］. 1754［28 Jan 1754］"。锦葵科 Malvaceae 的"Abutilon Tourn. ex Adans.，Fam. Pl.（Adanson）2：398. 1763 = Abutilon Mill.（1754）"是晚出的非法名称。"Abutilon Adans.（1763）Nom. illegit. ≡ Abutilon Tourn. ex Adans.（1763）Nom. illegit."的命名人引证有误。【分布】巴基斯坦，巴拉圭，哥伦比亚（安蒂奥基亚），巴拿马，玻利维亚，厄瓜多尔，哥斯达黎加，马达加斯加，美国（密苏里），尼加拉瓜，中国，中美洲，

热带和亚热带，温带。【模式】Abutilon theophrasti Medikus。【参考异名】Abortopetalum O. Deg.（1932）；Abutilaea F. Muell.（1853）；Abutilon Adans.（1763）Nom. illegit. ●；Abutilon Tourn. ex Adans.（1763）Nom. illegit.；Beloere Shuttlew.（1852）Nom. illegit.；Beloere Shuttlew. ex A. Gray（1852）Nom. illegit.；Bogenhardia Rchb.（1841）Nom. illegit.；Corynabutilon（K. Schum.）Kearney（1949）；Herissantia Medik.（1788）；Prestonia Scop.（1777）（废弃属名）；Weldena Pohl ex K. Schum. Nom. illegit. ■

122 Abutilon Tourn. ex Adans.（1763）Nom. illegit. = Abutilon Mill.（1754）［锦葵科 Malvaceae］●■

123 Abutilothamnus Ulbr.（1915）【汉】南美麻属。【隶属】锦葵科 Malvaceae。【包含】世界1-2种。【学名诠释与讨论】〈阳〉（属）Abutilon 苘麻属（风铃花属）+thamnos，指小式 thamnion，灌木，灌丛，树丛，枝。【分布】热带南美洲。【模式】Abutilothamnus grewiifolius Ulbrich。●☆

124 Abutua Batsch（1802）Nom. illegit. = Abuta Aubl.（1775）［防己科 Menispermaceae］●☆

125 Abutua Lour.（1790）= Gnetum L.（1767）［买麻藤科（倪藤科）Gnetaceae］●

126 Acacallis Lindl.（1853）【汉】美唇兰属（阿卡卡里兰属，阿卡兰属）。【日】アカカリス 属。【英】Acacallis。【隶属】兰科 Orchidaceae。【包含】世界3种。【学名诠释与讨论】〈阴〉（希）ake，先端+kalos，美丽的。kallos，美人，美丽。kallistos，最美的+-is，表示关系密切。指唇瓣的先端浓青色，很美丽。此属的学名是"Acacallis Lindley, Folia Orchid. 4：Acacallis 1. 20-30 Apr 1853"。亦有文献把其处理为"Aganisia Lindl.（1839）"的异名。【分布】秘鲁，玻利维亚，热带美洲，西印度群岛。【模式】Acacallis cyanea Lindley。【参考异名】Aganisia Lindl.（1839）■☆

127 Acachmena H. P. Fuchs（1960）（废弃属名）≡ Syreniopsis H. P. Fuchs（1959）；~ = Erysimum L.（1753）［十字花科 Brassicaceae（Cruciferae）］●■

128 Acacia Mill.（1754）（保留属名）【汉】金合欢属（相思树属）。【日】アカシア 属。【俄】Акация。【英】Acacia, Aden Gum, Barbary Gum, E Indian Gum, Gum-tree, Indian Gum, Morocco Gum, Wattle。【隶属】豆科 Fabaceae（Leguminosae）//含羞草科 Mimosaceae//金合欢科 Acaciaceae。【包含】世界900-1200种，中国18-34种。【学名诠释与讨论】〈阴〉（希）akis，尖，刺，或 akazo，削尖，尖锐，指植物茎具利刺。另说为本属一种植物的古希腊名 akakia。此属的学名"Acacia Mill.，Gard. Dict. Abr. ed. 4：［25］：28 Jan 1754"是保留属名。法规未列出相应的废弃属名。但是豆科 Fabaceae 的"Acacia Willd.，Sp. Pl. 4：1049（1806）Nom. illegit. = Acacia Mill.（1754）（保留属名）"应予废弃。【分布】巴基斯坦，巴拉圭，巴拿马，秘鲁，玻利维亚，厄瓜多尔，哥伦比亚，哥斯达黎加，马达加斯加，尼加拉瓜，中国，中美洲。【后选模式】Acacia scorpioides（Linnaeus）W. F. Wight。【参考异名】Acacia Willd.（1806）Nom. illegit.（废弃属名）；Acaciella Britton et Rose（1928）；Acaciopsis Britton et Rose（1928）；Acakia Raf.；Adianthum Burm. f.（1768）；Akakia Adans.（1763）；Aldina E. Mey.（1836）Nom. illegit.（废弃属名）；Arthrosprion Hassk.（1855）；Bahamia Britton et Rose（1928）；Chithonanthus Lehm.（1842）；Cuparilla Raf.（1838）；Delaportea Thorel ex Gagnep.（1911）；Drepaphyla Raf.（1838）；Dugandia Britton et Killip（1936）；Faidherbia A. Chev.（1934）；Farnesia Gasp.（1838）Nom. illegit.；Feracacia Britton et Rose（1928）；Fishlockia Britton et Rose（1928）；Gumifera Raf.（1838）；Hecatandra Raf.（1838）；Lucaya Britton et Rose（1928）；Manganaroa Speg.（1923）；Myrmecodendron Britton et Rose（1928）；Nimiria Prain ex Craib（1927）；Panthocarpa Raf.（1825）；

Phyllodoce Link（1831）Nom. illegit.；Pithecodendron Speg.（1923）；Poponax Raf.（1838）；Racosperma（DC.）Mart.（1829）；Racosperma Mart.（1835）Nom. illegit.；Sassa Bruce ex J. F. Gmel.（1792）；Senegalia Raf.（1838）；Siderocarpos Small（1901）Nom. illegit.；Siderocarpus Willis, Nom. inval.；Sphinga Barneby et J. W. Grimes（1996）；Tauroceras Britton et Rose（1928）；Tetracheilos Lehm.（1848）；Vachellia Wight et Arn.（1834）；Zigmaloba Raf.（1838）●■

129　Acacia Willd.（1806）Nom. illegit.（废弃属名）＝ Acacia Mill.（1754）（保留属名）［豆科 Fabaceae（Leguminosae）//含羞草科 Mimosaceae//金合欢科 Acaciaceae］●■

130　Acaciaceae E. Mey.（1836）＝ Fabaceae Lindl.（保留科名）//Leguminosae Juss.（1789）（保留科名）●■

131　Acaciaceae Schimp.［亦见 Fabaceae Lindl.（保留科名）//Leguminosae Juss.（1789）（保留科名）豆科］【汉】金合欢科。【包含】世界 3 属 919-1919 种，中国 1 属 18-34 种。【分布】热带和亚热带。【科名模式】Acacia Mill.（1754）（保留属名）●

132　Acaciella Britton et Rose（1928）【汉】小金合欢属。【隶属】豆科 Fabaceae（Leguminosae）//含羞草科 Mimosaceae。【包含】世界 55 种。【学名诠释与讨论】〈阴〉（属）Acacia 金合欢属＋-ellus, -ella, -ellum, 加在名词词干后面形成指小式的词尾。或加在人名、属名等后面以组成新属的名称。此属的学名是"Acaciella N. L. Britton et J. N. Rose, N. Amer. Fl. 23：96. 25 Sep 1928"。亦有文献把其处理为"Acacia Mill.（1754）（保留属名）"的异名。【分布】玻利维亚，哥伦比亚，哥斯达黎加，美国，尼加拉瓜，中国，中美洲。【模式】Acaciella villosa（O. Swartz）N. L. Britton et J. N. Rose［Mimosa villosa O. Swartz］。【参考异名】Acacia Mill.（1754）（保留属名）●■

133　Acaciopsis Britton et Rose（1928）【汉】拟金合欢属。【隶属】豆科 Fabaceae（Leguminosae）//含羞草科 Mimosaceae//金合欢科 Acaciaceae。【包含】世界 13 种。【学名诠释与讨论】〈阴〉（属）Acacia 金合欢属＋希腊文 opsis, 外观，模样，相似。此属的学名是"Acaciopsis N. L. Britton et J. N. Rose, N. Amer. Fl. 23：93. 25 Sep 1928"。亦有文献把其处理为"Acacia Mill.（1754）（保留属名）"的异名。【分布】热带和亚热带。【模式】Acaciopsis pringlei（Rose）N. L. Britton et J. N. Rose［Acacia pringlei Rose］。【参考异名】Acacia Mill.（1754）（保留属名）●☆

134　Acacium Steud. ＝ Aracium Neck.（1790）Nom. inval.；～＝ Crepis L.（1753）［菊科 Asteraceae（Compositae）］■

135　Acaena L.（1771）≡ Acaena Mutis ex L.（1771）［蔷薇科 Rosaceae］■●☆

136　Acaena Mutis ex L.（1771）【汉】芒刺果属（刺果薇属，红刺头属，猬莓属）。【日】アケーナ属。【俄】Ацена。【英】Acaena, Bidgee-widgee, Bidi-Bidi, New Zeyland Bur, New Zealand Burr, Pirripirri-bur, Sheep-bur。【隶属】蔷薇科 Rosaceae。【包含】世界 100-110 种。【学名诠释与讨论】〈阴〉（希）akaina, 刺，刺棒，来自 ake ＝ akis, 所有格 akitos, 指花萼或果实具刺。此属的学名, ING、APNI、TROPICOS 和 GCI 记载是"Acaena Mutis ex L., Mant. Pl. Altera 145, 200. 1771［Oct 1771］"。TROPICOS 则记载为"Acaena L., Mant. Pl. Altera 145（200）. 1771［Oct 1771］"。"Acaena Mutis"是命名起点著作之前的名称, 故"Acaena L.（1771）"和"Acaena Mutis ex L.（1771）"都是合法名称, 可以通用。【分布】巴拿马，秘鲁，玻利维亚，厄瓜多尔，哥伦比亚（安蒂奥基亚），美国，中美洲。【模式】Acaena elongata Linnaeus。【参考异名】Acaena L.（1771）；Ancistrum J. R. Forst. et G. Forst.（1776）；Hamaria Kuntze ex Rchb.（1828）；Lasiocarpus Banks et Sol. ex Hook. f.；Sphaerula W. Anderson ex Hook. f.（1846）■●☆

137　Acaenops（Schrad.）Schrad. ex Fourr.（1868）Nom. inval. ＝ Virga Hill（1763）［川续断科（刺参科，蓟叶参科，山萝卜科，续断科）Dipsacaceae］■

138　Acaenops Schrad. ex Fourr.（1868）Nom. illegit. ≡ Acaenops（Schrad.）Schrad. ex Fourr.（1868）Nom. inval.；～＝ Virga Hill（1763）［川续断科（刺参科，蓟叶参科，山萝卜科，续断科）Dipsacaceae］■

139　Acaenops Schrad. ex Steud.（1840）＝ Dipsacus L.（1753）［川续断科（刺参科，蓟叶参科，山萝卜科，续断科）Dipsacaceae］■

140　Acajou Mill.（1754）Nom. illegit. ≡ Anacardium L.（1753）［漆树科 Anacardiaceae］●

141　Acajou Tourn. ex Adans.（1763）Nom. illegit. ＝ Anacardium L.（1753）［漆树科 Anacardiaceae］●

142　Acajuba Gaertn.（1788）Nom. illegit. ≡ Anacardium L.（1753）；～＝ Acajou Mill.（1754）Nom. illegit.；～ ≡ Anacardium L.（1753）［漆树科 Anacardiaceae］●

143　Acakia Raf. ＝ Acacia Mill.（1754）（保留属名）［豆科 Fabaceae（Leguminosae）//含羞草科 Mimosaceae//金合欢科 Acaciaceae］●■

144　Acalypha L.（1753）【汉】铁苋菜属（铁苋属）。【日】アカリーファ属，エノキグサ属。【俄】Акалифа。【英】Copper Leaf, Copperleaf, Copper-leaf, Threeseed Mercury。【隶属】大戟科 Euphorbiaceae//铁苋菜科 Acalyphaceae。【包含】世界 430-450 种，中国 22-23 种。【学名诠释与讨论】〈阴〉（希）akalyphe, 刺人草的希腊古名。刺人草本是一种荨麻，林奈转用于此是指其叶子像荨麻。此属的学名, ING、APNI、GCI、TROPICOS 和 IK 记载是"Acalypha L., Sp. Pl. 2：1003. 1753［1 May 1753］"。"Ricinocarpus O. Kuntze, Rev. Gen. 2：615. 5 Nov 1891"、"Cupameni Adanson, Fam. 2：356. Jul-Aug 1763"和"Mercuriastrum Heister ex Fabricius, Enum. 202. 1759"都是"Acalypha L.（1753）"的晚出的同模式异名（Homotypic synonym, Nomenclatural synonym）。【分布】巴基斯坦，巴拉圭，巴拿马，秘鲁，玻利维亚，厄瓜多尔，哥斯达黎加，马达加斯加，美国（密苏里），尼加拉瓜，中国，热带和亚热带，温带，中美洲。【后选模式】Acalypha virginica Linnaeus。【参考异名】Acalyphes Hassk.（1844）；Acalyphopsis Pax et K. Hoffm.（1924）；Calyptrospatha Klotzsch ex Baill.（1858）；Calyptrospatha Klotzsch ex Peters（1861）Nom. illegit.；Caturus L.（1767）；Corythea S. Watson（1887）；Cupameni Adans.（1763）Nom. illegit.；Eudoxia Klotzsch；Galurus Spreng.（1817）；Gymnacalypha Post et Kuntze（1903）；Gymnalypha Griseb.（1858）；Lepidoturus Bojer（1837）；Linostachys Klotzsch ex Schltdl.（1846）；Mercuriastrum Fabr.（1759）；Mercuriastrum Heist. ex Fabr.（1759）Nom. illegit.；Odonteilema Turcz.（1848）；Odontilema Post et Kuntze（1903）；Paracelsea Zoll.（1857）Nom. illegit.；Ricinocarpus Burm. ex Kuntze（1891）Nom. illegit.；Ricinocarpus Kuntze（1891）Nom. illegit., Nom. superfl.；Schizogyne Ehrenb. ex Pax（1924）Nom. illegit.；Usteria Dennst.（1818）Nom. illegit.●■

145　Acalyphaceae J. Agardh［亦见 Euphorbiaceae Juss.（保留科名）大戟科］【汉】铁苋菜科。【包含】世界 1 属 430-450 种，中国 1 属 22-23 种。【分布】热带和亚热带。【科名模式】Acalypha L.（1753）●■

146　Acalyphaceae Juss. ex Menge（1839）＝ Euphorbiaceae Juss.（保留科名）●■

147　Acalyphes Hassk.（1844）＝ Acalypha L.（1753）［大戟科 Euphorbiaceae//铁苋菜科 Acalyphaceae］●■

148　Acalyphopsis Pax et K. Hoffm.（1924）【汉】拟铁苋菜属。【隶属】大戟科 Euphorbiaceae。【包含】世界 1 种。【学名诠释与讨论】〈阴〉（属）Acalypha 铁苋菜属＋希腊文 opsis, 外观，模样，相似。

此属的学名是"Acalyphopsis Pax et K. Hoffmann in Engler, Pflanzenr. IV. 147（Heft 85）：178. 16 Mai 1924"。亦有文献把其处理为"Acalypha L.（1753）"的异名。【分布】印度尼西亚（苏拉威西岛）。【模式】Acalyphopsis celebica Pax et K. Hoffmann。【参考异名】Acalypha L.（1753）■☆

149　Acampe Lindl.（1853）（保留属名）【汉】脆兰属（脆兰花属）。【日】アカンペ属。【英】Acampe, Fragileorchis。【隶属】兰科 Orchidaceae。【包含】世界 5-15 种,中国 3 种。【学名诠释与讨论】〈阴〉（希）akampes,僵硬的,不屈的。指花脆而不易弯曲。此属的学名"Acampe Lindl., Fol. Orchid. 4, Acampe: 1. 20 Aug 1853"是保留属名。相应的废弃属名是翅果紫草科 Pteleocarpaceae 的"Sarcanthus Lindl. in Bot. Reg. 10: ad t. 817. 1 Aug 1824 = Acampe Lindl.（1853）（保留属名）= Cleisostoma Blume（1825）"。紫草科 Boraginaceae 的"Sarcanthus Andersson, Kongl. Vetensk. – Akad. Handl. 1853（1855）209 = Heliotropium L.（1753）"亦应废弃。【分布】马达加斯加,中国,热带和非洲南部,热带亚洲。【模式】Acampe multiflora（Lindley）Lindley ［Vanda multiflora Lindley］。【参考异名】Carteretia A. Rich.（1834）; Cleisostoma Blume（1825）; Echinoglossum Rchb.（1841）; Echioglossum Blume（1825）; Sarcanthus Lindl.（1824）（废弃属名）■

150　Acamptoclados Nash（1903）= Eragrostis Wolf（1776）［禾本科 Poaceae（Gramineae）］■

151　Acamptopappus（A. Gray）A. Gray（1873）【汉】直冠菊属（美洲菊属）。【英】Goldenhead。【隶属】菊科 Asteraceae（Compositae）。【包含】世界 2-3 种。【学名诠释与讨论】〈阳〉（希）akampes,僵硬的,不屈的+希腊文 pappos 指柔毛,软毛; pappus 则与拉丁文同义,指冠毛。此属的学名,《北美植物志》记载为"Acamptopappus（A. Gray）A. Gray, Proc. Amer. Acad. Arts. 8: 634. 1873"; 由"Haplopappus Cassini sect. Acamptopappus A. Gray, Mem. Amer. Acad. Arts, n. s. 4:76. 1849（as Aplopappus）"改级而来。IK 则记载为"Acamptopappus A. Gray, Proc. Amer. Acad. Arts viii.（1873）634"。【分布】北美洲西南部。【模式】Acamptopappus sphaerocephalus（Harvey et A. Gray）A. Gray ［Haplopappus sphaerocephalus Harvey et A. Gray］。【参考异名】Acamptopappus A. Gray（1873）Nom. illegit.; Haplopappus Cassini sect. Acamptopappus A. Gray（1873）■☆

152　Acamptopappus A. Gray（1873）Nom. illegit. ≡ Acamptopappus（A. Gray）A. Gray（1873）［菊科 Asteraceae（Compositae）］■☆

153　Acana Durand = Acanos Adans（1763）Nom. illegit.; ~ = Onopordum L.（1753）［菊科 Asteraceae（Compositae）］■

154　Acanos Adans.（1763）Nom. illegit. ≡ Onopordum L.（1753）［菊科 Asteraceae（Compositae）］■

155　Acantacaryx Arruda ex H. Kost.（1816）Nom. illegit. = Caryocar F. Allam. ex L.（1771）［多柱树科（油桃木科）Caryocaraceae］●☆

156　Acantacaryx Arruda（1816）Nom. illegit. ≡ Acantacaryx Arruda ex H. Kost.（1816）Nom. illegit.; ~ = Caryocar F. Allam. ex L.（1771）［天南星科 Araceae］●☆

157　Acanthaceae Juss.（1789）（保留科名）【汉】爵床科。【日】キツネノマゴ科。【俄】Акантовые。【英】Acanthus Family, Bear's-breech Family。【包含】世界 228-346 属 2500-4400 种,中国 56-75 属 310-372 种。【分布】美国,澳大利亚,热带及地中海。4 个主要分布中心为印度-马来西亚、非洲、巴西和中美洲。【科名模式】Acanthus L. ●■

158　Acanthambrosia Rydb.（1922）= Ambrosia L.（1753）［菊科 Asteraceae（Compositae）//豚草科 Ambrosiaceae］●■

159　Acanthanthus Y. Ito（1981）Nom. illegit. ≡ Acantholobivia Backeb.（1942）; ~ = Echinopsis Zucc.（1837）［仙人掌科 Cactaceae］●

160　Acantharia Rojas（1879）【汉】阿根廷豆属。【隶属】豆科 Fabaceae（Leguminosae）。【包含】世界 1 种。【学名诠释与讨论】〈阴〉（希）akantha,荆棘,akanthikos,荆棘的。akanthion,蓟的一种,豪猪,刺猬,akanthinos,多刺的,用荆棘做成的。在植物描述中 acantha 通常指刺 + – aria 相似,具有。此属的学名是"Acantharia Rojas（1879）"。真菌的"Acantharia Theissen et H. Sydow, Ann. Mycol. 16: 15. 31 Jul 1918"是晚出的非法名称。【分布】阿根廷。【模式】Acantharia echinata（J. B. Ellis et Everhart）Theissen et H. Sydow ［Dimerosporium echinatum J. B. Ellis et Everhart］☆

161　Acanthella Hook. f.（1867）【汉】小老鼠簕属。【隶属】野牡丹科 Melastomataceae。【包含】世界 2 种。【学名诠释与讨论】〈阴〉（属）Acanthus 老鼠簕属 + – ellus, – ella, – ellum,加在名词词干后面形成指小式的词尾。或加在人名、属名等后面以组成新属的名称。【分布】热带南美洲。【模式】Acanthella sprucei J. D. Hooker。☆

162　Acanthephippium Blume ex Endl.（1837）Nom. illegit. ≡ Acanthophippium Blume（1825）［兰科 Orchidaceae］■●

163　Acanthephippium Blume（1825）Nom. inval. ≡ Acanthophippium Blume（1825）［兰科 Orchidaceae］■●

164　Acanthinophyllum Allemão（1858）Nom. illegit. = Clarisia Ruiz et Pav.（1794）（保留属名）［桑科 Moraceae］●☆

165　Acanthinophyllum Burger, Nom. illegit. = Clarisia Ruiz et Pav.（1794）（保留属名）［桑科 Moraceae］●☆

166　Acanthium Fabr.（1759）Nom. illegit. ≡ Acanthium Heist. ex Fabr.（1759）Nom. illegit.; ~ ≡ Onopordum L.（1753）［菊科 Asteraceae（Compositae）］■

167　Acanthium Haller（1742）Nom. inval. ≡ Acanthium Heist. ex Fabr.（1759）Nom. illegit.; ~ ≡ Onopordum L.（1753）［菊科 Asteraceae（Compositae）］■

168　Acanthium Heist. ex Fabr.（1759）Nom. illegit. ≡ Onopordum L.（1753）［菊科 Asteraceae（Compositae）］■

169　Acanthobotrya Eckl. et Zeyh.（1836）= Lebeckia Thunb.（1800）［豆科 Fabaceae（Leguminosae）//蝶形花科 Papilionaceae］■☆

170　Acanthobotrys Clem. = Acanthobotrya Eckl. et Zeyh.（1836）［豆科 Fabaceae（Leguminosae）//蝶形花科 Papilionaceae］■☆

171　Acanthocalycium Backeb.（1936）【汉】刺萼掌属（南美球形仙人掌属,有刺萼属）。【日】アカリトガリキウム属。【隶属】仙人掌科 Cactaceae。【包含】世界 6 种。【学名诠释与讨论】〈中〉（希）akantha,刺,荆棘 + kalyx,所有格 kalykos = 拉丁文 calyx,花萼,杯子 + -ius, -ia, -ium,在拉丁文和希腊文中,这些词尾表示性质或状态。在来源于人名的植物属名中,它们常常出现。在医学中,则用它们来作疾病或病状的名称。此属的学名是"Acanthocalycium Backeberg in Backeberg et F. M. Knuth, Kaktus-ABC 224,412. 12 Feb 1936（'31 Dec 1935'）."。亦有文献把其处理为"Echinopsis Zucc.（1837）"的异名。【分布】阿根廷。【模式】Acanthocalycium spiniflorum（K. M. Schumann）Backeberg ［Echinocactus spiniflorus K. M. Schumann］。【参考异名】Echinopsis Zucc.（1837）; Spinicalycium Frič（1931）Nom. inval. ●■☆

172　Acanthocalyx（DC.）M. J. Cannon（1984）Nom. illegit. ≡ Acanthocalyx（DC.）Tiegh.（1909）［刺续断科（刺参科,蓟叶参科）Morinaceae］■

173　Acanthocalyx（DC.）Tiegh.（1909）【汉】刺萼属（刺参属,刺续断属）。【隶属】刺续断科（刺参科,蓟叶参科）Morinaceae。【包含】世界 2-3 种,中国 2-3 种。【学名诠释与讨论】〈阳〉（希）akantha,刺,荆棘 + kalyx,所有格 kalykos = 拉丁文 calyx,花萼,杯子。此属

的学名,ING 和 IK 记载是"Acanthocalyx (A. P. de Candolle) Van Tieghem, Ann. Sci. Nat. Bot. ser. 9. 10：199. 1909", 由"Morina sect. Acanthocalyx A. P. de Candolle, Prodr. 4：645. Sep (sero) 1830"改级而来。"Acanthocalyx (DC.) M. J. Cannon, Bull. Brit. Mus. (Nat. Hist.), Bot. 12 (1)：9. 1984 ≡ Acanthocalyx (DC.) Tiegh. (1909)"是晚出的非法名称。亦有文献把"Acanthocalyx (DC.) Tiegh. (1909)"处理为"Morina L. (1753)"的异名。【分布】中国,喜马拉雅山。【模式】Morina nana Wallich ex A. P. de Candolle。【参考异名】Acanthocalyx (DC.) M. J. Cannon (1984) Nom. illegit.；Morina L. (1984) Nom. illegit.；Morina sect. Acanthocalyx DC. (1830) ■

174 Acanthocardamum Thell. (1906)【汉】刺碎米荠属。【隶属】十字花科 Brassicaceae (Cruciferae)。【包含】世界 1 种。【学名诠释与讨论】〈中〉(希) akantha, 刺, 荆棘 + (属) Cardamine 碎米荠属。【分布】伊朗。【模式】Acanthocardamum erinaceum (Boissier) Thellung [Lepidium erinaceum Boissier] ■☆

175 Acanthocarpaea Dalla Torre et Harms = Acanthocarpaea Klotzsch (1861) [商陆科 Phytolaccaceae] ■●☆

176 Acanthocarpaea Klotzsch (1861) = Limeum L. (1759) [粟米草科 Molluginaceae//粟麦草科 Limeaceae] ■●☆

177 Acanthocarpus Kuntze = Acanthocarpaea Klotzsch (1861) [商陆科 Phytolaccaceae] ■●☆

178 Acanthocarpus Lehm. (1848)【汉】刺果蕉属。【隶属】点柱花科 (朱蕉科) Lomandraceae。【包含】世界 1-7 种。【学名诠释与讨论】〈阳〉(希) akantha, 刺, 荆棘 + karpos, 果实。此属的学名, ING、APNI 和 IK 记载是"Acanthocarpus Lehm., Pl. Preiss. [J. G. C. Lehmann] 2 (2-3)：274. 1848 [2-5 Aug 1848]"。化石植物"Acanthocarpus Göppert, Palaeontographica 12：177. t. 26. f. 27, t. 28. f. 8, 9. 1864"是晚出的非法名称。【分布】澳大利亚。【模式】Acanthocarpus preissii J. G. C. Lehmann。■☆

179 Acanthocarya Arruda ex Endl. (1840) = Caryocar F. Allam. ex L. (1771) [多柱树科 (油桃木科) Caryocaraceae] ●☆

180 Acanthocaryx Endl. (1840) Nom. illegit. [多柱树科 (油桃木科) Caryocaraceae] ●☆

181 Acanthocaulon Klotzsch ex Endl. (1850) = Platygyna P. Mercier (1830) [大戟科 Euphorbiaceae] ☆

182 Acanthocaulon Klotzsch (1850) Nom. illegit. ≡ Acanthocaulon Klotzsch ex Endl. (1850)；~ = Platygyna P. Mercier (1830) [大戟科 Euphorbiaceae] ☆

183 Acanthocephala Backeb. (1938)【汉】雪晃属。【日】ブラシリカクタス属。【隶属】仙人掌科 Cactaceae。【包含】世界 8 种。【学名诠释与讨论】〈阴〉(地) Brasil, 巴西 + cactos, 有刺的植物, 通常指仙人掌科 Cactaceae 植物。此属的学名, 多数文献用"Brasilicactus Backeberg, Cactaceae 1941 (2)：36, 76. Jun 1942"为正名；但是它是一个非法名称 (Nom. illegit.), 因为"Brasilicactus Backeb. (1942) Nom. illegit. ≡ Acanthocephala Backeb., Blätt. Kakteenf. 1938 (6)：[17；7, 12, 24]", 后者发表在先。F. H. Brandt (1982) 给予新名称"Parodia subgen. Brasilicactea F. H. Brandt, Kakteen Orch. Rundschau 1982 (4)：53, 66 (1982) Nom. nov."以替代"Brasilicactus Backeb. (1942)"。实际上它不是替代名称, 而是改级。但是这个改级也不妥, 因为基源异名不是合法名称；它应该是"Notocactus subgen. Acanthocephala (Backeb.) Havlíček Kakt. Vilag 18 (4)：78. 1989 [1988 publ. 1989] 的异名。"Brasilicactus Backeberg, Cactaceae 1941 (2)：36, 76. Jun 1942"和"Dactylanthocactus Y. Ito, Explor. Diagr. Austro-echinocact. 294. 30 Mar 1957"是"Acanthocephala Backeb. (1938)"的晚出的同模式异名 (Homotypic synonym, Nomenclatural synonym)。亦有文献把

"Acanthocephala Backeb. (1938)"处理为"Parodia Speg. (1923) (保留属名)"的异名。【分布】参见 Notocactus (K. Schum.) A. Berger et Backeb. 和 Parodia Speg.。【模式】Acanthocephala graessneri (K. Schumann) Backeberg [Echinocactus graessneri K. Schumann]。【参考异名】Acanthocephala Backeb. (1938)；Brasilocactus Frič ex Kreuz. (1935)；Brasilocactus Frič (1935) Nom. illegit.；Brazocactus Frič (1935)；Dactylanthocactus Y. Ito (1957) Nom. illegit.；Notocactus (K. Schum.) A. Berger et Backeb. (1938) Nom. illegit.；Parodia Speg. (1923) (保留属名)；Parodia subgen. Brasilicactea F. H. Brandt (1982) ●☆

184 Acanthocephalus Kar. et Kir. (1842)【汉】棘头花属 (刺头花属, 刺头菊属)。【俄】Колючеголовник。【英】Acanthocephalus。【隶属】菊科 Asteraceae (Compositae)。【包含】世界 2 种, 中国 1 种。【学名诠释与讨论】〈阳〉(希) akantha, 刺, 荆棘 + kephalos 头。指头状花序具刺。【分布】中国, 亚洲中部。【模式】Acanthocephalus amplexifolius Karelin et Kirilov。【参考异名】Harpachaena Bunge (1845)；Harpocarpus Endl. (1843) ■

185 Acanthocereus (A. Berger) Britton et Rose (1909) Nom. illegit. ≡ Acanthocereus (Engelm. ex A. Berger) Britton et Rose (1909) [仙人掌科 Cactaceae] ●☆

186 Acanthocereus (Engelm. ex A. Berger) Britton et Rose (1909)【汉】刺尊柱属 (柱形仙人掌属)。【日】アカントスレウス属。【英】Barbed-wirecanut。【隶属】仙人掌科 Cactaceae。【包含】世界 6-10 种。【学名诠释与讨论】〈阳〉(希) akantha, 刺, 荆棘 + (属) Cereus 仙影拳属, 或蜡烛, 蜡的, 蜡制的。此属的学名, ING 和 IK 记载是"Acanthocereus N. L. Britton et J. N. Rose, Contr. U. S. Natl. Herb. 12：432. 21 Jul 1909"。APNI、TROPICOS 和 GCI 则记载为"Acanthocereus (Engelm. ex A. Berger) Britton et Rose (1909)", 由"Cereus subsect. Acanthocereus Engelm. ex A. Berger (1905)"改级而来。"Acanthocereus Britton et Rose (1909) ≡ Acanthocereus (Engelm. ex A. Berger) Britton et Rose (1909)"和"Acanthocereus (A. Berger) Britton et Rose (1909) ≡ Acanthocereus (Engelm. ex A. Berger) Britton et Rose (1909)"的命名人引证有误。但是"Cereus subsect. Acanthocereus Engelm. ex A. Berger (1905)"也是一个非法名称, 因为它包含了"Cereus subsect. Acutanguli Salm-Dyck (1850)"的模式。【分布】巴西 (东北部), 哥伦比亚, 美国 (东南部) 至委内瑞拉。【模式】Acanthocereus pentagonus (Linnaeus) N. L. Britton et J. N. Rose [Cactus pentagonus Linnaeus]。【参考异名】Acanthocereus (A. Berger) Britton et Rose (1909) Nom. illegit.；Acanthocereus Britton et Rose (1909) Nom. illegit.；Dendrocereus Britton et Rose (1920)；Monvillea Britton et Rose (1920)；Pseudoacanthocereus F. Ritter (1979) ●☆

187 Acanthocereus Britton et Rose (1909) Nom. illegit. ≡ Acanthocereus (Engelm. ex A. Berger) Britton et Rose (1909) [仙人掌科 Cactaceae] ●☆

188 Acanthochiton Torr. (1853)【汉】墨西哥刺被苋属 (刺被苋属, 美洲苋属, 墨西哥苋属)。【隶属】苋科 Amaranthaceae。【包含】世界 1 种。【学名诠释与讨论】〈阳〉(希) akantha, 刺, 荆棘 + chiton = 拉丁文 chitin, 罩衣, 覆盖物, 铠甲。此属的学名是"Acanthochiton J. Torrey in Sitgreaves, Rep. Exp. Zuni & Colorado River 170. 1853"。亦有文献把其处理为"Amaranthus L. (1753)"的异名。【分布】美国 (西南部)。【模式】Acanthochiton wrightii J. Torrey。【参考异名】Amaranthus L. (1753) ■☆

189 Acanthochlamydaceae (S. L. Chen) P. C. Kao (1989)【汉】芒苞草科。【英】Acanthochlamys Family。【包含】世界 1 属 1 种, 中国 1 属 1 种。【分布】中国。【科名模式】Acanthochlamys P. C. Kao (1980) ■

190 Acanthochlamydaceae P. C. Kao (1989) = Acanthochlamydaceae (S. L. Chen) P. C. Kao (1989);~ = Anthericaceae J. Agardh;~ = Velloziaceae J. Agardh(保留科名)■

191 Acanthochlamys P. C. Kao (1980)【汉】芒苞草属。【英】Acanthochlamys, Brecteate Acanthochlamys。【隶属】石蒜科 Amaryllidaceae//芒苞草科 Acanthochlamydaceae。【包含】世界1种,中国1种。【学名诠释与讨论】〈阴〉(希)akantha,刺,荆棘+chlamys,所有格 chlamydos,斗篷,外衣。指苞具芒刺。【分布】中国。【模式】Acanthochlamys bracteata P. C. Kao。【参考异名】Didymocolpus S. C. Chen(1981)■★

192 Acanthocladium F. Muell. (1861)【汉】刺枝菊属。【隶属】菊科 Asteraceae(Compositae)。【包含】世界1种。【学名诠释与讨论】〈中〉(希)akantha,刺,荆棘+klados,枝,芽,指小式 kladion,棍棒。kladodes 有许多枝子的+-ius,-ia,-ium,在拉丁文和希腊文中,这些词尾表示性质或状态。此属的学名,ING、APNI、TROPICOS 和IK 记载是"Acanthocladium F. Muell. ,Fragm. (Mueller)2(16):155. 1861 [May 1861]"。苔藓的"Acanthocladium Mitten,Austral. Moss. 37. 1878 (non F. v. Mueller 1861)≡ Acanthodium Mitten (1868)≡Acanthorrhynchium M. Fleischer(1923)"是晚出的非法名称。亦有文献把"Acanthocladium F. Muell. (1861)"处理为"Helichrysum Mill. (1754)[as 'Elichrysum'](保留属名)"的异名。【分布】澳大利亚(东北部)。【模式】Acanthocladium dockeri F. v. Mueller [as 'dockerii']。【参考异名】Helichrysum Mill. (1754)(保留属名)■☆

193 Acanthocladus Klotzsch ex Hassk. (1864)【汉】枝刺远志属。【英】Acanthocladus。【隶属】远志科 Polygalaceae。【包含】世界6种。【学名诠释与讨论】〈阳〉(希)akantha,刺,荆棘+klados,枝,芽,指小式 kladion,棍棒。kladodes 有许多枝子的。此属的学名是"Acanthocladus Klotzsch ex Hasskarl,Ann. Mus. Bot. Lugd. -Bat. 1:184. 11 Feb 1864"。亦有文献把"Acanthocladus Klotzsch ex Hassk. (1864)"处理为"Polygala L. (1753)"的异名。【分布】阿根廷,巴西,厄瓜多尔,哥伦比亚,智利。【模式】Acanthocladus brasiliensis (A. F. C. Saint-Hilaire) Klotzsch ex Hasskarl [Mundia brasiliensis A. F. C. Saint-Hilaire]。【参考异名】Polygala L. (1753)●☆

194 Acanthococos Barb. Rodr. (1900)【汉】南美椰子属。【隶属】棕榈科 Arecaceae(Palmae)。【包含】世界4种。【学名诠释与讨论】〈阴〉(希)akantha,刺,荆棘+(属)Cocos 椰子属(可可椰子属)。此属的学名是"Acanthococos Barbosa Rodrigues,Palm. Hasslerianae Novae 1. 1900"。亦有文献把其处理为"Acrocomia Mart. (1824)"的异名。【分布】南美洲。【模式】Acanthococos hassleri Barbosa Rodrigues。【参考异名】Acrocomia Mart. (1824)●☆

195 Acanthodesmos C. D. Adams et du Quesnay(1971)【汉】刺链菊属(贾梅卡菊属)。【隶属】菊科 Asteraceae(Compositae)。【包含】世界1种。【学名诠释与讨论】〈阳〉(希)akantha,刺,荆棘+desmos,链,束,结,带,纽带。desma,所有格 desmatos,含义与 desmos 相似。【分布】牙买加。【模式】Acanthodesmos distichus C. D. Adams et M. C. du Quesnay。■☆

196 Acanthodion Lem. = Acanthodium Delile (1812)[爵床科 Acanthaceae]●■

197 Acanthodium Delile (1812) = Blepharis Juss. (1789)[爵床科 Acanthaceae]●■

198 Acanthodus Raf. (1814)Nom. illegit. ≡Acanthus L. (1753)[爵床科 Acanthaceae]●■

199 Acanthogilia A. G. Day et Moran(1986)【汉】北美花荵属。【隶属】花荵科 Polemoniaceae。【包含】世界1种。【学名诠释与讨论】〈阴〉(希)akantha,刺,荆棘+(属)Gilia 吉莉花属(吉莉草属,

吉利花属)。【分布】北美洲。【模式】Acanthogilia gloriosa (T. S. Brandegee) A. G. Day et R. Moran [Gilia gloriosa T. S. Brandegee]●☆

200 Acanthoglossum Blume(1825) = Pholidota Lindl. ex Hook. (1825)[兰科 Orchidaceae]■

201 Acanthogonum Torr. (1857)【汉】美国刺花蓼属。【隶属】蓼科 Polygonaceae。【包含】世界2种。【学名诠释与讨论】〈中〉(希)akantha,刺,荆棘+gonia,角,角隅,关节,膝,来自拉丁文 giniatus,成角度的。此属的学名是"Acanthogonum J. Torrey,Rep. Explor. Railroad Pacific Ocean 4(5):132. Sep 1857 ('1856').。"亦有文献把其处理为"Chorizanthe R. Br. ex Benth. (1836)"的异名。【分布】美国(西南部)。【模式】Acanthogonum rigidum J. Torrey。【参考异名】Chorizanthe R. Br. ex Benth. (1836)■●☆

202 Acantholepis Less. (1831)【汉】棘苞菊属(刺苞菊属)。【俄】Акантолепис。【英】Acantholepis。【隶属】菊科 Asteraceae (Compositae)。【包含】世界1种,中国1种。【学名诠释与讨论】〈阴〉(希)akantha,刺,荆棘+lepis,所有格 lepidos,指小式 lepion 或 lepidion,鳞,鳞片。lepidotos,多鳞的。lepos,鳞,鳞片。指总苞的苞片具刺。【分布】中国,亚洲西部和中部。【模式】Acantholepis orientalis Lessing。■

203 Acantholimon Boiss. (1846)(保留属名)【汉】彩花属(刺矶松属,刺雪属,刺蓝雪属)。【日】アガントリーモン属。【俄】Акантолимон, Ежеголовниковые。【英】Prickly Thrift, Pricklythrift,Prickly-thrift。【隶属】白花丹科(矶松科,蓝雪科)Plumbaginaceae。【包含】世界120-191种,中国11-23种。【学名诠释与讨论】〈中〉(希)akantha,刺,荆棘+leimon 草地。指植物体具刺,或说指叶和苞片为刺状的亚灌木。另说 akantha 针、刺+limon =Limonium 补血草属。此属的学名"Acantholimon Boiss. ,Diagn. Pl. Orient. 7:69. Jul-Oct 1846"是保留属名。相应的废弃属名是白花丹科(矶松科,蓝雪科)Plumbaginaceae 的"Armeriastrum (Jaub. et Spach)Lindl. ,Veg. Kingd. :641. Jan-Mai 1846 ≡Acantholimon Boiss. (1846)(保留属名)"。"Armeriastrum Lindl. ,Veg. Kingd. 641(1846) = Acantholimon Boiss. (1846)(保留属名)"的命名人引证有误;亦应废弃。"Armeriastrum (Jaubert et Spach)Lindley,Veg. Kingd. 641. Jan-Mai 1846"是"Acantholimon Boiss. (1846)(保留属名)"的同模式异名(Homotypic synonym,Nomenclatural synonym)。【分布】巴基斯坦,中国,地中海东部至亚洲中部的山区。【模式】Acantholimon glumaceum (Jaubert et Spach)Boissier [Statice glumacea Jaubert et Spach]。【参考异名】Acantholinum K. Koch (1849);Armeriastrum (Jaub. et Spach)Lindl. (1847)(废弃属名);Armeriastrum Lindl. (1847) Nom. illegit. (废弃属名);Chomutowia B. Fedtsch. (1922);Statice subgen. Armeriastrum Jaub. et Spach(1843)●

204 Acantholinum K. Koch(1849) = Acantholimon Boiss. (1846)(保留属名)[白花丹科(矶松科,蓝雪科)Plumbaginaceae]●

205 Acantholippia Griseb. (1874)【汉】刺甜舌草属。【隶属】马鞭草科 Verbenaceae。【包含】世界6种。【学名诠释与讨论】〈阴〉(希)akantha,刺,荆棘+(属)Lippia 甜舌草属(过江藤属,棘枝属,里皮亚属)。【分布】玻利维亚,亚热带和温带南美洲。【模式】Acantholippia salsoloides Grisebach。●☆

206 Acantholobivia Backeb. (1942)【汉】橙饰球属。【隶属】仙人掌科 Cactaceae。【包含】世界4种。【学名诠释与讨论】〈阴〉(希)akantha,刺,荆棘+(属)Lobivia 丽花球属。此属的学名,多数文献用"Acantholobivia Y. Ito, Explor. Diagr. Austroechinocact. 290. 1957"为正名;但它是一个非法名称(Nom. illegit.),因为此前已经有了"Acantholobivia Backeberg,Cactaceae 1941(2):32,76. Jun 1942";应该用后者为正名。亦有文献把"Acantholobivia Backeb.

(1942)"处理为"Echinopsis Zucc.(1837)"或"Lobivia Britton et Rose(1922)"的异名。【分布】热带和亚热带。【模式】Acantholobivia tegeleriana (Backeb.) Backeb.[Lobivia tegeleriana Backeb.]。【参考异名】Acanthanthus Y. Ito(1981)Nom. illegit.；Acantholobivia Y. Ito(1957)Nom. illegit.；Echinopsis Zucc.(1837)；Lobivia Britton et Rose(1922)；Rebutia K. Schum.(1895)●■☆

207　Acantholobivia Y. Ito(1957)Nom. illegit. ≡Acanthanthus Y. Ito(1981)Nom. illegit.；~ = Acantholobivia Backeb.(1942)；~ = Rebutia K. Schum.(1895)[仙人掌科 Cactaceae]●

208　Acantholoma Gaudich. ex Baill.(1865)=Pachystroma Müll. Arg.(1865)[大戟科 Euphorbiaceae]☆

209　Acanthomintha (A. Gray) A. Gray(1878)Nom. illegit. ≡Acanthomintha (A. Gray) Benth. et Hook. f.(1876)[唇形科 Lamiaceae(Labiatae)]■☆

210　Acanthomintha(A. Gray) Benth. et Hook. f.(1876)【汉】刺薄荷属。【隶属】唇形科 Lamiaceae(Labiatae)。【包含】世界 3-4 种。【学名诠释与讨论】〈阴〉(希)akantha,刺,荆棘+minthe,薄荷。指膜质苞叶边缘具刺。此属的学名,ING 记载是"Acanthomintha (A. Gray) Bentham and J. D. Hooker, Gen. 2:1192. Mai 1876",由"Calamintha sect. Acanthomintha A. Gray, Proc. Amer. Acad. Arts 8:368. Mai 1872"改级而来。唇形科 Lamiaceae(Labiatae)的"Acanthomintha (A. Gray) A. Gray, Syn. Fl. N. Amer. 2(1):365. 1878[May 1878]≡Acanthomintha (A. Gray) Benth. et Hook. f.(1876)"是晚出的非法名称。"Acanthomintha A. Gray(1878)≡Acanthomintha (A. Gray) Benth. et Hook. f.(1876)"的命名人引证有误。【分布】美国(加利福尼亚)。【模式】Acanthomintha ilicifolia (A. Gray) A. Gray。【参考异名】Acanthomintha (A. Gray) A. Gray(1878)Nom. illegit.；Acanthomintha A. Gray(1878)Nom. illegit.；Calamintha sect. Acanthomintha A. Gray(1872)■☆

211　Acanthomintha A. Gray(1876)Nom. illegit. ≡Acanthomintha (A. Gray) A. Gray(1878)Nom. illegit.；~ = Acanthomintha (A. Gray) Benth. et Hook. f.(1876)[唇形科 Lamiaceae(Labiatae)]■☆

212　Acanthonema Hook. f.(1862)(保留属名)【汉】刺丝草属(刺林草属)。【英】Acanthonema。【隶属】苦苣苔科 Gesneriaceae。【包含】世界 2 种。【学名诠释与讨论】〈中〉(希)akantha,刺,荆棘+nema,所有格 nematos,丝,花丝。指雄蕊丝状。此属的学名"Acanthonema Hook. f. in Bot. Mag.: ad t. 5339. 1 Oct 1862"是保留属名。相应的废弃属名是红藻的"Acanthonema J. Agardh in Öfvers. Förh. Kongl. Svenska Vetensk. - Akad. 3:104. 1846 ≡Camontagnea Pujals 1981"。【分布】非洲西部。【模式】Acanthonema strigosum J. D. Hooker。【参考异名】Carolofritschia Engl.(1899)■☆

213　Acanthonotus Benth.(1849)= Indigofera L.(1753)[豆科 Fabaceae(Leguminosae)//蝶形花科 Papilionaceae]●■

214　Acanthonychia (DC.) Rohrb.(1872)Nom. illegit. ≡Pentacaena Bartl.(1830)；~ = Cardionema DC.(1828)[石竹科 Caryophyllaceae//醉人花科(裸果木科)Illecebraceae]■☆

215　Acanthonychia Rohrb.(1872)Nom. illegit. ≡Acanthonychia (DC.) Rohrb.(1872)Nom. illegit.；~ = Pentacaena Bartl.(1830)；~ = Cardionema DC.(1828)[石竹科 Caryophyllaceae]■☆

216　Acanthopale C. B. Clarke(1899)【汉】刺林草属(刺苞花属)。【隶属】爵床科 Acanthaceae。【包含】世界 15 种。【学名诠释与讨论】〈阴〉(希)akantha,刺,荆棘+拉丁文 palea,糠,秤。【分布】马达加斯加,热带非洲,东南亚。【后选模式】Acanthopale laxiflora (Lindau) C. B. Clarke[Dischistocalyx laxiflorus Lindau]●■☆

217　Acanthopanax (Decne. et Planch.) Miq.(1863)Nom. illegit. = Eleutherococcus Maxim.(1859)[五加科 Araliaceae]●

218　Acanthopanax (Decne. et Planch.) Withe(1861)= Eleutherococcus Maxim.(1859)[五加科 Araliaceae]●

219　Acanthopanax Miq.(1863)Nom. illegit. ≡Acanthopanax (Decne. et Planch.) Miq.(1863)Nom. illegit.；~ = Eleutherococcus Maxim.(1859)[五加科 Araliaceae]●

220　Acanthopetalus Y. Ito(1957)Nom. illegit. = Arthrocereus A. Berger(1929)(保留属名)；~ = Echinopsis Zucc.(1837)；~ = Setiechinopsis (Backeb.) de Hass(1940)[仙人掌科 Cactaceae]■☆

221　Acanthophaca Nevski(1937)= Astragalus L.(1753)[豆科 Fabaceae(Leguminosae)//蝶形花科 Papilionaceae]●■

222　Acanthophippium Blume ex Endl.(1837)Nom. illegit. = Acanthophippium Blume(1825)[兰科 Orchidaceae]■

223　Acanthophippium Blume(1825)【汉】坛花兰属。【日】アカンソフィッピューム属,アカンテフィピウム属,アカントフィピウム属,タイワンショウキラウ属。【英】Acanthophippium, Saddleorchis。【隶属】兰科 Orchidaceae。【包含】世界 15 种,中国 3-8 种。【学名诠释与讨论】〈中〉(希)akantha,刺,荆棘+ephippion,马鞍+-ius,-ia,-ium,具有……特性的。指花的形状似马鞍。此属的学名,ING、GCI、TROPICOS 和 IK 记载是"Acanthophippium Blume, Bijdr. Fl. Ned. Ind. 7:353. 1825[20 Sep-7 Dec 1825]"。IK 记载为"Acanthephippium Blume ex Endl., Gen. Pl.[Endlicher]200. 1837[Jun 1837]",这是晚出的非法名称。《中国植物志》中文版和英文版、《台湾植物志》等文献多用后者为正名。【分布】中国,热带亚洲至斐济。【模式】Acanthephippium javanicum Blume。【参考异名】Acanthephippium Blume ex Endl.(1837)Nom. illegit.；Acanthephippium Blume(1825)Nom. inval.；Acanthophippium Blume ex Endl.(1837)Nom. illegit.■

224　Acanthophoenix H. Wendl.(1867)【汉】刺棕榈属(茨根榈属,刺根榈属,刺海枣属,刺椰属,刺椰子属,刺棕属,红脉棕属,棘榈属)。【日】トゲノヤシ属。【俄】Акантофеникс。【英】Barbel Palm, Spine Palm, Spine - areca。【隶属】棕榈科 Arecaceae (Palmae)。【包含】世界 1-2 种。【学名诠释与讨论】〈阴〉(希)akantha,刺,荆棘+(属)Phoenix 刺葵属。义为具刺的刺葵。【分布】马斯克林群岛。【后选模式】Acanthophoenix rubra (Bory de Saint-Vincent) H. Wendland[Areca rubra Bory de Saint-Vincent]●☆

225　Acanthophora Merr.(1918)Nom. illegit. ≡Aralia L.(1753)；~ ≡Neoacanthophora Bennet(1979)[五加科 Araliaceae]●■

226　Acanthophyllum C. A. Mey.(1831)【汉】刺叶属(刺叶石竹属)。【俄】Колючелистник。【英】Spinepink。【隶属】石竹科 Caryophyllaceae。【包含】世界 56 种,中国 1 种。【学名诠释与讨论】〈中〉(希)akantha,刺,荆棘+phyllon,叶子。指叶呈松针状或刺状。此属的学名"Acanthophyllum C. A. Meyer, Verzeichniss Pfl. Caucasus 210. 1831"。菊科 Asteraceae 的"Acanthophyllum Hook. et Arn., Companion Bot. Mag. 1:37. 1835 = Nassauvia Comm. ex Juss.(1789)"是晚出的非法名称。【分布】中国,西伯利亚,亚洲中部和西南部。【模式】Acanthophyllum mucronatum C. A. Meyer。【参考异名】Kuhitangia Ovcz.(1967)■

227　Acanthophyllum Hook. et Arn.(1835)Nom. illegit. = Nassauvia Comm. ex Juss.(1789)[菊科 Asteraceae(Compositae)]●☆

228　Acanthophyton Less.(1832)= Cichorium L.(1753)[菊科 Asteraceae(Compositae)//菊苣科 Cichoriaceae]■

229　Acanthophyton Sch. Bip. = Acanthophyllum Less.(1832)Nom. illegit.；~ = Cichorium L.(1753)[菊科 Asteraceae(Compositae)//

菊苣科 Cichoriaceae]■

230 Acanthophytum Less.（1832）Nom. illegit. ≡ Acanthophyton Less.（1832）；~ = Cichorium L.（1753）［菊科 Asteraceae（Compositae）//菊苣科 Cichoriaceae]■

231 Acanthoplana C. Koch（1849）Nom. illegit. ≡ Acanthoplana K. Koch（1849）；~ = Polylophium Boiss.（1844）［伞形花科（伞形科）Apiaceae（Umbelliferae）]☆

232 Acanthoplana K. Koch（1849）= Polylophium Boiss.（1844）［伞形花科（伞形科）Apiaceae（Umbelliferae）]☆

233 Acanthoprasium（Benth.）Spach（1840）Nom. illegit. ≡ Elbunis Raf.（1837）［唇形科 Lamiaceae（Labiatae）]●■☆

234 Acanthoprasium（Benth.）Spenn.（1843）Nom. illegit. = Ballota L.（1753）；~ = Elbunis Raf.（1837）［唇形科 Lamiaceae（Labiatae）]●■☆

235 Acanthoprasium Spenn.（1843）Nom. illegit. ≡ Acanthoprasium（Benth.）Spenn.（1843）Nom. illegit. ；~ = Ballota L.（1753）；~ = Elbunis Raf.（1837）［唇形科 Lamiaceae（Labiatae）]●■☆

236 Acanthopsis Harv.（1842）【汉】拟老鼠簕属。【隶属】爵床科 Acanthaceae。【包含】世界 8 种。【学名诠释与讨论】〈阴〉（属）Acanthus 老鼠簕属（老鸦企属，叶蓟属）+希腊文 opsis，外观，模样，相似。【分布】非洲南部。【模式】Acanthopsis disperma W. H. Harvey ex C. G. D. Nees。■☆

237 Acanthopteron Britton（1928）【汉】刺翼豆属。【隶属】豆科 Fabaceae（Leguminosae）//含羞草科 Mimosaceae。【包含】世界 1 种。【学名诠释与讨论】〈阴〉（希）akantha，刺，荆棘+pteron，指小式 pteridion，翅，pteridios，有羽毛的。此属的学名是"Acanthopteron N. L. Britton in N. L. Britton et J. N. Rose, N. Amer. Fl. 23：179. 20 Dec 1928"。亦有文献把其处理为"Mimosa L.（1753）"的异名。【分布】墨西哥。【模式】Acanthopteron laceratum（Rose）N. L. Britton［Mimosa lacerata Rose］。【参考异名】Mimosa L.（1753）●☆

238 Acanthopyxis Miq. ex Lanj.（1932）= Caperonia A. St. – Hil.（1826）［大戟科 Euphorbiaceae]■☆

239 Acanthorhipsalis（K. Schum.）Britton et Rose（1923）【汉】刺丝苇属（有刺丝苇属）。【隶属】仙人掌科 Cactaceae。【包含】世界 2 种。【学名诠释与讨论】〈阴〉（希）akantha，刺，荆棘+（属）Rhipsalis 丝苇属。此属的学名，ING 记载是"Acanthorhipsalis（K. Schumann）N. L. Britton et J. N. Rose, Cact. 4：211. 24 Dec 1923"，由"Rhipsalis subgen. Acanthorhipsalis K. Schumann, Gesamtbeschr. Kakt. 615. 1 Oct 1898"改级而来。IK 则记载为"Acanthorhipsalis Britton et Rose, Cactaceae（Britton et Rose）4：211. 1923［24 Dec 1923]"。仙人掌科 Cactaceae 的"Acanthorhipsalis Kimnach（1983）= Lepismium Pfeiff.（1835）"则是晚出的非法名称。亦有文献把"Acanthorhipsalis（K. Schum.）Britton et Rose（1923）"处理为"Lepismium Pfeiff.（1835）"或"Rhipsalis Gaertn.（1788）（保留属名）"的异名。【分布】阿根廷，秘鲁，玻利维亚。【模式】Acanthorhipsalis monacantha（Grisebach）N. L. Britton et J. N. Rose［Rhipsalis monacantha Grisebach］。【参考异名】Acanthorhipsalis Britton et Rose（1923）Nom. illegit. ；Acanthorhipsalis Kimnach（1983）Nom. illegit. ；Lepismium Pfeiff.（1835）；Rhipsalis Gaertn.（1788）（保留属名）；Rhipsalis subgen. Acanthorhipsalis K. Schum.（1898）●☆

240 Acanthorhipsalis Britton et Rose（1923）Nom. illegit. ≡ Acanthorhipsalis（K. Schum.）Britton et Rose（1923）［仙人掌科 Cactaceae]●☆

241 Acanthorhipsalis Kimnach（1983）Nom. illegit. = Lepismium Pfeiff.（1835）［仙人掌科 Cactaceae]●☆

242 Acanthorhiza H. Wendl.（1869）= Cryosophila Blume（1838）［棕榈科 Arecaceae（Palmae）]●☆

243 Acanthorrhinum Rothm.（1943）【汉】针玄参属。【隶属】玄参科 Scrophulariaceae//婆婆纳科 Veronicaceae。【包含】世界 1-2 种。【学名诠释与讨论】〈中〉（希）akantha，刺，荆棘+rhine 锉。或 akantha，荆棘，刺+（属）Antirrhinum 金鱼草属。【分布】非洲西北部。【模式】Acanthorrhinum ramosissimum（Cosson et Durieu de Maisonneuve）Rothmaler［Antirrhinum ramosissimum Cosson et Durieu de Maisonneuve］●☆

244 Acanthorrhiza H. Wendl.（1869）= Cryosophila Blume（1838）［棕榈科 Arecaceae（Palmae）]●☆

245 Acanthosabal Prosch.（1925）= Acoelorrhaphe H. Wendl.（1879）［棕榈科 Arecaceae（Palmae）]●☆

246 Acanthoscyphus Small（1898）= Oxytheca Nutt.（1848）［蓼科 Polygonaceae]■☆

247 Acanthosicyos Welw.（1869）Nom. illegit. ≡ Acanthosicyos Welw. ex Benth. et J. D. Hook.（1867）［葫芦科（瓜科，南瓜科）Cucurbitaceae]●☆

248 Acanthosicyos Welw. ex Benth. et Hook. f.（1867）【汉】南非葫芦树属。【日】アカントシキオス属。【隶属】葫芦科（瓜科，南瓜科）Cucurbitaceae。【包含】世界 2 种。【学名诠释与讨论】〈阳〉（希）akantha，刺，荆棘+sikyos，野胡瓜或葫芦。此属的学名，ING 和 IK 记载是"Acanthosicyos Welwitsch ex Bentham et Hook. f. , Gen. 1；824. Sep 1867"。"Acanthosicyus Post et Kuntze（1903）"是其拼写变体。TROPICOS 等记载的"Acanthosicyos Welw. ex Hook. f.（1867）"命名人引证有误。葫芦科 Cucurbitaceae 的"Acanthosicyos Welw.（1869）≡ Acanthosicyos Welw. ex Benth. et J. D. Hook.（1867）"则是晚出的非法名称。【分布】热带非洲南部。【模式】Acanthosicyos horridus Welwitsch ex Bentham et J. D. Hooker［as 'horrida'］。【参考异名】Acanthosicyos Welw.（1869）Nom. illegit. ；Acanthosicyos Welw. ex Hook. f.（1867）Nom. illegit. ；Acanthosicyos Post et Kuntze（1903）Nom. illegit. ●☆

249 Acanthosicyos Welw. ex Hook. f.（1867）Nom. illegit. ≡ Acanthosicyos Welwitsch ex Benth. et J. D. Hook.（1867）［葫芦科（瓜科，南瓜科）Cucurbitaceae]●☆

250 Acanthosicyus Post et Kuntze（1903）Nom. illegit. = Acanthosicyos Welw. ex Benth. et J. D. Hook.（1867）［葫芦科（瓜科，南瓜科）Cucurbitaceae]●☆

251 Acanthosonchus（Sch. Bip.）Kirp.（1960）Nom. illegit. = Atalanthus D. Don（1829）［菊科 Asteraceae（Compositae）]■☆

252 Acanthosonchus Don ex Hoffm.（1893）= Sonchus L.（1753）［菊科 Asteraceae（Compositae）]■

253 Acanthosperma Vell.（1831）= Acicarpha Juss.（1803）［萼角花科（萼角科，头花草科）Calyceraceae]■☆

254 Acanthospermum Schrank（1820）（保留属名）【汉】刺苞果属（刺苞菊属）。【英】Starbur。【隶属】菊科 Asteraceae（Compositae）。【包含】世界 6 种，中国 1-2 种。【学名诠释与讨论】〈中〉（希）akantha，刺，荆棘+sperma，所有格 spermatos，种子，孢子。指瘦果藏于增厚变硬而具刺的内层苞片中。此属的学名"Acanthospermum Schrank, Pl. Rar. Hort. Monac. ：ad t. 53. Apr-Mai 1820"是保留属名。相应的废弃属名是绣线菊 Spiraeaceae 的"Centrospermum Kunth in Humboldt et al. , Nov. Gen. Sp. 4, ed. f：212. 26 Oct 1818 = Acanthospermum Schrank（1820）（保留属名）"。菊科 Asteraceae（Compositae）的"Centrospermum Spreng. , Nov. Prov. 9（1818）= Chrysanthemum L.（1753）（保留属名）"亦应废弃。【分布】厄瓜多尔（科隆群岛），马达加斯加，中国，西印度群岛，南美洲。【模式】Acanthospermum brasilum Schrank。【参考

异名】Centrospermum Kunth(1818)(废弃属名);Echinodium Poit. ex Cass. (1829);Orcya Vell. (1829)■

255 Acanthosphaera Warb. (1907) Nom. illegit. ≡ Uleodendron Rauschert(1982);~ =Naucleopsis Miq. (1853) [桑科 Moraceae]●☆

256 Acanthospora Spreng. (1817) Nom. illegit. = Bonapartea Ruiz et Pav. (1802);~ =Tillandsia L. (1753) [凤梨科 Bromeliaceae//花凤梨科 Tillandsiaceae]■☆

257 Acanthostachys Klotzsch(1840)【汉】松球凤梨属(刺穗凤梨属,松球属)。【日】アカントスタキス属。【隶属】凤梨科 Bromeliaceae。【包含】世界 1-3 种。【学名诠释与讨论】〈阴〉(希)akantha,刺,荆棘+stachys,穗,谷,长钉。此属的学名,ING 记载是"Acanthostachys Klotzsch in Link,Klotzsch et Otto,Icon. Pl. Rar. Horti Berol. 1:21. t. 9. 15-21 Nov 1840('1841')";IK 则记载为"Acanthostachys Link in Klotzsch et Otto,Ic. Pl. Rar. i. 21. t. 9 (1841)."。TROPICOS 则记载为"Acanthostachys Link,Klotzsch et Otto,Ic. Pl. Rar. i. 21. t. 9(1841)"。【分布】巴拉圭,玻利维亚,南美洲。【模式】Acanthostachys strobilacea (J. H. Schultes) Klotzsch [Hohenbergia strobilacea J. H. Schultes]。【参考异名】Acanthostachys Link (1840) Nom. illegit. ; Acanthostachys Link, Klotzsch et Otto (1840) Nom. illegit. ; Acanthostachyum Benth. et Hook. f.●☆

258 Acanthostachys Link(1840)Nom. illegit. =Acanthostachys Klotzsch (1840) [凤梨科 Bromeliaceae]■☆

259 Acanthostachys Link,Klotzsch et Otto (1840) Nom. illegit. = Acanthostachys Klotzsch(1840) [凤梨科 Bromeliaceae]■☆

260 Acanthostachyum Benth. et Hook. f. = Acanthostachys Klotzsch (1840) [凤梨科 Bromeliaceae]■☆

261 Acanthostelma Bidgood et Brummitt(1985)【汉】刺冠爵床属。【隶属】爵床科 Acanthaceae。【包含】世界 1 种。【学名诠释与讨论】〈中〉(希)akantha,刺,荆棘+stelma,王冠,花冠。【分布】索马里。【模式】Acanthostelma thymifolium (E. Chiovenda)S. Bidgood et R. K. Brummitt [Neuracanthus thymifolius E. Chiovenda]。【参考异名】Hoya R. Br. (1810)●☆

262 Acanthostemma(Blume)Blume(1849)=Hoya R. Br. (1810) [萝藦科 Asclepiadaceae]●

263 Acanthostemma Blume (1849) Nom. illegit. ≡ Acanthostemma (Blume) Blume (1849); ~ = Hoya R. Br. (1810) [萝藦科 Asclepiadaceae]●

264 Acanthostyles R. M. King et H. Rob. (1971)【汉】刺柱菊属。【隶属】菊科 Asteraceae(Compositae)。【包含】世界 1-2 种。【学名诠释与讨论】〈阳〉(希)akantha,刺,荆棘+stylos =拉丁文 style,花柱,中柱,有尖之物,桩,柱,支持物,支柱,石头做的界标。【分布】玻利维亚至阿根廷。【模式】Acanthostyles buniifolius (W. J. Hooker et Arnott) R. M. King et H. E. Robinson [Eupatorium buniifolium W. J. Hooker et Arnott]。☆

265 Acanthosyris(Eichler)Griseb. (1879)【汉】刺沙针属。【隶属】檀香科 Santalaceae。【包含】世界 3 种。【学名诠释与讨论】〈阴〉(希)akantha,刺,荆棘+(属)Osyris 沙针属。此属的学名,ING 和 GCI 记载是"Acanthosyris (Eichler) Grisebach, Abh. Königl. Ges. Wiss. Göttingen 24:151. 1879",由"Osyris sect. Acanthosyris Eichler in C. F. P. Martius,Fl. Brasil. 13(1):236. 1 Dec 1864"改级而来。IK 则记载为"Acanthosyris Griseb., Abh. Königl. Ges. Wiss. Göttingen 24:151. 1879"。三者引用的文献相同。【分布】玻利维亚,厄瓜多尔,温带南美洲,中美洲。【模式】Acanthosyris spinescens (C. F. P. Martius et Eichler) Grisebach [Osyris spinescens C. F. P. Martius et Eichler]。【参考异名】Acanthosyris Griseb. (1879) Nom. illegit. ; Osyris sect. Acanthosyris Eichler

(1864)●☆

266 Acanthosyris Griseb. (1879) Nom. illegit. ≡ Acanthosyris (Eichler) Griseb. (1879) [檀香科 Santalaceae]●☆

267 Achariaceae Harms(1897)(保留科名)【汉】脊脐子科(柄果木科,宿冠花科,钟花科)。【包含】世界 3 属 3 种。【分布】巴拿马,玻利维亚,哥伦比亚,非洲南部,马达斯加,中美洲。【科名模式】Acharia Thunb. (1794)●■☆

268 Achromochlaena Post et Kuntze (1903) = Achromolaena Cass. (1828) [菊科 Asteraceae(Compositae)]●☆

269 Achromolaena Cass. (1828)= Cassinia R. Br. (1817)(保留属名) [菊科 Asteraceae(Compositae)//滨篱菊科 Cassiniaceae]●☆

270 Achroostachys Benth. (1881) Nom. illegit. = Athroostachys Benth. ex Benth. et Hook. f. (1883) [禾本科 Poaceae(Gramineae)]●☆

271 Achrouteria Eyma (1936) = Chrysophyllum L. (1753) [山榄科 Sapotaceae]●

272 Achrysum A. Gray (1852) = Calocephalus R. Br. (1817) [菊科 Asteraceae(Compositae)]■●☆

273 Achuaria Gereau (1990)【汉】阿丘芸香属。【隶属】芸香科 Rutaceae。【包含】世界 1 种。【学名诠释与讨论】〈阴〉有人解释为:希腊文 achune,鳞片,泡沫,泡囊,谷壳,稃 + - arius,-aria,-arium,指示"属于,相似,具有,联系"的词尾。笔者认为前词应该是 Achu,地名或人名。【分布】秘鲁。【模式】Achuaria hirsuta R. E. Gereau。●☆

274 Achudemia Blume (1856)【汉】山美豆属。【隶属】荨麻科 Urticaceae。【包含】世界 2-3 种。【学名诠释与讨论】〈阴〉(人) Achudem。此属的学名是"Achudemia Blume, Mus. Bot. Lugd. - Bat. 2: 57. Feb 1856"。亦有文献把其处理为"Pilea Lindl. (1821)(保留属名)"的异名。【分布】东亚,印度尼西亚(爪哇岛)。【模式】Achudemia javanica Blume。【参考异名】Achudenia Benth. (1880) Nom. illegit. ; Achudenia Benth. et Hook. f. (1880) Nom. illegit. ; Pilea Lindl. (1821)(保留属名)●☆

275 Achudenia Benth. (1880)Nom. illegit. = Achudemia Blume(1856) [荨麻科 Urticaceae]■☆

276 Achudenia Benth. et Hook. f. (1880) Nom. illegit. ≡ Achudenia Benth. (1880) Nom. illegit. ; ~ =Achudemia Blume(1856) [荨麻科 Urticaceae]■☆

277 Achupalla Humb. =Puya Molina(1782) [凤梨科 Bromeliaceae]■☆

278 Achymenes Batsch = Achimenes Pers. (1806)(保留属名);~ = Artanema D. Don(1834)(保留属名) [玄参科 Scrophulariaceae//婆婆纳科 Veronicaceae]■☆

279 Achymus Vahl ex Juss. (1816) = Streblus Lour. (1790) [桑科 Moraceae]●

280 Achyrachaena Schauer (1838)【汉】拂妻菊属。【隶属】菊科 Asteraceae(Compositae)。【包含】世界 1 种。【学名诠释与讨论】〈阴〉(希)achyron,糠秕,皮,壳,荚,麦秆+achaen =achen,瘦果。【分布】北美洲南部。【模式】Achyrachaena mollis Schauer。【参考异名】Achyrachaena Walp. ; Lepidostephanus Bartl. (1837); Lepidostephanus Bartl. ex L. (1838)Nom. illegit. ■☆

281 Achyrachaena Walp. = Achyrachaena Schauer (1838) [菊科 Asteraceae(Compositae)]■☆

282 Achyranthaceae Raf. (1837)= Amaranthaceae Juss. (保留科名)●■

283 Achyranthes L. (1753)(保留属名)【汉】牛膝属。【日】イノコズチ属,イノコツチ属,ヰノコツチ属。【俄】Ахирантес,Самоцвет,Соломоцвет。【英】Achyranthes, Chaff - flower。【隶属】苋科 Amaranthaceae。【包含】世界 7-15 种,中国 7-11 种。【学名诠释与讨论】〈阴〉(希)achyron,糠,皮,壳,荚,麦秆+anthos,花。指花具小苞片,或指宿存性的苞片色泽似麦秆。此

属的学名"Achyranthes L. ,Sp. Pl. ;204. 1 Mai 1753"是保留属名。法规未列出相应的废弃属名。"Cadelari Adanson, Fam. 2；268. Jul–Aug 1763"和"Stachyarpagophora Gómez de la Maza, Anales Inst. Segunda Ens. (Havana)2；312. Mar 1896"是"Achyranthes L. (1753)（保留属名）"的晚出的同模式异名(Homotypic synonym, Nomenclatural synonym)。【分布】巴基斯坦,巴拿马,秘鲁,玻利维亚,厄瓜多尔,哥伦比亚(安蒂奥基亚),马达加斯加,尼加拉瓜,中国,非洲,亚洲,中美洲,热带和亚热带。【模式】Achyranthes aspera Linnaeus。【参考异名】Achiranthes P. Browne (1756)；Achranthes Dumort. ；Achyranthus Neck. (1790)；Amorgine Raf. (1836)；Cadelari Adans. (1763)；Cyathula Lour. (1790)（废弃属名）；Stachyarpagophora M. Gómez (1896) Nom. illegit. ；Stachyarpagophora Vaill. ex M. Gómez(1896) Nom. illegit. ■

284　Achyranthus Neck. (1790) = Achyranthes L. (1753)（保留属名）；~ =Hyoseris L. (1753)［菊科 Asteraceae(Compositae)］■☆

285　Achyrobaccharis Sch. Bip. (1843) Nom. illegit. ≡ Achyrobaccharis Sch. Bip. ex Walp. (1843) Nom. illegit. ；~ =Baccharis L. (1753)（保留属名）［菊科 Asteraceae(Compositae)］●■☆

286　Achyrobaccharis Sch. Bip. ex Walp. (1843) Nom. illegit. =Baccharis L. (1753)（保留属名）［菊科 Asteraceae(Compositae)］●■☆

287　Achyrocalyx Benoist(1930)【汉】糠萼爵床属。【隶属】爵床科 Acanthaceae。【包含】世界 4 种。【学名诠释与讨论】〈阳〉(希) achyron,糠、皮、壳、荚、麦秆+kalyx,所有格 kalykos =拉丁文 calyx,花萼,杯子。【分布】马达加斯加。【模式】Achyrocalyx decaryi Benoist。■☆

288　Achyrochoma B. D. Jacks. = Achyrocoma Cass. (1828)；~ = Vernonia Schreb. (1791)（保留属名）［菊科 Asteraceae (Compositae)//斑鸠菊科(绿菊科)Vernoniaceae］●■

289　Achyrocline(Less.) DC. (1838)【汉】多头金绒草属。【隶属】菊科 Asteraceae(Compositae)。【包含】世界 22-32 种。【学名诠释与讨论】〈阴〉(希) achyron,糠、皮、壳、荚、麦秆+kline,床,来自 klino,倾斜,斜倚。此属的学名,ING 和 GCI 记载是"Achyrocline (Lessing) A. P. de Candolle, Prodr. 6；219. Jan 1838",由"Gnaphalium subgen. Achyrocline Lessing,Syn. Comp. 332. 1832"改级而来。IK 则记载"Achyrocline Less. , Syn. Gen. Compos. 332. 1832［Jul–Aug 1832］"。亦有文献把"Achyrocline (Less.) DC. (1838)"处理为"Helichrysum Mill. (1754)［as 'Elichrysum'］（保留属名）"的异名。【分布】马达加斯加,热带美洲和非洲。【模式】Achyrocline satureoides (Lamarck) A. P. de Candolle［as 'satureioides'］［Gnaphalium satureioides Lamarck［as 'satureioides'］。【参考异名】Achyrocline Less. (1832) Nom. illegit. ；Gnaphalium subgen. Achyrocline Less. (1832)；Helichrysum Mill. (1754)■☆

290　Achyrocline Less. (1832) Nom. illegit. ≡ Achyrocline (Less.) DC. (1838)［菊科 Asteraceae(Compositae)］■☆

291　Achyrocoma Cass. (1828) = Vernonia Schreb. (1791)（保留属名）［菊科 Asteraceae (Compositae)//斑鸠菊科 (绿菊科)Vernoniaceae］●■

292　Achyrocoma Post et Kuntze(1903) Nom. illegit. = Achyrocome Schrank(1821 – 1822)；~ = Elytropappus Cass. (1816)［菊科 Asteraceae(Compositae)］●☆

293　Achyrocome Schrank(1821 – 1822) = Elytropappus Cass. (1816)［菊科 Asteraceae(Compositae)］●☆

294　Achyrodes Boehm. (1760)（废弃属名）≡ Achyrodes Boehm. ex Kuntze(1891)（废弃属名）；~ = Lamarckia Moench(1794)［as 'Lamarckia'］（保留属名）［禾本科 Poaceae(Gramineae)］■☆

295　Achyrodes Boehm. ex Kuntze(1891)（废弃属名）≡ Lamarckia

Moench(1794)［as 'Lamarkia'］（保留属名）［禾本科 Poaceae (Gramineae)］■☆

296　Achyronia J. C. Wendl. (1798) (1) Nom. illegit. = Priestleya DC. (1825)［豆科 Fabaceae(Leguminosae)］■☆

297　Achyronia J. C. Wendl. (1798) (2) Nom. illegit. = Achyrocoma Cass. (1828)；~ ≡ Vernonia Schreb. (1791)（保留属名）［菊科 Asteraceae(Compositae)//斑鸠菊科(绿菊科)Vernoniaceae］●■

298　Achyronia L. (1758) Nom. illegit. ≡ Achyronia Royen ex L. (1758) Nom. illegit. ；~ ≡ Aspalathus L. (1753)［豆科 Fabaceae (Leguminosae)//芳香木科 Aspalathaceae］●☆

299　Achyronia Royen ex L. (1758) Nom. illegit. ≡ Achyronia L. (1758)；~ ≡ Aspalathus L. (1753)［豆科 Fabaceae (Leguminosae)//芳香木科 Aspalathaceae］●☆

300　Achyronychia Torr. et A. Gray(1868)【汉】霜垫花属。【英】Frost Mat,Frost – mat,Onyx Flower。【隶属】石竹科 Caryophyllaceae。【包含】世界 1-2 种。【学名诠释与讨论】〈阴〉(希)achyron,糠、皮、壳、荚、麦秆+onyx,所有格 onychos,指甲、爪。【分布】美国(西南部),墨西哥。【模式】Achyronychia cooperi J. Torrey et A. Gray。■☆

301　Achyropappus Kunth (1818)【汉】秕冠菊属。【隶属】菊科 Asteraceae(Compositae)。【包含】世界 1-2 种。【学名诠释与讨论】〈阴〉(希)achyron,糠、皮、壳、荚、麦秆+希腊文 pappos 指柔毛,软毛。pappus 则与拉丁文同义,指冠毛。此属的学名,ING、GCI 和 IK 记载是"Achyropappus Kunth in Humboldt, Bonpland et Kunth, Nova Gen. Sp. 4：ed. fol. 202. 26 Oct 1818"。菊科 Asteraceae 的"Achyropappus M. Bieb. ex Fisch. , Prodr. [A. P. de Candolle]6；563. 1838［1837 publ. early Jan 1838］= Tricholepis DC. (1833)"是晚出的非法名称。《显花植物与蕨类植物词典》记载为"Achyropappus Kunth (1818) = Bahia Lag. (1816) + Schkuhria Roth(1797)"。【分布】墨西哥,中美洲。【模式】Achyropappus anthemoides Kunth。☆

302　Achyropappus M. Bieb. ex Fisch. (1838) Nom. illegit. = Tricholepis DC. (1833)［菊科 Asteraceae(Compositae)］■

303　Achyrophorus Adans. (1763) Nom. illegit. ≡ Hypochaeris L. (1753)［菊科 Asteraceae(Compositae)］■

304　Achyrophorus Guett. = Hypochaeris L. (1753)［菊科 Asteraceae (Compositae)］■

305　Achyrophorus Scop. (1847) Nom. illegit. = Hypochaeris L. (1753)［菊科 Asteraceae(Compositae)］■

306　Achyropsis(Moq.)Benth. et Hook. f. (1880)【汉】尖被苋属。【隶属】苋科 Amaranthaceae。【包含】世界 6 种。【学名诠释与讨论】〈阴〉(希)achyron,糠、皮、壳、荚、麦秆+希腊文 opsis,外观,模样,相似。此属的学名,ING 和 TROPICOS 记载是"Achyropsis (Moquin – Tandon) Bentham et J. D. Hooker, Gen. 3；36. 7 Feb 1880",由"Achyranthes sect. Achyropsis Moquin–Tandon in Alph. de Candolle,Prodr. 13(2)；310. 5 Mai 1849"改级而来。IK 则记载为"Achyropsis Benth. et Hook. f. , Gen. Pl. [Bentham et Hooker f.] 3 (1)；36. 1880［7 Feb 1880］"。三者引用的文献相同。"Achyropsis (Moq.)Hook. f. (1880) ≡ Achyropsis (Moq.)Benth. et Hook. f. (1880)"的命名人引证亦有误。【分布】热带和非洲南部。【后选模式】Achyropsis leptostachya (E. H. F. Meyer ex Meisner) J. G. Baker et C. B. Clarke。【参考异名】Achyropsis (Moq.)Hook. f. (1880) Nom. illegit. ；Achyropsis Benth. et Hook. f. (1880) Nom. illegit. ；Argyrostachys Lopriore(1901)■☆

307　Achyropsis (Moq.)Hook. f. (1880) Nom. illegit. ≡ Achyropsis (Moq.)Benth. et Hook. f. (1880)［苋科 Amaranthaceae］■☆

308　Achyropsis Benth. et Hook. f. (1880) Nom. illegit. ≡ Achyropsis

(Moq.) Benth. et Hook. f. (1880) [苋科 Amaranthaceae] ■☆

309 Achyroseris Sch. Bip. (1845) = Scorzonera L. (1753) [菊科 Asteraceae(Compositae)] ■

310 Achyrospermum Blume (1826)【汉】鳞果草属。【英】Achyrospermum。【隶属】唇形科 Lamiaceae(Labiatae)。【包含】世界 10-30 种，中国 2 种。【学名诠释与讨论】〈中〉(希)achyron，糠，皮，壳，荚，麦秆+sperma，所有格 spermatos，种子，孢子。指果实具鳞片。【分布】马达加斯加，马来西亚，中国，喜马拉雅山，热带非洲。【模式】未指定。【参考异名】Lamprostachys Bojer ex Benth. (1848)；Siphotoxis Bojer ex Benth. (1848) ■●

311 Achyrostephus Kunze ex Rchb. (1828) Nom. inval. [菊科 Asteraceae(Compositae)] ☆

312 Achyrothalamus O. Hoffm. (1893) = Erythrocephalum Benth. (1873) [菊科 Asteraceae(Compositae)] ■●☆

313 Acia Schreb. (1791) Nom. illegit. ≡ Acioa Aubl. (1775)；~ = Acioa Aubl. (1775) + Couepia Aubl. (1775) [金壳果科 Chrysobalanaceae] ●☆

314 Aciachna Post et Kuntze (1903) Nom. illegit. = Aciachne Benth. (1881) [禾本科 Poaceae(Gramineae)] ■☆

315 Aciachne Benth. (1881)【汉】南美针茅属。【隶属】禾本科 Poaceae(Gramineae)。【包含】世界 3 种。【学名诠释与讨论】〈阴〉(希)akis，所有格 akidos，尖，刺，尖端+achne，鳞片，泡沫，谷壳。【分布】秘鲁，玻利维亚，厄瓜多尔，哥伦比亚(安蒂奥基亚)，哥斯达黎加，中美洲，热带南美洲西部。【模式】Aciachne pulvinata Bentham。【参考异名】Aciachna Post et Kuntze (1903) Nom. illegit. ■☆

316 Acialyptus B. D. Jacks. (1893) = Acicalyptus A. Gray (1854) [桃金娘科 Myrtaceae] ●

317 Acianthella D. L. Jones et M. A. Clem. (2004)【汉】小钻花兰属。【隶属】兰科 Orchidaceae。【包含】世界 7 种。【学名诠释与讨论】〈阴〉(属)Acianthus 钻花兰属+-ellus，-ella，-ellum，加在名词词干后面形成指小式的词尾。或加在人名、属名等后面以组成新属的名称。【分布】澳大利亚。【模式】Acianthella amplexicaulis (F. M. Bailey) D. LJones et M. A. Clements [Microstylis amplexicaulis F. M. Bailey] ■☆

318 Acianthera Post et Kuntze (1903) Nom. illegit. = Acisanthera P. Browne(1756) [野牡丹科 Melastomataceae] ●■☆

319 Acianthera Scheidw. (1842) = Pleurothallis R. Br. (1813) [兰科 Orchidaceae] ■☆

320 Acianthopsis M. A. Clem. et D. L. Jones (2002) Nom. illegit. ≡ Acianthopsis Szlach. (2001) Nom. illegit. [兰科 Orchidaceae] ■☆

321 Acianthopsis Szlach. (2001) Nom. illegit.【汉】类钻花兰属。【隶属】兰科 Orchidaceae。【包含】世界 11 种。【学名诠释与讨论】〈阴〉(属)Acianthus 钻花兰属+希腊文 opsis，外观，模样，相似。此属的学名，IK 记载是"Acianthopsis M. A. Clem. et D. L. Jones, Orchadian 13 (10)：440 (30 Jan. 2002)"，而把"Acianthopsis Szlach.，Polish Bot. J. 46(2)：143. 2002 [dt. 2001；publ. 20 Feb 2002]"标注为"Nom. illegit."。TROPICOS 则把前者和"Acianthopsis Szlach.，Polish Bot. J. 46：143, 2001"均处理为"Nom. illegit."。"Acianthopsis M. A. Clem. et D. L. Jones (2002) [兰科 Orchidaceae]"是"Acianthus sect. Macropetali Kores, Allertonia 7(3)：149. 1995(as 'sect. macropetalus')"的替代名称，晚出一年。"Acianthopsis Szlach. (2002) [兰科 Orchidaceae]"则是"Acianthus sect. Univiscidiati Kores, Allertonia 7(3)：163. 1995(as 'Univiscidiatus')"的替代名称，TROPICOS 标注为"Nom. illegit. hom."。故此属尚无合法名称。【分布】澳大利亚，法属新喀里多尼亚。【模式】不详。【参考异名】

Acianthopsis M. A. Clem. et D. L. Jones (2002) Nom. illegit.；Acianthus sect. Macropetalus Kores (1995)；Acianthus subgen. Univiscidiatus Kores(1995) ■☆

322 Acianthus R. Br. (1810)【汉】钻花兰属(蚊兰属)。【英】Acianthus, Gnat Orchid, Mosquito Orchid, Pixie Caps。【隶属】兰科 Orchidaceae。【包含】世界 27 种。【学名诠释与讨论】〈阳〉(希)akis，尖，刺，尖端+anthos，花。antheros，多花的。antheo，开花。希腊文 anthos 亦有"光明、光辉、优秀"之义。【分布】澳大利亚，所罗门群岛，法属新喀里多尼亚，新西兰。【模式】未指定。【参考异名】Acidanthus Clem.；Cyrtostylis R. Br. (1810)；Nemacianthus D. L. Jones et M. A. Clem. (2002) Nom. illegit.；Spuricianthus Szlach. et Marg. (2002) Nom. inval.；Univiscidiatus (Kores) Szlach. (2001) ■☆

323 Acicalyptus A. Gray (1854) = Cleistocalyx Blume(1850) = Syzygium P. Browne ex Gaertn. (1788) (保留属名) [桃金娘科 Myrtaceae] ●

324 Acicarpa R. Br. (1818) = Acicarpha Juss. (1803) [萼角花科(萼角科，头花草科)Calyceraceae] ■☆

325 Acicarpa Raddi (1823) Nom. illegit. ≡ Trichachne Nees (1829)；~ = Digitaria Haller (1768) (保留属名)；~ = Panicum L. (1753) [禾本科 Poaceae(Gramineae)] ■☆

326 Acicarpha Juss. (1803)【汉】热美萼角花属(刺枝子属)。【日】アシダンテラ属。【英】Acidanthera。【隶属】萼角花科 Calyceraceae。【包含】世界 3-5 种。【学名诠释与讨论】〈阴〉(希)akis，尖，刺，尖端+karphos，皮壳，谷壳，糠秕。此属的学名，ING、TROPICOS 和 IK 记载是"Acicarpha A. L. Jussieu, Ann. Mus. Natl. Hist. Nat. 2：347. 1803"。"Cryptocarpha Cassini, Bull. Sci. Soc. Philom. Paris 1817：34. Feb 1817"是"Acicarpha Juss. (1803)"的晚出的同模式异名(Homotypic synonym, Nomenclatural synonym)。【分布】阿根廷，巴拉圭，巴西，秘鲁，玻利维亚，乌拉圭。【模式】Acicarpha tribuloides A. L. Jussieu。【参考异名】Acanthosperma Vell. (1831)；Acicarpa R. Br. (1818)；Cryptocarpa Steud. (1840) Nom. illegit.；Cryptocarpha Cass. (1817) Nom. illegit. Echinolema J. Jacq. ex DC. (1836)；Echinoloma Steud. (1840)；Sommea Bory(1820) ■☆

327 Acicarphaea Walp. (1852) = Acarphaea Harv. et Gray ex A. Gray (1849)；~ = Chaenactis DC. (1836) [菊科 Asteraceae(Compositae)] ■●☆

328 Acicarpus Post et Kuntze (1903) = Acicarpa Raddi (1823) Nom. illegit.；~ = Panicum L. (1753) [禾本科 Poaceae(Gramineae)] ■

329 Aciclinium Torr. et A. Gray (1842) = Bigelowia DC. (1836) (保留属名) [菊科 Asteraceae(Compositae)] ●☆

330 Acidandra Mart. ex Spreng. (1830) Nom. illegit. ≡ Zollernia Wied-Neuw. et Nees(1827) [豆科 Fabaceae(Leguminosae)//蝶形花科 Papilionaceae] ●☆

331 Acidanthera Hochst. (1844) = Gladiolus L. (1753) [鸢尾科 Iridaceae] ■

332 Acidanthus Clem. = Acianthus R. Br. (1810) [兰科 Orchidaceae] ■☆

333 Acidocroton Griseb. (1859) Nom. illegit. ≡ Acidocroton P. Browne, Nom. illegit.；~ ≡ Acidoton P. Browne (1756) (废弃属名) [大戟科 Euphorbiaceae] ●☆

334 Acidocroton P. Browne, Nom. illegit. = Flueggea Willd. (1806) [大戟科 Euphorbiaceae] ●

335 Acidodendron Kuntze (1891) Nom. illegit. = Acidodendrum Kuntze (1891) Nom. illegit.；~ = Acinodendron Raf. (1838)；~ = Miconia Ruiz et Pav. (1794) (保留属名) [野牡丹科 Melastomataceae//米氏野牡丹科 Miconiaceae] ●☆

336　Acidodendrum Kuntze（1891）Nom. illegit. = Acinodendron Raf.（1838）；~ =Miconia Ruiz et Pav.（1794）（保留属名）［野牡丹科 Melastomataceae//米氏野牡丹科 Miconiaceae］●☆

337　Acidolepis Clem. = Acilepis D. Don（1825）；~ = Vernonia Schreb.（1791）（保留属名）［菊科 Asteraceae（Compositae）//斑鸠菊科（绿菊科）Vernoniaceae］●■

338　Acidonia L. A. S. Johnson et B. G. Briggs（1975）【汉】澳西南龙眼属。【隶属】山龙眼科 Proteaceae。【包含】世界 1-13 种。【学名诠释与讨论】〈阴〉（希）akis，尖，刺，尖端+odous，所有格 odontos，齿。【分布】澳大利亚（西南部）。【模式】Acidonia microcarpa（R. Brown）L. A. S. Johnson et B. G. Briggs［Persoonia microcarpa R. Brown］●☆

339　Acidosasa C. D. Chu et C. S. Chao ex P. C. Keng（1982）【汉】酸竹属。【英】Sour Bamboo，Sourbamboo，Sour-bamboo。【隶属】禾本科 Poaceae（Gramineae）。【包含】世界 7-10 种，中国 5 种。【学名诠释与讨论】〈阴〉（拉）acidus，酸的+（属）Sasa 赤竹属。指茎秆具酸味，或指本属与赤竹属相近，模式种（A. chinensis）的竹笋泡酸后可供食用。此属的学名，ING 和 IK 记载是"Acidosasa C. D. Chu et C. S. Chao ex Keng f.，J. Bamboo Res. 1（2）：165. 1982"。禾本科 Poaceae（Gramineae）"Acidosasa C. D. Chu et C. S. Chao，J. Nanjing Technol. Coll. Forest Prod. 1979（1-2）：142. 1979 ≡ Acidosasa C. D. Chu et C. S. Chao ex P. C. Keng（1979）"和"Acidosasa C. D. Chu et C. S. Chao，J. Bamboo Res. 1：31（1981）≡ Acidosasa C. D. Chu et C. S. Chao ex P. C. Keng（1979）"均是未合格发表的名称（Nom. inval.）。【分布】越南，中国。【模式】Acidosasa chinensis C. D. Chu et C. S. Chao。【参考异名】Acidosasa C. D. Chu et C. S. Chao（1979）Nom. inval.；Acidosasa C. D. Chu et C. S. Chao（1981）Nom. inval.；Metasasa W. T. Lin（1988）●★

340　Acidosasa C. D. Chu et C. S. Chao（1979）Nom. inval. ≡ Acidosasa C. D. Chu et C. S. Chao ex P. C. Keng（1982）［禾本科 Poaceae（Gramineae）］●★

341　Acidosperma Clem. = Acispermum Neck.（1790）；~ = Coreopsis L.（1753）［菊科 Asteraceae（Compositae）//金鸡菊科 Coreopsidaceae］●■

342　Acidoton P. Browne（1756）（废弃属名）=Flueggea Willd.（1806）；~ =Securinega Comm. ex Juss.（1789）（保留属名）［大戟科 Euphorbiaceae］●☆

343　Acidoton Sw.（1788）（保留属名）【汉】尖大戟属（酸巴豆属，酸豆戟属）。【隶属】大戟科 Euphorbiaceae。【包含】世界 6 种。【学名诠释与讨论】〈阳〉（希）acidotos，有尖的，来自 akis，所有格 akidos，尖，刺，尖端。此属的学名"Acidoton Sw.，Prodr. :6,83. 20 Jun-29 Jul 1788"是保留属名。相应的废弃属名是大戟科 Euphorbiaceae 的"Acidoton P. Browne，Civ. Nat. Hist. Jamaica:355. 10 Mar 1756 =Flueggea Willd.（1806）=Securinega Comm. ex Juss.（1789）（保留属名）"。"Acidocroton Grisebach，Fl. Brit. W. Indian Isl. 42. Dec 1859（'1864'）"和"Durandeeldea O. Kuntze，Rev. Gen. 2;603. 5 Nov 1891"是"Acidoton Sw.（1788）（保留属名）"的晚出的同模式异名（Homotypic synonym，Nomenclatural synonym）。亦有文献把"Acidoton Sw.（1788）（保留属名）"处理为"Flueggea Willd.（1806）"的异名。【分布】哥伦比亚，古巴，海地，牙买加，热带南美洲北部，西印度群岛，中美洲。【模式】Acidoton urens O. Swartz。【参考异名】Acidocroton Griseb.（1859）Nom. illegit. Acidocroton Griseb.（1859）；Durandeeldea Kuntze（1891）Nom. illegit.；Durandeeldia Kuntze（1891）Nom. illegit.；Flueggea Willd.（1806）●☆

344　Aciella Tiegh.（1894）= Amylotheca Tiegh.（1894）［桑寄生科 Loranthaceae］●☆

345　Acilepidopsis H. Rob.（1989）【汉】少花尖鸠菊属。【隶属】菊科 Asteraceae（Compositae）//斑鸠菊科（绿菊科）Vernoniaceae。【包含】世界 1 种。【学名诠释与讨论】〈阴〉（属）Acilepis 尖鸠菊属+希腊文 opsis，外观，模样，相似。此属的学名是"Acilepidopsis H. Robinson，Phytologia 67：291. 30 Oct 1989"。亦有文献把其处理为"Vernonia Schreb.（1791）（保留属名）"的异名。【分布】巴拉圭，巴西，玻利维亚，中国。【模式】Acilepidopsis echitifolia（C. F. P. Martius ex A. P. de Candolle）H. Robinson［Vernonia echitifolia C. F. P. Martius ex A. P. de Candolle］。【参考异名】Vernonia Schreb.（1791）（保留属名）●■

346　Acilepis D. Don（1825）【汉】尖鸠菊属。【隶属】菊科 Asteraceae（Compositae）。【包含】世界 12 种，中国 5-10 种。【学名诠释与讨论】〈阴〉（希）akis，所有格 akidos，尖，刺，尖端+lepis，所有格 lepidos，指小式 lepion 或 lepidion，鳞，鳞片。lepidotos，多鳞的。lepos，鳞，鳞片。此属的学名是"Acilepis D. Don，Prodr. Fl. Nepal. 169. 1 Feb 1825"。亦有文献把其处理为"Vernonia Schreb.（1791）（保留属名）"的异名。【分布】马达加斯加，中国，亚洲。【模式】Acilepis squarrosa D. Don。【参考异名】Acidolepis Clem.；Vernonia Schreb.（1791）（保留属名）■

347　Acinax Raf.（1838）= Amomum L.（1753）（废弃属名）；~ = Amomum Roxb.（1820）（保留属名）［姜科（襄荷科）Zingiberaceae］■

348　Acineta Lindl.（1843）【汉】葡萄兰属。【日】アシネタ属。【英】Acineta。【隶属】兰科 Orchidaceae。【包含】世界 20 种。【学名诠释与讨论】〈阴〉（拉）a-，无+cineticus 运动。指唇瓣无关节，不能动。【分布】巴拿马，厄瓜多尔，哥斯达黎加，热带美洲，中美洲。【模式】未指定。【参考异名】Ludemania Rchb. f.；Neipergia C. Morren（1849）Nom. illegit.；Neippergia C. Morren（1849）■☆

349　Acinodendron Kuntze（1891）Nom. illegit. ≡ Acinodendron Raf.（1838）［野牡丹科 Melastomataceae//米氏野牡丹科 Miconiaceae］●☆

350　Acinodendron Raf.（1838）= Miconia Ruiz et Pav.（1794）（保留属名）［野牡丹科 Melastomataceae//米氏野牡丹科 Miconiaceae］●☆

351　Acinodendrum Kuntze（1891）Nom. illegit. ≡ Acinodendron Raf.（1838）［野牡丹科 Melastomataceae//米氏野牡丹科 Miconiaceae］●☆

352　Acinolis Raf.（1838）= Miconia Ruiz et Pav.（1794）（保留属名）［野牡丹科 Melastomataceae//米氏野牡丹科 Miconiaceae］●☆

353　Acinopetala Luer = Masdevallia Ruiz et Pav.（1794）［兰科 Orchidaceae］■☆

354　Acinos Mill.（1754）［ ~ Clinopodium L.（1753）；~ Satureja L.（1753）］【汉】酸唇草属。【俄】Душевика，Душёвка альпийская，Щебрушка。【英】Basil Thyme，Corn-mill。【隶属】唇形科 Lamiaceae（Labiatae）。【包含】世界 10 种。【学名诠释与讨论】〈阳〉（希）acinus，浆果。此属的学名，ING、GCI、TROPICOS 和 IK 记载是"Acinos Mill.，Gard. Dict. Abr.，ed. 4.［35］. 1754［28 Jan 1754］"。"Acinos Ruppius，Fl. Jen. ed. Hall. 233（1745）= Acinos Moench（1794）Nom. illegit."是命名起点著作之前的名称。"Acinos Moench（1794）［唇形科 Lamiaceae（Labiatae）］"是晚出的非法名称。亦有文献把"Acinos Mill.（1754）"处理为"Clinopodium L.（1753）"或"Satureja L.（1753）"的异名。【分布】地中海地区，欧洲，伊朗，至亚洲中部。【模式】未指定。【参考异名】Clinopodium L.（1753）；Satureja L.（1753）■☆

355　Acinos Moench（1794）Nom. illegit.［唇形科 Lamiaceae（Labiatae）］■☆

356　Acinos Ruppius（1745）Nom. inval. = Acinos Moench（1794）Nom.

illegit. ［唇形科 Lamiaceae（Labiatae）］■☆

357 Acinotum（DC.）Rchb.（1837）＝ Matthiola W. T. Aiton（1812）［as 'Mathiola'］（保留属名）［十字花科 Brassicaceae（Cruciferae）］■●

358 Acinotum Rchb.（1837）Nom. illegit. ≡ Acinotum（DC.）Rchb.（1837）；～＝ Matthiola W. T. Aiton（1812）［as 'Mathiola'］（保留属名）［十字花科 Brassicaceae（Cruciferae）］■●

359 Acinotus Baill. ＝ Acinotum（DC.）Rchb.（1837）［十字花科 Brassicaceae（Cruciferae）］■●

360 Acioa Aubl.（1775）【汉】热美金壳果属。【隶属】金壳果科 Chrysobalanaceae。【包含】世界 4 种。【学名诠释与讨论】〈阴〉词源不详。此属的学名，ING 和 IK 记载是"Acioa Aublet, Hist. Pl. Guiane 698. t. 280. Jun-Dec 1775"。"Acia Schreber, Gen. 458. Mai 1791"是"Acioa Aubl.（1775）"的替代名称；但是这个替代是多余的。"Acioja Gmel., Systema Naturae.. editio decima tertia, aucta, reformata 2：1028. 1791［1792］＝Acioa Aubl.（1775）"拼写有误。"Acioa Aubl.（1775）"曾被处理为"Moquilea subgen. Acioa（Aubl.）Blume, Museum Botanicum 2：92. 1852［1856］.（Feb 1856）"。亦有文献把"Acioa Aubl.（1775）"处理为"Moquilea Aubl.（1775）＝Licania Aubl.（1775）"的异名。【分布】美洲，热带非洲。【模式】Acioa guianensis Aublet。【参考异名】Acia Schreb.（1791）Nom. illegit. ; Acioja Gmel.（1791）Nom. illegit. ; Dactyladenia Welw.（1859）; Dulacia Neck.（1790）Nom. inval. ; Gaiffonia Hook. f.（1865）Nom. illegit. ; Licania Aubl.（1775）; Moquilea subgen. Acioa（Aubl.）Blume（1856）; Moquilea Aubl.（1775）●☆

361 Acioja Gmel.（1791）Nom. illegit. ＝Acioa Aubl.（1775）［金壳果科 Chrysobalanaceae］●☆

362 Acion B. G. Briggs et L. A. S. Johnson（1998）【汉】多花帚灯草属。【隶属】帚灯草科 Restionaceae。【包含】世界 2 种。【学名诠释与讨论】〈中〉（希）akis，所有格 akidos，尖，刺，尖端＋-ion，出现。【分布】澳大利亚。【模式】Acion monocephalum（R. Brown）B. G. Briggs et L. A. S. Johnson［Restio monocephalus R. Brown］■☆

363 Aciotis D. Don（1823）【汉】尖耳野牡丹属。【隶属】野牡丹科 Melastomataceae。【包含】世界 30 种。【学名诠释与讨论】〈阴〉（希）akis，尖，刺，尖端＋ous，所有格 otos，指小式 otion，耳。otikos，耳的。指花瓣形状。【分布】巴拿马，秘鲁，玻利维亚，厄瓜多尔，哥伦比亚（安蒂奥基亚），哥斯达黎加，尼加拉瓜，西印度群岛，热带美洲，中美洲。【模式】Aciotis discolor D. Don。【参考异名】Spennera Mart. ex DC. ■☆

364 Acipetalum Turcz.（1848）＝ Cambessedesia DC.（1828）（保留属名）［野牡丹科 Melastomataceae］＋Pyramia Cham.（1835）●■☆

365 Aciphylla J. R. Forst. et G. Forst.（1775）【汉】针叶芹属（刺刀草属）。【隶属】伞形花科（伞形科）Apiaceae（Umbelliferae）。【包含】世界 35-40 种。【学名诠释与讨论】〈阳〉（希）akis，尖，刺，尖端＋希腊文 phyllon，叶子。phyllodes，似叶的，多叶的。phylleion，绿色材料，绿草。【分布】澳大利亚，新西兰。【模式】Aciphylla squarrosa J. R. et J. G. A. Forster。【参考异名】Acyphilla Poir.（1933）; Calosciadium Endl.（1850）; Coxella Cheeseman et Hemsl.（1911）; Gingidium F. Muell.（1855）Nom. illegit. ■☆

366 Aciphyllaea A. Gray（1849）＝ Hymenatherum Cass.（1817）［菊科 Asteraceae（Compositae）］■☆

367 Aciphyllum B. D. Jacks.（1840）Nom. inval. ＝ Aciphyllum Steud.（1840）Nom. illegit. ; ～＝Chorizema Labill.（1800）［豆科 Fabaceae（Leguminosae）//蝶形花科 Papilionaceae］●■☆

368 Aciphyllum Steud.（1840）Nom. illegit. ＝Chorizema Labill.（1800）［豆科 Fabaceae（Leguminosae）//蝶形花科 Papilionaceae］●■☆

369 Acis Salisb.（1807）＝ Leucojum L.（1753）［石蒜科 Amaryllidaceae//雪片莲科 Leucojaceae］■●

370 Acisanthera P. Browne（1756）【汉】针药野牡丹属。【隶属】野牡丹科 Melastomataceae。【包含】世界 17-35 种。【学名诠释与讨论】〈阴〉（希）akis，尖，刺，尖端＋anthera，花药。【分布】巴拉圭，巴拿马，玻利维亚，哥伦比亚（安蒂奥基亚），哥斯达黎加，尼加拉瓜，西印度群岛，热带美洲，中美洲。【模式】Acisanthera erecta Jaume Saint – Hilaire。【参考异名】Acianthera Post et Kuntze（1903）; Anisocentrum Turcz.（1862）; Exodiclis Raf.（1838）; Iaravaea Scop.（1777）; Miocarpus Naudin（1844）; Noterophila Mart.（1831）; Uranthera Naudin（1845）●■☆

371 Acispermum Neck.（1790）＝ Coreopsis L.（1753）［菊科 Asteraceae（Compositae）//金鸡菊科 Coreopsidaceae］●■

372 Acistoma Zipp. ex Span.（1841）＝ Woodfordia Salisb.（1806）［千屈菜科 Lythraceae］●

373 Ackama A. Cunn.（1839）【汉】澳桤木属。【隶属】火把树科（常绿梭枝树科，角瓣木科，库诺尼科，南蔷薇科，轻木科）Cunoniaceae。【包含】世界 3-4 种。【学名诠释与讨论】〈阴〉来自新西兰毛利人的俗名。此属的学名是"Ackama A. Cunningham, Ann. Nat. Hist. 2：358. Jan 1839"。亦有文献把其处理为"Caldcluvia D. Don（1830）"的异名。【分布】澳大利亚（东部），新西兰。【模式】Ackama rosifolia A. Cunningham［as 'rosaefolia'］。【参考异名】Caldcluvia D. Don（1830）●☆

374 Ackermania Dodson et R. Escobar（1993）Nom. illegit. ［兰科 Orchidaceae］■☆

375 Acladodea Ruiz et Pav.（1794）＝ Talisia Aubl.（1775）［无患子科 Sapindaceae］●☆

376 Acladodia Dalla Torre et Harms ＝ Acladodea Ruiz et Pav.（1794）［无患子科 Sapindaceae］●☆

377 Acleanthus Clem. ＝ Acleisanthes A. Gray（1853）［紫茉莉科 Nyctaginaceae］■☆

378 Acleia DC.（1838）＝ Senecio L.（1753）［菊科 Asteraceae（Compositae）//千里光科 Senecionidaceae］■●

379 Acleisanthes A. Gray（1853）【汉】喇叭茉莉属（无苞花属）。【英】Trumpets。【隶属】紫茉莉科 Nyctaginaceae。【包含】世界 7-10 种。【学名诠释与讨论】〈阴〉（拉）a-，无，不＋cleis 关闭，锁＋anthos，花。指无总苞。【分布】美国（西南部）。【后选模式】Acleisanthes crassifolia A. Gray。【参考异名】Acleanthus Clem. ; Aclisanthes Post et Kuntze（1903）; Pentacrophys A. Gray（1853）■●☆

380 Acleja Post et Kuntze（1903）＝ Acleia DC.（1838）；～＝Senecio L.（1753）［菊科 Asteraceae（Compositae）//千里光科 Senecionidaceae］■●

381 Aclema Post et Kuntze（1903）＝ Aklema Raf.（1838）；～＝ Euphorbia L.（1753）［大戟科 Euphorbiaceae］●■

382 Aclinia Griff.（1851）＝ Dendrobium Sw.（1799）（保留属名）［兰科 Orchidaceae］■

383 Aclisanthes Post et Kuntze（1903）＝ Acleisanthes A. Gray（1853）［紫茉莉科 Nyctaginaceae］■●☆

384 Aclisia E. Mey.（1827）Nom. illegit. ≡ Aclisia E. Mey. ex C. Presl（1827）；～＝Pollia Thunb.（1781）［鸭趾草科 Commelinaceae］■

385 Aclisia E. Mey. ex C. Presl（1827）＝ Pollia Thunb.（1781）［鸭趾草科 Commelinaceae］■

386 Aclisia Hassk. ＝ Pollia Thunb.（1781）［鸭趾草科 Commelinaceae］■

387 Acmadenia Bartl. et H. L. Wendl.（1824）【汉】尖腺芸香属。【隶属】芸香科 Rutaceae。【包含】世界 33 种。【学名诠释与讨论】〈阴〉（希）akme，尖端，边缘＋aden，所有格 adenos，腺体。指花药

具腺体。【分布】非洲南部。【模式】未指定。●☆

388 Acmanthera（A. Juss.）Griseb.（1858）【汉】南美金虎尾属。【隶属】金虎尾科（黄褥花科）Malpighiaceae。【包含】世界 3-6 种。【学名诠释与讨论】〈阴〉（希）akme，尖端，边缘+anthera，花药。此属的学名，ING 和 TROPICOS 记载是"Acmanthera（A. H. L. Jussieu）Grisebach in C. F. P. Martius, Fl. Brasil. 12（1）：28. 1 Jun 1858"，由" Pterandra sect. Acmanthera A. H. L. Jussieu, Malpighiacearum Syn. 53. Mai 1840"改级而来。IK 则记载为"Acmanthera Griesb., Fl. Bras.（Martius）12（1）：28. 1858［1 Jun 1858］"。三者引用的文献相同。【分布】玻利维亚，南美洲。【模式】Acmanthera latifolia（A. H. L. Jussieu）Grisebach［Pterandra latifolia A. H. L. Jussieu］。【参考异名】Acmanthera Griesb.（1858）Nom. illegit. ;"Pterandra sect. Acmanthera Juss. ●☆

389 Acmanthera Griesb.（1858）Nom. illegit. ≡ Acmanthera（A. Juss.）Griseb.（1858）［金虎尾科（黄褥花科）Malpighiaceae］●☆

390 Acmella Pers.（1807）Nom. illegit. ≡ Acmella Rich. ex Pers.（1807）［菊科 Asteraceae（Compositae）］■

391 Acmella Rich.（1807）Nom. illegit. ≡ Acmella Rich. ex Pers.（1807）［菊科 Asteraceae（Compositae）］■

392 Acmella Rich. ex Pers.（1807）【汉】斑花菊属（金钮扣属，千日菊属）。【英】Spotflower。【隶属】菊科 Asteraceae（Compositae）。【包含】世界 30 种，中国 3 种。【学名诠释与讨论】〈阴〉（希）akme，尖端，边缘+-ellus，-ella，-ellum，加在名词词干后面形成指小式的词尾。或加在人名、属名等后面以组成新属的名称。此属的学名，APNI、GCI、TROPICOS 和 IK 记载是"Acmella Rich. ex Pers., Syn. Pl.［Persoon］2：472. 1807［Sep 1807］"。ING 则记载为"Acmella Persoon, Syn. Pl. 2：472. Sep 1807"。五者引用的文献相同。" Ceratocephalus Burm. ex Kuntze（1891）Nom. illegit. , Nom. superfl. ≡ Ceratocephalus O. Kuntze, Rev. Gen. 1：326. 5 Nov 1891"是"Acmella Rich. ex Pers.（1807）"的晚出的同模式异名（Homotypic synonym, Nomenclatural synonym），也是"Spilanthes Jacq.（1760）"的多余的替代名称。亦有文献把"Acmella Rich. ex Pers.（1807）"处理为"Spilanthes Jacq.（1760）"的异名。【分布】巴巴圭，巴拿马，秘鲁，玻利维亚，厄瓜多尔，马达加斯加，美国（密苏里），尼泊尔，尼加拉瓜，中国，中美洲。【后选模式】Acmella mauritiana Persoon［Spilanthes acmella（Linnaeus）Linnaeus, Verbesina acmella Linnaeus］。【参考异名】Acmella Pers.（1807）Nom. illegit. ; Acmella Rich.（1807）Nom. illegit. ; Ceratocephalus Burm. ex Kuntze（1891）Nom. illegit. , Nom. superfl. ; Ceratocephalus Kuntze（1891）Nom. illegit. ; Colobogyne Gagnep.（1920）; Spilanthes Jacq.（1760）■

393 Acmena DC.（1828）【汉】肖蒲桃属（裂胚木属，赛赤楠属）。【英】Acmena。【隶属】桃金娘科 Myrtaceae。【包含】世界 15 种，中国 1 种。【学名诠释与讨论】〈阴〉（拉）Acmena，罗马神话中司美和恋爱之女神维纳斯 Venus 的别名。在古罗马，维纳斯原是果园丰收女神。亦有文献把"Acmena DC.（1828）"处理为"Syzygium P. Browne ex Gaertn.（1788）（保留属名）"的异名。【分布】澳大利亚，东南亚。【模式】Acmena floribunda（J. E. Smith）A. P. de Candolle［Metrosideros floribunda J. E. Smith］。【参考异名】Lomastelma Raf.（1838）; Syzygium P. Browne ex Gaertn.（1788）（保留属名）; Xenodendron K. Schum. et Lauterb.（1900）●☆

394 Acmenosperma Kausel（1957）= Syzygium P. Browne ex Gaertn.（1788）（保留属名）［桃金娘科 Myrtaceae］●☆

395 Acmispon Raf.（1832）【汉】钩足豆属。【隶属】豆科 Fabaceae（Leguminosae）//蝶形花科 Papilionaceae。【包含】世界 1-10 种。【学名诠释与讨论】〈阳〉本属作者自己解释为"hooked tip of the

pod"。词源不详。此属的学名是"Acmispon Rafinesque, Atlantic J. 144. 1832（winter）"。亦有文献把其处理为"Lotus L.（1753）"的异名。【分布】北美洲。【模式】Acmispon sericeus（Pursh）Rafinesque［Lotus sericeus Pursh］。【参考异名】Lotus L.（1753）■☆

396 Acmopylaceae Melikian et A. V. Bobrov（1997）= Podocarpaceae Endl.（保留科名）●

397 Acmopylaceae Pilg. =Podocarpaceae Endl.（保留科名）●

398 Acmopyle Pilg.（1903）【汉】铁门杉属。【隶属】罗汉松科 Podocarpaceae//铁门杉科 Acmopyleaceae。【包含】世界 2 种。【学名诠释与讨论】〈阴〉（希）akme，尖端，边缘+pyle，大门，进口，开口。【分布】斐济，法属新喀里多尼亚。【模式】Acmopyle pancheri（Brongniart et Gris）Pilger［Dacrydium pancheri Brongniart et Gris］●☆

399 Acmopyleaceae（Pilg.）Melikyan et A. V. Bobrov（1997）［亦见 Podocarpaceae Endl.（保留科名）罗汉松科］【汉】铁门杉科。【包含】世界 1 属 2 种。【分布】法属新喀里多尼亚，斐济。【科名模式】Acmopyle Pilg.（1903）●☆

400 Acmopyleaceae Melikyan et A. V. Bobrov = Acmopyleaceae（Pilg.）Melikyan et A. V. Bobrov ●

401 Acmostemon Pilg.（1936）= Ipomoea L.（1753）（保留属名）［旋花科 Convolvulaceae］●■

402 Acmostigma Post et Kuntze（1903）= Acmostima Raf.（1838）［茜草科 Rubiaceae］●

403 Acmostima Raf.（1838）= Palicourea Aubl.（1775）; ~ = Pavetta L.（1753）［茜草科 Rubiaceae］●☆

404 Acnadena Raf.（1838）= Cordia L.（1753）（保留属名）［紫草科 Boraginaceae//破布木科（破布树科）Cordiaceae］●

405 Acnida L.（1753）= Amaranthus L.（1753）［苋科 Amaranthaceae］■

406 Acnida Scop. = Acnida L.（1753）; ~ = Amaranthus L.（1753）［苋科 Amaranthaceae］■

407 Acnide Mitch.（1769）Nom. illegit. ≡ Acnida L.（1753）; ~ = Amaranthus L.（1753）［苋科 Amaranthaceae］■

408 Acnista Durand = Acnida L.（1753）; ~ = Amaranthus L.（1753）［苋科 Amaranthaceae］■

409 Acnistus Schott ex Endl.（1831）【汉】阿克尼茄树属（阿克尼茄属）。【俄】Акнистус。【英】Wild Tobacco。【隶属】茄科 Solanaceae。【包含】世界 1-50 种。【学名诠释与讨论】〈阳〉词源不详。此属的学名，ING 和 TROPICOS 记载是"Acnistus H. W. Schott, Wiener Z. Kunst 1829（4）：1180. 28 Nov 1829";IK 则记载为"Acnistus Schott, Wiener Z. Kunst 1829（4）：1180.［28 Nov 1829］;ex Endl. in Linnaea 6（Lit.）：54. 1831"。"Acnistus Schott（1829）"是一个未合格发表的名称（Nom. inval.）。"Acnistus Schott ex L.（1831）"的命名人引证有误。【分布】巴拉圭，巴拿马，秘鲁，玻利维亚，厄瓜多尔，哥伦比亚（安蒂奥基亚），尼加拉瓜，热带美洲，中美洲。【模式】Acnistus cauliflorus（N. J. Jacquin）H. W. Schott［Cestrum cauliflorum N. J. Jacquin］。【参考异名】Acnistus Schott ex L.（1831）Nom. illegit. ; Acnistus Schott（1829）Nom. inval. ; Agnistus G. Don（1839）Nom. illegit. ; Codochonia Dunal（1852）; Ephaiola Raf.（1838）; Eplateia Raf.（1838）; Huanuca Raf.（1838）Nom. illegit. ; Kokabus Raf.（1838）（废弃属名）; Lycioplesium Miers（1845）; Pederlea Raf.（1838）; Plicula Raf.（1838）; Triliena Raf.（1838）; Trozelia Raf.（1838）（废弃属名）●☆

410 Acnistus Schott ex L.（1831）Nom. illegit. ≡ Acnistus Schott ex Endl.（1831）［茄科 Solanaceae］●☆

411 Acnistus Schott（1829）Nom. inval. ≡ Acnistus Schott ex Endl.

(1831)［茄科 Solanaceae］●☆

412　Acocanthera G. Don（1837）Nom. illegit. = Acokanthera G. Don（1837）［夹竹桃科 Apocynaceae］●☆

413　Acocanthera Post et Kuntze（1903）= Acoeloraphis Durand；~ = Acokanthera G. Don（1837）［夹竹桃科 Apocynaceae］●☆

414　Acoeloraphis Durand = Acoelorrhaphe H. Wendl.（1879）［棕榈科 Arecaceae（Palmae）］●☆

415　Acoelorhaphe H. Wendl.（1879）Nom. illegit. = Acoelorrhaphe H. Wendl.（1879）［棕榈科 Arecaceae（Palmae）］●☆

416　Acoelorrhaphe H. Wendl.（1879）【汉】沼地棕属（阿斯罗桐属，常湿地棕榈属，丛立刺桐属，沼泽棕属）。【英】Everglades Palm。【隶属】棕榈科 Arecaceae（Palmae）。【包含】世界 1-7 种。【学名诠释与讨论】〈中〉（希）a-（a-在辅音字母前面，an-在元音字母前面）无，不+koilos，空穴。koilia，腹+rhaphe，缝，缝合处，raphe 脊，种脊，珠脊。指种子形态。此属的学名，ING 和 IK 记载是"Acoelorraphe H. Wendland, Bot. Zeitung（Berlin）37：148. 7 Mar 1879"。"Acoelorhaphe H. Wendl.（1879）"是其拼写变体。【分布】墨西哥，中美洲。【模式】Acoelorrhaphe wrightii（Grisebach et H. Wendland）H. Wendland ex Beccari［Copernicia wrightii Grisebach et H. Wendland］。【参考异名】Acanthosabal Prosch.（1925）；Acoeloraphis Durand；Acoelorhaphe H. Wendl.（1879）Nom. illegit.；Paurotis O. F. Cook（1902）●☆

417　Acoidium Lindl.（1837）= Trichocentrum Poepp. et Endl.（1836）［兰科 Orchidaceae］■☆

418　Acokanthera G. Don（1837）【汉】尖药木属（毒夹竹桃属，非洲简明毒树属，长药花属）。【日】アコカンテーラ属，サンダンカモドキ属。【英】Bushman's Poison, Bushman's - poison, Poison Bush, Poison Tree, Winter-sweet。【隶属】夹竹桃科 Apocynaceae。【包含】世界 5-15 种，中国 1 种。【学名诠释与讨论】〈阴〉（希）akoke，尖端，边缘+anthera，花药。花药尖头之义。【分布】马达加斯加，阿拉伯地区，非洲南部，热带非洲东部。【后选模式】Acokanthera lamarckii G. Don, Nom. illegit.［Cestrum oppositifolium Lamarck；Acokanthera oppositifolia（Lamarck）L. E. Codd］。【参考异名】Acocanthera G. Don（1837）Nom. illegit.；Acocanthera Post et Kuntze（1903）；Toxicophlaea Harv.（1842）●☆

419　Acoma Adans.（1763）= Homalium Jacq.（1760）［刺篱木科（大风子科）Flacourtiaceae//天料木科 Samydaceae］●

420　Acoma Benth.（1844）= Coreocarpus Benth.（1844）［菊科 Asteraceae（Compositae）］■☆

421　Acomastylis Greene et F. Bolle（1933），descr. emend. = Acomastylis Greene（1906）［蔷薇科 Rosaceae］■

422　Acomastylis Greene（1906）【汉】羽叶花属。【俄】Акомастилис。【英】Acomastylis, Pinnaflower。【隶属】蔷薇科 Rosaceae。【包含】世界 12-15 种，中国 2 种。【学名诠释与讨论】〈阴〉（拉）a-，无，不+coma =希腊文 kome，毛+style =希腊文 stylos，花柱，中柱，有尖之物，桩，柱，支持物，支柱，石头做的界标。此属的学名，ING、GCI、Acinos 和 IK 记载是"Acomastylis E. L. Greene, Leafl. Bot. Observ. Crit. 1：174. 23 Jan 1906"。"Acomastylis Greene et F. Bolle, Repert. Spec. Nov. Regni Veg. Beih. 72：78, descr. emend. 1933"修订了属的描述。亦有文献把"Acomastylis Greene（1906）"处理为"Geum L.（1753）"的异名。【分布】中国，喜马拉雅山，温带东亚，北美洲。【后选模式】Acomastylis rossii（R. Brown）E. L. Greene［Sieversia rossii R. Brown］。【参考异名】Acomastylis Greene et F. Bolle（1933），descr. emend.；Erythrocoma Greene（1906）；Geum L.（1753）■

423　Acome Baker（1882）= Cleome L.（1753）［山柑科（白花菜科，醉蝶花科）Capparaceae//白花菜科（醉蝶花科）Cleomaceae］●■

424　Acomis F. Muell.（1860）【汉】棕鼠麴属。【隶属】菊科 Asteraceae（Compositae）。【包含】世界 3-4 种。【学名诠释与讨论】〈阴〉（拉）a-，无，不+coma，毛发。【分布】澳大利亚。【模式】Acomis macra F. von Mueller。■☆

425　Acomosperma K. Schum. ex Ule（1908）【汉】无毛果属。【隶属】萝藦科 Asclepiadaceae。【包含】世界 1 种。【学名诠释与讨论】〈中〉（拉）a-，无，不+coma，毛+sperma，所有格 spermatos，种子，孢子。此属的学名，ING、TROPICOS 和 IK 记载是"Acomosperma K. Schumann ex Ule, Bot. Jahrb. Syst. 40：406. 24 Jan 1908"。GCI 则记载为"Acomosperma K. Schum., Bot. Jahrb. Syst. 40（3）：406. 1908［24 Jan 1908］"。四者引用的文献相同。【分布】热带南美洲。【模式】Acomosperma rivularis K. Schumann ex Ule。【参考异名】Acomosperma K. Sckum.（1908）Nom. illegit. ☆

426　Acomosperma K. Sckum.（1908）Nom. illegit. ≡ Acomosperma K. Schum. ex Ule（1908）［萝藦科 Asclepiadaceae］☆

427　Aconceveibum Miq.（1859）= Mallotus Lour.（1790）［大戟科 Euphorbiaceae］●

428　Aconitaceae Bercht. et J. Presl = Ranunculaceae Juss.（保留科名）●■

429　Aconitella Spach（1839）【汉】小乌头属。【隶属】毛茛科 Ranunculaceae//翠雀花科 Delphiniaceae。【包含】世界 10 种。【学名诠释与讨论】〈阴〉（属）Aconitum 乌头属+-ellus, -ella, -ellum，加在名词词干后面形成指小式的词尾。或加在人名、属名等后面以组成新属的名称。此属的学名是"Aconitella Spach, Hist. Nat. Vég. Phan. 7：358. 4 Mai 1839"。亦有文献把其处理为"Delphinium L.（1753）"的异名。【分布】巴尔干半岛至亚洲中部和阿富汗。【模式】Aconitella delphinioides Spach, Nom. illegit.［Delphinium aconiti Linnaeus］。【参考异名】Aconitopsis Kem. - Nath.（1940）；Delphidium Raf.（1818）Nom. illegit.；Delphinium L.（1753）■☆

430　Aconitopsis Kem. -Nath.（1940）【汉】类乌头属。【隶属】毛茛科 Ranunculaceae。【包含】世界 8 种。【学名诠释与讨论】〈阴〉（属）Aconitum 乌头属+希腊文 opsis，外观，模样，相似。此属的学名是"Aconitopsis Kemulariya-Natadze, Trudy Tbilissk. Bot. Inst. 7：125. 1940"。亦有文献把其处理为"Aconitella Spach（1839）"或"Aconitum L.（1753）"的异名。【分布】热带和亚热带。【模式】未指定。【参考异名】Aconitella Spach（1839）；Aconitum L.（1753）■☆

431　Aconitum L.（1753）【汉】乌头属。【日】トリカブト属。【俄】Аконит, Борец。【英】Aconit, Aconite, Aconitum, Monk's-hood, Monkshood, Wolf's Bane, Wolfsbane。【隶属】毛茛科 Ranunculaceae。【包含】世界 300-400 种，中国 225 种。【学名诠释与讨论】〈中〉（希）akoniton，一种有毒的植物，希腊古名。另说，（希）akonais 岩石上，或 akoa 投枪，或 akone，该植物的野生地。此属的学名，ING、TROPICOS 和 IK 记载是"Aconitum L., Sp. Pl. 1：532. 1753［1 May 1753］"。"Napellus N. M. Wolf, Gen. 114. 1776"是"Aconitum L.（1753）"的晚出的同模式异名（Homotypic synonym, Nomenclatural synonym）。【分布】巴基斯坦，美国，中国，北温带。【后选模式】Aconitum napellus Linnaeus。【参考异名】Aconitopsis Kem. - Nath.（1940）；Anthora（DC.）Fourr.（1868）；Anthora DC., Nom. illegit.；Anthora Haller ex Ser.（1824）Nom. illegit.；Anthora Haller（1745）Nom. inval.；Calliparion（Link）Rchb. ex Wittst.；Caloparion Post et Kuntze（1903）；Cammarum（DC.）Fourr.（1868）；Cammarum Fourr.（1868）；Lycoctonum Fourr.（1868）；Napellus Wolf（1776）Nom. illegit.；Nibbisia Walp.（1842）；Nirbisia G. Don（1831）■

432　Aconium Engl., Nom. illegit. = Aeonium Webb et Berthel.（1840）

[景天科 Crassulaceae]●■☆

433　Aconogonon(Meisn.)Rchb.(1837)【汉】肖蓼属(虎杖属)。【隶属】蓼科 Polygonaceae。【包含】世界 15 种。【学名诠释与讨论】〈中〉(希)akon,标枪,矛+gonia,角,角隅,关节,膝,来自拉丁文 giniatus,成角度的。此属的学名,ING 记载是"Aconogonum H. G. L. Reichenbach, Handb. 236. 1-7 Oct 1837"。GCI、TROPICOS 和 IK 则记载为"Aconogonon(Meisn.)Rchb., Handb. Nat. Pflanzensyst. 236(1837)",由"Polygonum sect. Aconogonon Meisn. Monogr. Polyg. 43,55. 1826[Oct-Dec 1826]"改级而来。四者引用的文献相同。"Aconogonum H. G. L. Reichenbach, Handb. 236. 1-7 Oct 1837"是其拼写变体。"Aconogonum(Meisn.)Rchb.(1837)≡Aconogonum Rchb.(1837)Nom. illegit."的命名人引证有误。"Aconogonon Rchb.(1837)≡Aconogonon(Meisn.)Rchb.(1837)"的命名人引证有误。多数学者把此属并入"Persicaria(L.)Mill.(1754)"。"Aconogonon(Meisn.)Rchb.(1837)"还曾被处理为"Koenigia sect. Aconogonon(Meisn.)T. M. Schust. et Reveal,Intermountain Flora 2(A):252. 2012"。【分布】巴基斯坦,日本,中国,北亚,北美洲,中美洲。【后选模式】Aconogonum divaricatum(Linnaeus)T. Nakai[Polygonum divaricatum Linnaeus]。【参考异名】Aconogonum(Meisn.)Rchb.(1837)Nom. illegit.;Aconogonum Rchb.(1837)Nom. illegit.;Koenigia sect. Aconogonon(Meisn.)T. M. Schust. et Reveal(2012);Persicaria(L.)Mill.(1754)■

434　Aconogonon Rchb.(1837)Nom. illegit. ≡ Aconogonon(Meisn.)Rchb.(1837)[蓼科 Polygonaceae]■☆

435　Aconogonum(D. Don)H. Hara = Polygonum L.(1753)(保留属名)[蓼科 Polygonaceae]●

436　Aconogonum(Meisn.)Rchb.(1837)Nom. illegit. ≡ Aconogonon(Meisn.)Rchb.(1837)[蓼科 Polygonaceae]■☆

437　Aconogonum Rchb.(1837)Nom. illegit. ≡ Aconogonon(Meisn.)Rchb.(1837)[蓼科 Polygonaceae]■☆

438　Acontias Schott(1832) = Xanthosoma Schott(1832)[天南星科 Araceae]■

439　Acopanea Steyerm.(1984) = Bonnetia Mart.(1826)(保留属名)[山茶科(茶科)Theaceae//多籽树科(多子科)Bonnetiaceae//猪胶树科(克鲁西科,山竹子科,藤黄科)Clusiaceae(Guttiferae)]●☆

440　Acophorum Gaudich. ex Steud.(1840)【汉】针梗属。【隶属】禾本科 Poaceae(Gramineae)。【包含】世界 1 种。【学名诠释与讨论】〈中〉(希)ake,akis,所有格 akidos,尖端,针+phoros,具有,梗,负载,发现者。此属的学名,IK 记载为"Acophorum Gaudich. ex Steud., Nomencl. Bot.[Steudel], ed. 2. 1:20, nomen. 1840"。TROPICOS 则记载为"Acophorum Steud., Nomenclator Botanicus. Editio secunda 1:20. 1840"。二者引用的文献相同。TROPICOS 标注"Acophorum Steud.(1840)"是裸名(Nom. nud.)。【分布】热带。【模式】Acophorum caerulescens Gaudich.。【参考异名】Acophorum Steud.(1840)Nom. nud. ■☆

441　Acophorum Steud.(1840)Nom. nud. ≡ Acophorum Gaudich. ex Steud.(1840)Nom. nud.[禾本科 Poaceae(Gramineae)]■☆

442　Acoraceae C. Agardh = Araceae Juss.(保留科名)■●

443　Acoraceae Martinov.(1820)【汉】菖蒲科。【日】ショウブ科。【包含】世界 1 属 4-7 种,中国 1 属 4-7 种。【分布】北半球的温带和亚热带。【科名模式】Acorus L.(1753)■

444　Acorellus Palla ex Kneuck.(1903) = Cyperus L.(1753);~ = Juncellus(Griseb.)C. B. Clarke(1893)[莎草科 Cyperaceae]■

445　Acorellus Palla(1905)Nom. illegit. = Cyperus L.(1753)[莎草科 Cyperaceae]■

446　Acoridium Nees et Meyen(1843)【汉】无孔兰属。【隶属】兰科 Orchidaceae。【包含】世界 60 种。【学名诠释与讨论】〈中〉(希)a-(a-在辅音字母前面,an-在元音字母前面)无,不+kore,瞳孔+-idius, -idia, -idium,指示小的词尾。另说(属)Acorus 菖蒲属+-idium,指叶子或花与菖蒲相近。此属的学名是"Acoridium C. G. D. Nees et F. J. F. Meyen in F. J. F. Meyen, Nov. Actorum Acad. Caes. Leop. -Carol. Nat. Cur. 19(Suppl.)1:131. 1843"。亦有文献把其处理为"Dendrochilum Blume(1825)"的异名。【分布】菲律宾。【模式】Acoridium tenellum C. G. D. Nees et F. J. F. Meyen。【参考异名】Dendrochilum Blume(1825)■☆

447　Acoroides Sol.(1795) = Xanthorrhoea Sm.(1798)[黄脂木科(草树胶科,刺叶树科,禾木胶科,黄胶木科,黄万年青科,黄脂草科,木根旱生草科)Xanthorrhoeaceae]●■☆

448　Acorus L.(1753)【汉】菖蒲属。【日】シャウブ属,ショウブ属。【俄】Аир,Лепеха。【英】Acorus, Sweet Flag, Sweet-flag.。【隶属】天南星科 Araceae//菖蒲科 Acoraceae。【包含】世界 4-7 种,中国 4-7 种。【学名诠释与讨论】〈阳〉(希)akoros 菖蒲。另说,(希)a-,无,不+kore,瞳孔。另说 a-+koros 装饰。另说 akoron, akoros 是古老的希腊名字,用于 Acorus calamus 和 Iris pseudacorus。【分布】巴基斯坦,美国,中国,北温带和亚热带。【模式】Acorus calamus Linnaeus。【参考异名】Calamus Pall. ■

449　Acosmia Benth.(1829)Nom. inval. ≡ Acosmia Benth. ex G. Don(1831);~ = Gypsophila L.(1753)[石竹科 Caryophyllaceae]■●

450　Acosmia Benth. ex G. Don(1831) = Gypsophila L.(1753)[石竹科 Caryophyllaceae]■●

451　Acosmium Schott(1827)【汉】无饰豆属(埃可豆属)。【隶属】豆科 Fabaceae(Leguminosae)。【包含】世界 17-20 种。【学名诠释与讨论】〈中〉(希)a-,无,不+kosmos,秩序,装饰,形式+-ius, -ia, -ium,在拉丁文和希腊文中,这些词尾表示性质或状态。在来源于人名的植物属名中,它们常常出现。在医学中,则用它们来作疾病或病状的名称。此属的学名是"Acosmium H. W. Schott in K. P. J. Sprengel, Syst. Veg. 4(2):406. Jan-Jun 1827"。亦有文献把其处理为"Sweetia Spreng.(1825)(保留属名)"的异名。【分布】巴拉圭,巴拿马,巴西,玻利维亚,尼加拉瓜,美洲。【模式】Acosmium lentiscifolium H. W. Schott。【参考异名】Sweetia Spreng.(1825)(保留属名)●☆

452　Acosmus Desv.(1829) = Aspicarpa Rich.(1815)[金虎尾科(黄褥花科)Malpighiaceae]●☆

453　Acosta Adans.(1763) = Centaurea L.(1753)(保留属名)[菊科 Asteraceae(Compositae)//矢车菊科 Centaureaceae]●■

454　Acosta DC.(1836)Nom. illegit. = Spiracantha Kunth(1818)[菊科 Asteraceae(Compositae)]■☆

455　Acosta Lour.(1790)Nom. illegit. = Vaccinium L.(1753)[杜鹃花科(欧石南科)Ericaceae//越橘科(乌饭树科)Vacciniaceae]●

456　Acosta Ruiz et Pav.(1794)Nom. inval. = Moutabea Aubl.(1775)[远志科 Polygalaceae]●☆

457　Acostaea Schltr.(1923)【汉】无脉兰属。【隶属】兰科 Orchidaceae。【包含】世界 4 种。【学名诠释与讨论】〈阴〉(拉)a-+costa,肋骨。另说纪念哥斯达黎加植物学家 Guillermo Acosta。【分布】巴拿马,哥斯达黎加。【后选模式】Acostaea costaricensis Schlechter。☆

458　Acostia Swallen(1968)【汉】细无脊草属。【隶属】禾本科 Poaceae(Gramineae)。【包含】世界 1 种。【学名诠释与讨论】〈阴〉(拉)a-+costa,肋骨。【分布】厄瓜多尔。【模式】Acostia gracilis Swallen。☆

459　Acouba Aubl.(废弃属名) = Dalbergia L. f.(1782)(保留属名)[豆科 Fabaceae(Leguminosae)//蝶形花科 Papilionaceae]●

460　Acourea Scop. = Acouroa Aubl.(1775)(废弃属名)[豆

Fabaceae（Leguminosae）//蝶形花科 Papilionaceae］●

461 Acouroa Aubl.（1775）（废弃属名）= Dalbergia L. f.（1782）（保留属名）［豆科 Fabaceae（Leguminosae）//蝶形花科 Papilionaceae］●

462 Acouroua Taub. = Acouroa Aubl.（1775）（废弃属名）［豆科 Fabaceae（Leguminosae）］●

463 Acourtia D. Don（1830）【汉】沙牡丹属。【英】Desertpeony。【隶属】菊科 Asteraceae（Compositae）。【包含】世界 65-80 种。【学名诠释与讨论】〈阴〉（人）Mary Elizabeth Catherine Gibbes A' Court, 1792-1878, Abraham Gibbes 的女儿。"Acourtia D. Don（1830）"曾被处理为"Perezia sect. Acourtia（D. Don）A. Gray, Proceedings of the American Academy of Arts and Sciences 19:58. 1884［1883］.（30 Oct 1883）"。【分布】美国（南部），墨西哥，中美洲。【模式】Acourtia formosa D. Don。【参考异名】Perezia Lag.（1811）；Perezia sect. Acourtia（D. Don）A. Gray（1884）●■☆

464 Acquartia Endl. = Aquartia Jacq.（1760）；~ = Solanum L.（1753）［茄科 Solanaceae］●■

465 Acrachne Chiov.（1907）Nom. illegit. ≡ Acrachne Wight et Arn. ex Chiov.（1907）［禾本科 Poaceae（Gramineae）］■

466 Acrachne Wight et Arn. ex Chiov.（1907）【汉】尖稃草属（假龙爪茅属）。【英】Acrachne。【隶属】禾本科 Poaceae（Gramineae）。【包含】世界 2-3 种，中国 1 种。【学名诠释与讨论】〈阴〉（希）akros, 在顶端的，锐尖的+achne, 鳞片，稃。指外稃的主脉延伸成小尖头。此属的学名，ING 和 TROPICOS 记载是"Acrachne R. Wight et Arnott ex Chiovenda, Annu. Ist. Bot. Roma 8 : 361. 31 Dec 1907"；IK 则记为"Acrachne Wight et Arn. ex Lindl. et Chiov., Ann. Ist. Bot. Roma viii. 361（1908）"。APNI 则记载为"Acrachne Chiov., Annuario del r. Istituto Botanico di Roma 8 1907"。四者引用的文献相同。"Acrachne Wight et Arn. ex Lindl., Intr. Nat. Syst. Bot., ed. 2. 381. 1836 ≡ Acrachne Wight et Arn. ex Chiov.（1907）"是一个未合格发表的名称（Nom. inval.）。《巴基斯坦植物志》用"Acrachne Chiov. in Annuar. R. 1st. Bot. Roma. 8 : 361. 1908"为正名。《中国植物志》中文版和英文版则用为"Acrachne Wight et Arn. ex Chiov.（1907）"。"Acrachne Wight et Arn. ex Lindl. et Chiov., Ann. Ist. Bot. Roma viii. 361（1908）"修订了属的描述。【分布】埃塞俄比亚，澳大利亚，巴基斯坦，马达加斯加，印度至马来西亚，中国，中南半岛。【模式】Acrachne verticillata（Roxburgh）Chiovenda［Eleusine verticillata Roxburgh］。【参考异名】Acrachne Chiov.（1907）Nom. illegit. ; Acrachne Wight et Arn. ex Lindl.（1836）Nom. illegit. ; Acrachne Wight et Arn. ex Lindl. et Chiov.（1908）Nom. illegit. ; Aerachne Hook. f.（1896）; Arthrochloa Lorch（1960）Nom. illegit. ; Camusia Lorch（1961）; Normanboria Butzin（1978）■

467 Acrachne Wight et Arn. ex Lindl.（1836）Nom. inval. ≡ Acrachne Wight et Arn. ex Chiov.（1907）［禾本科 Poaceae（Gramineae）］■

468 Acrachne Wight et Arn. ex Lindl. et Chiov.（1908）Nom. illegit. = Acrachne Wight et Arn. ex Chiov.（1907）［禾本科 Poaceae（Gramineae）］■

469 Acradenia Kippist（1853）【汉】白木属（塔斯马尼亚芸木属）。【隶属】芸香科 Rutaceae。【包含】世界 2 种。【学名诠释与讨论】〈阴〉（希）akros, 在顶端的，锐尖的+aden, 所有格 adenos, 腺体。【分布】澳大利亚（塔斯马尼亚岛）。【模式】Acradenia frankliniae Kippist。【参考异名】Luerssenidendron Domin（1927）●☆

470 Acraea Lindl.（1845）= Pterichis Lindl.（1840）［兰科 Orchidaceae］■☆

471 Acrandra O. Berg（1856）= Campomanesia Ruiz et Pav.（1794）［桃金娘科 Myrtaceae］●☆

472 Acranthemum Tiegh.（1895）= Agelanthus Tiegh.（1895）; ~ =

Tapinanthus（Blume）Rchb.（1841）（保留属名）［桑寄生科 Loranthaceae］●☆

473 Acranthera Arn. ex Meisn.（1838）（保留属名）【汉】尖药花属。【英】Acranthera, Tineanther。【隶属】茜草科 Rubiaceae。【包含】世界 36-40 种，中国 1 种。【学名诠释与讨论】〈阴〉（拉）akros, 在顶端的，锐尖的+anthera, 花药。指花药锐尖。此属的学名"Acranthera Arn. ex Meisn., Pl. Vasc. Gen. 1 : 162 ; 2 : 115. 16-22 Sep 1838"是保留属名。相应的凌弃属名是茜草科 Rubiaceae 的"Psilobium Jack in Malayan Misc. 2（7）: 84. 1822 = Acranthera Arn. ex Meisn.（1838）（保留属名）"。【分布】印度至马来西亚，中国。【模式】Acranthera ceylanica Arnott ex C. F. Meisner。【参考异名】Androtropis R. Br.（1847）Nom. nud. ; Androtropis R. Br. ex Wall.（1847）Nom. nud. ; Gonyanera Korth.（1851）; Psilobium Jack（1822）（废弃属名）●

474 Acranthus Clem. = Acrosanthes Eckl. et Zeyh.（1837）［番杏科 Aizoaceae］■☆

475 Acranthus Hook. f. = Aeranthes Lindl.（1824）［兰科 Orchidaceae］■☆

476 Acratherum Link（1827）= Arundinella Raddi（1823）［禾本科 Poaceae（Gramineae）//野古草科 Arundinellaceae］■

477 Acreugenia Kausel（1956）= Myrcianthes O. Berg（1856）［桃金娘科 Myrtaceae］●☆

478 Acridocarpus Guill. et Perr.（1831）（保留属名）【汉】虫果金虎尾属。【隶属】金虎尾科（黄褥花科）Malpighiaceae。【包含】世界 30 种。【学名诠释与讨论】〈阳〉（希）akris, 所有格 akridos, 蝗虫，蚱蜢+karpos, 果实。此属的学名"Acridocarpus Guill. et Perr., Fl. Seneg. Tent. ; 123, t. 29. Sept 1831"是保留属名。相应的废弃属名是金虎尾科 Malpighiaceae 的"Anomalopteris（DC.）G. Don, Gen. Hist. 1 : 634, 647. prim. Aug 1831 = Acridocarpus Guill. et Perr.（1831）（保留属名）"。【分布】马达加斯加，法属新喀里多尼亚，阿拉伯地区，非洲。【模式】Acridocarpus plagiopterus Guillemin et Perrottet。【参考异名】Anomalopteris（DC.）G. Don（1831）Nom. illegit. ; Anomalopteris G. Don（1831）Nom. illegit. ; Anomalopterys（DC.）G. Don（1831）Nom. illegit. ; Heteropteris sect. Anomalopteris DC.（1824）; Rhinopterys Nied.（1896）●☆

479 Acrilia Griseb.（1859）= Trichilia P. Browne（1756）（保留属名）［楝科 Meliaceae］●

480 Acrilla C. DC. = Acrilia Griseb.（1859）［楝科 Meliaceae］●

481 Acriopsis Blume（1823）Nom. inval. , Nom. nud. ≡ Acriopsis Blume（1825）［兰科 Orchidaceae］■

482 Acriopsis Blume（1825）【汉】合萼兰属（阿瑞奥普兰属，合柱兰属）。【日】アクリオプシス属。【英】Acriopsis。【隶属】兰科 Orchidaceae。【包含】世界 6-12 种，中国 1 种。【学名诠释与讨论】〈阴〉（希）akris, 蝗虫，蚱蜢+希腊文 opsis, 外观，模样，相似。此属的学名，ING、TROPICOS 和 APNI 记载是"Acriopsis Blume, Bijdr. 376. 20 Sep-7 Dec 1825"。IK 则记载为"Acriopsis Reinw. ex Blume, Cat. Gew. Buitenzorg（Blume）97. 1823"。"Acriopsis Reinw.（1823）"、"Acriopsis Blume（1823）"和"Acriopsis Reinw. ex Blume（1823）"都是未合格发表的名称（Nom. inval. , Nom. nud.）。合法名称是"Acriopsis Blume, Bijdr. Fl. Ned. Ind. 8 ; 376. 1825"。【分布】中国，马来西亚（西部），所罗门群岛，新几内亚岛，中南半岛。【模式】Acriopsis javanica Blume。【参考异名】Acriopsis Blume（1823）Nom. inval. , Nom. nud. ; Acriopsis Reinw.（1823）Nom. inval. , Nom. nud. ; Acriopsis Reinw. ex Blume（1823）Nom. inval. , Nom. nud. ■

483 Acriopsis Reinw.（1823）Nom. inval. , Nom. nud. ≡ Acriopsis Blume（1825）［兰科 Orchidaceae］■

484 Acriopsis Reinw. ex Blume（1823）Nom. inval.，Nom. nud. ≡ Acriopsis Blume（1825）［兰科 Orchidaceae］■

485 Acrisione B. Nord.（1985）【汉】箭药千里光属。【隶属】菊科 Asteraceae（Compositae）。【包含】世界 2 种。【学名诠释与讨论】〈阴〉（拉）akros，蝗虫，蚱蜢+sion，一种沼泽植物俗名。【分布】智利。【模式】Acrisione cymosa（J. Rémy）B. Nordenstam［Senecio cymosus J. Rémy］●☆

486 Acrista O. F. Cook（1901）Nom. illegit. = Euterpe Gaertn.（1788）（废弃属名）；~ = Euterpe Mart.（1823）（保留属名）；~ = Prestoea Hook. f.（1883）（保留属名）［棕榈科 Arecaceae（Palmae）］●☆

487 Acristaceae O F. Cook（1913）= Arecaceae Bercht. et J. Presl（保留科名）//Palmae Juss.（保留科名）●

488 Acritochaete Pilg.（1902）【汉】乱毛颖草属。【隶属】禾本科 Poaceae（Gramineae）。【包含】世界 1 种。【学名诠释与讨论】〈阴〉（希）akritos，不清楚的，难区分的，未排列的+chaite＝拉丁文 chaeta，刚毛。【分布】中国，热带非洲。【模式】Acritochaete volkensii Pilger。【参考异名】Aeritochaeta Post et Kuntze（1903）■

489 Acritopappus R. M. King et H. Rob.（1972）【汉】短柔毛菊属（短冠菊属）。【隶属】菊科 Asteraceae（Compositae）。【包含】世界 13-16 种。【学名诠释与讨论】〈阳〉（希）akritos，不清楚的，难区分的，未排列的+希腊文 pappos，柔毛，软毛。pappus 则与拉丁文同义，指冠毛。【分布】巴西。【模式】Acritopappus longifolius G. Gardner) R. M. King et H. E. Robinson［Decachaeta longifolia G. Gardner］■☆

490 Acriulus Ridl.（1883）= Scleria P. J. Bergius（1765）［莎草科 Cyperaceae］■

491 Acriviola Mill.（1754）Nom. illegit. ≡Tropaeolum L.（1753）［旱金莲科 Tropaeolaceae］■

492 Acroanthes Raf.（1819）= Malaxis Sol. ex Sw.（1788）［兰科 Orchidaceae］■

493 Acroblastum Sol.（1866）Nom. inval. ≡Acroblastum Sol. ex Setchell（1935）；~ ≡ Polyplethia（Griff.）Tiegh.（1896）；~ = Balanophora J. R. Forst. et G. Forst.（1776）［蛇菰科（土鸟黐科）Balanophoraceae］■

494 Acroblastum Sol. ex Setchell（1935）Nom. illegit. ≡ Polyplethia（Griff.）Tiegh.（1896）；~ = Balanophora J. R. Forst. et G. Forst.（1776）［蛇菰科（土鸟黐科）Balanophoraceae］■

495 Acrobotrys K. Schum. et K. Krause（1908）【汉】顶穗茜属。【隶属】茜草科 Rubiaceae。【包含】世界 1 种。【学名诠释与讨论】〈阴〉（希）akros，在顶端的，锐尖的+botrys，葡萄串，总状花序，簇生。【分布】哥伦比亚。【模式】Acrobotrys discolor K. Schumann et K. Krause。☆

496 Acrocarpidium Miq.（1843）= Peperomia Ruiz et Pav.（1794）［胡椒科 Piperaceae//草胡椒科（三瓣绿科）Peperomiaceae］■

497 Acrocarpus Nees（1842）Nom. illegit. = Cryptangium Schrad. ex Nees（1842）；~ = Lagenocarpus Nees（1834）［莎草科 Cyperaceae］■☆

498 Acrocarpus Wight ex Arn.（1838）【汉】尖果苏木属（桴叶豆属，顶果木属，顶果树属，顶果苏木属）。【英】Acrocarpus。【隶属】豆科 Fabaceae（Leguminosae）//云实科（苏木科）Caesalpiniaceae。【包含】世界 2-3 种，中国 1 种。【学名诠释与讨论】〈阳〉（希）akros，在顶端的，锐尖的+karpos，果实。指果实生于枝顶。此属的学名，ING 和 TROPICOS 记载是“Acrocarpus R. Wight ex Arnott，Mag. Zool. Bot. 2：547. 1838”。“Acrocarpus C. G. D. Nees in C. F. P. Martius, Fl. Brasil. 2（1）：157. 1 Apr 1842 = Cryptangium Schrad. ex Nees（1842）［莎草科 Cyperaceae］”是晚出的非法名称。红藻的“Acrocarpus Kuetzing, Phycol. Gen. 405. 14-16 Sep 1843”和化石植物的“Acrocarpus Schenk, Foss. Fl. Grenzschichten Keupers Lias Frankens 134. 1867”也是晚出的非法名称。【分布】印度至马来西亚，中国。【模式】Acrocarpus fraxinifolius Arnott。●

499 Acrocentron Cass.（1826）= Centaurea L.（1753）（保留属名）［菊科 Asteraceae（Compositae）//矢车菊科 Centaureaceae］●■

500 Acrocentrum Post et Kuntze（1903）= Acrocentron Cass.（1826）［菊科 Asteraceae（Compositae）］●■

501 Acrocephalium Hassk. = Acrocephalus Benth.（1829）［唇形科 Lamiaceae（Labiatae）］■

502 Acrocephalus Benth.（1829）【汉】尖头花属（顶头花属）。【日】タマザキニガクサ属。【英】Acrocephalus。【隶属】唇形科 Lamiaceae（Labiatae）。【包含】世界 5-130 种，中国 1 种。【学名诠释与讨论】〈阳〉（希）akros，在顶端的，锐尖的+kephale，头。指轮伞花序常组成顶生的头状花序。此属的学名是“Acrocephalus Bentham, Edwards's Bot. Reg. 15: t. 1282. 1 Nov 1829”。亦有文献把其处理为“Haumaniastrum P. A. Duvign. et Plancke（1959）”或“Platostoma P. Beauv.（1818）”的异名。【分布】巴基斯坦，马达加斯加，中国，热带非洲和南非，热带亚洲。【模式】Acrocephalus scariosus Bentham。【参考异名】Acrocephalium Hassk.；Haumaniastrum P. A. Duvign. et Plancke（1959）；Platostoma P. Beauv.（1818）■

503 Acroceras Stapf（1920）【汉】凤头黍属。【英】Acroceras。【隶属】禾本科 Poaceae（Gramineae）。【包含】世界 10-19 种，中国 2 种。【学名诠释与讨论】〈中〉（希）akros，在顶端的，锐尖的+keras，所有格 keratos，角，距，弓。指颖与稃的顶端突起。【分布】马达加斯加，印度至马来西亚，中国，热带非洲。【后选模式】Acroceras oryzoides（O. Swartz）Stapf［Panicum oryzoides O. Swartz］。【参考异名】Commelinidium Stapf（1920）；Neohusnotia A. Camus（1921）；Neohyptis A. Camus ■

504 Acrochaene Lindl.（1853）= Monomeria Lindl.（1830）［兰科 Orchidaceae］■

505 Acrochaete Peter（1930）Nom. illegit. ≡ Tansaniochloa Rauschert（1982）；~ = Setaria P. Beauv.（1812）（保留属名）［禾本科 Poaceae（Gramineae）］■

506 Acroclinium A. Gray（1852）= Helipterum DC. ex Lindl.（1836）Nom. confus. = Rhodanthe Lindl.（1834）［菊科 Asteraceae（Compositae）］●■☆

507 Acrocoelium Baill.（1892）= Leptaulus Benth.（1862）［茶茱萸科 Icacinaceae］●☆

508 Acrocomia Mart.（1824）【汉】格鲁棕属（垂花榈属，刺干椰属，刺茎椰子属，刺茎棕属，大刺可可椰子属，顶束毛榈属，可雅棕属）。【日】アグロコーミア属，オニトゲココヤシ属。【俄】Акрокомия。【英】Aerocomia, Grugru Palm, Gru-gru Palm。【隶属】棕榈科 Arecaceae（Palmae）。【包含】世界 1-30 种。【学名诠释与讨论】〈阴〉（希）akros，在顶端的，锐尖的+kome，毛发，束毛，冠毛，来自拉丁文 coma。指叶子生于树干顶部。【分布】巴拉圭，巴拿马，玻利维亚，哥伦比亚（安蒂奥基亚），哥斯达黎加，尼加拉瓜，西印度群岛，热带美洲，中美洲。【模式】Acrocomia sclerocarpa C. F. P. Martius, Nom. illegit.［Cocos aculeata N. J. Jacquin；Acrocomia aculeata（N. J. Jacquin）Loddiges］。【参考异名】Acanthococos Barb. Rodr.（1900）●☆

509 Acrocorion Adans.（1763）Nom. illegit. ≡Galanthus L.（1753）［石蒜科 Amaryllidaceae//雪花莲科 Galanthaceae］■☆

510 Acrocorium Post et Kuntze（1903）（1）= Acrocorion Adans.（1763）Nom. illegit.；~ = Galanthus L.（1753）［石蒜科 Amaryllidaceae//雪花莲科 Galanthaceae］■☆

511 Acrocorium Post et Kuntze（1903）（2）= Acrocoryne Turcz（1852）［萝藦科 Asclepiadaceae］●☆

512 Acrocoryne Turcz.（1852）= Metastelma R. Br.（1810）［萝藦科 Asclepiadaceae］●☆

513 Acrodiclidium Nees et Mart.（1833）= Licaria Aubl.（1775）［樟科 Lauraceae］●☆

514 Acrodiclidium Nees（1833）Nom. illegit. ≡ Acrodiclidium Nees et Mart.（1833）；~ = Licaria Aubl.（1775）［樟科 Lauraceae］●☆

515 Acrodon N. E. Br.（1927）【汉】斗鱼草属。【隶属】番杏科 Aizoaceae。【包含】世界4种。【学名诠释与讨论】〈阳〉（希）akros，在顶端的，锐尖的+odous，所有格 odontos，齿。【分布】非洲南部。【模式】Acrodon bellidiflorus（Linnaeus）N. E. Brown ［Mesembryanthemum bellidiflorum Linnaeus］■☆

516 Acrodryon Spreng.（1824）= Cephalanthus L.（1753）［茜草科 Rubiaceae］●

517 Acrodrys Clem. = Acrodryon Spreng.（1824）［茜草科 Rubiaceae］●

518 Acroelytrum Steud.（1846）= Lophatherum Brongn.（1831）［禾本科 Poaceae（Gramineae）］■

519 Acroglochia Gerard. = Acroglochin Schrad.（1822）［藜科 Chenopodiaceae］■

520 Acroglochin Schrad.（1822）【汉】千针苋属。【英】Acroglochin。【隶属】藜科 Chenopodiaceae。【包含】世界2种，中国1种。【学名诠释与讨论】〈阴〉（希）akros，在顶端的，锐尖的+glochin，所有格 glochinos，突出点，锐尖。指花序腋内生针状枝条。此属的学名，ING、TROPICOS 和 IK 记载是"Acroglochin Schrader in J. A. Schultes，Mant. 1；69，227. 1822（sero）"。"Acroglochin Schrad. ex Schult.（1822）≡ Acroglochin Schrad.（1822）"的命名人引证有误。"Blitanthus H. G. L. Reichenbach，Handb. 238. 1-7 Oct 1837"是"Acroglochin Schrad.（1822）"的晚出的同模式异名（Homotypic synonym，Nomenclatural synonym）。【分布】巴基斯坦，印度（北部），中国。【模式】Acroglochin chenopodioides Schrader。【参考异名】Acroglochia Gerard.；Acroglochin Schrad. ex Schult.（1822）Nom. illegit.；Blitanthus Rchb.（1824）Nom. illegit.；Lecanocarpus Nees（1824）■

521 Acroglochin Schrad. ex Schult.（1822）Nom. illegit. ≡ Acroglochin Schrad.（1822）［藜科 Chenopodiaceae］■

522 Acroglyphe E. Mey.（1843）= Annesorhiza Cham. et Schltdl.（1826）［伞形花科（伞形科）Apiaceae（Umbelliferae）］■☆

523 Acrolasia C. Presl（1831）= Mentzelia L.（1753）［刺莲花科（硬毛草科）Loasaceae］●■☆

524 Acrolepis Schrad.（1832）= Ficinia Schrad.（1832）（保留属名）［莎草科 Cyperaceae］■☆

525 Acrolinium Engl.（1880）= Helipterum DC. ex Lindl.（1836）Nom. confus.；~ = Acroclinium A. Gray（1852）［菊科 Asteraceae（Compositae）］■☆

526 Acrolobus Klotzsch（1856）= Heisteria Jacq.（1760）（保留属名）［铁青树科 Olacaceae］●☆

527 Acrolophia Pfitzer（1887）【汉】冠顶兰属。【隶属】兰科 Orchidaceae。【包含】世界9种。【学名诠释与讨论】〈阴〉（希）akros，在顶端的，锐尖的+lophos，脊，鸡冠，装饰。【分布】热带和非洲南部。【模式】未指定。●☆

528 Acrolophus Cass.（1827）Nom. illegit. = Centaurea L.（1753）（保留属名）［菊科 Asteraceae（Compositae）//矢车菊科 Centaureaceae］●■

529 Acronema Edgew.（1845）Nom. illegit. ≡ Acronema Falc. ex Edgew.（1845）［伞形花科（伞形科）Apiaceae（Umbelliferae）］■

530 Acronema Falc. ex Edgew.（1845）【汉】丝瓣芹属。【英】Acronema。【隶属】伞形花科（伞形科）Apiaceae（Umbelliferae）。【包含】世界21-24种，中国21种。【学名诠释与讨论】〈中〉

（希）akros，在顶端的，锐尖的+nema，所有格 nematos，丝，花丝。指花瓣的顶端呈丝状。此属的学名，ING、IPNI 和 IK 记载是"Acronema Falcon. ex Edgew.，Trans. Linn. Soc. London 20（1）；51. 1846 ［1851 publ. 29 Aug 1846］"。"Acronema Edgew.（1845）≡ Acronema Falc. ex Edgew.（1845）"的命名人引证有误。【分布】中国，东喜马拉雅山。【模式】Acronema tenerum（A. P. de Candolle）Edgeworth ［Helosciadium tenerum A. P. de Candolle］。【参考异名】Acronema Edgew.（1845）Nom. illegit. ■

531 Acronia C. Presl（1827）= Pleurothallis R. Br.（1813）［兰科 Orchidaceae］■☆

532 Acronoda Hassk.（1844）= Acronodia Blume（1825）［杜英科 Elaeocarpaceae//椴树科（椴科，田麻科）Tiliaceae］●

533 Acronodia Blume（1825）= Elaeocarpus L.（1753）［杜英科 Elaeocarpaceae//椴树科（椴科，田麻科）Tiliaceae］●

534 Acronozus Steud.（1840）= Acronodia Blume（1825）；~ = Acrozus Spreng.（1827）［杜英科 Elaeocarpaceae//椴树科（椴科，田麻科）Tiliaceae］●

535 Acronychia J. R. Forst. et G. Forst.（1775）（保留属名）【汉】山油柑属（降真香属）。【日】オホバグッケイ属。【俄】Акронихия。【英】Acronychia。【隶属】芸香科 Rutaceae。【包含】世界44种，中国2种。【学名诠释与讨论】〈阴〉（希）akros，在顶端的，锐尖的+onyx，所有格 onychos，指甲，爪。指花瓣的先端爪状。此属的学名"Acronychia J. R. Forst. et G. Forst.，Char. Gen. Pl.：27. 29 Nov 1775"是保留属名。相应的废弃属名是芸香科 Rutaceae 的"Jambolifera L.，Sp. Pl.：349. 1 Mai 1753 = Acronychia J. R. Forst. et G. Forst.（1775）（保留属名）"和"Cunto Adans.，Fam. Pl. 2：446，547. Jul - Aug 1763 = Acronychia J. R. Forst. et G. Forst.（1775）（保留属名）"。芸香科 Rutaceae 的"Jambolifera Houtt.，Handl. Pl. -Kruidk. ii. 272（1774）= Syzygium P. Browne ex Gaertn.（1788）（保留属名）"亦应废弃。"Huonia Montrouzier，Mém. Acad. Roy. Sci. Lyon，Sect. Sci. ser. 2. 10；185. 1860"是"Acronychia J. R. Forst. et G. Forst.（1775）（保留属名）"的晚出的同模式异名（Homotypic synonym，Nomenclatural synonym）。【分布】澳大利亚，马来西亚，中国，太平洋地区。【模式】Acronychia laevis J. R. Forster et J. G. A. Forster。【参考异名】Bauerella Borzi（1898）；Cunto Adans.（1763）；Cyminosma Gaertn.（1788）；Doerrienia Dennst.（1818）；Doriena Endl.（1840）；Gela Lour.（1790）；Huonia Montrouz.（1860）Nom. illegit.；Jambolana Adans.（1763）Nom. illegit.；Jambolifera L.（1753）（废弃属名）；Koelpinia Scop.（1777）Nom. illegit.；Laxmannia Schreb.（1791）Nom. illegit.（废弃属名）；Pleiococca F. Muell.（1875）；Roelpinia Scop.（1777）Nom. illegit.；Selas Spreng.（1825）Nom. illegit. ●

536 Acropera Lindl.（1833）= Gongora Ruiz et Pav.（1794）［兰科 Orchidaceae］■☆

537 Acropetalum A. Juss.（1849）Nom. illegit. ≡ Acropetalum Delile ex A. Juss.（1849）Nom. illegit.；~ ≡ Xeropetalum Delile（1826）；~ = Dombeya Cav.（1786）（保留属名）［梧桐科 Sterculiaceae］●☆

538 Acropetalum Delile ex A. Juss.（1849）Nom. illegit. ≡ Xeropetalum Delile（1826）；~ = Dombeya Cav.（1786）（保留属名）［梧桐科 Sterculiaceae//锦葵科 Malvaceae］●☆

539 Acrophyllum Benth.（1838）【汉】尖叶火把树属。【隶属】火把树科（常绿棱枝树科，角瓣木科，库诺尼科，南薔薇科，轻木科）Cunoniaceae。【包含】世界1种。【学名诠释与讨论】〈中〉（希）akros，在顶端的，锐尖的+phyllon，叶子。phyllodes，似叶的，多叶的。phylleion，绿色材料，绿草。此属的学名，ING、APNI、TROPICOS 和 IK 记载是"Acrophyllum Bentham in Maund，Botanist 2：ad t. 95. Dec 1838"。"Acrophyllum E. Mey.，Zwei

Pflanzengeogr. Docum. (Drège) 140. 1843 ［ 7 Aug 1843 ］ = Pappea Eckl. et Zeyh. (1834-1835) ［无患子科 Sapindaceae ］ 是晚出的非法名称，也是一个未合格发表的名称 (Nom. inval.) 。【分布】澳大利亚 (新南威尔士) 。【模式】Acrophyllum venosum (Knowles et Westcott) Maund ［ Weinmannia venosa Knowles et Westcott ］ 。【参考异名】Calycomis D. Don (1830) Nom. illegit. ●☆

540　Acrophyllum E. Mey. (1843) Nom. illegit. , Nom. inval. = Pappea Eckl. et Zeyh. (1834-1835) ［无患子科 Sapindaceae ］ ●☆

541　Acroplanes K. Schum. = Ilythuria Raf. (1838) ; ~ = Donax Lour. (1790) +Schumannianthus Gagnep. (1904) ［竹芋科（苳叶科，柊叶科）Marantaceae ］ ■☆

542　Acropodium Desv. (1826) = Aspalathus L. (1753) ［豆科 Fabaceae (Leguminosae) //芳香木科 Aspalathaceae ］ ●☆

543　Acropogon Schltr. (1906)【汉】顶须桐属。【隶属】梧桐科 Sterculiaceae//锦葵科 Malvaceae。【包含】世界 12-29 种。【学名诠释与讨论】〈阳〉（希）akros，在顶端的，锐尖的+pogon，所有格 pogonos，指小式 pogonion，胡须，髯毛，芒。pogonias，有须的。【分布】法属新喀里多尼亚。【模式】未指定。●☆

544　Acropselion Spach (1846) = Acrospelion Besser ex Roem. et Schult. (1827) Nom. illegit. ; ~ = Trisetum Pers. (1805) ［禾本科 Poaceae (Gramineae) ］ ■

545　Acroptilion Endl. (1841) Nom. illegit. ≡ Acroptilon Cass. (1827) ［菊科 Asteraceae (Compositae) ］ ■

546　Acroptilon Cass. (1827)【汉】顶羽菊属。【俄】Горчак。【英】Acroptilon, Russian Knapweed, Creeping Knapweed, Russian Centaurea, Mountain - bluet, Turkestan Thistle。【隶属】菊科 Asteraceae (Compositae) 。【包含】世界 1 种，中国 1 种。【学名诠释与讨论】〈中〉（希）akros，在顶端的，锐尖的+ptilon，羽毛，翼，柔毛。指花瓣顶端羽毛状。此属的学名，ING、APNI 和 IK 记载是 “ Acroptilon Cassini in F. Cuvier, Dict. Sci. Nat. 50 : 464. Nov 1827 ”。《中国植物志》中文版承认此属；英文版则把其处理为 “漏芦属（祁州漏芦属，洋漏芦属）Rhaponticum Vaill. (1754) ” 的异名。“ Acroptilion Endl. , Enchir. Bot. (Endlicher) 247 (1841) ” 是其拼写变体。亦有文献把 “ Acroptilon Cass. (1827) ” 处理为 “ Rhaponticum Vaill. (1754 ” 的异名。【分布】中国，亚洲。【模式】未指定。【参考异名】Acroptilion Endl. (1841) Nom. illegit. ; Rhaponticum Adans. (1763) Nom. illegit. ; Rhaponticum Ludw. (1757) Nom. illegit. ; Rhaponticum Vaill. (1754) ■

547　Acrorchis Dressler (1990)【汉】顶花兰属。【隶属】兰科 Orchidaceae。【包含】世界 1 种。【学名诠释与讨论】〈阴〉（希）akros，在顶端的，锐尖的+orchis，原义是睾丸，后变为植物兰的名称，因为根的形态而得名。变为拉丁文 orchis，所有格 orchidis。【分布】巴拿马，哥斯达黎加。【模式】Acrorchis roseola R. L. Dressler。■☆

548　Acrosanthes Eckl. et Zeyh. (1837)【汉】干裂番杏属。【隶属】番杏科 Aizoaceae。【包含】世界 4 种。【学名诠释与讨论】〈阴〉（希）akros，在顶端的，锐尖的+anthos，花。此属的学名，ING、TROPICOS 和 IK 记载是 “ Acrosanthes Eckl. et Zeyh. , Enum. Pl. Afric. Austral. ［ Ecklon et Zeyher ］ 3 : 328. 1837 ［ Apr 1837 ］ ”。“ Acrosanthes Engl ” 是 “ Vismia Vand. (1788) （保留属名）［猪胶树科（克鲁西科，山竹子科，藤黄科）Clusiaceae (Guttiferae) ］ ” 的异名。【分布】非洲南部。【后选模式】Acrosanthes fistulosa Ecklon et Zeyher。【参考异名】Acranthus Clem. ; Acrosanthus Clem. (1837) ; Didaste E. Mey. ex Harv. et Sond. (1862) ■☆

549　Acrosanthes Engl. = Acrossanthes C. Presl (1845) ; ~ = Vismia Vand. (1788) （保留属名）［猪胶树科（克鲁西科，山竹子科，藤黄科）Clusiaceae (Guttiferae) ］ ●☆

550　Acrosanthus Clem. (1837) = Acrosanthes Eckl. et Zeyh. (1837) ［番杏科 Aizoaceae ］ ■☆

551　Acroschizocarpus Gombocz (1940) = Christolea Cambess. (1839) ; ~ = Smelowskia C. A. Mey. ex Ledebour (1830) （保留属名）［十字花科 Brassicaceae (Cruciferae) ］ ■

552　Acrosepalum Pierre (1898) = Ancistrocarpus Oliv. (1865) （保留属名）［椴树科（椴科，田麻科）Tiliaceae//锦葵科 Malvaceae ］ ●☆

553　Acrospelion Besser ex Roem. et Schult. (1827) Nom. illegit. = Trisetum Pers. (1805) ［禾本科 Poaceae (Gramineae) ］ ■

554　Acrospelion Besser ex Trin. (1831) Nom. illegit. = Trisetum Pers. (1805) ［禾本科 Poaceae (Gramineae) ］ ■

555　Acrospelion Besser (1827) Nom. inval. ≡ Acrospelion Besser ex Trin. (1831) Nom. illegit. ; ~ = Trisetum Pers. (1805) ［禾本科 Poaceae (Gramineae) ］ ■

556　Acrospelion Steud. , Nom. illegit. = Trisetum Pers. (1805) ［禾本科 Poaceae (Gramineae) ］ ■

557　Acrospelion Wittst. = Acrospelion Besser ex Roem. et Schult. (1827) Nom. illegit. ; ~ = Trisetum Pers. (1805) ［禾本科 Poaceae (Gramineae) ］ ■

558　Acrospira Welw. ex Baker (1878) Nom. illegit. ≡ Debesia Kuntze (1891) ［百合科 Liliaceae//吊兰科（猴面包科，猴面包树科）Anthericaceae ］ ■☆

559　Acrossanthes C. Presl (1845) = Vismia Vand. (1788) （保留属名）［猪胶树科（克鲁西科，山竹子科，藤黄科）Clusiaceae (Guttiferae) ］ ●☆

560　Acrossanthus Baill. = Acrossanthes C. Presl (1845) ; ~ = Vismia Vand. (1788) （保留属名）［猪胶树科（克鲁西科，山竹子科，藤黄科）Clusiaceae (Guttiferae) ］ ●☆

561　Acrossanthus C. Presl (1845) = Vismia Vand. (1788) （保留属名）［猪胶树科（克鲁西科，山竹子科，藤黄科）Clusiaceae (Guttiferae) ］ ●☆

562　Acrostachys (Benth.) Tiegh. (1894) = Helixanthera Lour. (1790) ［桑寄生科 Loranthaceae ］ ●

563　Acrostachys Tiegh. (1894) Nom. illegit. ≡ Acrostachys (Benth.) Tiegh. (1894) ; ~ = Helixanthera Lour. (1790) ［桑寄生科 Loranthaceae ］ ●

564　Acrostemon Klotzsch (1838)【汉】尖蕊杜鹃属。【隶属】杜鹃花科（欧石南科）Ericaceae。【包含】世界 8-10 种。【学名诠释与讨论】〈阳〉（希）akros，在顶端的，锐尖的+stemon，雄蕊。此属的学名是 “ Acrostemon Klotzsch, Linnaea 12 : 227. Mar-Jul 1838 ”。亦有文献把其处理为 “ Erica L. (1753) ” 的异名。【分布】非洲南部。【模式】未指定。【参考异名】Erica L. (1753) ●☆

565　Acrostephanus Tiegh. (1895) = Tapinanthus (Blume) Rchb. (1841) （保留属名）［桑寄生科 Loranthaceae ］ ●☆

566　Acrostiche Dietr. (1810) = Acrotriche R. Br. (1810) ［尖苞木科 Epacridaceae//杜鹃花科（欧石南科）Ericaceae ］ ●☆

567　Acrostigma O. F. Cook et Doyle (1913) Nom. illegit. = Catoblastus H. Wendl. (1860) ［棕榈科 Arecaceae (Palmae) ］ ●☆

568　Acrostigma Post et Kuntze (1903) = Acmostima Raf. (1838) ; ~ = Palicourea Aubl. (1775) ［茜草科 Rubiaceae ］ ■

569　Acrostoma Didr. , Nom. nud. = Macrocnemum P. Browne (1756) ; ~ = Remijia DC. (1829) ［茜草科 Rubiaceae ］ ●☆

570　Acrostylia Frapp. ex Cordem. (1895) = Cynorkis Thouars (1809) ［兰科 Orchidaceae ］ ■☆

571　Acrostylis Post et Kuntze (1903) = Acrostylia Frapp. ex Cordem. (1895) ; ~ = Cynorkis Thouars (1809) ［兰科 Orchidaceae ］ ■☆

572　Acrosynanthus Urb. (1913) = Remijia DC. (1829) ［茜草科

Rubiaceae]●☆

573 Acrotaphros Steud. ex Hochst. (1847) = Ormocarpum P. Beauv. (1810)(保留属名)[豆科 Fabaceae(Leguminosae)//蝶形花科 Papilionaceae]●

574 Acrothamnus Quinn(2005)【汉】昆氏尖苞木属。【隶属】尖苞木科 Epacridaceae//杜鹃花科(欧石南科)Ericaceae。【包含】世界6种。【学名诠释与讨论】〈阳〉(希)akros,在顶端的,锐尖的+thamnos,指小式 thamnion,灌木,灌丛,树丛,枝。此属的学名是"Acrothamnus Quinn, Australian Systematic Botany 18:451. 2005.(Austral. Syst. Bot.)"。亦有文献把其处理为"Leucopogon R. Br.(1810)(保留属名)"的异名。【分布】参见 Leucopogon R. Br.。【模式】Acrothamnus maccraei(F. Muell.)Quinn[Leucopogon maccraei F. Muell.]。【参考异名】Leucopogon R. Br.(1810)(保留属名)●☆

575 Acrothrix Clem.(1966)Nom. illegit. ≡ Acrothrix Clem. ex Airy Shaw(1966)Nom. illegit.; ~ = Acrotriche R. Br.(1810)[尖苞木科 Epacridaceae//杜鹃花科(欧石南科)Ericaceae]●☆

576 Acrothrix Clem. ex Airy Shaw(1966)Nom. illegit. = Acrotriche R. Br.(1810)[尖苞木科 Epacridaceae//杜鹃花科(欧石南科)Ericaceae]●☆

577 Acrotiche Poir.(1816)= Acrotriche R. Br.(1810)[尖苞木科 Epacridaceae//杜鹃花科(欧石南科)Ericaceae]●☆

578 Acrotoma Post et Kuntze(1903)= Acrotome Benth. ex Endl.(1838)[唇形科 Lamiaceae(Labiatae)]■●☆

579 Acrotome Benth.(1838)Nom. illegit. ≡ Acrotome Benth. ex Endl.(1838)[唇形科 Lamiaceae(Labiatae)]■●☆

580 Acrotome Benth. ex Endl.(1838)【汉】顶片草属。【隶属】唇形科 Lamiaceae(Labiatae)。【包含】世界6-8种。【学名诠释与讨论】〈中〉(希)akros,在顶端的,锐尖的+tomos,一片,锐利的,切割的。tome,断片,残株。此属的学名,ING 和 TROPICOS 记载是"Acrotome Bentham ex Endlicher, Gen. 627. Aug 1838";而 IK 则记载为"Acrotome Benth., in Endl. Gen. 627(1838)"。三者引用的文献相同。【分布】热带和非洲南部。【后选模式】Acrotome pallescens Bentham。【参考异名】Acrotoma Post et Kuntze(1903);Acrotome Benth.(1838)Nom. illegit. ■●☆

581 Acrotrema Jack(1820)【汉】顶孔五桠果属。【隶属】五桠果科(第伦桃科,五丫果科,锡叶藤科)Dilleniaceae。【包含】世界9-10种。【学名诠释与讨论】〈中〉(希)akros,在顶端的,锐尖的+trema,所有格 trematos 洞,穴。指花药顶部具孔。【分布】印度至马来西亚。【模式】Acrotrema costatum W. Jack。●■☆

582 Acrotriche R. Br.(1810)【汉】顶毛石南属。【隶属】尖苞木科 Epacridaceae//杜鹃花科(欧石南科)Ericaceae。【包含】世界14-15种。【学名诠释与讨论】〈阴〉(希)akros,在顶端的,锐尖的+thrix,所有格 trichos,毛,毛发。【分布】澳大利亚(温带)。【模式】未指定。【参考异名】Acrostiche Dietr.(1810);Acrothrix Clem.(1966)Nom. illegit.;Acrothrix Clem. ex Airy Shaw(1966)Nom. illegit.;Froebelia Regel(1852)●☆

583 Acroxis Steud.(1840)Nom. illegit. ≡ Acroxis Trin. ex Steud.(1840)Nom. illegit.; ~ = Muhlenbergia Schreb.(1789)[禾本科 Poaceae(Gramineae)]■

584 Acroxis Trin. ex Steud.(1840)Nom. illegit. = Muhlenbergia Schreb.(1789)[禾本科 Poaceae(Gramineae)]■

585 Acrozus Spreng.(1827)Nom. illegit. ≡ Acronodia Blume(1825); ~ = Elaeocarpus L.(1753)[杜英科 Elaeocarpaceae//椴树科(椴科,田麻科)Tiliaceae]●

586 Acrumen Gallesio = Citrus L.(1753)[芸香科 Rutaceae]●

587 Acrymia Prain(1908)【汉】无霜草属。【隶属】唇形科 Lamiaceae

(Labiatae)。【包含】世界1种。【学名诠释与讨论】〈阴〉(希)a-,无,不+krymos,霜,冷,冰。【分布】马来半岛。【模式】Acrymia ajugiflora Prain。●☆

588 Acryphyllum Lindl.(1836)= Arcyphyllum Elliott(1818); ~ = Tephrosia Pers.(1807)(保留属名)[豆科 Fabaceae(Leguminosae)//蝶形花科 Papilionaceae]●■

589 Acsmithia Hoogland ex Hoogland(1979)【汉】多叶螺花树属。【隶属】火把树科(常绿棱枝树科,角瓣木科,库诺尼科,南蔷薇科,轻木科)Cunoniaceae。【包含】世界14种。【学名诠释与讨论】〈阴〉(希)Albert Charles Smith,1906-?,美国植物学者。此属的学名,ING、APNI、TROPICOS 和 IK 记载是"Acsmithia R. D. Hoogland, Blumea 25:492. 13 Dec 1979";IK 还记载了"Acsmithia Hoogland ex W. C. Dickison, Bot. J. Linn. Soc. 71(4):277, nom. nud. 1976 [1975 publ. 3 Mar 1976]"。1976 年先有了"Acsmithia Hoogland ex W. C. Dickison, Bot. J. Linn. Soc. 71(4):277,1976",但是个裸名(Nom. nud.);Hoogland(1979)合格发表了"Acsmithia Hoogland(1979)"。但是"Acsmithia Hoogland(1979)"的命名人引证有误,应该是"Acsmithia Hoogland ex Hoogland(1979)"。亦有文献把"Acsmithia Hoogland ex Hoogland(1979)"处理为"Spiraeanthemum A. Gray(1854)"的异名。【分布】法属新喀里多尼亚。【模式】Acsmithia pulleana(Schlechter)R. D. Hoogland[Spiraeanthemum pulleanum Schlechter]。【参考异名】Acsmithia Hoogland ex W. C. Dickison(1976)Nom. nud.;Spiraeanthemum A. Gray(1854)●☆

590 Acsmithia Hoogland ex W. C. Dickison(1976)Nom. nud. ≡ Acsmithia Hoogland ex Hoogland(1979)[火把树科(常绿棱枝树科,角瓣木科,库诺尼科,南蔷薇科,轻木科)Cunoniaceae]●☆

591 Acsmithia Hoogland(1979)Nom. illegit. ≡ Acsmithia Hoogland ex Hoogland(1979)[火把树科(常绿棱枝树科,角瓣木科,库诺尼科,南蔷薇科,轻木科)Cunoniaceae]●☆

592 Actaea L.(1753)【汉】类叶升麻属(绿豆升麻属)。【日】ルイヨウショウマ属,ルヰエフショウマ属。【俄】Актеа,Воронец,Вороняжка。【英】Baneberry,Coralberry,Doll's-eyes,Snakeberry。【隶属】毛茛科 Ranunculaceae。【包含】世界8种,中国2种。【学名诠释与讨论】〈阴〉(希)aktaia,接骨木古名。指其叶与接骨木相似。此属的学名,ING 和 IK 记载是"Actaea L., Sp. Pl. 1:504. 1753 [1 May 1753]"。"Actaea Lour., Fl. Cochinch. 332,1790 =Tetracera L.(1753)[锡叶藤科 Tetraceraceae//五桠果科(第伦桃科,五丫果科,锡叶藤科)Dilleniaceae]"是晚出的非法名称。"Christophoriana P. Miller, Gard. Dict. Abr. ed. 4. 28 Jan 1754"是"Actaea L.(1753)"的晚出的同模式异名(Homotypic synonym, Nomenclatural synonym)。【分布】巴基斯坦,美国,中国,北温带。【后选模式】Actaea spicata Linnaeus。【参考异名】Actea Raf.;Christophoriana Mill.(1754)Nom. illegit.;Christophoriana Tourn. ex Ruppius(1745)Nom. inval.;Dipleina Raf.(1840);Macrotys DC.(1817)Nom. illegit.;Macrotys Raf. ex DC.(1817)Nom. illegit. ■

593 Actaea Lour.(1790)Nom. illegit. = Tetracera L.(1753)[锡叶藤科 Tetraceraceae//五桠果科(第伦桃科,五丫果科,锡叶藤科)Dilleniaceae]●■

594 Actaeaceae Bercht. et J. Presl(1823)= Ranunculaceae Juss.(保留科名)●■

595 Actaeaceae Raf. = Ranunculaceae Juss.(保留科名)●■

596 Actaeogeton Rchb. = Actegeton Blume(1827); ~ = Azima Lam.(1783)[牙刷树科(刺茉莉科)Salvadoraceae]●

597 Actaeogeton Steud.(1840)= Scirpus L.(1753)(保留属名)[莎草科 Cyperaceae//蔍草科 Scirpaceae]■

598 Actartife Raf.(1840)= Boltonia L' Hér.(1789)[菊科 Asteraceae

（Compositae）] ■☆

599　Actea Raf. = Actaea L.（1753）［毛茛科 Ranunculaceae］■

600　Actegeton Blume（1827）= Azima Lam.（1783）［牙刷树科（刺茉莉科）Salvadoraceae］●

601　Actegiton Endl.（1840）= Actegeton Blume（1827）［牙刷树科（刺茉莉科）Salvadoraceae］●

602　Actephila Blume（1826）【汉】喜光花属（滨木属）。【英】Actephila。【隶属】大戟科 Euphorbiaceae。【包含】世界 34-40 种，中国 3 种。【学名诠释与讨论】〈阴〉（希）aktis，所有格 aktinos，光线，光束，射线+philos，喜欢的，爱的。指某些种喜生于阳处。另说（希）akte，海岸、海滨+philos，喜欢的，爱的。【分布】澳大利亚（热带），印度至马来西亚，中国。【模式】Actephila javanica Miquel。【参考异名】Actophila Post et Kuntze（1903）；Anomospermum Dalzell（1851）Nom. illegit.；Lithoxylon Endl.（1840）●

603　Actephilopsis Ridl.（1923）【汉】类喜光花属。【隶属】大戟科 Euphorbiaceae。【包含】世界 1 种。【学名诠释与讨论】〈阴〉（属）Actephila 喜光花属+希腊文 opsis，外观，模样，相似。此属的学名是“Actephilopsis Ridley, Bull. Misc. Inform. 1923：360. 20 Dec, 1923”。亦有文献把其处理为“Trigonostemon Blume（1826）［as onostemon Blu（保留属名）]”或“Tylosepalum Kurz ex Teijsm. et Binn.（1864）”的异名。【分布】中国，马来半岛。【模式】Actephilopsis malayana Ridley。【参考异名】Trigonostemon Blume（1826）［as ‘ Trigostemon ’]（保留属名）；Tylosepalum Kurz ex Teijsm. et Binn.（1864）●

604　Actimeris Raf.（1819）Nom. illegit. ≡ Actinomeris Nutt.（1818）（保留属名）［菊科 Asteraceae（Compositae）] ■☆

605　Actinanthella Balle（1954）【汉】水芹状寄生属。【隶属】桑寄生科 Loranthaceae。【包含】世界 2 种。【学名诠释与讨论】〈阴〉（属）Actinanthus = Oenanthe 水芹属+-ellus, -ella, -ellum，加在名词词干后面形成指小式的词尾。或加在人名、属名等后面以组成新属的名称。【分布】热带非洲南部。【模式】Actinanthella menyharthii（Engler et Schinz ex Schinz）Balle［Loranthus menyharthii Engler et Schinz ex Schinz]■☆

606　Actinanthus Ehrenb.（1829）= Oenanthe L.（1753）［伞形花科（伞形科）Apiaceae（Umbelliferae）]■

607　Actinea Juss.（1803）= Helenium L.（1753）［菊科 Asteraceae（Compositae）//堆心菊科 Heleniaceae］■

608　Actinella Juss. ex Nutt.（1818）Nom. illegit.（废弃属名）≡ Actinea Juss.（1803）；~ = Helenium L.（1753）；~ = Gaillardia Foug.（1786）［菊科 Asteraceae（Compositae）]■

609　Actinella Pers.（1807）（废弃属名）≡ Actinea Juss.（1803）；~ = Helenium L.（1753）［菊科 Asteraceae（Compositae）]■

610　Actinia Griff. = Dendrobium Sw.（1799）（保留属名）［兰科 Orchidaceae］■

611　Actinidia Lindl.（1836）【汉】猕猴桃属。【日】サルナシ属，マタタビ属。【俄】Актинидия。【英】Actinidia, Chinese Gooseberry, Kiwi, Kiwi Fruit, Kiwifruit。【隶属】猕猴桃科 Actinidiaceae。【包含】世界 40-91 种，中国 52-87 种。【学名诠释与讨论】〈阴〉（希）aktis，光线，光束，射线+-idius, -idia, -idium，指示小的词尾。指柱头放射状。【分布】中国，东亚。【模式】Actinidia callosa J. Lindley。【参考异名】Calomicta Post et Kuntze（1903）；Kalomikta Regel（1857）；Kolomikta Dippel（1893）Nom. illegit.；Kolomikta Regel ex Dippel（1893）Nom. illegit.；Trochostigma Siebold et Zucc.（1843）●

612　Actinidiaceae Engl. et Gilg（1924）Nom. inval. = Actinidiaceae Gilg et Werderm.（保留科名）●

613　Actinidiaceae Gilg et Werderm.（1925）（保留科名）【汉】猕猴桃科。【日】マタタビ科。【俄】Актинидиевые。【英】Actinidia Family, Kiwifruit Family。【包含】世界 3 属 340-370 种，中国 3 属 66-96 种。【分布】热带和东亚至澳大利亚（北部），热带美洲。【科名模式】Actinidia Lindl.（1836）●

614　Actinidiaceae Hutch. = Actinidiaceae Gilg et Werderm.（保留科名）●

615　Actinidiaceae Tiegh. = Actinidiaceae Gilg et Werderm.（保留科名）●

616　Actinobole Endl.（1843）【汉】羽冠鼠麴草属。【隶属】菊科 Asteraceae（Compositae）。【包含】世界 4 种。【学名诠释与讨论】〈中〉（希）aktis，光线，光束，射线+bolos，肿块，或+obolos，小硬币。此属的学名，ING、GCI、TROPICOS 和 IK 记载是“Actinobole Endlicher, Gen. Suppl. 3：70. Oct 1843”。“Actinobole Fenzl ex Endl.（1843）≡ Actinobole Endl.（1843）”的命名人引证有误。“Gnaphalodes A. Gray, Hooker’s J. Bot. Kew Gard. Misc. 4：228. Aug 1852”是“Actinobole Endl.（1843）”的晚出的同模式异名（Homotypic synonym, Nomenclatural synonym）。【分布】澳大利亚。【模式】Actinobole uliginosum（A. Gray）H. Eichler。【参考异名】Actinobole Fenzl ex Endl.（1843）Nom. illegit.；Gnaphalodes A. Gray（1852）Nom. illegit.；Gnaphalodes Mill.（1754）Nom. illegit. ■☆

617　Actinobole Fenzl ex Endl.（1843）Nom. illegit. ≡ Actinobole Endl.（1843）［菊科 Asteraceae（Compositae）]■☆

618　Actinocarpus R. Br.（1810）= Damasonium Mill.（1754）［泽泻科 Alismataceae//星果泽泻科 Damasoniaceae］■

619　Actinocarpus Raf.（1810）= Chaetopappa DC.（1836）［菊科 Asteraceae（Compositae）]■☆

620　Actinocarya Benth.（1876）【汉】锚刺果属（星果紫草属）。【英】Actinocarya。【隶属】紫草科 Boraginaceae。【包含】世界 1-2 种，中国 1 种。【学名诠释与讨论】〈阴〉（希）aktis，光线，光束，射线+karyon，胡桃，硬壳果，核，坚果。指小坚果放射状排列。【分布】中国，西喜马拉雅山。【模式】Actinocarya tibetica Clarke。【参考异名】Actinocaryum Post et Kuntze（1903）；Glochidocaryum W. T. Wang（1957）■

621　Actinocaryum Post et Kuntze（1903）= Actinocarya Benth.（1876）［紫草科 Boraginaceae］■

622　Actinocephalus（Körn.）Sano（2004）【汉】星头谷精草属。【隶属】谷精草科 Eriocaulaceae。【包含】世界 30 种。【学名诠释与讨论】〈阴〉（希）aktis，光线，光束，射线+kephale，头。此属的学名，TROPICOS 和 IK 记载是“Actinocephalus（Körn.）Sano, Taxon 53（1）：99（2004）”，由“Paepalanthus subgen. Actinocephalus Körn., Flora Brasiliensis 3（1）：321. 1863”改级而来。“Actinocephalus（Körn.）Sano, Taxon 53（1）：99（2004）”，由“Paepalanthus subgen. Actinocephalus Körn. Fl. Bras.（Martius）3（1）：321. 1863［10 Jul 1863］”改级而来。它曾被处理为“Paepalanthus sect. Actinocepahlus（Körn.）Ruhland, Das Pflanzenreich IV. 30（Heft 13）：189. 1903.（27 Mar 1903）”。亦有文献把“Actinocephalus（Körn.）Sano（2004）”处理为“Paepalanthus Mart.（1834）（保留属名）”的异名。【分布】参见 Paepalanthus Kunth。【模式】不详。【参考异名】Paepalanthus Kunth（1834）（废弃属名）；Paepalanthus Mart.（1834）（保留属名）；Paepalanthus sect. Actinocepahlus（Körn.）Ruhland（1903）；Paepalanthus subgen. Actinocephalus Körn.（1863）■☆

623　Actinocheita F. A. Barkley（1937）【汉】墨西哥漆属。【隶属】漆树科 Anacardiaceae。【包含】世界 1 种。【学名诠释与讨论】〈阴〉（希）aktis，光线，光束，射线+chaite = 拉丁文 chaeta，刚毛。【分布】墨西哥。【模式】Actinocheita filicina（Moçiño et Sessé ex A. P. de Candolle）Barkley［Rhus filicina Moçiño et Sessé ex A. P. de

Candolle〗●☆

624　Actinochloa Roem. et Schult.（1817）Nom. illegit. ≡ Actinochloa Willd. ex Roem. et Schult.（1817）Nom. illegit.；~ ≡ Chondrosum Desv.（1810）；= Bouteloua Lag.（1805）［as 'Botelua'］（保留属名）［禾本科 Poaceae（Gramineae）〗■☆

625　Actinochloa Willd. ex P. Beauv.（1812）Nom. illegit. ≡ Actinochloa Willd. ex Roem. et Schult.（1817）Nom. illegit.；~ ≡ Chondrosum Desv.（1810）；~ = Bouteloua Lag.（1805）［as 'Botelua'］（保留属名）［禾本科 Poaceae（Gramineae）〗■☆

626　Actinochloa Willd. ex Roem. et Schult.（1817）Nom. illegit. ≡ Chondrosum Desv.（1810）；~ = Bouteloua Lag.（1805）［as 'Botelua'］（保留属名）［禾本科 Poaceae（Gramineae）〗■☆

627　Actinochloris Panzer = Chloris Sw.（1788）［禾本科 Poaceae（Gramineae）〗●■

628　Actinochloris Steud.（1840）= Chloris Sw.（1788）［禾本科 Poaceae（Gramineae）〗●■

629　Actinocladum McClure ex Soderstr.（1981）【汉】射枝竹属。【隶属】禾本科 Poaceae（Gramineae）。【包含】世界 1 种。【学名诠释与讨论】〈中〉（希）aktis，光线，光束，射线+klados，枝，芽，指小式 kladion，棍棒。kladodes 有许多枝子的。【分布】巴基斯坦，巴西，美国。【模式】Actinocladum verticillatum（C. G. D. Nees）T. R. Soderstrom［Arundinaria verticillata C. G. D. Nees］●☆

630　Actinocladus E. Mey.（1846）= Capnophyllum Gaertn.（1790）［伞形花科（伞形科）Apiaceae（Umbelliferae）〗■☆

631　Actinocyclus Klotzsch（1857）= Orthilia Raf.（1840）［鹿蹄草科 Pyrolaceae//杜鹃花科（欧石南科）Ericaceae〗■

632　Actinodaphne Nees（1831）【汉】黄肉楠属。【日】アオカゴノキ属，アゴノキ属，アヲカゴノキ属。【英】Actinodaphne。【隶属】樟科 Lauraceae。【包含】世界 100 种，中国 17-22 种。【学名诠释与讨论】〈阴〉（希）aktis，光线，光束，射线+（属）Daphne 瑞香属。指叶形与瑞香属相似，但放射状集生于小枝顶端。【分布】印度至马来西亚，中国，亚洲东部。【模式】Actinodaphne pruinosa C. G. D. Nees。【参考异名】Actinomorphe Kuntze（1891）Nom. illegit. ●

633　Actinodium Schauer ex Schltdl.（1836）Nom. illegit. ≡ Actinodium Schauer（1836）［桃金娘科 Myrtaceae〗●☆

634　Actinodium Schauer（1836）【汉】辐射桃金娘属。【隶属】桃金娘科 Myrtaceae。【包含】世界 1-2 种。【学名诠释与讨论】〈中〉（希）aktis，光线，光束，射线+-idium，指示小的词尾。此属的学名，ING、APNI、TROPICOS 和记载是"Actinodium J. C. Schauer, Linnaea 10：311. Feb – Mar 1836"；IK 则记载为"Actinodium Schauer ex Schltdl., Linnaea 10：311. 1836"。三者引用的文献相同。"Triphelia R. Brown ex Endlicher et al., Enum. Pl. Hügel 48. Apr 1837"是"Actinodium Schauer（1836）"的晚出的同模式异名（Homotypic synonym, Nomenclatural synonym）。【分布】澳大利亚（西部）。【模式】Actinodium cunninghamii J. C. Schauer［as 'cunninghami'］。【参考异名】Actinodium Schauer ex Schltdl.（1836）Nom. illegit.；Triphelia R. Br. ex Endl.（1837）Nom. illegit. ●☆

635　Actinokentia Dammer（1906）【汉】叉叶椰属（辐堪蒂桐属，广射椰子属，玫瑰椰属）。【日】アミダケンチャ属。【隶属】棕榈科 Arecaceae（Palmae）。【包含】世界 2-3 种。【学名诠释与讨论】〈阴〉（希）aktis，光线，光束，射线+（属）Kentia = Howea 豪爵棕属。【分布】法属新喀里多尼亚。【后选模式】Actinokentia divaricata（A. T. Brongniart）Dammer［Kentiopsis divaricata A. T. Brongniart］●☆

636　Actinolema Fenzl（1842）【汉】射皮芹属。【俄】Астинолема。【隶属】伞形花科（伞形科）Apiaceae（Umbelliferae）。【包含】世界

2 种。【学名诠释与讨论】〈中〉（希）aktis，光线，光束，射线+lema，皮，壳。【分布】地中海东部。【模式】Actinolema eryngioides Fenzl。■☆

637　Actinolepis DC.（1836）【汉】星鳞菊属。【英】Crown Beard。【隶属】菊科 Asteraceae（Compositae）。【包含】世界 11 种。【学名诠释与讨论】〈阴〉（希）aktis，光线，光束，射线+lepis，所有格 lepidos，指小式 lepion 或 lepidion，鳞，鳞片。lepidotos，多鳞的。lepos，鳞，鳞片。此属的学名，ING、TROPICOS、GCI 和 IK 记载是"Actinolepis DC., Prodr.［A. P. de Candolle］5：655. 1836 [1-10 Oct 1836]"。"Actinolepis DC.（1836）"曾被处理为"Eriophyllum sect. Actinolepis（DC.）A. Gray, Proceedings of the American Academy of Arts and Sciences 19：24. 1884 [1883]. (30 Oct 1883)"。亦有文献把"Actinolepis DC.（1836）"处理为"Eriophyllum Lag.（1816）"的异名。【分布】美洲。【模式】Actinolepis multicaulis A. P. de Candolle。【参考异名】Eriophyllum Lag.（1816）；Eriophyllum sect. Actinolepis（DC.）A. Gray（1884）；Schortia E. Vilm.（1863）■☆

638　Actinomeris Nutt.（1818）（保留属名）【汉】射须菊属。【隶属】菊科 Asteraceae（Compositae）。【包含】世界 13 种。【学名诠释与讨论】〈阴〉（希）aktis，光线，光束，射线+meris 一部分。此属的学名"Actinomeris Nutt., Gen. N. Amer. Pl. 2：181. 14 Jul 1818"是保留属名。相应的废弃属名是菊科 Asteraceae 的"Ridan Adans., Fam. Pl. 2：130,598. Jul-Aug 1763 ≡ Actinomeris Nutt.（1818）（保留属名）"。"Actimeris Rafinesque, Amer. Monthly Mag. et Crit. Rev. 4：195. Jan 1819"和"Ridan Adanson, Fam. 2：130,598. Jul-Aug 1763"是"Actinomeris Nutt.（1818）（保留属名）"的同模式异名（Homotypic synonym, Nomenclatural synonym）。亦有文献把"Actinomeris Nutt.（1818）（保留属名）"处理为"Verbesina L.（1753）（保留属名）"的异名。【分布】热带美洲。【模式】Actinomeris squarrosa Nuttall, Nom. illegit.［Coreopsis alternifolia Linnaeus；Actinomeris alternifolia（Linnaeus）A. P. de Candolle］。【参考异名】Actimeris Raf.（1819）Nom. illegit.；Anomeris Raf.；Pterophyton Cass.（1818）；Ridan Adans.（1763）（废弃属名）；Verbesina L.（1753）（保留属名）■☆

639　Actinomorphe（Miq.）Miq.（1856）Nom. illegit. ≡ Actinomorphe Miq.（1840）；~ = Heptapleurum Gaertn.（1791）；~ = Schefflera J. R. Forst. et G. Forst.（1775）（保留属名）［五加科 Araliaceae］●

640　Actinomorphe Kuntze（1891）Nom. illegit. = Actinodaphne Nees（1831）［樟科 Lauraceae］●

641　Actinomorphe Miq.（1840）= Heptapleurum Gaertn.（1791）；~ = Schefflera J. R. Forst. et G. Forst.（1775）（保留属名）［五加科 Araliaceae］●

642　Actinopappus Hook. f. ex A. Gray（1852）= Rutidosis DC.（1838）［菊科 Asteraceae（Compositae）〗■☆

643　Actinophloeus（Becc.）Becc.（1885）【汉】射叶椰子属（辐弗鲁桐属，辐叶椰属，海桃椰属，海桃椰子属，箭叉椰子属，皱子棕属）。【日】アクティノフレウズ属。【英】Clusterpalm。【隶属】棕榈科 Arecaceae（Palmae）。【包含】世界 12 种，中国 2 种。【学名诠释与讨论】〈阳〉（希）aktis，光线，光束，射线+phloeus，有皮的，树皮。指种子形态。此属的学名，ING 记载是"Actinophloeus（Beccari）Beccari, Ann. Jard. Bot. Buitenzorg 2：126. 1885"，但是未给出基源异名。APNI 记载如上，亦未给基源异名。IK 则记载了 2 个名称："Actinophloeus Becc., Ann. Jard. Bot. Buitenzorg ii.（1885）126, in obs."和"Actinophloeus Becc. ex K. Schum. et Hollrung, Fl. Kais. Wilh. Land［K. M. Schumann et M. U. Hollrung］15. 1889"。"Actynophloeus Becc.（1885）"是其拼写变体。亦有文献把"Actinophloeus（Becc.）Becc.（1885）"处理为

"Ptychosperma Labill.（1809）"的异名。【分布】巴布亚新几内亚（俾斯麦群岛），所罗门群岛，中国，新几内亚岛。【后选模式】Actinophloeus ambiguus（Beccari）Beccari［Drymophloeus ambiguus Beccari］。【参考异名】Actinophloeus Becc.（1885）Nom. illegit.；Actinophloeus Becc. ex K. Schum. et Hollr.（1889）Nom. illegit.；Actynophloeus Becc.（1885）Nom. illegit.；Ptychosperma Labill.（1809）●

644　Actinophloeus Becc.（1885）Nom. illegit. ≡ Actinophloeus（Becc.）Becc.（1885）［棕榈科 Arecaceae（Palmae）］●

645　Actinophloeus Becc. ex K. Schum. et Hollr.（1889）Nom. illegit. ≡ Actinophloeus（Becc.）Becc.（1885）［棕榈科 Arecaceae（Palmae）］●

646　Actinophora A. Juss. = Actinospora Turcz.（1836）= Cimicifuga Wernisch.（1763）［毛茛科 Ranunculaceae］●■

647　Actinophora Wall.（1829）Nom. inval. = Schoutenia Korth.（1848）［椴树科（椴科，田麻科）Tiliaceae］●☆

648　Actinophora Wall. ex Benn. et R. Br.（1852）= Schoutenia Korth.（1848）［椴树科（椴科，田麻科）Tiliaceae］●☆

649　Actinophora Wall. ex R. Br.（1852）Nom. illegit. = Schoutenia Korth.（1848）［椴树科（椴科，田麻科）Tiliaceae］●☆

650　Actinophyllum Ruiz et Pav.（1794）Nom. illegit. ≡ Sciodaphyllum P. Browne（1756）（废弃属名）；~ = Schefflera J. R. Forst. et G. Forst.（1775）（保留属名）［五加科 Araliaceae］●■

651　Actinorhytis H. Wendl. et Drude（1875）【汉】星喙棕属（辐瑞提椰属，拱叶椰属，马来槟榔属，马来椰属）。【日】カラッパヤシ属。【隶属】棕榈科 Arecaceae（Palmae）。【包含】世界 2 种。【学名诠释与讨论】〈阴〉（希）aktis, 光线，光束，射线 + rhytis, 所有格 rhytidos, 皱纹。【分布】马来西亚，所罗门群岛，中国。【模式】Actinorhytis calapparia（Blume）H. Wendland et Drude ex Scheffer。【参考异名】Opsicocos H. Wendl. ●

652　Actinoschoenus Benth.（1881）【汉】星穗草属（星莎属）。【隶属】莎草科 Cyperaceae。【包含】世界 3-4 种，中国 2 种。【学名诠释与讨论】〈阳〉（希）aktis, 光线，光束，射线 +（属）Schoenus 赤箭莎属。【分布】马达加斯加，斯里兰卡，中国。【模式】Actinoschoenus filiformis（Thwaites）Bentham［Arthrostylis filiformis Thwaites］。【参考异名】Arthrostylis Boeck.（1872）Nom. illegit. ■

653　Actinoscirpus（Ohwi）R. W. Haines et Lye（1971）【汉】大藨草属（星藨属）。【隶属】莎草科 Cyperaceae。【包含】世界 1 种，中国 1 种。【学名诠释与讨论】〈阳〉（希）aktis, 光线，光束，射线 +（属）Scirpus 藨草属。此属的学名，ING、GCI 和 IK 记载是 "Actinoscirpus（J. Ohwi）R. W. Haines et K. A. Lye, Bot. Not. 124：481. 30 Dec 1971"，由 "Scirpus sect. Actinoscirpus 其 J. Ohwi, Mem. Coll. Sci. Kyoto Imp. Univ., Ser. B, Biol. 18：98. 1944"改级而来。【分布】巴基斯坦，马来西亚，澳大利亚（热带），印度，中国，东南亚。【模式】Scirpus grossus Linnaeus f.。【参考异名】Hymenochaeta P. Beauv.（1819）Nom. illegit.；Hymenochaeta P. Beauv. ex T. Lestib.（1819）；Scirpus sect. Actinoscirpus Ohwi（1944）■

654　Actinoseris（Endl.）Cabrera（1970）【汉】辐射苣属。【隶属】菊科 Asteraceae（Compositae）。【包含】世界 5-6 种。【学名诠释与讨论】〈阴〉（希）aktis, 光线，光束，射线 + seris, 菊苣。此属的学名，ING、GCI 和 IK 记载是 "Actinoseris（Endlicher）Cabrera, Bol. Soc. Argent. Bot. 13：46. 15 Mar 1970"，由 "Seris a. Actinoseris Endlicher, Gen. 483. Jun 1838" 改级而来。GCI 则记载为 "Actinoseris Cabrera, Bol. Soc. Argent. Bot. 13；46. 1970"。【分布】南美洲。【模式】Actinoseris polymorpha（Lessing）Cabrera［Seris polymorpha Lessing］。【参考异名】Actinoseris Cabrera（1970）

Nom. illegit.；Seris a. Actinoseris Endl.（1838）■☆

655　Actinoseris Cabrera（1970）Nom. illegit. = Actinoseris（Endl.）Cabrera（1970）［菊科 Asteraceae（Compositae）］■☆

656　Actinospermum Elliott（1823）= Balduina Nutt.（1818）（保留属名）［菊科 Asteraceae（Compositae）］■☆

657　Actinospora Turcz.（1836）= Cimicifuga Wernisch.（1763）［毛茛科 Ranunculaceae］●■

658　Actinospora Turcz. ex Fisch. et C. A. Mey.（1835）Nom. illegit. ≡ Actinospora Turcz.（1836）；~ = Cimicifuga Wernisch.（1763）［毛茛科 Ranunculaceae］●■

659　Actinostema Lindl.（1846）Nom. illegit. = Actinostemon Mart. ex Klotzsch（1841）［大戟科 Euphorbiaceae］■☆

660　Actinostemma Griff.（1845）【汉】盒子草属（合子草属）。【日】ゴキヅル属。【俄】Актиностемма。【英】Actinostemma, Boxweed。【隶属】葫芦科（瓜科，南瓜科）Cucurbitaceae。【包含】世界 1 种，中国 1 种。【学名诠释与讨论】〈中〉（希）aktis, 光线，光束，射线 +stemma, 所有格 stemmatos, 花冠，花环，王冠。指花冠呈放射状。此属的学名，ING、GCI 和 IK 记载是 "Actinostemma W. Griffith, Account Bot. Coll. Cantor 24. 1845"。【分布】印度至日本，中国。【模式】Actinostemma tenerum W. Griffith。【参考异名】Mitrosicyos Maxim.（1859）；Pomasterion Miq.（1865 – 1866）；Pomasterium Miq.（1865−1866）Nom. illegit. ■

661　Actinostemon Mart. ex Klotzsch（1841）【汉】星蕊大戟属。【隶属】大戟科 Euphorbiaceae。【包含】世界 40 种。【学名诠释与讨论】〈阳〉（希）aktis, 光线，光束，射线 +stemon, 雄蕊。【分布】巴拉圭，秘鲁，玻利维亚，哥斯达黎加，西印度群岛，热带美洲，中美洲。【模式】Actinostemon grandifolius Klotzsch。【参考异名】Actinostema Lindl.（1846）；Dactylostemon Klotzsch（1841）；Gymnarren Leandro ex Klotzsch；Gymnarrhoea（Baill.）Post et Kuntze（1903）■☆

662　Actinostigma Turcz.（1859）= Seringia J. Gay（1821）（保留属名）［梧桐科 Sterculiaceae//锦葵科 Malvaceae］●☆

663　Actinostigma Welw.（1859）Nom. illegit. = Symphonia L. f.（1782）［猪胶树科（克鲁西科，山竹子科，藤黄科）Clusiaceae（Guttiferae）］●☆

664　Actinostrobaceae Lotsy（1911）= Cupressaceae Gray（保留科名）●

665　Actinostrobus Miq.（1845）【汉】辐球柏属（沼生柏属）。【隶属】柏科 Cupressaceae。【包含】世界 3 种。【学名诠释与讨论】〈阳〉（希）aktis, 光线，光束，射线 +strobos, 球果。此属的学名，ING、APNI 和 IK 记载是 "Actinostrobus Miquel in J. G. C. Lehmann, Pl. Preiss. 1：644. 3-5 Nov 1845"。"Actinostrobus Miq. ex Lehm.（1845）"的命名人引证有误。【分布】澳大利亚（西南部）。【模式】Actinostrobus pyramidalis Miquel。【参考异名】Actinostrobus Miq. ex Lehm.（1845）Nom. illegit. ●☆

666　Actinostrobus Miq. ex Lehm.（1845）Nom. illegit. ≡ Actinostrobus Miq.（1845）［柏科 Cupressaceae］●☆

667　Actinotaceae A. I. Konstant. et Melikyan（2005）= Apiaceae Lindl.（保留科名）//Umbelliferae Juss.（保留科名）■●

668　Actinotinus Oliv.（1888）= Viburnum L.（1753）［忍冬科 Caprifoliaceae//英蒾科 Viburnaceae］●

669　Actinotus Labill.（1805）【汉】轮叶芹属（辐射芹属）。【英】Flannel Flower。【隶属】伞形花科（伞形科）Apiaceae（Umbelliferae）。【包含】世界 15 种。【学名诠释与讨论】〈阳〉（希）aktinotos, 有射线的，有边花的。【分布】澳大利亚（包括塔斯曼半岛），新西兰。【模式】Actinotus helianthi Labillardière。【参考异名】Eriocalia Sm.（1806）；Hemiphues Hook. f.（1847）；Hemyphyes Endl.（1850）；Holotome（Benth.）Endl.（1876）Nom.

illegit.；Holotome Endl.（1839）Nom. illegit.；Proustia Lag.（1807）Nom. inval.；Proustia Lag.（1811）；Proustia Lag. ex DC.（1830）Nom. illegit.●■☆

670　Actipsis Raf.（1837）＝ Solidago L.（1753）［菊科 Asteraceae（Compositae）］■

671　Actispermum Raf.（1836）（1）＝ Actinospermum Elliott（1823）［菊科 Asteraceae（Compositae）］■☆

672　Actispermum Raf.（1836）（2）＝ Baldwinia Raf.（1818）［西番莲科 Passifloraceae］●■

673　Actites Lander（1975）＝ Sonchus L.（1753）［菊科 Asteraceae（Compositae）］■

674　Actogeton Clem. ＝ Actogiton Blume［牙刷树科（刺茉莉科）Salvadoraceae］●

675　Actogiton Blume ＝ Actegeton Blume（1827）；～＝ Azima Lam.（1783）［牙刷树科（刺茉莉科）Salvadoraceae］●

676　Actophila Post et Kuntze（1903）＝ Actephila Blume（1826）［大戟科 Euphorbiaceae］●

677　Actoplanes K. Schum.（1902）＝ Donax Lour.（1790）［竹芋科（苳叶科，柊叶科）Marantaceae］■

678　Actynophloeus Becc.（1885）Nom. illegit. ≡ Actinophloeus（Becc.）Becc.（1885）［棕榈科 Arecaceae（Palmae）］●

679　Acuan Medik.（1786）（废弃属名）≡ Desmanthus Willd.（1806）（保留属名）［豆科 Fabaceae（Leguminosae）//含羞草科 Mimosaceae］■☆

680　Acuania Kuntze（1891）Nom. illegit. ≡ Acuan Medik.（1786）（废弃属名）［豆科 Fabaceae（Leguminosae）//含羞草科 Mimosaceae］●■

681　Acuba Link（1822）＝ Aucuba Thunb.（1783）［山茱萸科 Cornaceae//桃叶珊瑚科 Aucubaceae］●

682　Acubalus Neck.（1790）Nom. inval. ＝ Cucubalus L.（1753）［石竹科 Caryophyllaceae］■

683　Acularia Raf.（1840）Nom. illegit. ≡ Myrrhoides Heist. ex Fabr.（1759）；～＝ Scandix L.（1753）［伞形花科（伞形科）Apiaceae（Umbelliferae）］■☆

684　Acuna Endl.（1839）＝ Acunna Ruiz et Pav.（1794）［杜鹃花科（欧石南科）Ericaceae］●☆

685　Acunaeanthus Borhidi, Komlodi et Moncada（1981）【汉】非楔花属。【隶属】茜草科 Rubiaceae。【包含】世界1种。【学名诠释与讨论】〈阳〉（拉）a-（a-在辅音字母前面，ab-在辅音字母前面或元音字母前面，abs-在字母 c 或字母 t 的前面）无，不，从……分开＋cunae 摇篮，cuneus 楔形＋anthos，花。【分布】古巴。【模式】Acunaeanthus tinifolius（Grisebach）A. Borhidi［Rondeletia tinifolia Grisebach］●☆

686　Acunna Ruiz et Pav.（1794）＝ Bejaria Mutis（1771）［as‘Befaria’]（保留属名）［杜鹃花科（欧石南科）Ericaceae］●☆

687　Acunniana Orchard（2013）Nom. inval.［菊科 Asteraceae（Compositae）］☆

688　Acura Hill（1769）＝ Scabiosa L.（1753）［川续断科（刺参科，蓟叶参科，山萝卜科，续断科）Dipsacaceae//蓝盆花科 Scabiosaceae］●■

689　Acuroa J. F. Gmel.（1792）＝ Acouroa Aubl.（1775）（废弃属名）；～＝ Dalbergia L. f.（1782）（保留属名）［豆科 Fabaceae（Leguminosae）//蝶形花科 Papilionaceae］●

690　Acustelma Baill.（1889）＝ Cryptolepis R. Br.（1810）；～＝ Pentopetia Decne.（1844）［萝藦科 Asclepiadaceae//杠柳科 Periplocaceae//夹竹桃科 Apocynaceae］●

691　Acuston Raf.（1838）＝ Fibigia Medik.（1792）［十字花科 Brassicaceae（Cruciferae）］■☆

692　Acylopsis Post et Kuntze（1903）＝ Akylopsis Lehm.（1850）Nom.

illegit.；＝ Matricaria L.（1753）（保留属名）［菊科 Asteraceae（Compositae）］■

693　Acynos Pers.（1806）＝ Acinos Mill.（1754）；～＝ Calamintha Mill.（1754）［唇形科 Lamiaceae（Labiatae）］■

694　Acyntha Medik.（1786）（废弃属名）≡ Sansevieria Thunb.（1794）（保留属名）［百合科 Liliaceae//龙舌兰科 Agavaceae//龙血树科 Dracaenaceae//石蒜科 Amaryllidaceae//虎尾兰科 Sansevieriaceae］■

695　Acyphilla Poir.（1933）＝ Aciphylla J. R. Forst. et G. Forst.（1775）［伞形花科（伞形科）Apiaceae（Umbelliferae）］■☆

696　Ada Lindl.（1816）【汉】阿达兰属（阿达属,爱达兰属）。【日】アダ属,アーダ属。【英】Ada。【隶属】兰科 Orchidaceae。【包含】世界8-15种。【学名诠释与讨论】〈阴〉（人）Ada,古小亚细亚 Caria 国的皇后。【分布】哥伦比亚。【模式】Ada aurantiaca Lindley。■☆

697　Adactylus Rolfe（1896）Nom. illegit. ≡ Adactylus（Endl.）Rolfe（1896）［兰科 Orchidaceae］■

698　Adamanthus Szlach.（2006）【汉】爱达花属。【隶属】兰科 Orchidaceae。【包含】世界10种。【学名诠释与讨论】〈阳〉词源不详。此属的学名,ING、TROPICOS 和 IK 记载是“Adamanthus Szlach., Richardiana 7(1):30. 2006 [2007 publ. 28 Dec 2006]”。“Adamanthus Szlach.（2006）”曾被处理为“Camaridium sect. Adamanthus（Szlach.）Baumbach, Die Orchidee 66(1):49. 2015.（1 Feb 2015）”。亦有文献把“Adamanthus Szlach.（2006）处理为“Camaridium Lindl.（1824）”或“Maxillaria Ruiz et Pav.（1794）”的异名。【分布】巴拿马。【模式】Adamanthus dendrobioides（Schltr.）Szlach.［Camaridium dendrobioides Schltr.］。【参考异名】Camaridium Lindl.（1824）；Camaridium sect. Adamanthus（Szlach.）Baumbach（2015）；Maxillaria Ruiz et Pav.（1794）■☆

699　Adamantinia Van den Berg et C. N. Gonç.（2004）【汉】阿地兰属。【隶属】兰科 Orchidaceae。【包含】世界1种。【学名诠释与讨论】〈阴〉（地）Adamantin,阿达曼蒂纳,位于巴西。【分布】巴西。【模式】Adamantinia miltonioides Van den Berg et C. N. Gonç.。■☆

700　Adamantogeton Schrad. ex Nees（1842）＝ Lagenocarpus Nees（1834）［莎草科 Cyperaceae］■☆

701　Adamantogiton Post et Kuntze（1903）Nom. illegit. ＝ Adamantogeton Schrad. ex Nees（1842）［莎草科 Cyperaceae］■☆

702　Adamaram Adans.（1763）（废弃属名）＝ Terminalia L.（1767）（保留属名）［使君子科 Combretaceae//榄仁树科 Terminaliaceae］●

703　Adambea Lam.（1783）Nom. illegit. ≡ Adamboe Adans.（1763）；～＝ Catu-Adamboe Adans.（1763）［千屈菜科 Lythraceae//紫薇科 Lagerstroemiaceae］●

704　Adamboe Adans.（1763）＝ Lagerstroemia L.（1759）［千屈菜科 Lythraceae//紫薇科 Lagerstroemiaceae］●

705　Adamboe Raf.（1838）Nom. illegit. ＝ Stictocardia Hallier f.（1893）［旋花科 Convolvulaceae］●■

706　Adamea Jacq.-Fél.（1951）Nom. illegit. ≡ Feliciadamia Bullock（1962）［野牡丹科 Melastomataceae］●☆

707　Adamia Jacq.-Fél.（1951）Nom. illegit. ＝ Adamea Jacq.-Fél.（1951）Nom. illegit.；～＝ Feliciadamia Bullock（1962）［野牡丹科 Melastomataceae］●☆

708　Adamia Wall.（1826）＝ Dichroa Lour.（1790）［虎耳草科 Saxifragaceae//绣球花科（八仙花科,绣球科）Hydrangeaceae］●

709　Adamogeton Schrad. ex Nees（1842）Nom. illegit. ≡ Adamantogeton Schrad. ex Nees（1842）［莎草科 Cyperaceae］■☆

710　Adamsia Fisch. ex Steud.（1821）Nom. illegit. ＝ Geum L.（1753）［蔷薇科 Rosaceae］■

711　Adamsia Willd.（1808）Nom. illegit. ≡ Puschkinia Adams（1805）［百合科 Liliaceae//风信子科 Hyacinthaceae］■☆

712　Adansonia L.（1753）Nom. inval. ≡ Adansonia L.（1759）［木棉科 Bombacaceae//锦葵科 Malvaceae//猴面包树科 Adansoniaceae］●

713　Adansonia L.（1759）【汉】猴面包属（猴面包属，狮狲面包属，狮狲木属）。【日】アダンソニア属，バオバブノキ属。【俄】Адансония。【英】Adansonia, Baobab, Baobabtree, Baobab－tree。【隶属】木棉科 Bombacaceae//锦葵科 Malvaceae//猴面包树科 Adansoniaceae。【包含】世界 8-10 种，中国 1 种。【学名诠释与讨论】〈阴〉（人）Michael Adans., 1727-1806, 法国植物学者。此属的学名，ING、TROPICOS 和 IK 记载是“Adansonia L., Syst. Nat., ed. 10. 2：1144, 1382. 1759［7 Jun 1759］”。“Adansonia L., Sp. Pl. 2：1190. 1753［1 May 1753］≡ Adansonia L.（1753）”是一个未合格发表的名称（Nom. inval.）。“Baobab Adanson, Mém. Acad. Sci.（Paris）1761：218. 1763”是“Adansonia L.（1753）”的晚出的同模式异名（Homotypic synonym, Nomenclatural synonym）。【分布】马达加斯加，中国，热带。【模式】Adansonia digitata Linnaeus。【参考异名】Abavo Risler; Adansonia L.（1753）Nom. illegit.; Baobab Adans.（1763）Nom. illegit.; Baobabus Kuntze（1891）; Ophelus Lour.（1790）●

714　Adansoniaceae Vest【汉】猴面包树科。【包含】世界 1 属 8-10 种。中国 1 属 1 种。【分布】马达加斯加，热带。【科名模式】Adansonia L.（1753）●☆

715　Adaphus Neck.（1790）Nom. inval. = Laurus L.（1753）［樟科 Lauraceae］●

716　Adarianta Knoche（1922）Nom. illegit. ≡ Spiroceratium H. Wolff（1921）; ~ = Pimpinella L.（1753）［伞形花科（伞形科）Apiaceae（Umbelliferae）］■

717　Adatoda Adans.（1763）Nom. illegit. ≡ Adhatoda Mill.（1754）［爵床科 Acanthaceae//鸭嘴花科（鸭咀花科）Justiciaceae］●

718　Adatoda Raf.（1838）Nom. illegit. = Justicia L.（1753）［爵床科 Acanthaceae//鸭嘴花科（鸭咀花科）Justiciaceae］●■

719　Addisonia Rusby（1893）= Helogyne Nutt.（1841）［菊科 Asteraceae（Compositae）］●☆

720　Adelanthus Endl.（1840）= Pyrenacantha Wight（1830）（保留属名）［茶茱萸科 Icacinaceae］●

721　Adelaster Lindl.（1861）（废弃属名）= Fittonia Coem.（1865）（保留属名）［爵床科 Acanthaceae］■☆

722　Adelaster Lindl. ex Veitch（1861）（废弃属名）= Fittonia Coem.（1865）（保留属名）; ~ = Pseuderanthemum Radlk.（1895）［爵床科 Acanthaceae］■☆

723　Adelaster Veitch（1861）（废弃属名）≡ Adelaster Lindl. ex Veitch（1861）（废弃属名）; ~ = Fittonia Coem.（1865）（保留属名）; ~ = Pseuderanthemum Radlk.（1895）［爵床科 Acanthaceae］●■

724　Adelbertia Meisn.（1838）= Meriania Sw.（1797）（保留属名）［野牡丹科 Melastomataceae］●☆

725　Adelia L.（1759）（保留属名）【汉】隐匿大戟属（阿德尔大戟属）。【隶属】大戟科 Euphorbiaceae。【包含】世界 15 种。【学名诠释与讨论】〈阴〉（希）adelos, 隐匿的，未知的，不确定的。此属的学名“Adelia L., Syst. Nat., ed. 10：1285, 1298. 7 Jun 1759”是保留属名。相应的废弃属名是木犀榄科（木犀科）Oleaceae 的“Adelia P. Browne, Civ. Nat. Hist. Jamaica；361. 10 Mar 1756 ≡ Forestiera Poir.（1810）（保留属名）”和大戟科 Euphorbiaceae 的“Bernardia Mill., Gard. Dict. Abr., ed. 4：［185］. 28 Jan 1754 = Polyscias J. R. Forst. et G. Forst.（1776）”。“Bernardia Houst. ex Mill., Gard. Dict. Abr.（ed. 4）vol. 1, 1754 ≡ Bernardia Mill.（1754）（废弃属名）［大戟科 Euphorbiaceae］”“Bernardia Endl.（废弃属名）= Berardia Vill.（1779）［菊科 Asteraceae（Compositae）］”和“Bernardia Adans. Fam., Pl. 2：356（1763）= Adelia L.（1759）（保留属名）”亦应废

弃。绿藻的“Bernardia Playfair, Proc. Linn. Soc. New South Wales ser. 2. 41：847. 4 Apr 1917”是晚出的非法名称，也应废弃。“Ricinella J. Müller Arg., Linnaea 34：153. Jul 1865”是“Adelia L.（1759）（保留属名）”的晚出的同模式异名（Homotypic synonym, Nomenclatural synonym）。【分布】巴拉圭，巴拿马，玻利维亚，厄瓜多尔，哥斯达黎加，尼加拉瓜，西印度群岛，中美洲。【模式】Adelia ricinella Linnaeus［as ‘Ricinell’］。【参考异名】Adeltia Mirb., Nom. illegit.; Bernardia Houst. ex P. Browne（1756）Nom. illegit.; Bernardia Mill.（1754）（废弃属名）; Bernardia P. Browne（1756）Nom. illegit.; Phaedra Klotzsch ex Endl.（1850）; Phaedra Klotzsch（1850）Nom. illegit.; Ricinella Müll. Arg.（1865）Nom. illegit.; Traganthus Klotzsch（1841）; Tyria Klotzsch ex Endl.（1850）Nom. illegit.; Tyria Klotzsch（1850）●☆

726　Adelia P. Browne（1756）（废弃属名）≡ Forestiera Poir.（1810）（保留属名）［木犀榄科（木犀科）Oleaceae］●☆

727　Adelinia J. I. Cohen（2015）【汉】阿氏紫草属。【隶属】紫草科 Boraginaceae。【包含】世界 1 种。【学名诠释与讨论】〈阴〉似来自人名“Adelin”。【分布】热带。【模式】Adelinia grandis（Douglas ex Lehm.）J. I. Cohen［Cynoglossum grande Douglas ex Lehm.］。☆

728　Adelioides Post et Kuntze（1903）= Adelioides R. Br. ex Benth.（1863）Nom. illegit.; ~ = Hypserpa Miers（1851）［防己科 Menispermaceae］●

729　Adelioides Banks et Sol. ex Britten（1900）Nom. illegit. = Adeliopsis Benth（1862）; ~ = Hypserpa Miers（1851）［防己科 Menispermaceae］●

730　Adelioides R. Br. ex Benth.（1863）Nom. illegit. = Adeliopsis Benth.（1862）; ~ = Hypserpa Miers（1851）［防己科 Menispermaceae］●

731　Adelioides Sol. ex Britten（1900）Nom. illegit. ≡ Adeliopsis Benth（1862）; ~ = Hypserpa Miers（1851）［防己科 Menispermaceae］●

732　Adeliopsis Benth.（1862）= Hypserpa Miers（1851）［防己科 Menispermaceae］●

733　Adelmannia Rchb.（1828）Nom. illegit. ≡ Borrichia Adans.（1763）［菊科 Asteraceae（Compositae）］●■☆

734　Adelmeria Ridl.（1909）= Alpinia Roxb.（1810）（保留属名）［姜科（蘘荷科）Zingiberaceae//山姜科 Alpiniaceae］■

735　Adelobotrys DC.（1828）【汉】隐果野牡丹属。【隶属】野牡丹科 Melastomataceae。【包含】世界 25 种。【学名诠释与讨论】〈阴〉（希）adelos, 隐匿的，未知的，不确定的 + botrys, 葡萄串，总状花序，簇生。此属的学名，ING、GCI、TROPICOS 和 IK 记载是“Adelobotrys DC., Prodr.［A. P. de Candolle］3：127. 1828［Mar 1828］”。“Xeracina Rafinesque, Sylva Tell. 98. Oct－Dec 1838”是“Adelobotrys DC.（1828）”的晚出的同模式异名（Homotypic synonym, Nomenclatural synonym）。【分布】巴拿马，秘鲁，玻利维亚，厄瓜多尔，哥伦比亚（安蒂奥基亚），哥斯达黎加，尼加拉瓜，西印度群岛，热带美洲，中美洲。【模式】Adelobotrys scandens（Aublet）A. P. de Candole［Melastoma scandens Aublet］。【参考异名】Davya DC.（1828）; Marshallfieldia J. F. Macbr.（1929）; Sarmentaria Naudin（1852）; Sphanellopsis Steud. ex Naudin（1852）; Xeracina Raf.（1838）Nom. illegit. ●☆

736　Adelocaryum Brand（1915）【汉】隐果紫草属。【隶属】紫草科 Boraginaceae。【包含】世界 7 种。【学名诠释与讨论】〈阴〉（希）adelos, 隐匿的，未知的，不确定的 + karyon, 胡桃，硬壳果，核，坚果。亦有文献把“Adelocaryum Brand（1915）”处理为“Lindelofia Lehm.（1850）”的异名。《显花植物与蕨类植物词典》记载为“Adelocaryum Brand（1915）= Cynoglossum L.（1753）+ Lindelofia

Lehm.(1850)"。【分布】非洲东部,西喜马拉雅山。【模式】未指定。【参考异名】Lindelofia Lehm.(1850)■☆

737　Adeloda Raf.(1838)= Dicliptera Juss.(1807)(保留属名)[爵床科 Acanthaceae]■

738　Adelodypsis Becc.(1906)= Dypsis Noronha ex Mart.(1837)[棕榈科 Arecaceae(Palmae)]●☆

739　Adelonema Schott(1860)= Homalomena Schott(1832)[天南星科 Araceae]■

740　Adelonenga(Becc.)Benth. et Hook. f.(1883)= Hydriastele H. Wendl. et Drude(1875)[棕榈科 Arecaceae(Palmae)]●

741　Adelonenga(Becc.)Hook. f.(1883)Nom. illegit. ≡ Adelonenga(Becc.)Benth. et Hook. f.(1883);~= Hydriastele H. Wendl. et Drude(1875)[棕榈科 Arecaceae(Palmae)]●

742　Adelonenga Becc.(1885)Nom. illegit. = Hydriastele H. Wendl. et Drude(1875)[棕榈科 Arecaceae(Palmae)]●

743　Adelonenga Hook. f.(1883)Nom. illegit. ≡ Adelonenga(Becc.)Benth. et Hook. f.(1883);~= Hydriastele H. Wendl. et Drude(1875)[棕榈科 Arecaceae(Palmae)]●

744　Adelopetalum Fitzg.(1891)= Bulbophyllum Thouars(1822)(保留属名)[兰科 Orchidaceae]■

745　Adelosa Blume(1850)【汉】隐匿马鞭草属。【隶属】马鞭草科 Verbenaceae。【包含】世界1种。【学名诠释与讨论】〈阴〉(希)adelos,隐匿的,未知的,不确定的。【分布】马达加斯加。【模式】Adelosa microphylla Blume。☆

746　Adelostemma Hook. f.(1883)【汉】乳突果属(高冠藤属,无冠藤属)。【英】Adelostemma。【隶属】萝藦科 Asclepiadaceae。【包含】世界3种,中国2种。【学名诠释与讨论】〈中〉(希)adelos,隐匿的,未知的,不确定的+stemma,所有格 stemmatos,花冠,花环,王冠。指花冠不显著。【分布】缅甸,中国。【模式】Adelostemma gracillimum(N. Wallich)J. D. Hooker[Cynanchum gracillimum N. Wallich]■

747　Adelostigma Steetz(1864)【汉】隐柱菊属。【隶属】菊科 Asteraceae(Compositae)。【包含】世界2种。【学名诠释与讨论】〈中〉(拉)adelos,隐匿的,未知的,不确定的+stigma,所有格 stigmatos,柱头,眼点。【分布】热带非洲。【模式】Adelostigma athrixioides Steetz。【参考异名】Cancellaria Sch. Bip. ex Oliver(1877)■☆

748　Adelphia W. R. Anderson(2006)【汉】牙买加三翅藤属。【隶属】金虎尾科(黄褥花科)Malpighiaceae。【包含】世界4钟。【学名诠释与讨论】〈阴〉(希)adelphos,兄弟。此属的学名是"Adelphia W. R. Anderson, Novon 16(2):170-171. 2006.(26 Jul 2006)"。亦有文献把其处理为"Triopterys L.(1753)[as ' Triopteris'](保留属名)"的异名。【分布】玻利维亚,哥伦比亚(安蒂奥基亚),哥斯达黎加,牙买加,中美洲。【模式】Adelphia hiraea(Gaertner)W. R. Anderson[Triopterys hiraea Gaertner]。【参考异名】Triopterys L.(1753)[as ' Triopteris'](保留属名)●☆

749　Adeltia Mirb., Nom. illegit. = Adelia L.(1759)(保留属名)[大戟科 Euphorbiaceae]●☆

750　Ademo Post et Kuntze = Euphorbia L.(1753)[大戟科 Euphorbiaceae]●■

751　Adenacantha B. D. Jacks. = Adenachaena DC.(1838);~= Phymaspermum Less.(1832)[菊科 Asteraceae(Compositae)]●☆

752　Adenacanthus Nees(1832)【汉】腺背蓝属。【隶属】爵床科 Acanthaceae。【包含】世界5种,中国1种。【学名诠释与讨论】〈阳〉(希)aden,所有格 adenos,腺体+akantha,荆棘,刺。此属的学名是"Adenacanthus C. G. D. Nees in Wallich, Pl. Asiat. Rar. 3:75,84. 15 Aug 1832"。亦有文献把其处理为"Strobilanthes Blume

(1826)"的异名。【分布】印度至马来西亚,中国。【模式】Adenacanthus acuminatus Nees。【参考异名】Strobilanthes Blume(1826)■

753　Adenaceae Dulac = Droseraceae Salisb.(保留科名)■☆

754　Adenachaena DC.(1838)= Phymaspermum Less.(1832)[菊科 Asteraceae(Compositae)]●☆

755　Adenandra Willd.(1809)(保留属名)【汉】阿登芸香属。【日】アデナンドラ属。【俄】Аденандра。【英】Adenandra。【隶属】芸香科 Rutaceae。【包含】世界18种。【学名诠释与讨论】〈阴〉(希)aden,腺体+aner,所有格 andros,雄性,雄蕊。此属的学名"Adenandra Willd., Enum. Pl.:256. Apr 1809"是保留属名。相应的废弃属名是芸香科 Rutaceae 的"Haenkea F. W. Schmidt, Neue Selt. Pfl.:19. 1793(ante 17 Jun)= Adenandra Willd.(1809)(保留属名)"和"Glandulifolia J. C. Wendl., Coll. Pl. 1:35. 1805 = Adenandra Willd.(1809)(保留属名)"。"Haenkea Salisb., Prodr. Stirp. Chap. Allerton 174(1796)[Nov – Dec 1796]≡ Portulacaria Jacq.(1787)[马齿苋科 Portulacaceae//马齿苋树科 Portulacariaceae]"、"Haenkea Ruiz et Pav., Fl. Peruv. Prodr. 36, t. 6. 1794[early Oct 1794]= Maytenus Molina(1782)[卫矛科 Celastraceae]"和"Haenkea Ruiz et Pav., Fl. Peruv.[Ruiz et Pavon]3;8, t. 231. 1802 = Schoepfia Schreb.(1789)[铁青树科 Olacaceae//青皮木科(香芙木科)Schoepfiaceae//山龙眼科 Proteaceae]"亦应废弃。"Ockea F. G. Dietrich, Vollst. Lex. Gärtnerei Nachtr. 1:105. 1815;5:307. 1819"是"Adenandra Willd.(1809)(保留属名)"的晚出的同模式异名(Homotypic synonym, Nomenclatural synonym)。【分布】非洲南部。【模式】Adenandra uniflora(Linnaeus)Willdenow[Diosma uniflora Linnaeus]。【参考异名】Glandulifera Dalla Torre et Harms(1901);Glandulifolia J. C. Wendl.(1805)(废弃属名);Haenkaea Usteri(1793);Haenkea F. W. Schmidt(1793)(废弃属名);Ockea F. Dietr.(1815)Nom. illegit.;Okenia F. Dietr.(1819)Nom. illegit.■☆

756　Adenanthe Maguire, Steyerm. et Wurdack(1961)【汉】腺花金莲木属。【隶属】金莲木科 Ochnaceae。【包含】世界2种。【学名诠释与讨论】〈阴〉(希)aden,腺体+anthos,花。亦有文献把"Adenanthe Maguire, Steyerm. et Wurdack(1961)"处理为"Tyleria Gleason(1931)"的异名。【分布】委内瑞拉。【模式】Adenanthe bicarpellata Maguire, Steyermark et Wurdack。【参考异名】Tyleria Gleason(1931)●☆

757　Adenanthellum B. Nord.(1976)【汉】腺羽菊属(腺菊属)。【隶属】菊科 Asteraceae(Compositae)。【包含】世界1种。【学名诠释与讨论】〈中〉(希)aden,腺体+anthela,长侧枝聚伞花序,苇鹰的羽毛。此属的学名"Adenanthellum B. Nord.(1976)"是一个替代名称。"Adenanthemum B. Nordenstam, Bot. Not. 129;157. 30 Jun 1976"是一个非法名称(Nom. illegit.),因为此前已经有了化石植物的"Adenanthemum Conwentz, Fl. Bernst. 2;92. 1886"。故用"Adenanthellum B. Nord.(1976)"替代之。【分布】非洲南部。【模式】Adenanthellum osmitoides(W. H. Harvey)B. Nordenstam[Chrysanthemum osmitoides W. H. Harvey]。【参考异名】Adenanthemum B. Nord.(1976)Nom. illegit.■☆

758　Adenanthemum B. Nord.(1976)Nom. illegit. ≡ Adenanthellum B. Nord.(1976)[菊科 Asteraceae(Compositae)]■☆

759　Adenanthera L.(1753)【汉】海红豆属(孔雀豆属)。【日】アデナンテーラ属,ナンバンアカアヅキ属。【俄】Аденантера。【英】Bead Tree, Beadtree, Bead - tree。【隶属】豆科 Fabaceae(Leguminosae)//含羞草科 Mimosaceae。【包含】世界10-12种,中国1种。【学名诠释与讨论】〈阴〉(希)aden,所有格 adenos,腺体+anthera,花药。指花药的顶端具腺体。此属的学名,ING 和

APNI 记载是"Adenanthera Linnaeus, Sp. Pl. 384. 1 Mai 1753"。"Gonsii Adanson, Fam. 2∶318. Jul−Aug 1763"是"Adenanthera L. (1753)"的晚出的同模式异名(Homotypic synonym, Nomenclatural synonym)。【分布】澳大利亚,巴基斯坦,巴拉圭,玻利维亚,马达加斯加,中国,热带亚洲,太平洋地区。【模式】Adenanthera pavonina Linnaeus。【参考异名】Gonsii Adans. (1763) Nom. illegit.;Zaga Raf. (1837)●

760 Adenanthes Knight(1809)= Adenanthos Labill. (1805) [山龙眼科 Proteaceae]●☆

761 Adenanthos Labill. (1805)【汉】壶状花属。【英】Woolly Bush。【隶属】山龙眼科 Proteaceae。【包含】世界 30-33 种。【学名诠释与讨论】〈阳〉(希)aden,腺体+anthos,花。此属的学名,ING、APNI 和 IK 记载是"Adenanthos Labillardière, Novae Holl. Pl. Spec. 1∶28. Jan (sero)1805"。"Adenanthes Knight, Cult. Prot. 96. 1809 [Dec 1809] = Adenanthos Labill. (1805)"和"Adenanthus Roem. et Schult. , Syst. Veg. , ed. 15 bis [Roemer et Schultes]3∶22, 397. 1818 [Apr−Jul 1818] = Adenanthos Labill. (1805)"是晚出的名称。【分布】澳大利亚,热带亚洲,太平洋地区。【后选模式】Adenanthos cuneatus Labillardière [as 'cuneata']。【参考异名】Adenanthes Knight(1809);Adenanthus Room. et Schult. (1818)●☆

762 Adenanthus Room. et Schult. (1818)= Adenanthos Labill. (1805) [山龙眼科 Proteaceae]●☆

763 Adenarake Maguire et Wurdack(1961)【汉】委内瑞拉金莲木属。【隶属】金莲木科 Ochnaceae。【包含】世界 2 种。【学名诠释与讨论】〈阴〉(希)aden,腺体+arakos,指小式 arakis,一种有荚植物的名称。【分布】委内瑞拉。【模式】Adenarake muriculata Maguire et Wurdack。●☆

764 Adenaria Kunth(1823)【汉】墨西哥千屈菜属。【隶属】千屈菜科 Lythraceae。【包含】世界 1-2 种。【学名诠释与讨论】〈阴〉(希)aden,腺体+−arius,−aria,−arium,指示"属于、相似、具有、联系"的词尾。此属的学名,ING、GCI、TROPICOS 和 IK 记载是"Adenaria Kunth in Humboldt, Bonpland et Kunth, Nova Gen. Sp. 6∶ed. fol. 147. 6 Aug 1823"。"Adenaria Pfeiff. (1823)= Adnaria Raf. (1818) [安息香科(齐墩果科,野茉莉科)Styracaceae] = Gaylussacia Kunth(1819)(保留属名) [杜鹃花科(欧石南科)Ericaceae]"是晚出的非法名称。"Decadonia Rafinesque, Actes Soc. Linn. Bordeaux 6∶267. 20 Nov 1834"是"Adenaria Kunth (1823)"的晚出的同模式异名(Homotypic synonym, Nomenclatural synonym)。【分布】阿根廷,巴拉圭,巴拿马,秘鲁,玻利维亚,厄瓜多尔,哥伦比亚(安蒂奥基亚),哥斯达黎加,墨西哥,尼加拉瓜,中美洲。【模式】未指定。【参考异名】Decadenium Raf. (1836)Nom. illegit.;Decadonia Raf. (1834)Nom. illegit. ■☆

765 Adenaria Pfeiff. (1823(1)Nom. illegit. = Adnaria Raf. (1818) [安息香科(齐墩果科,野茉莉科)Styracaceae]●

766 Adenaria Pfeiff. (1823(2)Nom. illegit. = Gaylussacia Kunth(1819) (保留属名) [杜鹃花科(欧石南科)Ericaceae]●☆

767 Adenarium Raf. (1818(3)Nom. illegit. ≡ Honckenya Ehrh. (1783) [石竹科 Caryophyllaceae]■☆

768 Adeneleuterophora Barb. Rodr. (1881)= Elleanthus C. Presl(1827) [兰科 Orchidaceae]■☆

769 Adeneleuthera Kuntze (1903)Nom. illegit. ≡ Adeneleuterophora Barb. Rodr. (1881) [兰科 Orchidaceae]■☆

770 Adeneleutherophora Dalla Torre et Harms(1881)= Adeneleuthera Kuntze(1903);~= Elleanthus C. Presl(1827) [兰科 Orchidaceae]■☆

771 Adenema G. Don(1837)= Enicostema Blume. (1826)(保留属名) [龙胆科 Gentianaceae]■☆

772 Adenesma Griseb. (1845)= Adenema G. Don(1837) [龙胆科 Gentianaceae]■☆

773 Adenia Forssk. (1775)【汉】蒴莲属(阿丹藤属,假西番莲属,三瓢果属,红果西番莲属)。【日】アデーニア属。【英】Adenia。【隶属】西番莲科 Passifloraceae。【包含】世界 94-100 种,中国 3-5 种。【学名诠释与讨论】〈阴〉(希)aden,腺体。指叶背面及叶柄顶端具腺体。另说 Aden 是模式种 A. venenata Forsskål 的阿拉伯俗名。此属的学名,ING、APNI、TROPICOS 和 IK 记载是"Adenia Forssk. , Fl. Aegypt. −Arab. 77(1775) [1 Oct 1775]"。"Adenia Torr. ,Fl. New York ii. t. 122(1843)Nom. inval. , Nom. illegit. = Pilea Lindl. (1821)(保留属名) [荨麻科 Urticaceae]"是晚出的非法名称。亦有学者承认"红果西番莲属 Erythrocarpus M. Roem. ,Fam. Nat. Syn. Monogr. 2∶204. 1846 [Dec 1846]";但是这是一个晚出的非法名称,因为此前已经有了"Erythrocarpus Blume, Bijdr. Fl. Ned. Ind. 12∶604. 1826 [24 Jan 1826] [大戟科 Euphorbiaceae]"。【分布】澳大利亚(北部),马达加斯加,印度至马来西亚,中国,阿拉伯地区西南部,热带和非洲南部。【模式】Adenia venenata Forsskål。【参考异名】Blepharanthes Sm. (1821) Nom. illegit. ; Ceramanthus Post et Kuntze (1903) Nom. illegit. ; Clemanthus Klotzsch (1861); Echinothamnus Engl. (1891); Erythrocarpus M. Roem. (1846) Nom. illegit. ; Jaeggia Schinz (1888); Keramanthus Hook. f. (1876); Kolbia P. Beauv. (1820) Nom. illegit. ; Machadoa Welw. ex Benth. et Hook. f. (1867); Machadoa Welw. ex Hook. f. (1867) Nom. illegit. ; Microblepharis (Wight et Arn.) M. Roem. (1846); Modeca Raf. (1836) Nom. illegit. ;Modecca Lam. (1797);Ophiocaulon Hook. f. (1867)Nom. illegit. ;Paschanthus Burch. (1822)●

774 Adenia Torr. (1843)Nom. inval. , Nom. illegit. = Pilea Lindl. (1821)(保留属名) [荨麻科 Urticaceae]■

775 Adenileima Rchb. (1841)= Adenilema Blume(1827);~= Neillia D. Don(1825) [蔷薇科 Rosaceae//绣线梅科 Neilliaceae]●

776 Adenilema Blume (1827)= Neillia D. Don (1825) [蔷薇科 Rosaceae//绣线梅科 Neilliaceae]●

777 Adenilemma Hassk. (1844)= Adenilema Blume(1827) [蔷薇科 Rosaceae]●

778 Adenimesa Nieuwl. (1914)= Mesadenia Raf. (1832) [菊科 Asteraceae(Compositae)]■☆

779 Adenium Roem. et Schult. (1819)【汉】沙漠蔷薇属(箭毒胶属,沙漠玫瑰属,天宝花属,腺叶属)。【日】アデニウム属,アデニュ−ム属。【英】Adenium, Desert Rose。【隶属】夹竹桃科 Apocynaceae。【包含】世界 5-15 种。【学名诠释与讨论】〈中〉(希)aden,腺体+−ius,−ia,−ium,在拉丁文和希腊文中,这些词尾表示性质或状态。另说 Aden 或 Oddaejin, Oddaejn, Oddein 是阿拉伯俗名。此属的学名,ING 和 IK 记载是"Adenium Roem. et Schult. ,Syst. Veg. , ed. 15 bis [Roemer et Schultes]4∶35 et 411. 1819"。"Idaneum Post et O. Kuntze, Lex. 296. 1903"是"Adenium Roem. et Schult. (1819)"的晚出的同模式异名(Homotypic synonym,Nomenclatural synonym)。【分布】阿拉伯地区,热带和亚热带非洲。【模式】Adenium obesum (Forsskål)J. J. Roemer et J. A. Schultes [Nerium obesum Forsskål]。【参考异名】Adenum G. Don(1837);Idaneum Kuntze et Post (1903) Nom. illegit. , Nom. superfl. ;Idaneum Post et Kuntze(1903)Nom. illegit. ,Nom. superfl. ●■☆

780 Adenleima Rchb. = Adenilema Blume(1827) [蔷薇科 Rosaceae//绣线梅科 Neilliaceae]●

781 Adenoa Arbo(1977)【汉】腺体时钟花属。【隶属】时钟花科(穗柱榆科,窝籽科,有叶花科)Turneraceae。【包含】世界 1 种。【学名诠释与讨论】〈阴〉（希）aden，腺体。【分布】古巴。【模式】Adenoa cubensis（N. L. Britton et P. Wilson）M. M. Arbo［Piriqueta cubensis N. L. Britton et P. Wilson］●☆

782　Adenobasium C. Presl（1830）= Sloanea L.（1753）［椴树科（椴科，田麻科）Tiliaceae//杜英科 Elaeocarpaceae］●

783　Adenobium Steud.（1841）= Adenobasium C. Presl（1830）［椴树科（椴科，田麻科）Tiliaceae//杜英科 Elaeocarpaceae］●

784　Adenocalymma Benth.（1876）Nom. illegit.（废弃属名）［紫葳科 Bignoniaceae］●☆

785　Adenocalymma Mart.（1840）Nom. illegit.（废弃属名）≡ Adenocalymma Mart. ex Meisn.（1840）（保留属名）［紫葳科 Bignoniaceae］●☆

786　Adenocalymma Mart. ex Meisn.（1840）（保留属名）【汉】腺头葳属。【隶属】紫葳科 Bignoniaceae。【包含】世界 40-60 种。【学名诠释与讨论】〈中〉（希）aden，腺体+kalymma，面纱，头巾，颅。指叶和花上具腺体。此属的学名"Adenocalymma Mart. ex Meisn.，Pl. Vasc. Gen. 1：300；2：208. 25-31 Oct 1840.（'Adenocalymna'）（orth. cons.）"是保留属名。法规未列出相应的废弃属名。但是紫葳科 Bignoniaceae 的"Adenocalymma Mart.（1840）≡ Adenocalymma Mart. ex Meisn.（1840）（保留属名）"和"Adenocalymma Benth.，Gen. Pl. 2：1036, 1876"应该废弃。"Adenocalymna Mart. ex Meisn.，Pl. Vasc. Gen. 1：300. 1840"是其拼写变体，也应废弃。【分布】巴拉圭，巴拿马，秘鲁，比尼翁，玻利维亚，哥伦比亚（安蒂奥基亚），尼加拉瓜，中美洲。【后选模式】Adenocalymma comosum（Chamisso）Alph. de Candolle［Bignonia comosa Chamisso］。【参考异名】Adenocalymma Mart.（1840）Nom. illegit.（废弃属名）；Adenocalymna Mart. ex Meisn.（1840）Nom. illegit.（废弃属名）●☆

787　Adenocalymna Mart. ex Meisn.（1840）Nom. illegit.（废弃属名）≡ Adenocalymma Mart. ex Meisn.（1840）（保留属名）［紫葳科 Bignoniaceae］●☆

788　Adenocalyx Bertero ex Kunth（1823）nom. inval. = Coulteria Kunth（1824）豆科 Fabaceae（Leguminosae）//云实科（苏木科）Caesalpiniaceae ●☆

789　Adenocarpum D. Don ex Hook. et Arn.（1841）【汉】腺果菊属。【隶属】菊科 Asteraceae（Compositae）。【包含】世界 1 种。【学名诠释与讨论】〈中〉（希）aden，腺体+karpos，果实。亦有文献把"Adenocarpum D. Don ex Hook. et Arn.（1841）"处理为"Chrysanthellum Pers.（1807）Nom. illegit."或"Chrysanthellum Rich.（1807）"的异名。【分布】非洲，亚洲。【模式】Adenocarpum tuberculatum D. Don ex Hook. et Arn.。【参考异名】Adenocarpus Post et Kuntze（1903）；Chrysanthellum Pers.（1807）Nom. illegit.；Chrysanthellum Rich.（1807）■☆

790　Adenocarpus DC.（1815）【汉】腺荚果属（腺果豆属）。【英】Adenocarpus, Silver Broom。【隶属】豆科 Fabaceae（Leguminosae）//蝶形花科 Papilionaceae。【包含】世界 15-20 种。【学名诠释与讨论】〈阳〉（希）aden，腺体+karpos，果实。指豆荚上具腺体。此属的学名，ING 和 TROPICOS 记载是"Adenocarpus A. P. de Candolle in Lamarck et A. P. de Candolle, Fl. Franç. ed. 3. 5：549. 8 Oct 1815"。"Adenocarpus Post et Kuntze（1903）= Adenocarpum D. Don ex Hook. et Arn.（1841）= Chrysanthellum Rich.（1807）［菊科 Asteraceae（Compositae）］"是晚出的非法名称。【分布】地中海地区，西班牙（加那利群岛）。【后选模式】Adenocarpus intermedius A. P. de Candolle, Nom. illegit.［Spartium complicatum Linnaeus；Adenocarpus complicatus（Linnaeus）J. Gay ex Grenier et Godron］●☆

791　Adenocarpus Post et Kuntze（1903）= Adenocarpum D. Don ex

Hook. et Arn.（1841）；~ = Chrysanthellum Rich.（1807）［菊科 Asteraceae（Compositae）］■☆

792　Adenocaullon Hook.（1829）Nom. illegit. = Adenocaulon Hook.（1829）［菊科 Asteraceae（Compositae）］■

793　Adenocaulon Hook.（1829）【汉】和尚菜属（腺梗菜属）。【日】ノブキ属。【俄】Аденокаулон，Прилипало。【英】Adenocaulon。【隶属】菊科 Asteraceae（Compositae）。【包含】世界 5-6 种，中国 1 种。【学名诠释与讨论】〈中〉（希）aden，腺体+kaulos = 拉丁文 caulis，指小式 cauliculus，茎，干，亦指甘蓝。指圆锥花序梗具腺毛。此属的学名，ING 和 IK 记载是"Adenocaulon W. J. Hooker, Bot. Misc. 1：19. Apr 1829"。"Adenocaullon Hook.（1829）= Adenocaulon Hook.（1829）"是错误拼写。"Adenocaulum Clem. = Adenocaulon Hook.（1829）"和"Adenocaulus Clem. = Adenocaulon Hook.（1829）"似为变体。【分布】中国，北温带，温带南美洲，中美洲。【模式】Adenocaulon bicolor W. J. Hooker。【参考异名】Adenocaullon Hook.（1829）Nom. illegit.；Adenocaulum Clem.；Adenocaulus Clem.■

794　Adenocaulum Clem. = Adenocaulon Hook.（1829）［菊科 Asteraceae（Compositae）］■

795　Adenocaulus Clem. = Adenocaulon Hook.（1829）［菊科 Asteraceae（Compositae）］■

796　Adenoceras Rchb. f. et Zoll. ex Baill.（1858）= Macaranga Thouars（1806）［大戟科 Euphorbiaceae］●

797　Adenochaena DC.（1838）= Adenachaena DC.（1838）；~ = Phymaspermum Less.（1832）［菊科 Asteraceae（Compositae）］●☆

798　Adenochaena Steud.（1840）Nom. illegit. = Adenachaena DC.（1838）［菊科 Asteraceae（Compositae）］●☆

799　Adenochaeton Endl. = Adenocheton Fenzl（1844）［防己科 Menispermaceae］●

800　Adenocheton Fenzl（1844）= Cocculus DC.（1817）（保留属名）［防己科 Menispermaceae］●

801　Adenochetus Baill.（1858）Nom. illegit. ≡ Adenochetus Fenzl ex Baill.（1858）［防己科 Menispermaceae］●

802　Adenochetus Fenzl ex Baill.（1858）= Adenocheton Fenzl（1844）［防己科 Menispermaceae］●

803　Adenochilus Hook. f.（1853）【汉】腺唇兰属。【隶属】兰科 Orchidaceae。【包含】世界 2 种。【学名诠释与讨论】〈阳〉（希）aden，腺体+cheilos，唇。在希腊文组合词中，cheil-，cheilo-，-chilus，-chilia 等均为"唇，边缘"之义。【分布】澳大利亚，新西兰。【模式】Adenochilus gracilis J. D. Hooker。■☆

804　Adenochlaena Boiss. ex Baill.（1858）【汉】腺蓬属。【隶属】大戟科 Euphorbiaceae。【包含】世界 2 种。【学名诠释与讨论】〈阴〉（希）aden，腺体+chlaina，chlaenion，外表，斗篷。此属的学名是"Adenochlaena Boivin ex Baillon, Étude Gén. Euphorb. 472. 1858"。亦有文献把其处理为"Cephalocroton Hochst.（1841）"的异名。【分布】科摩罗，马达加斯加，斯里兰卡。【模式】Adenochlaena leucocephala Boivin ex Baillon。【参考异名】Centrostylis Baill.（1858）；Cephalocroton Hochst.（1841）；Niedenzua Pax（1894）■☆

805　Adenochloa Zuloaga（2014）【汉】腺禾属。【隶属】禾本科 Poaceae（Gramineae）。【包含】世界 14 种。【学名诠释与讨论】〈阴〉（希）aden，腺体+chloe，草的幼芽，嫩草，禾草。【分布】热带。【模式】Adenochloa hymeniochila（Nees）Zuloaga［Panicum hymeniochilum Nees］。☆

806　Adenoclina Post et Kuntze（1903）Nom. illegit. = Adenocline Turcz.（1843）［大戟科 Euphorbiaceae］■☆

807　Adenocline Turcz.（1843）【汉】腺床大戟属。【隶属】大戟科 Euphorbiaceae。【包含】世界 8 种。【学名诠释与讨论】〈阴〉

（希）aden，腺体+kline，床。来自 klino，倾斜，斜倚。【分布】非洲南部。【模式】未指定。【参考异名】Adenoclina Post et Kuntze（1903）Nom. illegit. ;Diplostylis Sond.（1850）;Paradenocline Müll. Arg.（1866）;Trianthema Spreng. ex Turcz. ,Nom. illegit. ■☆

808　Adenocrepis Blume（1826）= Baccaurea Lour.（1790）［大戟科 Euphorbiaceae］●

809　Adenocritonia R. M. King et H. Rob.（1976）【汉】密腺亮泽兰属。【隶属】菊科 Asteraceae（Compositae）//泽兰科 Eupatoriaceae。【包含】世界 1-3 种。【学名诠释与讨论】〈阴〉（希）aden，腺体+（属）Critonia 亮泽兰属。此属的学名是"Adenocritonia R. M. King et H. Robinson，Phytologia 33：281. Apr 1976"。亦有文献把其处理为"Eupatorium L.（1753）"的异名。【分布】牙买加，中美洲。【模式】Adenocritonia adamsii R. M. King et H. Robinson。【参考异名】Eupatorium L.（1753）■☆

810　Adenocyclus Less.（1829）= Pollalesta Kunth（1818）［菊科 Asteraceae（Compositae）］●☆

811　Adenodaphne S. Moore（1921）= Litsea Lam.（1792）（保留属名）［樟科 Lauraceae］●

812　Adenodiscus Turcz.（1846）= Belotia A. Rich.（1845）［椴树科（椴科，田麻科）Tiliaceae］●☆

813　Adenodolichos Harms（1902）【汉】非洲长腺豆属（非洲镰扁豆属）。【隶属】豆科 Fabaceae（Leguminosae）//蝶形花科 Papilionaceae。【包含】世界 15 种。【学名诠释与讨论】〈阳〉（希）aden，腺体+（属）Dolichos 镰扁豆属（扁豆属，大麻药属，鹊豆属），或长长的。【分布】热带非洲。【后选模式】Adenodolichos rhomboideus（O. Hoffmann）Harms ［Dolichos rhomboideus O. Hoffmann］。【参考异名】Adenodolichus Post et Kuntze（1903）■☆

814　Adenodolichus Post et Kuntze（1903）= Adenodolichos Harms（1902）［豆科 Fabaceae（Leguminosae）//蝶形花科 Papilionaceae］■☆

815　Adenodus Lour.（1790）= Elaeocarpus L.（1753）［杜英科 Elaeocarpaceae//椴树科（椴科，田麻科）Tiliaceae］●

816　Adenoglossa B. Nord.（1976）【汉】腺舌菊属。【隶属】菊科 Asteraceae（Compositae）。【包含】世界 1 种。【学名诠释与讨论】〈阴〉（希）aden，腺体+glossa，舌。【分布】热带非洲。【模式】Adenoglossa decurrens（J. Hutchinson）B. Nordenstam ［Chrysanthemum decurrens J. Hutchinson］■☆

817　Adenogonum Welw. ex Hiern（1898）= Engleria O. Hoffm.（1888）［菊科 Asteraceae（Compositae）］■●☆

818　Adenogramma Rchb.（1828）【汉】坚果粟草属。【隶属】粟米草科 Molluginaceae。【包含】世界 10 种。【学名诠释与讨论】〈阴〉（希）aden，腺体+gramma，所有格 grammatos，标记，线条，字迹。【分布】非洲南部。【模式】Adenogramma mollugo H. G. L. Reichenbach。【参考异名】Steudelia C. Presl（1829）Nom. illegit. ■☆

819　Adenogrammaceae（Fenzl）Nakai = Molluginaceae Bartl.（保留科名）■

820　Adenogrammaceae Nakai（1942）= Molluginaceae Bartl.（保留科名）■

821　Adenogrammataceae（Fenzl）Nakai ＝Molluginaceae Bartl.（保留科名）■

822　Adenogrammataceae Nakai ＝Molluginaceae Bartl.（保留科名）■

823　Adenogyna Post et Kuntze（1903）= Adenogyne Klotzsch（1841）Nom. illegit. ; ~ = Sebastiania Spreng.（1821）［大戟科 Euphorbiaceae］●

824　Adenogyna Raf.（1836）Nom. illegit. ≡Sekika Medik.（1791）; ~ = Saxifraga L.（1753）［虎耳草科 Saxifragaceae］■

825　Adenogyne B. D. Jacks. = Adenogyna Raf.（1836）Nom. illegit. ;

~ ≡Sekika Medik.（1791）; ~ = Saxifraga L.（1753）［虎耳草科 Saxifragaceae］■

826　Adenogyne Klotzsch（1841）Nom. illegit. = Sebastiania Spreng.（1821）［大戟科 Euphorbiaceae］●

827　Adenogyne Raf.（1837）Nom. illegit. =? Adenogyna Raf.（1836）Nom. illegit. ［虎耳草科 Saxifragaceae］☆

828　Adenogynum Rchb. f. et Zoll.（1856）Nom. illegit. = Cladogynos Zipp. ex Span.（1841）［大戟科 Euphorbiaceae］●

829　Adenogyras Durand = Adenogyrus Klotzsch（1854）［刺篱木科（大风子科）Flacourtiaceae//红木科（胭脂树科）Bixaceae］●

830　Adenogyrus Klotzsch（1854）= Scolopia Schreb.（1789）（保留属名）［刺篱木科（大风子科）Flacourtiaceae//红木科（胭脂树科）Bixaceae］●

831　Adenola Raf.（1840）= Ludwigia L.（1753）［柳叶菜科 Onagraceae］●■

832　Adenolepis Less.（1831）= Cosmos Cav.（1791）［菊科 Asteraceae（Compositae）］■

833　Adenolepis Sch. Bip. = Bidens L.（1753）［菊科 Asteraceae（Compositae）］■●

834　Adenolinum Rchb.（1837）= Linum L.（1753）［亚麻科 Linaceae］●■

835　Adenolisianthus（Progel）Gilg（1895）【汉】巴西腺龙胆属。【隶属】龙胆科 Gentianaceae。【包含】世界 2 种。【学名诠释与讨论】〈阳〉（希）aden，腺体+（属）Lisianthus 光花龙胆属。此属的学名，ING 记载是"Adenolisianthus（A. Progel）E. Gilg in Engler et Prantl，Nat. Pflanzenfam. 4（2）：98. Jun 1895"，由"Lisianthius sect. Adenolisianthus A. Progel in C. F. P. Martius，Fl. Brasil. 6（1）：239. 1 Dec 1865"改级而来。GCI 和 IK 则记载为"Adenolisianthus Gilg，Nat. Pflanzenfam.［Engler et Prantl］4，Abt. 2：98. 1895"。亦有文献把"Adenolisianthus（Progel）Gilg（1895）"处理为"Irlbachia Mart.（1827）［龙胆科 Gentianaceae］"的异名。【分布】巴西。【后选模式】Adenolisianthus arboreus（Spruce ex A. Progel）E. Gilg ［Lisianthius arboreus Spruce ex A. Progel］。【参考异名】Adenolisianthus Gilg（1895）Nom. illegit. ; Irlbachia Mart.（1827）; Lisianthius sect. Adenolisianthus A. Progel（1895）■☆

836　Adenolisianthus Gilg（1895）Nom. illegit. ≡ Adenolisianthus（Progel）Gilg（1895）; ~ = Irlbachia Mart.（1827）［龙胆科 Gentianaceae］■☆

837　Adenolobus（Benth.）Torr. et Hillc.（1955）Nom. illegit. ≡ Adenolobus（Harv. ex Benth. et. Hook. f.）Torre et Hillc.（1956）［豆科 Fabaceae（Leguminosae）//云实科（苏木科）Caesalpiniaceae］■☆

838　Adenolobus（Harv. ex Benth.）Torre et Hillc.（1955）Nom. illegit. ≡Adenolobus（Harv. ex Benth. et. Hook. f.）Torre et Hillc.（1956）［豆科 Fabaceae（Leguminosae）//云实科（苏木科）Caesalpiniaceae］■☆

839　Adenolobus（Harv. ex Benth. et Hook. f.）Torre et Hillc.（1956）【汉】腺羊蹄甲属。【隶属】豆科 Fabaceae（Leguminosae）//云实科（苏木科）Caesalpiniaceae。【包含】世界 2 种。【学名诠释与讨论】〈阳〉（希）aden，腺体+lobos＝拉丁文 lobulus，片，裂片，叶，荚，蒴。此属的学名，ING 和 TROPICOS 记载是"Adenolobus（W. H. Harvey ex Bentham et J. D. Hooker）Torre et Hillcoat，Bol. Soc. Brot. ser. 2. 29：37. Apr 1956（' 1955 '）"，由"Bauhinia sect. Adenolobus W. H. Harvey ex Bentham et J. D. Hooker，Gen. 1：576. 19 Oct 1865"改级而来；IK 则记载为"Adenolobus（Harv.）Torre et Hillc. ，Bol. Soc. Brot. sér. 2，29：37. 1955"；三者引用的文献相同。"Adenolobus（Benth.）Torr. et Hillc.（1955）"、"Adenolobus

(Harv.)Torre et Hillc. (1955)"和"Adenolobus (Harv. ex Benth.) Torre et Hillc. (1955)"的命名人引证均有误。【分布】热带非洲南部。【模式】Adenolobus garipensis （E. H. F. Meyer）Torre et Hillcoat［Bauhinia garipensis E. H. F. Meyer］。【参考异名】Adenolobus （Benth. ）Torr. et Hillc. （1955）Nom. illegit. ; Adenolobus （Harv. ）Torre et Hillc. （1955）Nom. illegit. ; Adenolobus （Harv. ex Benth. ）Torre et Hillc. （1955）Nom. illegit. ; Bauhinia sect. Adenolobus Harv. ex Benth. et Hook. f. （1865）■☆

840　Adenoncos Blume(1825)【汉】腺瘤兰属。【日】アデノンコス属。【隶属】兰科 Orchidaceae。【包含】世界 15 种。【学名诠释与讨论】〈阴〉(希)aden, 腺体+onkos, 突出物, 小瘤。onkeros, 凸出的, 肿胀的。【分布】马来西亚。【模式】Adenoncos virens Blume。【参考异名】Podochilopsis Guillaumin(1963)■☆

841　Adenonema Bunge （1836） = Stellaria L. （1753）［石竹科 Caryophyllaceae］■

842　Adenoon Dalzell（1850）【汉】无冠糙毛菊属。【隶属】菊科 Asteraceae（Compositae）。【包含】世界 1 种。【学名诠释与讨论】〈中〉(希)aden, 腺体。【分布】印度至马来西亚。【模式】Adenoon indicum Dalzell。●☆

843　Adenopa Raf. （1837） = Drosera L. （1753）［茅膏菜科 Droseraceae］■

844　Adenopappus Benth. (1840)【汉】腺毛菊属。【隶属】菊科 Asteraceae（Compositae）。【包含】世界 1 种。【学名诠释与讨论】〈阳〉(希)aden, 腺体+希腊文 pappos 指柔毛, 软毛。pappus 则与拉丁文同义, 指冠毛。此属的学名是"Adenopappus Bentham, Pl. Hartweg. 41. 24 Mar, 1840"。亦有文献把其处理为"Tagetes L. （1753）"的异名。【分布】墨西哥, 中美洲。【模式】Adenopappus persicifolius Bentham［as 'persicaefolius'］。【参考异名】Tagetes L. （1753）■☆

845　Adenopeltis Bertero ex A. Juss. （1832）【汉】腺盾大戟属。【隶属】大戟科 Euphorbiaceae。【包含】世界 2 种。【学名诠释与讨论】〈阴〉(希)aden, 腺体+pelte, 指小式 peltarion, 盾。此属的学名, ING 和 TROPICOS 记载是"Adenopeltis Bertero ex A. H. L. Jussieu, Ann. Sci. Nat. (Paris)25：24. Jan 1832"; IK 则记载为"Adenopeltis Bert. , in Bull. Ferussac, xxi. （1830）, nomen; et ex A. Juss. in Ann. Sc. Nat. Ser. I. xxv. （1832）24"。【分布】温带南美洲。【模式】Adenopeltis colliguaya Bertero ex A. H. L. Jussieu。【参考异名】Adenopeltis Bertero(1830)Nom. inval. ●☆

846　Adenopeltis Bertero(1830)Nom. inval. ≡ Adenopeltis Bertero ex A. Juss. （1832）［大戟科 Euphorbiaceae］●☆

847　Adenopetalum Klotzsch et Garcke(1859)Nom. illegit. = Euphorbia L. (1753)［大戟科 Euphorbiaceae］●■

848　Adenopetalum Turcz. (1858)= Vitis L. (1753)［葡萄科 Vitaceae］●

849　Adenophaedra(Müll. Arg.)Müll. Arg. (1874)【汉】亮腺大戟属。【隶属】大戟科 Euphorbiaceae。【包含】世界 4 种。【学名诠释与讨论】〈阴〉(希)aden, 腺体+phaidros, 喜悦, 明亮。此属的学名, ING 和 TROPICOS 记载是"Adenophaedra （J. Müller－Arg. ）J. Müller－Arg. in C. F. P. Martius, Fl. Brasil. 11（2）：385. 1 Mai 1874", 由"Bernardia sect. Adenophaedra J. Müller－Arg. , Linnaea 34：172. Jul. 1865"改级而来。IK 则记载为"Adenophaedra Müll. Arg. , Fl. Bras. (Martius)11(2)：385, t. 101. 1878［1 May 1874］"。【分布】巴拿马, 秘鲁, 厄瓜多尔, 哥斯达黎加, 玻利维亚, 热带南美洲, 中美洲。【模式】Adenophaedra megalophylla （J. Müller－Arg. ）J. Müller－Arg. ［Bernardia megalophylla J. Müller－Arg. ］。【参考异名】Adenophaedra Müll. Arg. （1878）Nom. illegit. ; Bernardia sect. Adenophaedra Müll. Arg. (1865)●☆

850　Adenophaedra Müll. Arg. （1878）Nom. illegit. ≡ Adenophaedra

（Müll. Arg. ）Müll. Arg. （1874）［大戟科 Euphorbiaceae］●☆

851　Adenophora Fisch. (1823)【汉】沙参属。【日】ツリガネニンジン属。【俄】Аденофора, Бубенчик, Бубенчики。【英】Cup－shaped Bell, Gland Bellflower, Gland Bell－flower, Lady Bell, Lady's Bell, Lady's-bell, Ladybell, Ladybells。【隶属】桔梗科 Campanulaceae。【包含】世界 40-65 种, 中国 38-53 种。【学名诠释与讨论】〈阴〉(希)aden, 腺体+phoros, 具有, 梗, 负载, 发现者。指花柱的基部具深杯状蜜腺。【分布】中国, 温带欧亚大陆。【模式】Adenophora verticillata （Pallas）F. E. L. Fischer［Campanula verticillata Pallas］。【参考异名】Floerkea Spreng. （1818）●■

852　Adenophyllum Pers. （1807）【汉】腺叶菊属。【隶属】菊科 Asteraceae（Compositae）。【包含】世界 3-10 种。【学名诠释与讨论】〈中〉(希)aden, 腺体+phyllon, 叶子。此属的学名, ING、TROPICOS 和 IK 记载是"Adenophyllum Pers. , Syn. Pl. ［Persoon］2(2)：458. 1807［Sept 1807］"。GCI 则记载为"Adenophyllum Pers. , Syn. Pl. ［Persoon］2：458. 1807［Sep 1807］; nom. illeg. "。【分布】墨西哥, 尼加拉瓜, 中美洲。【模式】Adenophyllum coccineum Persoon, Nom. illegit. ［Willdenowa glandulosa Cavanilles; Adenophyllum glandulosum （Cavanilles）J. L. Strother］。【参考异名】Dysodia Spreng. （1818）; Dyssodia Willd. （1809）Nom. illegit. ; Lebetina Cass. （1822）; Schlechtendahlia Benth. et Hook. f. （1873）; Schlechtendalia Willd. （1803）（废弃属名）; Trichaetolepis Rydb. （1915）; Willldenowa Cav. （1791）Nom. illegit. ■●☆

853　Adenophyllum Thouars ex Baill. = Hecatea Thouars （1804）; ~ = Omphalea L. （1759）（保留属名）［大戟科 Euphorbiaceae］■☆

854　Adenoplea Radlk. （1883）= Buddleja L. （1753）［醉鱼草科 Buddlejaceae//马钱科（断肠草科, 马钱子科）Loganiaceae］●■

855　Adenoplusia Radlk. （1883）= Buddleja L. （1753）［醉鱼草科 Buddlejaceae//马钱科（断肠草科, 马钱子科）Loganiaceae］■

856　Adenopodia C. Presl（1851）［【汉】腺柄豆属。【隶属】豆科 Fabaceae（Leguminosae）//含羞草科 Mimosaceae。【包含】世界 10 种。【学名诠释与讨论】〈阴〉(希)aden, 腺体+pous, 所有格 podos, 指小式 podion, 脚, 足, 柄, 梗。podotes, 有脚的。此属的学名是"Adenopodia K. B. Presl, Epim. Bot. 206. Oct 1851（'1849'）; Abh. Königl. Böhm. Ges. Wiss. ser. 5. 6; 566. Oct 1851"。亦有文献把其处理为"Entada Adans. （1763）（保留属名）"的异名。【分布】巴西, 秘鲁, 墨西哥, 苏里南, 热带非洲和南非。【模式】Adenopodia spicata （E. Meyer）K. B. Presl［Mimosa spicata E. Meyer］。【参考异名】Entada Adans. （1763）（保留属名）; Pseudoentada Britton et Rose(1928)■☆

857　Adenopogon Welw. （1862）= Swertia L. （1753）［龙胆科 Gentianaceae］■

858　Adenoporces Small （1910）= Tetrapterys Cav. （1790）［as 'Tetrapteris'］（保留属名）［金虎尾科（黄褥花科）Malpighiaceae］●☆

859　Adenopus Benth. （1849）【汉】肖葫芦属。【隶属】葫芦科（瓜科, 南瓜科）Cucurbitaceae。【包含】世界 15 种。【学名诠释与讨论】〈阳〉(希)aden+pous, 脚, 足, 柄, 梗。此属的学名是"Adenopus Bentham in W. J. Hooker, Niger Fl. 372. Nov－Dec 1849"。亦有文献把其处理为"Lagenaria Ser. （1825）"的异名。【分布】巴基斯坦, 泛热带。【后选模式】Adenopus longiflorus Bentham。【参考异名】Lagenaria Ser. （1825）■☆

860　Adenorachis(DC.) Nieuwl. （1915）Nom. illegit. ≡ Aronia Medik. （1789）（保留属名）; ~ = Photinia Lindl. （1820）［蔷薇科 Rosaceae］●☆

861　Adenorachis Nieuwl. （1915）Nom. illegit. ≡ Adenorachis（DC. ）

Nieuwl. (1915) Nom. illegit. ; ~ ≡ Aronia Medik. (1789) (保留属名) ; ~ = Photinia Lindl. (1820) [蔷薇科 Rosaceae] ●☆

862　Adenorandia Vermoesen (1922) = Gardenia J. Ellis (1761) (保留属名) [茜草科 Rubiaceae//栀子科 Gardeniaceae] ●

863　Adenorhopium Rchb. (1828) = Adenoropium Pohl (1827) Nom. illegit. ; ~ = Jatropha L. (1753) (保留属名) [大戟科 Euphorbiaceae] ●■

864　Adenorima Raf. (1838) = Euphorbia L. (1753) [大戟科 Euphorbiaceae] ●■

865　Adenoropium Pohl (1827) Nom. illegit. = Jatropha L. (1753) (保留属名) [大戟科 Euphorbiaceae] ●■

866　Adenorrhopium Wittst. , Nom. illegit. = Adenoropium Pohl (1827) Nom. illegit. ; ~ = Jatropha L. (1753) (保留属名) [大戟科 Euphorbiaceae] ●■

867　Adenosachma A. Juss. (1849) = Mycetia Reinw. (1825) [茜草科 Rubiaceae] ●

868　Adenosachma Wall. = Mycetia Reinw. (1825) [茜草科 Rubiaceae] ●

869　Adenosacma Post et Kuntze (1903) Nom. illegit. = Mycetia Reinw. (1825) [茜草科 Rubiaceae] ●

870　Adenosacme Wall. ex G. Don (1834) Nom. nud. = Wendlandia Bartl. ex DC. (1830) (保留属名) ●

871　Adenosacme Wall. (1832) Nom. inval. , Nom. nud. ≡ Adenosacme Wall. ex Miq. (1857) Nom. illegit. , Nom. superfl. ; ~ = Mycetia Reinw. (1825) [茜草科 Rubiaceae] ●

872　Adenosacme Wall. ex Endl. (1838) = Mycetia Reinw. (1825) [茜草科 Rubiaceae] ●

873　Adenosacme Wall. ex Miq. (1857) Nom. illegit. , Nom. superfl. = Mycetia Reinw. (1825) [茜草科 Rubiaceae] ●

874　Adenosciadium H. Wolff. (1927) 【汉】腺伞芹属。【隶属】伞形花科 (伞形科) Apiaceae (Umbelliferae)。【包含】世界 1 种。【学名诠释与讨论】〈阴〉(希) aden, 腺体 + (属) Sciadium 伞芹属。【分布】阿拉伯地区。【模式】Adenosciadium arabicum (Anderson) H. Wolff [Ptychotria arabica Anderson] ■☆

875　Adenoscilla Gren. et Godr. (1855) Nom. illegit. ≡ Scilla L. (1753) [百合科 Liliaceae//风信子科 Hyacinthaceae//绵枣儿科 Scillaceae] ■

876　Adenoselen Spach (1841) Nom. inval. = Adenosolen DC. (1838) ; ~ = Marasmodes DC. (1838) [菊科 Asteraceae (Compositae)] ■☆

877　Adenosepalum (Spach) Fourr. (1868) = Hypericum L. (1753) [金丝桃科 Hypericaceae//猪胶树科 (克鲁西科, 山竹子科, 藤黄科) Clusiaceae (Guttiferae)] ■●

878　Adenosepalum Fourr. (1868) Nom. illegit. ≡ Adenosepalum (Spach) Fourr. (1868) ; ~ = Hypericum L. (1753) [金丝桃科 Hypericaceae] ■●

879　Adenosma Nees (1832) Nom. illegit. = Synnema Benth. (1846) [爵床科 Acanthaceae] ●■☆

880　Adenosma Nees (1847) Nom. illegit. = Synnema Benth. (1846) [爵床科 Acanthaceae] ●■☆

881　Adenosma R. Br. (1810) 【汉】毛麝香属。【英】Adenosma。【隶属】玄参科 Scrophulariaceae。【包含】世界 10-15 种, 中国 4 种。【学名诠释与讨论】〈阴〉(希) aden, 腺体 + osme = odme, 香味, 臭味, 气味。在希腊文组合词中, 词头 osm- 和词尾 -osma 通常指香味。指叶有香味。此属的学名, ING、APNI、TROPICOS 和 IK 记载是 "Adenosma R. Br. , Prodr. Fl. Nov. Holland. 442. 1810 [27 Mar 1810]"。爵床科 Acanthaceae 的 "Adenosma C. G. D. Nees in Alph. de Candolle, Prodr. 11 : 67. 25 Nov 1847 = Synnema Benth. (1846)" 是晚出的非法名称。"Stoechadomentha O. Kuntze, Rev.

Gen. 2 : 466. 5 Nov 1891" 是 "Adenosma R. Br. (1810)" 的晚出的同模式异名 (Homotypic synonym, Nomenclatural synonym)。【分布】澳大利亚, 印度至马来西亚, 中国。【模式】Adenosma caerula R. Brown。【参考异名】Anisanthera Griff. (1854) Nom. illegit. ; Pterostigma Benth. (1835) ; Spathestigma Hook. et Arn. (1837) ; Spathostigma Post et Kuntze (1903) (1891) ; Stoechadomentha Kumze (1891) Nom. illegit. ; Stoechas Rumph. ■

882　Adenosolen DC. (1838) = Marasmodes DC. (1838) [菊科 Asteraceae (Compositae)] ■☆

883　Adenospermum Hook. et Arn. (1841) = Chrysanthellum Rich. (1807) [菊科 Asteraceae (Compositae)] ■☆

884　Adenostachya Bremek. (1944) 【汉】腺花爵床属。【隶属】爵床科 Acanthaceae。【包含】世界 2 种。【学名诠释与讨论】〈阴〉(希) aden, 腺体 + stachys, 穗, 谷, 长钉。此属的学名是 "Adenostachya Bremekamp, Verh. Kon. Ned. Akad. Wetensch. , Afd. Natuurk. , Tweede Sect. 41(1) : 191. 11 Mai 1944"。亦有文献把其处理为 "Strobilanthes Blume (1826)" 的异名。【分布】印度尼西亚 (爪哇岛)。【模式】Adenostachya moschifera (Blume) Bremekamp [Strobilanthes moschifera Blume]。【参考异名】Strobilanthes Blume (1826) ■☆

885　Adenostegia Benth. (1836) (废弃属名) ≡ Cordylanthus Nutt. ex Benth. (1846) (保留属名) [玄参科 Scrophulariaceae//列当科 Orobanchaceae] ■☆

886　Adenostema Desport. (1804) Nom. illegit. = Adenostemma J. R. Forst. et G. Forst. (1776) [菊科 Asteraceae (Compositae)] ■

887　Adenostemma Hook. f. = Arenaria L. (1753) ; ~ = Odontostemma Benth. ex G. Don (1831) [石竹科 Caryophyllaceae] ■

888　Adenostemma J. R. Forst. et G. Forst. (1776) 【汉】下田菊属 (猪耳朵)。【日】ヌマダイコン属。【英】Adenostemma。【隶属】菊科 Asteraceae (Compositae)。【包含】世界 20-26 种, 中国 1 种。【学名诠释与讨论】〈中〉(希) aden + stemma, 所有格 stemmatos, 花冠, 花环, 王冠。指刺果的冠毛顶端具腺体。此属的学名, ING、GCI、TROPICOS 和 IK 记载是 "Adenostemma J. R. Forst. et G. Forst. , Char. Gen. Pl. , ed. 2. [89]. 1776 [1 Mar 1776]"。【分布】巴拉圭, 巴拿马, 秘鲁, 玻利维亚, 厄瓜多尔, 哥伦比亚 (安蒂奥基亚), 马达加斯加, 尼加拉瓜, 中国, 热带和非洲南部, 热带美洲, 中美洲。【模式】Adenostemma viscosum J. R. Forster et J. G. A. Forster [as ' viscosa ']。【参考异名】Adenostema Desport. (1804) ; Adenostemma Forst. ; Lavenia Sw. (1788) ■

889　Adenostemon Spreng. (1818) Nom. illegit. = Adenostemum Pers. (1805) Nom. illegit. ; ~ = Gomortega Ruiz et Pav. (1794) [油籽树科 Gomortegaceae] ●☆

890　Adenostemum Pers. (1805) Nom. illegit. ≡ Gomortega Ruiz et Pav. (1794) [油籽树科 Gomortegaceae] ●☆

891　Adenostephanes Lindl. = Adenostephanus Klotzsch (1841) ; ~ = Euplassa Salisb. ex Knight (1809) [山龙眼科 Proteaceae] ●☆

892　Adenostephanus Klotzsch (1841) = Euplassa Salisb. ex Knight (1809) [山龙眼科 Proteaceae] ●☆

893　Adenostoma Blume (1825) Nom. inval. [玄参科 Scrophulariaceae] ☆

894　Adenostoma Hook. et Arn. (1832) 【汉】腺口花属 (红皮木属)。【英】Chamise。【隶属】蔷薇科 Rosaceae。【包含】世界 2-3 种。【学名诠释与讨论】〈中〉(希) aden, 腺体 + stoma, 所有格 stomatos, 孔口。此属的学名, ING、GCI 和 IK 记载是 "Adenostoma Hook. et Arn. , Bot. Beechey Voy. 139. 1832 [Oct - Nov 1832]"。"Adenostoma Blume, Flora 8(2) : 680, nomen. 1825" 是一个未合格发表的名称 (Nom. inval.)。【分布】美国 (加利福尼亚)。【模式】Adenostoma fasciculata W. J. Hooker et Arnott。●☆

895 Adenostyles Benth. et Hook. f. (1883) Nom. illegit. = Adenostylis Blume(1825) [兰科 Orchidaceae] ■☆

896 Adenostyles Cass. (1816)【汉】欧蟹甲属(腺柱菊属)。【俄】Аденостилес。【英】Adenostyles。【隶属】菊科 Asteraceae (Compositae)//欧蟹甲科 Adenostylidaceae。【包含】世界 3-4 种。【学名诠释与讨论】〈阳〉(希)aden, 腺体+stylos =拉丁文 style, 花柱, 中柱, 有尖之物, 桩, 柱, 支持物, 支柱, 石头做的界标。此属的学名, ING、TROPICOS 和 IK 记载是 "Adenostyles Cass. , Dict. Sci. Nat. , ed. 2. [F. Cuvier]1(Suppl.):59. 1816 [12 Oct 1816]"。"Adenostyles Benth. et Hook. f. , Gen. Pl. [Bentham et Hooker f.]3 (2):599, err. typ. 1883 [14 Apr 1883]"是晚出的非法名称。亦有文献把"Adenostyles Cass. (1816)"处理为"Cacalia L. (1753)"的异名。【分布】欧洲山区, 小亚细亚。【模式】Adenostyles viridis Cassini, Nom. illegit. [Cacalia alpina Linnaeus]。【参考异名】Adenostylium Rchb. f. (1853-1854); Cacalia Kuntze(1891) Nom. illegit. ; Cacalia L. (1753)■☆

897 Adenostyles Endl. (1825) Nom. illegit. = Adenostylis Blume(1825) [兰科 Orchidaceae] ■☆

898 Adenostylidaceae Bercht. et J. Presl【汉】欧蟹甲科。【包含】世界 1 属 3-4 种。【分布】欧洲山区, 小亚细亚。【科名模式】Adenostyles Benth. et Hook. f. (1883) Nom. illegit. = Adenostylis Blume(1825)■☆

899 Adenostylis Blume (1825)【汉】腺柱兰属。【隶属】兰科 Orchidaceae。【包含】世界 24 种。【学名诠释与讨论】〈阳〉(希)aden, 腺体+stylos =拉丁文 style, 花柱, 中柱, 有尖之物, 桩, 柱, 支持物, 支柱, 石头做的界标。此属的学名, ING 和 IK 记载是 "Adenostylis Blume, Bijdr. Fl. Ned. Ind. 8:414. 1825 [20 Sep-7 Dec 1825]"。"Adenostylis Post et Kuntze(1903)"是晚出的非法名称。"Adenostylis Engl. (1825)"是"Adenostylis Endl. (1825)"的拼写变体。亦有文献把"Adenostylis Blume(1825)"处理为"Zeuxine Lindl. (1826) [as 'Zeuxina'](保留属名)"的异名。【分布】参见 Zeuxine Lindl. (1826) [as 'Zeuxina'](保留属名)。【模式】未指定。【参考异名】Adenostyles Benth. et Hook. f. (1883) Nom. illegit. ; Adenostyles Endl. (1825) Nom. illegit. ; Zeuxine Lindl. (1826) [as 'Zeuxina'](保留属名)■☆

900 Adenostylis Engl. (1825) Nom. illegit. = Zeuxine Lindl. (1826) [as 'Zeuxina'](保留属名) [兰科 Orchidaceae] ■

901 Adenostylis Post et Kuntze(1903) Nom. illegit. = Adenostyles Cass. (1816) [菊科 Asteraceae (Compositae)//欧蟹甲科 Adenostylidaceae] ■☆

902 Adenostylium Rchb. f. (1853-1854) = Adenostyles Cass. (1816) [菊科 Asteraceae(Compositae)//欧蟹甲科 Adenostylidaceae] ■☆

903 Adenothamnus D. D. Keck(1935)【汉】星木菊属。【隶属】菊科 Asteraceae(Compositae)。【包含】世界 1 种。【学名诠释与讨论】〈阳〉(希)aden, 腺体+thamnos, 指小式 thamnion, 灌木, 灌丛, 树丛, 枝。【分布】美国(加利福尼亚)。【模式】Adenothamnus validus (T. S. Brandegee) Keck [Madia valida T. S. Brandegee] ●☆

904 Adenotheca Welw. ex Baker(1878) = Schizobasis Baker(1873) [风信子科 Hyacinthaceae] ■☆

905 Adenothola Lem. (1846) = Manettia Mutis ex L. (1771)(保留属名) [茜草科 Rubiaceae] ●■☆

906 Adenotrachelium Nees ex Meisn. = Ocotea Aubl. (1775) [樟科 Lauraceae] ●☆

907 Adenotrias Jaub. et Spach(1842) = Hypericum L. (1753) [金丝桃科 Hypericaceae//猪胶树科(克鲁西科, 山竹子科, 藤黄科)Clusiaceae(Guttiferae)] ●■

908 Adenotrichia Lindl. (1828) = Senecio L. (1753) [菊科 Asteraceae (Compositae)//千里光科 Senecionidaceae] ■●

909 Adenum G. Don (1837) = Adenium Roem. et Schult. (1819) [夹竹桃科 Apocynaceae] ●■☆

910 Adesia Eaton = Adicea Raf. ex Britton et A. Br. (1896) Nom. illegit. ; ~ = Pilea Lindl. (1821)(保留属名) [荨麻科 Urticaceae] ■

911 Adesmia DC. (1825)(保留属名)【汉】无带豆属(艾兹豆属)。【隶属】豆科 Fabaceae(Leguminosae)。【包含】世界 100-230 种。【学名诠释与讨论】〈阴〉(希)a-, 无, 不+desmos, 链, 束, 结, 带, 纽带。desma, 所有格 desmatos, 含义与 desmos 相似。此属的学名"Adesmia DC. in Ann. Sci. Nat. (Paris) 4:94. Jan 1825"是保留属名。相应的废弃属名是豆科 Fabaceae(Leguminosae)的"Patagonium Schrank in Denkschr. Königl. Akad. Wiss. München 1808:93. 1809 ≡ Adesmia DC. (1825)(保留属名)"。豆科 Fabaceae 的"Patagonium E. Mey. (1835) = Aeschynomene L. (1753)"亦应废弃。"Patagonium Schrank, Denkschr. Königl. Akad. Wiss. München 1808:93. 1809"是"Adesmia DC. (1825)(保留属名)"的晚出的同模式异名(Homotypic synonym, Nomenclatural synonym)。【分布】秘鲁, 玻利维亚, 南美洲。【模式】Adesmia muricata (N. J. Jacquin) A. P. de Candolle [Hedysarum muricatum N. J. Jacquin]。【参考异名】Chionocarpium Brand; Heteroloma Desv. ex Rchb. (1828); Loudonia Bert. ex Hook. et Arn. ; Patagonia T. Durand et Jacks. ; Patagonium Schrank (1808) (废弃属名); Streptodesma A. Gray (1854) Nom. illegit. ; Streptodesmia A. Gray(1854) ■☆

912 Adhadota Steud. (1840) Nom. inval. [爵床科 Acanthaceae] ☆

913 Adhatoda Mill. (1754)【汉】肖鸭嘴花属(鸭嘴花属)。【隶属】爵床科 Acanthaceae//鸭嘴花科(鸭咀花科)Justiciaceae。【包含】世界 5-20 种, 中国 1 种。【学名诠释与讨论】〈阴〉(泰米尔)ada, adu, 山羊+thodai 或 toda, 不触摸, 不接触。指其叶子苦, 山羊都不感兴趣。另说锡兰语, 或塔密尔语 adhatoda, 妇人小产时用以打下死胎的一种植物的俗名。此属的学名, ING 记载是"Adhadota P. Miller, Gard. Dict. Abr. ed. 4. 28 Jan 1754"。"Adhadota Steud. (1840)"、"Adhatoda Nees(1847)"和"Adhatoda Tourn. ex Medik. (1790) = Duvernoia E. Mey. ex Nees(1847) [爵床科 Acanthaceae]"是晚出的非法名称。"Adatoda Adanson, Fam. 2:209. Jul-Aug 1763"是"Adhatoda Mill. (1754)"的晚出的同模式异名(Homotypic synonym, Nomenclatural synonym)。亦有文献把"Adhatoda Mill. (1754)"处理为"Justicia L. (1753)"的异名。【分布】巴基斯坦, 玻利维亚, 马达加斯加, 中国, 热带非洲和亚洲, 中美洲。【后选模式】Adhatoda vasica C. G. D. Nees。【参考异名】Adatoda Adans. (1763) Nom. illegit. ; Carima Raf. (1838); Justicia L. (1753) ●

914 Adhatoda Nees(1847) Nom. illegit. [爵床科 Acanthaceae] ☆

915 Adhatoda Tourn. ex Medik. (1790) Nom. illegit. = Duvernoia E. Mey. ex Nees(1847) [爵床科 Acanthaceae] ●■☆

916 Adianthum Burm. f. (1768) = Acacia Mill. (1754)(保留属名) [豆科 Fabaceae(Leguminosae)//含羞草科 Mimosaceae//金合欢科 Acaciaceae] ●■

917 Adicea Karin. = Adike Raf. (1836) [荨麻科 Urticaceae] ■☆

918 Adicea Raf. (1824) Nom. inval. ≡ Adicea Raf. ex Britton et A. Br. (1896) Nom. illegit. ; ~ ≡ Pilea Lindl. (1821)(保留属名) [荨麻科 Urticaceae] ■

919 Adicea Raf. ex Britton et A. Br. (1896) Nom. illegit. ≡ Pilea Lindl. (1821)(保留属名) [荨麻科 Urticaceae] ■

920 Adike Raf. (1836) = Pilea Lindl. (1821)(保留属名) = Urtica L. (1753) [荨麻科 Urticaceae] ■

921 Adina Salisb. (1807)【汉】水团花属(水冬瓜属)。【日】タニワ

36

タリノキ属。【俄】Адина。【英】Adina。【隶属】茜草科 Rubiaceae//乌檀科(水团花科)Naucleaceae。【包含】世界5种，中国2-4种。【学名诠释与讨论】〈阴〉(希)adinos，密集，堆集在一起。指花密集成头状花序。【分布】中国，热带和亚热带非洲和亚洲。【模式】Adina globiflora R. A. Salisbury。●

922　Adinandra Jack(1822)【汉】黄瑞木属(红淡属，杨桐属)。【日】ナガエサカキ属。【俄】Адинандра。【英】Adinandra。【隶属】山茶科(茶科)Theaceae//厚皮香科 Ternstroemiaceae。【包含】世界70-100种，中国26-31种。【学名诠释与讨论】〈阴〉(希)adinos，密集，堆集+aner，所有格 andros，雄性，雄蕊。指雄蕊多而密集。【分布】马达加斯加，印度至马来西亚，中国，亚洲东部和南部。【模式】Adinandra dumosa W. Jack。【参考异名】Sarosanthera Korth.(1842)●

923　Adinandrella Exell(1927)= Ternstroemia Mutis ex L. f.(1782)(保留属名)[山茶科(茶科)Theaceae//厚皮香科 Ternstroemiaceae]●

924　Adinandropsis Pitt－Schenkel = Balthasaria Verdc.(1969)Nom. illegit. = Melchiora Kobuski(1956)Nom. illegit.，～= Balthasaria Verdc.(1969)[山茶科(茶科)Theaceae//厚皮香科 Ternstroemiaceae]●☆

925　Adinauclea Ridsdale(1979)【汉】密乌檀属(山毛榉状茜属)。【隶属】茜草科 Rubiaceae。【包含】世界1种。【学名诠释与讨论】〈阴〉(希)adinos，密集，堆集+(属)Nauclea 乌檀属(黄胆木属)。【分布】印度尼西亚(马鲁古群岛，苏拉威西岛)。【模式】Adinauclea fagifolia(J. E. Teysmann et S. Binnendijk ex G. D. Haviland)C. E. Ridsdale[Nauclea fagifolia J. E. Teysmann et S. Binnendijk ex G. D. Haviland]●☆

926　Adinobotrys Dunn(1911)= Callerya Endl.(1843)；～= Whitfordiodendron Elmer(1910)[豆科 Fabaceae(Leguminosae)//蝶形花科 Papilionaceae]●

927　Adipe Raf.(1837)= Bifrenaria Lindl.(1832)[兰科 Orchidaceae]■☆

928　Adipera Raf.(1838)= Cassia L.(1753)(保留属名)[豆科 Fabaceae(Leguminosae)//云实科(苏木科)Caesalpiniaceae]●■

929　Adisa Steud.(1840)= Sumbaviopsis J. J. Sm.(1910)[大戟科 Euphorbiaceae]●

930　Adisca Blume(1826)= Sumbaviopsis J. J. Sm.(1910)；～= Mallotus Lour.(1790)+ Sumbaviopsis J. J. Sm.(1910)[大戟科 Euphorbiaceae]●■

931　Adiscanthus Ducke(1922)【汉】无盘花属。【隶属】芸香科 Rutaceae。【包含】世界1种。【学名诠释与讨论】〈阳〉(希)a-，无，不+diskos，圆盘+anthos，花。antheros，多花的，antheo，开花。希腊文 anthos 亦有"光明、光辉、优秀"之义。【分布】巴西，秘鲁，亚马孙河流域。【模式】Adiscanthus fusciflorus Ducke。●☆

932　Adlera Post et Kuntze(1903)= Adleria Neck.(1790)Nom. inval.；～= Eperua Aubl.(1775)[豆科 Fabaceae(Leguminosae)]●☆

933　Adleria Neck.(1790)Nom. inval. = Eperua Aubl.(1775)[豆科 Fabaceae(Leguminosae)]●☆

934　Adlumia Raf.(1808)Nom. inval.(废弃属名)≡ Adlumia Raf. ex DC.(1821)(保留属名)[罂粟科 Papaveraceae//紫堇科(荷苞牡丹科)Fumariaceae]■

935　Adlumia Raf. ex DC.(1821)(保留属名)【汉】荷包藤属(合瓣花属，藤荷包牡丹属)。【俄】Адлумия。【英】Adlumia，Mountainfringe，Pouchvine。【隶属】罂粟科 Papaveraceae//紫堇科(荷苞牡丹科)Fumariaceae。【包含】世界2种，中国1种。【学名诠释与讨论】〈阴〉(人)John Adlum，1759-1836，美国园艺工作者，或拉丁文 adlumino 镶以紫边。指花紫色。此属的学名"Adlumia Rafinesque ex A. P. de Candolle，Syst. Nat. 2；111. Mai

(sero)1821"是保留属名。法规未列出相应的废弃属名。但是罂粟科 Papaveraceae 的"Adlumia Raf.，Med. Repos. 5；352(1808)≡ Adlumia Raf. ex DC.(1821)(保留属名)"应该废弃。"Bicuculla Borkhausen，Arch. Bot.(Leipzig)1(2)；46. 1797"是"Adlumia Raf. ex DC.(1821)(保留属名)"的同模式异名(Homotypic synonym，Nomenclatural synonym)。【分布】朝鲜，中国，北美洲。【模式】Adlumia cirrhosa Rafinesque ex A. P. de Candolle，Nom. illegit.[Fumaria fungosa W. Aiton；Adlumia fungosa(W. Aiton)E. L. Greene ex N. L. Britton，Sterns et Poggenburg]。【参考异名】Adlumia Raf.(1808)Nom. inval.(废弃属名)；Bicuculla Borkh.(1797)Nom. illegit.■

936　Admarium Raf.(1818)Nom. illegit.(废弃属名)≡ Honkenya Ehrh.(1788)Nom. illegit.；～= Adenarium Raf.(1818)Nom. illegit.；~ Honckenya Ehrh.(1783)[石竹科 Caryophyllaceae//千屈菜科 Lythraceae]■☆

937　Admirabilis Nieuwl.(1914)Nom. illegit. ≡ Mirabilis L.(1753)[紫茉莉科 Nyctaginaceae]■

938　Adnaria Raf.(1817)= Styrax L.(1753)[安息香科(齐墩果科，野茉莉科)Styracaceae]●■

939　Adnula Raf.(1837)= Pelexia Poit. ex Lindl.(1826)(保留属名)[兰科 Orchidaceae]■

940　Adoceton Raf.(1817)= Alternanthera Forssk.(1775)[苋科 Amaranthaceae]■

941　Adodendron DC.(1839)= Adodendrum Neck. ex Kuntze(1891)[杜鹃花科(欧石南科)Ericaceae]●☆

942　Adodendrum Neck.(1790)Nom. inval. ≡ Adodendrum Neck. ex Kuntze(1891)；~ Rhodothamnus Rchb.(1827)(保留属名)[杜鹃花科(欧石南科)Ericaceae]●☆

943　Adodendrum Neck. ex Kuntze(1891)Nom. illegit. ≡ Rhodothamnus Rchb.(1827)(保留属名)[杜鹃花科(欧石南科)Ericaceae]●☆

944　Adoketon Raf.(1836)= Adoceton Raf.(1817)；～= Alternanthera Forssk.(1775)[苋科 Amaranthaceae]■

945　Adolia Lam.(1783)(废弃属名)= Scutia(Comm. ex DC.)Brongn.(1826)(保留属名)[鼠李科 Rhamnaceae]●

946　Adolphia Meisn.(1837)【汉】阿多鼠李属(阿多路非木属，南美鼠李属)。【隶属】鼠李科 Rhamnaceae。【包含】世界1-2种。【学名诠释与讨论】〈阴〉(人)Adolphe Theodore Brongniart，1801-1876，德国植物学者。【分布】马达加斯加，美国(西南部)，墨西哥。【模式】Adolphia infesta(Kunth)C. F. Meisner[Ceanothus infesta Kunth]●☆

947　Adonanthe Spach(1838)= Adonis L.(1753)(保留属名)[毛茛科 Ranunculaceae]●

948　Adonastrum Dalla Torre et Harms = Adoniastrum Schur(1877)[毛茛科 Ranunculaceae]■

949　Adoniastrum Schur(1877)= Adonis L.(1753)(保留属名)[毛茛科 Ranunculaceae]■

950　Adonidia Becc.(1919)= Veitchia H. Wendl.(1868)(保留属名)[棕榈科 Arecaceae(Palmae)]●☆

951　Adonigeron Fourr.(1868)= Senecio L.(1753)[菊科 Asteraceae(Compositae)//千里光科 Senecionidaceae]■●

952　Adonis L.(1753)(保留属名)【汉】侧金盏花属。【日】フクジュサウ属，フクジュソウ属。【俄】Адонис，Горицвет，Желтоцвет，Златоцвет，Черногорка。【英】Adonis，Pheasant's Eye，Pheasant's-eye。【隶属】毛茛科 Ranunculaceae。【包含】世界26-30种，中国16种。【学名诠释与讨论】〈阴〉(希)adonis，古植物名。另说 Adonis 是一位美少年，不幸被野猪吃掉，其血变为该植物。此属的学名"Adonis L.，Sp. Pl. ；547. 1 Mai 1753"是保留属名。法规

未列出相应的废弃属名。"Cosmarium Dulac,Fl. Hautes-Pyrénées 215. 1867"是"Adonis L.(1753)(保留属名)"的晚出的同模式异名(Homotypic synonym,Nomenclatural synonym)。【分布】巴基斯坦,美国,中国,北温带。【模式】Adonis annua Linnaeus。【参考异名】Adonanthe Spach(1838);Adoniastrum Schur(1877);Chrysocyathus Falc.(1839);Consoligo(DC.)Opiz;Cosmarium Dulac(1867)Nom. illegit.;Helleboraster Fabr. ■

953 Adopogon Neck.(1790)Nom. inval. ≡ Adopogon Neck. ex Kuntze(1891);~ ≡ Krigia Schreb.(1791)(保留属名)[菊科 Asteraceae(Compositae)]■☆

954 Adopogon Neck. ex Kuntze(1891)Nom. illegit. ≡ Krigia Schreb.(1791)(保留属名)[菊科 Asteraceae(Compositae)]■☆

955 Adorioon Raf. = Adorium Raf.(1825)Nom. illegit. ≡ Musenium Nutt.(1840)Nom. illegit. ≡ Musenium Raf.(1819)Nom. illegit.;~ = Musineon Raf.(1820)[伞形花科(伞形科)Apiaceae(Umbelliferae)]■☆

956 Adorium Raf.(1825)Nom. illegit. ≡ Musenium Nutt.(1840)Nom. illegit.;~ ≡ Musenium Raf.(1819)Nom. illegit.;~ = Musineon Raf.(1820)[伞形花科(伞形科)Apiaceae(Umbelliferae)]■☆

957 Adoxa L.(1753)【汉】五福花属。【日】レンプクサウ属,レンプクソウ属。【俄】Адокса,Мускусница。【英】Moschatel,Muskroot。【隶属】五福花科 Adoxaceae。【包含】世界3-4种,中国2-3种。【学名诠释与讨论】〈阴〉(希)a-,无,不+doxa,光荣,光彩,华丽,荣誉,有名,显著。此属的学名,ING 和 IK 记载是"Adoxa L.,Sp. Pl. 1:367. 1753[1 May 1753]"。"Moschatellina P. Miller,Gard. Dict. Abr. ed. 4. 28 Jan 1754"和"Moscatella Adanson,Fam. 2:243,579. Jul-Aug 1763"是"Adoxa L.(1753)"的晚出的同模式异名(Homotypic synonym,Nomenclatural synonym)。【分布】巴基斯坦,中国,喜马拉雅山,北温带。【模式】Adoxa moschatellina Linnaeus。【参考异名】Moscatella Adans.(1763)Nom. illegit.;Moschatellina Haller(1742)Nom. inval.;Moschatellina Mill.(1754)Nom. illegit.;Tetradoxa C. Y. Wu(1981)■

958 Adoxaceae E. Mey.(1839)(保留科名)【汉】五福花科。【日】レンプクサウ科,レンプクソウ科。【俄】Адоксовые。【英】Moschatel Family,Muskroot Family。【包含】世界3-4属5-220种,中国3-4属5-80种。【分布】北温带。【科名模式】Adoxa L.(1753)■●

959 Adoxaceae Trautv. = Adoxaceae E. Mey.(保留科名)●■

960 Adrastaea DC.(1817)= Hibbertia Andréws(1800)[五桠果科(第伦桃科,五丫果科,锡叶藤科)Dilleniaceae//纽扣花科 Hibbertiaceae]●☆

961 Adrastea Spreng.(1824)= Adrastaea DC.(1817)[五桠果科(第伦桃科,五丫果科,锡叶藤科)Dilleniaceae//纽扣花科 Hibbertiaceae]●☆

962 Adriana Endl. = Adriana Gaudich.(1825)[大戟科 Euphorbiaceae]●☆

963 Adriana Gaudich.(1825)【汉】苦大戟属。【英】Bitter Bush。【隶属】大戟科 Euphorbiaceae。【包含】世界3-5种。【学名诠释与讨论】〈阴〉(希)adros,短的+-anus,-ana,-anum,加在名词词干后面使形成形容词的词尾,含义为"属于"。【分布】澳大利亚。【后选模式】Adriana tomentosa Gaudichaud-Beaupré。【参考异名】Adriana Endl.;Crototerum Desv. ex Baill.;Meialisa Raf.(1838);Mialisa Post et Kuntze(1903);Trachycaryon Klotzsch(1845)●☆

964 Adriania Baill.(1858)Nom. inval.[大戟科 Euphorbiaceae]☆

965 Adromischus Lem.(1852)【汉】短梗景天属(天锦章属,天章属)。【日】アドロミスクス属。【隶属】景天科 Crassulaceae。【包含】世界26-50种。【学名诠释与讨论】〈阳〉(希)adros,短

的+mischos 花梗。【分布】非洲南部。【后选模式】Adromischus hemisphaericus(Linnaeus)Lemaire[Cotyledon hemisphaerica Linnaeus as 'hemispherica']●■☆

966 Adrorhizon Hook. f.(1898)【汉】短根兰属。【隶属】兰科 Orchidaceae。【包含】世界1种。【学名诠释与讨论】〈阳〉(希)adros,短的+rhiza,或 rhizoma,根,根茎。【分布】斯里兰卡。【模式】Adrorhizon purpurascens(Thwaites)J. D. Hooker[Dendrobium purpurascens Thwaites]■☆

967 Adulpa Bosc.(1805)Nom. inval. ≡ Mariscus Gaertn.(1788)Nom. illegit.(废弃属名);~ ≡ Schoenus L.(1753);~ = Cyperus L.(1753);~ Rhynchospora Vahl(1805)[as 'Rynchospora'](保留属名)[莎草科 Cyperaceae]■

968 Adulpa Endl.(1836)Nom. illegit. = Adulpa Bosc.(1805)Nom. inval.[莎草科 Cyperaceae]■

969 Adupla Bosc ex Juss.(1804)Nom. illegit. ≡ Mariscus Gaertn.(1788)Nom. illegit.(废弃属名)≡ Schoenus L.(1753);~ = Cyperus L.(1753);~ = Rhynchospora Vahl(1805)[as 'Rynchospora'](保留属名)[莎草科 Cyperaceae]■

970 Adupla Bosc(1805)Nom. illegit. ≡ Adupla Bosc ex Juss.(1804)Nom. illegit. ≡ Mariscus Gaertn.(1788)Nom. illegit.(废弃属名)≡ Schoenus L.(1753);~ = Cyperus L.(1753);~ = Rhynchospora Vahl(1805)[as 'Rynchospora'](保留属名)[莎草科 Cyperaceae]■

971 Aduseta Dalla Torre et Harms = Aduseton Scop.[十字花科 Brassicaceae(Cruciferae)]■

972 Aduseton Adans.(1763)(废弃属名)≡ Lobularia Desv.(1815)(保留属名);~ = Alyssum L.(1753)+Lobularia Desv.(1815)(保留属名)+Draba L.(1753)[十字花科 Brassicaceae(Cruciferae)//葶苈科 Drabaceae]■●

973 Aduseton Scop. = Adyseton Adans.(1763)(废弃属名);~ = Lobularia Desv.(1815)(保留属名);~ = Alyssum L.(1753)+Lobularia Desv.(1815)(保留属名)+Draba L.(1753)[十字花科 Brassicaceae(Cruciferae)]■

974 Adventina Raf.(1836)= Galinsoga Ruiz et Pav.(1794)[菊科 Asteraceae(Compositae)]■●

975 Adyseton Adans.(1763)Nom. illegit. ≡ Aduseton Adans.(1763)(废弃属名)≡ Lobularia Desv.(1815)(保留属名);~ = Alyssum L.(1753)+Lobularia Desv.(1815)(保留属名)+Draba L.(1753)[十字花科 Brassicaceae(Cruciferae)//葶苈科 Drabaceae]■●

976 Adysetum Link(1822)= Adyseton Adans.(1763);~ = Alyssum L.(1753)+Lobularia Desv.(1815)(保留属名)+Draba L.(1753)[十字花科 Brassicaceae(Cruciferae)//葶苈科 Drabaceae]■●

977 Aeceoclades Duchartre ex B. D. Jacks.,Nom. illegit. = Oeceoclades Lindl.(1832)= Saccolabium Blume(1825)(保留属名)[兰科 Orchidaceae]■

978 Aeceoclades Duchartre(1849)Nom. illegit. ≡ Aeceoclades Duchartre ex B. D. Jacks.,Nom. illegit.;~ = Oeceoclades Lindl.(1832)= Saccolabium Blume(1825)(保留属名)[兰科 Orchidaceae]■☆

979 Aechma C. Agardh = Aechmea Ruiz et Pav.(1794)(保留属名)[凤梨科 Bromeliaceae]■☆

980 Aechmaea Brongn.(1841)= Aechmandra Arn.(1841)Nom. illegit.;~ = Achmandra Arn.;~ = Kedrostis Medik.(1791)[葫芦科(瓜科,南瓜科)Cucurbitaceae]■☆

981 Aechmandra Arn.(1841)Nom. illegit. ≡ Achmandra Arn.;~ = Kedrostis Medik.(1791)[葫芦科(瓜科,南瓜科)Cucurbitaceae]■☆

982 Aechmanthera Nees(1832)【汉】尖药草属(尖蕊花属,尖药草属,

十三年花属)。【英】Aechmanthera。【隶属】爵床科 Acanthaceae。【包含】世界 3 种,中国 2 种。【学名诠释与讨论】〈阴〉(希) aechme,凸头,尖端,矛+anthera,花药。指雄蕊的药隔具小尖头。【分布】中国,喜马拉雅山。【后选模式】Aechmanthera tomentosa C. G. D. Nees。●

983 Aechmea Ruiz et Pav. (1794) (保留属名) 【汉】光萼荷属(大萼凤梨属,附生凤梨属,光萼凤梨属,尖萼凤梨属,尖萼荷属,亮叶光萼凤梨属,蜻蜓凤梨属,珊瑚凤梨属,珊瑚属)。【日】エクメア属,サンゴアナシス属,ツブアナナス属。【俄】Коринкарпус,Эхмея。【英】Aechmea。【隶属】凤梨科 Bromeliaceae。【包含】世界 85-182 种,中国 13 种。【学名诠释与讨论】〈阴〉(希) aechme,凸头,尖端,矛。指萼是尖的。此属的学名 " Aechmea Ruiz et Pav. , Fl. Peruv. Prodr. :47. Oct (prim.) 1794" 是保留属名。相应的废弃属名是凤梨科 Bromeliaceae 的 "Hoiriri Adans. , Fam. Pl. 2: 67,584. Jul-Aug 1763 = Aechmea Ruiz et Pav. (1794) (保留属名)"。凤梨科 Bromeliaceae 的 "Hoiriri Kuntze, Revis. Gen. Pl. 3 [3]:303. 1898 [28 Sep 1898] 亦应废弃。【分布】巴拉圭,巴拿马,秘鲁,玻利维亚,厄瓜多尔,哥伦比亚(安蒂奥基亚),哥斯达黎加,尼加拉瓜,西印度群岛,中美洲。【模式】Aechmea paniculata Ruiz et Pavón。【参考异名】Achmaea Steud. ; Achmea Poir. ; Aechma C. Agardh; Chevalieria Gaudich. (1843) Nom. inval. ; Chevalieria Gaudich. ex Beer (1852); Disquamia Lem. (1852-1853); Echinosepala Pridgeon et M. W. Chase (2002); Echinostachys Brongn. (1854) Nom. illegit. ; Echinostachys Brongn. ex Planch. (1854) Nom. illegit. ; Eriostax Raf. (1838); Gravisia Mez (1891); Hohenbergia Baker; Hoiriri Adans. (1763) (废弃属名); Hoplophytum Beer (1854); Lamprococcus Beer (1856); Macrochordion de Vriese (1853); Macrochordium Beer (1856) Nom. inval. , Nom. nud. ; Oechmea J. St. - Hil. (1805); Ortgiesia Regel (1867); Platyaechmea (Baker) L. B. Sm. et W. J. Kress (1990); Podaechmea (Mez) L. B. Sm. et W. J. Kress (1989); Pothuava Gaudich. (1851) Nom. illegit. ; Pothuava Gaudich. ex K. Koch (1860) Nom. illegit. ; Streptocalyx Beer (1854); Wittmackia Mez (1891)■☆

984 Aechmolepis Decne. (1844) = Tacazzea Decne. (1844) [萝藦科 Asclepiadaceae] ●☆

985 Aechmophora Spreng. ex Steud. (1840) = Bromus L. (1753) (保留属名) [禾本科 Poaceae(Gramineae)] ■

986 Aechmophora Steud. (1840) Nom. illegit. ≡ Aechmophora Spreng. ex Steud. (1840); ~ = Bromus L. (1753) (保留属名) [禾本科 Poaceae(Gramineae)] ■

987 Aectyson Raf. = Sedum L. (1753) [景天科 Crassulaceae] ●■

988 Aedemone Kotschy (1858) = Aeschynomene L. (1753); ~ = Herminiera Guill. et Perr. (1832) [豆科 Fabaceae(Leguminosae)//蝶形花科 Papilionaceae] ●■

989 Aedesia O. Hoffm. (1897) 【汉】叶苞糙毛菊属。【隶属】菊科 Asteraceae(Compositae)。【包含】世界 3 种。【学名诠释与讨论】〈阴〉(希) aedes,不愉快的,可憎的。【分布】热带非洲西部。【模式】未指定。■☆

990 Aedia Post et Kuntze(1903) = Aidia Lour. (1790); ~ = Randia L. (1753) [茜草科 Rubiaceae//山黄皮科 Randiaceae] ●

991 Aedmannia Spach(1841) = Oedmannia Thunb. (1800); ~ = Rafnia Thunb. (1800) [豆科 Fabaceae(Leguminosae)//蝶形花科 Papilionaceae] ■☆

992 Aedula Noronha (1790) = Orophea Blume (1825) [番荔枝科 Annonaceae] ●

993 Aeegiphila Sw. (1788) = Aegiphila Jacq. (1767) [马鞭草科

Verbenaceae//唇形科 Lamiaceae(Labiatae)] ●■☆

994 Aegelatis Roxb. (1832) = Aegialitis R. Br. (1810) [白花丹科(矶松科,蓝雪科) Plumbaginaceae] ●☆

995 Aegenetia Roxb. = Aeginetia L. (1753) [列当科 Orobanchaceae//野菰科 Aeginetiaceae//玄参科 Scrophulariaceae] ●

996 Aegeria Endl. = Ageria Adans. (1763); ~ = Ilex L. (1753) + Myrsine L. (1753) [紫金牛科 Myrsinaceae] ●

997 Aegialea Klotzsch(1852) = Pieris D. Don(1834) [杜鹃花科(欧石南科) Ericaceae] ●

998 Aegialina Schult. (1824) = Koeleria Pers. (1805); ~ = Rostraria Trin. (1820) [禾本科 Poaceae(Gramineae)] ■

999 Aegialinites C. Presl(1845) = Aegialitis R. Br. (1810) [白花丹科(矶松科,蓝雪科) Plumbaginaceae] ●☆

1000 Aegialinitis Benth. et Hook. f. = Aegialitis R. Br. (1810) [白花丹科(矶松科,蓝雪科) Plumbaginaceae] ●☆

1001 Aegialites Steenis(1951) Nom. inval. , Nom. illegit. = Aegialitis R. Br. (1810) [白花丹科(矶松科,蓝雪科) Plumbaginaceae] ●☆

1002 Aegialitidaceae Lincz. (1968) [亦见 Plumbaginaceae Juss. (保留科名) 白花丹科(矶松科,蓝雪科)] 【汉】叉枝补血草科(紫条木科)。【包含】世界 1 属 2 种。【分布】马来西亚东部和热带澳大利亚,热带亚洲。【科名模式】Aegialitis R. Br. (1810)●■☆

1003 Aegialitis R. Br. (1810) 【汉】叉枝补血草属(紫条木属)。【隶属】白花丹科(矶松科,蓝雪科) Plumbaginaceae。【包含】世界 2 种。【学名诠释与讨论】〈阴〉(希) aigialos,海滨+-itis,表示关系密切的词尾,像,具有。此属的学名,ING、TROPICOS 和 IK 记载是 " Aegialitis R. Br. , Prodr. Fl. Nov. Holland. 426. 1810 [27 Mar 1810]"。"Aegialitis Trin. , Fund. Agrost. (Trinius) 127, t. 9. 1820 ≡ Aegialina Schult. (1824) = Koeleria Pers. (1805) = Rostraria Trin. (1820)" 是晚出的非法名称。"Aegialites Steenis, Flora Malesiana ser. I 4 1951" 是其拼写变体。【分布】马来西亚(东部)和澳大利亚(热带)。【模式】Aegialitis annulata R. Brown。【参考异名】Aegelatis Roxb. (1832); Aegialinites C. Presl (1845); Aegialinitis Benth. et Hook. f. ; Aegianilites C. B. Clarke (1882); Aegiatilis Griff. (1854) ●☆

1004 Aegialitis Trin. (1820) Nom. illegit. ≡ Aegialina Schult. (1824); ~ = Koeleria Pers. (1805); ~ = Rostraria Trin. (1820) [禾本科 Poaceae(Gramineae)] ■☆

1005 Aegialophila Boiss. et Heldr. (1849) 【汉】滨海菊属。【隶属】菊科 Asteraceae(Compositae)//矢车菊科 Centaureaceae。【包含】世界 3 种。【学名诠释与讨论】〈阴〉(希) aegialos+philos,喜欢的,爱的。此属的学名,TROPICOS 记载为 " Aegialophila Boiss. et Heldr. , Diagnoses Plantarum Orientalium Novarum, ser. 1 10: 105. 1849. (Diagn. Pl. Orient. , ser. 1)"; ING 则用为 " Aegialophila Boissier et Heldreich ex Boissier, Diagn. Pl. Orient. ser. 1. 2(10): 105. Mar-Apr 1849"。亦有文献把 " Aegialophila Boiss. et Heldr. (1849)" 处理为 "Centaurea L. (1753) (保留属名)" 的异名。【分布】希腊。【后选模式】Aegialophila pumila (Linnaeus) Boissier [Centaurea pumila Linnaeus]。【参考异名】Aegialophila Boiss. et Heldr. ex Boiss. (1849); Centaurea L. (1753) (保留属名) ■☆

1006 Aegialophila Boiss. et Heldr. ex Boiss. (1849) = Aegialophila Boiss. et Heldr. (1849) ■☆

1007 Aegianilites C. B. Clarke (1882) = Aegialinites C. Presl (1845); ~ = Aegialitis R. Br. (1810) [白花丹科(矶松科,蓝雪科) Plumbaginaceae] ●☆

1008 Aegiatilis Griff. (1854) = Aegialitis R. Br. (1810) [白花丹科(矶松科,蓝雪科) Plumbaginaceae] ●☆

1009 Aegiceras Gaertn. (1788) 【汉】桐花树属(蜡烛果属)。【俄】

Егицерас。【英】Aegiceras, Candlefruit。【隶属】紫金牛科 Myrsinaceae//蜡烛果科(桐花树科) Aegicerataceae。【包含】世界 2 种,中国 1 种。【学名诠释与讨论】〈中〉(希)aix,所有格 aigos,山羊+keras,所有格 keratos,角,距,弓。指果形状如山羊角。此属的学名,ING 和 APNI 记载是"Aegiceras Gaertn., Fruct. Sem. Pl. i. 216. t. 46(1788)"。"Umbraculum O. Kuntze, Rev. Gen. 2: 405. 5 Nov 1891(non Gottsche 1861)"是"Aegiceras Gaertn.(1788)"的晚出的同模式异名(Homotypic synonym, Nomenclatural synonym)。【分布】巴基斯坦,马达加斯加,中国。【后选模式】Aegiceras majus J. Gaertner。【参考异名】Aegoceras Post et Kuntze (1903);Ceraunia Noronha(1790);Malaspinaea C. Presl(1830);Umbraculum Kuntze(1891)Nom. illegit.;Umbraculum Rumph. (1743)Nom. inval.;Umbraculum Rumph. ex Kuntze(1891)Nom. illegit. ●

1010 Aegicerataceae Blume(1833)[亦见 Myrsinaceae R. Br.(保留科名)紫金牛科]【汉】桐花树科(蜡烛果科)。【包含】世界 1 属 2 种,中国 1 属 1 种。【分布】热带。【科名模式】Aegiceras Gaertn. (1788)●■

1011 Aegicon Adans.(1763)Nom. illegit. ≡Aegilops L.(1753)(保留属名)[禾本科 Poaceae(Gramineae)]■

1012 Aegilemma Á. Löve(1982)= Aegilops L.(1753)(保留属名)[禾本科 Poaceae(Gramineae)]■

1013 Aegilonearum Á. Löve(1982)Nom. illegit. ≡Aegilops L.(1753)(保留属名)[禾本科 Poaceae(Gramineae)]■

1014 Aegilopaceae Link(1827)= Gramineae Juss.(保留科名)//Poaceae Barnhart(保留科名)■●

1015 Aegilopaceae Martinov =Gramineae Juss.(保留科名)//Poaceae Barnhart(保留科名)■●

1016 Aegilopodes Á. Löve(1982)Nom. illegit. = Aegilops L.(1753)(保留属名)[禾本科 Poaceae(Gramineae)]■

1017 Aegilops L.(1753)(保留属名)【汉】山羊草属(山羊麦属)。【俄】Бодлак,Коленница,Эгилёпс,Эгилопс。【英】Aegilops, Goat Grass, Goatgrass, Goat-grass。【隶属】禾本科 Poaceae (Gramineae)。【包含】世界 8-25 种,中国 8 种。【学名诠释与讨论】〈阴〉(希)aix,山羊+ops 外观。古希腊的一种草名。另说"希"aigilops,山羊常患的一种眼病。来自 aix 所有格 aigos,山羊+ops,眼。此属的学名"Aegilops L., Sp. Pl.:1050. 1 Mai 1753"是保留属名。法规未列出相应的废弃属名。"Aegilopodes Á. Löve, Biol. Zentralbl. 101: 207. 1982"、"Perlaria Heister ex Fabricius, Enum. ed. 2. 371. Sep-Dec 1763"和"Aegicon Adanson, Fam. 2:36, 513. Jul-Aug 1763"是"Aegilops L.(1753)(保留属名)"的晚出的同模式异名(Homotypic synonym, Nomenclatural synonym)。【分布】巴基斯坦,阿富汗,美国,中国,地中海至亚洲中部。【模式】Aegilops triuncialis Linnaeus。【参考异名】Aegicon Adans.(1763)Nom. illegit.;Aegilemma Á. Löve(1982);Aegilonearum Á. Löve(1982)Nom. illegit.;Aegilopodes Á. Löve (1982)Nom. illegit.;Aegylops Honck.(1792);Amblyopyrum Eig (1929);Chennapyrum Á. Löve(1982);Comopyrum(Jaub. et Spach)Á. Löve(1982);Comopyrum Á. Löve(1982);Cylindropyrum (Jaub. et Spach)Á. Löve(1982);Gastropyrum(Jaub. et Spach)Á. Löve(1982);Kiharapyrum Á. Löve(1982);Orrhopygium Á. Löve (1982);Patropyrum Á. Löve(1982);Perlaria Fabr.(1763)Nom. illegit.;Perlaria Heist. ex Fabr.(1763)Nom. illegit.;Sitopsis (Jaub. et Spach)Á. Löve(1982)■

1018 Aeginetia Cav.(1801)Nom. illegit. = Bouvardia Salisb.(1807) [茜草科 Rubiaceae]■●☆

1019 Aeginetia L.(1753)【汉】野菰属(蒸寄生属)。【日】ナンバン

ギセル属。【英】Aeginetia。【隶属】列当科 Orobanchaceae//野菰科 Aeginetiaceae//玄参科 Scrophulariaceae。【包含】世界 3-4 种,中国 3 种。【学名诠释与讨论】〈阴〉(希)aiganen,猎枪。指幼花的形状。另说,纪念七世纪的埃及医生 P. Aegineta。此属的学名,ING 和 IK 记载是"Aeginetia L., Sp. Pl. 2:632. 1753[1 May 1753]"。"Aeginetia Cavanilles, Icon. 6:[51]. Jan-Aug 1801 = Bouvardia Salisb.(1807)"是晚出的非法名称。【分布】日本,印度至马来西亚,中国。【模式】Aeginetia indica Linnaeus。【参考异名】Aegenetia Roxb.;Centronia Blume(1826)Nom. illegit.;Centronota A. DC.(1840);Gasparinia Endl.(1841)Nom. illegit.;Oeginetia Wight(1843);Oginetia Wight(1843);Phelipaea Post et Kuntze, Nom. illegit.(1903)Nom. illegit.;Phelypaea Boehm.;Phelypea Adans.;Tronicena Steud.(1841);Troniceus Miq.(1856)■

1020 Aeginetiaceae Livera(1927)[亦见 Orobanchaceae Vent.(保留科名)列当科]【汉】野菰科。【包含】世界 1 属 3-4 种,中国 1 属 3 种。【分布】印度-马来西亚,日本,中国。【科名模式】Aeginetia L.(1753)■

1021 Aegiphila Jacq.(1767)【汉】羊族草属。【隶属】马鞭草科 Verbenaceae//唇形科 Lamiaceae(Labiatae)。【包含】世界 116-180 种。【学名诠释与讨论】〈阴〉(希)aix,所有格 aigos,山羊+philos,喜欢的,爱的。此属的学名,ING、GCI 和 IK 记载是"Aegiphila Jacq., Observ. Bot.[Jacquin]2:3. 1767"。"Aegiphyla Steud., Nomencl. Bot.[Steudel], ed. 2. i. 29"是其拼写变体。【分布】巴拉圭,巴拿马,秘鲁,玻利维亚,厄瓜多尔,哥伦比亚(安蒂奥基亚),麦迪迪,美国,尼加拉瓜,中国,西印度群岛,热带美洲,中美洲。【模式】Aegiphila martinicensis N. J. Jacquin。【参考异名】Aeegiphila Sw.(1788);Aegiphyla Steud.;Aegophila Post et Kuntze(1903);America DC.(1840)Nom. illegit.;Amerina DC. ex.(1840)Nom. illegit.;Brueckea Klotzsch et H. Karst.(1848); Manabea Aubl.(1775);Omphalococca Willd.(1827); Omphalococca Willd. ex Schult.(1827)Nom. illegit.;Pseudaegiphila Rusby(1927)●■☆

1022 Aegiphilaceae Raf.(1838)= Labiatae Juss.(保留科名)= Lamiaceae Martinov(保留科名);~ = Verbenaceae J. St.-Hil.(保留科名)●■

1023 Aegiphyla Steud. = Aegiphila Jacq.(1767)[马鞭草科 Verbenaceae//唇形科 Lamiaceae(Labiatae)]●■☆

1024 Aegle Corrêa ex Koenig(1798)(废弃属名)= Aegle Corrêa (1800)(保留属名)[芸香科 Rutaceae]●

1025 Aegle Corrêa(1800)(保留属名)【汉】木橘属(木桔属,印度枳属)。【英】Sepiaria。【隶属】芸香科 Rutaceae。【包含】世界 1-3 种,中国 1 种。【学名诠释与讨论】〈阴〉(希)Aegle,神话中看守金苹果园的女神名,系医神阿斯克勒庇俄斯(Asclepius)的女儿。此属的学名"Aegle Corrêa in Trans. Linn. Soc. London 5:222. 1800"是保留属名。相应的废弃属名是芸香科 Rutaceae 的"Belou Adans.,Fam. Pl. 2:408,525. Jul-Aug 1763 ≡Aegle Corrêa (1800)(保留属名)"。"Aegle Corrêa ex Koenig, in Roxb. Pl. Coast Corom. ii. 23(1798)= Aegle Corrêa(1800)(保留属名)"和波喜荡草科 Posidoniaceae 的"Aegle Dulac, Fl. Hautes-Pyrénées 43. 1867 = Aglae Dulac(1867)Nom. illegit. = Posidonia K. D. König(1805) (保留属名)"亦应废弃。"Belou Adanson, Fam. 2:408,525. Jul-Aug 1763"和"Bilacus O. Kuntze, Rev. Gen. 1:98. 5 Nov 1891"是"Aegle Corrêa(1800)(保留属名)"的晚出的同模式异名 (Homotypic synonym, Nomenclatural synonym)。【分布】巴基斯坦,印度至马来西亚,中国,中美洲。【模式】Aegle marmelos (Linnaeus)Correa[Crateva marmelos Linnaeus]。【参考异名】Aegle Corrêa ex Koenig(1798)(废弃属名);Aglaia Dumort.(废弃

属名）；Belou Adans（1763）（废弃属名）；Bilacus Kuntze（1891）Nom. illegit.；Bilacus Rumph.（1741）Nom. inval.；Bilacus Rumph. ex Kuntze（1891）Nom. illegit. ●

1026 Aegle Dulac（1867）Nom. illegit.（废弃属名）= Aglae Dulac（1867）Nom. illegit.；~ = Posidonia K. D. König（1805）（保留属名）[眼子菜科 Potamogetonaceae//波喜荡草科（波喜荡草，海草科，海神草科）Posidoniaceae]■

1027 Aeglopsis Swingle（1912）【汉】西非橘属（西非枳属）。【隶属】芸香科 Rutaceae。【包含】世界 5 种。【学名诠释与讨论】〈阴〉（属）Aegle 木橘属+希腊文 opsis，外观，模样。【分布】热带非洲。【模式】Aeglopsis chevalieri Swingle。●☆

1028 Aegoceras Post et Kuntze（1903）= Aegiceras Gaertn.（1788）[紫金牛科 Myrsinaceae//蜡烛果科（桐花树科）Aegicerataceae]●

1029 Aegochloa Benth.（1833）= Navarretia Ruiz et Pav.（1794）[花荵科 Polemoniaceae]■☆

1030 Aegokeras Raf.（1840）【汉】山羊角芹属。【隶属】伞形花科（伞形科）Apiaceae（Umbelliferae）。【包含】世界 1 种。【学名诠释与讨论】〈中〉（希）aix，山羊+keras，所有格 keratos，角，距，弓。此属的学名，ING 和 IK 记载是"Aegokeras Rafinesque, Good Book 51. Jan 1840"。"Olymposciadium H. Wolff, Repert. Spec. Nov. Regni Veg. 18：132. 15 Aug 1922"是"Aegokeras Raf.（1840）"的晚出的同模式异名（Homotypic synonym, Nomenclatural synonym）。亦有文献把"Aegokeras Raf.（1840）"处理为"Seseli L.（1753）"的异名。【分布】土耳其。【模式】Aegokeras caespitosa（J. E. Smith）Rafinesque [as 'cespitosa'] [Seseli caespitosum J. E. Smith]。【参考异名】Olymposciadium H. Wolff（1922）Nom. illegit.；Seseli L.（1753）■☆

1031 Aegomarathrum Steud.（1840）Nom. illegit. = Cachrys L.（1753）[伞形花科（伞形科）Apiaceae（Umbelliferae）]■

1032 Aegonychion Endl.（1839）= Aegonychon Gray（1821）[紫草科 Boraginaceae]■

1033 Aegonychon Gray（1821）= Lithospermum L.（1753）[紫草科 Boraginaceae]■

1034 Aegophila Post et Kuntze（1903）= Aegiphila Jacq.（1767）[马鞭草科 Verbenaceae//唇形科 Lamiaceae（Labiatae）]●■☆

1035 Aegopicron Giseke（1792）= Aegopricum L.（1775）；~ = Maprounea Aubl.（1775）[大戟科 Euphorbiaceae]■☆

1036 Aegopodion St. -Lag.（1880）= Aegopodium L.（1753）[伞形花科（伞形科）Apiaceae（Umbelliferae）]■

1037 Aegopodium L.（1753）【汉】羊角芹属。【日】エゾバウフウ属，エゾボウフウ属。【俄】Снедь-трава, Сныть。【英】Bishop's Weed, Bishops Weed, Goatweed, Gout Weed, Ground Elder, Ground-elder。【隶属】伞形花科（伞形科）Apiaceae（Umbelliferae）。【包含】世界 7-19 种，中国 5 种。【学名诠释与讨论】〈中〉（希）aix，山羊+pous，所有格 podos，指小式 podion，脚，足，柄，梗。podotes，有脚的+-ius，-ia，-ium，在拉丁文和希腊文中，这些词尾表示性质或状态。指叶的形状似羊蹄。此属的学名，ING、APNI 和 IK 记载是"Aegopodium L., Sp. Pl. 1：265. 1753 [1 May 1753]"。"Aegopodion St. -Lag., Ann. Soc. Bot. Lyon vii.（1880）119"是晚出的名称。"Podagraria J. Hill, Brit. Herbal 405. 28 Oct 1756"是"Aegopodium L.（1753）"的晚出的同模式异名（Homotypic synonym, Nomenclatural synonym）。【分布】巴基斯坦，中国，欧洲，温带亚洲。【模式】Aegopodium podagraria Linnaeus。【参考异名】Aegopodion St. -Lag.（1880）；Podagraria Haller（1742）Nom. inval.；Podagraria Hill（1756）Nom. illegit. ■

1038 Aegopogon Humb. et Bonpl. ex Willd.（1806）【汉】羊须草属。【隶属】禾本科 Poaceae（Gramineae）。【包含】世界 3 种。【学名

诠释与讨论】〈阳〉（希）aix，山羊+pogon，所有格 pogonos，指小式 pogonion，胡须，髯毛，芒。pogonias，有须的。此属的学名，ING、APNI、GCI 和 IK 记载是"Aegopogon Humb. et Bonpl. ex Willd., Sp. Pl., ed. 4 [Willdenow] 4（2）：899. 1806 [dt. 1805；issued 1806]"。【分布】美国（南部）至阿根廷。【模式】Aegopogon cenchroides Humboldt et Bonpland ex Willdenow。【参考异名】Atherophora Steud.（1840）；Atherophora Willd. ex Steud.（1840）；Hymenothecium Lag. Lag.（1816）；Schellingia Steud.（1850）■☆

1039 Aegopogon P. Beauv. = Amphipogon R. Br.（1810）[禾本科 Poaceae（Gramineae）]■☆

1040 Aegopordon Boiss.（1846）【汉】羊屁菊属。【隶属】菊科 Asteraceae（Compositae）。【包含】世界 1 种。【学名诠释与讨论】〈阳〉（希）aix，山羊+porde，放屁的。此属的学名是"Aegopordon Boissier, Diagn. Pl. Orient. ser. 1. 1（6）：112. Jul 1846（'1845'）"。亦有文献把其处理为"Jurinea Cass.（1821）"的异名。【分布】亚洲西南部。【模式】Aegopordon berardioides Boissier。【参考异名】Jurinea Cass.（1821）■☆

1041 Aegopricon L. f.（1782）= Aegopricum L.（1775）；~ = Maprounea Aubl.（1775）[大戟科 Euphorbiaceae]■☆

1042 Aegopricum L.（1775）= Maprounea Aubl.（1775）[大戟科 Euphorbiaceae]■☆

1043 Aegoseris Steud.（1840）= Crepis L.（1753）[菊科 Asteraceae（Compositae）]■

1044 Aegotoxicon Molina（1810）= Aextoxicon Ruiz et Pav.（1794）[毒羊树科（毒鹰木科，鳞枝树科，智利大戟科）Aextoxicaceae]●☆

1045 Aegotoxicum Endl.（1841）= Aegotoxicon Molina（1810）；~ = Aextoxicon Ruiz et Pav.（1794）[毒羊树科（毒鹰木科，鳞枝树科，智利大戟科）Aextoxicaceae]●☆

1046 Aegtoxicon Molina, Nom. illegit. = Aextoxicon Ruiz et Pav.（1794）[毒羊树科（毒鹰木科，鳞枝树科，智利大戟科）Aextoxicaceae]●☆

1047 Aegylops Honck.（1792）= Aegilops L.（1753）（保留属名）[禾本科 Poaceae（Gramineae）]■

1048 Aeiphanes Spreng.（1818）= Martinezia Ruiz et Pav.（废弃属名）；~ = Aiphanes Willd.（1807）[棕榈科 Arecaceae（Palmae）]●☆

1049 Aelbroeckia De Moor（1854）= Aeluropus Trin.（1820）[禾本科 Poaceae（Gramineae）]■

1050 Aellenia Ulbr.（1934）【汉】爱伦藜属（新疆藜属）。【俄】Элления。【英】Aellenia。【隶属】藜科 Chenopodiaceae。【包含】世界 6 种，中国 1 种。【学名诠释与讨论】〈阴〉（人）Aellen，1896-1973，瑞士植物学者。此属的学名，ING 和 IK 记载是"Aellenia Ulbrich in Engler et Prantl, Nat. Pflanzenfam. ed. 2. 16c：567. Jan-Apr 1934"。"Aellenia Ulbr. et Aellen in Verh. Nat. Ges. Basel lxi. 174（1950）, descr. emend. et ampl."修订了属的描述。亦有文献把"Aellenia Ulbr.（1934）"处理为"Halothamnus Jaub. et Spach（1845）"的异名。【分布】参见 Salsola L.（1753），中国。【模式】未指定。【参考异名】Aellenia Ulbr. et Aellen（1950）descr. emend. et ampl. ●■

1051 Aellenia Ulbr. et Aellen（1950）descr. emend. et ampl. = Aellenia Ulbr.（1934）[藜科 Chenopodiaceae]●■

1052 Aeluropus Trin.（1820）【汉】獐茅属（稗草属，猫毛属，樟毛属）。【俄】Прибрежница。【英】Aeluropus。【隶属】禾本科 Poaceae（Gramineae）。【包含】世界 20 种，中国 4 种。【学名诠释与讨论】〈阳〉（希）aitouros，猫+pous，所有格 podos，指小式 podion，脚，足，柄，梗。podotes，有脚的。指圆锥花序有茸毛。【分布】巴基斯坦，中国，地中海至印度。【模式】Aeluropus laevis Trinius, Nom. illegit. [Dactylis brevifolia Koenig ex Willdenow；Aeluropus brevifolius（Koenig ex Willdenow）Trinius ex Wallich］。【参考异名】Aelbroeckia De Moor（1854）；Calotheca Desv.（1810）Nom. illegit.；Calotheca Desv. ex Spreng.（1817）Nom. illegit.；Calotheca P. Beauv.，Nom. illegit.；Calotheca Spreng.（1817）Nom. illegit.；Chamaedactylis T. Nees（1840）■

1053　Aeluroschia Post et Kuntze（1903）= Ailuroschia Steven（1856）；~ = Astragalus L.（1753）［豆科 Fabaceae（Leguminosae）//蝶形花科 Papilionaceae］●■

1054　Aembilla Adans.（1763）（废弃属名）= Scolopia Schreb.（1789）（保留属名）［刺篱木科（大风子科）Flacourtiaceae］●

1055　Aenanthe Raf. = Oenanthe L.（1753）［伞形花科（伞形科）Apiaceae（Umbelliferae）］■

1056　Aenhenrya Gopalan（1994）【汉】塔米尔兰属。【隶属】兰科 Orchidaceae。【包含】世界 2 种。【学名诠释与讨论】〈阴〉（人）Aenhenry。【分布】印度（塔米尔）。【模式】Aenhenrya agastyamalayana Gopalan。●☆

1057　Aenictophyton A. T. Lee（1973）【汉】谜木豆属。【隶属】豆科 Fabaceae（Leguminosae）//蝶形花科 Papilionaceae。【包含】世界 1 种。【学名诠释与讨论】〈中〉（希）aeniktos，谜一般的+phyton，植物，树木，枝条。【分布】澳大利亚西北部。【模式】Aenictophyton reconditum A. T. Lee。●☆

1058　Aenigmatanthera W. R. Anderson（2006）【汉】谜药木属。【隶属】金虎尾科（黄褥花科）Malpighiaceae。【包含】世界 2 种。【学名诠释与讨论】〈阴〉（希）ainigma，所有格 ainigmatos，谜+anthera，花药。【分布】巴西，玻利维亚。【模式】Aenigmatanthera lasiandra（A. Juss.）W. R. Anderson。●☆

1059　Aenothera Lam.（1798）= Oenothera L.（1753）［柳叶菜科 Onagraceae］●■

1060　Aeolanthus Mart.（1829）Nom. illegit. ≡ Aeollanthus Mart.（1829）Nom. illegit.；~ ≡ Aeollanthus Mart. ex Spreng.（1825）［伞形花科（伞形科）Apiaceae（Umbelliferae）］■☆

1061　Aeollanthes Spreng.（1825）Nom. illegit. ≡ Aeollanthus Mart. ex Spreng.（1825）［伞形花科（伞形科）Apiaceae（Umbelliferae）］■☆

1062　Aeollanthus Mart.（1829）Nom. illegit. ≡ Aeollanthus Mart. ex Spreng.（1825）［伞形花科（伞形科）Apiaceae（Umbelliferae）］■☆

1063　Aeollanthus Mart. ex Spreng.（1825）【汉】柔花属。【隶属】伞形花科（伞形科）Apiaceae（Umbelliferae）。【包含】世界 40-43 种。【学名诠释与讨论】〈阳〉（希）aiolos，柔韧可曲的，杂色的，可变的+anthos，花。此属的学名，ING、GCI 和 IK 记载是"Aeollanthus C. F. P. Martius ex K. P. J. Sprengel, Syst. Veg. 2:678,750. Jan-Mai 1825"。APNI 则记载为"Aeollanthus Spreng., Systema Vegetabilium 2 1825"。三者引用的文献相同。"Aeollanthus Mart."的命名人引证有误。"Aeolanthus Mart., Amoenitates Botanicae Monacenses 1829"是其拼写变体。"Aeollanthes Spreng.（1825）Nom. illegit."拼写错误。化石植物"Aeolisaccus G. F. Elliott, Micropaleontology 4:422. 26 Nov 1958"是晚出的非法名称。"Orollanthus E. H. F. Meyer, Comment. Pl. Africae Austr. 230. 14-20 Jan 1838（'1837'）"是"Aeollanthus Mart. ex Spreng.（1825）"的晚出的同模式异名（Homotypic synonym, Nomenclatural synonym）。【分布】热带和亚热带非洲。【模式】Aeollanthus suaveolens C. F. P. Martius ex K. P. J. Sprengel。【参考异名】Aeolanthus Mart.（1829）Nom. illegit.；Aeollanthes Spreng.（1825）Nom. illegit.；Aeollanthus Mart.（1829）Nom. illegit.；Aeollanthus Spreng.（1825）Nom. illegit.；Bovonia Chiov.（1923）；Icomum Hua（1897）；Oeollanthus G. Don（1837）；Orollanthus E. Mey.（1838）Nom. illegit.；Oxyotis Welw. ex Baker（1900）■☆

1064　Aeollanthus Spreng.（1825）Nom. illegit. ≡ Aeollanthus Mart. ex

Spreng.（1825）［伞形花科（伞形科）Apiaceae（Umbelliferae）］■☆

1065　Aeolotheca Post et Kuntze（1903）= Zaluzania Pers.（1807）Nom. illegit.；~ = Aiolotheca DC.（1836）［菊科 Asteraceae（Compositae）］■☆

1066　Aeonia Lindl.（1824）Nom. illegit. ≡ Oeonia Lindl.（1824）［as 'Aeonia'］（保留属名）［兰科 Orchidaceae］■☆

1067　Aeoniopsis Rech. f.（1974）Nom. illegit. ≡ Bukiniczia Lincz.（1971）［白花丹科（矶松科，蓝雪科）Plumbaginaceae］■☆

1068　Aeonium Webb et Berthel.（1840）【汉】莲花掌属（鳞甲草属，树莲花属）。【日】エオニューム属。【英】Aeonium。【隶属】景天科 Crassulaceae。【包含】世界 30-40 种。【学名诠释与讨论】〈中〉（希）aionios，永久的。【分布】埃塞俄比亚，玻利维亚，阿拉伯地区，地中海地区。【模式】未指定。【参考异名】Aconium Engl.，Nom. illegit.；Aldasorea Hort. ex Haage et Schmidt（1930）；Greenovia Webb et Berthel.（1841）；Megalonium（A. Berger）G. Kunkel（1980）●■☆

1069　Aepyanthus Post et Kuntze（1903）= Aipyanthus Steven（1851）；~ = Arnebia Forssk.（1775）；~ = Macrotomia DC. ex Meisn.（1840）［紫草科 Boraginaceae］●

1070　Aequatorium B. Nord.（1978）【汉】赤道菊属。【隶属】菊科 Asteraceae（Compositae）。【包含】世界 12-15 种。【学名诠释与讨论】〈中〉（希）aequatoreus，海的+-ius，-ia，-ium，在拉丁文和希腊文中，这些词尾表示性质或状态。【分布】厄瓜多尔，哥伦比亚。【模式】Aequatorium asterotrichum B. Nordenstam。●☆

1071　Aera Asch.（1864）= Aira L.（1753）（保留属名）［禾本科 Poaceae（Gramineae）］■

1072　Aerachne Hook. f.（1896）= Acrachne Wight et Arn. ex Chiov.（1907）；~ = Eleusine Gaertn.（1788）［禾本科 Poaceae（Gramineae）］■

1073　Aerangis Rchb. f.（1865）【汉】空船兰属（艾兰吉斯兰属，船形兰属）。【日】エランギス属。【隶属】兰科 Orchidaceae。【包含】世界 60 种。【学名诠释与讨论】〈阴〉（希）aer，空气+angos，瓮，管子，指小式 aegeion，容器。指长距。【分布】马达加斯加，马斯克林群岛，热带和非洲南部。【模式】Aerangis flabellifolia H. G. Reichenbach。【参考异名】Barombia Schltr.（1914）；Citrangis Thouars；Radinocion Ridl.（1887）；Rhaphidorhynchus Finet（1907）■☆

1074　Aeranthes Lindl.（1824）【汉】气花兰属。【日】エランテス属。【隶属】兰科 Orchidaceae。【包含】世界 30-47 种。【学名诠释与讨论】〈阴〉（希）aer，空气+anthes，花。意指空中花。此属的学名，ING、GCI 和 IK 记载是"Aeranthes J. Lindley, Bot. Reg. t. 817. 1 Aug 1824"。"Aeranthus Bartl.，Ord. 57（1830）"和"Aeranthus Rchb. f.，Ann. Bot. Syst.（Walpers）6（6）：899. 1864［Mar-Dec 1864］"都是晚出的名称。【分布】巴拉圭，玻利维亚，马达加斯加，马斯克林群岛。【模式】Aeranthes grandiflora J. Lindley。【参考异名】Acranthus Hook. f.；Aeranthus Bartl.（1830）Nom. illegit.；Aeranthus Spreng.；Arachnodendris Thouars ■☆

1075　Aeranthus Bartl.（1830）Nom. illegit. = Aeranthes Lindl.（1824）［兰科 Orchidaceae］■☆

1076　Aeranthus Rchb. f.（1864）Nom. illegit. = Aeranthes Lindl.（1824）+Macroplectrum Pfitzer（1889）［兰科 Orchidaceae］■☆

1077　Aeranthus Spreng. = Aeranthes Lindl.（1824）［兰科 Orchidaceae］■☆

1078　Aeria O. F. Cook（1901）= Gaussia H. Wendl.（1865）［棕榈科 Arecaceae（Palmae）］●☆

1079　Aerides Lour.（1790）【汉】指甲兰属。【日】エリデス属，ナゴラン属，ナゴラン属。【英】Aerides, Cat's-tail Orchid, Fox Brush Orchid, Fox-tail Orchid, Fox-tail Orchids, Fox-taoil Orchis,

Nailorchis。【隶属】兰科 Orchidaceae。【包含】世界20种,中国4种。【学名诠释与讨论】〈中〉(希)aer,空气+ides,相似。指植株具气根。【分布】马达加斯加,马来西亚,日本,印度,中国,中南半岛。【模式】Aerides odorata Loureiro。【参考异名】Aeridium Pfeiff.(1873);Aeridium Salisb.(1812)Nom. inval.;Dendrorchis Thouars(1822)Nom. illegit.;Dendrorkis Thouars(1809)(废弃属名);Micropera Lindl.(1832);Orxera Raf.(1838)■

1080　Aeridium Pfeiff.(1873)= Aeridium Salisb.(1812)Nom. inval.;~ = Aerides Lour.(1790)[兰科 Orchidaceae]■

1081　Aeridium Post et Kuntze(1903)= Airidium Steud.(1854)= Deschampsia P. Beauv.(1812)[禾本科 Poaceae(Gramineae)]■

1082　Aeridium Salisb.(1812)Nom. inval. = Aerides Lour.(1790)[兰科 Orchidaceae]■

1083　Aeridostachya(Hook. f.)Brieger(1981)= Eria Lindl.(1825)(保留属名)[兰科 Orchidaceae]■

1084　Aeriphracta Rchb. = Aperiphracta Nees ex Meisn.(1864);~ = Ocotea Aubl.(1775)[樟科 Lauraceae]●☆

1085　Aerisilvaea Radcl. -Sm.(1990)【汉】马拉维大戟属。【隶属】大戟科 Euphorbiaceae。【包含】世界2种。【学名诠释与讨论】〈阴〉(希)aer,空气+sylva,林子,森林,林地,树木志,树。silva通常见于经典拉丁文,含义同前。sylvarius,林学家,森林管理员。sylvaticus,silvaticus,sylvestris,silvestris等,属于森林的,野生的。sylvicola,生于森林中的,森林中的居住者。Sylvanus,森林之神。【分布】马达加斯加,马拉维,坦桑尼亚。【模式】Aerisilvaea sylvestris A. Radcliffe-Smith。●☆

1086　Aeritochaeta Post et Kuntze(1903)= Acritochaete Pilg.(1902)[禾本科 Poaceae(Gramineae)]■

1087　Aeriulus Ridl. = Scleria P. J. Bergius(1765)[莎草科 Cyperaceae]■

1088　Aerobion Kaempfer ex Spreng.(1826)Nom. illegit. ≡ Aerobion Spreng.(1826);~ = Angraecum Bory(1804);~ = Eulophia R. Br.(1821)[as phia R. Br(保留属名);~ = Eulophidium Pfitzer(1888)Nom. illegit.;~ = Jumellea Schltr.(1914);~ = Solenangis Schltr.(1918)[兰科 Orchidaceae]■

1089　Aerobion Spreng.(1826)= Angraecum Bory(1804);~ = Eulophia R. Br.(1821)[as phia R. Br(保留属名);~ = Eulophidium Pfitzer(1888)Nom. illegit.;~ = Jumellea Schltr.(1914);~ = Solenangis Schltr.(1918)[兰科 Orchidaceae]■☆

1090　Aerokorion Scop.(1770)= Acrocorion Adans.(1763)Nom. illegit.;~ = Galanthus L.(1753)[石蒜科 Amaryllidaceae//雪花莲科 Galanthaceae]■☆

1091　Aeronia Lindl. = Oeonia Lindl.(1824)[as 'Aeonia'](保留属名)[兰科 Orchidaceae]■☆

1092　Aerope(Endl.)Rchb.(1841)= Rhizophora L.(1753)[红树科 Rhizophoraceae]●

1093　Aeropsis Asch. et Graebn.(1899)Nom. illegit., Nom. superfl. ≡ Airopsis Desv.(1809)[禾本科 Poaceae(Gramineae)]■☆

1094　Aerosperma Post et Kuntze(1903)= Airosperma K. Schum. et Lauterb.(1900)[茜草科 Rubiaceae]■☆

1095　Aerua A. Cunn. ex Juss.(1838)Nom. illegit. = Aerva Forssk.(1775)(保留属名)[苋科 Amaranthaceae]●■

1096　Aerua Juss.(1789)= Aerva Forssk.(1775)(保留属名)[苋科 Amaranthaceae]●■

1097　Aerva Forssk.(1775)(保留属名)【汉】白花苋属(绢毛苋属)。【英】Aerva。【隶属】苋科 Amaranthaceae。【包含】世界10种,中国3种。【学名诠释与讨论】〈阴〉(阿)aerua,一种植物名。此属的学名"Aerva Forssk., Fl. Aegypt. -Arab.:170. 1 Oct 1775"是保留属名。相应的废弃属名是苋科 Amaranthaceae 的"Ouret Adans., Fam. Pl. 2:268,596. Jul-Aug 1763 = Aerva Forssk.(1775)(保留属名)"。"Aerua Juss., Gen. Pl.[Jussieu]88. 1789[4 Aug 1789]"是其拼写变体。【分布】巴基斯坦,马达加斯加,中国,温带和热带非洲和亚洲。【模式】Aerva tomentosa Forsskål。【参考异名】Aerua A. Cunn. ex Juss.(1838)Nom. illegit.;Aerua Juss.(1789);Ouret Adans.(1763)(废弃属名);Uretia Kuntze(1891);Uretia Post et Kuntze(1903)Nom. illegit.;Verbena Rumph.■●

1098　Aesandra Pierre ex L. Planch.(1888)= Aisandra Airy Shaw(1963)Nom. illegit.;~ = Diploknema Pierre(1884)[山榄科 Sapotaceae]●

1099　Aesandra Pierre(1890)Nom. illegit. ≡ Aisandra Airy Shaw(1963)Nom. illegit.;~ = Diploknema Pierre(1884)[山榄科 Sapotaceae]●

1100　Aeschinanthus Endl.(1839)= Aeschynanthus Jack(1823)(保留属名)[苦苣苔科 Gesneriaceae]●■

1101　Aeschinomene Nocca(1793)= Aeschynomene L.(1753)[豆科 Fabaceae(Leguminosae)//蝶形花科 Papilionaceae]●■

1102　Aeschrion Vell.(1829)【汉】爱舍苦木属。【隶属】苦木科 Simaroubaceae。【包含】世界5种。【学名诠释与讨论】〈阴〉(希)eischros,丑的,畸形的+-ion,表示出现。此属的学名是"Aeschrion Vellozo, Fl. Flum. 58. 7 Sep-28 Nov 1829('1825')"。亦有文献把其处理为"Picrasma Blume(1825)"的异名。【分布】巴西(南部),玻利维亚,西印度群岛。【模式】Aeschrion crenata Vellozo。【参考异名】Aeschryon Pfeiff.;Muenteria Walp.(1846)Nom. illegit.;Picraena Lindl.(1838)Nom. illegit.;Picranena Endl.(1841);Picrasma Blume(1825);Picrita Sehumach.(1825)●☆

1103　Aeschryon Pfeiff. = Aeschrion Vell.(1829)[苦木科 Simaroubaceae]●☆

1104　Aeschynanthus Jack(1823)(保留属名)【汉】芒毛苣苔属(口红花属)。【日】エスキナンツス属,エスキナントゥス属,ハナツルグサ属。【俄】Эшинантус。【英】Basket Plant, Basket Vine, Basketvine, Blushwort。【隶属】苦苣苔科 Gesneriaceae。【包含】世界140-160种,中国38-41种。【学名诠释与讨论】〈阳〉(希)aischyne,羞愧,羞耻+anthos,花。指某些种夜间开花。此属的学名"Aeschynanthus Jack in Trans. Linn. Soc. London 14:42. 28 Mai-12 Jun 1823"是保留属名。相应的废弃属名是苦苣苔科 Gesneriaceae 的"Trichosporum D. Don in Edinburgh Philos. J. 7:84. 1822 = Aeschynanthus Jack(1823)(保留属名)"。【分布】印度至马来西亚,中国。【模式】Aeschynanthus volubilis Jack。【参考异名】Aeschinanthus Endl.(1839);Euthamnus Schltr.(1923);Oxychlamys Schltr.(1923);Rheithrophyllum Hassk.(1844)Nom. illegit., Nom. inval.;Rheitrophyllum Hassk.(1842);Rithrophyllum Post et Kuntze(1903);Trichosporum D. Don(1822)(废弃属名)●■

1105　Aeschynomene L.(1753)【汉】合萌属(田皂荚属,田皂角属)。【日】クサネム属。【俄】Амбач,Эшиномена。【英】Aeschynomene, Consprout, Joint Vetch, Joint-vetch, Pith Plant。【隶属】豆科 Fabaceae(Leguminosae)//蝶形花科 Papilionaceae。【包含】世界150-250种,中国2种。【学名诠释与讨论】〈阴〉(希)aischyne,羞愧,羞耻+mene=menos,所有格 menados,月亮。指叶夜间合闭。【分布】安提瓜和巴布达,巴基斯坦,巴拉圭,巴拿马,秘鲁,玻利维亚,厄瓜多尔,哥斯达黎加,马达加斯加,美国(密苏里),尼加拉瓜,中国,热带和亚热带,中美洲。【后选模式】Aeschynomene aspera Linnaeus。【参考异名】Aedemone Kotschy(1858);Aeschinomene Nocca(1793);Bakerophyton(J. Léonard)Hutch.(1964);Balisaea Taub.(1895);Climacorachis Hemsl. et Rose(1903);Ctenodon Baill.(1870);Gajati Adans.(1763);Herminiera Guill. et Perr.(1832);Macromiscus Turcz.(1846);

Oeschinomene Poir. (1798); Patagonium E. Mey. (1835) (废弃属名); Rochea Scop. (1777) (废弃属名); Rueppelia A. Rich. (1847); Ruppelia Baker (1871); Secula Small (1913); Segurola Larranaga(1927)●■

1106　Aesculaceae Bercht. et J. Presl = Hippocastanaceae A. Rich. (保留科名)●

1107　Aesculaceae Burnett(1835) = Hippocastanaceae A. Rich. (保留科名); ~ = Sapindaceae Juss. (保留科名)●■

1108　Aesculaceae Lindl. = Hippocastanaceae A. Rich. (保留科名); ~ = Sapindaceae Juss. (保留科名)●■

1109　Aesculus L. (1753)【汉】七叶树属。【日】トチノキ属。【俄】Каштан конский, Конский каштан。【英】Buck Eye, Buckeye, Chestnut, Horse Chestnut, Horsechestnut, Horse-chestnut。【隶属】七叶树科 Hippocastanaceae//无患子科 Sapindaceae。【包含】世界 25 种,中国 16 种。【学名诠释与讨论】〈阴〉(拉) aesculus, 一种具食用果实的橡树(Quercus petraea)之古名, 被林奈氏转用于本属名。或来自拉丁文 esca, 食物+-ulus, -ula, -ulum, 指示小的词尾。此属的学名, ING, 和 IK 记载是"Aesculus L., Sp. Pl. 1: 344. 1753 [1 May 1753]"。"Esculus Linnaeus, Gen. ed. 5. 161. Aug 1754"是其拼写变体。"Hippocastanum P. Miller, Gard. Dict. Abr. ed. 4. 28 Jan 1754"和"Pawia O. Kuntze, Rev. Gen. 1: 145. 5 Nov 1891"是"Aesculus L. (1753)"的晚出的同模式异名(Homotypic synonym, Nomenclatural synonym)。【分布】巴基斯坦, 印度, 美国, 中国, 欧洲东南部, 东亚, 北美洲。【后选模式】Aesculus hippocastanum Linnaeus。【参考异名】Calothyrsus Spach (1834); Esculus L. (1754) Nom. illegit. ; Esculus Raf. , Nom. illegit. ; Hippocastanum Mill. (1754) Nom. illegit. ; Macrothyrsus Spach(1834); Nebropsis Raf. (1838) Nom. inval. ; Oesoulus Neck. ; Ozotis Raf. (1838); Pavia Boerh. ex Mill. (1754) Nom. illegit. ; Pavia Mill. (1754); Paviana Raf. (1817); Pawia Kuntze (1891) Nom. illegit. ; Putzeysia Planch. et Linden(1857) Nom. illegit. ●

1110　Aestuaria Schaeff. (1760) Nom. inval. [芸香科 Rutaceae]☆

1111　Aetanthus(Eichler)Engl. (1889)【汉】鹰花寄生属。【隶属】桑寄生科 Loranthaceae。【包含】世界 10 种。【学名诠释与讨论】〈阳〉(希) aetos = aeitos, 鹰+anthos, 花。此属的学名, IK 记载是"Aetanthus Engl. , Nat. Pflanzenfam. [Engler et Prantl] iii. i. (1889) 189"; 而 GCI 和 TROPICOS 则记载为"Aetanthus (Eichler)Engl. , Nat. Pflanzenfam. [Engler et Prantl] 3 (1): 189. 1889 [Mar 1889]", 由"Psittacanthus subgen. Aetanthus Eichler Fl. Bras. (Martius) 5 (2): 24. 1868 [15 Jul 1868]"改级而来。【分布】秘鲁, 玻利维亚, 厄瓜多尔, 哥伦比亚(安蒂奥基亚), 安第斯山。【模式】Aetanthus mutisii (Kunth) Engler [Loranthus mutisii Kunth]。【参考异名】Aetanthus Engl. (1889) Nom. illegit. ; Desrousseauxia Tiegh. (1895); Macrocalyx Tiegh. (1895) Nom. illegit. ; Phyllostephanus Tiegh. (1895); Psittacanthus subgen. Aetanthus Eichler(1868)●☆

1112　Aetanthus Engl. (1889) Nom. illegit. ≡ Aetanthus (Eichler)Engl. (1889) [桑寄生科 Loranthaceae]●☆

1113　Aethales Post et Kuntze (1903) = Aithales Webb et Berthel. (1836); ~ = Sedum L. (1753) [景天科 Crassulaceae]●■

1114　Aetheilema R. Br. (1810) = Phaulopsis Willd. (1800) [as 'Phaylopsis'] (保留属名) [爵床科 Acanthaceae]■

1115　Aetheocephalus Gagnep. (1920) = Athroisma DC. (1833) [菊科 Asteraceae(Compositae)]■●☆

1116　Aetheochlaena Post et Kuntze(1903) = Aetheolaena Cass. (1827) [菊科 Asteraceae(Compositae)]●☆

1117　Aetheolaena Cass. (1827)【汉】柄叶绵头菊属。【隶属】菊科 Asteraceae(Compositae)。【包含】世界 15 种。【学名诠释与讨论】〈阴〉(希) aithos, 烧了的, 发光的, 焦的, 红褐色的, 淡黑色的。Aitho, 烧。Aithalos, 烟, 煤烟+laina = chlaine = 拉丁文 laena, 外衣, 衣服。此属的学名是"Aetheolaena Cassini in F. Cuvier, Dict. Sci. Nat. 48: 447, 453. Jun 1827"。亦有文献把其处理为"Senecio L. (1753)"的异名。【分布】玻利维亚, 厄瓜多尔, 热带南美洲。【模式】Aetheolaena involucrata (Kunth) B. Nordenstam。【参考异名】Aetheochlaena Post et Kuntze(1903); Atheolaena Rchb. (1828); Lasiocephalus Schltdl. , Nom. illegit. ; Senecio L. (1753)●☆

1118　Aetheolirion Forman(1962)【汉】线果吉祥草属(泰国鸭跖草属)。【隶属】鸭跖草科 Commelinaceae。【包含】世界 1 种。【学名诠释与讨论】〈中〉(希) aithos, 烧了的, 发光的, 焦的, 红褐色的, 淡黑色的+leirion, 百合, leiros 百合白的, 苍白的, 娇柔的。【分布】泰国。【模式】Aetheolirion stenolobium Forman。■☆

1119　Aetheonema Bubani et Penzig = Aethionema W. T. Aiton(1812); ~ = Iberis L. (1753); ~ = Gaertnera Lam. (1792) (保留属名) [十字花科 Brassicaceae(Cruciferae)]■☆

1120　Aetheonema R. Br. (1812) Nom. illegit. ≡ Aethionema W. T. Aiton (1812); ~ = Iberis L. (1753); ~ = Gaertnera Lam. (1792) (保留属名) [茜草科 Rubiaceae]●

1121　Aetheonema Rouy et Foucaud (1895) Nom. illegit. [十字花科 Brassicaceae(Cruciferae)]■☆

1122　Aetheopappus Cass. (1827)【汉】亮毛菊属。【俄】Этеопаррус。【隶属】菊科 Asteraceae(Compositae)//矢车菊科 Centaureaceae。【包含】世界 8 种。【学名诠释与讨论】〈阳〉(希) aithos, 烧了的, 发光的, 焦的, 红褐色的, 淡黑色的+希腊文 pappos 指柔毛, 软毛, pappus 则与拉丁文同义, 指冠毛。亦有文献把"Aetheopappus Cass. (1827)"处理为"Centaurea L. (1753) (保留属名)"或"Psephellus Cass. (1826)"的异名。【分布】高加索, 安纳托利亚。【模式】Aetheopappus pulcherrimus (Willdenow) Cassini。【参考异名】Centaurea L. (1753) (保留属名); Psephellus Cass. (1826)■☆

1123　Aetheorhiza Cass. (1827)【汉】梭果苣属。【英】Hawk's-beard, Tuberous Hawk's-beard。【隶属】菊科 Asteraceae(Compositae)。【包含】世界 1 种。【学名诠释与讨论】〈阴〉(希) aithos, 烧了的, 发光的, 焦的, 红褐色的, 淡黑色的+rhiza, 或 rhizoma, 根, 根茎。此属的学名是"Aetheorhiza Cassini in F. Cuvier, Dict. Sci. Nat. 48: 425. Jun 1827"。亦有文献把其处理为"Crepis L. (1753)"的异名。【分布】地中海地区。【模式】Aetheorhiza bulbosa (Linnaeus) Cassini [Leontodon bulbosum Linnaeus]。【参考异名】Aetheorrhiza Rchb. (1828); Crepis L. (1753)■☆

1124　Aetheorhyncha Dressler (2005)【汉】亮喙兰属。【隶属】兰科 Orchidaceae。【包含】世界 1 种。【学名诠释与讨论】〈阴〉(希) aithos, 烧了的, 发光的, 焦的, 红褐色的, 淡黑色的+rhynchos, 喙, 嘴。此属的学名是"Aetheorhyncha Dressler, Lankesteriana; Lankesteriana 5(2): 94-95. 2005. (31 Aug 2005)"。亦有文献把其处理为"Stenia Lindl. (1837)"的异名。【分布】厄瓜多尔。【模式】Aetheorhyncha andreettae (Jenny) Dressler。【参考异名】Chondrorhyncha (Rchb. f.)Garay; Stenia Lindl. (1837)■☆

1125　Aetheorrhiza Rchb. (1828) = Aetheorhiza Cass. (1827) [菊科 Asteraceae(Compositae)]■

1126　Aethephyllum N. E. Br. (1928)【汉】雅琴花属。【日】エチフィルム属。【隶属】番杏科 Aizoaceae。【包含】世界 1 种。【学名诠释与讨论】〈中〉(希) aithos, 烧了的, 发光的, 焦的, 红褐色的, 淡黑色的+phyllon, 叶子。【分布】非洲南部。【模式】Aethephyllum pinnatifidum (Linnaeus f.) N. E. Brown [Mesembryanthemum pinnatifidum Linnaeus f.]■☆

1127　Aetheria Blume ex Endl. (1837) Nom. illegit. ≡ Aetheria Endl.

(1837)［兰科 Orchidaceae］■☆

1128　Aetheria Endl. (1837) = Hetaeria Blume (1825)［as 'Etaeria'］(保留属名)；~ = Stenorrhynchos Rich. ex Spreng. (1826)［兰科 Orchidaceae］■☆

1129　Aethiocarpa Vollesen(1986)【汉】亮果梧桐属。【隶属】梧桐科 Sterculiaceae//锦葵科 Malvaceae。【包含】世界1种。【学名诠释与讨论】〈阴〉(希)aithos，烧了的，发光的，焦的，红褐色的，淡黑色的+karpos，果实。【分布】索马里。【模式】Aethiocarpa lepidota K. Vollesen。●☆

1130　Aethionema R. Br. (1812) Nom. illegit. ≡ Aethionema W. T. Aiton (1812)［十字花科 Brassicaceae(Cruciferae)］■☆

1131　Aethionema W. T. Aiton(1812)【汉】岩芥菜属(赤线属，小蜂室花属)。【日】エチオネ－マ属。【俄】Крылотычинник，Эвномия，Этионема。【英】Candy Mustard, Stone Cress, Stonecress, Stone－cress。【隶属】十字花科 Brassicaceae (Cruciferae)。【包含】世界15-70种。【学名诠释与讨论】〈中〉(希)aithos，烧了的，发光的，焦的，红褐色的，淡黑色的+nema，所有格 nematos，丝，花丝。此属的学名，ING、GCI、TROPICOS 和 IK 记载是"Aethionema W. T. Aiton, Hort. Kew., ed. 2［W. T. Aiton］4：80. 1812"。《巴基斯坦植物志》则用"Aethionema R. Br. in Aiton, Hort. Kew. ed. 2, 4；80. 1812. Benth. et Hook. f., l. c. 88；Schulz in Engl. et Prantl, l. c. 440；Hedge in Davis, l. c. 314；in Rech. f. , l. c. 102"为正名。【分布】巴基斯坦，地中海地区。【模式】Aethionema saxatile (Linnaeus) W. T. Aiton［Thlaspi saxatile Linnaeus］。【参考异名】Aetheonema Bubani et Penzig；Aetheonema R. Br. (1812) Nom. illegit.；Aethionema R. Br. (1812) Nom. illegit.；Campyloptera Boiss. (1842)；Crenularia Boiss. (1842)；Diastrophis Fisch. et C. A. Mey. (1835)；Disynoma Raf. (1837)；Ethionema Brongn. (1843)；Eunomia DC. (1821)；Iberidella Boiss. (1841)；Iondra Raf. (1840)；Lipophragma Schott et Kotschy ex Boiss. (1856)；Oethionema Knowles et Westc. (1837)Nom. illegit. ■☆

1132　Aethiopis (Benth.) Fourr. (1869) Nom. illegit. ≡ Aethiopis (Benth.) Opiz(1852)；~ = Salvia L. (1753)［唇形科 Lamiaceae(Labiatae)//鼠尾草科 Salviaceae］●■

1133　Aethiopis (Benth.) Opiz (1852) = Salvia L. (1753)［唇形科 Lamiaceae(Labiatae)//鼠尾草科 Salviaceae］●■

1134　Aethiopis Fourr. (1869)Nom. illegit. ≡ Aethiopis (Benth.)Fourr. (1869) Nom. illegit.；~ = Salvia L. (1753)［唇形科 Lamiaceae(Labiatae)//鼠尾草科 Salviaceae］●■

1135　Aethiopis Opiz (1852) Nom. illegit. ≡ Aethiopis (Benth.) Opiz (1852)；~ =Salvia L. (1753)［唇形科 Lamiaceae(Labiatae)//鼠尾草科 Salviaceae］●■

1136　Aethiopsis Engl. Nom. illegit. = Aethiopis (Benth.) Opiz (1852)；~ =Salvia L. (1753)［唇形科 Lamiaceae(Labiatae)//鼠尾草科 Salviaceae］●■

1137　Aethonia D. Don(1829) = Tolpis Adans. (1763)［菊科 Asteraceae(Compositae)］●■☆

1138　Aethonopogon Hack. ex Kuntze (1891) = Polytrias Hack. (1889)［禾本科 Poaceae(Gramineae)］■

1139　Aethonopogon Kuntze (1891) Nom. illegit. ≡ Aethonopogon Hack. ex Kuntze (1891)；~ = Polytrias Hack. (1889)［禾本科 Poaceae (Gramineae)］■

1140　Aethulia A. Gray(1884) = Ethulia L. f. (1762)［菊科 Asteraceae (Compositae)］■

1141　Aethusa L. (1753)【汉】欧洲毒芹属(拟芫荽属，欧毒芹属，欧芹属)。【俄】Кокорыш，Микания。【英】Aethusa, Dog's Parsley, Fool's Parsley。【隶属】伞形花科(伞形科)Apiaceae

(Umbelliferae)。【包含】世界1种。【学名诠释与讨论】〈阴〉(希)aithon，光泽。aithos，烧了的，红褐色的，淡黑色的。此属的学名，ING 和 IK 记载是"Aethusa L. , Sp. Pl. 1：256. 1753［1 May 1753］"。"Cynapium Ruprecht, Fl. Ingr. 442. Mai 1860(non Nuttall 1840)"和"Wepferia Heister ex Fabricius, Enum. 40. 1759"是"Aethusa L. (1753)"的晚出的同模式异名(Homotypic synonym, Nomenclatural synonym)。【分布】非洲北部，欧洲，亚洲西部。【模式】Aethusa cynapium Linnaeus。【参考异名】Cynapium Bubani (1899) Nom. illegit.；Cynapium Rupr. (1860) Nom. illegit.；Ethusa Ludw.；Etusa Roy. ex Steud. (1840)；Etusa Steud. (1840) Nom. illegit.；Wepferia Fabr. (1759) Nom. illegit.；Wepferia Heist. ex Fabr. (1759) Nom. illegit. ■☆

1142　Aethyopys (Benth.) Opiz (1852) Nom. illegit. ≡ Aethiopis (Benth.) Opiz(1852)；~ = Salvia L. (1753)［唇形科 Lamiaceae (Labiatae)//鼠尾草科 Salviaceae］●■

1143　Aetia Adans. (1763) Nom. inval. ≡Combretum Loefl. (1758) (保留属名)［使君子科 Combretaceae］●

1144　Aëtia Mart. ex Suess. (1943) Nom. illegit.［使君子科 Combretaceae］●☆

1145　Aetopsis Post et Kuntze(1903) = Aitopsis Raf. (1837)；~ =Salvia L. (1753)［唇形科 Lamiaceae(Labiatae)//鼠尾草科 Salviaceae］●■

1146　Aetoxicon Endl. = Aextoxicon Ruiz et Pav. (1794)［毒羊树科(毒鹰木科，鳞枝树科，智利大戟科)Aextoxicaceae］●☆

1147　Aetoxylon(Airy Shaw) Airy Shaw (1950)【汉】鹰瑞香属。【隶属】瑞香科 Thymelaeaceae。【包含】世界1种。【学名诠释与讨论】〈中〉(希)aetos =aeitos，鹰+xyle =xylon，木材。此属的学名，ING 和 IK 记载是"Aëtoxylon (Airy Shaw) Airy Shaw, Kew Bull. 1950：145. 19 Mai 1950"，由"Gonystylus sect. Aetoxylon Airy Shaw"改级而来。【分布】加里曼丹岛。【模式】Aetoxylon sympetalum (Steenis et Domke) Airy Shaw［Gonystylus sympetala Steenis et Domke］。【参考异名】Gonystylus sect. Aetoxylon Airy Shaw ●☆

1148　Aextoxicaceae Engl. et Gilg(1920) (保留科名)【汉】毒羊树科(毒鹰木科，鳞枝树科，智利大戟科)。【包含】世界1属1种。【分布】智利。【科名模式】Aextoxicon Ruiz et Pav. (1794)●☆

1149　Aextoxicon Ruiz et Pav. (1794)【汉】毒羊树属(毒戟属，毒鹰木属，鳞枝树属，智利大戟属)。【隶属】毒羊树科(毒鹰木科，鳞枝树科，智利大戟科)Aextoxicaceae。【包含】世界1种。【学名诠释与讨论】〈阴〉(希)aix，所有格 aigos，山羊+toxon，弓，toxikos 涂在箭上的毒药。【分布】智利。【模式】Aextoxicon punctatum Ruiz et Pavón。【参考异名】Aegotoxicon Molina (1810)；Aegotoxicum Endl. (1841)；Aegtoxicon Molina, Nom. illegit.；Aetoxicon Endl.；Aextoxicum Post et Kuntze(1903)●☆

1150　Aextoxicum Post et Kuntze (1903) = Aextoxicon Ruiz et Pav. (1794)［毒羊树科(毒鹰木科，鳞枝树科，智利大戟科)Aextoxicaceae］●☆

1151　Afarca Raf. (1838) = Sageretia Brongn. (1827)［鼠李科 Rhamnaceae］●

1152　Affonsea A. St. －Hil. (1833)【汉】巴西豆属。【隶属】豆科 Fabaceae(Leguminosae)//含羞草科 Mimosaceae。【包含】世界8种。【学名诠释与讨论】〈阴〉词源不详。亦有文献把"Affonsea A. St. －Hil. (1833)"处理为"Inga Mill. (1754)"的异名。【分布】巴西，玻利维亚。【模式】juglandifolia A. F. C. P. Saint－Hilaire。【参考异名】Affonsoa Post et Kuntze(1923)Nom. illegit.；Inga Mill. (1754)●■☆

1153　Affonsoa Post et Kuntze (1923) Nom. illegit. = Affonsea A. St. －Hil. (1833)［豆科 Fabaceae (Leguminosae)//含羞草科

Mimosaceae]●■☆

1154 Afgekia Craib(1927)【汉】泰豆属(猪腰豆属)。【隶属】豆科 Fabaceae(Leguminosae)//蝶形花科 Papilionaceae。【包含】世界 3 种,中国 1-2 种。【学名诠释与讨论】〈阴〉(人)Arthur Francis G. Kerr,1877—1942,植物学者,医生。【分布】泰国,中国。【模式】Afgekia sericea Craib。●

1155 Aflatunia Vassilcz.(1955)【汉】榆叶蔷薇属。【俄】Афлатуния。【隶属】蔷薇科 Rosaceae。【包含】世界 1 种。【学名诠释与讨论】〈阴〉(人)Aflatun。此属的学名是"Aflatunia Vassilczenko,Bot. Mater. Gerb. Bot. Inst. Komarova Akad. Nauk SSSR 17:261. 1955 (post 9 Nov)"。亦有文献把处理为"Louiseania Carricz.(1872)"的异名。【分布】突厥斯坦(土耳其斯坦)。【模式】Aflatunia ulmifolia(Franchet)Vassilczenko[Prunus ulmifolia Franchet]。【参考异名】Louiseania Carrière(1872)●☆

1156 Afrachneria Sprague(1922)= Achneria Munro ex Benth. et Hook. f.(1883)Nom. illegit. = Pentaschistis(Nees)Spach(1841)[禾本科 Poaceae(Gramineae)]■☆

1157 Afraegle(Swingle)Engl.(1915)【汉】非洲木橘属。【隶属】芸香科 Rutaceae。【包含】世界 4 种。【学名诠释与讨论】〈阴〉(地)Africa,非洲。拉丁文 Afer,非洲的+(属)Aegle 木橘属(木桔属,印度枳属)。此属的学名,ING、TROPICOS 记载是"Afraegle(W. T. Swingle)Engler in Engler et Drude, Veg. Erde 9(3. 1):761. 1915",由"Balsamocitrus sect. Afraegle W. T. Swingle, Bull. Soc. Bot. France 58(Mém. 8d):233. Mar 1912"改级而来。IK 则记载为"Afraegle Engl. , Veg. Erde[Engler]9(3,1):761, in obs. 1915 [Pflanzenw. Afr.]"。三者引用的文献相同。【分布】非洲西部。【模式】Afraegle paniculata(Schumacher)Engler[Citrus paniculata Schumacher]。【参考异名】Afraegle Engl.(1915)Nom. illegit. ; Balsamocitrus sect. Afraegle Swingle ●☆

1158 Afraegle Engl.(1915)Nom. illegit. ≡ Afraegle(Swingle)Engl.(1915)[芸香科 Rutaceae]●☆

1159 Aframmi C. Norman(1929)【汉】非洲阿米芹属。【隶属】伞形花科(伞形科)Apiaceae(Umbelliferae)。【包含】世界 2 种。【学名诠释与讨论】〈阴〉(地)Africa,非洲+(属)Ammi 阿米芹属(阿米属)。【分布】安哥拉。【模式】Aframmi angolense(C. Norman)C. Norman[Carum angolense C. Norman]■☆

1160 Aframomum K. Schum.(1904)【汉】非洲豆蔻属(非砂仁属,非洲砂仁属)。【英】Cardamom。【隶属】姜科(蘘荷科)Zingiberaceae。【包含】世界 50 种。【学名诠释与讨论】〈中〉(希)Afra 非洲+(属)Amomum 豆蔻属。【分布】热带非洲。【模式】未指定。【参考异名】Marenga Endl.(1837)■☆

1161 Afrardisia Mez(1902)【汉】非洲紫金牛属。【隶属】紫金牛科 Myrsinaceae。【包含】世界 16 种。【学名诠释与讨论】〈阴〉(地)Africa,非洲。拉丁文 Afer,非洲的+(属)Ardisia 紫金牛属。此属的学名是"Afrardisia Mez in Engler, Pflanzenr. IV. 236(Heft 9):13,183.6 Mai 1902"。亦有文献把"Afrardisia Mez(1902)"处理为"Ardisia Sw.(1788)(保留属名)"的异名。【分布】马达加斯加,热带非洲。【模式】未指定。【参考异名】Ardisia Sw.(1788)(保留属名)●☆

1162 Afraurantium A. Chev.(1949)【汉】塞内加尔橘属。【隶属】芸香科 Rutaceae。【包含】世界 1 种。【学名诠释与讨论】〈阴〉(地)Africa,非洲+(属)Aurantium =Citrus 柑橘属。【分布】非洲西部。【模式】Afraurantium senegalense A. Chevalier[as 'senegalensis']●☆

1163 Afrazelia Pierre(1899)Nom. illegit. ≡ Afzelia Sm.(1798)(保留属名)[豆科 Fabaceae(Leguminosae)//云实科(苏木科)Caesalpiniaceae]●

1164 Afridia Duthie(1898)= Nepeta L.(1753)[唇形科 Lamiaceae(Labiatae)//荆芥科 Nepetaceae]■●

1165 Afroaster J. C. Manning et Goldblatt(2012)【汉】南非紫菀属(南非菊属)。【隶属】菊科 Asteraceae(Compositae)。【包含】世界 18 种。【学名诠释与讨论】〈阳〉(地)Africa,非洲+希腊文 aster,所有格 asteros,星,紫菀属。【分布】非洲。【模式】Afroaster perfoliatus(Oliv.)J. C. Manning et Goldblatt[Aster perfoliatus Oliv.]。☆

1166 Afrobrunnichia Hutch. et Dalziel(1927)【汉】西非蓼属。【隶属】蓼科 Polygonaceae。【包含】世界 2 种。【学名诠释与讨论】〈阴〉(地)Africa,非洲+(属)Brunnichia 黄珊瑚藤属。此属的学名是"Afrobrunnichia J. Hutchinson et J. M. Dalziel, Fl. W. Trop. Africa 1:118. Mar 1927"。亦有文献把其处理为"Brunnichia Banks ex Gaertn.(1788)"的异名。【分布】热带非洲西部。【模式】Afrobrunnichia erecta(Ascherson)J. Hutchinson et J. M. Dalziel[Brunnichia erecta Ascherson]。【参考异名】Brunnichia Banks ex Gaertn.(1788)■☆

1167 Afrocalathea K. Schum.(1902)【汉】西非竹芋属。【隶属】竹芋科(苳叶科,柊叶科)Marantaceae。【包含】世界 1 种。【学名诠释与讨论】〈阴〉(地)Africa,非洲+(属)Calathea 肖竹芋属。【分布】非洲西部。【模式】Afrocalathea rhizantha(K. Schumann)K. Schumann[Calathea rhizantha K. Schumann]■☆

1168 Afrocalliandra E. R. Souza et L. P. Queiroz(2013)【汉】非洲合欢属。【隶属】豆科 Fabaceae(Leguminosae)。【包含】世界 2 种。【学名诠释与讨论】〈阴〉(地)Africa,非洲+(属)Calliandra 朱缨花属(美洲合欢属)。【分布】非洲。【模式】Calliandra redacta(J. H. Ross)Thulin et Asfaw[Acacia redacta J. H. Ross]。☆

1169 Afrocanthium(Bridson)Lantz et B. Bremer(2004)【汉】非洲鱼骨木属。【隶属】茜草科 Rubiaceae。【包含】世界 17 种。【学名诠释与讨论】〈阴〉(地)Africa,非洲+(属)Canthium 鱼骨木属(步散属)。此属的学名,IPNI 和 TROPICOS 记载是"Afrocanthium(Bridson)Lantz et B. Bremer, Bot. J. Linn. Soc. 146(3):278. 2004 [5 Nov. 2004]",由"Canthium subgen. Afrocanthium Bridson Fl. Trop. E. Africa, Rub.(Part 3)864. 1991"改级而来。【分布】非洲。【模式】不详。【参考异名】Canthium subgen. Afrocanthium Bridson(1991)●☆

1170 Afrocarpus(Buchholz et N. E. Gray)C. N. Page(1989)【汉】非洲罗汉松属(阿佛罗汉松属)。【隶属】罗汉松科 Podocarpaceae。【包含】世界 3-6 种。【学名诠释与讨论】〈阳〉(地)Africa,非洲+karpos,果实。此属的学名,ING 和 IK 记载是"Afrocarpus J. T. Buchholz et N. E. Gray)C. N. Page, Notes Roy. Bot. Gard. Edinburgh 45:383. 22 Feb 1989('1988')",由"Podocarpus sect. Afrocarpus J. T. Buchholz et N. E. Gray, J. Arnold Arbor. 29:57. 15 Jan 1948"改级而来。"Afrocarpus Gaussen, Trav. Lab. Forest. Toulouse tome 2, sect. 1, vol. 1(2), chap. 20:113, 1974"则是一个裸名(nom. nud.)。【分布】非洲。【模式】Afrocarpus falcatus(Thunberg)C. N. Page[as 'falcata'][Taxus falcata Thunberg]。【参考异名】Afrocarpus Gaussen(1974)Nom. nud. ; Podocarpus sect. Afrocarpus Buchholz et N. E. Gray(1948)●☆

1171 Afrocarpus Gaussen(1974)Nom. nud. = Afrocarpus(Buchholz et N. E. Gray)C. N. Page(1989)[罗汉松科 Podocarpaceae]●☆

1172 Afrocarum Rauschert(1982)【汉】非洲葛缕子属。【隶属】伞形花科(伞形科)Apiaceae(Umbelliferae)。【包含】世界 1 种。【学名诠释与讨论】〈中〉(地)Africa,非洲+(属)Carum 葛缕子属(黄蒿属)。此属的学名"Afrocarum Rauschert(1982)"是一个替代名称。"Baumiella H. Wolff in Engler, Pflanzenr. IV. 228(Heft. 90):142. 29 Apr 1927"是一个非法名称(Nom. illegit.),因为此前已经

有了真菌的 "Baumiella Hennings in Warburg, Kunene – Sambesi – Expedition 165. 1903"。故用 "Afrocarum Rauschert(1982)" 替代之。【分布】热带非洲。【模式】Afrocarum imbricatum(Schinz)S. Rauschert［Carum imbricatum Schinz］。【参考异名】Baumiella H. Wolff(1927)Nom. illegit.■☆

1173　Afrocrania(Harms)Hutch.(1942)【汉】阿夫萸属(阿夫山茱萸属)。【隶属】山茱萸科 Cornaceae。【包含】世界 1 种。【学名诠释与讨论】〈阴〉(地)Africa, 非洲+kranos, 盔。此属的学名, ING 记载是 "Afrocrania(Harms)J. Hutchinson, Ann. Bot.(London)ser. 2. 6；89. Jan 1942"；但是未给出基源异名。GCI 给出的基源异名是 "Cornus sect. Afrocrania Harms Nat. Pflanzenfam.［Engler et Prantl］3(8)：266. 1898"。亦有文献把 "Afrocrania(Harms)Hutch.(1942)" 处理为 "Cornus L.(1753)" 的异名。【分布】热带非洲。【模式】Afrocrania volkensii(Harms)J. Hutchinson［Cornus volkensii Harms］。【参考异名】Cornus L.(1753)；Cornus subgen. Aprocrania Harms.(1898)●☆

1174　Afrocrocus J. C. Manning et Goldblatt(2008)【汉】非洲番红花属(藏红花属)。【隶属】鸢尾科 Iridaceae。【包含】世界 1 种。【学名诠释与讨论】〈阳〉(地)Africa, 非洲+(属)Crocus 番红花属(藏红花属)。【分布】非洲南部。【模式】Afrocrocus unifolius(Goldblatt)Goldblatt et J. C. Manning。■☆

1175　Afrodaphne Stapf(1905)【汉】非洲樟属。【隶属】樟科 Lauraceae。【包含】世界 20 种。【学名诠释与讨论】〈阴〉(地)Africa, 非洲+(属)Daphne 瑞香属。此属的学名是 "Afrodaphne Stapf, J. Linn. Soc., Bot. 37：110. 1 Jul 1905"。亦有文献把 "Afrodaphne Stapf(1905)" 处理为 "Beilschmiedia Nees(1831)" 的异名。【分布】热带非洲。【模式】未指定。【参考异名】Beilschmiedia Nees(1831)●☆

1176　Afrofittonia Lindau(1913)【汉】西非银网叶属(西非爵床属)。【隶属】爵床科 Acanthaceae。【包含】世界 1 种。【学名诠释与讨论】〈中〉(地)Africa, 非洲+(属)Fittonia 银网叶属(网纹草属)。【分布】热带非洲西部。【模式】Afrofittonia silvestris Lindau。【参考异名】Talbotia S. Moore(1913)Nom. illegit.■☆

1177　Afroguatteria Boutique(1951)【汉】非洲硬蕊花属(非洲番荔枝属)。【隶属】番荔枝科 Annonaceae。【包含】世界 1 种。【学名诠释与讨论】〈阴〉(地)Africa, 非洲+(属)Guatteria 硬蕊花属(瓜泰木属)。【分布】热带非洲。【模式】Afroguatteria bequaertii(De Wildeman)Boutique［Uvaria bequaertii De Wildeman］●☆

1178　Afrohamelia Wernham(1913)= Atractogyne Pierre(1896)［茜草科 Rubiaceae］●☆

1179　Afrohybanthus Flicker(2015)【汉】非洲堇属。【隶属】堇菜科 Violaceae。【包含】世界 18 种。【学名诠释与讨论】〈阴〉(地)Africa, 非洲+(属)Hybanthus 鼠鞭草属(茜菲堇属)。【分布】非洲。【模式】Afrohybanthus enneaspermus(L.)Flicker［Viola enneasperma L.］。☆

1180　Afroknoxia Verdc.(1981)【汉】非洲红芽大戟属。【隶属】茜草科 Rubiaceae。【包含】世界 1 种。【学名诠释与讨论】〈阴〉(地)Africa, 非洲+(属)Knoxia 红芽大戟属。此属的学名是 "Afroknoxia B. Verdcourt, Kew Bull. 36：493. 15 Dec 1981"。亦有文献把 "Afroknoxia Verdc.(1981)" 处理为 "Knoxia L.(1753)" 的异名。【分布】刚果(金)。【模式】Afroknoxia manika B. Verdcourt。【参考异名】Knoxia L.(1753)■☆

1181　Afrolicania Mildbr.(1921)= Licania Aubl.(1775)［金壳果科 Chrysobalanaceae//金棒科(金橡实科, 可可李科)Prunaceae］●☆

1182　Afroligusticum C. Norman(1927)【汉】非洲藁本属。【隶属】伞形花科(伞形科)Apiaceae(Umbelliferae)。【包含】世界 1 种。【学名诠释与讨论】〈中〉(地)Africa, 非洲+(属)Ligusticum 藁本属。【分布】热带非洲。【模式】Afroligusticum chaerophylloides C. Norman。■☆

1183　Afrolimon Lincz.(1979)【汉】南非补血草属。【隶属】白花丹科(矶松科, 蓝雪科)Plumbaginaceae//补血草科 Limoniaceae。【包含】世界 7 种。【学名诠释与讨论】〈阴〉(地)Africa, 非洲+leimon, 草地。此属的学名是 "Afrolimon I. A. Linczevski, Novosti Sist. Vyssh. Rast. 16：167. 1979(post 24 Aug)"。亦有文献把 "Afrolimon Lincz.(1979)" 处理为 "Limonium Mill.(1754)(保留属名)" 的异名。【分布】南非。【模式】Afrolimon peregrinum(P. J. Bergius)I. A. Linczevski［Statice peregrina P. J. Bergius］。【参考异名】Limonium Mill.(1754)(保留属名)■☆

1184　Afromendoncia Gilg ex Lindau(1893)= Mendoncia Vell. ex Vand.(1788)［爵床科 Acanthaceae//对叶藤科 Mendonciaceae］●☆

1185　Afromendoncia Gilg(1893)Nom. illegit. ≡ Afromendoncia Gilg ex Lindau(1893)；~ = Mendoncia Vell. ex Vand.(1788)［爵床科 Acanthaceae//对叶藤科 Mendonciaceae］●☆

1186　Afroqueta Thulin et Razafim.(2012)【汉】非洲时钟花属。【隶属】时钟花科(穗柱榆科, 窝籽科, 有叶花科)Turneraceae。【包含】世界 1 种。【学名诠释与讨论】〈阴〉词源不详。【分布】非洲。【模式】Afroqueta capensis(Harv.)Thulin et Razafim.［Turnera capensis Harv.］。☆

1187　Afrorchis Szlach.(2006)【汉】异非洲兰属。【隶属】兰科 Orchidaceae。【包含】世界 3 种。【学名诠释与讨论】〈阴〉(地)Africa, 非洲+orchis, 所有格 orchis, 兰。【分布】非洲。【模式】Afrorchis angolensis(Schltr.)Szlach.。■☆

1188　Afrorhaphidophora Engl.(1906)= Rhaphidophora Hassk.(1842)［天南星科 Araceae］●■

1189　Afrormosia Harms(1906)【汉】非洲红豆树属(非洲红豆)。【英】Afrormosia。【隶属】豆科 Fabaceae(Leguminosae)//蝶形花科 Papilionaceae。【包含】世界 5 种, 中国 2 种。【学名诠释与讨论】〈中〉(地)Africa, 非洲+(属)Ormosia 红豆树属(红豆属)。此属的学名是 "Afrormosia Harms in Engler et Prantl, Nat. Pflanzenfam. Nachtr. 3(2)：158. Oct 1906"。亦有文献把其处理为 "Pericopsis Thwaites(1864)" 的异名。【分布】中国, 非洲。【模式】Afrormosia laxiflora(Bentham ex J. G. Baker)Harms［Ormosia laxiflora Bentham ex J. G. Baker］。【参考异名】Pericopsis Thwaites(1864)●

1190　Afrosciadium P. J. D. Winter(2008)【汉】非洲伞芹属。【隶属】伞形花科(伞形科)Apiaceae(Umbelliferae)。【包含】世界 18 种。【学名诠释与讨论】〈中〉(地)Africa, 非洲+(属)Sciadium 伞芹属。【分布】非洲。【模式】Afrosciadium harmsianum(H. Wolff)P. J. D. Winter［Peucedanum harmsianum H. Wolff］■☆

1191　Afrosersalisia A. Chev.(1943)【汉】非洲桃榄属。【隶属】山榄科 Sapotaceae。【包含】世界 3 种。【学名诠释与讨论】〈阴〉(地)Africa, 非洲+(属)Sersalisia = Pouteria 桃榄属。此属的学名是 "Afrosersalisia A. Chevalier, Rev. Int. Bot. Appl. Agric. Trop. 23：292. Dec, 1943"。亦有文献把 "Afrosersalisia A. Chev.(1943)" 处理为 "Synsepalum(A. DC.)Daniell(1852)" 的异名。【分布】热带和亚热带非洲。【后选模式】Afrosersalisia afzelii(Engler)A. Chevalier［Sersalisia afzelii Engler］。【参考异名】Bakerisideroxylon(Engl.)Engl.(1904)Nom. illegit.；Bakerisideroxylon Engl.(1904)Nom. illegit.；Rogeonella A. Chev.(1943)；Synsepalum(A. DC.)Daniell(1852)●☆

1192　Afrosison H. Wolff(1912)【汉】非洲水柴胡属。【隶属】伞形花科(伞形科)Apiaceae(Umbelliferae)。【包含】世界 3 种。【学名诠释与讨论】〈中〉(地)Africa, 非洲+(属)Sison 水柴胡属。【分布】热带非洲。【模式】未指定。■☆

1193 Afrostyrax Perkins et Gilg(1909)【汉】非洲蒜树属(非洲安息香属)。【隶属】蒜树科 Huaceae。【包含】世界 2-3 种。【学名诠释与讨论】〈中〉(地)Africa,非洲+(属)Styrax 安息香属(野茉莉属)。【分布】热带非洲。【模式】Afrostyrax kamerunensis J. Perkins et Gilg。●☆

1194 Afrothismia(Engl.)Schltr.(1906)【汉】非洲水玉簪属。【隶属】水玉簪科 Burmanniaceae。【包含】世界 2-4 种。【学名诠释与讨论】〈中〉(地)Africa,非洲+(属)Thismia 肉质腐生草属(腐杯草属)。此属的学名,ING 和 TROPICOS 记载是"Afrothismia (Engler) Schlechter, Bot. Jahrb. Syst. 38:138. 14 Aug 1906",由"Thismia sect. Afrothismia Engler, Bot. Jahrb. Syst. 38:89. 3 Oct. 1905"改级而来。IK 则记载为"Afrothismia Schltr., Bot. Jahrb. Syst. 38(2):138. 1906 [1907 publ. 14 Aug 1906]"。三者引用的文献相同。【分布】西赤道非洲。【模式】Afrothismia winkleri (Engler) Schlechter [Thismia winkleri Engler]。【参考异名】Afrothismia Schltr.(1906)Nom. illegit.;Thismia sect. Afrothismia Engl.(1905)■☆

1195 Afrothismia Schltr.(1906)Nom. illegit. ≡ Afrothismia (Engl.) Schltr.(1906)[水玉簪科 Burmanniaceae]■☆

1196 Afrotrewia Pax et K. Hoffm.(1914)【汉】非洲滑桃树属。【隶属】大戟科 Euphorbiaceae。【包含】世界 1 种。【学名诠释与讨论】〈中〉(地)Africa,非洲+(属)Trewia 滑桃树属。【分布】西赤道非洲。【模式】Afrotrewia kamerunica Pax et K. Hoffmann。●☆

1197 Afrotrichloris Chiov.(1915)【汉】非洲三花禾属(非洲黍属,非洲虎尾草属)。【隶属】禾本科 Poaceae(Gramineae)。【包含】世界 2 种。【学名诠释与讨论】〈中〉(地)Africa,非洲+(属)Trichloris 三花禾属(三花草属)。【分布】热带非洲东部。【模式】Afrotrichloris martinii Chiovenda。■☆

1198 Afrotrilepis(Gilly)J. Raynal(1963)【汉】非洲三鳞莎草属。【隶属】莎草科 Cyperaceae。【包含】世界 2-3 种。【学名诠释与讨论】〈阴〉(地)Africa,非洲+(属)Trilepis 三鳞莎草属。此属的学名,ING 记载是"Afrotrilepis (Gilly) Raynal, Adansonia ser. 2. 3:258. Aug 1963";但是未给出基源异名。IK 记载如左,给出的基源异名是"Trilepis subgen. Afrotrilepis Gilly."。【分布】热带非洲西部。【模式】Afrotrilepis pilosa (Böckeler)Raynal [Trilepis pilosa Böckeler]。【参考异名】Trilepis subgen. Afrotrilepis Gilly. ■☆

1199 Afrotysonia Rauschert(1982)【汉】非洲紫草属。【隶属】紫草科 Boraginaceae。【包含】世界 3 种。【学名诠释与讨论】〈阴〉(地)Africa,非洲+(属)Tysonia。此属的学名"Afrotysonia Rauschert (1982)"是一个替代名称。"Tysonia H. Bolus, Hooker's Icon. Pl. 20:ad t. 1942. Oct 1890"是一个非法名称(Nom. illegit.),因为此前已经有了化石植物的"Tysonia Fontaine, Monogr. U. S. Geol. Surv. 15:186. 1889"。故用"Afrotysonia Rauschert(1982)"替代之。【分布】南非,热带非洲。【模式】Afrotysonia africana (H. Bolus)S. Rauschert [Tysonia africana H. Bolus]。【参考异名】Tysonia Bolus(1890)Nom. illegit.●☆

1200 Afrovivella A. Berger(1930)= Rosularia (DC.)Stapf(1923)[景天科 Crassulaceae]■

1201 Afzelia J. F. Gmel.(1792)(废弃属名)≡ Seymeria Pursh(1814)(保留属名)[玄参科 Scrophulariaceae//列当科 Orobanchaceae]■☆

1202 Afzelia Sm.(1798)(保留属名)【汉】缅茄属。【俄】Пагудия,Пахудия。【英】Afzelia,Pahudia。【隶属】豆科 Fabaceae (Leguminosae)//云实科(苏木科)Caesalpiniaceae。【包含】世界 14 种,中国 1-2 种。【学名诠释与讨论】〈阴〉(人)Adam Afzelius,1750-1837,瑞典植物学者。此属的学名"Afzelia Sm. in Trans. Linn. Soc. London 4:221. 24 Mai 1798"是保留属名。相应的废弃属名是"Afzelia J. F. Gmel.,Syst. Nat. 2:927. Apr (sero)-Oct 1792

≡ Seymeria Pursh(1814)(保留属名)[玄参科 Scrophulariaceae//列当科 Orobanchaceae]"。"Afrazelia Pierre, Fl. Forest. Cochinchine ad t. 388. 15 Apr 1899"是"Afzelia Sm.(1798)(保留属名)"的晚出的同模式异名(Homotypic synonym, Nomenclatural synonym)。【分布】马达加斯加,中国,热带非洲,亚洲。【模式】Afzelia africana J. E. Smith ex Persoon。【参考异名】Afrazelia Pierre(1899)Nom. illegit.;Macrolobium Zipp. ex Miq.(1855)Nom. inval.(废弃属名);Macrolobium Zippel ex Müll. Berol.(1858)Nom. inval.(废弃属名);Pahudia Miq.(1855);Seymeria Pursh(1814)●

1203 Afzeliella Gilg(1898)= Guyonia Naudin(1850)[野牡丹科 Melastomataceae]☆

1204 Agaisia Garay et Sweet = Aganisia Lindl.(1839)[兰科 Orchidaceae]■☆

1205 Agalina Hort.,Nom. illegit. = Agalma Miq.(1856)Nom. illegit. = Schefflera J. R. Forst. et G. Forst.(1775)(保留属名)[五加科 Araliaceae]●

1206 Agalinis Raf.(1837)(保留属名)【汉】假毛地黄属。【隶属】玄参科 Scrophulariaceae//列当科 Orobanchaceae。【包含】世界 40-45 种。【学名诠释与讨论】〈阴〉词源不详。此属的学名"Agalinis Raf., New Fl. 2:61. Jul-Dec 1837"是保留属名。相应的废弃属名是玄参科 Scrophulariaceae 的"Virgularia Ruiz et Pav., Fl. Peruv. Prodr.:92. Oct (prim.)1794 = Agalinis Raf.(1837)(保留属名)= Gerardia Benth.(1846)Nom. illegit.(废弃属名)"、"Chytra C. F. Gaertn., Suppl. Carp.:184. 1807 = Agalinis Raf.(1837)(保留属名)= Gerardia Benth.(1846)Nom. illegit.(废弃属名)"和"Tomanthera Raf., New Fl. 2:65. Jul-Dec 1837 = Agalinis Raf.(1837)(保留属名)"。【分布】巴拉圭,巴拿马,秘鲁,玻利维亚,美国(密苏里),尼加拉瓜,南美洲,中美洲。【模式】Agalinis palustris Raf., Nom. illegit. [Gerardia purpurea L.;Agalinis purpurea (L.)Pennell]。【参考异名】Anisantherina Pennell(1920);Brachystigma Pennell(1928);Chytra C. F. Gaertn.(1807)(废弃属名);Dasystoma Benth.(1846)Nom. illegit.;Dasystoma Raf.(1839)Nom. illegit.;Dasystoma Raf. ex Endl.(1839)Nom. illegit.;Dasystoma Spach(1840)Nom. illegit.;Gerardia Benth.(1846)Nom. illegit.(废弃属名);Otophylla (Benth.)Benth.(1846);Tomanthera Raf.(1836)(废弃属名);Virgularia Ruiz et Pav.(1794)(废弃属名)■☆

1207 Agallis Phil.(1864)【汉】智利虹膜花属。【隶属】十字花科 Brassicaceae(Cruciferae)。【包含】世界 1 种。【学名诠释与讨论】〈阴〉(希)agallo,赞扬,使荣耀,美化,高兴。此属的学名是"Agallis R. A. Philippi, Linnaea 33:12. Mai 1864"。亦有文献把其处理为"Tropidocarpum Hook.(1836)"的异名。【分布】智利。【模式】Agallis montana R. A. Philippi。【参考异名】Tropidocarpum Hook.(1836)■☆

1208 Agallochum Lam.(1783)(废弃属名)= Aquilaria Lam.(1783)(保留属名)[瑞香科 Thymelaeaceae]●

1209 Agallostachys Beer(1856)= Bromelia L.(1753)[凤梨科 Bromeliaceae]■☆

1210 Agalma Miq.(1856)Nom. illegit. = Schefflera J. R. Forst. et G. Forst.(1775)(保留属名)[五加科 Araliaceae]●

1211 Agalma Steud.(1840)= Sonchus L.(1753)[菊科 Asteraceae (Compositae)]■

1212 Agalmanthus(Endl.)Hombr. et Jacquinot(1843)= Metrosideros Banks ex Gaertn.(1788)(保留属名)[桃金娘科 Myrtaceae]●☆

1213 Agalmanthus Hombr. et Jacquinot ex Decne.(1843)Nom. illegit. ≡ Agalmanthus (Endl.) Hombr. et Jacquinot (1843);~ =

Metrosideros Banks ex Gaertn. (1788)（保留属名）［桃金娘科 Myrtaceae］●☆

1214 Agalmyla Blume（1826）【汉】菊叶苣苔属（根花属）。【英】Agalmyla。【隶属】苦苣苔科 Gesneriaceae。【包含】世界 6-90 种。【学名诠释与讨论】〈阴〉（希）agalma，所有格 agalmatos，首饰，令人喜爱的礼物，愉快＋hyle，树木，森林。此属的学名，ING、TROPICOS 和 IK 记载是"Agalmyla Blume, Bijdr. Fl. Ned. Ind. 14：766. 1826 ［Jul－Dec 1826］"。"Orithalia C. L. Blume, Fl. Javae Praef. vi. 5 Aug 1828"是"Agalmyla Blume（1826）"的晚出的同模式异名（Homotypic synonym, Nomenclatural synonym）。【分布】印度尼西亚（爪哇岛，苏门答腊岛），加里曼丹岛。【后选模式】Agalmyla staminea（Vahl）Blume, Nom. illegit.［Cyrtandra staminea Vahl, Nom. illegit. , Justicia parasitica Lamarck；Agalmyla parasitica（Lamarck）Kuntze］。【参考异名】Cymba Noronha；Dichrotrichum Reinw.（1856）；Dichrotrichum Reinw. ex de Vriese（1856）；Orithalia Blume（1828）Nom. illegit. , Nom. superfl.；Orythia Endl.（1841）；Tetradema Schltr.（1920）●☆

1215 Agaloma Raf.（1838）＝Euphorbia L.（1753）［大戟科 Euphorbiaceae］●■

1216 Aganippa Baill. ＝Aganippea Moc. et Sessé ex DC.（1838）［菊科 Asteraceae（Compositae）］■☆

1217 Aganippea DC.（1838）Nom. illegit. ≡Aganippea Moc. et Sessé ex DC.（1838）；～＝Jaegeria Kunth（1818）［菊科 Asteraceae（Compositae）］■☆

1218 Aganippea Moc. et Sessé ex DC.（1838）＝Jaegeria Kunth（1818）［菊科 Asteraceae（Compositae）］■☆

1219 Aganisia Lindl.（1839）【汉】雅兰属。【隶属】兰科 Orchidaceae。【包含】世界 3 种。【学名诠释与讨论】〈阴〉（希）aganos，温柔的，可爱的，可取的。【分布】玻利维亚，热带美洲，西印度群岛。【模式】Aganisia pulchella J. Lindley。【参考异名】Acacallis Lindl.（1853）；Agaisia Garay et Sweet；Kochiophyton Schltdl.（1906）；Kochiophyton Schltr. ex Cogn.（1906）■☆

1220 Aganon Raf.（1838）Nom. inval. ＝Callicarpa L.（1753）［马鞭草科 Verbenaceae//牡荆科 Viticaceae］●

1221 Aganonerion Pierre et Spire（1906）Nom. illegit. ≡Aganonerion Pierre ex Spire（1906）［夹竹桃科 Apocynaceae］●☆

1222 Aganonerion Pierre ex Spire（1906）【汉】越南夹竹桃属。【隶属】夹竹桃科 Apocynaceae。【包含】世界 1 种。【学名诠释与讨论】〈中〉（希）aganos，温柔的，可爱的，可取的＋nerion，夹竹桃属植物之古名，来自希腊文 neros 潮湿。此属的学名，ING 和 TROPICOS 记载是"Aganonerion Pierre ex C. J. Spire in C. J. Spire et A. Spire, Caoutchouc Indo－Chine 43. 1906"。IK 则记载为"Aganonerion Pierre et Spire, Caoutch. Indo-Chine 43（1906）"。三者引用的文献相同。"Aganonerion Pierre, in L. Planch. Prod. Apocyn.（1894）206"是一个未合格发表的名称（Nom. inval.）。【分布】中南半岛。【模式】Aganonerion polymorphum Pierre ex C. J. Spire。【参考异名】Aganonerion Pierre et Spire（1906）Nom. illegit.；Aganonerion Pierre（1894）Nom. inval. ●☆

1223 Aganonerion Pierre（1894）Nom. inval. ≡Aganonerion Pierre ex Spire（1906）［夹竹桃科 Apocynaceae］●☆

1224 Aganope Miq.（1855）【汉】双束鱼藤属。【隶属】豆科 Fabaceae（Leguminosae）。【包含】世界 6 种，中国 3 种。【学名诠释与讨论】〈阴〉（希）aganos，温柔的，可爱的，可取的＋ope，穴，隙，口子。此属的学名是"Aganope Miquel, Fl. Ind. Bat. 1（1）：151. 2 Aug 1855"。亦有文献把其处理为"Ostryocarpus Hook. f.（1849）"的异名。【分布】马来西亚，斯里兰卡，印度，中国，东亚，非洲。【后选模式】Aganope floribunda Miquel。【参考异名】Ostryocarpus

Hook. f.（1849）；Ostryoderris Dunn（1911）●

1225 Aganosma（Blume）G. Don（1837）【汉】香花藤属（阿根藤属）。【英】Aganosma。【隶属】夹竹桃科 Apocynaceae。【包含】世界 8-15 种，中国 5 种。【学名诠释与讨论】〈阴〉（希）aganos，温柔的，可爱的，可取的＋osme＝odme，香味，臭味，气味。在希腊文组合词中，词头 osm-和词尾 -osma 通常指香味。指花的气味芬芳。此属的学名，ING 和 TROPICOS 记载是"Aganosma（Blume）G. Don, Gen. Hist. 4；69, 77. 1837"，由"Echites sect. Aganosma Blume, Bijdr. 1040. 1826"改级而来。IK 则记载为"Aganosma G. Don, Gen. Hist. iv. 77（1837）"。三者引用的文献相同。【分布】印度至马来西亚，中国。【模式】Aganosma caryophyllata G. Don［A. caryophyllata G. Don］。【参考异名】Aganosma G. Don（1837）Nom. illegit.；Amphineurion（A. DC.）Pichon（1948）；Echites sect. Aganosma Blume（1826）；Ganosma Decne.（1844）●

1226 Aganosma G. Don（1837）Nom. illegit. ≡Aganosma（Blume）G. Don（1837）［夹竹桃科 Apocynaceae］●

1227 Agaosizia Spach（1835）Nom. illegit. ≡Agassizia Spach（1835）Nom. illegit.；～＝Camissonia Link（1818）［柳叶菜科 Onagraceae］■☆

1228 Agapanthaceae F. Voigt（1850）［as 'Agapantheae'］［亦见 Alliaceae Borkh.（保留科名）葱科］【汉】百子莲科。【包含】世界 1 属 5-9 种。【分布】非洲南部，从好望角至林波波河。【科名模式】Agapanthus L'Hér.（1789）（保留属名）■☆

1229 Agapanthaceae Lotsy ＝Alliaceae Borkh.（保留科名）■

1230 Agapanthus L'Hér.（1789）（保留属名）【汉】百子莲属。【日】アガパンサス属，アガパンドゥス属，ムラサキクンシラン属。【俄】Агапант，Агапантус。【英】African Blue Lily, African Lily, Africanlily, Agapanthus, Lily－of－the－nile。【隶属】百合科 Liliaceae//百子莲科 Agapanthaceae。【包含】世界 5-9 种。【学名诠释与讨论】〈阳〉（希）agape，爱情，可爱＋anthos，花。指花美丽可爱。此属的学名"Agapanthus L'Hér. , Sert. Angl.：17. Jan（prim.）1789"是保留属名。相应的废弃属名是百合科 Liliaceae 的"Abumon Adans. , Fam. Pl. 2：54, 511. Jul－Aug 1763 ≡Agapanthus L'Hér.（1789）（保留属名）"。"Mauhlia Dahl, Observ. Bot. 25. 1787"、"Tulbaghia Heister, Beschr. Afr. Pfl. 15. 1755"和"Abumon Adanson, Fam. 2：54, 511. Jul－Aug 1763"是"Agapanthus L'Hér.（1789）（保留属名）"的同模式异名（Homotypic synonym, Nomenclatural synonym）。【分布】哥伦比亚（安蒂奥基亚），非洲南部，中美洲。【模式】Agapanthus umbellatus L'Héritier, Nom. illegit.［Crinum africanum Linnaeus；Agapanthus africanus（Linnaeus）Hoffmannsegg］。【参考异名】Abumon Adans.（1763）（废弃属名）；Mauhlia Dahl.（1787）Nom. illegit.；Tulbaghia Fabr.（废弃属名）；Tulbaghia Heist.（1755）（废弃属名）；Tulbaghia Heist. ex Kuntze（1891）（废弃属名）；Tulbaghia L.（1771）［as 'Tulbagia'］（保留属名）；Tulbagia L.（1771）（废弃属名）■☆

1231 Agapatea Steud.（1856）Nom. inval. , Nom. nud. ≡Agapatea Steud. ex Buchenau（1874）Nom. inval.；～＝Distichia Nees et Meyen（1843）［灯心草科 Juncaceae］■☆

1232 Agapatea Steud. ex Buchenau（1874）Nom. inval. ＝Distichia Nees et Meyen（1843）［灯心草科 Juncaceae］■☆

1233 Agapetes D. Don ex G. Don（1834）【汉】树萝卜属（爱花属，岩桃属）。【日】アガペーテス属。【英】Agapetes。【隶属】杜鹃花科（欧石南科）Ericaceae//越橘科（乌饭树科）Vacciniaceae。【包含】世界 81-400 种，中国 57 种。【学名诠释与讨论】〈阴〉（希）agapetos，可爱的，吸引人的。指花美丽可爱。此属的学名，ING 和 APNI 记载是"Agapetes D. Don ex G. Don, Gen. Hist. 3：862. 8-

15 Nov 1834"。IK 则记载为"Agapetes G. Don, Gen. Hist. 3：862. 1834 [8-15 Nov 1834]"。三者引用的文献相同。"Agapatea Steud. , Bot. Zeitung (Berlin) 14：391. 1856 ≡ Agapatea Steud. ex Buchenau (1874) Nom. inval."是个裸名。"Agapatea Steud. ex Buchenau, Abh. Naturwiss. Vereins Bremen 4：124. 1874 = Distichia Nees et Meyen (1843)"是一个未合格发表的名称 (Nom. inval.)。【分布】马达加斯加, 中国, 马来半岛, 东喜马拉雅山至东南亚。【后选模式】Agapetes setigera D. Don ex G. Don。【参考异名】Agapetes G. Don (1834) Nom. illegit. ; Caligula Klotzsch (1851) ; Corallobotrys Hook. f. (1876) ; Desmogyne King et Prain (1898) ; Paphia Seem. (1864) ; Pentapterygium Klotzsch (1851) ●

1234 Agapetes G. Don (1834) Nom. illegit. ≡ Agapetes D. Don ex G. Don (1834) [杜鹃花科 (欧石南科) Ericaceae//越橘科 (乌饭树科) Vacciniaceae] ●

1235 Agardhia Spreng. (1824) = Qualea Aubl. (1775) [独蕊科 (蜡烛树科, 囊萼花科) Vochysiaceae] ●☆

1236 Agarista D. Don ex G. Don (1834)【汉】阿加鹃属 (绊足花属)。【隶属】杜鹃花科 (欧石南科) Ericaceae。【包含】世界 1 种。【学名诠释与讨论】〈阴〉(人) Agarista, 瑞典政治家 Clisthenis 的美丽女儿。此属的学名, ING 和 TROPICOS 记载是"Agarista D. Don ex G. Don, Gen. Hist. 3：788, 837. 8-15 Nov 1834"。IK 则记载为"Agarista D. Don, in G. Don, Gen. Syst. iii. 837 (1834)"。三者引用的文献相同。"Agarista A. P. de Candolle, Prodr. 5：569. Oct (prim.) 1836 = Coreopsis L. (1753)"则是晚出的非法名称。【分布】秘鲁, 玻利维亚, 厄瓜多尔, 马达加斯加, 尼加拉瓜, 马斯克林群岛, 非洲中部, 热带南美洲, 中美洲。【后选模式】Agarista nummularia (Chamisso et Schlechtendal) G. Don [Andromeda nummularia Chamisso et Schlechtendal]。【参考异名】Agarista D. Don (1834) Nom. inval. ; Agauria (DC.) Benth. (1876) Nom. illegit. ; Agauria (DC.) Benth. et Hook. f. (1876) ; Agauria (DC.) Hook. f. (1876) Nom. illegit. ; Agauria Benth. et Hook. f. (1876) Nom. illegit. ; Amechania DC. (1839) ●☆

1237 Agarista D. Don (1834) Nom. inval. ≡ Agarista D. Don ex G. Don (1834) ; ~ ≡ Leucothoë D. Don (1834) + Agauria (DC.) Hook. f. (1876) Nom. illegit. [杜鹃花科 (欧石南科) Ericaceae] ●☆

1238 Agarista DC. (1836) Nom. illegit. = Coreopsis L. (1753) [菊科 Asteraceae (Compositae)//金鸡菊科 Coreopsidaceae] ●■

1239 Agasillis Spreng. (1813) Nom. illegit. ≡ Agasyllis Spreng. (1813) [伞形花科 (伞形科) Apiaceae (Umbelliferae)] ■☆

1240 Agassizia A. Gray et Engelm. (1846) Nom. illegit. = Gaillardia Foug. (1786) [菊科 Asteraceae (Compositae)] ■

1241 Agassizia Chav. (1833) Nom. illegit. ≡ Galvezia Dombey ex Juss. (1789) [玄参科 Scrophulariaceae//婆婆纳科 Veronicaceae] ●☆

1242 Agassizia Spach (1835) Nom. illegit. = Camissonia Link (1818) [柳叶菜科 Onagraceae] ■☆

1243 Agassyllis Lag. = Agasyllis Spreng. (1813) [伞形花科 (伞形科) Apiaceae (Umbelliferae)] ■☆

1244 Agasta Miers (1875) = Barringtonia J. R. Forst. et G. Forst. (1775) (保留属名) [玉蕊科 (巴西果科) Lecythidaceae//翅玉蕊科 (金刀木科) Barringtoniaceae] ●

1245 Agastache Gronov. (1762) Nom. illegit. ≡ Agastache J. Clayton ex Gronov. (1762) ; ~ ≡ Agastache J. Clayton ex Gronov. (1762) [唇形科 Lamiaceae (Labiatae)] ■

1246 Agastache Gronov. ex Kuntze (1891) Nom. illegit. ≡ Agastache J. Clayton ex Gronov. (1762) [唇形科 Lamiaceae (Labiatae)] ■

1247 Agastache J. Clayton ex Gronov. (1762)【汉】藿香属。【日】カハミドリ属, カワミドリ属。【俄】Многоколосник。【英】Anise Hyssop, Giant Hyssop, Gianthyssop, Hyssop, Hyssop of the Bible, Mexican Giant Hyssop, Mexican Giant-hyssop。【隶属】唇形科 Lamiaceae (Labiatae)。【包含】世界 9-22 种, 中国 2 种。【学名诠释与讨论】〈阴〉(希) aga, 极多的 + stachys, 穗, 谷, 长钉。指花序多数穗。此属的学名, ING, TROPICOS 和 GCI 记载是"Agastache Clayton ex Gronov. , Fl. Virgin. , ed. 2 88. 1762 [Jul-Aug 1762]"。IK 则记载为"Agastache Gronov. , Fl. Virg. 88 (1762) ex Kuntze, Rev. Gen. (1891) 511"。"Agastache Gronov. ex Kuntze (1891) ≡ Agastache J. Clayton ex Gronov. (1762)"是晚出的非法名称。"Agastache J. Clayton, Nom. inval. ≡ Agastache J. Clayton ex Gronov. (1762)"的命名人引证有误。【分布】美国, 墨西哥, 中国, 亚洲中部北美洲。【模式】Agastache scrophulariifolia (Willdenow) O. Kuntze [as 'scrophulariaefolia'] [Hyssopus scrophulariifolius Willdenow ('scrophularifolius')]。【参考异名】Agastache Gronov. (1762) Nom. inval. ; Agastache Gronov. ex Kuntze (1891) Nom. illegit. ; Agastache J. Clayton, Nom. inval. ; Brittonastrum Briq. (1896) ; Dekinia M. Martens et Galeotti (1844) ; Flessera Adans. (1763) ; Lophanthus Benth. (1829) Nom. illegit. ; Vleckia Raf. (1808) Nom. illegit. ■

1248 Agastache J. Clayton, Nom. inval. ≡ Agastache J. Clayton ex Gronov. (1762) [唇形科 Lamiaceae (Labiatae)] ■

1249 Agastachis Poir. , Nom. illegit. = Agastachys R. Br. (1810) [山龙眼科 Proteaceae] ●☆

1250 Agastachys Ehrh. (1789) Nom. inval. , Nom. nud. = Carex L. (1753) [莎草科 Cyperaceae] ■

1251 Agastachys R. Br. (1810)【汉】多穗山龙眼属。【隶属】山龙眼科 Proteaceae。【包含】世界 1 种。【学名诠释与讨论】〈阴〉(希) aga, 极多的 + stachys, 穗, 谷, 长钉。此属的学名, ING, APNI 和 IK 记载是"Agastachys R. Brown, Trans. Linn. Soc. London 10：158. Feb 1810"。"Agastachis Poir."是其拼写变体。"Agastachys Ehrh. , Beitr. Naturk. [Ehrhart] 4：146. 1789 = Carex L. (1753) [莎草科 Cyperaceae]"是一个未合格发表的名称 (Nom. inval.)。"Lippomuellera O. Kuntze, Rev. Gen. 2：579. 5 Nov 1891"是"Agastachys R. Br. (1810)"的晚出的同模式异名 (Homotypic synonym, Nomenclatural synonym)。【分布】澳大利亚 (塔斯马尼亚岛)。【模式】Agastachys odorata R. Brown。【参考异名】Agastachis Poir. , Nom. illegit. ; Lippomuellera Kuntze (1891) Nom. illegit. ●☆

1252 Agasthiyamalaia S. Rajkumar et Janarth. (2007)【汉】印度稀花藤黄属。【隶属】猪胶树科 (克鲁西科, 山竹子科, 藤黄科) Clusiaceae (Guttiferae)。【包含】世界 1 种。【学名诠释与讨论】〈阴〉词源不详。此属的学名是"Agasthiyamalaia S. Rajkumar et Janarth. , Journal of the Botanical Research Institute of Texas 1；130. 2007. (10 Aug 2007) (J. Bot. Res. Inst. Texas)"。亦有文献把"Agasthiyamalaia S. Rajkumar et Janarth. (2007)"处理为"Poeciloneuron Bedd. (1865)"的异名。【分布】印度。【模式】Agasthiyamalaia pauciflora (Bedd.) S. Rajkumar et Janarth. 。【参考异名】Poeciloneuron Bedd. (1865) ●☆

1253 Agasthosma Brongn. , Nom. illegit. = Agathosma Willd. (1809) (保留属名) [芸香科 Rutaceae] ●☆

1254 Agastianis Raf. (1838) Nom. illegit. ≡ Broussonetia Ortega (1798) (废弃属名) ; ~ = Sophora L. (1753) [豆科 Fabaceae (Leguminosae)//蝶形花科 Papilionaceae] ●■

1255 Agasulis Raf. (1840) = Ferula L. (1753) [伞形花科 (伞形科) Apiaceae (Umbelliferae)] ■

1256 Agasyllis Hoffm. = Agasyllis Spreng. (1813) [伞形花科 (伞形科) Apiaceae (Umbelliferae)] ■☆

1257 Agasyllis Spreng. (1813) 【汉】高加索草属。【俄】Агазиллис。【隶属】伞形花科(伞形科)Apiaceae(Umbelliferae)。【包含】世界1种。【学名诠释与讨论】〈阴〉词源不详。此属的学名,IPNI 和 IK 记载是"Agasyllis Spreng., Mag. Neuesten Entdeck. Gesammten Naturf. Ges. Naturf. Freunde Berlin 6:259. 1812"。"Agasillis Spreng. (1813)"是其拼写变体。【分布】高加索。【后选模式】Agasyllis caucasica K. P. J. Sprengel, Nom. illegit. [Cachrys latifolia Marschall von Bieberstein; Agasyllis latifolia (Marschall von Bieberstein)Boissier]。【参考异名】Agasillis Spreng. (1813) Nom. illegit.; Agassyllis Lag.; Agasyllis Hoffm.; Chymsydia Albov (1895);Siler Crantz(1767) Nom. illegit. ■☆

1258 Agatea A. Gray (1852)【汉】宿片堇属。【隶属】堇菜科 Violaceae。【包含】世界1种。【学名诠释与讨论】〈阴〉(希)agathos,极好,好,善。此属的学名,ING、TROPICOS 和 IK 记载是"Agatea A. Gray, Proc. Amer. Acad. Arts 2:323. 1852"。"Agatea W. Rich ex A. Gray, U. S. Expl. Exped., Phan. pt. 1:609. 1854 = Crossostylis J. R. Forst. et G. Forst. (1775) = Crossostylis J. R. Forst. et G. Forst. (1775) = Haplopetalon A. Gray(1854)"则是一个晚出的非法名称,而且未合格发表(Nom. inval.)。"Agation A. T. Brongniart, Bull. Soc. Bot. France 8:79. 1861"是"Agatea A. Gray (1852)"的晚出的同模式异名(Homotypic synonym, Nomenclatural synonym)。【分布】斐济,法属新喀里多尼亚,新几内亚岛。【模式】Agatea violaris A. Gray。【参考异名】Agation Brongn. (1861) Nom. illegit.; Bellevalia Montrouz. (1901)(废弃属名); Bellevalia Montrouz. ex P. Beauvis. (1901)(废弃属名); Crossostylis J. R. Forst. et G. Forst. (1775); Haplopetalon A. Gray(1854)■☆

1259 Agatea W. Rich ex A. Gray(1854) Nom. inval., Nom. illegit.; ~ = Crossostylis J. R. Forst. et G. Forst. (1775); ~ = Haplopetalon A. Gray(1854) [红树科 Rhizophoraceae]●☆

1260 Agathaea Cass. (1815) = Felicia Cass. (1818)(保留属名); ~ = Aster L. (1753) + Felicia Cass. (1818)(保留属名)[菊科 Asteraceae(Compositae)]●■

1261 Agathea Endl. (1837) = Agathaea Cass. (1815) [菊科 Asteraceae (Compositae)]●■

1262 Agathelepis Reichb. = Agathelpis Choisy (1824) [玄参科 Scrophulariaceae]■☆

1263 Agathelpis Choisy (1824)【汉】澳非玄参属。【隶属】玄参科 Scrophulariaceae。【包含】世界2-8种。【学名诠释与讨论】〈阴〉(希)agathos,好,善+elpis,所有格 elpidos,希望,期待。此属的学名是"Agathelpis J. D. Choisy, Mém. Soc. Phys. Genève 2(2):85, 95. 1824"。亦有文献把其处理为"Microdon Choisy(1823)"的异名。【分布】非洲南部。【后选模式】Agathelpis angustifolia J. D. Choisy, Nom. illegit. [Eranthemum angustatum Linnaeus]。【参考异名】Agathelepis Reichb.; Microdon Choisy(1823)■☆

1264 Agathidaceae Baum.-Bod., Nom. inval. = Araucariaceae Henkel et W. Hochst. (保留科名)●

1265 Agathidaceae Baum.-Bod. ex A. V. Bobrov et Melikyan(2006) = Araucariaceae Henkel et W. Hochst. (保留科名)●

1266 Agathidaceae Nakai = Araucariaceae Henkel et W. Hochst. (保留科名)●

1267 Agathidanthes Hassk. (1844) = Agathisanthes Blume (1826) = Nyssa L. (1753) [蓝果树科(珙桐科,紫树科)Nyssaceae//山茱萸科 Cornaceae]●

1268 Agathis Salisb. (1807)(保留属名)【汉】贝壳杉属。【日】アガシス属,インヨウヌギ属。【俄】Агатис,Даммара,Каури。【英】Damar Pine, Damara Tree, Damar-pine, Dammar Pine, Dammar-pine,Kauri, Kauri Pine, New Zealand Kauri。【隶属】南洋杉科 Araucariaceae//贝壳杉科(落羽杉科)Taxodiaceae。【包含】世界50种,中国1-3种。【学名诠释与讨论】〈阳〉(希)agathis,线球,线毯,结,一个圆头。指雌球花形状似线团。此属的学名"Agathis Salisb. in Trans. Linn. Soc. London 8:311. 9 Mar 1807"是保留属名。法规未列出相应的废弃属名。"Dammara Link, Enum. Pl. Horti Berol. 2:411. Jan-Jun 1822"是"Agathis Salisb. (1807)(保留属名)"的晚出的同模式异名(Homotypic synonym, Nomenclatural synonym)。"Dammara Lamarck, Encycl. 2:259. 16 Oct. 1786"则是一个未合格发表的名称(Nom. inval.)。【分布】马来西亚(西部)至新西兰,中国,中南半岛。【模式】Agathis loranthifolia R. A. Salisbury, Nom. illegit. [Pinus dammara A. B. Lambert, Agathis dammara (A. B. Lambert) L. C. Richard]。【参考异名】Dammara Lam. (1786) Nom. illegit., Nom. inval.; Dammara Link (1822) Nom. illegit.; Salisburyodendron A. V. Bobrov et Melikyan(2006)●

1269 Agathisanthemum Klotzsch(1861)【汉】团花茜属。【隶属】茜草科 Rubiaceae。【包含】世界5-6种。【学名诠释与讨论】〈中〉(希)agathis,线球,线毯,结,一个圆头+anthemon,花。此属的学名是"Agathisanthemum Klotzsch in W. C. H. Peters, Naturwiss. Reise Mossambique Bot. 294. 1861 (sero)"。亦有文献把"Agathisanthemum Klotzsch (1861)"处理为"Oldenlandia L. (1753)"的异名。【分布】科摩罗,马达加斯加,热带非洲和南非。【模式】Agathisanthemum bojeri Klotzsch。【参考异名】Oldenlandia L. (1753)■☆

1270 Agathisanthes Blume(1826) = Nyssa L. (1753) [蓝果树科(珙桐科,紫树科)Nyssaceae//山茱萸科 Cornaceae]●

1271 Agathodes Rchb. = Agathotes D. Don (1836); ~ = Swertia L. (1753) [龙胆科 Gentianaceae]■

1272 Agathomeria Baill. = Agathomeris Delaun. ex DC., Nom. illegit.; ~ ≡ Calomeria Vent. (1804); ~ = Humea Sm. (1804) [菊科 Asteraceae(Compositae)]●☆

1273 Agathomeris Delaun. (1805) Nom. inval., Nom. illegit. ≡ Agathomeris Delaun. ex DC. Nom. illegit.; ~ ≡ Calomeria Vent. (1804); ~ = Humea Sm. (1804); ~ = Agathomeris Laun. (1806) Nom. illegit.; ~ ≡ Calomeria Vent. (1804) [菊科 Asteraceae (Compositae)]●☆

1274 Agathomeris Delaun. ex DC., Nom. illegit. ≡ Calomeria Vent. (1804); ~ = Humea Sm. (1804) [菊科 Asteraceae(Compositae)]■●☆

1275 Agathomeris Laun. (1806) Nom. illegit. ≡ Calomeria Vent. (1804) [菊科 Asteraceae(Compositae)]■●☆

1276 Agathophora (Fenzl) Bunge (1862) = Halogeton C. A. Mey. ex Ledeb. (1829) [藜科 Chenopodiaceae]■●

1277 Agathophora Bunge (1862) Nom. illegit. ≡ Agathophora (Fenzl) Bunge(1862); ~ = Halogeton C. A. Mey. ex Ledeb. (1829) [藜科 Chenopodiaceae]■●

1278 Agathophyllum Blume = Ocotea Aubl. (1775) [樟科 Lauraceae]●☆

1279 Agathophyllum Juss. (1789) Nom. illegit., Nom. superfl. ≡ Ravensara Sonn. (1782)(废弃属名); ~ = Cryptocarya R. Br. (1810)(保留属名) [樟科 Lauraceae]●

1280 Agathophyton Moq. (1849) Nom. inval., Nom. illegit. ≡ Agathophytum Moq. (1834) Nom. illegit.; ~ = ≡ Anserina Dumort. (1827); ~ = Chenopodium L. (1753) [藜科 Chenopodiaceae]■●

1281 Agathophytum Moq. (1834) Nom. illegit. ≡ Anserina Dumort. (1827); ~ = Chenopodium L. (1753) [藜科 Chenopodiaceae]■●

1282 Agathorhiza Raf. (1840) Nom. illegit. ≡ Archangelica Wolf

(1776)；~ ＝ Archangelica Hoffm.（1814）Nom. illegit.；~ ＝ Angelica L.（1753）［伞形花科（伞形科）Apiaceae（Umbelliferae）］■

1283　Agathosma Willd.（1809）（保留属名）【汉】香芸木属（布楚属，布枯属，海布枯属，线球香属）。【俄】Баросма。【英】Buchu。【隶属】芸香科 Rutaceae。【包含】世界 135 种。【学名诠释与讨论】〈阴〉（希）agathos，极好，好，善＋osme＝odme，香味，臭味，气味。在希腊文组合词中，词头 osm- 和词尾 -osma 通常指香味。此属的学名"Agathosma Willd. , Enum. Pl. :259. Apr 1809"是保留属名。相应的废弃名是芸香科 Rutaceae 的"Bucco J. C. Wendl. , Coll. Pl. 1：13. 1805 ≡ Agathosma Willd.（1809）（保留属名）"和"Hartogia L. , Syst. Nat. , ed. 10：939,1365. 7 Jun 1759 ＝ Agathosma Willd.（1809）（保留属名）"。茶茱萸科 Icacinaceae 的"Hartogia Hochst. , Flora 27（1）：305. 1844"、"Hartogia L. f. , Suppl. Pl. 16. 1782［1781 publ. Apr 1782］＝ Hartogiella Codd（1983）"和"Hartogia Thunberg ex Linnaeus f. , Suppl. 16. Apr 1782 ＝ Schrebera Roxb.（1799）（保留属名）≡ Schrebera Thunb.（1794）"亦应废弃。"Agathosoma N. T. Burb. , Dictionary of Australian Plant Genera 1963 ＝ Hartogiella Codd（1983）"和"Agasthosma Brongn."似拼写有误。【分布】非洲南部。【模式】Agathosma villosa（Willdenow）Willdenow［Diosma villosa Willdenow］。【参考异名】Agasthosma Brongn. , Nom. illegit.；Agathosoma N. T. Burb.（1963）；Barosma Willd.（1809）（保留属名）；Bucco J. C. Wendl（1808）（废弃属名）；Dichosma DC. ex Loud.（1830）；Gymnonychium Bartl.（1844）；Hartogia L.（1759）（废弃属名）；Parapetalifera J. C. Wendl.（1805）（废弃属名）●☆

1284　Agathosoma N. T. Burb.（1963）＝ Agathosma Willd.（1809）（保留属名）［芸香科 Rutaceae］●☆

1285　Agathotes D. Don ex G. Don（1837）＝ Swertia L.（1753）［龙胆科 Gentianaceae］■

1286　Agathotes D. Don（1836）Nom. inval. ≡ Agathotes D. Don ex G. Don（1837）；~ ＝ Swertia L.（1753）［龙胆科 Gentianaceae］■

1287　Agathyrsus D. Don（1829）＝ Lactuca L.（1753）［菊科 Asteraceae（Compositae）//莴苣科 Lactucaceae］■

1288　Agathyrus B. D. Jacks. ＝ Agathyrsus D. Don（1829）；~ ＝ Lactuca L.（1753）［菊科 Asteraceae（Compositae）］■

1289　Agathyrus Raf.（1836）＝ ? Lactuca L.（1753）［菊科 Asteraceae（Compositae）//莴苣科 Lactucaceae］■

1290　Agati Adans.（1763）（废弃属名）＝ Sesbania Scop.（1777）（保留属名）［豆科 Fabaceae（Leguminosae）//蝶形花科 Papilionaceae］●■

1291　Agatia Reichb. ＝ Sesbania Scop.（1777）（保留属名）［豆科 Fabaceae（Leguminosae）//蝶形花科 Papilionaceae］●■

1292　Agation Brongn.（1861）Nom. illegit. ≡ Agatea A. Gray（1852）［堇菜科 Violaceae］■☆

1293　Agatophyllum Comm. ex Thouars ＝ Ravensara Sonn.（1782）（废弃属名）；~ ＝ Agathophyllum Juss.（1789）Nom. illegit. , Nom. superfl.；~ ＝ Cryptocarya R. Br.（1810）（保留属名）［樟科 Lauraceae］●☆

1294　Agatophyllum Juss.（1806）Nom. illegit.［樟科 Lauraceae］●☆

1295　Agatophyton Fourr.（1869）＝ Agathophytum Moq.（1834）Nom. illegit.；~ ≡ Anserina Dumort.（1827）；~ ＝ Chenopodium L.（1753）［藜科 Chenopodiaceae］■●

1296　Agauria（DC.）Benth.（1876）Nom. illegit. ≡ Agauria（DC.）Benth. et Hook. f.（1876）［杜鹃花科（欧石南科）Ericaceae］●☆

1297　Agauria（DC.）Benth. et Hook. f.（1876）【汉】绊足花属。【隶属】杜鹃花科（欧石南科）Ericaceae。【包含】世界 1 种。【学名诠释与讨论】〈阴〉词源不详。此属的学名，ING 记载是"Agauria（A. P. de Candolle）Bentham et J. D. Hooker, Gen. 2：579, 586. Mai

1876"，由"Leucothoë sect. Agauria A. P. de Candolle, Prodr. 7：602. Dec（sero）1839"改级而来。IK 则记载为"Agauria Benth. et Hook. f. , Gen. Pl.［Bentham et Hooker f.］2（2）：586. 1876［May 1876］"。"Agauria Benth. et Hook. f.（1876）"、"Agauria（DC.）Hook. f.（1876）"和"Agauria（DC.）Benth.（1876）"的命名人引证均有误。亦有文献把"Agauria（DC.）Benth. et Hook. f.（1876）"处理为"Agarista D. Don ex G. Don（1834）"的异名。【分布】马达加斯加，马斯克林群岛，热带非洲。【后选模式】Agauria salicifolia（Lamarck）D. Oliver［Andromeda salicifolia Lamarck］。【参考异名】Agarista D. Don ex G. Don（1834）；Agauria（DC.）Benth.（1876）Nom. illegit.；Agauria（DC.）Hook. f.（1876）Nom. illegit.；Agauria Benth. et Hook. f.（1876）Nom. illegit.；Amechania DC.（1839）；Leucothoë sect. Agauria DC.（1839）●☆

1298　Agauria（DC.）Hook. f.（1876）Nom. illegit. ≡ Agauria（DC.）Benth. et Hook. f.（1876）［杜鹃花科（欧石南科）Ericaceae］●☆

1299　Agauria Benth. et Hook. f.（1876）Nom. illegit. ≡ Agauria（DC.）Benth. et Hook. f.（1876）［杜鹃花科（欧石南科）Ericaceae］●☆

1300　Agavaceae Dumort.（1829）［as 'Agavineae'］（保留科名）［亦见 Haemodoraceae R. Br.（保留科名）血草科（半授花科，给血草科，血皮草科）]【汉】龙舌兰科。【日】リュウゼツラン科。【俄】Агавовые。【英】Agave Family, Genturyplant Family。【包含】世界 12-28 属 223-670 种，中国 3 属 18 种。【分布】西印度群岛，热带和亚热带美洲。【科名模式】Agave L.（1753）■●

1301　Agavaceae Endl. ＝ Agavaceae Dumort.（保留科名）●■

1302　Agave L.（1753）【汉】龙舌兰属。【日】アガーベ属，リュウゼツラン属。【俄】Агава，Алое американское。【英】Agave, Century Plant, Centuryplant, Ixtle Fibre, Ixtli Fibre, Keratto, Maguey, Tampico Fibre, Tequila。【隶属】石蒜科 Amaryllidaceae//龙舌兰科 Agavaceae。【包含】世界 200-350 种，中国 2-4 种。【学名诠释与讨论】〈阴〉（希）agaue，贵人，有名望的人。Agauos，可敬的、高贵的。Agauos，极好的、高贵的。指龙舌兰（A. americana）的花排成极大花序，很美丽。另说指希腊神话中的女神。【分布】巴基斯坦，巴拿马，玻利维亚，厄瓜多尔，哥斯达黎加，尼加拉瓜，中国，美国（南部）至热带南美洲，中美洲。【后选模式】Agave americana Linnaeus。【参考异名】Allibertia Marion ex Baker；Allibertia Marion（1882）Nom. illegit.；Bonapartea Haw.（1812）Nom. illegit.；Delpinoa H. Ross（1898）；Leichtlinia H. Ross（1896）；Littaea Briga. ex Tagl.（1816）；Littaea Tagl.（1816）；Littlea Dumort.；Manfreda Salisb.（1866）；Runyonia Rose（1922）■

1303　Agdestidaceae Nakai（1942）［亦见 Phytolaccaceae R. Br.（保留科名）商陆科]【汉】萝卜藤科（毛商陆科）。【包含】世界 1 属 1 种。【分布】西印度群岛，北美洲和中美洲。【科名模式】Agdestis Sessé et Moc. ex DC.（1817）●☆

1304　Agdestis Moc. et Sessé ex DC.（1817）【汉】萝卜藤属（爱特史迪斯属，毛商陆属）。【隶属】萝卜藤科（毛商陆科）Agdestidaceae//商陆科 Phytolaccaceae。【包含】世界 1 种。【学名诠释与讨论】〈阴〉（拉）Agdestis，神话中一个雌雄同体的怪物，他是罗马主神卓夫（Jove）和岩石（Agde）的后代。这里指具两性花。此属的学名，ING、GCI、TROPICOS 和 IK 记载是"Agdestis Moc. et Sessé ex DC. , Syst. Nat.［Candolle］1：511（543）. 1817［1-15 Nov 1817］"。"Agdestis Sessé et Moc. ex DC.（1817）"的命名人引证有误。【分布】哥斯达黎加，墨西哥至巴西，尼加拉瓜，西印度群岛，中美洲。【模式】Agdestis clematidea Moçiño et Sessé ex A. P. de Candolle。【参考异名】Agdestis Moc. et Sessé ex DC.（1817）Nom. illegit. ●☆

1305　Agdestis Sessé et Moc. ex DC.（1817）Nom. illegit. ≡ Agdestis Moc. et Sessé ex DC.（1817）［萝卜藤科（毛商陆科）Agdestidaceae//商陆科 Phytolaccaceae］●☆

1306　Agelaea Lour. = Agelaea Sol. ex Planch.（1850）［牛栓藤科 Connaraceae］●

1307　Agelaea Sol. ex Planch.（1850）【汉】栗豆藤属（栗豆属）。【英】Agelaea。【隶属】牛栓藤科 Connaraceae。【包含】世界7-50种,中国1种。【学名诠释与讨论】〈阴〉（希）agelaios,群居的,成群的。此属的学名,ING、TROPICOS 和 IK 记载是"Agelaea Solander ex J. E. Planchon,Linnaea 23:437. Aug 1850"。【分布】马达加斯加,中国,东南亚,热带非洲。【后选模式】Agelaea villosa（A. P. de Candolle）Solander ex J. E. Planchon,Nom. illegit.［Cnestis trifolia Lamarck;Agelaea trifolia（Lamarck）Gilg］。【参考异名】Agelaea Lour.;Castanola Llanos（1859）;Hemiandrina Hook. f.（1860）;Troostwykia Miq.（1861）●

1308　Agelandra Engl. et Pax,Nom. illegit. = Angelandra Endl.（1850）Nom. illegit.;~ =Croton L.（1753）［大戟科 Euphorbiaceae//巴豆科 Crotonaceae］●

1309　Agelanthus Tiegh.（1895）【汉】群花寄生属。【隶属】桑寄生科 Loranthaceae。【包含】世界63种。【学名诠释与讨论】〈阴〉（希）agelaios,群居的,成群的 + anthos,花。此属的学名是"Agelanthus Van Tieghem,Bull. Soc. Bot. France 42:246. post 22 Mar 1895"。亦有文献把"Agelanthus Tiegh.（1895）"处理为"Tapinanthus（Blume）Rchb.（1841）（保留属名）"的异名。【分布】参见 Tapinanthus（Blume）Rchb.【模式】未指定。【参考异名】Acranthemum Tiegh.（1895）;Dentimetula Tiegh.（1895）;Schimperina Tiegh.（1895）;Tapinanthus（Blume）Rchb.（1841）（保留属名）●☆

1310　Agenium Nees et Pilg.（1938）,descr. emend. = Agenium Nees（1836）［禾本科 Poaceae（Gramineae）］■☆

1311　Agenium Nees（1836）【汉】童颜草属。【隶属】禾本科 Poaceae（Gramineae）。【包含】世界4种。【学名诠释与讨论】〈中〉（希）ageneios,无须的,年轻的 +-ius,-ia,-ium,在拉丁文和希腊文中,这些词尾表示性质或状态。此属的学名,ING、TROPICOS 和 IK 记载是"Agenium C. G. D. Nees in J. Lindley,Nat. Syst. ed. 2. 447. Jul（?）1836"。"Agenium Nees et Pilg. ,Repert. Spec. Nov. Regni Veg. 43:81,descr. emend. 1938"修订了属的描述。【分布】玻利维亚,南美洲。【模式】Agenium nutans C. G. D. Nees。【参考异名】Agenium Nees et Pilg.（1938）,descr. emend. ■☆

1312　Agenora D. Don（1829）Nom. illegit. ≡ Seriola L.（1763）;~ = Hypochaeris L.（1753）［菊科 Asteraceae（Compositae）］■

1313　Ageomoron Raf.（1840）= Caucalis L.（1753）［伞形花科（伞形科）Apiaceae（Umbelliferae）］■☆

1314　Ageratella A. Gray ex S. Watson（1887）Nom. illegit. ≡ Ageratella A. Gray（1887）［菊科 Asteraceae（Compositae）］■☆

1315　Ageratella A. Gray（1887）【汉】小藿香蓟属。【隶属】菊科 Asteraceae（Compositae）。【包含】世界1-2种。【学名诠释与讨论】〈阴〉（属）Ageratum 藿香蓟属（胜红蓟属）+-ellus,-ella,-ellum,加在名词词干后面形成指小式的词尾。或加在人名、属名等后面以组成新属的名称。此属的学名,ING 记载是"Ageratella A. Gray in S. Watson,Proc. Amer. Acad. Arts 22:419. 1887"。IK 和 TROPICOS 则记载为"Ageratella A. Gray ex S. Watson,Proc. Amer. Acad. Arts xxii.（1887）410"。【分布】墨西哥。【模式】Ageratella microphylla（C. H. Schultz-Bip.）A. Gray［Ageratum microphyllum C. H. Schultz-Bip.］。【参考异名】Ageratella A. Gray ex S. Watson（1887）Nom. illegit. ■☆

1316　Ageratina O. Hoffm.（1900）Nom. illegit. ≡ Ageratinastrum Mattf.（1932）［菊科 Asteraceae（Compositae）］●☆

1317　Ageratina Spach（1841）【汉】假藿香蓟属（破坏草属,紫茎泽兰属）。【英】Snakeroot,White Snakeroot。【隶属】菊科 Asteraceae（Compositae）。【包含】世界230-290种,中国1种。【学名诠释与讨论】〈阴〉（属）Ageratum 藿香蓟属+-inus,-ina,-inum 拉丁文加在名词词干之后,以形成形容词的词尾,含义为"属于、相似、关于、小的"。此属的学名,ING、APNI、GCI、TROPICOS 和 IK 记载是"Ageratina Spach,Hist. Nat. Vég.（Spach）10:286. 1841［20 Mar 1841］"。"Ageratina O. Hoffmann in Engler,Bot. Jahrb. Syst. 28:503. 13 Jul 1900 ≡ Ageratinastrum Mattf.（1932）［菊科 Asteraceae（Compositae）］"是晚出的非法名称。"Kyrstenia Necker ex E. L. Greene,Leafl. Bot. Observ. Crit. 1:8. 24 Nov 1903"是"Ageratina Spach（1841）"的晚出的同模式异名（Homotypic synonym,Nomenclatural synonym）。亦有文献把"Ageratina Spach（1841）"处理为"Eupatorium L.（1753）"的异名。【分布】巴拉圭,巴拿马,秘鲁,玻利维亚,厄瓜多尔,哥伦比亚（安蒂奥基亚）,马达加斯加,美国（密苏里）,尼加拉瓜,中国,西印度群岛,美洲。【后选模式】Ageratina aromatica（Linnaeus）Spach［Eupatorium aromaticum Linnaeus］。【参考异名】Eupatorium L.（1753）;Kyrstenia Neck. ex Greene（1903）Nom. illegit. ;Mallinoa J. M. Coult.（1895）●■

1318　Ageratinastrum Mattf.（1932）【汉】轮叶瘦片菊属（小破坏草属）。【隶属】菊科 Asteraceae（Compositae）。【包含】世界2-5种。【学名诠释与讨论】〈中〉（属）Ageratina 紫茎泽兰属（破坏草属,假藿香蓟属）+-astrum,指示小的词尾,也有"不完全相似"的含义。此属的学名"Ageratinastrum Mattf.（1932）"是一个替代名称。"Ageratina O. Hoffmann in Engler,Bot. Jahrb. Syst. 28:503. 13 Jul 1900"是一个非法名称（Nom. illegit.),因为此前已经有了"Ageratina Spach,Hist. Nat. Vég. Phan. 10:286. 20 Mar 1841 = Eupatorium L.（1753）［菊科 Asteraceae（Compositae）//泽兰科 Eupatoriaceae］"。故用"Ageratinastrum Mattf.（1932）"替代之。【分布】热带非洲。【模式】Ageratinastrum goetzeanum（O. Hoffmann）Mattfeld［Ageratina goetzeana O. Hoffmann］。【参考异名】Ageratina O. Hoffm.（1900）Nom. illegit. ●☆

1319　Ageratiopsis Sch. Bip. ex Benth. et Hook. f.（1873）Nom. nud. = Eupatorium L.（1753）［菊科 Asteraceae（Compositae）//泽兰科 Eupatoriaceae］■●

1320　Ageratium Adans. ex Steud.（1841）Nom. illegit. = Ageraton Adans.（1763）Nom. illegit. ;~ = Ageratum Mill.（1754）Nom. illegit. ;~ =Erinus L.（1753）［玄参科 Scrophulariaceae］■●

1321　Ageratium Rchb.（1828）Nom. illegit. = Aceratium DC.（1824）［杜英科 Elaeocarpaceae］●☆

1322　Ageratium Steud.（1841）Nom. illegit. ≡ Ageratium Adans. ex Steud.（1841）Nom. illegit. ;~ = Ageraton Adans.（1763）Nom. illegit. ;~ = Ageratum Mill.（1754）Nom. illegit. ;~ = Erinus L.（1753）［玄参科 Scrophulariaceae］■●

1323　Ageraton Adans.（1763）Nom. illegit. = Ageratum Mill.（1754）Nom. illegit. ;~ =Erinus L.（1753）［玄参科 Scrophulariaceae//婆婆纳科 Veronicaceae］■☆

1324　Ageratum L.（1753）【汉】藿香蓟属（胜红蓟属）。【日】カッコウアザミ属,クワクカウアザミ属。【俄】Агератум,Долгоцветка,Целестина。【英】Ageratum,Bastard Agrimony,Floss Flower,Flossflower。【隶属】菊科 Asteraceae（Compositae）。【包含】世界40-60种,中国2种。【学名诠释与讨论】〈中〉（希）a-不,无 + geratos,老年。指花不退色。此属的学名,ING、APNI、TROPICOS 和 GCI 记载是"Ageratum L. ,Sp. Pl. 2:839. 1753［1 May 1753］"。玄参科 Scrophulariaceae 的"Ageratum P. Miller,Gard. Dict. Abr. ed. 4. 28 Jan 1754 ≡ Erinus L.（1753）"和"Ageratum Tourn. ex Adans. ,Fam. Pl.（Adanson）2:210. 1763 ≡ Ageraton Adans.（1763）"是晚出的非法名称。"Carelia Fabricius,

Enum. 85. 1759"是"Ageratum L.（1753）"的晚出的同模式异名
（Homotypic synonym, Nomenclatural synonym）。"Carelia Ponted.
ex Fabr. (1759) ≡ Carelia Fabr. (1759) Nom. illegit."的命名人引
证有误。"Carelia Lessing, Syn. Comp. 156. Jul – Aug 1832"则是
"Radlkoferotoma O. Kuntze 1891［菊科 Asteraceae（Compositae）］"
的同模式异名。【分布】哥伦比亚（安蒂奥基亚），巴拉圭，巴拿
马，玻利维亚，厄瓜多尔，马达加斯加，美国（密苏里），尼加拉瓜，
中国，热带美洲，中美洲。【后选模式】Ageratum conyzoides
Linnaeus。【参考异名】Blakeanthus R. M. King et H. Rob. (1972)；
Caelestina Cass. (1817)；Carelia Adans. (1763) Nom. illegit.；
Carelia Fabr. (1759) Nom. illegit.；Carelia Moehring (1736) Nom.
inval.；Carelia Ponted. ex Fabr. (1759) Nom. illegit.；Celestina
Raf.；Coelestina Cass. (1817) Nom. illegit.；Coelestinia Endl.
(1837)；Decachaeta Gardner(1846)；Isocarpha Less. (1830) Nom.
illegit.；Melissopsis Sch. Bip. ex Baker(1876)；Paneroa E. E. Schill.
(2008)■●

1325　Ageratum Mill. (1754) Nom. illegit. ≡ Erinus L. (1753)［玄参科
Scrophulariaceae//婆婆纳科 Veronicaceae]■☆

1326　Ageratum Tourn. ex Adans. (1763) Nom. illegit. ≡ Ageraton
Adans. (1763) Nom. illegit. Nom. illegit. = Ageratum Mill. (1754)
Nom. illegit.；~ = Erinus L. (1753)［玄参科 Scrophulariaceae]■☆

1327　Agerella Fourr. (1869) = Veronica L. (1753)［玄参科
Scrophulariaceae//婆婆纳科 Veronicaceae]■

1328　Ageria Adans. (1763) = Ilex L. (1753) + Myrsine L. (1753)［紫
金牛科 Myrsinaceae]●

1329　Ageria Raf. (1838) Nom. illegit. ≡ Macoucoua Aubl. (1775)［冬
青科 Aquifoliaceae]●

1330　Aggeianthus Wight (1851) Nom. illegit. = Porpax Lindl. (1845)
［兰科 Orchidaceae]■

1331　Aggregatae Sch. Bip. = Dipsacaceae Juss. (保留科名)■●

1332　Agiabampoa Rose ex O. Hoffm. (1893) = Alvordia Brandegee
(1889)［菊科 Asteraceae（Compositae）]■☆

1333　Agialid Adans. (1763) (废弃属名) ≡ Balanites Delile(1813) (保
留属名)［蒺藜科 Zygophyllaceae//楝果科(翠蛋胚科,龟头树科,
卤水草科) Balanitaceae]●☆

1334　Agialida Adans. (1763) (废弃属名) = Balanites Delile (1813)
(保留属名)［蒺藜科 Zygophyllaceae//楝果科(翠蛋胚科,龟头树
科,卤水草科) Balanitaceae]●☆

1335　Agialida Kuntze (1891) Nom. illegit. (废弃属名) = Agialid Adans.
(1763) (废弃属名)；~ = Balanites Delile(1813) (保留属名)［蒺
藜科 Zygophyllaceae//楝果科(翠蛋胚科,龟头树科,卤水草科)
Balanitaceae]●☆

1336　Agialidaceae Tiegh. = Balanitaceae M. Roem. (保留科名)●☆

1337　Agialidaceae Wettst. (1911) = Balanitaceae M. Roem. (保留科
名)●☆

1338　Agianthus Greene (1906)【汉】加州芥属。【隶属】十字花科
Brassicaceae（Cruciferae）。【包含】世界 1 种。【学名诠释与讨
论】〈阳〉（希）hagios, 神圣的 + anthos, 花。此属的学名是
"Agianthus E. L. Greene, Leafl. Bot. Observ. Crit. 1：228. 8 Sep
1906"。亦有文献把其处理为"Streptanthus Nutt. (1825)"的异
名。【分布】美国（加利福尼亚）。【模式】Agianthus bernardinus
E. L. Greene。【参考异名】Streptanthus Nutt. (1825)■☆

1339　Agiella Tiegh. (1906) = Balanites Delile(1813) (保留属名)［蒺
藜科 Zygophyllaceae//楝果科(翠蛋胚科,龟头树科,卤水草科)
Balanitaceae]●☆

1340　Agihalid Juss. (1804) = Agialid Adans. (1763) (废弃属名)；~ =
Agialida Adans. (1763) (废弃属名)；~ = Balanites Delile (1813)

(保留属名)［蒺藜科 Zygophyllaceae//楝果科(翠蛋胚科,龟头树
科,卤水草科) Balanitaceae]●☆

1341　Agina Neck. (1790) Nom. inval. ≡ Agina Neck. ex Post et Kuntze
(1903)；~ = Bartonia Muhl. ex Willd. (1801) (保留属名)［龙胆
科 Gentianaceae]■☆

1342　Agina Neck. ex Post et Kuntze(1903) = Bartonia Muhl. ex Willd.
(1801) (保留属名)［龙胆科 Gentianaceae]■☆

1343　Agiortia Quinn(2005)【汉】澳大利亚芒石南属。【隶属】尖苞木
科 Epacridaceae//杜鹃花科(欧石南科) Ericaceae。【包含】世界 3
种。【学名诠释与讨论】〈阴〉词源不详。【分布】澳大利亚。【模
式】Agiortia cicatricata (J. M. Powell) Quinn。●☆

1344　Agirta Baill. (1858) = Tragia L. (1753)［大戟科 Euphorbiaceae]●

1345　Agistron Raf. (1840) = Uncinia Pers. (1807)［莎草科
Cyperaceae]■☆

1346　Aglae Dulac (1867) Nom. illegit. ≡ Caulinia Willd. (1801)；~ =
Posidonia K. D. König (1805) (保留属名)［眼子菜科
Potamogetonaceae//波喜荡草科(波喜荡科,海草科,海神草科)
Posidoniaceae]■

1347　Aglaea (Pers.) Eckl. (1827) Nom. illegit. ≡ Melasphaerula Ker
Gawl. (1803)［鸢尾科 Iridaceae]■☆

1348　Aglaea Post et Kuntze(1903) (1) Nom. illegit. = Aglaia F. Allam.
(1770) (废弃属名)；~ = Cyperus L. (1753)［莎草科 Cyperaceae]
■☆

1349　Aglaea Post et Kuntze (1903) (2) Nom. illegit. = Aglaia Lour.
(1790) (保留属名)［楝科 Meliaceae]●

1350　Aglaea Post et Kuntze(1903) (3) Nom. illegit. = Aglaia Noronha ex
Thouars (废弃属名)；~ = Hemistemma Juss. ex Thouars (1806) Nom.
illegit.；~ = Hibbertia Andréws(1800)［五桠果科(第伦桃科,五丫
果科,锡叶藤科) Dilleniaceae//纽扣花科 Hibbertiaceae]●☆

1351　Aglaea Steud. (1821) = Melasphaerula Ker Gawl. (1803)［鸢尾
科 Iridaceae]■☆

1352　Aglaeopsis Post et Kuntze(1903) = Aglaia Lour. (1790) (保留属
名)；~ = Aglaiopsis Miq. (1868)［楝科 Meliaceae]●☆

1353　Aglaia Dumort. (废弃属名) = Aegle Corrêa (1800) (保留属名)
［芸香科 Rutaceae]●

1354　Aglaia F. Allam. (1770) (废弃属名) = Cyperus L. (1753)［莎草
科 Cyperaceae]■

1355　Aglaia Lour. (1790) (保留属名)【汉】米仔兰属（树兰属）。
【日】モラン属。【俄】Аглайя, Аглая。【英】Aglaia, Maizailan。
【隶属】楝科 Meliaceae。【包含】世界 105-300 种,中国 7 种。【学
名诠释与讨论】〈阴〉（希）Aglaia, 古希腊女神名, 她是赐人美丽
和欢乐的三女神之一。此属的学名"Aglaia Lour., Fl. Cochinch.：
98,173. Sep 1790"是保留属名。相应的废弃属名是楝科
Meliaceae 的"Aglaia F. Allam. in Nova Acta Phys. – Med. Acad.
Caes. Leop. –Carol. Nat. Cur. 4；93. 1770 = Aglaia Lour. (1790) (保
留属名)"和"Nialel Adans., Fam. Pl. 2：446,582. Jul – Aug 1763 =
Aglaia Lour. (1790) (保留属名)"。芸香科 Rutaceae 的"Aglaia
Dumort. = Aegle Corrêa (1800) (保留属名)",五桠果科
Dilleniaceae 的"Aglaia Noronha ex Thouars = Hemistemma DC.
(1805) = Hibbertia Andréws (1800)"和莎草科 Cyperaceae 的
"Aglaia F. Allam., Nova Acta Phys. – Med. Acad. Caes. Leop. –
Carol. Nat. Cur. 4；93, 1770 = Cyperus L. (1753)"亦应废弃。【分
布】澳大利亚(热带),印度至马来西亚,中国,太平洋地区。【模
式】Aglaia odorata Loureiro。【参考异名】Aglaea Post et Kuntze
(1903) Nom. illegit.；Aglaeopsis Post et Kuntze(1903)；Aglaia F.
Allam. (1770) (废弃属名)；Aglaiopsis Miq. (1868)；Amerina
Noronha (1790)；Amoora Roxb. (1820)；Argophilum Blanco

(1837); Beddomea Hook. f. (1862); Camunium Roxb. (1814) Nom. illegit. (废弃属名); Euphora Griff. (1854); Hearnia F. Muell. (1865); Lepiaglaea Post et Kuntze (1903) Nom. illegit.; Lepiaglaia Pierre (1895); Lepidaglaia Dyer; Lepidaglaia Pierre (1896); Merostela Pierre (1895); Milnea Roxb. (1814) Nom. inval.; Milnea Roxb. (1824); Nemedra A. Juss. (1830); Nialel Adans. (1763) (废弃属名); Nimmoia Wight (1846) Nom. illegit.; Nimmonia Wight (1846) Nom. illegit.; Nyalel Augier; Nyalelia Dennst. (1818) Nom. inval.; Nyalelia Dennst. ex Kostel. (1836) Nom. illegit.; Oraoma Turcz. (1858); Pistaciovitex Kuntze (1903); Selbya M. Roem. (1846);Tsjuilang Rumph. ●

1356 Aglaia Noronha ex Thouars (废弃属名) = Hemistemma Juss. ex Thouars (1806) Nom. illegit.; ~ = Hibbertia Andréws (1800) [五桠果科(第伦桃科,五丫果科,锡叶藤科) Dilleniaceae//纽扣花科 Hibbertiaceae] ●☆

1357 Aglaiopsis Miq. (1868)【汉】类米仔兰属。【隶属】楝科 Meliaceae。【包含】世界 2 种。【学名诠释与讨论】〈阴〉(属) Aglaia 米仔兰属+希腊文 opsis,外观,模样,相似。此属的学名是 "Aglaiopsis Miquel, Ann. Mus. Bot. Lugd. – Bat. 4: 58. Sep – Dec 1868"。亦有文献把其处理为 "Aglaia Lour. (1790) (保留属名)" 的异名。【分布】马来半岛。【模式】Aglaiopsis glaucescens Miquel。【参考异名】Aglaeopsis Post et Kuntze (1903); Aglaia Lour. (1790) (保留属名) ●☆

1358 Aglaja Endl. = Aglaia Noronha ex Thouars (废弃属名); ~ = Hibbertia Andréws(1800) [五桠果科(第伦桃科,五丫果科,锡叶藤科) Dilleniaceae//纽扣花科 Hibbertiaceae] ●☆

1359 Aglaodendron J. Rémy (1849) = Plazia Ruiz et Pav. (1794) [菊科 Asteraceae(Compositae)] ●☆

1360 Aglaodendrum Post et Kuntze (1903) = Aglaodendron J. Rémy (1849); ~ = Plazia Ruiz et Pav. (1794) [菊科 Asteraceae (Compositae)] ●☆

1361 Aglaodorum Schott(1858)【汉】亮袋南星属。【隶属】天南星科 Araceae。【包含】世界 1 种。【学名诠释与讨论】〈中〉(希) aglaos,光亮,华美的,壮丽的,光明的+doros,革制的袋,囊。【分布】加里曼丹岛,马来半岛,印度尼西亚(苏门答腊岛)。【模式】Aglaodorum griffithii (Schott) Schott [Aglaonema griffithii Schott] ■☆

1362 Aglaonema Schott(1829)【汉】亮丝草属(粗筋草属,粗肋草属,广东万年青属,粤万年青属)。【日】アグラオネマ属,リョクチク属。【俄】Аглаонема。【英】Aglaonema,China Evergreen,Chinagreen,Chinese Evergreen,Poisondart,Silver Queen。【隶属】天南星科 Araceae。【包含】世界21-50 种,中国 3 种。【学名诠释与讨论】〈中〉(希) aglaos,光亮的,华美的,壮丽的,光明的+nema,所有格 nematos,丝,花丝。指雌蕊细长而光亮。【分布】印度至马来西亚,中国。【模式】Aglaonema oblongifolium H. W. Schott, Nom. illegit. [Arum integrifolium Link, Aglaonema integrifolium (Link) Schott] ■

1363 Aglitheis Raf. (1837) = Allium L. (1753) [百合科 Liliaceae//葱科 Alliaceae] ■

1364 Aglossorhyncha Schltr. (1905) Nom. illegit. = Aglossorrhyncha Schltr. (1905) [兰科 Orchidaceae] ■☆

1365 Aglossorrhyncha Schltr. (1905)【汉】无舌喙兰属。【隶属】兰科 Orchidaceae。【包含】世界 6 种。【学名诠释与讨论】〈阴〉(希) a-,无,不 + glossa,舌 + rhynchos,喙,嘴。此属的学名,ING、TROPICOS 和 IK 记载是 "Aglossorrhyncha Schltr., K. Schum. et Lauterb. Nachtr. Fl. Deutsch. Sudee (1905) 133"。"Aglossorhyncha Schltr. (1905)" 是其拼写变体。【分布】马来西亚(东部),帕劳

群岛,所罗门群岛。【模式】Aglossorhyncha aurea Schlechter。【参考异名】Aglossorrhyncha Schltr. (1905) Nom. illegit. ■☆

1366 Aglotoma Raf. (1837) = Aster L. (1753) [菊科 Asteraceae (Compositae)] ●■

1367 Aglycia Steud. (1840) Nom. illegit. ≡ Aglycia Willd. ex Steud. (1840); ~ = Eriochloa Kunth (1816) [禾本科 Poaceae (Gramineae)] ■

1368 Aglycia Willd. ex Steud. (1840) = Eriochloa Kunth(1816) [禾本科 Poaceae(Gramineae)] ■

1369 Agnesia Zuloaga et Judz. (1993)【汉】亚马孙禾属。【隶属】禾本科 Poaceae(Gramineae)。【包含】世界 1 种。【学名诠释与讨论】〈阴〉(人) Agnes。【分布】亚马孙河流域。【模式】Agnesia lancifolia (C. Mez) F. O. Zuloaga and E. J. Judziewicz [Olyra lancifolia C. Mez] ■☆

1370 Agniriictus Schwantes (1930) = Stomatium Schwantes (1926) [番杏科 Aizoaceae] ■☆

1371 Agnistus G. Don (1839) = Acnistus Schott ex Endl. (1831) [茄科 Solanaceae] ●☆

1372 Agnorhiza(Jeps.) W. A. Weber(1999)【汉】洁根菊属。【隶属】菊科 Asteraceae(Compositae)。【包含】世界 5 种。【学名诠释与讨论】〈阴〉(希)agnos,清洁的+rhiza,或 rhizoma,根,根茎。此属的学名,IK 记载是 "Agnorhiza (Jeps.) W. A. Weber, Phytologia 85 (1): 19. 1999 [1998 publ. 1999]",由 "Balsamorhiza sect. Agnorhiza Jeps. (1925)" 改级而来。"Agnorhiza W. A. Weber (1999)" 的命名人引证有误。"Agnorhiza (Jeps.) W. A. Weber (1999)" 曾被处理为 "Wyethia sect. Agnorhiza (Jeps.) W. A. Weber, American Midland Naturalist 35: 416. 1946"。亦有文献把 "Agnorhiza (Jeps.) W. A. Weber (1999)" 处理为 "Balsamorhiza Hook. ex Nutt. (1840)" 的异名。【分布】参见 Balsamorhiza Hook. ex Nutt. (1840)。【模式】未指定。【参考异名】Agnorhiza W. A. Weber (1999) Nom. illegit.; Balsamorhiza sect. Agnorhiza Jeps. (1925); Wyethia Nutt. (1834); Wyethia sect. Agnorhiza (Jeps.) W. A. Weber(1946) ■☆

1373 Agnorhiza W. A. Weber(1999) Nom. illegit. ≡ Agnorhiza (Jeps.) W. A. Weber(1999) [菊科 Asteraceae(Compositae)] ■■☆

1374 Agnostus A. Cunn. (1832) = Stenocarpus R. Br. (1810) (保留属名) [山龙眼科 Proteaceae] ●☆

1375 Agnostus G. Don ex Loudon (1832) Nom. illegit. = Agnostus A. Cunn. (1832); ~ =Stenocarpus R. Br. (1810) (保留属名) [山龙眼科 Proteaceae] ●☆

1376 Agnus-castus Carrière(1870-1871) = Vitex L. (1753) [马鞭草科 Verbenaceae//唇形科 Lamiaceae (Labiatae)//牡荆科 Viticaceae] ●

1377 Agonandra Miers ex Benth. (1862) Nom. illegit. ≡ Agonandra Miers ex Benth. et Hook. f. (1862) [山柚子科(山柑科,山柚仔科)Opiliaceae//铁青树科 Olacaceae] ●☆

1378 Agonandra Miers ex Benth. et Hook. f. (1862)【汉】聚雄柚属(聚雄花属,西柚属)。【隶属】山柚子科(山柑科,山柚仔科)Opiliaceae//铁青树科 Olacaceae。【包含】世界 10 种。【学名诠释与讨论】〈阴〉(希)agon,集结+aner,所有格 andros,雄性,雄蕊。指多雄蕊。此属的学名,ING 和 TROPICOS 记载是 "Agonandra Miers ex Bentham et J. D. Hooker, Gen. 1: 344, 349. 7 Aug 1862",但是未给出基源异名。GCI 记载如左,亦未给出基源异名。IK 则记载为 "Agonandra Miers ex Benth., Gen. Pl. [Bentham et Hooker f.]1(1): 349. 1862 [7 Aug 1862]"。四者引用的文献相同。基源异名应该是 IK 记载的 "Agonandra Miers, Ann. Mag. Nat. Hist. ser. 2, 8(45): 172, nomen. 1851 [Sep 1851]"。"Agonandra Miers ex Hook. f. (1862)"的命名人引证有误。"Agonandra Miers, Ann. Mag. Nat. Hist., ser. 2 8：172, 1851"是一个裸名（Nom. nud.）。【分布】巴拿马, 秘鲁, 玻利维亚, 厄瓜多尔, 哥斯达黎加, 尼加拉瓜, 墨西哥至热带南美洲, 中美洲。【模式】Agonandra brasiliensis Bentham et J. D. Hooker。【参考异名】Agonandra Miers ex Benth. (1862) Nom. illegit.；Agonandra Miers ex Hook. f. (1862) Nom. illegit.；Agonandra Miers(1851) Nom. inval., Nom. nud.；Izabalaea Lundell(1971)●☆

1379 Agonandra Miers ex Hook. f. (1862) Nom. illegit. ≡ Agonandra Miers ex Benth. et Hook. f. (1862) ［山柚子科（山柑科, 山柚仔科）Opiliaceae//铁青树科 Olacaceae］●☆

1380 Agonandra Miers (1851) Nom. inval., Nom. nud. ≡ Agonandra Miers ex Benth. et Hook. f. (1862) ［山柚子科（山柑科, 山柚仔科）Opiliaceae//铁青树科 Olacaceae］●☆

1381 Agoneissos Zoll. ex Nied. = Tristellateia Thouars(1806) ［金虎尾科（黄褥花科）Malpighiaceae］●

1382 Agonis(DC.)Sweet(1830)(保留属名)【汉】圆冠木属（柳香桃属）。【日】アゴニス属。【英】Willow Myrtle。【隶属】桃金娘科 Myrtaceae。【包含】世界 12-15 种。【学名诠释与讨论】〈阴〉（希）agon, 集结。指种子多。此属的学名是保留属名, ING、APNI、IK 和 GCI 记载是"Agonis (A. P. de Candolle) Sweet, Hort. Brit. ed. 2. 209. Oct–Dec 1830", 由"Leptospermum sect. Agonis DC. Prodromus 3 1828"改级而来。法规未列出相应的废弃属名。但是桃金娘科 Myrtaceae 的晚出的非法名称"Agonis Lindl., Sketch Veg. Swan R. 10(1839)= Agonis (DC.)Sweet(1830)(保留属名)"应该废弃。"Billotia R. Brown ex G. Don, Gen. Hist. 2：810,827. Oct 1832(non Billottia Colla 1824)"是"Agonis (DC.) Sweet(1830)(保留属名)"的晚出的同模式异名（Homotypic synonym, Nomenclatural synonym）。【分布】澳大利亚。【模式】Agonis flexuosa (Willdenow) Sweet ［Metrosideros flexuosa Willdenow]。【参考异名】Agonis Lindl. (1839) Nom. illegit. (废弃属名)；Billotia Rchb. (1841) Nom. illegit.；Billotia G. Don (1832) Nom. illegit.；Billotia R. Br. ex G. Don(1832)Nom. illegit.；Billottia R. Br. (1832) Nom. illegit.；Leptospermum sect. Agonis DC. (1828)；Paragonis J. R. Wheeler et N. G. Marchant (2007)；Taxandria (Benth.) J. R. Wheeler et N. G. Marchant(2007)●☆

1383 Agonis Lindl. (1839) Nom. illegit. (废弃属名)= Agonis (DC.) Sweet(1830)(保留属名) ［桃金娘科 Myrtaceae］●☆

1384 Agonizanthos F. Muell. (1883) Nom. illegit. =Anigozanthos Labill. (1800) ［血草科（半授花科, 给血草科, 血皮草科）Haemodoraceae］■☆

1385 Agonolobus(C. A. Mey.) Rchb. (1841) = Cheiranthus L. (1753) ［十字花科 Brassicaceae(Cruciferae)］●■

1386 Agonolobus Rchb. (1841) Nom. illegit. ≡ Agonolobus (C. A. Mey.) Rchb. (1841)；~ = Cheiranthus L. (1753) ［十字花科 Brassicaceae(Cruciferae)］●■

1387 Agonomyrtus Schauer ex Rchb. (1837) = ? Leptospermum J. R. Forst. et G. Forst. (1775)(保留属名) ［桃金娘科 Myrtaceae//薄子木科 Leptospermaceae］●☆

1388 Agonon Raf. (1838) = ? Ilex L. (1753) ［冬青科 Aquifoliaceae］●

1389 Agorrhinum Fourr. (1869) = Antirrhinum L. (1753) ［玄参科 Scrophulariaceae//金鱼草科 Antirrhinaceae//婆婆纳科 Veronicaceae］●■

1390 Agoseris Raf. (1817)【汉】高莛苣属（高葶苣属, 山羊菊属）。【英】Agoseris, False Dandelion, Mountain Dandelion。【隶属】菊科 Asteraceae(Compositae)。【包含】世界 10-17 种。【学名诠释与讨论】〈阴〉（希）agos, 秆, 首长+seris, 菊苣。此属的学名, ING 和

IK 记载是"Agoseris Raf., Fl. Ludov. 58. 1817［Oct–Dec 1817]"。【分布】北美洲西部, 温带南美洲。【后选模式】Agoseris glauca (Pursh) Rafinesque。【参考异名】Troximon Nutt. (1841) Nom. illegit. ■☆

1391 Agostana Bute ex Gray (1821) = Agrostana Hill (1763) = Bupleurum L. (1753) ［伞形花科（伞形科）Apiaceae (Umbelliferae)］●■

1392 Agouticarpa C. H. Perss. (2003)【汉】刺鼠茜属。【隶属】茜草科 Rubiaceae。【包含】世界 7 种。【学名诠释与讨论】〈阴〉（希）agouti, 刺鼠+karpos, 果实。此属的学名是"Agouticarpa C. Persson, Brittonia 55：180. 30 Jun 2003"。亦有文献把其处理为"Genipa L. (1754)"的异名。【分布】玻利维亚, 哥伦比亚, 中美洲。【模式】Agouticarpa williamsii (P. C. Standley) C. Persson ［Genipa williamsii P. C. Standley]。【参考异名】Genipa L. (1754)●☆

1393 Agraphis Link (1829) = Endymion Dumort. (1827) ［风信子科 Hyacinthaceae］■☆

1394 Agraulus P. Beauv. (1812)= Agrostis L. (1753)(保留属名) ［禾本科 Poaceae(Gramineae)//剪股颖科 Agrostidaceae］■

1395 Agrestis Bubani (1901) Nom. illegit. ≡ Agrostis L. (1753)(保留属名) ［禾本科 Poaceae(Gramineae)//剪股颖科 Agrostidaceae］■

1396 Agrestis Raf. = Agrostis L. (1753)(保留属名) ［禾本科 Poaceae (Gramineae)//剪股颖科 Agrostidaceae］■

1397 Agretta Eckl. (1827) = Tritonia Ker Gawl. (1802) ［鸢尾科 Iridaceae］■

1398 Agrianthus Mart. (1836) Nom. illegit. ≡ Agrianthus Mart. ex DC. (1836) ［菊科 Asteraceae(Compositae)］●☆

1399 Agrianthus Mart. ex DC. (1836)【汉】田花菊属。【隶属】菊科 Asteraceae(Compositae)。【包含】世界 6-8 种。【学名诠释与讨论】〈阳〉（希）agros = 拉丁文 ager, 所有格 agri, 田地, 田野+anthos, 花。此属的学名, ING、TROPICOS 和 IK 记载是"Agrianthus C. F. P. Martius ex A. P. de Candolle, Prodr. 5：125. Oct (prim.)1836"。"Agrianthus Mart." (1836)的命名人引证有误。【分布】巴西, 玻利维亚。【后选模式】Agrianthus empetrifolius Mart.。【参考异名】Agrianthus Mart. (1836) Nom. illegit. ●☆

1400 Agricolaea Schrank (1808)= Clerodendrum L. (1753) ［马鞭草科 Verbenaceae//牡荆科 Viticaceae］●■

1401 Agrifolium Hill (1757) Nom. illegit. = Aquifolium Mill. (1754) Nom. illegit.；~ ≡ Ilex L. (1753) ［冬青科 Aquifoliaceae］●

1402 Agrimonia L. (1753)【汉】龙牙草属（包大宁属, 龙芽草属, 三瓣蔷薇属）。【日】キンミズヒキ属, キンミヅヒキ属。【俄】Агримониа, Приворот, Репейник, Репейничек, Репяшок。【英】Agrimonia, Agrimony, Cocklebur。【隶属】蔷薇科 Rosaceae//龙牙草科 Agrimoniaceae。【包含】世界 10-20 种, 中国 4-7 种。【学名诠释与讨论】〈阴〉（希）由蓟罂粟属 Argemone 改缀而来。此属的学名, ING、APNI、GCI、TROPICOS 和 IK 记载是"Agrimonia L., Sp. Pl. 1：448. 1753 [1 May 1753]"。"Eupatorium Bubani, Fl. Pyrenaea 2：268. 1899 (sero)(?)-1900(non Linnaeus 1753)"是"Agrimonia L. (1753)"的晚出的同模式异名（Homotypic synonym, Nomenclatural synonym）。【分布】美国, 中国, 北温带, 中美洲。【后选模式】Agrimonia eupatoria Linnaeus。【参考异名】Eupatorium Bubani(1899)Nom. illegit.；Sestinia Raf., Nom. illegit. ■

1403 Agrimoniaceae Gray(1822) ［亦见 Rosaceae Juss. (1789)(保留科名)蔷薇科]【汉】龙牙草科。【包含】世界 1 属 4-20 种, 中国 1 属 4-7 种。【分布】北温带。【科名模式】Agrimonia L. (1753)●

1404 Agrimonioides Wolf (1776) = Aremonia Neck. ex Nestl. (1816)(保留属名) ［蔷薇科 Rosaceae］■☆

1405　Agrimonoides Mill.（1754）（废弃属名）≡ Aremonia Neck. ex Nestl.（1816）（保留属名）［蔷薇科 Rosaceae］■☆

1406　Agriodaphne Nees ex Meisn. = Ocotea Aubl.（1775）［樟科 Lauraceae］●☆

1407　Agriodendron Endl.（1836）= Aloe L.（1753）［百合科 Liliaceae//阿福花科 Asphodelaceae//芦荟科 Aloaceae］●■

1408　Agriophyllum M. Bieb.（1819）【汉】沙蓬属。【日】サバクソウ属。【俄】Кумалчик，Кумарчик。【英】Agriophyllum。【隶属】藜科 Chenopodiaceae。【包含】世界6种，中国3种。【学名诠释与讨论】〈中〉（希）agrios，凶猛的，野生的+phyllon，叶子。指叶有利刺。此属的学名，ING 和 IK 记载是“Agriophyllum M. Bieb. , Fl. Taur. –Caucas. 3：6.［Dec 1819 or early 1820］”。“Agriophyllum Post et Kuntze（1903）= Agriphyllum Juss.（1789）Nom. illegit. = Crocodilodes Adans.（1763）（废弃属名）≡ Berkheya Ehrh.（1784）（保留属名）［菊科 Asteraceae（Compositae）］”是晚出的非法名称。【分布】中国，亚洲中部。【模式】Agriophyllum arenarium Marschall von Bieberstein。■

1409　Agriophyllum Post et Kuntze（1903）Nom. illegit. = Agriphyllum Juss.（1789）Nom. illegit. ; ~ Crocodilodes Adans.（1763）（废弃属名）; ~ ≡ Berkheya Ehrh.（1784）（保留属名）［菊科 Asteraceae（Compositae）］●■☆

1410　Agriphyllum Juss.（1789）Nom. illegit. ≡ Crocodilodes Adans.（1763）（废弃属名）; ~ ≡ Berkheya Ehrh.（1784）（保留属名）［菊科 Asteraceae（Compositae）］●■☆

1411　Agrocharis Hochst.（1844）【汉】雅芹属。【隶属】伞形花科（伞形科）Apiaceae（Umbelliferae）。【包含】世界4种。【学名诠释与讨论】〈阴〉（希）agros = 拉丁文 ager，所有格 agri，田地，田野+charis，喜悦，雅致，美丽，流行。此属的学名是“Agrocharis Hochstetter, Flora 27：19. 14 Jan 1844”。亦有文献把其处理为“Caucalis L.（1753）”的异名。【分布】非洲。【模式】Agrocharis melanantha Hochstetter。【参考异名】Caucaliopsis H. Wolff（1921）;Caucalis L.（1753）;Gynophyge Gilli（1973）■☆

1412　Agrophyllum Neck.（1790）Nom. inval. = Zygophyllum L.（1753）［蒺藜科 Zygophyllaceae］●■

1413　Agropyron Gaertn.（1770）【汉】冰草属（鹅观草属，剪棒草属）。【日】カモジグサ属。【俄】Житняк，Пырей，Пырей западный。【英】Couch – grass, Wheatgrass, Wheat – grass。【隶属】禾本科 Poaceae（Gramineae）。【包含】世界16种，中国11-13种。【学名诠释与讨论】〈中〉（希）agros，田地，田野+pyros，小麦。指某些种为麦田杂草。此属的学名，ING，APNI，GCI，TROPICOS 和 IK 记载是“Agropyron Gaertn. , Novi Comment. Acad. Sci. Imp. Petrop. 14（1）：539. 1770”。Zeia Lunell, Amer. Midl. Naturalist 4：226. 20 Sep 1915”是“Agropyron Gaertn.（1770）”的晚出的同模式异名（Homotypic synonym, Nomenclatural synonym）。亦有文献把“Agropyron Gaertn.（1770）”处理为“Elymus L.（1753）”的异名。【分布】玻利维亚，美国（密苏里），中国，温带，中美洲。【后选模式】Agropyron cristatum（Linnaeus）J. Gaertner［Bromus cristatus Linnaeus］。【参考异名】Agropyrum Roem. et Schult.（1817）; Anisopyrum（Griseb.）Gren. et Duval（1859）;Anisopyrum Gren. et Duval（1859）Nom. illegit. ; Anthosachne Steud.（1854）; Australopyrum（Tzvelev）Á. Löve（1984）;Australopyrum Á. Löve（1984）Nom. illegit. ;Braconotia Godr.（1844）Nom. illegit. ;Costaea Post et Kuntze（1903）Nom. illegit. ; Costia Willk.（1858）Nom. illegit. ;Cremopyrum Schur（1866）Nom. illegit. ;Crithopyrum Hort. Prag. ex Steud.（1854）;Cynopoa Ehrh.（1780）;Douglasdeweya C. Yen;Elymus L.（1753）;Frumentum Krause（1898）Nom. illegit. ; Goulardia Husnot（1899）; J. L. Yang et B. R. Baum（2005）;

Kratzmannia Opiz（1836）;Secalidium Schur（1853）Nom. inval. ; Semeiostachys Drobow（1941）;Zeia Lunell（1915）Nom. illegit. ■

1414　Agropyropsis（Batt. et Trab.）A. Camus（1935）【汉】类冰草属（拟冰草属）。【隶属】禾本科 Poaceae（Gramineae）。【包含】世界1种。【学名诠释与讨论】〈阴〉（属）Agropyron 冰草属+希腊文 opsis，外观，模样，相似。此属的学名，ING 和 TROPICOS 记载是“Agropyropsis（Battandier et Trabut）A. Camus, Bull. Soc. Bot. France 82：11. 1 Mai 1935”，由“Catapodium sect. Agropyropsis Battandier et Trabut, Fl. Algérie［2］：233. Jul.（?）1895”改级而来。IK 则记载为“Agropyropsis A. Camus, Bull. Soc. Bot. France 82：11. 1935”。三者引用的文献相同。【分布】非洲北部，佛得角。【模式】Agropyropsis lolium（Balansa ex Cosson et Durieu）A. Camus［Festuca lolium Balansa ex Cosson et Durieu］。【参考异名】Agropyropsis A. Camus（1935）Nom. illegit. ; Catapodium sect. Agropyropsis Batt. et Trab.（1895）■☆

1415　Agropyropsis A. Camus（1935）Nom. illegit. ≡ Agropyropsis（Batt. et Trab.）A. Camus（1935）［禾本科 Poaceae（Gramineae）］■☆

1416　Agropyrum Roem. et Schult.（1817）= Agropyron Gaertn.（1770）［禾本科 Poaceae（Gramineae）］■

1417　Agrosinapis Fourr.（1868）= Brassica L.（1753）［十字花科 Brassicaceae（Cruciferae）］■●

1418　Agrostana Hill（1763）= Bupleurum L.（1753）［伞形花科（伞形科）Apiaceae（Umbelliferae）］●■

1419　Agrostema L.（1754）= Agrostemma L.（1753）［石竹科 Caryophyllaceae］■

1420　Agrostemma L.（1753）【汉】麦仙翁属（麦毒草属）。【日】ムギセンノウ属，ムギナデシコ属。【俄】Агростемма，Горицвет，Куколь。【英】Agrostemma, Cockle, Corn Cockle, Corncockle。【隶属】石竹科 Caryophyllaceae。【包含】世界2-3种，中国1种。【学名诠释与讨论】〈中〉（希）agros = 拉丁文 ager，所有格 agri，田地，田野+stemma，所有格 stemmatos，花冠，花环，王冠。指花冠大。“Githago Adanson, Fam. 2：255. Jul–Aug 1763”是“Agrostemma L.（1753）”的晚出的同模式异名（Homotypic synonym, Nomenclatural synonym）。【分布】巴基斯坦，中国，欧亚大陆。【后选模式】Agrostemma githago Linnaeus。【参考异名】Agrostema L.（1754）; Githago Adans.（1763）Nom. illegit. ■

1421　Agrosticula Raddi（1823）= Sporobolus R. Br.（1810）［禾本科 Poaceae（Gramineae）//鼠尾粟科 Sporobolaceae］■●

1422　Agrostidaceae（Kunth）Herter = Gramineae Juss.（保留科名）//Poaceae Barnhart（保留科名）■●

1423　Agrostidaceae Bercht. et J. Presl（1820）= Gramineae Juss.（保留科名）//Poaceae Barnhart（保留科名）■●

1424　Agrostidaceae Burnett = Gramineae Juss.（保留科名）//Poaceae Barnhart（保留科名）■●

1425　Agrostidaceae Herter［亦见 Gramineae Juss.（保留科名）//Poaceae Barnhart（保留科名）禾本科］【汉】剪股颖科。【包含】世界2属158-278种，中国1属25-44种。【分布】广泛分布。【科名模式】Agrostis L.（1753）（保留属名）■

1426　Agrostidaceae Link（1827）Nom. inval. = Agrostidaceae Herter ■

1427　Agrostis Adans.（1763）（废弃属名）= Imperata Cyrillo（1792）［禾本科 Poaceae（Gramineae）］■

1428　Agrostis L.（1753）（保留属名）【汉】剪股颖属（小糠草属）。【日】コヌカグサ属，ヌカボ属。【俄】Агростис，Полевица，Пятиостник。【英】Bent, Bent Grass, Bentgrass, Bent–grass。【隶属】禾本科 Poaceae（Gramineae）//剪股颖科 Agrostidaceae。【包含】世界150-220种，中国25-44种。【学名诠释与讨论】〈阴〉（希）agrostis，禾草。来自 agros = 拉丁文 ager，所有格 agri，田地，

田野。此属的学名"Agrostis L. , Sp. Pl. ;61. 1 Mai 1753"是保留属名。法规未列出相应的废弃属名。"Agrestis Bubani, Fl. Pyrenaea 4:281. 1901 (sero?)"和"Vilfa Adanson, Fam. 2:495, 618. Jul–Aug 1763"是"Agrostis L. (1753)(保留属名)"的晚出的同模式异名(Homotypic synonym, Nomenclatural synonym)。【分布】巴基斯坦,巴拿马,秘鲁,玻利维亚,厄瓜多尔,哥伦比亚(安蒂奥基亚),哥斯达黎加,马达加斯加,美国(密苏里),中国,中美洲。【模式】Agrostis canina Linnaeus。【参考异名】Agraulus P. Beauv. (1812);Agrestis Bubani(1901)Nom. illegit. ;Agrestis Raf. ;Agroulus P. Beauv. ;Anomalotis Steud. (1854);Avena Haller ex Scop. (1777) Nom. illegit. ;Avena Scop. (1777) Nom. illegit. ;Bromidium Nees et Meyen(1843);Candollea Steud. (1840) Nom. illegit. ;Decandolia Bastard (1809) Nom. illegit. ;Didymochaeta Steud. (1854);Heptaseta Koidz. (1933);Heptoseta Koidz. ;Lachnagrostis Trin. (1820);Linkagrostis Romero García, Blanca et C. Morales(1987);Neoschischkinia Tzvelev(1968);Notonema Raf. (1825);Pentatherum Nábelek (1929);Penttatherum Nábelek (1929);Podagrostis (Griseb.) Scribn. et Merr. (1910) Nom. illegit. ;Podagrostis Scribn. et Merr. (1910) Nom. illegit. ;Senisetum Honda (1932);Trichodium Michx. (1803);Vilfa Adans. (1763) Nom. illegit. ■

1429　Agrostistachys Dalzell(1850)【汉】剪股颖戟属(田穗戟属,异萼大戟属)。【隶属】大戟科 Euphorbiaceae。【包含】世界 8-9 种。【学名诠释与讨论】〈阴〉(属)Agrostis 剪股颖属(小糠草属)+stachys,穗,谷,长钉。【分布】老挝,印度和斯里兰卡至马来西亚(西部)。【模式】Agrostistachys indica Dalzell。【参考异名】Heterocalyx Gagnep. (1950);Sarcoclinium WightWight(1852)■☆

1430　Agrostocrinum F. Muell. (1860)【汉】澳大利亚山营兰属。【隶属】山营科 Dianellaceae//萱草科 Hemerocallidaceae。【包含】世界 1 种。【学名诠释与讨论】〈中〉(属)Agrostis 剪股颖属 + Crinum 文殊兰属。【分布】澳大利亚(西南部)。【模式】Agrostocrinum stypandroides F. v. Mueller。■☆

1431　Agrostomia Cerv. (1870) = Chloris Sw. (1788); ~ = Panicum L. (1753)[禾本科 Poaceae(Gramineae)]■

1432　Agrostophyllum Blume(1825)【汉】禾叶兰属。【日】アグロストフィルム属,ヌカボラン属。【英】Agrostophyllum, Grassleaf Orchis。【隶属】兰科 Orchidaceae。【包含】世界 85-100 种,中国 2 种。【学名诠释与讨论】〈中〉(属)Agrostis 剪股颖属+希腊文 phyllon,叶子。指叶似剪股颖。【分布】马达加斯加,塞舌尔至马来西亚,中国。【模式】Agrostophyllum javanicum Blume。【参考异名】Chitonochilus Schltr. (1905);Diploconchium Schauer(1843)■

1433　Agrostopoa Davidse,Soreng et P. M. Peterson(2009)【汉】南美禾属。【隶属】禾本科 Poaceae(Gramineae)。【包含】世界 3 种。【学名诠释与讨论】〈阴〉(希)agrostis,禾草。来自 agros =拉丁文 ager,所有格 agri,田地,田野+(属)Poa 早熟禾属。【分布】南美洲。【模式】Agrostopoa wallisii (Mez) P. M. Peterson, Davidse et Soreng [Muhlenbergia wallisii Mez]。☆

1434　Agroulus P. Beauv. = Agrostis L. (1753)(保留属名)[禾本科 Poaceae(Gramineae)//剪股颖科 Agrostidaceae]■

1435　Aguava Raf. (1838) = Myrcia DC. ex Guill. (1827)[桃金娘科 Myrtaceae]●☆

1436　Aguiaria Ducke(1935)【汉】巴西木棉属。【隶属】木棉科 Bombacaceae//锦葵科 Malvaceae。【包含】世界 1 种。【学名诠释与讨论】〈阴〉(人)Aguiar。【分布】巴西。【模式】Aguiaria excelsa Ducke。●☆

1437　Agylla Phil. (1865) = Cladium P. Browne (1756)[莎草科 Cyperaceae]■

1438　Agylophora Neck. (1790)Nom. inval. ≡ Agylophora Neck. ex Raf. (1820); ~ ≡ Ourouparia Aubl. (1775)(废弃属名); ~ ≡ Uncaria Schreb. (1789)(保留属名)[茜草科 Rubiaceae]●

1439　Agylophora Neck. ex Raf. (1820)Nom. illegit. ≡ Ourouparia Aubl. (1775)(废弃属名); ~ ≡ Uncaria Schreb. (1789)(保留属名)[茜草科 Rubiaceae]●

1440　Agynaia Hassk. (1842) = Agyneia L. (1771)(废弃属名); ~ = Glochidion J. R. Forst. et G. Forst. (1776)(保留属名)[大戟科 Euphorbiaceae]●

1441　Agyneia L. (1771)(废弃属名) = Glochidion J. R. Forst. et G. Forst. (1776)(保留属名)[大戟科 Euphorbiaceae]●

1442　Agyneja Vent. , Nom. illegit. = Sauropus Blume (1826); ~ = Synostemon F. Muell. (1858)[大戟科 Euphorbiaceae]●■

1443　Ahernia Merr. (1909)【汉】菲柞属。【英】Ahernia。【隶属】刺篱木科(大风子科)Flacourtiaceae。【包含】世界 1 种,中国 1 种。【学名诠释与讨论】〈阴〉(人)George Patrick Ahern, 1859–1942,美国植物学者。一说来自拉丁文 a-,无,不+hernla,疝气,突出。此属的学名,ING 和 IK 记载为"Ahernia Merrill,Philipp. J. Sci. , C 4:295. 26 Aug 1909"。【分布】菲律宾,中国(海南岛)。【模式】Ahernia glandulosa Merrill。●

1444　Ahouai Mill. (1754)(废弃属名)≡Thevetia L. (1758)(保留属名)[夹竹桃科 Apocynaceae]●

1445　Ahouai Tourn. ex Adans. (1763)Nom. illegit. (废弃属名)= Thevetia L. (1758)(保留属名)[夹竹桃科 Apocynaceae]●

1446　Ahovai Boehm. (1760)(废弃属名)≡Thevetia L. (1758)(保留属名); ~ = Ahouai Mill. (1754)(废弃属名); ~ = Thevetia L. (1758)(保留属名)[夹竹桃科 Apocynaceae]●

1447　Ahzolia Standl. et Steyerm. (1944) = Sechium P. Browne (1756)(保留属名)[葫芦科(瓜科,南瓜科)Cucurbitaceae]■

1448　Aichryson Webb et Berthel. (1840)【汉】爱染草属。【隶属】景天科 Crassulaceae。【包含】世界 14-15 种。【学名诠释与讨论】〈中〉(希)aei,永远,常常,始终+chrysos,黄金。chryseos,金的,富的,华丽的。chrysites,金色的。在植物形态描述中,chrys-和 chryso-通常指金黄色。另说来自希腊语古名,被 Dioscorides 用于 Aconium arboreum。【分布】非洲西北部。【模式】未指定。【参考异名】Macrobia (Webb et Berthel.)G. Kunkel(1977)■☆

1449　Aidelus Spreng. (1827) = Veronica L. (1753)[玄参科 Scrophulariaceae//婆婆纳科 Veronicaceae]■

1450　Aidema Ravenna(2003)【汉】南美石蒜属。【隶属】石蒜科 Amaryllidaceae。【包含】世界 7 种。【学名诠释与讨论】〈阴〉词源不详。【分布】巴西,秘鲁,玻利维亚,哥伦比亚。【模式】不详。■☆

1451　Aidia Lour. (1790)【汉】茜树属(鸡爪簕属,茜木属,山黄皮属)。【英】Fragrant nanmu, Maddertree。【隶属】茜草科 Rubiaceae。【包含】世界 18-50 种,中国 7 种。【学名诠释与讨论】〈阴〉词源不详。【分布】中国,热带亚洲至澳大利亚,热带非洲,中美洲。【模式】Aidia cochinchinensis Loureiro。【参考异名】Aedia Post et Kuntze(1903);Stylocoryna Cav. (1797)Nom. illegit. ;Stylocoryne Wight et Arn. (1834)Nom. illegit. ●

1452　Aidiopsis Tirveng. (1987)【汉】肖茜树属。【隶属】茜草科 Rubiaceae。【包含】世界 2 种。【学名诠释与讨论】〈阴〉(属)Aidia 茜树属+希腊文 opsis,外观,模样,相似。【分布】马来西亚。【模式】Aidiopsis forbesii (G. King et J. S. Gamble) D. D. Tirvengadum [Randia forbesii G. King et J. S. Gamble]●☆

1453　Aidomene Stopp(1967)【汉】安哥拉萝藦属。【隶属】萝藦科 Asclepiadaceae。【包含】世界 1 种。【学名诠释与讨论】〈阴〉词源不详。【分布】安哥拉。【模式】Aidomene parvula Stopp。☆

1454 Aigeiros Lunell(1916)= Populus L.(1753)[杨柳科 Salicaceae]●

1455 Aigiros Raf.(1838)= Populus L.(1753)[杨柳科 Salicaceae]●

1456 Aigosplen Raf.(1840)Nom. illegit. ≡Callirhoe Nutt.(1821)[锦葵科 Malvaceae]■●☆

1457 Aikinia R. Br.(1832)Nom. illegit. =Epithema Blume(1826)[苦苣苔科 Gesneriaceae]■

1458 Aikinia Salisb. ex A. DC.(1830)= Wahlenbergia Schrad. ex Roth(1821)(保留属名)[桔梗科 Campanulaceae]■●

1459 Aikinia Wall.(1832)Nom. illegit. = Ratzeburgia Kunth(1831)[禾本科 Poaceae(Gramineae)]■☆

1460 Ailanthaceae J. Agardh(1858)[亦见 Simaroubaceae DC.(保留科名)苦木科(樗树科)]【汉】臭椿科。【包含】世界 1 属 10 种,中国 1 属 6 种。【分布】澳大利亚,亚洲。【科名模式】Ailanthus Desf.(1788)(保留属名)●

1461 Ailanthus Desf.(1788)(保留属名)【汉】臭椿属(樗属,樗树属)。【日】シンジュ属,ニハウルシ属,ニワウルシ属。【俄】Айлант。【英】Ailanthus,Swingle,Tree of Heaven,Tree-of-heaven。【隶属】苦木科 Simaroubaceae//臭椿科 Ailanthaceae。【包含】世界 10 种,中国 6 种。【学名诠释与讨论】〈阳〉(马六甲)ailanto 或 ailanit,为马鲁古群岛一种树木(Ailanthus glandulosa)的俗名,含义为高大的乔木,上帝的树。此属的学名"Ailanthus Desf. in Mém. Acad. Sci.(Paris)1786:265. 1788"是保留属名。相应的废弃属名是苦木科 Simaroubaceae 的"Pongelion Adans., Fam. Pl. 2:319,593. Jul-Aug 1763 =Adenanthera L.(1753)"。【分布】澳大利亚,巴基斯坦,美国,中国,亚洲。【模式】Ailanthus glandulosa Desf.。【参考异名】Ailantus DC.(1825);Albonia Buc'hozBuc'hoz(1783);Aylantus Juss.(1789);Hebonga Radlk.(1912);Pongelion Adans.(1763)(废弃属名)●

1462 Ailantopsis Gagnep.(1944)= Trichilia P. Browne(1756)(保留属名)[楝科 Meliaceae]●

1463 Ailantus DC.(1825)= Ailanthus Desf.(1788)(保留属名)[苦木科 Simaroubaceae//臭椿科 Ailanthaceae]●

1464 Aillya de Vriese(1854)= Goodenia Sm.(1794)[草海桐科 Goodeniaceae]●■☆

1465 Ailuroschia Steven(1856)= Astragalus L.(1753)[豆科 Fabaceae(Leguminosae)//蝶形花科 Papilionaceae]●■

1466 Aimara Salariato et Al-Shehbaz(2013)【汉】智利芥属。【隶属】十字花科 Brassicaceae(Cruciferae)。【包含】世界 1 种。【学名诠释与讨论】〈阴〉词源不详。【分布】智利。【模式】Aimara rollinsii(Al-Shehbaz et Martic.)Salariato et Al-Shehbaz[Menonvillea rollinsii Al-Shehbaz et Martic.]☆

1467 Aimenia Comm. ex Planch. = Cissus L.(1753)[葡萄科 Vitaceae]●

1468 Aimorra Raf.(1838)【汉】佛菊属。【隶属】菊科 Asteraceae(Compositae)。【包含】世界 1 种。【学名诠释与讨论】〈阴〉词源不详。【分布】美国(佛罗里达)。【模式】Aimorra acuminata Raf.。☆

1469 Ainea Ravenna(1979)【汉】青铜鸢尾属。【隶属】鸢尾科 Iridaceae。【包含】世界 1-2 种。【学名诠释与讨论】〈阴〉(拉)aeneus =aenus,青铜。此属的学名是"Ainea P. Ravenna,Bot. Not. 132:467. 15 Nov 1979"。亦有文献把其处理为"Sphenostigma Baker(1877)"的异名。【分布】墨西哥。【模式】Ainea acuminata Rafinesque。【参考异名】Sphenostigma Baker(1877)■☆

1470 Ainsliaea DC.(1838)【汉】兔儿风属(鬼督邮属,兔耳风属)。【日】モミジハグマ属,モミヂハグマ属。【英】Ainsliaea,Monkeytail Plant,Rabbiten-wind。【隶属】菊科 Asteraceae(Compositae)。【包含】世界 40-80 种,中国 35-47 种。【学名诠释与讨论】〈阴〉(人)Whitelaw Ainslie,1767-1837,英国植物学者,内科医生。此属的学名,ING、TROPICOS 和 IK 记载是"Ainsliaea DC.,Prodr.[A. P. de Candolle]7(1):13. 1838[late Apr 1838]"。晚出的"Ainslea Kuntze,Revis. Gen. Pl. 1:304. 1891[5 Nov 1891]"是其异名。【分布】中国,东亚至马来西亚(西部)。【后选模式】Ainsliaea pteropoda A. P. de Candolle,Nom. illegit.[Liatris latifolia D. Don;Ainsliaea latifolia(D. Don)C. H. Schultz-Bip.]。【参考异名】Ainslea Kuntze(1891);Diaspananthus Miq.(1865)■

1471 Ainslea Kuntze(1891)= Ainsliaea DC.(1838)[菊科 Asteraceae(Compositae)]■

1472 Ainsworthia Boiss.(1844)【汉】伊独活属。【隶属】伞形花科(伞形科)Apiaceae(Umbelliferae)。【包含】世界 2-4 种。【学名诠释与讨论】〈阴〉(人)Ainsworth。【分布】地中海东部至伊拉克。【模式】Ainsworthia cordata(N. J. Jacquin)Boissier[Hasselquistia cordata N. J. Jacquin]■☆

1473 Aiolon Lunell(1916)【汉】加拿大毛茛属。【隶属】毛茛科 Ranunculaceae。【包含】世界 1 种。【学名诠释与讨论】〈中〉(希)aiolos,柔韧可曲的,杂色的,可变的。【分布】北美洲。【模式】Aiolon canadense(L.)Nieuwl. et Lunell。●☆

1474 Aiolotheca DC.(1836)= Zaluzania Pers.(1807)[菊科 Asteraceae(Compositae)]■☆

1475 Aiouea Aubl.(1775)【汉】球心樟属。【隶属】樟科 Lauraceae。【包含】世界 20-21 种。【学名诠释与讨论】〈阴〉来自植物俗名。此属的学名,ING 和 IK 记载是"Aiouea Aubl.,Hist. Pl. Guiane 1:310,t. 120. 1775"。"Douglassia Schreber,Gen. 809. Mai 1791"和"Ehrhardia Scopoli,Introd. 107. Jan-Apr 1777"是"Aiouea Aubl.(1775)"的晚出的同模式异名(Homotypic synonym,Nomenclatural synonym)。【分布】巴拉圭,巴拿马,秘鲁,玻利维亚,厄瓜多尔,哥伦比亚(安蒂奥基亚),哥斯达黎加,西印度群岛,热带美洲,中美洲。【模式】Aiouea guianensis Aublet。【参考异名】Ajovea Juss.(1789);Ajuvea Steud.(1821);Apivea Steud.;Colomandra Neck.(1790)Nom. inval.;Douglassia Schreb.(1791)Nom. illegit.(废弃属名);Ehrardia Benth. et Hook. f.(1880);Ehrhardia Scop.(1777)Nom. illegit.;Ehrhartia Post et Kuntze(1903)Nom. illegit.;Endocarpa Raf.(1838)●☆

1476 Aiphanes Willd.(1807)【汉】急怒棕榈属(刺孔雀椰子属,刺叶桐属,刺叶椰子属,刺叶棕属,刺鱼尾椰属,急怒棕属,马丁棕属)。【日】ハリクジャクソン属,ハリクジャグヤシ属。【俄】Айфанес。【英】Coyure Palms,Ruffle Palm。【隶属】棕榈科 Arecaceae(Palmae)。【包含】世界 22-40 种。【学名诠释与讨论】〈阴〉(希)日本《最新园艺大辞典》释义为"截形之义。指叶先端的羽片呈不整齐的牙齿状",但是未注明词源。【分布】巴拿马,秘鲁,玻利维亚,厄瓜多尔,哥伦比亚(安蒂奥基亚),哥斯达黎加,中美洲。【模式】Aiphanes aculeata Willdenow。【参考异名】Aeiphanes Spreng.(1818);Curima O. F. Cook(1901);Marara H. Karst.(1857);Tilmia O. F. Cook(1901)●☆

1477 Aipyanthus Steven(1851)= Arnebia Forssk.(1775)[紫草科 Boraginaceae]●■

1478 Aira L.(1753)(保留属名)【汉】银须草属(埃若禾属,丝草属,小银须草属)。【日】アイーラ属,ヌカススキ属。【俄】Аира。【英】Hair Grass,Hairgrass,Hair-grass。【隶属】禾本科 Poaceae(Gramineae)。【包含】世界 8-10 种,中国 1-5 种。【学名诠释与讨论】〈阴〉(希)aira,锤子,另说来自古希腊植物名。此属的学名"Aira L.,Sp. Pl.:63.1 Mai 1753"是保留属名。法规未列出相应的废弃属名。ING、GCI、TROPICOS 和 IK 曾记载"Airella(Dumortier)Dumortier,Bull. Soc. Bot. Belgique 7:68. 22 Aug 1868"

（小银须草属），由"Aira sect. Airella Dumortier, Observ. Gram. Belg. 120. Jul–Sep 1824"改级而来；TROPICOS 标注此名称是"Nom. illegit."。"Aspris Adanson, Fam. 2：496. Jul–Aug 1763"和"Salmasia Bubani, Fl. Pyrenaea 4：315. 1901"是"Aira L. (1753)（保留属名）"的晚出的同模式异名（Homotypic synonym, Nomenclatural synonym）。【分布】巴基斯坦，玻利维亚，厄瓜多尔，哥斯达黎加，毛里求斯，美国（密苏里），中国，温带、热带山区和非洲南部，中美洲。【模式】Aira praecox Linnaeus。【参考异名】Aera Asch. (1864)；Airella (Dumort.) Dumort. (1868) Nom. illegit.；Airella Dumort. (1868) Nom. illegit.；Antinoria Parl. (1845)；Aspris Adans. (1763) Nom. illegit.；Caryophyllea Opiz (1852) Nom. illegit.；Fiorinia Parl. (1850)；Fussia Schur (1866) Nom. illegit.；Leptophoba Ehrh. (1789) Nom. inval.；Proineia Ehrh. (1789)；Salmasia Bubani (1873) Nom. illegit. ■

1479　Airampoa Frič (1933) = Opuntia Mill. (1754) [仙人掌科 Cactaceae] ●

1480　Airella (Dumort.) Dumort. (1868) Nom. illegit. = Aira L. (1753)（保留属名）[禾本科 Poaceae (Gramineae)] ■

1481　Airella Dumort. (1868) Nom. illegit. ≡ Airella (Dumort.) Dumort. (1868)；~ = Aira L. (1753)（保留属名）[禾本科 Poaceae (Gramineae)] ■

1482　Airidium Steud. (1854) = Deschampsia P. Beauv. (1812) [禾本科 Poaceae (Gramineae)] ■

1483　Airochloa Link (1827) = Koeleria Pers. (1805) [禾本科 Poaceae (Gramineae)] ■

1484　Airopsis Asch. et Graebn. (1899) Nom. illegit. = Airopsis Desv. (1809) [禾本科 Poaceae (Gramineae)] ■☆

1485　Airopsis Desv. (1809)【汉】类银须草属（拟银须草属）。【隶属】禾本科 Poaceae (Gramineae)。【包含】世界 1 种。【学名诠释与讨论】〈阴〉（属）Aira 银须草属（埃若禾属，丝草属）+希腊文 opsis，外观，模样。此属的学名，ING、APNI、TROPICOS、APNI、TROPICOS 和 IK 记载是"Airopsis Desv., J. Bot. (Desvaux) 1：200, pro parte. 1809"。"Sphaerella Bubani, Fl. Pyrenaea 4：320. 1901"是"Airopsis Desv. (1809)"的晚出的同模式异名（Homotypic synonym, Nomenclatural synonym）。"Aeropsis Ascherson et Graebner, Syn. Mitteleurop. Fl. 2(1)：298. 30 Dec 1899"是"Airopsis Desv. (1809)"的多余的替代名称。【分布】玻利维亚，缅甸，非洲西北部。【后选模式】Airopsis globosa (Thore) Desvaux [Aira globosa Thore]。【参考异名】Aeropsis Asch. et Graebn. (1899) Nom. illegit., Nom. superfl.；Sphaerella Bubani (1901) Nom. illegit. ■☆

1486　Airosperma K. Schum. et Lauterb. (1900)【汉】锤籽草属。【隶属】茜草科 Rubiaceae。【包含】世界 6 种。【学名诠释与讨论】〈中〉（希）aira，锤子，或银须草属+sperma，所有格 spermatos，种子，孢子。此属的学名，ING 记载是"Airosperma Lauterbach et K. Schumann in K. Schumann et Lauterbach, Fl. Deutsch. Schutzgeb. Südsee 565. Nov 1900 ('1901')"。IK 和 TROPICOS 则记载为"Airosperma K. Schum. et Lauterb., Fl. Schutzgeb. Südsee [Schumann et Lauterbach] 1900, 565. [1901 publ. Nov 1900]"；三者引用的文献相同。【分布】斐济，新几内亚岛。【后选模式】Airosperma psychotrioides Lauterbach et K. Schumann。【参考异名】Abramsia Gillespie (1932)；Aerosperma Post et Kuntze (1903)；Airosperma Lauterb. et K. Schum. (1900) Nom. illegit. ■☆

1487　Airosperma Lauterb. et K. Schum. (1900) Nom. illegit. = Airosperma K. Schum. et Lauterb. (1900) [茜草科 Rubiaceae] ■☆

1488　Airyantha Brummitt (1968)【汉】锤花豆属（爱丽花豆属）。【隶属】豆科 Fabaceae (Leguminosae)//蝶形花科 Papilionaceae。【包含】世界 1 种。【学名诠释与讨论】〈阴〉（希）aira，锤子，或银须草属+anthos，花。【分布】菲律宾（菲律宾群岛），加里曼丹岛，赤道非洲。【模式】Airyantha borneensis (D. Oliver) Brummitt [Baphia borneensis D. Oliver] ■☆

1489　Aisandra Airy Shaw (1963) Nom. illegit. = Diploknema Pierre (1884) [山榄科 Sapotaceae] ●

1490　Aisandra Pierre = Diploknema Pierre (1884) [山榄科 Sapotaceae] ●

1491　Aistocaulon Poelln. (1935)【汉】无茎番杏属。【隶属】番杏科 Aizoaceae。【包含】世界 1 种。【学名诠释与讨论】〈中〉（希）aistos，看不见的+kaulon 茎。此属的学名"Aistocaulon Poellnitz in H. Jacobsen, Succul. Pl. 123. 1935"是一个替代名称。"Acaulon N. E. Brown, J. Bot. 66：76. Mar 1928"是一个非法名称（Nom. illegit.），因为此前已经有了"Acaulon Müller Hal., Bot. Zeitung (Berlin) 5；99. 12 Feb 1847（苔藓）"。故用"Aistocaulon Poelln. (1935)"替代之。TROPICOS 记载的"Aistocaulon Poelln. ex H. Jacobsen, Succ. Pl. 123 (1935) ≡ Aistocaulon Poelln. (1935) Nom. illegit. [番杏科 Aizoaceae]"命名人引证有误。亦有文献把"Aistocaulon Poelln. (1935)"处理为"Aloinopsis Schwantes (1926)"或"Nananthus N. E. Br. (1925)"的异名。【分布】非洲南部。【模式】Aistocaulon rosulatum (Kensit) Poellnitz [Mesembryanthemum rosulatum Kensit]。【参考异名】Acaulon N. E. Br. (1928) Nom. illegit.；Aistocaulon Poelln. ex H. Jacobsen (1935) Nom. illegit.；Aloinopsis Schwantes (1926)；Nananthus N. E. Br. (1925) ■☆

1492　Aistocaulon Poelln. ex H. Jacobsen (1935) Nom. illegit. ≡ Aistocaulon Poelln. (1935) [番杏科 Aizoaceae] ■☆

1493　Aistopetalum Schltr. (1914)【汉】隐瓣火把树属（新几内亚火把树属）。【隶属】火把树科（常绿棱枝树科，角瓣木科，库诺尼科，南蔷薇科，轻木科）Cunoniaceae。【包含】世界 1-2 种。【学名诠释与讨论】〈中〉（希）aistos，看不见的+希腊文 petalos，扁平的，铺开的；petalon，花瓣，叶，花叶，金属叶子；拉丁文的花瓣为 petalum。【分布】新几内亚岛。【后选模式】Aistopetalum viticoides Schlechter。【参考异名】Aristopetalum Willis, Nom. inval. ●☆

1494　Aitchisonia Hemsl. ex Aitch. (1882)【汉】艾茜属。【隶属】茜草科 Rubiaceae。【包含】世界 1 种。【学名诠释与讨论】〈阴〉（人）James Edward Tierney Aitchison, 1836–1898, 英国植物学者。【分布】阿富汗，伊朗。【模式】Aitchisonia rosea Hemsley et Aitchison。☆

1495　Aithales Webb et Berthel. (1836) = Sedum L. (1753) [景天科 Crassulaceae] ●■

1496　Aithonium Zipp. ex C. B. Clarke = Rhynchoglossum Blume (1826) [as 'Rhinchoglossum']（保留属名）[苦苣苔科 Gesneriaceae] ■

1497　Aititara Endl. (1837) = Atitara Juss. (1805) Nom. illegit.；~ = Euodia J. R. Forst. et G. Forst. (1776) [芸香科 Rutaceae] ●■

1498　Aitonia Thunb. (1776) Nom. illegit. ≡ Nymania Lindb. (1868) [楝科 Meliaceae] ●☆

1499　Aitoniaceae (Harvey) Harvey = Meliaceae Juss.（保留科名）●

1500　Aitoniaceae Harvey et Sond. = Meliaceae Juss.（保留科名）●

1501　Aitoniaceae Harvey = Meliaceae Juss.（保留科名）●

1502　Aitoniaceae R. A. Dyer = Meliaceae Juss.（保留科名）●

1503　Aitopsis Raf. (1837) = Salvia L. (1753) [唇形科 Lamiaceae (Labiatae)//鼠尾草科 Salviaceae] ●■

1504　Aizoaceae Martinov (1820)（保留科名）【汉】番杏科。【日】サクロサウ科，ツルナ科，ハマミズナ科。【俄】Аизоацневые，Аизовые。【英】Carpetweed Family, Dew–plant Family, Fig–marigold Family。【包含】世界 125-151 属 1850-2500 种，中国 6 属 13 种。【分布】热带、亚热带。【科名模式】Aizoon L. (1753) ●■

1505　Aizoaceae Rudolphi = Aizoaceae Martinov（保留科名）●■

1506 Aizoanthemum Dinter ex Friedrich(1957)【汉】隆果番杏属。【隶属】番杏科 Aizoaceae。【包含】世界 3-4 种。【学名诠释与讨论】〈中〉(希)aizoon,长生草。来自 aei,永远,常常,始终+zoo,可爱的生物 + anthemon,花。此属的学名,ING 和 IK 记载是"Aizoanthemum Dinter ex H. C. Friedrich, Mitt. Bot. Staatssamml. München 2;343. Nov 1957"。"Aizoanthemum Dinter(1935)"是一个未合格发表的名称(Nom. inval.)。【分布】非洲西南部。【模式】Aizoanthemum membrum-connectens Dinter ex H. C. Friedrich。【参考异名】Aizoanthemum Dinter(1935)Nom. inval. ■☆

1507 Aizoanthemum Dinter(1935)Nom. inval. = Aizoanthemum Dinter ex Friedrich(1957)［番杏科 Aizoaceae］■☆

1508 Aizodraba Fourr.(1868)= Draba L.(1753)［十字花科 Brassicaceae(Cruciferae)//葶苈科 Drabaceae］■

1509 Aizoon Andrews = Sesuvium L.(1759)［番杏科 Aizoaceae//海马齿科 Sesuveriaceae］■

1510 Aizoon Hill(1756)Nom. illegit. = Sempervivum L.(1753)［景天科 Crassulaceae//长生草科 Sempervivaceae］■☆

1511 Aizoon L.(1753)【汉】番杏属(常生草属)。【英】Aizoon。【隶属】番杏科 Aizoaceae。【包含】世界 7-15 种。【学名诠释与讨论】〈中〉(希)aei,永远,常常,始终+zoo,可爱的生物。此属的学名,ING、APNI、TROPICOS 和 IK 记载是"Aizoon Linnaeus, Sp. Pl. 488. 1 Mai 1753"。景天科 Crassulaceae 的"Aizoon J. Hill, Brit. Herb. 53. Mar 1756 = Sempervivum L.(1753)"是晚出的非法名称。"Veslingia Heister ex Fabricius, Enum. 201. 1759"是"Aizoon L.(1753)"的晚出的同模式异名(Homotypic synonym, Nomenclatural synonym)。【分布】澳大利亚,巴基斯坦,巴勒斯坦,地中海地区,非洲。【后选模式】Aizoon canariense Linnaeus。【参考异名】Aizoum L.;Gunniopsis Pax(1889);Veslingia Fabr.(1759)Nom. illegit.;Veslingia Heist. ex Fabr.(1759)Nom. illegit. ■☆

1512 Aizopsis Grulich(1984)= Phedimus Raf.(1817);~ = Sedum L.(1753)［景天科 Crassulaceae］●■

1513 Aizoum L. = Aizoon L.(1753)［番杏科 Aizoaceae］■☆

1514 Ajania Poljakov(1955)【汉】亚菊属(亚蒿属)。【俄】Аяния。【英】Ajania。【隶属】菊科 Asteraceae(Compositae)。【包含】世界 34-39 种,中国 28-32 种。【学名诠释与讨论】〈阴〉(地)Ajan,阿耶湾,位于亚洲东北部。模式种的产地。【分布】巴基斯坦,中国,亚洲中部和阿富汗至东亚,中美洲。【模式】Ajania pallasiana(F. E. L. Fischer ex W. G. Besser)P. P. Poljakov［Artemisia pallasiana F. E. L. Fischer ex W. G. Besser］。【参考异名】Phaeostigma Muldashev(1981)●■

1515 Ajaniopsis C. Shih(1978)【汉】画笔菊属。【英】Ajaniopsis。【隶属】菊科 Asteraceae(Compositae)。【包含】世界 1 种,中国 1 种。【学名诠释与讨论】〈阴〉(属)Ajania 亚菊属+希腊文 -opsis,模样,外观,相似。指外形与亚菊相似。【分布】中国。【模式】Ajaniopsis penicilliformis C. Shih。■★

1516 Ajax Salisb.(1812)Nom. inval., Nom. illegit. ≡ Ajax Salisb. ex Haw.(1819)Nom. illegit.;~ = Narcissus L.(1753)［石蒜科 Amaryllidaceae//水仙科 Narcissaceae］■

1517 Ajax Salisb. ex Haw.(1819)Nom. illegit. = Narcissus L.(1753)［石蒜科 Amaryllidaceae//水仙科 Narcissaceae］■

1518 Ajaxia Raf. = Delphinium L.(1753)［毛茛科 Ranunculaceae//翠雀花科 Delphiniaceae］■

1519 Ajouea Aubl. ex Mez(1889)Nom. inval.［樟科 Lauraceae］●☆

1520 Ajovea Juss.(1789)= Aiouea Aubl.(1775)［樟科 Lauraceae］●☆

1521 Ajuea Post et Kuntze(1903)= Ajovea Juss.(1789)［樟科 Lauraceae］●☆

1522 Ajuga L.(1753)【汉】筋骨草属。【日】キランサウ属,キランソウ属。【俄】Дубница, Дубровка, Живучка。【英】Bugle, Bugle Weed, Bugleweed, Bugle - weed, Carpet Bugle。【隶属】唇形科 Lamiaceae(Labiatae)。【包含】世界 40-100 种,中国 25-37 种。【学名诠释与讨论】〈阴〉(拉)a-,无,不+jugum,轭,小叶对。指萼不呈二唇形。此属的学名,ING、APNI、TROPICOS 和 IK 记载是"Ajuga L., Sp. Pl. 2;561. 1753［1 May 1753］"。"Bugula P. Miller, Gard. Dict. Abr. ed. 4. 28 Jan 1754"、"Abiga Saint-Lager, Ann. Soc. Bot. Lyon 7;85. 1880"和"Bulga O. Kuntze, Rev. Gen. 2;512. 5 Nov 1891"是"Ajuga L.(1753)"的晚出的同模式异名(Homotypic synonym, Nomenclatural synonym)。【分布】巴基斯坦,玻利维亚,哥伦比亚(安蒂奥基亚),马达加斯加,美国(密苏里),中国。【后选模式】Ajuga pyramidalis Linnaeus。【参考异名】Abiga St. -Lag.(1880)Nom. illegit.;Bugula Mill.(1754)Nom. illegit.;Bugula Tourn. ex Mill.(1754)Nom. illegit.;Bulga Kuntze(1891)Nom. illegit.;Chamaepitys Hill(1756);Chamaepitys Tourn. ex Ruppius(1745)Nom. inval.;Moscharia Forssk.(1775)(废弃属名);Pheboantha Rchb.(1833);Phlebanthe Post et Kuntze(1903)Nom. illegit.;Phleboanthe Tausch(1828);Phleobanthe Ledeb.(1849);Rosenbachia Regel(1886)■●

1523 Ajugaceae Döll = Labiatae Juss.(保留科名)//Lamiaceae Martinov(保留科名)■●

1524 Ajugoides Makino(1915)【汉】拟筋骨草属。【隶属】唇形科 Lamiaceae(Labiatae)。【包含】世界 1 种。【学名诠释与讨论】〈阴〉(属)Ajuga 筋骨草属+oides,来自 o+eides,像,似;或 o+eidos 形,含义为相像。【分布】日本。【模式】Ajugoides humilis(Miquel)Makino［Ajuga humilis Miquel］■☆

1525 Ajuvea Steud.(1821)= Aiouea Aubl.(1775)［樟科 Lauraceae］●☆

1526 Akakia Adans.(1763)= Acacia Mill.(1754)(保留属名)［豆科 Fabaceae(Leguminosae)//含羞草科 Mimosaceae//金合欢科 Acaciaceae］●■

1527 Akania Hook. f.(1862)【汉】叠珠树属(澳刺木属)。【隶属】叠珠树科 Akaniaceae。【包含】世界 1 种。【学名诠释与讨论】〈阴〉(希)akan,所有格 akanos,刺,荆棘。【分布】澳大利亚(东部)。【模式】Akania hilii J. D. Hooker。【参考异名】Apiocarpus Montrous.(1860)●☆

1528 Akaniaceae Stapf(1912)(保留科名)【汉】叠珠树科。【包含】世界 4 属 117 种,中国 1 属 1 种。【分布】澳大利亚(东部),中国。【科名模式】Akania Hook. f.(1862)●

1529 Akea Stokes(1812)= Blighia K. König(1806)［无患子科 Sapindaceae］●☆

1530 Akeassia J. -P. Lebrun et Stork(1993)【汉】锥托田基黄属。【隶属】菊科 Asteraceae(Compositae)。【包含】世界 1 种。【学名诠释与讨论】〈阴〉词源不详。【分布】刚果(布),几内亚,几内亚比绍,加蓬,喀麦隆,马里,尼日利亚,塞内加尔,刚果(金)。【模式】Akeassia grangeoides J. -P. Lebrun et Stork。■☆

1531 Akebia Decne.(1837)【汉】木通属。【日】アケビ属。【俄】Акебия。【英】Akebia。【隶属】木通科 Lardizabalaceae。【包含】世界 5 种,中国 4 种。【学名诠释与讨论】〈阴〉(日)akebi,木通 Akebia quinata(Thunb.)Decne. 的日本俗名アケビ。【分布】中国,亚热带东亚。【后选模式】Akebia quinata(Thunberg)Decaisne。●

1532 Akeesia Tussac(1808(1))= Blighia K. König(1806)［无患子科 Sapindaceae］●☆

1533 Akeesia Tussac(1808(2))= Borzicactus Riccob.(1909)［仙人掌科 Cactaceae］■☆

1534 Akentra Benj.(1847)= Utricularia L.(1753)［狸藻科 Lentibulariaceae］■

1535　Aker Raf. ＝Acer L.（1753）［槭树科 Aceraceae］●

1536　Akersia Buining（1961）【汉】秘鲁仙人掌属。【隶属】仙人掌科 Cactaceae。【包含】世界 1 种。【学名诠释与讨论】〈阴〉（人）Akers. 此属的学名是" Akersia Buining, Succulenta（Amsterdam）1961：25. Mar 1961"。亦有文献把其处理为" Cleistocactus Lem.（1861）"的异名。【分布】秘鲁。【模式】Akersia roseiflora Buining。【参考异名】Cleistocactus Lem.（1861）■☆

1537　Akesia Tussac（1808）Nom. illegit. ＝Akeesia Tussac（1808）; ～ ＝Blighia K. König（1806）［无患子科 Sapindaceae］●☆

1538　Aklema Raf.（1838）＝Euphorbia L.（1753）［大戟科 Euphorbiaceae］●■

1539　Akrosida P. A. Fuertes et Fuertes（1992）【汉】巴西大叶锦葵属。【隶属】锦葵科 Malvaceae。【包含】世界 1 种。【学名诠释与讨论】〈阴〉（希）akros, 在顶端的, 锐尖的 +（属）Sida 黄花稔属。【分布】南美洲。【模式】Akrosida macrophylla（Ulbr.）Fryxell et Fuertes。●■

1540　Akschindlium H. Ohashi（2003）＝Desmodium Desv.（1813）（保留属名）［豆科 Fabaceae（Leguminosae）//蝶形花科 Papilionaceae］●■

1541　Akylopsis Lehm.（1850）Nom. illegit. ＝Matricaria L.（1753）（保留属名）［菊科 Asteraceae（Compositae）］■

1542　Ala Szlach.（1995）【汉】阿拉兰属。【隶属】兰科 Orchidaceae。【包含】世界 3 种。【学名诠释与讨论】〈阴〉词源不详。【分布】非洲。【模式】Ala decorata（Hochstetter ex A. Richard）D. L. Szlachetko［Habenaria decorata Hochstetter ex A. Richard］■☆

1543　Alabella Comm. ex Baill. ＝Turraea L.（1771）［楝科 Meliaceae］●

1544　Alacosperma Neck. ex Raf.（1840）Nom. illegit. ≡Cryptotaenia DC.（1829）（保留属名）［伞形花科（伞形科）Apiaceae（Umbelliferae）］■

1545　Alacospermum Neck.（1790）Nom. inval. ≡Cryptotaenia DC.（1829）（保留属名）［伞形花科（伞形科）Apiaceae（Umbelliferae）］■

1546　Aladenia Pichon（1949）＝Farquharia Stapf（1912）［夹竹桃科 Apocynaceae］●☆

1547　Alafia Thouars（1806）【汉】热非夹竹桃属。【隶属】夹竹桃科 Apocynaceae。【包含】世界 20-26 种。【学名诠释与讨论】〈阴〉词源不详。【分布】马达加斯加, 热带非洲。【模式】Alafia thouarsii J. J. Roemer et J. A. Schultes。【参考异名】Blastotrophe Didr.（1854）; Ectinocladus Benth.（1876）; Holalafia Stapf（1894）; Hololafia K. Schum.（1895）Nom. illegit. ; Hololafia Stapf ex K. Schum.（1895）; Vilbouchevitchia A. Chev.（1943）●☆

1548　Alagophyla Raf.（1837）（废弃属名）≡Rechsteineria Regel（1848）（保留属名）; ～ ＝Gesneria L.（1753）; ～ ＝Sinningia Nees（1825）［苦苣苔科 Gesneriaceae］■☆

1549　Alagophylla B. D. Jacks. ＝Alagophyla Raf.（1837）（废弃属名）; ～ ＝Rechsteineria Regel（1848）（保留属名）; ～ ＝Gesneria L.（1753）; ～ ＝Sinningia Nees（1825）［苦苣苔科 Gesneriaceae］■☆

1550　Alagophylla Raf.（1837）Nom. illegit.（废弃属名）≡Alagophyla Raf.（1837）（废弃属名）; ～ ＝Rechsteineria Regel（1848）（保留属名）; ～ ＝Gesneria L.（1753）; ～ ＝Sinningia Nees（1825）［苦苣苔科 Gesneriaceae］●☆

1551　Alagoptera Mart.（1842）＝Allagoptera Nees（1821）［棕榈科 Arecaceae（Palmae）］●☆

1552　Alaida Dvořák（1971）＝Dimorphostemon Kitag.（1939）＝Dontostemon Andrz. ex C. A. Mey.（1831）（保留属名）［十字花科 Brassicaceae（Cruciferae）］■

1553　Alainanthe（Fenzl）Rchb. ＝Minuartia L.（1753）［石竹科 Caryophyllaceae］■

1554　Alairia Kuntze（1891）＝Mairia Nees（1832）［菊科 Asteraceae（Compositae）］■☆

1555　Alajja Ikonn.（1971）【汉】菱叶元宝草属。【英】Alajja。【隶属】唇形科 Lamiaceae（Labiatae）。【包含】世界 3 种, 中国 2 种。【学名诠释与讨论】〈阴〉词源不详。此属的学名" Alajja S. S. Ikonnikov, Novosti Sist. Vyss. Rast. 8：274. 1971"是一个替代名称。" Erianthera Bentham, Bot. Misc. 3：380. 1 Aug 1833"是一个非法名称（Nom. illegit.）, 因为此前已经有了" Erianthera C. G. D. Nees in Wallich, Pl. Asiat. Rar. 3：77, 115. 15 Aug 1832 ＝Andrographis Wall. ex Nees（1832）［爵床科 Acanthaceae］"。故用" Alajja Ikonn.（1971）"替代之。【分布】阿富汗, 中国, 西喜马拉雅山, 亚洲中部。【模式】Alajja rhomboidea（Bentham）S. S. Ikonnikov［Erianthera rhomboidea Bentham］。【参考异名】Erianthera Benth.（1833）Nom. illegit. ; Susilkumara Bennet（1981）Nom. illegit. ■

1556　Alalantia Corr.（1804）＝Atalantia Corrêa（1805）（保留属名）［芸香科 Rutaceae］●

1557　Alamania La Llave et Lex.（1825）Nom. illegit. ＝Alamania Lex.（1824）［兰科 Orchidaceae］■☆

1558　Alamania Lex.（1824）【汉】阿拉曼兰属（亚兰属）。【隶属】兰科 Orchidaceae。【包含】世界 1 种。【学名诠释与讨论】〈阴〉（人）Don Lucas Alaman, 墨西哥人。此属的学名, ING、TROPICOS 和 IPNI 记载是" Alamania Lexarza, Ann. Sci. Nat.（Paris）3：452. 1824"。IK 则记载为" Alamania La Llave et Lex. , Nov. Veg. Descr.［La Llave et Lexarza］2（Orchid. Opusc.）：31. 1825"。后者是晚出的非法名称。【分布】墨西哥。【模式】Alamania punicea Lexarza。【参考异名】Alamania La Llave et Lex.（1825）Nom. illegit. ; Alamannia Lindl.（1826）■☆

1559　Alamannia Lindl.（1826）＝Alamania Lex.（1824）［兰科 Orchidaceae］■☆

1560　Alandina Neck.（1790）Nom. inval. ＝Moringa Adans.（1763）［辣木科 Moringaceae］●

1561　Alangiaceae DC.（1828）（保留科名）［亦见 Cornaceae Bercht. et J. Presl（保留科名）山茱萸科（四照花科）】【汉】八角枫科。【日】ウリノキ科。【英】Alangium Family。【包含】世界 1-2 属 19-30 种, 中国 1 属 10 种。【分布】热带。【科名模式】Alangium Lam.（1783）（保留属名）●

1562　Alangium Lam.（1783）（保留属名）【汉】八角枫属。【日】ウリノキ属。【俄】Алангиум。【英】Alangium。【隶属】八角枫科 Alangiaceae。【包含】世界 19-30 种, 中国 10 种。【学名诠释与讨论】〈中〉（马拉巴）alangi, 印度马拉巴尔地方一种植物俗名 +-ius, -ia, -ium, 在拉丁文和希腊文中, 这些词尾表示性质或状态。此属的学名" Alangium Lam. , Encycl. 1：174. 2 Dec 1783"是保留属名。相应的废弃属名是山茱萸科 Cornaceae 的" Angolam Adans. , Fam. Pl. 2：85, 518. Jul-Aug 1763 ＝Alangium Lam.（1783）（保留属名）"和" Kara-angolam Adans. , Fam. Pl. 2：84, 532. Jul-Aug 1763 ＝Alangium Lam.（1783）（保留属名）"。【分布】澳大利亚（东部）, 巴基斯坦, 科摩罗, 马达加斯加, 印度至马来西亚, 中国, 热带非洲, 东亚。【模式】Alangium decapetalum Lamarck。【参考异名】Angolam Adans.（1763）（废弃属名）; Angolamia Scop.（1777）; Diacaecarpium Endl.（1839）; Diacecarpium Hassk.（1844）; Diacicarpium Blume（1826）; Kara-angolam Adans.（1763）（废弃属名）; Karangolum Kuntze（1891）Nom. illegit. ; Marlea Roxb.（1814）Nom. inval. ; Pautsauvia Juss.（1817）Nom. illegit. ; Pseudalangium F. Muell.（1860）; Rhytidandra A. Gray（1854）; Stelanthes Stokes（1812）Nom. illegit. ; Stylidium Lour.（1790）（废弃属名）●

1563　Alania Colenso ＝Dacrydium Sol. ex J. Forst. (1786)［罗汉松科 Podocarpaceae//陆均松科 Dacrydiaceae］●

1564　Alania Endl. (1836)【汉】澳西南吊兰属。【隶属】吊兰科(猴面包科,猴面包树科)Anthericaceae//耐旱草科 Boryaceae。【包含】世界1种。【学名诠释与讨论】〈阴〉(人)Allan Cunningham,1791–1839,澳大利亚植物学者,英国出生。此属的学名,ING、APNI 和 IK 记载是"Alania Endlicher, Gen. 151. Dec 1836"。"Alania Colenso"是"Dacrydium Sol. ex J. Forst. (1786)［罗汉松科 Podocarpaceae//陆均松科 Dacrydiaceae］"的异名。【分布】澳大利亚(东南部)。【模式】未指定。【参考异名】Allania Meisn. (1842) Nom. illegit. ■☆

1565　Alantsilodendron Villiers(1994)【汉】阿拉豆属。【隶属】豆科 Fabaceae(Leguminosae)。【包含】世界8种。【学名诠释与讨论】〈中〉词源不详。【分布】马达加斯加。【模式】Alantsilodendron villosum (R. Viguier) J. – F. Villiers［Dichrostachys villosa R. Viguier］●☆

1566　Alarconia DC. (1836)＝Balsamorhiza Hook. ex Nutt. (1840)［菊科 Asteraceae(Compositae)］■☆

1567　Alatavia Rodion. (1999)【汉】突厥鸢尾属。【隶属】鸢尾科 Iridaceae。【包含】世界2种。【学名诠释与讨论】〈阴〉词源不详。此属的学名是"Alatavia G. I. Rodionenko, Bot. Zhurn. (Moscow & Leningrad) 84(7):112. 19-31 Jul 1999"。亦有文献把其处理为"Iris L. (1753)"的异名。【分布】突厥斯坦(土耳其斯坦)。【模式】Alatavia kolpakowskiana (E. Regel) G. I. Rodionenko［Iris kolpakowskiana E. Regel］。【参考异名】Iris L. (1753)■☆

1568　Alaternoides Adans. (1763) Nom. illegit. ≡Phylica L. (1753)［as 'Philyca'］［鼠李科 Rhamnaceae//菲利木科 Phylicaceae］●☆

1569　Alaternoides Fabr. (1759)＝Phylica L. (1753)［as 'Philyca'］［鼠李科 Rhamnaceae//菲利木科 Phylicaceae］●☆

1570　Alaternus Mill. (1754)＝Rhamnus L. (1753)［鼠李科 Rhamnaceae］●

1571　Alathraea Steud. (1841) Nom. inval. ＝Alatraea Neck. (1790) Nom. inval. ; ~ ＝Phelypaea L. (1758)［玄参科 Scrophulariaceae//列当科 Orobanchaceae］■☆

1572　Alaticaulia Luer (2006)【汉】翼茎兰属。【隶属】兰科 Orchidaceae。【包含】世界130种。【学名诠释与讨论】〈阴〉(拉)ala,指小式 alula,翼。alatus,有翅的+caulon 茎。【分布】玻利维亚,中美洲。【模式】Alaticaulia melanoxantha Linden et Rchb. f. 。■☆

1573　Alatiglossum Baptista (2006)【汉】翅舌兰属。【隶属】兰科 Orchidaceae。【包含】世界130种。【学名诠释与讨论】〈阴〉(拉)ala,翼+glossa,舌。亦有文献把"Alatiglossum Baptista (2006)"处理为"Oncidium Sw. (1800)(保留属名)"的异名。【分布】热带美洲。【模式】Alatiglossum barbatum (Lindl.) Baptista［Oncidium barbatum Lindl.］。【参考异名】Oncidium Sw. (1800)(保留属名)■☆

1574　Alatiliparis Marg. et Szlach. (2001)【汉】翼耳蒜属。【隶属】兰科 Orchidaceae。【包含】世界5种。【学名诠释与讨论】〈阴〉(拉)ala,指小式 alula,翼。alatus,有翅的+(属)Liparis 羊耳蒜属(羊耳兰属)。【分布】印度尼西亚(苏门答腊岛,爪哇岛)。【模式】不详。■☆

1575　Alatococcus Acev. –Rodr. (2012)【汉】翅果无患子属。【隶属】无患子科 Sapindaceae。【包含】世界1种。【学名诠释与讨论】〈阳〉(拉)ala,指小式 alula,翼。alatus,有翅的+kokkos,变为拉丁文 coccus,仁,谷粒,浆果。【分布】巴西。【模式】Alatococcus siqueirae Acev. –Rodr. 。☆

1576　Alatoseta Compton(1931)【汉】南非刺菊属(细弱紫绒草属)。【隶属】菊科 Asteraceae(Compositae)。【包含】世界1种。【学名诠释与讨论】〈阴〉(拉)ala,指小式 alula,翼。alatus,有翅的+seta,刚毛,刺毛。【分布】非洲南部。【模式】Alatoseta tenuis R. H. Compton。■☆

1577　Alatraea Neck. (1790) Nom. inval. ＝Phelypaea L. (1758)［玄参科 Scrophulariaceae//列当科 Orobanchaceae］■☆

1578　Albersia Kunth (1838)＝Amaranthus L. (1753)［苋科 Amaranthaceae］■

1579　Alberta E. Mey. (1838)【汉】艾伯特属(阿尔伯特木属)。【隶属】茜草科 Rubiaceae。【包含】世界3-6种。【学名诠释与讨论】〈阴〉(地)Albert,艾伯特。O. Kuntze (1903) 曾用"Ernestimeyera O. Kuntze in T. Post et O. Kuntze, Lex. 205. Dec 1903"替代"Alberta E. H. F. Meyer, Linnaea 12:258. Apr – Sep 1838";这是多余的。未见记载"Alberta E. Mey. (1838)"是非法名称。【分布】马达加斯加,南非。【模式】Alberta magna E. H. F. Meyer。【参考异名】Ernestimeyera Kuntze (1903) Nom. illegit. ; Nematostylis Hook. f. (1873); Razafimandimbisonia Kainul. et B. Bremer(2009)●☆

1580　Albertia Regel et Schmalh. (1877) Nom. illegit. ≡Kozlovia Lipsky (1904); ~ ＝Aulacospermum Ledeb. (1833)+Trachydium Lindl. (1835)+Kozlovia Lipsky (1904)［伞形花科(伞形科)Apiaceae (Umbelliferae)］■☆

1581　Albertia Regel ex B. Fedch. et O. Fedch., Nom. illegit. ＝Exochorda Lindl. (1858)［蔷薇科 Rosaceae］●

1582　Albertinia DC. (1836) Nom. illegit. ＝Vanillosmopsis Sch. Bip. (1861)［菊科 Asteraceae(Compositae)］■☆

1583　Albertinia Spreng. (1820)【汉】陷托斑鸠菊属。【隶属】菊科 Asteraceae(Compositae)。【包含】世界1种。【学名诠释与讨论】〈阴〉(人)Johannes Baptista von Albertini,1769–1831,德国植物学者,真菌学者。此属的学名,ING 和 IK 记载是"Albertinia K. P. J. Sprengel, Neue Entdeck. Pflanzenk. 2:133. 1820 (sero)(1821)"。菊科 Asteraceae (Compositae) "Albertinia DC., Prodr.［A. P. de Candolle］5:82, pro parte. 1836［1-10 Oct 1836］＝Vanillosmopsis Sch. Bip. (1861)"是晚出的非法名称。【分布】巴西。【模式】Albertinia brasiliensis K. P. J. Sprengel。【参考异名】Symblomeria Nutt. (1840)●☆

1584　Albertisia Becc. (1877)【汉】崖藤属(崖爬藤属)。【英】Albertisia,Cliffvine。【隶属】防己科 Menispermaceae。【包含】世界12-19种,中国1种。【学名诠释与讨论】〈阴〉(人)J. C. Alber,德国人。【分布】印度,中国,马来半岛,新几内亚岛。【模式】Albertisia papuana Beccari。【参考异名】Epinetrum Hiern (1896)●

1585　Albertisiella Pierre ex Aubrév. (1964)＝Pouteria Aubl. (1775)［山榄科 Sapotaceae］●

1586　Albertokuntzea Kuntze (1891) Nom. illegit. ≡Seguieria Loefl. (1758)［商陆科 Phytolaccaceae］●☆

1587　Albidella Pichon (1946)【汉】古巴泽泻属。【隶属】泽泻科 Alismataceae。【包含】世界1种。【学名诠释与讨论】〈阴〉(拉)albidus,白色的+-ellus,-ella,-ellum,加在名词词干后面形成指小式的词尾。或加在人名、属名等后面以组成新属的名称。此属的学名是"Albidella Pichon, Notul. Syst. (Paris) 12:174. Feb 1946"。亦有文献把其处理为"Echinodorus Rich. ex Engelm. (1848)"的异名。【分布】古巴。【模式】Albidella nymphaeifolia (Grisebach) Pichon［Alisma nymphaeifolium Grisebach］。【参考异名】Echinodorus Rich. ex Engelm. (1848)■☆

1588　Albikia J. Presl et C. Presl (1828)＝Hypolytrum Rich. ex Pers.

（1805）［莎草科 Cyperaceae］■

1589　Albina Giseke（1792）（废弃属名）= Alpinia Roxb.（1810）（保留属名）［姜科（襄荷科）Zingiberaceae//山姜科 Alpiniaceae］■

1590　Albinea Hombr. et Jacquinot ex Decne.（1853）= Pleurophyllum Hook. f.（1844）［菊科 Asteraceae（Compositae）］■☆

1591　Albinea Hombr. et Jacquinot（1845）Nom. inval. ≡ Albinea Hombr. et Jacquinot ex Decne.（1853）Nom. illegit. = Pleurophyllum Hook. f.（1844）［菊科 Asteraceae（Compositae）］■☆

1592　Albizia Durazz.（1772）【汉】合欢属。【日】ネムノキ属。【俄】Альбизия，Альбиция，Альбицция。【英】Albizia，Albizzia，Silk Tree，Siris。【隶属】豆科 Fabaceae（Leguminosae）//含羞草科 Mimosaceae。【包含】世界 100-150 种，中国 16-26 种。【学名诠释与讨论】〈阴〉（人）Filippo del Albizzi，18 世纪德国自然科学者。一说 Filippo degl Albizzi，2 世纪前意大利博物学者。此属的学名，INGAPNI，GCI，TROPICOS 和 IK 记载是“Albizia Durazz.，Mag. Tosc. 3（4）：13. 1772”。“Albizzia Durazz.（1772）”和“Albizzia Benth.（1842）”是其拼写变体。【分布】巴基斯坦，巴拉圭，巴拿马，秘鲁，玻利维亚，厄瓜多尔，哥伦比亚（安蒂奥基亚），哥斯达黎加，马达加斯加，美国（密苏里），尼加拉瓜，中国，中美洲。【模式】Albizia julibrissin Durazzini。【参考异名】Albizzia Benth.（1842）Nom. illegit.；Albizzia Durazz.（1772）；Arthrosamanea Britton et Rose ex Britton et Killip（1936）Nom. illegit.；Arthrosamanea Britton et Rose（1936）；Besenna A. Rich.（1847）；Cathormion（Benth.）Hassk.（1855）；Cathormion Hassk.（1855）Nom. illegit.；Chloroleucon（Benth.）Britton et Rose（1927）；Chloroleucon（Benth.）Record（1927）Nom. illegit.；Chloroleucon Britton et Rose ex Record（1928）Nom. illegit.；Chloroleucon Record（1927）Nom. illegit.；Chloroleucum（Benth.）Record（1927）Nom. illegit.；Chloroleucum Record（1927）Nom. illegit.；Hesperalbizia Barneby et J. W. Grimes（1996）；Julibrisin Raf.；Macrosamanea Britton et Rose（1936）；Parasamanea Kosterm.（1954）；Parenterolobium Kosterm.（1954）；Pseudalbizzia Britton et Rose（1928）；Pseudosamanea Harms（1930）；Samanea（Benth.）Merr.（1916）；Samanea（DC.）Merr.（1916）Nom. illegit.；Samanea Merr.（1916）Nom. illegit.；Serialbizzia Kosterm.（1954）；Sericandra Raf.（1838）；Zygia Walp.（1842）Nom. illegit.（废弃属名）●

1593　Albizzia Benth.（1842）Nom. illegit. = Albizia Durazz.（1772）［豆科 Fabaceae（Leguminosae）//含羞草科 Mimosaceae］●

1594　Albizzia Durazz.（1772）Nom. illegit. ≡ Albizia Durazz.（1772）［豆科 Fabaceae（Leguminosae）//含羞草科 Mimosaceae］●

1595　Albolboa Hieron. = Abolboda Bonpl.（1813）［黄眼草科（黄谷精科，芘草科）Xyridaceae//三棱黄眼草科 Abolbodaceae］■☆

1596　Albonia Buc'hoz（1783）= Ailanthus Desf.（1788）（保留属名）［苦木科 Simaroubaceae//臭椿科 Ailanthaceae］●

1597　Albovia Schischk.（1950）【汉】肖茴芹属。【隶属】伞形花科（伞形科）Apiaceae（Umbelliferae）。【包含】世界 4 种。【学名诠释与讨论】〈阴〉（人）Nicolai（Nicolas）Michailowitch Alboff（Albov），1866-1897，俄罗斯植物学者。此属的学名是“Albovia B. K. Schischkin，Fl. URSS 16：599. Dec 1950”。亦有文献把其处理为“Pimpinella L.（1753）”的异名。【分布】地中海东部至伊朗。【模式】Albovia tripartita（I. O. Kaleniczenko）B. K. Schischkin［Pimpinella tripartita I. O. Kaleniczenko］。【参考异名】Pimpinella L.（1753）■☆

1598　Alboviodoxa Woron. ex Grossh.（1949）= Amphoricarpos Vis.（1844）［菊科 Asteraceae（Compositae）］●☆

1599　Albowiodoxa Woron. ex Kolak. = Amphoricarpos Vis.（1844）［菊科 Asteraceae（Compositae）］●☆

1600　Albradia D. Dietr.（1852）= Albrandia Gaudich.［桑科 Moraceae］●

1601　Albrandia Gaudich.（1830）= Streblus Lour.（1790）［桑科 Moraceae］●

1602　Albraunia Speta（1982）【汉】阿尔婆婆纳属。【隶属】玄参科 Scrophulariaceae//婆婆纳科 Veronicaceae。【包含】世界 3 种。【学名诠释与讨论】〈阴〉词源不详。似来自人名。此属的学名，ING 和 IK 记载是“Albraunia Speta，Bot. Jahrb. Syst. 103（1）：32. 1982［27 Aug 1982］”。ING 标注建立此属是基于“Antirrhinum sect. Ceratotheca F. Nábelek，Spisy Prír. Fak. Masarykovy Univ. 70：32. 1926”。由于已经有了“Ceratotheca Endl.，Linnaea 7：5，t. 1，2. 1832”，故改用“Albraunia Speta（1982）”替代之。【分布】东南亚。【模式】Antirrhinum ceratotheca F. Nábelek。【参考异名】Antirrhinum sect. Ceratotheca F. Nábelek（1926）■☆

1603　Albuca L.（1762）【汉】肋瓣花属。【日】アルブーカ属。【英】Sentry-boxes，Soldier-in-the-box。【隶属】风信子科 Hyacinthaceae//百合科 Liliaceae。【包含】世界 30-60 种。【学名诠释与讨论】〈阴〉（拉）albus，白色的。指花白色。此属的学名，ING 和 IK 记载是“Albuca L.，Sp. Pl.，ed. 2. 1：438. 1762［Sep 1762］”。“Virdika Adanson，Fam. 2：（19）. Jul-Aug 1763”是“Albuca L.（1762）”的晚出的同模式异名（Homotypic synonym，Nomenclatural synonym）。“Albuca Schreb.，Genera Plantarum 221. 1789”是“Albuga Schreb.（1789）= Albuca L.（1762）［风信子科 Hyacinthaceae//百合科 Liliaceae］”的拼写变体。【分布】马达加斯加，非洲。【后选模式】Albuca major Linnaeus，Nom. illegit.［Ornithogalum canadense Linnaeus；Albuca canadensis（Linnaeus）F. M. Leighton］。【参考异名】Albuga Schreb.（1789）；Albugoides Medik.（1790）；Branciona Salisb.（1866）；Falconera Salisb.（1866）Nom. illegit.；Nemaulax Raf.（1837）；Pallastema Salisb.（1866）；Virdika Adans.（1763）Nom. illegit. ■☆

1604　Albuca Schreb.（1789）Nom. illegit. ≡ Albuga Schreb.（1789）［风信子科 Hyacinthaceae//百合科 Liliaceae］■☆

1605　Albucea（Rchb.）Rchb.（1830）Nom. illegit. = Honorius Gray（1821）；~ = Ornithogalum L.（1753）［百合科 Liliaceae//风信子科 Hyacinthaceae］■

1606　Albucea Rchb.（1830）Nom. illegit. ≡ Albucea（Rchb.）Rchb.（1830）Nom. illegit.；~ = Honorius Gray（1821）；~ = Ornithogalum L.（1753）［百合科 Liliaceae//风信子科 Hyacinthaceae］■

1607　Albuga Schreb.（1789）= Albuca L.（1762）［风信子科 Hyacinthaceae//百合科 Liliaceae］■☆

1608　Albugoides Medik.（1790）= Albuca L.（1762）［风信子科 Hyacinthaceae//百合科 Liliaceae］■☆

1609　Alcaea Burm. f. = Althaea L.（1753）［锦葵科 Malvaceae］■

1610　Alcaea Hill（1768）= Althaea L.（1753）［锦葵科 Malvaceae］■

1611　Alcanna Gaertn.（1790）Nom. illegit. ≡ Alkanna Adans.（1763）Nom. illegit.（废弃属名）；~ = Lawsonia L.（1753）［千屈菜科 Lythraceae］●

1612　Alcanna Ledeb.（1847）Nom. illegit.［紫草科 Boraginaceae］●☆

1613　Alcanna Orph.（1869）Nom. illegit. = Alkanna Tausch（1824）（保留属名）［紫草科 Boraginaceae］●☆

1614　Alcantara Glaz.（1909）Nom. inval. ≡ Alcantara Glaz. ex G. M. Barroso（1969）；~ = Xerxes J. R. Grant（1994）［菊科 Asteraceae（Compositae）］■☆

1615　Alcantara Glaz. ex G. M. Barroso（1969）Nom. illegit. ≡ Xerxes J. R. Grant（1994）［菊科 Asteraceae（Compositae）］■☆

1616　Alcantarea（E. Morren ex Mez）Harms（1929）【汉】缨凤梨属。【隶属】凤梨科 Bromeliaceae。【包含】世界 20 种。【学名诠释与讨论】〈阴〉词源不详。似来自地名或人名。此属的学名，ING 和

GCI 记载是"Alcantarea（E. Morren ex Mez）Harms, Notizbl. Bot. Gart. Berlin-Dahlem 10：802. 30 Dec 1929"，由"Vriesea subgen. Alcantarea E. Morren ex Mez in Martius, Fl. Brasil. 3（3）：516. 1 Feb 1894"改级而来。IK 则记载为"Alcantarea Harms, Notizbl. Bot. Gart. Berlin – Dahlem 10：802, in obs. 1929"。亦有文献把"Alcantarea（E. Morren ex Mez）Harms（1929）"处理为"Vriesea Lindl.（1843）（保留属名）［as 'Vriesia'］"的异名。【分布】参见 Vriesea Lindl.。【后选模式】Alcantarea regina（Vellozo）Harms［Tillandsia regina Vellozo］。【参考异名】Alcantarea（E. Morren）Harms（1929）Nom. illegit.；Alcantarea Harms（1929）Nom. illegit.；Vriesea Lindl.（1843）（保留属名）；Vriesea subgen. Alcantarea E. Morren ex Mez（1894）■☆

1617 Alcantarea（E. Morren）Harms（1929）Nom. illegit. = Vriesea Lindl.（1843）（保留属名）［as 'Vriesia'］［凤梨科 Bromeliaceae］■☆

1618 Alcantarea Harms（1929）Nom. illegit. = Alcantarea（E. Morren ex Mez）Harms（1929）［凤梨科 Bromeliaceae］■☆

1619 Alcea L.（1753）【汉】蜀葵属。【日】タチアオイ属。【俄】шток-роза。【英】Hollyhock。【隶属】锦葵科 Malvaceae。【包含】世界 50-60 种，中国 2 种。【学名诠释与讨论】〈阴〉（希）alkea，锦葵。此属的学名，ING 和 IK 记载是"Alcea L., Sp. Pl. 2：687. 1753［1 May 1753］"。"Alcea P. Miller, Gard. Dict. Abr. ed. 4. 28 Jan 1754"是晚出的非法名称。【分布】中国，地中海至亚洲中部。【后选模式】Alcea rosea Linnaeus。【参考异名】Alcea Mill.（1754）Nom. illegit.；Malva L.（1753）■

1620 Alcea Mill.（1754）Nom. illegit. = Alcea L.（1753）；~ = Malva L.（1753）［锦葵科 Malvaceae］■

1621 Alchemilla L.（1753）【汉】羽衣草属（斗篷草属）。【日】アルケミラ属，ハゴロモグサ属。【俄】Манжетка, Невзрачница。【英】Lady's Mantle, Lady's-mantle, Ladymantle, Parsley-piert。【隶属】蔷薇科 Rosaceae//羽衣草科 Alchemillaceae。【包含】世界 100-1000 种，中国 3-7 种。【学名诠释与讨论】〈阴〉（阿）alkemelych，一种植物俗名，来源于 alkimia 炼金术+-illus, -illa, -illum，指示小的词尾。指叶的一面具绢毛。此属的学名，ING、APNI、GCI 和 IK 记载是"Alchemilla L., Sp. Pl. 1：123. 1753［1 May 1753］"。"Alchimilla Mill., Gard. Dict. Abr., ed. 4.（1754）"是晚出的非法名称。【分布】巴拿马，秘鲁，玻利维亚，马达加斯加，中国，热带山区，温带，中美洲。【后选模式】Alchemilla vulgaris Linnaeus。【参考异名】Alchimilla Mill.（1754）Nom. illegit.；Alchymilla Ruppius（1745）Nom. inval.；Aphanes L.（1753）；Lachemelych（Focke）Lagerh.；Lachemilla（Focke）Rydb.（1908）；Lachemilla Rydb.（1908）Nom. illegit.；Percepier Dill. ex Moench（1794）Nom. illegit.；Percepier Moench（1794）Nom. illegit.；Zygalchemilla Rydb.（1908）■

1622 Alchemillaceae J. Agardh［亦见 Rosaceae Juss.（保留科名）蔷薇科］【汉】羽衣草科（斗篷草科）。【包含】世界 1 属近 1000 种，中国 1 属 3-7 种。【分布】温带，热带山区。【科名模式】Alchemilla L.（1753）●■

1623 Alchemillaceae Martinov（1820）= Rosaceae Juss.（1789）（保留科名）●■

1624 Alchimilla Mill.（1754）Nom. illegit. = Alchemilla L.（1753）［蔷薇科 Rosaceae//羽衣草科 Alchemillaceae］■

1625 Alchornea Sw.（1788）【汉】山麻杆属。【日】アミガサギリ属，オオバベニガシワ属。【俄】Альхорнея。【英】Christmas Bush, Christmasbush, Christmas-bush, Dovewood, Xmas bush。【隶属】大戟科 Euphorbiaceae。【包含】世界 70 种，中国 7 种。【学名诠释与讨论】〈阴〉（人）Stanesby Alehornc, 1727 – 1800，英国学者。

【分布】巴拉圭，巴拿马，秘鲁，玻利维亚，厄瓜多尔，哥伦比亚（安蒂奥基亚），哥斯达黎加，马达加斯加，尼加拉瓜，中国，中美洲。【模式】Alchornea latifolia O. Swartz。【参考异名】Aparisthmium Endl.（1840）Nom. illegit.，Nom. superfl.；Bleekeria Miq.（1859）Nom. illegit.；Bossera Léandri（1962）；Cladodes Lour.（1790）；Coelebogyne J. Sm., Nom. illegit.；Coelobogyne J. Sm.；Diderotia Baill.（1861）Nom. illegit.；Hermesia Humb. et Bonpl.（1806）；Hermesia Humb. et Bonpl. ex Willd.（1806）；Lepidoturus Baill.（1858）Nom. illegit.；Lepidoturus Bojer ex Baill.（1858）；Lepidoturus Bojer（1837）Nom. inval.；Orfilea Baill.（1858）；Schousboea Schumach.（1827）Nom. illegit.；Schousboea Schumach. et Thonn.（1827）Nom. illegit.；Stipellaria Benth.（1854）Nom. illegit. ●

1626 Alchorneopsis Müll. Arg.（1865）【汉】类山麻杆属。【隶属】大戟科 Euphorbiaceae。【包含】世界 3 种。【学名诠释与讨论】〈阴〉（属）Alchornea 山麻杆属+希腊文 opsis，外观，模样，相似。【分布】巴拿马，秘鲁，玻利维亚，厄瓜多尔，哥伦比亚（安蒂奥基亚），哥斯达黎加，西印度群岛，热带美洲，中美洲。【模式】Alchorneopsis floribunda Müller Arg.［Alchornea glandulosa Poepp. var. floribunda Bentham］●☆

1627 Alchymilla Ruppius（1745）Nom. inval. = Alchemilla L.（1753）［蔷薇科 Rosaceae//羽衣草科 Alchemillaceae］■

1628 Alcimandra Dandy（1927）【汉】长蕊木兰属。【英】Alcimandra。【隶属】木兰科 Magnoliaceae。【包含】世界 1 种，中国 1 种。【学名诠释与讨论】〈阴〉（德）alkimos，强壮的+希腊文 aner，所有格 andros，雄性，雄蕊。指雄蕊具长花药。此属的学名是"Alcimandra Dandy, Bull. Misc. Inform. 1927：259, 260. 19 Sep 1927"。亦有文献把其处理为"Magnolia L.（1753）"的异名。【分布】中国，东南亚。【模式】Alcimandra cathcartii（J. D. Hooker et Thomson）Dandy［Michelia cathcartii J. D. Hooker et Thomson］。【参考异名】Magnolia L.（1753）●

1629 Alcina Cav.（1791）= Melampodium L.（1753）［菊科 Asteraceae（Compositae）］■●

1630 Alcinaeanthus Merr.（1913）= Neoscortechinia Pax（1897）［大戟科 Euphorbiaceae］☆

1631 Alcinia Kunth = Alcina Cav.（1791）；~ = Melampodium L.（1753）［菊科 Asteraceae（Compositae）］■●

1632 Alciope DC.（1836）Nom. illegit. ≡ Celmisia Cass.（1817）（废弃属名）；~ ≡ Capelio B. Nord.（2002）［菊科 Asteraceae（Compositae）］■☆

1633 Alciope DC. ex Lindl.（1836）Nom. illegit. ≡ Alciope DC.（1836）Nom. illegit.；~ ≡ Celmisia Cass.（1817）（废弃属名）；~ ≡ Capelio B. Nord.（2002）［菊科 Asteraceae（Compositae）］■☆

1634 Alcmene Urb.（1921）= Duguetia A. St. – Hil.（1824）（保留属名）［番荔枝科 Annonaceae］●☆

1635 Alcoceratothrix Nied.（1901）= Byrsonima Rich. ex Juss.（1822）［金虎尾科（黄褥花科）Malpighiaceae］●☆

1636 Alcoceria Fernald（1901）= Dalembertia Baill.（1858）［大戟科 Euphorbiaceae］☆

1637 Aldaea Schltdl. = Aldea Ruiz et Pav.（1794）；~ = Phacelia Juss.（1789）［田梗草科（田基麻科，田亚麻科）Hydrophyllaceae］■☆

1638 Aldama La Llave（1824）【汉】齿黑药菊属。【隶属】菊科 Asteraceae（Compositae）。【包含】世界 2 种。【学名诠释与讨论】〈阴〉词源不详。【分布】墨西哥至委内瑞拉，尼加拉瓜，中美洲。【模式】Aldama dentata La Llave。■☆

1639 Aldanea Willd.（1814）Nom. inval.［田梗草科（田基麻科，田亚麻科）Hydrophyllaceae］☆

1640 Aldasorea Hort. ex Haage et Schmidt(1930)= Aeonium Webb et Berthel. (1840)［景天科 Crassulaceae］●■☆

1641 Aldea Ruiz et Pav. (1794)= Phacelia Juss. (1789)［田梗草科（田基麻科,田亚麻科）Hydrophyllaceae］■☆

1642 Aldeaea Rchb. = Aldea Ruiz et Pav. (1794)［田梗草科（田基麻科,田亚麻科）Hydrophyllaceae］■☆

1643 Aldelaster C. Koch, Nom. illegit. ≡ Aldelaster K. Koch(1861); ~ =Pseuderanthemum Radlk. (1884)Nom. inval. = Adelaster Lindl. ex Veitch(1861)（废弃属名）; ~ =Fittonia Coem. (1865)（保留属名）［天南星科 Araceae］■☆

1644 Aldelaster K. Koch(1861)= Pseuderanthemum Radlk. (1884)Nom. inval. ; ~ = Adelaster Lindl. ex Veitch(1861)（废弃属名）; ~ =Fittonia Coem. (1865)（保留属名）［爵床科 Acanthaceae］■☆

1645 Aldenella Greene(1900)= Cleome L. (1753)［山柑科（白花菜科,醉蝶花科）Capparaceae//白花菜科（醉蝶花科）Cleomaceae］●■

1646 Aldina Adans. (1763)Nom. illegit. (废弃属名)≡Brya P. Browne (1756)［豆科 Fabaceae（Leguminosae）//云实科（苏木科）Caesalpiniaceae］●☆

1647 Aldina E. Mey. (1836)Nom. illegit. (废弃属名)= Acacia Mill. (1754)（保留属名）［豆科 Fabaceae（Leguminosae）//含羞草科 Mimosaceae//金合欢科 Acaciaceae］●■

1648 Aldina Endl. (1840)（保留属名）【汉】阿尔丁豆属（柏雷木属,椰豆木属）。【隶属】豆科 Fabaceae（Leguminosae）//云实科（苏木科）Caesalpiniaceae。【包含】世界 15 种。【学名诠释与讨论】〈阴〉（人）Aldin. 此属的学名“Aldina Endl. , Gen. Pl. ; 1322. Oct 1840”是保留属名。相应的废弃属名是豆科 Fabaceae（Leguminosae）的“Aldina Adans. , Fam. Pl. 2; 328, 514. Jul-Aug 1763 ≡ Brya P. Browne(1756)”。豆科 Fabaceae（Leguminosae）的“Aldina E. H. F. Meyer, Comment. Pl. Africae Austr. 171. 14 Feb-5 Jun 1836 = Acacia Mill. (1754)（保留属名）”亦应废弃。“Allania Bentham, J. Bot. (Hooker) 2: 91. Mar 1840”是“Aldina Endl. (1840)（保留属名）”的同模式异名（Homotypic synonym, Nomenclatural synonym）。【分布】巴西,几内亚,尼加拉瓜,西印度群岛,中美洲。【模式】Aldina insignis (Bentham) Endlicher ［Allania insignis Bentham］。【参考异名】Aldina E. Mey. (1836)Nom. illegit. (废弃属名); Allania Benth. (1840)Nom. illegit. ; Brya P. Browne(1756); Nefrakis Raf. (1838)Nom. illegit. ; Nephracis Post et Kuntze(1903); Pterocarpus Burm. (废弃属名)●☆

1649 Aldinia Raf. (1840)Nom. illegit. (废弃属名)= Croton L. (1753)［大戟科 Euphorbiaceae//巴豆科 Crotonaceae］●

1650 Aldinia Scop. (1777)（废弃属名）= Justicia L. (1753)［爵床科 Acanthaceae//鸭嘴花科（鸭咀花科）Justiciaceae］●■

1651 Aldrovanda L. (1751)Nom. inval. ≡Aldrovanda L. (1753)［茅膏菜科 Droseraceae//貉藻科 Aldrovandaceae］■

1652 Aldrovanda L. (1753)【汉】貉藻属。【日】ムジナモ属。【俄】Альдрованда。【英】Aldrovanda。【隶属】茅膏菜科 Droseraceae//貉藻科 Aldrovandaceae。【包含】世界 1 种,中国 1 种。【学名诠释与讨论】〈阴〉（人）Ulysses Aldrovandus, 1522-1605,意大利植物学者。此属的学名,ING 和 APNI 记载是“Aldrovanda Linnaeus, Sp. Pl. 281. 1 Mai 1753”。茅膏菜科 Droseraceae 的“Aldrovanda Monti, Bonon. Sc. et Art. Inst. Comm. ii. III. 404. t. 12 (1747)”和“Aldrovanda L. (1751)”是命名起点著作之前的名称。【分布】澳大利亚（昆士兰）,中国,帝汶岛,高加索,欧洲中部,亚洲东部和南部。【模式】Aldrovanda vesiculosa Linnaeus。【参考异名】Aldrovanda L. (1751)Nom. inval. ; Aldrovanda Monti (1747)Nom. inval. ■

1653 Aldrovanda Monti(1747)Nom. inval. = Aldrovanda L. (1753)［茅膏菜科 Droseraceae//貉藻科 Aldrovandaceae］■

1654 Aldrovandaceae Nakai(1949)［亦见 Droseraceae Salisb. (保留科名)茅膏菜科］【汉】貉藻科。【包含】世界 1 属 1 种,中国 1 属 1 种。【分布】澳大利亚（昆士兰）,帝汶岛,高加索,欧洲中部,亚洲东部和南部。【科名模式】Aldrovanda L. (1753)■

1655 Aldunatea J. Rémy(1848)= Chaetanthera Ruiz et Pav. (1794)［菊科 Asteraceae（Compositae）］■☆

1656 Alectoridia A. Rich. (1850)= Arthraxon P. Beauv. (1812)［禾本科 Poaceae（Gramineae）］■

1657 Alectoroctonum Schltdl. (1846)= Euphorbia L. (1753)［大戟科 Euphorbiaceae］●■

1658 Alectorolophus Haller(1742)Nom. inval. ≡Rhinanthus L. (1753)［玄参科 Scrophulariaceae//鼻花科 Rhinanthaceae］■

1659 Alectorolophus Mill. = Rhinanthus L. (1753)［玄参科 Scrophulariaceae//鼻花科 Rhinanthaceae］■

1660 Alectorolophus Zinn(1757)Nom. illegit. ≡Rhinanthus L. (1753)［玄参科 Scrophulariaceae//鼻花科 Rhinanthaceae］■

1661 Alectorurus Makino (1908) Nom. illegit. ≡ Comospermum Rauschert (1982)［吊兰科（猴面包科,猴面包树科）Anthericaceae］■☆

1662 Alectra Thunb. (1784)【汉】黑蒴属。【隶属】玄参科 Scrophulariaceae//列当科 Orobanchaceae。【包含】世界 30-40 种,中国 1 种。【学名诠释与讨论】〈阴〉（希）alektros,未婚的。或来自希腊文 alektor,公鸡。喻花的形状。【分布】巴拿马,玻利维亚,马达加斯加,尼加拉瓜,中国,非洲南部,热带美洲,热带亚洲,中美洲。【模式】Alectra capensis Thunberg。【参考异名】Contarenia Vand. (1788); Contrarenia J. St. - Hil. (1805); Hymenospermum Benth. (1831); Melasma P. J. Bergius(1767); Microsyphus C. Presl(1845); Pseudorobanche Rouy(1909); Starbia Thouars(1806)■

1663 Alectryon Gaertn. (1788)【汉】冉布檀属。【俄】Алектоион。【英】Alectryon。【隶属】无患子科 Sapindaceae。【包含】世界 34 种。【学名诠释与讨论】〈中〉（希）alektor,公鸡。Alektryon 为诗中用语。【分布】马来西亚至法属波利尼西亚群岛,澳大利亚（热带）,新西兰。【模式】Alectryon excelsum J. Gaertner。【参考异名】Euonymoides Sol. ex A. Cunn. (1839) Nom. illegit. ; Heterodendron Spreng. (1825); Heterodendrum Desf. (1818); Mahoe Hillebr. (1888); Spanoghea Blume(1847)●☆

1664 Alegria DC. (1824)Nom. illegit. ≡ Alegria Moc. et Sessé ex DC. (1824); ~ =Luehea Willd. (1801)（保留属名）［椴树科（椴科,田麻科）Tiliaceae//锦葵科 Malvaceae］●☆

1665 Alegria Moc. et Sessé ex DC. (1824)= Luehea Willd. (1801)（保留属名）［椴树科（椴科,田麻科）Tiliaceae//锦葵科 Malvaceae］●☆

1666 Alegria Moc. et Sessé, Nom. inval. ≡ Alegria Moc. et Sessé ex DC. (1824); ~ =Luehea Willd. (1801)（保留属名）［椴树科（椴科,田麻科）Tiliaceae//锦葵科 Malvaceae］●☆

1667 Aleisanthia Ridl. (1920)【汉】阿蕾茜属。【隶属】茜草科 Rubiaceae。【包含】世界 2 种。【学名诠释与讨论】〈阴〉词源不详。【分布】马来半岛。【模式】未指定。●☆

1668 Aleisanthiopsis Tange(1997)【汉】加岛茜属。【隶属】茜草科 Rubiaceae。【包含】世界 2 种。【学名诠释与讨论】〈阴〉（属）Aleisanthia 阿蕾茜属+希腊文 opsis,外观,模样,相似。【分布】加里曼丹岛。【模式】不详。●☆

1669 Aleome Neck. (1790) Nom. inval. = Cleome L. (1753)［山柑科（白花菜科,醉蝶花科）Capparaceae//白花菜科（醉蝶花科）Cleomaceae］●■

1670 Alepida Kuntze(1898) Nom. illegit. = Alepidea F. Delaroche

（1808）［伞形花科（伞形科）Apiaceae（Umbelliferae）］■☆

1671　Alepidea F. Delaroche（1808）【汉】无鳞草属。【隶属】伞形花科（伞形科）Apiaceae（Umbelliferae）。【包含】世界 20-40 种。【学名诠释与讨论】〈阴〉（希）a-，无，不+lepis，所有格 lepidos，指小式 lepion 或 lepidion，鳞，鳞片。lepidotos，多鳞的。lepos，鳞，鳞片。此属的学名，ING、TROPICOS 和 IK 记载是"Alepidea F. Delaroche, Eryng. Hisl. 19. I. 1（1808）"。"Alepida Kuntze, Revis. Gen. Pl. 3［3］:110, sphalm. 1898［28 Sep 1898］"拼写有误。【分布】热带和非洲南部。【模式】Alepidea ciliaris Delaroche, Nom. illegit.［Astrantia ciliaris Linnaeus f., Nom. illegit.; Jasione capensis Bergius; Alepidea capensis（Bergius）R. A. Dyer］。【参考异名】Alepida Kuntze（1898）Nom. illegit.; Alepidea La Roche ■☆

1672　Alepidea La Roche ＝ Alepidea F. Delaroche（1808）［伞形花科（伞形科）Apiaceae（Umbelliferae）］■☆

1673　Alepidixia Tiegh. ex Lecomte（1927）＝ Viscum L.（1753）［桑寄生科 Loranthaceae//槲寄生科 Viscaceae］●

1674　Alepidocalyx Piper（1926）【汉】墨西哥豆属。【隶属】豆科 Fabaceae（Leguminosae）//蝶形花科 Papilionaceae。【包含】世界 3 种。【学名诠释与讨论】〈阳〉（希）a-，无，不+lepis，所有格 lepidos，指小式 lepion 或 lepidion，鳞，鳞片。lepidotos，多鳞的。lepos，鳞，鳞片+kalyx，所有格 kalykos ＝拉丁文 calyx，花萼，杯子。此属的学名是"Alepidocalyx Piper, Contr. U. S. Natl. Herb. 22: 672. 12 Jun 1926"。亦有文献把其处理为"Phaseolus L.（1753）"的异名。【分布】墨西哥，中美洲。【模式】Alepidocalyx parvulus（Greene）Piper［Phaseolus parvulus Greene］。【参考异名】Phaseolus L.（1753）■☆

1675　Alepidocline S. F. Blake（1934）【汉】草落冠菊属。【隶属】菊科 Asteraceae（Compositae）。【包含】世界 1-5 种。【学名诠释与讨论】〈阴〉（希）a-，无，不+lepis，所有格 lepidos，指小式 lepion 或 lepidion，鳞，鳞片。lepidotos，多鳞的。lepos，鳞，鳞片+kline，床，来自 klino，倾斜，斜倚。【分布】中美洲。【模式】Alepidocline annua S. F. Blake。■☆

1676　Alepis Tiegh.（1894）【汉】无苞寄生属。【隶属】桑寄生科 Loranthaceae。【包含】世界 1-2 种。【学名诠释与讨论】〈阴〉（希）a-，无，不+lepis，鳞，鳞片。【分布】新西兰。【模式】Alepis flavida（J. D. Hooker）Van Tieghem［Loranthus flavidus J. D. Hooker］●☆

1677　Alepyrum Hieron.（1873）Nom. illegit. ≡ Alepyrum Hieron. ex Baill.（1892）Nom. illegit..; ~＝Pseudalepyrum Dandy（1932）; ~＝Centrolepis Labill.（1804）［刺鳞草科 Centrolepidaceae］■

1678　Alepyrum Hieron. ex Baill.（1892）Nom. illegit. ≡Pseudalepyrum Dandy（1932）; ~＝Centrolepis Labill.（1804）［刺鳞草科 Centrolepidaceae］■

1679　Alepyrum R. Br.（1810）Nom. inval. ＝Centrolepis Labill.（1804）［刺鳞草科 Centrolepidaceae］■

1680　Aletes J. M. Coult. et Rose（1888）【汉】磨石草属。【隶属】伞形花科（伞形科）Apiaceae（Umbelliferae）。【包含】世界 15-20 种。【学名诠释与讨论】〈阴〉（希）aletos，研磨物，aletes 磨石，做研磨工作的人。此属的学名，ING、GCI 和 IK 记载是"Aletes J. M. Coult. et Rose, Rev. N. Amer. Umbell. 125. 1888［Dec 1888］"。化石植物的"Aletes G. Somers, Second Conf. Origin Const. Coal, Nova Scotia Res. Found., Proc. 223. 1953"是晚出的非法名称。【分布】北美洲。【模式】Aletes acaulis（J. Torrey）J. M. Coulter et J. N. Rose［Deweya acaulis J. Torrey］■☆

1681　Aletris L.（1753）【汉】粉条儿菜属（肺筋草属，粉条菜属，束心兰属）。【日】ソクシンラン属。【俄】Алетрис。【英】Aletris, Colic-root, Star Grass, Stargrass, Star-grass。【隶属】百合科 Liliaceae//纳茜菜科（肺筋草科）Nartheciaceae。【包含】世界 21-30 种，中国 15-30 种。【学名诠释与讨论】〈阴〉（希），aletoris，磨粉的女奴。指花被多粉。或指粉状的短柔毛。【分布】巴基斯坦，中国，东亚，北美洲，中美洲。【模式】Aletris farinosa Linnaeus。【参考异名】Meta-aletris Masam.（1938）; Metanarthecium Maxim.（1867）; Stachyopogon Klotzsch（1862）; Stachypogon Post et Kuntze（1903）■

1682　Aleurites Forst.（1775）Nom. illegit. ≡ Aleurites J. R. Forst. et G. Forst.（1775）［大戟科 Euphorbiaceae］●

1683　Aleurites J. R. Forst. et G. Forst.（1775）【汉】石栗属（油桐属）。【日】アブラギリ属。【俄】Дерево масляное, Дерево тунговое, Тунг。【英】Aleurites, Stonechestnut, Tung-oil-tree, Tung-tree。【隶属】大戟科 Euphorbiaceae。【包含】世界 2-5 种，中国 1 种。【学名诠释与讨论】〈阳〉（希）aleurites, 生粉的，粉状的，或 aleuron, 小麦粉+-ites, 表示关系密切的词尾。指植物体被粉状物。此属的学名，ING、GCI、TROPICOS 和 IK 记载是"Aleurites J. R. Forst. et G. Forst., Char. Gen. Pl., ed. 2.［111］. 1776［1 Mar 1776］"。大戟科 Euphorbiaceae 的"Aleurites Forst.（1775）"的命名人引证有误。"Camirium J. Gaertner, Fruct. 2: 194. Apr-Mai 1791"是"Aleurites J. R. Forst. et G. Forst.（1775）"的晚出的同模式异名（Homotypic synonym, Nomenclatural synonym）。【分布】巴基斯坦，厄瓜多尔，马达加斯加，马来西亚，中国，热带亚洲，太平洋地区，中美洲。【模式】Aleurites triloba J. R. Forster et J. G. A. Forster。【参考异名】Aleurites Forst.（1775）Nom. illegit.; Camirium Gaertn.（1791）Nom. illegit.; Camirium Rumph. ex Gaertn.（1791）Nom. illegit.; Carda Noronha（1790）Nom. inval., Nom. nud.; Telopaea Parkinson; Telopaea Sol. ex Parkinson; Telopea Sol. ex Baill.（1858）Nom. illegit.（废弃属名）; Vernicia Lour.（1790）●

1684　Aleuritia（Duby）Opiz（1839）＝ Primula L.（1753）［报春花科 Primulaceae］■

1685　Aleuritia Spach（1840）Nom. illegit. ≡ Aleuritia（Duby）Opiz（1839）; ~＝Primula L.（1753）［报春花科 Primulaceae］■

1686　Aleurodendron Reinw.（1823）＝ Melochia L.（1753）（保留属名）［梧桐科 Sterculiaceae//锦葵科 Malvaceae//马松子科 Melochiaceae］●■

1687　Alexa Moq.（1849）【汉】护卫豆属。【隶属】豆科 Fabaceae（Leguminosae）//蝶形花科 Papilionaceae。【包含】世界 7 种。【学名诠释与讨论】〈阴〉（希）alexo，保卫，保护。此属的学名"Alexa Moquin in Alph. de Candolle, Prodr. 13（2）: 168. 5 Mai 1849"是一个替代名称。"Alexandra R. H. Schomburgk, London J. Bot. 4: 12. 1845"是一个非法名称（Nom. illegit.），因为此前已经有了"Alexa Bunge, Linnaea 17: 120. 26-28 Apr 1843［藜科 Chenopodiaceae］"。故用"Alexa Moq.（1849）"替代之。亦有文献把"Alexa Moq.（1849）"处理为"Castanospermum A. Cunn. ex Hook.（1830）"的异名。【分布】热带南美洲。【模式】Alexa imperatricis（R. H. Schomburgk）Baillon［Alexandra imperatricis R. H. Schomburgk］。【参考异名】Alexandra R. H. Schomb.（1845）Nom. illegit.; Castanospermum A. Cunn. ex Hook.（1830）●☆

1688　Alexandra Bunge（1843）【汉】翼萼蓬属（密苞蓬属）。【俄】Александра。【隶属】藜科 Chenopodiaceae。【包含】世界 1 种。【学名诠释与讨论】〈阴〉（希）alexo+aner，所有格 andros，雄性，雄蕊。此属的学名，ING 和 IK 记载是"Alexandra Bunge, Linnaea 17: 120. 26-28 Apr 1843"。"Alexandra R. H. Schomburgk, London J. Bot. 4: 12. 1845 ≡ Alexa Moq.（1849）"是晚出的非法名称。【分布】亚洲中部。【模式】Alexandra lehmannii Bunge［as 'lehmanni'］。【参考异名】Pterocalyx Schrenk（1843）■☆

1689　Alexandra R. H. Schomb.（1845）Nom. illegit. ≡ Alexa Moq.（1849）［豆科 Fabaceae（Leguminosae）//蝶形花科 Papilionaceae］●☆

1690　Alexandrina Lindl. = Alexandra R. H. Schomb.（1845）Nom. illegit. ；～= Alexa Moq.（1849）［豆科 Fabaceae（Leguminosae）//蝶形花科 Papilionaceae］●☆

1691　Alexeya Pachom.（1974）= Paraquilegia J. R. Drumm. et Hutch.（1920）［毛茛科 Ranunculaceae］■

1692　Alexfloydia B. K. Simon（1992）【汉】阿氏黍属。【隶属】禾本科 Poaceae（Gramineae）。【包含】世界 1 种。【学名诠释与讨论】〈阴〉（人）Alexfloyd。【分布】澳大利亚。【模式】Alexfloydia repens B. K. Simon。■☆

1693　Alexgeorgea Carlquist（1976）【汉】亮鞘帚灯草属。【隶属】帚灯草科 Restionaceae。【包含】世界 3 种。【学名诠释与讨论】〈阴〉（人），1939-，澳大利亚植物学者。【分布】澳大利亚（南部）。【模式】Alexgeorgea subterranea S. Carlquist。■☆

1694　Alexia Wight（1850）= Alyxia Banks ex R. Br.（1810）（保留属名）［夹竹桃科 Apocynaceae］●

1695　Alexis Salisb.（1812）= Amomum Roxb.（1820）（保留属名）［姜科（蘘荷科）Zingiberaceae］■

1696　Alexitoxicon St. -Lag.（1880）Nom. illegit. ≡ Vincetoxicum Wolf（1776）；～= Cynanchum L.（1753）［萝藦科 Asclepiadaceae］●■

1697　Alfaroa Standl.（1927）【汉】哥斯达黎加胡桃属（无翅黄杞属）。【隶属】胡桃科 Juglandaceae。【包含】世界 1-7 种。【学名诠释与讨论】〈阴〉（人）Alfaro。【分布】巴拿马，哥伦比亚（安蒂奥基亚），哥斯达黎加，尼加拉瓜，中美洲。【模式】Alfaroa costaricensis Standley。●☆

1698　Alfaropsis Iljinsk.（1993）【汉】安黄杞属（拟哥斯达黎加胡桃属）。【隶属】胡桃科 Juglandaceae。【包含】世界 1 种。【学名诠释与讨论】〈阴〉（属）Alfaroa 哥斯达黎加胡桃属+希腊文 opsis，外观，模样，相似。【分布】孟加拉，尼泊尔，印度。【模式】Alfaropsis roxburghiana（Wallich）I. A. Iljinskaja ［Engelhardia roxburghiana Wallich］●☆

1699　Alfonsia Kunth（1815）Nom. illegit. ≡ Corozo Jacq. ex Giseke（1792）；～= Elaeis Jacq.（1763）［棕榈科 Arecaceae（Palmae）］●

1700　Alfredia Cass.（1816）【汉】翅膜菊属（黄飞廉属，亚飞廉属）。【俄】Альфредия。【英】Alfredia。【隶属】菊科 Asteraceae（Compositae）。【包含】世界 5 种，中国 5 种。【学名诠释与讨论】〈阴〉（人）Alfred Rehder，1848-1943，美国植物学者。【分布】中国，亚洲中部。【模式】Alfredia cernua（Linnaeus）Cassini ［Cnicus cernuus Linnaeus］■

1701　Alga Adans.（1763）Nom. illegit.（废弃属名）≡ Zostera L.（1753）［眼子菜科 Potamogetonaceae//大叶藻科（甘藻科）Zosteraceae］■

1702　Alga Boehm（1760）Nom. illegit.（废弃属名）= Posidonia K. D. König（1805）（保留属名）［眼子菜科 Potamogetonaceae//波喜荡草科（波喜荡科，海草科，海神草科）Posidoniaceae］■

1703　Alga Lam.（1779）Nom. illegit.（废弃属名）= Zostera L.（1753）［眼子菜科 Potamogetonaceae//大叶藻科（甘藻科）Zosteraceae］■

1704　Alga Ludw.（1737）Nom. inval. = Posidonia K. D. König（1805）（保留属名）［眼子菜科 Potamogetonaceae//波喜荡草科（波喜荡科，海草科，海神草科）Posidoniaceae］■

1705　Algarobia（DC.）Benth.（1839）= Prosopis L.（1767）［豆科 Fabaceae（Leguminosae）//含羞草科 Mimosaceae］●

1706　Algarobia Benth.（1839）Nom. illegit. ≡ Algarobia（DC.）Benth.（1839）；～= Prosopis L.（1767）［豆科 Fabaceae（Leguminosae）//含羞草科 Mimosaceae］●

1707　Algernonia Baill.（1858）【汉】巴西大戟属。【隶属】大戟科 Euphorbiaceae。【包含】世界 3 种。【学名诠释与讨论】〈阴〉（人）Hugh Algernon V. Vddell，1819-1877，英国植物学者，医生。【分布】巴西。【模式】Algernonia brasiliensis Baillon。☆

1708　Algrizea Proença et NicLugh.（2006）【汉】巴西怪柳桃金娘属。【隶属】桃金娘科 Myrtaceae。【包含】世界 1 种。【学名诠释与讨论】〈阴〉词源不详。此属的学名是“Algrizea Proença et NicLugh. ，Systematic Botany 31（2）：320-326, f. 1-2,3 ［map］,4E. 2006.（Syst. Bot.）”。亦有文献把其处理为“Myrcia DC. ex Guill.（1827）”的异名。【分布】巴西。【模式】Algrizea macrochlamys（DC.）Proença et NicLugh.。【参考异名】Myrcia DC. ex Guill.（1827）●☆

1709　Alguelaguen Adans.（1763）（废弃属名）= Lepechinia Willd.（1804）；～= Sphacele Benth.（1829）（保留属名）［唇形科 Lamiaceae（Labiatae）］●■☆

1710　Alguelaguen Feuill. ex Adans.（1763）Nom. illegit.（废弃属名）≡ Alguelaguen Adans.（1763）（废弃属名）；～= Lepechinia Willd.（1804）；～= Sphacele Benth.（1829）（保留属名）［唇形科 Lamiaceae（Labiatae）］●■☆

1711　Alguelagum Kuntze（1891）= Alguelaguen Adans.（1763）（废弃属名）；～= Lepechinia Willd.（1804）；～= Sphacele Benth.（1829）（保留属名）［唇形科 Lamiaceae（Labiatae）］●■☆

1712　Alhagi Adans.（1763）Nom. illegit. ≡ Alhagi Tourn. ex Adans.（1763）［茜草科 Rubiaceae］●

1713　Alhagi Gagnebin（1755）【汉】骆驼刺属。【俄】Верблюжья колячка，Чагерак。【英】Alhagi，Camelthorn。【隶属】豆科 Fabaceae（Leguminosae）//蝶形花科 Papilionaceae。【包含】世界 5 种，中国 1 种。【学名诠释与讨论】〈中〉（毛里塔尼亚）alhag，北非毛里塔尼亚或摩洛哥的一种骆驼刺植物俗名。此属的学名，ING、APNI 和 IPNI 记载是“Alhagi Gagnebin, Acta Helv. Phys. -Math. 2：59. 1755 ［Feb 1755］”；《中国植物志》英文版亦使用此名称。“Alhagi Tourn. ex Adans. , Fam. Pl.（Adanson）2：328（1763）；Desv. Journ. Bot. 1：120. t. 4（1813）≡ Alhagi Adans.（1763）”是晚出的非法名称。“Fabricia Scopoli, Introd. 307. Jan-Apr 1777（non Adanson 1763）”是“Alhagi Gagnebin（1755）”的晚出的同模式异名（Homotypic synonym, Nomenclatural synonym）。【分布】中国，地中海和撒哈拉沙漠至亚洲中部和喜马拉雅山。【模式】未指定。【参考异名】Alhagi Adans.（1763）Nom. illegit. ；Alhagi Tourn. ex Adans.（1763）Nom. illegit. ；Alhagia Rchb.（1841）；Fabricia Scop.（1777）Nom. illegit. ●

1714　Alhagi Tourn. ex Adans.（1763）Nom. illegit. = Alhagi Gagnebin（1755）［豆科 Fabaceae（Leguminosae）//蝶形花科 Papilionaceae］●

1715　Alhagia Rchb.（1841）= Alhagi Tourn. ex Adans.（1763）［茜草科 Rubiaceae］●

1716　Alibertia A. Rich.（1830）Nom. illegit. ≡ Alibertia A. Rich. ex DC.（1830）［茜草科 Rubiaceae］●☆

1717　Alibertia A. Rich. ex DC.（1830）【汉】阿利茜属。【隶属】茜草科 Rubiaceae。【包含】世界 35 种。【学名诠释与讨论】〈阴〉（人），1768-1837，法国植物学者，皮肤病专家。此属的学名，ING、GCI、TROPICOS 和 IK 记载是“Alibertia A. Richard ex A. P. de Candolle, Prodr. 4：443. Sep（sero）1830”。IK 还记载了“Alibertia A. Rich. , Mém. Soc. Hist. Nat. Paris v. 234. 1830 ［Dec 1830］”。【分布】巴拉圭，巴拿马，秘鲁，玻利维亚，厄瓜多尔，哥伦比亚（安蒂奥基亚），尼加拉瓜，西印度群岛，热带美洲，中美洲。【模式】Alibertia edulis（L. C. Richard）A. Richard ex A. P. de Candolle ［Genipa edulis L. C. Richard］。【参考异名】Alibertia A. Rich.（1830）Nom. illegit. ；Cordiera A. Rich.（1830）Nom. inval. ；

Cordiera A. Rich. ex DC. (1830); Garapatica H. Karst. (1858); Gardeniola Cham. (1834); Genipella A. Rich. ex DC. (1830); Ibetralia Bremek. (1934); Melanopsidium Poit. ex DC. (1830) Nom. illegit.; Scepseothamnus Cham. (1834) ●☆

1718　Alibrexia Miers (1845) = Nolana L. ex L. f. (1762) [茄科 Solanaceae//铃花科 Nolanaceae] ■☆

1719　Album Less. (1832) = Liabum Adans. (1763) Nom. illegit.; ~ = Amellus L. (1759) (保留属名) [菊科 Asteraceae (Compositae)] ■ ●☆

1720　Alicabon Raf. (1838) = Physalis L. (1753); ~ = Withania Pauquy (1825) (保留属名) [茄科 Solanaceae] ●■

1721　Alicastrum P. Browne (1756) (废弃属名) ≡ Brosimum Sw. (1788) (保留属名) [桑科 Moraceae] ●☆

1722　Alicia W. R. Anderson (2006)【汉】南美藤翅果属。【隶属】金虎尾科 (黄褥花科) Malpighiaceae。【包含】世界 2 种。【学名诠释与讨论】〈阴〉(人) Alic. 此属的学名是“Alicia W. R. Anderson, Novon 16(2): 174-176. 2006. (26 Jul 2006)”。亦有文献把其处理为“Hiraea Jacq. (1760)”的异名。【分布】玻利维亚, 南美洲。【模式】Alicia anisopetala (A. Jussieu) W. R. Anderson [Hiraea anisopetala A. Jussieu]。【参考异名】Hiraea Jacq. (1760) ●☆

1723　Aliciella Brand (1905)【汉】异吉莉莉花属。【隶属】花荵科 Polemoniaceae。【包含】世界 8 种。【学名诠释与讨论】〈阴〉(属) Alicia 南美藤翅果属+-ellus, -ella, -ellum, 加在名词词干后面形成指小式的词尾。或加在人名、属名等后面以组成新属的名称。此属的学名是“Aliciella A. Brand, Helios 22: 77. 1905”。亦有文献把其处理为“Gilia Ruiz et Pav. (1794)”的异名。【分布】北美洲。【模式】Aliciella triodon (Eastwood) A. Brand [Gilia triodon Eastwood]。【参考异名】Gilia Ruiz et Pav. (1794) ■☆

1724　Aliconia Herrera (1921) = Mikania Willd. (1803) (保留属名) [菊科 Asteraceae (Compositae)] ■

1725　Alicosta Dulac (1867) Nom. illegit. ≡ Bartsia L. (1753) (保留属名) [玄参科 Scrophulariaceae//列当科 Orobanchaceae] ■●☆

1726　Alicteres Neck. (1790) Nom. inval. ≡ Alicteres Neck. ex Schott et Endl. (1832); ~ = Helicteres L. (1753) [梧桐科 Sterculiaceae//锦葵科 Malvaceae] ●

1727　Alicteres Neck. ex Schott et Endl. (1832) = Helicteres L. (1753) [梧桐科 Sterculiaceae//锦葵科 Malvaceae] ●

1728　Aliella Qaiser et Lack (1986)【汉】黄鼠麴属。【隶属】菊科 Asteraceae (Compositae)。【包含】世界 3 种。【学名诠释与讨论】〈阴〉(拉) ali (希) halys 海+-ellus, -ella, -ellum, 加在名词词干后面形成指小式的词尾。或加在人名、属名等后面以组成新属的名称。【分布】南美洲。【模式】Aliella platyphylla (R. Maire) M. Qaiser et H. W. Lack [Gnaphalium helichrysoides Wedd. var. platyphyllum R. Maire] ■●☆

1729　Alifana Raf. (1838) = Brachyotum (DC.) Triana ex Benth. (1867) [野牡丹科 Melastomataceae] ●☆

1730　Alifanus Adans. (1763) Nom. illegit. ≡ Alifanus Pluk. ex Adans. (1763) Nom. illegit.; ~ ≡ Rhexia L. (1753) [野牡丹科 Melastomataceae] ●■☆

1731　Alifanus Pluk. ex Adans. (1763) Nom. illegit. ≡ Rhexia L. (1753) [野牡丹科 Melastomataceae] ●■☆

1732　Alifiola Raf. (1840) = Silene L. (1753) (保留属名) [石竹科 Caryophyllaceae] ■

1733　Aligera Suksd. (1897)【汉】翼缬草属。【隶属】缬草科 (败酱科) Valerianaceae。【包含】世界 15 种。【学名诠释与讨论】〈阴〉(拉) ala, 指小式 alula, 翼。alatus 有翅的+-ger, 带有的, 具有的, 生有的。【分布】太平洋地区, 北美洲。【模式】未指定。■☆

1734　Alina Adans (1763) (废弃属名) = Hyperbaena Miers ex Benth. (1861) (保留属名) [防己科 Menispermaceae] ●☆

1735　Aliniella J. Raynal (1973) Nom. illegit. ≡ Alinula J. Raynal (1977) [莎草科 Cyperaceae] ■☆

1736　Alinorchis Szlach. (2002)【汉】非洲玉凤花属。【隶属】兰科 Orchidaceae。【包含】世界 3 种。【学名诠释与讨论】〈阴〉(人) Alin+orchis, 原义是睾丸, 后变为植物兰的名称, 因为根的形态而得名。变为拉丁文 orchis, 所有格 orchidis。【分布】埃塞俄比亚。【模式】不详。■☆

1737　Alinula J. Raynal (1977)【汉】阿林莎草属。【隶属】莎草科 Cyperaceae。【包含】世界 4 种。【学名诠释与讨论】〈阴〉(人) Alin+-ulus, -ula, -ulum, 指示小的词尾。此属的学名“Alinula J. Raynal, Adansonia ser. 2. 17: 43. 8 Sep 1977”是一个替代名称。“Aliniella J. Raynal, Adansonia ser. 2. 13: 157. 31 Jul 1973”是一个非法名称 (Nom. illegit.), 因为此前已经有了裸藻的“Aliniella B. Skvortsov, Quart. J. Taiwan Mus. 22: 236. Dec 1969”。故用“Alinula J. Raynal (1977)”替代之。“Raynalia J. Soják, Cas. Nár. Muz., Rada Prír. 148: 193. Oct 1980 (‘1979’)”亦是“Alinula J. Raynal (1977)”的晚出的同模式异名 (Homotypic synonym, Nomenclatural synonym)。【分布】埃塞俄比亚, 肯尼亚, 马达加斯加, 马拉维, 莫桑比克, 纳米比亚, 南非, 坦桑尼亚, 乌干达, 赞比亚。【模式】Alinula lipocarphioides (G. Kükenthal ex A. Peter) J. Raynal [as ‘lipocarphoides’] [Ficinia lipocarphioides G. Kükenthal ex A. Peter]。【参考异名】Aliniella J. Raynal (1973) Nom. illegit.; Mariscus Goetgh. (1977); Raynalia Soják (1980) Nom. illegit. ■☆

1738　Alionia Raf. = Allionia Loefl. (1758) (废弃属名); ~ = Mirabilis L. (1753) [紫茉莉科 Nyctaginaceae] ■

1739　Aliopsis Omer et Qaiser (1991) = Gentianella Moench (1794) (保留属名) [龙胆科 Gentianaceae] ■

1740　Alipendula Neck. (1790) Nom. inval. = Filipendula Mill. (1754) [蔷薇科 Rosaceae] ■

1741　Alipsa Hoffmanns. (1842) Nom. illegit. ≡ Liparis Rich. (1817) (保留属名) [兰科 Orchidaceae] ■

1742　Aliseta Raf. (1836) = Arnica L. (1753) [菊科 Asteraceae (Compositae)] ●■☆

1743　Alisma L. (1753)【汉】泽泻属。【日】オモダカ属, サジオモダカ属, ヘラオモダカ属。【俄】Зуфи-оби, Частуха。【英】Water Plantain, Waterplantain, Water - plantain。【隶属】泽泻科 Alismataceae。【包含】世界 9-11 种, 中国 6-7 种。【学名诠释与讨论】〈中〉(希) halisma, 喜盐的。指某些植物种类喜生于盐碱地。另说来自古希腊名。此属的学名, ING、APNI、GCI、TROPICOS 和 IK 记载是“Alisma L., Sp. Pl. 1: 342. 1753 [1 May 1753]”。“Plantaginastrum Heister ex Fabricius, Enum. 61. 1759”是“Alisma L. (1753)”的晚出的同模式异名 (Homotypic synonym, Nomenclatural synonym)。【分布】澳大利亚, 巴基斯坦, 玻利维亚, 马达加斯加, 美国 (密苏里), 中国, 北温带, 中美洲。【后选模式】Alisma plantago-aquatica Linnaeus。【参考异名】Damasonium Adans. (1763) Nom. illegit.; Plantaginastrum Fabr. (1759) Nom. illegit.; Plantaginastrum Heist. ex Fabr. (1759) Nom. illegit. ■

1744　Alismataceae Vent. (1799) (保留科名)【汉】泽泻科。【日】オモダカ科。【俄】Частуховые。【英】Alisma Family, Arrowhead Family, Water-plantain Family。【包含】世界 11-14 属 80-103 种, 中国 4 属 20-21 种。【分布】广泛分布, 主要北半球。【科名模式】Alisma L. ■

1745　Alismographis Thouars = Eulophia R. Br. (1821) [as ‘Eulophus’] (保留属名); ~ = Limodorum Boehm. (1760) (保留属名) [兰科 Orchidaceae] ■☆

1746　Alismorchis Thouars（1822）Nom. illegit. ≡ Alismorkis Thouars（1809）（废弃属名）；~ =Calanthe R. Br.（1821）（保留属名）[兰科 Orchidaceae]■

1747　Alismorkis Thouars（1809）（废弃属名）= Calanthe R. Br.（1821）（保留属名）[兰科 Orchidaceae]■

1748　Alisson Vill.（1779）= Alyssum L.（1753）[十字花科 Brassicaceae（Cruciferae）]■●

1749　Alissum Neck.（1768）= Alyssum L.（1753）[十字花科 Brassicaceae（Cruciferae）]■●

1750　Alistilus N. E. Br.（1921）【汉】海柱豆属。【隶属】豆科 Fabaceae（Leguminosae）//蝶形花科 Papilionaceae。【包含】世界 2 种。【学名诠释与讨论】〈阳〉（希）ali（希）halys，海+stilus，尖棒，此处指花柱。【分布】非洲南部。【模式】Alistilus bechuanicus N. E. Brown。【参考异名】Alysistyles N. E. Br. ex R. A. Dyer（1975）●☆

1751　Aliteria Benoist（1929）= Clarisia Ruiz et Pav.（1794）（保留属名）[桑科 Moraceae]●☆

1752　Alitubus Dulac（1867）= Achillea L.（1753）[菊科 Asteraceae（Compositae）]■

1753　Alix Comm. ex DC.（1836）= Psiadia Jacq.（1803）[菊科 Asteraceae（Compositae）]●☆

1754　Alkanna Adans.（1763）Nom. illegit.（废弃属名）≡ Lawsonia L.（1753）[千屈菜科 Lythraceae]●

1755　Alkanna Tausch（1824）（保留属名）【汉】紫朱草属（红根草属，牛舌草属）。【俄】Алкана，Алканет，Алканна，Альканна。【英】Alkanet，Anchusa。【隶属】紫草科 Boraginaceae。【包含】世界 25-30 种。【学名诠释与讨论】〈阴〉（阿拉伯）alkanna，指甲花，指甲花染料。此属的学名"Alkanna Tausch in Flora 7：234. 21 Apr 1824"是保留属名。相应的废弃属名是千屈菜科 Lythraceae 的"Alkanna Adans.，Fam. Pl. 2：444，514. Jul-Aug 1763 ≡ Lawsonia L.（1753）"。"Onochiles Bubani，Fl. Pyrenaea 1：491. 1897（non Onochilis Martius 1817）"、"Anchusa J. Hill，Brit. Herb. 393. Oct 1756（non Linnaeus 1753）"和"Rhytispermum Link，Handb. 1：579. ante Sep 1829"是"Alkanna Tausch（1824）（保留属名）"的晚出的同模式异名（Homotypic synonym，Nomenclatural synonym）。【分布】地中海至伊朗，欧洲南部。【模式】Alkanna tinctoria Tausch。【参考异名】Alcanna Orph.（1869）Nom. illegit.；Anchusa Hill（1756）Nom. illegit.；Baphorhiza Link（1829）Nom. illegit.；Camptocarpus K. Koch（1844）（废弃属名）；Campylocaryum DC. ex A. DC.（1846）Nom. illegit.；Campylocaryum DC. ex Meisn.（1840）；Lawsonia L.（1753）；Onochiles Bubani et Penz.；Onochiles Bubani（1897）Nom. illegit.；Rhytispermum Link（1829）Nom. illegit.●☆

1756　Alkekengi Mill.（1754）Nom. illegit. ≡Physalis L.（1753）[茄科 Solanaceae]■

1757　Alkekengi Tourn. ex Haller（1742）Nom. inval. = Physalis L.（1753）[茄科 Solanaceae]■

1758　Alkibias Raf.（1838）= Aster L.（1753）；~ = Chrysocoma L.（1753）[菊科 Asteraceae（Compositae）]●■

1759　Allaeanthus Thwaites（1854）【汉】落叶花桑属（阿里桑属，附尾桑属）。【隶属】桑科 Moraceae。【包含】世界 5 种。【学名诠释与讨论】〈阳〉（希）allage，变更，交换+anthos，花。此属的学名"Allaeanthus Thwaites，Hooker's J. Bot. Kew Gard. Misc. 6：302. 1854"。亦有文献把其处理为"Broussonetia L' Hér. ex Vent.（1799）（保留属名）"的异名。【分布】印度至马来西亚。【模式】Allaeanthus zeylanicus Thwaites。【参考异名】Broussonetia L' Hér. ex Vent.（1799）（保留属名）●☆

1760　Allaeophania Thwaites（1859）= Hedyotis L.（1753）（保留属名）[茜草科 Rubiaceae]●■

1761　Allaganthera Mart.（1814）Nom. illegit. ≡ Alternanthera Forssk.（1775）[苋科 Amaranthaceae]●

1762　Allagas Raf.（1838）= Alpinia Roxb.（1810）（保留属名）[姜科（蘘荷科）Zingiberaceae//山姜科 Alpiniaceae]■

1763　Allagopappus Cass.（1828）【汉】叉枝菊属。【隶属】菊科 Asteraceae（Compositae）。【包含】世界 2 种。【学名诠释与讨论】〈阳〉（希）allage，变更，交换+希腊文 pappos 指柔毛，软毛。pappus 则与拉丁文同义，指冠毛。【分布】西班牙（加那利群岛）。【模式】Allagopappus dichotomus Cassini。●☆

1764　Allagophyla Raf. = Corytholoma（Benth.）Decne.（1848）[苦苣苔科 Gesneriaceae]■☆

1765　Allagoptera Nees（1821）【汉】香花棕榈属（互生翼棕榈属，轮羽椰属，香花椰子属）。【日】イヌパココャシ属。【隶属】棕榈科 Arecaceae（Palmae）。【包含】世界 4-10 种。【学名诠释与讨论】〈阴〉（希）allage，变更，交换+pteron，指小式 pteridion，翅。pteridios 有羽毛的。【分布】热带南美洲。【模式】Allagoptera pumila C. G. D. Nees。【参考异名】Alagoptera Mart.（1842）；Diplothemium Mart.（1824）●☆

1766　Allagosperma M. Roem.（1846）Nom. illegit. ≡Alternasemina Silva Manso（1836）；~ = Melothria L.（1753）[葫芦科（瓜科，南瓜科）Cucurbitaceae]■

1767　Allagostachyum Nees ex Steud.（1840）Nom. inval.，Nom. nud. = Poa L.（1753）；~ = Tribolium Desv.（1831）[禾本科 Poaceae（Gramineae）]■☆

1768　Allagostachyum Nees（1840）Nom. inval.，Nom. nud. ≡ Allagostachyum Nees ex Steud.（1840）；~ = Poa L.（1753）；~ = Tribolium Desv.（1831）[禾本科 Poaceae（Gramineae）]■

1769　Allagostachyum Steud.（1840）Nom. inval.，Nom. nud. ≡ Allagostachyum Nees ex Steud.（1840）；~ = Poa L.（1753）；~ = Tribolium Desv.（1831）[禾本科 Poaceae（Gramineae）]■☆

1770　Allamanda L.（1771）【汉】黄蝉木属（黄蝉属）。【日】アラマンダ属，アリアケカズラ属，アリアゲキヅラ属，ヘンデルギ属。【英】Allamanda，Allemande。【隶属】夹竹桃科 Apocynaceae。【包含】世界 15 种，中国 2 种。【学名诠释与讨论】〈阴〉（人）Jean Frédérique（Frédéric）Fraçois Louis Allamand，1735-1803，瑞士植物学者，荷兰莱顿大学教授。此属的学名，ING 和 IK 记载是"Allamanda L.，Mant. Pl. Altera 146（214）. 1771［Oct 1771］"。"Orelia Aublet，Hist. Pl. Guiane 270. Jun-Dec 1775"是"Allamanda L.（1771）"的晚出的同模式异名（Homotypic synonym，Nomenclatural synonym）。"Allemanda L."似为误引。【分布】巴基斯坦，巴拿马，玻利维亚，厄瓜多尔，马达加斯加，尼加拉瓜，哥伦比亚（安蒂奥基亚），中国，西印度群岛，热带南美洲，中美洲。【模式】Allamanda cathartica Linnaeus。【参考异名】Allemanda L.，Nom. illegit.；Galarips Allemão ex L.；Orelia Aubl.（1775）Nom. illegit.●

1771　Allanblackia Oliv.（1867）Nom. illegit. ≡ Allanblackia Oliv. ex Benth. et Hook. f.（1867）；~ ≡ Aldina Endl.（1840）（保留属名）[猪胶树科（克鲁西科，山竹子科，藤黄科）Clusiaceae（Guttiferae）]●☆

1772　Allanblackia Oliv. ex Benth.（1867）Nom. illegit. ≡ Allanblackia Oliv. ex Benth. et Hook. f.（1867）；~ ≡ Aldina Endl.（1840）（保留属名）[猪胶树科（克鲁西科，山竹子科，藤黄科）Clusiaceae（Guttiferae）]●☆

1773　Allanblackia Oliv. ex Benth. et Hook. f.（1867）【汉】阿兰藤黄属。【隶属】猪胶树科（克鲁西科，山竹子科，藤黄科）Clusiaceae（Guttiferae）。【包含】世界 8-10 种。【学名诠释与讨论】〈阴〉

（人）Allan A. Black，1832–1865，英国植物学者，园艺学者。此属的学名，ING 记载为"Allanblackia D. Oliver ex Bentham et Hook. f.，Gen. 1：980. Sep 1867"。IK 和《显花植物与蕨类植物词典》记载为"Allanblackia Oliv.，Gen. Pl.［Bentham et Hooker f.］1（3）：980. 1867［Sep 1867］"。TROPICOS 则记载为"Allanblackia Oliv. ex Benth.，Gen. Pl. 1：980，1867"。三者引用的文献相同。亦有文献把"Allanblackia Oliv. ex Benth. et Hook. f.（1867）"处理为"Aldina Endl.（1840）（保留属名）"的异名。【分布】热带非洲。【模式】Allanblackia floribunda D. Oliver. IK 则记载为"Allanblackia Oliv.，Gen. Pl.［Bentham et Hooker f.］1（3）：980. 1867［Sep 1867］"。【参考异名】Allanblackia Oliv.（1867）Nom. illegit.；Allanblackia Oliv. ex Benth.（1867）Nom. illegit.；Allania Benth.（1840）Nom. illegit.；Stearodendron Engl.（1895）●☆

1774　Allania Benth.（1840）Nom. illegit. ≡ Allanblackia Oliv. ex Benth. et Hook. f.（1867）；~ = Alania Endl.（1836）［吊兰科（猴面包科，猴面包树科）Anthericaceae//耐旱草科 Boryaceae］■☆

1775　Allantoma Miers（1874）【汉】腊肠玉蕊属。【隶属】玉蕊科（巴西果科）Lecythidaceae。【包含】世界 1 种。【学名诠释与讨论】〈阴〉（希）allas，所有格 allantos，腊肠。【分布】巴西，几内亚。【后选模式】Allantoma torulosa Miers.【参考异名】Goeldinia Huber（1902）●☆

1776　Allantospermum Forman（1965）【汉】腊肠木属。【隶属】黏木科 Ixonanthaceae。【包含】世界 1 种。【学名诠释与讨论】〈中〉（希）allas，所有格 allantos，腊肠+sperma，所有格 spermatos，种子，孢子。【分布】马达加斯加，加里曼丹岛。【模式】Allantospermum borneënse Forman.【参考异名】Cleistanthopsis Capuron（1965）●☆

1777　Allardia Decne.（1841）【汉】小扁芒菊属（扁毛菊属，芒菊属）。【隶属】菊科 Asteraceae（Compositae）。【包含】世界 8 种，中国 7 种。【学名诠释与讨论】〈阴〉（人）Allard. 此属的学名，ING、TROPICOS 和 IK 记载是"Allardia Decaisne in Jacquemont, Voyage Inde 4, Bot. ：87. 1841（prim.）（1844）"。《中国植物志》英文版和《巴基斯坦植物志》等文献也用"Allardia Decne.（1841）"为正名；把"Waldheimia Kar. et Kir.（1842）"处理为异名。《中国植物志》中文版等文献则把"Waldheimia Kar. et Kir.（1842）"处理为独立的属。【分布】阿富汗，巴基斯坦，蒙古，中国，阿尔泰山，帕米尔，天山，喜马拉雅山。【模式】未指定。【参考异名】Waldheimia Kar. et Kir.（1842）■

1778　Allardtia A. Dietr.（1852）= Tillandsia L.（1753）［凤梨科 Bromeliaceae//花凤梨科 Tillandsiaceae］■☆

1779　Allasia Lour.（1790）= Vitex L.（1753）［马鞭草科 Verbenaceae//唇形科 Lamiaceae（Labiatae）//牡荆科 Viticaceae］●

1780　Allazia Silva Manso（1836）= Allasia Lour.（1790）= Vitex L.（1753）［马鞭草科 Verbenaceae//唇形科 Lamiaceae（Labiatae）//牡荆科 Viticaceae］●

1781　Alleizettea Dubard et Dop（1925）= Danais Comm. ex Vent.（1799）［茜草科 Rubiaceae］●☆

1782　Alleizettella Pit.（1923）【汉】白香楠属（白果香楠属）。【英】Alleizettella。【隶属】茜草科 Rubiaceae。【包含】世界 2 种，中国 1 种。【学名诠释与讨论】〈阴〉（人）Aymar Charles Alleizette（d'Aleizette），1884–1967+-ellus，-ella，-ellum，加在名词词干后面形成指小式的词尾。或加在人名、属名等后面以组成新属的名称。【分布】中国，中南半岛。【模式】Alleizettella rubra Pitard.●

1783　Allelotheca Steud.（1854）= Lophatherum Brongn.（1831）［禾本科 Poaceae（Gramineae）］■

1784　Allemanda L.，Nom. illegit. = Allamanda L.（1771）［夹竹桃科 Apocynaceae］●

1785　Allemania Endl.（1837）= Allmania R. Br. ex Wight（1834）［苋科 Amaranthaceae］■

1786　Allenanthus Standl.（1940）【汉】阿伦花属。【隶属】茜草科 Rubiaceae。【包含】世界 2 种。【学名诠释与讨论】〈阳〉（人）Allen+anthos，花。antheros，多花的。antheo，开花。希腊文 anthos 亦有"光明、光辉、优秀"之义。【分布】中美洲。【模式】Allenanthus erythrocarpus Standley。☆

1787　Allendea La Llave et Lex.（1824）Nom. illegit. ≡ Allendea La Llave（1824）；~ = Liabum Adans.（1763）Nom. illegit.；~ = Amellus L.（1759）（保留属名）［菊科 Asteraceae（Compositae）］■●☆

1788　Allendea La Llave（1824）= Liabum Adans.（1763）Nom. illegit.；~ = Amellus L.（1759）（保留属名）［菊科 Asteraceae（Compositae）］■●☆

1789　Allenia E. Phillips（1944）Nom. illegit. ≡ Radyera Bullock（1957）［锦葵科 Malvaceae］●☆

1790　Allenia Ewart（1909）Nom. illegit. = Micrantheum Desf.（1818）［大戟科 Euphorbiaceae］●☆

1791　Allenrolfea Kuntze（1891）【汉】互苞盐节木属。【英】Iodine Bush。【隶属】藜科 Chenopodiaceae。【包含】世界 3 种。【学名诠释与讨论】〈阴〉（人）Robert Allen Rolfe，1855–1921，英国植物学者。【分布】北美洲至巴塔哥尼亚。【模式】Allenrolfea occidentalis（S. Watson）O. Kuntze［Halostachys occidentalis S. Watson］。【参考异名】Spirostachys S. Watson（1874）Nom. illegit.；Spirostachys Ung. –Sternb. ex S. Watson（1874）Nom. illegit.●☆

1792　Alletotheca Benth. et Hook. f.（1883）= Allelotheca Steud.（1854）；~ = Lophatherum Brongn.（1831）［禾本科 Poaceae（Gramineae）］■

1793　Allexis Pierre（1898）【汉】卷瓣堇属。【隶属】堇菜科 Violaceae。【包含】世界 3 种。【学名诠释与讨论】〈阴〉（拉）allex = hallux，大趾。【分布】热带非洲西部。【模式】Allexis cauliflora Pierre。●☆

1794　Alliaceae Batsch ex Borkh. = Alliaceae Borkh.（保留科名）■

1795　Alliaceae Borkh.（1797）（保留科名）【汉】葱科。【包含】世界 6-32 属 700-850 种，中国 1 属 138 种。【分布】广泛分布，多数在南美洲。【科名模式】Allium L.■

1796　Alliaceae J. Agardh = Alliaceae Borkh.（保留科名）■

1797　Alliaria Heist. ex Fabr.（1759）【汉】葱芥属（葱臭芥属）。【俄】Чесночник。【英】Alliaria, Garlic Mustard, Garlicmustard, Hedge Garlic, Sauce-alone。【隶属】十字花科 Brassicaceae（Cruciferae）。【包含】世界 2-5 种，中国 2 种。【学名诠释与讨论】〈阴〉（属）Allium 葱属+-arius，-aria，-arium，指示"属于、相似、具有、联系"的词尾。指植物体具葱的气味。此属的学名，GCI 和 IK 记载是"Alliaria Heist. ex Fabr.，Enum.［Fabr.］. 161. 1759"。楝科 Meliaceae 的"Alliaria Kuntze, Revis. Gen. Pl. 1：108. 1891［5 Nov 1891］= Dysoxylum Blume（1825）"和十字花科 Brassicaceae 的"Alliaria Scop."是晚出的非法名称。【分布】巴基斯坦，美国，尼泊尔，中国，中亚，欧洲，西亚至高加索，非洲西南部。【模式】Alliaria officinalis Andrzejowski ex Marschall von Bieberstein.【参考异名】Alliaria Scop.，Nom. illegit.；Pallavicinia Cocc.（1883）Nom. illegit.■

1798　Alliaria Kuntze（1891）Nom. illegit. = Dysoxylum Blume（1825）［楝科 Meliaceae］●

1799　Alliaria Scop.，Nom. illegit. = Alliaria Heist. ex Fabr.（1759）［十字花科 Brassicaceae（Cruciferae）］■

1800　Allibertia Marion ex Baker（1883）= Agave L.（1753）［石蒜科 Amaryllidaceae//龙舌兰科 Agavaceae］■

1801　Allibertia Marion（1882）Nom. inval. ≡ Allibertia Marion ex Baker（1883）；~ = Agave L.（1753）［石蒜科 Amaryllidaceae//龙舌兰科 Agavaceae］■

1802　Allinum Neck. (1790) Nom. inval. = Selinum L. (1762)（保留属名）［伞形花科（伞形科）Apiaceae(Umbelliferae)］■

1803　Allionia L. (1759)（保留属名）【汉】粉风车属（阿里昂花属）。【隶属】紫茉莉科 Nyctaginaceae。【包含】世界 2 种。【学名诠释与讨论】〈阴〉（人）Carlo Ludovico Allioni, 1725-1804, 意大利植物学者。此属的学名 "Allionia L., Syst. Nat., ed. 10; 883, 890, 1361. 7 Jun 1759" 是保留属名。相应的废弃属名是紫茉莉科 Nyctaginaceae 的 "Allionia Loefl., Iter Hispan.: 181. Dec 1758 = Mirabilis L. (1753)"。"Wedeliella Cockerell, Torreya 9; 166. 3 Aug 1909" 和 "Wedelia Loefling, Iter Hispan. 180. Dec 1758" 是 "Allionia L. (1759)（保留属名）" 的同模式异名（Homotypic synonym, Nomenclatural synonym）。【分布】秘鲁，玻利维亚，西印度群岛，美洲。【模式】Allionia incarnata L.。【参考异名】Wedelia Loefl. (1758)（废弃属名）; Wedeliella Cockerell (1909) Nom. illegit. ■☆

1804　Allionia Loefl. (1758)（废弃属名）= Mirabilis L. (1753); ~ = Allionia L. (1759)（保留属名）［紫茉莉科 Nyctaginaceae］■

1805　Allioniaceae Horan. (1834) = Nyctaginaceae Juss.（保留科名）●■

1806　Allioniella Rydb. (1902)【汉】小粉风车属。【隶属】紫茉莉科 Nyctaginaceae。【包含】世界 25 种。【学名诠释与讨论】〈阴〉（属）Allionia 粉风车属（阿里昂花属）+-ellus, -ella, -ellum, 加在名词词干后面形成指小式的词尾。或加在人名，属名等后面以组成新属的名称。此属的学名是 "Allioniella Rydberg, Bull. Torrey Bot. Club 29; 687. 30 Dec 1902"。亦有文献把其处理为 "Mirabilis L. (1753)" 的异名。【分布】南美洲，喜马拉雅山。【模式】Allioniella oxybaphoides (A. Gray) Rydberg ［Quamoclidion oxybaphoides A. Gray］。【参考异名】Mirabilis L. (1753)■☆

1807　Allittia P. S. Short (2004)【汉】湿地鹅河菊属。【隶属】菊科 Asteraceae(Compositae)。【包含】世界 2 种。【学名诠释与讨论】〈阴〉（人）Allitt。【分布】澳大利亚。【模式】Allittia cardiocarpa (Benth.) P. S. Short。■☆

1808　Allium L. (1753)【汉】葱属。【日】アリューム属，アルリウム属，ネギ属。【俄】Лук, Лук зелёный, Лук-перо。【英】Allium, Chive, Garlic, Leek, Onion, Ornamental Onion。【隶属】百合科 Liliaceae//葱科 Alliaceae。【包含】世界近 700 种，中国 113-138 种。【学名诠释与讨论】〈中〉（拉）allium, 葱的古拉丁名。【分布】巴基斯坦，玻利维亚，厄瓜多尔，哥伦比亚（安蒂奥基亚），哥斯达黎加，美国（密苏里），尼加拉瓜，中国，中美洲。【模式】Allium sativum Linnaeus。【参考异名】Aglltheia Raf. (1837); Anguinum (G. Don) Fourr. (1869) Nom. illegit.; Anguinum Fourr. (1869) Nom. illegit.; Ascalonicum P. Renault (1804); Berenice Salisb. (1866) Nom. illegit.; Briseis Salisb. (1866); Butomissa Salisb. (1866); Calliprena Salisb. (1866) Nom. illegit.; Caloprena Post et Kuntze (1903); Caloscordum Herb. (1844); Camarilla Salisb. (1866) Nom. illegit.; Canidia Salisb. (1866); Cepa Mill. (1754); Codonoprasum Rchb. (1828); Endotis Raf. (1837); Gethyonis Post et Kuntze (1903); Getuonis Raf. (1837); Gynodon Raf. (1837); Hesperocles Salisb. (1866); Hexonychia Salisb. (1866) Nom. illegit.; Hylogeton Salisb. (1866); Iulus Salisb. (1866); Julus Post et Kuntze (1903); Kalabotis Raf. (1837); Kepa Raf. (1837) Nom. illegit.; Kepa Tourn. ex Raf. (1837) Nom. illegit.; Kromon Raf. (1837); Loncostemon Raf. (1837); Maliga B. D. Jacks.; Maliga Raf. (1837); Maligia Raf. (1837) Nom. illegit.; Moenchia Medik. (1790) Nom. illegit.（废弃属名）; Molium Fourr. (1869); Moly Mill. (1754); Nectaroscordum Lindl. (1836); Ophioscorodon Wallr. (1822); Pantenum Raf. (1837); Phyllodolon Salisb. (1866); Plexistena Raf. (1837); Porrum Mill. (1754); Prascoenum Post et Kuntze (1903); Praskoinon Raf. (1838) Nom. illegit.; Raphione Salisb. (1866); Rhizirideum (G. Don) Fourr. (1869); Rhizirideum Fourr. (1869) Nom. illegit.; Saturnia Maratt. (1772); Schaenoprasum Franch. et Sav. (1879); Schoenissa Salisb. (1866); Schoenoprasum Kunth (1816); Scorodon (W. D. J. Koch) Fourr. (1869); Scorodon Fourr. (1869) Nom. illegit.; Stelmesus Raf. (1837); Stemodoxis Raf. (1837); Trigonea Parl. (1839); Validallium Small (1903); Xylorhiza Salisb. (1866) Nom. illegit. ■

1809　Allmania R. Br. (1832) Nom. inval. ≡ Allmania R. Br. ex Wight (1834)［苋科 Amaranthaceae］■

1810　Allmania R. Br. ex Wight (1834)【汉】砂苋属（阿蔓属，阿蔓苋属，沙苋属）。【英】Allmania。【隶属】苋科 Amaranthaceae。【包含】世界 1-2 种，中国 1 种。【学名诠释与讨论】〈阴〉（人）William All-man, 1776-1846, 爱尔兰植物学者。此属的学名，IPNI 记载是 "Allmania R. Br. ex Wight, J. Bot. (Hooker) 1; 226. 1834"。"Allmania R. Br., Numer. List ［Wallich］n. 6890-92. 1832 ≡ Allmania R. Br. ex Wight (1834)" 是一个未合格发表的名称（Nom. inval.）。"Belutta Rafinesque, Fl. Tell. 3; 39. Nov-Dec 1837 ('1836')" 是 "Allmania R. Br. ex Wight (1834)" 的晚出的同模式异名（Homotypic synonym, Nomenclatural synonym）。【分布】中国，热带亚洲。【模式】Allmania albida R. Br.。【参考异名】Allemania Endl. (1837); Allmania R. Br. (1832) Nom. inval.; Belutta Raf. (1837) Nom. illegit. ■

1811　Allmaniopsis Suess. (1950)【汉】类砂苋属。【隶属】苋科 Amaranthaceae。【包含】世界 1 种。【学名诠释与讨论】〈阴〉（属）Allmania 砂苋属+希腊文 opsis, 外观，模样，相似。【分布】非洲东部。【模式】Allmaniopsis fruticulosa Suess.。●■☆

1812　Allobia Raf. (1838) = Euphorbia L. (1753)［大戟科 Euphorbiaceae］●■

1813　Allobium Miers (1851) = Phoradendron Nutt. (1848)［桑寄生科 Loranthaceae//美洲桑寄生科 Phoradendraceae］●☆

1814　Alloborgia Steud. (1840) Nom. illegit. = Allobrogia Tratt. (1792); ~ = Paradisea Mazzuc. (1811)（保留属名）［百合科 Liliaceae//阿福花科 Asphodelaceae//吊兰科（猴面包科，猴面包树科）Anthericaceae］■☆

1815　Allobrogia Tratt. (1792) = Paradisea Mazzuc. (1811)（保留属名）［百合科 Liliaceae//阿福花科 Asphodelaceae//吊兰科（猴面包科，猴面包树科）Anthericaceae］■☆

1816　Alloburkillia Whitmore (1969) Nom. illegit. ≡ Burkilliodendron Sastry (1969)［豆科 Fabaceae(Leguminosae)］●☆

1817　Allocalyx Cordem. (1895) = Bacopa Aubl. (1775)（保留属名）; ~ = Monocardia Pennell (1920)［玄参科 Scrophulariaceae//婆婆纳科 Veronicaceae］■

1818　Allocarpus Kunth (1818) Nom. illegit. ≡ Alloispermum Willd. (1807); ~ = Calea L. (1763)［菊科 Asteraceae(Compositae)］■●☆

1819　Allocarya Greene (1887) = Plagiobothrys Fisch. et C. A. Mey. (1836)［紫草科 Boraginaceae］■☆

1820　Allocaryastrum Brand (1931) = Plagiobothrys Fisch. et C. A. Mey. (1836)［紫草科 Boraginaceae］■☆

1821　Allocassine N. Robson (1965)【汉】异藏红卫属。【隶属】卫矛科 Celastraceae。【包含】世界 1 种。【学名诠释与讨论】〈阴〉（希）allos, 不同的，奇异的，别的，另一个的+（属）Cassine 藏红卫矛属。【分布】热带和非洲南部。【模式】Allocassine laurifolia (W. H. Harvey) N. Robson ［Elaeodendron laurifolium W. H. Harvey］。【参考异名】Elaeodendron Jacq. ex J. Jacq. (1884) Nom. illegit.; Elaeodendron J. Jacq. (1884) Nom. illegit.; Elaeodendron Jacq. (1882)●☆

1822　Allocasuarina L. A. S. Johnson (1982)【汉】异木麻黄属。【隶属】

木麻黄科 Casuarinaceae。【包含】世界 58-60 种。【学名诠释与讨论】〈阴〉（希）allos，不同的，奇异的，别的，另一个的＋（属）Casuarina 木麻黄属。【分布】澳大利亚。【模式】Allocasuarina torulosa（W. Aiton）L. A. S. Johnson［Casuarina torulosa W. Aiton］●☆

1823　Allocephalus Bringel, J. N. Nakaj. et H. Rob.（2011）【汉】异头菊属。【隶属】菊科 Asteraceae（Compositae）。【包含】世界 1 种。【学名诠释与讨论】〈阳〉（希）allos，不同的，奇异的，别的，另一个的＋kephale，头。【分布】巴西。【模式】Allocephalus gamolepis Bringel, J. N. Nakaj. et H. Rob.。☆

1824　Alloceratium Hook. f. et Thomson（1861）Nom. illegit. ≡ Diptychocarpus Trautv.（1860）［十字花科 Brassicaceae（Cruciferae）］■

1825　Allocheilos W. T. Wang（1983）【汉】异唇苣苔属。【英】Allocheilos。【隶属】苦苣苔科 Gesneriaceae。【包含】世界 2 种，中国 2 种。【学名诠释与讨论】〈阴〉（希）allos，不同的，奇异的，别的，另一个的＋cheilos，唇。在希腊文组合词中，cheil-，cheilo-，-chilus，-chilia 等均为"唇瓣"义。【分布】中国。【模式】Allocheilos cortusiflorum W. T. Wang。●★

1826　Allochilus Gagnep.（1932）= Goodyera R. Br.（1813）［兰科 Orchidaceae］■

1827　Allochlamys Moq.（1849）= Pleuropetalum Hook. f.（1846）［苋科 Amaranthaceae］●☆

1828　Allochrusa Bunge ex Boiss.（1867）【汉】凹瓣石竹属。【隶属】石竹科 Caryophyllaceae。【包含】世界 7 种。【学名诠释与讨论】〈阴〉（希）allos，不同的，奇异的，别的，另一个的＋chroa，所有格 chrotoschros，外观，颜色，皮，表面。此属的学名，ING 和 TROPICOS 记载是"Allochrusa Bunge ex Boissier, Fl. Orient. 1：559. Apr-Jun 1867"。IK 则记载为"Allochrusa Bunge, Fl. Orient.［Boissier］1：559. 1867［Apr-Jun 1867］"。三者引用的文献相同。【分布】亚洲西部和南部。【后选模式】Allochrusa versicolor（F. E. L. Fischer et C. A. Meyer）Boissier［Acanthophyllum versicolor F. E. L. Fischer et C. A. Meyer］。【参考异名】Allochrusa Bunge（1867）Nom. illegit.。■●☆

1829　Allochrusa Bunge（1867）Nom. illegit. ≡ Allochrusa Bunge ex Boiss.（1867）［石竹科 Caryophyllaceae］■●☆

1830　Allodape Endl.（1839）（废弃属名）≡ Lebetanthus Endl.（1841）［as 'Lebethanthus'］（保留属名）［尖苞木科 Epacridaceae］●☆

1831　Allodaphne Steud.（1840）= Allodape Endl.（1839）（废弃属名）；～= Lebetanthus Endl.（1841）［as 'Lebethanthus'］（保留属名）［尖苞木科 Epacridaceae］●☆

1832　Alloeochaete C. E. Hubb.（1940）【汉】非洲奇草属。【隶属】禾本科 Poaceae（Gramineae）。【包含】世界 6 种。【学名诠释与讨论】〈阴〉（希）allos＋chaite 拉丁文 chaeta，刚毛。【分布】热带非洲南部。【模式】Alloeochaete andongensis（Rendle）C. E. Hubbard［Danthonia andongensis Rendle］■☆

1833　Alloeospermum Spreng.（1818）= Alloispermum Willd.（1807）；～=Calea L.（1763）［菊科 Asteraceae（Compositae）］●■☆

1834　Allogyne Lewton（1915）= Fugosia Juss.（1789）Nom. illegit.；～= Alyogyne Alef.（1863）［锦葵科 Malvaceae］■☆

1835　Allohemia Raf.（1838）= Oryctanthus（Griseb.）Eichler（1868）；～=Phthirusa Mart.（1830）［桑寄生科 Loranthaceae］●☆

1836　Alloianthros Steud.（1854）= Alloiatheros Elliott（1816）［禾本科 Poaceae（Gramineae）］■☆

1837　Alloiatheros Elliott（1816）= Gymnopogon P. Beauv.（1812）［禾本科 Poaceae（Gramineae）］■☆

1838　Alloiatheros Raf.（1830）Nom. illegit. = Andropogon L.（1753）（保留属名）；～= Gymnopogon P. Beauv.（1812）［禾本科 Poaceae（Gramineae）//须芒草科 Andropogonaceae］■☆

1839　Alloiosepalum Gilg（1931）= Purdiaea Planch.（1846）［桤叶树科（山柳科）Clethraceae//翅萼树科（翅萼木科，西里拉科）Cyrillaceae］●☆

1840　Alloiozonium Kuntze（1844）= Arctotheca J. C. Wendl.（1798）；～= Cryptostemma R. Br.（1813）［菊科 Asteraceae（Compositae）］■☆

1841　Alloispermum Willd.（1807）【汉】异冠菊属（奇果菊属）。【隶属】菊科 Asteraceae（Compositae）。【包含】世界 7-15 种。【学名诠释与讨论】〈中〉（希）allos＋sperma，所有格 spermatos，种子，孢子。此属的学名，ING、GCI、TROPICOS 和 IK 记载是"Alloispermum Willd. , Mag. Neuesten Entdeck. Gesammten Naturk. Ges. Naturf. Freunde Berlin 1：139. 1807"。"Allocarpus Kunth in Humboldt, Bonpland et Kunth, Nova Gen. Sp. 4：ed. fol. 228. 26 Oct 1818"是"Alloispermum Willd.（1807）"的晚出的同模式异名（Homotypic synonym, Nomenclatural synonym）。亦有文献把"Alloispermum Willd.（1807）"处理为"Calea L.（1763）"的异名。【分布】秘鲁，厄瓜多尔，哥伦比亚（安蒂奥基亚），尼加拉瓜，南美洲中部和西部，中美洲。【后选模式】Alloispermum caracasanus（Kunth）H. E. Robinson［Allocarpus caracasanus Kunth］。【参考异名】Allocarpus Kunth（1818）Nom. illegit. ; Alloeospermum Spreng.（1818）；Calea L.（1763）■●☆

1842　Allolepis Soderstr. et H. F. Decker（1965）【汉】奇鳞草属。【隶属】禾本科 Poaceae（Gramineae）。【包含】世界 1 种。【学名诠释与讨论】〈阴〉（希）allos，不同的，奇异的，别的，另一个的＋lepis，所有格 lepidos，指小式 lepion 或 lepidion，鳞，鳞片。lepidotos，多鳞的。lepos，鳞，鳞片。【分布】美国（南部）。【模式】Allolepis texana（Vasey）Soderstrom et Decker［Poa texana Vasey］■☆

1843　Allomaieta Gleason（1929）【汉】异五月花属。【隶属】野牡丹科 Melastomataceae。【包含】世界 1 种。【学名诠释与讨论】〈阴〉（希）allos，不同的，奇异的，别的，另一个的＋（属）Maieta 五月花属。【分布】哥伦比亚。【模式】Allomaieta grandiflora Gleason。☆

1844　Allomarkgrafia Woodson（1932）【汉】马尔夹竹桃属。【隶属】夹竹桃科 Apocynaceae。【包含】世界 6 种。【学名诠释与讨论】〈阴〉（希）allos，不同的，奇异的，别的，另一个的＋（人）Friedrich Markgraf, 1897-1987，德国植物学者。【分布】巴拿马，秘鲁，厄瓜多尔，哥伦比亚（安蒂奥基亚），美国，尼加拉瓜，热带南美洲，中美洲。【模式】Allomarkgrafia ovalis（Markgraf）Woodson［Echites ovalis Markgraf］●☆

1845　Allomia DC.（1838）= Alomia Kunth（1818）［菊科 Asteraceae（Compositae）］■☆

1846　Allomorphia Blume（1831）【汉】异形木属。【日】アロモルフィア属。【英】Allomorphia。【隶属】野牡丹科 Melastomataceae。【包含】世界 25-30 种，中国 4-6 种。【学名诠释与讨论】〈阴〉（希）allos，不同的，奇异的，别的，另一个的＋morphe，形状＋-ius，-ia，-ium，具有……特性的。【分布】印度至马来西亚，中国。【模式】Allomorphia exigua（Jack）Blume［Melastoma exigua Jack］。【参考异名】Styrophyton S. Y. Hu（1952）●

1847　Alloneuron Pilg.（1905）【汉】异脉野牡丹属。【隶属】野牡丹科 Melastomataceae。【包含】世界 1-7 种。【学名诠释与讨论】〈阳〉（希）allos，不同的，奇异的，别的，另一个的＋neuron 拉丁文 nervus，脉，筋，腱，神经。【分布】秘鲁，厄瓜多尔。【模式】Alloneuron ulei Pilger。【参考异名】Meiandra Markgr. ☆

1848　Allopetalum Reinw. = Labisia Lindl.（1845）（保留属名）［紫金牛科 Myrsinaceae］■●☆

1849　Allophylaceae Martinov（1820）= Sapindaceae Juss.（保留科名）●■

1850　Allophyllum（Nutt.）A. D. Grant et V. E. Grant（1955）【汉】异叶花荵属。【隶属】花荵科 Polemoniaceae。【包含】世界 5 种。【学

名诠释与讨论】〈阳〉（希）allos，不同的，奇异的，别的，另一个的+phyllon，叶子。此属的学名，ING 和 IK 记载是"Allophyllum（Nuttall）A. Grant et V. Grant, Aliso 3：98. 1 Apr 1955"，由"Gilia［par.］Allophyllum Nuttall, J. Acad. Nat. Sci. Philadelphia ser. 2. 1：155. 1-8 Aug 1848"改级而来。【分布】美国（西部）。【模式】Allophyllum divaricata（Nuttall）A. et V. Grant［Gilia divaricata Nuttall］。【参考异名】Gilia［par.］Allophyllum Nutt.（1848）■☆

1851 Allophyllus Gled.（1764）Nom. illegit. = Allophylus L.（1753）［无患子科 Sapindaceae］●

1852 Allophylus L.（1753）【汉】异木患属（止宫树属）。【日】アカギモドキ属。【英】Allophylus。【隶属】无患子科 Sapindaceae。【包含】世界 1-200 种，中国 11 种。【学名诠释与讨论】〈阳〉（希）allos，不同的，奇异的，别的，另一个的+phylon 氏族，种族。此属的学名，ING、APNI、TROPICOS、IPNI 和 IK 记载是"Allophylus L., Sp. Pl. 1：348. 1753［1 May 1753］"。"Allophyllus Gled.（1764）"是其拼写变体。【分布】玻利维亚，马达加斯加，中国，热带和亚热带。【模式】Allophylus zeylanicus Linnaeus。【参考异名】Allophyllus Gled.（1764）Nom. illegit. ; Alophyllus L.（1762）; Aporetica J. R. Forst. et G. Forst.（1776）; Cominia P. Browne（1756）; Gemella Lour.（1790）Nom. illegit. ; Nassavia Vell.（1829）; Ornitrophe Comm. ex Juss.（1789）; Pometia Willd. , Nom. illegit. ; Schmidelia L.（1767）Nom. illegit. ; Toxicodendrum Gaertn.（1788）; Toxina Noronha（1790）; Usubis Burm. f.（1768）●

1853 Allophyton Brandegee（1914）= Tetranema Benth.（1843）（保留属名）［玄参科 Scrophulariaceae//婆婆纳科 Veronicaceae］■☆

1854 Alloplectus Mart.（1829）（保留属名）【汉】缠绕草属（金红花属，奇织花属）。【日】アロプレクタス属，ビロトイワギリ属，ビロードイワギリ属。【英】Alloplectus。【隶属】苦苣苔科 Gesneriaceae。【包含】世界 50-75 种。【学名诠释与讨论】〈阳〉（希）allos，不同的，奇异的，别的，另一个的+plektos，编织的。可能指花萼重叠。此属的学名"Alloplectus Mart. , Nov. Gen. Sp. Pl. 3：53. Jan-Jun 1829"是保留属名。相应的废弃属名是伞形花科 Apiaceae 的"Crantzia Scop. , Intr. Hist. Nat. ：173. Jan-Apr 1777 = Alloplectus Mart.（1829）（保留属名）"和杜鹃花科（欧石南科）Ericaceae 的"Vireya Raf. in Specchio Sci. 1：194. 1 Jun 1814. = Alloplectus Mart.（1829）（保留属名）= Columnea L.（1753）"。杜鹃花科（欧石南科）Ericaceae 的"Vireya Blume, Bijdr. Fl. Ned. Ind. 15：854. 1826［Jul-Dec 1826］= Rhododendron L.（1753）"和菊科 Asteraceae（Compositae）的"Vireya Post et Kuntze（1903）= Viraya Gaudich.（1830）= Waitzia J. C. Wendl.（1808）"亦应废弃。【分布】玻利维亚，热带美洲。【模式】Alloplectus hispidus（Kunth）C. F. P. Martius［Besleria hispida Kunth］。【参考异名】Anisoplectus Oerst.（1861）; Calanthus Oerst. ex Hanst.（1854）; Caloplectus Oerst.（1861）; Calycoplectus Oerst.（1861）; Cobananthus Wiehler（1977）; Corytoplectus Oerst.（1858）; Crantzia Scop.（1777）（废弃属名）; Dalbergaria Tussac（1808）; Erythranthus Oerst. ex Henst.（1853）; Glossoloma Hanst.（1854）; Heintzia H. Karst.（1848）Nom. illegit. ; Lophalix Raf.（1838）Nom. illegit. ; Lophia Desv.（1825）Nom. illegit. ; Lophia Desv. ex Ham.（1825）Nom. illegit. ; Lophia Ham.（1825）Nom. illegit. ; Macrochlamys Decne.（1849）; Orobanchia Vand.（1788）（废弃属名）; Polythysania Hanst.（1854）; Prionoplectus Oerst.（1861）Nom. illegit. ; Pterygoloma Hanst.（1854）; Saccoplectus Oerst.（1861）; Viereya Steud.（1841）Nom. illegit. ; Vireya Raf.（1814）（废弃属名）●■☆

1855 Allopleia Raf.（1830）= Sibthorpia L.（1753）［玄参科 Scrophulariaceae］■☆

1856 Allopterigeron Dunlop（1981）【汉】白蓬菊属。【隶属】菊科 Asteraceae（Compositae）。【包含】世界 1 种。【学名诠释与讨论】〈阴〉（希）allos，不同的，奇异的，别的，另一个的 +（属）PterigeronStreptoglossa 紫蓬菊属。此属的学名是"Allopterigeron C. R. Dunlop, J. Adelaide Bot. Gard. 3：183. 2 Jun 1981"。亦有文献把其处理为"Pluchea Cass.（1817）"的异名。【分布】澳大利亚。【模式】Allopterigeron filifolius（F. von Mueller）C. R. Dunlop［Pluchea filifolia F. von Mueller］。【参考异名】Oliganthemum F. Muell.（1859）; Pluchea Cass.（1817）; Pterigeron（DC.）Benth.（1867）Nom. illegit. ; Pterigeron A. Gray（1852）Nom. inval. ; Streptoglossa Steetz ex F. Muell.（1863）■☆

1857 Allopython Schott（1858）= Thomsonia Wall.（1830）（废弃属名）; ~ = Amorphophallus Blume ex Decne.（1834）（保留属名）［天南星科 Araceae］■●

1858 Allosampela Raf.（1830）= Ampelopsis Michx.（1803）［葡萄科 Vitaceae//蛇葡萄科 Ampelopsidaceae］●

1859 Allosandra Raf.（1840）= Tragia L.（1753）［大戟科 Euphorbiaceae］●

1860 Allosanthus Radlk.（1933）【汉】异花无患子属。【隶属】无患子科 Sapindaceae。【包含】世界 1 种。【学名诠释与讨论】〈阳〉（希）allos，不同的，奇异的，别的，另一个的+anthos，花。【分布】秘鲁。【模式】Allosanthus trifoliolatus Radlkofer。●☆

1861 Alloschemone Schott（1858）【汉】异形南星属。【隶属】天南星科 Araceae。【包含】世界 1-2 种。【学名诠释与讨论】〈阴〉（希）allos, 不同的，奇异的，别的，另一个的 + schema, 所有格 schematos, 形式，形状。【分布】巴西，玻利维亚。【模式】Alloschemone poeppigiana H. W. Schott, Nom. illegit.［Scindapsus occidentalis Poeppig；Alloschemone occidentalis（Poeppig）Engler et Krause］■☆

1862 Alloschmidia H. E. Moore（1978）【汉】侧胚椰属（皮孔椰属）。【隶属】棕榈科 Arecaceae（Palmae）。【包含】世界 1 种。【学名诠释与讨论】〈阴〉（希）allos, 不同的，奇异的，别的，另一个的 +（属）Schmidia =Thunbergia 老鸦咀属（邓伯花属，老鸦嘴属，山牵牛属，月桂藤属）。【分布】法属新喀里多尼亚。【模式】Alloschmidia glabrata（Beccari）H. E. Moore［Basselinia glabrata Beccari］●☆

1863 Allosidastrum（Hochr.）Krapov. , Fryxell et D. M. Bates（1988）【汉】异黄花稔属。【隶属】锦葵科 Malvaceae。【包含】世界 4 种。【学名诠释与讨论】〈阴〉（希）allos, 不同的，奇异的，别的，另一个的 +（属）Sidastrum 小黄花稔属。此属的学名，ING 和 IK 记载是"Allosidastrum（Hochreutiner）A. Krapovickas, P. A. Fryxell et D. M. Bates in P. A. Fryxell, Syst. Bot. Monogr. 25：70. 13 Dec 1988"，由 "Pseudabutilon subgen. Allosidastrum Hochreutiner, Annuaire Conserv. Jard. Bot. Gene' ve 20：118. 15 Aug 1917"改级而来。【分布】巴拿马，波多黎各，玻利维亚，伯利兹，哥斯达黎加，古巴，海地，墨西哥，尼加拉瓜，萨尔瓦多，苏里南，危地马拉，委内瑞拉，牙买加，中美洲。【模式】Pseudabutilon smithii Hochreutiner。【参考异名】Pseudabutilon subgen. Allosidastrum Hochr.（1917）●■☆

1864 Allosperma Raf.（1838）Nom. illegit. ≡ Erxlebia Medik.（1790）= Commelina L.（1753）［鸭跖草科 Commelinaceae］■

1865 Allospondias（Pierre）Stapf（1900）= Spondias L.（1753）［漆树科 Anacardiaceae］●

1866 Allospondias Stapf（1900）Nom. illegit. ≡ Allospondias（Pierre）Stapf（1900）; ~ =Spondias L.（1753）［漆树科 Anacardiaceae］●

1867 Allostigma W. T. Wang（1984）【汉】异片苣苔属。【英】Allostigma。【隶属】苦苣苔科 Gesneriaceae。【包含】世界 1 种，中国 1 种。【学名诠释与讨论】〈中〉（希）allos，不同的，奇异的，别

的，另一个的+stigma，所有格 stigmatos，柱头，眼点。指前方的柱头小，三角形，后方的柱头大长圆形。【分布】中国。【模式】Allostigma guangxiense W. T. Wang。■★

1868　Allostis Raf.（1838）= Baeckea L.（1753）［桃金娘科 Myrtaceae］●

1869　Allosyncarpia S. T. Blake（1977）【汉】异合生果树属。【隶属】桃金娘科 Myrtaceae。【包含】世界 1 种。【学名诠释与讨论】〈阴〉（希）allos，不同的，奇异的，别的，另一个的+（属）Syncarpia 合生果树属。【分布】澳大利亚（北部）。【模式】Allosyncarpia ternata S. T. Blake。●☆

1870　Alloteropsis J. Presl（1830）【汉】毛颖草属。【英】Alloteropsis。【隶属】禾本科 Poaceae（Gramineae）。【包含】世界 5-10 种，中国 2 种。【学名诠释与讨论】〈阴〉（希）allotrios，奇异的+opsis，外观，模样，相似。词义为一尚未正确了解的植物。【分布】巴基斯坦，马达加斯加，中国，热带非洲和亚洲。【模式】Alloteropsis distachya J. S. Presl。【参考异名】Axonopus Hook. f.；Bluffia Nees（1834）；Caridochloa Endl.；Coridochloa Nees ex Graham，Nom. illegit.；Coridochloa Nees（1833）；Holosetum Steud.（1854）；Mezochloa Butzin（1966）；Pterochlaena Chiov.（1914）■

1871　Allotoonia J. F. Morales et J. K. Williams（2004）【汉】海地蛇木属。【隶属】夹竹桃科 Apocynaceae。【包含】世界 6 种。【学名诠释与讨论】〈阴〉词源不详。此属的学名是 "Allotoonia J. F. Morales et J. K. Williams，Sida 21（1）：135-156，f. 1-6，8，10-12，14-15. 2004"。亦有文献把其处理为 "Echites P. Browne（1756）" 的异名。【分布】中美洲。【模式】Allotoonia agglutinata（Jacq.）J. F. Morales et J. K. Williams［Echites agglutinata Jacq.］。【参考异名】Echites P. Browne（1756）●☆

1872　Allotria Raf.（1837）= Commelina L.（1753）［鸭趾草科 Commelinaceae］■

1873　Allotropa A. Gray（1858）Nom. illegit. ≡ Allotropa Torr. et A. Gray（1858）［水晶兰科 Monotropaceae］●☆

1874　Allotropa Torr. et A. Gray（1858）【汉】糖晶兰属。【隶属】水晶兰科 Monotropaceae。【包含】世界 1 种。【学名诠释与讨论】〈阴〉（希）allos，不同的，奇异的，别的，另一个的+tropos，转弯，方式上的改变。trope，转弯的行为。tropo，转。tropis，所有格 tropeos，后来的。tropis，所有格 tropidos，龙骨。此属的学名，ING、IK、TROPICOS 和 GCI 记载是 "Allotropa J. Torrey et A. Gray，Rep. Explor. Railroad Pacific Ocean 6（3）：81. Mar 1858（'1857'）"。"Allotropa A. Gray（1858）" 的命名人引证有误。【分布】美国（西部）。【模式】Allotropa virgata J. Torrey et A. Gray。【参考异名】Allotropa A. Gray（1858）Nom. illegit. ●☆

1875　Allouya Aubl.（1775）Nom. illegit. ≡ Allouya Plum. ex Aubl.（1775）；~ = Calathea G. Mey.（1818）［竹芋科（苳叶科，柊叶科）Marantaceae］■

1876　Allouya Plum. ex Aubl.（1775）= Calathea G. Mey.（1818）［竹芋科（苳叶科，柊叶科）Marantaceae］■

1877　Allowissadula D. M. Bates（1978）【汉】异隔蒴苘属。【隶属】锦葵科 Malvaceae。【包含】世界 9 种。【学名诠释与讨论】〈阴〉（希）allos，不同的，奇异的，别的，另一个的+（属）Wissadula 隔蒴苘属。【分布】北美洲。【模式】Allowissadula lozanoi（J. N. Rose）D. M. Bates［as 'lozanii'］［Wissadula lozanoi J. N. Rose［as 'lozani'］●☆

1878　Allowoodsonia Markgr.（1967）【汉】肖椰夹竹桃属。【隶属】夹竹桃科 Apocynaceae。【包含】世界 1 种。【学名诠释与讨论】〈阴〉（希）allos，不同的，奇异的，别的，另一个的+（属）Woodsonia = Neonicholsonia 沃森椰属（单序椰属，内奥尼古棕属，新尼氏椰子属，新聂古森桐属）。【分布】所罗门群岛。【模式】Allowoodsonia whitmorei F. Markgraf。●☆

1879　Alloxylon P. H. Weston et Crisp（1991）【汉】绸缎木属（瓦拉她属）。【英】Satin Oak。【隶属】山龙眼科 Proteaceae。【包含】世界 4 种。【学名诠释与讨论】〈中〉（希）allos，不同的，奇异的，别的，另一个的 + xylexylon，木材。【分布】澳大利亚。【模式】Alloxylon flammeum P. H. Weston et M. D. Crisp。●☆

1880　Allozygia Naudin（1851）= Oxyspora DC.（1828）［野牡丹科 Melastomataceae］●

1881　Alluaudia（Drake）Drake（1903）【汉】亚龙木属。【隶属】刺戟木科（刺戟草科，刺戟科，棘针树科，龙树科）Didiereaceae。【包含】世界 6 种。【学名诠释与讨论】〈阴〉（人）François Alluaud，1778-1866，法国科学家。此属的学名，ING 记载是 "Alluaudia（Drake del Castillo）Drake del Castillo，Bull. Mus. Hist. Nat.（Paris）9：37. 1903"，由 "Didierea sect. Alluaudia Drake del Castillo，Compt. Rend. Hebd. Séances Acad. Sci. 133：240. 22 Jul-31 Dec 1901" 改级而来。IK 则记载为 "Alluaudia Drake，in Compt. Rend. cxxxiii. 240（1901），in obs.；et in Bull. Mus. Hist. Nat. Paris，1903. ix. 37"。【分布】马达加斯加。【后选模式】Alluaudia procera（Drake del Castillo）Drake del Castillo［Didierea procera Drake del Castillo］。【参考异名】Alluaudia Drake（1901）Nom. illegit.；Didierea sect. Alluaudia Drake（1901）●☆

1882　Alluaudia Drake（1903）Nom. illegit. ≡ Alluaudia（Drake）Drake（1903）［刺戟木科（刺戟草科，刺戟科，棘针树科，龙树科）Didiereaceae］●

1883　Alluaudiopsis Humbert et Choux（1934）【汉】拟亚龙木属（类亚龙木属）。【隶属】刺戟木科（刺戟草科，刺戟科，棘针树科，龙树科）Didiereaceae。【包含】世界 2 种。【学名诠释与讨论】〈阴〉（属）Alluaudia 亚龙木属+希腊文 opsis，外观，模样，相似。【分布】马达加斯加。【模式】Alluaudiopsis fiherensis Humbert et Choux。●☆

1884　Allucia Klotzsch ex Petersen，Nom. illegit. = Renealmia L. f.（1782）（保留属名）［姜科（襄荷科）Zingiberaceae］■☆

1885　Allughas Steud.（1821）= Alpinia Roxb.（1810）（保留属名）［姜科（襄荷科）Zingiberaceae//山姜科 Alpiniaceae］■

1886　Almaleea Crisp et P. H. Weston（1991）【汉】阿尔玛豆属。【隶属】豆科 Fabaceae（Leguminosae）//蝶形花科 Papilionaceae。【包含】世界 5 种。【学名诠释与讨论】〈阴〉词源不详。【分布】澳大利亚（东北，塔斯马尼亚岛）。【模式】Almaleea incurvata（A. Cunningham）M. D. Crisp et P. H. Weston［Pultenaea incurvata A. Cunningham］■☆

1887　Almana Raf.（1838）= Sinningia Nees（1825）［苦苣苔科 Gesneriaceae］●■☆

1888　Almeida Cham.（1830）= Almeidea A. St. -Hil.（1823）［芸香科 Rutaceae］●☆

1889　Almeidea A. St. -Hil.（1823）【汉】阿尔芸香属。【隶属】芸香科 Rutaceae。【包含】世界 6 种。【学名诠释与讨论】〈阴〉（人）Almeid，植物学者。【分布】巴西，玻利维亚，几内亚，中美洲。【模式】未指定。【参考异名】Almeida Cham.（1830）；Almideia Rchb.（1841）；Aruba Nees et Mart.（1823）Nom. illegit. ●☆

1890　Almeloveenia Dennst.（1818）= Moullava Adans.（1763）［豆科 Fabaceae（Leguminosae）//云实科（苏木科）Caesalpiniaceae］■☆

1891　Almideia Rchb.（1841）= Almeidea A. St. -Hil.（1823）［芸香科 Rutaceae］●☆

1892　Almutaster Á. Löve etD. Löve（1982）【汉】泽菀属。【英】Aster，Marsh Alkali Aster。【隶属】菊科 Asteraceae（Compositae）。【包含】世界 1 种。【学名诠释与讨论】〈阳〉（人）Almut G. Jones，1923-?，美洲植物学者，菊科 Asteraceae（Compositae）专家+aster，相似，星，紫菀属。另说来自拉丁文 almus，有营养的+aster 紫菀

属。TROPICOS 记载此属的学名"Almutaster Á. Löve et D. Löve in Á. Löve, Taxon 31: 356 4 Mai 1982"是"Aster unranked Pauciflori Rydb., Flora of the Rocky Mountains 879, 883. 1917"的替代名称。亦有文献把"Almutaster Á. Löve et D. Löve(1982)"处理为"Aster L.(1753)"的异名。【分布】墨西哥,北美洲。【模式】Almutaster pauciflorus(Nuttall)Á. Löve et D. Löve [Aster pauciflorus Nuttall]。【参考异名】Aster L.(1753);Aster sect. Pauciflori Rydb.(1917);Pauciflori Rydb. ■☆

1893 Almyra Salisb.(1866)= Pancratium L.(1753)[石蒜科 Amaryllidaceae//百合科 Liliaceae//全能花科 Pancratiaceae]

1894 Alnaster Spach(1841)= Duschekia Opiz(1839)[桦木科 Betulaceae]●

1895 Alniphyllum Matsum.(1901)【汉】赤杨叶属(假赤杨属,拟赤杨属)。【日】エゴハンノキ属。【英】Chinabell, Chinabells。【隶属】安息香科(齐墩果科,野茉莉科)Styracaceae。【包含】世界 3 种,中国 3 种。【学名诠释与讨论】〈中〉(属)Alnus 桤木属(赤杨属)+希腊文 phyllon,叶子。指叶与赤杨属植物相似。【分布】中国,中南半岛。【模式】Alniphyllum pterospermum Matsumura。

1896 Alnobetula(W. D. J. Koch)Schur(1853)Nom. illegit. ≡ Alnaster Spach(1841); ~ = Duschekia Opiz(1839)[桦木科 Betulaceae]●

1897 Alnobetula Schur(1853)Nom. illegit. ≡ Alnobetula(W. D. J. Koch)Schur(1853); ~ ≡ Alnaster Spach(1841); ~ = Duschekia Opiz(1839)[桦木科 Betulaceae]●

1898 Alnus Mill.(1754)【汉】桤木属(赤杨属,桤属)。【日】ハンノキ属。【俄】Ольха。【英】Alder。【隶属】桦木科 Betulaceae。【包含】世界 25-40 种,中国 10-20 种。【学名诠释与讨论】〈阳〉(拉)alnus,桤木的俗名,来自凯尔特语 al 附近+lan 河边,岸。指其喜生于水边湿地。【分布】巴基斯坦,巴拿马,秘鲁,玻利维亚,厄瓜多尔,哥伦比亚(安蒂奥基亚),美国(密苏里),中国,南至印度(阿萨姆)和中南半岛,安第斯山,北温带,中美洲。【后选模式】Alnus glutinosa(Linnaeus)J. Gaertner [Betula alnus a glutinosa Linnaeus; Betula glutinosa(Linnaeus)Linnaeus]。【参考异名】Alnaster Spach(1841);Alnobetula(W. D. J. Koch)Schur(1853)Nom. illegit. : Betula - alnus Marshall(1785);Clethropsis Spach(1841);Cremastogyne(H. Winkl.)Czerep.(1955);Duschekia Opiz(1839);Semidopsis Zumagl.(1849)Nom. illegit. ●

1899 Alocasia(Schott)G. Don(1839)(保留属名)【汉】海芋属(姑婆芋属,观音莲属)。【日】アロガーシア属,クハズイモ属,クワズイモ属。【俄】Алоказия。【英】Alocasia, Elephant's Ear, Elephant's-ear。【隶属】天南星科 Araceae。【包含】世界 70 种,中国 6 种。【学名诠释与讨论】〈阴〉(希)a-(a-在辅音字母前面,an-在元音字母前面)无,不+(属)Colocasia 芋属的改缀字。词义指与 Colocasia 芋属相似。此属的学名"Alocasia(Schott)G. Don in Sweet, Hort. Brit., ed. 3: 631. 1839(sero)"是保留属名,由"Colocasia sect. Alocasia Schott in Schott et Endlicher, Melet. Bot. : 18. 1832"改级而来。相应的废弃属名是天南星科 Araceae 的"Alocasia Neck. ex Raf., Fl. Tellur. 3: 64. Nov-Dec 1837 ≡ Alocasia(Schott)G. Don(1839)(保留属名)= Arisaema Mart.(1831)"。天南星科 Araceae 的"Alocasia Neck. , Elem. Bot.(Necker)3: 289. 1790 ≡ Alocasia Neck. ex Raf.(1837)(废弃属名)"和"Alocasia Raf. , Fl. Tellur. 3: 64. 1837 [1836 publ. Nov-Dec 1837]≡ Alocasia Neck. ex Raf.(1837)(废弃属名)"亦应废弃。【分布】澳大利亚,巴基斯坦,巴拿马,秘鲁,玻利维亚,厄瓜多尔,马来西亚,尼加拉瓜,日本,印度,中国,斯里兰卡至中南半岛,加罗林群岛,中美洲。【模式】Alocasia cucullata(J. de Loureiro)G. Don [Arum cucullatum J. de Loureiro]。【参考异名】Alocasia Neck. ex Raf.(1837)(废弃属名);Colocasia sect. Alocasia Schott(1832);Ensolenanthe Schott(1861);

Eusolenanthe Benth. et Hook. f.(1883);Panzhuyuia Z. Y. Zhu(1985);Schizocasia Schott ex Engl.(1880);Schizocasia Schott(1862)Nom. inval. ;Xenophya Schott(1863)■

1900 Alocasia Neck.(1790)Nom. inval.(废弃属名)≡ Alocasia Neck. ex Raf.(1837)(废弃属名);~ = Alocasia(Schott)G. Don(1839)(保留属名);~ = Arisaema Mart.(1831)[天南星科 Araceae]■

1901 Alocasia Neck. ex Raf.(1837)(废弃属名)= Alocasia(Schott)G. Don(1839)(保留属名);~ = Arisaema Mart.(1831);~ = Dracunculus L. +Arisaema Mart.(1831)[天南星科 Araceae]●■

1902 Alocasia Raf.(1837)Nom. illegit.(废弃属名)≡ Alocasia Neck. ex Raf.(1837)(废弃属名);~ = Alocasia(Schott)G. Don(1839)(保留属名);~ = Arisaema Mart.(1831);~ = Dracunculus L. + Arisaema Mart.(1831)[天南星科 Araceae]■

1903 Alocasiophyllum Engl.(1892)= Cercestis Schott(1857)[天南星科 Araceae]■☆

1904 Alococarpum Riedl et Kuber(1964)【汉】沟果芹属。【隶属】伞形花科(伞形科)Apiaceae(Umbelliferae)。【包含】世界 1 种。【学名诠释与讨论】〈中〉(希)aulax,所有格 aulakos,alox,所有格 alokos,犁沟,记号,伤痕,腔穴,子宫+karpos,果实。【分布】伊朗。【模式】Alococarpum erianthum(A. P. de Candolle)H. Riedl et G. Kuber [Cachrys eriantha A. P. de Candolle]■☆

1905 Aloe L.(1753)【汉】芦荟属。【日】アロエ属,ロクワイ属。【俄】Алое, Алой, Алоэ, Бабушник。【英】Aloe, Bitter Aloes。【隶属】百合科 Liliaceae//阿福花科 Asphodelaceae//芦荟科 Aloaceae。【包含】世界 350-400 种,中国 2 种。【学名诠释与讨论】〈阴〉(希)aloe,一种植物名。一说 aloeh,苦味。另说来源于阿拉伯植物俗名 alloeh。【分布】马达加斯加,中国,阿拉伯地区,热带和非洲南部。【后选模式】Aloe perfoliata Linnaeus。【参考异名】Agriodendron Endl.(1836);Aloes Raf. ;Aloinella(A. Berger)A. Berger ex Lemée(1939)Nom. illegit. ;Aloinella(A. Berger)Lemée(1939);Ariodendron Meisn.(1842);Atevala Raf.(1840);Bowiea Haw.(1824)(废弃属名);Bowiea Hook. f. et Haw.(1824)Nom. illegit.(废弃属名);Bowiea Hook. f. ex Haw.(1824)Nom. illegit.(废弃属名);Busipho Salisb.(1866);Chamaealoe A. Berger(1905)Nom. illegit. ;Guillauminia A. Bertrand(1956);Kumara Medik.(1786);Lemeea P. V. Heath(1993);Leptaloe Stapf(1933);Pachidendron Haw.(1821);Pachydendron Dumort.(1829);Ptyas Salisb.(1866)Nom. illegit. ;Rhipidodendron Spreng.(1817);Rhipidodendrum Willd.(1811);Ripidodendrum Post et Kuntze(1903);Succosaria Raf. ●■

1906 Aloeaceae Batsch [亦见 Asphodelaceae Juss. 阿福花科(日光兰科,独尾草科)]【汉】芦荟科。【日】アロエ科。【英】Aloe Family。【包含】世界 7 属 476-532 种,中国 2 属 6 种。【分布】热带、亚热带和温带。【科名模式】Aloe L. ●■

1907 Aloeatheros Endl.(1836)= Alloiatheros Elliott(1816);~ = Gymnopogon P. Beauv.(1812)[禾本科 Poaceae(Gramineae)]■☆

1908 Aloes Raf. = Aloe L.(1753)[百合科 Liliaceae//阿福花科 Asphodelaceae//芦荟科 Aloaceae]●■

1909 Aloexylum Lour.(1790)Nom. illegit. ≡ Aquilaria Lam.(1783)(保留属名)[瑞香科 Thymelaeaceae]●

1910 Aloides Fabr.(1759)Nom. illegit. ≡ Stratiotes L.(1753)[水鳖科 Hydrocharitaceae]■☆

1911 Aloinella(A. Berger)A. Berger ex Lemée(1939)Nom. illegit. ≡ Aloinella(A. Berger)Lemée(1939)Nom. illegit. ;~ = Aloe L.(1753)[百合科 Liliaceae//阿福花科 Asphodelaceae//芦荟科 Aloaceae]●■

1912 Aloinella(A. Berger)Lemée(1939)Nom. illegit. = Aloe L.(1753)[百合科 Liliaceae//阿福花科 Asphodelaceae//芦荟科 Aloaceae]●■

1913 Aloinopsis Schwantes（1926）【汉】芦荟番杏属（唐扇属）。【日】アロイノプシス属。【隶属】番杏科 Aizoaceae。【包含】世界 12 种。【学名诠释与讨论】〈阴〉（属）Aloe 芦荟属+希腊文 opsis，外观，模样，相似。【分布】非洲南部。【后选模式】Aloinopsis aloides（A. H. Haworth）Schwantes［Mesembryanthemum aloides A. H. Haworth］。【参考异名】Acaulon N. E. Br.（1928）Nom. illegit. ; Aistocaulon Poelln.（1935）Nom. illegit. ; Deilanthe N. E. Br.（1930）; Prepodesma N. E. Br.（1930）■☆

1914 Aloiozonium Lindl.（1847）= Alloiozonium Kuntze（1844）= Arctotheca J. C. Wendl.（1798）; ~ = Cryptostemma R. Br.（1813）［菊科 Asteraceae（Compositae）］■☆

1915 Aloitis Raf.（1837）= Gentianella Moench（1794）（保留属名）［龙胆科 Gentianaceae］■

1916 Alomia Kunth（1818）【汉】修泽兰属（阿路菊属）。【隶属】菊科 Asteraceae（Compositae）。【包含】世界 5 种。【学名诠释与讨论】〈阴〉（希）a-，无，不+loma，所有格 lomatos，袍的边缘。【分布】墨西哥至巴西。【模式】Alomia ageratoides Kunth。【参考异名】Allomia DC.（1838）■☆

1917 Alomiella R. M. King et H. Rob.（1972）【汉】毛瓣尖泽兰属。【隶属】菊科 Asteraceae（Compositae）。【包含】世界 2 种。【学名诠释与讨论】〈阴〉（属）Alomia 修泽兰属+-ellus，-ella，-ellum，加在名词词干后面形成指小式的词尾。或加在人名、属名等后面以组成新属的名称。【分布】巴西。【模式】Alomiella regnellii（Malme）R. M，King et H. E. Robinson［Alomia regnellii Malme］■☆

1918 Alona Lindl.（1844）= Nolana L. ex L. f.（1762）［茄科 Solanaceae//铃花科 Nolanaceae］■☆

1919 Alonsoa Ruiz et Pav.（1798）【汉】假面花属。【日】アロンソア属。【俄】Алонсоа。【英】Alonsoa，Mask Flower。【隶属】玄参科 Scrophulariaceae。【包含】世界 11-16 种。【学名诠释与讨论】〈阴〉（人）Alonzo Zamoni，西班牙驻哥伦比亚首都的一名官员。【分布】巴拿马，秘鲁，玻利维亚，厄瓜多尔，哥伦比亚（安蒂奥基亚），尼加拉瓜，热带美洲，中美洲。【后选模式】Alonsoa cauliatata Ruiz et Pavón。【参考异名】Alonzoa Brongn.（1843）; Hemimeris Pers.（废弃属名）; Hemitomus L' Hér. ex Desf.（1804）; Schistanthe Kunze（1841）■☆

1920 Alonzoa Brongn.（1843）= Alonsoa Ruiz et Pav.（1798）［玄参科 Scrophulariaceae］■☆

1921 Alopecias Steven（1832）= Astragalus L.（1753）［豆科 Fabaceae（Leguminosae）//蝶形花科 Papilionaceae］●■

1922 Alopecuraceae Martinov（1820）= Gramineae Juss.（保留科名）//Poaceae Barnhart（保留科名）●■

1923 Alopecuropsis Opiz（1857）= Alopecurus L.（1753）［禾本科 Poaceae（Gramineae）］■

1924 Alopecuro-veronica L.（1759）= Pogostemon Desf.（1815）［唇形科 Lamiaceae（Labiatae）］●■

1925 Alopecurus L.（1753）【汉】看麦娘属。【日】スズメノテッパウ属，スズメノテッポウ属。【俄】Батлачёк，Батлачик，Батлачок，Батлячек，Лисехвостник，Лисохвост，Лисохвостник。【英】Alopecurus，Fox Tail，Foxtail，Foxtail Grass，Golden Meadow Foxtail。【隶属】禾本科 Poaceae（Gramineae）。【包含】世界 40-50 种，中国 8-9 种。【学名诠释与讨论】〈阳〉（希）alopex，狐狸+-urus，-ura，-uro，用于希腊文组合词，含义为"尾巴"。指圆锥花序状如狐尾。【分布】巴基斯坦，秘鲁，玻利维亚，厄瓜多尔，美国（密苏里），中国，温带欧亚大陆，温带南美洲，中美洲。【后选模式】Alopecurus pratensis Linnaeus。【参考异名】Alopecuropsis Opiz（1857）; Cerdosurus Ehth.（1789）Nom. inval. ; Colobachne P. Beauv.（1812）; Tozzettia Savi（1799）■

1926 Alophia Herb.（1840）【汉】裸柱花属。【英】Pinewoods-lily，Purple Pleat-leaf。【隶属】鸢尾科 Iridaceae。【包含】世界 5 种。【学名诠释与讨论】〈阴〉（希）a-，无，不+lophos，脊，鸡冠，装饰。指花柱无装饰。【分布】玻利维亚，哥斯达黎加，尼加拉瓜，中美洲。【模式】Alophia drummondiana Herbert，Nom. illegit.［Cypella drummondi R. Graham; Alophia drumondii（R. Graham）R. C. Foster］。【参考异名】Cipura Klotzsch ex Klatt（1882）; Eustylis Engelm. et A. Gray（1847）; Herbertia Sweet（1827）; Larentia Klatt（1882）■☆

1927 Alophium Cass.（1829）= Centaurea L.（1753）（保留属名）［菊科 Asteraceae（Compositae）//矢车菊科 Centaureaceae］●■

1928 Alophochloa Endl.（1836）= Koeleria Pers.（1805）; ~ = Lophochloa Rchb.（1830）［禾本科 Poaceae（Gramineae）］■☆

1929 Alophyllus L.（1762）= Allophylus L.（1753）［无患子科 Sapindaceae］●

1930 Alopicarpus Neck.（1790）Nom. inval. = Paris L.（1753）［百合科 Liliaceae］■

1931 Aloranthus F. S. Voigt（1811）= Chloranthus Sw.（1787）［金粟兰科 Chloranthaceae］●●

1932 Alosemis Raf.（1838）Nom. illegit. ≡ Rhynchanthera DC.（1828）（保留属名）［野牡丹科 Melastomataceae］●☆

1933 Aloysia Juss.（1806）Nom. illegit. ≡ Aloysia Ortega ex Juss.（1806）Nom. illegit. ; ~ = Aloysia Paláu（1784）［马鞭草科 Verbenaceae］●☆

1934 Aloysia Ortega et Paláu ex Pers. = Aloysia Paláu（1784）［马鞭草科 Verbenaceae］●☆

1935 Aloysia Ortega ex Juss.（1806）Nom. illegit. = Aloysia Paláu（1784）［马鞭草科 Verbenaceae］●☆

1936 Aloysia Paláu（1784）【汉】橙香木属（防臭木属，柠檬马鞭木属）。【隶属】马鞭草科 Verbenaceae。【包含】世界 37-58 种。【学名诠释与讨论】〈阴〉（人）Maria Louisa Teresa，1751-1819，西班牙 4 世国王的妻子。此属的学名，ING，TROPICOS，GCI 和 IK 记载是"Aloysia Paláu，Parte Práct. Bot. 1: 767. 1784（GCI）"。"Aloysia Ortega ex Juss.，Ann. Mus. Hist. Nat. 7:73，1806"是晚出的非法名称;"Aloysia Juss.（1806）Nom. illegit. ≡ Aloysia Ortega ex Juss.（1806）Nom. illegit."命名人引证有误。【分布】巴拉圭，巴拿马，秘鲁，玻利维亚，厄瓜多尔，哥伦比亚（安蒂奥基亚），中美洲。【模式】Aloysia citrodora A. Paláu y Verdéra。【参考异名】Aloysia Juss.（1806）Nom. illegit. ; Aloysia Ortega et Paláu ex Pers. ●☆

1937 Alpaminia O. E. Schulz（1924）= Weberbauera Gilg et Muschl.（1909）［十字花科 Brassicaceae（Cruciferae）］■☆

1938 Alpan Bose ex Raf. = Apama Lam.（1783）［马兜铃科 Aristolochiaceae//阿柏麻科 Apamaceae］●

1939 Alphandia Baill.（1873）【汉】阿尔法大戟属。【隶属】大戟科 Euphorbiaceae。【包含】世界 3 种。【学名诠释与讨论】〈阴〉（人）Jean Charles Adolphe Alphand，1817-1891，植物学者。【分布】瓦努阿图，法属新喀里多尼亚，新几内亚岛。【模式】未指定。☆

1940 Alphitonia Endl.（1838）Nom. illegit. ≡ Alphitonia Reissek ex Endl.（1840）［鼠李科 Rhamnaceae］●

1941 Alphitonia Reissek ex Endl.（1840）【汉】麦珠子属。【俄】Альфтония。【英】Alphitonia，Red Almond，Red Ash，Soap Tree，Tree Buckthorn。【隶属】鼠李科 Rhamnaceae。【包含】世界 6-20 种，中国 1 种。【学名诠释与讨论】〈阴〉（希）alphiton，大麦粉。指果实外果皮干燥呈粉状。此属的学名，ING、TROPICOS 和 IK 记载是"Alphitonia Reissek ex Endl.，Gen. Pl.［Endlicher］1098. 1840［Apr 1840］"。APNI 则记载为"Alphitonia Endl.，Genera

Plantarum 1838"。五者引用的文献相同。【分布】澳大利亚,马来西亚,中国,波利尼西亚群岛。【模式】Alphitonia excelsa (Fenzl) Reissek ex Bentham [Colubrina excelsa Fenzl]。【参考异名】Alphitonia Endl. (1838) Nom. illegit.; Zezyphoides Parkinson; Zizyphoides Sol. ex Drake ●

1942　Alphonsea Hook. f. et Thomson (1855)【汉】藤春属(阿芳属)。【英】Alphonsea。【隶属】番荔枝科 Annonaceae。【包含】世界 20-30 种,中国 6-7 种。【学名诠释与讨论】〈阴〉(人) J. C. A. Alphons,法国人。另说瑞士植物学者 Alphonse Louis Pierre Pyramus de Candolle,1806-1893。【分布】印度至马来西亚,中国。【后选模式】Alphonsea ventricosa (Roxburgh) J. D. Hooker et T. Thomson [Uvaria ventricosa Roxburgh]●

1943　Alphonseopsis Baker f. (1913)【汉】拟藤春属。【隶属】番荔枝科 Annonaceae。【包含】世界 1 种。【学名诠释与讨论】〈阴〉(属) Alphonsea 藤春属+希腊文 opsis,外观,模样,相似。此属的学名是"Alphonseopsis E. G. Baker in Rendle, E. G. Baker et Wernham,Cat. Talbot's Nigerian Pl. 2. 1913"。亦有文献把其处理为"Polyceratocarpus Engl. et Diels (1900)"的异名。【分布】尼日利亚。【模式】Alphonseopsis parviflora E. G. Baker。【参考异名】Polyceratocarpus Engl. et Diels (1900)●☆

1944　Alpinia K. Schum. (1904)(废弃属名)= Alpinia Roxb. (1810)(保留属名)[姜科(蘘荷科)Zingiberaceae//山姜科 Alpiniaceae]■

1945　Alpinia L. (1753)(废弃属名)= Renealmia L. f. (1782)(保留属名)[姜科(蘘荷科)Zingiberaceae]■☆

1946　Alpinia Roxb. (1810)(保留属名)【汉】山姜属(月桃属)。【日】アルピニア属,ハナミョウガ属,ハナメウガ属。【俄】Алпиния,Альпиния。【英】Alpinia, Galanga, Galangal, Ginger-lily, Indian Shell-flower, Shell Ginger。【隶属】姜科(蘘荷科) Zingiberaceae//山姜科 Alpiniaceae。【包含】世界 200-253 种,中国 51-62 种。【学名诠释与讨论】〈阴〉(人) Prospero (Prosper) Alpino (Alpini, Alpinus),1553-1617,意大利植物学者。此属的学名"Alpinia Roxb. in Asiat. Res. 11: 350. 1810"是保留属名。相应的废弃属名是姜科(蘘荷科) Zingiberaceae 的"Alpinia L., Sp. Pl.: 2. 1 Mai 1753 = Renealmia L. f. (1782)(保留属名)"、"Albina Giseke, Prael. Ord. Nat. Pl.: 207, 227, 248. Apr 1792 = Alpinia Roxb. (1810)(保留属名)"、"Zerumbet J. C. Wendl., Sert. Hannov. 4: 3. Apr-Mai 1798 = Alpinia Roxb. (1810)(保留属名)"和"Buekia Giseke, Prael. Ord. Nat. Pl.: 204, 216, 239. Apr 1792 = Alpinia Roxb. (1810)(保留属名)"。莎草科 Cyperaceae 的"Buekia Nees, Linnaea 9: 300. 1834 ≡ Neesenbeckia Levyns (1947)"和姜科(蘘荷科) Zingiberaceae 的"Zerumbet Garsault, Fig. Pl. Med. 1: t. 33 a. 1764 = Alpinia Roxb. (1810)(保留属名)"、"Zerumbet T. Lestib., Ann. Sci. Nat., Bot. sér. 2, 15: 329. 1841 = Zingiber Mill. (1754) [as 'Zinziber'](保留属名)"亦应废弃。【分布】巴拿马,秘鲁,玻利维亚,厄瓜多尔,哥伦比亚(安蒂奥基亚),尼加拉瓜,中国,波利尼西亚群岛,亚洲,中美洲。【模式】Alpinia galanga (Linnaeus) Willdenow。【参考异名】Adelmeria Ridl. (1909); Albina Giseke (1792)(废弃属名); Allagas Raf. (1838); Allughas Steud. (1821); Alpinia K. Schum. (1904)(废弃属名); Alughas L.; Buekia Giseke (1792)(废弃属名); Catimbium Holtt.; Catimbium Juss. (1789); Cenolophon Blume (1827); Elmeria Ridl. (1909); Eriolopha Ridl. (1916); Galanga Noronha (1790); Guillainia Ridl., Nom. illegit.; Guillainia Vieill. (1866); Hellenia Willd. (1797) Nom. illegit.; Hellwigia Warb. (1891); Heritiera Retz. (1791) Nom. illegit.; Kolooratia T. Lestib. (1841); Kolowratia C. Presl (1827); Languas König ex Small (1913) Nom. illegit.; Languas König (1783) Nom. inval.; Martensia Giseke

(1792); Monocystis Lindl. (1836); Odontychium K. Schum. (1904); Pleuranthodium (K. Schum.) R. M. Sm. (1991); Psychanthus (K. Schum.) Ridl. (1916) Nom. illegit.; Psychanthus Ridl. (1916) Nom. illegit.; Strobidia Miq. (1861); Zerumbet J. C. Wendl. (1798)(废弃属名)■

1947　Alpiniaceae F. Rudolphi [亦见 Zingiberaceae Martinov(保留科名)姜科(蘘荷科)]【汉】山姜科。【包含】世界 1 属 200-253 种,中国 1 属 51-62 种。【分布】波利尼西亚群岛,亚洲。【科名模式】Alpinia Roxb. (1810)(保留属名)■

1948　Alpiniaceae Link(1821)= Zingiberaceae Martinov(保留科名)■

1949　Alposelinum Pimenov (1982) = Lomatocarpa Pimenov (1982) [伞形花科(伞形科)Apiaceae(Umbelliferae)]■

1950　Alrawia(Wendelbo)K. M. Perss. et Wendelbo(1979)【汉】波斯风信子属。【隶属】风信子科 Hyacinthaceae。【包含】世界 2 种。【学名诠释与讨论】〈阴〉词源不详。此属的学名,ING 和 IK 记载是"Alrawia (P. Wendelbo) K. Persson et P. Wendelbo, Bot. Not. 132: 201. 15 Mai 1979",由"Hyacinthella sect. Alrawia P. Wendelbo, Kew Bull. 28: 35. 29 Mai 1973"改级而来。【分布】伊拉克,伊朗。【模式】Alrawia nutans (P. Wendelbo) K. Persson et P. Wendelbo [Hyacinthella nutans P. Wendelbo]。【参考异名】Hyacinthella sect. Alrawia Wendelbo(1973)■☆

1951　Alsaton Raf. (1840) = Siler Mill. (1754); ~ = Laserpitium L. (1753)[伞形花科(伞形科)Apiaceae(Umbelliferae)]●☆

1952　Alschingera Vis. (1850) = Physospermum Cusson (1782)[伞形花科(伞形科)Apiaceae(Umbelliferae)]■☆

1953　Alseis Schott(1827)【汉】丛林茜属。【隶属】茜草科 Rubiaceae。【包含】世界 15-20 种。【学名诠释与讨论】〈阴〉(希)alsos,丛林,小树林。【分布】巴拿马,秘鲁,玻利维亚,厄瓜多尔,哥伦比亚(安蒂奥基亚),尼加拉瓜,中美洲。【模式】Alseis floribunda H. W. Schott。●☆

1954　Alsenosmia Endl. (1841) = Alseuosmia A. Cunn. (1838) [岛海桐科 Alseuosmiaceae]●☆

1955　Alseodaphne Nees (1831)【汉】油丹属(蜀楠属)。【英】Alseodaphne。【隶属】樟科 Lauraceae。【包含】世界 50-52 种,中国 10 种。【学名诠释与讨论】〈阴〉(希)alsos,丛林,小树林+daphne,月桂树。【分布】印度至马来西亚,中国,东南亚。【后选模式】Alseodaphne semecarpifolia C. G. D. Nees。【参考异名】Euphoebe Blume ex Meisn. (1864); Stemmatodaphne Gamble (1910)●

1956　Alseuosmia A. Cunn. (1838)【汉】岛海桐属。【隶属】岛海桐科 Alseuosmiaceae。【包含】世界 4-8 种。【学名诠释与讨论】〈阴〉(希)alsos,丛林,小树林+osmeodme,香味,臭味,气味。在希腊文组合词中,词头 osm-和词尾-osma 通常指香味。【分布】新西兰。【后选模式】Alseuosmia macrophylla A. Cunningham。【参考异名】Alsenosmia Endl. (1841); Fagoides Banks et Sol. ex A. Cunn. (1838)●☆

1957　Alseuosmiaceae Airy Shaw(1965)【汉】岛海桐科(假海桐科)。【包含】世界 3-5 属 8-11 种。【分布】法属新喀里多尼亚,新西兰,澳大利亚东部,新几内亚岛。【科名模式】Alseuosmia A. Cunn. ●☆

1958　Alshehbazia Salariato et Zuloaga(2015)【汉】热带芥属(巴塔哥尼亚芥属)。【隶属】十字花科 Brassicaceae(Cruciferae)。【包含】世界 1 种。【学名诠释与讨论】〈阴〉词源不详。【分布】热带。【模式】Alshehbazia hauthalii (Gilg et Muschl.) Kew Bull. [Eudema hauthalii Gilg et Muschl.]☆

1959　Alsinaceae (DC.) Bartl. = Alsinaceae Bartl. (保留科名); ~ = Caryophyllaceae Juss. (保留科名)■●

1960　Alsinaceae Adans. =Caryophyllaceae Juss.（保留科名）■●

1961　Alsinaceae Bartl.（1825）（保留科名）［亦见 Caryophyllaceae Juss.（保留科名）石竹科］【汉】繁缕科。【包含】世界 6 属 293-468 种,中国 1 属 6 种。【分布】广泛分布。【科名模式】Alsine L.［Stellaria L.（1753）］■

1962　Alsinanthe（Fenzl ex Endl.）Rchb.（1841）Nom. illegit. ≡ Alsinanthe（Fenzl）Rchb.（1841）Nom. illegit. ；~ ≡ Arenaria L.（1753）; ~ =Minuartia L.（1753）［石竹科 Caryophyllaceae］●

1963　Alsinanthe（Fenzl）Rchb.（1841）Nom. illegit. ≡ Arenaria L.（1753）; ~ =Minuartia L.（1753）［石竹科 Caryophyllaceae］■

1964　Alsinanthe Rchb.（1841 – 1842）Nom. illegit. ≡ Alsinanthe（Fenzl）Rchb.（1841）Nom. illegit. ; ~ ≡ Arenaria L.（1753）; ~ = Minuartia L.（1753）［石竹科 Caryophyllaceae］●

1965　Alsinanthemos J. G. Gmel.（1769）Nom. illegit. ≡ Alsinanthemum Fabr.（1759）Nom. illegit. ; ~ ≡ Trientalis L.（1753）［报春花科 Primulaceae//紫金牛科 Myrsinaceae］■

1966　Alsinanthemum Fabr.（1759）Nom. illegit. ≡Trientalis L.（1753）［报春花科 Primulaceae//紫金牛科 Myrsinaceae］■

1967　Alsinanthemum Thalius ex Greene（1894）Nom. illegit. =Trientalis L.（1753）［报春花科 Primulaceae//紫金牛科 Myrsinaceae］■

1968　Alsinanthus Desv.（1816）Nom. illegit. ≡Arenaria L.（1753）［石竹科 Caryophyllaceae］■

1969　Alsinanthus Rchb.（1837）Nom. illegit. ≡Arenaria L.（1753）［石竹科 Caryophyllaceae］■

1970　Alsinastraceae Rupr. =Elatinaceae Dumort.（保留科名）■

1971　Alsinastrum Quer（1762）Nom. illegit. ≡Elatine L.（1753）［繁缕科 Alsinaceae//沟繁缕科 Elatinaceae//玄参科 Scrophulariaceae］■

1972　Alsinastrum Schur（1853）Nom. illegit. ≡Elatine L.（1753）［繁缕科 Alsinaceae//沟繁缕科 Elatinaceae//玄参科 Scrophulariaceae］■

1973　Alsine Druce, Nom. illegit. = Spergularia（Pers.）J. Presl et C. Presl（1819）（保留属名）［石竹科 Caryophyllaceae］■

1974　Alsine Gaertn., Nom. illegit. = Minuartia L.（1753）［石竹科 Caryophyllaceae］■

1975　Alsine L.（1753）= Spergularia（Pers.）J. Presl et C. Presl（1819）（保留属名）; ~ = Stellaria L.（1753）; ~ = Arenaria L.（1753）+ Stellaria L.（1753）+ Delia Dumort.（1827）Nom. illegit. ［石竹科 Caryophyllaceae］■

1976　Alsine Scop.（1772）Nom. illegit. =Arenaria L.（1753）［石竹科 Caryophyllaceae］■

1977　Alsineae DC.（1815）=Arenaria L.（1753）［石竹科 Caryophyllaceae］■

1978　Alsineae Lam. et DC.（1806）= Arenaria L.（1753）［石竹科 Caryophyllaceae］■

1979　Alsinella Gray（1821）Nom. illegit. ≡Arenaria L.（1753）［石竹科 Caryophyllaceae］■

1980　Alsinella Hill（1756）Nom. illegit. ≡Sagina L.（1753）［石竹科 Caryophyllaceae］■

1981　Alsinella Hornem.（1814）Nom. illegit. = Spergularia（Pers.）J. Presl et C. Presl（1819）（保留属名）［石竹科 Caryophyllaceae］■

1982　Alsinella Moench（1794）Nom. illegit. ≡Moenchia Ehrh.（1783）（保留属名）; ~ =Cerastium L.（1753）［石竹科 Caryophyllaceae］■☆

1983　Alsinella Sw.（1814）Nom. illegit. =Stellaria L.（1753）+Arenaria L.（1753）［石竹科 Caryophyllaceae］■

1984　Alsinidendron H. Mann（1866）= Schiedea Cham. et Schltdl.（1826）［石竹科 Caryophyllaceae］■●☆

1985　Alsinopsis Small（1903）= Minuartia L.（1753）［石竹科 Caryophyllaceae］■

1986　Alsinula Dostal（1984）Nom. illegit. = Stellaria L.（1753）［石竹科 Caryophyllaceae］■

1987　Alsmithia H. E. Moore（1982）【汉】长柄椰属（脊籽椰属）。【隶属】棕榈科 Arecaceae（Palmae）。【包含】世界 1 种。【学名诠释与讨论】〈阴〉（人）Albert Charles Smith, 美国植物学者。【分布】斐济。【模式】Alsmithia longipes H. E. Moore。●☆

1988　Alsobia Hanst.（1853）【汉】肖毛毡苣苔属。【隶属】苦苣苔科 Gesneriaceae。【包含】世界 2 种。【学名诠释与讨论】〈阴〉（希）alsos,丛林,小树林+bios, 生命, 生物。此属的学名是“Alsobia Hanstein, Linnaea 26：207. Apr 1854 ('1853')."。亦有文献把其处理为“Episcia Mart.（1829）”的异名。【分布】哥斯达黎加, 中美洲。【模式】Alsobia punctata（Lindley）Hanstein［Drymonia punctata Lindley]。【参考异名】Episcia Mart.（1829）■☆

1989　Alsocydia Mart. ex DC.（1845）Nom. inval. , Nom. nud. = Bignonia L.（1753）（保留属名）［紫葳科 Bignoniaceae］●

1990　Alsocydia Mart. ex J. C. Gomes（1951）Nom. illegit. , Nom. superfl. ≡Piriadacus Pichon（1946）; ~ = Cuspidaria DC.（1838）（保留属名）［紫葳科 Bignoniaceae］●☆

1991　Alsodeia Thouars（1807）= Rinorea Aubl.（1775）（保留属名）［堇菜科 Violaceae］●

1992　Alsodeiaceae J. Agardh（1858）=Violaceae Batsch（保留科名）●■

1993　Alsodeiidium Engl.（1895）= Alsodeiopsis Oliv. ex Benth. et. Hook. f.（1867）［茶茱萸科 Icacinaceae］●☆

1994　Alsodeiopsis Oliv.（1867）Nom. illegit. = Alsodeiopsis Oliv. ex Benth. et. Hook. f.（1867）［茶茱萸科 Icacinaceae］●☆

1995　Alsodeiopsis Oliv. ex Benth. et. Hook. f.（1867）【汉】拟三角车属（热非茶茱萸属）。【隶属】茶茱萸科 Icacinaceae。【包含】世界 11 种。【学名诠释与讨论】〈阴〉（属）Alsodeia =Rinorea 三角车属（雷诺木属）+希腊文 opsis, 外观, 模样。此属的学名, ING 和 IK 记载是“Alsodeiopsis Oliv. ex Benth. et Hook. f. , Gen. Pl.［Bentham et Hooker f.］1（3）: 996. 1867［Sep 1867]"。TROPICOS 则记载为“Alsodeiopsis Oliv. in Benth. , Gen. Pl. 1: 996,1867"。三者引用的文献相同。【分布】热带非洲。【模式】Alsodeiopsis mannii D. Olive。【参考异名】Alsodeiidium Engl.（1895）; Alsodeiopsis Oliv. , Nom. illegit. ●☆

1996　Alsolinum Fourr.（1868）= Linum L.（1753）［亚麻科 Linaceae］●■

1997　Alsomitra（Blume）M. Roem.（1846）Nom. illegit. ≡ Alsomitra（Blume）Spach（1838）［葫芦科（瓜科,南瓜科）Cucurbitaceae］■☆

1998　Alsomitra（Blume）M. Roem. et Hutch.（1846）Nom. illegit. ≡ Alsomitra（Blume）Spach（1838）［葫芦科（瓜科,南瓜科）Cucurbitaceae］■☆

1999　Alsomitra（Blume）Spach（1838）【汉】大盖瓜属（阿霜瓜属）。【隶属】葫芦科（瓜科,南瓜科）Cucurbitaceae。【包含】世界 2 种。【学名诠释与讨论】〈阴〉（希）alsos, 丛林, 小树林+mitra, 指小式 mitrion,僧帽,尖帽,头巾。mitratus, 戴头巾或其他帽类之物的。此属的学名, ING、IPNI 和 GCI 记载是“Alsomitra Benth. et Hook. f. , Gen. Pl.［Bentham et Hooker f.］1（3）: 840. 1867［Sep 1867]", 由“Zanonia sect. Alsomitra Blume, Bijdr. 937. Jul – Dec 1826”改级而来。“Alsomitra Benth. et Hook. f. , Gen. Pl.［Bentham et Hooker f.］1（3）: 840. 1867［Sep 1867］= Alsomitra（Blume）Spach（1838）”和“Alsomitra（Blume）M. Roem. , Familiarum Naturalium Regni Vegetabilis Synopses Monographicae 2 1846 ≡ Alsomitra（Blume）Spach（1838）”则是晚出的非法名称。“Alsomitra（Blume）M. Roem. et Hutch.（1846）≡ Alsomitra（Blume）Spach（1838）”和“Alsomitra M. Roem.（1846）Nom. illegit. ≡ Alsomitra（Blume）Spach（1838）”的命名人引证有误。“Macrozanonia Cogniaux, Bull. Herb. Boissier 1：612. Dec 1893”是“Alsomitra

（Blume）Spach（1838）"的晚出的同模式异名（Homotypic synonym，Nomenclatural synonym）。"Alsomitra（Blume）Spach（1838）"曾被处理为"Alsomitra（Blume）M. Roem.，Familiarum Naturalium Regni Vegetabilis Synopses Monographicae 2：113，117. 1846"。【分布】玻利维亚，印度至马来西亚。【模式】Alsomitra macrocarpa（Blume）M. J. Roemer。【参考异名】Alsomitra（Blume）M. Roem.（1846）；Alsomitra（Blume）M. Roem.（1846）Nom. illegit.；Alsomitra（Blume）M. Roem. et Hutch.，Nom. illegit.；Alsomitra Benth. et Hook. f.（1867）Nom. illegit.；Alsomitra M. Roem.（1846）Nom. illegit.；Macrozanonia（Cogn.）Cogn.（1893）Nom. illegit.；Macrozanonia Cogn.（1893）Nom. illegit.；Zanonia sect. Alsomitra Blume（1826）■☆

2000　Alsomitra Benth. et Hook. f.（1867）Nom. illegit. ＝ Alsomitra（Blume）Spach（1838）［葫芦科（瓜科，南瓜科）Cucurbitaceae］■☆

2001　Alsomitra M. Roem.（1846）Nom. illegit. ≡ Alsomitra（Blume）Spach（1838）［葫芦科（瓜科，南瓜科）Cucurbitaceae］■☆

2002　Alstonia Mutis ex L. f.（1782）（废弃属名）≡ Praealstonia Miers（1879）；~ ＝ Symplocos Jacq.（1760）［安息香科（齐墩果科，野茉莉科）Styracaceae］●

2003　Alstonia Mutis（1782）Nom. illegit.（废弃属名）≡ Alstonia Mutis ex L. f.（1782）（废弃属名）；~ ≡ Praealstonia Miers（1879）；~ ＝ Symplocos Jacq.（1760）［山矾科（灰木科）Symplocaceae］●

2004　Alstonia R. Br.（1810）（保留属名）【汉】鸡骨常山属（阿斯木属，黑板树属，盆架树属，鸭脚树属）。【俄】Альстония。【英】Alstonia，Winchia。【隶属】夹竹桃科 Apocynaceae。【包含】世界 50-60 种，中国 8-11 种。【学名诠释与讨论】〈阴〉（人）Charles Alston，1685 – 1760，英国医学和植物学教授。此属的学名"Alstonia R. Br.，Asclepiadeae：64. 3 Apr 1810"是保留属名。相应的废弃属名是夹竹桃科 Apocynaceae 的"Alstonia Scop.，Intr. Hist. Nat.；198. Jan – Apr 1777 ≡ Pacouria Aubl.（1775）（废弃属名）＝ Landolphia P. Beauv.（1806）（保留属名）"。山矾科 Symplocaceae 的"Alstonia Mutis ex L. f.，Suppl. Pl. 39. 1782［1781 publ. Apr 1782］＝ Symplocos Jacq.（1760）≡ Praealstonia Miers（1879）"亦应废弃。"Alstonia Mutis（1782）Nom. illegit.（废弃属名）≡ Alstonia Mutis ex L. f.（1782）（废弃属名）"的命名人引证有误，亦应废弃。【分布】巴基斯坦，巴拿马，马达加斯加，尼加拉瓜，印度至马来西亚，中国，波利尼西亚群岛，中美洲。【模式】Alstonia scholaris（Linnaeus）R. Brown［Echites scholaris Linnaeus］。【参考异名】Amblyocalyx Benth.（1876）；Blaberopus A. DC.（1844）；Pala Juss.（1810）；Paladelpha Pichon（1947）；Tonduzia Pittier（1908）；Vinchia DC.；Winchia A. DC.（1844）●

2005　Alstonia Scop.（1777）（废弃属名）≡ Pacouria Aubl.（1775）（废弃属名）；~ ＝ Landolphia P. Beauv.（1806）（保留属名）［夹竹桃科 Apocynaceae］●☆

2006　Alstroemeria L.（1762）【汉】六出花属（百合水仙属）。【日】アルストレメーリア属，エリズイセン属。【俄】Альстремерия。【英】Alstroemeria，Herb Lily，Lily of the Incas，Lily - of - the - incas，Peruvian Lily，Peruvian - lily。【隶属】石蒜科 Amaryllidaceae//百合科 Liliaceae//六出花科（彩花扭柄科，扭柄叶科）Alstroemeriaceae。【包含】世界 50-60 种。【学名诠释与讨论】〈阴〉（人）Clas Alströmer 男爵，1736-1794，瑞典博物学者，林奈的学生。此属的学名，ING，APNI，GCI，TROPICOS 和 IK 记载是"Alstroemeria L.，Pl. Alströmeria 8. 1762［23 Jun 1762］"。"Ligtu Adanson，Fam. 2：20. Jul-Aug 1763"是"Alstroemeria L.（1762）"的晚出的同模式异名（Homotypic synonym，Nomenclatural synonym）。【分布】秘鲁，玻利维亚，哥伦比亚（安蒂奥基亚），南美洲，中美洲。【后选模式】Alstroemeria pelegrina Linnaeus。【参考异名】Ligtu Adans.（1763）Nom. illegit.；Lilavia Raf.（1838）Nom. illegit.；Priopetalon Raf.（1838）；Taltalia Ehr. Bayer（1998）■☆

2007　Alstroemeriaceae Dumort.（1829）（保留科名）【汉】六出花科（彩花扭柄科，扭柄叶科）。【包含】世界 4-5 属 150-200 种。【分布】中美洲和热带、亚热带、温带南美洲。【科名模式】Alstroemeria L.。■●☆

2008　Altamirania Greenm.（1903）Nom. illegit. ≡ Aspiliopsis Greenm.（1903）［菊科 Asteraceae（Compositae）］●☆

2009　Altamiranoa Rose et Fröd.（1936）descr. emend. ＝ Altamiranoa Rose ex Britton et Rose（1903）；~ ＝ Sedum L.（1753）；~ ＝ Villadia Rose（1903）［景天科 Crassulaceae］■☆

2010　Altamiranoa Rose ex Britton et Rose（1903）Nom. illegit. ＝ Sedum L.（1753）；~ ＝ Villadia Rose（1903）［景天科 Crassulaceae］■☆

2011　Altamiranoa Rose（1903）Nom. illegit. ≡ Altamiranoa Rose ex Britton et Rose（1903）；~ ＝ Sedum L.（1753）；~ ＝ Villadia Rose（1903）［景天科 Crassulaceae］■☆

2012　Altensteinia Kunth（1816）【汉】安第斯兰属（热美兰属）。【隶属】兰科 Orchidaceae。【包含】世界 6-9 种。【学名诠释与讨论】〈阴〉（人）Karl von Stein zum Altenstein，1770-1840，德国历史学者。此属的学名，ING 和 IK 记载是"Altensteinia Kunth in Humboldt，Bonpland et Kunth，Nova Gen. Sp. 1；ed. fol. 267. Aug（sero）1816"。【分布】秘鲁，玻利维亚，厄瓜多尔，热带美洲。【模式】未指定。■☆

2013　Alternanthera Forssk.（1775）【汉】莲子草属（锦绣苋属，满天星属，虾钳菜属，虾钳草属，织锦苋属）。【日】ツルノゲイトウ属。【俄】Альтернантера，Очереднопыльник。【英】Alternanthera，Broad Path，Chaff-flower，Copperleaf，Joseph's Coat，Joyweed。【隶属】苋科 Amaranthaceae。【包含】世界 80-200 种，中国 5-6 种。【学名诠释与讨论】〈阴〉（拉）alterno，交替 + anthera，花药，指某些种的发育雄蕊与退化雄蕊交互着生。此属的学名，ING 和 IK 记载是"Alternanthera Forssk.，Fl. Aegypt. - Arab. 28（lix）. 1775［1 Oct 1775］"。"Allaganthera C. F. P. Martius，Pl. Horti Erlang. 69. 1814"和"Illecebrum K. P. J. Sprengel，Anleit. ed. 2. 2（1）：317. 20 Apr 1817（non Linnaeus 1753）"是"Alternanthera Forssk.（1775）"的晚出的同模式异名（Homotypic synonym，Nomenclatural synonym）。【分布】哥伦比亚（安蒂奥基亚），巴基斯坦，巴拉圭，巴拿马，秘鲁，玻利维亚，厄瓜多尔，马达加斯加，尼加拉瓜，中国，热带，亚热带，中美洲。【模式】Alternanthera achyranthes Forsskål。【参考异名】Adoceton Raf.（1817）；Adoketon Raf.（1836）；Allaganthera Mart.（1814）Nom. illegit.；Brandesia Mart.（1826）；Bucholzia Mart.（1826）Nom. illegit.；Illecebrum Spreng.（1817）Nom. illegit.；Litophila Sw.（1788）；Mogiphanes Mart.（1826）；Mophiganes Steud.（1840）；Pityranthus Mart.（1817）；Steiremis Raf.（1837）；Telanthera R. Br.（1818）；Teleianthera Endl.（1837）■

2014　Alternasemina Silva Manso（1836）＝ Melothria L.（1753）［葫芦科（瓜科，南瓜科）Cucurbitaceae］■

2015　Althaea L.（1753）【汉】药葵属（蜀葵属）。【日】タチアオイ属，タチアフヒ属，ビロードアオイ属。【俄】Алтей，Альтей，Шток - роза。【英】Althaea，Althea，Hollyhock，Mallow，Marsh Mallow，Marsh-mallow，Rose of Sharon。【隶属】锦葵科 Malvaceae。【包含】世界 10-40 种，中国 1 种。【学名诠释与讨论】〈阴〉（希）althaino，治疗。指某些种供药用。【分布】中国，欧洲西部至西伯利亚。【后选模式】Althaea officinalis Linnaeus。【参考异名】Alcaea Burm. f.；Alcaea Hill（1768）；Althea Crantz（1769）；Dinacrusa G. Krebs（1994）；Ferberia Scop.（1777）■

2016　Althaeastrum Fabr. ＝ Lavatera L.（1753）［锦葵科 Malvaceae］■●

2017 Althea Crantz(1769)= Althaea L.(1753)[锦葵科 Malvaceae]■

2018 Althenia F. Petit(1829)【汉】加利亚草属。【隶属】[角果藻科 Zannichelliaceae//茨藻科 Najadaceae//眼子菜科 Potamogetonaceae]。【包含】世界 2 种。【学名诠释与讨论】〈阴〉(人)J. Althen, Memoire sur la culture de la garance 的作者。此属的学名, ING、APNI、TROPICOS 和 IK 记载是"Althenia Petit, Ann. Sci. Observ. 1:451. 1829"。"Belvalia Delile, Flora 13:455. 28 Jul 1830 (non Belvala Adanson 1763, nec Bellevalia Scopoli (1777))" 和 "Bellevalia Delile ex Endl., Gen. Pl. [Endlicher] 231. 1836" 是 "Althenia F. Petit(1829)" 的同模式异名(Homotypic synonym, Nomenclatural synonym)。【分布】地中海西部, 非洲。【模式】Althenia filiformis Petit。【参考异名】Bellevalia Delile ex Endl. (1836) Nom. inval., Nom. illegit.(废弃属名);Bellevalia Delile (1836) Nom. inval., Nom. illegit.(废弃属名);Belvalia Delile (1830) Nom. illegit.■☆

2019 Altheniaceae Lotsy = Zannichelliaceae Chevall.(保留科名)■

2020 Altheria Thouars(1806)= Melochia L.(1753)(保留属名)[梧桐科 Sterculiaceae//锦葵科 Malvaceae//马松子科 Melochiaceae]●■

2021 Althingia Steud.(1840)= Araucaria Juss.(1789)[南洋杉科 Araucariaceae]●

2022 Althoffia K. Schum.(1887)= Trichospermum Blume(1825)[椴树科(椴科, 田麻科)Tiliaceae//锦葵科 Malvaceae]●☆

2023 Altingia G. Don = Altingia Noronha(1790)+ Araucaria Juss. (1789)[南洋杉科 Araucariaceae]●

2024 Altingia Noronha(1790)【汉】蕈树属(阿丁枫属)。【英】Altingia。【隶属】金缕梅科 Hamamelidaceae//蕈树科(阿丁枫科)Altingiaceae。【包含】世界 8-12 种, 中国 8 种。【学名诠释与讨论】〈阴〉(人)Jacobus Alting, 1618-1679, 德国植物学者。一说其国籍为荷兰。此属的学名, ING、TROPICOS、APNI 和 IK 记载是 "Altingia Noronha, Verh. Batav. Genootsch. Kunsten 5. art. 2:1. 1790";《中国植物志》英文版亦如此使用。但是, IK 和 APNI 都记载它是一个未合格发表的名称(Nom. inval.)。待考证。【分布】印度尼西亚(苏门答腊岛, 爪哇岛), 中国, 印度(阿萨姆)和南部至马来半岛。【模式】Altingia excelsa Noronha。【参考异名】Sedgwichia Griff.(1836)●

2025 Altingiaceae Horan.(1841)= Altingiaceae Lindl.(保留科名)●

2026 Altingiaceae Lindl.(1846)(保留科名)【汉】蕈树科(阿丁枫科)。【包含】世界 1-3 属 20 种, 中国 2 属 12 种。【分布】小亚细亚, 温带和热带东南亚, 北美洲和中美洲。【科名模式】Altingia Noronha ●

2027 Altisatis Thouars = Habenaria Willd.(1805);~ = Satyrium Sw. (1800)(保留属名)[兰科 Orchidaceae]■

2028 Altoparadisium Filg., Davidse, Zuloaga et Morrone(2001)【汉】巴西禾属。【隶属】禾本科 Poaceae(Gramineae)。【包含】世界 2 种。【学名诠释与讨论】〈中〉词源不详。【分布】巴西, 玻利维亚。【模式】Altoparadisium chapadense Filg., Davidse, Zuloaga et Morrone。■☆

2029 Altora Adans.(1763)Nom. illegit. ≡ Clutia L.(1753)[大戟科 Euphorbiaceae//袋戟科 Peraceae]■☆

2030 Alughas L. = Alpinia Roxb.(1810)(保留属名)[姜科(蘘荷科)Zingiberaceae//山姜科 Alpiniaceae]■

2031 Alunia Lindl.(1840)Nom. inval.[菊科 Asteraceae (Compositae)]☆

2032 Alus Bubani(1897)Nom. illegit. ≡ Coris L.(1753)[报春花科 Primulaceae//麝香报春科 Coridaceae//紫金牛科 Myrsinaceae]●☆

2033 Aluta Rye et Trudgen(2000)【汉】澳大利亚假岗松属。【隶属】桃金娘科 Myrtaceae。【包含】世界 5 种。【学名诠释与讨论】〈阴〉(拉)aluta, 皮革。【分布】澳大利亚。【模式】Aluta aspera (E. Pritz.)Rye et Trudgen。☆

2034 Alvaradoa Liebm.(1854)【汉】短苦木属。【隶属】苦木科 Simaroubaceae。【包含】世界 5 种。【学名诠释与讨论】〈阴〉(人)Alvarado。【分布】阿根廷, 玻利维亚, 哥斯达黎加, 尼加拉瓜, 西印度群岛, 中美洲。【模式】Alvaradoa amorphoides Liebmann。●☆

2035 Alvardia Fenzl(1844)= Peucedanum L.(1753)[伞形花科(伞形科)Apiaceae(Umbelliferae)]■

2036 Alvarezia Pav. ex Nees(1847)= Blechum P. Browne(1756)[爵床科 Acanthaceae]■

2037 Alveolina Tiegh.(1895)= Psittacanthus Mart.(1830);~ = Loranthus Jacq.(1762)(保留属名)[桑寄生科 Loranthaceae]●

2038 Alvesia Welw.(1859)(废弃属名)= Bauhinia L.(1753)[豆科 Fabaceae(Leguminosae)//云实科(苏木科)Caesalpiniaceae//羊蹄甲科 Bauhiniaceae]●

2039 Alvesia Welw.(1869)(保留属名)【汉】胀萼草属(阿尔韦斯草属)。【隶属】唇形科 Lamiaceae(Labiatae)。【包含】世界 3 种。【学名诠释与讨论】〈阴〉(人)Alves。此属的学名"Alvesia Welw. in Trans. Linn. Soc. London 27:55. 24 Dec 1869"是保留属名。相应的废弃属名是云实科(苏木科)Caesalpiniaceae 的"Alvesia Welw. in Ann. Cons. Ultramarino, ser. 1:587. Dec 1859 = Bauhinia L.(1753)"。【分布】热带非洲。【模式】Alvesia rosmarinifolia Welw.。【参考异名】Plectranthastrum T. C. E. Fr.(1924); Plectranthastrum Willis, Nom. inval.●■☆

2040 Alvimia Calderón ex Soderstr. et Londoño(1988)【汉】阿尔禾属(阿尔芬属, 阿尔芬竹属, 阿芬禾属)。【隶属】禾本科 Poaceae (Gramineae)。【包含】世界 3 种。【学名诠释与讨论】〈阴〉(人)Alvim。此属的学名, ING、TROPICOS 和 IK 记载是"Alvimia C. E. Calderón ex T. R. Soderstrom et X. Londoño, Amer. J. Bot. 75:833. 14 Jun 1988"。"Alvimia Soderstr. et Londoño(1988)"似为误记。【分布】巴西。【模式】Alvimia auriculata C. E. Calderón ex T. R. Soderstrom et X. Londoño。【参考异名】Alvimia Soderstr. et Londoño(1988)Nom. illegit. ■☆

2041 Alvimia Soderstr. et Londoño(1988)Nom. illegit. ≡ Alvimia Calderón ex Soderstr. et Londoño(1988)[禾本科 Poaceae (Gramineae)]■☆

2042 Alvimiantha Grey-Wilson(1978)【汉】阿尔花属。【隶属】鼠李科 Rhamnaceae。【包含】世界 1 种。【学名诠释与讨论】〈阴〉(人)Alvim + anthos, 花。【分布】巴西。【模式】Alvimiantha tricamerata C. Grey-Wilson。●☆

2043 Alvisia Lindl.(1859)= Bryobium Lindl.(1836);~ = Eria Lindl. (1825)(保留属名)[兰科 Orchidaceae]■

2044 Alvordia Brandegee(1889)【汉】桂果菊属。【隶属】菊科 Asteraceae(Compositae)。【包含】世界 4 种。【学名诠释与讨论】〈阴〉(人)Alvord。【分布】美国(加利福尼亚), 墨西哥。【模式】Alvordia glomerata T. S. Brandegee。【参考异名】Agiabampoa Rose ex O. Hoffm.(1893)■☆

2045 Alwisia Thwaites ex Lindl.(1858)= Taeniophyllum Blume(1825) [兰科 Orchidaceae]■

2046 Alycia Steud.(1840)Nom. inval., Nom. illegit. ≡ Alycia Willd. ex Steud.(1840)Nom. inval.;~ = Eriochloa Kunth(1816)[禾本科 Poaceae(Gramineae)]■

2047 Alycia Willd. ex Steud.(1840)Nom. inval. = Eriochloa Kunth (1816)[禾本科 Poaceae(Gramineae)]■

2048 Alymeria D. Dietr.(1839)= Aylmeria Mart.(1826);~ = Polycarpaea Lam.(1792)(保留属名)[as 'Polycarpea'][石竹

科 Caryophyllaceae]■●

2049 Alymnia (DC.) Spach (1841) Nom. illegit. ≡ Alymnia Neck. ex Spach (1841) Nom. illegit. ; ~ ≡ Polymniastrum Lam. (1823) Nom. illegit. ; ~ = Polymnia L. (1753) [菊科 Asteraceae (Compositae)] ■ ● ☆

2050 Alymnia Neck. (1790) Nom. inval. ≡ Alymnia Neck. ex Spach (1841) Nom. illegit. ; ~ ≡ Polymniastrum Lam. (1823) Nom. illegit. ; ~ = Polymnia L. (1753) [菊科 Asteraceae (Compositae)] ■ ● ☆

2051 Alymnia Neck. ex Spach (1841) Nom. illegit. ≡ Polymniastrum Lam. (1823) Nom. illegit. ; ~ = Polymnia L. (1753) [菊科 Asteraceae (Compositae)] ■ ● ☆

2052 Alyogyne Alef. (1863) 【汉】澳大利亚木槿属。【隶属】锦葵科 Malvaceae。【包含】世界 4-5 种。【学名诠释与讨论】〈阴〉词源不详。亦有文献把 "Alyogyne Alef. (1863)" 处理为 "Fugosia Juss. (1789) Nom. illegit. ≡ Cienfuegosia Cav. (1786)" 的异名。【分布】澳大利亚。【模式】Alyogyne hakeifolia (Giordano) Alefeld [Hibiscus hakeaefolius Giordano]。【参考异名】Allogyne Lewton; Fugosia Juss. (1789) Nom. illegit. ● ☆

2053 Alypaceae Hoffmanns. et Link = Globulariaceae DC. (保留科名) ● ■ ☆

2054 Alypum Fisch. (1812) = Globularia L. (1753) [球花木科 (球花科, 肾药花科) Globulariaceae] ● ☆

2055 Alysicarpus Desv. (1813) (保留属名) 【汉】链荚豆属 (炼荚豆属)。【日】ササハギ属。【英】Alyce Clover, Alysicarpus, Alysiclover, Chainpodpea。【隶属】豆科 Fabaceae (Leguminosae) // 蝶形花科 Papilionaceae。【包含】世界 25-30 种, 中国 4-5 种。【学名诠释与讨论】〈阳〉 (希) alysis, 链条 + karpos, 果实。指荚果的形状如链。此属的学名 "Alysicarpus Desv. in J. Bot. Agric. 1: 120. Feb 1813" 是保留属名。法规未列出相应的废弃属名。但是 "Alysicarpus Necker ex Desvaux, J. Bot. Agric. 1: 120. Mar 1813 ≡ Alysicarpus Desv. (1813) (保留属名)" 的命名人引证有误; 应予废弃。【分布】巴基斯坦, 巴拿马, 玻利维亚, 厄瓜多尔, 哥伦比亚 (安蒂奥基亚), 哥斯达黎加, 马达加斯加, 美国 (密苏里), 尼加拉瓜, 中国, 非洲至澳大利亚, 中美洲。【模式】Alysicarpus bupleurifolius (Linnaeus) A. P. de Candolle [Hedysarum bupleurifolium Linnaeus]。【参考异名】Alysicarpus Neck. ex Desv. (1813) Nom. illegit. (废弃属名); Desmodiastrum (Prain) A. Pramanik et Thoth. (1986); Fabricia Scop. (1777) Nom. illegit. ; Hallia J. St. - Hil. (1813) Nom. illegit. ; Hegetschweilera Heer et Regel (1842); Mysicarpus Webb (1849) ■

2056 Alysicarpus Neck. ex Desv. (1813) Nom. illegit. (废弃属名) ≡ Alysicarpus Desv. (1813) (保留属名) [豆科 Fabaceae (Leguminosae) // 蝶形花科 Papilionaceae] ■

2057 Alysistyles N. E. Br. ex R. A. Dyer (1975) = Alistilus N. E. Br. (1921) [豆科 Fabaceae (Leguminosae) // 蝶形花科 Papilionaceae] ● ☆

2058 Alyssoides Adans. (1763) Nom. illegit. ≡ Alyssoides Tourn. ex Adans. (1763) Nom. illegit. ; ~ = Vesicaria Adans. (1763) [十字花科 Brassicaceae (Cruciferae)] ■ ☆

2059 Alyssoides Mill. (1754) 【汉】木犌荠属。【英】Bastard Alison。【隶属】十字花科 Brassicaceae (Cruciferae)。【包含】世界 3-6 种。【学名诠释与讨论】〈阴〉 (属) Alyssum 庭荠属 + oides, 来自 o + eides, 像, 似; 或 o + eidos 形, 含义为相像。此属的学名, ING 和 IK 记载是 "Alyssoides P. Miller, Gard. Dict. Abr. ed. 4. 28 Jan 1754"。十字花科 Brassicaceae (Cruciferae) 的 "Alyssoides Adans. (1763) ≡ Alyssoides Tourn. ex Adans., Fam. Pl. (Adanson) 2; 419. 1763"

是晚出的非法名称。"Cistocarpium Spach, Hist. Nat. Vég. 6: 471. 10 Mar 1838" 是 "Alyssoides Mill. (1754)" 的晚出的同模式异名 (Homotypic synonym, Nomenclatural synonym)。【分布】欧亚大陆。【模式】Alyssum utriculatum Linnaeus。【参考异名】Alyssoides Adans. (1763) Nom. illegit. ; Alyssoides Tourn. ex Adans. (1763) Nom. illegit. ; Cistocarpium Spach (1838) Nom. illegit. ; Lutzia Gand. (1923); Odontarrhena C. A. Mey. (1831); Odontarrhena C. A. Mey. ex Ledeb. (1831) Nom. illegit. ; Takhtajaniella V. E. Avet. (1980); Vesicaria Adans. (1763); Vesicaria Tourn. ex Adans. (1763) Nom. illegit. ■ ● ☆

2060 Alyssoides Tourn. ex Adans. (1763) Nom. illegit. = Vesicaria Adans. (1763) [十字花科 Brassicaceae (Cruciferae)] ■ ☆

2061 Alysson Crantz (1769) = Alyssum L. (1753) [十字花科 Brassicaceae (Cruciferae)] ■ ●

2062 Alyssopsis Boiss. (1842) 【汉】拟庭荠属。【俄】Бурачочек。【隶属】十字花科 Brassicaceae (Cruciferae)。【包含】世界 1-2 种。【学名诠释与讨论】〈阴〉 (属) Alyssum 庭荠属 + 希腊文 opsis, 外观, 模样, 相似。此属的学名, ING、APNI 和 IK 记载是 "Alyssopsis Boiss. , Diagn. Pl. Orient. ser. 1, 6: 14. 1846 [1845 publ. Jul 1846]"。"Alyssopsis Rchb. , Deut. Bot. Herb. -Buch 181. n. 6961. 1841 [Jul 1841]" 是晚出的非法名称。【分布】伊朗, 外高加索。【模式】Alyssopsis deflexa Boissier, Nom. illegit. [Sisymbrium molle N. J. Jacquin; Alyssopsis mollis (N. J. Jacquin) O. E. Schulz] ■ ☆

2063 Alyssopsis Rchb. (1841) = Vesicaria Adans. (1763) [十字花科 Brassicaceae (Cruciferae)] ■ ☆

2064 Alyssum L. (1753) 【汉】庭荠属 (番芥属, 庭芥属, 香芥属, 香芥属)。【日】イワナズナ属, ニハナヅナ属, ニワナズナ属。【俄】Алиссум, Бурачек, Бурачок, Каменник, Конига, Плоскоплодник。【英】Alison, Alyssum, Madwort。【隶属】十字花科 Brassicaceae (Cruciferae)。【包含】世界 170-190 种, 中国 10 种。【学名诠释与讨论】〈中〉 (希) alysson, 一种植物名。或说 a-, 无, 不 + lyssa 狂怒, 疯狂。指药性温和, 或指具有镇静作用。或说 a-, 无, 不 + lyssa, 狂犬病。指其可以防治狂犬病。【分布】巴基斯坦, 玻利维亚, 美国, 中国, 地中海至西伯利亚。【后选模式】Alyssum montanum Linnaeus。【参考异名】Alisson Vill. (1779); Alissum Neck. (1768); Alysson Crantz (1769); Anodontea (DC.) Sweet (1826); Anodontea Sweet (1826) Nom. illegit. ; Clypeola Neck. , Nom. illegit. ; Galitzkya V. V. Botsehantz. (1979); Gamosepalum Haussk. (1897); Glyce Lindl. (1829) Nom. illegit. ; Hormathophylla Cullen et T. R. Dudley (1965); Lepidotrichum Velen. et Bornm. (1889); Meniocus Desv. (1815); Moenchia Roth (1788) Nom. illegit. (废弃属名); Myopteron Spreng. (1831) Nom. illegit. ; Nevadensia Rivas Mart. (2002); Octadenia R. Br. ex Fisch. et C. A. Mey. (1836); Odontarrhena C. A. Mey. (1831); Odontarrhena C. A. Mey. ex Ledeb. (1831) Nom. illegit. ; Odontorrhena C. A. Mey. ; Onodontea G. Don (1831); Phyllolepidum Trinajstić (1990); Psilonema C. A. Mey. (1831); Ptilotrichum C. A. Mey. (1831); Stevena Andrz. ex DC. (1821); Takhtajaniella V. E. Avet. (1980); Triplopetalum Nyar. (1925) ■ ●

2065 Alytostylis Mast. (1874) = Roydsia Roxb. (1814) [山柑科 (白花菜科, 醉蝶花科) Capparaceae] ●

2066 Alyxia Banks ex R. Br. (1810) (保留属名) 【汉】链珠藤属 (阿莉藤属, 念珠藤属)。【英】Alyxia。【隶属】夹竹桃科 Apocynaceae。【包含】世界 70-120 种, 中国 12-20 种。【学名诠释与讨论】〈阴〉 (希) alyxis, 逃避, 忧虑。指植物体大而笨重。此属的学名 "Alyxia Banks ex R. Br. , Prodr. ; 469. 27 Mar 1810" 是保留属名。相应的废弃属名是夹竹桃科 Apocynaceae 的 "Gynopogon J. R.

Forst. et G. Forst. ,Char. Gen. Pl. ;18. 29 Nov 1775 ≡ Alyxia Banks ex R. Br. (1810)(保留属名)"。"Gynopogon J. R. Forster et J. G. A. Forster, Charact. Gen. 18. 29 Nov 1775（废弃属名）"和"Pulassarium O. Kuntze, Rev. Gen. 2：416. 5 Nov 1891"是"Alyxia Banks ex R. Br. (1810)(保留属名)"的晚出的同模式异名（Homotypic synonym, Nomenclatural synonym）。【分布】马达加斯加,印度至马来西亚,中国。【模式】Alyxia spicata R. Brown。【参考异名】Alexia Wight（1850）; Discalyxia Markgr. (1925); Gynopogon J. R. Forst. et G. Forst. (1776)（废弃属名）; Paralstonia Baill. (1888); Pulassarium Kuntze (1891) Nom. illegit. ; Pulassarium Rumph. (1745–1747) Nom. inval. ; Pulassarium Rumph. ex Kuntze (1891) Nom. illegit. ●

2067 Alzalia F. Dietr. (1802)= Alzatea Ruiz et Pav. (1794)［千屈菜科 Lythraceae//六出花科（彩花扭柄科,扭柄叶科）Alstroemeriaceae//双隔果科（双翼果科）Alzateaceae］●☆

2068 Alzatea Ruiz et Pav. (1794)【汉】双隔果属（扭柄叶属）。【隶属】千屈菜科 Lythraceae//六出花科（彩花扭柄科,扭柄叶科）Alstroemeriaceae//双隔果科（双翼果科）Alzateaceae。【包含】世界2种。【学名诠释与讨论】〈阴〉(人) Joseph Anthony (Jose Antonio)de Alzate y Ramirez, ? –1795,墨西哥天文学家,地理学者。【分布】巴拿马,秘鲁,玻利维亚,厄瓜多尔,哥伦比亚（安蒂奥基亚）,中美洲。【模式】Alzatea verticillata Ruiz et Pavón。【参考异名】Alzalia F. Dietr. (1802); Alziniana F. Dietr. ex Pfeiff. (1873); Azaltea Walp. (1842)●☆

2069 Alzateaceae S. A. Graham (1985)［亦见 Crypteroniaceae A. DC. (保留科名)隐翼木科］。【汉】双隔果科（双翼果科）。【包含】世界1属2种。【分布】热带美洲。【科名模式】Alzatea Ruiz et Pav. ●☆

2070 Alziniana F. Dietr. ex Pfeiff. (1873)= Alzatea Ruiz et Pav. (1794)［千屈菜科 Lythraceae//六出花科（彩花扭柄科,扭柄叶科）Alstroemeriaceae//双隔果科（双翼果科）Alzateaceae］●☆

2071 Amadea Adans. (1763) Nom. illegit. ≡ Androsace L. (1753)［报春花科 Primulaceae//点地梅科 Androsacaceae］■

2072 Amagris Raf. (1814) Nom. illegit. = Calamagrostis Adans. (1763)［禾本科 Poaceae(Gramineae)］■

2073 Amaioua Aubl. (1775)【汉】阿迈茜属。【隶属】茜草科 Rubiaceae。【包含】世界25种。【学名诠释与讨论】〈阴〉来自植物俗名。【分布】巴拿马,秘鲁,玻利维亚,哥伦比亚（安蒂奥基亚）,尼加拉瓜,热带南美洲北部,中美洲。【模式】Amaioua guianensis Aublet。【参考异名】Ehrenbergia Spreng. (1820); Hexactina Willd. ex Schltdl. (1829)●☆

2074 Amalago Raf. (1838)= Piper L. (1753)［胡椒科 Piperaceae］●■

2075 Amalia Endl. (1837) Nom. inval. = Tillandsia L. (1753)［凤梨科 Bromeliaceae//花凤梨科 Tillandsiaceae］■☆

2076 Amalia Hort. Hisp. (1837) Nom. inval. , Nom. illegit. = Tillandsia L. (1753)［凤梨科 Bromeliaceae//花凤梨科 Tillandsiaceae］■☆

2077 Amalia Hort. Hisp. ex Endl. (1837) Nom. inval. = Tillandsia L. (1753)［凤梨科 Bromeliaceae//花凤梨科 Tillandsiaceae］■☆

2078 Amalia Rchb. (1841) Nom. illegit. ≡ Laelia Lindl. (1831)(保留属名)［兰科 Orchidaceae］■☆

2079 Amalias Hoffmanns. (1842)= Amalia Rchb. (1841) Nom. illegit. ; ~ =Laelia Lindl. (1831)(保留属名)［兰科 Orchidaceae］■☆

2080 Amalobatrya Kunth ex Meissn. (1856)= Symmeria Benth. (1845)［蓼科 Polygonaceae］●☆

2081 Amalocalyx Pierre (1898)【汉】毛车藤属（酸果藤属）。【英】Amalocalyx。【隶属】夹竹桃科 Apocynaceae。【包含】世界1-3种,中国1种。【学名诠释与讨论】〈阳〉(希)amalos,娇嫩的,柔软的,弱的+kalyx,所有格 kalykos =拉丁文 calyx,花萼,杯子。【分布】中国,东南亚。【模式】Amalocalyx microlobus Pierre ex C. et A. Spire。

2082 Amalophyllon Brandegee(1914)【汉】白岩花属。【隶属】玄参科 Scrophulariaceae。【包含】世界1种。【学名诠释与讨论】〈中〉(希)amalos,娇嫩的,柔软的,弱的+phyllon,叶子。【分布】哥伦比亚（安蒂奥基亚）,哥斯达黎加,墨西哥,尼加拉瓜,中美洲。【模式】Amalophyllon rupestre T. S. Brandegee。■☆

2083 Amamelis Lem. (1849)= Hamamelis L. (1753)［金缕梅科 Hamamelidaceae］●

2084 Amana Honda(1935)【汉】老鸦瓣属（山慈姑属）。【日】アマナ属。【隶属】百合科 Liliaceae。【包含】世界3种,中国3种。【学名诠释与讨论】〈阴〉(日)amana,日本俗名アマナ。此属的学名是"Amana Honda, Bull. Biogeogr. Soc. Japan 6：20. Oct 1935"。亦有文献把其处理为"Tulipa L. (1753)"的异名。【分布】日本,中国。【模式】Amana edulis (Miquel) Honda［Orithyia edulis Miquel］。【参考异名】Tulipa L. (1753)■

2085 Amannia Blume (1826)= Ammannia L. (1753)［千屈菜科 Lythraceae//水苋菜科 Ammanniaceae］■

2086 Amanoa Aubl. (1775)【汉】阿马木属（阿马大戟属,阿曼木属）。【英】Amanoa。【隶属】大戟科 Euphorbiaceae。【包含】世界10-16种。【学名诠释与讨论】〈阴〉(人)Amano,植物学者。另说来自植物俗名。【分布】巴拿马,秘鲁,玻利维亚,厄瓜多尔,哥斯达黎加,马达加斯加,麦迪迪,尼加拉瓜,热带非洲,西印度群岛,热带南美洲,中美洲。【模式】Amanoa guianensis Aublet。【参考异名】Micropetalum Poit. ex Baill. ●☆

2087 Amapa Steud. (1821)= Carapa Aubl. (1775)［楝科 Meliaceae］●☆

2088 Amaraboya Linden ex Mast. (1871)= Blakea P. Browne (1756)［野牡丹科 Melastomataceae//布氏野牡丹科 Blakeaceae］■☆

2089 Amaracanthus Steud. (1840)= Amaracarpus Blume(1827)［茜草科 Rubiaceae］●☆

2090 Amaracarpus Blume(1827)【汉】沟果茜属。【隶属】茜草科 Rubiaceae。【包含】世界60种。【学名诠释与讨论】〈阳〉(希)amara,沟渠,导管+karpos,果实。【分布】马来西亚。【模式】Amaracarpus pubescens Blume。【参考异名】Amaracanthus Steud. (1840); Dolianthus C. H. Wright(1899); Melachone Gilli(1980); Neoschimpera Hemsl. (1906)●☆

2091 Amaraceae Dulac =Gentianaceae Juss. (保留科名)●■

2092 Amaracus Gled. (1764)(保留属名)【汉】阿玛草属。【俄】Амаракус。【隶属】唇形科 Lamiaceae(Labiatae)。【包含】世界15种。【学名诠释与讨论】〈阳〉(希)amarakon,拉丁文 amaracus,克里特岛产的 Origanum majorana L. 的俗名 amarakos。此属的学名"Amaracus Gled. , Syst. Pl. Stamin. Situ：189. 1764 (ante 13 Sep)"是保留属名。相应的废弃属名是唇形科 Lamiaceae(Labiatae) 的"Amaracus Hill, Brit. Herb. ；381. 13 Oct 1756 ≡ Majorana Mill. (1754)(保留属名)= Origanum L. (1753)"和"Hofmannia Heist. ex Fabr. , Enum. ；61. 1759 = Amaracus Gled. (1764)(保留属名)"。唇形科 Lamiaceae (Labiatae) 的"Hofmannia Spreng. , Anleit. ii. II. 605. 1819 = Hoffmannia Sw. (1788)"和茜草科 Rubiaceae 的"Hofmannia Heist. ex Fabr. , Enum.［Fabr.］. 61. 1759, Nom. illegit. = Amaracus Gled. (1764) (保留属名)"亦应废弃。"Dictamnus Zinn, Cat. Pl. Gott. 316. 20 Apr – 21 Mai 1757 (non Linnaeus 1753)"是"Amaracus Gled. (1764)(保留属名)"的同模式异名（Homotypic synonym, Nomenclatural synonym）。【分布】地中海地区。【模式】Amaracus tomentosus Moench, Nom. illegit.［Origanum dictamnus Linnaeus; Amaracus dictamnus (Linnaeus) Bentham］。【参考异名

Dictamnus Mill. (1754)(保留属名);Dictamnus Zinn(1757)Nom. illegit.;Majorana Mill.(1754)(保留属名)●■☆

2093 Amaracus Hill(1756)Nom. illegit.(废弃属名)≡Majorana Mill.(1754)(保留属名);~ = Origanum L.(1753)[伞形花科(伞形科)Apiaceae(Umbelliferae)]■☆

2094 Amaralia Welw. ex Benth. et Hook. f.(1873)= Sherbournia G. Don(1855)[茜草科 Rubiaceae]●☆

2095 Amaralia Welw. ex Hook. f.(1873)Nom. illegit. ≡ Amaralia Welw. ex Benth. et Hook. f.(1873);~ = Sherbournia G. Don(1855)[茜草科 Rubiaceae]●☆

2096 Amarantellus Speg.(1901)= Amaranthus L.(1753)[苋科 Amaranthaceae]■

2097 Amarantesia Hort. ex Regel(1869)= Telanthera R. Br.(1818)[苋科 Amaranthaceae]■

2098 Amaranthaceae Adans. =Amaranthaceae Juss.(保留科名)■●

2099 Amaranthaceae Juss.(1789)(保留科名)【汉】苋科。【日】ヒユ科。【俄】Амарантовые, Щирицевые。【英】Amaranth Family, Pigweed Family。【包含】世界65-71属750-1000种,中国15属50种。【分布】热带和温带。【科名模式】Amaranthus L.(1753)■●

2100 Amaranthoides Mill.(1754)Nom. illegit. ≡Gomphrena L.(1753)[苋科 Amaranthaceae]●■

2101 Amaranthus Adans.(1763)Nom. illegit. ≡Celosia L.(1753)[苋科 Amaranthaceae]■

2102 Amaranthus Kunth(1818)Nom. illegit. = Amaranthus L.(1753)[苋科 Amaranthaceae]■

2103 Amaranthus L.(1753)【汉】苋属(水麻属)。【日】ヒユ属。【俄】Аксамитник, Амарант, Бархатник, Щирица。【英】Amarant, Amaranth, Amaranthus, Bhaji, Northern Agrostis, Pigweed。【隶属】苋科 Amaranthaceae。【包含】世界40-60种,中国17种。【学名诠释与讨论】〈阳〉(希)a-,不,无+marantos,凋落的,枯萎的+anthos,花。指具色的苞片长时不褪色,或指花期非常长。此属的学名,ING、APNI、GCI、TROPICOS 和 IK 记载是"Amaranthus L.,Sp. Pl. 2:989. 1753[1 May 1753]"。苋科 Amaranthaceae 的"Amaranthus Adans.,Fam. Pl.(Adanson)2:269. 1763[Jul-Aug 1763]"和"Amaranthus Kunth,Nova Genera et Species Plantarum 2 1818"都是晚出的非法名称。"Amarantus L.,Syst. Nat.,ed. 10. 2:1255,1268. 1759[7 Jun 1759]= Amaranthus L.(1753)"是其拼写变体。"Bajan Adanson, Fam. 2:506. Jul – Aug 1763"是"Amaranthus L.(1753)"的晚出的同模式异名(Homotypic synonym, Nomenclatural synonym)。"Acnida L.,Sp. Pl. 2:1027. 1753[1 May 1753]"被处理为本属的异名;"Acnide J. Mitchell, Diss. Brev. Bot. Zool. 45. 1769"则是"Acnida L.(1753)"的晚出的同模式异名(Homotypic synonym, Nomenclatural synonym)。【分布】巴基斯坦,巴拉圭,巴拿马,秘鲁,玻利维亚,厄瓜多尔,哥伦比亚(安蒂奥基亚),马达加斯加,美国(密苏里),尼加拉瓜,利比里亚(宁巴),中国,中美洲。【后选模式】Amaranthus caudatus Linnaeus。【参考异名】Acanthochiton Torr.(1853);Acnida L.(1753);Acnide Mitch.(1769)Nom. illegit.;Acnista Durand;Albersia Kunth(1838);Amarantellus Speg.(1901);Amaranthus Kunth(1818)Nom. illegit.;Amarantus L.(1759)Nom. illegit.;Amblogyna Raf.(1837);Bajan Adans.(1763)Nom. illegit.;Blitoides Fabr.;Blitum Fabr.(1759)Nom. illegit.;Blitum Heist. ex Fabr.(1759)Nom. illegit.;Blitum Scop.(1772)Nom. illegit.;Dimeiandra Raf.(1825);Euxolus Raf.(1837);Galliaria Bubani(1897)Nom. illegit.;Glomeraria Cav.(1802);Goerziella Urb.(1924);Mengea Schauer(1843);Montelia(Moq.)A. Gray(1856);Montelia A. Gray(1856)Nom. illegit.;Pentrias Benth. et Hook. f.(1880);Pentrius Raf.(1837);Psittacaria Fabr.;Pyxidium Moench ex Montandon(1856)Nom. illegit.;Pyxidium Montandon(1856)Nom. illegit.;Roemeria Moench(1794)Nom. illegit.;Sarratia Moq.(1849);Scleropus Schrad.(1835)■

2104 Amarantus L.(1759)Nom. illegit. ≡ Amaranthus L.(1753)[苋科 Amaranthaceae]■

2105 Amarella Gilib.(1782)(废弃属名)= Gentianella Moench(1794)(保留属名)[龙胆科 Gentianaceae]■

2106 Amarenus C. Presl(1830)= Trifolium L.(1753)[豆科 Fabaceae(Leguminosae)//蝶形花科 Papilionaceae]■

2107 Amaria S. Mutis ex Caldas(1810)= Bauhinia L.(1753)[豆科 Fabaceae(Leguminosae)//云实科(苏木科)Caesalpiniaceae//羊蹄甲科 Bauhiniaceae]●

2108 Amaridium Hort. ex Lubbers(1880)= Camaridium Lindl.(1824);~ = Maxillaria Ruiz et Pav.(1794)[兰科 Orchidaceae]■☆

2109 Amarolea Small(1933)Nom. illegit. ≡ Cartrema Raf.(1838);~ = Osmanthus Lour.(1790)[木犀榄科(木犀科)Oleaceae]●

2110 Amaroria A. Gray(1854)= Soulamea Lam.(1785)[苦木科 Simaroubaceae]●☆

2111 Amaryllidaceae J. St. –Hil.(1805)(保留科名)【汉】石蒜科。【日】ヒガンバナ科。【俄】Амариллисовые。【英】Amaryllis Family。【包含】世界65-100属725-1200种,中国10-17属34-51种。【分布】热带和亚热带,尤其美洲、地中海和非洲。【科名模式】Amaryllis L.●■

2112 Amaryllis L.(1753)(保留属名)【汉】孤挺花属(鹤顶红属,朱顶兰属)。【日】アマリリス属。【俄】Амарилис, Гипеаструм, Гиппеаструм, Хипеаструм。【英】Amaryllis, Jersey Lily, Knight's-star。【隶属】石蒜科 Amaryllidaceae。【包含】世界1种。【学名诠释与讨论】〈阴〉(希)Amaryllis,希腊神话中牧羊女的名字。指花美丽。此属的学名"Amaryllis L.,Sp. Pl.:292. 1 Mai 1753"是保留属名。法规未列出相应的废弃属名。但是石蒜科 Amaryllidaceae 的晚出名称"Amaryllis Sweet, Hort. Brit.[Sweet],ed. 2. 506. 1830"应该废弃。"Belladonna(Sweet ex Endlicher)Sweet ex W. H. Harvey, Gen. S. African Pl. 337. 1838"、"Liliago Heister, Beschr. Afr. Pfl. 32. 1755"和"Lilionarcissus C. J. Trew, Hortus Nitid. 1:[54]. 1768"是"Amaryllis L.(1753)(保留属名)"的晚出的同模式异名(Homotypic synonym, Nomenclatural synonym)。亦有文献把"Amaryllis L.(1753)(保留属名)"处理为"Hippeastrum Herb.(1821)(保留属名)"的异名。【分布】巴基斯坦,巴拿马,秘鲁,玻利维亚,非洲南部,中美洲。【模式】Amaryllis belladonna Linnaeus。【参考异名】Belladonna(Sweet ex Endl.)Sweet ex Harv.(1838)Nom. illegit.;Belladonna Sweet(1830)Nom. illegit.;Callicore Link(1829);Hippeastrum Herb.(1821)(保留属名);Liliago Heist.(1755)Nom. illegit.;Lilionarcissus Trew(1768)Nom. illegit.;Lilio - narcissus Trew(1768)Nom. illegit.;Lirio-narcissus Heist.■☆

2113 Amaryllis Sweet(1830)Nom. illegit.(废弃属名)[石蒜科 Amaryllidaceae]■☆

2114 Amasonia L. f.(1782)(保留属名)【汉】彩苞花属。【日】アムソニア属。【隶属】马鞭草科 Verbenaceae//唇形科 Lamiaceae(Labiatae)。【包含】世界8种。【学名诠释与讨论】〈阴〉(人)Thomas Amason,旅行家。此属的学名"Amasonia L. f.,Suppl. Pl.:48,294. Apr 1782"是保留属名。相应的废弃属名是马鞭草科 Verbenaceae//唇形科 Lamiaceae(Labiatae)的"Taligalea Aubl.,Hist. Pl. Guiane:625. Jun – Dec 1775 = Amasonia L. f.(1782)(保留属名)"。【分布】秘鲁,玻利维亚,南美洲,特立尼达和多巴哥(特立尼达岛)。【模式】Amasonia erecta Linnaeus f.。

【参考异名】Diphystema Neck.（1790）Nom. inval.；Diplostemma DC.（1838）Nom. illegit.；Diplostemma Neck. ex DC.（1838）Nom. illegit.；Hassleria Briq. ex Moldenke（1939）；Tachigalea Griseb.（1862）Nom. illegit.；Taligalea Aubl.（1775）（废弃属名）；Valentinia Neck.（1790）Nom. inval.，Nom. illegit. ●■☆

2115　Amathea Raf.（1838）Nom. illegit. ≡ Aphelandra R. Br.（1810）［爵床科 Acanthaceae］●■☆

2116　Amatlania Lundell（1982）= Ardisia Sw.（1788）（保留属名）［紫金牛科 Myrsinaceae］●■

2117　Amatula Medik.（1782）= Lycopersicon Mill.（1754）［茄科 Solanaceae］●

2118　Amauria Benth.（1844）【汉】四棱菊属。【隶属】菊科 Asteraceae（Compositae）。【包含】世界 3 种。【学名诠释与讨论】〈阴〉（希）amauros，黑暗，不显著。【分布】北美洲西部。【模式】Amauria rotundifolia Bentham。■☆

2119　Amauriella Rendle（1913）= Anubias Schott（1857）［天南星科 Araceae］■☆

2120　Amauriopsis Rydb.（1914）【汉】橙羽菊属。【隶属】菊科 Asteraceae（Compositae）。【包含】世界 1-5 种。【学名诠释与讨论】〈阴〉（属）Amauria 四棱菊属+希腊文 opsis，外观，模样，相似。此属的学名是"Amauriopsis Rydberg, N. Amer. Fl. 34：37. 31 Dec 1914"。亦有文献把其处理为"Bahia Lag.（1816）"的异名。【分布】美国（西南部）。【模式】Amauriopsis dissecta（A. Gray）Rydberg［Amauria dissecta A. Gray］。【参考异名】Bahia Lag.（1816）■☆

2121　Amaxitis Adans.［1763（1）］Nom. illegit. ≡ Dactylis L.（1753）［禾本科 Poaceae（Gramineae）］■

2122　Ambaiba Adans.［1763（2）］Nom. illegit. ≡ Cecropia Loefl.（1758）（保留属名）= Coilotapalus P. Browne（1756）（废弃属名）［桑科 Moraceae//荨麻科 Urticaceae//蚁牺树科（号角树科，南美伞科，南美伞科，伞树科，锥头麻科）Cecropiaceae］●☆

2123　Ambaiba Barrere ex Kuntze（1891）Nom. illegit. = Cecropia Loefl.（1758）（保留属名）［荨麻科 Urticaceae//蚁牺树科（号角树科，南美伞科，南美伞科，伞树科，锥头麻科）Cecropiaceae］●☆

2124　Ambaiba Barrere（1741）Nom. inval. ≡ Ambaiba Barrere ex Kuntze（1891）Nom. illegit.；~ = Cecropia Loefl.（1758）（保留属名）［荨麻科 Urticaceae//蚁牺树科（号角树科，南美伞科，南美伞科，伞树科，锥头麻科）Cecropiaceae］●☆

2125　Ambassa Steetz（1864）【汉】多肋瘦片菊属。【隶属】菊科 Asteraceae（Compositae）//斑鸠菊科（绿菊科）Vernoniaceae。【包含】世界 2 种。【学名诠释与讨论】〈阴〉词源不详。此属的学名是"Ambassa Steetz in Peters, Naturwiss. Reise 6（Bot.）：364. 1864"。亦有文献把其处理为"Vernonia Schreb.（1791）（保留属名）"的异名。【分布】埃塞俄比亚。【模式】Ambassa hochstetteri（C. H. Schultz-Bip.）Steetz［Vernonia hochstetteri C. H. Schultz-Bip.］。【参考异名】Vernonia Schreb.（1791）（保留属名）●☆

2126　Ambavia Le Thomas（1972）【汉】阿巴木属。【隶属】番荔枝科 Annonaceae。【包含】世界 2 种。【学名诠释与讨论】〈阴〉词源不详。【分布】马达加斯加。【模式】Ambavia capuronii（A. Cavaco et M. Keraudren）A. Le Thomas［Popowia capuronii A. Cavaco et M. Keraudren］●☆

2127　Ambelania Aubl.（1775）【汉】缘毛夹竹桃属。【隶属】夹竹桃科 Apocynaceae。【包含】世界 14 种。【学名诠释与讨论】〈阴〉（希）ambon 爱奥尼亚方言中的 ambe，山脊，边缘+lana，羊毛。lanatus，如羊毛的。lanuginosus，被柔毛的。lanosus，充满了毛的。lanugo，绒毛。laniferous，具柔毛的。另说为的加勒比俗名。【分布】秘鲁，热带南美洲。【模式】Ambelania acida Aublet。●☆

2128　Amberboa（Pers.）Less.（1832）Nom. illegit.（废弃属名）= Amberboa Vaill.（1754）（保留属名）［菊科 Asteraceae（Compositae）］■

2129　Amberboa Less.（1832）Nom. illegit.（废弃属名）= Amberboa（Pers.）Less.（1832）（废弃属名）；~ = Amberboa Vaill.（1754）（保留属名）［菊科 Asteraceae（Compositae）］■

2130　Amberboa Vaill.（1754）（保留属名）【汉】珀菊属（安波菊属，香芙蓉属）。【日】アンベルボア属。【俄】Амбербоа。【英】Amberboa，Sweet Sultan，Sweet-sultan。【隶属】菊科 Asteraceae（Compositae）。【包含】世界 6-7 种，中国 2-3 种。【学名诠释与讨论】〈阴〉（法）amberboi，麝香花。此属的学名"Amberboa Vaill. in Königl. Akad. Wiss. Paris Phys. Abh. 5：182. Jan-Apr 1754（'Amberboi'）（orth. cons.）"是保留属名。法规未列出相应的废弃属名。但是菊科 Asteraceae 的"Amberboa（Pers.）Less.，Syn. Gen. Compos. 8. 1832［Jul-Aug 1832］= Amberboa Vaill.（1754）（保留属名）"、"Amberboa Less.（1832）Nom. illegit. ≡ Amberboa（Pers.）Less.（1832）（废弃属名）"和"Amberboi Adans.，Fam. Pl.（Adanson）2：117. 1763 = Amberboa（Pers.）Less.（1832）（废弃属名）"以及其变体"Amberboi Vaill.（1754）"应予废弃。"Volutaria Cassini，Bull. Sci. Soc. Philom. Paris 1816. 200. Dec 1816."是"Amberboi Adans.（1763）Nom. illegit.（废弃属名）"的晚出的同模式异名（Homotypic synonym，Nomenclatural synonym）；"旋瓣菊属 Volutaria Cass.（1816）"曾被确定为"保留属名"。【分布】中国，地中海至亚洲中部和西南部，热带北美洲。【模式】Amberboa moschata（Linnaeus）A. P. de Candolle［Centaurea moschata Linnaeus］。【参考异名】Amberboa（Pers.）Less.（1832）Nom. illegit.（废弃属名）；Amberboa Less.（1832）Nom. illegit.（废弃属名）；Amberboi Adans.（1763）Nom. illegit.（废弃属名）；Amberboi Vaill.（1754）Nom. illegit.（废弃属名）；Cyanopsis Steud.（1840）Nom. illegit.；Cyanopsis Cass.（1817）；Volutarella Cass.（1826）Nom. illegit. ■

2131　Amberboi Adans.（1763）Nom. illegit.（废弃属名）= Amberboa（Pers.）Less.（1832）（废弃属名）；~ = Amberboa Vaill.（1754）（保留属名）［菊科 Asteraceae（Compositae）］■

2132　Amberboi Vaill.（1754）Nom. illegit.（废弃属名）≡ Amberboa Vaill.（1754）（保留属名）［菊科 Asteraceae（Compositae）］■

2133　Amberboia Kuntze（1891）= Amberboa（Pers.）Less.（1832）（废弃属名）；~ = Amberboa Vaill.（1754）（保留属名）［菊科 Asteraceae（Compositae）］■

2134　Ambianella Willis（1931）Nom. illegit. = Autranella A. Chev.（1917）；~ = Mimusops L.（1753）［山榄科 Sapotaceae］●☆

2135　Ambilobea Thulin，Beier et Razafim.（2008）【汉】马岛橄榄属。【隶属】橄榄科 Burseraceae。【包含】世界 1 种。【学名诠释与讨论】〈阴〉（拉）amb-，ambi-，围绕着+lobus，裂片。【分布】马达加斯加。【模式】Ambilobea madagascariensis（Capuron）Thulin，Beier et Razafim.。●☆

2136　Ambinax B. D. Jacks. = Ambinux Comm. ex Juss.（1789）［大戟科 Euphorbiaceae］●

2137　Ambinux Comm. ex Juss.（1789）= Vernicia Lour.（1790）［大戟科 Euphorbiaceae］●

2138　Amblachaenium Turcz. ex DC.（1838）= Hypochaeris L.（1753）［菊科 Asteraceae（Compositae）］■

2139　Amblatum G. Don（1837）= Anblatum Hill（1756）Nom. illegit.；~ = Lathraea L.（1753）［列当科 Orobanchaceae//玄参科 Scrophulariaceae］■

2140　Ambleia（Benth.）Spach（1840）= Stachys L.（1753）［唇形科 Lamiaceae（Labiatae）］●■

2141　Ambleia Spach (1840) Nom. illegit. ≡ Ambleia (Benth.) Spach (1840); ~ = Stachys L. (1753)［唇形科 Lamiaceae(Labiatae)］●■

2142　Amblirion Raf. (1818) = Fritillaria L. (1753)［百合科 Liliaceae//贝母科 Fritillariaceae］■

2143　Amblogyna Raf. (1837) = Amaranthus L. (1753)［苋科 Amaranthaceae］■

2144　Amblophus Merr. = Amplophus Raf. (1837); ~ = Valeriana L. (1753)［缬草科(败酱科) Valerianaceae］●■

2145　Amblostima Raf. (1837)(废弃属名) = Schoenolirion Torr. (1855)(保留属名)［百合科 Liliaceae//风信子科 Hyacinthaceae］■☆

2146　Amblostoma Scheidw. (1838) = Encyclia Hook. (1828)［兰科 Orchidaceae］■☆

2147　Amblyachyrum Hochst. ex Steud. (1854) Nom. illegit. = Apocopis Nees(1841)［禾本科 Poaceae(Gramineae)］■

2148　Amblyachyrum Steud. (1854) Nom. illegit. ≡ Amblyachyrum Hochst. ex Steud. (1854); ~ = Apocopis Nees (1841)［禾本科 Poaceae(Gramineae)］■

2149　Amblyanthe Rauschert (1983)【汉】钝花兰属。【隶属】兰科 Orchidaceae。【包含】世界 14 种。【学名诠释与讨论】〈阴〉(希) amblys,钝的+anthos,花。此属的学名"Amblyanthe S. Rauschert, Feddes Repert. 94: 436. Sep 1983"是一个替代名称。"Amblyanthus (Schlechter) F. G. Brieger in F. G. Brieger et al., Schlechter Orchideen 1(11-12):686. Jul 1981"是一个非法名称(Nom. illegit.),因为此前已经有了"Amblyanthus Alph. de Candolle, Ann. Sci. Nat. Bot. ser. 2. 16:19,83. Aug 1841［紫金牛科 Myrsinaceae］"。故用"Amblyanthe Rauschert(1983)"替代之。亦有文献把"Amblyanthe Rauschert(1983)"处理为"Dendrobium Sw. (1799)(保留属名)"的异名。【分布】参见 Dendrobium Sw.。【模式】Amblyanthe melanosticta (Schlechter) S. Rauschert［Dendrobium melanostictum Schlechter］。【参考异名】Amblyanthus (Schltr.) Brieger (1981) Nom. illegit.; Dendrobium Sw. (1799)(保留属名)■☆

2150　Amblyanthera Blume(1849) = Osbeckia L. (1753)［野牡丹科 Melastomataceae］●■

2151　Amblyanthera Müll. Arg. (1860) Nom. illegit. = Mandevilla Lindl. (1840)［夹竹桃科 Apocynaceae］●

2152　Amblyanthopsis Mez(1902)【汉】拟钝花紫金牛属。【隶属】紫金牛科 Myrsinaceae。【包含】世界 2 种。【学名诠释与讨论】〈阴〉(属) Amblyanthus 钝花紫金牛属+希腊文 opsis,外观,模样,相似。【分布】印度至马来西亚。【模式】未指定。●☆

2153　Amblyanthus(Schltr.) Brieger(1981) Nom. illegit. ≡ Amblyanthe Rauschert(1983)［兰科 Orchidaceae］■☆

2154　Amblyanthus A. DC. (1841)【汉】钝花紫金牛属。【隶属】紫金牛科 Myrsinaceae。【包含】世界 3-4 种。【学名诠释与讨论】〈阳〉(希) amblys,钝的+anthos,花。此属的学名,ING、TROPICOS 和 IK 记载是"Amblyanthus Alph. de Candolle, Ann. Sci. Nat. Bot. ser. 2. 16: 19, 83. Aug 1841"。兰科 Orchidaceae 的"Amblyanthus (Schlechter) F. G. Brieger in F. G. Brieger et al., Schlechter Orchideen 1 (11-12): 686. Jul 1981"由"Dendrobium sect. Amblyanthus Schlechter in K. M. Schumann et Lauterbach, Nachtr. Fl. Deutsch. Schutzgeb. Südsee 150. Nov (prim.) 1905"改级而来,是一个晚出的非法名称(Nom. illegit.),已经被"Amblyanthe Rauschert, Feddes Repert. 94(7-8):436, nom. nov. 1983"所替代。【分布】东喜马拉雅山,新几内亚岛。【模式】Amblyanthus glandulosus (Roxburgh) Alph. de Candolle［Ardisia glandulosa Roxburgh］●☆

2155　Amblycarpum Lem. (1841) = Amblyocarpum Fisch. et C. A. Mey. (1837)［菊科 Asteraceae(Compositae)］■☆

2156　Amblychloa Link(1844) = Sclerochloa P. Beauv. (1812)［禾本科 Poaceae(Gramineae)］■

2157　Amblyglottis Blume(1825) = Calanthe R. Br. (1821)(保留属名)［兰科 Orchidaceae］■

2158　Amblygonocarpus Harms(1897)【汉】钝棱豆属。【英】Banga-wanga。【隶属】豆科 Fabaceae(Leguminosae)。【包含】世界 1 种。【学名诠释与讨论】〈阳〉(希) amblys,钝的+gonia,角,角隅,关节,膝,来自拉丁文 giniatus,成角度的+karpos,果实。【分布】热带非洲。【模式】Amblygonocarpus schweinfurthii Harms。●☆

2159　Amblygonum(Meisn.) Rchb. (1837) Nom. illegit. ≡ Amblygonum Rchb. (1837)［蓼科 Polygonaceae］■☆

2160　Amblygonum Rchb. (1837)【汉】水荭属。【隶属】蓼科 Polygonaceae。【包含】世界 2 种。【学名诠释与讨论】〈中〉(希) amblys,钝的+gonia,角,角隅,关节,膝,来自拉丁文 giniatus,成角度的。指果实扁平而张开。此属的学名,ING 和 IK 记载是"Amblygonum Rchb., Handb. Nat. Pfl. -Syst. 236. 1837 [1-7 Oct 1837]"。"Amblygonum (Meisn.) Rchb. (1837)"的命名人引证有误。亦有文献把"Amblygonum Rchb. (1837)"处理为"Polygonum L. (1753)(保留属名)"的异名。【分布】印度,东亚。【模式】未指定。【参考异名】Amblygonum (Meisn.) Rchb. (1837) Nom. illegit.; Lagunaea C. Agardh (1823) Nom. illegit.; Lagunaena Ritgen (1831); Lagunea Lour. (1790) Nom. illegit.; Polygonum L. (1753)(保留属名)■☆

2161　Amblylepis Decne. (1841) = Amblyolepis DC. (1836); ~ = Helenium L. (1753)［菊科 Asteraceae(Compositae)//堆心菊科 Heleniaceae］■

2162　Amblynotopsis J. F. Macbr. (1916) = Antiphytum DC. ex Meisn. (1840)［紫草科 Boraginaceae］■☆

2163　Amblynotus(A. DC.) I. M. Johnst. (1924)【汉】钝背草属。【俄】Круглоспинник。【英】Amblynotus。【隶属】紫草科 Boraginaceae。【包含】世界 1 种,中国 1 种。【学名诠释与讨论】〈阳〉(希) amblys,钝的+noto,背部。此属的学名,ING 记载是"Amblynotus (A. de Candolle) Johnston, Contr. Gray Herb. 73:64. Sep 1924";但是未给出基源异名;《中国植物志》英文版亦使用此名称。IK 和 TROPICOS 则记载为"Amblynotus I. M. Johnst., Contr. Gray Herb. 73:64. 1924";《中国植物志》中文版使用此名称。四者引用的文献相同。【分布】中国,西伯利亚。【模式】Amblynotus obovatus (Ledebour) Johnston［Myosotis obovata Ledebour］。【参考异名】Amblynotus I. M. Johnst. (1924) Nom. illegit. ■

2164　Amblynotus I. M. Johnst. (1924) Nom. illegit. ≡ Amblynotus (A. DC.) I. M. Johnst. (1924)［紫草科 Boraginaceae］■

2165　Amblyocalyx Benth. (1876)【汉】钝萼木属。【隶属】夹竹桃科 Apocynaceae。【包含】世界 1 种。【学名诠释与讨论】〈阳〉(希) amblys,钝的+kalyx,所有格 kalykos,拉丁文 calyx,花萼,杯子。此属的学名是"Amblyocalyx Bentham, Hooker's Icon. Pl. 12: 69. Mai 1876; Bentham in Bentham et J. D. Hooker, Gen. 2: 698. Mai 1876"。亦有文献把其处理为"Alstonia R. Br. (1810)(保留属名)"的异名。【分布】加里曼丹岛。【模式】Amblyocalyx beccarii Bentham。【参考异名】Alstonia R. Br. (1810)(保留属名)●☆

2166　Amblyocarpum Fisch. et C. A. Mey. (1837)【汉】钝果菊属。【俄】Амблиокарпум。【隶属】菊科 Asteraceae(Compositae)。【包含】世界 1 种。【学名诠释与讨论】〈中〉(希) amblys,钝的+karpos,果实。【分布】里海地区。【模式】Amblyocarpum inuloides F. E. L. Fischer et C. A. Meyer。【参考异名】Amblycarpum Lem.

2167　Amblyoglossum Turcz.（1852）= Tylophora R. Br.（1810）［萝藦科 Asclepiadaceae］●■

2168　Amblyolepis DC.（1836）= Helenium L.（1753）［菊科 Asteraceae（Compositae）//堆心菊科 Heleniaceae］■

2169　Amblyopappus Hook.（1841）Nom. illegit. ≡ Amblyopappus Hook. et Arn.（1841）［菊科 Asteraceae（Compositae）］■☆

2170　Amblyopappus Hook. et Arn.（1841）【汉】钝冠菊属（钝毛菊属）。【隶属】菊科 Asteraceae（Compositae）。【包含】世界 1 种。【学名诠释与讨论】〈阳〉（希）amblys, 钝的+希腊文 pappos 指柔毛, 软毛。pappus 则与拉丁文同义, 指冠毛。此属的学名, ING 和 IK 记载是“Amblyopappus W. J. Hooker et Arnott, J. Bot.（Hooker）3: 321. Mar 1841”。“Amblyopappus Hook.（1841）≡ Amblyopappus Hook. et Arn.（1841）”的命名人引证有误。【分布】秘鲁, 美国（加利福尼亚）, 墨西哥, 智利。【模式】Amblyopappus pusillus W. J. Hooker et Arnott。【参考异名】Amblyopappus Hook.（1841）Nom. illegit. ; Aromia Nutt.（1841）; Infantea J. Rémy（1849）■☆

2171　Amblyopelis Steud.（1840）= Amblyolepis DC.（1836）; ~ = Helenium L.（1753）［菊科 Asteraceae（Compositae）//堆心菊科 Heleniaceae］■

2172　Amblyopetalum（Griseb.）Malme（1927）【汉】钝瓣萝藦属。【隶属】萝藦科 Asclepiadaceae。【包含】世界 2 种。【学名诠释与讨论】〈中〉（希）amblys, 钝的+希腊文 petalos, 扁平的, 铺开的; petalon, 花瓣, 叶, 花叶, 金属叶子; 拉丁文的花瓣为 petalum。此属的学名, ING 记载是“Amblyopetalum（Grisebach）Malme, Ark. Bot. 21A（3）: 17, 47. 27 Jan−31 Mai 1927”, 由“Oxypetalum sect. Amblyopetalum Grisebach, Symb. Fl. Argent. 231. Mar−Apr 1879”改级而来。IK 则记载为“Amblyopetalum Malme, Ark. Bot. 21A（3）: 17. 1927”。二者引用的文献相同。亦有文献把“Amblyopetalum（Griseb.）Malme（1927）”处理为“Oxypetalum R. Br.（1810）（保留属名）”的异名。【分布】阿根廷。【模式】Amblyopetalum coccineum（Grisebach）Malme［Oxypetalum coccineum Grisebach］。【参考异名】Amblyopetalum Malme（1927）Nom. illegit. ; Oxypetalum R. Br.（1810）（保留属名）; Oxypetalum sect. Amblyopetalum Griseb.（1879）●☆

2173　Amblyopetalum Malme（1927）Nom. illegit. ≡ Amblyopetalum（Griseb.）Malme（1927）［萝藦科 Asclepiadaceae］●☆

2174　Amblyopogon（DC.）Jaub. et Spach（1847）Nom. illegit. ≡ Amblyopogon（Fisch. et C. A. Mey. ex DC.）Jaub. et Spach（1847）; ~ = Centaurea L.（1753）（保留属名）［菊科 Asteraceae（Compositae）］●■

2175　Amblyopogon（Fisch. et C. A. Mey. ex DC.）Jaub. et Spach（1847）= Centaurea L.（1753）（保留属名）［菊科 Asteraceae（Compositae）//矢车菊科 Centaureaceae］●■

2176　Amblyopogon Fisch. et C. A. Mey.（1847）Nom. illegit. ≡ Amblyopogon（Fisch. et C. A. Mey. ex DC.）Jaub. et Spach（1847）; ~ = Centaurea L.（1753）（保留属名）［菊科 Asteraceae（Compositae）］●■

2177　Amblyopogon Fisch. et C. A. Mey. ex DC.（1838）Nom. illegit. ≡ Amblyopogon（Fisch. et C. A. Mey. ex DC.）Jaub. et Spach（1847）; ~ = Centaurea L.（1753）（保留属名）［菊科 Asteraceae（Compositae）］●■

2178　Amblyopyrum Eig（1929）= Aegilops L.（1753）（保留属名）［禾本科 Poaceae（Gramineae）］■

2179　Amblyorhinum Turcz.（1852）= Phyllactis Pers.（1805）［缬草科（败酱科）Valerianaceae］■☆

2180　Amblyotropis Kitag.（1936）= Gueldenstaedtia Fisch.（1823）［豆科 Fabaceae（Leguminosae）］■☆

2181　Amblysperma Benth.（1837）【汉】钝子菊属。【隶属】菊科 Asteraceae（Compositae）。【包含】世界 2 种。【学名诠释与讨论】〈中〉（希）amblys, 钝的+sperma, 所有格 spermatos, 种子, 孢子。此属的学名是“Amblysperma Bentham in Endlicher et al. , Enum. Pl. Hügel 67. Apr 1837”。亦有文献把其处理为“Trichocline Cass.（1817）”的异名。【分布】参见 Trichocline Cass。【模式】Amblysperma scapigera Bentham。【参考异名】Trichocline Cass.（1817）■☆

2182　Amblystigma Benth.（1876）【汉】钝子萝藦属。【隶属】萝藦科 Asclepiadaceae。【包含】世界 7 种。【学名诠释与讨论】〈中〉（希）amblys, 钝的+stigma, 所有格 stigmatos, 柱头, 眼点。此属的学名, ING、GCI 和 IK 记载是“Amblystigma Benth. , Gen. Pl.［Bentham et Hooker f.］2（2）: 748. 1876［May 1876.］”。“Stigmamblys O. Kuntze in Post et O. Kuntze, Lex. 537. Dec 1903（‘1904’）”是“Amblystigma Benth.（1876）”的晚出的同模式异名（Homotypic synonym, Nomenclatural synonym）。“Amblystigma Post et Kuntze（1903）= Schoenolirion Torr.（1855）（保留属名）［百合科 Liliaceae//风信子科 Hyacinthaceae］”是晚出的非法名称。【分布】阿根廷, 玻利维亚。【后选模式】Amblystigma hypoleucum Bentham。【参考异名】Stigmamblys Kuntze（1903）Nom. illegit. ■☆

2183　Amblystigma Post et Kuntze（1903）Nom. illegit. = Schoenolirion Torr.（1855）（保留属名）［百合科 Liliaceae//风信子科 Hyacinthaceae］■☆

2184　Amblytes Dulac（1867）Nom. illegit. ≡ Molinia Schrank（1789）［禾本科 Poaceae（Gramineae）］■

2185　Amblytropis Kitag.（1936）Nom. illegit. ≡ Gueldenstaedtia Fisch.（1823）［豆科 Fabaceae（Leguminosae）］■☆

2186　Ambongia Benoist（1939）【汉】阿姆爵床属。【隶属】爵床科 Acanthaceae。【包含】世界 1 种。【学名诠释与讨论】〈阴〉词源不详。【分布】马达加斯加。【模式】Ambongia perrieri Benoist。●☆

2187　Ambora Juss.（1789）Nom. illegit. ≡ Tambourissa Sonn.（1782）［香材树科（杯轴花科, 黑檫木科, 芒籽科, 蒙立米科, 檬立水科, 香材木科, 香树木科）Monimiaceae］●☆

2188　Amborella Baill.（1873）【汉】无油樟属（互叶梅属, 毛脚树属）。【隶属】无油樟科（毛脚树科, 互叶梅科）Amborellaceae。【包含】世界 1 种。【学名诠释与讨论】〈阴〉（属）Ambora+-ellus, -ella, -ellum, 加在名词词干后面形成指小式的词尾。或加在人名、属名等后面以组成新属的名称。【分布】法属新喀里多尼亚。【模式】Amborella trichopoda Baillon。●☆

2189　Amborellaceae Pichon（1948）（保留科名）【汉】无油樟科（互叶梅科, 毛脚树科）。【包含】世界 1 属 1 种。【分布】法属新喀里多尼亚。【科名模式】Amborella Baill.●☆

2190　Amboroa Cabrera（1956）【汉】刺冠亮泽兰属（玻利维亚菊属）。【隶属】菊科 Asteraceae（Compositae）。【包含】世界 1-2 种。【学名诠释与讨论】〈阴〉词源不详。【分布】玻利维亚。【模式】Amboroa geminata Cabrera。●☆

2191　Ambotia Raf. = Annona L.（1753）［番荔枝科 Annonaceae］●

2192　Ambraria Cruse（1825）Nom. illegit. = Nenax Gaertn.（1788）［茜草科 Rubiaceae］●☆

2193　Ambraria Fabr.（1763）Nom. illegit. ≡ Ambraria Heist. ex Fabr.（1763）Nom. illegit. ; ~ ≡ Anthospermum L.（1753）; ~ = Danais Comm. ex Vent.（1799）［茜草科 Rubiaceae］●☆

2194　Ambraria Heist.（1748）Nom. inval. ≡ Ambraria Heist. ex Fabr.（1763）Nom. illegit. ; ~ ≡ Anthospermum L.（1753）; ~ = Danais

Comm. ex Vent. (1799) [茜草科 Rubiaceae] ●☆

2195　Ambraria Heist. ex Fabr. (1763) Nom. illegit. ≡ Anthospermum L. (1753); ~ = Danais Comm. ex Vent. (1799) [茜草科 Rubiaceae] ●☆

2196　Ambrella H. Perrier (1934)【汉】食兰属。【隶属】兰科 Orchidaceae。【包含】世界 1 种。【学名诠释与讨论】〈阴〉(希) ambrosia, 神的食物 +-ellus, -ella, -ellum, 加在名词词干后面形成指小式的词尾。或加在人名、属名等后面以组成新属的名称。【分布】马达加斯加。【模式】Ambrella longituba H. Perrier de la Bâthie。■☆

2197　Ambrina Moq. (1840) Nom. illegit. = Ambrina Spach (1836) Nom. illegit.; ~ = Roubieva Moq. (1834); ~ = Chenopodium L. (1753) [藜科 Chenopodiaceae] ■●

2198　Ambrina Spach (1836) Nom. illegit. ≡ Roubieva Moq. (1834); ~ = Chenopodium L. (1753) [藜科 Chenopodiaceae] ■●

2199　Ambroma L. f. (1782) = Abroma Jacq. (1776) [梧桐科 Sterculiaceae//锦葵科 Malvaceae] ●

2200　Ambrosia B. D. Jacks., Nom. illegit. = Ambrosina Bassi (1763) [天南星科 Araceae] ■☆

2201　Ambrosia L. (1753)【汉】豚草属(猪草属)。【日】ブタクサ属，ブタグサ属。【俄】Амброзия，Гертнериа。【英】Ambrosia, Ragweed。【隶属】菊科 Asteraceae (Compositae)//豚草科 Ambrosiaceae。【包含】世界 30-43 种，中国 2-3 种。【学名诠释与讨论】〈阴〉(希) ambrosia, 神的食物。含义指长生不老的药，其实此属植物有毒。【分布】巴拉圭，巴拿马，秘鲁，玻利维亚，厄瓜多尔，哥伦比亚(安蒂奥基亚)，马达加斯加，美国(密苏里)，尼加拉瓜，中国，中美洲。【后选模式】Ambrosia maritima Linnaeus。【参考异名】Acanthambrosia Rydb. (1922); Franseria Cav. (1794) (保留属名); Hymenoclea Torr. et A. Gray (1848) ●■

2202　Ambrosiaceae Bercht. et J. Presl (1820) (保留科名)【汉】豚草科。【包含】世界 1 属 30-43 种，中国 1 属 2 种。【分布】广泛分布。【科名模式】Ambrosia L. ●■

2203　Ambrosiaceae Dumort. et Link = Ambrosiaceae Bercht. et J. Presl (保留科名); ~ Asteraceae Bercht. et J. Presl (保留科名)//Compositae Giseke (保留科名) ●■

2204　Ambrosiaceae Link = Ambrosiaceae Bercht. et J. Presl (保留科名); ~ Asteraceae Bercht. et J. Presl (保留科名)//Compositae Giseke (保留科名) ●■

2205　Ambrosiaceae Martinov = Ambrosiaceae Bercht. et J. Presl (保留科名); ~ Asteraceae Bercht. et J. Presl (保留科名)//Compositae Giseke (保留科名) ●■

2206　Ambrosina Bassi (1763)【汉】地中海南星属。【隶属】天南星科 Araceae。【包含】世界 1 种。【学名诠释与讨论】〈阴〉(属) Ambrosia 豚草属(猪草属) +-inus, -ina, -inum, 拉丁文加在名词词干之后，以形成形容词的词尾，含义为"属于、相似、关于、小的"。此属的学名，ING 和 IK 记载是 "Ambrosina F. Bassi, Ambrosina Nov. Pl. Gen. 3. 1763"。"Ambrosinia L., Gen. Pl., ed. 6. 579. 1764 [Jun 1764]"是其拼写变体。【分布】地中海地区。【模式】Ambrosina bassii Linnaeus [as 'Ambrosinia']。【参考异名】Ambrosia B. D. Jacks., Nom. illegit.; Ambrosinia L. (1764); Ucria Pfeiff. (1874) Nom. illegit.; Ucria Targ. ex Pfeiff. (1874) ■☆

2207　Ambrosinia L. (1764) Nom. illegit. = Ambrosina Bassi (1763) [天南星科 Araceae] ■☆

2208　Ambuli Adans. (1763) (废弃属名) = Limnophila R. Br. (1810) (保留属名) [玄参科 Scrophulariaceae//婆婆纳科 Veronicaceae] ■

2209　Ambulia Lam. (1783) Nom. illegit. ≡ Ambuli Adans. (1763) (废弃属名); ~ = Limnophila R. Br. (1810) (保留属名) [玄参科 Scrophulariaceae//婆婆纳科 Veronicaceae] ■

2210　Amburana Schwacke et Taub. (1894)【汉】良木豆属(假商陆属)。【隶属】豆科 Fabaceae (Leguminosae)//云实科 (苏木科) Caesalpiniaceae。【包含】世界 3 种。【学名诠释与讨论】〈阴〉热带南美洲称其木材为 amburana, imburana 或 umburana。【分布】巴拉圭，巴西，秘鲁，玻利维亚。【模式】Amburana claudii Schwacke et Taubert。【参考异名】Torresea Allemão (1862) Nom. illegit. ●☆

2211　Ambuya Raf. (1838) = Howardia Klotzsch (1859) Nom. illegit.; ~ = Aristolochia L. (1753) [马兜铃科 Aristolochiaceae] ●☆

2212　Amebia Repel (1882) Nom. illegit. = Arnebia Forssk. (1775) [紫草科 Boraginaceae] ●■

2213　Amecarpus Benth. (1847) Nom. illegit. ≡ Amecarpus Benth. ex Lindl., Nom. illegit.; ~ = Indigofera L. (1753) [豆科 Fabaceae (Leguminosae)//蝶形花科 Papilionaceae] ●■

2214　Amecarpus Benth. ex Lindl., Nom. illegit. = Indigofera L. (1753) [豆科 Fabaceae (Leguminosae)//蝶形花科 Papilionaceae] ●■

2215　Amechania DC. (1839) = Agarista D. Don ex G. Don (1834); ~ = Agauria (DC.) Hook. f. (1876) Nom. illegit.; ~ = Leucothoë D. Don (1834) + Agauria (DC.) Hook. f. (1876) Nom. illegit. [杜鹃花科 (欧石南科) Ericaceae] ●☆

2216　Ameghinoa Speg. (1897)【汉】腺叶钝柱菊属。【隶属】菊科 Asteraceae (Compositae)。【包含】世界 1 种。【学名诠释与讨论】〈阴〉(人) Ameghino。【分布】巴塔哥尼亚。【模式】Ameghinoa patagonica Spegazzini。●☆

2217　Amelanchier Medik. (1789)【汉】唐棣属(枌栘属，红梅子木属)。【日】ザイフリボク属。【俄】Амеланхир，Ирга，Коринка。【英】Juneberry, June-berry, Sarvisberry, Sarvis, Saskatoon, Service Berry, Service Tree, Serviceberry, Service-berry, Shad, Shad Bush, Shadblow, Shadbuah, Shadwood, Snowy Mespilus, Sugar Plum, Sugarplum, Wild-plum。【隶属】蔷薇科 Rosaceae。【包含】世界 20-33 种，中国 2-7 种。【学名诠释与讨论】〈阴〉(法) amelanchier, 枸杞树 (A. ovalis) 的古法语俗名。【分布】美国，中国，北温带，中美洲。【模式】Amelanchier ovalis Medikus [Mespilus amelanchier Linnaeus]。【参考异名】Amelanchus Raf. (1834); Amelancus F. Muller ex Vollm. (1914); Amelancus Raf. (1834) Nom. illegit.; Aronia Medik. (1789) (保留属名); Aronia Pers. (1806) (废弃属名); Malacomeles (Decne.) Engl. (1897) Nom. illegit.; Naegelia Engl.; Nagelia Lindl. (1845); Peraphyllum Nutt. (1840); Peraphyllum Nutt. ex Torr. et A. Gray (1840) Nom. illegit. ●

2218　Amelanchus Raf. (1834) = Amelanchier Medik. (1789) [蔷薇科 Rosaceae] ●

2219　Amelancus F. Muller ex Vollm. (1914) = Amelanchier Medik. (1789) [蔷薇科 Rosaceae] ●

2220　Amelancus Raf. (1834) Nom. illegit. ≡ Amelanchus Raf. (1834); ~ = Amelanchier Medik. (1789) [蔷薇科 Rosaceae] ●

2221　Ameletia DC. (1826) = Rotala L. (1771) [千屈菜科 Lythraceae] ■

2222　Amelia Alef. (1856) Nom. illegit. ≡ Braxilia Raf. (1840) = Pyrola L. (1753) [鹿蹄草科 Pyrolaceae//杜鹃花科 (欧石南科) Ericaceae] ●■

2223　Amelichloa Arriaga et Barkworth (2006)【汉】阿根廷针茅属。【隶属】禾本科 Poaceae (Gramineae)//针茅科 Stipaceae。【包含】世界 5 种。【学名诠释与讨论】〈阳〉(地) Amelia+希腊文 chloe 多利斯文 chloa, 草的幼芽，嫩草，禾草。此属的学名是 "Amelichloa Arriaga et Barkworth, Sida 22 (1): 146. 2006. (Aug 2006)"。亦有文献把其处理为 "Stipa L. (1753)" 的异名。【分布】南美洲。【模式】Amelichloa ambigua (Speg.) Arriaga et Barkworth

[Stipa ambigua Speg.]。【参考异名】Stipa L. (1753)■☆

2224 Amelina C. B. Clarke(1874)= Aneilema R. Br. (1810)[鸭跖草科 Commelinaceae]■☆

2225 Amellus Adans. (1763) Nom. illegit. (废弃属名)≡ Aster L. (1753)[菊科 Asteraceae(Compositae)]●■

2226 Amellus L. (1759)(保留属名)【汉】非洲紫菀属(南非菊属,黄安菊属)。【隶属】菊科 Asteraceae(Compositae)。【包含】世界 12-15 种。【学名诠释与讨论】〈阳〉(拉)amellus, Aster amellus L. 的意大利俗名。此属的学名 "Amellus L. , Syst. Nat. , ed. 10: 1189,1225,1377. 7 Jun 1759" 是保留属名。相应的废弃属名是菊科 Asteraceae 的 "Amellus P. Browne, Civ. Nat. Hist. Jamaica: 317. 10 Mar 1756 = Melanthera Rohr(1792)"。菊科 Asteraceae 的 "Amellus Adans. , Fam. Pl. (Adanson) 2: 125. 1763 [Jul − Aug 1763] ≡ Aster L. (1753)"、"Amellus P. Browne, Civ. Nat. Hist. Jamaica 317. 1756 [10 Mar 1756] = Melanthera Rohr(1792)" 和 "Amellus Ortega ex Willd. , Sp. Pl. 3: 2214, 1803 = Tridax L. (1753)" 亦应废弃。多有文献承认黄安菊属 "Liabum Adanson, Fam. 2:131. Jul–Aug 1763" 但它是 "Amellus L. (1759)(保留属名)" 的晚出的同模式异名(Homotypic synonym, Nomenclatural synonym),必须废弃。【分布】玻利维亚,非洲南部。【模式】Amellus lychnites Linnaeus。【参考异名】Coelestina Hill(1761); Haenelia Walp. (1843); Kraussia Sch. Bip. (1844) Nom. illegit. ; Liabum Adans. (1763) Nom. illegit. ;Susanna E. Phillips(1950)■●☆

2227 Amellus Ortega ex Willd. (1803) Nom. inval. (废弃属名)= Tridax L. (1753)[菊科 Asteraceae(Compositae)]■●

2228 Amellus P. Browne(1756)(废弃属名)= Melanthera Rohr(1792)[菊科 Asteraceae(Compositae)]■●☆

2229 Amenippis Thouars = Diplecthrum Pers. (1807) Nom. illegit. ; ~ = Satyrium Sw. (1800)(保留属名)[兰科 Orchidaceae]■

2230 Amentaceae Dulac = Salicaceae Mirb. (保留科名)●

2231 Amentotaxaceae Kudô et Yamam. (1931) [亦见 Cephalotaxaceae Neger(保留科名)三尖杉科(粗榧科)和 Taxaceae Gray(保留科名)红豆杉科(紫杉科)]【汉】穗花杉科。【包含】世界 1 属 5 种,中国 1 属 3 种。【分布】越南,中国(南部、中部和台湾)。【科名模式】Amentotaxus Pilg. ●

2232 Amentotaxus Pilg. (1916) 【汉】穗花杉属(紫杉属)。【英】Amentotaxus。【隶属】红豆杉科(紫杉科)Taxaceae//穗花杉科 Amentotaxaceae//三尖杉科 Cephalotaxaceae。【包含】世界 5 种,中国 3 种。【学名诠释与讨论】〈阴〉(拉)amentum, 柔荑花序, 皮带+(属)Taxux 红豆杉属。与红豆杉相似,但雄花序长而下垂。【分布】越南,中国(南部和中部以及台湾)。【模式】Amentotaxus argotaenia (Hance) Pilger [Podocarpus argotaenia Hance]●

2233 Americus Hanford(1854)(废弃属名)[松科 Pinaceae]●☆

2234 Amerimnon P. Browne et Jacq. (1760) Nom. illegit. (废弃属名)= Amerimnon P. Browne (1756) (废弃属名); ~ = Dalbergia L. f. (1782)(保留属名)[豆科 Fabaceae (Leguminosae)//蝶形花科 Papilionaceae]●

2235 Amerimnon P. Browne (1756) (废弃属名)= Dalbergia L. f. (1782)(保留属名)[豆科 Fabaceae (Leguminosae)//蝶形花科 Papilionaceae]●

2236 Amerimnum Post et Kuntze(1903) Nom. illegit. = Dalbergia L. f. (1782)(保留属名)[豆科 Fabaceae (Leguminosae)//蝶形花科 Papilionaceae]●

2237 Amerimnum Scop. (1777)= Amerimnon P. Browne(1756) (废弃属名); ~ = Dalbergia L. f. (1782)(保留属名)[豆科 Fabaceae (Leguminosae)//蝶形花科 Papilionaceae]●

2238 Amerina DC. (1840) Nom. illegit. ≡ Amerina DC. ex Meisn.

(1840) Nom. illegit. ; ~ = Aegiphila Jacq. (1767) [紫草科 Boraginaceae//唇形科 Lamiaceae(Labiatae)]●■☆

2239 Amerina DC. ex Meisn. (1840) Nom. illegit. = Aegiphila Jacq. (1767) [马鞭草科 Verbenaceae//唇形科 Lamiaceae(Labiatae)]●■☆

2240 Amerina Noronha(1790) Nom. inval. = Aglaia Lour. (1790)(保留属名)[棟科 Meliaceae]●

2241 Amerina Raf. (1838) Nom. illegit. = Salix L. (1753)(保留属名)[杨柳科 Salicaceae]●

2242 Amerix Raf. (1817) = Salix L. (1753)(保留属名)[杨柳科 Salicaceae]●

2243 Amerlingia Opiz = Sambucus L. (1753) [忍冬科 Caprifoliaceae]●■

2244 Ameroglossum Eb. Fisch. ,S. Vogel et A. V. Lopes(1999)【汉】巴西玄参属。【隶属】玄参科 Scrophulariaceae。【包含】世界 1 种。【学名诠释与讨论】〈阴〉(地)America, 美洲+glossa, 舌。【分布】巴西。【模式】Ameroglossum pernambucense E. Fischer, S. Vogel et A. V. Lopes。●☆

2245 Amerorchis Hultén (1968)【汉】北美兰属。【隶属】兰科 Orchidaceae。【包含】世界 1 种。【学名诠释与讨论】〈阴〉(地)America, 美洲+orchis, 原义是睾丸, 后变为植物兰的名称, 因为根的形态而得名。变为拉丁文 orchis, 所有格 orchidis。另说来自北美洲一种兰的俗名。【分布】北美洲。【模式】Amerorchis rotundifolia (Banks ex F. Pursh) E. Hultén. [Orchis rotundifolia Banks ex F. Pursh]■☆

2246 Amerosedum Á. Löve et D. Löve(1985)= Sedum L. (1753) [景天科 Crassulaceae]●■

2247 Amesia A. Nelson et J. F. Macbr. (1913)【汉】埃姆斯兰属。【隶属】兰科 Orchidaceae。【包含】世界 28 种。【学名诠释与讨论】〈阴〉(人)Oakes Ames,1874−1950, 美国兰科 Orchidaceae 植物学者。此属的学名是 "Amesia A. Nelson et Macbride, Bot. Gaz. 56: 472. Dec 1913"。亦有文献把其处理为 "Epipactis Zinn(1757) (保留属名)" 的异名。【分布】参见 Epipactis Zinn。【模式】未指定。【参考异名】Epipactis Zinn(1757)(保留属名)■☆

2248 Amesiella Schltr. , Nom. inval. ≡ Amesiella Schltr. ex Garay (1972) [兰科 Orchidaceae]■☆

2249 Amesiella Schltr. ex Garay(1972)【汉】小埃姆斯兰属(阿梅兰属)。【日】アメシエラ属。【隶属】兰科 Orchidaceae。【包含】世界 1-3 种。【学名诠释与讨论】〈阴〉(人) Oakes Ames, 1874− 1950, 美国的兰科 Orchidaceae 植物学者+-ellus, -ella, -ellum, 加在名词词干后面形成指小式的词尾。或加在人名、属名等后面以组成新属的名称。此属的学名,ING 和 IK 记载是 "Amesiella Schlechter ex Garay, Bot. Mus. Leafl. 23: 159. 30 Jun 1972"。"Amesiella Schltr. " 是一个未合格发表的名称(Nom. inval.)。【分布】菲律宾。【模式】Amesiella philippinense (O. Ames) Garay [Angraecum philippinense O. Ames]。【参考异名】Amesiella Schltr. , Nom. inval. ■☆

2250 Amesiodendron Hu (1936)【汉】细子龙属。【英】Amesiodendron。【隶属】无患子科 Sapindaceae。【包含】世界 1-3 种, 中国 1-3 种。【学名诠释与讨论】〈中〉(希)a−, 无, 不+mesos, 中间, 一半。mesaios, 中间的+dendron 或 dendros, 树木, 棍, 丛林。一说 ames 鸟网上的叉棒+dendron 或 dendros, 树木, 棍, 丛林。另说可能系纪念美国植物学者 Oakes Ames, 1874−1950, 兰科 Orchidaceae 专家。【分布】中国。【模式】Amesiodendron chinense (Merrill) Hu [as 'chinensis'] [Paranephelium chinense Merrill]●★

2251 Amethystanthus Nakai(1934)= Isodon (Schrad. ex Benth.)Spach

（1840）；~＝Rabdosia（Blume）Hassk.（1842）［唇形科 Lamiaceae（Labiatae）］●■

2252 Amethystea L.（1753）【汉】水棘针属。【日】ルリハッカ属,ルリハッカ属。【俄】Аметистеа。【英】Amethystea。【隶属】唇形科 Lamiaceae（Labiatae）。【包含】世界 1 种,中国 1 种。【学名诠释与讨论】〈阴〉（希）amethystos,紫石英。指其花色。【分布】伊朗,中国。【模式】Amethystea coerulea Linnaeus。【参考异名】Amethystina Zinn（1757）■

2253 Amethystina Zinn（1757）＝Amethystea L.（1753）［唇形科 Lamiaceae（Labiatae）］■

2254 Ametron Raf.（1838）＝Rubus L.（1753）［蔷薇科 Rosaceae］●■

2255 Amherstia Wall.（1829）【汉】缅甸凤凰木属（焰火树属,缨珞木属）。【日】ヨウラクボク属。【英】Pride of Burma, Queen of Flowering Tree。【隶属】豆科 Fabaceae（Leguminosae）。【包含】世界 1 种。【学名诠释与讨论】〈阴〉（人）印度植物园的赞助人 Amherst 伯爵夫人及其女儿。【分布】缅甸。【模式】Amherstia nobilis Wallich。●☆

2256 Amiantanthus Kunth（1843）Nom. illegit. ≡ Cyanotris Raf.（1818）；~（废弃属名）＝Amianthium A. Gray（1837）（保留属名）［百合科 Liliaceae//黑药花科（藜芦科）Melanthiaceae//风信子科 Hyacinthaceae］■☆

2257 Amianthemum A. Gray ＝ Zigadenus Michx.（1803）［百合科 Liliaceae//黑药花科（藜芦科）Melanthiaceae］■

2258 Amianthemum Steud.（1840）＝Amianthium A. Gray（1837）（保留属名）；~＝Zigadenus Michx.（1803）［百合科 Liliaceae//黑药花科（藜芦科）Melanthiaceae］■

2259 Amianthium A. Gray（1837）（保留属名）【汉】毒蝇花属。【英】Crow-poison, Fly-poison, St. Elmo's-feather, Staggergrass。【隶属】百合科 Liliaceae//黑药花科（藜芦科）Melanthiaceae。【包含】世界 1 种。【学名诠释与讨论】〈中〉（拉）amianthium,来自希腊文 amianthos,无斑点的。此属的学名"Amianthium A. Gray in Ann. Lyceum Nat. Hist. New York 4:121. Nov 1837 ＝Zigadenus Michx.（1803）"是保留属名。相应的废弃属名是百合科 Liliaceae//黑药花科（藜芦科）Melanthiaceae 的"Chrosperma Raf., Neogenyton: 3. 1825 ＝Amianthium A. Gray（1837）（保留属名）"。亦有文献把"Amianthium A. Gray（1837）（保留属名）"处理为"Zigadenus Michx.（1803）"的异名。【分布】美国。【模式】Amianthium muscitoxicum（Walter）A. Gray［as 'muscaetoxicum'］Melanthium muscitoxicum Walter［as 'muscaetoxicum'］。【参考异名】Amiantanthus Kunth（1843）Nom. illegit.；Amianthemum Steud.（1840）；Amianthum Raf.（1838）；Chrosperma Raf.（1825）（废弃属名）；Chrysosperma T. Durand et Jacks.；Crosperma Raf.（1837）；Zigadenus Michx.（1803）■☆

2260 Amianthum Raf.（1838）＝Amianthium A. Gray（1837）（保留属名）；~＝Zigadenus Michx.（1803）［百合科 Liliaceae//黑药花科（藜芦科）Melanthiaceae］■

2261 Amicia Kunth（1824）【汉】阿米豆属。【隶属】豆科 Fabaceae（Leguminosae）//蝶形花科 Papilionaceae。【包含】世界 7 种。【学名诠释与讨论】〈阴〉（人）Giovanni Battista（Giambattista）Amici,1786-1863,意大利天文学者,植物学者。【分布】阿根廷,巴拿马,秘鲁,玻利维亚,厄瓜多尔,墨西哥,中美洲。【模式】Amicia glandulosa Kunth。【参考异名】Zygomeris Moc. et Sessé ex DC.（1825）■☆

2262 Amictonis Raf.（1838）＝Callicarpa L.（1753）［马鞭草科 Verbenaceae//牡荆科 Viticaceae］●

2263 Amida Nutt.（1841）＝Madia Molina（1782）［菊科 Asteraceae（Compositae）］■☆

2264 Amidena Adans.（1763）Nom. illegit. ≡ Orontium Pers.（1806）Nom. illegit.；~ ≡ Termontis Raf.（1840）Nom. illegit.；~ ≡ Antirrhinum L.（1753）；~＝Misopates Raf.（1840）Nom. illegit.［玄参科 Scrophulariaceae］■☆

2265 Amidena Raf. ＝Rohdea Roth（1821）［百合科 Liliaceae//铃兰科 Convallariaceae］■

2266 Amiris La Llave（1885）＝Amyris P. Browne（1756）［芸香科 Rutaceae//胶香木科 Amyridaceae］●☆

2267 Amirola Pers.（1807）Nom. illegit. ≡ Llagunoa Ruiz et Pav.（1794）［无患子科 Sapindaceae］●☆

2268 Amischophacelus R. S. Rao et Kammathy（1966）Nom. illegit. ≡ Tonningia Neck. ex A. Juss.（1829）Nom. illegit.；~＝Cyanotis D. Don（1825）（保留属名）［鸭跖草科 Commelinaceae］■

2269 Amischotolype Hassk.（1863）【汉】穿鞘花属。【英】Amischotolype。【隶属】鸭跖草科 Commelinaceae。【包含】世界 15-20 种,中国 2-3 种。【学名诠释与讨论】〈阴〉（希）a-,无,不+mischo,小花梗+tolype,一团羊毛。指花序无总梗。【分布】印度至马来西亚,中国,东南亚,热带非洲。【后选模式】Amischotolype glabrata Hasskarl。【参考异名】Amischotopyle Pichon；Forrestia A. Rich.（1834）Nom. illegit.；Forrestia Less. et A. Rich.；Porandra D. Y. Hong（1974）■☆

2270 Amischotopyle Pichon ＝Amischotolype Hassk.（1863）［鸭跖草科 Commelinaceae］■

2271 Amitostigma Schltr.（1919）【汉】无柱兰属（雏兰属,线柱兰属,锥兰属）。【日】アミトスチグマ属,グンダイモヂヅミ属,ヒナラン属。【英】Amitostigma, Astyleorchis。【隶属】兰科 Orchidaceae。【包含】世界 10-23 种,中国 22 种。【学名诠释与讨论】〈中〉（希）a-+mitos,线+stigma,所有格 stigmatos,柱头,眼点。此属的学名"Amitostigma Schlechter, Repert. Spec. Nov. Regni Veg. Beih. 4:91. 15 Jun 1919"是一个替代名称。"Mitostigma Blume, Mus. Bot. 2:189. Apr 1856"是一个非法名称（Nom. illegit.）,因为此前已经有了"Mitostigma Decaisne in Alph. de Candolle, Prodr. 8:507. Mar（med.）1844［萝藦科 Asclepiadaceae]"。故用"Amitostigma Schltr.（1919）"替代之。【分布】印度,中国,东亚。【模式】Amitostigma gracile（Blume）Schlechter［Mitostigma gracile Blume]。【参考异名】Mitostigma Blume（1856）Nom. illegit.■

2272 Ammadenia Rupr. ＝Honkenya Ehrh.（1783）［石竹科 Caryophyllaceae］■☆

2273 Ammandra O. F. Cook（1927）【汉】瘤蕊椰属（多蕊象牙椰属,砂蕊椰属,亚曼达象牙椰属）。【隶属】棕榈科 Arecaceae（Palmae）。【包含】世界 2 种。【学名诠释与讨论】〈阴〉（希）amma,所有格 ammatos,结节,瘤+aner,所有格 andros,雄性,雄蕊。【分布】哥伦比亚。【模式】Ammandra decasperma O. F. Cook。●☆

2274 Ammanella Miq.（1855）＝Ammannia L.（1753）［千屈菜科 Lythraceae//水苋菜科 Ammanniaceae］■

2275 Ammannia L.（1753）【汉】水苋菜属。【日】ヒメミソハギ属。【俄】Аммания。【英】Ammania。【隶属】千屈菜科 Lythraceae//水苋菜科 Ammanniaceae。【包含】世界 25-30 种,中国 4-6 种。【学名诠释与讨论】〈阴〉（人）Paul Ammann,1634-1691,德国植物学者,医生；或 J. Ammann,俄国人。【分布】巴基斯坦,巴拉圭,巴拿马,秘鲁,玻利维亚,厄瓜多尔,哥斯达黎加,马达加斯加,美国（密苏里）,尼加拉瓜,中国,中美洲。【后选模式】Ammannia latifolia Linnaeus。【参考异名】Amannia Blume（1826）；Ammanella Miq.（1855）；Cesdelia DC. ex Raf.；Chrytotheca G. Don（1832）；Cornelia Ard.（1764）；Cryptotheca Blume（1827）；Diplostemon（DC. ex Wight et Arn.）Miq.（1856）Nom. illegit.；Diplostemon DC. ex Miq.（1856）Nom. illegit.；Diplostemon DC. ex Steud.（1840）；

Diplostemon Miq.（1856）Nom. illegit.；Ditheca（Wight et Arn.）Miq.（1856）；Ditheca Miq.（1856）Nom. illegit.；Eutelia R. Br. ex DC.（1828）；Hapalocarpum（Wight et Arn.）Miq.（1856）；Hapalocarpum Miq.（1856）Nom. illegit.；Mirkooa（Wight et Arn.）Wight（1840）；Mirkooa Wight（1840）Nom. illegit.；Nesoea Wight（1840）；Nimmoia Wight（1837）Nom. illegit.；Nimmonia Wight（1840）Nom. illegit.；Ortegioides Sol. ex DC.（1828）；Ronconia Raf.（1840）；Sellowia Roth ex Roem. et Schult.（1819）Nom. illegit.；Sellowia Schult.（1819）；Tritheca（Wight et Arn.）Miq.（1855）；Tritheca Miq.（1855）Nom. illegit.；Winterlia Spreng.（1824）Nom. illegit.■

2276　Ammanniaceae Horan.（1834）［亦见 Lythraceae J. St. –Hil.（保留科名）千屈菜科］【汉】水苋菜科。【包含】世界 1 属 25-30 种，中国 1 属 4-6 种。【分布】广泛分布。【科名模式】Ammannia L.（1753）■

2277　Ammanthus Boiss. et Heldr.（1849）Nom. illegit. ≡ Ammanthus Boiss. et Heldr. ex Boiss.（1849）［菊科 Asteraceae（Compositae）］■☆

2278　Ammanthus Boiss. et Heldr. ex Boiss.（1849）【汉】地中海菊属。【隶属】菊科 Asteraceae（Compositae）。【包含】世界 5 种。【学名诠释与讨论】〈阳〉（希）amma，所有格 ammatos，结节，瘤+anthos，花。此属的学名，ING 和 TROPICOS 记载是“Ammanthus Boissier et Heldreich ex Boissier, Diagn. Pl. Orient. ser. 1. 2（11）：18. Mar–Apr 1849”。IK 则记载为“Ammanthus Boiss. et Heldr. , Diagn. Pl. Orient. ser. 1, 11：18. 1849［Mar–Apr 1849］”。三者引用的文献相同。亦有文献把“Ammanthus Boiss. et Heldr. ex Boiss.（1849）”处理为“Anthemis L.（1753）”的异名。【分布】地中海地区。【模式】未指定。【参考异名】Ammanthus Boiss. et Heldr.（1849）Nom. illegit.；Anthemis L.（1753）■☆

2279　Ammi L.（1753）【汉】阿米芹属（阿米属，牙签草属）。【日】ドクゼリモドキ属。【俄】Амми。【英】Ammi, Bishop–weed, Bull–weed, Bullwort。【隶属】伞形花科（伞形科）Apiaceae（Umbelliferae）//阿米芹科 Ammiaceae。【包含】世界 3-6 种，中国 2 种。【学名诠释与讨论】〈阴〉（希）ammi，一种非洲植物俗名。【分布】巴基斯坦，秘鲁，玻利维亚，哥伦比亚（安蒂奥基亚），葡萄牙（马德拉群岛），美国（密苏里），中国，地中海地区，热带亚洲西部，中美洲。【后选模式】Ammi majus Linnaeus。【参考异名】Amni Brongn.（1843）；Gingidium Hill（1756）；Gohoria Neck.（1790）Nom. inval.；Lindera Adans.（1763）（废弃属名）；Visnaga Gaertn.（1788）Nom. illegit.；Visnaga Mill.（1754）■

2280　Ammiaceae（J. Presl et C. Presl）Barnhart ＝ Apiaceae Lindl.（保留科名）//Umbelliferae Juss.（保留科名）■●

2281　Ammiaceae Barnhart ＝ Apiaceae Lindl.（保留科名）//Umbelliferae Juss.（保留科名）■●

2282　Ammiaceae Bercht. et C. Presl（1820）＝ Apiaceae Lindl.（保留科名）//Umbelliferae Juss.（保留科名）■●

2283　Ammiaceae Small［亦见 Apiaceae Lindl.（保留科名）//Umbelliferae Juss.（保留科名）伞形花科（伞形科）］【汉】阿米芹科。【俄】Зонтичные。【英】Carrot Family。【包含】世界 1 属 3-6 种，中国 1 属 2 种。【分布】葡萄牙（马德拉群岛），地中海，热带亚洲西部。【科名模式】Ammi L.■☆

2284　Ammianthus Spruce ex Benth.（1873）Nom. illegit. ≡ Ammianthus Spruce ex Benth. et Hook. f.（1873）Nom. illegit.；~ ＝ Retiniphyllum Bonpl.（1806）［茜草科 Rubiaceae］●☆

2285　Ammianthus Spruce ex Benth. et Hook. f.（1873）Nom. illegit. ＝ Retiniphyllum Bonpl.（1806）［茜草科 Rubiaceae］●☆

2286　Ammiopsis Boiss.（1856）【汉】拟阿米芹属。【隶属】伞形花科（伞形科）Apiaceae（Umbelliferae）。【包含】世界 2 种。【学名诠

释与讨论】〈阴〉（属）Ammi 阿米芹属+希腊文 opsis，外观，模样，相似。此属的学名是“Ammiopsis Boissier, Diagn. Pl. Orient. ser. 2. 3（2）：96. Nov–Dec 1856”。亦有文献把其处理为“Daucus L.（1753）”的异名。【分布】非洲（西北部）。【模式】Ammiopsis daucoides（Salzmann ex A. P. de Candolle）Boissier［Ammi daucoides Salzmann ex A. P. de Candolle］。【参考异名】Daucus L.（1753）■☆

2287　Ammios Moench（1794）（废弃属名）≡ Trachyspermum Link（1821）（保留属名）；~ ＝ Carum L.（1753）［伞形花科（伞形科）Apiaceae（Umbelliferae）］■

2288　Ammobium R. Br.（1824）【汉】银苞菊属（苞瓣菊属，贝细工属）。【日】カイザイク属。【俄】Аммобиум。【英】Ammobium。【隶属】菊科 Asteraceae（Compositae）。【包含】世界 3 种。【学名诠释与讨论】〈中〉（希）ammos，砂+bios，生长，生活+-ius，-ia，-ium，在拉丁文和希腊文中，这些词尾表示性质或状态。指其生境。此属的学名，ING、APNI 和 IK 记载是“Ammobium R. Brown in J. Sims, Bot. Mag. ad t. 2459. 1 Jan 1824”。TROPICOS 则记载为“Ammobium R. Br. ex Sims, Bot. Mag. , 1824”。三者引用的文献相同。【分布】澳大利亚（新南威尔士）。【模式】Ammobium alatum R. Brown。【参考异名】Ammobium R. Br. ex Sims（1824）Nom. illegit.；Nablonium Cass.（1825）■☆

2289　Ammobium R. Br. ex Sims（1824）Nom. illegit. ≡ Ammobium R. Br.（1824）［菊科 Asteraceae（Compositae）］■☆

2290　Ammobroma Torr.（1867）Nom. inval. , Nom. illegit. ≡ Ammobroma Torr. ex A. Gray（1854）；~ ＝ Pholisma Nutt. ex Hook.（1844）［多室花科（盖裂寄生科）Lennoaceae］■☆

2291　Ammobroma Torr. ex A. Gray（1854）＝ Pholisma Nutt. ex Hook.（1844）［多室花科（盖裂寄生科）Lennoaceae］■☆

2292　Ammocallis Small（1903）Nom. illegit. ≡ Lochnera Rchb.（1828）Nom. inval. , Nom. illegit.；~ ≡ Catharanthus G. Don（1837）［夹竹桃科 Apocynaceae］●■

2293　Ammocharis Herb.（1821）【汉】砂石蒜属。【隶属】石蒜科 Amaryllidaceae。【包含】世界 4-5 种。【学名诠释与讨论】〈阴〉（希）ammos，砂+charis，喜悦，雅致，美丽，流行。此属的学名，ING、TROPICOS 和 IK 记载是“Ammocharis Herbert, Appendix 17. Dec（?）1821”。“Palinetes R. A. Salisbury, Gen. 116. Apr – Mai 1866”是“Ammocharis Herb.（1821）”的晚出的同模式异名（Homotypic synonym, Nomenclatural synonym）。“Ammocharis Herb. , Milne – Redh. et Schweick. , J. Linn. Soc. , Bot. lii. 169（1939）, descr. emend.”修订了属的描述。【分布】热带和非洲南部。【后选模式】Ammocharis coranica（Ker – Gawler）Herbert［Amaryllis coranica Ker – Gawler］。【参考异名】Ammocharis Herb. , Milne–Redh. et Schweick.（1939）descr. emend.；Palinetes Salisb.（1866）Nom. illegit.；Palinetex Salisb.（1866）Nom. illegit.；Stenolirion Baker（1896）■☆

2294　Ammocharis Herb. , Milne – Redh. et Schweick.（1939）descr. emend. ＝ Ammocharis Herb.（1821）［石蒜科 Amaryllidaceae］■☆

2295　Ammochloa Boiss.（1854）【汉】燥地砂草属。【俄】Песочник。【隶属】禾本科 Poaceae（Gramineae）。【包含】世界 3 种。【学名诠释与讨论】〈阴〉（希）ammos，砂+chloe，草的幼芽，嫩草，禾草。【分布】地中海地区。【模式】未指定。【参考异名】Cephalochloa Coss. et Durieu（1854）；Dictyochloa（Murb.）E. G. Camus（1900）；Dictyochloa E. G. Camus（1900）■☆

2296　Ammocodon Standl.（1916）【汉】沙钟花属。【隶属】紫茉莉科 Nyctaginaceae。【包含】世界 1 种。【学名诠释与讨论】〈阳〉（希）ammos，砂 + kodon，指小式 kodonion，钟，铃。此属的学名是“Ammocodon Standley, J. Wash. Acad. Sci. 6：631. 4 Nov 1916”。

亦有文献把其处理为"Selinocarpus A. Gray(1853)"的异名。【分布】美国。【模式】Ammocodon chenopodioides（A. Gray）Standley ［Selinocarpus chenopodioides A. Gray］。【参考异名】Selinocarpus A. Gray(1853)■☆

2297　Ammocyanus(Boiss.) Dostál(1973)＝Centaurea L.(1753)(保留属名)［菊科 Asteraceae(Compositae)//矢车菊科 Centaureaceae］●■

2298　Ammodaucus Coss. et Durieu(1859)【汉】砂萝卜属。【隶属】伞形花科(伞形科) Apiaceae(Umbelliferae)。【包含】世界1种。【学名诠释与讨论】〈阳〉(希)ammos，砂+(属)Daucus 胡萝卜属。【分布】阿尔及利亚。【模式】Ammodaucus leucotrichus Cosson et Durieu de Maisonneuve。■☆

2299　Ammodendron Fisch.(1825)Nom. illegit. ≡Ammodendron Fisch. ex DC.(1825)［豆科 Fabaceae(Leguminosae)//蝶形花科 Papilionaceae］●

2300　Ammodendron Fisch. ex DC.(1825)【汉】银砂槐属(沙树属,银沙槐属)。【俄】Акация печеная, Аммодендрон, Кандым, Печеная акация。【英】Ammodendron, Silversandtree。【隶属】豆科 Fabaceae(Leguminosae)//蝶形花科 Papilionaceae。【包含】世界3-8种,中国1种。【学名诠释与讨论】〈中〉(希)ammos，砂+dendron 或 dendros,树木,棍,丛林。指其适生于沙漠。此属的学名,ING,TROPICOS 和 IK 记载是"Ammodendron F. E. L. Fischer ex A. P. de Candolle, Prodr. 2: 523. Nov (med.)1825"。"Ammodendron Fisch.(1825)"的命名人引证有误。【分布】中国,亚洲中部和西部。【模式】Ammodendron sieversii A. P. de Candolle, Nom. illegit. ［Sophora argentea P. S. Pallas; Ammodendron argenteum (P. S. Pallas) O. Kuntze]。【参考异名】Ammodendron Fisch.(1825)Nom. illegit. ●

2301　Ammodenia J. G. Gmel. ex Rupr.＝Honckenya Ehrh.(1783)［石竹科 Caryophyllaceae］■☆

2302　Ammodenia J. G. Gmel. ex S. G. Gmel., Nom. illegit.＝Honckenya Ehrh.(1783)［石竹科 Caryophyllaceae］■☆

2303　Ammodenia Patrin.(1769)Nom. illegit. ≡Ammodenia Patrin. ex J. G. Gmel.(1769);～＝Arenaria L.(1753)［石竹科 Caryophyllaceae］■

2304　Ammodenia Patrin. ex J. G. Gmel.(1769)＝Arenaria L.(1753)［石竹科 Caryophyllaceae］■

2305　Ammodia Nutt.(1840)＝Chrysopsis(Nutt.)Elliott(1823)(保留属名);～＝Heterotheca Cass.(1817)［菊科 Asteraceae(Compositae)］■☆

2306　Ammodytes Steven(1832)＝Astragalus L.(1753)［豆科 Fabaceae(Leguminosae)//蝶形花科 Papilionaceae］●■

2307　Ammogeton Schrad.(1833)Nom. illegit.＝Troximon Gaertn.(1791)Nom. illegit.;～＝Krigia Schreb.(1791)(保留属名)［菊科 Asteraceae(Compositae)］■☆

2308　Ammoides Adans.(1763)【汉】安蒙草属。【隶属】伞形花科(伞形科)Apiaceae(Umbelliferae)。【包含】世界2种。【学名诠释与讨论】〈阴〉(希)ammon,形似山羊的埃及神祇+oides,来自 o+eides,像,似;或 o+eidos 形,含义为相像。另说来自希腊文 ammodes,沙的,多沙的,沙色的。【分布】地中海地区。【模式】Seseli ammoides Linnaeus。■☆

2309　Ammolirion Kar. et Kix.(1842)＝Eremurus M. Bieb.(1810)［百合科 Liliaceae//阿福花科 Asphodelaceae//芦荟科 Aloaceae］■

2310　Ammonalia Desv.(1816)Nom. inval. ≡Ammonalia Desv. ex Endl.(1840);～＝Honckenya Ehrh.(1783)［石竹科 Caryophyllaceae］■☆

2311　Ammonalia Desv. ex Endl.(1840)＝Honckenya Ehrh.(1783)［石竹科 Caryophyllaceae］■☆

2312　Ammonia Noronha(1790)＝Polyalthia Blume(1830)［番荔枝科 Annonaceae］●

2313　Ammophila Host(1809)【汉】砂禾属(滨草属,固沙草属,沙茅草属,砂滨草属)。【俄】Аммофил, Аммофила, Песколюб。【英】Beach Grass, Marram, Marram Grass。【隶属】禾本科 Poaceae(Gramineae)。【包含】世界3种。【学名诠释与讨论】〈阴〉(希)ammos,砂+philus,喜好。【分布】非洲北部,欧洲,北美洲。【模式】Ammophila arundinacea Host, Nom. illegit. ［Arundo arenaria Linnaeus, Ammophila arenaria (Linnaeus) Link］。【参考异名】Anumophila Link; Psamma P. Beauv.(1812)■☆

2314　Ammopiptanthus S. H. Cheng(1959)【汉】沙冬青属。【英】Ammopiptanthus, Sandholly。【隶属】豆科 Fabaceae(Leguminosae)//蝶形花科 Papilionaceae。【包含】世界2种,中国2种。【学名诠释与讨论】〈阳〉(希)ammos,砂+(属)Piptanthus 黄花木属。指其生于沙漠,并与黄花木属相近。【分布】中国,亚洲中部。【模式】Ammopiptanthus mongolicus (Maximovicz) S. H. Cheng ［Piptanthus mongolicus Maximovicz］●

2315　Ammopursus Small(1924)【汉】佛罗里达菊属。【隶属】菊科 Asteraceae(Compositae)。【包含】世界1种。【学名诠释与讨论】〈阳〉词源不详。此属的学名是"Ammopursus J. K. Small, Bull. Torrey Bot. Club 51: 392. 18 Sep 1924"。亦有文献把其处理为"Liatris Gaertn. ex Schreb.(1791)(保留属名)"的异名。【分布】美国(佛罗里达)。【模式】Ammopursus ohlingerae (S. F. Blake) J. K. Small ［Lacinaria ohlingerae S. F. Blake］。【参考异名】Liatris Gaertn. ex Schreb.(1791)(保留属名)■☆

2316　Ammorrhiza Ehrh.(1789)＝Carex L.(1753)［莎草科 Cyperaceae］■

2317　Ammoselinum Torr. et A. Gray(1857)【汉】沙蛇床属。【隶属】伞形花科(伞形科)Apiaceae(Umbelliferae)。【包含】世界3种。【学名诠释与讨论】〈中〉(希)ammos,砂+(属)Selinum 亮蛇床属(滇前胡属)。【分布】美国(西南部)。【模式】Ammoselinum popei J. Torrey et A. Gray。■☆

2318　Ammoseris Endl.(1838)Nom. illegit. ≡Microrhynchus Less.(1832);～＝Launaea Cass.(1822)［菊科 Asteraceae(Compositae)］■☆

2319　Ammosperma Hook. f.(1862)【汉】北非砂籽芥属。【隶属】十字花科 Brassicaceae(Cruciferae)。【包含】世界1种。【学名诠释与讨论】〈中〉(希)ammos,砂+sperma,所有格 spermatos,种子,孢子。【分布】非洲北部。【模式】Ammosperma cinerea (Desfontaines) Baillon ［Sisymbrium cinereum Desfontaines］■☆

2320　Ammothamnus Bunge(1847)【汉】沙槐属。【隶属】豆科 Fabaceae(Leguminosae)//蝶形花科 Papilionaceae。【包含】世界4种,中国3种。【学名诠释与讨论】〈阳〉(希)ammos,砂+thamnos,指小式 thamnion,灌木,灌丛,树丛,枝。此属的学名是"Ammothamnus Bunge, Arbeiten Naturf. Vereins Riga 1: 213. 1847"。亦有文献把其处理为"Sophora L.(1753)"的异名。【分布】中国,亚洲中部和西部。【模式】Ammothamnus lehmannii Bunge ［as 'lehmanni'］。【参考异名】Sophora L.(1753)●

2321　Ammyrsine Pursh(1813)Nom. illegit.＝Dendrium Desv.(1813);～＝Leiophyllum (Pers.) R. Hedw.(1806)［杜鹃花科(欧石南科)Ericaceae］●☆

2322　Amni Brongn.(1843)＝Ammi L.(1753)［伞形花科(伞形科)Apiaceae(Umbelliferae)//阿米芹科 Ammiaceae］

2323　Amoana Leopardi et Carnevali(2012)【汉】阿莫兰属。【隶属】兰科 Orchidaceae。【包含】世界2种。【学名诠释与讨论】〈阴〉似来自人名 Amo。【分布】墨西哥。【模式】Amoana kienastii (Rchb. f.) Leopardi et Carnevali ［Epidendrum kienastii Rchb.］☆

2324 Amoebophyllum N. E. Br. (1925) = Phyllobolus N. E. Br. (1925) [番杏科 Aizoaceae]●☆

2325 Amogeton Neck. (1790) Nom. inval. = Aponogeton L. f. (1782) (保留属名) [水蕹科 Aponogetonaceae]■

2326 Amoleiachyris Sch. Bip. (1843) = Amphiachyris (A. DC.) Nutt. (1840); ~ = Gutierrezia Lag. (1816) [菊科 Asteraceae (Compositae)]■●☆

2327 Amolinia R. M. King et H. Rob. (1972)【汉】离苞毛泽兰属。【隶属】菊科 Asteraceae(Compositae)。【包含】世界 1 种。【学名诠释与讨论】〈阴〉词源不详。【分布】墨西哥,危地马拉,中美洲。【模式】Amolinia heydeana (B. L. Robinson) R. M. King et H. E. Robinson [Eupatorium heydeanum B. L. Robinson]●☆

2328 Amomaceae A. Rich. =Zingiberaceae Martinov(保留科名)■

2329 Amomaceae J. St. -Hil. (1805) = Zingiberaceae Martinov(保留科名)■

2330 Amomis O. Berg (1856) = Pimenta Lindl. (1821) [桃金娘科 Myrtaceae]●☆

2331 Amomophyllum Engl. (1877) = Spathiphyllum Schott(1832) [天南星科 Araceae]■☆

2332 Amomum L. (1753) (废弃属名) ≡ Zingiber Mill. (1754) [as 'Zinziber'](保留属名) [姜科(蘘荷科)Zingiberaceae]■

2333 Amomum Roxb. (1820)(保留属名)【汉】豆蔻属(沙仁属,砂仁属,茴香砂仁属)。【日】アモマム属。【英】Amomum, Cardamom, Grains of Paradise。【隶属】姜科(蘘荷科)Zingiberaceae。【包含】世界 90-163 种,中国 39 种。【学名诠释与讨论】〈中〉(希)a-(a-在辅音字母前面,an-在元音字母前面)无,不+momos,缺点。指植物可用为解毒药,或作为香料是无缺点的。另说 amomon 是罗马人用来制造香胶的一种芳香的灌木。此属的学名"Amomum Roxb. ,Pl. Coromandel 3;75. 18 Feb 1820"是保留属名。相应的废弃属名是姜科(蘘荷科)Zingiberaceae 的"Amomum L. ,Sp. Pl. ;1. 1 Mai 1753 ≡ Zingiber Mill. (1754) [as 'Zinziber'](保留属名)"、"Etlingera Giseke, Prael. Ord. Nat. Pl. ;209. Apr 1792 = Amomum Roxb. (1820)(保留属名)"、"Meistera Giseke, Prael. Ord. Nat. Pl. ;205. Apr 1792 = Amomum Roxb. (1820)(保留属名)"、"Paludana Giseke, Prael. Ord. Nat. Pl. ;207. Apr 1792 = Amomum Roxb. (1820)(保留属名)"和"Wurfbainia Giseke,Prael. Ord. Nat. Pl. ;206. Apr 1792 = Amomum Roxb. (1820)(保留属名)"。姜科(蘘荷科)Zingiberaceae 的"Etlingera Roxb. (1792) = Amomum Roxb. (1820)(保留属名)"和"Paludana Salisb. , Gen. Pl. [Salisbury] 53. 1866 [Apr-May 1866] = Paludaria Salisb. (1866)Nom. illegit. ≡ Monocaryum (R. Br.) Rchb. (1828)"亦应废弃。中外多有文献包括《中国植物志》英文版都承认茴香砂仁属,用"Etlingera Giseke, Prael. Ord. Nat. Pl. 209. 1792"为正名;但它是一个废弃属名。【分布】巴基斯坦,巴拿马,玻利维亚,厄瓜多尔,哥伦比亚,哥斯达黎加,马来西亚,尼加拉瓜,中国,热带,中美洲。【模式】Amomum subulatum Roxburgh。【参考异名】Acinax Raf. (1838); Alexis Salisb. (1812); Andersonia Roxb. (1832) Nom. illegit. ; Cardamomum Kuntze (1891); Cardamomum Rumph. (1745-1747) Nom. inval. ;Cardamomum Rumph. ex Kuntze (1891);Conamomum Ridl. (1899); Diracodes Blume(1827)(废弃属名); Dirhacodes Lem. (1849); Donacodes Blume (1827); Etlingera Giseke (1792) (废弃属名); Geanthus Valeton (1914) Nom. illegit. ; Gencallis Horan. ; Greenwaya Giseke (1792) Nom. illegit. ;Marogna Salisb. (1812); Meistera Giseke(1792) (废弃属名); Pacoseroca Adans. (1763) Nom. illegit. ; Paludana Giseke (1792)(废弃属名); Paramomum S. Q. Tong (1985); Torymenes Salisb. (1812); Wurfbaeinia Steud. (1841); Wurfbainia Giseke (1792)(废弃属名);Zingiber Mill. (1754) [as 'Zinziber'](保留属名)■

2334 Amomyrtella Kausel(1956)【汉】小智利桃金娘属。【隶属】桃金娘科 Myrtaceae。【包含】世界 1 种。【学名诠释与讨论】〈阴〉(属)Amomyrtus 智利桃金娘属+-ellus,-ella,-ellum,加在名词词干后面形成指小式的词尾。或加在人名、属名等后面以组成新属的名称。【分布】阿根廷,玻利维亚。【模式】Amomyrtella guili (Spegazzini) Kausel [as 'güili'] [Eugenia guili Spegazzini (as 'güili')]●☆

2335 Amomyrtus(Burret) D. Legrand et Kausel(1948)【汉】智利桃金娘属。【英】Myrtle。【隶属】桃金娘科 Myrtaceae。【包含】世界 2 种。【学名诠释与讨论】〈阴〉(希)amo,爱,喜欢+(属)Myrtus 香桃木属(爱神木属,番桃木属,莫塌属,银香梅属)。此属的学名,ING、GCI 和 IK 记载是"Amomyrtus (Burret) D. Legrand et Kausel; Lilloa 13; 145. 1948 ('1947')",由"Pseudocaryophyllus sect. Amomyrtus Burret Notizbl. Bot. Gart. Berlin-Dahlem 15;514. 1941 [30 Mar 1941]"改级而来。【分布】温带南美洲。【模式】未指定。【参考异名】Pseudocaryophyllus sect. Amomyrtus Burret (1941)●☆

2336 Amonia Nestl. (1816) = Aremonia Neck. ex Nestl. (1816)(保留属名) [蔷薇科 Rosaceae]■☆

2337 Amoora Roxb. (1820)【汉】崖摩楝属。【日】アモラギ属。【俄】Амоора。【英】Amoora。【隶属】楝科 Meliaceae。【包含】世界 25 种,中国 9 种。【学名诠释与讨论】〈阴〉(地)Amoor, 阿摩尔,位于东印度群岛。另说 Amur 是 Amoora cucullata Roxb. 的孟加拉俗名。此属的学名,ING、TROPICOS、APNI 和 IK 记载是"Amoora Roxburgh, Pl. Coromandel 3;54. Feb-Mar 1820 ('1819')"。它曾被处理为"Aglaia sect. Amoora (Roxb.) Pannell, Kew Bulletin, Additional Series 16;58. 1992"。亦有文献把"Amoora Roxb. (1820)"处理为"Aglaia Lour. (1790)(保留属名)"的异名。【分布】印度至马来西亚,中国。【模式】Amoora cucullata Roxburgh。【参考异名】Aglaia Lour. (1790)(保留属名);Aglaia sect. Amoora (Roxb.) Pannell(1992); Amura Schult. f. (1829);Andersonia Roxb. (1832)Nom. illegit. ;Disoxylum Benth. et Hook. f. (1862) Nom. illegit. ;Nimmoia Wight(1847) Nom. illegit. ; Nimmonia Wight(1846) Nom. illegit. ; Sphaerosacme Wall. (1824) Nom. inval. , Nom. provis. ●

2338 Amooria Walp. (1842) Nom. illegit. = Amoria C. Presl (1830); ~ =Trifolium L. (1753) [豆科 Fabaceae(Leguminosae)//蝶形花科 Papilionaceae]■

2339 Amordica Neck. (1790) Nom. inval. = Momordica L. (1753) [葫芦科(瓜科,南瓜科)Cucurbitaceae]■

2340 Amorea Moq. (1844) Nom. inval. = Cycloloma Moq. (1840) [藜科 Chenopodiaceae]■☆

2341 Amorea Moq. ex Del. (1844) Nom. inval. , Nom. illegit. ≡ Amorea Moq. (1844) Nom. inval. ; ~ = Cycloloma Moq. (1840) [藜科 Chenopodiaceae]■☆

2342 Amoreuxia DC. (1825)【汉】合花弯籽木属(阿莫弯籽木属)。【隶属】弯籽木科 (卷胚科,弯胚树科,弯子木科) Cochlospermaceae//红木科(胭脂树科)Bixaceae。【包含】世界 3-4 种。【学名诠释与讨论】〈阴〉(人)Amoreux。此属的学名,ING、GCI、TROPICOS 和 IK 记载是"Amoreuxia DC. ,Prodr. [A. P. de Candolle]2;638. 1825 [mid Nov 1825]"。"Amoreuxia Moquin-Tandon, Mém. Soc. Hist. Nat. Monspel. 1826"是晚出名称。"Amoreuxia Moc. et Sessé ex DC. (1825)"的命名人引证有误。【分布】秘鲁,厄瓜多尔,美国,尼加拉瓜,中美洲。【模式】Amoreuxia palmatifida A. P. de Candolle。【参考异名】Amoreuxia

Moc. et Sessé ex DC. (1825) Nom. illegit. ; Amoreuxia Moc. et Sessé, Nom. illegit. ; Amoureuxia C. Muell. (1857) ; Euryanthe Cham. et Schltdl. (1830) ■●☆

2343 Amoreuxia Moc. et Sessé ex DC. (1825) Nom. illegit. ≡ Amoreuxia DC. (1825) ［弯籽木科（卷胚科, 弯胚树科, 弯子木科）］ Cochlospermaceae//红木科(胭脂树科) Bixaceae］●☆

2344 Amoreuxia Moq. (1826) Nom. illegit. = Cycloloma Moq. (1840) ［藜科 Chenopodiaceae］■☆

2345 Amoreuxia Moq. et Sessé, Nom. illegit. ≡ Amoreuxia DC. (1825) ［弯籽木科（卷胚科, 弯胚树科, 弯子木科）］ Cochlospermaceae// 红木科(胭脂树科) Bixaceae］●☆

2346 Amorgine Raf. (1836) = Achyranthes L. (1753)（保留属名）［苋科 Amaranthaceae］■

2347 Amoria C. Presl (1830) = Trifolium L. (1753) ［豆科 Fabaceae （Leguminosae）//蝶形花科 Papilionaceae］■

2348 Amorimia W. R. Anderson (2006)【汉】美洲金虎尾属。【隶属】金虎尾科（黄褥花科）Malpighiaceae。【包含】世界 10 种。【学名诠释与讨论】〈阴〉（人）Amorim。【分布】玻利维亚, 美洲。【模式】Amorimia rigida （A. Jussieu）W. R. Anderson ［Hiraea rigida A. Jussieu］●☆

2349 Amorpha L. (1753)【汉】紫穗槐属（黑花槐树属）。【日】クロバナエンジュ属。【俄】Аморфа。【英】Amorpha, False Indigo, Falseindigo, False - indigo, Indigo。【隶属】豆科 Fabaceae （Leguminosae）//蝶形花科 Papilionaceae。【包含】世界 15-25 种, 中国 1 种。【学名诠释与讨论】〈阴〉（希）amorphos, 畸形的。指花冠退化为单瓣（即旗瓣）。【分布】巴基斯坦, 美国, 中国, 北美洲。【模式】Amorpha fruticosa Linnaeus。【参考异名】Amorphus Raf. ; Bonafidia Neck. (1790) Nom. inval. ; Monosemeion Raf. (1840)●

2350 Amorphocalyx Klotzsch (1848)【汉】畸萼豆属。【隶属】豆科 Fabaceae（Leguminosae）。【包含】世界 1 种。【学名诠释与讨论】〈阳〉（希）amorphos, 畸形的 +kalyx, 所有格 kalykos = 拉丁文 calyx, 花萼, 杯子。此属的学名是 "Amorphocalyx Klotzsch, Rich. Schomb. Faun. Fl. Brit. Guiana 1104. 1848"。亦有文献把其处理为 "Sclerolobium Vogel (1837)" 的异名。【分布】圭亚那。【模式】Amorphocalyx roraimae Klotzsch。【参考异名】Sclerolobium Vogel (1837)■☆

2351 Amorphophallus Blume ex Decne. (1834)（保留属名）【汉】魔芋属（合药芋属, 蒟蒻芋属, 连蕊芋属, 磨芋属）。【日】コンニャク属, ヒドロスメ属。【俄】Аморфофалл, Аморфофаллюс, Амрфофаллус。【英】Amorphophallus, Devil's - tongue, Giant Arum, Giantarum, Snake-palm。【隶属】天南星科 Araceae。【包含】世界 90-170 种, 中国 38 种。【学名诠释与讨论】〈阳〉（希）amorphos, 畸形的 +phallos, 阴茎。指穗状花序畸形。此属的学名 "Amorphophallus Blume ex Decne. in Nouv. Ann. Mus. Hist. Nat. 3: 366. 1834" 是保留属名。相应的废弃属名是天南星科 Araceae 的 "Thomsonia Wall., Pl. Asiat. Rar. 1: 83. 1 Sep 1830 = Amorphophallus Blume ex Decne. (1834)（保留属名）" 和 "Pythion Mart. in Flora 14: 458. 1831 （med.）= Amorphophallus Blume ex Decne. (1834)（保留属名）"。"Amorphophallus Blume (1825) Nom. inval." 和化石植物的 "Thomsonia K. Mädler, Geol. Jahrb. 70: 150. Dec 1954 ≡ Paxillitriletes J. W. Hall et D. H. Nicolson" 亦应废弃。"Candarum H. G. L. Reichenbach ex H. W. Schott et Endlicher, Melet. Bot. 17. 1832" 和 "Kunda Rafinesque, Fl. Tell. 2: 82. Jan - Mar 1837 (' 1836 ')" 是 "Amorphophallus Blume ex Decne. (1834)（保留属名）" 的晚出的同模式异名（Homotypic synonym, Nomenclatural synonym）。【分布】马达加斯

加, 中国, 热带非洲和亚洲。【模式】Amorphophallus campanulatus Decaisne。【参考异名】Allopython Schott (1858) ; Amorphophallus Blume (1825) Nom. inval. （废弃属名）; Brachyspatha Schott (1856) ; Candarum Reichenb. ex Schott et Endl. (1832) Nom. illegit. ; Candarum Schott (1832) ; Conophallus Schott (1856) ; Corynophallus Schott (1857) ; Dunalia Montrouz. (1866)（废弃属名）; Hansalia Schott (1858) ; Hydrosme Schott (1857) ; Kunda Raf. (1837) Nom. illegit. ; Plesmonium Schott (1856) ; Proteinophallus Hook. f. (1875) ; Python Mart. (1831)（废弃属名）; Pythonium Schott (1832) Nom. illegit. ; Rhaphiophallus Schott (1858) ; Synantherias Schott (1858) ; Tapeinophallus Baill. (1877) ; Tapinophallus Post et Kuntze (1903) ; Thomsonia Wall. (1830)（废弃属名）■●

2352 Amorphophallus Blume (1825) Nom. inval. （废弃属名）≡ Amorphophallus Blume ex Decne. (1834)（保留属名）［天南星科 Araceae］■●

2353 Amorphospermum F. Muell. (1870) = Chrysophyllum L. (1753) = Niemeyera F. Muell. (1870)（保留属名）［山榄科 Sapotaceae］●☆

2354 Amorphus Raf. = Amorpha L. (1753) ［豆科 Fabaceae （Leguminosae）//蝶形花科 Papilionaceae］●

2355 Amosa Neck. (1790) Nom. inval. = Inga Mill. (1754) ［豆科 Fabaceae（Leguminosae）//含羞草科 Mimosaceae］●■☆

2356 Amoureuxia C. Muell. (1857) = Amoreuxia DC. (1825) ［弯籽木科(卷胚科, 弯胚树科, 弯子木科)］ Cochlospermaceae//红木科(胭脂树科) Bixaceae］●☆

2357 Ampacus Kuntze (1891) Nom. illegit. ≡ Ampacus Rumph. ex Kuntze (1891) ; ~ ≡ Euodia J. R. Forst. et G. Forst. (1776) ［芸香科 Rutaceae］●

2358 Ampacus Rumph. (1747) Nom. inval. ≡ Ampacus Rumph. ex Kuntze (1891) ; ~ ≡ Euodia J. R. Forst. et G. Forst. (1776) ［芸香科 Rutaceae］●

2359 Ampacus Rumph. ex Kuntze (1891) Nom. illegit. ≡ Euodia J. R. Forst. et G. Forst. (1776) ［芸香科 Rutaceae］●

2360 Ampalis Bojer ex Bureau (1873) = Streblus Lour. (1790) ; ~ = Trophis P. Browne (1756)（保留属名）［桑科 Moraceae］●☆

2361 Ampalis Bojer (1837) Nom. inval. ≡ Ampalis Bojer ex Bureau (1873) ; ~ = Streblus Lour. (1790) ; ~ = Trophis P. Browne (1756)（保留属名）［桑科 Moraceae］●

2362 Amparoa Schltr. (1923)【汉】阿姆兰属。【隶属】兰科 Orchidaceae。【包含】世界 2 种。【学名诠释与讨论】〈阴〉（人）Dona Amparo Lopez Calleja V. de Zeledon, 哥斯达黎加兰花爱好者。【分布】哥斯达黎加, 墨西哥, 尼加拉瓜, 中美洲。【模式】未指定。■☆

2363 Ampelamus Raf. (1819)【汉】丑藤属。【隶属】萝藦科 Asclepiadaceae。【包含】世界 1 种。【学名诠释与讨论】〈阳〉（希）ampelos, 葡萄蔓, 藤本 +amousos, 不雅致的, 没有打光的。此属的学名是一个替代名称。"Enslenia Nutt., Gen. N. Amer. Pl. [Nuttall]. 1: 164. 1818 [14 Jul 1818]" 是一个非法名称（Nom. illegit.）, 因为此前已经有了 "Enslenia Raf., Fl. Ludov. 35. 1817 = Ruellia L. (1753) ［爵床科 Acanthaceae］"。故用 "Ampelamus Raf. (1819)" 替代之。"Ampelanus Raf., Amer. Monthly Mag. et Crit. Rev. 4（3）: 192. 1819 [Jan 1819]" 是其异体。"Ampelamus Raf. (1819)" 曾先后被处理为 "Cynanchum sect. Ampelamus （Raf.）Sundell, Evolutionary Monographs 5: 15. 1981" 和 "Cynanchum subgen. Ampelamus （Raf.）Woodson, Annals of the Missouri Botanical Garden 28（2）: 211. 1941"。亦有文献把 "Ampelamus Raf. (1819)" 处理为 "Gonolobus Michx. (1803)" 的

异名。【分布】北美洲。【模式】Ampelamus albidus（Nuttall）N. L. Britton［Enslenia albida Nuttall］。【参考异名】Ampelanus B. D. Jacks.；Ampelanus Raf.（1819）Nom. illegit.；Cynanchum sect. Ampelamus（Raf.）Sundell（1981）；Cynanchum subgen. Ampelamus（Raf.）Woodson（1941）；Enslenia Nutt.（1818）Nom. illegit.；Gonolobus Michx.（1803）；Nematuris Turcz.（1848）●☆

2364　Ampelanus B. D. Jacks. ＝ Ampelamus Raf.（1819）；～＝ Ampelamus Raf.（1819）［萝藦科 Asclepiadaceae］●☆

2365　Ampelanus Raf.（1819）Nom. illegit. ≡ Ampelamus Raf.（1819）［萝藦科 Asclepiadaceae］●☆

2366　Ampelaster G. L. Nesom（1994）【汉】藤菀属（加州紫菀属）。【隶属】菊科 Asteraceae（Compositae）。【包含】世界 1 种。【学名诠释与讨论】〈阳〉（希）ampelos，葡萄蔓，藤本 +（属）Aster 紫菀属。此属的学名是“Ampelaster G. L. Nesom, Phytologia 77（3）：250. 1994［1995］.（31 Jan 1995）”。亦有文献把其处理为“Aster L.（1753）”的异名。【分布】美国。【模式】Ampelaster carolinianus（Walter）G. L. Nesom。【参考异名】Aster L.（1753）■●☆

2367　Ampelidaceae Kunth ＝Vitaceae Juss.（保留科名）●■

2368　Ampelocalamus S. L. Chen, T. H. Wen et G. Y. Sheng（1981）【汉】悬竹属。【英】Ampelocalamus, Handbamboo, Pendulus - bamboo。【隶属】禾本科 Poaceae（Gramineae）。【包含】世界 13 种，中国 13 种。【学名诠释与讨论】〈阳〉（希）ampelos，葡萄蔓，藤本 + kalamos，芦苇，转义为竹子。指茎杆细长，具攀缘习性。此属的学名是“Ampelocalamus S. L. Chen, T. H. Wen et G. Y. Sheng, Acta Phytotax. Sin. 19：332. Aug 1981”。亦有文献把其处理为“Sinarundinaria Nakai（1935）”的异名。【分布】中国。【模式】Ampelocalamus actinotrichus（E. D. Merrill et W. Y. Chun）S. L. Chen, T. H. Wen et G. Y. Sheng［Arundinaria actinotricha E. D. Merrill et W. Y. Chun］。【参考异名】Patellocalamus W. T. Lin（1989）；Sinarundinaria Nakai（1935）●★

2369　Ampelocera Klotzsch（1847）【汉】藤榆属。【隶属】榆科 Ulmaceae。【包含】世界 9-10 种。【学名诠释与讨论】〈阴〉（希）ampelos，葡萄蔓，藤本 + keras，所有格 keratos，角，弓。【分布】巴拿马，秘鲁，玻利维亚，厄瓜多尔，哥伦比亚（安蒂奥基亚），尼加拉瓜，西印度群岛，热带美洲，中美洲。【模式】Ampelocera ruizii Klotzsch。【参考异名】Plagioceltis Mildbr. ex Baehni（1937）●☆

2370　Ampelocissus Planch.（1884）（保留属名）【汉】酸蔹藤属（白粉藤属，九节铃属）。【隶属】葡萄科 Vitaceae。【包含】世界 60-100 种，中国 5-6 种。【学名诠释与讨论】〈阴〉（希）ampelos，葡萄蔓，藤本 + kissos，常春藤。此属的学名“Ampelocissus Planch. in Vigne Amér. Vitic. Eur. 8：371. Dec 1884”是保留属名。相应的废弃属名是葡萄科 Vitaceae 的“Botria Lour., Fl. Cochinch.：96, 153. Sep 1790 ＝Ampelocissus Planch.（1884）（保留属名）”。【分布】巴基斯坦，巴拿马，马达加斯加，尼加拉瓜，利比里亚（宁巴），中国，中美洲。【模式】Ampelocissus latifolia（Roxburgh）J. E. Planchon［Vitis latifolia Roxburgh］。【参考异名】Botria Lour.（1790）（废弃属名）；Botrya Juss.（1817）●

2371　Ampelodaphne Meisn.（1864）＝Endlicheria Nees（1833）（保留属名）［樟科 Lauraceae］●☆

2372　Ampelodesma P. Beauv.（1812）Nom. inval. ＝Ampelodesmos Link（1827）［禾本科 Poaceae（Gramineae）］■☆

2373　Ampelodesma P. Beauv. ex Benth., Nom. inval. ＝Ampelodesmos Link（1827）［禾本科 Poaceae（Gramineae）］■☆

2374　Ampelodesma T. Durand et Schinz（1895）Nom. illegit. ＝ Ampelodesmos Link（1827）［禾本科 Poaceae（Gramineae）］■☆

2375　Ampelodesmos Link（1827）【汉】藤带禾属。【隶属】禾本科 Poaceae（Gramineae）。【包含】世界 1 种。【学名诠释与讨论】〈阳〉（希），在拉丁文和希腊文中，都是 的古名。此属的学名，ING、TROPICOS、GCI 和 IK 记载是“Ampelodesmos Link, Hort. Berol.［Link］1：136. 1827［Oct-Dec 1827］”。“Ampelodesma P. Beauv.（1812）＝Ampelodesmos Link（1827）”和“Ampelodesma P. Beauv. ex Benth. ＝ Ampelodesmos Link（1827）”未经作者审定。【分布】地中海西部。【后选模式】Ampelodesmos tenax［Vahl］Link［Arundo tenax Vahl］。【参考异名】Ampelodesma P. Beauv.（1812）Nom. inval.；Ampelodesma P. Beauv. ex Benth, Nom. inval.；Ampelodesmus J. Woods（1838）；Ampelodonax Lojac.（1909）■☆

2376　Ampelodesmus J. Woods（1838）＝Ampelodesmos Link（1827）［禾本科 Poaceae（Gramineae）］■☆

2377　Ampelodonax Lojac.（1909）＝Ampelodesmos Link（1827）［禾本科 Poaceae（Gramineae）］■☆

2378　Ampeloplis Raf.（1838）Nom. illegit. ≡ Sageretia Brongn.（1827）［鼠李科 Rhamnaceae］●

2379　Ampelopsidaceae Kostel.（1835）［亦见 Vitaceae Juss.（保留科名）葡萄科］【汉】蛇葡萄科。【包含】世界 1 属 25-30 种，中国 1 属 17 种。【分布】温带和亚热带亚洲，美洲。【科名模式】Ampelopsis Michx. ●

2380　Ampelopsis Hort. ＝ Parthenocissus Planch.（1887）（保留属名）［葡萄科 Vitaceae］●

2381　Ampelopsis Michx.（1803）【汉】蛇葡萄属（白蔹属，山葡萄属）。【日】ノブダウ属，ノブドウ属。【俄】Ампелопсис, Виноградовник。【英】Ampelopsis, Porcelain Vine, Snakegrape。【隶属】葡萄科 Vitaceae//蛇葡萄科 Ampelopsidaceae。【包含】世界 25-30 种，中国 17 种。【学名诠释与讨论】〈阴〉（希）ampelos，葡萄蔓，藤本 + 希腊文 opsis，外观，模样，相似。指其外形似葡萄藤。此属的学名，ING、TROPICOS 和 GCI 记载是“Ampelopsis A. Michaux, Fl. Bor. - Amer. 1：159. 19 Mar 1803”。“Ampelopsis Rich.（1803）Nom. illegit. ≡ Ampelopsis Michx.（1803）”的命名人引证有误。【分布】巴基斯坦，美国，中国，温带和亚热带亚洲，美洲。【后选模式】Ampelopsis cordata A. Michaux。【参考异名】Allosampela Raf.（1830）；Ampelopsis Rich.（1803）Nom. illegit.；Nekemias Raf.（1838）；Psedera Neck.（1790）Nom. inval.；Psedera Neck. ex Greene（1906）Nom. illegit.；Pseudoampelopsis Planch.（1887）；Vitaeda Börner（1913）●

2382　Ampelopsis Rich.（1803）Nom. illegit. ≡ Ampelopsis Michx.（1803）［葡萄科 Vitaceae//蛇葡萄科 Ampelopsidaceae］●

2383　Ampelosicyos Cogn.（1881）Nom. illegit. ＝Ampelosicyos Thouars（1808）［as ‘Ampelosycios’］［葫芦科（瓜科，南瓜科）Cucurbitaceae］■☆

2384　Ampelosicyos Thouars（1808）［as ‘Ampelosycios’］【汉】马岛葫芦属。【隶属】葫芦科（瓜科，南瓜科）Cucurbitaceae。【包含】世界 3 种。【学名诠释与讨论】〈阳〉（希）ampelos，葡萄蔓，藤本 + sikyos，葫芦，野胡瓜。此属的学名，ING 记载是“Ampelosycios Du Petit - Thouars, Hist. Vég. Isles Austr. Afrique 68. Jan 1808（‘1806’）”。IK 则记载为“Ampelosicyos Thou., Hist. Veg. Isles Afr. austr. 68. t. 22（1807）, as Ampelosycios”。“Ampelosycios Cogn., Monogr. Phan. 3：946（1881）Nom. illegit. ＝ Ampelosicyos Thouars（1808）［as ‘Ampelosycios’］”是晚出的非法名称。【分布】马达加斯加。【模式】Ampelosicyos scandens Du Petit - Thouars。【参考异名】Ampelosycios Cogn.（1881）Nom. illegit.；Ampelosycios Thouars（1808）Nom. illegit.；Delognaea Baill.（1884）；Delognaea Cogn.（1884）；Delognea Cogn.（1884）●■☆

2385　Ampelosycios Thouars（1808）Nom. illegit. ≡Ampelosicyos Thouars（1808）［as ‘Ampelosycios’］［葫芦科（瓜科，南瓜科）

Cucurbitaceae]●■☆

2386　Ampelothamnus Small(1913)= Pieris D. Don(1834)［杜鹃花科（欧石南科）Ericaceae]●

2387　Ampelovitis Carrière(1889)= Vitis L.(1753)［葡萄科 Vitaceae]●

2388　Ampelozizyphus Ducke(1935)【汉】巴西枣属（巴西鼠李属）。【隶属】鼠李科 Rhamnaceae。【包含】世界1种。【学名诠释与讨论】〈阴〉（希）ampelos，葡萄蔓，藤本+（属）ZizyphusZiziphus 枣属。【分布】巴西，秘鲁。【模式】Ampelozizyphus amazonicus Ducke。●☆

2389　Ampelygonum Lindl.(1838)= Polygonum L.(1753)（保留属名）［蓼科 Polygonaceae]■●

2390　Amperea A. Juss.(1824)【汉】澳大戟属（澳大利亚大戟属）。【隶属】大戟科 Euphorbiaceae。【包含】世界6-8种。【学名诠释与讨论】〈阴〉（人）Amper,1800~1864，法国历史学者，旅行家。【分布】澳大利亚。【模式】Amperea ericoides A. H. L. Jussieu。【参考异名】Leptomeria Siebold,Nom. illegit.■☆

2391　Amphania Banks ex DC.(1821)= Ternstroemia Mutis ex L. f.(1782)（保留属名）［山茶科（茶科）Theaceae//厚皮香科 Ternstroemiaceae]●

2392　Ampherephis Kunth(1818)= Centratherum Cass.(1817)［菊科 Asteraceae(Compositae)]■☆

2393　Amphiachyris(A. DC.)Nutt.(1840)【汉】短冠帚黄花属。【隶属】菊科 Asteraceae(Compositae)。【包含】世界2种。【学名诠释与讨论】〈阴〉（希）amphis，两边的，二倍的，四周的，可疑的，模糊不清的+achyron，谷壳，外皮，荚。此属的学名，ING、GCI、TROPICOS 和 IK 记载是"Amphiachyris（Alph. de Candolle）Nuttall,Trans. Amer. Philos. Soc. ser. 2. 7：313. Oct−Dec 1840"，由"Brachyris sect. Amphiachyris Alph. de Candolle, Mém. Soc. Phys. Genève 7：266. 1836"改级而来。"Amphiachyris Nutt.(1840)"的命名人引证有误。【分布】美国（加利福尼亚）。【模式】Amphiachyris dracunculoides（Alph. de Candolle）Nuttall［Brachyris dracunculoides Alph. de Candolle]。【参考异名】Amoleiachyris Sch. Bip.（1843）；Amphiachyris Nutt.（1840）Nom. illegit.；Brachyris sect. Amphiachyris A. DC.（1836）■☆

2394　Amphiachyris Nutt.（1840）Nom. illegit. ≡ Amphiachyris（A. DC.）Nutt.（1840）［菊科 Asteraceae(Compositae)]■☆

2395　Amphianthus Torr.（1837）【汉】岩地婆婆纳属。【隶属】玄参科 Scrophulariaceae//婆婆纳科 Veronicaceae。【包含】世界1种。【学名诠释与讨论】〈阴〉（希）amphis，两边的，二倍的，四周的，可疑的，模糊不清的+anthos，花。此属的学名是"Amphianthus J. Torrey, Ann. Lyceum Nat. Hist. New York 4：82. Nov 1837"。亦有文献把其处理为"Bacopa Aubl.（1775）（保留属名）"的异名。【分布】美国（东南部）。【模式】Amphianthus pusillus Torrey。【参考异名】Bacopa Aubl.（1775）（保留属名）■☆

2396　Amphiasma Bremek.（1952）【汉】西南非茜草属。【隶属】茜草科 Rubiaceae。【包含】世界5-6种。【学名诠释与讨论】〈中〉（希）amphis，两边的，二倍的，四周的，可疑的，模糊不清的+-asma，词尾。【分布】热带和非洲西南部。【模式】Amphiasma luzuloides（K. Schumann）Bremekamp［Oldenlandia luzuloides K. Schumann]■☆

2397　Amphibecis Humboldt ex Schrank（1824）= Centratherum Cass.（1817）［菊科 Asteraceae(Compositae)]■☆

2398　Amphibecis Schrank（1824）Nom. illegit. ≡ Amphibecis Humboldt ex Schrank（1824）；~ = Centratherum Cass.（1817）［菊科 Asteraceae(Compositae)]■☆

2399　Amphiblemma Naudin(1850)【汉】热非野牡丹属。【隶属】野牡丹科 Melastomataceae。【包含】世界13-15种。【学名诠释与讨论】〈中〉（希）amphis，两边的，二倍的，四周的，可疑的，模糊不清的+blemma，所有格 blemmatos，一看，一瞥，出现。【分布】热带非洲。【模式】Amphiblemma cymosum（Schrader）Naudin［Melastoma cymosum Schrader]■☆

2400　Amphibolia L. Bolus ex A. G. J. Herre（1971）【汉】双星番杏属。【隶属】番杏科 Aizoaceae。【包含】世界3种。【学名诠释与讨论】〈阴〉（希）amphis，两边的，二倍的，四周的，可疑的，模糊不清的+bolis，流星。此属的学名，ING 和 IK 记载是"Amphibolia H. M. L. Bolus ex H. Herre, Gen. Mesembryanthemaceae 70. 1971"。"Amphibolia L. Bolus, J. S. African Bot. xxxi. 169（1965）"因为没有指定模式而为未合格发表。亦有文献把"Amphibolia L. Bolus ex A. G. J. Herre(1971)"处理为"Eberlanzia Schwantes（1926）"的异名。【分布】非洲南部。【模式】Amphibolia hallii（H. M. L. Bolus）H. R. Toelken et J. P. Jessop［Stoeberia hallii H. M. L. Bolus]。【参考异名】Amphibolia L. Bolus（1965）Nom. inval.；Eberlanzia Schwantes（1926）●☆

2401　Amphibolia L. Bolus（1965）Nom. inval. ≡ Amphibolia L. Bolus ex A. G. J. Herre（1971）；~ = Eberlanzia Schwantes（1926）［番杏科 Aizoaceae]●☆

2402　Amphibolis C. Agardh（1823）【汉】双星丝粉藻属。【隶属】丝粉藻科 Cymodoceaceae。【包含】世界2种。【学名诠释与讨论】〈阴〉（希）amphis，两边的，二倍的，四周的，可疑的，模糊不清的+bolis，流星。此属的学名是"Amphibolis C. A. Agardh, Sp. Alg. 1（2）：474. 1823"。"Amphibolis Schott et Kotschy, Reise Taur. 379. 1858.（Reise Taur.）= Hyacinthus L.（1753）［百合科 Liliaceae//风信子科 Hyacinthaceae]"是晚出的非法名称。【分布】澳大利亚和。【模式】未指定。【参考异名】Graumuellera Rchb.（1828）；Pectinella J. M. Black（1913）■☆

2403　Amphibolis Schott et Kotschy（1858）Nom. illegit. = Hyacinthus L.（1753）［百合科 Liliaceae//风信子科 Hyacinthaceae]■☆

2404　Amphibologyne Brand（1931）【汉】隐柱紫草属。【隶属】紫草科 Boraginaceae。【包含】世界1种。【学名诠释与讨论】〈阴〉（希）amphibolos，可疑的，摸棱两可的+gyne，所有格 gynaikos，雌性，雌蕊。【分布】墨西哥。【模式】Amphibologyne mexicana（Martens et Galeotti）A. Brand［Amsinckia mexicana Martens et Galeotti]●☆

2405　Amphibromus Nees(1843)【汉】湿雀麦属（湿燕麦属）。【英】Swamp Wallaby Grass。【隶属】禾本科 Poaceae(Gramineae)。【包含】世界2种。【学名诠释与讨论】〈阳〉（希）amphis，两边的，二倍的，四周的，可疑的，模糊不清的+（属）Bromus 雀麦属。此属的学名是"Amphibromus C. G. D. Nees, London J. Bot. 2：420. 1843"。亦有文献把其处理为"Helictotrichon Besser(1827)"的异名。【分布】澳大利亚，新西兰，南美洲。【模式】Bromus arenarius Labillardière。【参考异名】Helictotrichon Besser（1827）■☆

2406　Amphicalea（DC.）Gardner（1848）= Geissopappus Benth.（1840）；~ = Calea L.（1763）［菊科 Asteraceae(Compositae)]●■☆

2407　Amphicalea Gardner（1848）Nom. illegit. ≡ Amphicalea（DC.）Gardner（1848）；~ = Geissopappus Benth.（1840）；~ = Calea L.（1763）［菊科 Asteraceae(Compositae)]●■☆

2408　Amphicalyx Blume（1828）Nom. illegit. ≡ Diplycosia Blume（1826）［杜鹃花科（欧石南科）Ericaceae]●☆

2409　Amphicarpa Elliott ex Nutt.（1818）Nom. illegit.（废弃属名）= Amphicarpaea Elliott ex Nutt.（1818）［as 'Amphicarpa']（保留属名）［豆科 Fabaceae(Leguminosae)//蝶形花科 Papilionaceae]■

2410　Amphicarpa Elliott（1818）Nom. illegit.（废弃属名）≡ Amphicarpaea Elliott ex Nutt.（1818）［as 'Amphicarpa']（保留属名）［豆科 Fabaceae(Leguminosae)//蝶形花科 Papilionaceae]■

2411　Amphicarpaea Elliott ex Nutt.（1818）［as 'Amphicarpa']（保留

属名)【汉】两型豆属(野毛扁豆属)。【日】ヤブマメ属。【俄】Фальиата。【英】Amphicarpaea, Biformbean, Hogpeanut。【隶属】豆科 Fabaceae(Leguminosae)//蝶形花科 Papilionaceae。【包含】世界 3-10 种,中国 4 种。【学名诠释与讨论】〈阴〉(希)amphis,两边的,二倍的,四周的,可疑的,模糊不清的+karpos,果实。指荚果两型。此属的学名"Amphicarpaea Elliott ex Nutt., Gen. N. Amer. Pl. 2:113. 14 Jul 1818('Amphicarpa')(orth. cons.)"是保留属名。相应的废弃属名是豆科 Fabaceae(Leguminosae)的"Falcata J. F. Gmel., Syst. Nat. 2:1131. Apr (sero)-Oct 1791 = Amphicarpaea Elliott ex Nutt. (1818)(保留属名)"。豆科 Fabaceae(Leguminosae)的"Amphicarpaea Elliott, J. Acad. Nat. Sci. Philadelphia 1(2):372. 1818 [Sep 1818] = Amphicarpaea Elliott ex Nutt. (1818)(保留属名)亦应废弃。其变体"Amphicarpa Elliott ex Nutt. (1818)"和"Amphicarpa Elliott(1818)"也须废弃。"Xypherus Rafinesque, J. Phys. Chim. Hist. Nat. Arts 89:260. Oct 1819"和"Tetrodea Rafinesque, New Fl. 1:81. Dec 1836"是"Amphicarpaea Elliott ex Nutt. (1818) [as 'Amphicarpa'](保留属名)"的晚出的同模式异名(Homotypic synonym, Nomenclatural synonym)。【分布】玻利维亚,美国,中国,非洲南部,东亚,热带和北美洲。【模式】Amphicarpaea monoica Nuttall, Nom. illegit. [Glycine monoica Linnaeus, Nom. illegit.; Glycine bracteata Linnaeus; Amphicarpaea bracteata (Linnaeus) M. L. Fernald]。【参考异名】Amphicarpa Elliott ex Nutt. (1818) Nom. illegit. (废弃属名); Amphicarpa Elliott (1818) Nom. illegit. (废弃属名); Amphicarpaea Elliott(1818)(废弃属名); Cologania Kunth(1824); Falcata J. F. Gmel. (1792)(废弃属名); Lobomon Raf. (1836); Savia Raf. (1808)Nom. illegit.; Tetrodea Raf. (1836)Nom. illegit.; Xypherus Raf. (1819)Nom. illegit.■

2412 Amphicarpaea Elliott (1818) Nom. illegit. (废弃属名) ≡ Amphicarpaea Elliott ex Nutt. (1818) [as 'Amphicarpa'](保留属名)[豆科 Fabaceae(Leguminosae)//蝶形花科 Papilionaceae]■

2413 Amphicarpon Raf. (1818) Nom. inval. = Amphicarpum Kunth (1829)[禾本科 Poaceae(Gramineae)]■☆

2414 Amphicarpum Kunth(1829)【汉】双果雀稗属。【隶属】禾本科 Poaceae(Gramineae)。【包含】世界 2 种。【学名诠释与讨论】〈中〉(希)amphis,两边的,二倍的,四周的,可疑的,模糊不清的+karpos,果实。此属的学名, ING、GCI、TROPICOS 和 IK 记载是"Amphicarpum Kunth, Révis. Gramin. 1(2):28. 1829 [Apr 1829]"。"Amphicarpon Raf. (1818) = Amphicarpum Kunth (1829)"应该是一个未合格发表的名称(Nom. inval.)。【分布】美国。【模式】Amphicarpum purshii Kunth [Milium amphicarpon Pursh]。【参考异名】Amphicarpon Raf. (1818)Nom. inval. ■☆

2415 Amphicome(R. Br.) Royle ex G. Don(1838)【汉】两头毛属(毛子草属)。【隶属】紫葳科 Bignoniaceae。【包含】世界 3 种,中国 1 种。【学名诠释与讨论】〈中〉(希)amphis,两边的,二倍的,四周的,可疑的,模糊不清的+kome,毛发,束毛,冠毛,来自拉丁文 coma。指种子两端具冠毛。此属的学名, ING 记载是"Amphicome Royle, Ill. Bot. Himalayan Mts. t. 72. Dec 1835";而 IK 记载为"Amphicome Royle, Ill. Bot. Himal. Mts. [Royle] 9:296. 1836 [May 1836]; nom. inval."和"Amphicome (R. Br.) Royle ex G. Don, Gen. Hist. 4(2):665. 1838 [8 Mar-8 Apr 1838]"。TROPICOS 则记载为"Amphicome (R. Br. ex Royle) Royle ex G. Don, Gen. Hist. 4:645, 665 (1838)",由"Incarvillea subgen. Amphicome R. Br. ex Royle"改级而来。IPNI 记载为"Amphicome (R. Br.) Royle ex Lindl., Edwards's Bot. Reg. 24:t. 19. 1838 [1 Apr 1838]"。《中国植物志》中文版和《巴基斯坦植物志》则不承认此属,把"Amphicome Royle ex Lindl."处理为"Incarvillea Juss.

(1789)"的异名。"Amphicome (R. Br.) Royle ex G. Don, Gen. Hist. 4(2):665. 1838 [8 Mar-8 Apr 1838]"和"Amphicome (R. Br.) Royle ex Lindl., Edwards's Bot. Reg. 24:t. 19. 1838 [1 Apr 1838]"都是由"Incarvillea subgen. Amphicome R. Br. Ill. Bot. Himal. Mts. [Royle] [9]:296. 1836 [May 1836]"改级而来。"Amphicome (R. Br.) Royle ex G. Don (1838)"出版在先。"Amphicome Royle ex Lindl. (1838)"则是误记。亦有文献把"Amphicome (R. Br.) Royle ex G. Don(1838)"处理为"Incarvillea Juss. (1789)"的异名。【分布】中国,喜马拉雅山。【模式】Amphicome arguta Royle。【参考异名】Amphicome (R. Br.) Royle ex Lindl. (1838)Nom. illegit.; Amphicome (R. Br. ex Royle) Royle ex G. Don(1838)Nom. illegit.; Amphicome Royle ex Lindl. (1838) Nom. illegit.; Amphicome Royle (1836) Nom. inval., Nom. nud.; Incarvillea Juss. (1789); Incarvillea subgen. Amphicome R. Br. (1836)■

2416 Amphicome (R. Br.) Royle ex Lindl. (1838) Nom. illegit. ≡ Amphicome (R. Br.) Royle ex G. Don (1838) [紫葳科 Bignoniaceae]■

2417 Amphicome(R. Br. ex Royle)Royle ex G. Don(1838)Nom. illegit. = Amphicome (R. Br.) Royle ex G. Don (1838) [紫葳科 Bignoniaceae]■

2418 Amphicome (Royle) G. Don (1838) Nom. illegit. ≡ Amphicome (R. Br.) Royle ex G. Don(1838) [紫葳科 Bignoniaceae]■

2419 Amphicome Royle ex Lindl. (1838) Nom. illegit. ≡ Amphicome (R. Br.) Royle ex G. Don(1838) [紫葳科 Bignoniaceae]■

2420 Amphicome Royle (1836) Nom. inval., Nom. nud. = Amphicome (R. Br.) Royle ex G. Don(1838) ≡ Incarvillea Juss. (1789) [紫葳科 Bignoniaceae]■

2421 Amphidasya Standl. (1936)【汉】周毛茜属。【隶属】茜草科 Rubiaceae。【包含】世界 7 种。【学名诠释与讨论】〈阴〉(希)amphis,两边的,二倍的,四周的,可疑的,模糊不清的+dasys,多毛的。【分布】巴拿马,秘鲁,厄瓜多尔,哥伦比亚(安蒂奥基亚),美国,尼加拉瓜,中美洲。【模式】Amphidasya ambigua (Standley) Standley [Sabicea ambigua Standley]。【参考异名】Pittierothamnus Steyerm. (1962)●☆

2422 Amphiderris(R. Br.) Spach (1841) Nom. illegit. ≡ Orites R. Br. (1810) [山龙眼科 Proteaceae]●☆

2423 Amphiderris Spach (1841) Nom. illegit. ≡ Amphiderris (R. Br.) Spach(1841) Nom. illegit.; ~ ≡ Orites R. Br. (1810) [山龙眼科 Proteaceae]●☆

2424 Amphidetes E. Fourn. (1885)【汉】巴西萝藦属。【隶属】萝藦科 Asclepiadaceae。【包含】世界 2 种。【学名诠释与讨论】〈阳〉(希)amphis,两边的,二倍的,四周的,可疑的,模糊不清的+detos,缚住的。【分布】巴西。【模式】未指定。●☆

2425 Amphidonax Nees ex Steud. (1854)= Arundo L. (1753) = Arundo L. (1753)+Zenkeria Trin. (1837) [禾本科 Poaceae(Gramineae)]●

2426 Amphidonax Nees (1836) Nom. inval. ≡ Amphidonax Nees ex Steud. (1854) [禾本科 Poaceae(Gramineae)]●

2427 Amphidoxa DC. (1838) = Gnaphalium L. (1753) [菊科 Asteraceae(Compositae)]■

2428 Amphiestes S. Moore (1906) = Hypoestes Sol. ex R. Br. (1810) [爵床科 Acanthaceae]●■

2429 Amphigena Rolfe (1913) = Disa P. J. Bergius (1767) [兰科 Orchidaceae]■☆

2430 Amphigenes Janka (1859-1861) = Festuca L. (1753) [禾本科 Poaceae(Gramineae)//羊茅科 Festucaceae]■

2431 Amphiglossa DC. (1838)【汉】叶苞帚鼠麹属。【隶属】菊科

Asteraceae(Compositae)。【包含】世界 5-9 种。【学名诠释与讨论】〈阴〉(希)amphis,两边的,二倍的,四周的,可疑的,模糊不清的+glossa, 舌。【分布】非洲南部。【后选模式】Amphiglossa corrudaefolia A. P. de Candolle。【参考异名】Luciliodes(Less.) Kuntze ■☆

2432　Amphiglottis Salisb.(1812)Nom. inval. ≡ Amphiglottis Salisb. ex Britton et P. Wilson(1924)Nom. illegit. ≡ Nyctosma Raf.(1837)Nom. illegit.；~ ≡ Epidendrum L.(1763)(保留属名)[兰科 Orchidaceae]■☆

2433　Amphiglottis Salisb. ex Britton et P. Wilson(1924)Nom. illegit. ≡ Nyctosma Raf.(1837)Nom. illegit.；~ ≡ Epidendrum L.(1763)(保留属名)[兰科 Orchidaceae]■☆

2434　Amphilobium Loudon(1830)= Amphilophium Kunth(1818)[紫葳科 Bignoniaceae]●☆

2435　Amphilochia Mart.(1826)= Qualea Aubl.(1775)[独蕊科(蜡烛树科,囊萼花科)Vochysiaceae]●☆

2436　Amphilophis Nash(1901)Nom. illegit. = Bothriochloa Kuntze(1891)[禾本科 Poaceae(Gramineae)]■

2437　Amphilophium Kunth(1818)【汉】双冠紫葳属。【隶属】紫葳科 Bignoniaceae。【包含】世界 5-6 种。【学名诠释与讨论】〈中〉(希)amphis,两边的,二倍的,四周的,可疑的,模糊不清的+lophos,脊,鸡冠,装饰+-ius, -ia, -ium,在拉丁文和希腊文中,这些词尾表示性质或状态。此属的学名,ING、GCI、TROPICOS 和 IK 记载是"Amphilophium Kunth, J. Phys. Chim. Hist. Nat. Arts 87：451. 1818[Dec 1818]"。"Endoloma Rafinesque, Sylva Tell. 79. Oct-Dec 1838"是"Amphilophium Kunth(1818)"的晚出的同模式异名(Homotypic synonym, Nomenclatural synonym)。【分布】巴拉圭,巴拿马,秘鲁,比尼翁,玻利维亚,厄瓜多尔,哥伦比亚(安蒂奥基亚),尼加拉瓜,中美洲。【后选模式】Amphilophium paniculatum(Linnaeus)Kunth[Bignonia paniculata L.]。【参考异名】Amphilobium Loudon(1830)；Endoloma Raf.(1838)Nom. illegit. ●☆

2438　Amphimas Pierre ex Dalla Torre et Harms(1901)Nom. inval., Nom. nud. ≡ Amphimas Pierre ex Harms(1906)[豆科 Fabaceae(Leguminosae)]●☆

2439　Amphimas Pierre ex Harms(1906)【汉】双雄苏木属。【隶属】豆科 Fabaceae(Leguminosae)。【包含】世界 2-4 种。【学名诠释与讨论】〈阳〉(人)amphis,两边的,二倍的,四周的,可疑的,模糊不清的+mas,所有格 maris,雄性。此属的学名,ING、IPNI 和 TROPICOS 记载是"Amphimas Pierre ex Harms in Engler et Prantl, Nat. Pflanzenfam. Nachtr. II-IV 3：157. Nov 1906"。IK 则记载为"Amphimas Pierre ex Dalla Torre et Harms, Gen. Siphon. 220. 1901；Nom. inval., Nom. nud."。【分布】热带非洲西部。【后选模式】Amphimas ferrugineus Pierre ex Pellegrin。【参考异名】Amphimas Pierre ex Dalla Torre et Harms(1901)Nom. inval., Nom. nud. ●☆

2440　Amphineurion(A. DC.)Pichon(1948)= Aganosma(Blume)G. Don(1837)[夹竹桃科 Apocynaceae]●

2441　Amphinomia DC.(1825)Nom. illegit.(废弃属名)= Lotononis(DC.)Eckl. et Zeyh.(1836)(保留属名)[豆科 Fabaceae(Leguminosae)//蝶形花科 Papilionaceae]■

2442　Amphiodon Huber(1909)= Poecilanthe Benth.(1860)[豆科 Fabaceae(Leguminosae)]●☆

2443　Amphiolanthus Griseb.(1866)= Micranthemum Michx.(1803)(保留属名)[玄参科 Scrophulariaceae]■☆

2444　Amphion Salisb.(1866)Nom. illegit. ≡ Semele Kunth(1844)[假叶树科 Ruscaceae//百合科 Liliaceae]●☆

2445　Amphione Raf.(1838)= Ipomoea L.(1753)(保留属名)[旋花

科 Convolvulaceae]●■

2446　Amphipappus Torr. et A. Gray ex A. Gray(1845)Nom. illegit. ≡ Amphipappus Torr. et A. Gray(1845)[菊科 Asteraceae(Compositae)]●☆

2447　Amphipappus Torr. et A. Gray(1845)【汉】刺黄花属。【隶属】菊科 Asteraceae(Compositae)。【包含】世界 1 种。【学名诠释与讨论】〈中〉(希)amphis,两边的,二倍的,四周的,可疑的,模糊不清的+希腊文 pappos 指柔毛,软毛。pappus 则与拉丁文同义,指冠毛。此属的学名,ING、GCI、TROPICOS 和 IK 记载是"Amphipappus J. Torrey et A. Gray, Boston J. Nat. Hist. 5：107. Jan 1845"。"Amphipappus Torr. et A. Gray ex A. Gray"的命名人引证有误。【分布】美国(西南部)。【模式】Amphipappus fremontii J. Torrey et A. Gray。【参考异名】Amphipappus Torr. et A. Gray(1845)●☆

2448　Amphipetalum Bacigalupo(1988)【汉】异瓣苋属。【隶属】马齿苋科 Portulacaceae。【包含】世界 1 种。【学名诠释与讨论】〈中〉(希)amphis,两边的,二倍的,四周的,可疑的,模糊不清的+希腊文 petalos,扁平的,铺开的；petalon,花瓣,叶,花叶,金属叶子；拉丁文的花瓣为 petalum。【分布】巴拉圭,玻利维亚。【模式】Amphipetalum paraguayense N. M. Bacigalupo。■☆

2449　Amphiphyllum Gleason(1931)【汉】异叶偏穗草属。【隶属】偏穗草科(雷巴第科,瑞碑题雅科)Rapateaceae。【包含】世界 2 种。【学名诠释与讨论】〈中〉(希)amphis,两边的,二倍的,四周的,可疑的,模糊不清的+phyllon,叶子。phyllodes,似叶的,多叶的。phylleion,绿色材料,绿草。【分布】委内瑞拉。【模式】Amphiphyllum rigidum Gleason。●☆

2450　Amphipleis Raf.(1837)= Nicotiana L.(1753)[茄科 Solanaceae//烟草科 Nicotianaceae]●■

2451　Amphipogon R. Br.(1810)【汉】澳三芒草属。【隶属】禾本科 Poaceae(Gramineae)。【包含】世界 7 种。【学名诠释与讨论】〈阳〉(希)amphis,两边的,二倍的,四周的,可疑的,模糊不清的+pogon,所有格 pogonos,指小式 pogonion,胡须,髯毛,芒。pogonias,有须的。【分布】澳大利亚。【模式】未指定。【参考异名】Aegopogon P. Beauv.；Gamelythrum Nees(1843)；Gamelytrum Steud.(1854)；Pentacraspedon Steud.(1854)；Schellingia Steud.(1850)■☆

2452　Amphipterygium Schiede ex Standl.(1923)【汉】两翼木属。【隶属】漆树科 Anacardiaceae。【包含】世界 4 种。【学名诠释与讨论】〈阴〉(希)amphis,两边的,二倍的,四周的,可疑的,模糊不清的+pteryx,所有格 pterygos,指小式 pterygion,翼,羽毛,鳍+-ius, -ia, -ium,在拉丁文和希腊文中,这些词尾表示性质或状态。此属的学名"Amphipterygium C. J. W. Schiede ex Standley, Contr. U. S. Natl. Herb. 23：672. Jul 1923"是一个替代名称。"Hypopterygium D. F. L. Schlechtendal, Linnaea 17：636. Mai 1844"是一个非法名称(Nom. illegit.),因为此前已经有了苔藓的"Hypopterygium S. E. Bridel, Bryol. Univ. 2：709. 1827(ante 21 Nov)"。故用"Amphipterygium Schiede ex Standl.(1923)"替代之。"Juliania D. F. L. Schlechtendal, Linnaea 17：746. Jun 1844('1843')"也是"Amphipterygium Schiede ex Standl.(1923)"的同模式异名(Homotypic synonym, Nomenclatural synonym)(non La Llave 1825)。【分布】秘鲁,墨西哥。【模式】Amphipterygium adstringens(Schlechtendal)Standley[Hypopterygium adstringens Schlechtendal]。【参考异名】Hypopterygium Schltdl.(1844)Nom. illegit.；Juliania Schltdl.(1844)Nom. illegit. ●☆

2453　Amphiraphis Hook. f.(1881)Nom. illegit. = Ampherephis Kunth(1818)[菊科 Asteraceae(Compositae)]■☆

2454　Amphirephis Nees et Matt.(1824)= Ampherephis Kunth(1818)；

~ =Centratherum Cass. (1817) [菊科 Asteraceae(Compositae)]■☆

2455　Amphirhapis DC. (1836) = Inula L. (1753); ~ = Microglossa DC. (1836); ~ =Solidago L. (1753) [菊科 Asteraceae(Compositae)]■

2456　Amphirhepis Wall. (1831) Nom. illegit. = Ampherephis Kunth (1818) [菊科 Asteraceae(Compositae)]■☆

2457　Amphirrhox Spreng. (1827)(保留属名)【汉】尾隔堇属。【隶属】堇菜科 Violaceae。【包含】世界 6 种。【学名诠释与讨论】〈阴〉(希)amphirrhox, amphirrox, 边缘粗糙的, 参差不齐的。此属的学名"Amphirrhox K. P. J. Sprengel, Syst. Veg. 4(2):51,99. Jan-Jun 1827(nom. cons.)"是保留属名, 亦是一个替代名称。"Spathularia A. F. C. P. Saint-Hilaire, Mém. Mus. Hist. Nat. 11:51, 491. 1824"是一个非法名称(Nom. illegit.), 因为此前已经有了真菌的"Spathularia Persoon ex E. M. Fries, Syst. Mycol. 1:490. 1 Jan 1821"。故用"Amphirrhox Spreng. (1827)"替代之。法规未列出相应的废弃属名。"Spatellaria H. G. L. Reichenbach, Consp. 189. Dec 1828-Mar 1829"也是"Amphirrhox Spreng. (1827)(保留属名)"的晚出的同模式异名(Homotypic synonym, Nomenclatural synonym)。【分布】巴拿马, 秘鲁, 玻利维亚, 哥伦比亚(安蒂奥基亚), 中美洲。【模式】Amphirrhox longifolia (A. F. C. P. Saint-Hilaire) K. P. J. Sprengel [Spathularia longifolia A. F. C. P. Saint-Hilaire]。【参考异名】Braddleya Vell. (1829); Bradleya Kuntze (1891) Nom. illegit. (4); Spatellaria Rchb. (1828) Nom. illegit.; Spathularia A. St. -Hil. (1824)Nom. illegit.■☆

2458　Amphiscirpus Oteng-Yeb. (1974)【汉】肖藨草属。【隶属】莎草科 Cyperaceae。【包含】世界 1 种。【学名诠释与讨论】〈阳〉(希)amphis, 两边的, 二倍的, 四周的, 可疑的, 模糊不清的+(属)Scirpus 藨草属。【分布】阿根廷, 玻利维亚, 加拿大, 美国。【模式】Amphiscirpus nevadensis (Watson) Oteng-Yeboah [Scirpus nevadensis Watson]■☆

2459　Amphiscopia Nees (1832) = Justicia L. (1753) [爵床科 Acanthaceae//鸭嘴花科(鸭咀花科)Justiciaceae]●■

2460　Amphiscopium St. -Lag. (1880) = Amphiscopia Nees(1832); ~ = Justicia L. (1753) [爵床科 Acanthaceae]●■

2461　Amphisiphon W. F. Barker(1936)【汉】管丝风信子属。【隶属】风信子科 Hyacinthaceae。【包含】世界 1 种。【学名诠释与讨论】〈中〉(希)amphis, 两边的, 二倍的, 四周的, 可疑的, 模糊不清的+siphon, 所有格 siphonos, 管子。【分布】非洲南部。【模式】Amphisiphon stylosa W. F. Barker。■☆

2462　Amphistelma Griseb. (1862) = Metastelma R. Br. (1810) [萝藦科 Asclepiadaceae]●☆

2463　Amphistemon Groeninckx(2010)【汉】双雄茜属。【隶属】茜草科 Rubiaceae。【包含】世界 2 种。【学名诠释与讨论】〈阳〉(希)amphis, 两边的, 二倍的, 四周的, 可疑的, 模糊不清的+stemon, 雄蕊。【分布】非洲, 西印度。【模式】Amphistemon humbertii Groeninckx。☆

2464　Amphitecna Miers(1868)【汉】中美紫葳属。【隶属】紫葳科 Bignoniaceae。【包含】世界 2-18 种。【学名诠释与讨论】〈阴〉(希)amphis, 两边的, 二倍的, 四周的, 可疑的, 模糊不清的 +tecnon, 幼体, 儿童。【分布】巴拿马, 厄瓜多尔, 哥伦比亚(安蒂奥基亚), 美国, 墨西哥, 尼加拉瓜, 中美洲。【模式】Amphitecna macrophylla (Seemann) Miers ex Baillon [Crescentia macrophylla Seemann]。【参考异名】Dendrosicus Raf. (1838)(废弃属名); Enallagma (Miers) Baill. (1888)(保留属名); Neotuerckheimia Donn. Sm. (1909)●☆

2465　Amphithalea Eckl. et Zeyh. (1836)【汉】双盛豆属。【隶属】豆科 Fabaceae(Leguminosae)//蝶形花科 Papilionaceae。【包含】世界 20 种。【学名诠释与讨论】〈阴〉(希)amphis, 两边的, 二倍的, 四周的, 可疑的, 模糊不清的+thaleia, 茂盛的。此属的学名, ING 和 TROPICOS 记载是"Amphithalea Ecklon et Zeyher, Enum. 167. Jan 1836"。"Ingenhoussia E. H. F. Meyer, Comm. Pl. Afr. Austr. 20. 14 Feb-5 Jun 1836"是"Amphithalea Eckl. et Zeyh. (1836)"的同模式异名(Homotypic synonym, Nomenclatural synonym)。【分布】非洲南部。【后选模式】Amphithalea ericifolia (Linnaeus) Ecklon et Zeyher [as 'ericaefolia'] [Borbonia ericifolia Linnaeus]。【参考异名】Cryphiantha Eckl. et Zeyh. (1836); Epistemum Walp. (1840); Ingenhousia Steud. (1840) Nom. illegit.; Ingenhoussia E. Mey. (1836) Nom. illegit.; Lathriogyna Eckl. et Zeyh. (1836)■☆

2466　Amphitoma Gleason(1925) = Miconia Ruiz et Pav. (1794)(保留属名) [野牡丹科 Melastomataceae//米氏野牡丹科 Miconiaceae]●☆

2467　Amphizoma Miers(1872) = Tontelea Miers(1872)(保留属名) [as 'Tontelia'] [翅子藤科 Hippocrateaceae//卫矛科 Celastraceae]●

2468　Amphochaeta Andersson(1853) = Pennisetum Rich. (1805) [禾本科 Poaceae(Gramineae)]■

2469　Amphodus Lindl. (1827) = Kennedia Vent. (1805) [豆科 Fabaceae(Leguminosae)//蝶形花科 Papilionaceae]●☆

2470　Amphoranthus S. Moore(1902) = Phaeoptilum Radlk. (1883) [紫茉莉科 Nyctaginaceae]●☆

2471　Amphorchis Thouars(1822) = Cynorkis Thouars(1809) [兰科 Orchidaceae]■☆

2472　Amphorella Brandegee(1910) = Matelea Aubl. (1775) [萝藦科 Asclepiadaceae]●☆

2473　Amphoricarpos Vis. (1844)【汉】矮菊木属。【俄】Амфорикарпус。【隶属】菊科 Asteraceae(Compositae)。【包含】世界 3-4 种。【学名诠释与讨论】〈阳〉(希)amphora, 双耳瓶, 长颈瓶 + karpos, 果实。此属的学名, ING 和 IK 记载是"Amphoricarpos Visiani, Giorn. Bot. Ital. 1; 196. Apr 1844"。"Amphoricarpus Vis. (1844)"是其拼写变体。【分布】高加索, 欧洲东南部。【模式】Amphoricarpus neumayeri Visiani。【参考异名】Alboviodoxa Woron. ex Grossh. (1949); Albowiodoxa Woron. ex Kolak.; Amphoricarpus Vis. (1844) Nom. illegit.; Barbeya Albov ex Alboff (1894) Nom. illegit.; Barbeya Albov (1893) Nom. inval., Nom. illegit.●☆

2474　Amphoricarpus Spruce ex Miers(1874)Nom. illegit., Nom. inval.; ~ =Cariniana Casar. (1842); ~ =Couratari Aubl. (1775) [玉蕊科(巴西果科)Lecythidaceae]●☆

2475　Amphoricarpus Vis. (1844) Nom. illegit. ≡ Amphoricarpos Vis. (1844) [菊科 Asteraceae(Compositae)]●☆

2476　Amphorkis Thouars (1809) = Cynorkis Thouars (1809) [兰科 Orchidaceae]■☆

2477　Amphorocalyx Baker(1887)【汉】双耳萼属。【隶属】野牡丹科 Melastomataceae。【包含】世界 1-4 种。【学名诠释与讨论】〈阳〉(希)amphora, 双耳瓶, 长颈瓶+kalyx, 所有格 kalykos = 拉丁文 calyx, 花萼, 杯子。【分布】马达加斯加。【模式】Amphorocalyx multiflorus J. G. Baker。●☆

2478　Amphorogynaceae Nickrent et Der(2010)【汉】长颈檀香科。【包含】世界 1 属 3 种。【分布】法属新喀里多尼亚。【科名模式】Amphorogyne Stauffer et Hurl. ●☆

2479　Amphorogyne Stauffer et Hurl. (1957)【汉】长颈檀香属。【隶属】檀香科 Santalaceae//长颈檀香科 Amphorogynaceae。【包含】世界 3 种。【学名诠释与讨论】〈阴〉(希)amphora, 双耳瓶, 长颈瓶+gyne, 所有格 gynaikos, 雌性, 雌蕊。【分布】法属新喀里多尼亚。【模式】Amphorogyne spicata Stauffer et Hürlimann。●☆

2480　Amphymenium Kunth(1823) = Pterocarpus Jacq. (1763)(保留属

名）［豆科 Fabaceae(Leguminosae)//蝶形花科 Papilionaceae]●

2481　Ampliglossum Campacci(2006)【汉】大舌兰属。【隶属】兰科 Orchidaceae。【包含】世界30种。【学名诠释与讨论】〈中〉(希)amplio,使大+glossa,舌。亦有文献把"Ampliglossum Campacci(2006)"处理为"Oncidium Sw.(1800)(保留属名)"的异名。【分布】玻利维亚。【模式】Ampliglossum varicosum(Lindl.)Campacci。【参考异名】Oncidium Sw.(1800)(保留属名)■☆

2482　Amplophus Raf.(1838)= Valeriana L.(1753)［缬草科(败酱科)Valerianaceae]●■

2483　Ampomele Raf.(1838)= Rubus L.(1753)［蔷薇科 Rosaceae]●■

2484　Amsinckia Lehm.(1831)(保留属名)【汉】阿姆紫草属(阿氏紫草属)。【俄】Амзинцкия。【英】Amsinckia, Fiddle Neck, Fiddleneck, Fiddle-neck。【隶属】紫草科 Boraginaceae。【包含】世界15种。【学名诠释与讨论】〈阴〉(人)Wilhelm Amsinck, 1752-1831,汉堡植物园早期资助人。此属的学名"Amsinckia J. G. C. Lehmann, Delect. Sem. Horto Hamburg. 3, 7. 1831"是保留属名。法规未列出相应的废弃属名。【分布】秘鲁,玻利维亚,厄瓜多尔,美国(密苏里),北美洲西部,温带南美洲。【模式】Amsinckia lycopsoides J. G. C. Lehmann。【参考异名】Benthamia Lindl.(1830)Nom. illegit.■☆

2485　Amsonia Walter(1788)【汉】水甘草属。【日】チャウジサウ属,チョウジソウ属。【俄】Амсония, Анабазис。【英】Amsonia, Blue Stars。【隶属】夹竹桃科 Apocynaceae。【包含】世界20-30种,中国1种。【学名诠释与讨论】〈阴〉(人)Charles Amson,18世纪美国医生,植物学者,旅行家。【分布】美国,日本,中国,北美洲。【后选模式】Amsonia tabernaemontana T. Walter。【参考异名】Amsora Bartl.(1830);Ansonia Raf.(1836)■

2486　Amsora Bartl.(1830)= Amsonia Walter(1788)［夹竹桃科 Apocynaceae]■

2487　Amura Schult. f.(1829)= Amoora Roxb.(1820)［楝科 Meliaceae]●

2488　Amydrium Schott(1863)【汉】雷公连属(雷公连属)。【日】エビブレムノプシス属。【英】Amydrium。【隶属】天南星科 Araceae。【包含】世界6种,中国2种。【学名诠释与讨论】〈中〉(希)amydros,不分明的,不明显的+-ius, -ia, -ium,在拉丁文和希腊文中,这些词尾表示性质或状态。【分布】马来西亚,泰国,中国。【模式】Amydrium humile H. W. Schott。【参考异名】Epipremnopsis Engl.(1908)●

2489　Amyema Tiegh.(1894)【汉】阿米寄生属。【隶属】桑寄生科 Loranthaceae。【包含】世界92种。【学名诠释与讨论】〈阴〉词源不详。此属的学名是"Amyema Van Tieghem, Bull. Soc. Bot. France 41：506. post 27 Jul 1894"。亦有文献把其处理为"Dicymanthes Danser(1929)"的异名。【分布】马来西亚(西部)至澳大利亚和西太平洋地区。【后选模式】Amyema congener(Sieber ex J. A. Schultes et J. H. Schultes)Van Tieghem［Loranthus congener Sieber ex J. A. Schultes et J. H. Schultes]。【参考异名】Candollina Tiegh.(1895);Cleistoloranthus Merr.(1909);Dicymanthes Danser(1929);Neophylum Tiegh.(1894);Pilostigma Tiegh.(1895);Rhizanthemum Tiegh.(1901);Stemmatophyllum Tiegh.(1894);Ungula Barlow(1964);Xylochlamys Domin(1921)●☆

2490　Amygdalaceae(Juss.)D. Don = Rosaceae Juss.(1789)(保留科名)●■

2491　Amygdalaceae Bartl. = Amygdalaceae Marquis(1820)(保留科名)●

2492　Amygdalaceae D. Don = Rosaceae Juss.(1789)(保留科名)●■

2493　Amygdalaceae Marquis(1820)(保留科名)［亦见 Rosaceae Juss.(1789)(保留科名)蔷薇科]【汉】桃(拟李科)。【包含】世界1属40-92种,中国1属13种。【分布】地中海至中国(中部)。

【科名模式】Amygdalus L.●

2494　Amygdalopersica Daniel(1915)= Prunus L.(1753)［蔷薇科 Rosaceae//李科 Prunaceae]●

2495　Amygdalophora M. Roem. = Prunus L.(1753)［蔷薇科 Rosaceae//李科 Prunaceae]●

2496　Amygdalophora Neck.(1790)Nom. inval. = Prunus L.(1753)［蔷薇科 Rosaceae//李科 Prunaceae]●

2497　Amygdalopsis Carrière(1862)Nom. illegit. = Louiseania Carrière(1872)［蔷薇科 Rosaceae]●

2498　Amygdalopsis M. Roem.(1847)Nom. illegit. = Amygdalus L.(1753); ~ = Prunus L.(1753)［蔷薇科 Rosaceae//李科 Prunaceae//桃科(拟李科)Amygdalaceae]●

2499　Amygdalus Kuntze(1891)Nom. illegit. ≡ Heritiera Aiton(1789)［梧桐科 Sterculiaceae//锦葵科 Malvaceae]●

2500　Amygdalus L.(1753)【汉】桃属(巴旦杏属,扁桃属,拟李属,榆叶梅属)。【俄】Миндаль, Персик。【英】Almond, Peach。【隶属】蔷薇科 Rosaceae//李科 Prunaceae//桃科(拟李科)Amygdalaceae。【包含】世界40-92种,中国13种。【学名诠释与讨论】〈阴〉(希)amygdalos,扁桃。此属的学名,ING、APNI、GCI、TROPICOS 和 IK 记载是"Amygdalus L., Sp. Pl. 1：472. 1753［1 May 1753］= Prunus L.(1753)"。梧桐科 Sterculiaceae 的"Amygdalus Kuntze, Revis. Gen. Pl. 1：75. 1891［5 Nov 1891］≡ Heritiera Aiton(1789)"是晚出的非法名称。亦有文献把"Amygdalus L.(1753)"处理为"Prunus L.(1753)"的异名。【分布】玻利维亚,中国,地中海地区,中美洲。【后选模式】Amygdalus communis Linnaeus。【参考异名】Amygdalopsis M. Roem.(1847)Nom. illegit.; Persica Mill.(1754);Prunus L.(1753)●

2501　Amylocarpus Barb. Rodr.(1902)Nom. illegit. = Bactris Jacq. ex Scop.(1777); ~ = Yuyba(Barb. Rodr.)L. H. Bailey(1947)［棕榈科 Arecaceae(Palmae)]●

2502　Amylotheca Tiegh.(1894)【汉】粉囊寄生属。【隶属】桑寄生科 Loranthaceae。【包含】世界4种。【学名诠释与讨论】〈阴〉(希)amylos,淀粉+theke 拉丁文 theca,匣子,箱子,室,药室,囊。【分布】澳大利亚(东北部),美拉尼西亚群岛,新几内亚岛。【模式】Amylotheca dictyophleba(F. v. Mueller)Van Tieghem［Loranthus dictyophlebus F. v. Mueller]。【参考异名】Aciella Tiegh.(1894);Arculus Tiegh.(1895);Treubania Tiegh.(1897);Treubella Tiegh.(1894)Nom. illegit.●☆

2503　Amyrea Léandri(1940)【汉】香胶大戟属。【隶属】大戟科 Euphorbiaceae。【包含】世界2种。【学名诠释与讨论】〈阴〉(属)由胶香木属 Amyris 改缀而来。【分布】马达加斯加。【模式】未指定。●☆

2504　Amyridaceae Kunth(1824)= Rutaceae Juss.(保留科名)●■

2505　Amyridaceae R. Br.［亦见 Rutaceae Juss.(保留科名)芸香科]【汉】胶香木科。【包含】世界1属31-40种。【分布】美洲,西印度群岛。【科名模式】Amyris P. Browne●☆

2506　Amyris P. Browne(1756)【汉】胶香木属(阿买瑞木属,胶香属,香树属)。【俄】Петрушка корневая。【英】Balsam Shrub, Torchwood。【隶属】芸香科 Rutaceae//胶香木科 Amyridaceae。【包含】世界31-40种。【学名诠释与讨论】〈阴〉(希)amyron,香胶。此属的学名,ING、APNI、GCI、TROPICOS 和 IK 记载是"Amyris P. Browne, Civ. Nat. Hist. Jamaica 208. 1756［10 Mar 1756]"。"Elemi Adanson, Fam. 2：342, 552. Jul-Aug 1763"是"Amyris P. Browne(1756)"的晚出的同模式异名(Homotypic synonym, Nomenclatural synonym)。【分布】巴拿马,秘鲁,玻利维亚,厄瓜多尔,哥伦比亚(安蒂奥基亚),尼加拉瓜,西印度群岛,

美洲,中美洲。【模式】Amyris balsamifera Linnaeus。【参考异名】Amiris La Llave（1885）；Elemi Adans.（1763）Nom. illegit.；Ritinophora Neck.（1790）Nom. inval.；Schimmelia Holmes（1899）●☆

2507　Amyrsia Raf.（1838）（废弃属名）≡Myrteola O. Berg（1856）（保留属名）［桃金娘科 Myrtaceae］●☆

2508　Amyxa Tiegh.（1893）【汉】裂果瑞香属。【隶属】瑞香科 Thymelaeaceae。【包含】世界1种。【学名诠释与讨论】〈阴〉（希）amyxis,撕裂,切割。【分布】加里曼丹岛。【模式】Amyxa kutcinensis Van Tieghem。●☆

2509　Anabaena A. Juss.（1824）Nom. illegit.（废弃属名）≡Romanoa Trevis.（1848）［大戟科 Euphorbiaceae］●☆

2510　Anabaenella Pax et K. Hoffm.（1919）Nom. illegit. ≡Anabaena A. Juss.（1824）Nom. illegit.（废弃属名）；~ = Romanoa Trevis.（1848）［大戟科 Euphorbiaceae］●☆

2511　Anabasis L.（1753）【汉】假木贼属。【俄】Анабазис, Ежовник。【英】Anabasis。【隶属】藜科 Chenopodiaceae。【包含】世界30-42种,中国8种。【学名诠释与讨论】〈阴〉（希）ana-,向上,在上,上面,全部,再,返回,相似+basis,基部,底部,基础。可能指具瘤状肥大茎基。另说指一种马尾状的木贼植物。多有文献承认福来藜属,用"Fredolia（Cosson et Durieu ex A. Bunge）E. Ulbrich in Engler et Prantl, Nat. Pflanzenfam. ed. 2. 16c：451, 578. Jan - Apr 1934"为正名,它由"Anabasis sect. Fredolia Cosson et Durieu ex A. Bunge, Mém. Acad. Imp. Sci. Saint Pétersbourg 4（11）：35. Apr. 1862改级而来"。但是,之前已经有了"Fredolia Coss. et Durieu ex Moq. et Coss., Bull. Soc. Bot. France 9：301. 1862［藜科 Chenopodiaceae//苋科 Amaranthaceae］";但是,既然"Fredolia Coss. et Durieu ex Moq. et Coss.（1862）"有效发表了,则"Fredolia（Coss. et Durieu ex Bunge）Ulbr.（1934）"就是晚出的非法名称了。所以,"Fredolia（Coss. et Durieu ex Bunge）Ulbr.（1934）"是晚出的非法名称。"Fredolia（Bunge）Ulbr.（1934）Nom. illegit. ≡Fredolia（Coss. et Durieu ex Bunge）Ulbr.（1934）［藜科 Chenopodiaceae//苋科 Amaranthaceae］"和"Fredolia（Coss. et Durieu）Ulbr.（1934）Nom. illegit. ≡Fredolia（Coss. et Durieu ex Bunge）Ulbr.（1934）［藜科 Chenopodiaceae//苋科 Amaranthaceae］"的命名人引证有误。"Borith Adanson, Fam. 2：262. Jul-Aug 1763"是"Anabasis L.（1753）"的晚出的同模式异名（Homotypic synonym, Nomenclatural synonym）。【分布】巴基斯坦,巴勒斯坦,中国,地中海地区,亚洲中部。【后选模式】Anabasis aphylla Linnaeus。【参考异名】Borith Adans.（1763）Nom. illegit.；Esfandiari Charif et Aellen（1952）；Esfandiaria Charif et Aellen（1952）；Fredolia（Bunge）Ulbr.（1934）Nom. illegit.；Fredolia（Coss. et Durieu ex Bunge）Ulbr.（1934）Nom. illegit.；Fredolia（Coss. et Durieu）Ulbr.（1934）Nom. illegit.；Fredolia Coss. et Durieu ex Moq. et Coss.（1862）Nom. inval.；Microlepis Eichw.；Neocaspia Tzvelev（1993）Nom. illegit.●■

2512　Anabata Willd. ex Roem. et Schult.（1819）【汉】南美马钱属。【隶属】马钱科（断肠草科,马钱子科）Loganiaceae。【包含】世界1种。【学名诠释与讨论】〈阴〉（希）anabas,所有格 anabantos,上去了的。【分布】南美洲。【模式】Anabata odorata Humb. ex Roem. et Schult.。●☆

2513　Anacampseros Haw. ex Sims（1811）Nom. illegit.（废弃属名）= Anacampseros L.（1758）（保留属名）［马齿苋科 Portulacaceae//回欢草科 Anacampserotaceae］■☆

2514　Anacampseros L.（1758）（保留属名）【汉】回欢草属。【日】アナカンプセロス属。【英】Anacampseros。【隶属】马齿苋科 Portulacaceae//回欢草科 Anacampserotaceae。【包含】世界22-70种。【学名诠释与讨论】〈阳〉（希）anakampseros,一种草本植物

俗名。据说这种植物可以修复爱情。来自 anakampto,返回 + eros,爱。此属的学名"Anacampseros L., Opera Var.：232. 1758"是保留属名。相应的废弃属名是景天科 Crassulaceae 的"Anacampseros Mill., Gard. Dict. Abr., ed. 4：［73］. 28 Jan 1754 = Hylotelephium H. Ohba（1977）= Sedum L.（1753）"。马齿苋科 Portulacaceae 的"Anacampseros Haw. ex Sims, Bot. Mag. 33：t. 1367. 1811 = Anacampseros L.（1758）（保留属名）"、"Anacampseros P. Browne, Civ. Nat. Hist. Jamaica 234. 1756［10 Mar 1756］= Talinum Adans.（1763）（保留属名）"、"Anacampseros Sims（1811）≡Anacampseros Haw. ex Sims（1811）Nom. illegit.（废弃属名）"、"Anacampseros P. Browne, Genera Plantarum 2 1838 = Talinum Adans.（1763）（保留属名）"和"Anacampseros P. Browne, Civ. Nat. Hist. Jamaica 234. 1756［10 Mar 1756］=Talinum Adans.（1763）（保留属名）"亦应予废弃。"Ruelingia Ehrhart, Neues Mag. Aerzte 6：297. 12 Mai-7 Sep 1784"和"Telephiastrum Fabricius, Enum. 107. 1759"是"Anacampseros L.（1758）（保留属名）"的晚出的同模式异名（Homotypic synonym, Nomenclatural synonym）。【分布】澳大利亚,玻利维亚,非洲南部。【模式】Anacampseros telephiastrum A. P. de Candolle。【参考异名】Anacampseros Haw. ex Sims（1811）Nom. illegit.（废弃属名）；Anacampseros Sims（1811）Nom. illegit.（废弃属名）；Avonia（E. Mey. ex Fenzl）G. D. Rowley（1994）；Ruelingia Ehrh.（1784）（废弃属名）；Telephiastrum Fabr.（1759）Nom. illegit.■☆

2515　Anacampseros Mill.（1754）（废弃属名）= Hylotelephium H. Ohba（1977）；~ =Sedum L.（1753）［景天科 Crassulaceae］■

2516　Anacampseros P. Browne（1756）（废弃属名）= Talinum Adans.（1763）（保留属名）［马齿苋科 Portulacaceae//土人参科 Talinaceae］■●

2517　Anacampseros P. Browne（1838）Nom. illegit.（废弃属名）= Talinum Adans.（1763）（保留属名）［马齿苋科 Portulacaceae//土人参科 Talinaceae］■●

2518　Anacampseros Sims（1811）Nom. illegit.（废弃属名）= Anacampseros L.（1758）（保留属名）［马齿苋科 Portulacaceae//回欢草科 Anacampserotaceae］■☆

2519　Anacampserotaceae Eggli et Nyffeler（2010）【汉】回欢草科。【包含】世界1属22-70种。【分布】非洲,澳大利亚。【科名模式】Anacampseros L.●☆

2520　Anacampta Miers（1878）= Tabernaemontana L.（1753）［夹竹桃科 Apocynaceae//红月桂科 Tabernaemontanaceae］●

2521　Anacampti-platanthera P. Fourn.（1928）【汉】高卢兰属。【隶属】兰科 Orchidaceae。【包含】世界1种。【学名诠释与讨论】〈阴〉（属）Anacamptis 倒距兰属（爱兰属）+Platanthera 舌唇兰属。【分布】欧洲。【模式】Anacampti-platanthera payotii P. Fourn.。●■☆

2522　Anacamptis Rich.（1918）【汉】倒距兰属（爱兰属）。【俄】Анакамптис。【英】Anacamptis, Pyramidal Orchid。【隶属】兰科 Orchidaceae。【包含】世界100余种（含杂交种）。【学名诠释与讨论】〈阴〉（希）anakampto,向后弯曲,来自 ana-,往上,在上,全都,回,再,相似+kampto,弯曲。指其花距的形状。【分布】非洲北部,欧洲。【模式】Anacamptis pyramidalis（Linnaeus）L. C. Richard［Orchis pyramidalis Linnaeus］■☆

2523　Anacantha（Iljin）Soják（1982）【汉】倒刺菊属。【俄】Модестия。【隶属】菊科 Asteraceae（Compositae）。【包含】世界2种。【学名诠释与讨论】〈阴〉（希）ana-,向上,在上,上面,全部,再,返回,相似+akantha,荆棘。akanthikos,荆棘的。akanthion,蓟的一种,豪猪,刺猬。akanthinos,多刺的,用荆棘做成的。在植物学中,acantha 通常指刺。此属的学名,ING 和 IK 记载是"Anacantha（M. M. Iljin）J. Soják, Sborn. Nár. Mus. v Praze, Rada B, Prír. Vedy

38：108. 1982（ante 28 Jun）"，由"Cirsium sect. Anacantha M. M. Iljin, Bot. Mater. Gerb. Glavn. Bot. Sada RSFSR 3：57. 29 Apr 1922"改级而来。"Anacantha Soják（1982）"的命名人引证有误。"Modestia Kharadze et Tamamsch.（1956）"来源基于"Cirsium sect. Anacantha M. M. Iljin, Bot. Mater. Gerb. Glavn. Bot. Sada RSFSR 3：57. 29 Apr 1922"；故亦有学者把"Anacantha（Iljin）Soják（1982）"作为"Modestia Kharadze et Tamamsch.（1956）"的替代名称处理。亦有文献把"Anacantha（Iljin）Sojoj（1982）"处理为"Jurinea Cass.（1821）"或"Modestia Kharadze et Tamamsch.（1956）Nom. illegit."的异名。【分布】亚洲中部。【模式】Modestia darwasica（C. Winkler）A. Charadze et S. G. Tamamschjan（Cnicus darwasicus C. Winkler）。【参考异名】Anacantha Soják（1982）Nom. illegit.；Cirsium sect. Anacantha Iljin（1922）；Jurinea Cass.（1821）；Modestia Kharadze et Tamamsch.（1956）Nom. illegit.■☆

2524　Anacantha Soják（1982）Nom. illegit. ≡ Anacantha（Iljin）Soják（1982）［菊科 Asteraceae（Compositae）］■☆

2525　Anacaona Alain（1980）【汉】海地瓜属。【隶属】葫芦科（瓜科，南瓜科）Cucurbitaceae。【包含】世界 1 种。【学名诠释与讨论】〈阴〉词源不详。此属的学名，ING 和 IK 记载是"Anacaona Alain, Phytologia 47（3）：190. 1980"。ING 则记载为"Anacaona A. H. Liogier, Phytologia 47：190. 13 Dec 1980"。【分布】海地。【模式】Anacaona sphaerica Alain。【参考异名】Anacaona Liogier（1980）Nom. illegit. ☆

2526　Anacaona Liogier（1980）Nom. illegit. ≡ Anacaona Alain（1980）［葫芦科（瓜科，南瓜科）Cucurbitaceae］■☆

2527　Anacardia St. -Lag.（1880）= Anacardium L.（1753）［漆树科 Anacardiaceae］●

2528　Anacardiaceae Lindl. = Anacardiaceae R. Br.（保留科名）●

2529　Anacardiaceae R. Br.（1818）［as ' Anacardeae'］（保留科名）【汉】漆树科。【日】ウルシ科。【俄】Анакардиевые, Анакардовые, Сумаховые, Фисташковые。【英】Cashew Family, Sumac Family, Sumach Family。【包含】世界 68-75 属 600-900 种，中国 17 属 68 种。【分布】热带，地中海，东亚，美洲。【科名模式】Anacardium L.●

2530　Anacardium L.（1753）【汉】腰果属（槟如树属）。【日】アナカルディウム属。【俄】Анакард, Анакардия, Дерево анакардовое。【英】Cashew。【隶属】漆树科 Anacardiaceae。【包含】世界 11-15 种，中国 1 种。【学名诠释与讨论】〈中〉（希）ana-，向上，在上，上面，全部，再，返回，相似+kardia，心脏。指果的形状心形。此属的学名，ING, APNI 和 IK 记载是"Anacardium Linnaeus, Sp. Pl. 383. 1 Mai 1753"。"Anacardium Lam., Encycl.［J. Lamarck et al.］1（1）：139. 1783［2 Dec 1783］= Anacardium L.（1753）= Semecarpus L. f.（1782）"是晚出的非法名称。"Acajou P. Miller, Gard. Dict. Abr. ed. 4. 28 Jan 1754"、"Acajuba J. Gaertner, Fruct. 1：192. Dec 1788"和"Cassuvium Lamarck, Encycl. 1：22. 2 Dec 1783"是"Anacardium L.（1753）"的晚出的同模式异名（Homotypic synonym, Nomenclatural synonym）。【分布】巴拉圭，巴拿马，秘鲁，玻利维亚，厄瓜多尔，哥伦比亚（安蒂奥基亚），马达加斯加，尼加拉瓜，中国，中美洲。【模式】Anacardium occidentale Linnaeus。【参考异名】Acajou Mill.（1754）Nom. illegit.；Acajou Tourn. ex Adans.（1763）Nom. illegit.；Acajuba Gaertn.（1788）Nom. illegit.；Anacardia St. -Lag.（1880）；Cassuvium Lam.（1783）Nom. illegit.；Monodynamus Pohl（1831）；Rhinocarpus Bertero et Balbis ex Kunth（1824）；Rhinocarpus Bertero ex Kunth（1824）；Semecarpus L. f.（1782）●

2531　Anacardium Lam.（1783）Nom. illegit. ≡ Anacardium L.（1753）；

~ = Semecarpus L. f.（1782）［漆树科 Anacardiaceae］●

2532　Anacharis Rich.（1814）= Elodea Michx.（1803）［水鳖科 Hydrocharitaceae］■☆

2533　Anacheilium Hoffmanns.（1842）Nom. illegit. ≡ Anacheilium Rchb. ex Hoffmanns.（1842）；~ = Epidendrum L.（1763）（保留属名）；~ = Prosthechea Knowles et Westc.（1838）［兰科 Orchidaceae］■☆

2534　Anacheilium Rchb. ex Hoffmanns.（1842）= Epidendrum L.（1763）（保留属名）；~ = Prosthechea Knowles et Westc.（1838）［兰科 Orchidaceae］■☆

2535　Anachortus V. Jirásek et Chrtek（1962）= Corynephorus P. Beauv.（1812）（保留属名）；~ = Hierochloe R. Br.（1810）（保留属名）［禾本科 Poaceae（Gramineae）］■

2536　Anachyris Nees（1850）= Paspalum L.（1759）［禾本科 Poaceae（Gramineae）］■

2537　Anachyrium Steud.（1853）Nom. illegit. = Anachyris Nees（1850）；~ = Paspalum L.（1759）［禾本科 Poaceae（Gramineae）］■

2538　Anacis Schrank（1817）= Coreopsis L.（1753）［菊科 Asteraceae（Compositae）//金鸡菊科 Coreopsidaceae］●■

2539　Anaclanthe N. E. Br.（1932）= Babiana Ker Gawl. ex Sims（1801）（保留属名）［鸢尾科 Iridaceae］■☆

2540　Anaclasmus Griff. = Nenga H. Wendl. et Drude（1875）［棕榈科 Arecaceae（Palmae）］●☆

2541　Anacolosa（Blume）Blume（1851）【汉】短小铁青树属。【隶属】铁青树科 Olacaceae。【包含】世界 16 种。【学名诠释与讨论】〈阴〉（希）anakolos，小的，短的，有缺憾的。此属的学名，ING 和 APNI 记载是"Anacolosa（Blume）Blume, Mus. Bot. 1：250. 1851（prim.）"；但是均未给出基源异名。IK 和 TROPICOS 则记载为"Anacolosa Blume, Mus. Bot. 1（16）：250, t. 46. 1851［Jul 1850 publ. early 1851］"。【分布】马达加斯加，印度至马来西亚，热带非洲。【模式】Anacolosa frutescens（Blume）Blume［Stemonurus frutescens Blume］。【参考异名】Anacolosa Blume（1851）Nom. illegit.●☆

2542　Anacolosa Blume（1851）Nom. illegit. ≡ Anacolosa（Blume）Blume（1851）［铁青树科 Olacaceae］●☆

2543　Anacolus Griseb.（1845）= Hockinia Gardner（1843）［龙胆科 Gentianaceae］■☆

2544　Anactinia（Hook.）J. Remy（1849）Nom. illegit. ≡ Nardophyllum（Hook. et Arn.）Hook. et Arn.（1836）［菊科 Asteraceae（Compositae）］●☆

2545　Anactinia J. Rémy（1849）Nom. illegit. ≡ Anactinia（Hook.）J. Remy（1849）Nom. illegit. ≡ Nardophyllum（Hook. et Arn.）Hook. et Arn.（1836）［菊科 Asteraceae（Compositae）］●☆

2546　Anactis Cass.（1827）= Atractylis L.（1753）［菊科 Asteraceae（Compositae）］■☆

2547　Anactis Raf.（1837）Nom. illegit. = Solidago L.（1753）［菊科 Asteraceae（Compositae）］■

2548　Anactorion Raf.（1838）= Synnotia Sweet（1826）［鸢尾科 Iridaceae］■☆

2549　Anacyclia Hoffmanns.（1833）= Billbergia Thunb.（1821）［凤梨科 Bromeliaceae］■

2550　Anacyclodon Jungh.（1845）= Leucopogon R. Br.（1810）（保留属名）［尖苞木科 Epacridaceae//杜鹃花科（欧石南科）Ericaceae］●☆

2551　Anacyclus L.（1753）【汉】辐枝菊属（回环菊属）。【俄】Анациклус, Ромашка немецкая。【英】Chamomile, German Pellitory, Mount Atlas Daisy, Mt. Atlas Daisy, Pellitory, Ringflower。【隶属】菊科 Asteraceae（Compositae）。【包含】世界 12 种。【学

名诠释与讨论】〈阳〉(希)ana-,向上,在上,上面,全部,再,返回,相似 + kyklos,圆圈。kyklas,所有格 kyklados,圆形的。Kyklotos,圆的,关住,围住。【分布】玻利维亚,马达加斯加,地中海地区。【后选模式】Anacyclus valentinus Linnaeus。【参考异名】Cyrtolepis Less.(1831);Hiorthia Neck.(1790)Nom. inval.;Hiorthia Neck. ex Less.;Leucocyclus Boiss.(1849)■☆

2552 Anacylanthus Steud.(1840)= Ancylanthos Desf.(1818)[茜草科 Rubiaceae]●☆

2553 Anadelphia Hack.(1885)【汉】兄弟属。【隶属】禾本科 Poaceae(Gramineae)//须芒草科 Andropogonaceae。【包含】世界14种。【学名诠释与讨论】〈阴〉(希)anadelphos,无兄弟的,无姐妹的。此属的学名,ING、TROPICOS 和 IK 记载是“Anadelphia Hack.,Bot. Jahrb. Syst.6(3):240.1885[17 Mar 1885]”。它曾被处理为“Andropogon subgen. Anadelphia(Hack.)Hack.,Die Natürlichen Pflanzenfamilien 2(2):27.1887”。亦有文献把“Anadelphia Hack.(1885)”处理为“Andropogon L.(1753)(保留属名)”或“Clausospicula Lazarides(1991)”的异名。【分布】热带非洲。【模式】Anadelphia virgata Hackel。【参考异名】Andropogon L.(1753)(保留属名);Andropogon subgen. Anadelphia(Hack.)Hack.(1887);Apluda L.(1753)Nom. illegit.;Clausospicula Lazarides(1991);Diectomis P. Beauv.(1812)(废弃属名);Monium Stapf et Jacq. -Fél.(1950)descr. emend.;Monium Stapf(1917)Nom. inval.;Monium Stapf(1919);Pobeguinea Jacq. -Fél.(1950)Nom. illegit.;Pobeguinsa(Stapf)Jacq. -Fél.■☆

2554 Anademia C. Agardh(1826)= Anadenia R. Br.(1810);~= Grevillea R. Br. ex Knight(1809)[as‘Grevillia’](保留属名)[山龙眼科 Proteaceae]●

2555 Anadenanthera Speg.(1923)【汉】南美豆属(阿拉豆属,柯拉豆属)。【隶属】豆科 Fabaceae(Leguminosae)//含羞草科 Mimosaceae。【包含】世界2-3种。【学名诠释与讨论】〈阴〉(希)ana-,向上,在上,上面,全部,再,返回,相似+(属)Adenanthera 海红豆属。【分布】巴拉圭,巴西,秘鲁,玻利维亚,厄瓜多尔,哥伦比亚(安蒂奥基亚)。【后选模式】Anadenanthera falcata(Bentham)Spegazzini[Piptadenia falcata Bentham]。【参考异名】Niopa(Benth.)Britton et Rose(1927);Niopa Britton et Rose(1927)Nom. illegit.●☆

2556 Anadendron(A. DC.)Wight(1850)Nom. illegit. = Anadendrum Schott(1857)[天南星科 Araceae]●

2557 Anadendron Schott(1857)Nom. illegit. ≡ Anadendrum Schott(1857)[天南星科 Araceae]●

2558 Anadendron Wight(1850)Nom. illegit. ≡ Anadendron(A. DC.)Wight(1850)Nom. illegit.;~= Anadendrum Schott(1857)[天南星科 Araceae]●

2559 Anadendrum Schott(1857)【汉】上树南星属。【英】Anadendrum。【隶属】天南星科 Araceae。【包含】世界7-9种,中国2种。【学名诠释与讨论】〈中〉(希)ana-,向上,在上,上面,全部,再,返回,相似+dendron 或 dendros,树木,棍,丛林。指植物体攀缘于树木上。此属的学名,INGTROPICOS 和 IK 记载是“Anadendrum Schott,Bonplandia 5:45.15 Feb 1857”。“Anadendron Schott,Oesterr. Bot. Wochenbl. 7:118 1857”是其拼写变体。“Anadendron(A. DC.)Wight(1850)= Anadendron Wight, Illustr. Ind. Bot. ii.164(1850)”,IK 记载“err. typ.”。“Nothopothos O. Kuntze in Post et O. Kuntze, Lex. 391. Dec 1903”是“Anadendrum Schott(1857)”的晚出的同模式异名(Homotypic synonym,Nomenclatural synonym)。“Nothopothos(Miq.)Kuntze(1903)≡ Nothopothos Kuntze(1903)Nom. illegit.”的命名人引证

有误。【分布】印度至马来西亚,中国。【后选模式】Anadendrum montanum Schott,Nom. illegit.[Scindapsus microstachyus W. H. de Vriese et Miquel;Anadendrum microstachyum(W. H. de Vriese et Miquel)C. A. Backer et Alderwerelt van Rosenburgh[as‘Anadendron microstachym’]。【参考异名】Anadendron(A. DC.)Wight(1850)Nom. illegit.;Anadendron Schott(1857)Nom. illegit.;Anadendron Wight(1850)Nom. illegit.;Nothopothos(Miq.)Kuntze(1903)Nom. illegit.;Nothopothos Kuntze(1903)Nom. illegit.●

2560 Anadenia R. Br.(1810)= Grevillea R. Br. ex Knight(1809)[as‘Grevillia’](保留属名)[山龙眼科 Proteaceae]●

2561 Anaectocalyx Triana ex Benth. et Hook. f.(1867)【汉】外倾萼属。【隶属】野牡丹科 Melastomataceae。【包含】世界3种。【学名诠释与讨论】〈阴〉(希)ana-,向上,在上,上面,全部,再,返回,相似+ektos,在外面+kalyx,所有格 kalykos =拉丁文 calyx,花萼,杯子。此属的学名,ING 和 IK 记载是“Anaectocalyx Triana ex Bentham et Hook. f.,Gen. Pl.[Bentham et Hooker f.]1(3):765.1867[Sep 1867]”。“Anoectocalyx Benth. ex Hook. f.(1867)”和“Anoectocalyx Triana ex Cogn.(1891)”是其拼写变体。“Anaectocalyx Triana ex Hook. f.(1867)”、“Anaectocalyx Triana(1867)”、“Anaectocalyx Benth.(1867)”和“Anoectocalyx Hook. f.(1867)”的命名人引证有误。【分布】委内瑞拉。【模式】Anaectocalyx bracteosa(Naudin)Triana。【参考异名】Anaectocalyx Triana ex Hook. f.(1867)Nom. illegit.;Anaectocalyx Triana(1867)Nom. illegit.;Anoectocalyx Benth.(1867)Nom. illegit.;Anoectocalyx Benth. ex Hook. f.(1867)Nom. illegit.;Anoectocalyx Hook. f.(1867)Nom. illegit.;Anoectocalyx Triana ex Cogn.(1891)Nom. illegit.;Anoectocalyx Triana.(1891)Nom. illegit.●☆

2562 Anaectocalyx Triana ex Hook. f.(1867)Nom. illegit. ≡ Anaectocalyx Triana ex Benth. et Hook. f.(1867)[野牡丹科 Melastomataceae]●☆

2563 Anaectocalyx Triana(1867)Nom. illegit. ≡ Anaectocalyx Triana ex Benth. et Hook. f.(1867)[野牡丹科 Melastomataceae]●☆

2564 Anaectochilus Lindl.(1840)= Anoectochilus Blume(1825)[as‘Anecochilus’](保留属名)[兰科 Orchidaceae]■

2565 Anafrenium Arn.(1840)= Anaphrenium E. Mey.(1841)Nom. illegit.;~= Heeria Meisn.(1837)[漆树科 Anacardiaceae]●☆

2566 Anagallidaceae Batsch ex Borkh.(1797)= Myrsinaceae R. Br.(保留科名)●

2567 Anagallidaceae Baudo = Myrsinaceae R. Br.(保留科名);~= Primulaceae Batsch ex Borkh.(保留科名)●■

2568 Anagallidastrum Adans.(1763)Nom. illegit. ≡ Anagallidastrum Mich. ex Adans.(1763);~≡ Centunculus L.(1753);~= Anagallis L.(1753)[报春花科 Primulaceae]■

2569 Anagallidastrum Mich. ex Adans.(1763)Nom. illegit. ≡ Centunculus L.(1753);~= Anagallis L.(1753)[报春花科 Primulaceae]■

2570 Anagallidium Griseb.(1838)【汉】腺鳞草属(当药属,假海绿属)。【俄】Анагаллидиум。【隶属】龙胆科 Gentianaceae。【包含】世界3种,中国2种。【学名诠释与讨论】〈中〉(属)Anagallis 琉璃繁缕属+-idius,-idia,-idium,指示小的词尾。此属的学名是“Anagallidium Grisebach, Gen. Sp. Gentian. 311. Oct(prim.)1838(‘1839’)”。亦有文献把“Anagallidium Griseb.(1838)”处理为“Swertia L.(1753)”的异名。【分布】中国,亚洲中部。【后选模式】Anagallidium dichotoma(Linnaeus)Grisebach[Swertia dichotoma Linnaeus]。【参考异名】Swertia L.(1753)■

2571 Anagallis L.(1753)【汉】琉璃繁缕属(海绿属)。【日】ルリハ

コベ属。【俄】Анагаллис, низманка, Очноцвет, Очный, Очный цвет, Просо воробьиное。【英】Chaffweed, John-go-to-bed-at-noon, Pimpernel, Way-wort。【隶属】报春花科 Primulaceae。【包含】世界 20-30 种, 中国 1 种。【学名诠释与讨论】〈阴〉（希）ana-, 向上, 在上, 上面, 全部, 再, 返回, 相似+agallo, 美化, 高兴。指花美丽, 人们每天看到它都再次感到高兴。【分布】巴基斯坦, 巴拿马, 秘鲁, 玻利维亚, 厄瓜多尔, 马达加斯加, 美国（密苏里）, 尼加拉瓜, 中国, 欧洲西部, 中美洲, 非洲。【后选模式】Anagallis arvensis Linnaeus。【参考异名】Anagallidastrum Adans.（1763）Nom. illegit.; Anagallidastrum Mich. ex Adans.（1763）Nom. illegit.; Centunculus L.（1753）; Euparea Banks et Sol. ex Gaertn.（1788）Nom. illegit.; Euparea Banks ex Gaertn.（1788）; Euparea Gaertn.（1788）; Irasekia Gray（1821）; Jirasekia F. W. Schmidt（1793）; Micropyxis Duby（1844）; Tirasekia G. Don（1839）; Triasekia G. Don（1839）■

2572　Anagalloides Krock.（1790）= Lindernia All.（1766）［玄参科 Scrophulariaceae//母草科 Linderniaceae//婆婆纳科 Veronicaceae］■

2573　Anaganthos Hook. f.（1854）= Australina Gaudich.（1830）［荨麻科 Urticaceae］■☆

2574　Anaglypha DC.（1836）= Gibbaria Cass.（1817）［菊科 Asteraceae（Compositae）］■☆

2575　Anagosperma Wettst.（1895）= Euphrasia L.（1753）［玄参科 Scrophulariaceae//列当科 Orobanchaceae］■

2576　Anagyris L.（1753）【汉】臭红豆属（红豆属, 螺旋豆属, 细豆属）。【英】Bean Trefoil。【隶属】豆科 Fabaceae（Leguminosae）。【包含】世界 1-2 种。【学名诠释与讨论】〈阴〉（希）ana-, 向上, 在上, 上面, 全部, 再, 返回, 相似+gyros, 螺旋。指豆荚形状。此属的学名, ING 和 IK 记载是"Anagyris Linnaeus, Sp. Pl. 374. 1 Mai 1753"。豆科 Fabaceae 的"Anagyris Lour. = Sophora L.（1753）"是晚出的非法名称。【分布】地中海地区。【模式】Anagyris foetida Linnaeus。●☆

2577　Anagyris Lour., Nom. illegit. = Sophora L.（1753）［豆科 Fabaceae（Leguminosae）//蝶形花科 Papilionaceae］●■

2578　Anagzanthe Baudo（1843）= Lysimachia L.（1753）［报春花科 Primulaceae//珍珠菜科 Lysimachiaceae］●■

2579　Anaitis DC.（1836）= Sanvitalia Lam.（1792）［菊科 Asteraceae（Compositae）］■●

2580　Anakasia Philipson（1973）【汉】新几内亚五加属。【隶属】五加科 Araliaceae。【包含】世界 1 种。【学名诠释与讨论】〈阴〉词源不详。【分布】新几内亚岛。【模式】Anakasia simplicifolia W. R. Philipson。●☆

2581　Analectis Juss.（1805）= Symphorema Roxb.（1805）［马鞭草科 Verbenaceae//六苞藤科（伞序材科）Symphoremataceae//唇形科 Lamiaceae（Labiatae）］●

2582　Analectis Juss. ex J. St. -Hil.（1805）Nom. illegit. ≡ Analectis Juss.（1805）; ~ = Symphorema Roxb.（1805）［马鞭草科 Verbenaceae//六苞藤科（伞序材科）Symphoremataceae//唇形科 Lamiaceae（Labiatae）］●

2583　Analiton Raf.（1837）= Rumex L.（1753）［蓼科 Polygonaceae］■●

2584　Analyrium E. Mey.（1843）= Peucedanum L.（1753）［伞形花科（伞形科）Apiaceae（Umbelliferae）］■

2585　Analyrium E. Mey. ex Presl（1845）Nom. illegit. ≡ Analyrium E. Mey.（1843）; ~ = Peucedanum L.（1753）［伞形花科（伞形科）Apiaceae（Umbelliferae）］■

2586　Anamaria V. C. Souza（2001）= Stemodia L.（1759）（保留属名）［玄参科 Scrophulariaceae//婆婆纳科 Veronicaceae］■☆

2587　Anamelis Garden（1821）= Fothergilla L.（1774）［金缕梅科 Hamamelidaceae］●☆

2588　Anamenia Vent.（1803）Nom. illegit. ≡ Knowltonia Salisb.（1796）［毛茛科 Ranunculaceae］■☆

2589　Anamirta Colebr.（1821）【汉】印度防己属（印防己属, 醉鱼藤属）。【俄】Анамирта。【英】Fishberry。【隶属】防己科 Menispermaceae。【包含】世界 1 种。【学名诠释与讨论】〈阴〉（印）anamirta, 植物俗名。【分布】印度至马来西亚。【模式】Anamirta paniculata Colebrooke。●☆

2590　Anamomis Griseb.（1860）= Myrcianthes O. Berg（1856）［桃金娘科 Myrtaceae］●☆

2591　Anamorpha H. Karst. et Triana（1854）= Melochia L.（1753）（保留属名）［梧桐科 Sterculiaceae//锦葵科 Malvaceae//马松子科 Melochiaceae］●■

2592　Anamtia Koidz.（1923）= Myrsine L.（1753）［紫金牛科 Myrsinaceae］●

2593　Ananas Ducke（1930）Nom. illegit.［凤梨科 Bromeliaceae］■☆

2594　Ananas Gaertn.（1788）Nom. illegit. = Bromelia L.（1753）［凤梨科 Bromeliaceae］■☆

2595　Ananas Mill.（1754）【汉】凤梨属（斑叶凤梨属, 菠萝属）。【日】アナナス属, バイナツプル属。【俄】Ананас。【英】Ananas, Pineapple, Pine-apple。【隶属】凤梨科 Bromeliaceae。【包含】世界 3-8 种, 中国 1 种。此属的学名, ING、APNI、GCI、TROPICOS 和 IK 记载是"Ananas Mill., Gard. Dict. Abr., ed. 4.［textus s. n.］. 1754［28 Jan 1754］"。凤梨科 Bromeliaceae 的"Ananas Gaertn., Fruct. Sem. Pl. i. 30. t. 11（1788）= Bromelia L.（1753）"和"Ananas Ducke, Arch. Jard. Bot. Rio de Janeiro 5: 81, 1930"是晚出的非法名称。【学名诠释与讨论】〈阴〉（巴西）ananas, 凤梨俗名。【分布】巴拉圭, 巴拿马, 秘鲁, 玻利维亚, 厄瓜多尔, 哥伦比亚（安蒂奥基亚）, 哥斯达黎加, 尼加拉瓜, 中国, 中美洲。【模式】Bromelia ananas Linnaeus。【参考异名】Ananas Tourn. ex L.; Ananassa Lindl.（1827）Nom. illegit.■

2596　Ananas Tourn. ex L. = Ananas Mill.（1754）［凤梨科 Bromeliaceae］■

2597　Ananassa Lindl.（1827）Nom. illegit. = Ananas Mill.（1754）［凤梨科 Bromeliaceae］■

2598　Anandria Less.（1830）Nom. illegit. ≡ Leibnitzia Cass.（1822）［菊科 Asteraceae（Compositae）］■

2599　Anangia W. J. de Wilde et Duyfjes（2006）【汉】大萼瓜属。【隶属】葫芦科（瓜科, 南瓜科）Cucurbitaceae。【包含】世界 1 种。【学名诠释与讨论】〈阴〉词源不详。【分布】马来西亚。【模式】Anangia macrosepala W. J. de Wilde et Duyfjes。■☆

2600　Anantherix Nutt.（1818）= Asclepiodora A. Gray（1876）Nom. illegit.; ~ = Asclepias L.（1753）［萝藦科 Asclepiadaceae］■

2601　Ananthopus Raf.（1817）= Commelina L.（1753）［鸭跖草科 Commelinaceae］■

2602　Ananthura H. Rob. et Skvarla（2011）【汉】翅梗菊属。【隶属】菊科 Asteraceae（Compositae）。【包含】世界 1 种。【学名诠释与讨论】〈阴〉词源不详。【分布】热带非洲。【模式】Ananthura pteropoda（Oliv. et Hiern）H. Rob. et Skvarla［Vernonia pteropoda Oliv. et Hiern］☆

2603　Anapalina N. E. Br.（1932）= Tritoniopsis L. Bolus（1929）［鸢尾科 Iridaceae］■☆

2604　Anaphalioides（Benth.）Kirp.（1950）【汉】拟香青属（类香青属）。【隶属】菊科 Asteraceae（Compositae）。【包含】世界 1-7 种。【学名诠释与讨论】〈阴〉（属）Anaphalis 香青属+oides, 来自 o+eides, 像, 似; 或 o+eidos 形, 含义为相像。此属的学名, ING 和 IK 记载是"Anaphalioides（Bentham）Kirpichnikov, Trudy Bot. Inst.

Akad. Nauk SSSR, Ser. 1, Fl. Sist. Vyss. Rast. 9：33. 1950（post 14 Dec）”, 由“Gnaphalium sect. Anaphalioides Bentham in Bentham et Hook. f. , Gen. 2：306. 7-9 Apr. 1873”改级而来。【分布】新西兰。【模式】Anaphalioides keriensis（A. Cunningham）Kirpichnikov［as ‘keriense’］［Gnaphalium keriense A. Cunningham］。【参考异名】Gnaphalium sect. Anaphalioides Benth.（1873）■●☆

2605 Anaphalis DC.（1838）【汉】香青属（蘈蒿属，蘈箒属，籁箒属，山荻属）。【日】ヤマハハコ属，ヤマホオコ属。【俄】Анафалис。【英】Everlasting, Pearl Everlasting, Pearleverlasting, Pearly Everlasting。【隶属】菊科 Asteraceae（Compositae）。【包含】世界 80-110 种，中国 54 种。【学名诠释与讨论】〈阴〉（拉）Anaphalis, 一种菊科 Asteraceae（Compositae）植物古名。【分布】巴基斯坦，马达加斯加，美国（密苏里），中国，亚洲，中美洲。【后选模式】Anaphalis nubigena A. P. de Candolle。【参考异名】Margaripes DC. ex Steud.（1841）; Margaritaria Opiz（1852）Nom. illegit. ; Nacrea A. Nelson（1899）●■

2606 Anaphora Gagnep.（1932）= Dienia Lindl.（1824）; ~ = Malaxis Sol. ex Sw.（1788）［兰科 Orchidaceae］■

2607 Anaphragma Steven（1832）= Astragalus L.（1753）［豆科 Fabaceae（Leguminosae）//蝶形花科 Papilionaceae］●■

2608 Anaphrenium E. Mey.（1841）Nom. illegit. ≡ Anaphrenium E. Mey. ex Endl.（1841）; ~ ≡ Heeria Meisn.（1837）［漆树科 Anacardiaceae］●☆

2609 Anaphrenium E. Mey. ex Endl.（1841）Nom. illegit. ≡ Heeria Meisn.（1837）［漆树科 Anacardiaceae］●☆

2610 Anaphyllopsis A. Hay（1989）【汉】拟印度南星属。【隶属】天南星科 Araceae。【包含】世界 3 种。【学名诠释与讨论】〈阴〉（属）Anaphyllum 印度南星属+希腊文 opsis, 外观，模样，相似。【分布】巴西，委内瑞拉。【模式】Anaphyllopsis americana（Engler）A. Hay［Cyrtosperma americanum Engler］■☆

2611 Anaphyllum Schott（1857）【汉】印度南星属。【隶属】天南星科 Araceae。【包含】世界 2 种。【学名诠释与讨论】〈中〉（希）ana-, 向上，在上，上面，全部，再，返回，相似+phyllon, 叶子。【分布】印度（南部）。【模式】Anaphyllum wightii H. W. Schott。☆

2612 Anapodophyllon Mill.（1754）Nom. illegit. ≡ Podophyllum L.（1753）［小檗科 Berberidaceae//鬼臼科（桃儿七科）Podophyllaceae］■☆

2613 Anapodophyllum Moench（1794）Nom. illegit. , Nom. superfl. ≡ Anapodophyllum Tourn. ex Moench（1794）Nom. illegit. , Nom. superfl. ; ~ ≡ Podophyllum L.（1753）［小檗科 Berberidaceae//鬼臼科（桃儿七科）Podophyllaceae］■☆

2614 Anapodophyllum Tourn. ex Moench（1794）Nom. illegit. , Nom. superfl. ≡ Podophyllum L.（1753）［小檗科 Berberidaceae//鬼臼科（桃儿七科）Podophyllaceae］■☆

2615 Anarmodium Schott（1861）= Dracunculus Mill.（1754）［天南星科 Araceae］■☆

2616 Anarmosa Miers ex Hook.（1833）= Tetilla DC.（1830）［虎耳草科 Saxifragaceae//花茎草科 Francoaceae］■☆

2617 Anarrhinum Desf.（1798）（保留属名）【汉】锉玄参属。【英】Toadflax。【隶属】玄参科 Scrophulariaceae//婆婆纳科 Veronicaceae。【包含】世界 8 种。【学名诠释与讨论】〈中〉（希）ana-, 向上，在上，上面，全部，再，返回，相似+rhine 锉。此属的学名“Anarrhinum Desf. , Fl. Atlant. 2：51. Oct 1798”是保留属名。相应的废弃属名是玄参科 Scrophulariaceae 的“Simbuleta Forssk. , Fl. Aegypt. - Arab. ; 115. 1 Oct 1775 = Anarrhinum Desf.（1798）（保留属名）”。【分布】地中海地区。【模式】Anarrhinum pedatum Desfontaines。【参考异名】Cardiotheca Ehrenb. ex Steud.

（1840）; Simbuleta Forssk.（1775）（废弃属名）; Timbuleta Steud.（1841）■●☆

2618 Anarthria R. Br.（1810）【汉】刷柱草属（无柄草属）。【隶属】帚灯草科 Restionaceae//刷柱草（苞穗草科，无柄草科）Anarthriaceae。【包含】世界 5-7 种。【学名诠释与讨论】〈阴〉（希）a-, 无, 不+arthron, 关节。【分布】澳大利亚（西南部）。【模式】未指定。■☆

2619 Anarthriaceae D. F. Cutler et Airy Shaw（1965）［亦见 Restionaceae R. Br.（保留科名）帚灯草科］【汉】刷柱草科（苞穗草科，无柄草科）。【包含】世界 1 属 5-7 种。【分布】澳大利亚。【科名模式】Anarthria R. Br. ●☆

2620 Anarthrophyllum Benth.（1865）【汉】小叶金雀豆属。【隶属】豆科 Fabaceae（Leguminosae）//蝶形花科 Papilionaceae。【包含】世界 15 种。【学名诠释与讨论】〈中〉（希）a-, 无, 不+arthron, 关节+ phyllon, 叶子。【分布】安第斯山。【后选模式】Anarthrophyllum desideratum（A. P. de Candolle）Bentham ex Jackson［Genista desiderata A. P. de Candolle］■☆

2621 Anarthrosyne E. Mey. =Pseudarthria Wight et Arn.（1834）［豆科 Fabaceae（Leguminosae）//蝶形花科 Papilionaceae］■☆

2622 Anartia Miers（1878）Nom. illegit. ≡ Tabernaemontana L.（1753）［夹竹桃科 Apocynaceae//红月桂科 Tabernaemontanaceae］●

2623 Anaschovadi Adans.（1763）Nom. illegit. ≡ Elephantopus L.（1753）［菊科 Asteraceae（Compositae）］■

2624 Anaspis Rech. f.（1941）Nom. illegit. ≡Scutellaria L.（1753）［唇形科 Lamiaceae（Labiatae）//黄芩科 Scutellariaceae］●■

2625 Anasser Juss.（1789）= Geniostoma J. R. Forst. et G. Forst.（1776）［马钱科（断肠草科，马钱子科）Loganiaceae//髯管花科 Geniostomaceae］●

2626 Anassera Pers.（1805）= Anasser Juss.（1789）［马钱科（断肠草科，马钱子科）Loganiaceae］●

2627 Anastatica L.（1753）【汉】复活草属（安产树属，翅果荠属，含生草属）。【日】アンザンジュ属。【英】Rose of Jericho。【隶属】十字花科 Brassicaceae（Cruciferae）。【包含】世界 1 种。【学名诠释与讨论】〈阴〉（希）anastasis 树立，涌起，复活，唤醒+-aticus, -atica, -aticum, 表示生长的地方。另说 anatatos 连根拔起的, 推翻了的, 来自 anastasis 树立，涌起+拉丁文词尾-icus, -ica, -icum 希腊文词尾-ikos, 属于, 关于。此属的学名, ING 和 IK 记载是“Anastatica L. , Sp. Pl. 2：641. 1753［1 May 1753］”。“Hiericontis Adanson, Fam. 2：421, 565（‘Ierikontis’）. Jul - Aug 1763”是“Anastatica L.（1753）”的晚出的同模式异名（Homotypic synonym, Nomenclatural synonym）。【分布】巴基斯坦, 摩洛哥至伊朗。【模式】Anastatica hierochuntica Linnaeus［as ‘hierocuntica’］。【参考异名】Hiericontis Adans.（1763）Nom. illegit. ; Hierocontis Steud.（1821）; Iericontis Adans.（1763）■☆

2628 Anastrabe E. Mey. ex Benth.（1836）【汉】斜玄参属。【隶属】玄参科 Scrophulariaceae。【包含】世界 1 种。【学名诠释与讨论】〈阴〉（希）ana-, 向上，在上，上面，全部，再，返回，相似+strabos, 所有格 strabonis, 斜目而视者。【分布】非洲南部。【后选模式】Anastrabe integerrima E. Meyer ex Bentham。☆

2629 Anastraphia D. Don（1830）【汉】南美菊属。【隶属】菊科 Asteraceae（Compositae）。【包含】世界 1 种。【学名诠释与讨论】〈阴〉词源不详。【分布】南美洲。【模式】Anastraphia ilicifolia D. Don。【参考异名】Anastrephea Decne.（1841）■☆

2630 Anastrephea Decne.（1841）= Anastraphia D. Don（1830）［菊科 Asteraceae（Compositae）］■☆

2631 Anastrophea Wedd.（1873）Nom. illegit. =Sphaerothylax Bisch. ex Krauss（1844）［髯管花科 Geniostomaceae］■☆

2632 Anastrophus Schltdl. (1850)= Axonopus P. Beauv. (1812)；~ = Paspalum L. (1759)［禾本科 Poaceae(Gramineae)］■

2633 Anasyllis E. Mey. (1843)= Loxostylis A. Spreng. ex Rchb. (1830)［漆树科 Anacardiaceae］●☆

2634 Anathallis Barb. Rodr. (1877)= Pleurothallis R. Br. (1813)［兰科 Orchidaceae］■☆

2635 Anatherix Steud. (1821)= Anantherix Nutt. (1818)；~ = Asclepias L. (1753)；~ = Asclepiodora A. Gray (1876) Nom. illegit.［萝藦科 Asclepiadaceae］

2636 Anatherostipa(Hack. ex Kuntze) P. Peñailillo (1996)= Stipa L. (1753)［禾本科 Poaceae(Gramineae)//针茅科 Stipaceae］■

2637 Anatherum Nábělek (1929) Nom. illegit. =Festuca L. (1753)；~ = Leucopoa Griseb. (1852)；~ = Nabelekia Roshev. (1937)［禾本科 Poaceae(Gramineae)//羊茅科 Festucaceae］■

2638 Anatherum P. Beauv. (1812) Nom. illegit. ≡ Andropogon L. (1753)(保留属名)［禾本科 Poaceae(Gramineae)//须芒草科 Andropogonaceae］■

2639 Anatis Sessé et Moc. ex Brongn. (1840)= Roulinia Brongn. (1840)［百合科 Liliaceae］●■☆

2640 Anatropa Ehrenb. (1829)= Tetradiclis Steven ex M. Bieb. (1819)［旱霸王科 Tetradiclidaceae//蒺藜科 Zygophyllaceae］■☆

2641 Anatropanthus Schltr. (1908)【汉】加岛萝藦属。【隶属】萝藦科 Asclepiadaceae。【包含】世界 1 种。【学名诠释与讨论】〈阳〉(希)ana-,向上,在上,上面,全部,再,返回,相似+tropos,转弯+anthos,花。【分布】加里曼丹岛。【模式】Anatropanthus borneensis Schlechter。●■☆

2642 Anatropostylia (Plitmann) Kupicha (1973)= Ormosia Jacks. (1811)(保留属名)［豆科 Fabaceae(Leguminosae)//蝶形花科 Papilionaceae］●

2643 Anaua Miq. (1861)= Drypetes Vahl (1807)；~ = Hemicyclia Wight et Arn. (1833)［大戟科 Euphorbiaceae］●

2644 Anaueria Kosterm. (1938)【汉】巴西樟属。【隶属】樟科 Lauraceae。【包含】世界 1 种。【学名诠释与讨论】〈阴〉词源不详。此属的学名是"Anaueria Kostermans, Chron. Bot. 4：14. 15 Feb 1938"。亦有文献把其处理为"Beilschmiedia Nees(1831)"的异名。【分布】巴西,秘鲁。【模式】Anaueria brasiliensis Kostermans。【参考异名】Beilschmiedia Nees(1831)●☆

2645 Anauxanopetalum Teijsm. et Binn. (1861)= Swintonia Griff. (1846)［漆树科 Anacardiaceae］●☆

2646 Anavinga Adans. (1763)= Casearia Jacq. (1760)［刺篱木科(大风子科)Flacourtiaceae//天料木科 Samydaceae］●

2647 Anax Ravenna (1988)= Stenomesson Herb. (1821)［石蒜科 Amaryllidaceae］■☆

2648 Anaxagoraea Mart. (1841)= Anaxagorea A. St. -Hil. (1825)［番荔枝科 Annonaceae］●

2649 Anaxagorea A. St. – Hil. (1825)【汉】蒙蒿子属。【英】Anaxagorea。【隶属】番荔枝科 Annonaceae。【包含】世界 21-30 种,中国 1 种。【学名诠释与讨论】〈阴〉(人)Anaxagoras,公元前约 500-428,古希腊哲学者,为 Euripides 之友人和老师。【分布】斯里兰卡,中国,东南亚西部。【模式】Anaxagorea prinoides (Dunal) A. F. C. P. Saint–Hilaire ex Alph. de Candolle［Xylopia prinoides Dunal］。【参考异名】Anaxagoraea Mart. (1841)；Eburopetalum Becc. (1871)；Pleuripetalum T. Durand(1838) Nom. illegit.；Rhopalocarpus Teijsm. et Binn. ex Miq. (1865) Nom. illegit.；Spermabolus Teijsm. et Binn. (1866)●

2650 Anaxeton Gaertn. (1791)【汉】紫花鼠麹木属。【隶属】菊科 Asteraceae(Compositae)。【包含】世界 10 种。【学名诠释与讨论〉〈中〉(希) anaxaino,抓,搔。指叶面。此属的学名, ING、TROPICOS 和 IK 记载是"Anaxeton J. Gaertner, Fruct. 2：406. Sep-Dec 1791"。"Anaxeton Schrank, Denkschr. Akad. Muench. viii. (1824)146 et 162"是晚出的非法名称。【分布】非洲西南部南部。【后选模式】Anaxeton arboreum (Linnaeus) J. Gaertner［Gnaphalium arboreum Linnaeus］●☆

2651 Anaxeton Schrank(1824) Nom. illegit. =Helipterum DC. ex Lindl. (1836) Nom. confus.；~ = Syncarpha DC. (1810)［菊科 Asteraceae (Compositae)］■☆

2652 Anblatum Hill(1756) Nom. illegit. ≡ Lathraea L. (1753)［列当科 Orobanchaceae//玄参科 Scrophulariaceae］■

2653 Anblatum Tourn. ex Adans. (1763) Nom. illegit.［玄参科 Scrophulariaceae］☆

2654 Ancalanthus Balf. f. (1888) Nom. illegit. = Angkalanthus Balf. f. (1883)［爵床科 Acanthaceae］■☆

2655 Ancana F. Muell. (1865)【汉】安卡纳树属。【隶属】番荔枝科 Annonaceae。【包含】世界 2 种。【学名诠释与讨论】〈阴〉(希) ankon 或 ankos,弯曲,角隅,空处+-anus,-ana,-anum,加在名词词干后面使形成形容词的词尾,含义为"属于"。另说可能是纪念意大利博物学者 Baron Francesco Anca。此属的学名是"Ancana F. von Mueller, Fragm. 5：27. Jun 1865"。亦有文献把其处理为"Fissistigma Griff. (1854)"或"Meiogyne Miq. (1865)"的异名。【分布】澳大利亚(东南部),东南亚,热带非洲。【模式】Ancana stenopetala F. von Mueller。【参考异名】Fissistigma Griff. (1854)；Meiogyne Miq. (1865)●☆

2656 Ancanthia Steud. (1840)= Ancathia DC. (1833)［菊科 Asteraceae(Compositae)］■

2657 Ancathia DC. (1833)【汉】肋果蓟属。【俄】Анкафия。【英】Ancathia。【隶属】菊科 Asteraceae(Compositae)。【包含】世界 1 种,中国 1 种。【学名诠释与讨论】〈阳〉(希) a-,无,不+kathemai,坐。另说为由 Acanthium 改缀而来。此属的学名是"Ancathia A. P. de Candolle, Arch. Bot. (Paris) 2：331. 21 Oct 1833"。亦有文献把其处理为"Cirsium Mill. (1754)"的异名。【分布】中国,高加索,西伯利亚西部和东部,中亚。【模式】Ancathia igniaria (K. P. J. Sprengel) A. P. de Candolle［Cirsium igniarium K. P. J. Sprengel］。【参考异名】Ancanthia Steud. (1840)；Cirsium Mill. (1754)■

2658 Anchietea A. St. –Hil. (1824)【汉】囊果堇属(美堇属)。【俄】Анхиета, Фиалка бразильская。【英】Anchietea, Pirageia。【隶属】堇菜科 Violaceae。【包含】世界 8 种。【学名诠释与讨论】〈阴〉(地)Anchieta, 安谢塔, 位于巴西。另说纪念传教士 Jose (Joseph) de Anchieta (Anchietta), 1533-1597, 博物学者。【分布】秘鲁,玻利维亚,厄瓜多尔,哥伦比亚(安蒂奥基亚)。【模式】Anchietea salutaris A. F. C. P. Saint–Hilaire。【参考异名】Lucinaea Leandro ex Pfeiff. ■☆

2659 Anchionium Rchb. (1828)= Anchonium DC. (1821)［十字花科 Brassicaceae(Cruciferae)］■☆

2660 Anchomanes Schott(1853)【汉】热非南星属。【隶属】天南星科 Araceae。【包含】世界 4-10 种。【学名诠释与讨论】〈中〉(希) ancho,绞杀 + manes,杯,奴隶。【分布】热带非洲。【模式】Anchomanes hookeri H. W. Schott, Nom. illegit.［Caladium petiolatum W. J. Hooker；Anchomanes petiolatus (W. J. Hooker) Hutchinson］■☆

2661 Anchonium DC. (1821)【汉】木果芥属。【俄】Анхоний。【隶属】十字花科 Brassicaceae (Cruciferae)。【包含】世界 2-6 种。【学名诠释与讨论】〈中〉(希)anchon,绞索+-ius,-ia,-ium,在拉丁文和希腊文中,这些词尾表示性质或状态。【分布】亚洲中部和西部。【模式】Anchonium billardierii A. P. de Candolle。【参考异名】Anchionium Rchb.（1828）■☆

2662　Anchusa Hill（1756）Nom. illegit. ≡ Alkanna Tausch（1824）（保留属名）［紫草科 Boraginaceae］●☆

2663　Anchusa L.（1753）【汉】牛舌草属。【日】アンクーサ属，アンチューサ属，ウシノシタグサ属。【俄】Анхуза，Воловик，Филлокара，Язык волочий。【英】Alkanet，Anchusa，Blue Bugloss，Bugloss。【隶属】紫草科 Boraginaceae。【包含】世界 35-50 种，中国 1-2 种。【学名诠释与讨论】〈阴〉（希）anchusa，皮肤上的涂料。指某些种的可用以制化妆品。【分布】巴基斯坦，秘鲁，玻利维亚，美国（密苏里），中国，非洲北部，欧洲，亚洲西部。【后选模式】Anchusa officinalis Linnaeus。【参考异名】Buglossum Mill.（1754）；Caryolopha Fisch. ex Trautv.（1837）Nom. illegit.；Hormuzakia Gusul.（1923）；Lycopsis L.（1753）；Phyllocara Gusul.（1927）；Stomatechium B. D. Jacks.（1840）；Stomatotechium Spach（1840）Nom. illegit.；Stomotechium Lehm.（1817）■

2664　Anchusaceae Vest（1818）= Boraginaceae Juss.（保留科名）■●

2665　Anchusella Bigazzi, E. Nardi et Selvi（1997）【汉】小牛舌草属。【隶属】紫草科 Boraginaceae。【包含】世界 2 种。【学名诠释与讨论】〈阴〉（属）Anchusa 牛舌草+-ellus，-ella，-ellum，加在名词词干后面形成指小式的词尾。或加在人名、属名等后面以组成新属的名称。【分布】高加索。【模式】Anchusella cretica（Mill.）Bigazzi, E. Nardi et Selvi。■☆

2666　Anchusopsis Bisch.（1852）= Lindelofia Lehm.（1850）［紫草科 Boraginaceae］■

2667　Ancipitia（Luer）Luer（2004）= Pleurothallis R. Br.（1813）［兰科 Orchidaceae］■☆

2668　Ancistrachne S. T. Blake（1941）【汉】钩草属。【隶属】禾本科 Poaceae（Gramineae）。【包含】世界 3 种。【学名诠释与讨论】〈阴〉（希）ankistron，钩+achne，鳞，泡沫，泡囊，谷壳，稃。【分布】澳大利亚（东部），菲律宾。【模式】Ancistrachne uncinulata（R. Brown）S. T. Blake［Panicum uncinulatum R. Brown］■☆

2669　Ancistragrostis S. T. Blake（1946）【汉】钩股颖属。【隶属】禾本科 Poaceae（Gramineae）。【包含】世界 1 种。【学名诠释与讨论】〈阴〉（希）ankistron，钩+（属）Agrostis 剪股颖属（小糠草属）。此属的学名是“Ancistragrostis S. T. Blake, Blumea Suppl. 3：56. 16 Oct 1946”。亦有文献把其处理为“Deyeuxia Clarion ex P. Beauv.（1812）”的异名。【分布】新几内亚岛。【模式】Ancistragrostis uncinioides S. T. Blake。【参考异名】Deyeuxia Clarion ex P. Beauv.（1812）；Deyeuxia Clarion（1812）■☆

2670　Ancistranthus Lindau（1900）【汉】古巴爵床属。【隶属】爵床科 Acanthaceae。【包含】世界 1 种。【学名诠释与讨论】〈阳〉（希）ankistron，钩+anthos，花。antheros，多花的。antheo，开花。【分布】古巴。【模式】Ancistranthus harpochiloides（Grisebach）Lindau［Dianthera harpochiloides Grisebach］■☆

2671　Ancistrella Tiegh.（1903）= Ancistrocladus Wall.（1829）（保留属名）［钩枝藤科 Ancistrocladaceae］●

2672　Ancistrocactus（K. Schum.）Britton et Rose（1923）Nom. illegit. ≡ Ancistrocactus Britton et Rose（1923）［仙人掌科 Cactaceae］■☆

2673　Ancistrocactus Britton et Rose（1923）【汉】罗纱锦属（短钩玉属）。【日】アンシストロカクタス属。【隶属】仙人掌科 Cactaceae。【包含】世界 4 种。【学名诠释与讨论】〈阳〉（希）ankistron，钩+cactos，有刺的植物，通常指仙人掌科 Cactaceae 植物。此属的学名，ING、GCI 和 IK 记载是“Ancistrocactus N. L. Britton et J. N. Rose, Cact. 4：3. 9 Oct 1923”。TROPICOS 则记载为“Ancistrocactus（K. Schum.）Britton et Rose, Cact. 4：3-4, 1923”，由“Echinocactus subgen. Ancistrocactus K. Schum.（1898）”改级而

来。它曾被处理为“Ferocactus subgen. Ancistrocactus（K. Schum.）N. P. Taylor, Cactus and Succulent Journal of Great Britain 41（4）：90. 1979”。亦有文献把“Ancistrocactus Britton et Rose（1923）”处理为“Sclerocactus Britton et Rose（1922）”的异名。【分布】美国（南部），墨西哥。【模式】Ancistrocactus megarrhizus（Rose）N. L. Britton et J. N. Rose［Echinocactus megarrhizus Rose］。【参考异名】Ancistrocactus（K. Schum.）Britton et Rose（1923）Nom. illegit.；Echinocactus subgen. Ancistrocactus K. Schum.（1898）；Ferocactus subgen. Ancistrocactus（K. Schum.）N. P. Taylor（1979）；Roseia Frič（1925）；Sclerocactus Britton et Rose（1922）■☆

2674　Ancistrocarphus A. Gray（1868）【汉】地星菊属。【英】Groundstar。【隶属】菊科 Asteraceae（Compositae）。【包含】世界 1 种。【学名诠释与讨论】〈阳〉（希）ankistros，钩+karphos，皮壳，谷壳，糠秕。此属的学名，ING、TROPICOS 和 IK 记载是“Ancistrocarphus A. Gray, Proc. Amer. Acad. Arts 7：355. 1868［Jul 1868］”。它曾被处理为“Stylocline sect. Ancistrocarphus（A. Gray）A. Gray”。亦有文献把“Ancistrocarphus A. Gray（1868）”处理为“Stylocline Nutt.（1840）”的异名。【分布】中国，北美洲西南部。【模式】Ancistrocarphus filagineus A. Gray。【参考异名】Stylocline Nutt.（1840）；Stylocline sect. Ancistrocarphus（A. Gray）A. Gray ■

2675　Ancistrocarpus Kunth（1817）（废弃属名）= Microtea Sw.（1788）［商陆科 Phytolaccaceae//美洲商陆科 Microteaceae］■☆

2676　Ancistrocarpus Oliv.（1865）（保留属名）【汉】沟果椴属。【隶属】椴树科（椴科，田麻科）Tiliaceae//锦葵科 Malvaceae。【包含】世界 4-5 种。【学名诠释与讨论】〈阳〉（希）ankistron，沟+karpos，果实。此属的学名“Ancistrocarpus Oliv. in J. Linn. Soc., Bot. 9：173. 12 Oct 1865”是保留属名。相应的废弃属名是商陆科 Phytolaccaceae 的“Ancistrocarpus Kunth in Humboldt et al., Nov. Gen. Sp. 2, ed. 4：186；ed. f：149. 8 Dec 1817 = Microtea Sw.（1788）”。【分布】热带非洲。【模式】Ancistrocarpus brevispinosus D. Oliver。【参考异名】Acrosepalum Pierre（1898）●☆

2677　Ancistrocarya Maxim.（1872）【汉】日本紫草属。【日】サワルリソウ属。【隶属】紫草科 Boraginaceae。【包含】世界 1 种。【学名诠释与讨论】〈阴〉（希）ankistron，沟+karyon，胡桃，硬壳果，核，坚果。指果的先端钩状弯曲。【分布】日本。【模式】Ancistrocarya japonica Maximowicz。■☆

2678　Ancistrochilus Rolfe（1897）【汉】沟唇兰属。【日】アンキストロキラス属，アンシストロキルス属。【英】Ancistrochilus。【隶属】兰科 Orchidaceae。【包含】世界 2 种。【学名诠释与讨论】〈阳〉（希）ankistron，钩+cheilos，唇。【分布】热带非洲。【模式】Ancistrochilus thomsonianus（H. G. Reichenbach）Rolfe［Pachystoma thomsonianum H. G. Reichenbach］■☆

2679　Ancistrochloa Honda（1936）= Calamagrostis Adans.（1763）［禾本科 Poaceae（Gramineae）］■

2680　Ancistrocladaceae Planch., Nom. inval. = Ancistrocladaceae Planch. ex Walp.（保留科名）●●

2681　Ancistrocladaceae Planch. ex Walp.（1851）（保留科名）【汉】钩枝藤科。【日】アンシストロクラヅス科。【英】Ancistrocladus Family。【包含】世界 1 属 12-20 种，中国 1 属 1 种。【分布】热带非洲至马来西亚（西部）。【科名模式】Ancistrocladus Wall. ●

2682　Ancistrocladus Wall.（1829）（保留属名）【汉】钩枝藤属（钩枝属，钩子藤属）。【英】Ancistrocladus。【隶属】钩枝藤科 Ancistrocladaceae。【包含】世界 12-20 种，中国 1 种。【学名诠释与讨论】〈阳〉（希）ankistron，钩+klados，枝，芽，指小式 kladion，棍棒。kladodes 有许多枝子的。指枝具倒刺。此属的学名

"Ancistrocladus Wall., Numer. List：No. 1052. 1829" 是保留属名，也是一个替代名称。"Wormia Vahl, Skr. Naturhist. −Selsk. 6：105. 1810" 是一个非法名称（Nom. illegit.），因为此前已经有了 "Wormia Rottboell, Nye Saml. Kongel. Danske Vidensk. Selsk. Skr. 2：532. 1783 ＝Dillenia L.（1753）[五桠果科（第伦桃科，五丫果科，锡叶藤科）Dilleniaceae]"。故用 "Ancistrocladus Wall.（1829）" 替代之。相应的废弃属名是钩枝藤科 Ancistrocladaceae 的 "Bembix Lour., Fl. Cochinch.：259, 282. Sep 1790 ＝ Ancistrocladus Wall.（1829）（保留属名）"。"Ancistrocladus Wall. ex Wight et Arn., Prodr. Fl. Ind. Orient. 1；107. 1834 ≡ Ancistrocladus Wall.（1829）（保留属名）" 的命名人引证有误，亦应废弃。【分布】斯里兰卡，中国，东喜马拉雅山至马来西亚（西部），热带非洲。【模式】Ancistrocladus hamatus（Vahl）Gilg [Wormia hamata Vahl]。【参考异名】Ancistrella Tiegh.（1903）；Ancistrocladus Wall. ex Wight et Arn.（1834）Nom. illegit.（废弃属名）；Bembix Lour.（1790）（废弃属名）；Bigamea K. Koenig ex Endl.（1840）Nom. illegit.；Wormia Vahl（1810）Nom. illegit. ●

2683　Ancistrocladus Wall. ex Wight et Arn.（1834）Nom. illegit.（废弃属名）≡ Ancistrocladus Wall.（1829）（保留属名）[钩枝藤科 Ancistrocladaceae]●

2684　Ancistrodesmus Naudin（1850）Nom. illegit. ≡ Microlepis（DC.）Miq.（1840）（保留属名）[野牡丹科 Melastomataceae]●☆

2685　Ancistrolobus Spach（1836）＝ Cratoxylum Blume（1823）[猪胶树科（克鲁西科，山竹子科，藤黄科）Clusiaceae（Guttiferae）]●

2686　Ancistrophora A. Gray（1859）＝ Verbesina L.（1753）（保留属名）[菊科 Asteraceae（Compositae）]●■☆

2687　Ancistrophyllum（G. Mann et H. Wendl.）G. Mann et H. Wendl.（1878）Nom. illegit. ≡ Ancistrophyllum（G. Mann et H. Wendl.）H. Wendl.（1878）Nom. illegit.；～＝ Neoancistrophyllum Rauschert（1982）；～＝ Laccosperma（G. Mann et H. Wendl.）Drude（1877）[棕榈科 Arecaceae（Palmae）]●☆

2688　Ancistrophyllum（G. Mann et H. Wendl.）G. Mann et H. Wendl. ex Kerch.（1878）Nom. illegit. ≡ Ancistrophyllum（G. Mann et H. Wendl.）H. Wendl.（1878）Nom. illegit.；～＝ Neoancistrophyllum Rauschert（1982）；～＝ Laccosperma（G. Mann et H. Wendl.）Drude（1877）[棕榈科 Arecaceae（Palmae）]●☆

2689　Ancistrophyllum（G. Mann et H. Wendl.）H. Wendl.（1878）Nom. illegit. ≡ Neoancistrophyllum Rauschert（1982）；～＝ Laccosperma（G. Mann et H. Wendl.）Drude（1877）[棕榈科 Arecaceae（Palmae）]●☆

2690　Ancistrophyllum G. Mann et H. Wendl.（1878）Nom. illegit. ＝ Ancistrophyllum（G. Mann et H. Wendl.）H. Wendl.（1878）Nom. illegit.；～＝ Neoancistrophyllum Rauschert（1982）；～＝ Laccosperma（G. Mann et H. Wendl.）Drude（1877）[棕榈科 Arecaceae（Palmae）]●☆

2691　Ancistrorhynchus Finet et Summerh., Nom. illegit. ＝ Ancistrorhynchus Finet（1907）[兰科 Orchidaceae]■☆

2692　Ancistrorhynchus Finet（1907）【汉】钩喙兰属。【隶属】兰科 Orchidaceae。【包含】世界 13-14 种。【学名诠释与讨论】〈阳〉（希）ankistron，钩＋rhynchos，喙。此属的学名，ING、TROPICOS 和 IK 记载是 "Ancistrorhynchus Finet, Bull. Soc. Bot. France Mém. 9：44. 31 Oct 1907"。"Ancistrorhynchus Finet et Summerh." 似为误记。【分布】热带非洲。【后选模式】Ancistrorhynchus recurvus Finet。【参考异名】Ancistrorhynchus Finet et Summerh., Nom. illegit.；Cephalangraecum Schltr.（1918）；Phormangis Schltr.（1918）■☆

2693　Ancistrostigma Fenzl（1839）＝ Trianthema L.（1753）[番杏科 Aizoaceae]■

2694　Ancistrostylis T. Yamaz.（1980）【汉】钩柱玄参属。【隶属】玄参科 Scrophulariaceae//婆婆纳科 Veronicaceae。【包含】世界 1 种。【学名诠释与讨论】〈阴〉（希）ankistron，钩＋stylos 拉丁文 style，花柱，中柱，有尖之物，桩，柱，支持物，支柱，石头做的界标。此属的学名是 "Ancistrostylis T. Yamazaki, J. Jap. Bot. 55：1. Jan 1980"。亦有文献把其处理为 "Bacopa Aubl.（1775）（保留属名）" 或 "Herpestis C. F. Gaertn.（1807）" 的异名。【分布】老挝。【模式】Ancistrostylis harmandii（G. Bonati）T. Yamazaki [Herpestis harmandii G. Bonati]。【参考异名】Bacopa Aubl.（1775）（保留属名）；Herpestis C. F. Gaertn.（1807）■☆

2695　Ancistrothyrsus Harms（1931）【汉】钩序西番莲属。【隶属】西番莲科 Passifloraceae。【包含】世界 1-2 种。【学名诠释与讨论】〈阳〉（希）ankistron，钩＋thyrsos，茎，杖。thyrsus，聚伞圆锥花序，团。【分布】热带南美洲西部。【模式】Ancistrothyrsus tessmannii Harms。●☆

2696　Ancistrotropis A. Delgado（2011）【汉】钩骨豆属。【隶属】豆科 Fabaceae（Leguminosae）。【包含】世界 7 种。【学名诠释与讨论】〈阴〉（希）ankistron，钩＋tropos，转弯，方式上的改变。trope，转弯的行为。tropo，转。tropis，所有格 tropeos，后来的。tropis，所有格 tropidos，龙骨。【分布】玻利维亚。【模式】Ancistrotropis peduncularis（Fawc. et Rendle）A. Delgado [Phaseolus peduncularis Fawcett et Rendle]☆

2697　Ancistrum J. R. Forst. et G. Forst.（1776）＝ Acaena L.（1771）[蔷薇科 Rosaceae]■●☆

2698　Anclyanthus A. Juss.（1849）＝ Ancylanthos Desf.（1818）[茜草科 Rubiaceae]●☆

2699　Ancouratea Tiegh.（1902）＝ Ouratea Aubl.（1775）（保留属名）[金莲木科 Ochnaceae]●

2700　Ancrumia Harv. ex Baker（1877）【汉】安克葱属。【隶属】葱科 Alliaceae。【包含】世界 1 种。【学名诠释与讨论】〈阴〉（人）Ancrum。【分布】智利。【模式】Ancrumia cuspidata W. H. Harvey ex J. G. Baker。■☆

2701　Ancylacanthus Lindau（1913）＝ Ptyssiglottis T. Anderson（1860）[爵床科 Acanthaceae]■☆

2702　Ancylanthos Desf.（1818）【汉】弯花茜属。【隶属】茜草科 Rubiaceae。【包含】世界 5 种。【学名诠释与讨论】〈阳〉（希）ankylos，弯曲的。ankylis，钩子＋anthos，花。此属的学名，ING、TROPICOS 和 IK 记载是 "Ancylanthos Desfontaines, Mém. Mus. Hist. Nat. 4：5. 1818"。亦有文献把 "Ancylanthos Desf.（1818）" 处理为 "Danais Comm. ex Vent.（1799）" 的异名。【分布】热带非洲。【模式】Ancylanthos rubiginosus Desfontaines [as 'rubiginosa']。【参考异名】Anacylanthus Steud.（1840）；Anclyanthus A. Juss.（1849）；Ancylanthus Steud.；Danais Comm. ex Vent.（1799）●☆

2703　Ancylanthus Juss.（1820）Nom. illegit. [茜草科 Rubiaceae]●☆

2704　Ancylanthus Steud. ＝ Ancylanthos Desf.（1818）[茜草科 Rubiaceae]●☆

2705　Ancylobothrys Pierre（1898）Nom. illegit. ≡ Ancylobotrys Pierre（1898）[夹竹桃科 Apocynaceae]●☆

2706　Ancylobotrys Pierre（1898）【汉】弯穗夹竹桃属。【隶属】夹竹桃科 Apocynaceae。【包含】世界 10 种。【学名诠释与讨论】〈阴〉（希）ankylos，弯曲的＋bothrys，一串，总状花序。此属的学名，ING 和 IK 记载是 "Ancylobotrys Pierre, Bull. Mens. Soc. Linn. Paris ser. 2. [1]：91. Nov 1898"。这是原始文献，拼写有误，应该订正为 "Ancylobotrys Pierre（1898）"。【分布】科摩罗，马达加斯加，热带非洲。【模式】未指定。【参考异名】Ancylobothrys Pierre

（1898）Nom. illegit. ●☆

2707　Ancylocalyx Tul.（1843）= Pterocarpus Jacq.（1763）（保留属名）［豆科 Fabaceae（Leguminosae）//蝶形花科 Papilionaceae］●

2708　Ancylocladus Wall.（1832）Nom. inval., Nom. illegit. Ancylocladus Wall. ex Kuntze（1891）［夹竹桃科 Apocynaceae//胶乳藤科 Willughbeiaceae］●☆

2709　Ancylocladus Wall. ex Kuntze（1891）Nom. illegit. ≡ Willughbeia Roxb.（1820）（保留属名）［夹竹桃科 Apocynaceae//胶乳藤科 Willughbeiaceae］●☆

2710　Ancylogyne Nees（1847）= Sanchezia Ruiz et Pav.（1794）［爵床科 Acanthaceae］●■

2711　Ancylostemon Craib（1919）【汉】直瓣苣苔属。【英】Ancylostemon。【隶属】苦苣苔科 Gesneriaceae。【包含】世界 12-17 种，中国 17 种。【学名诠释与讨论】〈阳〉（希）ankylos，弯曲的+stemon，雄蕊。ankylis 钩。指雄蕊顶端弯曲。【分布】中国。【后选模式】Ancylostemon concavus Craib。●■★

2712　Ancylotropis B. Eriksen（1993）【汉】曲棱远志属。【隶属】远志科 Polygalaceae。【包含】世界 2 种。【学名诠释与讨论】〈阴〉（希）ankylos，弯曲的+tropos，转弯，方式上的改变。trope，转弯的行为。tropo，转。tropis，所有格 tropeos，后来的。tropis，所有格 tropidos，龙骨。【分布】玻利维亚，热带美洲。【模式】Ancylotropis insignis（A. W. Bennett）B. Eriksen［Monnina insignis A. W. Bennett］■☆

2713　Ancyrossemon Poepp.（1845）Nom. illegit. ≡ Ancyrossemon Poepp. et Endl.（1845）; ~ = Ancyrostemma Poepp. et Endl.（1845）; ~ = Sclerothrix C. Presl（1834）［刺莲花科（硬毛草科）Loasaceae］■☆

2714　Ancyrostemma Poepp. et Endl.（1845）Nom. illegit. ≡ Ancyrostemma Poepp.（1845）Nom. illegit.; ~ = Ancyrossemon Poepp. et Endl.（1845）; ~ = Ancyrossemon Poepp. et Endl.（1845）; ~ = Sclerothrix C. Presl（1834）［刺莲花科（硬毛草科）Loasaceae］■☆

2715　Ancystrochlora Ohwi = Ancistrochloa Honda（1936）［禾本科 Poaceae（Gramineae）］■

2716　Anda A. Juss.（1804）Nom. illegit. = Joannesia Vell.（1798）［大戟科 Euphorbiaceae］●☆

2717　Andaca Raf.（1837）= Lotus L.（1753）［豆科 Fabaceae（Leguminosae）//蝶形花科 Papilionaceae］■

2718　Andeimalva J. A. Tate（2003）【汉】安山葵属。【隶属】锦葵科 Malvaceae。【包含】世界 4 种。【学名诠释与讨论】〈阴〉（地）Andes 安第斯山+（属）Malva 锦葵属。【分布】玻利维亚。【模式】不详。☆

2719　Andenea Frič = Echinopsis Zucc.（1837）［仙人掌科 Cactaceae］●

2720　Andenea Kreuz.（1935）= Lobivia Britton et Rose（1922）［仙人掌科 Cactaceae］■

2721　Anderbergia B. Nord.（1996）【汉】外卷鼠麹木属。【隶属】菊科 Asteraceae（Compositae）。【包含】世界 6 种。【学名诠释与讨论】〈阴〉（人）A. A. Anderberg，1954-，植物学者。【分布】非洲南部。【模式】不详。●☆

2722　Andersonglossum J. I. Cohen（2015）【汉】安德森紫草属。【隶属】紫草科 Boraginaceae。【包含】世界 3 种。【学名诠释与讨论】〈阴〉词源不详。【分布】热带。【模式】Andersonglossum virginianum（L.）J. I. Cohen［Cynoglossum virginianum L.］☆

2723　Andersonia Buch. – Ham.（1810）Nom. inval. ≡ Andersonia Buch. –Ham. ex Wall.（1831）; ~ = Andersonia R. Br.（1810）; ~ = Anogeissus（DC.）Wall.（1831）Nom. inval.; ~ = Anogeissus（DC.）Wall. ex Guill., Perr. et A. Rich.（1832）［使君子

Combretaceae//尖苞木科 Epacridaceae//杜鹃花科（欧石南科）Ericaceae］●☆

2724　Andersonia Buch. – Ham. ex Wall.（1831）= Andersonia R. Br.（1810）; ~ = Anogeissus（DC.）Wall.（1831）Nom. inval.; ~ = Anogeissus（DC.）Wall. ex Guill., Perr. et A. Rich.（1832）［使君子科 Combretaceae//尖苞木科 Epacridaceae//杜鹃花科（欧石南科）Ericaceae］●

2725　Andersonia J. König ex R. Br.（1810）Nom. inval. = Stylidium Sw. ex Willd.（1805）（保留属名）［花柱草科（丝滴草科）Stylidiaceae］■

2726　Andersonia J. König（1810）Nom. illegit. = Stylidium Sw. ex Willd.（1805）（保留属名）［花柱草科（丝滴草科）Stylidiaceae］■

2727　Andersonia R. Br.（1810）【汉】獐牙石南属。【隶属】尖苞木科 Epacridaceae//杜鹃花科（欧石南科）Ericaceae。【包含】世界 22-35 种。【学名诠释与讨论】〈阴〉（人）Anderson，植物学者。此属的学名，ING、APNI 和 IK 记载是“Andersonia R. Br., Prodr. Fl. Nov. Holland. 553. 1810［27 Mar 1810］”。花柱草科（丝滴草科）Stylidiaceae 的“Andersonia J. Koenig ex R. Br., Prodr. Fl. Nov. Holland. 570. 1810［27 Mar 1810］= Stylidium Sw. ex Willd.（1805）（保留属名）”是一个未合格发表的名称（Nom. inval.）;“Andersonia J. König（1810）”似为前名的错误引用。棟科 Meliaceae 的“Andersonia Roxb., Hort. Bengal.［87］（1814）; Fl. Ind. ii. 212（1832）≡ Amoora Roxb.（1820）”是晚出的非法名称。使君子科 Combretaceae 的“Andersonia Buch. – Ham. ex Wall., Numer. List［Wallich］sub n. 4014. 1831”是晚出的非法名称;“Andersonia Buch. –Ham.（1810）”是一个未合格发表的名称。马钱科(断肠草科,马钱子科)Loganiaceae//茜草科 Rubiaceae 的“Andersonia Willd. ex Roem. et Schult., Syst. Veg., ed. 15 bis［Roemer et Schultes］5: 21. 1819［Dec 1819］= Gaertnera Lam.（1792）（保留属名）”和“Andersonia Willd. = Andersonia Willd. ex Roem. et Schult.（1819）Nom. illegit.”是晚出的非法名称。“Andersonia R. Br., Prodr. Fl. Nov. Holland. 553. 1810［27 Mar 1810］”曾被处理为“Sprengelia sect. Andersonia（R. Br.）Kuntze Lexicon Generum Phanerogamarum 1903”。“Andersonia Willd.（1819）≡ Andersonia Willd. ex Roem. et Schult.（1819）Nom. illegit.”被处理为“Andersonia Buch. –Ham. ex Wall.（1810）”或“Gaertnera Lam.（1792）（保留属名）”的异名。【分布】澳大利亚（西南部）。【模式】未指定。【参考异名】Andersonia Buch. – Ham.（1810）Nom. inval.; Andersonia J. König ex R. Br.（1810）Nom. illegit.; Andersonia R. Br.（1810）; Atherocephala DC.（1839）; Homalostoma Stschegl.（1859）; Sphincterostoma Stschegl.（1859）; Sprengelia sect. Andersonia（R. Br.）Kuntze（1903）●☆

2728　Andersonia Roxb.（1814）Nom. illegit. ≡ Amoora Roxb.（1820）; ~ = Aphanamixis Blume（1825）［棟科 Meliaceae］●

2729　Andersonia Roxb.（1832）Nom. illegit. ≡ Amoora Roxb.（1820）; ~ ≡ Andersonia Roxb.（1814）Nom. illegit.）; ~ = Aphanamixis Blume（1825）［棟科 Meliaceae//尖苞木科 Epacridaceae］●

2730　Andersonia Willd.（1819）Nom. illegit. ≡ Andersonia Willd. ex Roem. et Schult.（1819）Nom. illegit.［马钱科（断肠草科,马钱子科）Loganiaceae//茜草科 Rubiaceae］●

2731　Andersonia Willd. ex Roem. et Schult.（1819）Nom. illegit.［马钱科（断肠草科,马钱子科）Loganiaceae//茜草科 Rubiaceae］●

2732　Anderssoniopiper Trel.（1934）= Macropiper Miq.（1840）［; ~ = Piper L.（1753）［胡椒科 Piperaceae］●■

2733　Andesia Hauman（1915）= Oxychloe Phil.（1860）［灯心草科 Juncaceae］■☆

2734　Andicus Vell.（1829）Nom. illegit. = Anda A. Juss.（1804）Nom.

illegit. ; ~ =Joannesia Vell. (1798) [大戟科 Euphorbiaceae] ●☆

2735　Andinia (Luer) Luer (2000) = Salpistele Dressier (1979) [兰科 Orchidaceae]■☆

2736　Andinocleome Iltis et Cochrane(2014)【汉】安山白花菜属。【隶属】山柑科(白花菜科,醉蝶菜科)Capparaceae。【包含】世界种。【学名诠释与讨论】〈阴〉(拉)andinus,安第斯山的+(属)Cleome 白花菜属(风蝶草属,紫龙须属,醉蝶花属)。【分布】中美洲。【模式】Andinocleome lechleri (Eichler) Iltis et Cochrane [Cleome lechleri Eichler]☆

2737　Andinopuntia Guiggi(2011)【汉】安山仙人掌属。【隶属】仙人掌科 Cactaceae。【包含】世界 2 种。【学名诠释与讨论】〈阴〉(拉)andinus,安第斯山的+(属)Opuntia 仙人掌属。【分布】安第斯山。【模式】Andinopuntia floccosa (Salm-Dyck) Guiggi [Opuntia floccosa Salm-Dyck Allg.]☆

2738　Andinorchis Szlach. ,Mytnik et Górniak(2006)【汉】秘鲁轭瓣兰属。【隶属】兰科 Orchidaceae。【包含】世界 2 种。【学名诠释与讨论】〈阴〉(拉)andinus,安第斯山的+orchis,原义是睾丸,后变为植物兰的名称,因为根的形态而得名。变为拉丁文 orchis,所有格 orchidis, 此属的学名是 “ Andinorchis Szlach. , Mytnik et Górniak ,Polish Botanical Journal 51：31. 2006”。亦有文献把其处理为“Zygopetalum Hook. (1827)”的异名。【分布】秘鲁。【模式】Andinorchis klugii (C. Schweinf.) Szlach. , Mytnik et Górniak [Zygopetalum klugii C. Schweinf.]。【参考异名】Zygopetalum Hook. (1827)■☆

2739　Andira Juss. (1789) Nom. illegit. (废弃属名) = Andira Lam. (1783)(保留属名) [豆科 Fabaceae(Leguminosae)]●☆

2740　Andira Lam. (1783)(保留属名)【汉】安迪尔豆属(安迪拉豆属,甘蓝豆属,甘蓝皮豆属,柯桠豆属,柯桠木属)。【俄】Андира。【英】Angelin Tree, Angelin-tree, Cabbage Tree, Cabbage-tree。【隶属】豆科 Fabaceae(Leguminosae)。【包含】世界 20-35 种。【学名诠释与讨论】〈阴〉(地)Andir, 安迪尔,位于印度尼西亚。此属的学名“Andira Lam. , Encycl. 1：171. 1783”是保留属名。法规未列出相应的废弃属名。但是豆科 Fabaceae(Leguminosae)的“Andira Juss. , Gen. Pl. [Jussieu] 363. 1789 [4 Aug 1789] = Andira Lam. (1783)(保留属名)”应予废弃。【分布】非洲,热带美洲。【模式】Andira inermis (W. Wight) DC. [Geoffrea inermis W. Wight]。【参考异名】Andira Juss. (1789) Nom. illegit. (废弃属名); Lumbricidia Vell. (1831); Poltolobium C. Presl (1845); Skolemora Arruda (1816); Spigelia P. Browne (1756) Nom. illegit. ; Vouacapoua Aubl. (1775)(废弃属名); Voucapoua Steud. (1841); Vuacapua Kuntze(1891)●☆

2741　Andiscus Vell. (1831) Nom. inval. = Andicus Vell. (1829) Nom. illegit. ; ~ =Anda A. Juss. (1804) Nom. illegit. ; ~ =Joannesia Vell. (1798) [大戟科 Euphorbiaceae] ●☆

2742　Andouinia Rchb. (1828) = Audouinia Brongn. (1826) [鳞叶树科(布鲁尼科,小叶树科)Bruniaceae] ●☆

2743　Andrachne L. (1753)【汉】黑钩叶属。【俄】Андрахна。【英】Andrachne。【隶属】大戟科 Euphorbiaceae。【包含】世界 12-25 种。【学名诠释与讨论】〈阴〉(希)aner, 所有格 andros, 雄性,雄蕊+achne,囊,泡。指雄蕊囊状。此属的学名,ING、APNI、GCI、TROPICOS 和 IK 记载是“ Andrachne L. , Sp. Pl. 2：1014. 1753 [1 May 1753]”。“ Telephioides Ortega, Tabulae Bot. 15. 1773 ” 是 “ Andrachne L. (1753)”的晚出的同模式异名(Homotypic synonym, Nomenclatural synonym)。【分布】巴基斯坦,秘鲁,佛得角,古巴,马达加斯加,美国(密苏里),也门(索科特拉岛),地中海至索马里,喜马拉雅山。【后选模式】Andrachne telephioides Linnaeus。【参考异名】Andracna Marnac et Reyn. ; Arachne Neck.

(1790) Nom. inval. ; Eraclissa Forssk. (1775); Eraeliss Forssk. ; Hexacestra Post et Kuntze (1903); Hexakestra Hook. f. , Nom. illegit. ;Hexakistra Hook. f. ; Lepidanthus Nutt. (1835) Nom. illegit. (废弃属名); Leptopus Decne. (1843); Marchalanthus Nutt. ex Pfeiff. ; Mascalanthus Raf. ; Maschalanthus Nutt. (1835) Nom. illegit. ;Notoleptopus Voronts. et Petra Hoffm. (2008);Phyllanthidea Didr. (1857);Synexemia Raf. (1825); Telephioides Ortega (1773) Nom. illegit. ;Thelypotzium Gagnep. ●☆

2744　Andracna Marnac et Reyn. = Andrachne L. (1753) [大戟科 Euphorbiaceae]●☆

2745　Andradea Allemão (1845)【汉】巴西紫茉莉属(繁花茉莉属)。【隶属】紫茉莉科 Nyctaginaceae。【包含】世界 1 种。【学名诠释与讨论】〈阴〉(人) Andrade, 植物学者。【分布】巴西。【模式】Andradea floribunda Freire Allemão。●☆

2746　Andradia Sim (1909) Nom. illegit. = Dialium L. (1767) [豆科 Fabaceae(Leguminosae)//云实科(苏木科)Caesalpiniaceae]●☆

2747　Andrastis Raf. ex Benth. (1838) = Cladrastis Raf. (1824) [豆科 Fabaceae(Leguminosae)//蝶形花科 Papilionaceae]●

2748　Andrea Mez(1896) Nom. illegit. = Eduandrea Leme, W. Till, G. K. Br. , J. R. Grant et Govaerts(2008) [凤梨科 Bromeliaceae]■☆

2749　Andreadoxa Kallunki(1998)【汉】隐雄芸香属。【隶属】芸香科 Rutaceae。【包含】世界 1 种。【学名诠释与讨论】〈阴〉(希) aner, 所有格 andros, 雄性,雄蕊+adoxa, 隐晦的,不显著的。【分布】巴西。【模式】Andreadoxa flava Kallunki。☆

2750　Andrederaceae J. Agardh = Basellaceae Raf. (保留科名)■

2751　Andreettaea Luer (1978) = Pleurothallis R. Br. (1813) [兰科 Orchidaceae]■☆

2752　Andreoskia Boiss. (1867) Nom. illegit. = Andrzeiowskya Rchb. (1824) [十字花科 Brassicaceae(Cruciferae)]■☆

2753　Andreoskia DC. (1824) Nom. illegit. ≡ Dontostemon Andrz. ex C. A. Mey. (1831)(保留属名) [十字花科 Brassicaceae(Cruciferae)]■

2754　Andreoskia Spach (1838) Nom. illegit. = Andrzeiowskya Rchb. (1824) [十字花科 Brassicaceae(Cruciferae)]■☆

2755　Andresia Sleumer (1967) = Cheilotheca Hook. f. (1876) [鹿蹄草科 Pyrolaceae//水晶兰科 Monotropaceae]■

2756　Andreusia Dunal ex Meisn. (1839) Nom. illegit. = Symphysia C. Presl(1827) [杜鹃花科(欧石南科)Ericaceae]●☆

2757　Andreusia Dunal (1839) Nom. illegit. ≡ Andreusia Dunal ex Meisn. (1839) Nom. illegit. ; ~ =Symphysia C. Presl(1827) [杜鹃花科(欧石南科)Ericaceae]●☆

2758　Andreusia Vent. (1805) = Myoporum Banks et Sol. ex G. Forst. (1786) [苦槛蓝科(苦槛盘科) Myoporaceae//玄参科 Scrophulariaceae]●

2759　Andrewsia Spreng. (1817) Nom. illegit. ≡ Centaurella Michx. (1803) Nom. illegit. ; ~ =Bartonia Muhl. ex Willd. (1801)(保留属名) [龙胆科 Gentianaceae]■☆

2760　Andriala Decne. (1841) = Andryala L. (1753) [菊科 Asteraceae(Compositae)]■☆

2761　Andriana B. -E. van Wyk(1999)【汉】马岛雄蕊草属。【隶属】伞形花科(伞形科)Apiaceae(Umbelliferae)。【包含】世界 3 种。【学名诠释与讨论】〈阴〉(希)aner, 所有格 andros, 雄性,雄蕊+-anus,-ana,-anum,加在名词词干后面使形成形容词的词尾,含义为“属于”。【分布】马达加斯加。【模式】Andriana tsaratanensis (Humbert) B. -E. van Wyk。●☆

2762　Andriapetalum Pohl (1827) = Panopsis Salisb. ex Knight (1809) [山龙眼科 Proteaceae]●☆

2763 Andrieuxia DC. （1836） = Heliopsis Pers. （1807）（保留属名）［菊科 Asteraceae（Compositae）］■☆

2764 Androcalva C. F. Wilkins et Whitlock（2011）【汉】光雄藤属。【隶属】刺果藤科 Byttneriaceae。【包含】世界 34 种。【学名诠释与讨论】〈阴〉（希）aner，所有格 andros，雄性，雄蕊+calvus，无毛的，光滑的。【分布】不详。【模式】Androcalva perlaria C. F. Wilkins。☆

2765 Androcalymma Dwyer（1957）【汉】小花光叶豆属。【隶属】豆科 Fabaceae（Leguminosae）//云实科（苏木科）Caesalpiniaceae。【包含】世界 1 种。【学名诠释与讨论】〈中〉（希）aner，所有格 andros，雄性，雄蕊+kalymma，面纱，头巾，颅。【分布】巴西，亚马孙河流域。【模式】Androcalymma glabrifolium Dwyer。☆

2766 Androcentrum Lem.（1847）= Bravaisia DC.（1838）［爵床科 Acanthaceae］●☆

2767 Androcephalium Warb.（1893）= Lunanea DC.（1825）Nom. illegit.（废弃属名）；~ = Bichea Stokes（1812）（废弃属名）；~ = Cola Schott et Endl.（1832）（保留属名）［梧桐科 Sterculiaceae//锦葵科 Malvaceae］●☆

2768 Androcera Nutt.（1818）= Solanum L.（1753）［茄科 Solanaceae］●■

2769 Androchilus Liebm.（1844）Nom. illegit. ≡ Androchilus Liebm. ex Hartm.（1844）［兰科 Orchidaceae］■☆

2770 Androchilus Liebm. ex Hartm.（1844）【汉】蕊唇兰属。【隶属】兰科 Orchidaceae。【包含】世界 1 种。【学名诠释与讨论】〈阳〉（希）aner，所有格 andros，雄性，雄蕊+cheilos，唇。在希腊文组合词中，cheil-，cheilo-，-chilus，-chilia 等均为“唇，边缘”之义。此属的学名，ING、TROPICOS 和 IK 记载是“Androchilus Liebman ex C. J. Hartman, Bot. Not. 1844：101. 1844”。IK 则记载为“Androchilus Liebm. , Bot. Not.（1844）101”。二者引用的文献相同。【分布】墨西哥。【模式】未指定。【参考异名】Androchilus Liebm.（1844）Nom. illegit. ■☆

2771 Androcoma Nees（1840）= Scirpus L.（1753）（保留属名）［莎草科 Cyperaceae//蔺草科 Scirpaceae］■

2772 Androcorys Schltr.（1919）【汉】兜蕊兰属（兜兰属）。【日】ミスズラン属。【英】Androcorys。【隶属】兰科 Orchidaceae。【包含】世界 4-6 种，中国 5 种。【学名诠释与讨论】〈阴〉（希）aner，所有格 andros，雄性，雄蕊+korys，兜。指雄蕊具兜状药隔。【分布】印度，中国，东亚。【模式】Androcorys ophioglossoides Schlechter。■

2773 Androcymbium Willd.（1808）【汉】舟蕊秋水仙属。【隶属】秋水仙科 Colchicaceae。【包含】世界 12-30 种。【学名诠释与讨论】〈中〉（希）aner，所有格 andros，雄性，雄蕊+kymboskymbe，指小式 kymbion，杯，小舟+-ius，-ia，-ium，在拉丁文和希腊文中，这些词尾表示性质或状态。【分布】地中海至非洲南部。【模式】未指定。【参考异名】Cymbanthes Salisb.（1812）；Erythrostictus Schltdl.（1826）；Plexinium Raf.（1837）■☆

2774 Androglossa Benth.（1852）Nom. illegit. ≡ Androglossum Champ. ex Benth.（1852）［清风藤科 Sabiaceae］●

2775 Androglossum Champ. ex Benth.（1852）= Sabia Colebr.（1819）［清风藤科 Sabiaceae］●

2776 Andrographis Wall.（1832）Nom. illegit. ≡ Andrographis Wall. ex Nees（1832）［爵床科 Acanthaceae］■

2777 Andrographis Wall. ex Nees（1832）【汉】穿心莲属（须药草属）。【英】Andrographis。【隶属】爵床科 Acanthaceae。【包含】世界 20 种，中国 2-4 种。【学名诠释与讨论】〈阴〉（希）aner，所有格 andros，雄性，雄蕊+graphis，雕刻，文字，图画，指花丝有髯毛。此属的学名，ING、APNI 和 IK 记载是“Andrographis Wallich ex C. G. D. Nees in Wallich, Pl. Asiat. Rar. 3：77，116. 15 Aug 1832”。

“Andrographis Wall.（1832）”的命名人引证有误。【分布】中国，热带亚洲。【模式】Andrographis paniculata（Burmann f.）Wallich ex C. G. D. Nees［Justicia paniculata Burmann f.］。【参考异名】Andrographis Wall.（1832）Nom. illegit. ; Erianthera Nees（1832）; Eriathera B. D. Jacks. , Nom. illegit. ; Haplanthodes Kuntze（1903）; Haplanthoides H. W. Li（1983）Nom. illegit. ; Haplanthus Anderson（1867）Nom. illegit. ; Haplanthus Nees ex Anderson（1867）Nom. illegit. ; Haplanthus Nees（1832）■

2778 Androgyne Griff.（1851）（废弃属名）≡ Panisea（Lindl.）Lindl.（1854）（保留属名）［兰科 Orchidaceae］■

2779 Androlepis Brongn. ex Houllet（1870）【汉】鳞蕊凤梨属（药鳞凤梨属，药鳞属）。【隶属】凤梨科 Bromeliaceae。【包含】世界 1-2 种。【学名诠释与讨论】〈阴〉（希）aner，所有格 andros，雄性，雄蕊+lepis，所有格 lepidos，指小式 lepion 或 lepidion，鳞，鳞片。【分布】中美洲。【模式】Androlepis skinneri Brongniart ex Houllet。■☆

2780 Andromachia Bonpl.（1812）= Liabum Adans.（1763）Nom. illegit. ; ~ = Amellus L.（1759）（保留属名）［菊科 Asteraceae（Compositae）］■●☆

2781 Andromachia Humb. et Bonpl.（1812）Nom. illegit. ≡ Andromachia Bonpl.（1812）; ~ = Liabum Adans.（1763）Nom. illegit. ; ~ = Amellus L.（1759）（保留属名）［菊科 Asteraceae（Compositae）］■●☆

2782 Andromeda L.（1753）【汉】沼迷迭香属（倒壶花属，缐木属，棂木属，青姬木属，小石楠属）。【日】ヒメシャクナゲ属。【俄】Андромеда，Подбел。【英】Andromeda, Bog Rosemary, Bog-rosemary, Pieris。【隶属】杜鹃花科（欧石南科）Ericaceae//沼迷迭香科 Andromedaceae。【包含】世界 1-2 种。【学名诠释与讨论】〈阴〉（人）Andromeda，希腊女神，它是国王 Cepheus 的女儿，美女。此属的学名，ING、GCI、TROPICOS 和 IK 记载是“Andromeda L. , Sp. Pl. 1：393. 1753［1 May 1753］”。“Erica Boehmer in C. G. Ludwig, Def. Gen. ed. 3. 67. 1760（non Linnaeus 1753）”是“Andromeda L.（1753）”的晚出的同模式异名（Homotypic synonym, Nomenclatural synonym）。【分布】巴基斯坦，玻利维亚，马达加斯加，中美洲。【后选模式】Andromeda polifolia Linnaeus。【参考异名】Erica Boehm.（1760）Nom. illegit. ●☆

2783 Andromedaceae（Endl.）Schnizl. = Ericaceae Juss.（保留科名）●

2784 Andromedaceae DC. ex Schnizl. = Ericaceae Juss.（保留科名）●

2785 Andromedaceae Döll（1843）= Ericaceae Juss.（保留科名）●

2786 Andromedaceae Schnizl.［亦见 Ericaceae Juss.（保留科名）杜鹃花科（欧石南科）］【汉】沼迷迭香科。【包含】世界 1 属 1-2 种。【分布】北半球。【科名模式】Andromeda L. ●

2787 Andromycia A. Rich.（1853）【汉】古巴南星属。【隶属】天南星科 Araceae。【包含】世界 1 种。【学名诠释与讨论】〈阴〉（希）aner，所有格 andros，雄性，雄蕊+myces，蘑菇，真菌。此属的学名是“Andromycia A. Richard in R. de la Sagra, Hist. Fis. Cuba 11：282. 1850”。亦有文献把其处理为“Asterostigma Fisch. et C. A. Mey.（1845）”的异名。【分布】古巴。【模式】Andromycia cubensis A. Richard。【参考异名】Asterostigma Fisch. et C. A. Mey.（1845）■☆

2788 Androphilax Steud.（1840）= Cocculus DC.（1817）（保留属名）［防己科 Menispermaceae］●

2789 Androphoranthus H. Karst.（1859）= Caperonia A. St. – Hil.（1826）［大戟科 Euphorbiaceae］■☆

2790 Androphthoe Scheff.（1870）= Dendrophthoe Mart.（1830）［桑寄生科 Loranthaceae//五蕊寄生科 Dendrophthoaceae］●

2791 Androphylax J. C. Wendl.（1798）（废弃属名）= Cocculus DC.

（1817）（保留属名）［防己科 Menispermaceae］●

2792 Androphysa Moq.（1849）= Halocharis Moq.（1849）［藜科 Chenopodiaceae］■☆

2793 Andropogon L.（1753）（保留属名）【汉】须芒草属。【日】ウシ クサ属，ヒメアブラススキ属，モロコシ属。【俄】Бородач， Осина。【英】Beard-grass，Broom-grass。【隶属】禾本科 Poaceae （Gramineae）//须芒草科 Andropogonaceae。【包含】世界 100 种， 中国 2-4 种。【学名诠释与讨论】〈阳〉（希）aner，所有格 andros， 雄性、雄蕊 + pogon，胡须、芒。指花序多毛。此属的学名 "Andropogon L.，Sp. Pl. :63. 1 Mai 1753"是保留属名。法规未列 出相应的废弃属名。【分布】巴基斯坦，巴拿马，秘鲁，玻利维亚， 厄瓜多尔，哥伦比亚（安蒂奥基亚），哥斯达黎加，马达加斯加，美 国（密苏里），尼加拉瓜，中国，热带和亚热带，中美洲。【模式】 Andropogon distachyos Linnaeus［as 'distachyon'］。【参考异名】 Alloiatheros Raf.（1830）Nom. illegit.；Anadelphia Hack.（1885）； Anatherum P. Beauv.（1812）Nom. illegit.；Arthrolophis（Trin.） Chiov.（1917）Nom. illegit.；Arthrolophis Chiov.（1917）Nom. illegit.；Arthrostachys Desv.（1831）；Athrolophis（Trin.）Chiov.， Nom. illegit.；Diectomis Kunth（1815）（保留属名）；Dimeiostemon Raf.（1825）；Dimejostemon Post et Kuntze（1903）；Diplasanthum Desv.（1831）；Dischanthium Kunth（1833）；Eriopodium Hochst. （1846）；Euclastaxon Post et Kuntze（1903）；Euklastaxon Steud. （1850）；Eupogon Desv.（1831）；Graya Arn. ex Steud.（1854）Nom. illegit.；Gymnanthelia Andersson（1867）；Gymnanthelia Schweinf. （1867）Nom. illegit.；Heterochloa Desv.（1831）；Homoeantherum Steud.（1840）；Homoeatherum Nees ex Hook. et Arn.（1837）； Homoeatherum Nees（1836）；Hypogynium Nees（1829）；Lepeocercis Trin.（1820）；Leptopogon Roberty（1960）；Lipeocercis Nees （1841）；Oreopogon Post et Kuntze（1903）；Oropogon Neck.（1790） Nom. inval.；Pithecurus Willd. ex Kunth（1829）Nom. inval.； Schisachyrium Munro（1862）；Schizopogon Rchb.（1828）Nom. inval.；Sorgum Kuntze（1891）Nom. illegit.（废弃属名）■

2794 Andropogonaceae（J. Presl）Herter = Gramineae Juss.（保留科 名）// =Poaceae Barnhart（保留科名）■●

2795 Andropogonaceae Herter［亦见 Gramineae Juss.（保留科名）// Poaceae Barnhart（保留科名）禾本科］【汉】须芒草科。【俄】 Сорговые。【包含】世界 2 属 100 余种，中国 1 属 2-4 种。【分 布】热带和亚热带。【科名模式】Andropogon L.（1753）（保留属 名）■☆

2796 Andropogonaceae Martinov（1820）= Gramineae Juss.（保留科 名）// =Poaceae Barnhart（保留科名）■●

2797 Andropterum Stapf（1917）【汉】翼颖草属。【隶属】禾本科 Poaceae（Gramineae）。【包含】世界 1 种。【学名诠释与讨论】 〈中〉（希）aner，所有格 andros，雄性，雄蕊 + pteron，指小式 pteridion，翅。pteridios，有羽毛的。【分布】热带非洲。【模式】 Andropterum variegatum Stapf。■☆

2798 Andropus Brand（1912）【汉】新墨西哥田基麻属。【隶属】田梗 草科（田基麻科，田亚麻科）Hydrophyllaceae。【包含】世界 1 种。 【学名诠释与讨论】〈阳〉（希）aner，所有格 andros，雄性，雄蕊 + pous，所有格 podos，指小式 podion，脚、足、柄、梗。podotes，有脚 的。此属的学名是"Andropus A. Brand, Repert. Spec. Nov. Regni Veg. 10: 281. 31 Jan 1912"。亦有文献把其处理为"Nama L. （1759）（保留属名）"的异名。【分布】美国（西南部）。【模式】 Andropus carnosus（Wooton）A. Brand［Conanthus carnosus Wooton］。【参考异名】Nama L.（1759）（保留属名）■☆

2799 Androrchis D. Tyteca et E. Klein（2008）【汉】雄兰属。【隶属】兰 科 Orchidaceae。【包含】世界 49 种。【学名诠释与讨论】〈阴〉

（希）aner，所有格 andros，雄性，雄蕊+orchis，原义是睾丸，后变为 植物兰的名称，因为根的形态而得名。变为拉丁文 orchis，所有 格 orchidis。此属的学名是"Androrchis D. Tyteca et E. Klein, Journal Europaischer Orchideen 40: 539. 2008.（27 Sep 2008）"。 亦有文献把其处理为"Orchis L.（1753）"的异名。【分布】参见 Orchis L.（1753）。【模式】Androrchis mascula（L.）D. Tyteca et E. Klein［Orchis morio L. var. mascula L.］。【参考异名】Orchis L. （1753）■☆

2800 Androsacaceae Rchb. ex Barnhart［亦见 Primulaceae Batsch ex Borkh.（保留科名）报春花科］【汉】点地梅科。【包含】世界 1 属 100-150 种，中国 1 属 73 种。【分布】北温带。【科名模式】 Androsace L.（1753）■

2801 Androsace L.（1753）【汉】点地梅属。【日】アンドロサセ属，チ シマザクラ属，トチナイソウ属。【俄】Проломник。【英】Rock Jasmine，Rockjasmine，Rock - jasmine。【隶属】报春花科 Primulaceae//点地梅科 Androsacaceae。【包含】世界 100-150 种， 中国 73 种。【学名诠释与讨论】〈阴〉（希）aner，所有格 andros， 雄性，雄蕊+sakos，盾。指雄蕊似古代盾状。此属的学名，ING、 TROPICOS 和 IK 记载是"Androsace L.，Sp. Pl. 1: 141. 1753［1 May 1753］"。"Amadea Adanson, Fam. 2: 230. Jul-Aug 1763"是 "Androsace L.（1753）"的晚出的同模式异名（Homotypic synonym, Nomenclatural synonym）。【分布】巴基斯坦，美国，中 国，北温带。【后选模式】Androsace septentrionalis Linnaeus。【参 考异名】Amadea Adans.（1763）Nom. illegit.；Androsaces Asch. （1864）；Aretia Haller；Aretia L.（1753）；Douglasia Lindl.（1827） （保留属名）；Drosace A. Nelson（1909）；Gregoria Duby（1828） Nom. illegit.；Primula Kuntze；Vitaliana Sesl.（1758）（废弃属名）■

2802 Androsaces Asch.（1864）= Androsace L.（1753）［报春花科 Primulaceae//点地梅科 Androsacaceae］■●

2803 Androsaemum Adans.（1763）Nom. illegit.［猪胶树科（克鲁西 科，山竹子科，藤黄科）Clusiaceae（Guttiferae）］■●☆

2804 Androsaemum Duhamel（1755）Nom. illegit. = Hypericum L. （1753）［金丝桃科 Hypericaceae//猪胶树科（克鲁西科，山竹子 科，藤黄科）Clusiaceae（Guttiferae）］■●

2805 Androsaemum Mill.（1754）= Hypericum L.（1753）［金丝桃科 Hypericaceae//猪胶树科（克鲁西科，山竹子科，藤黄科） Clusiaceae（Guttiferae）］■●

2806 Androscepia Brongn.（1831）Nom. illegit. ≡ Calamina P. Beauv. （1812）Nom. illegit.；~ = Anthistiria L. f.（1779）；~ = Themeda Forssk.（1775）［禾本科 Poaceae（Gramineae）//菅科（菅草科，紫 灯花科）Themidaceae］■

2807 Androsemum Link（1831）Nom. illegit. = Hypericum L.（1753） ［金丝桃科 Hypericaceae//猪胶树科（克鲁西科，山竹子科，藤黄 科）Clusiaceae（Guttiferae）］■●

2808 Androsemum Neck.（1790）Nom. inval. = Androsaemum Duhamel （1755）Nom. illegit.；~ = Hypericum L.（1753）［金丝桃科 Hypericaceae//猪胶树科（克鲁西科，山竹子科，藤黄科） Clusiaceae（Guttiferae）］■●

2809 Androsiphon Schltr.（1924）【汉】管蕊风信子属。【隶属】风信 子科 Hyacinthaceae//Asparagaceae 天门冬科//Liliaceae 百合科。 【包含】世界 1 种。【学名诠释与讨论】〈中〉（希）aner，所有格 andros，雄性，雄蕊+siphon，所有格 siphonos，管子。亦有文献把 "Androsiphon Schltr.（1924）"处理为"Paropsia Noronha ex Thouars （1805）［西番莲科 Passifloraceae］"的异名。【分布】非洲南部。 【模式】Androsiphon capensis Schlechter。■☆

2810 Androsiphonia Stapf（1905）【汉】管蕊西番莲属。【隶属】西番莲 科 Passifloraceae。【包含】世界 1 种。【学名诠释与讨论】〈阴〉

（希）aner，所有格 andros，雄性，雄蕊+siphon，所有格 siphonos，管子。此属的学名是"Androsiphonia Stapf, J. Linn. Soc., Bot. 37：101.1 Jul 1905"。亦有文献把其处理为"Paropsia Noronha ex Thouars（1805）"的异名。【分布】热带西非。【模式】Androsiphonia adenostegia Stapf。【参考异名】Paropsia Noronha ex Thouars（1805）●☆

2811　Androstachyaceae Airy Shaw（1964）［亦见 Euphorbiaceae Juss.（保留科名）大戟科、Androstachyaceae Airy Shaw（1964）钉蕊科和 Picrodendraceae Small（保留科名）脱皮树科（三叶脱皮树科）］【汉】钉蕊科。【包含】世界 1 属 1-5 种。【分布】马达加斯加，热带非洲。【科名模式】Androstachys Prain ●

2812　Androstachydaceae Airy Shaw ≡ Androstachyaceae Airy Shaw（1964）；~ = Euphorbiaceae Juss.（保留科名）●■

2813　Androstachys Prain（1908）（保留属名）【汉】钉蕊属。【隶属】大戟科 Euphorbiaceae//钉蕊科 Androstachyaceae。【包含】世界 1-5 种。【学名诠释与讨论】〈阴〉（希）aner，所有格 andros，雄性，雄蕊+stachys，穗，谷，长钉。此属的学名"Androstachys Prain in Bull. Misc. Inform. Kew 1908：438. Dec 1908"是保留属名。相应的废弃属名是化石植物的"Androstachys Grand' Eury in Mém. Divers Savants Acad. Roy. Sci. Inst. Roy. France, Sci. Math. 24（1）：190. 1877"。【分布】马达加斯加，热带非洲。【模式】Androstachys johnsonii Prain。●☆

2814　Androstemma Lindl.（1839）= Conostylis R. Br.（1810）［血草科（半授花科，给血草科，血皮草科）Haemodoraceae//锥柱草科（叉毛草科）Conostylidaceae］■☆

2815　Androstephanos Fern. Casas et R. Lara（1983）【汉】丝冠石蒜属。【隶属】石蒜科 Amaryllidaceae。【包含】世界 1 种。【学名诠释与讨论】〈阳〉（希）aner，所有格 andros，雄性，雄蕊 + stephos，stephanos，花冠，王冠。此属的学名，ING 和 TROPICOS 记载是"Androstephanos J. Fernández Casas et R. Lara Rico, Fontqueria 4：33. 29 Dec 1983"。IK 则记载为"Androstephanos Fern. Casas, Fontqueria 4：33（1983）"。三者引用的文献相同。【分布】玻利维亚。【模式】Androstephanos tarijensis J. Fernández Casas et R. Lara Rico。【参考异名】Androstephanos Fern. Casas（1983）Nom. illegit.■☆

2816　Androstephanos Fern. Casas（1983）Nom. illegit. ≡ Androstephanos Fern. Casas et R. Lara（1983）［石蒜科 Amaryllidaceae］■☆

2817　Androstephium Torr.（1859）【汉】丝冠葱属。【英】Funnel-lily。【隶属】葱科 Alliaceae。【包含】世界 2 种。【学名诠释与讨论】〈中〉（希）aner，所有格 andros，雄性，雄蕊+stephos，stephanos，花冠，王冠+-ius，-ia，-ium，在拉丁文和希腊文中，这些词尾表示性质或状态。此属的学名是"Androstephium Torrey, Bot. Mex. Bound. 218. ante 21 Apr 1859"。亦有文献把其处理为"Bessera Schult. f.（1829）（保留属名）"的异名。【分布】北美洲。【模式】Androstephium violaceum Torrey。【参考异名】Bessera Schult. f.（1829）（保留属名）■☆

2818　Androstoma Hook. f.（1844）【汉】岩高石南属。【隶属】杜鹃花科（欧石南科）Ericaceae。【包含】世界 1 种。【学名诠释与讨论】〈中〉（希）aner，所有格 andros，雄性，雄蕊 + stoma，所有格 stomatos，孔口。此属的学名是"Androstoma J. D. Hooker, Fl. Antarctica 1：44. ante 16 Aug 1844"。亦有文献把其处理为"Cyathodes Labill.（1805）"的异名。【分布】欧洲。【模式】Androstoma empetrifolia J. D. Hooker。【参考异名】Cyathodes Labill.（1805）●☆

2819　Androstylanthus Ducke（1922）= Helianthostylis Baill.（1875）［桑科 Moraceae］●☆

2820　Androstylium Miq.（1851）= Clusia L.（1753）［猪胶树科（克鲁

西科，山竹子科，藤黄科）Clusiaceae（Guttiferae）］●☆

2821　Androsyce Wed ex Hook. f. = Elatostema J. R. Forst. et G. Forst.（1775）（保留属名）［荨麻科 Urticaceae］●■

2822　Androsynaceae Salisb.（1866）= Tecophilaeaceae Leyb.（保留科名）■☆

2823　Androsyne Salisb.（1866）= Walleria J. Kirk（1864）［肉根草科 Walleriaceae//蒂可花科（百鸢科，基叶草科）Tecophilaeaceae］■☆

2824　Androtium Stapf（1903）【汉】雄漆属。【隶属】漆树科 Anacardiaceae。【包含】世界 1 种。【学名诠释与讨论】〈中〉（希）aner，所有格 andros，雄性，雄蕊。【分布】加里曼丹岛。【模式】Androtium astylum Stapf。●☆

2825　Androtrichum（Brongn.）Brongn.（1834）【汉】毛蕊莎草属。【隶属】莎草科 Cyperaceae。【包含】世界 1-3 种。【学名诠释与讨论】〈中〉（希）aner，所有格 andros，雄性，雄蕊 + thrix，所有格 trichos，毛，毛发。此属的学名，ING 和 TROPICOS 记载是"Androtrichum（A. T. Brongniart）A. T. Brongniart in Duperrey, Voyage Coquille Bot.（PHAN.）177. Jan 1834（'1829'）"，由"Abildgaardia subgen. Androtrichum A. T. Brongniart in Duperrey, Voyage Coquille Bot.（PHAN.）176. Apr 1833"改级而来。IK 则记载为"Androtrichum Brongn., Voy. Monde, Phan. 177, t. 32. 1834 [1829 publ. Jan 1834]"。三者引用的文献相同。【分布】温带南美洲。【模式】Abildgaardia polycephala A. T. Brongniart。【参考异名】Abildgaardia subgen. Androtrichum Brongn.（1833）；Androtrichum Brongn.（1834）Nom. illegit.；Comostemum Nees（1834）；Conostemum Kunth（1837）；Megarrhena Schrad. ex Nees（1842）■☆

2826　Androtrichum Brongn.（1834）Nom. illegit. ≡ Androtrichum（Brongn.）Brongn.（1834）［莎草科 Cyperaceae］■☆

2827　Androtropis R. Br.（1847）Nom. nud. ≡ Androtropis R. Br. ex Wall.（1847）Nom. nud.；~ = Acranthera Arn. ex Meisn.（1838）（保留属名）［茜草科 Rubiaceae］●

2828　Androtropis R. Br. ex Wall.（1847）Nom. nud. = Acranthera Arn. ex Meisn.（1838）（保留属名）［茜草科 Rubiaceae］●

2829　Androya H. Perrier（1952）【汉】马岛苦槛蓝属。【隶属】苦槛蓝科（苦槛盘科）Myoporaceae//醉鱼草科 Buddlejaceae。【包含】世界 1 种。【学名诠释与讨论】〈阴〉词源不详。【分布】马达加斯加。【模式】Androya decaryi H. Perrier de la Bathie。●☆

2830　Andruris Schltr.（1912）【汉】东南亚霉草属。【隶属】霉草科 Triuridaceae。【包含】世界 5 种。【学名诠释与讨论】〈阴〉词源不详。【分布】澳大利亚（热带），日本，印度至马来西亚，太平洋地区。【模式】未指定。■☆

2831　Andryala L.（1753）【汉】毛托菊属（毛托山柳菊属）。【英】Andryala。【隶属】菊科 Asteraceae（Compositae）。【包含】世界 20-25 种。【学名诠释与讨论】〈阴〉词源不详。此属的学名，ING、TROPICOS 和 IK 记载是"Andryala L., Sp. Pl. 2：808. 1753 [1 May 1753]"。"Forneum Adanson, Fam. 2：112, 559. Jul-Aug 1763"是"Andryala L.（1753）"的晚出的同模式异名（Homotypic synonym，Nomenclatural synonym）。【分布】地中海地区。【后选模式】Andryala integrifolia Linnaeus。【参考异名】Andriala Decne.（1841）；Fornea Steud.（1840）；Forneum Adans.（1763）Nom. illegit.；Paua Caball.（1916）；Pietrosia Nyar.（1999）；Rothia Schreb.（1791）Nom. inval.；Voigtia Roth（1790）■☆

2832　Andrzeiowskia Rchb.（1824）【汉】荠状芥属。【俄】Андржеевския。【隶属】十字花科 Brassicaceae（Cruciferae）。【包含】世界 1 种。【学名诠释与讨论】〈阴〉（人）Antoni（Anton）Lukianowicz（Luki-anovich）Andrzejowski（Andrzeiovski, Andrzeiowski, Andrzeiowsky），1785-1868，波兰植物学者。另说俄

罗斯植物学者。此属的学名, ING、TROPICOS 和 IK 记载是
"Andrzeiowskia H. G. L. Reichenbach, Icon. Bot. Exot. 1: 15. Jan-
Jun(?)1824('1823')"。"Andrzeiowskya Rchb. (1824)"是其拼
写变体。【分布】巴尔干半岛至高加索。【模式】Andrzeiowskia
cardamine H. G. L. Reichenbach。【参考异名】Andrzeiowskya
Rchb. (1824) Nom. illegit.; Macroceratium Rchb. (1828) Nom.
illegit. ■☆

2833   Andrzeiowskya Rchb. (1824) Nom. illegit. ≡ Andrzeiowskia Rchb.
(1824)[十字花科 Brassicaceae(Cruciferae)]■☆

2834   Anechites Griseb. (1861)【汉】异蛇木属。【隶属】夹竹桃科
Apocynaceae。【包含】世界 1 种。【学名诠释与讨论】〈阳〉(希)
an-, 不, 无+(属)Echites 蛇木属。【分布】巴拿马, 厄瓜多尔, 哥
伦比亚(安蒂奥基亚), 尼加拉瓜, 西印度群岛, 热带南美洲, 中美
洲。【模式】Anechites asperuginis (O. Swartz) Grisebach [Echites
asperuginis O. Swartz]●☆

2835   Anecio Neck. (1790) Nom. inval. = Senecio L. (1753) [菊科
Asteraceae(Compositae)//千里光科 Senecionidaceae]■●

2836   Anecochilus Blume (1825) Nom. illegit. (废弃属名) ≡
Anoectochilus Blume(1825)[as 'Anecochilus'](保留属名) [兰
科 Orchidaceae]■

2837   Anectochilus Blume (1825) Nom. illegit. (废弃属名) ≡
Anoectochilus Blume(1825)[as 'Anecochilus'](保留属名)[兰
科 Orchidaceae]■

2838   Anectochilus Blume (1858) Nom. illegit. (废弃属名) ≡
Anoectochilus Blume(1825)[as 'Anecochilus'](保留属名)[兰
科 Orchidaceae]■

2839   Anectron H. Winkler = Nectaropetalum Engl. (1902); ~ = Peglera
Bolus(1907)[古柯科 Erythroxylaceae]●☆

2840   Aneilema R. Br. (1810)【汉】肖水竹叶属。【隶属】鸭趾草科
Commelinaceae。【包含】世界 64 种。【学名诠释与讨论】〈阴〉
(希)an, 无, 不+eilema, 包被。指其无附属物。此属的学名是
"Aneilema R. Brown, Prodr. 270. 27 Mar 1810"。亦有文献把处理
为"Murdannia Royle(1840)(保留属名)"的异名。【分布】巴基
斯坦, 巴拿马, 秘鲁, 玻利维亚, 厄瓜多尔, 哥伦比亚(安蒂奥基
亚), 哥斯达黎加, 马达加斯加, 中美洲。【后选模式】Aneilema
biflorum R. Brown [as 'biflora']。【参考异名】Amelina C. B.
Clarke (1874); Anilema Kunth (1843); Aphylax Salisb. (1812);
Ballya Brenan (1964); Bauschia Seub. ex Warm. (1872);
Dichaespermum Hassk.; Dichoespermum Wight (1853);
Dichospermum Müll. Berol. (1861); Dictyospermum Wight(1853);
Lamprodithyros Hassk. (1863); Murdannia Royle(1840)(保留属
名); Piletocarpus Hassk. (1866); Prionostachys Hassk. (1866)
Nom. illegit.; Rhopalephora Hassk. (1864); Ropalophora Post et
Kuntze(1903); Talipulia Raf. (1837)■☆

2841   Anelasma Miers (1851) = Abuta Aubl. (1775) [防己科
Menispermaceae]●☆

2842   Anelsonia J. F. Macbr. et Payson(1917)【汉】良果芥属。【隶属】
十字花科 Brassicaceae(Cruciferae)。【包含】世界 1 种。【学名诠
释与讨论】〈阴〉(人)Aven Nelson, 1859–1952, 美国植物学者。
【分布】美国, 太平洋地区。【模式】Anelsonia eurycarpa (A. Gray)
Macbride et Payson [Draba eurycarpa A. Gray]。【参考异名】
Anselonia O. E. Schulz ■☆

2843   Anelytrum Hack. (1910) = Avena L. (1753) [禾本科 Poaceae
(Gramineae)//燕麦科 Avenaceae]■

2844   Anemagrostis Trin. (1820) Nom. illegit. ≡ Apera Adans. (1763)
[禾本科 Poaceae(Gramineae)]■☆

2845   Anemanthele Veldkamp(1985)【汉】风羽针茅属。【隶属】禾本

科 Poaceae(Gramineae)//针茅科 Stipaceae。【包含】世界 1 种。
【学名诠释与讨论】〈中〉(希)anemos, 风+anthele, 长侧枝聚伞花
序, 苇鹰的羽毛。此属的学名是"Anemanthele J. F. Veldkamp,
Acta Bot. Neerl. 34: 107. Feb 1985"。亦有文献把其处理为"Stipa
L. (1753)"的异名。【分布】新西兰。【模式】Anemanthele
lessoniana (Steudel) J. F. Veldkamp [Agrostis lessoniana Steudel,
Agrostis procera A. Richard 1832, non Retzius 1786–1787]。【参考
异名】Stipa L. (1753)■☆

2846   Anemanthus Fourr. (1868) Nom. illegit. ≡ Anemone L. (1753)
(保留属名) [毛茛科 Ranunculaceae//银莲花科(罂粟莲花科)
Anemonaceae]■

2847   Anemarrhena Bunge(1833)【汉】知母属。【日】ハナスゲ属。
【英】Anemarrhena。【隶属】百合科 Liliaceae//吊兰科(猴面包
科, 猴面包树科) Anthericaceae//知母科 Anemarrhenaceae。【包
含】世界 1 种, 中国 1 种。【学名诠释与讨论】〈阴〉(希)anemos,
风+arrhena, 所有格 ayrhenos, 雄的, 强劲的。【分布】中国。【模
式】Anemarrhena asphodeloides Bunge。■★

2848   Anemarrhenaceae Conran, M. W. Chase et Rudall(1997) [亦见
Agavaceae Dumort. (保留科名)龙舌兰科]【汉】知母科。【包含】
世界 1 属 1 种, 中国 1 属 1 种。【分布】中国, 东南亚。【科名模
式】Anemarrhena Bunge(1833)■

2849   Anemia Nutt. (1838) Nom. illegit. ≡ Anemopsis Hook. et Arn.
(1840)[三白草科 Saururaceae]■☆

2850   Anemiaceae Link(1841) = Saururaceae Rich. ex T. Lestib. (1826)
(保留科名)■

2851   Anemiopsis Endl. (1841) = Anemopsis Hook. et Arn. (1840) [三
白草科 Saururaceae]■☆

2852   Anemitis Raf. (1837) = Phlomis L. (1753) [唇形科 Lamiaceae
(Labiatae)]●■

2853   Anemocarpa Paul G. Wilson (1992)【汉】风果彩鼠麹属。【隶
属】菊科 Asteraceae(Compositae)。【包含】世界 2-3 种。【学名诠
释与讨论】〈阴〉(希)anemos, 风+karpos, 果实。【分布】澳大利
亚。【模式】Anemocarpa calcicola Paul G. Wilson。■☆

2854   Anemoclema(Franch.) W. T. Wang(1964)【汉】罂粟莲花属。
【英】Anemoclema。【隶属】毛茛科 Ranunculaceae//银莲花科(罂
粟莲花科)Anemonaceae。【包含】世界 1 种, 中国 1 种。【学名诠
释与讨论】〈中〉(希)anemos + kleme, 枝。此属的学名
"Anemoclema (A. Franchet) W. T. Wang, Acta Phytotax. Sin. 9(2):
105. Apr 1964", 由"Anemone sect. Anemoclema A. Franchet, Bull.
Soc. Bot. France 33: 363. 1886"改级而来。【分布】中国。【模式】
Anemoclema glaucifolium (A. Franchet) W. T. Wang [Anemone
glaucifolia A. Franchet]。【参考异名】Anemone sect. Anemoclema
Franch. (1886)■★

2855   Anemonaceae Vest(1818) [亦见 Ranunculaceae Juss. (保留科
名)毛茛科]【汉】银莲花科(罂粟莲花科)。【包含】世界 2 属
146-154 种, 中国 1 属 99 种。【分布】广泛分布。【科名模式】
Anemone L. (1753)(保留属名)■

2856   Anemonanthea(DC.) Gray(1821) Nom. illegit. ≡ Anemone L.
(1753)(保留属名)[毛茛科 Ranunculaceae//银莲花科(罂粟莲
花科)Anemonaceae]■

2857   Anemonanthea Gray(1821) Nom. illegit. ≡ Anemonanthea (DC.)
Gray(1821) Nom. illegit.; ~ ≡ Anemone L. (1753)(保留属名)
[毛茛科 Ranunculaceae//银莲花科(罂粟莲花科)Anemonaceae]■

2858   Anemonanthera Willis, Nom. inval. = Anemonanthea (DC.) Gray
(1821) Nom. illegit.; ~ ≡ Anemone L. (1753)(保留属名) [毛茛
科 Ranunculaceae//银莲花科(罂粟莲花科)Anemonaceae]■

2859   Anemonastrum Holub(1973) Nom. illegit. ≡ Anemone L. (1753)

（保留属名）［毛茛科 Ranunculaceae//银莲花科（罂粟莲花科）Anemonaceae］■

2860　Anemone L.（1753）（保留属名）【汉】银莲花属。【日】アネモネ属,イチゲソウ属,イチリンソウ属,オキナグサ属,ニリンソウ属。【俄】Анемон,Анемона,Ветреница。【英】Anemone,Anemony,Japanese Anemone,Pasqueflower,Thimbleweed,Wind Flower,Windflower。【隶属】毛茛科 Ranunculaceae//银莲花科（罂粟莲花科）Anemonaceae。【包含】世界 144-152 种,中国 99 种。【学名诠释与讨论】〈阴〉（希）anemos,风+mone,居住。指某些种生于通风处。此属的学名"Anemone L.,Sp. Pl.;538. 1 Mai 1753"是保留属名。法规未列出相应的废弃属名。"Anemonanthaea（A. P. de Candolle）S. F. Gray,Nat. Arr. Brit. Pl. 2:724. 1 Nov 1821"和"Anemanthus Fourreau,Ann. Soc. Linn. Lyon ser. 2. 16:323. 28 Dec 1868"是"Anemone L.（1753）（保留属名）"的晚出的同模式异名（Homotypic synonym,Nomenclatural synonym）。【分布】巴基斯坦,秘鲁,玻利维亚,厄瓜多尔,美国（密苏里）,中国,中美洲。【后选模式】Anemone coronaria Linnaeus。【参考异名】Abalemis Raf.（1834）;Abelemis Britton（1892）Nom. illegit.;Anemanthus Fourr.（1868）Nom. illegit.;Anemonanthea（DC.）Gray（1821）Nom. illegit.;Anemonanthea Gray（1821）Nom. illegit.;Anemonastrum Holub（1973）Nom. illegit.;Anemonidium（Spach）Á. Löve et D. Löve（1982）Nom. illegit.;Anemonidium（Spach.）Holub.（1974）;Anemonoides Mill.（1754）;Anetilla Galushko（1978）;Arsenjevia Starod.（1989）;Cakpethia Britton（1892）;Capethia Britton（1891）Nom. illegit.;Eriocapitella Nakai（1941）;Flammara Hill（1770）;Hartiana Raf.（1825）;Hepatica Mill.（1754）;Homalocarpus Schur（1866）Nom. illegit.;Jurtsevia Á. Löve et D. Löve（1976）;Nemorosa Nieuwl.（1914）;Oreithales Schltdl.（1856）;Oriba Adans.（1763）;Preonanthus（DC.）Schur（1853）Nom. illegit.;Preonanthus Ehrh.（1789）;Pulsatilla Mill.（1754）;Pulsatilloides（DC.）Starod.（1991）■

2861　Anemonella Spach（1839）【汉】小银莲花属。【俄】Анемонелла。【隶属】毛茛科 Ranunculaceae//银莲花科（罂粟莲花科）Anemonaceae。【包含】世界 1 种。【学名诠释与讨论】〈阴〉（属）Anemone 银莲花属+-ellus,-ella,-ellum,加在名词词干后面形成指小式的词尾。或加在人名、属名等后面以组成新属的名称。此属的学名,ING 和 IK 记载是"Anemonella Spach,Hist. Nat. Vég.（Spach）7:239. 1838［May 1839 publ. 4 May 1838］"。"Syndesmon（Hoffmannsegg ex Endlicher）Britton,Ann. New York Acad. Sci. 6:237. Dec 1891"是"Anemonella Spach（1839）"的晚出的同模式异名（Homotypic synonym,Nomenclatural synonym）。"Anemonella Spach（1839）"曾被处理为"Thalictrum sect. Anemonella（Spach）Tamura,Acta Phytotaxonomica et Geobotanica 43:57. 1992"。亦有文献把"Anemonella Spach（1839）"处理为"Thalictrum L.（1753）"的异名。【分布】北美洲。【模式】Anemonella thalictroides（Linnaeus）Spach［Anemone thalictroides Linnaeus］。【参考异名】Anemone L.（1753）（保留属名）;Syndesmon（Hoffmanns. ex Endl.）Britton（1891）Nom. illegit.;Syndesmon Hoffmanns.（1832）Nom. inval.,Nom. nud.;Thalictrum L.（1753）;Thalictrum L.（1832）Nom. illegit.;Thalictrum L. sect. Anemonella（Spach）Tamura（1992）■☆

2862　Anemonidium（Spach）Á. Löve et D. Löve（1982）Nom. illegit. = Anemone L.（1753）（保留属名）［毛茛科 Ranunculaceae//银莲花科（罂粟莲花科）Anemonaceae］■

2863　Anemonidium（Spach.）Holub.（1974）= Anemone L.（1753）（保留属名）［毛茛科 Ranunculaceae//银莲花科（罂粟莲花科）Anemonaceae］■

2864　Anemonoides Mill.（1754）= Anemone L.（1753）（保留属名）［毛茛科 Ranunculaceae//银莲花科（罂粟莲花科）Anemonaceae］■■

2865　Anemonopsis Pritz.（1855）Nom. illegit. = Anemopsis Hook. et Arn.（1840）［三白草科 Saururaceae］■☆

2866　Anemonopsis Siebold et Zucc.（1845）【汉】拟银莲花属（假银莲花属,类银莲属,莲花升麻属）。【日】レンゲショウマ属。【英】False Anemone。【隶属】毛茛科 Ranunculaceae。【包含】世界 1 种。【学名诠释与讨论】〈阴〉（属）Anemone 银莲花属+希腊文 opsis,外观,模样,相似。此属的学名,ING、TROPICOS 和 IK 记载是"Anemonopsis Siebold et Zuccarini,Abh. Math. – Phys. Cl. Königl. Bayer. Akad. Wiss. 4（2）:181. t. 1 A. 1845"。三白草科 Saururaceae 的"Anemonopsis Pritz.,Icon. Bot. Index 73,1855 = Anemopsis Hook. et Arn.（1840）"是晚出的非法名称。"Xaveria Endlicher,Gen. Suppl. 5:30. 1850"是"Anemonopsis Siebold et Zucc.（1845）"的晚出的同模式异名（Homotypic synonym,Nomenclatural synonym）。【分布】日本。【模式】Anemonopsis macrophylla Siebold et Zuccarini。【参考异名】Xaveria Endl.（1850）Nom. illegit.■☆

2867　Anemonospermos Boehm.（1760）Nom. illegit. ≡ Arctotis L.（1753）［菊科 Asteraceae（Compositae）//灰毛菊科 Arctotidaceae］●■☆

2868　Anemonospermos Möhring（1891）Nom. illegit. = Arctotis L.（1753）［菊科 Asteraceae（Compositae）//灰毛菊科 Arctotidaceae］●■☆

2869　Anemonospermum Comm. ex Steud.（1840）= Arctotheca J. C. Wendl.（1798）［菊科 Asteraceae（Compositae）］■☆

2870　Anemopaegma Mart. ex DC.（1845）Nom. illegit.（废弃属名）≡ Anemopaegma Mart. ex Meisn.（1840）（保留属名）［紫葳科 Bignoniaceae］●☆

2871　Anemopaegma Mart. ex Meisn.（1840）（保留属名）【汉】黄葳属（凤葳木属）。【隶属】紫葳科 Bignoniaceae。【包含】世界 30-60 种。【学名诠释与讨论】〈中〉（希）anemos,风+paegma,所有格 paegmatos,游戏,游玩。此属的学名"Anemopaegma Mart. ex Meisn.,Pl. Vasc. Gen. 1:300;2:208. 25-31 Oct 1840（'Anemopaegmia'）（orth. cons.）"是保留属名。相应的废弃属名是紫葳科 Bignoniaceae 的"Cupulissa Raf.,Fl. Tellur. 2:57. Jan－Mar 1837 = Anemopaegma Mart. ex Meisn.（1840）（保留属名）"和"Platolaria Raf.,Sylva Tellur.;78. Oct－Dec 1838 = Anemopaegma Mart. ex Meisn.（1840）（保留属名）"。紫葳科 Bignoniaceae 的"Anemopaegma Mart. ex DC.,Prodr.［A. P. de Candolle］9:187. 1845［1 Jan 1845］= Anemopaegma Mart. ex Meisn.（1840）（保留属名）"亦应废弃。其变体"Anemopaegmia Anemopaegma Mart. ex Meisn.（1840）"也应废弃。【分布】巴拉圭,巴拿马,秘鲁,比尼翁,玻利维亚,厄瓜多尔,哥伦比亚（安蒂奥基亚）,尼加拉瓜,中美洲。【模式】Anemopaegma mirandum（Chamisso）A. P. de Candolle［Bignonia miranda Chamisso］。【参考异名】Anemopaegma Mart. ex DC.（1845）Nom. illegit.（废弃属名）;Anemopaegmia Mart. ex Meisn.;Cupulissa Raf.（1837）（废弃属名）;Platcalaria W. T. Steam;Platolaria Raf.（1838）（废弃属名）;Pseudopaegma Urb.（1916）●☆

2872　Anemopsis Hook.（1838）Nom. inval. ≡ Anemopsis Hook. et Arn.（1840）［三白草科 Saururaceae］■☆

2873　Anemopsis Hook. et Arn.（1840）【汉】假截菜属（塔银莲属）。【日】レンゲショウマ属。【英】Yerba Mansa。【隶属】三白草科 Saururaceae。【包含】世界 1-3 种。【学名诠释与讨论】〈阴〉（属）Anemone 银莲花属+希腊文 opsis,外观,模样,相似。此属的学名

"Anemopsis Hook. et Arnott, Bot. Beechey's Voyage 390. Feb−Mar 1840('1841')"是一个替代名称。"Anemia Nuttall, Ann. Nat. Hist. 1;136. Apr 1838"是一个非法名称(Nom. illegit.),因为此前已经有了蕨类的"Anemia O. Swartz, Syn. Filicum 6,155. 1806"。故用"Anemopsis Hook. et Arn. (1840)"替代之。"Anemopsis Hook. ,Ann. Nat. Hist. 1(2);136, adnot. 1838[Apr 1838]≡ Anemopsis Hook. et Arn. (1840)"是一个未合格发表的名称(Nom. inval.)。【分布】美国(西南部),墨西哥。【模式】Anemopsis californica (Nuttall) W. J. Hooker et Arnott[Anemia californica Nuttall]。【参考异名】Anemia Nutt. (1838) Nom. illegit. ; Anemiopsis Endl. (1841); Anemonopsis Pritz. , Nom. illegit. ;Anemopsis Hook. (1838) Nom. inval. ■☆

2874 Anepsa Raf. (1837)(废弃属名)≡Stenanthium (A. Gray) Kunth (1843)(保留属名)[百合科 Liliaceae//黑药花科(藜芦科) Melanthiaceae]■☆

2875 Anepsias Schott(1858)【汉】威尼斯南星属。【隶属】天南星科 Araceae。【包含】世界 1-2 种。【学名诠释与讨论】〈阳〉(属) Anepsa = Stenanthium 狭被莲属(瘦花属)+-ias,希腊文词尾,表示关系密切。此属的学名是"Anepsias Schott, Genera Aroidearum exposita 73. 1858"。亦有文献把其处理为"Rhodospatha Poepp. (1845)"的异名。【分布】巴拿马,委内瑞拉。【模式】Anepsias moritzianus Schott。【参考异名】Rhodospatha Poepp. (1845)●☆

2876 Anerincleistus Korth. (1844)【汉】东南亚野牡丹属。【隶属】野牡丹科 Melastomataceae。【包含】世界 30 种。【学名诠释与讨论】〈阳〉(希)anerinastos, anerineos, anerineon, 未成熟的+kleistos, klistos, 封闭的。【分布】马来西亚(西部),中南半岛。【模式】Anerincleistus hirsutus P. W. Korthals。【参考异名】Creaghiella Stapf (1896); Krassera O. Schwartz (1931); Oritrephes Ridl. (1908); Perilimnastes Ridl. (1918); Phaulanthus Ridl. (1911); Plagiopetalum Rehder(1917);Pomatostoma Stapf(1895)●☆

2877 Anerma Schrad. ex Nees(1842)= Scleria P. J. Bergius(1765)[莎草科 Cyperaceae]■

2878 Aneslea Rchb. (1828)= Annesslea Wall. (1829)(保留属名); ~ =Eurycles Salisb. (1830) Nom. illegit. ; ~ = Eurycles Salisb. ex Lindl. (1829) Nom. illegit. ; ~ = Eurycles Salisb. ex Schult. et Schult. f. (1830)[山茶科(茶科)Theaceae//厚皮香科 Ternstroemiaceae]●

2879 Anesorhiza Endl. (1839)= Annesorhiza Cham. et Schltdl. (1826)[伞形花科(伞形科)Apiaceae(Umbelliferae)]■☆

2880 Anetanthus Benth. (1876) Nom. illegit. ≡ Anetanthus Hiern ex Benth. et Hook. f. (1876)[苦苣苔科 Gesneriaceae]■☆

2881 Anetanthus Hiern ex Benth. (1876) Nom. illegit. ≡ Anetanthus Hiern ex Benth. et Hook. f. (1876)[苦苣苔科 Gesneriaceae]■☆

2882 Anetanthus Hiern ex Benth. et Hook. f. (1876)【汉】由花苣苔属。【隶属】苦苣苔科 Gesneriaceae。【包含】世界 2 种。【学名诠释与讨论】〈阳〉(希)anetos, 放松的, 自由的+anthos, 花。此属的学名, ING 和 IK 记载是"Anetanthus Hiern ex Bentham et Hook. f. , Gen. 2:1025. Mai 1876"。TROPICOS 则记载为"Anetanthus Hiern ex Benth. , Gen. Pl. 2;1025,1876"。"Anetanthus Benth. (1876)"和"Anetanthus Hiern(1876)"的命名人引证有误。【分布】巴西, 秘鲁, 玻利维亚, 厄瓜多尔, 墨西哥。【后选模式】Anetanthus gracilis Hiern。【参考异名】Anetanthus Benth. (1876) Nom. illegit. ; Anetanthus Hiern ex Benth. (1876) Nom. illegit. ; Anetanthus Hiern(1876)Nom. illegit. ■☆

2883 Anetanthus Hiern (1876) Nom. illegit. ≡ Anetanthus Hiern ex Benth. et Hook. f. (1876)[苦苣苔科 Gesneriaceae]■☆

2884 Anetholea Peter G. Wilson (2000) = Syzygium P. Browne ex Gaertn. (1788)(保留属名)[桃金娘科 Myrtaceae]●

2885 Anethum L. (1753)【汉】蒔萝属。【日】イノンド 属。【俄】Укроп, Укроп аптечный。【英】Dill。【隶属】伞形花科(伞形科)Apiaceae(Umbelliferae)。【包含】世界 1 种, 中国 1 种。【学名诠释与讨论】〈中〉(希)anethon, 蒔萝俗名。来自 ane, 上 + theo, 走。指生长速度快。【分布】中国, 非洲北部, 亚洲西部。【后选模式】Anethum graveolens Linnaeus。■●

2886 Anetia Endl. (1839)Nom. illegit. ≡ Byrsanthus Guill. (1838)(保留属名)[刺篱木科(大风子科)Flacourtiaceae]●☆

2887 Anetilla Galushko(1978)= Anemone L. (1753)(保留属名)[毛茛科 Ranunculaceae//银莲花科(罂粟莲花科)Anemonaceae]■

2888 Anettea Szlach. et Mytnik(2006)【汉】美洲瘤瓣兰属(巴西瘤瓣兰属)。【隶属】兰科 Orchidaceae。【包含】世界 13 种。【学名诠释与讨论】〈阴〉词源不详。亦有文献把"Anettea Szlach. et Mytnik(2006)"处理为"Oncidium Sw. (1800)(保留属名)"的异名。【分布】美洲。【模式】Anettea crispa (Lodd.) Szlach. et Mytnik[Oncidium crispum Lodd.]。【参考异名】Oncidium Sw. (1800)(保留属名)■☆

2889 Aneulophus Benth. (1862)【汉】无脊柯属。【隶属】古柯科 Erythroxylaceae。【包含】世界 2 种。【学名诠释与讨论】〈阳〉(希)aneu, 无+lophos, 脊, 鸡冠, 装饰。【分布】热带非洲西部。【模式】Aneulophus africanus Bentham[as 'africana']●☆

2890 Aneuriscus C. Presl (1832) Nom. illegit. ≡ Moronobea Aubl. (1775); ~ =Symphonia L. f. (1782)[猪胶树科(克鲁西科, 山竹子科, 藤黄科)Clusiaceae(Guttiferae)]●☆

2891 Aneurolepidium Nevski (1934)【汉】碱草属。【俄】Вострец。【隶属】禾本科 Poaceae(Gramineae)。【包含】世界 20 种。【学名诠释与讨论】〈中〉(希)a−, 无, 不+neuron = 拉丁文 nervus, 脉, 筋, 腱, 神经+lepis, 所有格 lepidos, 指小式 lepion 或 lepidion, 鳞, 鳞片。lepidotos, 多鳞的。lepos, 鳞, 鳞片+-ius, -ia, -ium, 在拉丁文和希腊文中, 这些词尾表示性质或状态。此属的学名是"Aneurolepidium Nevski, Trudy Bot. Inst. Akad. Nauk SSSR, Ser. 1, Fl. Sist. Vyss. Rast. 2: 69. 1934"。亦有文献把其处理为"Leymus Hochst. (1848)"的异名。【分布】巴基斯坦, 中国。【模式】Aneurolepidium multicaule (Karelin et Kirilow) Nevski[Elymus multicaulis Karelin et Kirilow]。【参考异名】Leymus Hochst. (1848)■

2892 Angadenia Miers(1878)【汉】瓮腺夹竹桃属。【隶属】夹竹桃科 Apocynaceae。【包含】世界 2 种。【学名诠释与讨论】〈阴〉(希)angos, 瓮, 管子, 指小式 angeion, 容器, 花托+aden, 所有格 adenos, 腺体。【分布】美国(佛罗里达), 西印度群岛。【后选模式】Angadenia berteroi (Alph. de Candolle) Miers[as 'berterii'][Echites berteroi Alph. de Candolle[as 'berterii']●☆

2893 Angasomyrtus Trudgen et Keighery(1983)【汉】马桃木属。【隶属】桃金娘科 Myrtaceae。【包含】世界 1 种。【学名诠释与讨论】〈阴〉(希)agaso, 饲养员, 马夫, 笨拙的仆人+(属)Myrtus 香桃木属(爱神木属, 番桃木属, 莫塌属, 银香梅属)。另说纪念 Mr. Angas Hopkins。【分布】澳大利亚(西南部)。【模式】Angasomyrtus salina M. E. Trudgen et G. J. Keighery。●☆

2894 Angeia Tidestrom(1910)Nom. illegit. = Myrica L. (1753)[杨梅科 Myricaceae]●

2895 Angelandra Endl. (1843)Nom. illegit. ≡ Engelmannia Torr. et A. Gray ex Nutt. (1840); ~ = Engelmannia A. Gray ex Nutt. (1840)[菊科 Asteraceae(Compositae)]■☆

2896 Angelandra Endl. (1850) Nom. illegit. ≡ Gynamblosis Torr. (1853); ~ = Croton L. (1753)[大戟科 Euphorbiaceae//巴豆科 Crotonaceae]●

2897 Angeldiazia M. O. Dillon et Zapata（2010）【汉】安格尔菊属。【隶属】菊科 Asteraceae（Compositae）。【包含】世界 1 种。【学名诠释与讨论】〈阴〉词源不详。似来自人名。【分布】秘鲁。【模式】Angeldiazia weigendii M. O. Dillon et Zapata。☆

2898 Angelesia Korth.（1855）= Licania Aubl.（1775）［金壳果科 Chrysobalanaceae//金棒科（金橡实科，可可李科）Prunaceae］●☆

2899 Angelianthus H. Rob. et Brettell（1974）Nom. illegit. ≡ Microliabum Cabrera（1955）［菊科 Asteraceae（Compositae）］■●☆

2900 Angelica L.（1753）【汉】当归属。【日】シシウド属，シラネセンキウ属。【俄】Ангелика，Дудник，Дягель，Дягиль。【英】Angelica, Archangel。【隶属】伞形花科（伞形科）Apiaceae（Umbelliferae）//当归科 Angelicaceae。【包含】世界 84-110 种，中国 45-52 种。【学名诠释与讨论】〈阴〉（希）angelikos，天使的，天堂的，神圣的。可能指其药用效果。本属植物具有强心剂的作用。【分布】巴基斯坦，美国，新西兰，中国，中美洲。【后选模式】Angelica sylvestris Linnaeus。【参考异名】Angeloearpa Rupr.；Angelophyllum Rupr.（1859）；Archangelica Hoffm.（1814）Nom. illegit.；Archangelica Wolf（1776）；Callisace Fisch.（1816）Nom. illegit.；Callisace Fisch. ex Hoffm.（1816）；Calosace Post et Kuntze（1903）；Coelopleurum Ledeb.（1844）；Cszernaevia Endl.（1839）；Czernaevia Turcz.（1838）Nom. inval.；Gomphopetalum Turcz.（1841）；Homopteryx Kitag.（1937）；Ostericum Hoffm.（1814）；Physolophium Turcz.（1844）；Porphyroscias Miq.（1867）；Razulia Raf.（1840）；Rompelia Koso − Pol.（1915）；Scadiasis Raf.；Xanthogalum Avé−Lall.（1842）■

2901 Angelicaceae Martinov（1820）［亦见 Apiaceae Lindl.（保留科名）//Umbelliferae Juss.（保留科名）伞形花科（伞形科）］【汉】当归科。【包含】世界 1 属 84-110 种，中国 1 属 45-52 种。【分布】北半球和新西兰。【科名模式】Angelica L.（1753）■

2902 Angelina Pohl ex Tul.（1885）= Siparuna Aubl.（1775）［香材树科（杯轴花科，黑檫木科，芒籽科，蒙立米科，檬立米科，香材木科，香树木科）Monimiaceae//坛罐花科（西帕木科）Siparunaceae］●☆

2903 Angelium（Rchb.）Opiz（1839）Nom. illegit. ≡ Tommasinia Bertol.（1838）［伞形花科（伞形科）Apiaceae（Umbelliferae）］■☆

2904 Angelium Opiz（1839）Nom. illegit. ≡ Angelium（Rchb.）Opiz（1839）Nom. illegit.；~ ≡ Tommasinia Bertol.（1838）［伞形花科（伞形科）Apiaceae（Umbelliferae）］■☆

2905 Angelocarpa Rupr.（1869）（1）= Angelica L.（1753）［伞形花科（伞形科）Apiaceae（Umbelliferae）］■

2906 Angelocarpa Rupr.（1869）（2）= Archangelica Hoffm.（1814）Nom. illegit.；~ = Angelica L.（1753）［木通科 Lardizabalaceae］■

2907 Angelonia Bonpl.（1812）【汉】香彩雀属。【日】アンゲロンソウ属。【英】Angel Face, Angelonia。【隶属】玄参科 Scrophulariaceae//婆婆纳科 Veronicaceae。【包含】世界 25-30 种。【学名诠释与讨论】〈阴〉angelonia，南美洲植物俗名。此属的学名，ING、APNI、GCI 和 IK 记载是“Angelonia Bonpland in Humboldt et Bonpland, Pl. Aequin. 2：92. t. 108. Apr 1812（‘1809’）”。“Angelonia Bonpl. ex Humb. et Bonpl.（1812）”和“Angelonia Humb. et Bonpl.（1812）”的命名人引证有误。【分布】巴拉圭，巴拿马，秘鲁，玻利维亚，厄瓜多尔，哥伦比亚（安蒂奥基亚），马达加斯加，尼加拉瓜，西印度群岛，热带美洲，中美洲。【模式】Angelonia salicariaefolia Bonpland。【参考异名】Angelonia Bonpl. ex Humb. et Bonpl.（1812）Nom. illegit.；Angelonia Humb. et Bonpl.（1812）Nom. illegit.；Phylacanthus Benth.（1835）；Physidium Schrad.（1821）；Schelveria Nees et Mart.（1821）Nom. illegit.；Schelveria Nees（1821）；Thylacantha

Nees et Mart.（1823）；Tylacantha Endl.（1839）■●☆

2908 Angelonia Bonpl. ex Humb. et Bonpl.（1812）Nom. illegit. ≡ Angelonia Bonpl.（1812）［玄参科 Scrophulariaceae//婆婆纳科 Veronicaceae］■●☆

2909 Angelonia Humb. et Bonpl.（1812）Nom. illegit. ≡ Angelonia Bonpl.（1812）［玄参科 Scrophulariaceae//婆婆纳科 Veronicaceae］■●☆

2910 Angelophyllum Rupr.（1859）= Angelica L.（1753）［伞形花科（伞形科）Apiaceae（Umbelliferae）］■

2911 Angelopogon Poepp. ex Poepp. et Endl.（1835）= Myzodendron Sol. ex DC.［羽毛果科 Misodendraceae］●☆

2912 Angelopogon Poepp. ex Tiegh.（1897）Nom. illegit. = Myzodendron Sol. ex DC.［羽毛果科 Misodendraceae］●☆

2913 Angelopogon Tiegh.（1897）Nom. illegit. ≡ Angelopogon Poepp. ex Tiegh.（1897）Nom. illegit.；~ = Myzodendron Sol. ex DC.［羽毛果科 Misodendraceae］●☆

2914 Angelphytum G. M. Barroso（1980）【汉】天使菊属。【隶属】菊科 Asteraceae（Compositae）。【包含】世界 14 种。【学名诠释与讨论】〈中〉（希）Angelus，天使+phyton，植物，树木，枝条。【分布】阿根廷，巴拉圭，巴西，玻利维亚。【模式】Angelphytum matogrossense G. M. Barroso。●☆

2915 Angervilla Neck.（1790）Nom. inval. = Stemodia L.（1759）（保留属名）［玄参科 Scrophulariaceae//婆婆纳科 Veronicaceae］■☆

2916 Angianthus J. C. Wendl.（1808）（保留属名）【汉】盐鼠麹属。【隶属】菊科 Asteraceae（Compositae）。【包含】世界 15-17 种。【学名诠释与讨论】〈阳〉（希）angos，瓮，管子，指小式 angeion，容器，花托+anthos，花。antheros，多花的。antheo，开花。此属的学名“Angianthus J. C. Wendl., Coll. Pl. 2：31. 1808”是保留属名。相应的废弃属名是菊科 Asteraceae（Compositae）的“Siloxerus Labill, Nov. Holl. Pl. 2：57. Jun 1806 = Angianthus J. C. Wendl.（1808）（保留属名）”。兰科 Orchidaceae 的“Angianthus Post et Kuntze（1903）= Aggeianthus Wight（1851）Nom. illegit. = Porpax Lindl.（1845）”亦应废弃。【分布】澳大利亚（温带）。【模式】Angianthus tomentosus J. C. Wendland。【参考异名】Angianthus Post et Kuntze（1903）Nom. illegit.（废弃属名）；Cassinia R. Br.（废弃属名）；Cephalosorus A. Gray（1851）；Cephalosurus C. Muell.；Chrysocoryne Endl.（1843）Nom. illegit.；Crossolepis Benth.（1837）Nom. illegit.；Cylindrosorus Benth.（1837）；Dithyrostegia A. Gray（1851）；Epitriche Turcz.（1851）；Eriocladium Lindl.（1839）；Gamazygis Pritz.（1855）；Gamozygis Turcz.（1851）；Hyalochlamys A. Gray（1851）；Ogcerostylis Cass.（1827）Nom. illegit.；Ogcerostylus Cass.（1827）Nom. illegit.；Oncerostylus Post et Kuntze（1903）；Oxerostylus Steud.（1841）；Phyllocalymma Benth.（1837）；Piptostemma Turcz.（1851）Nom. illegit.；Pleuropappus F. Muell.（1855）；Pogonolepis Steetz（1845）；Scirrhophorus Turcz.（1851）；Siloxerus Labill.（1806）（废弃属名）；Skirhophorus DC. ex Lindl.（1836）；Skirrhophorus DC.（1838）Nom. illegit.；Skirrhophorus DC. ex Lindl.（1836）；Skirrophorus Müll. Berol.（1859）；Styloncerus Labill.；Styloncerus Spreng.（1818）Nom. illegit.，Nom. superfl. ■●☆

2917 Angianthus Post et Kuntze（1903）Nom. illegit.（废弃属名）= Aggeianthus Wight（1851）Nom. illegit.；~ = Porpax Lindl.（1845）［兰科 Orchidaceae］■

2918 Anginon Raf.（1840）【汉】安吉草属。【隶属】伞形花科（伞形科）Apiaceae（Umbelliferae）。【包含】世界 3-7 种。【学名诠释与讨论】〈阳〉（希）angos，瓮，管子，指小式 angeion，容器，花托。此属的学名，ING 和 IK 记载是“Anginon Raf., Good Book 56. 1840 ［Jan 1840］”。“Rhyticarpus Sonder in W. H. Harvey et Sonder, Fl.

Cap. 2：540. 16-31 Oct 1862"是"Anginon Raf.（1840）"的晚出的同模式异名（Homotypic synonym, Nomenclatural synonym）。【分布】非洲南部。【模式】Anginon rugosum（C. P. Thunberg）Rafinesque［Conium rugosum C. P. Thunberg］。【参考异名】Rhyticarpus Sond.（1862）Nom. illegit.■☆

2919　Angiopetalum Reinw.（1828）（废弃属名）= Labisia Lindl.（1845）（保留属名）［紫金牛科 Myrsinaceae］■●☆

2920　Angkalanthus Balf. f.（1883）【汉】索岛爵床属。【隶属】爵床科 Acanthaceae。【包含】世界1种。【学名诠释与讨论】〈阳〉词源不详。【分布】也门（索科特拉岛）。【模式】Angkalanthus oligophyllus I. B. Balfour。【参考异名】Ancalanthus Balf. f.（1888）Nom. illegit.■☆

2921　Angolaea Wedd.（1873）【汉】安哥拉川苔草属。【隶属】髯管花科 Geniostomaceae。【包含】世界1种。【学名诠释与讨论】〈阴〉（地）Angola，安哥拉。【分布】安哥拉。【模式】Angolaea fluitans Weddell。■☆

2922　Angolam Adans.（1763）（废弃属名）= Alangium Lam.（1783）（保留属名）［八角枫科 Alangiaceae//山茱萸科 Cornaceae］●

2923　Angolamia Scop.（1777）（1）= Alangium Lam.（1783）（保留属名）［八角枫科 Alangiaceae］●

2924　Angolamia Scop.（1777）（2）= Angolam Adans.（1763）（废弃属名）［山茱萸科 Cornaceae］●

2925　Angolluma R. Munster（1990）= Pachycymbium L. C. Leach（1978）［萝藦科 Asclepiadaceae］■☆

2926　Angophora Cav.（1797）【汉】瓮梗桉属（安勾桉属）。【英】Eucalypt, Gum。【隶属】桃金娘科 Myrtaceae。【包含】世界13-15种。【学名诠释与讨论】〈阴〉（希）angos，瓮，管子，指小式 angeion，容器，花托+phoros，具有，梗，负载，发现者。【分布】澳大利亚（东部）。【后选模式】Angophora cordifolia Cavanilles。●☆

2927　Angorchis Nees（1826）Nom. inval., Nom. illegit. = Angraecum Bory（1804）［兰科 Orchidaceae］■

2928　Angorchis Thouars ex Kuntze（1891）= Angraecum Bory（1804）［兰科 Orchidaceae］■

2929　Angorchis Thouars（1809）Nom. inval. ≡ Angorchis Thouars ex Kuntze（1891）；~ = Angraecum Bory（1804）［兰科 Orchidaceae］■

2930　Angorkis Thouars（1809）Nom. inval. ≡ Angorchis Thouars ex Kuntze（1891）；~ = Angraecum Bory（1804）［兰科 Orchidaceae］■

2931　Angoseseli Chiov.（1924）【汉】瓮芹属。【隶属】伞形花科（伞形科）Apiaceae（Umbelliferae）。【包含】世界1种。【学名诠释与讨论】〈阴〉（希）angos，瓮，管子+（属）Seseli 西风芹。【分布】安哥拉。【模式】Angoseseli mazzochii-alemannii Chiovenda。【参考异名】Meringogyne H. Wolff（1927）■☆

2932　Angostura Rich.（1812）Nom. inval.［芸香科 Rutaceae］●☆

2933　Angostura Roem. et Schult.（1819）【汉】安歌木属（库柏属，西花椒属）。【英】Cusparia Bark。【隶属】芸香科 Rutaceae。【包含】世界38种。【学名诠释与讨论】〈阴〉（希）angos，瓮，管子+sturio，鲟鱼。此属的学名"Angostura J. J. Roemer et J. A. Schultes, Syst. Veg. 4：188. Mar-Jun 1819"是一个替代名称。"Bonplandia Willdenow, Mém. Acad. Roy. Sci. Hist.（Berlin）1802：26. 1802"是一个非法名称（Nom. illegit.），因为此前已经有了"Bonplandia Cavanilles, Anales Hist. Nat. 2：131. 1800［花荵科 Polemoniaceae］"。故用"Angostura Roem. et Schult.（1819）"替代之。一些学者承认"库柏属（西花椒属）Cusparia Humboldt ex A. P. de Candolle, Mém. Mus. Hist. Nat. 9：142. 1822"；但是它是"Angostura Roem. et Schult.（1819）"的晚出的同模式异名（Homotypic synonym, Nomenclatural synonym），应予废弃。【分布】巴拿马，秘鲁，玻利维亚，厄瓜多尔，尼加拉瓜，热带南美洲，中美洲。【模式】Angostura cuspare Roemer et Schultes, Nom. illegit. ［Bonplandia trifoliata Willdenow；Angostura trifoliata（Willdenow）T. S. Elias］。【参考异名】Bonplandia Willd.（1802）Nom. illegit.；Conchocarpus Mikan（1820）Nom. inval.；Cusparia Humb.（1807）Nom. inval.；Cusparia Humb. ex DC.（1822）Nom. illegit.；Cusparia Humb. ex R. Br.（1807）Nom. illegit.；Dangervilla Ven.（1829）；Diglottis Nees et Mart.（1823）；Lasiostemon Benth. et Hook. f.（1862）Nom. illegit.；Lasiostemum Nees et Mart.（1823）；Obentonia Vell.（1829）；Rauia Nees et Mart.（1823）；Rossenia Vell.（1829）●☆

2934　Angostyles Benth.（1854）Nom. illegit.（废弃属名）≡ Angostylis Benth.（1854）（保留属名）［as 'Angostyles'］［大戟科 Euphorbiaceae］☆

2935　Angostylidium（Mngostylid）Pax et K. Hoffm.（1919）Nom. illegit. = Angostylidium Pax et K. Hoffm.（1919）；~ = Tetracarpidium Pax（1899）［大戟科 Euphorbiaceae］☆

2936　Angostylidium（Müll. Arg.）Pax et K. Hoffm.（1919）Nom. illegit. = Angostylidium Pax et K. Hoffm.（1919）；~ = Tetracarpidium Pax（1899）［大戟科 Euphorbiaceae］●☆

2937　Angostylidium Pax et K. Hoffm.（1919）= Tetracarpidium Pax（1899）［大戟科 Euphorbiaceae］●☆

2938　Angostylis Benth.（1854）（保留属名）［as 'Angostyles'］【汉】瓮柱大戟属。【隶属】大戟科 Euphorbiaceae。【包含】世界1种。【学名诠释与讨论】〈阴〉（希）angos，瓮，管子+stylos 拉丁文 style，花柱，中柱，有尖之物，桩，柱，支持物，支柱，石头做的界标。此属的学名"Angostylis Benth. in Hooker's J. Bot. Kew Gard. Misc. 6：328. Nov 1854（'Angostyles'）（orth. cons.）"是保留属名。法规未列出相应的废弃属名。其变体"Angostyles Benth.（1854）"应予废弃。【分布】热带南美洲。【模式】Angostylis longifolia Bentham。【参考异名】Angostyles Benth.（1854）Nom. illegit.（废弃属名）☆

2939　Angraecoides（Cordem.）Szlach., Mytnik et Grochocka（2013）【汉】类风兰属。【隶属】兰科 Orchidaceae。【包含】世界25种。【学名诠释与讨论】〈阴〉（属）Angraecum 风兰属（安顾兰属，茶兰属，大慧星兰属，武夷兰属）+oides，来自 o+eides，像，似；或 o+eidos 形，含义为相像。本属学名"Angraecoides（Cordem.）Szlach., Mytnik et Grochocka, Biodivers. Res. Conservation 29：9. 2013［31 Mar 2013］"是由"Mystacidium sect. Angraecoides Cordem. Rev. Gén. Bot. 11：421. 1900"改级而来。【分布】参见 Mystacidium Lindl.。【模式】Angraecoides pingue（Frapp. ex Cordem.）Szlach., Mytnik et Grochocka。【参考异名】Mystacidium sect. Angraecoides Cordem.（1900）☆

2940　Angraecopsis Kraenzl.（1900）【汉】拟风兰属（拟武夷兰属）。【隶属】兰科 Orchidaceae。【包含】世界15种。【学名诠释与讨论】〈阴〉（属）Angraecum 风兰属（安顾兰属，茶兰属，大慧星兰属，武夷兰属）+希腊文 opsis，外观，模样。【分布】马达加斯加，马斯克林群岛，热带非洲。【模式】Angraecopsis tenerrima Kraenzlin。【参考异名】Coenadenium（Summerh.）Szlach.（2003）；Holmesia P. J. Cribb（1977）Nom. illegit.；Miangis Thouars；Microholmesia P. J. Cribb ex Mabb.（1987）；Microholmesia P. J. Cribb（1987）Nom. illegit.■☆

2941　Angraecum Bory（1804）【汉】风兰属（安顾兰属，茶兰属，大慧星兰属，武夷兰属）。【日】アングレカム属，フウラン属。【俄】Ангрекум。【英】Angraecum, Bourbon Tea Orchid, Bourbon Tea-orchid。【隶属】兰科 Orchidaceae。【包含】世界200-220种，中国1种。【学名诠释与讨论】〈中〉（马来）马来语通称附生兰为 angurek 或 anggrek，属名为这个字的拉丁化。另说为属名 Anguillaria 的拼写变体。此属的学名，ING 和 IK 记载是

"Angraecum Bory , Voy. Iles Afrique 1：359. 1804 ［Sep 1804］"。"Angorkis Du Petit-Thouars, Nouv. Bull. Sci. Soc. Philom. Paris 1：318. Apr 1809"是"Angraecum Bory(1804)"的晚出的同模式异名（Homotypic synonym, Nomenclatural synonym）。【分布】巴拉圭，玻利维亚，菲律宾，马达加斯加，利比里亚(宁巴)，中国，马斯克林群岛，热带和非洲南部。【模式】Angraecum eburneum Bory de St. -Vincent。【参考异名】Aerobion Kaempfer ex Spreng. (1826) Nom. illegit. ; Aerobion Spreng. (1826); Angorchis Nees (1826) Nom. inval. , Nom. illegit.; Angorchis Thouars ex Kuntze (1891); Angorchis Thouars (1809) Nom. inval.; Angorkis Thouars (1809) Nom. inval. , Nom. illegit.; Aphyllangis Thouars; Calceolangis Thouars; Carpangis Thouars; Caulangis Thouars; Citrangis Thouars; Crassangis Thouars; Criptangis Thouars; Ctenorchis K. Schum. (1899); Cucullangis Thouars; Curvophylis Thouars; Dolichangis Thouars; Eburnangis Thouars; Elangis Thouars; Expangis Thouars; Filangis Thouars; Fragrangis Thouars; Gladiangis Thouars; Gracilangis Thouars; Lepervenchea Cordem. (1899); Macroplectrum Pfitzer (1889); Miangis Thouars; Microcoelia Hochst. ex Rich.; Monixus Finet (1907); Myriangis Thouars; Neocribbia Szlach. (2003); Neowolffia O. Gruss (2007); Oeceoclades Lindl. (1832); Oecoeclades Franch. et Sav. (1879); Palmangis Thouars; Pectangis Thouars; Pectinaria Cordem. (1899) Nom. illegit. (废弃属名); Plicangis Thouars; Ramangis Thouars; Rectangis Thouars; Striangis Thouars; Superbangis Thouars; Triangia Thouars ■

2942　Anguillaraea Post et Kuntze (1903) Nom. inval. [百合科 Liliaceae]■☆

2943　Anguillaria Gaertn. (1788) (废弃属名) ≡ Heberdenia Banks ex A. DC. (1841) (保留属名); ~ = Ardisia Sw. (1788) (保留属名) [紫金牛科 Myrsinaceae]■

2944　Anguillaria R. Br. (1810) (保留属名)【汉】鳗百合属。【隶属】百合科 Liliaceae//秋水仙科 Colchicaceae。【包含】世界 40 种。【学名诠释与讨论】〈阴〉(希) angui, 蛇; 变为 anguilla, 鳗+-arius, -aria, -arium, 指示"属于、似、具有、联系"的词尾。此属的学名"Anguillaria R. Br. , Prodr. ;273. 27 Mar 1810"是保留属名。相应的废弃属名是紫金牛科 Myrsinaceae 的 "Anguillaria Gaertn. , Fruct. Sem. Pl. 1;372. Dec 1788 = Ardisia Sw. (1788) (保留属名) ≡ Heberdenia Banks ex A. DC. (1841) (保留属名)"。亦有文献把 "Anguillaria R. Br. (1810) (保留属名)"处理为 "Wurmbea Thunb. (1781)"的异名。【分布】参见 Wurmbea Thunb. (1781)。【模式】未指定。【参考异名】Wurmbea Thunb. (1781)■☆

2945　Anguillicarpus Burkill(1907)= Spirorhynchus Kar. et Kir. (1842) [十字花科 Brassicaceae(Cruciferae)]■

2946　Anguina Kuntze (1891) Nom. illegit. [葫芦科 (瓜科, 南瓜科) Cucurbitaceae]☆

2947　Anguina Mill. (1755) Nom. illegit. ≡ Trichosanthes L. (1753) [葫芦科 (瓜科, 南瓜科) Cucurbitaceae]■●

2948　Anguina P. Micheli ex Mill. (1775) Nom. illegit. ≡ Anguina Mill. (1755) Nom. illegit. ; ~ ≡ Trichosanthes L. (1753) [葫芦科 (瓜科, 南瓜科) Cucurbitaceae]■●

2949　Anguinum (G. Don) Fourr. (1869) Nom. illegit. ≡ Loncostemon Raf. (1837); ~ = Allium L. (1753) [百合科 Liliaceae//葱科 Alliaceae]■

2950　Anguinum Fourr. (1869) Nom. illegit. ≡ Anguinum (G. Don) Fourr. (1869) Nom. illegit. ; ~ ≡ Loncostemon Raf. (1837); ~ = Allium L. (1753) [百合科 Liliaceae//葱科 Alliaceae]■

2951　Anguloa Ruiz et Pav. (1794)【汉】安顾兰属(安古兰属)。【日】

アングロア属, アンゲローア属。【英】Anguloa, Babyin Cradle, Tulip Orchid。【隶属】兰科 Orchidaceae。【包含】世界 10 种。【学名诠释与讨论】〈阴〉(人) Don Francisco de Angulo, 西班牙植物学者。【分布】秘鲁, 玻利维亚, 厄瓜多尔, 热带南美洲。【模式】Anguloa uniflora Ruiz et Pavon。●☆

2952　Anguria Jacq. (1760) Nom. illegit. ≡ Psiguria Neck. ex Arn. (1841) [葫芦科 (瓜科, 南瓜科) Cucurbitaceae]■☆

2953　Anguria Mill. (1754) (废弃属名) ≡ Citrullus Schrad. ex Eckl. et Zeyh. (1836) (保留属名) [葫芦科 (瓜科, 南瓜科) Cucurbitaceae]■

2954　Anguriopsis J. R. Johnst. (1905)= Corallocarpus Welw. ex Benth. et Hook. f. (1867); ~ = Doyerea Grosourdy ex Bello(1881) [葫芦科(瓜科,南瓜科) Cucurbitaceae]■☆

2955　Angusta Ellis(1821)= Gardenia J. Ellis(1761)(保留属名) [茜草科 Rubiaceae//栀子科 Gardeniaceae]●

2956　Angustinea A. Gray (1854) = Augustinea A. St. -Hil. et Naudin (1844); ~ = Miconia Ruiz et Pav. (1794) (保留属名) [野牡丹科 Melastomataceae//米氏野牡丹科 Miconiaceae]●☆

2957　Angylocalyx Taub. (1896)【汉】非洲萼豆属。【隶属】豆科 Fabaceae(Leguminosae)//蝶形花科 Papilionaceae。【包含】世界 7 种。【学名诠释与讨论】〈阳〉(拉) angulus, 角+calyx, 花萼, 杯子。另说 ancho, 捆, 扎, 或 agkylos, ankylos, 畸形的, 弯曲的, 歪的+calyx, 花萼。【分布】热带非洲。【模式】Angylocalyx ramiflorus Taubert。●☆

2958　Anhaloniopsis(Buxb.) Mottram(2014)【汉】拟岩掌属。【隶属】仙人掌科 Cactaceae。【包含】世界种。【学名诠释与讨论】〈阴〉(属) Anhalonium 岩掌属+希腊文 opsis, 外观, 模样, 相似。此属的学名是 "Anhaloniopsis (Buxb.) Mottram, Cactician 5: 11. 2014 [14 Jul 2014]", 由 "Loxanthocereus subgen. Anhaloniopsis Buxb. Kakteen (H. Krainz) 58: CVc. 1974" 改级而来。【分布】不详。【模式】Anhaloniopsis madisoniorum (Hutchison) Mottram [Borzicactus madisoniorum Hutchison]。【参考异名】Loxanthocereus subgen. Anhaloniopsis Buxb. (2014) ☆

2959　Anhalonium Lem. (1839)【汉】岩掌属。【英】Living Rock, Living-rock Cactus。【隶属】仙人掌科 Cactaceae。【包含】世界 6 种。【学名诠释与讨论】〈中〉词源不详。此属的学名, ING、TROPICOS、GCI 和 IK 记载为 "Anhalonium Lem. , Cact. Gen. Sp. Nov. 1. 1839 [Feb 1839]"。它曾被处理为 "Mammillaria subgen. Anhalonium (Lem.) Engelm. , Proceedings of the American Academy of Arts and Sciences 3;270. 1856. (post 27 May 1856)"。亦有文献把 "Anhalonium Lem. (1839)"处理为 "Ariocarpus Scheidw. (1838)"或"Mammillaria Haw. (1812) (保留属名)"的异名。【分布】参见 Ariocarpus Scheidw. 和 Mammillaria Haw.。【模式】Anhalonium pristmaticum Lemaire。【参考异名】Ariocarpus Scheidw. (1838); Mammillaria Haw. (1812) (保留属名); Mammillaria subgen. Anhalonium (Lem.) Engelm. (1856)●☆

2960　Ania Lindl. (1831)【汉】安兰属。【隶属】兰科 Orchidaceae。【包含】世界 11 种, 中国 1 种。【学名诠释与讨论】〈阴〉(属)带唇兰 Tainia 之缩写。另说 ania, 遗憾, 困境; 指其分类地位不好确定。此属的学名是 "Ania J. Lindley, Gen. Sp. Orchid. Pl. 129. Aug 1831"。亦有文献把其处理为 "Tainia Blume(1825)"的异名。【分布】马来西亚(西部), 印度, 中国, 中南半岛。【后选模式】Ania angustifolia Lindley。【参考异名】Ascotainia Ridl. (1907); Tainia Blume(1825)■

2961　Aniba Aubl. (1775)【汉】安尼樟属(安尼巴木属, 管花楠属, 蔷薇木属)。【英】Brazilian Sassafras。【隶属】樟科 Lauraceae。【包含】世界 40 种。【学名诠释与讨论】〈阴〉(葡萄牙) aniba, 来自南

美图皮印第安语 anhoaiba，植物俗名。此属的学名，ING 和 IK 记载是" Aniba Aubl. , Hist. Pl. Guiane 1：327. 1775 ［Jun－Dec 1775］"。" Cedrota Schreber, Gen. 259. Apr 1789" 是" Aniba Aubl. (1775)" 的同模式异名（Homotypic synonym, Nomenclatural synonym）。【分布】巴拿马，秘鲁，玻利维亚，厄瓜多尔，哥伦比亚（安蒂奥基亚），哥斯达黎加，尼加拉瓜，热带南美洲，中美洲。【模式】Aniba guianensis Aublet。【参考异名】Aydendron Nees (1833)；Cedrota Schreb. (1789) Nom. illegit.；Goeppertia Nees (1836) Nom. illegit. ●☆

2962   Anictoclea Nimmo (1839) = Tetrameles R. Br. (1826) ［疣柱花科（达麻科，短序花科，四数木科，四薮木科，野麻科）Datiscaceae// 四数木科 Tetramelaceae］●

2963   Anidrum Neck. (1790) Nom. inval. ≡ Anidrum Neck. ex Raf. (1840)；~ ≡ Bifora Hoffm. (1816)（保留属名）［伞形花科（伞形科）Apiaceae（Umbelliferae）］■☆

2964   Anidrum Neck. ex Raf. (1840) Nom. illegit. ≡ Bifora Hoffm. (1816)（保留属名）［伞形花科（伞形科）Apiaceae（Umbelliferae）］■☆

2965   Anigoazanthes Steud. (1820) Nom. illegit. ≡ Anigozanthos Labill. (1800)［血草科（半授花科，给血草科，血皮草科）Haemodoraceae］■☆

2966   Anigosanthos DC. (1807) Nom. illegit. ≡ Anigozanthos Labill. (1800)［血草科（半授花科，给血草科，血皮草科）Haemodoraceae］■☆

2967   Anigosanthos Lemée, Nom. illegit. = Anigozanthos Labill. (1800)［血草科（半授花科，给血草科，血皮草科）Haemodoraceae］■☆

2968   Anigosanthus Steud. (1820) Nom. illegit. ≡ Anigozanthos Labill. (1800)［血草科（半授花科，给血草科，血皮草科）Haemodoraceae］■☆

2969   Anigosia Salisb. (1812) Nom. illegit. = Anigozanthos Labill. (1800)［血草科（半授花科，给血草科，血皮草科）Haemodoraceae］■☆

2970   Anigozanthes Kuntze (1903) Nom. illegit. ≡ Anigozanthos Labill. (1800)［血草科（半授花科，给血草科，血皮草科）Haemodoraceae］■☆

2971   Anigozanthos Labill. (1800)【汉】袋鼠爪属。【日】アニゴザンッス属。【英】Australian Sword Lily, Kangaroo Paw, Kangaroo-paw。【隶属】血草科(半授花科,给血草科,血皮草科) Haemodoraceae。【包含】世界 11-12 种。【学名诠释与讨论】〈阳〉(希) anigo, 开 + anthos, 花。此属的学名，ING、APNI、TROPICOS 和 IK 记载是" Anigozanthos Labill. , Voy. Rech. Pérouse 1：409, t. 22. 1800 ［22 Feb － 4 Mar 1800］"。" Anigoazanthes Steud. , Nomenclator Botanicus 1820"、" Anigosanthos DC. , Les Liliac. 3 1807"、" Anigosanthus Steud. , Nomenclator Botanicus 1820"、"Anigozanthus Salisb. , The Paradisus Londinensis 2 1807"、"Anigozantos Stapf ex R. L. Massey, Dictionnaire des Sciences Naturelles 2 1816"、" Anigozia Endl. , Genera Plantarum 1838"、"Anigozanthes Kuntze, Lexicon Generum Phanerogamarum 1903"、"Anoegosanthos N. T. Burb. , Dictionary of Australian Plant Genera 1963"、"Anoegosanthus Rchb. , Conspectus Regni Vegetabilis 1828"、" Anygozanthes Schltdl. , Enumeratio Plantarum Horti Regii Botanico Berolinensis Suppl. 1814"、"Anygozanthos N. T. Burb. , Dictionary of Australian Plant Genera 1963" 和"Anigozanthus Labill. (1800" 都是其拼写变体。" Schwaegrichenia K. P. J. Sprengel, Pl. Pugil. 2：58. 1815" 是" Anigozanthos Labill. (1800)" 的晚出的同模式异名（Homotypic synonym, Nomenclatural synonym）。【分布】澳大利亚（西南部）。【模式】Anigozanthos rufus Labillardière［as 'rufa'］。【参考异名】

Agonizanthos F. Muell. (1883) Nom. illegit.；Anigoazanthes Steud. (1820) Nom. illegit.；Anigosanthos DC. (1807)；Anigosanthos Lemée, Nom. illegit.；Anigosanthus Steud. (1820) Nom. illegit.；Anigosia Salisb. (1812) Nom. illegit.；Anigozanthes Kuntze (1903) Nom. illegit.；Anigozanthus Labill. (1800) Nom. illegit.；Anigozanthus Salisb. (1807) Nom. illegit.；Anigozantos Stapf ex R. L. Massey (1816) Nom. illegit.；Anoegosanthos N. T. Burb. (1963) Nom. illegit.；Anoegosanthus Rchb. (1828) Nom. illegit.；Anygosanthos Dum. Cours. (1811) Nom. illegit.；Anygozanthes Schltdl. (1814) Nom. illegit.；Anygozanthos N. T. Burb. (1963) Nom. illegit.；Macropidia J. Drumm. ex Harv. (1855)；Schwaegerichenia Steud. (1821)；Schwaegrichenia Spreng. (1815) Nom. illegit. ■☆

2972   Anigozanthus Labill. (1800) Nom. illegit. ≡ Anigozanthos Labill. (1800)［血草科（半授花科，给血草科，血皮草科）Haemodoraceae］■☆

2973   Anigozanthus Salisb. (1807) Nom. illegit. ≡ Anigozanthos Labill. (1800)［血草科（半授花科，给血草科，血皮草科）Haemodoraceae］■☆

2974   Anigozantos Stapf ex R. L. Massey (1816) Nom. illegit. ≡ Anigozanthos Labill. (1800)［血草科（半授花科，给血草科，血皮草科）Haemodoraceae］■☆

2975   Anigozia Endl. (1838) Nom. illegit. ≡ Anigosia Salisb. (1812) Nom. illegit.；~ = Anigozanthos Labill. (1800)［血草科（半授花科，给血草科，血皮草科）Haemodoraceae］■☆

2976   Aniketon Raf. (1840) = Smilax L. (1753)［百合科 Liliaceae// 菝葜科 Smilacaceae］●

2977   Anil Mill. (1754) Nom. illegit. ≡ Indigofera L. (1753)［豆科 Fabaceae（Leguminosae）// 蝶形花科 Papilionaceae］●■

2978   Anila Kuntze (1891) Nom. illegit. ≡ Anil Mill. (1754)［豆科 Fabaceae（Leguminosae）// 蝶形花科 Papilionaceae］●■

2979   Anila Ludw. ex Kuntze (1891) Nom. illegit. ≡ Anila Kuntze (1891) Nom. illegit.；~ ≡ Anil Mill. (1754)［豆科 Fabaceae（Leguminosae）// 蝶形花科 Papilionaceae］●■

2980   Anilema Kunth (1843) = Aneilema R. Br. (1810)［鸭跖草科 Commelinaceae］■☆

2981   Aningeria Aubrév. et Pellegr. (1935) = Pouteria Aubl. (1775)［山榄科 Sapotaceae］●

2982   Aningueria Aubrév. et Pellegr. (1936) = Aningeria Aubrév. et Pellegr. (1935)；~ = Pouteria Aubl. (1775)［山榄科 Sapotaceae］●

2983   Aniotum Parkinson (1773) Nom. illegit. （废弃属名）= Idesia Maxim. (1866)（保留属名）；~ ≡ Inocarpus J. R. Forst. et G. Forst. (1775)（保留属名）［豆科 Fabaceae（Leguminosae）］●☆

2984   Aniotum Sol. ex Endl. (1837) Nom. illegit. （废弃属名）= Inocarpus J. R. Forst. et G. Forst. (1775)（保留属名）［豆科 Fabaceae（Leguminosae）］●☆

2985   Aniotum Sol. ex Parkinson (1773) Nom. illegit. （废弃属名）≡ Aniotum Parkinson (1773) Nom. illegit. （废弃属名）；~ ≡ Idesia Maxim. (1866)（保留属名）；~ ≡ Inocarpus J. R. Forst. et G. Forst. (1775)（保留属名）［豆科 Fabaceae（Leguminosae）］●☆

2986   Anisacantha R. Br. (1810) = Sclerolaena R. Br. (1810)［藜科 Chenopodiaceae］●☆

2987   Anisacanthus Nees (1842)【汉】异刺爵床属。【隶属】爵床科 Acanthaceae。【包含】世界 8-15 种。【学名诠释与讨论】〈阳〉(希) anisos, 不等的 + akantha, 荆棘, 刺。此属的学名是" Anisacanthus K. B. Presl, Abh. Königl. Böhm. Ges. Wiss. ser. 5. 3：527. Jul-Dec 1845；Bot. Bemerk. 97. Jan-Apr 1846 （non C. G. D.

Nees 1842)"。亦有文献把其处理为"Idanthisa Raf.（1840）"的异名。【分布】巴拉圭，玻利维亚，尼加拉瓜，中美洲。【模式】Anisacanthus quadrifidus（Vahl）C. G. D. Nees［Justicia quadrifida Vahl］。【参考异名】Birnbaumia Kostel.（1844）；Idanthisa Raf.（1840）■☆

2988 Anisachne Keng（1958）【汉】异颖草属。【英】Anisachne。【隶属】禾本科 Poaceae（Gramineae）。【包含】世界1种，中国1种。【学名诠释与讨论】〈阴〉（希）anisos，不等的+achne，鳞片，颖。指第一颖，第二颖外稃不等大。此属的学名是"Anisachne Y. L. Keng, J. Wash. Acad. Sci. 48：117. Apr 1958"。亦有文献把其处理为"Calamagrostis Adans.（1763）"的异名。【分布】中国。【模式】Anisachne gracilis Y. L. Keng。【参考异名】Calamagrostis Adans.（1763）■★

2989 Anisactis Dulac（1867）Nom. illegit. ≡ Petroselinum Hill（1756）；~ = Carum L.（1753）［伞形花科（伞形科）Apiaceae（Umbelliferae）］■

2990 Anisadenia Wall.（1829）Nom. inval. ≡ Anisadenia Wall. ex Meisn.（1838）［亚麻科 Linaceae］■

2991 Anisadenia Wall. ex Meisn.（1838）【汉】异腺草属。【英】Anisadenia。【隶属】亚麻科 Linaceae。【包含】世界2种，中国2种。【学名诠释与讨论】〈阴〉（希）anisos，不等的+aden，所有格 adenos，腺体。指腺体不等大。此属的学名，ING 和 IK 记载是"Anisadenia Wallich ex C. F. Meisner, Pl. Vasc. Gen. 2：96. 8-14 Apr 1838"。"Anisadenia Wall., Numer. List［Wallich］n. 1510. 1829 ≡ Anisadenia Wall. ex Meisn.（1838）"是一个未合格发表的名称（Nom. inval.）。【分布】中国，喜马拉雅山。【模式】Anisadenia saxatilis Wallich ex C. F. Meisner。【参考异名】Anisadenia Wall.（1829）Nom. inval. ; Asisadenia Hutch.■

2992 Anisandra Bartl.（1845）= Microcorys R. Br.（1810）［唇形科 Lamiaceae（Labiatae）］●☆

2993 Anisandra Planch. ex Oilv.（1868）Nom. illegit. = Ptychopetalum Benth.（1843）［铁青树科 Olacaceae］●☆

2994 Anisantha C. Koch（1848）Nom. illegit. ≡ Anisantha K. Koch（1848）［禾本科 Poaceae（Gramineae）］■

2995 Anisantha K. Koch（1848）【汉】旱雀麦属。【俄】Анизанта。【英】Brome, Brome Grass。【隶属】禾本科 Poaceae（Gramineae）。【包含】世界10种。【学名诠释与讨论】〈阴〉（希）anisos，不等的+ anthos，花。此属的学名，ING、TROPICOS 和 IK 记载是"Anisantha K. H. E. Koch, Linnaea 21：394. Aug 1848"。"Anisantha C. Koch（1848）Nom. illegit. ≡ Anisantha K. Koch（1848）"的命名人引证有误。亦有文献把"Anisantha K. Koch（1848）"处理为"Bromus L.（1753）（保留属名）"的异名。【分布】巴基斯坦，中国。【模式】Anisantha pontica K. H. E. Koch。【参考异名】Anisantha C. Koch（1848）Nom. illegit. ; Bromus L.（1753）（保留属名）；Genea（Dumort.）Dumort.（1868）Nom. illegit.■

2996 Anisanthera Griff.（1854）Nom. illegit. = Adenosma R. Br.（1810）［玄参科 Scrophulariaceae］■

2997 Anisanthera Raf.（1837）（1）= Caccinia Savi（1832）［紫草科 Boraginaceae］■☆

2998 Anisanthera Raf.（1837）（2）= Crotalaria L.（1753）（保留属名）［豆科 Fabaceae（Leguminosae）//蝶形花科 Papilionaceae］■☆

2999 Anisantherina Pennell（1920）【汉】异药列当属。【隶属】玄参科 Scrophulariaceae//列当科 Orobanchaceae。【包含】世界1种。【学名诠释与讨论】〈阴〉（希）anisos，不等的+anthera，花药+-inus，-ina，-inum，拉丁文加在名词词干之后，以形成形容词的词尾，含义为"属于、相似、关于、小的"。此属的学名是

"Anisantherina Pennell in N. L. Britton, Mem. Torrey Bot. Club 16：106. 10 Sep 1920"。亦有文献把其处理为"Agalinis Raf.（1837）（保留属名）"的异名。【分布】巴拿马，玻利维亚，热带南美洲，中美洲。【模式】Anisantherina hispidula（C. F. P. Martius）Pennell［Gerardia hispidula C. F. P. Martius］。【参考异名】Agalinis Raf.（1837）（保留属名）■☆

3000 Anisanthes Willd.（1819）Nom. illegit. ≡ Anisanthus Willd. ex Schult.（1819）；~ = Symphoricarpos Duhamel（1755）［忍冬科 Caprifoliaceae］●

3001 Anisanthes Willd. ex Roem. et Schult.（1819）Nom. illegit. ≡ Anisanthus Willd. ex Schult.（1819）；~ = Symphoricarpos Duhamel（1755）［忍冬科 Caprifoliaceae］●

3002 Anisanthus Schult.（1819）Nom. illegit. ≡ Anisanthus Willd. ex Schult.（1819）；~ = Symphoricarpos Duhamel（1755）［忍冬科 Caprifoliaceae］●

3003 Anisanthus Sweet ex Klatt（1864）Nom. illegit. = Antholyza L.（1753）［鸢尾科 Iridaceae］■☆

3004 Anisanthus Sweet（1826）Nom. inval. , Nom. illegit. ≡ Anisanthus Sweet ex Klatt（1864）Nom. illegit. ; ~ = Antholyza L.（1753）［鸢尾科 Iridaceae］■☆

3005 Anisanthus Willd.（1819）Nom. illegit. ≡ Anisanthus Willd. ex Schult.（1819）；~ = Symphoricarpos Duhamel（1755）［忍冬科 Caprifoliaceae］●

3006 Anisanthus Willd. ex Roem. et Schult.（1819）Nom. illegit. = Symphoricarpos Duhamel（1755）［忍冬科 Caprifoliaceae］●

3007 Anisanthus Willd. ex Schult.（1819）= Symphoricarpos Duhamel（1755）［忍冬科 Caprifoliaceae］●

3008 Aniseia Choisy（1834）【汉】心萼薯属（叶萼薯属，异萼属）。【英】Aniseia。【隶属】旋花科 Convolvulaceae。【包含】世界5-8种，中国2种。【学名诠释与讨论】〈阴〉（希）anisos，不等的。指叶状的萼片不等大。【分布】巴拉圭，巴拿马，秘鲁，玻利维亚，厄瓜多尔，哥斯达黎加，马达加斯加，尼加拉瓜，中国，中美洲。【后选模式】Aniseia martinicensis（N. J. Jacquin）J. D. Choisy［Convolvulus martinicensis N. J. Jacquin］。【参考异名】Aniseion St. -Lag.（1880）；Ipomaeella A. Chev.（1950）■

3009 Aniseion St. -Lag.（1880）= Aniseia Choisy（1834）［旋花科 Convolvulaceae］■

3010 Aniselytron Merr.（1910）【汉】沟稃草属。【日】ヒロハノコヌカグサ属。【英】Aulacolepis, Furrowlemma。【隶属】禾本科 Poaceae（Gramineae）。【学名诠释与讨论】〈阴〉（希）anisos，不等的+elytron，皮壳，套子，盖。此属的学名是"Aniselytron Merrill, Philipp. J. Sci. , C 5：328. 27 Sep 1910"。亦有文献把其处理为"Calamagrostis Adans.（1763）"的异名。【分布】菲律宾，中国。【模式】Aniselytron agrostoides Merrill。【参考异名】Aulacolepis Hack.（1907）Nom. illegit. ; Calamagrostis Adans.（1763）；Neoaulacolepis Rauschert（1982）■

3011 Anisepta Raf.（1824）Nom. inval. = Croton L.（1753）［大戟科 Euphorbiaceae//巴豆科 Crotonaceae］●

3012 Aniserica N. E. Br.（1906）【汉】异石南属。【隶属】杜鹃花科（欧石南科）Ericaceae。【包含】世界2种。【学名诠释与讨论】〈阴〉（希）anisos，不等的+（属）Erica 欧石南属。此属的学名是"Aniserica N. E. Brown in Thiselton-Dyer, Fl. Cap. 4（1）：4. Mai 1905；391. Oct 1906"。亦有文献把其处理为"Eremia D. Don（1834）"或"Erica L.（1753）"的异名。【分布】非洲南部。【模式】Aniserica gracilis（Bartling）N. E. Brown［Blaeria gracilis Bartling］。【参考异名】Eremia D. Don（1834）；Erica L.（1753）●☆

3013 Anisifolium Kuntze(1891)Nom. illegit. ≡ Anisifolium Rumph. ex Kuntze(1891);~≡Limonia L. (1762)［芸香科 Rutaceae］●☆

3014 Anisifolium Rumph. (1742)Nom. inval. ≡ Anisifolium Rumph. ex Kuntze(1891);~≡Limonia L. (1762)［芸香科 Rutaceae］●☆

3015 Anisifolium Rumph. ex Kuntze(1891)Nom. illegit. ≡Limonia L. (1762)［芸香科 Rutaceae］●☆

3016 Anisocalyx Hance ex Walp. (1852)Nom. illegit. ≡ Anisocalyx Hance(1852)Nom. illegit. ;~=Bacopa Aubl. (1775)(保留属名); ~=Brami Adans. (1763)(废弃属名);~=Herpestis C. F. Gaertn. (1807)［玄参科 Scrophulariaceae//婆婆纳科 Veronicaceae］■

3017 Anisocalyx Hance(1852)Nom. illegit. =Bacopa Aubl. (1775)(保留属名);~=Brami Adans. (1763)(废弃属名);~=Herpestis C. F. Gaertn. (1807)［玄参科 Scrophulariaceae//婆婆纳科 Veronicaceae］■

3018 Anisocalyx L. Bolus(1958)Nom. illegit. = Drosanthemopsis Rauschert(1982);~= Drosanthemum Schwantes(1927)［番杏科 Aizoaceae］●☆

3019 Anisocapparis Cornejo et Iltis(2008)= Capparis L. (1753)［山柑科(白花菜科,醉蝶花科)Capparaceae］●

3020 Anisocarpus Nutt. (1841)【汉】歪果菊属。【隶属】菊科 Asteraceae(Compositae)。【包含】世界 2 种。【学名诠释与讨论】〈阳〉(希)anisos, 不等的 + karpos, 果实。此属的学名是"Anisocarpus Nuttall, Trans. Amer. Philos. Soc. ser. 2. 7: 388. 2 Apr 1841"。亦有文献把其处理为"Madia Molina(1782)"的异名。【分布】北美洲。【模式】Anisocarpus madioides Nuttall。【参考异名】Hemizonella (A. Gray) A. Gray(1874);Hemizonella A. Gray(1874)Nom. illegit. ;Madia Molina(1782)■☆

3021 Anisocentra Turcz. (1863)= Tropaeolum L. (1753)［旱金莲科 Tropaeolaceae］■

3022 Anisocentrum Turcz. (1862)= Acisanthera P. Browne(1756)［野牡丹科 Melastomataceae］●■☆

3023 Anisocereus Backeb. (1938)【汉】鳞花柱属。【隶属】仙人掌科 Cactaceae。【包含】世界 3 种。【学名诠释与讨论】〈阳〉(希)anisos, 不等的 + (属)Cereus 仙影掌属。此属的学名, ING、TROPICOS、GCI 和 IK 记载是"Anisocereus Backeb., Blätt. Kakteenf. 1938 (6): [17; 8, 12, 24]"。它曾被处理为"Pachycereus sect. Anisocereus(Backeb.)P. V. Heath, Calyx 2 (3): 108. 1992"。亦有文献把"Anisocereus Backeb. (1938)"处理为"Escontria Rose(1906)"的异名。【分布】中美洲。【后选模式】Anisocereus lepidanthus(Eichlam)Backeberg［Cereus lepidanthus Eichlam］。【参考异名】Escontria(Schum.)Rose (1906)Nom. illegit. ;Escontria Britton et Rose, Nom. illegit. ;Escontria Rose(1906);Pachycereus sect. Anisocereus(Backeb.)P. V. Heath(1992)■☆

3024 Anisochaeta DC. (1836)【汉】芒冠鼠麹木属。【隶属】菊科 Asteraceae(Compositae)。【包含】世界 1 种。【学名诠释与讨论】〈阴〉(希)anisos, 不等的+chaite 拉丁文 chaeta, 刚毛。【分布】非洲南部。【模式】Anisochaeta mikanioides A. P. de Candolle［as 'mikanoides'］●☆

3025 Anisochilus Wall. (1830)Nom. illegit. ≡ Anisochilus Wall. ex Benth. (1830)［唇形科 Lamiaceae(Labiatae)］●■

3026 Anisochilus Wall. ex Benth. (1830)【汉】排草香属(异唇花属)。【俄】Анизохилус。【英】Anisochilus。【隶属】唇形科 Lamiaceae (Labiatae)。【包含】世界 15-20 种,中国 2 种。【学名诠释与讨论】〈阳〉(希)anisos, 不等的+cheilos, 唇。在希腊文组合词中, cheil-, cheilo-, -chilus, -chilia 等均为"唇,边缘"之义。指唇、瓣不等大。此属的学名, ING、TROPICOS 和 IPNI 记载是"Anisochilus Wallich ex Bentham in Lindley, Edwards's Bot. Reg. 15: t. 1300. 1 Feb 1830"。IK 则记载为"Anisochilus Wall. , Pl. Asiat. Rar. (Wallich). 2 (pt. 5): 18. 1830 [20 Sep 1830]"。【分布】中国,热带非洲,亚洲。【模式】未指定。【参考异名】Anisochilus Wall. (1830)Nom. illegit. ;Stiptanthus (Benth.)Briq. (1897);Stiptanthus Briq. (1897)Nom. illegit. ●■

3027 Anisocoma Torr. (1845)Nom. illegit. =Anisocoma Torr. et A. Gray (1845)［菊科 Asteraceae(Compositae)］■☆

3028 Anisocoma Torr. et A. Gray(1845)【汉】异冠苣属。【隶属】菊科 Asteraceae(Compositae)。【包含】世界 1 种。【学名诠释与讨论】〈阴〉(希)anisos, 不等的+kome, 毛发,束毛,冠毛,来自拉丁文 coma。此属的学名, ING、Nom. illegit. 、TROPICOS 和 IK 记载是"Anisocoma J. Torrey et A. Gray in A. Gray, Boston J. Nat. Hist. 5: 111. Jan 1845"。"Anisocoma Torr. (1845)"的命名人引证有误。【分布】美国(西南部)。【模式】Anisocoma acaulis Torr. et A. Gray。【参考异名】Anisocoma Torr. (1845)Nom. illegit. ; Pterostephanus Kellogg(1863)■☆

3029 Anisocycla Baill. (1887)【汉】异环藤属(歪环防己属)。【隶属】防己科 Menispermaceae。【包含】世界 3 种。【学名诠释与讨论】〈阴〉(希)anisos, 不等的+kyklos, 圆圈。kyklas, 所有格 kyklados, 圆形的。kyklotos, 圆的, 关住, 围住。【分布】马达加斯加,热带和非洲南部。【模式】Anisocycla grandidieri Baillon。【参考异名】Junodia Pax(1899);Macrophragma Pierre ●☆

3030 Anisodens Dulac(1867)= Scabiosa L. (1753)［川续断科(刺参科,蓟叶参科,山萝卜科,续断科)Dipsacaceae//蓝盆花科 Scabiosaceae］●■

3031 Anisoderis Cass. (1827)Nom. illegit. ≡ Wibelia P. Gaertn. , B. Mey. et Scherb. (1801);~=Crepis L. (1753)［菊科 Asteraceae (Compositae)］■

3032 Anisodontea C. Presl(1845)【汉】南非葵属。【隶属】锦葵科 Malvaceae。【包含】世界 19-20 种。【学名诠释与讨论】〈阴〉(希)anisos, 不等的+odous, 所有格 odontos, 齿。【分布】南非。【模式】Anisodontea dregeana K. B. Presl。【参考异名】Malocopsis Walp. (1848);Malveopsis C. Presl(1845)(废弃属名)●■☆

3033 Anisodus Link et Otto(1825)Nom. illegit. = Anisodus Link ex Spreng. (1824)［茄科 Solanaceae］■

3034 Anisodus Link ex Spreng. (1824)【汉】山莨菪属(东莨菪属,赛莨菪属,三分三属)。【俄】Гималайская скополия。【英】Anisodus。【隶属】茄科 Solanaceae。【包含】世界 4-6 种,中国 4 种。【学名诠释与讨论】〈阳〉(希)anisos, 不等的+odous, 所有格 odontos, 齿。指萼齿不等大。此属的学名, ING、TROPICOS 和 IPNI 记载是"Anisodus Link ex K. P. J. Sprengel, Syst. Veg. 1: 512, 699. 1824 (sero)('1825')"。茄科 Solanaceae 的"Anisodus Link et Otto, Icon. Pl. Select. 77, t. 35. 1825 [Jul-Dec 1825]"是晚出的非法名称。【分布】中国,温带东亚。【模式】Anisodus luridus Link ex K. P. J. Sprengel。【参考异名】Anisodus Link et Otto (1825)Nom. illegit. ;Whitleya D. Don ex Sweet (1825);Whitleya D. Don(1825)Nom. inval. ;Whitleya Sweet(1825)Nom. illegit. ■

3035 Anisolepis Steetz(1845)【汉】歧鳞菊属。【隶属】菊科 Asteraceae(Compositae)。【包含】世界 1 种。【学名诠释与讨论】〈阴〉(希)anisos, 不等的+lepis, 所有格 lepidos, 指小式 lepion 或 lepidion, 鳞,鳞片。lepidotos, 多鳞的。lepos, 鳞,鳞片。此属的学名是"Anisolepis Steetz in J. G. C. Lehmann, Pl. Preiss. 1(3): 446. 14-16 Aug 1845"。亦有文献把其处理为"Helipterum DC. ex Lindl. (1836)Nom. confus."的异名。【分布】澳大利亚。【模式】Anisolepis pyrethrum Steetz。【参考异名】Helipterum DC. ex Lindl. (1836)Nom. confus. ■☆

3036　Anisolobus A. DC. (1844) = Odontadenia Benth. (1841) [夹竹桃科 Apocynaceae]●☆

3037　Anisolotus Bernh. (1837) = Hosackia Douglas ex Benth. (1829) [豆科 Fabaceae(Leguminosae)//蝶形花科 Papilionaceae]■☆

3038　Anisomallon Baill. (1874) = Apodytes E. Mey. ex Arn. (1841) [茶茱萸科 Icacinaceae]●

3039　Anisomeles R. Br. (1810)【汉】金剑草属(防风属,广防风属)。【日】ブソロイバナ属。【英】Anisomeles。【隶属】唇形科 Lamiaceae(Labiatae)。【包含】世界 3-12 种,中国 1 种。【学名诠释与讨论】〈阴〉(希)anisos,不等的+meles,容器。指花冠的二唇不等大。此属的学名是"Anisomeles R. Brown, Prodr. 503. 27 Mar 1810"。亦有文献把其处理为"Epimeredi Adans. (1763)"的异名。【分布】澳大利亚,马来西亚,中国,热带和亚热带亚洲。【模式】未指定。【参考异名】Epimeredi Adans. (1763)■●

3040　Anisomeria D. Don (1832)【汉】异商陆属。【隶属】商陆科 Phytolaccaceae。【包含】世界 2-3 种。【学名诠释与讨论】〈阴〉(希)anisos,不等的+meros,一部分。拉丁文 merus 含义为纯洁的,真正的。【分布】智利。【模式】Anisomeria coriacea D. Don。【参考异名】Chomelia Jacq. (1760)(保留属名)■●☆

3041　Anisomeris C. Presl(1833) = Chomelia Jacq. (1760)(保留属名)[茜草科 Rubiaceae]●☆

3042　Anisometros Hassk. (1847) = Pimpinella L. (1753) [伞形花科(伞形科)Apiaceae(Umbelliferae)]■

3043　Anisonema A. Juss. (1824) = Phyllanthus L. (1753) [大戟科 Euphorbiaceae//叶下珠科(叶萝藦科)Phyllanthaceae]●■

3044　Anisopappus Hook. et Arn. (1837)【汉】山黄菊属。【英】Anisopapus。【隶属】菊科 Asteraceae(Compositae)。【包含】世界 3-40 种,中国 1 种。【学名诠释与讨论】〈阳〉(希)anisos,不等的+希腊文 pappos 指柔毛,软毛。pappus 则与拉丁文同义,指冠毛。指冠毛不等长。【分布】马达加斯加,中国,热带和非洲南部。【模式】Anisopappus chinensis W. J. Hooker et Arnott。【参考异名】Astephania Oliv. (1886);Cardosoa S. Ortiz et Paiva(2010);Eenia Hiern et S. Moore (1899);Epallage DC. (1838);Sphacophyllum Benth. (1873)■

3045　Anisopetala (Kraenzl.) M. A. Clem. (2003) Nom. illegit. = Dendrobium Sw. (1799)(保留属名)[兰科 Orchidaceae]■

3046　Anisopetala Walp. (1848) Nom. inval. = Pelargonium L' Hér. ex Aiton(1789) [牻牛儿苗科 Geraniaceae]●■

3047　Anisopetalon Hook. (1825) = Bulbophyllum Thouars(1822)(保留属名)[兰科 Orchidaceae]■

3048　Anisopetalum Hook. (1825) Nom. illegit. ≡ Anisopetalon Hook. (1825) [兰科 Orchidaceae]■

3049　Anisophyllea R. Br. (1824) Nom. illegit. = Anisophyllea R. Br. ex Sabine(1824) [异叶木科(四柱木科,异形叶科,异叶红树科)Anisophylleaceae//红树科 Rhizophoraceae]●☆

3050　Anisophyllea R. Br. ex Sabine(1824)【汉】异叶树属(四柱木属,异叶红树属,异叶树属)。【隶属】异叶木科(四柱木科,异形叶科,异叶红树科)Anisophylleaceae//红树科 Rhizophoraceae。【包含】世界 30 种。【学名诠释与讨论】〈阴〉(希)anisos,不等的+phyllon,叶子。此属的学名,ING、TROPICOS 和 IK 记载是"Anisophyllea R. Brown ex Sabine, Trans. Hort. Soc. London 5:446. 1824"。"Anisophyllea R. Br."的命名人引证有误。【分布】热带非洲和亚洲,热带南美洲。【模式】Anisophyllea laurina R. Brown ex Sabine。【参考异名】Anisophyllea R. Br. (1824) Nom. illegit.;Anisophyllum G. Don, Nom. illegit.;Tetracarpaea Benth. (1858) Nom. illegit.;Tetracrypta Gardner et Champ. (1849);Tetracrypta Gardner(1849) Nom. illegit. ●☆

3051　Anisophylleaceae Ridl. (1922)【汉】异叶木科(四柱木科,异形叶科,异叶红树科)。【包含】世界 4 属 29-37 种。【分布】热带。【科名模式】Anisophyllea R. Br. ex Sabine(1824)●☆

3052　Anisophyllum Boivin ex Baill. (1861) Nom. illegit. = Croton L. (1753) [大戟科 Euphorbiaceae//巴豆科 Crotonaceae]●

3053　Anisophyllum Boivin(1858) Nom. illegit. = Croton L. (1753) [大戟科 Euphorbiaceae//巴豆科 Crotonaceae]●

3054　Anisophyllum G. Don ex Benth. (1849) Nom. illegit. [异叶木科(四柱木科,异形叶科,异叶红树科)Anisophylleaceae]●☆

3055　Anisophyllum G. Don, Nom. illegit. = Anisophyllea R. Br. ex Sabine (1824) [异叶木科(四柱木科,异形叶科,异叶红树科)Anisophylleaceae//红树科 Rhizophoraceae]●☆

3056　Anisophyllum Haw. (1812) Nom. illegit. = Euphorbia L. (1753) [大戟科 Euphorbiaceae]●■

3057　Anisophyllum Jacq. (1763)【汉】异叶漆属。【隶属】漆树科 Anacardiaceae。【包含】世界 1 种。【学名诠释与讨论】〈阴〉(希)anisos,不等的+phyllon,叶子。此属的学名,ING、TROPICOS 和 IK 记载是"Anisophyllum N. J. Jacquin, Sel. Stirp. Amer. Hist. 283. Jun – Jul(?)1763"。TROPICOS 把其归入"漆树科 Anacardiaceae";ING、TROPICOS 和 IK 则放入"Incertae – sedis"。【分布】马达加斯加,巴基斯坦。【模式】Anisophyllum pinnatum Jacq. 。☆

3058　Anisoplectus Oerst. (1861) = Alloplectus Mart. (1829)(保留属名);~ = Drymonia Mart. (1829) [苦苣苔科 Gesneriaceae]●■☆

3059　Anisopleura Fenzl (1843) = Heptaptera Margot et Reut. (1839) [伞形花科(伞形科)Apiaceae(Umbelliferae)]■☆

3060　Anisopoda Baker(1890)【汉】异足芹属。【隶属】伞形花科(伞形科)Apiaceae(Umbelliferae)。【包含】世界 1 种。【学名诠释与讨论】〈阴〉(希)anisos,不等的+pous,所有格 podos,指小式 podion,脚,足,柄,梗。podotes,有脚的。【分布】马达加斯加。【模式】Anisopoda bupleuroides J. G. Baker。☆

3061　Anisopogon R. Br. (1810)【汉】澳异芒草属。【隶属】禾本科 Poaceae(Gramineae)。【包含】世界 1 种。【学名诠释与讨论】〈阳〉(希)anisos+pogon,所有格 pogonos,指小式 pogonion,胡须,髯毛,芒。pogonias,有须的。【分布】澳大利亚。【模式】Anisopogon avenaceus R. Brown。■☆

3062　Anisoptera Korth. (1841)【汉】异翅香属。【英】Krabak,Mersawa,Palosapis。【隶属】龙脑香科 Dipterocarpaceae。【包含】世界 10-13 种。【学名诠释与讨论】〈阴〉(希)anisos,不等的+pteron,指小式 pteridion,翅。pteridios,有羽毛的。【分布】东南亚,印度(阿萨姆)。【模式】未指定。【参考异名】Antherotrlche Turcz. (1846);Hopeoides Cretz. (1941);Scaphula R. Parker (1932)●☆

3063　Anisopus N. E. Br. (1895)【汉】异足萝藦属。【隶属】萝藦科 Asclepiadaceae。【包含】世界 1 种。【学名诠释与讨论】〈阳〉(希)anisos,不等的+pous,所有格 podos,指小式 podion,脚,足,柄,梗。podotes,有脚的。【分布】热带非洲西部。【模式】Anisopus mannii N. E. Brown。●☆

3064　Anisopyrum(Griseb.) Gren. et Duval(1859) = Agropyron Gaertn. (1770);~ = Leymus Hochst. (1848) [禾本科 Poaceae(Gramineae)]■

3065　Anisopyrum Gren. et Duval (1859) Nom. illegit. ≡ Anisopyrum (Griseb.) Gren. et Duval(1859);~ = Agropyron Gaertn. (1770);~ = Leymus Hochst. (1848) [禾本科 Poaceae(Gramineae)]■

3066　Anisora Raf. (1838) Nom. illegit. ≡ Helicteres L. (1753) [梧桐科 Sterculiaceae//锦葵科 Malvaceae]●

3067　Anisoramphus DC. (1838) = Crepis L. (1753) [菊科 Asteraceae

（Compositae）]■

3068　Anisosciadium DC.（1829）【汉】肖伞芹属。【隶属】伞形花科（伞形科）Apiaceae（Umbelliferae）。【包含】世界3种。【学名诠释与讨论】〈阴〉（希）anisos,不等的+（属）Sciadium 伞芹属。此属的学名是"Anisosciadium A. P. de Candolle, Collect. Mém. Ombellif. 63. t. 15. 12 Sep 1829"。亦有文献把其处理为"Echinophora L.（1753）"的异名。【分布】亚洲西南部。【模式】Anisosciadium orientale A. P. de Candolle。【参考异名】Echinophora L.（1753）；Echinosciadium Zohary（1948）■☆

3069　Anisosepalum E. Hossain（1972）【汉】异萼爵床属。【隶属】爵床科 Acanthaceae。【包含】世界3种。【学名诠释与讨论】〈中〉（希）anisos,不等的+sepalum,花萼。【分布】非洲中部。【模式】Anisosepalum humbertii（Mildbraed）A. B. M. E. Hossain [Staurogyne humbertii Mildbraed as 'humberti']■☆

3070　Anisosorus Trevis. = Lonchitis L.（1902）Nom. illegit. ;～= Serapias L.（1753）（保留属名）[兰科 Orchidaceae]■☆

3071　Anisosperma SilvaManso（1836）【汉】异籽葫芦属。【隶属】葫芦科（瓜科,南瓜科）Cucurbitaceae。【包含】世界1-?种。【学名诠释与讨论】〈中〉（希）anisos,不等的+sperma,所有格 spermatos,种子,孢子。此属的学名,ING、TROPICOS 和 IK 记载是"Anisosperma A. L. P. da Silva Manso, Enum. Subst. Brazil. 38. 1836"。它曾被处理为"Fevillea subgen. Anisosperma（Silva Manso）G. Rob. & Wunderlin, Sida 21（4）:1993. 2005.（21 Dec 2005）"。【分布】巴西。【模式】Anisosperma passiflora A. L. P. da Silva Manso。【参考异名】Fevillea L.（1753）；Fevillea subgen. Anisosperma（Silva Manso）G. Rob. & Wunderlin（2005）■☆

3072　Anisostachya Nees（1847）= Justicia L.（1753）[爵床科 Acanthaceae//鸭嘴花科（鸭咀花科）Justiciaceae]●■

3073　Anisostemon Turcz.（1847）= Connarus L.（1753）[牛栓藤科 Connaraceae]●

3074　Anisostichus Bureau（1864）Nom. illegit. ≡ Bignonia L.（1753）（保留属名）[紫葳科 Bignoniaceae]●

3075　Anisosticte Bartl.（1830）Nom. illegit.（1）= Capparis L.（1753）[山柑科（白花菜科,醉蝶花科）Capparaceae]●

3076　Anisosticte Bartl.（1830）Nom. illegit.（2）≡ Monoporina Bercht. et J. Presl（1825）[猪胶树科（克鲁西科,山竹子科,藤黄科）Clusiaceae（Guttiferae）]■☆

3077　Anisostictus Benth. et Hook. f.（1876）= Anisostichus Bureau（1864）Nom. illegit. ;～= Bignonia L.（1753）（保留属名）[紫葳科 Bignoniaceae]●

3078　Anisostigma Schinz（1897）= Tetragonia L.（1753）[坚果番杏科 Tetragoniaceae//番杏科 Aizoaceae]●■

3079　Anisotes Lindl.（1836）Nom. inval.（废弃属名）≡ Anisotes Lindl. ex Meisn.（1838）（废弃属名）;～= Lythrum L.（1753）[千屈菜科 Lythraceae]●☆

3080　Anisotes Lindl. ex Meisn.（1838）（废弃属名）= Lythrum L.（1753）[千屈菜科 Lythraceae]●■

3081　Anisotes Nees（1847）（保留属名）【汉】异耳爵床属。【隶属】爵床科 Acanthaceae。【包含】世界19种（保留属名）。【学名诠释与讨论】〈阳〉（希）anisos,不等的+ous,所有格 otos,指小式 otion,耳. otikos,耳的。此属的学名"Anisotes Nees in Candolle, Prodr. 11:424. 25 Nov 1847"是保留属名。相应的废弃属名是千屈菜科 Lythraceae 的"Anisotes Lindl. ex Meisn., Pl. Vasc. Gen. 1:117,2:84. 8-14 Apr 1838"和"Calasias Raf., Fl. Tellur. 4:64. 1838"。千屈菜科 Lythraceae 的"Anisotes Lindl.（1836）≡ Anisotes Lindl. ex Meisn.（1838）（废弃属名）= Lythrum L.（1753）"亦应废弃。"Calasias Raf.（1838）（废弃属名）"是"Anisotes Nees（1847）（保

留属名）"的同模式异名（Homotypic synonym, Nomenclatural synonym）。【分布】阿拉伯地区,马达加斯加,热带非洲。【模式】Anisotes trisulcus（Forsskål）C. G. D. Nees [Dianthera trisulca Forsskål]。【参考异名】Calasias Raf.（1838）（废弃属名）；Himantochilus T. Anderson ex Benth.（1876）；Himantochilus T. Anderson（1876）；Macrorungia C. B. Clarke.（1900）Nom. illegit. ;Symplectochilus Lindau（1894）●☆

3082　Anisothrix O. Hoffm.（1898）【汉】异毛鼠麹木属（短果鼠麹木属）。【隶属】菊科 Asteraceae（Compositae）。【包含】世界2种。【学名诠释与讨论】〈阴〉（希）anisos,不等的+thrix,所有格 trichos,毛,毛发。此属的学名,ING 记载是"Anisothrix O. Hoffmann in O. Kuntze, Rev. Gen. 3（2）:129. 28 Sep 1898"。IK 则记载为"Anisothrix O. Hoffm. ex Kuntze, Revis. Gen. Pl. 3 [3]:129. 1898 [28 Sep 1898]"。【分布】非洲南部。【模式】Anisothrix kuntzei O. Hoffmann。【参考异名】Anisothrix O. Hoffm. ex Kuntze（1898）Nom. illegit. ●☆

3083　Anisotoma Fenzl（1844）【汉】异片萝藦属。【隶属】萝藦科 Asclepiadaceae。【包含】世界2种。【学名诠释与讨论】〈阴〉（希）anisos,不等的+tomos,一片,锐利的,切割的. tome,断片,残株。此属的学名,ING、TROPICOS 和 IK 记载是"Anisotoma Fenzl, Linnaea 17:330. Jan（?）1844"。K. B. Presl（1845）用"Anisotomaria K. B. Presl, Abh. Böhm. Ges. Wiss. ser. 5. 3:533. Jul-Dec 1845"替代"Anisotoma Fenzl, Linnaea 17:330. Jan（?）1844"；这是多余的。"Anisotomaria K. B. Presl, Abh. Böhm. Ges. Wiss. ser. 5. 3:533. Jul-Dec 1845"和"Lophostephus W. H. Harvey, Thes. Cap. 2:9. 1863"也是"Anisotoma Fenzl（1844）"的晚出的同模式异名（Homotypic synonym, Nomenclatural synonym）。【分布】非洲南部。【模式】Anisotoma cordifolia Fenzl, Nom. illegit. [Cynoctonum molle E. H. F. Meyer; Anisotoma mollis（E. H. F. Meyer）Schlechter]。【参考异名】Anisotomaria C. Presl（1845）Nom. illegit. ;Decaceras Harv.（1863）；Lophostephus Harv.（1863）Nom. illegit. ■☆

3084　Anisotomaria C. Presl（1845）Nom. illegit. ≡ Anisotoma Fenzl（1844）[萝藦科 Asclepiadaceae]■☆

3085　Anisotome Hook. f.（1844）【汉】异片芹属。【隶属】伞形花科（伞形科）Apiaceae（Umbelliferae）。【包含】世界15种。【学名诠释与讨论】〈阴〉（希）anisos,不等的+tomos,一片,锐利的,切割的. tome,断片,残株。【分布】新西兰,亚南极地区。【后选模式】Anisotome latifolia J. D. Hooker。【参考异名】Eustylis Hook. f.（1852）Nom. illegit. ■☆

3086　Anistelma Raf.（1840）= Hedyotis L.（1753）（保留属名）[茜草科 Rubiaceae]●■

3087　Anistylis Raf.（1825）= Liparis Rich.（1817）（保留属名）[兰科 Orchidaceae]■

3088　Anisum Gaertn. = Pimpinella L.（1753）[伞形花科（伞形科）Apiaceae（Umbelliferae）]■

3089　Anisum Hill（1756）= Pimpinella L.（1753）[伞形花科（伞形科）Apiaceae（Umbelliferae）]■

3090　Anisum Schaeff.（1760）Nom. illegit. [伞形花科（伞形科）Apiaceae（Umbelliferae）]■

3091　Anithista Raf.（1840）= Carex L.（1753）[莎草科 Cyperaceae]■

3092　Ankylobus Steven（1856）= Astragalus L.（1753）[豆科 Fabaceae（Leguminosae）//蝶形花科 Papilionaceae]●■

3093　Ankylocheilos Summerh.（1943）= Taeniophyllum Blume（1825）[兰科 Orchidaceae]■

3094　Ankyropetalum Fenzl（1843）【汉】裂瓣石头花属。【隶属】石竹科 Caryophyllaceae。【包含】世界4种。【学名诠释与讨论】〈中〉

（希）ankylos，弯的，曲的+希腊文 petalos，扁平的，铺开的；petalon，花瓣，叶，花叶，金属叶子；拉丁文的花瓣为 petalum。【分布】地中海东部至伊朗。【模式】Ankyropetalum gypsophiloides Fenzl。■☆

3095　Anna Pellegr.（1930）【汉】大苞芭苣苔属。【英】Anna。【隶属】苦苣苔科 Gesneriaceae。【包含】世界 3 种，中国 3 种。【学名诠释与讨论】〈阴〉（拉）Anna，一女神名。【分布】中国，中南半岛。【模式】Anna submontana Pellegrin。【参考异名】Tumidinodus H. W. Li(1983)■

3096　Annaea Kolak.（1979）【汉】越南桔梗属。【隶属】桔梗科 Campanulaceae。【包含】世界 1 种。【学名诠释与讨论】〈阴〉（地）Anna，越南的旧称。此属的学名是“Annaea A. A. Kolakovsky，Soobsc. Akad. Nauk Gruzinsk. SSR 94：163. Apr 1979”。亦有文献把其处理为“Campanula L.（1753）”的异名。【分布】越南。【模式】Annaea hieracioides（Kolak.）Kolak.［Campanula hieracioides A. A. Kolakovsky］。【参考异名】Campanula L.（1753）■☆

3097　Annamocalamus H. N. Nguyen, N. H. Xia et V. T. Tran（2013）【汉】越南竹属（越南禾属）。【隶属】禾本科 Poaceae（Gramineae）。【包含】世界 1 种。【学名诠释与讨论】〈阴〉（地）Annam，安南，越南的旧称+kalamos，芦苇，转义为竹子。指茎秆细长，具攀缘习性。【分布】热带亚洲，中南半岛。【模式】Annamocalamus kontumensis H. N. Nguyen，N. H. Xia et V. T. Tran。☆

3098　Annamocarya A. Chev.（1941）【汉】喙核桃属（喙嘴核桃属）。【英】Annamocarya，Billwalnut。【隶属】胡桃科 Juglandaceae。【包含】世界 1 种，中国 1 种。【学名诠释与讨论】〈阴〉（地）Annam，安南，越南的旧称+（属）Carya 山核桃属。指本属模式种（Annamocarya sinensis）标本来自越南，并与山核桃相近。亦有文献把“Annamocarya A. Chev.（1941）”处理为“Carya Nutt.（1818）（保留属名）”的异名。【分布】中国，中南半岛。【模式】Annamocarya indochinensis A. Chevalier。【参考异名】Carya Nutt.（1818）（保留属名）；Rhamphocarya Kuang（1941）●

3099　Annea Mackinder et Wieringa(2013)【汉】非洲豆属。【隶属】豆科 Fabaceae（Leguminosae）。【包含】世界 2 种。【学名诠释与讨论】〈阴〉（拉）Anna，一女神名。【分布】热带非洲。【模式】Cynometra laxiflora Benth.。☆

3100　Anneliesia Brieger et Lückel（1983）= Miltonia Lindl.（1837）（保留属名）［兰科 Orchidaceae］■☆

3101　Annesijoa Pax et K. Hoffm.（1919）【汉】新几内亚大戟属。【隶属】大戟科 Euphorbiaceae。【包含】世界 1 种。【学名诠释与讨论】〈阴〉词源不详。【分布】新几内亚岛。【模式】Annesijoa novoguineensis Pax et K. Hoffmann。☆

3102　Anneslea Roxb. ex Andréws（1810）Nom. illegit.（废弃属名）= Eurycles Salisb.（1830）Nom. illegit.；~ = Eurycles Salisb. ex Lindl.（1829）Nom. illegit.；~ = Eurycles Salisb. ex Schult. et Schult. f.（1830）［石蒜科 Amaryllidaceae］■☆

3103　Anneslea W. Hook.（1807）Nom. illegit.（废弃属名）= Anneslia Salisb.（1807）（废弃属名）；~ = Calliandra Benth.（1840）（保留属名）［豆科 Fabaceae（Leguminosae）//含羞草科 Mimosaceae］●

3104　Anneslea Wall.（1829）（保留属名）【汉】茶梨属（安纳士树属，红楣属）。【日】ナガバモクコク属。【俄】Аннеслея。【英】Anneslea，Anneslia。【隶属】山茶科（茶科）Theaceae//厚皮香科 Ternstroemiaceae。【包含】世界 3-7 种，中国 2 种。【学名诠释与讨论】〈阴〉（人）George Annesley，英国一贵族和旅行者，一说为植物学者。此属的学名“Anneslea Wall.，Pl. Asiat. Rar. 1：5. Sep 1829”是保留属名。相应的废弃属名是豆科 Fabaceae 的“Anneslia Salisb.，Parad. Lond.；ad t. 64. 1 Mar 1807 ≡ Calliandra Benth.（1840）（保留属名）”。睡莲科 Nymphaeaceae 的“Anneslea Roxburgh ex H. C. Andrews，Bot. Repos. 10；t. 618. Jun 1811 = Annslea Wall.（1829）（保留属名）= Eurycles Salisb.（1830）Nom. illegit. = Eurycles Salisb. ex Lindl.（1829）Nom. illegit. = Eurycles Salisb. ex Schult. et Schult. f.（1830）”和豆科 Fabaceae 的“Anneslea W. Hook.，Salisb. Parad. Lond. t. 64（1807）= Anneslia Salisb.（1807）（废弃属名）= Calliandra Benth.（1840）（保留属名）”亦应废弃。“Annesleia Hook.”似与“Anneslea W. Hook.（1807）（废弃属名）”同物。“Richtera H. G. L. Reichenbach，Deutsche Bot. Herbarienbuch（Nom.）208；（Syn. Red.）8. Jul 1841”、“Daydonia Britten，J. Bot. 26：11. Jan 1888”、“Mountnorrisia Szyszylowicz in Engler et Prantl，Nat. Pflanzenfam. 3（6）：189. Mai 1893”和“Callosmia K. B. Presl，Abh. Königl. Böhm. Ges. Wiss. ser. 5. 3；533. Jul – Dec 1845”都是“Anneslea Wall.（1829）（保留属名）”的晚出的同模式异名（Homotypic synonym，Nomenclatural synonym）。【分布】印度至马来西亚，中国。【模式】Anneslea fragrans Wallich。【参考异名】Aneslea Rchb.（1828）；Anneslea Roxb. ex Andrews（1810）（废弃属名）；Annesleya Post et Kuntze（1903）；Callosmia C. Presl（1845）Nom. illegit.；Daydonia Britten（1888）Nom. illegit.；Mountnorrisia Szyszyl.（1893）Nom. illegit.；Paranneslea Gagnep.（1948）；Richtera Rchb. f.（1841）Nom. illegit.●

3105　Annesleia Spach（1840）Nom. illegit. =? Anneslea Wall.（1829）（保留属名）［山茶科（茶科）Theaceae］●☆

3106　Annesleia W. Hook.（1807）Nom. illegit.（废弃属名）≡ Anneslea W. Hook.（1807）Nom. illegit.（废弃属名）；~ = Anneslia Salisb.（1807）（废弃属名）；~ = Calliandra Benth.（1840）（保留属名）［豆科 Fabaceae（Leguminosae）//含羞草科 Mimosaceae］●

3107　Annesleya Post et Kuntze(1903) = Anneslea Wall.（1829）（保留属名）［山茶科（茶科）Theaceae//厚皮香科 Ternstroemiaceae］●

3108　Anneslia Salisb.（1807）Nom. illegit.（废弃属名）≡ Calliandra Benth.（1840）（保留属名）［豆科 Fabaceae（Leguminosae）//含羞草科 Mimosaceae］●

3109　Annesorhiza Cham. etSchltdl.（1826）【汉】安斯草属。【隶属】伞形花科（伞形科）Apiaceae（Umbelliferae）。【包含】世界 12-15 种。【学名诠释与讨论】〈阴〉（希）有人推测来自 anison 茴芹+rhiza 根，暗喻可食的块根具香味。【分布】非洲南部。【模式】Annesorhiza capensis Chamisso et Schlechtendal。【参考异名】Acroglyphe E. Mey.（1843）；Anesorhiza Endl.（1839）；Glia Sond.（1862）；Stenosemis E. Mey. ex Harv. et Sond.（1862）Nom. illegit.；Stenosemis E. Mey. ex Sond.（1862）■☆

3110　Annickia Setten et Maas(1990)【汉】安尼木属。【英】African Whitewood。【隶属】番荔枝科 Annonaceae。【包含】世界 10 种。【学名诠释与讨论】〈阴〉（人）Annick。此属的学名“Annickia A. K. van Setten et P. J. M. Maas，Taxon 39；676，681. 4 Dec 1990”是一个替代名称。“Enantia D. Oliver，J. Linn. Soc.，Bot. 9：174. 12 Oct 1865”是一个非法名称（Nom. illegit.），因为此前已经有了“Enantia Faiconer，J. Bot.（Hooker）4：75. Jul 1841 = Sabia Colebr.（1819）［清风藤科 Sabiaceae］”。故用“Annickia Setten et Maas（1990）”替代之。【分布】热带非洲。【模式】Annickia chlorantha（D. Oliver）A. K. van Setten et P. J. M. Maas［Enantia chlorantha D. Oliver］。【参考异名】Enantia Oliv.（1865）Nom. illegit.●☆

3111　Annona L.（1753）【汉】番荔枝属。【日】バンレイシ属。【俄】Аннона，Анона。【英】Alligator Apple，Alligator – apple，Annona，Cherimoya，Custard Apple，Custardapple，Custard – apple，Monkey Apple，Soursop，Sugar Apple，Sweet Sop，Sweet Sops。【隶属】番荔枝科 Annonaceae。【包含】世界 100-129 种，中国 8 种。【学名诠释与讨论】〈阴〉（马）annona，番荔枝俗名，或来自 Menona，班达

群岛上对番荔枝的称谓。Don 认为是林奈根据拉丁文 annona（粮食）一词转来的。此属的学名，ING、TROPICOS 和 IK 记载是"Annona L.，Sp. Pl. 1：536. 1753［1 May 1753］"。"Guanabanus P. Miller, Gard. Dict. Abr. ed. 4. 28 Jan 1754"是"Annona L.（1753）"的晚出的同模式异名（Homotypic synonym, Nomenclatural synonym）。【分布】哥伦比亚（安蒂奥基亚），巴基斯坦，巴拉圭，巴拿马，秘鲁，玻利维亚，厄瓜多尔，马达加斯加，尼加拉瓜，中国，热带美洲，中美洲。【后选模式】Annona muricata Linnaeus。【参考异名】Ambotia Raf.；Anona L.（1753）；Anona Mill.（1755）Nom. illegit.；Anonidium Engl. et Diels（1900）；Atanara Raf.；Cherimolia Raf.；Guanabanus Mill.（1754）Nom. illegit.；Modira Raf.；Pseudannona（Baill.）Saff.（1913）；Pseudannona Saff.（1913）●

3112 Annonaceae Adans. = Annonaceae Juss.（保留科名）●

3113 Annonaceae Juss.（1789）（保留科名）【汉】番荔枝科。【日】バンレイシ科。【俄】Аноновые。【英】Annona Family, Custardapple Family, Custard-apple Family。【包含】世界 113-146 属 2150-2300 种，中国 22-24 属 114-124 种。【分布】热带。【科名模式】Annona L.●

3114 Annulaceae Dulac = Rosaceae Juss.（1789）（保留科名）●■

3115 Annularia Hochst.（1841）Nom. illegit. iCyclostigma Hochst. ex Endl.（1842）；~ = Voacanga Thouars（1806）［夹竹桃科 Apocynaceae］●

3116 Annulodiscus Tardieu（1948）= Salacia L.（1771）（保留属名）［卫矛科 Celastraceae//翅子藤科 Hippocrateaceae//五层龙科 Salaciaceae］●

3117 Anocheile Hoffmanns. ex Rchb.（1841）= Epidendrum L.（1763）（保留属名）［兰科 Orchidaceae］■☆

3118 Anochilus（Schltr.）Rolfe（1913）= Pterygodium Sw.（1800）［兰科 Orchidaceae］■☆

3119 Anochilus Rolfe（1913）Nom. illegit. ≡ Anochilus（Schltr.）Rolfe（1913）；~ = Pterygodium Sw.（1800）［兰科 Orchidaceae］■☆

3120 Anoda Cav.（1785）【汉】蔓锦葵属（无节草属）。【日】ヤノネアオイ属。【英】Anoda。【隶属】锦葵科 Malvaceae。【包含】世界 10-24 种。【学名诠释与讨论】〈阴〉（拉）a-，无，不+nodus，结节。另说来自锡兰语 anoda，苘麻的俗名。此属的学名，ING、APNI、GCI、TROPICOS 和 IK 记载是"Anoda Cav., Diss. 1, Diss. Bot. Sida 38（t. 10, f. 8）. 1785［15 Apr 1785］"。"Cavanillea Medikus, Malvenfam. 19. 1787"是"Anoda Cav.（1785）"的晚出的同模式异名（Homotypic synonym, Nomenclatural synonym）。【分布】巴拿马，秘鲁，玻利维亚，厄瓜多尔，哥伦比亚（安蒂奥基亚），哥斯达黎加，美国（密苏里），尼加拉瓜，美洲。【后选模式】Anoda hastata Cavanilles。【参考异名】Anodia Hassk.（1842）；Cavanillea Medik.（1787）Nom. illegit.；Sidanoda（A. Gray）Wooton et Standl.（1915）；Sidanoda Wooton et Standl.（1915）Nom. illegit.■●☆

3121 Anodendron A. DC.（1844）【汉】鳝藤属（锦兰属，木神葛属）。【日】サカキカズラ属，サカキカヅラ属。【英】Anodendron, Eelvine。【隶属】夹竹桃科 Apocynaceae。【包含】世界 16-18 种，中国 5-7 种。【学名诠释与讨论】〈中〉（希）ano，在上，向上+dendron 或 dendros，树木，棍，丛林。指植物体攀缘于树上。此属的学名，ING、TROPICOS 和 IK 记载是"Anodendron A. DC., Prodr.［A. P. de Candolle］8：443. 1844［mid Mar 1844］"。它曾被处理为"Anadendron（A. DC.）Wight, Illustrations of Indian Botany 2：164. 1850"。【分布】马来西亚，日本，斯里兰卡，所罗门群岛，中国。【模式】Anodendron paniculatum（Roxburgh）Alph. de Candolle［Echites paniculata Roxburgh］。【参考异名】Anadendron

（A. DC.）Wight（1850）；Formosia Pichon（1948）●

3122 Anodia Hassk.（1842）= Anoda Cav.（1785）［锦葵科 Malvaceae］■●☆

3123 Anodiscus Benth.（1876）【汉】上盘苣苔属。【隶属】苦苣苔科 Gesneriaceae。【包含】世界 1 种。【学名诠释与讨论】〈阳〉（希）ano，在上，向上+diskos，圆盘。【分布】秘鲁。【模式】Anodiscus peruvianus Bentham。■☆

3124 Anodontea（DC.）Sweet（1826）= Alyssum L.（1753）［十字花科 Brassicaceae（Cruciferae）］■●

3125 Anodontea Sweet（1826）Nom. illegit. ≡ Anodontea（DC.）Sweet（1826）；~ = Alyssum L.（1753）［十字花科 Brassicaceae（Cruciferae）］■●

3126 Anodopetalum A. Cunn. ex Endl.（1839）【汉】塔地火把树属。【隶属】火把树科（常绿棱枝树科，角瓣木科，库诺尼科，南蔷薇科，轻木科）Cunoniaceae。【包含】世界 1 种。【学名诠释与讨论】〈中〉（希）ano，在上，向上+希腊文 petalos，扁平的，铺开的；petalon，花瓣，叶，花叶，金属叶子；拉丁文的花瓣为 petalum。【分布】澳大利亚（塔斯马尼亚岛）。【模式】Anodopetalum biglandulosum（A. Cunningham ex W. J. Hooker）J. D. Hooker。☆

3127 Anoectocalyx Benth.（1867）Nom. illegit. ≡ Anaectocalyx Triana ex Benth. et Hook. f.（1867）［野牡丹科 Melastomataceae］●☆

3128 Anoectocalyx Benth. ex Hook. f.（1867）Nom. illegit. = Anaectocalyx Triana ex Benth. et Hook. f.（1867）［野牡丹科 Melastomataceae］●☆

3129 Anoectocalyx Hook. f.（1867）Nom. illegit. ≡ Anaectocalyx Triana ex Benth. et Hook. f.（1867）［野牡丹科 Melastomataceae］●☆

3130 Anoectocalyx Triana ex Cogn.（1891）Nom. illegit. = Anaectocalyx Triana ex Benth. et Hook. f.（1867）［野牡丹科 Melastomataceae］●☆

3131 Anoectocalyx Triana.（1891）Nom. illegit. = Anaectocalyx Triana ex Benth. et Hook. f.（1867）［野牡丹科 Melastomataceae］●☆

3132 Anoectochilus Blume（1825）［as 'Anecochilus'］（保留属名）【汉】开唇兰属（金线兰属，金线莲属）。【日】アネクトキールス属，キバナシュスラン属，タイワンシュスラン属。【俄】Анектохилюс。【英】Anoectochilus, Forkliporchis, Jewel Orchid。【隶属】兰科 Orchidaceae。【包含】世界 35-42 种，中国 22 种。【学名诠释与讨论】〈阳〉（希）anoiktos，开口的+cheilos，唇。指唇瓣张开。此属的学名"Anoectochilus Blume, Bijdr.：411. 20 Sep-7 Dec 1825（'Anecochilus'）（orth. cons.）"是保留属名。法规未列出相应的废弃属名。但是其拼写变体"Anetochilus Blume, Coll. Orchid. 44.［late 1858 or early 1859］≡ Anoectochilus Blume（1825）"和"Anecochilus Blume（1825）≡ Anoectochilus Blume（1825）"应该废弃。【分布】澳大利亚，中国，波利尼西亚群岛，热带亚洲。【模式】Anoectochilus setaceus Blume。【参考异名】Anaectochilus Lindl.（1840）；Anectochilus Blume（1858）Nom. inval.（废弃属名）；Chrysobaphus Wall.（1826）；Odontochilus Blume（1859）■

3133 Anoegosanthos N. T. Burb.（1963）Nom. illegit. ≡ Anigozanthos Labill.（1800）［血草科（半授花科，给血草科，血皮草科）Haemodoraceae］■☆

3134 Anoegosanthus Rchb.（1828）Nom. illegit. ≡ Anigozanthos Labill.（1800）［血草科（半授花科，给血草科，血皮草科）Haemodoraceae］■☆

3135 Anogeissus（DC.）Wall.（1831）Nom. inval. ≡ Anogeissus（DC.）Wall. ex Guill., Perr. et A. Rich.（1832）［使君子科 Combretaceae］●

3136 Anogeissus（DC.）Wall. ex Guill., Perr. et A. Rich.（1832）【汉】榆绿木属。【英】Anogeissus, Indian Gum。【隶属】使君子科

Combretaceae。【包含】世界7-11种,中国1种。【学名诠释与讨论】〈阳〉(希)ano,向上+geisson,瓦,屋檐。指花萼管顶端具5枚小裂片。此属的学名,ING记载是"Anogeissus(A. P. de Candolle)Wallich,Numer. List 4014. 1831",由"Conocarpus sect. Anogeissus A. P. de Candolle,Prodr. 3:16. Mar(med.)1828"改级而来。IK则记载为"Anogeissus(DC.)Wall. ex Guillem. et Perr.,Fl. Seneg. Tent. 1(7):279. 1832[22 Oct 1832]",由"Conocarpus sect. Anogeissus A. P. de Candolle,Prodr. 3:16. Mar(med.)1828"改级而来;IK记载"Anogeissus Wall.,Numer. List[Wallich]n. 4014. 1831"是"nom. inval."。《巴基斯坦植物志》使用"Anogeissus Wall. ex Guill. et Perr.,Fl. Seneg. 280. 1832"。《中国植物志》英文版用"Anogeissus(Candolle)Wallich ex Guillemin et al.,Fl. Seneg. Tent. 1:279. 1832"。TROPICOS则记载为"Anogeissus(DC.)Wall. ex Guill.,Perr. et A. Rich.,Fl. Seneg. Tent. 1:279,1832"。【分布】巴基斯坦,印度,中国,阿拉伯地区,东南亚,热带非洲。【模式】Anogeissus acuminata(Roxburgh ex A. P. de Candolle)Wallich[Conocarpus acuminatus Roxburgh ex A. P. de Candolle[as 'acuminata']。【参考异名】Andersonia Buch. – Ham.,Nom. inval.;Andersonia Buch. – Ham. ex Wall.(1810);Anogeissus(DC.)Wall.(1831)Nom. illegit.;Anogeissus Wall.(1831)Nom. inval.;Anogeissus Wall. ex Guillem. et Perr.(1832)Nom. illegit.;Finetia Gagnep.(1917);Conocarpus sect. Anogeissus DC.(1828);Lejocarpus(DC.)Post et Kuntze(1903)●

3137 Anogeissus(DC.)Wall. ex Guillem. et Perr.(1832)Nom. illegit. ≡ Anogeissus(DC.)Wall. ex Guill.,Perr. et A. Rich.(1832)[使君子科 Combretaceae]●

3138 Anogeissus Wall.(1831)Nom. illegit. ≡ Anogeissus(DC.)Wall. ex Guill.,Perr. et A. Rich.(1832)[使君子科 Combretaceae]●

3139 Anogeissus Wall. ex Guillem. et Perr.(1832)Nom. illegit. ≡ Anogeissus(DC.)Wall. ex Guill.,Perr. et A. Rich.(1832)[使君子科 Combretaceae]●

3140 Anogra Spach(1835)= Oenothera L.(1753)[柳叶菜科 Onagraceae]●■

3141 Anogyna Nees(1840)= Lagenocarpus Nees(1834)[莎草科 Cyperaceae]■☆

3142 Anoiganthus Baker(1878)= Cyrtanthus Aiton(1789)(保留属名)[石蒜科 Amaryllidaceae]■☆

3143 Anoma Lour.(1790)= Moringa Adans.(1763)[辣木科 Moringaceae]●

3144 Anomacanthus R. D. Good(1923)【汉】异花爵床属。【隶属】爵床科 Acanthaceae。【包含】世界1种。【学名诠释与讨论】〈阳〉(希)anomos,不规则的,不等的+akantha,荆棘,刺。【分布】安哥拉(卡宾达),刚果(金)。【模式】Anomacanthus drupaceus Good。【参考异名】Gilletiella De Wild. et T. Durand(1900)Nom. illegit.●☆

3145 Anomalanthus Klotzsch(1838)【汉】畸花杜鹃属。【隶属】杜鹃花科(欧石南科)Ericaceae。【包含】世界11种。【学名诠释与讨论】〈阳〉(希)anomalus,异常的,畸形的+anthos,花。此属的学名是"Anomalanthus Klotzsch,Linnaea 12:238. Mar–Jul 1838"。亦有文献把其处理为"Erica L.(1753)"或"Scyphogyne Brongn.(1828)Nom. illegit."的异名。【分布】非洲南部。【模式】未指定。【参考异名】Erica L.(1753);Scyphogyne Brongn.(1828)Nom. illegit.●☆

3146 Anomalesia N. E. Br.(1932)Nom. illegit. sCunonia Mill.(1756)(废弃属名);~ = Gladiolus L.(1753)[鸢尾科 Iridaceae]■

3147 Anomalluma Plowes(1993)= Pseudolithos P. R. O. Bally(1965)[萝藦科 Asclepiadaceae]■☆

3148 Anomalocalyx Ducke(1932)【汉】畸萼大戟属。【隶属】大戟科 Euphorbiaceae。【包含】世界1种。【学名诠释与讨论】〈阳〉(希)anomalus,异常的,畸形的+kalyx,花萼。【分布】非洲南部,热带南美洲。【模式】Anomalocalyx uleanus(Pax et K. Hoffmann)Ducke[Cunuria uleana Pax et K. Hoffmann]●☆

3149 Anomalopteris(DC.)G. Don(1831)Nom. illegit. = Acridocarpus Guill. et Perr.(1831)(保留属名)[金虎尾科(黄褥花科)Malpighiaceae]●☆

3150 Anomalopteris G. Don(1831)Nom. illegit. ≡ Anomalopteris(DC.)G. Don(1831)Nom. illegit.;~ = Acridocarpus Guill. et Perr.(1831)(保留属名)[杜鹃花科(欧石南科)Ericaceae]●☆

3151 Anomalopterys(DC.)G. Don(1831)Nom. illegit. ≡ Anomalopteris(DC.)G. Don(1831)Nom. illegit.;~ = Acridocarpus Guill. et Perr.(1831)(保留属名)[杜鹃花科(欧石南科)Ericaceae]●☆

3152 Anomalosicyos Gentry(1946)= Sicyos L.(1753)[葫芦科(瓜科,南瓜科)Cucurbitaceae]■

3153 Anomalostemon Klotzsch(1861)= Cleome L.(1753)[山柑科(白花菜科,醉蝶花科)Capparaceae//白花菜科(醉蝶花科)Cleomaceae]●■

3154 Anomalostylus R. C. Foster(1947)= Trimezia Salisb. ex Herb.(1844)[鸢尾科 Iridaceae]■☆

3155 Anomalotis Steud.(1854)= Agrostis L.(1753)(保留属名);~ = Trisetaria Forssk.(1775)[禾本科 Poaceae(Gramineae)]■☆

3156 Anomantha Raf. = Verbesina L.(1753)(保留属名)[菊科 Asteraceae(Compositae)]●■☆

3157 Anomanthodia Hook. f.(1873)【汉】乱花茜属。【隶属】茜草科 Rubiaceae。【包含】世界6种。【学名诠释与讨论】〈阴〉(希)anomos,不规则的,不等的+anthodes,如花的,多花的。此属的学名是"Anomanthodia J. D. Hooker in Bentham et J. D. Hooker,Gen. 2:87. 7-9 Apr 1873"。亦有文献把其处理为"Randia L.(1753)"的异名。【分布】马来西亚,亚洲南部和西南。【模式】Anomanthodia auriculata(Wallich ex Roxburgh)J. D. Hooker ex B. D. Jackson[Webera auriculata Wallich ex Roxburgh]。【参考异名】Cupia(Schult.)DC.(1830)Nom. illegit.;Cupia DC.(1830)Nom. illegit.;Pseudixora Miq.(1856);Randia L.(1753)●☆

3158 Anomantia DC.(1836)Nom. illegit. ≡ Anomantia Raf. ex DC.(1836)Nom. illegit.;~ = Anomantha Raf.;~ = Verbesina L.(1753)(保留属名)[菊科 Asteraceae(Compositae)]●■☆

3159 Anomantia Raf. ex DC.(1836)Nom. illegit. = Anomantha Raf.;~ = Verbesina L.(1753)(保留属名)[菊科 Asteraceae(Compositae)]●■☆

3160 Anomatheca Ker Gawl.(1804)(废弃属名)= Freesia Exklon ex Klatt(1866)(保留属名);~ = Lapeirousia Pourr.(1788)[鸢尾科 Iridaceae]■☆

3161 Anomatheca Klatt(1805)Nom. illegit.(废弃属名)[鸢尾科 Iridaceae]■☆

3162 Anomaza Lawson ex Salisb.(1812)Nom. illegit. = Lapeirousia Pourr.(1788)[鸢尾科 Iridaceae]■☆

3163 Anomaza Lawson(1812)Nom. illegit. ≡ Anomaza Lawson ex Salisb.(1812)Nom. illegit.;~ = Lapeirousia Pourr.(1788)[番荔枝科 Annonaceae]■☆

3164 Anomeris Raf. = Actinomeris Nutt.(1818)(保留属名)[菊科 Asteraceae(Compositae)]■☆

3165 Anomianthus Zoll.(1858)【汉】异形花属。【隶属】番荔枝科 Annonaceae。【包含】世界1种。【学名诠释与讨论】〈阳〉(希)anomos,不规则的,不等的+anthos,花。antheros,多花的。antheo,开花。【分布】泰国,印度尼西亚(爪哇岛),中南半岛。【模式】Anomianthus heterocarpus(Blume)Zollinger[Uvaria heterocarpa

Blume]●☆

3166 Anomocarpus Miers（1860）Nom. illegit. ≡ Leucocera Turcz.
（1848）；~ = Calycera Cav.（1797）［as 'Calicera'］（保留属名）
［萼角花科（萼角科，头花草科）Calyceraceae］■☆

3167 Anomochloa Brongn.（1851）【汉】畸形禾属（畸苞草属）。【隶
属】禾本科 Poaceae（Gramineae）//畸形禾科 Anomochloaceae。
【包含】世界1种。【学名诠释与讨论】〈阴〉（拉）anomos，不规则
的，不等的+chloe 多利斯文 chloa，草的幼芽，嫩草，禾草。【分
布】巴西。【模式】Anomochloa marantoidea A. T. Brongniart。●☆

3168 Anomochloaceae Nakai（1943）［亦见 Gramineae Juss.（保留科
名）//Poaceae Barnhart（保留科名）禾本科］【汉】畸形禾科。【包
含】世界1属1种。【分布】巴西，热带。【科名模式】Anomochloa
Brongn.●☆

3169 Anomoctenium Pichon（1945）= Pithecoctenium Mart. ex Meisn.
（1840）［紫葳科 Bignoniaceae］●☆

3170 Anomopanax Harms ex Dalla Torre et Harms（1903）= Mackinlaya
F. Muell.（1864）［五加科 Araliaceae］●☆

3171 Anomopanax Harms（1904）Nom. illegit. ≡ Anomopanax Harms ex
Dalla Torre et Harms（1903）；~ = Mackinlaya F. Muell.（1864）［五
加科 Araliaceae］●☆

3172 Anomorhegmia Meisn.（1840）Nom. illegit. ≡ Miquelia Blume
（1838）（废弃属名）；~ = Stauranthera Benth.（1835）［苦苣苔科
Gesneriaceae］■

3173 Anomosanthes Blume（1849）= Hemigyrosa Blume（1849）；~ =
Lepisanthes Blume（1825）［无患子科 Sapindaceae］●☆

3174 Anomospermum Dalzell（1851）Nom. illegit. ≡ Actephila Blume
（1826）［大戟科 Euphorbiaceae］●

3175 Anomospermum Miers（1851）【汉】异籽藤属。【隶属】防己科
Menispermaceae。【包含】世界6种。【学名诠释与讨论】〈中〉
（希）anomos，不规则的，不等的+sperma，所有格 spermatos，种子，
孢子。此属的学名是"Anomospermum Miers, Ann. Mag. Nat. Hist.
ser. 2. 7：36，39. Jan 1851"。"Anomospermum Dalzell, Hooker's J.
Bot. Kew Gard. Misc. 3：228. 1851"为晚出名称。【分布】巴拿马，
秘鲁，玻利维亚，厄瓜多尔，哥伦比亚（安蒂奥基亚），哥斯达黎
加，美国，尼加拉瓜，中美洲。【模式】Anomospermum nitidum
Miers。【参考异名】Elissarrhena Miers（1864）●☆

3176 Anomostachys（Baill.）Hurus.（1954）= Excoecaria L.（1759）［大
戟科 Euphorbiaceae］●

3177 Anomostephium DC.（1836）= Aspilia Thouars（1806）；~ =
Wedelia Jacq.（1760）（保留属名）［菊科 Asteraceae
（Compositae）］●●

3178 Anomotassa K. Schum.（1898）【汉】厄瓜多尔萝藦属。【隶属】
萝藦科 Asclepiadaceae。【包含】世界1种。【学名诠释与讨论】
〈阴〉（希）anomos，不规则的，不等的+tasso，布置。【分布】厄瓜
多尔。【模式】Anomotassa macrantha K. M. Schumann。☆

3179 Anona L.（1753）= Annona L.（1753）［番荔枝科 Annonaceae］●

3180 Anona Mill.（1755）Nom. illegit. = Annona L.（1753）［番荔枝科
Annonaceae］●

3181 Anonidium Engl. et Diels（1900）【汉】阿诺木属（阿诺属，类番
荔枝属）。【隶属】番荔枝科 Annonaceae。【包含】世界5种。【学
名诠释与讨论】〈中〉（希）annon，粮食+-idius，-idia，-idium，指
示小的词尾。此属的学名是"Anonidium Engler et Diels, Notizbl.
Königl. Bot. Gart. Berlin 3：50，56. 1 Sep 1900"。亦有文献把其处
理为"Annona L.（1753）"的异名。【分布】热带非洲。【后选模
式】Anonidium mannii（D. Oliver）Engler et Diels［Annona mannii
D. Oliver］。【参考异名】Annona L.（1753）●☆

3182 Anoniodes Schltr.（1916）= Sloanea L.（1753）［杜英科

Elaeocarpaceae］●

3183 Anonis Mill.（1754）Nom. illegit. = Ononis L.（1753）［豆科
Fabaceae（Leguminosae）//蝶形花科 Papilionaceae］■●

3184 Anonis Tourn. ex Scop.（1772）Nom. illegit. = Ononis L.（1753）
［豆科 Fabaceae（Leguminosae）//蝶形花科 Papilionaceae］■●

3185 Anonocarpus Ducke（1922）= Batocarpus H. Karst.（1863）［桑科
Moraceae］●☆

3186 Anonychium（Benth.）Schweinf.（1868）= Prosopis L.（1767）［豆
科 Fabaceae（Leguminosae）//含羞草科 Mimosaceae］●

3187 Anonychium Schweinf.（1868）Nom. illegit. ≡ Anonychium
（Benth.）Schweinf.（1868）；~ = Prosopis L.（1767）［豆科
Fabaceae（Leguminosae）//含羞草科 Mimosaceae］●

3188 Anonymos Gronov. ex Kuntze（1891）= Galax Sims（1804）（保留属
名）［岩梅科 Diapensiaceae］■☆

3189 Anonymos Kuntze（1891）Nom. illegit. ≡ Anonymos Gronov. ex
Kuntze（1891）；~ = Galax Sims（1804）（保留属名）［岩梅科
Diapensiaceae］■☆

3190 Anoosperma Kuntze（1843）= Oncosperma Blume（1838）［棕榈科
Arecaceae（Palmae）］●☆

3191 Anoplanthus Endl.（1839）Nom. illegit. ≡ Aphyllon Mitch.
（1769）；~ = Anoplon Rchb.（1828）Nom. illegit.；~ = Phelypaea L.
（1758）［列当科 Orobanchaceae//玄参科 Scrophulariaceae］■

3192 Anoplia Nees ex Steud.（1854）= Leptochloa P. Beauv.（1812）
［禾本科 Poaceae（Gramineae）］■

3193 Anoplia Steud.（1854）Nom. illegit. ≡ Anoplia Nees ex Steud.；
~ = Leptochloa P. Beauv.（1812）［禾本科 Poaceae（Gramineae）］■

3194 Anoplocaryum Ledeb.（1847）【汉】平核草属。【俄】
Безшипник。【隶属】紫草科 Boraginaceae。【包含】世界1种。
【学名诠释与讨论】〈中〉（希）a-，无，不+hoplon，武装+karyon，胡
桃，硬壳果，核，坚果。【分布】蒙古，西伯利亚。【模式】
Anoplocaryum compressum（Turczaninow ex Bunge）Ledebour
［Echinospermum compressum Turczaninow ex Bunge］■☆

3195 Anoplon Rchb.（1828）Nom. illegit. ≡ Anoplon Wallr. ex Rchb.
（1828）Nom. illegit.；~ = Aphyllon Mitch.（1769）；~ = Phelypaea
L.（1758）；~ = Phelypaea L.（1758）+ Aphyllon Mitch.（1769）
Nom. illegit.［列当科 Orobanchaceae//玄参科 Scrophulariaceae］■

3196 Anoplon Wallr. ex Rchb.（1828）Nom. illegit. ≡ Aphyllon Mitch.
（1769）；~ = Phelypaea L.（1758）；~ = Phelypaea L.（1758）+
Aphyllon Mitch.（1769）Nom. illegit.［列当科 Orobanchaceae//玄
参科 Scrophulariaceae］■

3197 Anoplophytum Beer（1854）= Tillandsia L.（1753）［凤梨科
Bromeliaceae//花凤梨科 Tillandsiaceae］■☆

3198 Anopteraceae Doweld（2001）= Iteaceae J. Agardh（保留科名）●

3199 Anopterus Labill.（1805）【汉】澳山月桂属（阿诺草属，欧洲鼠
刺属）。【隶属】鼠刺科 Iteaceae//虎耳草科 Saxifragaceae。【包
含】世界2种。【学名诠释与讨论】〈阳〉（希）a-，无，不+pteron，
指小式 pteridion，翅。【分布】澳大利亚（塔斯曼半岛）。【模式】
Anopterus glandulosa Labillardière。●☆

3200 Anopyxis（Pierre）Engl.（1900）【汉】小红树属（阿诺匹斯属）。
【英】Anopyxis。【隶属】红树科 Rhizophoraceae。【包含】世界1-3
种。【学名诠释与讨论】〈阴〉（希）an-，无，不+pyxis，指小式
pyxidion =拉丁文 pyxis，所有格 pixidis，箱，果，盖果。此属的学
名，ING 记载是"Anopyxis（Pierre）Engler in Engler et Prantl, Nat.
Pflanzenfam. Nachtr. II-IV. 2：48. 8 Oct 1900"，由"Macarisia sect.
Anopyxis Pierre, Bull. Mens. Soc. Linn. Paris ser. 2.［1］：74. 1898"
改级而来。IK 和 TROPICOS 则记载为"Anopyxis Pierre ex Engl.,
Nat. Pflanzenfam. Nachtr.［Engler et Prantl］II.（1900）49"。【分

布】热带非洲。【模式】Anopyxis klaineana（Pierre）Engler［Macarisia klaineana Pierre］。【参考异名】Anopyxis Pierre ex Engl.（1900）Nom. illegit. ; Macarisia sect. Anopyxis Pierre（1898）; Pynaertia De Wild.（1908）●☆

3201　Anopyxis Pierre ex Engl.（1900）Nom. illegit. ≡ Anopyxis（Pierre）Engl.（1900）［红树科 Rhizophoraceae］●☆

3202　Anosmia Bernh.（1832）= Smyrnium L.（1753）［伞形花科（伞形科）Apiaceae（Umbelliferae）］■☆

3203　Anosporum Nees（1834）= Cyperus L.（1753）［莎草科 Cyperaceae］■

3204　Anota（Lindl.）Schltr.（1914）【汉】无耳兰属。【隶属】兰科 Orchidaceae。【包含】世界 2 种，中国 1 种。【学名诠释与讨论】〈阴〉（希）a-，无，不+ous，所有格 otos，指小式 otion，耳。otikos，耳的。此属的学名，ING 记载是“Anota（Lindley）Schlechter，Orchideen 587. 28 Nov 1914”，由“Vanda sect. Anota Lindley, Fol. Orchid. 4［Vanda（1）］. 20 Apr. 1853”改级而来。IK 和 TROPICOS 则记为“Anota Schltr., Orchideen 587（1914）”。亦有文献把“Anota（Lindl.）Schltr.（1914）”处理为“Rhynchostylis Blume（1825）”的异名。【分布】缅甸，中国。【模式】Anota densiflora（Lindley）Schlechter［Vanda densiflora Lindley］。【参考异名】Anota Schltr.（1914）Nom. illegit. ; Rhynchostylis Blume（1825）■

3205　Anota Schltr.（1914）Nom. illegit. ≡ Anota（Lindl.）Schltr.（1914）［兰科 Orchidaceae］■

3206　Anotea（DC.）Kunth（1846）【汉】墨西哥无耳葵属。【隶属】锦葵科 Malvaceae。【包含】世界 1-2 种。【学名诠释与讨论】〈阴〉（希）a-，无，不+ous 耳。此属的学名，ING 和 TROPICOS 记载是“Anotea（A. P. de Candolle）Kunth, Index Sem. Horto Bot. Berol. 1846:13. 1846”，由“Malvaviscus sect. Anotea A. P. Candolle, Prodr. 1;445. Jan 1824”改级而来。IK 则记载为“Anotea Kunth, Index Seminum［Berlin］13. 1846;Ulbrich in Fedde, Repert. xiv. 107（1915）”。【分布】墨西哥。【后选模式】Anotea flavida（A. P. de Candolle）E. Ulbrich。【参考异名】Anotea Kunth（1846）Nom. illegit. ;Malvaviscus sect. Anotea DC.（1824）●☆

3207　Anotea Kunth（1846）Nom. illegit. ≡ Anotea（DC.）Kunth（1846）［锦葵科 Malvaceae］●☆

3208　Anothea O. F. Cook（1943）【汉】墨西哥棕属。【隶属】棕榈科 Arecaceae（Palmae）。【包含】世界 1 种。【学名诠释与讨论】〈阴〉词源不详。亦有文献把“Anothea O. F. Cook（1943）”处理为“Chamaedorea Willd.（1806）（保留属名）”的异名。亦有文献把“Anothea O. F. Cook（1943）”处理为“Chamaedorea Willd.（1806）（保留属名）”的异名。【分布】墨西哥。【模式】Anothea scandens（Liebm.）O. F. Cook。【参考异名】Chamaedorea Willd.（1806）（保留属名）●☆

3209　Anotis DC.（1830）Nom. illegit. , Nom. superfl.【汉】假耳草属。【隶属】茜草科 Rubiaceae。【包含】世界 30 种。【学名诠释与讨论】〈阴〉（希）aneu，无+ous，所有格 otos，指小式 otion，耳。otikos，耳的。此属的学名，TROPICOS、APNI、GCI 和 IK 记载是“Anotis DC., Prodr.［A. P. de Candolle］4:431. 1830［late Sep 1830］”。ING 附注“Anotis was superfluous on publication because it included the Rafinesque genus（as Section 3）and its type species, Houstonia rotundifolia A. Michaux.”。GCI 亦标注为“Nom. illegit.”。《中国植物志》英文版正名使用“Anotis DC.（1830）”暂放于此。亦有文献把“Anotis DC.（1830）”处理为“Panetos Raf.（1820）”或“Arcytophyllum Willd. ex Schult. et Schult. f.（1827）”或“Neanotis W. H. Lewis（1966）”的异名。《显花植物与蕨类植物词典》则处理为“Anotis DC.（1830）Nom. illegit. , Nom.

superfl. = Arcytophyllum Willd. ex Schult. et Schult. f.（1827）+ Hedyotis L. +Oldenlandia L.（1753）”【分布】澳大利亚，玻利维亚，南美洲，印度至马来西亚，中国。【模式】Panetos Rafinesque。【参考异名】Arcytophyllum Willd. ex Schult. et Schult. f.（1827）; Neanotis W. H. Lewis（1966）;Panetos Raf.（1820）●

3210　Anotites Greene（1905）= Silene L.（1753）（保留属名）［石竹科 Caryophyllaceae］■

3211　Anoumabia A. Chev.（1912）= Harpullia Roxb.（1824）［无患子科 Sapindaceae］●

3212　Anplectrella Furtado（1963）= Creochiton Blume（1831）; ~ = Enchosanthera King et Stapf ex Guillaumin（1913）［野牡丹科 Melastomataceae］●☆

3213　Anplectrum A. Gray（1854）= Diplectria（Blume）Rchb.（1841）［野牡丹科 Melastomataceae］●■

3214　Anquetilia Decne.（1835）= Skimmia Thunb.（1783）（保留属名）［芸香科 Rutaceae］●

3215　Anredera Juss.（1789）【汉】落葵薯属（藤三七属）。【日】アンレデラ属。【俄】Буссенгоя，Буссингоя。【英】Madeira Vine，Madeiravine，Madeira – vine，Mignonette Vine，Mignonettevine，Vineyam。【隶属】落葵科 Basellaceae//落葵薯科 Anrederaceae。【包含】世界 5-15 种，中国 2 种。【学名诠释与讨论】〈阴〉（人）Anreder 教授。或说来自西班牙语 enredadera，含义为匍匐的植物。此属的学名，ING、APNI、GCI、TROPICOS 和 IK 记载是“Anredera Juss., Gen. Pl.［Jussieu］84. 1789［04 Aug 1789］”。“Clarisia Abat, Mem. Acad. Soc. Med. Sevilla 10:418. 1792（废弃属名）”是“Anredera Juss.（1789）”的晚出的同模式异名（Homotypic synonym, Nomenclatural synonym）。【分布】巴拿马，秘鲁，玻利维亚，厄瓜多尔，哥伦比亚（安蒂奥基亚），马达加斯加，美国（南部）和西印度群岛至阿根廷，尼加拉瓜，中国，中美洲。【模式】Anredera spicata J. F. Gmelin。【参考异名】Beriesa Steud.（1840）; Boussingaultia Kunth（1825）; Clairisia Abat ex Benth. et Hook. f.（1880）; Clairisia Benth. et Hook. f.（1880）Nom. illegit. ; Clarisia Abat（1792）（废弃属名）; Siebera C. Presl（1828）（废弃属名）; Tandonia Moq.（1849）■

3216　Anrederaceae J. Agardh（1858）［亦见 Basellaceae Raf.（保留科名）落葵科］【汉】落葵薯科。【包含】世界 1 属 5-15 种，中国 1 属 2 种。【分布】美国（南部），西印度群岛至阿根廷。【科名模式】Anredera Juss. ●■

3217　Ansellia Lindl.（1844）【汉】豹斑兰属（安塞丽亚兰属）。【日】アンセリア属，ジョン-アンセル属。【英】Ansellia, Leopard Orchid。【隶属】兰科 Orchidaceae。【包含】世界 1-2 种。【学名诠释与讨论】〈阴〉（人）John Ansell, ? –1847，英国植物采集家。【分布】南非（纳塔尔），热带非洲。【模式】Ansellia africana J. Lindley。■☆

3218　Anselonia O. E. Schulz =Anelsonia J. F. Macbr. et Payson（1917）［十字花科 Brassicaceae（Cruciferae）］■☆

3219　Anserina Dumort.（1827）= Chenopodium L.（1753）［藜科 Chenopodiaceae］■●

3220　Ansonia Bert. ex Hemsl.（1884）Nom. illegit. = Lactoris Phil.（1865）［囊粉花科（鸟嘴果科，乳树科）Lactoridaceae］●☆

3221　Ansonia Raf.（1836）= Amsonia Walter（1788）［夹竹桃科 Apocynaceae］■

3222　Anstrutheria Gardner（1846）= Cassipourea Aubl.（1775）［红树科 Rhizophoraceae］●☆

3223　Antacanthus A. Rich. ex DC.（1830）= Scolosanthus Vahl（1796）［茜草科 Rubiaceae］☆

3224　Antagonia Griseb.（1874）= Cayaponia Silva Manso（1836）（保留

属名)［葫芦科(瓜科,南瓜科)Cucurbitaceae］■☆

3225　Antaurea Neck. (1790) Nom. inval. = Centaurea L. (1753)(保留属名)［菊科 Asteraceae(Compositae)//矢车菊科 Centaureaceae］●■

3226　Antegibbaeum Schwantes ex C. Weber (1968)【汉】碧玉属。【日】アンテギッバエウム属。【隶属】番杏科 Aizoaceae。【包含】世界1种。【学名诠释与讨论】〈中〉(希)ante-,前面+(属)Gibbaeum 宝锭草属(宝锭属,驼峰花属,藻丽玉属)。此属的学名,IK 记载的"Antegibbaeum Schwantes ex H. Wulff, Bot. Arch. 45:154,sine descr. 1944"虽早,但是无描述,是不合格发表的名称。ING 和 IK 记载的"Antegibbaeum Schwantes ex C. Weber, Baileya 16:10. 15 Nov 1968"虽然晚出,这种情况下,属于合法名称。【分布】非洲。【模式】Antegibbaeum fissoides (A. H. Haworth) C. Weber［Mesembryanthemum fissoides A. H. Haworth］。【参考异名】Antegibbaeum Schwantes ex H. Wulff(1944)Nom. nud.■☆

3227　Antegibbaeum Schwantes ex H. Wulff (1944) Nom. nud. ≡ Antegibbaeum Schwantes ex C. Weber (1968)(1968)［番杏科 Aizoaceae］■☆

3228　Antelaea Gaertn. (1788)= Melia L. (1753)［楝科 Meliaceae］●

3229　Antennaria Gaertn. (1791)(保留属名)【汉】蝶须属(蝶须菊属)。【日】エゾノチチコグサ属。【俄】Кошачья лапка,Лапка кошачья。【英】Cat's Ear, Cat's Ears, Cat's Foot, Cat's-foot, Early Everlasting, Ladies Tobacco, Ladies' Tobacco, Mountain Everlasting, Pussy Toes, Pussy's Toes, Pussy's-toes, Pussytoes。【隶属】菊科 Asteraceae(Compositae)。【包含】世界40-100种,中国1种。【学名诠释与讨论】〈阴〉(希)antenna,触角+-arius,-aria,-arium,指示"属于、相似、具有、联系"的词尾。指果实的冠毛似昆虫的触角。此属的学名"Antennaria Gaertn., Fruct. Sem. Pl. 2:410. Sep-Dec 1791"是保留属名。相应的废弃属名是真菌的"Antennaria Link in Neues J. Bot. 3(1,2):16. Apr 1809 :Fr., Syst. Mycol. 1: xlvii. 1 Jan 1821 ≡ Antennularia H. G. L. Reichenbach 1828"。"Antennaria R. Br. = Antennaria Gaertn. (1791)(保留属名)"亦应废弃。"Chamaezelum Link, Handb. 1:719. ante Sep 1829"是"Antennaria Gaertn. (1791)(保留属名)"的晚出的同模式异名(Homotypic synonym, Nomenclatural synonym)。【分布】巴基斯坦,秘鲁,玻利维亚,厄瓜多尔,美国(密苏里),中国。【模式】Antennaria dioica (Linnaeus) J. Gaertner［Gnaphalium dioicum Linnaeus］。【参考异名】Antennaria R. Br. (废弃属名);Chamaezelum Link(1829)Nom. illegit.;Disynanthus Raf. (1818);Dysinanthus DC.;Dysinanthus Raf. ex DC. (1838)■●

3230　Antennaria R. Br. (废弃属名)= Antennaria Gaertn. (1791)(保留属名)［菊科 Asteraceae(Compositae)］■●

3231　Antenoron Raf. (1817)【汉】金线草属。【英】Antenoron, Goldthreadweed。【隶属】蓼科 Polygonaceae。【包含】世界3种,中国1种。【学名诠释与讨论】〈中〉(希)antenna+hora,美丽。此属的学名是"Antenoron Rafinesque, Fl. Ludov. 28. Oct-Dec (prim.) 1817"。亦有文献把其处理为"Persicaria (L.) Mill. (1754)"的异名。【分布】巴基斯坦,菲律宾(菲律宾群岛),日本,中国,琉球群岛,北美洲。【模式】Antenoron racemosum Rafinesque。【参考异名】Persicaria (L.) Mill. (1754);Sunania Raf. (1837);Tovara Adans. (1763)(废弃属名)■

3232　Antephora Steud. (1854)= Anthephora Schreb. (1810)［禾本科 Poaceae(Gramineae)］■☆

3233　Anteremanthus H. Rob. (1992)【汉】单头巴西菊属。【隶属】菊科 Asteraceae(Compositae)。【包含】世界1种。【学名诠释与讨论】〈阳〉(希)ante-,前面+(属)Eremanthus 巴西菊属(单蕊属,荒漠菊属)。【分布】巴西,南美洲。【模式】Anteremanthus

hatschbachii H. E. Robinson。●☆

3234　Anteriorchis E. Klein et Strack (1989)= Orchis L. (1753)［兰科 Orchidaceae］■

3235　Anteriscium Meyen (1834)= Asteriscium Cham. et Schltdl. (1826)［伞形花科(伞形科)Apiaceae(Umbelliferae)］■☆

3236　Anthacantha Lem. (1858)= Euphorbia L. (1753)［大戟科 Euphorbiaceae］●■

3237　Anthacanthus Nees (1847) Nom. illegit. ≡ Oplonia Raf. (1838)［爵床科 Acanthaceae］●☆

3238　Anthactinia Bory ex M. Roem. (1846)= Passiflora L. (1753)(保留属名)［西番莲科 Passifloraceae］●■

3239　Anthactinia Bory (1819) Nom. inval. ≡ Anthactinia Bory ex M. Roem. (1846);~ = Passiflora L. (1753)(保留属名)［西番莲科 Passifloraceae］●■

3240　Anthadenia Lem. (1845)= Sesamum L. (1753)［胡麻科 Pedaliaceae］■●

3241　Anthaea Noronha ex Thouars = Didymeles Thouars(1804)［双蕊花科(球花科,双颊果科)Didymelaceae］●☆

3242　Anthaenantia P. Beauv. (1812)【汉】银鳞草属。【隶属】菊科 Asteraceae(Compositae)。【包含】世界3种。【学名诠释与讨论】〈阴〉(希)anthos,花+enantion 对面的。"Anthenantia P. Beauv"是"Anthaenantia P. Beauv."的拼写变体。【分布】北美洲,玻利维亚,哥伦比亚(安蒂奥基亚),中美洲。【模式】Anthenantia villosa (Michx.) P. Beauv.。【参考异名】Anthenantia Pal. (1812);Aulaxanthus Elliott (1816);Aulaxia Nutt. (1818) Nom. illegit.;Aulaxis Steud. (1840)Nom. illegit.;Leptocoryphium Nees(1829)■☆

3243　Anthaenantiopsis Mez et Pilg. (1931) Nom. illegit. ≡ Anthaenantiopsis Mez ex Pilg. (1931)［禾本科 Poaceae(Gramineae)］■☆

3244　Anthaenantiopsis Mez ex Pilg. (1931)【汉】拟银鳞草属。【隶属】禾本科 Poaceae(Gramineae)。【包含】世界4种。【学名诠释与讨论】〈阴〉(属)Anthaenantia 银鳞草属+希腊文 opsis,外观,模样,相似。此属的学名,ING 和 TROPICOS 记载是"Anthaenantiopsis Mez ex Pilger, Notizbl. Bot. Gart. Berlin-Dahlem 11:237. 10 Nov 1931"。IK 则记载为"Anthaenantiopsis Mez et Pilg., Notizbl. Bot. Gart. Berlin-Dahlem 11:237, descr. 1931"。"Anthaenantiopsis Mez, Bot. Jahrb. Syst. 56(4, Beibl. 125):11, sine descr. 1921"是一个裸名(Nom. nud.)。【分布】巴西,玻利维亚。【模式】Anthaenantiopsis trachystachya (C. G. D. Nees) Mez ex Pilger［Panicum trachystachyum C. G. D. Nees］。【参考异名】Anthaenantiopsis Mez et Pilg. (1931)Nom. illegit.;Anthaenantiopsis Mez(1921)Nom. inval., Nom. nud.■☆

3245　Anthaenantiopsis Mez (1921) Nom. inval., Nom. nud. = Anthaenantiopsis Mez ex Pilg. (1931)［禾本科 Poaceae(Gramineae)］■☆

3246　Anthaerium Schott (1858)= Anthurium Schott (1829)［天南星科 Araceae］■

3247　Anthagathis Harms (1897)= Jollydora Pierre ex Gilg (1896)［牛栓藤科 Connaraceae］●☆

3248　Anthallogea Raf. (1836)= Polygala L. (1753)［远志科 Polygalaceae］●■

3249　Anthanema Raf. (1838)= Cuscuta L. (1753)［旋花科 Convolvulaceae//菟丝子科 Cuscutaceae］■

3250　Anthanotis Raf. (1817)= Asclepias L. (1753)［萝藦科 Asclepiadaceae］■

3251　Antheeischima Korth. (1842) Nom. illegit. ≡ Schima Reinw. ex Blume(1823)［山茶科(茶科)Theaceae］●

3252　Antheidosorus A. Gray(1851)= Myriocephalus Benth.(1837)［菊科 Asteraceae(Compositae)］■☆

3253　Antheidosurus C. Muell. , Nom. illegit. = Antheidosorus A. Gray(1851)；~ = Myriocephalus Benth.(1837)［菊科 Asteraceae(Compositae)］■☆

3254　Antheilema Raf.(1838)= Ruellia L.(1753)［爵床科 Acanthaceae］■●

3255　Antheischima Korth.(1840)= Gordonia J. Ellis(1771)(保留属名)；~ = Schima Reinw. ex Blume(1823)［山茶科(茶科)Theaceae］●

3256　Anthelia Schott(1863)= Epipremnum Schott(1857)［天南星科 Araceae］●■

3257　Antheliacanthus Ridl.(1920)= Pseuderanthemum Radlk. ex Lindau(1895)［爵床科 Acanthaceae］●■

3258　Anthelis Raf.(1815)Nom. inval. ≡ Anthelis Raf.(1838)Nom. illegit. ; ~ ≡ Helianthemum Mill.(1754)；~ = Fumana(Dunal)Spach(1836)［半日花科(岩蔷薇科)Cistaceae］●■

3259　Anthelis Raf.(1838)Nom. illegit. ≡ Helianthemum Mill.(1754)；~ =Fumana(Dunal)Spach(1836)［半日花科(岩蔷薇科)Cistaceae］●■

3260　Anthelminthia P. Browne(1756)Nom. illegit. ≡ Spigelia L.(1753)［马钱科(断肠草科,马钱子科)Loganiaceae//驱虫草科(度量草科)Spigeliaceae］■☆

3261　Anthelmenthica Pfeiff. = Anthelmenthia P. Browne(1756)Nom. illegit. = Spigelia L.(1753)［马钱科(断肠草科,马钱子科)Loganiaceae//驱虫草科(度量草科)Spigeliaceae］■☆

3262　Anthelminthica B. D. Jacks. = Anthelmenthia P. Browne(1756)Nom. illegit. ; ~ ≡Spigelia L.(1753)［马钱科(断肠草科,马钱子科)Loganiaceae//驱虫草科(度量草科)Spigeliaceae］■☆

3263　Anthelminthica P. Browne(1756)Nom. illegit. ≡ Spigelia L.(1753)［马钱科(断肠草科,马钱子科)Loganiaceae//驱虫草科(度量草科)Spigeliaceae］■☆

3264　Anthema Medik.(1787)= Lavatera L.(1753)［锦葵科 Malvaceae］■●

3265　Anthemidaceae Bercht. et J. Presl(1820)= Asteraceae Bercht. et J. Presl(保留科名)//Compositae Giseke(保留科名)●■

3266　Anthemidaceae Link［亦见 Asteraceae Bercht. et J. Presl(保留科名)//Compositae Giseke(保留科名)菊科］【汉】春黄菊科。【包含】世界1属200-210种,中国1属3种。【分布】地中海至伊朗,欧洲。【科名模式】Anthemis L.(1753)●■

3267　Anthemidaceae Martinov = Asteraceae Bercht. et J. Presl(保留科名)//Compositae Giseke(保留科名)●■

3268　Anthemiopsis Bojer ex DC.(1836)【汉】拟春黄属。【隶属】菊科 Asteraceae(Compositae)。【包含】世界2种。【学名诠释与讨论】〈阴〉(属)Anthemis 春黄菊属+希腊文 opsis,外观,模样,相似。此属的学名,TROPICOS 和 IK 记载是"Anthemiopsis Bojer ex DC. , Prodr.［A. P. de Candolle］5:547, 548. 1836［1-10 Oct 1836］"。"Anthemiopsis Bojer(1836)≡ Anthemiopsis Bojer ex DC.(1836)"的命名人引证有误。亦有文献把"Anthemiopsis Bojer ex DC.(1836)"处理为"Wedelia Jacq.(1760)(保留属名)"的异名。【分布】热带非洲。【模式】不详。【参考异名】Anthemiopsis Bojer(1836)Nom. illegit. ;Wedelia Jacq.(1760)(保留属名)■☆

3269　Anthemiopsis Bojer(1836)Nom. illegit. ≡ Anthemiopsis Bojer ex DC.(1836)［菊科 Asteraceae(Compositae)］■●

3270　Anthemis L.(1753)【汉】春黄菊属。【日】アンセミス属,ロウマカミツレ属,ローマカミツレ属。【俄】Антемис,Пупавка。【英】Camomile, Chamomile, Dog Fennel, Dog's Fennel, Marguerite。【隶属】菊科 Asteraceae(Compositae)//春黄菊科 Anthemidaceae。【包含】世界 200-210 种,中国 3 种。【学名诠释与讨论】〈阴〉(希)anthemis,花。也是一种植物名。另说希腊文 anthrmon,指着生很多花。此属的学名,ING、APNI 和 GCI 记载是"Anthemis Linnaeus, Sp. Pl. 893. 1 Mai 1753"。IK 则记载为"Anthemis Mich. ex L. ,Sp. Pl. 2;893. 1753［1 May 1753］"。"Anthemis Mich."是命名起点著作之前的名称,故"Anthemis L.(1753)"和"Anthemis Mich. ex L.(1753)"都是合法名称,可以通用。【分布】巴基斯坦,巴拉圭,玻利维亚,地中海至伊朗,美国(密苏里),中国,欧洲,中美洲。【后选模式】Anthemis arvensis Linnaeus。【参考异名】Ammanthus Boiss. et Heldr. ex Boiss.(1849)；Anthemis Mich. ex L.(1753)；Buphthalmum Mill.(1754)Nom. illegit. ; Chamaemelum Tourn. ex Adans.(1763)Nom. illegit. ; Chamomilla Godr.(1843)Nom. illegit. ; Cota J. Gay ex Guss.(1845)；Lyonetia Wlllk.(1870)；Lyonnetia Cass.(1825)；Marcelia Cass.(1825)；Maruta(Cass.)Cass.(1823)Nom. illegit. ; Maruta(Cass.)Gray(1821)Nom. illegit. ; Maruta Cass.(1818)；Rhetinolepis Coss.(1857)；Steinitzia Gand.■

3271　Anthemis Mich. ex L.(1753)≡ Anthemis L.(1753)［菊科 Asteraceae(Compositae)//春黄菊科 Anthemidaceae］■

3272　Anthenantia P. Beauv.(1812)Nom. illegit. ≡ Anthaenantia P. Beauv.(1812)［菊科 Asteraceae(Compositae)］■☆

3273　Anthenantia Pal.(1812)Nom. illegit. ≡ Anthaenantia P. Beauv.(1812)［菊科 Asteraceae(Compositae)］■☆

3274　Anthephora Schreb.(1810)【汉】柄花草属。【隶属】禾本科 Poaceae(Gramineae)。【包含】世界 12-20 种。【学名诠释与讨论】〈阴〉(希)anthos,花+phoros,具有,梗,负载,发现者。【分布】巴拿马,秘鲁,玻利维亚,厄瓜多尔,哥伦比亚(安蒂奥基亚),哥斯达黎加,尼加拉瓜,热带和非洲南部,中美洲。【模式】Anthephora elegans Schreber, Nom. illegit. ［Tripsacum hermaphroditum Linnaeus; Anthephora hermaphorodita(Linnaeus)O. Kuntze］。【参考异名】Antephora Steud.(1854)；Hypodaeurus Hochst.(1844)；Hypudaerus A. Braun(1841)Nom. nud. ; Hypudaerus Rchb.(1841)■☆

3275　Anthereon Pridgeon et M. W. Chase(2001)Nom. illegit. = Pabstiella Brieger et Senghas(1976)；~ = Pleurothallis R. Br.(1813)［兰科 Orchidaceae］■☆

3276　Anthericaceae J. Agardh(1858)［as 'Anthericeae'］［亦见 Agavaceae Dumort.(保留科名)龙舌兰科和 Asphodelaceae Juss. 阿福花科(芦荟科,日光兰科,独尾草科)］【汉】吊兰科(猴面包科,猴面包树科)。【包含】世界9属200种,中国2属8种。【分布】广泛分布。【科名模式】Anthericum L.(1753)●■☆

3277　Anthericlis Raf.(1819)Nom. illegit. =Tipularia Nutt.(1818)［兰科 Orchidaceae］■

3278　Anthericopsis Engl.(1895)【汉】旱竹叶属(拟花篱属)。【隶属】鸭趾草科 Commelinaceae。【包含】世界1种。【学名诠释与讨论】〈阴〉(属)Anthericum 花篱属+希腊文 opsis,外观,模样,相似。【分布】热带非洲东部。【模式】Anthericopsis fischeri Engler。【参考异名】Gillettia Rendle(1896)■☆

3279　Anthericum L.(1753)【汉】花篱属(猴面包属,鸡尾兰属,圆果吊兰属,双列百合属)。【日】アンスリュム属,アンセリカム属,アンテリクム属,ベニウチワ属。【俄】Венечник。【英】Anthericum, Flower Hedge, Spider Plant, St. Bernard's Lily。【隶属】百合科 Liliaceae//吊兰科(猴面包科,猴面包树科)Anthericaceae。【包含】世界65-300种。【学名诠释与讨论】〈中〉(希)antheros,多花的+拉丁文词尾-icus,-ica,-icum 希腊文词尾-ikos,属于,关于。此属的学名,ING、APNI、GCI、TROPICOS

和 IK 记载是"Anthericum L.，Sp. Pl. 1：310. 1753［1 May 1753］"。"Anthericus Asch. et Graebn.，Flora der Provinz Brandenburg 1864"是其拼写变体；"Anthericus Asch.，Fl. Brandenburg 727（1864）≡ Anthericus Asch. et Graetn.（1864）Nom. illegit."的命名人引证有误。"Phalangites Bubani，Fl. Pyrenaea 4：108. 1901（sero?）"、"Pessularia R. A. Salisbury，Gen. 70. Apr–Mai 1866"、"Endogona Rafinesque，Fl. Tell. 2：27. Jan–Mar 1837（'1836'）"和"Liliago K. B. Presl，Abh. Königl. Böhm. Ges. Wiss. ser. 5. 3：534. Jul – Dec 1845（non Heister 1755）"都是"Anthericum L.（1753）"的晚出的同模式异名（Homotypic synonym，Nomenclatural synonym）。也有学者承认"双列百合属 Phalangium P. Miller，Gard. Dict. Abr. ed. 4. 28 Jan 1754"；但是它也是"Anthericum L.（1753）"的晚出的同模式异名，必须废弃。【分布】巴基斯坦，巴拿马，秘鲁，玻利维亚，厄瓜多尔，马达加斯加，热带和非洲南部，欧洲，亚洲，美洲。【后选模式】Anthericum ramosum Linnaeus。【参考异名】Anthericus Asch.（1864）Nom. illegit.；Anthericus Asch. et Graetn.（1864）Nom. illegit.；Debesia Kuntze（1891）；Diamena Ravenna（1987）；Dilanthes Salisb.（1866）；Endogona Raf.（1837）Nom. illegit.；Hesperanthes（Baker）S. Watson（1879）；Hesperanthes S. Watson（1879）；Lepicaulon Raf.（1837）（废弃属名）；Licinia Raf.（1837）；Liliago C. Presl（1845）Nom. illegit.，Nom. superfl.；Liliastrum Link（1829）Nom. illegit.（废弃属名）；Narthecium Ehrh.（废弃属名）；Obistila Raf.；Obsitila Raf.（1837）（废弃属名）；Pessularia Salisb.（1866）Nom. illegit.；Phalangion St. – Lag.（1880）；Phalangites Bubani（1901）；Phalangium Adans.（1763）Nom. illegit.；Phalangium Mill.（1754）Nom. illegit.；Stellarioides Medik.（1790）；Trachinema Raf.（1837）；Trachyandra Kunth（1843）（保留属名）；Trihesperus Herb.（1844）■☆

3280 Anthericus Asch.（1864）Nom. illegit. ≡ Anthericus Asch. et Graetn.（1864）Nom. illegit. = Anthericum L.（1753）［百合科 Liliaceae//吊兰科（猴面包科，猴面包树科）Anthericaceae］■☆

3281 Anthericus Asch. et Graetn.（1864）Nom. illegit. = Anthericum L.（1753）［百合科 Liliaceae//吊兰科（猴面包科，猴面包树科）Anthericaceae］■☆

3282 Antherocephala B. D. Jacks.（1893）Nom. illegit. = Antherocephala DC.（1839）［尖苞木科 Epacridaceae］●☆

3283 Antherocephala DC.（1839）= Andersonia Buch. –Ham. ex Wall.（1810）［使君子科 Combretaceae］●☆

3284 Antheroceras Bertero（1829）Nom. inval. = Leucocoryne Lindl.（1830）［百合科 Liliaceae//葱科 Alliaceae］■☆

3285 Antherolophus Gagnep.（1934）【汉】印支铃兰属。【隶属】百合科 Liliaceae//铃兰科 Convallariaceae//蜘蛛抱蛋科 Aspidistraceae。【包含】世界 1 种。【学名诠释与讨论】〈阳〉（希）antheros，多花的 + lophos，脊，鸡冠，装饰。此属的学名是"Antherolophus Gagnepain，Bull. Mus. Hist. Nat.（Paris）ser. 2. 6：190. Feb 1934"。亦有文献把其处理为"Aspidistra Ker Gawl.（1822）［百合科 Liliaceae//铃兰科 Convallariaceae//蜘蛛抱蛋科 Aspidistraceae］"的异名。【分布】中国，中南半岛，北美洲。【模式】Antherolophus glandulosus Gagnepain。【参考异名】Aspidistra Ker Gawl.（1822）■

3286 Antheropeas Rydb.（1915）【汉】北美菊属。【隶属】菊科 Asteraceae（Compositae）。【包含】世界 5 种。【学名诠释与讨论】〈中〉（希）antheros+opeas，所有格 opeatos，指小式 opetion 钻子。此属的学名是"Antheropeas Rydberg，N. Amer. Fl. 34：97. 28 Jul 1915"。亦有文献把其处理为"Eriophyllum Lag.（1816）"的异名。【分布】北美洲。【模式】Antheropeas wallacei（A. Gray）Rydberg［Bahia wallacei A. Gray］。【参考异名】Eriophyllum Lag.

（1816）■●☆

3287 Antheroporum Gagnep.（1915）【汉】肿荚豆属。【英】Antheroporum，Swellpod。【隶属】豆科 Fabaceae（Leguminosae）//蝶形花科 Papilionaceae。【包含】世界 5 种，中国 2 种。【学名诠释与讨论】〈中〉（希）antheros，多花的+pores，硬瘤。【分布】中国，中南半岛。【后选模式】Antheroporum pierrei Gagnepain。●

3288 Antherosperma Poir.（1808）Nom. inval. ≡ Antherosperma Poir. ex Steud.（1840）；~ = Atherosperma Labill.（1806）［香材树科 Monimiaceae//黑檫木科 Atherospermataceae］●☆

3289 Antherosperma Poir. ex Steud.（1840）= Atherosperma Labill.（1806）［香材树科 Monimiaceae//黑檫木科 Atherospermataceae］●☆

3290 Antherostele Bremek.（1940）【汉】多花柱茜属。【隶属】茜草科 Rubiaceae。【包含】世界 4 种。【学名诠释与讨论】〈阴〉（希）antheros，多花的+stylos 拉丁文 style，花柱，中柱，有尖之物，桩，柱，支持物，支柱，石头做的界标。【分布】菲律宾。【模式】Antherostele banahaensis（Elmer）Bremekamp［Urophyllum banahaensis Elmer］●☆

3291 Antherostylis C. A. Gardner（1934）= Velleia Sm.（1798）［草海桐科 Goodeniaceae］■☆

3292 Antherothamnus N. E. Br.（1915）【汉】多花木玄参属。【隶属】玄参科 Scrophulariaceae。【包含】世界 1 种。【学名诠释与讨论】〈阳〉（希）antheros，多花的+thamnos，指小式 thamnion，灌木，灌丛，树丛，枝。【分布】非洲南部。【模式】Antherothamnus pearsonii N. E. Brown。【参考异名】Selaginastrum Schinz et Thell.（1929）●☆

3293 Antherotoma（Naudin）Hook. f.（1867）【汉】割花野牡丹属。【隶属】野牡丹科 Melastomataceae。【包含】世界 2 种。【学名诠释与讨论】〈阴〉（希）antheros，多花的+tomos，一片，锐利的，切割的。tome，断片，残株。此属的学名，ING 记载是"Antherotoma（Naudin）J. D. Hooker in Bentham et J. D. Hooker，Gen. 1：729，745. Sep 1867"，由"Osbeckia B. Antherotoma Naudin，Ann. Sci. Nat.，Bot. ser. 3. 14：55. Jul 1850"改级而来。IK 和 TROPICOS 则记载为"Antherotoma Hook. f.，Gen. Pl.［Bentham et Hooker f.]1（3）：745. 1867［Sep 1867］"。二者引用的文献相同。【分布】马达加斯加，热带非洲。【模式】Antherotoma naudinii J. D. Hooker［as 'naudini'］［Osbeckia antherotoma Naudin］。【参考异名】Antherotoma Hook. f.（1867）Nom. illegit.；Osbeckia L.（1753）；Osbeckia B. Antherotoma Naudin（1850）■●☆

3294 Antherotoma Hook. f.（1867）Nom. illegit. ≡ Antherotoma（Naudin）Hook. f.（1867）［野牡丹科 Melastomataceae］■●☆

3295 Antherotriche Turcz.（1846）= Anisoptera Korth.（1841）［龙脑香科 Dipterocarpaceae］●☆

3296 Antherura Lour.（1790）= Psychotria L.（1759）（保留属名）［茜草科 Rubiaceae//九节科 Psychotriaceae］●

3297 Antherylium Rohr et Vahl（1792）Nom. illegit. ≡ Antherylium Rohr（1792）；~ = Ginoria Jacq.（1760）［千屈菜科 Lythraceae］●☆

3298 Antherylium Rohr（1792）= Ginoria Jacq.（1760）［千屈菜科 Lythraceae］●☆

3299 Antheryta Raf.（1838）= Tibouchina Aubl.（1775）［野牡丹科 Melastomataceae］●■☆

3300 Anthesteria Spreng.（1817）= Anthistiria L. f.（1779）；~ = Themeda Forssk.（1775）［禾本科 Poaceae（Gramineae）//菅科（菅草科，紫灯花科）Themidaceae］■

3301 Anthillis Neck.（1768）= Anthyllis L.（1753）［豆科 Fabaceae（Leguminosae）//蝶形花科 Papilionaceae］■☆

3302 Anthipsimus Raf.（1819）= Muhlenbergia Schreb.（1789）［禾本

科 Poaceae(Gramineae)]■

3303　Anthirrinum Moench(1794) = Antirrhinum L.(1753) [玄参科 Scrophulariaceae//金鱼草科 Antirrhinaceae//婆婆纳科 Veronicaceae]●■

3304　Anthistiria L. f.(1779) = Themeda Forssk.(1775) [禾本科 Poaceae(Gramineae)//菅科(菅草科,紫灯草科)Themidaceae]■

3305　Anthobembix Perkins(1898)【汉】新几内亚香材树属。【隶属】香材树科(杯轴花科,黑檫木科,芒籽科,蒙立米科,檬立米科,香材木科,香树木科)Monimiaceae。【包含】世界8种。【学名诠释与讨论】〈阴〉(希)anthos,花 + bembex,所有格 bembekos,或 bembix,所有格 bembekos,陀螺,旋涡。此属的学名是"Anthobembix J. Perkins, Bot. Jahrb. Syst. 25: 557. 567. 2 Sep 1898"。亦有文献把其处理为"Steganthera Perkins(1898)"的异名。【分布】新几内亚岛。【后选模式】Anthobembix hospitans(Beccari)J. Perkins [Kibara hospitans Beccari]。【参考异名】Steganthera Perkins(1898)●☆

3306　Anthobolaceae Dumort.(1829) = Santalaceae R. Br.(保留科名)●■

3307　Anthobolus R. Br.(1810)【汉】落花檀香属。【隶属】檀香科 Santalaceae。【包含】世界3-5种。【学名诠释与讨论】〈阳〉(希)anthos,花 + bolos,投掷。【分布】澳大利亚。【模式】Anthobolus filifolius R. Brown。【参考异名】Antholobus Anon(1895)Nom. illegit.; Antholobus Rchb.(1841)Nom. illegit. ●☆

3308　Anthobryum Phil.(1891)【汉】苔花属。【隶属】瓣鳞花科 Frankeniaceae。【包含】世界4种。【学名诠释与讨论】〈中〉(希)anthos,花 + bryon,地衣,树苔,海草。此属的学名,ING、TROPICOS 和 IK 记载是"Anthobryum R. A. Philippi, Anales Mus. Nat. Chile 1891:51. 1891"。"Anthobryum Phil. et Reiche, Fl. Chile [Reiche]i. 169(1896) = Anthobryum Phil.(1891) = Frankenia L.(1753)"是晚出的非法名称。亦有文献把"Anthobryum Phil.(1891)"处理为"Frankenia L.(1753)"的异名。【分布】阿根廷,玻利维亚,智利。【后选模式】Anthobryum tetragonum R. A. Philippi。【参考异名】Anthobryum Phil. et Reiche(1896)Nom. illegit.; Frankenia L.(1753)■☆

3309　Anthobryum Phil. et Reiche(1896)Nom. illegit. = Anthobryum Phil.(1891); ~ = Frankenia L.(1753) [瓣鳞花科 Frankeniaceae]●■

3310　Anthocarapa Pierre(1897)【汉】新喀里多尼亚楝属。【隶属】楝科 Meliaceae。【包含】世界1-2种。【学名诠释与讨论】〈阳〉(希)anthos,花 + karpos,果实。【分布】法属新喀里多尼亚。【模式】未指定。●☆

3311　Anthocephalus A. Rich.(1834) = Breonia A. Rich. ex DC.(1830) [茜草科 Rubiaceae]●☆

3312　Anthoceras Baker(1870) = Antheroceras Bertero(1829)Nom. inval.; ~ = Leucocoryne Lindl.(1830) [百合科 Liliaceae//葱科 Alliaceae]■☆

3313　Anthocerastes A. Gray(1852) = Toxanthes Turcz.(1851) [菊科 Asteraceae(Compositae)]■☆

3314　Anthocercis Labill.(1806)【汉】梭花茄属。【隶属】茄科 Solanaceae。【包含】世界9-20种。【学名诠释与讨论】〈阴〉(希)anthos,花 + kerkis,梭。【分布】澳大利亚。【模式】Anthocercis littorea Labillardière。【参考异名】Anthoceris Steud.(1821); Cyphanthera Miers(1853); Eadesia F. Muell.(1858)●■☆

3315　Anthoceris Steud.(1821) = Anthocercis Labill.(1806) [茄科 Solanaceae]●■☆

3316　Anthochlamys Fenzl ex Endl.(1837)【汉】合被虫实属。【俄】Антохламис。【隶属】藜科 Chenopodiaceae。【包含】世界2种。【学名诠释与讨论】〈阴〉(希)anthos+chlamys,所有格 chlamydos,

斗篷,外衣。此属的学名,ING 和 IK 记载是"Anthochlamys Fenzl ex Endl., Gen. Pl. [Endlicher] 300. 1837 [Oct 1837]"。"Anthochlamys Fenzl(1837)≡ Anthochlamys Fenzl ex Endl.(1837)"的命名人引证有误。【分布】亚洲中部和西南部。【模式】Anthochlamys polygaloides(F. E. Fischer et C. A. Meyer)Moquin-Tandon [Corispermum polygaloides F. E. Fischer et C. A. Meyer]。【参考异名】Anthochlamys Fenzl(1837)Nom. illegit.; Peltispermum Moq.(1840); Peltospermum Post et Kuntze(1903)Nom. illegit. ■☆

3317　Anthochlamys Fenzl(1837)Nom. illegit. ≡ Anthochlamys Fenzl ex Endl.(1837) [藜科 Chenopodiaceae]■☆

3318　Anthochloa Nees et Meyen(1834)【汉】花禾属。【隶属】禾本科 Poaceae(Gramineae)。【包含】世界1种。【学名诠释与讨论】〈阴〉(希)anthos,花+chloe 多利斯文 chloa,草的幼芽,嫩草,禾草。此属的学名,ING 和 IK 记载是"Anthochloa C. G. D. Nees et F. J. F. Meyen in F. J. F. Meyen, Reise 2:14. 18-23 Aug 1834"。"Antochloa Nees et Meyen(1836)"是其拼写变体。"Anthochloa Nees et Meyen(1834)曾被处理为"Poa sect. Anthochloa(Nees & Meyen)Soreng & L. J. Gillespie, Reise um die Erde 2:14. 1834"。【分布】安第斯山,秘鲁,玻利维亚,美国(加利福尼亚)。【模式】Anthochloa lepidula C. G. D. Nees et Meyen。【参考异名】Antochloa Nees et Meyen ex Nees(1836)Nom. illegit.; Antochloa Nees et Meyen(1836)Nom. illegit.; Poa sect. Anthochloa(Nees & Meyen)Soreng & L. J. Gillespie(1834)■☆

3319　Anthochortus Endl.(1836)Nom. illegit. = Anthochortus Nees(1836) [as 'Antochortus']; ~ = Willdenowia Thunb.(1788) [as 'Wildenowia'] [帚灯草科 Restionaceae]■☆

3320　Anthochortus Nees(1836) [as 'Antochortus']【汉】园花属。【隶属】帚灯草科 Restionaceae。【包含】世界7-15种。【学名诠释与讨论】〈阳〉(希)anthos,花+chortos,植物园,草。此属的学名,ING 和 IK 记载是"Antochortus C. G. D. Nees in J. Lindley, Nat. Syst. ed. 2. 451. Jul(?)1836"。"Antochortus"是"Anthochortus"的拼写变体。正名通常使用"Anthochortus Nees(1836)"。它出版于7月。而"Anthochortus Endl., Gen. Pl. [Endlicher] 121. 1836 [Dec 1836] = Anthochortus Nees(1836) = Willdenowia Thunb.(1788) [as 'Wildenowia']"出版于12月,故为晚出的非法名称。亦有文献把"Anthochortus Nees(1836)"处理为"Willdenowia Thunb.(1788) [as denowia Thun]"的异名。【分布】非洲南部。【模式】Anthochortus ecklonii Nees。【参考异名】Anthochortus Endl.(1836)Nom. illegit.; Antochortus Nees(1836)Nom. illegit.; Phyllocomos Mast.(1900); Wildenowia Thunb.(1790)Nom. illegit.; Willdenowia Thunb.(1788)■☆

3321　Anthochytrum Rchb. f.(1859)Nom. illegit. ≡ Barkhausia Moench(1794); ~ ≡ Crepis L.(1753) [菊科 Asteraceae(Compositae)]■

3322　Anthocleista Afzel. ex R. Br.(1818)【汉】非洲马钱树属(闭花马钱属,花闭木属)。【英】Cabbage Tree。【隶属】龙胆科 Gentianaceae//马钱科(断肠草科,马钱子科)Loganiaceae。【包含】世界14种。【学名诠释与讨论】〈阴〉(希)anthos,花 + kleistoo,关闭了的,封闭的。【分布】马达加斯加,热带非洲。【模式】Anthocleista nobilis G. Don。●☆

3323　Anthoclitandra(Pierre)Pichon(1953) = Landolphia P. Beauv.(1806)(保留属名) [夹竹桃科 Apocynaceae]●☆

3324　Anthocoma K. Koch(1854)Nom. illegit. ≡ Rhododendron L.(1753) [杜鹃花科(欧石南科)Ericaceae]●

3325　Anthocoma Zoll. et Moritzi(1845) = Cymaria Benth.(1830) [唇形科 Lamiaceae(Labiatae)]●

3326　Anthocometes Nees(1847) = Monothecium Hochst.(1842) [爵床

科 Acanthaceae]■☆

3327　Anthodendron Rchb. (1827) = Rhododendron L. (1753) [杜鹃花科(欧石南科)Ericaceae]●

3328　Anthodiscus Endl. = Salacia L. (1771)(保留属名) [卫矛科 Celastraceae//翅子藤科 Hippocrateaceae//五层龙科 Salaciaceae]●

3329　Anthodiscus G. Mey. (1818)【汉】盘花南星属。【隶属】天南星科 Araceae。【包含】世界 10 种。【学名诠释与讨论】〈阳〉(希)anthos, 花 + diskos, 圆盘。此属的学名, ING 和 IK 记载是"Anthodiscus G. F. W. Meyer, Prim. Fl. Esseq. 193. Nov 1818"。硅藻的"Anthodiscus E. Grove et G. Sturt, J. Quekett Microscop. Club ser. 2. 3;65. 1887 ≡ Anthodiscina Silva 1970"是晚出的非法名称。【分布】秘鲁, 玻利维亚, 厄瓜多尔, 哥伦比亚(安蒂奥基亚), 热带南美洲, 中美洲。【模式】Anthodiscus trifoliatus G. F. W. Meyer。■☆

3330　Anthodon Ruiz et Pav. (1798)【汉】齿花卫矛属。【隶属】卫矛科 Celastraceae。【包含】世界 2 种。【学名诠释与讨论】〈阳〉(希)anthos, 花+odous, 所有格 odontos, 齿。【分布】巴拉圭, 巴拿马, 秘鲁, 玻利维亚, 厄瓜多尔, 哥伦比亚(安蒂奥基亚), 热带南美洲, 中美洲。【模式】Anthodon decusatus Ruiz et Pavon [as 'decusatum']。【参考异名】Anthodus Mast. ex Roem. et Schult. (1822)●☆

3331　Anthodus Mast. ex Roem. et Schult. (1822) = Anthodon Ruiz et Pav. (1798) [卫矛科 Celastraceae]●☆

3332　Anthogonium Lindl. (1840) Nom. illegit. ≡ Anthogonium Wall. ex Lindl. (1840) [兰科 Orchidaceae]■

3333　Anthogonium Wall. ex Lindl. (1840)【汉】筒瓣兰属(红花小独蒜属, 筒瓣花属)。【英】Tubepetalorchis。【隶属】兰科 Orchidaceae。【包含】世界 1 种, 中国 1 种。【学名诠释与讨论】〈中〉(希)anthos, 花+gonia, 角, 角隅, 关节, 膝, 来自拉丁文 giniatus, 成角度的+-ius, -ia, -ium, 在拉丁文和希腊文中, 这些词尾表示性质或状态。此属的学名, ING、TROPICOS 和 IK 记载是"Anthogonium Wall. ex Lindl., Intr. Nat. Syst. Bot., ed. 2. 341, nomen. 1836"。"Anthogonium Lindl. (1840) ≡ Anthogonium Wall. ex Lindl. (1840)"的命名人引证有误。【分布】泰国, 中国, 东喜马拉雅山。【模式】Anthogonium gracile Wallich ex J. Lindley。【参考异名】Anthogonium Lindl. (1840) Nom. illegit.■

3334　Anthogyas Raf. (1838) = Bletia Ruiz et Pav. (1794); ~ = Gyas Salisb. (1812) [兰科 Orchidaceae]■☆

3335　Antholobus Anon (1895) Nom. illegit. = Anthobolus R. Br. (1810) [檀香科 Santalaceae]●☆

3336　Antholobus Rchb. (1841) Nom. illegit. = Anthobolus R. Br. (1810) [檀香科 Santalaceae]●☆

3337　Antholoma Labill. (1800) = Sloanea L. (1753) [杜英科 Elaeocarpaceae]●

3338　Antholyza L. (1753)【汉】非洲鸢尾属(口花属)。【日】アントリーザ。【俄】Антолиза。【英】Madflower。【隶属】鸢尾科 Iridaceae。【包含】世界 25 种。【学名诠释与讨论】〈阴〉(希)anthos, 花+lyssa, 发怒, 狂犬病。指花的开口像一只狂怒的野兽。此属的学名是"Antholyza Linnaeus, Sp. Pl. 37. 1 Mai 1753"。亦有文献把"Antholyza L. (1753)"处理为"Babiana Ker Gawl. ex Sims (1801)(保留属名)"或"Gladiolus L. (1753)"的异名。【分布】非洲。【后选模式】Antholyza ringens Linnaeus。【参考异名】Anisanthus Sweet ex Klatt (1864) Nom. illegit.; Anisanthus Sweet (1826) Nom. inval., Nom. illegit.; Babiana Ker Gawl. ex Sims (1801)(保留属名);Gladiolus L. (1753)■☆

3339　Anthomeles M. Roem. (1847) = Crataegus L. (1753) [蔷薇科 Rosaceae]●

3340　Anthonotha P. Beauv. (1806)【汉】仿花苏木属。【隶属】豆科 Fabaceae(Leguminosae)//云实科(苏木科)Caesalpiniaceae。【包含】世界 28 种。【学名诠释与讨论】〈阴〉(希)anthos, 花+nothos, 伪造者。此属的学名是"Anthonotha Palisot de Beauvois, Fl. Oware 1: 70. t. 42. Sep 1806"。亦有文献把其处理为"Macrolobium Schreb. (1789)(保留属名)"的异名。【分布】热带非洲。【模式】Anthonotha macrophylla Palisot de Beauvois。【参考异名】Isomacrolobium Aubrév. et Pellegr. (1958);Leonardendron Aubrév. (1968); Macrolobium Schreb. (1789)(保留属名); Triplisomeris (Baill.) Aubrév. et Pellegr. (1958); Triplisomeris Aubrév. et Pellegrin (1958) Nom. illegit.●☆

3341　Anthophyllum Steud. (1855) Nom. illegit. yDesmoschoenus Hook. f. (1853); ~ = Scirpus L. (1753)(保留属名) [莎草科 Cyperaceae//藨草科 Scirpaceae]■

3342　Anthopogon Neck. (1790) Nom. inval. ≡ Anthopogon Neck. ex Raf. (1837) Nom. illegit.; ~ ≡ Crossopetalum Roth (1827) Nom. illegit.; ~ = Gentiana L. (1753) [龙胆科 Gentianaceae]■

3343　Anthopogon Neck. ex Raf. (1837) Nom. illegit. ≡ Crossopetalum Roth (1827) Nom. illegit.; ~ = Gentiana L. (1753) [龙胆科 Gentianaceae]■

3344　Anthopogon Nutt. (1818) Nom. illegit., Nom. superfl. ≡ Gymnopogon P. Beauv. (1812) [禾本科 Poaceae(Gramineae)]■☆

3345　Anthopteropsis A. C. Sm. (1941)【汉】距药莓属。【隶属】杜鹃花科(欧石南科)Ericaceae。【包含】世界 1 种。【学名诠释与讨论】〈阴〉(属)Anthopterus 翼冠莓属+希腊文 opsis, 外观, 模样, 相似。【分布】中美洲。【模式】Anthopteropsis insignis A. C. Smith。●☆

3346　Anthopterus Hook. (1839)【汉】翼冠莓属。【隶属】杜鹃花科(欧石南科)Ericaceae。【包含】世界 6-11 种。【学名诠释与讨论】〈阳〉(希)anthos, 花+pteron, 指小式 pteridion, 翅。【分布】安第斯山, 巴拿马, 秘鲁, 玻利维亚, 厄瓜多尔, 哥伦比亚(安蒂奥基亚), 哥斯达黎加, 中美洲。【模式】Anthopterus racemosus W. J. Hooker。●☆

3347　Anthora(DC.) Fourr. (1868) = Aconitum L. (1753) [毛茛科 Ranunculaceae]■

3348　Anthora DC., Nom. illegit. ≡ Anthora (DC.) Fourr. (1868); ~ = Aconitum L. (1753) [毛茛科 Ranunculaceae]■

3349　Anthora Fourr. (1868) Nom. illegit. ≡ Anthora (DC.) Fourr. (1868); ~ = Aconitum L. (1753) [毛茛科 Ranunculaceae]■

3350　Anthora Haller ex Ser. (1824) Nom. illegit. = Aconitum L. (1753) [毛茛科 Ranunculaceae]■

3351　Anthora Haller (1745) Nom. inval. ≡ Anthora Haller ex Ser. (1824) Nom. illegit.; ~ = Aconitum L. (1753) [毛茛科 Ranunculaceae]■

3352　Anthorrhiza C. R. Huxley et Jebb(1990)【汉】根花茜属。【隶属】茜草科 Rubiaceae。【包含】世界 8 种。【学名诠释与讨论】〈阴〉(希)anthos, 花+rhiza, 或 rhizoma, 根, 根茎。【分布】新几内亚岛。【模式】Anthorrhiza echinella C. R. Huxley et M. H. P. Jebb。●☆

3353　Anthosachne Steud. (1854)【汉】沫花禾属。【俄】Антозахна。【隶属】禾本科 Poaceae(Gramineae)。【包含】世界 5 种。【学名诠释与讨论】〈阴〉(希)anthos, 花+achne, 鳞片, 泡沫, 泡囊, 谷壳, 稃。此属的学名, ING、TROPICOS、APNI 和 IK 记载是"Anthosachne Steud., Syn. Pl. Glumac. 1(3):237. 1854 [1855 publ. 12-13 Apr 1854]"。它曾先后被处理为"Agropyron sect. Anthosachne (Steud.) Melderis, Flora Iranica : Flora des Iranischen Hochlandes und der Umrahmenden Gebirge : Persien, Afghanistan,

Teile von West-Pakistan, Nord-Iraq, (cont) 70: 168. 1970. (30 Jan 1970)"和" Elymus sect. Anthosachne (Steud.) Tzvelev, Novosti Sistematiki Vysshchikh Rastenii 10: 25. 1973"。亦有文献把"Anthosachne Steud. (1854)"处理为"Elymus L. (1753)"或"Agropyron Gaertn. (1770)"的异名。【分布】巴基斯坦。【模式】Anthosachne australasica Steudel。【参考异名】Agropyron Gaertn. (1770); Agropyron sect. Anthosachne (Steud.) Melderis (1970); Agropyron sect. Anthosachne (Steud.) Melderis (1970); Elymus L. (1753); Elymus sect. Anthosachne (Steud.) Tzvelev (1973); Elymus sect. Anthosachne (Steud.) Tzvelev (1973) ■☆

3354 Anthosciadium Fenzl (1850) = Selinum L. (1762) (保留属名) [伞形花科 (伞形科) Apiaceae (Umbelliferae)] ■

3355 Anthoshorea Pierre (1891) = Shorea Roxb. ex C. F. Gaertn. (1805) [龙脑香科 Dipterocarpaceae] ●

3356 Anthosiphon Schltr. (1920)【汉】哥伦比亚管花兰属。【隶属】兰科 Orchidaceae。【包含】世界1种。【学名诠释与讨论】〈中〉(希) anthos, 花+siphon, 所有格 siphonos, 管子。【分布】哥伦比亚。【模式】Anthosiphon roseans Schlechter。■☆

3357 Anthospermopsis(K. Schum.) J. H. Kirkbr. (1997)【汉】拟琥珀树属。【隶属】茜草科 Rubiaceae。【包含】世界1种。【学名诠释与讨论】〈阴〉(属)Anthospermum 琥珀树属+希腊文 opsis, 外观, 模样, 相似。此属的学名, GCI 和 IK 记载是 "Anthospermopsis (K. Schum.) J. H. Kirkbr., Brittonia 49 (3): 373 (1997)", 由 "Staelia sect. Anthospermopsis K. Schum. Fl. Bras. (Martius) 6 (6): 72. 1888 [15 Feb 1888]"改级而来。【分布】巴西。【模式】Anthospermopsis catechosperma (K. Schum.) J. H. Kirkbr.。【参考异名】Staelia sect. Anthospermopsis K. Schum. (1888) ●☆

3358 Anthospermum L. (1753)【汉】琥珀树属 (非洲花子属)。【英】Amber Tree。【隶属】茜草科 Rubiaceae。【包含】世界40种。【学名诠释与讨论】〈中〉(希) anthos, 花+sperma, 所有格 spermatos, 种子, 孢子。此属的学名, ING、TROPICOS 和 IK 记载是 "Anthospermum L., Sp. Pl. 2: 1058. 1753 [1 May 1753]"。"Ambraria Heister ex Fabricius, Enum. ed. 2. 435. Sep-Dec 1763"是"Anthospermum L. (1753)"的晚出的同模式异名 (Homotypic synonym, Nomenclatural synonym)。【分布】非洲, 马达加斯加。【模式】Anthospermum aethiopicum Linnaeus。【参考异名】Ambraria Fabr. (1763) Nom. illegit.; Ambraria Heist. ex Fabr. (1763) Nom. illegit.; Chrysospermum Rchb. (1828) ●☆

3359 Anthostema A. Juss. (1824)【汉】雄花大戟属。【隶属】大戟科 Euphorbiaceae。【包含】世界3种。【学名诠释与讨论】〈阴〉(希) anthos, 花+stema, 所有格 stematos, 雄蕊。【分布】马达加斯加, 热带非洲。【模式】Anthostema senegalensis A. H. L. Jussieu。☆

3360 Anthostyrax Pierre (1892) = Styrax L. (1753) [安息香科 (齐墩果科, 野茉莉科) Styracaceae] ●

3361 Anthotium R. Br. (1810)【汉】澳大利亚草海桐属。【隶属】草海桐科 Goodeniaceae。【包含】世界2-3种。【学名诠释与讨论】〈中〉(希) anthos, 花+ota, 具有+-ius, -ia, -ium, 在拉丁文和希腊文中, 这些词尾表示性质或状态。【分布】澳大利亚 (西南部)。【模式】Anthotium humile R. Brown。☆

3362 Anthotroche Endl. (1839)【汉】轮花茄属。【隶属】茄科 Solanaceae。【包含】世界6种。【学名诠释与讨论】〈中〉(希) anthos, 花+trochos 拉丁文 trochus, 轮, 箍。【分布】澳大利亚。【模式】Anthotroche pannosa Endl.。☆

3363 Anthoxanthaceae Link = Gramineae Juss. (保留科名) // Poaceae Barnhart (保留科名) ■●

3364 Anthoxanthum L. (1753)【汉】黄花茅属 (春茅属, 黄花草属)。【日】ハルガヤ属。【俄】Душистый колокок, Пахучеколосник。

【英】Spring Grass, Sweet Vernalgrass, Vernal Grass, Vernalgrass, Vernal-grass。【隶属】禾本科 Poaceae (Gramineae)。【包含】世界18-50种, 中国10种。【学名诠释与讨论】〈中〉(希) anthos, 花+xanthos, 黄色。指头状花序黄色。此属的学名, ING、APNI、GCI、TROPICOS 和 IK 记载是 "Anthoxanthum L., Sp. Pl. 1: 28. 1753 [1 May 1753]"。"Flavia Heister ex Fabricius, Enum. 206. 1759"是"Anthoxanthum L. (1753)"的晚出的同模式异名 (Homotypic synonym, Nomenclatural synonym)。【分布】巴基斯坦, 秘鲁, 玻利维亚, 厄瓜多尔, 哥伦比亚 (安蒂奥基亚), 哥斯达黎加, 马达加斯加, 美国 (密苏里), 中国, 北温带, 热带非洲山区, 亚洲, 中美洲。【后选模式】Anthoxanthum odoratum Linnaeus。【参考异名】Flavia Fabr. (1759) Nom. illegit.; Flavia Heist. (1748) Nom. inval.; Flavia Heist. ex Fabr. (1759) Nom. illegit.; Foenodorum E. H. L. Krause, Nom. illegit.; Hierochloe R. Br. (1810) (保留属名); Patzkea G. H. Loos (2010); Xanthanthos St. - Lag. (1881) Nom. illegit.; Xanthonanthos St. -Lag. (1881) Nom. illegit.; Xanthonanthus St. - Lag. (1881) Nom. illegit. ■

3365 Anthriscus (Pers.) Hoffm. (1814) Nom. illegit. (废弃属名) = Anthriscus Pers. (1805) (保留属名) [伞形花科 (伞形科) Apiaceae (Umbelliferae)] ■

3366 Anthriscus Bernh. (1800) Nom. illegit. (废弃属名) ≡ Torilis Adans. (1763) [伞形花科 (伞形科) Apiaceae (Umbelliferae)] ■

3367 Anthriscus Hoffm. (1814) Nom. illegit. (废弃属名) ≡ Anthriscus (Pers.) Hoffm. (1814) (废弃属名); ~ = Anthriscus Pers. (1805) (保留属名) [伞形花科 (伞形科) Apiaceae (Umbelliferae)] ■

3368 Anthriscus Pers. (1805) (保留属名)【汉】峨参属 (岩芹属)。【日】アンスリスクス属, シャク属。【俄】Купырь。【英】Beakchervil, Beaked Chervil, Chervil, Cow Parsley。【隶属】伞形花科 (伞形科) Apiaceae (Umbelliferae)。【包含】世界10-12种, 中国3种。【学名诠释与讨论】〈阳〉(希) anthos, 花+rychos, 垣墙。指本属某些种类生于垣墙上。此属的学名 "Anthriscus Pers., Syn. Pl. 1: 320. 1 Apr-15 Jun 1805"是保留属名。相应的废弃属名是伞形花科 (伞形科) Apiaceae 的 "Anthriscus Bernh., Syst. Verz.: 113. 1800 ≡ Torilis Adans. (1763)"和"Cerefolium Fabr., Enum.: 36. 1759 = Anthriscus Pers. (1805) (保留属名)"。伞形花科 (伞形科) Apiaceae (Umbelliferae) 的 "Anthriscus Raf. = Anthriscus Pers. (1805) (保留属名)"和"Anthriscus Hoffm., Gen. Pl. Umbell. 38. 1814 = Anthriscus Pers. (1805) (保留属名)"亦应废弃。"Anthriscus (Pers.) Hoffm. (1814)"似为误记。【分布】巴基斯坦, 美国, 中国, 欧洲, 热带亚洲。【模式】Anthriscus vulgaris Persoons [Scandix anthriscus L.; Anthriscus caucalis M. Bieb.]。【参考异名】Anthriscus (Pers.) Hoffm. (1814) Nom. illegit. (废弃属名); Anthriscus Hoffm. (1814) Nom. illegit. (废弃属名); Anthriscus Raf. (废弃属名); Antriscus Raf. (1840); Centhriscus Spreng. ex Steud. (1821); Cerefolium Fabr. (1759) (废弃属名); Chaerefolium Haller (1768); Chaerefolium Hoffm.; Chifolium Hamm.; Myrrhodes Kuntze; Myrrhoides Fabr. (1759) Nom. illegit.; Oreochorte Koso-Pol. (1916) ■

3369 Anthriscus Raf. (废弃属名) = Anthriscus Pers. (1805) (保留属名) [伞形花科 (伞形科) Apiaceae (Umbelliferae)] ■

3370 Anthrocephalus Schltdl. (1840) = Anthocephalus A. Rich. (1834) [茜草科 Rubiaceae] ●☆

3371 Anthropodium Sims (1816) = Arthropodium R. Br. (1810) [百合科 Liliaceae // 吊兰科 (猴面包科, 猴面包树科) Anthericaceae // 点柱花科 Lomandraceae] ■☆

3372 Anthrostylis D. Dietr. (1839) = Arthrostylis R. Br. (1810) [莎草科 Cyperaceae] ■☆

3373 Anthurium Schott(1829)【汉】花烛属(安祖花属,红掌属,火鹤花属)。【日】アンスリューム属,ベニウチハ属,ベニウチワ属。【俄】Антуриум。【英】Anthurium, Flamingo Flower, Flamingo Plant, Garishcandle, Spathe Flower, Tail Flower, Tailflower。【隶属】天南星科 Araceae。【包含】世界700-800种,中国2种。【学名诠释与讨论】〈中〉(希)anthos,花+-urus,-ura,-ur,用于希腊文组合词,含义为"尾巴"。指肉穗花序尾状。【分布】巴拿马,秘鲁,玻利维亚,厄瓜多尔,哥伦比亚(安蒂奥基亚),哥斯达黎加,尼加拉瓜,中国,西印度群岛,热带美洲,中美洲。【后选模式】Anthurium acaule(N. J. Jacquin)H. W. Schott[Pothos acaulis N. J. Jacquin]。【参考异名】Anthaerium Schott(1858);Podospadix Raf.(1838);Strepsanthera Raf.(1838)■

3374 Anthyllis Adans.(1763)Nom. illegit. ≡ Polycarpon Loefl. ex L.(1759);~ =Polycarpon L.(1759)+Polycarpaea Lam.(1792)(保留属名)[as 'Polycarpea'][石竹科 Caryophyllaceae]■

3375 Anthyllis L.(1753)【汉】绒毛花属(妇指豆属,岩豆属)。【俄】Язвеник。【英】Anthyllis, Kidney Vetch。【隶属】豆科 Fabaceae(Leguminosae)//蝶形花科 Papilionaceae。【包含】世界20-50种。【学名诠释与讨论】〈阴〉(希)anthos,花+ioulos,绒毛。指花被毛。此属的学名,ING、APNI、TROPICOS 和 IK 记载为"Anthyllis Linnaeus, Sp. Pl. 719. 1 Mai 1753"。石竹科 Caryophyllaceae 的"Anthyllis Adans., Fam. Pl.(Adanson)2:271. 1763 ≡ Polycarpon L.(1759)"是晚出的非法名称。"Vulneraria P. Miller, Gard. Dict. Abr. ed. 4. 28 Jan 1754"是"Anthyllis L.(1753)"的晚出的同模式异名(Homotypic synonym, Nomenclatural synonym)。【分布】巴基斯坦,非洲北部,欧洲,亚洲西部。【后选模式】Anthyllis vulneraria Linnaeus。【参考异名】Acanthyllis Pomel(1874);Anthillis Neck.(1768);Aspalathoides(DC.)K. Koch(1854)Nom. illegit.;Aspalathoides K. Koch(1854);Barba-jovis Adans.(1763);Barbajovis Mill.(1754);Barba-jovis Ség.(1754);Cornicina(DC.)Boiss.(1840);Cornicina Boiss.(1840)Nom. illegit.;Dorycinopsis Lem.(1849);Dorycnopsis Boiss.(1840);Fakeloba Raf.(1838);Phacolobus Post et Kuntze(1903);Physanthillis Boiss.(1840)Nom. illegit.;Physanthyllis Boiss.(1840)Nom. illegit.;Pogonitis Rchb.(1837);Tripodion Medik.(1787);Tripodium Medik.;Vulneraria Mill.(1754)Nom. illegit.;Zenopogon Link(1831)■☆

3376 Antia O. F. Cook(1941)Nom. inval., Nom. nud. = Coccothrinax Sarg.(1899)[棕榈科 Arecaceae]●☆

3377 Antiaris Lesch.(1810)(保留属名)【汉】见血封喉属(箭毒木属)。【英】Antiaris。【隶属】桑科 Moraceae。【包含】世界1-4种,中国1种。【学名诠释与讨论】〈阴〉(希)ant-,(后面连接辅音时用 anti-,连接元音时用 ant-),对抗,相反,反对 =拉丁文 contra-,contro-+aris,箭。指其毒汁供射猎用。一说来自印尼爪哇语 antjar 或 antiar,一种桑科植物所产的树胶名。此属的学名"Antiaris Lesch. in Ann. Mus. Natl. Hist. Nat. 16:478. 1810"是保留属名。相应的废弃属名是桑科 Moraceae 的"Ipo Pers., Syn. Pl. 2:566. Sep 1807 =Antiaris Lesch.(1810)(保留属名)"。【分布】马达加斯加,印度至马来西亚,中国,热带非洲。【模式】Antiaris toxicaria Leschenault。【参考异名】Antschar Horsf.(1814);Ipo Pers.(1807)(废弃属名);Lepurandra Graham(1839)Nom. illegit.;Lepurandra Nimmo(1839);Toxicaria Aepnel ex Steud.(1821)Nom. inval., Nom. illegit. ●

3378 Antiaropsis K. Schum.(1889)【汉】类见血封喉属。【隶属】桑科 Moraceae。【包含】世界1-2种。【学名诠释与讨论】〈阴〉(属)Antiaris 见血封喉属(箭毒木属)+希腊文 opsis,外观,模样。【分布】新几内亚岛。【模式】Antiaropsis decipiens K. Schumann。

●☆

3379 Anticharis Endl.(1839)【汉】劣玄参属。【隶属】玄参科 Scrophulariaceae。【包含】世界14种。【学名诠释与讨论】〈阴〉(希)ant-,对抗,相反,反对+charis,喜悦,雅致,美丽,流行。【分布】非洲西南部至阿拉伯地区和印度。【模式】Anticharis arabica Endlicher。【参考异名】Distemon Ehrenb. ex Asch.(1866);Doranthera Steud.(1840);Doratanthera Benth. ex Endl.(1839);Gerardiopsis Engl.(1895);Meissarrhena R. Br.(1814);Misarrhena Post et Kuntze(1903)■●☆

3380 Anticheirostylis Fitzg.(1891)Nom. illegit. ≡ Corunastylis Fitzg.(1888);~ =Genoplesium R. Br.(1810)[兰科 Orchidaceae]■☆

3381 Antichirostylis Kuntze(1903)Nom. inval. = Anticheirostylis Fitzg.(1891)Nom. illegit.;~ = Corunastylis Fitzg.(1888);~ = Genoplesium R. Br.(1810)[兰科 Orchidaceae]■☆

3382 Antichloa Steud.(1840)= Actinochloa Willd. ex Roem. et Schult.(1817)Nom. illegit.;~ = Bouteloua Lag.(1805)[as 'Botelua'](保留属名);~ = Chondrosum Desv.(1810)[禾本科 Poaceae(Gramineae)]■☆

3383 Antichorus L.(1767)= Corchorus L.(1753)[椴树科(椴科,田麻科)Tiliaceae/锦葵科 Malvaceae]■●

3384 Anticlea Kunth(1843)= Zigadenus Michx.(1803)[百合科 Liliaceae//黑药花科(藜芦科)Melanthiaceae]■

3385 Anticona E. Linares, J. Campos et A. Galán(2014)【汉】异菊属。【隶属】菊科 Asteraceae(Compositae)。【包含】世界1种。【学名诠释与讨论】〈阴〉(希)ant-,对抗,相反,反对+conos,松球,圆锥形。【分布】秘鲁。【模式】Anticona glareophila(Cuatrec.)E. Linares, J. Campos et A. Galán[Werneria glareophila Cuatrec.]☆

3386 Anticoryne Turcz.(1852)= Baeckea L.(1753)[桃金娘科 Myrtaceae]●

3387 Antidaphne Poepp. et Endl.(1838)【汉】异瑞香属。【隶属】绿乳科(菜茑寄生科,房底珠科)Eremolepidaceae。【包含】世界7种。【学名诠释与讨论】〈阴〉(希)ant-,对抗,相反,反对+(属)Daphne 瑞香属(芫花属)。【分布】巴拿马,秘鲁,玻利维亚,厄瓜多尔,哥伦比亚(安蒂奥基亚),尼加拉瓜,热带南美洲西部,中美洲。【模式】Antidaphne viscoidea Poeppig et Endlicher。【参考异名】Basicarpus Tiegh.(1896);Eremolepis Griseb.(1856);Ixidium Eichler(1868);Stachyphyllum Tiegh.(1896)●☆

3388 Antidesma Burm. ex L.(1753)≡ Antidesma L.(1753)[大戟科 Euphorbiaceae//五月茶科 Stilaginaceae//叶下珠科(叶萝摩科)Phyllanthaceae]●

3389 Antidesma L.(1753)【汉】五月茶属(华月桂属,橘里珍属)。【日】ヤマヒハツ属。【俄】Антидесма。【英】China Laurel, Chinalaurel, China-laurel, Chinese Laurel, Meytea。【隶属】大戟科 Euphorbiaceae//五月茶科 Stilaginaceae//叶下珠科(叶萝摩科)Phyllanthaceae。【包含】世界150-170种,中国26种。【学名诠释与讨论】〈中〉(希)ant-,对抗,相反,反对+desmos,链,束,结,带,纽带。desma,所有格 desmatos,含义与 desmos 相似。指树皮可制绳索。此属的学名,ING、TROPICOS 和 APNI 记载是"Antidesma Linnaeus, Sp. Pl. 1027. 1 Mai 1753"。IK 则记载为"Antidesma Burm. ex L., Sp. Pl. 2:1027. 1753[1 May 1753]"。"Antidesma Burm."是命名起点著作之前的名称,故"Antidesma L.(1753)"和"Antidesma Burm. ex L.(1753)"都是合法名称,可以通用。"Antidesma Wall., Numer. List 7289, 1832"是晚出的非法名称。"Bestram Adanson, Fam. 2:354. Jul-Aug 1763"是"Antidesma L.(1753)"的晚出的同模式异名(Homotypic synonym, Nomenclatural synonym)。【分布】巴基斯坦,玻利维亚,马达加斯加,中国,中美洲。【模式】Antidesma alexiteria

Linnaeus。【参考异名】Antidesma Burm. ex L.（1753）；Bestram Adans.（1763）Nom. illegit.；Coulejia Dennst.（1818）；Minutalia Fenzl（1844）；Rhytis Lour.（1790）；Rubina Noronha（1790）；Stilago L.（1767）Nom. illegit. ●

3390　Antidesma Wall.（1832）Nom. illegit. ［大戟科 Euphorbiaceae］●☆

3391　Antidesmataceae Loudon（1830）= Euphorbiaceae Juss.（保留科名）●■

3392　Antidesmataceae Sweet ex Endl. = Phyllanthaceae J. Agardh；~ = Stilaginaceae C. Agardhh ●■

3393　Antidris Thouars = Disperis Sw.（1800）；~ = Dryopeia Thouars（1822）［兰科 Orchidaceae］■

3394　Antigona Vell.（1829）= Casearia Jacq.（1760）［刺篱木科（大风子科）Flacourtiaceae//天料木科 Samydaceae］●

3395　Antigonon Endl.（1837）【汉】珊瑚藤属（珊瑚蓼属）。【日】アサヒカズラ属，ニトベカズラ属。【英】Antigonon, Confederate-vine, Coral Vine, Coralvine, Coral-vine, Mexican Creeper。【隶属】蓼科 Polygonaceae。【包含】世界 3-8 种，中国 1 种。【学名诠释与讨论】〈中〉（希）ant-，对抗，相反，反对+gonia，角，角隅，关节，膝，来自拉丁文 giniatus，成角度的。指花梗有关节。此属的学名，ING、TROPICOS 和 IK 记载是“Antigonon Endl., Gen. Pl.［Endlicher］310. 1837［Oct 1837］”。“Corculum S. C. Stuntz, U. S. D. A. Bur. Pl. Industr. Bull. 282：86. 12 Jun 1913”是“Antigonon Endl.（1837）”的晚出的同模式异名（Homotypic synonym, Nomenclatural synonym）。【分布】巴基斯坦，巴拉圭，巴拿马，秘鲁，玻利维亚，厄瓜多尔，哥伦比亚（安蒂奥基亚），尼加拉瓜，中国，热带美洲，中美洲。【模式】Antigonon lepus W. J. Hooker et Arnott。【参考异名】Corculum Stuntz（1913）●■

3396　Antilla（Luer）Luer（2004）= Pleurothallis R. Br.（1813）［兰科 Orchidaceae］■☆

3397　Antillanorchis Garay（1974）【汉】安蒂兰属。【隶属】兰科 Orchidaceae。【包含】世界 1 种。【学名诠释与讨论】〈阴〉（地）Antilla，安蒂亚，位于古巴+orchis，原义是睾丸，后变为植物兰的名称，因为根的形态而得名。变为拉丁文 orchis，所有格 orchidis。【分布】古巴。【模式】Antillanorchis gundlachii（C. Wright ex A. Grisebach）L. A. Garay［Oncidium gundlachii C. Wright ex A. Grisebach］■☆

3398　Antillanthus B. Nord.（2006）【汉】连柱菊属。【隶属】菊科 Asteraceae（Compositae）。【包含】世界 17 种。【学名诠释与讨论】〈阴〉（地）Antilla，安蒂亚，位于古巴+anthos，花。antheros，多花的。antheo，开花。【分布】南美洲。【模式】Antillanthus ekmanii（Alain）B. Nordenstam［Senecio ekmanii Alain］●☆

3399　Antillia R. M. King et H. Rob.（1971）【汉】多花亮泽兰属。【隶属】菊科 Asteraceae（Compositae）。【包含】世界 1 种。【学名诠释与讨论】〈阴〉（地）Antilla，安蒂亚，位于古巴。【分布】古巴。【模式】Antillia brachychaeta（B. L. Robinson）R. M. King et H. E. Robinson［Eupatorium brachychaetum B. L. Robinson］■☆

3400　Antimima N. E. Br.（1930）【汉】紫波属。【隶属】番杏科 Aizoaceae。【包含】世界 60 种。【学名诠释与讨论】〈阴〉（希）antimimos，仔细地模仿；antimimesis，极像的仿制品。【分布】非洲西南部。【模式】Antimima dualis N. E. Br.。●☆

3401　Antimion Raf.（1840）= Lycopersicon Mill.（1754）［茄科 Solanaceae］■

3402　Antinisa（Tul.）Hutch.（1941）= Homalium Jacq.（1760）［刺篱木科（大风子科）Flacourtiaceae//天料木科 Samydaceae］●■

3403　Antinoria Parl.（1845）【汉】浮燕麦属。【隶属】禾本科 Poaceae（Gramineae）。【包含】世界 2 种。【学名诠释与讨论】〈阴〉（人）Antinori。此属的学名是“Antinoria Parlatore, Fl. Palermitana 1：

92. 1845”。亦有文献把其处理为“Aira L.（1753）（保留属名）”的异名。【分布】地中海地区，欧洲西部。【后选模式】Antinoria agrostidea（A. P. de Candolle）Parlatore［Poa agrostidea A. P. de Candolle］。【参考异名】Aira L.（1753）（保留属名）■☆

3404　Antioanrus Roem. = Heptaptera Margot et Reut.（1839）［伞形花科（伞形科）Apiaceae（Umbelliferae）］■☆

3405　Antiostelma（Tsiang et P. T. Li）P. T. Li（1992）= Micholitzia N. E. Br.（1909）［萝藦科 Asclepiadaceae］■

3406　Antiotrema Hand. -Mazz.（1920）【汉】长蕊斑种草属（滇牛舌草属，滇紫草属，黑阳参属）。【英】Antiotrema。【隶属】紫草科 Boraginaceae。【包含】世界 1 种，中国 1 种。【学名诠释与讨论】〈中〉（希）ant-，对抗，相反，反对，像+trema，所有格 trematos，洞，穴，孔。【分布】中国。【模式】Antiotrema dunnianum（Diels）Handel-Mazzetti［Cynoglossum dunnianunm Diels］。【参考异名】Henryettana Brand（1929）■★

3407　Antiphiona Merxm.（1954）【汉】修尾菊属。【隶属】菊科 Asteraceae（Compositae）。【包含】世界 2 种。【学名诠释与讨论】〈阴〉词源不详。【分布】热带和非洲西南部。【模式】Antiphiona pinnatisecta（S. M. Moore）Merxmueller［Iphiona pinnatisecta S. M. Moore］■☆

3408　Antiphyla Raf.（1838）Nom. illegit. ≡ Riddelia Raf.（1838）Nom. illegit.；~ = Melochia L.（1753）（保留属名）［梧桐科 Sterculiaceae//锦葵科 Malvaceae//马松子科 Melochiaceae］●■

3409　Antiphylla Haw.（1821）= Saxifraga L.（1753）［虎耳草科 Saxifragaceae］■

3410　Antiphytum DC.（1840）Nom. illegit. ≡ Antiphytum DC. ex Meisn.（1840）［紫草科 Boraginaceae］■☆

3411　Antiphytum DC. ex Meisn.（1840）【汉】墨西哥紫草属。【隶属】紫草科 Boraginaceae。【包含】世界 8-10 种。【学名诠释与讨论】〈中〉（希）anti，对抗，相反，反对+phyton，植物，树木，枝条。此属的学名，ING 和 IK 记载是“Antiphytum A. P. de Candolle ex C. F. Meisner, Pl. Vasc. Gen. 1：280”。“Antiphytum DC.（1840）≡ Antiphytum DC. ex Meisn.（1840）”的命名人引证有误。【分布】墨西哥至热带南美洲。【后选模式】Antiphytum cruciatum（Chamisso）Alph. de Candolle［Anchusa cruciata Chamisso］。【参考异名】Amblynotopsis J. F. Macbr.（1916）；Antiphytum DC.（1840）Nom. illegit. ■☆

3412　Antirhea Comm. ex Juss.（1789）【汉】毛茶属。【英】Antirhea, Hairtea。【隶属】茜草科 Rubiaceae。【包含】世界 36-40 种，中国 1 种。【学名诠释与讨论】〈阴〉（希）anti，像+（属）Rhea。此属的学名，ING、TROPICOS 和 GCI 记载是“Antirhea Comm. ex Juss., Gen. Pl.［Jussieu］204. 1789［4 Aug 1789］”。APNI 则记载为“Antirhea Juss., Genera Plantarum 1838”；这者是晚出的非法名称。【分布】巴拿马，马达加斯加，中国，西印度群岛，热带东亚，中美洲。【模式】Antirhea borbonica J. F. Gmelin。【参考异名】Antirhea Juss.（1838）Nom. illegit.；Antirhoea Comm. ex Juss.（1789）Nom. illegit.；Antirhoea DC.（1830）Nom. illegit.；Antirrhaea Benth.（1867）Nom. illegit.；Antirrhoea Comm.（1841）Nom. illegit.；Antirrhoea Comm. ex Juss.（1789）Nom. illegit.；Antirrhoea Endl.（1841）Nom. illegit.；Guettardella Benth.（1852）Nom. illegit.；Guettardella Champ. ex Benth.（1852）；Neuropora Comm. ex Endl. Pittoniotis Griseb.（1858）；Resinanthus（Borhidi）Borhidi（2007）；Stenostomum C. F. Gaertn.（1806）Nom. illegit.；Sturmia C. F. Gaertn.（1806）Nom. illegit. ●

3413　Antirhea Juss.（1838）Nom. illegit. = Antirhea Comm. ex Juss.（1789）［茜草科 Rubiaceae］●

3414　Antirhoea Comm. ex Juss.（1789）Nom. illegit. ≡ Antirhea Comm.

ex Juss. (1789) [茜草科 Rubiaceae] ●

3415　Antirhoea DC. (1830) Nom. illegit. = Antirhea Comm. ex Juss. (1789) [茜草科 Rubiaceae] ●

3416　Antirrhaea Benth. (1867) Nom. illegit. = Antirhea Comm. ex Juss. (1789) [茜草科 Rubiaceae] ●

3417　Antirrhinaceae DC. et Duby [亦见 Plantaginaceae Juss. (保留科名) 车前科(车前草科)] 【汉】金鱼草科。【包含】世界 224-46 属种,中国 1 属 1 种。【分布】地中海西部,太平洋地区,北美洲。【科名模式】Antirrhinum L.。■

3418　Antirrhinaceae Pers. (1807) = Scrophulariaceae Juss. (保留科名) ●■

3419　Antirrhinum L. (1753) 【汉】金鱼草属(龙头花属)。【日】キンギョサウ属,キンギョソウ属。【俄】Антиринум, Львиный зев。【英】Snapdragon, Toads' Mouth。【隶属】玄参科 Scrophulariaceae//金鱼草科 Antirrhinaceae//婆婆纳科 Veronicaceae。【包含】世界 20-42 种,中国 1 种。【学名诠释与讨论】〈中〉(希) anti, 像 + rhin, 鼻。指花形似鼻子。此属的学名,ING、APNI、GCI、TROPICOS 和 IK 记载是 "Antirrhinum L. , Sp. Pl. 2:612. 1753 [1 May 1753]"。"Termontis Rafinesque, Aut. Bot. 158. 1840" 是 "Antirrhinum L. (1753)" 的晚出的同模式异名(Homotypic synonym, Nomenclatural synonym)。【分布】秘鲁,玻利维亚,厄瓜多尔,哥伦比亚(安蒂奥基亚),马达加斯加,美国(密苏里),中国,地中海西部,太平洋地区,北美洲,中美洲。【后选模式】Antirrhinum majus Linnaeus。【参考异名】Agorrhinum Fourr. (1869);Anthirrinum Moench (1794);Antrizon Raf. (1840);Gambelia Nutt. (1848);Romanesia Gand.;Saerocarpus Post et Kuntze (1903);Sairocarpus Nutt. ex A. DC. (1846) Nom. inval.;Termontis Raf. (1840) Nom. illegit.。●■

3420　Antirrhoa Gruel ex C. DC. = Turraea L. (1771) [楝科 Meliaceae] ●

3421　Antirrhoea Comm. (1841) Nom. illegit. ≡ Antirhea Comm. ex Juss. (1789);~ = Antirhea Comm. ex Juss. (1789) [茜草科 Rubiaceae] ●

3422　Antirrhoea Comm. ex Juss. (1789) Nom. illegit. = Antirhea Comm. ex Juss. (1789) [茜草科 Rubiaceae] ●

3423　Antirrhoea Endl. (1841) Nom. illegit. = Antirhea Comm. ex Juss. (1789) [茜草科 Rubiaceae] ●

3424　Antisola Raf. (1838) = Miconia Ruiz et Pav. (1794) (保留属名) [野牡丹科 Melastomataceae//米氏野牡丹科 Miconiaceae] ●☆

3425　Antisthiria Pers. (1797) Nom. inval. [禾本科 Poaceae (Gramineae)] ☆

3426　Antistrophe A. DC. (1841) 【汉】扭带紫金牛属。【隶属】紫金牛科 Myrsinaceae。【包含】世界 4-5 种。【学名诠释与讨论】〈阴〉(希) ant-, 对抗,相反,反对 + strophos, 扭成的,带状。【分布】印度至马来西亚。【模式】Antistrophe oxyantha (Alph. de Candolle) Alph. de Candolle [Ardisia oxyantha Alph. de Candolle] ●☆

3427　Antitaxis Miers (1851) = Pycnarrhena Miers ex Hook. f. et Thomson (1855) [防己科 Menispermaceae] ●

3428　Antithrixia DC. (1838) 【汉】黄冠鼠麴木属。【隶属】菊科 Asteraceae (Compositae)。【包含】世界 1 种。【学名诠释与讨论】〈阴〉(希) ant-, 对抗,相反,反对 + (属) Athrixia 紫绒草属。【分布】埃塞俄比亚至非洲南部。【模式】Antithrixia flavicoma A. P. de Candolle。●☆

3429　Antitoxicon Pobed. = Cynanchum L. (1753) [萝藦科 Asclepiadaceae] ●■

3430　Antitoxicum Pobed. (1952) Nom. illegit. ≡ Vincetoxicum Wolf (1776);~ = Alexitoxicon St. -Lag. (1880) Nom. illegit. ;~ = Correa Andréws (1798) (保留属名) [萝藦科 Asclepiadaceae] ●■

3431　Antitragus Gaertn. (1791) Nom. illegit. ≡ Crypsis Aiton (1789) (保留属名) [禾本科 Poaceae (Gramineae)] ■

3432　Antitypaceae Dulac = Oxalidaceae R. Br. (保留科名) ●■

3433　Antizoma Miers (1851) 【汉】南非锡生藤属。【隶属】防己科 Menispermaceae。【包含】世界 2 种。【学名诠释与讨论】〈阴〉(希) ant-, 对抗,相反,反对 + zoma, 带子。【分布】热带非洲。【模式】未指定。●☆

3434　Antochloa Nees et Meyen ex Nees (1836) Nom. illegit. ≡ Antochloa Nees et Meyen (1836) Nom. illegit. ; ~ = Anthochloa Nees et Meyen (1834) [禾本科 Poaceae (Gramineae)] ■☆

3435　Antochloa Nees et Meyen (1836) Nom. illegit. = Anthochloa Nees et Meyen (1834) [禾本科 Poaceae (Gramineae)] ■☆

3436　Antochortus Endl. (1836) Nom. illegit. ≡ Anthochortus Endl. (1836) Nom. illegit. ; ~ = Anthochortus Nees (1836) [as ' Antochortus']; ~ = Willldenowia Thunb. (1788) [as 'Wildenowia'] [帚灯草科 Restionaceae] ■☆

3437　Antochortus Nees (1836) Nom. illegit. ≡ Anthochortus Nees (1836) [as ' Antochortus'] [帚灯草科 Restionaceae] ■☆

3438　Antodon Neck. (1790) Nom. inval. = Leontodon L. (1753) (保留属名) [菊科 Asteraceae (Compositae)] ■☆

3439　Antogoeringia Kuntze (1891) Nom. illegit. ≡ Stenosiphon Spach (1835) [柳叶菜科 Onagraceae] ■☆

3440　Antoiria Raddi (1818) (废弃属名) = Cavendishia Lindl. (1835) (保留属名) [杜鹃花科(欧石南科) Ericaceae] ●☆

3441　Antomachia Steud. (1840) Nom. inval. [芸香科 Rutaceae] ☆

3442　Antomarchia Colla (1843) = Antommarchia Colla ex Meisn. (1829) [芸香科 Rutaceae] ●☆

3443　Antommarchia Colla ex Meisn. (1829) = Corraea Sm. (1798) Nom. illegit. ; ~ = Correa Andréws (1798) (保留属名) [芸香科 Rutaceae] ●☆

3444　Antommarchia Colla (1826) Nom. inval. ≡ Antommarchia Colla ex Meisn. (1829); ~ = Corraea Sm. (1798) Nom. illegit. ; ~ = Correa Andréws (1798) (保留属名) [芸香科 Rutaceae] ●☆

3445　Antonella Caro (1981) = Tridens Roem. et Schult. (1817) [禾本科 Poaceae (Gramineae)] ■☆

3446　Antongilia Jum. (1928) = Dypsis Noronha ex Mart. (1837); ~ = Neodypsis Baill. (1894) [棕榈科 Arecaceae (Palmae)] ●☆

3447　Antonia Pohl (1829) 【汉】薯菍子属(巴圭马钱木属)。【隶属】马钱科(断肠草科,马钱子科) Loganiaceae//薯菍子科(阔柄叶科,鞘柄科) Antoniaceae。【包含】世界 1 种。【学名诠释与讨论】〈阴〉(人) Antonia, 安东尼亚,是尼禄的祖母。此属的学名,ING、GCI 和 IK 记载是 "Antonia Pohl, Pl. Bras. Icon. Descr. 2:13 (t. 109). 1829 [1828 or Jan 1829]"。"Antonia R. Br. , Pl. Asiat. Rar. (Wallich). 3:65, adnot. 1832" 是晚出的非法名称而且是一个裸名。【分布】巴西,玻利维亚,几内亚。【模式】Antonia ovata Pohl。●☆

3448　Antonia R. Br. (1832) Nom. illegit. , Nom. inval. , Nom. nud. = Rhynchoglossum Blume (1826) [as ' Rhinchoglossum'] (保留属名) [苦苣苔科 Gesneriaceae] ■

3449　Antoniaceae (Endl.) J. Agardh = Loganiaceae R. Br. ex Mart. (保留科名) ●■

3450　Antoniaceae Hutch. (1959) = Loganiaceae R. Br. ex Mart. (保留科名) ●■

3451　Antoniaceae J. Agardh [亦见 Loganiaceae R. Br. ex Mart. (保留科名) 马钱科(断肠草科,马钱子科)] 【汉】薯菍子科(阔柄叶科,鞘柄科)。【包含】世界 4 属 8 种。【分布】热带。【科名模式】Antonia Pohl ●☆

3452　Antoniana Bubani (1901) Nom. illegit. ≡ Hesperis L. (1753) [十字花科 Brassicaceae (Cruciferae)] ■

3453 Antoniana Tussac ex Griseb., Nom. illegit. ≡ Antoniana Tussac（1818）；~ = Faramea Aubl.（1775）［茜草科 Rubiaceae］●☆

3454 Antoniana Tussac（1818）= Faramea Aubl.（1775）［茜草科 Rubiaceae］●☆

3455 Antonina Vved.（1961）= Calamintha Mill.（1754）；~ = Clinopodium L.（1753）［唇形科 Lamiaceae（Labiatae）］■●

3456 Antopetitia A. Rich.（1840）【汉】热非鸟卵豆属。【隶属】豆科 Fabaceae（Leguminosae）//蝶形花科 Papilionaceae。【包含】世界 1 种。【学名诠释与讨论】〈阴〉（人）Antoine Petit，？ - 1843，博物学者。【分布】热带非洲山区。【模式】Antopetitia abyssinica A. Rich.。■☆

3457 Antophylax Poir.（1816）= Androphylax J. C. Wendl.（1798）（废弃属名）；~ = Cocculus DC.（1817）（保留属名）［防己科 Menispermaceae］●

3458 Antoschmidtia Boiss.（1884）Nom. illegit. ≡ Schmidtia Steud. ex J. A. Schmidt（1852）（保留属名）［禾本科 Poaceae（Gramineae）］■☆

3459 Antoschmidtia Steud.（1852）Nom. illegit. = Schmidtia Steud. ex J. A. Schmidt（1852）（保留属名）［禾本科 Poaceae（Gramineae）］■☆

3460 Antoschmidtia Steud.（1854）Nom. illegit. = Schmidtia Steud. ex J. A. Schmidt（1852）（保留属名）［禾本科 Poaceae（Gramineae）］■☆

3461 Antriba Raf.（1838）= Loranthus Jacq.（1762）（保留属名）；~ = Scurrula L.（1753）（废弃属名）；~ = Loranthus Jacq.［桑寄生科 Loranthaceae］●

3462 Antriscus Raf.（1840）= Anthriscus Pers.（1805）（保留属名）［伞形花科（伞形科）Apiaceae（Umbelliferae）］■

3463 Antrizon Raf.（1840）= ? Antirrhinum L.（1753）［玄参科 Scrophulariaceae//金鱼草科 Antirrhinaceae//婆婆纳科 Veronicaceae］●■

3464 Antrocaryon Pierre（1898）【汉】洞果漆属。【隶属】漆树科 Anacardiaceae。【包含】世界 8 种。【学名诠释与讨论】〈中〉（希）antron，穴，洞，腔+karyon，胡桃，硬壳果，核，坚果。【分布】热带非洲西部。【模式】Antrocaryon klaineanum Pierre。【参考异名】Clozelia A. Chev.（1912）Nom. illegit. ●☆

3465 Antrolepidaceae Welw. = Cyperaceae Juss.（保留科名）■

3466 Antrolepis Welw.（1859）= Ascolepis Nees ex Steud.（1855）（保留属名）［莎草科 Cyperaceae］■☆

3467 Antrophora I. M. Johnst.（1950）= Lepidocordia Ducke（1925）［紫草科 Boraginaceae］☆

3468 Antrospermum Sch. Bip.（1844）= Venidium Less.（1831）［菊科 Asteraceae（Compositae）］■☆

3469 Antschar Horsf.（1814）= Antiaris Lesch.（1810）（保留属名）［桑科 Moraceae］●

3470 Antunesia O. Hoffm.（1893）【汉】安哥拉菊属。【隶属】菊科 Asteraceae（Compositae）//斑鸠菊科（绿菊科）Vernoniaceae。【包含】世界 1 种。【学名诠释与讨论】〈阴〉（人）Antunes。此属的学名“Antunesia O. Hoffmann, Bot. Centralbl. 52：233. 8 Nov 1892”是一个替代名称。“Newtonia O. Hoffmann in Engler et Prantl, Nat. Pflanzenfam. 4（5）：285. Jul 1892”是一个非法名称（Nom. illegit.），因为此前已经有了“Newtonia Baillon, Bull. Mens. Soc. Linn. Paris 1：721. 7 Feb 1888［豆科 Fabaceae（Leguminosae）//含羞草科 Mimosaceae］”。故用“Antunesia O. Hoffm.（1893）”替代之。亦有文献把“Antunesia O. Hoffm.（1893）”处理为“Distephanus Cass.（1817）”或“Vernonia Schreb.（1791）（保留属名）”的异名。【分布】安哥拉。【模式】Antunesia angolensis（O. Hoffmann）O. Hoffmann［Newtonia angolensis O. Hoffmann］。【参考异名】Autunesia Dyer；Distephanus Cass.（1817）；Newtonia O. Hoffm.（1892）Nom. illegit.；Vernonia Schreb.（1791）（保留属名）●☆

3471 Antuniaceae Hutch. = Strychnaceae Link ●■

3472 Antuniaceae J. Agardh = Strychnaceae Link ●■

3473 Antura Forssk. = Carissa L.（1767）（保留属名）［夹竹桃科 Apocynaceae］●

3474 Anubias Schott（1857）【汉】西非南星属。【隶属】天南星科 Araceae。【包含】世界 7-13 种。【学名诠释与讨论】〈阴〉（希）Anubis，埃及的猎神+-ias，希腊文词尾，表示关系密切。【分布】非洲西部。【模式】Anubias afzelii H. W. Schott。【参考异名】Amauriella Rendle（1913）■☆

3475 Anulocaulis Standl.（1909）【汉】环带草属。【英】Ringstem。【隶属】紫茉莉科 Nyctaginaceae。【包含】世界 5 种。【学名诠释与讨论】〈阴〉（拉）anulus，环+caulon 茎。指节间有黏性环。此属的学名是“Anulocaulis Standley, Contr. U. S. Natl. Herb. 12：374. 23 Apr 1909”。亦有文献把其处理为“Boerhavia L.（1753）”的异名。【分布】美国（西南部），墨西哥。【模式】Anulocaulis eriosolenus（A. Gray）Standley［Boerhavia eriosolena A. Gray］。【参考异名】Boerhavia L.（1753）■☆

3476 Anumophila Link = Ammophila Host（1809）［禾本科 Poaceae（Gramineae）］■☆

3477 Anura（Juz.）Tschern.（1962）= Cousinia Cass.（1827）［菊科 Asteraceae（Compositae）］●■

3478 Anura Tschern.（1962）Nom. illegit. ≡ Anura（Juz.）Tschern.（1962）；~ = Cousinia Cass.（1827）［紫茉莉科 Nyctaginaceae］●■

3479 Anuragia Raizada（1976）= Pogostemon Desf.（1815）［唇形科 Lamiaceae（Labiatae）］●■

3480 Anurosperma（Hook. f.）Hallier f.（1921）Nom. illegit. ≡ Anurosperma Hallier f.（1921）；~ = Nepenthes L.（1753）［猪笼草科 Nepenthaceae］●■

3481 Anurosperma Hallier f.（1921）= Nepenthes L.（1753）［猪笼草科 Nepenthaceae］●■

3482 Anurus C. Presl（1837）= Lathyrus L.（1753）［豆科 Fabaceae（Leguminosae）//蝶形花科 Papilionaceae］■

3483 Anurusperma（Hook. f.）Hallier f. = Nepenthes L.（1753）［猪笼草科 Nepenthaceae］●■

3484 Anvillea DC.（1836）【汉】安维尔菊属（安维亚菊属，合杯菊属）。【隶属】菊科 Asteraceae（Compositae）。【包含】世界 2 种。【学名诠释与讨论】〈阴〉（人）Anville。【分布】非洲西北部至伊朗。【模式】Anvillea garcini（N. L. Burman）A. P. de Candolle［Buphthalmum garcini N. L. Burman］。【参考异名】Anvilleina Maire（1939）；Sycodium Pomel（1874）●☆

3485 Anvilleina Maire（1939）【汉】摩洛哥菊属。【隶属】菊科 Asteraceae（Compositae）。【包含】世界 1 种。【学名诠释与讨论】〈阴〉（属）Anvillea 安维尔菊属+-inus，-ina，-inum，拉丁文加在名词词干之后，以形成形容词的词尾，含义为“属于、相似、关于、小的”。此属的学名是“Anvilleina Maire, Bull. Soc. Hist. Nat. Afrique N. 30：346. Jun 1939”。亦有文献把其处理为“Anvillea DC.（1836）”的异名。【分布】摩洛哥。【模式】Anvilleina platycarpa（Maire）Maire［Anvillea platycarpa Maire］。【参考异名】Anvillea DC.（1836）●☆

3486 Anychia Michx.（1803）= Paronychia Mill.（1754）［石竹科 Caryophyllaceae//醉人花科（裸果木科）Illecebraceae//指甲草科 Paronichiaceae］■

3487 Anychiastrum Small（1903）（1）= Anychia Michx.（1803）［菊科 Asteraceae（Compositae）］■

3488 Anychiastrum Small（1903）（2）= Paronychia Mill.（1754）［石竹科 Caryophyllaceae//醉人花科（裸果木科）Illecebraceae//指甲草

科 Paronichiaceae〕■

3489　Anygosanthos Dum. Cours.（1811）Nom. illegit. ≡ Anigozanthos Labill.（1800）〔血草科（半授花科,给血草科,血皮草科）Haemodoraceae〕■☆

3490　Anygozanthes Schltdl.（1814）Nom. illegit. ≡ Anigozanthos Labill.（1800）〔血草科（半授花科,给血草科,血皮草科）Haemodoraceae〕■☆

3491　Anygozanthos N. T. Burb.（1963）Nom. illegit. ≡ Anigozanthos Labill.（1800）〔血草科（半授花科,给血草科,血皮草科）Haemodoraceae〕■☆

3492　Anzybas D. L. Jones et M. A. Clem.（2002）【汉】安尼兰属。【隶属】兰科 Orchidaceae。【包含】世界 6 种。【学名诠释与讨论】〈阳〉词源不详。【分布】澳大利亚,新西兰。【模式】不详。■☆

3493　Aonikena Speg.（1902）= Chiropetalum A. Juss.（1832）〔大戟科 Euphorbiaceae〕●☆

3494　Aopla Lindl.（1834）= Herminium L.（1758）〔兰科 Orchidaceae〕■

3495　Aoranthe Somers（1988）【汉】畸花茜属。【隶属】茜草科 Rubiaceae。【包含】世界 5 种。【学名诠释与讨论】〈阴〉（希）aoros,畸形的,难看的+anthos,花。【分布】热带非洲。【模式】Aoranthe nalaensis E. De Wildeman）C. Somers〔Randia nalaensis E. De Wildeman〕●☆

3496　Aorchis Verm.（1972）【汉】异红门兰属。【隶属】兰科 Orchidaceae。【包含】世界 3 种,中国 3 种。【学名诠释与讨论】〈阴〉（希）a-,无,不+（属）Orchis 红门兰属。此属的学名,ING、TROPICOS 和 IK 记载是“ Aorchis P. Vermeulen, Jahresber. Naturwiss. Vereins Wuppertal 25: 32. 29 Dec 1972 ”。《中国植物志》英文版把“ Aorchis Verm.（1972）”处理为“ Galearis Raf.（1833）”的异名。亦有文献把“ Aorchis Verm.（1972）”处理为“ Orchis L.（1753）”的异名。【分布】中国,喜马拉雅山。【模式】Aorchis spathulata （ J. Lindley ） P. Vermeulen 〔 Gymnadenia spathulata J. Lindley〕。【参考异名】Galearis Raf.（1833）；Orchis L.（1753）■

3497　Aosa Weigend（1997）【汉】无苞刺莲花属。【隶属】刺莲花科（硬毛草科）Loasaceae。【包含】世界 7 种。【学名诠释与讨论】〈阴〉词源不详。【分布】巴西,南美洲。【模式】Aosa parviflora（ A. P. de Candolle） M. Weigend〔Loasa parviflora A. P. de Candolle〕■●☆

3498　Aostea Buscal. et Muschl.（1913）= Vernonia Schreb.（1791）（保留属名）〔菊科 Asteraceae（Compositae）//斑鸠菊科（绿菊科）Vernoniaceae〕●■

3499　Aotus Sm.（1805）【汉】枭豆属。【隶属】豆科 Fabaceae（Leguminosae）//蝶形花科 Papilionaceae。【包含】世界 15 种。【学名诠释与讨论】〈阴〉（希）a-,无,不+ous,所有格 otos,指小式 otion,耳。otikos,耳的。【分布】澳大利亚（包括塔斯曼半岛）。【模式】Aotus villosa （ Andrews ） J. E. Smith 〔 Pultenaea villosa Andrews〕■☆

3500　Apabuta（Griseb.）Griseb.（1880）Nom. illegit. ≡Apabuta Griseb.（1880）Nom. illegit. ；~ =Hyperbaena Miers ex Benth.（1861）（保留属名）〔防己科 Menispermaceae〕●☆

3501　Apabuta Griseb.（1880）Nom. illegit. = Hyperbaena Miers ex Benth.（1861）（保留属名）〔防己科 Menispermaceae〕●☆

3502　Apacheria C. T. Mason（1975）【汉】亚利桑那木属。【隶属】流苏亮籽科（燧体木科）Crossosomataceae。【包含】世界 1 种。【学名诠释与讨论】〈阴〉（人）Apacher,北美印第安人。【分布】美国（亚利桑那）。【模式】Apacheria chiricahuensis C. T. Mason。●☆

3503　Apactis Thunb.（1783）= Xylosma G. Forst.（1786）（保留属名）〔刺篱木科（大风子科）Flacourtiaceae〕●

3504　Apalanthe Planch.（1848）【汉】柔花藻属。【隶属】水鳖科 Hydrocharitaceae。【包含】世界 1 种。【学名诠释与讨论】〈阴〉（希）apalos, 柔软, 娇嫩, 软弱 + anthos, 花。此属的学名是“ Apalanthe J. E. Planchon, Ann. Mag. Nat. Hist. ser. 2. 1: 87. Feb 1848 ”。亦有文献把其处理为“ Elodea Michx.（1803）”的异名。【分布】秘鲁, 玻利维亚, 热带南美洲。【后选模式】Apalanthe guyannensis （ L. C. Richard ） J. E. Planchon 〔as ‘ guyanensis’〕〔Elodea guyannensis L. C. Richard〕。【参考异名】Elodea Michx.（1803）；Hapalanthe Post et Kuntze（1903）■☆

3505　Apalantus Adans.（1763）= Callisia Loefl.（1758）；~ = Hapalanthus Jacq.（1760）Nom. illegit. ；~ = Callisia Loefl.（1758）〔鸭趾草科 Commelinaceae〕■☆

3506　Apalatoa Aubl.（1775）（废弃属名）≡Crudia Schreb.（1789）（保留属名）〔豆科 Fabaceae（Leguminosae）//云实科（苏木科）Caesalpiniaceae〕●☆

3507　Apalochlamys（Cass.）Cass.（1828）【汉】锥序棕鼠麹属。【隶属】菊科 Asteraceae（Compositae）//滨篱菊科 Cassiniaceae。【包含】世界 1 种。【学名诠释与讨论】〈阴〉（希）apalos, 柔软, 娇嫩, 软弱+chlamys,所有格 chlamydos,斗篷,外衣。此属的学名,ING、TROPICOS 和 IK 记载是“ Apalochlamys Cassini in F. Cuvier, Dict. Sci. Nat. 56: 223. Sep 1828 ”。APNI 则记载为“ Apalochlamys（Cass.）Cass., Dictionnaire des Sciences Naturelles 56 1828 ”,由“ Cassinia sect. Apalochlamys （Cass.） Kuntze Lexicon Generum Phanerogamarum 1903 ”改级而来。“ Hapalochlamys Kuntze, Lexicon Generum Phanerogamarum 1903 ”和“ Hapalochlamys Rchb., Deut. Bot. Herb. – Buch 90. 1841 〔Jul 1841〕”是“ Apalochlamys Cass.（1828）Nom. illegit. ≡ Apalochlamys （Cass.） Cass.（1828）”的拼写变体。“ Apalochlamys Cass.（1828）”的命名人引证有误。亦有文献把“ Apalochlamys Cass.（1828）”处理为“ Cassinia R. Br.（1817）（保留属名）”的异名。【分布】澳大利亚（东南部）。【模式】Apalochlamys spectabilis（Labillardière）J. H. Willis。【参考异名】Abronia Juss.（1789）；Apalochlamys Cass.（1828）Nom. illegit. ；Cassinia R. Br.（1817）（保留属名）；Cassinia sect. Apalochlamys Cass.（?）；Hapalochlamys Kuntze（1903）Nom. illegit. ；Hapalochlamys Rchb.（1841）Nom. illegit. ■☆

3508　Apalochlamys Cass.（1828）Nom. illegit. ≡Apalochlamys （Cass.） Cass.（1828）；~ = Cassinia R. Br.（1817）（保留属名）〔菊科 Asteraceae（Compositae）//滨篱菊科 Cassiniaceae〕■☆

3509　Apaloptera Nutt., Nom. illegit. ≡ Apaloptera Nutt. ex A. Gray（1853）；~ = Abronia Juss.（1789）〔紫茉莉科 Nyctaginaceae〕■☆

3510　Apaloptera Nutt. ex A. Gray（1853）= Abronia Juss.（1789）〔紫茉莉科 Nyctaginaceae〕■☆

3511　Apaloxylon Drake（1903）Nom. illegit. ≡Neoapaloxylon Rauschert（1982）〔豆科 Fabaceae（Leguminosae）//云实科（苏木科）Caesalpiniaceae〕●■☆

3512　Apalus DC.（1836）= Blennosperma Less.（1832）〔菊科 Asteraceae（Compositae）〕■☆

3513　Apama Lam.（1783）【汉】阿柏麻属。【英】Apama。【隶属】马兜铃科 Aristolochiaceae//阿柏麻科 Apamaceae。【包含】世界 12 种,中国 1 种。【学名诠释与讨论】〈阴〉（印度）apama,印度西南部的植物俗名。此属的学名是“ Apama Lamarck, Encycl. Meth., Bot. 1: 91. 2 Dec 1783 ”。亦有文献把其处理为“ Thottea Rottb.（1783）”的异名。【分布】印度至马来西亚,中国。【模式】Apama siliquosa Lamarck。【参考异名】Alpan Bose ex Raf. ；Asiphonia Griff.（1844）；Bragantia Lour.（1790）Nom. illegit. ；Ceramium Blume（1826）Nom. illegit. ；Cyclodiscus Klotzsch（1859）Nom. illegit. ；Munnickia Blume ex Rchb.（1828–1829）；Munnickia

Rchb.（1828）；Strakaea C. Presl（1851）；Thottea Rottb.（1783）；Trimeriza Lindl.（1832）；Vanhallia Schult. f.（1829）Nom. illegit.●

3514　Apamaceae A. Kern.［亦见 Aristolochiaceae Juss.（保留科名）马兜铃科］【汉】阿柏麻科。【包含】世界 1 属 12 种，中国 1 属 1 种。【分布】印度-马来西亚，中国（南部）。【科名模式】Apama Lam.●

3515　Apargia Scop.（1772）= Leontodon L.（1753）（保留属名）［菊科 Asteraceae（Compositae）］■☆

3516　Apargidium Torr. et A. Gray（1843）= Microseris D. Don（1832）［菊科 Asteraceae（Compositae）］■☆

3517　Aparinaceae Hoffmanns. et Link（1813–1829）= Rubiaceae Juss.（保留科名）●■

3518　Aparinanthus Fourr.（1868）= Galium L.（1753）［茜草科 Rubiaceae］■●

3519　Aparine Guett.（1750）Nom. inval. = Galium L.（1753）［茜草科 Rubiaceae］■●

3520　Aparine Hill（1756）Nom. illegit. = Galium L.（1753）［茜草科 Rubiaceae］■●

3521　Aparine Tourn. ex Mill.（1754）= Galium L.（1753）［茜草科 Rubiaceae］■●

3522　Aparinella Fourr.（1868）= Galium L.（1753）［茜草科 Rubiaceae］■●

3523　Aparisthmium Endl.（1840）Nom. illegit.，Nom. superfl. ≡ Conceveibum A. Rich. ex A. Juss.（1824）Nom. illegit.；~ = Alchornea Sw.（1788）［大戟科 Euphorbiaceae］●☆

3524　Apartea Pellegr.（1931）= Mapania Aubl.（1775）［莎草科 Cyperaceae］■

3525　Apassalus Kobuski（1928）【汉】阿帕爵床属。【隶属】爵床科 Acanthaceae。【包含】世界 3 种。【学名诠释与讨论】〈阳〉（希）a-（a-在辅音字母前面，an-在元音字母前面）无，不+passalos 阿提加语 pattalos，木钉。【分布】美国（东南部），西印度群岛。【模式】Apassalus diffusus（C. G. D. Nees）Kobuski［Dipteracanthus diffusus C. G. D. Nees］■☆

3526　Apatales Blume ex Ridl.（1886）Nom. inval. = Liparis Rich.（1817）（保留属名）［兰科 Orchidaceae］■

3527　Apatanthus Viv.（1824）= Hieracium L.（1753）［菊科 Asteraceae（Compositae）］■

3528　Apatelia DC.（1822）= Saurauia Willd.（1801）（保留属名）［猕猴桃科 Actinidiaceae//水东哥科（伞罗夷科，水冬瓜科）Saurauiaceae］●

3529　Apatemone Schott（1858）= Schismatoglottis Zoll. et Moritzi（1846）［天南星科 Araceae］■

3530　Apatesia N. E. Br.（1927）【汉】黄苏玉属。【日】アパテシア属。【隶属】番杏科 Aizoaceae。【包含】世界 2-3 种。【学名诠释与讨论】〈阴〉（希）apate，欺骗，假像。在其花前开放着与此属相近的 Hymenogyne 风子玉。【分布】非洲南部。【模式】Apatesia pillansii N. E. Brown。【参考异名】Thyrasperma N. E. Br.（1925）■☆

3531　Apation Blume（1886）Nom. inval. = Liparis Rich.（1817）（保留属名）［兰科 Orchidaceae］■

3532　Apation T. Durand et Jacks. = Apatales Blume ex Ridl.（1886）Nom. inval.；~ = Liparis Rich.（1817）（保留属名）［兰科 Orchidaceae］■

3533　Apatitia Desv.（1825）Nom. illegit.（废弃属名）≡ Apatitia Desv. ex Ham.（1825）（废弃属名）；~ ≡ Bellucia Neck. ex Raf.（1838）（保留属名）［野牡丹科 Melastomataceae］●☆

3534　Apatitia Desv. ex Ham.（1825）（废弃属名）≡ Bellucia Neck. ex Raf.（1838）（保留属名）［野牡丹科 Melastomataceae］●☆

3535　Apatitia Ham.（1825）Nom. illegit.（废弃属名）≡ Apatitia Desv.

ex Ham.（1825）（废弃属名）；~ ≡ Bellucia Neck. ex Raf.（1838）（保留属名）［野牡丹科 Melastomataceae］●☆

3536　Apatophyllum McGill.（1971）【汉】幻叶卫矛属。【隶属】卫矛科 Celastraceae。【包含】世界 3 种。【学名诠释与讨论】〈中〉（希）apate，幻觉，错误，假像+phyllon，叶子。phyllodes，似叶的，多叶的。phylleion，绿色材料，绿草。【分布】澳大利亚（昆士兰）。【模式】Apatophyllum constablei McGillivray。●☆

3537　Apatostelis Garay（1979）Nom. illegit. = Stelis Sw.（1800）（保留属名）［兰科 Orchidaceae］■☆

3538　Apaturia Lindl.（1831）= Pachystoma Blume（1825）［兰科 Orchidaceae］■

3539　Apatzingania Dieterle（1974）【汉】阿帕葫芦属。【隶属】葫芦科（瓜科，南瓜科）Cucurbitaceae。【包含】世界 1 种。【学名诠释与讨论】〈阴〉（地）Apatzingan，阿帕钦甘，位于墨西哥。【分布】墨西哥，北美洲。【模式】Apatzingania arachoidea Dieterle。■☆

3540　Apegla Neck.（1790）Nom. inval. = Ceropegia L.（1753）［萝藦科 Asclepiadaceae］■

3541　Apeiba A. Rich. = Entelea R. Br.（1824）［椴树科（椴科，田麻科）Tiliaceae//锦葵科 Malvaceae］●☆

3542　Apeiba Aubl.（1775）Nom. illegit. ≡ Sloanea L.（1753）［杜英科 Elaeocarpaceae］●

3543　Apella Scop.（1777）（1）= Appella Adans.（1763）（废弃属名）；~ = Premna L.（1771）（保留属名）［马鞭草科 Verbenaceae//唇形科 Lamiaceae（Labiatae）//牡荆科 Viticaceae//樟科 Lauraceae］●■

3544　Apella Scop.（1777）（2）= Laurus L.（1753）［樟科 Lauraceae］●

3545　Apemon Raf.（1837）= Datura L.（1753）［茄科 Solanaceae］●■

3546　Apentostera Raf.（1836）= Penstemon Schmidel（1763）［玄参科 Scrophulariaceae//婆婆纳科 Veronicaceae］●■

3547　Apenula Neck.（1790）Nom. inval. = Specularia Heist. ex A. DC.（1830）Nom. illegit.；~ = Legousia Durand（1782）［桔梗科 Campanulaceae］●■☆

3548　Apera Adans.（1763）【汉】阿披拉草属。【俄】Метлица。【英】Apera，Silky Bent Grass，Silky-bent。【隶属】禾本科 Poaceae（Gramineae）。【包含】世界 4 种。【学名诠释与讨论】〈阴〉（拉）a-，无，不+peros，伤，伤残的，pera 袋。指小花发育不全。此属的学名，ING、APNI、GCI、TROPICOS 和 IK 记载是"Apera Adans.，Fam. Pl.（Adanson）2：495. 1763［Jul–Aug 1763］"。"Anemagrostis Trinius，Fund. Agrost. 128. 1820"是"Apera Adans.（1763）"的晚出的同模式异名（Homotypic synonym，Nomenclatural synonym）。"Apera Adans.（1763）"曾后被处理为"Agrostis subgen. Apera（Adans.）Rchb.，Der Deutsche Botaniker Herbarienbuch 2：35. 1841"和"Agrostis sect. Apera（Adans.）Dumort.，Observations sur les Graminées de la Flore Belgique 127，128. 1823［1824］"。【分布】美国，欧洲，亚洲西部。【模式】Apera spica-venti（Linnaeus）Palisot de Beauvois［Agrostis spica-venti Linnaeus］。【参考异名】Agrostis sect. Apera（Adans.）Dumort.（1823）；Agrostis subgen. Apera（Adans.）Rchb.（1841）；Anemagrostis Trin.（1820）Nom. illegit.■☆

3549　Aperiphracta Nees ex Meisn.（1864）= Ocotea Aubl.（1775）［樟科 Lauraceae］●☆

3550　Aperiphracta Nees（1864）Nom. illegit. ≡ Aperiphracta Nees ex Meisn.（1864）；~ = Ocotea Aubl.（1775）［樟科 Lauraceae］●☆

3551　Aperula Blume（1851）= Lindera Thunb.（1783）（保留属名）［樟科 Lauraceae］●

3552　Aperula Gled.（1751）Nom. inval. = Asperula L.（1753）（保留属名）［茜草科 Rubiaceae//车叶草科 Asperulaceae］■

3553　Apetahia Baill.（1882）【汉】背裂桔梗属。【隶属】桔梗科

Campanulaceae。【包含】世界 3-4 种。【学名诠释与讨论】〈阴〉词源不详。【分布】法属波利尼西亚(拉帕岛,马克萨斯群岛,社会群岛)。【模式】Apetahia raiateensis Baillon。●☆

3554　Apetalon Wight(1852)= Didymoplexis Griff.(1843)[兰科 Orchidaceae]■

3555　Apetiorhamnus Nieuwl.(1915)Nom. inval. ≡ Apetlothamnus Nieuwl. ex Lunell(1916);~ = Rhamnus L.(1753)[鼠李科 Rhamnaceae]●

3556　Apetlothamnus Nieuwl. ex Lunell(1916)= Rhamnus L.(1753)[鼠李科 Rhamnaceae]●

3557　Aphaea Mill.(1754)= Lathyrus L.(1753)[豆科 Fabaceae(Leguminosae)//蝶形花科 Papilionaceae]■

3558　Aphaenandra Miq.(1857)【汉】隐蕊茜属。【隶属】茜草科 Rubiaceae。【包含】世界 2 种。【学名诠释与讨论】〈阴〉(希)aphanes,模糊不清的,不明显的,看不见的,隐藏的,秘密的,无名的+aner,所有格 andros,雄性,雄蕊。【分布】东南亚,印度尼西亚(苏门答腊岛,爪哇岛)。【模式】Aphaenandra sumatrana Miquel。●☆

3559　Aphaerema Miers(1863)【汉】巴西大风子属。【隶属】刺篱木科(大风子科)Flacourtiaceae。【包含】世界 1 种。【学名诠释与讨论】〈中〉词源不详。【分布】巴西(南部)。【模式】Aphaerema spicatum Miers[as 'spicata']●☆

3560　Aphanactis Wedd.(1856)【汉】隐舌菊属。【隶属】菊科 Asteraceae(Compositae)。【包含】世界 8-13 种。【学名诠释与讨论】〈阴〉(希)aphanes,模糊不清的,不明显的,看不见的,隐藏的,秘密的,无名的+aktis,所有格 aktinos,光线,光束,射线。【分布】秘鲁,玻利维亚,厄瓜多尔,哥伦比亚(安蒂奥基亚),热带南美洲,中美洲。【模式】Aphanactis jamesoniana Weddell。●☆

3561　Aphanamixis Pierre(1895)Nom. illegit. = Aphanamixis Blume(1825)[楝科 Meliaceae]●

3562　Aphanandrium Lindau(1895)= Neriacanthus Benth.(1876)[爵床科 Acanthaceae]■☆

3563　Aphananthe Link(1821)(废弃属名)= Microtea Sw.(1788)[商陆科 Phytolaccaceae//美洲商陆科 Microteaceae]■☆

3564　Aphananthe Planch.(1848)(保留属名)【汉】糙叶树属。【日】ムクノキ属。【俄】Афананта。【英】Aphananthe,Roughleaftree。【隶属】榆科 Ulmaceae。【包含】世界 5 种,中国 2 种。【学名诠释与讨论】〈阴〉(希)aphanes,模糊不清的,不明显的,看不见的,隐藏的,秘密的,无名的+anthos,花。指花细小而不显著。此属的学名"Aphananthe Planch. in Ann. Sci. Nat.,Bot.,ser. 3,10:265. Nov 1848"是保留属名。相应的废弃属名是商陆科 Phytolaccaceae 的"Aphananthe Link,Enum. Hort. Berol. Alt. 1:383. 16 Mar-30 Jun 1821 = Microtea Sw.(1788)"。【分布】澳大利亚(东部),菲律宾,马达加斯加,墨西哥,尼加拉瓜,印度和斯里兰卡至日本,印度尼西亚(苏拉威西岛,爪哇岛),中国,中南半岛,中美洲。【模式】Aphananthe philippinensis J. E. Planchon。【参考异名】Homoioceltis Blume(1856)●

3565　Aphananthemum(Spach)Fourr(1868)Nom. illegit. = Cistus L.(1753)[半日花科(岩蔷薇科)Cistaceae]●

3566　Aphananthemum Fourr(1868)Nom. illegit. ≡ Aphananthemum(Spach)Fourr(1868)Nom. illegit.;~ = Cistus L.(1753)[半日花科(岩蔷薇科)Cistaceae]●

3567　Aphananthemum Steud.(1840)= Helianthemum Mill.(1754)[半日花科(岩蔷薇科)Cistaceae]●■

3568　Aphandra Barfod(1991)【汉】隐雄棕属。【隶属】棕榈科 Arecaceae(Palmae)。【包含】世界 1 种。【学名诠释与讨论】〈阴〉(希)aphanes+aner,所有格 andros,雄性,雄蕊。【分布】厄瓜多尔。【模式】Aphandra natalia(Balslev et A. J. Hend.)Barfod[Ammandra natalia Balslev et A. J. Hend.]●☆

3569　Aphanelytrum(Hack.)Hack.(1902)【汉】隐鞘草属(隐血草属)。【隶属】禾本科 Poaceae(Gramineae)。【包含】世界 1 种。【学名诠释与讨论】〈中〉(希)aphanes,模糊不清的,不明显的,看不见的,隐藏的,秘密的,无名的+elytron 皮壳,套子,盖。此属的学名,ING、GCI 和 IK 记载是"Aphanelytrum Hackel,Oesterr. Bot. Z. 52:12. Jan 1902"。TROPICOS 则用"Aphanelytrum(Hack.)Hack.,Oesterr. Bot. Z. 52:12,1902"为正名,由"Brachyelytrum subgen. Aphanelytrum Hack.,Die Natürlichen Pflanzenfamilien,Nachträge zum II bis IV Teil 42. 1897"改级而来。四者引用的文献相同。IK 和 TROPICOS 则记载的"Aphanelytrum Hack. ex Sodiro,Gram. Ecuator.(Anal. Univ. Quito 1889)"是一个未合格发表的名称(Nom. inval.)。【分布】玻利维亚,厄瓜多尔,热带南美洲西部。【模式】Aphanelytrum procumbens Hackel。【参考异名】Aphanelytrum Hack.(1902)Nom. illegit.;Aphanelytrum Hack. ex Sodiro(1889)Nom. inval.;Brachyelytrum subgen. Aphanelytrum Hack.(1897)■☆

3570　Aphanelytrum Hack.(1902)Nom. illegit. ≡ Aphanelytrum(Hack.)Hack.(1902)[禾本科 Poaceae(Gramineae)]■☆

3571　Aphanelytrum Hack. ex Sodiro(1889)Nom. inval. ≡ Aphanelytrum(Hack.)Hack.(1902)[禾本科 Poaceae(Gramineae)]■☆

3572　Aphanes L.(1753)【汉】微花蔷薇属(隐花蔷薇属)。【俄】Невзрачница。【英】Parsley Piert,Parsley-piert,Piert。【隶属】蔷薇科 Rosaceae。【包含】世界 20 种。【学名诠释与讨论】〈阴〉(希)aphanes,模糊不清的,不明显的,看不见的,隐藏的,秘密的,无名的。指花多少有些隐藏。此属的学名,ING、APNI、TROPICOS 和 IK 记载是"Aphanes L.,Sp. Pl. 1:123. 1753[1 May 1753]"。"Percepier Moench,Meth. 690. 4 Mai 1794"是"Aphanes L.(1753)"的晚出的同模式异名(Homotypic synonym,Nomenclatural synonym);IK 则记载为"Percepier Dill. ex Moench,Methodus(Moench)690(1794)[4 May 1794]"。亦有文献把"Aphanes L.(1753)"处理为"Alchemilla L.(1753)"的异名。【分布】埃塞俄比亚,澳大利亚,秘鲁,玻利维亚,厄瓜多尔,美国(密苏里),地中海地区,亚洲中部,美洲。【模式】Aphanes arvensis Linnaeus。【参考异名】Alchemilla L.(1753);Percepier Dill. ex Moench(1794)Nom. illegit.;Percepier Moench(1794)Nom. illegit.■☆

3573　Aphania Blume(1825)【汉】滇赤才属(滇赤材属)。【英】Aphania。【隶属】无患子科 Sapindaceae。【包含】世界 26 种,中国 2 种。【学名诠释与讨论】〈阴〉(希)aphanes,模糊不清的,不明显的,看不见的,隐藏的,秘密的,无名的。此属的学名是"Aphania Blume,Bijdr. 236. 20 Sep-7 Dec 1825"。亦有文献把其处理为"Lepisanthes Blume(1825)"的异名。【分布】印度至马来西亚,中国,非洲西部。【模式】Aphania montana Blume。【参考异名】Apharica Schltdl.(1831);Lepisanthes Blume(1825);Sapindopsis F. C. How et C. N. Ho(1955)Nom. illegit.●

3574　Aphanisma Nutt.(1849)Nom. illegit. ≡ Aphanisma Nutt. ex Moq.(1849)[藜科 Chenopodiaceae]■☆

3575　Aphanisma Nutt. ex Moq.(1849)【汉】无针苋属(卡州藜属)。【隶属】藜科 Chenopodiaceae。【包含】世界 1 种。【学名诠释与讨论】〈阴〉(希)aphanes,模糊不清的,不明显的,看不见的,隐藏的,秘密的,无名的+isma,状态。此属的学名,ING 和 IK 记载是"Aphanisma Nuttall ex Moquin-Tandon in Alph. de Candolle,Prodr. 13(2):43,54. 5 Mai 1849"。"Aphanisma Nutt.(1849)≡ Aphanisma Nutt. ex Moq.(1849)"的命名人引证有误。【分布】美国(加利福尼亚)。【模式】Aphanisma blitoides Nuttall ex Moquin-

Tandon。【参考异名】Aphanisma Nutt.（1849）Nom. illegit.；Cryptanthus Nutt. ex Moq.（1849）Nom. illegit.（废弃属名）■☆

3576 Aphanocalyx Oliv.（1870）【汉】隐萼异花豆属。【隶属】豆科 Fabaceae（Leguminosae）。【包含】世界 3 种。【学名诠释与讨论】〈阳〉（希）aphanes，模糊不清的，不明显的，看不见的，隐藏的，秘密的，无名的+kalyx，所有格 kalykos＝拉丁文 calyx，花萼，杯子。【分布】热带非洲西部。【模式】Aphanocalyx cynometroides Oliver。■☆

3577 Aphanocarpus Steyerm.（1965）【汉】南美隐果茜属。【隶属】茜草科 Rubiaceae。【包含】世界 1 种。【学名诠释与讨论】〈阳〉（希）aphanes，模糊不清的，不明显的，看不见的，隐藏的，秘密的，无名的 + karpos，果实。【分布】委内瑞拉。【模式】Aphanocarpus steyermarkii（Standley）Steyermark［Pagamea steyermarkii Standley］●☆

3578 Aphanochilus Benth.（1829）= Elsholtzia Willd.（1790）［唇形科 Lamiaceae（Labiatae）］●■

3579 Aphanococcus Radlk.（1888）= Lepisanthes Blume（1825）［无患子科 Sapindaceae］●

3580 Aphanodon Naudin（1852）= Henriettella Naudin（1852）［野牡丹科 Melastomataceae］●☆

3581 Aphanomyrtus Miq.（1855）= Syzygium P. Browne ex Gaertn.（1788）（保留属名）［桃金娘科 Myrtaceae］●

3582 Aphanomyxis DC.（1839）= Aphanamixis Blume（1825）［楝科 Meliaceae］●

3583 Aphanopappus Endl.（1842）= Lipochaeta DC.（1836）［菊科 Asteraceae（Compositae）］■☆

3584 Aphanopetalum Endl.（1839）【汉】隐瓣藤属（胶藤属）。【隶属】隐瓣藤科（胶藤科）Aphanopetalaceae//火把树科（常绿棱枝树科，角瓣木科，库诺尼科，南蔷薇科，轻木科）Cunoniaceae。【包含】世界 2 种。【学名诠释与讨论】〈中〉（希）aphanes，模糊不清的，不明显的，看不见的，隐藏的，秘密的，无名的 + 希腊文 petalos，扁平的，铺开的；petalon，花瓣，叶，花叶，金属叶子；拉丁文的花瓣为 petalum。【分布】澳大利亚。【模式】Aphanopetalum resinosum Endlicher。【参考异名】Platyptelea J. Drumm. ex Harv.（1855）●☆

3585 Aphanopleura Boiss.（1873）【汉】隐棱芹属。【俄】Неясноребрник，Совичия。【英】Aphanopleura。【隶属】伞形花科（伞形科）Apiaceae（Umbelliferae）。【包含】世界 3-6 种，中国 2 种。【学名诠释与讨论】〈阴〉（希）aphanes，模糊不清的，不明显的，看不见的，隐藏的，秘密的，无名的+pleura，pleuron，肋骨，脉，棱，侧生。指果实上的纵棱不清晰。【分布】阿富汗，中国，高加索，亚洲中部。【模式】Aphanopleura trachysperma Boissier。【参考异名】Szovitsia（Fisch. et C. A. Mey.）Drude（1835）；Szovitsia Fisch. et C. A. Mey.（1835）Nom. illegit. ■

3586 Aphanosperma T. F. Daniel（1988）【汉】隐籽爵床属。【隶属】爵床科 Acanthaceae。【包含】世界 1 种。【学名诠释与讨论】〈中〉（希）aphanes，模糊不清的，不明显的，看不见的，隐藏的，秘密的，无名的+sperma，所有格 spermatos，种子，孢子。【分布】墨西哥。【模式】Aphanosperma sinaloense（E. C. Leonard et H. S. Gentry）T. F. Daniel［as 'sinaloensis'］［Carlowrightia sinaloensis E. C. Leonard et H. S. Gentry］■☆

3587 Aphanostelma Malme（1933）Nom. illegit. = Melinia Decne.（1844）［萝藦科 Asclepiadaceae］■☆

3588 Aphanostelma Schltr.（1914-1915）= Metaplexis R. Br.（1810）［萝藦科 Asclepiadaceae］●■

3589 Aphanostemma A. St. -Hil.（1824）【汉】长萼毛茛属。【隶属】毛茛科 Ranunculaceae。【包含】世界 1 种。【学名诠释与讨论】〈中〉（希）aphanes，模糊不清的，不明显的，看不见的，隐藏的，秘密的，无名的+stemma，所有格 stemmatos，花冠，花环，王冠。此属的学名是"Aphanostemma A. F. C. P. Saint-Hilaire, Fl. Brasil. Mer. 1：ed. fol. 9；ed. qu. 12. 23 Feb 1824（'1825'）"。亦有文献把其处理为"Ranunculus L.（1753）"的异名。【分布】阿根廷，巴西。【模式】Aphanostemma apiifolia（Persoon）A. F. C. P. Saint-Hilaire［Ranunculus apiifolius Persoon］。【参考异名】Ranunculus L.（1753）●■

3590 Aphanostemma Willis, Nom. inval. = Aphanostelma Schltr.（1914-1915）［萝藦科 Asclepiadaceae］●■

3591 Aphanostephus DC.（1836）【汉】惰雏菊属。【英】Lazydaisy。【隶属】菊科 Asteraceae（Compositae）。【包含】世界 4 种。【学名诠释与讨论】〈阳〉（希）aphanes，模糊不清的，不明显的，看不见的，隐藏的，秘密的，无名的+stephos，所有格 stephanos，花冠。【分布】美国，墨西哥，中美洲。【模式】Aphanostephus ramosissimus A. P. de Candolle。【参考异名】Leucopsidium Charpent. ex DC.（1838）；Leucopsidium DC.（1838）■☆

3592 Aphanostylis Pierre（1898）= Landolphia P. Beauv.（1806）（保留属名）［夹竹桃科 Apocynaceae］●☆

3593 Aphantochaeta A. Gray（1857）= Chaetopappa DC.（1836）；~ = Pentachaeta Nutt.（1840）；~ = Pentachaeta Nutt.（1840）［菊科 Asteraceae（Compositae）］■☆

3594 Apharica Schltdl.（1831）= Aphania Blume（1825）［无患子科 Sapindaceae］●

3595 Aphelandra R. Br.（1810）【汉】单药爵床属（单药花属，金叶木属）。【日】アフェランドラ属，キンヨウボク属。【俄】Афеландра，Афеляндра。【英】Aphelandra。【隶属】爵床科 Acanthaceae。【包含】世界 170-200 种。【学名诠释与讨论】〈阴〉（希）apheles，单独的，光滑的+aner，所有格 andros，雄性，雄蕊。指花药一室。此属的学名，ING、GCI、TROPICOS 和 IK 记载是"Aphelandra R. Brown, Prodr. 475. 27 Mar 1810"。"Amathea Rafinesque, Fl. Tell. 4：65. 1838（med.）（'1836'）"是"Aphelandra R. Br.（1810）"的晚出的同模式异名（Homotypic synonym, Nomenclatural synonym）。【分布】巴基斯坦，巴拿马，秘鲁，玻利维亚，厄瓜多尔，哥伦比亚（安蒂奥基亚），尼加拉瓜，中美洲。【后选模式】Aphelandra pulcherrima（N. J. Jacquin）Kunth［Justicia pulcherrima N. J. Jacquin］。【参考异名】Amathea Raf.（1838）Nom. illegit.；Aphelandros St. -Lag.（1880）；Hemisandra Scheidw.（1842）；Hydromestes Benth. et Hook. f.（1876）Nom. illegit.；Hydromestus Scheidw.（1842）；Lagochilium Nees（1847）；Lepidacanthus C. Presl（1845）；Odontophyllum Sreem.（1977）Nom. illegit.；Sreemadhavana Rauschert（1982）；Strobilorhachis Klotzsch（1839）；Synandra Schrad.（1821）Nom. illegit. ●■☆

3596 Aphelandrella Mildbr.（1926）【汉】小单药爵床属。【隶属】爵床科 Acanthaceae。【包含】世界 1 种。【学名诠释与讨论】〈阴〉（属）Aphelandra 单药爵床属+-ellus，-ella，-ellum，加在名词词干后面形成指小式的词尾。或加在人名、属名等后面以组成新属的名称。【分布】秘鲁。【模式】Aphelandrella modesta Mildbraed。●■☆

3597 Aphelandros St. -Lag.（1880）= Aphelandra R. Br.（1810）［爵床科 Acanthaceae］●■☆

3598 Aphelexis D. Don（1826）Nom. illegit. ≡ Edmondia Cass.（1818）［菊科 Asteraceae（Compositae）］●■☆

3599 Aphelia R. Br.（1810）【汉】独鳞草属。【隶属】刺鳞草科 Centrolepidaceae。【包含】世界 6 种。【学名诠释与讨论】〈阴〉（希）apheles，单独的，光滑的。【分布】澳大利亚（南部，塔斯曼半岛）。【模式】Aphelia cyperoides R. Brown。【参考异名】Brizula

Hieron. (1873)■☆

3600　Aphillanthes Neck. (1790) Nom. inval. = Aphyllanthes L. (1753) [百合科 Liliaceae//无叶花科(星捧月科) Aphyllanthaceae]●☆

3601　Aphloia(DC.)Benn.(1840)【汉】球花柞属。【隶属】刺篱木科(大风子科) Flacourtiaceae//球花柞科(单果树科) Aphloiaceae。【包含】世界1种。【学名诠释与讨论】〈阴〉(希)a,无,不 + phloios,树皮。此属的学名,ING 和 IK 记载是“Aphloia(A. P. de Candolle)J. J. Bennett in J. J. Bennett et R. Brown, Pl. Jav. Rar. 192. Mai 1840”,由“Prockia sect. Aphloia A. P. de Candolle, Prodr. 1: 261. Jan(med.)1824”改级而来。“Aphloia Benn.(1840)≡ Aphloia(DC.)Benn.(1840)”的命名人引证有误。【分布】马达加斯加,马斯克林群岛,热带非洲东部。【后选模式】Aphloia theiformis(Vahl)Bennett[as ‘theaeformis’][Lightfootia theiformis Vahl[as ‘theaeformis’]。【参考异名】Aphloia Benn.(1840)Nom. illegit.; Neumannia A. Rich.(1845)Nom. illegit.; Prockia sect. Aphloia DC.(1824)●☆

3602　Aphloia Benn.(1840)Nom. illegit. ≡ Aphloia(DC.)Benn.(1840)[刺篱木科(大风子科)Flacourtiaceae//球花柞科(单果树科)Aphloiaceae]●☆

3603　Aphloiaceae Takht.(1985)[亦见 Flacourtiaceae Rich. ex DC.(保留科名)刺篱木科(大风子科)]【汉】球花柞科(单果树科)。【包含】世界1属1种。【分布】马达加斯加,热带和南非,印度洋西岸。【科名模式】Aphloia(DC.)Benn.●☆

3604　Aphoma Raf.(1837)(废弃属名)= Iphigenia Kunth(1843)(保留属名)[百合科 Liliaceae//秋水仙科 Colchicaceae]■

3605　Aphomonix Raf.(1837)= Saxifraga L.(1753)[虎耳草科 Saxifragaceae]■

3606　Aphonina Neck.(1790)Nom. inval. = Pariana Aubl.(1775)[禾本科 Poaceae(Gramineae)//百瑞草竹科(巴厘禾科)Parianaceae]■☆

3607　Aphora Neck.(1790)Nom. inval. ≡ Aphora Neck. ex Kuntze(1891); ~ = Virgilia Poir.(1808)(保留属名)[豆科 Fabaceae(Leguminosae)//蝶形花科 Papilionaceae]●☆

3608　Aphora Neck. ex Kuntze(1891)Nom. illegit. = Virgilia Poir.(1808)(保留属名)[豆科 Fabaceae(Leguminosae)//蝶形花科 Papilionaceae]●☆

3609　Aphora Nutt.(1835)Nom. illegit. = Argythamnia P. Browne(1756); ~ = Ditaxis Vahl ex A. Juss.(1824)[大戟科 Euphorbiaceae]●☆

3610　Aphragmia Nees(1836)= Ruellia L.(1753)[爵床科 Acanthaceae]■●

3611　Aphragmus Andrz.(1824)Nom. illegit. ≡ Aphragmus Andrz. ex DC.(1824)[十字花科 Brassicaceae(Cruciferae)]■

3612　Aphragmus Andrz. ex DC.(1824)【汉】寒原荠属(失隔芥属,失膈荠属)。【俄】Одногнездка。【英】Aphragmus。【隶属】十字花科 Brassicaceae(Cruciferae)。【包含】世界5-6种,中国1-2种。【学名诠释与讨论】〈阳〉(希)a-,无,不 + phragma,隔。指角果无隔膜。此属的学名,ING、TROPICOS 和 IK 记载是“Aphragmus Andrzeiowski ex A. P. de Candolle, Prodr. 1: 209. Jan(med.)1824”。“Aphragmus Andrz.(1824)≡ Aphragmus Andrz. ex DC.(1824)”的命名人引证有误。【分布】中国,喜马拉雅山至西伯利亚。【模式】Aphragmus eschscholtzianus Andrzeiowski ex A. P. de Candolle。【参考异名】Aphragmus Andrz.(1824)Nom. illegit.; Oreas Cham. et Schltdl.(1826); Orobium Rchb.(1828)Nom. illegit.; Staintoniella H. Hara(1974)■

3613　Aphylax Salisb.(1812)= Aneilema R. Br.(1810)[鸭趾草科 Commelinaceae]■☆

3614　Aphyllangis Thouars = Angraecum Bory(1804); ~ = Solenangis Schltr.(1918)[兰科 Orchidaceae]■☆

3615　Aphyllanthaceae Burnett(1835)= Liliaceae Juss.(保留科名)■●

3616　Aphyllanthaceae G. T. Burnett(1835)【汉】无叶花科(星捧月科)。【包含】世界1属3种。【分布】法国,摩洛哥。【科名模式】Aphyllanthes L. ■☆

3617　Aphyllanthaceae J. Agardh = Anthericaceae J. Agardh; ~ = Aphyllanthaceae G. T. Burnett; ~ = Liliaceae Juss.(保留科名)■●

3618　Aphyllanthes L.(1753)【汉】无叶花属。【隶属】百合科 Liliaceae//无叶花科(星捧月科)Aphyllanthaceae。【包含】世界3种。【学名诠释与讨论】〈阴〉(希)a-,无,不 + phyllon,叶子 + anthos,花。“Aphyllanthes Tourn.”是命名起点著作之前的名称,故“Aphyllanthes L.(1753)”和“Aphyllanthes Tourn. ex L.(1753)”都是合法名称,可以通用。【分布】葡萄牙至意大利,非洲北部。【模式】Aphyllanthes monspeliensis Linnaeus。【参考异名】Aphillanthes Neck.; Aphyllanthes L.(1753); Aphyllanthes Tourn. ex L.(1753)■☆

3619　Aphyllanthes Tourn. ex L.(1753)≡ Aphyllanthes L.(1753)[百合科 Liliaceae//无叶花科(星捧月科)Aphyllanthaceae]●☆

3620　Aphyllarum S. Moore(1895)= Caladium Vent.(1801)[天南星科 Araceae//五彩芋科 Caladiaceae]■

3621　Aphylleia Champ.(1847)= Sciaphila Blume(1826)[霉草科 Triuridaceae]■

3622　Aphyllocaulon Lag.(1811)= Gerbera L.(1758)(保留属名)[菊科 Asteraceae(Compositae)]■

3623　Aphyllocladus Wedd.(1855)【汉】凋叶菊属。【隶属】菊科 Asteraceae(Compositae)。【包含】世界5种。【学名诠释与讨论】〈中〉(希)a,无,不 + phyllon,叶子 + klados,枝,芽,指小式 kladion,棍棒。Kladodes,有许多枝子的。此属的学名是“Aphyllocladus Weddell, Chloris Andina 1: 11. 16 Jul 1855”。亦有文献把其处理为“Hyalis D. Don ex Hook. et Arn.(1835)”的异名。【分布】阿根廷,玻利维亚,中国。【模式】Aphyllocladus spartioides Weddell。【参考异名】Hyalis D. Don ex Hook. et Arn.(1835)●

3624　Aphyllodium(DC.)Gagnep.(1916)【汉】两节豆属(二节豆属)。【隶属】豆科 Fabaceae(Leguminosae)。【包含】世界7种,中国1种。【学名诠释与讨论】〈中〉(希)a,无,不 + phyllon,叶子 + -idius, -idia, -idium,指示小的词尾。此属的学名,APNI 和 TROPICOS 记载是“Aphyllodium(A. P. de Candolle)Gagnepain, Notul. Syst.(Paris)3: 254. 15 Sep 1916”,由“Dicerma sect. Aphyllodium A. P. de Candolle, Prodr. 2: 339. Nov(med.)1825”改级而来。IK 则记载为“Aphyllodium Gagnep., Notul. Syst.(Paris)3: 254. 1916”。四者引用的文献相同。ING 则用“Dicerma A. P. de Candolle, Prodr. 2: 339. Nov(med.)1825”为正名,亦由“Dicerma sect. Aphyllodium A. P. de Candolle, Prodr. 2: 339. Nov(med.)1825”改级而来;把“Aphyllodium(DC.)Gagnep.(1916)”处理为同模式异名。亦有文献把“Aphyllodium(DC.)Gagnep.(1916)”处理为“Hedysarum L.(1753)(保留属名)”的异名。【分布】缅甸,中国,热带亚洲至澳大利亚,新几内亚岛。【模式】Aphyllodium biarticulatum(Linnaeus)Gagnepain[Hedysarum biarticulatum Linnaeus]。【参考异名】Aphyllodium Gagnep.(1916)Nom. illegit.; Dicerma DC.(1825)Nom. illegit., Nom. superfl.; Dicerma sect. Aphyllodium DC.(1825); Hedysarum L.(1753)(保留属名)●■

3625　Aphyllodium Gagnep.(1916)Nom. illegit. ≡ Aphyllodium(DC.)Gagnep.(1916)[豆科 Fabaceae(Leguminosae)]●■

3626　Aphyllon Mitch.(1769)= Orobanche L.(1753)[列当科 Orobanchaceae//玄参科 Scrophulariaceae]■

3627　Aphyllorchis Blume(1825)【汉】无叶兰属。【日】タネガシマムエフラン属，タネガシマムヨウラン属。【英】Aphyllorchis，Leaflessorchis。【隶属】兰科 Orchidaceae。【包含】世界 15-20 种，中国 5 种。【学名诠释与讨论】〈阴〉(希) a，无，不+phyllon，叶子+orchis，兰。指本属植物无叶。【分布】印度至马来西亚，中国，东南亚。【模式】Aphyllorchis pallida Blume。【参考异名】Sinorchis S. C. Chen(1978)■

3628　Aphyteia L.(1776)Nom. illegit.=Hydnora Thunb.(1775)[腐臭草科(根寄生科，菌花科，菌口草科)Hydnoraceae]■☆

3629　Apiaceae Lindl.(1836)(保留科名)【汉】伞形花科(伞形科)。【日】セリ科。【俄】Зонтичные。【英】Carrot Family。【包含】世界 250-455 属 3245-3751 种，中国 10-118 属 530-634 种。Apiaceae Lindl. 和 Umbelliferae Juss. 均为保留科名，是《国际植物命名法规》确定的九对互用科名之一。【分布】广泛分布，主要北温带。【科名模式】Apium L.(1753)●■

3630　Apiastrum Nutt.(1840)【汉】拟芹属。【隶属】伞形花科(伞形科)Apiaceae(Umbelliferae)。【包含】世界 2-4 种。【学名诠释与讨论】〈中〉(属)Apium 芹属+-astrum，指示小的词尾，也有"不完全相似"的含义。此属的学名，ING 记载是"Apiastrum Nuttall in Torrey et A. Gray, Fl. North Amer. 1：643. Jun 1840"。GCI、TROPICOS 和 IK 则记载为"Apiastrum Nutt. ex Torr. et A. Gray, Fl. N. Amer. (Torr. et A. Gray) 1(4)：643(-644). 1840[Jun 1840]"。四者引用的文献相同。【分布】北美洲。【模式】Apiastrum angustifolium Nuttall。【参考异名】Apiastrum Nutt. ex Torr. et A. Gray(1840)Nom. illegit. ■☆

3631　Apiastrum Nutt. ex Torr. et A. Gray(1840)Nom. illegit. ≡ Apiastrum Nutt.(1840)[伞形花科(伞形科)Apiaceae(Umbelliferae)]■☆

3632　Apicra Willd.(1811)=Haworthia Duval(1809)(保留属名)[百合科 Liliaceae//阿福花科 Asphodelaceae//芦荟科 Aloaceae]■☆

3633　Apinagia Tul.(1849)【汉】南美川苔草属。【隶属】髯管花科 Geniostomaceae。【包含】世界 50 种。【学名诠释与讨论】〈阴〉(地)Apinag，阿皮纳热，位于巴西。【分布】秘鲁，玻利维亚，热带南美洲。【模式】未指定。【参考异名】Blandowia Willd.(1809)；Ligea Poit. ex Tul.(1849)；Monostylis Tul.(1852)；Neolacis(Cham.)Wedd.(1873)；Neolacis Wedd.(1873)Nom. illegit.；Oenone Tul.(1849)■☆

3634　Apinella Kuntze =Trinia Hoffm.(1814)(保留属名)[伞形花科(伞形科)Apiaceae(Umbelliferae)]■☆

3635　Apinella Neck.(1790)Nom. inval. ≡ Apinella Neck. ex Raf.(1840)；~ ≡Trinia Hoffm.(1814)(保留属名)[伞形花科(伞形科)Apiaceae(Umbelliferae)]■☆

3636　Apinella Neck. ex Raf.(1840)Nom. illegit. ≡ Trinia Hoffm.(1814)(保留属名)[伞形花科(伞形科)Apiaceae(Umbelliferae)]■☆

3637　Apinus Neck.(1790)Nom. inval. ≡ Apinus Neck. ex Rydb.(1905)；~ =Pinus L.(1753)[松科 Pinaceae]●

3638　Apinus Neck. ex Rydb.(1905)=Pinus L.(1753)[松科 Pinaceae]●

3639　Apiocarpus Montrouz.(1860)= Akania Hook. f.(1862)=? Harpullia Roxb.(1824)[叠珠树科 Akaniaceae//无患子科 Sapindaceae]●☆

3640　Apiopetalum Baill.(1878)【汉】梨瓣五加属。【隶属】五加科 Araliaceae。【包含】世界 4 种。【学名诠释与讨论】〈中〉(希)apion，梨+希腊文 petalos，扁平的，铺开的；petalon，花瓣，叶，花叶，金属片子；拉丁文的花瓣为 petalum。【分布】法属新喀里多尼亚。【模式】未指定。●☆

3641　Apios Boehm.(废弃属名)= Glycine Willd.(1802)(保留属名)[豆科 Fabaceae(Leguminosae)//蝶形花科 Papilionaceae]■

3642　Apios Fabr.(1759)(保留属名)【汉】土圞儿属(九子羊属，九子洋属，块茎豆属)。【日】ホドイモ属，ホド属。【俄】Апиос。【英】Apios，Earthfruit，Groundnut，Potato Bean，Potatobean。【隶属】豆科 Fabaceae(Leguminosae)//蝶形花科 Papilionaceae。【包含】世界 10 种，中国 6 种。【学名诠释与讨论】〈阴〉(希)apion，梨。指块根梨形。此属的学名"Apios Fabr. , Enum. : 176. 1759"是保留属名。法规未列出相应的废弃属名。但是豆科 Fabaceae 的"Apios Boehm. = Glycine Willd.(1802)(保留属名)"、"Apios Medik. = Apios Fabr.(1759)(保留属名)"和"Apios Moench(1794)= Apios Fabr.(1759)(保留属名)"都应废弃。"Bradlea Adanson, Fam. 2：324，527. Jul-Aug 1763"是"Apios Fabr.(1759)(保留属名)"的晚出的同模式异名(Homotypic synonym, Nomenclatural synonym)。【分布】美国，中国，东亚，北美洲。【模式】Apios americana Medikus。【参考异名】Apios Medik.(废弃属名)；Apios Moench(1794)Nom. illegit.(废弃属名)；Bradlea Adans.(1763)Nom. illegit.；Bradlea Neck. ex Raf.(1840)Nom. illegit.；Bradleya Kuntze(1)Nom. illegit.；Cyrtotropis Wall.(1830)；Gonancylis Raf.(1824)●

3643　Apios Medik.(废弃属名)= Apios Fabr.(1759)(保留属名)[豆科 Fabaceae(Leguminosae)//蝶形花科 Papilionaceae]●

3644　Apios Moench(1794)Nom. illegit.(废弃属名)= Apios Fabr.(1759)(保留属名)[豆科 Fabaceae(Leguminosae)//蝶形花科 Papilionaceae]●

3645　Apiospermum Klotzsch(1853)Nom. illegit. ≡ Pistia L.(1753)[天南星科 Araceae//大漂科 Pistiacea]■

3646　Apirophorum Neck.(1790)Nom. inval.=Pyrus L.(1753)[蔷薇科 Rosaceae]●

3647　Apista Blume(1825)= Podochilus Blume(1825)[兰科 Orchidaceae]■

3648　Apium L.(1753)【汉】芹属(旱芹属)。【日】アーピウム属，アピューム属，オランダミツバ属，オラン属，マツバゼリ属。【俄】Сельдерей。【英】Celery，Marshwort。【隶属】伞形花科(伞形科)Apiaceae(Umbelliferae)。【包含】世界 20-30 种，中国 1-2 种。【学名诠释与讨论】〈中〉(拉)apium，塘蒿。另说来自凯尔特语 apon 水，指其为湿生植物。此属的学名，ING、APNI、GCI、TROPICOS 和 IK 记载是"Apium L., Sp. Pl. 1：264. 1753[1 May 1753]"。"Selinon Adanson, Fam. 2：(23)，498('Celeri')，535('Celeri')，603. Jul-Aug 1763"是"Apium L.(1753)"的晚出的同模式异名(Homotypic synonym, Nomenclatural synonym)。【分布】巴基斯坦，巴拉圭，秘鲁，玻利维亚，厄瓜多尔，哥伦比亚(安蒂奥基亚)，马达加斯加，美国(密苏里)，中国，欧洲至印度，非洲，中美洲。【后选模式】Apium graveolens Linnaeus。【参考异名】Celeri Adans.(1763)；Critamus Hoffm.(1816)；Heliosciadium Bluff et Fingerh.(1825)；Helodium Dumort.(1827)Nom. illegit.；Helosciadium W. D. J. Koch(1824)；Laoberdes Raf.(1840)；Lavera Raf.(1840)Nom. illegit.；Leptocaulis Nutt. ex DC.(1829)；Mauchartia Neck.(1790)Nom. inval.；Panulia(Baill.)Koso-Pol.；Panulia Koso-Pol.；Panulia Baill.(1879)Nom. inval.；Selinon Adans.(1763)Nom. illegit.；Sison Wahlenb.；Wydlera Post et Kuntze(1903)；Wydleria Fisch. et Trautv. ■●☆

3649　Apivea Steud. =Aiouea Aubl.(1775)[樟科 Lauraceae]●☆

3650　Aplactia Raf.(1837)= Solidago L.(1753)[菊科 Asteraceae(Compositae)]■

3651　Aplanodes Marais(1966)【汉】土著荠属。【隶属】十字花科 Brassicaceae(Cruciferae)。【包含】世界 2 种。【学名诠释与讨

论〉〈阴〉(希)a,无,不+planodios,转来转去。【分布】非洲南部。【模式】Aplanodes doidgeana W. Marais。■☆

3652　Aplarina Raf.（1838）= Euphorbia L.（1753）［大戟科 Euphorbiaceae］●■

3653　Aplectra Raf.（1824）= Aplectrum（Nutt.）Torr.（1826）［兰科 Orchidaceae］■☆

3654　Aplectrocapnos Boiss. et Reut.（1844）= Sarcocapnos DC.（1821）［罂粟科 Papaveraceae//紫堇科（荷苞牡丹科）Fumariaceae］■☆

3655　Aplectrum（Nutt.）Torr.（1826）〈汉〉北美无距兰属（拟杜鹃兰属）。【英】Adam－and－eve, Putty－root。【隶属】兰科 Orchidaceae。【包含】世界1种。【学名诠释与讨论】〈中〉（希）a-（a-在辅音字母前面,an-在元音字母前面）无,不+plectron,距。此属的学名,ING 和 GCI 记载是"Aplectrum（T. Nuttall）J. Torrey, Compend. Fl. N. Middle States 322. 1826",由"Corallorhiza subgen. Aplectrum T. Nuttall, Gen. 2:197. 14 Jul 1818"改级而来。IK 则记载为"Aplectrum Torr., Comp. Fl. N. Middle Stat. 322. 1826［post 16 Sep 1826］";三者引用的文献相同。GCI 记载的"Aplectrum Nutt., Gen. N. Amer. Pl.［Nuttall］. 2:197. 1818［14 Jul 1818］"是一个错误名称;TROPICOS 则用为正名。野牡丹科的"Aplectrum Blume, Flora 14:502. Jul–Aug 1831"是晚出名称。《北美植物志》使用"Aplectrum（Nutt.）Torr.（1826）";《密苏里植物志》则用"Aplectrum Torr.（1826）"为正名。【分布】美国,温带北美洲。【模式】Aplectrum hyemale（G. H. E. Muhlenberg ex Willdenow）J. Torrey［Cymbidium hyemale G. H. E. Muhlenberg ex Willdenow］。【参考异名】Aplectra Raf.（1824）;Aplectrum Nutt.（1818）Nom. illegit.;Aplectrum Torr.（1826）Nom. illegit.;Corallorhiza subgen. Aplectrum Nutt.（1818）■☆

3656　Aplectrum Blume（1831）Nom. illegit. ≡ Anplectrum A. Gray（1854）; ~ = Diplectria（Blume）Rchb.（1841）［野牡丹科 Melastomataceae］●■

3657　Aplectrum Nutt.（1818）Nom. inval. ≡ Aplectrum（Nutt.）Torr.（1826）［兰科 Orchidaceae］■☆

3658　Aplectrum Torr.（1826）Nom. illegit. ≡ Aplectrum（Nutt.）Torr.（1826）［兰科 Orchidaceae］■☆

3659　Apleura Phil.（1864）= Azorella Lam.（1783）［伞形花科（伞形科）Apiaceae（Umbelliferae）］■☆

3660　Aplexia Raf.（1825）= Leersia Sw.（1788）（保留属名）［禾本科 Poaceae（Gramineae）］■

3661　Aplilia Raf.（1838）= Fraxinus L.（1753）［木犀榄科（木犀科）Oleaceae//白蜡树科 Fraxinaceae］●

3662　Aplina Raf.（1838）= Staehelina L.（1753）［菊科 Asteraceae（Compositae）］●☆

3663　Aploca Neck.（1790）Nom. inval. ≡ Aploca Neck. ex Kuntze（1903）≡ Oxystelma R. Br.（1810）; ~ = Periploca L.（1753）［萝藦科 Asclepiadaceae//杠柳科 Periplocaceae］●

3664　Aploca Neck. ex Kuntze（1903）Nom. illegit. ≡ Oxystelma R. Br.（1810）; ~ = Periploca L.（1753）［萝藦科 Asclepiadaceae//杠柳科 Periplocaceae］●

3665　Aplocarya Lindl.（1844）= Nolana L. ex L. f.（1762）［茄科 Solanaceae//铃花科 Nolanaceae］■☆

3666　Aplocera Raf., Nom. illegit. = Ctenium Panz.（1813）（保留属名）［禾本科 Poaceae（Gramineae）］■☆

3667　Aplochlamis Steud.（1840）= Apalochlamys Cass.（1828）Nom. illegit.; ~ = Cassinia R. Br.（1817）（保留属名）［菊科 Asteraceae（Compositae）//滨篱菊科 Cassiniaceae］●☆

3668　Aploleia Raf.（1837）= Callisia Loefl.（1758）［鸭趾草科 Commelinaceae］■☆

3669　Aplolophium Cham.（1832）（废弃属名）= Haplolophium Cham.（1832）（保留属名）［紫葳科 Bignoniaceae］●☆

3670　Aplopappus Cass.（1828）（废弃属名）= Haplopappus Cass.（1828）［as 'Aplopappus'］（保留属名）［菊科 Asteraceae（Compositae）］■●☆

3671　Aplophyllum A. Juss.（1825）Nom. illegit.（废弃属名）= Haplophyllum A. Juss.（1825）［as 'Aplophyllum'］（保留属名）［芸香科 Rutaceae］●■

3672　Aplophyllum Cass.（1824）（废弃属名）= Mutisia L. f.（1782）［菊科 Asteraceae（Compositae）//帚菊木科（须叶菊科）Mutisiaceae］●☆

3673　Aplostellis A. Rich.（1828）Nom. illegit. ≡ Stellorkis Thouars（1809）（废弃属名）; ~ = Nervilia Comm. ex Gaudich.（1829）（保留属名）［兰科 Orchidaceae］■

3674　Aplostellis Thouars（1822）= Nervilia Comm. ex Gaudich.（1829）（保留属名）［兰科 Orchidaceae］■

3675　Aplostemon Raf.（1819）= Fimbristylis Vahl（1805）（保留属名）; ~ = Scirpus L.（1753）（保留属名）［莎草科 Cyperaceae//藨草科 Scirpaceae］■

3676　Aplostylis Raf.（1838）= Cuscuta L.（1753）［旋花科 Convolvulaceae//菟丝子科 Cuscutaceae］■

3677　Aplotaxis DC.（1833）= Saussurea DC.（1810）（保留属名）［菊科 Asteraceae（Compositae）］●■

3678　Aplotheca Mart. ex Cham.（1830）= Froelichia Moench（1794）［苋科 Amaranthaceae］■☆

3679　Apluda L.（1753）〈汉〉水蔗草属。【日】ヒメガルカヤ属。【俄】Мякинник。【英】Apluda。【隶属】禾本科 Poaceae（Gramineae）。【包含】世界1种,中国1种。【学名诠释与讨论】〈阴〉（拉）apluda,糠,苞。【分布】毛里求斯,也门（索科特拉岛）,中国,法属新喀里多尼亚。【模式】Apluda mutica Linnaeus。【参考异名】Calamina P. Beauv.（1812）Nom. illegit.。■

3680　Apluda P. Beauv., Nom. illegit. = Anadelphia Hack.（1885）［禾本科 Poaceae（Gramineae）］■☆

3681　Apoballis Sehott（1858）= Schismatoglottis Zoll. et Moritzi（1846）［天南星科 Araceae］■

3682　Apocaulon R. S. Cowan（1953）〈汉〉离茎芸香属。【隶属】芸香科 Rutaceae。【包含】世界1种。【学名诠释与讨论】〈中〉（希）apo,拉丁文 a-,ab-,ex-,离去,离开+kaulos 拉丁文 caulis,指小式 cauliculus,茎,干,亦指甘蓝。【分布】委内瑞拉。【模式】Apocaulon carnosum R. S. Cowan。●☆

3683　Apochaete（C. E. Hubb.）J. B. Phipps（1964）= Tristachya Nees（1829）［禾本科 Poaceae（Gramineae）］■☆

3684　Apochiton C. E. Hubb.（1936）〈汉〉离颖草属。【隶属】禾本科 Poaceae（Gramineae）。【包含】世界1种。【学名诠释与讨论】〈阳〉（希）apo,离去,离开+chiton 拉丁文 chitin,罩衣,外罩,上衣,铠甲,覆盖物。【分布】热带非洲东部。【模式】Apochiton burttii C. E. Hubbard。●☆

3685　Apochloa Zuloaga et Morrone（2008）〈汉〉离禾属。【隶属】禾本科 Poaceae（Gramineae）。【包含】世界15种。【学名诠释与讨论】〈阴〉（希）apo,离去,离开+chloe,禾草。【分布】美洲。【模式】Apochloa lorea（Trin.）Zuloaga et Morrone［Panicum loreum Trin.］■☆

3686　Apochoris Duby（1844）= Lysimachia L.（1753）［报春花科 Primulaceae//珍珠菜科 Lysimachiaceae］●■

3687　Apoclada McClure（1967）〈汉〉离枝竹属。【隶属】禾本科 Poaceae（Gramineae）。【包含】世界4种。【学名诠释与讨论】〈阴〉（希）apo-+klados,枝,芽,指小式 kladion,棍棒。kladodes 有

许多枝子的。【分布】巴西。【模式】Apoclada simplex McClure et L. B. Smith。●☆

3688　Apocopis Nees（1841）【汉】楔颖草属。【英】Apocopis, Cunealglume。【隶属】禾本科 Poaceae（Gramineae）。【包含】世界 15-17 种，中国 4 种。【学名诠释与讨论】〈阴〉（希）apocopto，切除。指第一颖先端截头状。此属的学名，APNI、TROPICOS 和 IK 记载是 "Apocopis Nees, Proceedings of the Linnean Society of London 1 1839"。"Apocopsis Meisn., Pl. Vasc. Gen.［Meisner］429（328）（1843）" 是其拼写变体。【分布】印度至马来西亚，中国。【模式】Apocopis royleanus C. G. D. Nees。【参考异名】Amblyachyrum Hochst. ex Steud.（1854）Nom. illegit.；Amblyachyrum Steud.（1854）；Apocopsis Meisn.（1843）■

3689　Apocopsis Meisn.（1843）Nom. illegit. = Apocopis Nees（1841）［禾本科 Poaceae（Gramineae）］■

3690　Apocynaceae Adans. = Apocynaceae Juss.（保留科名）●■

3691　Apocynaceae Juss.（1789）（保留科名）【汉】夹竹桃科。【日】キョウチクトウ科，ケフチクタウ科。【俄】Апоциновые, Кутровые。【英】Dogbane Family, Periwinkle Family。【包含】世界 155-300 属 1500-2000 种，中国 37-48 属 123-227 种。【分布】主要热带，少量温带。【科名模式】Apocynum L.。●■

3692　Apocynastrum Fabr.（1759）Nom. illegit. ≡ Apocynastrum Heist. ex Fabr.（1759）；~ = Apocynum L.（1753）［夹竹桃科 Apocynaceae］●■

3693　Apocynastrum Heist. ex Fabr.（1759）= Apocynum L.（1753）［夹竹桃科 Apocynaceae］●■

3694　Apocynum L.（1753）【汉】罗布麻属（草夹竹桃属，茶叶花属，红麻属）。【日】バシクルモン属。【俄】Кендырь。【英】Dog Bane, Dogbane, Indian Hemp。【隶属】夹竹桃科 Apocynaceae。【包含】世界 9-14 种，中国 2 种。【学名诠释与讨论】〈中〉（希）apo，离去，离开+kyon，狗。指汁液可使狗致死。此属的学名，ING、GCI、TROPICOS 和 IK 记载是 "Apocynum L., Sp. Pl. 1：213. 1753［1 May 1753］"。"Cynopaema Lunell, Amer. Midl. Naturalist 4：508. Nov 1916" 是 "Apocynum L.（1753）" 的晚出的同模式异名（Homotypic synonym, Nomenclatural synonym）。【分布】巴基斯坦，玻利维亚，俄罗斯，马达加斯加，美国（密苏里），墨西哥，中国，北美洲，中美洲。【后选模式】Apocynum androsaemifolium Linnaeus。【参考异名】Apocynastrum Fabr.（1759）Nom. illegit.；Apocynastrum Heist. ex Fabr.（1759）；Cynopaema Lunell（1916）Nom. illegit.；Poacynum Baill.（1888）；Trachomitum Woodson（1930）●■

3695　Apodandra Pax et K. Hoffm.（1919）【汉】梗蕊大戟属。【隶属】大戟科 Euphorbiaceae。【包含】世界 4 种。【学名诠释与讨论】〈阴〉（希）a-（a-在辅音字母前面，an-在元音字母前面）无，不+pous，所有格 podos，指小式 podion，脚，足，柄，梗。podotes，有脚的+aner，所有格 andros，雄性，雄蕊。【分布】玻利维亚，热带南美洲。【模式】未指定。●☆

3696　Apodanthaceae（R. Br.）Takht. = Rafflesiaceae Dumort.（保留科名）■

3697　Apodanthaceae Takht. = Rafflesiaceae Dumort.（保留科名）；~ = Apodanthaceae Tiegh. ex Takht. ; ~ = Rafflesiaceae Dumort.（保留科名）■

3698　Apodanthaceae Tiegh. ex Takht.（1987）【汉】无柄花科（离花科）。【包含】世界 3 属 37 种。【分布】澳大利亚西部，亚洲西南部，美洲。【科名模式】Apodanthes Poit.■☆

3699　Apodanthera Arn.（1841）【汉】温美葫芦属。【隶属】葫芦科（瓜科，南瓜科）Cucurbitaceae。【包含】世界 15 种。【学名诠释与讨论】〈阴〉（希）a-，无，不+pous，所有格 podos，指小式 podion，脚，足，柄，梗+anthera，花药。【分布】美洲。【模式】Apodanthera mathewsii Arnott。■☆

3700　Apodanthes Poit.（1824）【汉】无柄花属。【隶属】大花草科 Rafflesiaceae//无柄花科（离花科）Apodanthaceae。【包含】世界 1-7 种。【学名诠释与讨论】〈阴〉（希）a-，无，不+pous，所有格 podos，指小式 podion，脚，足，柄，梗+anhos 花。指花无梗。【分布】巴拿马，秘鲁，玻利维亚，厄瓜多尔，哥伦比亚（安蒂奥基亚），尼加拉瓜，热带南美洲，中美洲。【模式】Apodanthes caseariae Poiteau。■☆

3701　Apoda‐prorepentia（Luer）Luer（2004）= Pleurothallis R. Br.（1813）［兰科 Orchidaceae］■☆

3702　Apodasmia B. G. Briggs et L. A. S. Johnson（1998）【汉】短被帚灯草属。【隶属】帚灯草科 Restionaceae。【包含】世界 3 种。【学名诠释与讨论】〈阴〉词源不详。【分布】美洲。【模式】Apodasmia brownii（J. D. Hooker）B. G. Briggs et L. A. S. Johnson［Leptocarpus brownii J. D. Hooker］■☆

3703　Apodicarpum Makino（1891）【汉】无梗果芹属。【隶属】伞形花科（伞形科）Apiaceae（Umbelliferae）。【包含】世界 1 种。【学名诠释与讨论】〈中〉（希）a-，无，不+pous，所有格 podos，指小式 podion，脚，足，柄，梗+karpos，果实。指果实无梗。【分布】日本。【模式】Apodicarpum ikenoi Makino。■☆

3704　Apodina Tiegh.（1895）= Loranthus Jacq.（1762）（保留属名）；~ = Psittacanthus Mart.（1830）［桑寄生科 Loranthaceae］●

3705　Apodiscus Hutch.（1912）【汉】盘柄大戟属。【隶属】大戟科 Euphorbiaceae。【包含】世界 1 种。【学名诠释与讨论】〈阴〉（希）a-，无，不+pous，所有格 podos，指小式 podion，脚，足，柄，梗+diskos，圆盘。【分布】非洲西部。【模式】Apodiscus chevalieri J. Hutchinson。☆

3706　Apodocephala Baker（1885）【汉】马达加斯加菊属。【隶属】菊科 Asteraceae（Compositae）。【包含】世界 4-8 种。【学名诠释与讨论】〈阴〉（希）a-，无，不+pous，所有格 podos，指小式 podion，脚，足，柄，梗+kephale，头。【分布】马达加斯加。【模式】Apodocephala pauciflora J. G. Baker。●☆

3707　Apodolirion Baker（1878）【汉】无梗石蒜属。【隶属】石蒜科 Amaryllidaceae。【包含】世界 6 种。【学名诠释与讨论】〈中〉（希）a-，无，不+pous，所有格 podos，指小式 podion，脚，足，柄，梗+leirion，百合。【分布】非洲南部。【后选模式】Apodolirion buchanani（J. G. Baker）J. G. Baker［Cyphonema buchanani J. G. Baker］■☆

3708　Apodostachys Turcz.（1848）= Ercilla A. Juss.（1832）［商陆科 Phytolaccaceae］●☆

3709　Apodostigma R. Wilczek（1956）【汉】无梗柱卫矛属。【隶属】卫矛科 Celastraceae。【包含】世界 1 种。【学名诠释与讨论】〈中〉（希）a-，无，不+pous，所有格 podos，指小式 podion，脚，足，柄，梗+stigma，所有格 stigmatos，柱头，眼点。【分布】热带非洲。【模式】Apodostigma pallens（Planchon ex Oliver）Wilczek［Hippocratea pallens Planchon ex Oliver］■☆

3710　Apodynomene E. Mey.（1836）= Tephrosia Pers.（1807）（保留属名）［豆科 Fabaceae（Leguminosae）//蝶形花科 Papilionaceae］●■

3711　Apodytes Arn.（1840）Nom. illegit. ≡ Apodytes E. Mey. ex Arn.（1841）［茶茱萸科 Icacinaceae］●

3712　Apodytes E. Mey.（1840）Nom. illegit. ≡ Apodytes E. Mey. ex Arn.（1841）［茶茱萸科 Icacinaceae］●

3713　Apodytes E. Mey. ex Arn.（1840）【汉】柴龙树属（柴龙属）。【英】Apodytes。【隶属】茶茱萸科 Icacinaceae。【包含】世界 1-2 种，中国 1 种。【学名诠释与讨论】〈阴〉（希）apodys，剥去，裸露。指花萼很小，花冠裸露。一说来自希腊文 apo 分开+dytes，钻穴者,泗水者。此属的学名,ING、TROPICOS 和 IK 记载是 "Apodytes E. Meyer ex Arnott,J. Bot. (Hooker)3:155. Dec 1840"。APNI 则记载为 "Apodytes Arn., Hooker's Journal of Botany 3 1841"。四者引用的文献相同。"Apodytes E. Mey. (1840) ≡ Apodytes E. Mey. ex Arn. (1841)" 的命名人引证有误。【分布】澳大利亚,马达加斯加,非洲南部至马来西亚,中国。【模式】Apodytes dimidiata E. Meyer ex Arnott。【参考异名】Anisomallon Baill. (1874);Apodytes Arn. (1840) Nom. illegit.;Apodytes E. Mey. (1840) Nom. illegit.;Hemilobium Welw. (1862);Jobalboa Chiov. (1935)●

3714 Apogandrum Neck. (1790) Nom. inval. ≡ Apogandrum Necker ex Juss. (1823);~ = Erica L. (1753)［杜鹃花科(欧石南科)Ericaceae]●☆

3715 Apogandrum Necker ex Juss. (1823)= Erica L. (1753)［杜鹃花科(欧石南科)Ericaceae]●☆

3716 Apogeton Schrad. ex Steud. (1840)= Aponogeton L. f. (1782)(保留属名)［水薤科 Aponogetonaceae]■

3717 Apogon Elliott(1823)= Krigia Schreb. (1791)(保留属名);~ = Serinia Raf. (1817)［菊科 Asteraceae(Compositae)]■☆

3718 Apogon Steud. (1840) Nom. illegit. = Chloris Sw. (1788)［禾本科 Poaceae(Gramineae)]●■

3719 Apogonia (Nutt.) E. Fourn. (1886) = Coelorachis Brongn. (1831);~ = Rottboellia L. f. (1782)(保留属名)［禾本科 Poaceae(Gramineae)]■

3720 Apogonia E. Fourn. (1886) Nom. illegit. ≡ Apogonia (Nutt.) E. Fourn. (1886);~ = Coelorachis Brongn. (1831);~ = Rottboellia L. f. (1782)(保留属名)［禾本科 Poaceae(Gramineae)]■

3721 Apoia Merr. (1921) = Sarcosperma Hook. f. (1876)［山榄科 Sapotaceae//肉实树科 Sarcospermataceae]●

3722 Apolanesia Rchb. (1841) = Apoplanesia C. Presl(1832)［豆科 Fabaceae(Leguminosae)//蝶形花科 Papilionaceae]■☆

3723 Apolepsis(Blume)Hassk. (1844) = Lepidagathis Willd. (1800)［爵床科 Acanthaceae]●■

3724 Apolepsis Hassk. (1844) Nom. illegit. ≡ Apolepsis (Blume) Hassk. (1844);~ = Lepidagathis Willd. (1800)［爵床科 Acanthaceae]［爵床科 Acanthaceae]●■

3725 Apoleya Gleason(1935) Nom. illegit. ≡ Apuleia Mart. (1837)(保留属名)［豆科 Fabaceae(Leguminosae)]●☆

3726 Apolgusa Raf. (1840) Nom. illegit. ≡ Lecokia DC. (1829)［伞形花科(伞形科)Apiaceae(Umbelliferae)]■☆

3727 Apollonias Nees(1833)【汉】太阳楠属(印度楠属)。【隶属】樟科 Lauraceae。【包含】世界 1-2 种。【学名诠释与讨论】〈阴〉(人)Apollon,阿波罗,男性神,代表少壮与美、诗与音乐、智慧与神喻+-ias,希腊文词尾,表示关系密切。可能暗喻植物壮美。【分布】西班牙(加那利群岛),马达加斯加,葡萄牙(马德拉群岛),印度。【模式】Apollonias canariensis (Willdenow) C. G. D. Nees [Laurus canariensis Willdenow]●☆

3728 Apomaea Neck. (1790) Nom. inval. =Ipomoea L. (1753)(保留属名)［旋花科 Convolvulaceae]●■

3729 Apomoea Steud. (1840) = Apomaea Neck. (1790) Nom. inval.;~ =Ipomoea L. (1753)(保留属名)［旋花科 Convolvulaceae]●■

3730 Apomuria Bremek. (1963) = Psychotria L. (1759)(保留属名)［茜草科 Rubiaceae//九节科 Psychotriaceae]●

3731 Aponoa Raf. (1838)(1) = Columnea L. (1753)［苦苣苔科 Gesneriaceae]●■☆

3732 Aponoa Raf. (1838)(2)=Limnophila R. Br. (1810)(保留属名)［玄参科 Scrophulariaceae//婆婆纳科 Veronicaceae]●

3733 Aponogeton Hill(1756) Nom. illegit. (废弃属名)≡Zannichellia L. (1753)［眼子菜科 Potamogetonaceae//茨藻科 Najadaceae//角果藻科(角茨藻科) Zannichelliaceae]■

3734 Aponogeton L. f. (1782)(保留属名)【汉】水薤属(田干草属)。【日】アホノゲトン属,アポノゲトン属。【俄】Апоногетон。【英】Cape Pondweed, Lacewort, Water Hawthorn, Waterhawthorn, Water-hawthorn。【隶属】水薤科 Aponogetonaceae。【包含】世界 43-47 种,中国 1 种。【学名诠释与讨论】〈中〉(凯)apon,水+geiton,所有格 geitonos,邻居。指本属植物生于水边。此属的学名"Aponogeton L. f.,Suppl. Pl.:32,214. Apr 1782"是保留属名。相应的废弃属名是角果藻科 Zannichelliaceae 的"Aponogeton Hill, Brit. Herb.:480. Dec 1756 ≡ Zannichellia L. (1753)"。"Aponogiton Kuntze, Lexicon Generum Phanerogamarum 1903"是其拼写变体,亦应废弃。【分布】马达加斯加,中国,非洲南部。【模式】Aponogeton monostachyos Linnaeus f., Nom. illegit. [Saururus natans Linnaeus;Aponogeton natans (Linnaeus) Engler et Krause]。【参考异名】Amogeton Neck. (1790) Nom. inval.;Apogeton Schrad. ex Steud. (1840);Aponogiton Kuntze(1903) Nom. illegit. (废弃属名);Hydrogeton Pers. (1805) Nom. illegit.;Limnogeton Edgew. (1847) Nom. inval.;Limnogeton Edgew. ex Griff. (1851);Ouvirandra Thouars(1806);Spathium Edgew. (1842) Nom. illegit.;Uvirandra J. St. -Hil. (1805) Nom. illegit.;Zannichellia L. (1753)■

3735 Aponogetonaceae J. Agardh = Aponogetonaceae Planch. (保留科名)■

3736 Aponogetonaceae Planch. (1856)(保留科名)【汉】水薤科。【日】レースソウ科。【俄】Апоногетоновые。【英】Aponogeton Family, Cape-pondweed Family, Waterhawthorn Family。【包含】世界 1 属 30-47 种,中国 1 属 1 种。【分布】旧世界热带和亚热带。【科名模式】Aponogeton L. f.■

3737 Aponogiton Kuntze(1903) Nom. illegit. (废弃属名)= Aponogeton L. f. (1782)(保留属名)［水薤科 Aponogetonaceae]■

3738 Apopetalum Pax(1908)= Brunellia Ruiz et Pav. (1794)［槽柱花科 Brunelliaceae]●☆

3739 Apophragma Griseb. (1838)= Curtia Cham. et Schltdl. (1826)［龙胆科 Gentianaceae]■☆

3740 Apophyllum F. Muell. (1857)【汉】澳大利亚白花菜属。【俄】Апофиллум。【英】Apophyllum。【隶属】山柑科(白花菜科,醉蝶花科)Capparaceae//白花菜科(醉蝶花科)Cleomaceae。【包含】世界 1 种。【学名诠释与讨论】〈中〉(希)apo-,从……离开+phyllon,叶子。指植物叶片很少。【分布】澳大利亚(东北部)。【模式】Apophyllum anomalum F. v. Mueller。●☆

3741 Apoplanesia C. Presl(1832)【汉】微红血豆属。【隶属】豆科 Fabaceae(Leguminosae)//蝶形花科 Papilionaceae。【包含】世界 1 种。【学名诠释与讨论】〈阴〉(希)apo,离去+planes,漫游。【分布】哥斯达黎加,墨西哥,尼加拉瓜,委内瑞拉,中美洲。【模式】Apoplanesia paniculata K. B. Presl。【参考异名】Apolanesia Rchb. (1841);Microlobium Liebm. (1854)■☆

3742 Apopleumon Raf. (1838)= Ipomoea L. (1753)(保留属名)［旋花科 Convolvulaceae]●■

3743 Apopyros G. L. Nesom(1994)【汉】柱果白酒草属。【隶属】菊科 Asteraceae(Compositae)。【包含】世界 2 种。【学名诠释与讨论】〈阳〉(希)apo+pyros,小麦。【分布】南美洲。【模式】不详。■☆

3744 Aporanthus Bromf. (1856) Nom. illegit. ≡ Falcatula Brot. (1801);~ = Trigonella L. (1753)［豆科 Fabaceae(Leguminosae)//蝶形花科 Papilionaceae]■

3745 Aporetia Walp. (1852)= Aporetica J. R. Forst. et G. Forst. [无患子科 Sapindaceae]●

3746　Aporetica J. R. Forst. et G. Forst.（1776）＝ Allophylus L.（1753）［无患子科 Sapindaceae］●

3747　Aporocactus Lem.（1860）【汉】鼠尾掌属（鼠尾鞭属）。【日】アポロカクタス属，ヒモサボテン属。【俄】Апорокактус。【英】Rattail Cactus。【隶属】仙人掌科 Cactaceae。【包含】世界 6 种，中国 2 种。【学名诠释与讨论】〈阳〉（希）aporos，贫乏的，费解的，困惑的+cactos，有刺的植物，通常指仙人掌科 Cactaceae 植物。暗指分类困难。此属的学名，ING、GCI、TROPICOS 和 IK 记载是"Aporocactus Lem. ,7；misc. 67. 1860"。"Aporocereus A. V. Frič et K. Kreuzinger in K. Kreuzinger, Verzeichnis Amer. Sukk. Revision Syst. Kakteen 39. 30 Apr 1935"是"Aporocactus Lem.（1860）"的晚出的同模式异名（Homotypic synonym, Nomenclatural synonym）。"Aporocactus Lem.（1860）"曾先后被处理为"Cereus subgen. Aporocactus（Lem.）A. Berger, Annual Report of the Missouri Botanical Garden 16；83-83. 1905.（31 May 1905）"和"Disocactus subgen. Aporocactus（Lem.）Barthlott, Yearbook of the British Cactus and Succulent Society 9；87. 1991"。【分布】墨西哥，中国，中美洲。【模式】Cactus flagelliformis L.。【参考异名】Aporocereus Frič et Kreuz.（1936）Nom. illegit. ；Cereus subgen. Aporocactus（Lem.）A. Berger（1905）；Disocactus Lindl.（1845）；Disocactus subgen. Aporocactus（Lem.）Barthlott（1991）●■

3748　Aporocereus Frič et Kreuz.（1936）Nom. illegit. ≡ Aporocactus Lem.（1860）；～＝Disocactus Lindl.（1845）［仙人掌科 Cactaceae］●■

3749　Aporodes（Schltr.）W. Suarez et Cootes（2007）Nom. inval. , Nom. illegit. ＝Eria Lindl.（1825）（保留属名）［兰科 Orchidaceae］■

3750　Aporodes（Schltr.）W. Suarez et Cootes（2008）Nom. illegit. ＝Eria Lindl.（1825）（保留属名）［兰科 Orchidaceae］■

3751　Aporopsis M. A. Clem. et D. L. Jones（2002）Nom. illegit. ≡ Aporopsis（Schltr.）M. A. Clem. et D. L. Jones（2002）；～＝Dendrobium Sw.（1799）（保留属名）［兰科 Orchidaceae］■

3752　Aporosa Blume（1825）【汉】银柴属（阿萼属）。【英】Aporosa。【隶属】大戟科 Euphorbiaceae。【包含】世界 75-80 种，中国 4 种。【学名诠释与讨论】〈阴〉（希）aporos，贫乏的。指花缺花瓣及花盘。此属的学名，ING、TROPICOS 和 IK 记载是"Aporosa Blume, Bijdr. Fl. Ned. Ind. 10；514. 1825［7 Dec 1825－24 Jan 1826］"。"Aporusa Blume, Fl. Javae 1；vi, 1828 ＝Aporosa Blume（1825）［大戟科 Euphorbiaceae］"是晚出的非法名称。"Aporusa Blume, Bijdr. Fl. Ned. Ind. 10；514（Aporosa）［7 Dec 1825－24 Jan 1826］"则是其拼写变体。【分布】印度至马来西亚至所罗门群岛，中国。【模式】Aporosa frutescens Blume. 。【参考异名】Aporosa Blume（1828）Nom. illegit. ；Aporusa Blume（1825）Nom. illegit. ；Commia Ham. ex Meisn. ；Leiocarpus Blume（1826）；Lepidostachys Wall.（1832）；Lepidostachys Wall. ex Lindl.（1836）；Scepa Lindl.（1836）；Tetractinostigma Hassk.（1857）●

3753　Aporosa Blume（1828）Nom. illegit. ＝Aporosa Blume（1825）［大戟科 Euphorbiaceae］●

3754　Aporosaceae Lindl. ex Miq. ＝Euphorbiaceae Juss.（保留科名）●■

3755　Aporosaceae Lindl. ex Planch.（1854）＝Euphorbiaceae Juss.（保留科名）●■

3756　Aporosaceae Planch. ＝Euphorbiaceae Juss.（保留科名）●■

3757　Aporosella Chodat et Hassl.（1905）【汉】小银柴属。【俄】Апоселла。【英】Aporoseila。【隶属】大戟科 Euphorbiaceae//叶下珠科（叶萝藦科）Phyllanthaceae。【包含】世界 1 种。【学名诠释与讨论】〈阴〉（属）Aporusa 银柴属（阿萼属）+-ellus，-ella，-ellum，加在名词词干后面形成指小式的词尾。或加在人名、属名等后面以组成新属的名称。此属的学名，ING 和 GCI 记载是

"Aporosella R. Chodat et E. Hassler, Bull. Herb. Boissier ser. 2. 5；488. 29 Apr 1905"。IK 则记载为"Aporosella Chodat, Bull. Herb. Boissier Ser. II. v. 488（1905）"。三者引用的文献相同。亦有文献把"Aporosella Chodat et Hassl.（1905）"处理为"Phyllanthus L.（1753）"的异名。【分布】巴拉圭，墨西哥至热带南美洲北部。【模式】Aporosella hassleriana R. Chodat。【参考异名】Aporosella Chodat（1905）Nom. illegit. ；Phyllanthus L.（1753）●☆

3758　Aporosella Chodat（1905）Nom. illegit. ≡ Aporosella Chodat et Hassl.（1905）［大戟科 Euphorbiaceae//叶下珠科（叶萝藦科）Phyllanthaceae］●☆

3759　Aporostylis Rupp et Hatch（1946）【汉】弱柱兰属。【隶属】兰科 Orchidaceae。【包含】世界 1 种。【学名诠释与讨论】〈阴〉（希）aporos，困难的，费解的，困惑的+stylos ＝拉丁文 style，花柱，中柱。【分布】新西兰。【模式】Aporostylis bifolia（J. D. Hooker）Rupp et Hatch［Caladenia bifolia J. D. Hooker］■☆

3760　Aporrhiza Radlk.（1878）【汉】离根无患子属。【隶属】无患子科 Sapindaceae。【包含】世界 6 种。【学名诠释与讨论】〈阴〉（希）apo，离去+rhiza，或 rhizoma，根，根茎。【分布】热带非洲。【模式】Aporrhiza paniculata Radlkofer。●■☆

3761　Aporuellia C. B. Clarke（1908）＝ Pararuellia Bremek. et Nann. -Bremek.（1948）；～＝Ruellia L.（1753）［爵床科 Acanthaceae］■●

3762　Aporum Blume（1825）＝ Dendrobium Sw.（1799）（保留属名）［兰科 Orchidaceae］■

3763　Aporusa Blume（1825）Nom. illegit. ≡ Aporosa Blume（1825）［大戟科 Euphorbiaceae］●

3764　Aposeridaceae Raf.（1838）＝ Asteraceae Bercht. et J. Presl（保留科名）；～＝Compositae Giseke（保留科名）●■

3765　Aposeris Neck.（1790）Nom. inval. ≡ Aposeris Neck. ex Cass.（1827）［菊科 Asteraceae（Compositae）］■☆

3766　Aposeris Neck. ex Cass.（1827）【汉】齿叶羊苣属。【俄】Апозерис。【英】Aposeris, Skunk Cabbage。【隶属】菊科 Asteraceae（Compositae）。【包含】世界 1 种。【学名诠释与讨论】〈阴〉（希）apo-，拉丁文 a-，ab-，ex-，离去，离开+seris，菊苣。此属的学名，ING 记载是"Aposeris Necker ex Cassini in F. Cuvier, Dict. Sci. Nat. 48；427. Jun 1827"。IK 记载的"Aposeris Neck. , Elem. Bot.（Necker）1；57. 1790"是一个未合格发表的名称（Nom. inval. ）。亦有文献把"Aposeris Neck. ex Cass.（1827）"处理为"Hyoseris L.（1753）"的异名。【分布】欧洲中部至塞浦路斯。【模式】Hyoseris foetida Linnaeus。【参考异名】Aposeris Neck.（1790）Nom. inval. ；Hyoseris L.（1753）■☆

3767　Apostasia Blume（1825）【汉】拟兰属（假兰属）。【日】ヤクシマラン属。【英】Apostasia。【隶属】兰科 Orchidaceae//拟兰科（假兰科）Apostasiaceae。【包含】世界 8 种，中国 3 种。【学名诠释与讨论】〈阴〉（希）apostasia，叛离，分离。指外形与兰相似。【分布】澳大利亚，马来西亚，中国，热带亚洲。【模式】Apostasia odorata Blume。【参考异名】Adactylus（Endl.）Rolfe（1896）；Adactylus Rolfe（1896）Nom. illegit. ；Mesodactylus Wall.（1830）；Mesodactylus Endl.（1837）；Mesodactylus Post et Kuntze（1903）Nom. illegit. ；Niemeyera F. Muell.（1867）（废弃属名）■

3768　Apostasiaceae Blume ＝Apostasiaceae Lindl.（保留科名）■

3769　Apostasiaceae Lindl.（1833）（保留科名）［亦见 Orchidaceae Juss.（保留科名）兰科］【汉】拟兰科（假兰科）。【日】ヤクシマラン科。【英】Apostasia Family。【包含】世界 3 属 20 种，中国 2 属 4 种。【分布】印度-马来西亚，澳大利亚（热带），东南亚。【科名模式】Apostasia Blume ■

3770　Apostates Lander（1989）【汉】腺药菊属。【隶属】菊科 Asteraceae（Compositae）。【包含】世界 1 种。【学名诠释与讨论】

〈阴〉（希）apostasia，叛离，分离。【分布】法属波利尼西亚（拉帕岛）。【模式】Apostates rapae（F. B. H. Brown）N. S. Lander［Olearia rapae F. B. H. Brown］■☆

3771　Apotaenium Koso-Pol.（1915）＝Chaerophyllum L.（1753）［伞形花科（伞形科）Apiaceae（Umbelliferae）］■

3772　Apoterium Blume（1825）＝Calophyllum L.（1753）［猪胶树科（克鲁西科，山竹子科，藤黄科）Clusiaceae（Guttiferae）//红厚壳科 Calophyllaceae］●

3773　Apowollastonia Orchard（2013）【汉】澳菊属。【隶属】菊科 Asteraceae（Compositae）。【包含】世界8种。【学名诠释与讨论】〈阴〉词源不详。【分布】澳大利亚。【模式】Apowollastonia spilanthoides（F. Muell.）Orchard［Wedelia spilanthoides F. Muell.］☆

3774　Apoxyanthera Hochst.（1843）＝Raphionacme Harv.（1842）［萝藦科 Asclepiadaceae］■☆

3775　Apozia Willd. ex Benth.＝Micromeria Benth.（1829）（保留属名）［唇形科 Lamiaceae（Labiatae）］■●

3776　Apozia Willd. ex Steud.（1840）＝Micromeria Benth.（1829）（保留属名）［唇形科 Lamiaceae（Labiatae）］■●

3777　Appella Adans.（1763）（废弃属名）＝Premna L.（1771）（保留属名）［马鞭草科 Verbenaceae//唇形科 Lamiaceae（Labiatae）//牡荆科 Viticaceae］●■

3778　Appendicula Blume（1825）【汉】牛齿兰属（竹叶兰属）。【日】アッペンディキュラ属，ヒメタケラン属。【英】Appendicula。【隶属】兰科 Orchidaceae。【包含】世界50-150种，中国4种。【学名诠释与讨论】〈阴〉（拉）appendix，附属体+-ulus，-ula，-ulum，指示小的词尾。指花具附属体。【分布】中国，波利尼西亚群岛，热带亚洲。【模式】未指定。【参考异名】Chilopogon Schltr.（1912）；Conchochilus Hassk.（1842）；Cyphochilus Schltr.（1912）；Lobogyne Schltr.（1900）；Metachilum Lindl.（1830）；Metachilus Post et Kuntze（1903）；Scoliochilus Rchb. f.（1872）■

3779　Appendiculana Kuntze（1903）＝Appendicularia DC.（1828）［野牡丹科 Melastomataceae］■☆

3780　Appendicularia DC.（1828）【汉】肖牛齿兰属。【隶属】野牡丹科 Melastomataceae。【包含】世界1种。【学名诠释与讨论】〈阴〉（属）Appendicula 牛齿兰属（竹叶兰属），或小附属物+-arius，-aria，-arium，指示"属于、相似、具有、联系"的词尾。【分布】几内亚。【模式】Appendicularia thymifolia（Kunth）A. P. de Candolle［Rhexia thymifolia Kunth］。【参考异名】Appendiculana Kuntze（1903）■☆

3781　Appendiculopsis（Schltr.）Szlach.（1995）【汉】拟牛齿兰属。【隶属】兰科 Orchidaceae。【包含】世界9种。【学名诠释与讨论】〈阴〉（属）Appendicula 牛齿兰属+希腊文 opsis，外观，模样，相似。此属的学名，ING 和 IK 记载是"Appendiculopsis（Schlechter）D. L. Szlachetko，Fragm. Florist. Geobot. Suppl. 3：119. 11 Dec 1995"，由"Agroshyllum sect. Appendiculopsis Schlechter, Repert. Spec. Nov. Regni Veg. Beih. 1：257（'Apendiculopsis'），279. 1 Feb 1912"改级而来。【分布】塞舌尔（塞舌尔群岛）至马来西亚。【后选模式】Appendiculopsis stipulata（W. Griffith）D. L. Szlachetko。【参考异名】Agroshyllum sect. Appendiculopsis Schltr.（1912）■☆

3782　Appertiella C. D. K. Cook et Triest（1982）【汉】六蕊藻属。【隶属】水鳖科 Hydrocharitaceae。【包含】世界1种。【学名诠释与讨论】〈阴〉（人）Apperti+-ellus，-ella，-ellum，加在名词词干后面形成指小式的词尾。或加在人名、属名等后面以组成新属的名称。【分布】马达加斯加。【模式】Appertiella hexandra C. D. K. Cook et L. Triest。■☆

3783　Appunettia R. D. Good（1926）＝Morinda L.（1753）［茜草科 Rubiaceae］●■

3784　Appunia Hook. f.（1873）＝Morinda L.（1753）［茜草科 Rubiaceae］●■

3785　Apradus Adans.（1763）＝Arctopus L.（1753）［伞形花科（伞形科）Apiaceae（Umbelliferae）］☆

3786　Aprella Steud.（1840）＝Asprella Schreb.（1789）Nom. illegit.；~ ＝Leersia Sw.（1788）（保留属名）［禾本科 Poaceae（Gramineae）］■

3787　Aprevalia Baill.（1884）＝Delonix Raf.（1837）［豆科 Fabaceae（Leguminosae）//云实科（苏木科）Caesalpiniaceae］●

3788　Apsanthea Jord.（1903）＝Scilla L.（1753）［百合科 Liliaceae//风信子科 Hyacinthaceae//绵枣儿科 Scillaceae］■

3789　Apseudes Raf.（1840）Nom. illegit. ≡ Palimbia Besser ex DC.（1830）；~ ＝Peucedanum L.（1753）［伞形花科（伞形科）Apiaceae（Umbelliferae）］■

3790　Aptandra Miers（1851）【汉】丝管花属。【俄】Аптандра。【英】Aptandra。【隶属】铁青树科 Olacaceae//丝管花科（油籽树科）Aptandraceae。【包含】世界5种。【学名诠释与讨论】〈阴〉（希）hapto，系，缚+aner，所有格 andros，雄性，雄蕊。指花药。【分布】秘鲁，玻利维亚，厄瓜多尔，哥伦比亚（安蒂奥基亚），中国，热带非洲西部，热带南美洲。【模式】Aptandra spruceana Miers。●

3791　Aptandraceae Miers（1853）＝Olacaceae R. Br.（保留科名）●

3792　Aptandraceae Tiegh.［亦见 Olacaceae R. Br.（保留科名）铁青树科］【汉】丝管花科（油籽树科）。【包含】世界1属3-5种。【分布】热带南美洲，热带非洲西部。【科名模式】Aptandra Miers ●☆

3793　Aptandropsis Ducke（1945）【汉】丝管木属。【隶属】铁青树科 Olacaceae。【包含】世界2种。【学名诠释与讨论】〈阴〉（属）Aptandra 丝管花属+希腊文 opsis，外观，模样，相似。此属的学名是"Aptandropsis Ducke, Bol. Técn. Inst. Agron. N. 4：5. 31 Mar 1945"。亦有文献把其处理为"Heisteria Jacq.（1760）（保留属名）"的异名。【分布】巴西，中美洲。【模式】未指定。【参考异名】Heisteria Jacq.（1760）（保留属名）●☆

3794　Aptenia N. E. Br.（1925）【汉】露草属（露花属）。【日】アプテニア属，ハナズルソウ属，ハナヅルソウ属。【英】Aptenia，Heart-leaf，Iceplant，Ice-plant。【隶属】番杏科 Aizoaceae。【包含】世界4种。【学名诠释与讨论】〈阴〉（希）a-，无，不+ptenos，有翅的，有羽毛的。指蒴果无翼。此属的学名，ING、APNI、TROPICOS 和 IK 记载是"Aptenia N. E. Br., Gard. Chron. ser. 3，78：412. 1925［21 Nov 1925］"。"Tetracoilanthus F. Rappa et V. Camarrone，Lav. Ist. Bot. Giardino Colon. Palermo 14：66. 1954（post 20 Mar）"和"Litocarpus H. M. L. Bolus in Pole Evans, Fl. Pl. S. Africa 7：261. Jul 1927"是"Aptenia N. E. Br.（1925）"的晚出的同模式异名（Homotypic synonym，Nomenclatural synonym）。"Aptenia N. E. Br., Gard. Chron. 1928, Ser. III. lxxxiv. 313, descr. ampl."则修订了属的描述。【分布】秘鲁，玻利维亚，厄瓜多尔，非洲南部。【模式】Aptenia cordifolia（Linnaeus f.）Schwantes［Mesembryanthemum cordifolium Linnaeus f.］。【参考异名】Litocarpus L. Bolus（1927）Nom. illegit.；Platythyra N. E. Br.（1925）；Tetracoilanthus Rappa et Camarrone（1954）Nom. illegit. ●☆

3795　Apterantha C. H. Wright（1918）【汉】无翼苋属。【隶属】苋科 Amaranthaceae。【包含】世界1种。【学名诠释与讨论】〈阴〉（希）a-，无，不+pteron，翼，翅，鳍+anthos，花。此属的学名是"Apterantha C. H. Wright, Bull. Misc. Inform. 1918：202. 28 Aug 1918"。亦有文献把其处理为"Lagrezia Moq.（1849）"的异名。【分布】马斯克林群岛。【模式】Apterantha oligomeroides C. H. Wright。【参考异名】Lagrezia Moq.（1849）■☆

3796　Apteranthe F. Muell.（1859）＝Kochia Roth（1801）［藜科

Chenopodiaceae]●■

3797 Apteranthes Mik.（1835）= Boucerosia Wight et Arn.（1834）［萝摩科 Asclepiadaceae］■☆

3798 Apteria Nutt.（1834）【汉】无翼簪属。【英】Nodding-nixie。【隶属】水玉簪科 Burmanniaceae。【包含】世界1-3种。【学名诠释与讨论】〈阴〉（希）a-，无，不 + pteron，指小式 pteridion，翅。pteridios，有羽毛的。此属的学名，ING、GCI、TROPICOS 和 IK 记载是"Apteria Nutt., J. Acad. Nat. Sci. Philadelphia 7：64. 1834［post 24 Oct 1834］"。Rafinesque（1838）曾用"Nemitis Rafinesque, Fl. Tell. 4：33. 1838（med.）（'1836'）"替代"Apteria Nutt.（1834）"，多余了。【分布】巴拿马，秘鲁，玻利维亚，厄瓜多尔，哥斯达黎加，尼加拉瓜，西印度群岛，美洲。【模式】Apteria setacea Nuttall, Nom. illegit.［Lobelia aphylla Nuttall；Apteria aphylla（Nuttall）Barnhart ex J. K. Small］。【参考异名】Nemitis Raf.（1838）Nom. illegit. , Nom. superfl. ；Stemoptera Miers（1840）●■☆

3799 Apterigia（Ledeb.）Galushko（1970）Nom. illegit. ≡ Apterigia Galushko（1970）；~ = Thlaspi L.（1753）［十字花科 Brassicaceae（Cruciferae）］■

3800 Apterigia Galushko（1970）= Thlaspi L.（1753）［十字花科 Brassicaceae（Cruciferae）//蒜荠科 Thlaspiaceae］■

3801 Apterocaryon（Spach）Opiz（1855）= Betula L.（1753）［桦木科 Betulaceae］●

3802 Apterocaryon Opiz（1855）Nom. illegit. ≡ Apterocaryon（Spach）Opiz（1855）；~ = Betula L.（1753）［桦木科 Betulaceae］●

3803 Apterokarpos Rizzini（1975）= Loxopterygium Hook. f.（1862）［漆树科 Anacardiaceae］●☆

3804 Apteron Kurz（1872）= Ventilago Gaertn.（1788）［鼠李科 Rhamnaceae］●

3805 Apterosperma Hung T. Chang（1976）【汉】圆籽荷属（圆子荷属）。【英】Apterosperma。【隶属】山茶科（茶科）Theaceae。【包含】世界1种，中国1种。【学名诠释与讨论】〈中〉（希）a-，无，不+pteron，指小式 pteridion，翅。pteridios，有羽毛的+sperma，所有格 spermatos，种子，孢子。指本属植物种子无翅。【分布】中国。【模式】Apterosperma oblatum Hung T. Chang［as 'oblata'］●★

3806 Apterygia Baehni（1964）= Sideroxylon L.（1753）［山榄科 Sapotaceae］●☆

3807 Apteuxis Griff.（1854）= Pternandra Jack（1822）［野牡丹科 Melastomataceae］●

3808 Aptilon Raf.（1838）Nom. illegit. = Apogon Elliott；~ = Serinia Raf.（1817）［菊科 Asteraceae（Compositae）］■☆

3809 Aptosimum Burch.（1824）Nom. inval.（废弃属名）≡ Aptosimum Burch. ex Benth.（1836）（保留属名）［玄参科 Scrophulariaceae］■●☆

3810 Aptosimum Burch. ex Benth.（1836）（保留属名）【汉】直玄参属。【隶属】玄参科 Scrophulariaceae。【包含】世界20种。【学名诠释与讨论】〈中〉（希）a-，无，不+ptosis，下落，曲折。此属的学名"Aptosimum Burch. ex Benth. in Edwards's Bot. Reg. : ad t. 1882. 1 Aug 1836"是保留属名。相应的废弃属名是玄参科 Scrophulariaceae 的"Ohlendorffia Lehm. , Sem. Hort. Bot. Hamburg. 1835：7. 1835 ≡ Aptosimum Burch. ex Benth.（1836）（保留属名）"。玄参科 Scrophulariaceae 的"Aptosimum Burch. , Trav. S. Africa i. 219（1824）. 1822 ≡ Aptosimum Burch. ex Benth.（1836）（保留属名）"亦应废弃。【分布】热带和非洲南部。【模式】Aptosimum depressum Burchell ex Bentham, Nom. illegit. ［Ohlendorffia procumbens J. G. C. Lehmann；Aptosimum procumbens（J. G. C. Lehmann）Steudel］。【参考异名】Aptosimum Burch.（1824）Nom. inval.（废弃属名）；Chilostigma Hochst.（1841）；

Ohlendorffia Lehm.（1835）（废弃属名）■●☆

3811 Aptotheca Miers（1878）= Forsteronia G. Mey.（1818）［夹竹桃科 Apocynaceae］●☆

3812 Apuleia Gaertn.（1791）Nom. illegit.（废弃属名）≡ Berkheya Ehrh.（1784）（保留属名）［菊科 Asteraceae（Compositae）］●■☆

3813 Apuleia Mart.（1837）（保留属名）【汉】铁苏木属。【俄】Апулея。【英】Apuleia。【隶属】豆科 Fabaceae（Leguminosae）。【包含】世界1-2种。【学名诠释与讨论】〈阴〉"Apuleia J. Gaertner 1791"是"Apuleja Gaertn.（1791）"的拼写变体。此属的学名"Apuleia Mart. in Flora 20（2, Beibl.）：123. 21 Nov 1837（'Apuleja'）（orth. cons.）"是保留属名。相应的废弃属名是菊科 Asteraceae（Compositae）的"Apuleja Gaertn. , Fruct. Sem. Pl. 2：439. Sep-Dec 1791"；其变体"Apuleia Gaertn. , Fruct. Sem. Pl. ii. 439. t. 171（1791）≡ Apuleja Gaertn.（1791）（废弃属名）"亦应废弃。"Apoleya Gleason, Phytologia 1：143. 21 Jan 1935（废弃属名）"是"Apuleia Mart.（1837）（保留属名）"的同模式异名（Homotypic synonym, Nomenclatural synonym）。【分布】巴拉圭，巴西，秘鲁，玻利维亚，厄瓜多尔。【模式】Apuleia praecox C. F. P. Martius。【参考异名】Apoleya Gleason（1935）Nom. illegit. ；Zenkeria Arn.（1838）●☆

3814 Apuleja Gaertn.（1791）Nom. illegit.（废弃属名）≡ Berkheya Ehrh.（1784）（保留属名）［菊科 Asteraceae（Compositae）］●■☆

3815 Apurimacia Harms（1923）【汉】安第斯山豆属（阿普里豆属）。【隶属】豆科 Fabaceae（Leguminosae）。【包含】世界2-4种。【学名诠释与讨论】〈阴〉（地）Apurimac，阿普里马克，位于秘鲁。【分布】秘鲁，玻利维亚，安第斯山。【后选模式】Apurimacia michelii（H. H. Rusby）Harms［Gliricidia michelii H. H. Rusby］■☆

3816 Aquartia Jacq.（1760）= Solanum L.（1753）［茄科 Solanaceae］●■

3817 Aquifoliaceae A. Rich. = Aquifoliaceae Bercht. et J. Presl（1825）（保留科名）●

3818 Aquifoliaceae Bartl. = Aquifoliaceae Bercht. et J. Presl（1825）（保留科名）●

3819 Aquifoliaceae Bercht. et J. Presl（1825）（保留科名）【汉】冬青科。【日】モチノキ科。【俄】Падубовые。【英】Holly Family。【包含】世界2-4属400-500种，中国1属227种。【分布】热带和温带。【科名模式】Aquifolium Mill. ［Ilex L.（1753）］●

3820 Aquifoliaceae DC. ex A. Rich. = Aquifoliaceae Bercht. et J. Presl（1825）（保留科名）●

3821 Aquifolium Mill.（1754）Nom. illegit. ≡ Aquifolium Mill.（1754）Nom. illegit. ；~ ≡ Ilex L.（1753）［冬青科 Aquifoliaceae］●

3822 Aquifolium Tourn. ex Mill.（1754）≡ Aquifolium Mill.（1754）Nom. illegit. ；~ ≡ Ilex L.（1753）［冬青科 Aquifoliaceae］●

3823 Aquilaria Lam.（1783）（保留属名）【汉】沉香属。【俄】Дерево азиминовое, Каламбак。【英】Eagle Wood, Eaglewood。【隶属】瑞香科 Thymelaeaceae。【包含】世界15-17种，中国2-3种。【学名诠释与讨论】〈阴〉（拉）aquila，鹰+-arius，-aria，-arium，指示"属于、相似、具有、联系"的词尾。指花瓣形状。另说，因其在马来西亚的马六甲被称为"鹰树"而得名。此属的学名"Aquilaria Lam. , Encycl. 1：49. 2 Dec 1783"是保留属名。相应的废弃属名是"Agallochum Lam. , Encycl. 1：48. Dec 1783 = Aquilaria Lam.（1783）（保留属名）"。"Aloexylum Loureiro, Fl. Cochinch. 257, 267. Sep 1790"和"Aquilariella Van Tieghem, Bull. Soc. Bot. France 40；77. 1893"是"Aquilaria Lam.（1783）（保留属名）"的晚出的同模式异名（Homotypic synonym, Nomenclatural synonym）。【分布】印度至马来西亚，中国，东南亚。【模式】Aquilaria malaccensis Lamarck。【参考异名】Agallochum Lam.（1783）（废弃属名）；Aloexylum Lour.（1790）Nom. illegit. ；Aquilariella Tiegh.（1893）

Nom. illegit.；Decaisnella Kuntze（1891）Nom. illegit.；Gyrinopsis Decne.（1843）；Ophiospermum Lour.（1790）Nom. illegit.；Ophiospermum Rchb.（1828）Nom. illegit.；Ophispermum Lour.（1790）Nom. illegit.●

3824　Aquilariaceae R. Br. = Aquilariaceae R. Br. ex DC.；~ = Thymelaea Mill.（1754）（保留属名）●■

3825　Aquilariaceae R. Br. ex DC.（1825）［亦见 Thymelaea Mill.（1754）（保留属名）欧瑞香属］【汉】沉香科。【包含】世界 1 属 15 种，中国 1 属 2 种。【分布】中国（南部），印度－马来西亚，东南亚。【科名模式】Aquilaria Lam.●■

3826　Aquilariella Tiegh.（1893）Nom. illegit. ≡ Aquilaria Lam.（1783）（保留属名）［瑞香科 Thymelaeaceae］●

3827　Aquilegia L.（1753）【汉】楼斗菜属。【日】アキレジア属，オダマキ属，ヲダマキ属。【俄】Аквилегия，Акилей，Водосбор，Колокольчики водосборные，Орлики。【英】Aquilegia，Columbine，Granny-bonnets。【隶属】毛茛科 Ranunculaceae。【包含】世界 70-80 种，中国 13-19 种。【学名诠释与讨论】〈阴〉（拉）aqua，水+legere，收集。指花瓣漏斗状，可以收集水。另说来自拉丁文 aquila 鹰，指其旗瓣和距的形状。此属的学名，ING、APNI、GCI、TROPICOS 和 IK 记载是“Aquilegia L., Sp. Pl. 1：533. 1753［1 May 1753］”。“Aquilina Bubani, Fl. Pyrenaea 3：374. 1901（ante 27 Aug）”是“Aquilegia L.（1753）”的晚出的同模式异名（Homotypic synonym, Nomenclatural synonym）。【分布】巴基斯坦，玻利维亚，厄瓜多尔，美国（密苏里），中国，中美洲，北温带。【后选模式】Aquilegia vulgaris Linnaeus。【参考异名】Aquilina Bubani（1901）Nom. illegit.■

3828　Aquilegiaceae Lilja（1870）= Ranunculaceae Juss.（保留科名）●■

3829　Aquilicia L.（1771）= Leea D. Royen ex L.（1767）（保留属名）［葡萄科 Vitaceae//火筒树科 Leeaceae］●■

3830　Aquilina Bubani（1901）Nom. illegit. ≡ Aquilegia L.（1753）［毛茛科 Ranunculaceae］■

3831　Arabidaceae Döll = Brassicaceae Burnett（保留科名）//Cruciferae Juss.（保留科名）■●

3832　Arabidella（F. Muell.）O. E. Schulz（1924）【汉】小鼠耳芥属（澳小南芥属）。【隶属】十字花科 Brassicaceae（Cruciferae）。【包含】世界 6 种。【学名诠释与讨论】〈阴〉（属）Arabis 南芥属（筷子芥属）+-ellus，-ella，-ellum，加在名词词干后面形成指小式的词尾。或加在人名、属名等后面以组成新属的名称。此属的学名，ING 和 APNI 记载是“Arabidella（F. v. Mueller）O. E. Schulz in Engler, Pflanzenr. IV. 105（Heft 86）：177. 22 Jul 1924”，由“Erysimum subgen. Arabidella F. v. Mueller, Linnaea 25：369. Feb. 1853”改级而来。IK 和 TROPICOS 则记载为“Arabidella O. E. Schulz, Pflanzenr.（Engler）Crucif.-Sisymbr. 177（1924）”。四者引用的文献相同。【分布】澳大利亚。【模式】Arabidella trisecta（F. v. Mueller）O. E. Schulz［Erysimum trisectum F. v. Mueller］。【参考异名】Arabidella O. E. Schulz（1924）Nom. illegit.；Erysimum subgen. Arabidella F. Muell.（1853）；Lemphoria O. E. Schulz（1924）；Micromystria O. E. Schulz（1924）；Pseudarabidella O. E. Schulz（1924）■☆

3833　Arabidella O. E. Schulz（1924）Nom. illegit. ≡ Arabidella（F. Muell.）O. E. Schulz（1924）［十字花科 Brassicaceae（Cruciferae）］■☆

3834　Arabidium Spach（1838）Nom. illegit. ≡ Arabis L.（1753）［十字花科 Brassicaceae（Cruciferae）］●■

3835　Arabidopsis（DC.）Heynh.（1842）（废弃属名）= Arabidopsis Heynh.（1842）（保留属名）；~ = Arabis L.（1753）［十字花科 Brassicaceae（Cruciferae）］■

3836　Arabidopsis Heynh.（1842）（保留属名）【汉】鼠耳芥属（拟筷子芥属，拟南芥菜属，拟南芥属）。【日】シロイヌナズナ属，シロイヌナヅナ属。【俄】Резушка。【英】Mouseear Cress，Thale Cress，Wall-cress。【隶属】十字花科 Brassicaceae（Cruciferae）。【包含】世界 9-20 种，中国 3-12 种。【学名诠释与讨论】〈阴〉（属）Arabis 南芥属+希腊文 opsis，外观，模样，相似。指外形似南芥属植物。此属的学名“Arabidopsis Heynh. in Holl et Heynhold, Fl. Sachsen 1（2）：538. 1842”是保留属名。法规未列出相应的废弃属名。但是十字花科 Brassicaceae（Cruciferae）的“Arabidopsis（DC.）Heynh.（1842）≡ Arabidopsis Heynh.（1842）（保留属名）”和“Arabidopsis Schur, Enum. Pl. Transsilv. 55. 1866［Apr-Jun 1866］= Sisymbrium L.（1753）”应予废弃。亦有文献把“Arabidopsis Heynh.（1842）（保留属名）”处理为“Arabis L.（1753）”的异名。【分布】巴基斯坦，美国，中国，温带欧亚大陆至非洲东部，北美洲。【模式】Arabidopsis thaliana（Linnaeus）Heynhold［Arabis thaliana Linnaeus］。【参考异名】Arabidopsis（DC.）Heynh.（1842）（废弃属名）；Arabis L.（1753）；Cardaminopsis（C. A. Mey.）Hayek（1908）；Hylandra Á. Löve（1961）；Pilosella Kostel.（1844）Nom. illegit.；Pilosella Kostel. ex Rydb.（1907）Nom. illegit.；Stenophragma Celak.（1875）；Thellungiella O. E. Schulz（1924）■

3837　Arabidopsis Schur（1866）Nom. illegit.（废弃属名）= Sisymbrium L.（1753）［十字花科 Brassicaceae（Cruciferae）］■

3838　Arabis Adans.（1763）Nom. illegit. ≡ Iberis L.（1753）［十字花科 Brassicaceae（Cruciferae）］●■

3839　Arabis L.（1753）【汉】南芥属（筷子芥属）。【日】ハタザオ属，ハタザホ属。【俄】Арабис，Резуха。【英】Mountain Rock-cress，Rock Cress，Rockcress，Rock-cress，Wall Cress。【隶属】十字花科 Brassicaceae（Cruciferae）。【包含】世界 70-180 种，中国 14-23 种。【学名诠释与讨论】〈阴〉（地）Arabia，阿拉伯。模式种的产地。此属的学名，ING、APNI、GCI、TROPICOS 和 IK 记载是“Arabis L., Sp. Pl. 2：664. 1753［1 May 1753］”。十字花科 Brassicaceae 的“Arabis Adans., Fam. Pl.（Adanson）2：422, 519. 1763［Jul-Aug 1763］≡ Iberis L.（1753）”是晚出的非法名称。“Arabidium Spach, Hist. Nat. Vég. PHAN. 6：436. 10 Mar 1838”和“Turritis Adanson, Fam. 2：418, 615. Jul-Aug 1763”是“Arabis L.（1753）”的晚出的同模式异名（Homotypic synonym, Nomenclatural synonym）。【分布】巴基斯坦，玻利维亚，地中海地区，美国，中国，热带非洲山区，温带欧亚大陆，北美洲。【后选模式】Arabis alpina Linnaeus。【参考异名】Abasicarpon Andrz. ex Rchb.（1858）Nom. illegit.；Abasicarpon（Andrz. ex Rchb.）Rchb.（1858）；Arabidium Spach（1838）Nom. illegit.；Arabidopsis（DC.）Heynh.（1842）（废弃属名）；Arabidopsis Heynh.（1842）（保留属名）；Arabisa（Rchb.）Rchb.（1837）；Arabisa Rchb.（1837）Nom. illegit.；Boechera Á. Löve et D. Löve（1976）；Cardaminopsis（C. A. Mey.）Hayek（1908）；Caulopsis Fourr.（1868）Nom. inval.；Dendroarabis（C. A. Mey. et Bunge）D. A. German et Al-Shehbaz（2008）；Euxena Calest.（1908）；Fourraea Greuter et Burdet（1984）Nom. illegit.；Hylandra Á. Löve（1961）；Lomaspora（DC.）Steud.（1841）Nom. inval.；Lomaspora Steud.（1841）Nom. inval.；Parryodes Jafri（1957）；Pseudoturritis Al-Shehbaz（2005）；Psilarabis Fourr.（1868）；Shortia Raf.（1840）（废弃属名）；Stenophragma Celak.（1875）；Turrita Wallr.（1822）Nom. illegit.；Turritis Adans.（1763）Nom. illegit.；Turritis L.（1753）●■

3840　Arabisa Rchb.（1837）Nom. illegit. ≡ Arabisa（Rchb.）Rchb.（1837）；~ = Arabis L.（1753）［十字花科 Brassicaceae（Cruciferae）］●■

3841 Aracamunia Carnevali et I. Ramirez（1989）【汉】阿拉兰卡属。【隶属】兰科 Orchidaceae。【包含】世界 1 种。【学名诠释与讨论】〈阴〉词源不详。【分布】委内瑞拉。【模式】Aracamunia liesneri Carnevali et I. Ramírez。■☆

3842 Araceae Adans. ＝Araceae Juss.（保留科名）■●

3843 Araceae Juss.（1789）（保留科名）【汉】天南星科。【日】サトイモ科，テンナンショウ科。【俄】Ароидные，Аройниковые。【英】Arum Family, Calla Family, Lords-and-ladies Family。【包含】世界 104-126 属 2550-3300 种，中国 36 属 269 种。【分布】热带和温带，热带占 92%。【科名模式】Arum L.（1753）■

3844 Arachidna Boehm.（1760）Nom. illegit. ≡Arachis L.（1753）［豆科 Fabaceae（Leguminosae）//蝶形花科 Papilionaceae］■

3845 Arachidna Plum. ex Moench（1794）Nom. illegit. ＝Arachis L.（1753）［豆科 Fabaceae（Leguminosae）//蝶形花科 Papilionaceae］■

3846 Arachis L.（1753）【汉】落花生属（花生属）。【日】ナンキンマメ属。【俄】Арахис。【英】Goober, Peanut。【隶属】豆科 Fabaceae（Leguminosae）//蝶形花科 Papilionaceae。【包含】世界 22 种，中国 1 种。【学名诠释与讨论】〈阴〉（希）arakos，指小式 arakis，一种有荚植物的希腊古老名称。或说 a-，无，不+rachis，枝，花梗。指花序不分枝，或指花无梗。另说是 arachidno 的缩写。此属的学名，ING、APNI、GCI、TROPICOS 和 IK 记载是"Arachis L., Sp. Pl. 2：741. 1753［1 May 1753］"。"Arachidna Boehmer in C. G. Ludwig, Def. Gen. ed. 3. 255. 1760"和"Mundubi Adanson, Fam. 2：323，579. Jul-Aug 1763"是"Arachis L.（1753）"的晚出的同模式异名（Homotypic synonym, Nomenclatural synonym）。【分布】巴基斯坦，巴拉圭，巴西，玻利维亚，厄瓜多尔，哥斯达黎加，马达加斯加，美国（密苏里），尼加拉瓜，中国，中美洲。【模式】Arachis hypogaea Linnaeus。【参考异名】Arachidna Boehm.（1760）Nom. illegit. ; Arachidna Plum. ex Moench（1794）Nom. illegit. ; Mundubi Adans.（1763）Nom. illegit.■

3847 Arachna Noronha ＝Hedychium J. König（1783）［姜科（襄荷科）Zingiberaceae］■

3848 Arachnabenis Thouars ＝Habenaria Willd.（1805）［兰科 Orchidaceae］■

3849 Arachnangraecum（Schltr.）Szlach., Mytnik et Grochocka（2013）【汉】蛛兰属。【隶属】兰科 Orchidaceae。【包含】世界种。【学名诠释与讨论】〈阴〉（希）arachne，蜘蛛+Angraecum 风兰属（安顾兰属，茶兰属，大慧星兰属，武夷兰属）。此属的学名"Arachnangraecum（Schltr.）Szlach., Mytnik et Grochocka, Biodivers. Res. Conservation 29：11. 2013［31 Mar 2013］"是由"Angraecum sect. Arachnangraecum Schltr. Repert. Spec. Nov. Regni Veg. Beih. 33：309. 1925"改级而来。【分布】澳洲，非洲。【模式】Arachnangraecum Szlach., Mytnik et Grochocka。【参考异名】Angraecum sect. Arachnangraecum Schltr.（1925）■☆

3850 Arachnanthe Blume（1828）Nom. illegit. ≡Arachnis Blume（1825）［兰科 Orchidaceae］■

3851 Arachnaria Szlach.（2003）【汉】类蜘蛛兰属。【隶属】兰科 Orchidaceae。【包含】世界 17 种。【学名诠释与讨论】〈阴〉（希）arachne，蜘蛛+-arius, -aria, -arium，指示"属于，相似，具有，联系"的词尾。亦有文献把"Arachnaria Szlach.（2003）"处理为"Habenaria Willd.（1805）"的异名。【分布】参见 Habenaria Willd.（1805）。【模式】Arachnaria armatissima（H. G. Reichenbach）D. L. Szlachetko［Habenaria armatissima H. G. Reichenbach］。【参考异名】Habenaria Willd.（1805）■☆

3852 Arachne（Endl.）Pojark.（1940）Nom. illegit. ≡Leptopus Decne.（1843）［大戟科 Euphorbiaceae］●

3853 Arachne Endl., Nom. illegit. ＝Leptopus Decne.（1843）［大戟科 Euphorbiaceae］●

3854 Arachne Neck.（1790）Nom. inval. ＝Andrachne L.（1753）; ~ ＝Breynia J. R. Forst. et G. Forst.（1775）（保留属名）; ~ ＝Leptopus Decne.（1843）［大戟科 Euphorbiaceae］●

3855 Arachnimorpha Desv.（1825）Nom. illegit. ≡Arachnimorpha Desv. ex Ham.（1825）［茜草科 Rubiaceae］●☆

3856 Arachnimorpha Desv. ex Ham.（1825）【汉】蜘蛛茜属。【隶属】茜草科 Rubiaceae。【包含】世界 1 种。【学名诠释与讨论】〈阴〉（希）arachne, arachnos, arachnes, 蜘蛛+morphe, 形状。此属的学名，ING 和 TROPICOS 记载是"Arachnimorpha Desvaux ex W. Hamilton, Prodr. Pl. Ind. Occid. 28. 1825"。IK 则记载为"Arachnimorpha Ham., Prodr. Pl. Ind. Occid.［Hamilton］28（1825）"。三者引用的文献相同。"Arachnimorpha Desv.（1825）"的命名人引证有误。亦有文献把"Arachnimorpha Desv. ex Ham.（1825）"处理为"Rondeletia L.（1753）"的异名。【分布】参见 Rondeletia L.（1753）。【模式】Arachnimorpha incana（O. Swartz）W. Hamilton［Rondeletia incana O. Swartz］。【参考异名】Arachnimorpha Desv.（1825）Nom. illegit. ; Arachnimorpha Ham.（1825）Nom. illegit. ; Rondeletia L.（1753）●☆

3857 Arachnimorpha Ham.（1825）Nom. illegit. ≡Arachnimorpha Desv. ex Ham.（1825）［茜草科 Rubiaceae］●☆

3858 Arachnis Blume（1825）【汉】蜘蛛兰属（龙爪兰属）。【日】アラクナンテ属，アラクニス属。【英】Arachnis, Scorpion Orchid, Spiderorchis。【隶属】兰科 Orchidaceae。【包含】世界 13 种，中国 2 种。【学名诠释与讨论】〈阴〉（希）arachne, arachnos, arachnes, 蜘蛛。指花形。此属的学名，ING、GCI、TROPICOS 和 IK 记载是"Arachnis Blume, Bijdr. Fl. Ned. Ind. 8：365. 1825［20 Sep-7 Dec 1825］"。"Arachnanthe Blume, Fl. Javae（Praef.）vi. 5 Aug 1828"是"Arachnis Blume（1825）"的晚出的同模式异名（Homotypic synonym, Nomenclatural synonym）。【分布】马来西亚（西部），中国，中南半岛。【后选模式】Arachnis flos-aeris（L.）Rchb. f.［Arachnis moschifera Blume, Nom. illegit. ; Aerides arachnites Swartz］。【参考异名】Arachnanthe Blume（1828）Nom. illegit. ; Arrhynchium Lindl.（1850-1851）; Dimorphorchis Rolfe（1919）■

3859 Arachnites F. W. Schmidt（1793）＝Ophrys L.（1753）; ~ ＝Ophrys L.（1753）+Chamorchis Rich.（1817）+Aceras R. Br.（1813）［兰科 Orchidaceae］■☆

3860 Arachnitidaceae Munoz［亦见 Corsiaceae Becc.（保留科名）腐蛛草科（白玉簪科，美丽腐草科，美丽腐生草科）］【汉】智利腐蛛草科。【包含】世界 1 属 2 种。【分布】非洲。【科名模式】Arachnitis Phil.■

3861 Arachnitis Phil.（1864）（保留属名）【汉】智利腐蛛草属。【隶属】腐蛛草科 Corsiaceae//智利腐蛛草科 Arachnitidaceae//水玉簪科 Burmanniaceae。【包含】世界 2 种。【学名诠释与讨论】〈阴〉（希）arachne, arachnos, arachnes, 蜘蛛+-itis，表示关系密切的词尾。像，具有。此属的学名"Arachnitis Phil. in Bot. Zeitung（Berlin）22；217. 15 Jul 1864"是保留属名。相应的废弃属名是兰科 Orchidaceae 的"Arachnites F. W. Schmidt, Fl. Boëm. 1；74. 9 Apr-7 Oct 1793［Monocot. ; Orchid.］＝Arachnitis Phil.（1864）（保留属名）＝Ophrys L.（1753）"。"Achratinis O. Kuntze in Post et O. Kuntze, Lex. 4. Dec 1903（'1904'）"是"Arachnitis Phil.（1864）（保留属名）"的晚出的同模式异名（Homotypic synonym, Nomenclatural synonym）。【分布】玻利维亚，智利。【模式】Arachnitis uniflora R. A. Philippi。【参考异名】Achratinis Kuntze（1903）Nom. illegit.■☆

3862 Arachnocalyx Compton（1935）【汉】蛛萼杜鹃属（南非杜鹃属）。【隶属】杜鹃花科（欧石南科）Ericaceae。【包含】世界 1-2 种。

【学名诠释与讨论】〈阳〉(希)arachne,蜘蛛+kalyx,所有格kalykos＝拉丁文calyx,花萼,杯子。此属的学名是"Arachnocalyx R. H. Compton, J. S. African Bot. 1：144. Oct 1935"。亦有文献把其处理为"Erica L. (1753)"的异名。【分布】非洲南部。【模式】Arachnocalyx cereris R. H. Compton。【参考异名】Erica L. (1753) ●☆

3863　Arachnodendris Thouars ＝ Aeranthes Lindl. (1824)；~ ＝ Dendrobium Sw. (1799)(保留属名)[兰科 Orchidaceae]■

3864　Arachnodes Gagnep. (1950) ＝ Phyllanthodendron Hemsl. (1898; ~ ＝Phyllanthus L. (1753)[大戟科 Euphorbiaceae//叶下珠科(叶萝摩科)Phyllanthaceae]●■

3865　Arachnopogon Berg ex Haberl(1840) ＝ Hypochaeris L. (1753)[菊科 Asteraceae(Compositae)]■

3866　Arachnopogon Berg ex Steud. ＝ Hypochaeris L. (1753)[菊科 Asteraceae(Compositae)]■

3867　Arachnorchis D. L. Jones et M. A. Clem. (2001) ＝ Caladenia R. Br. (1810)[兰科 Orchidaceae]■☆

3868　Arachnospermum Berg ex Haberl(废弃属名) ＝ Hypochaeris L. (1753)[菊科 Asteraceae(Compositae)]■

3869　Arachnospermum Berg. (废弃属名) ≡ Arachnospermum Berg ex Haberl(废弃属名)；~ ＝Hypochaeris L. (1753)[杜鹃花科(欧石南科)Ericaceae]■

3870　Arachnospermum F. W. Schmidt. (1795)(废弃属名) ≡ Podospermum DC. (1805)(保留属名)[菊科 Asteraceae(Compositae)]■

3871　Arachnothrix Walp. (1852) Nom. illegit. ≡ Arachnothryx Planch. (1849)[茜草科 Rubiaceae]●☆

3872　Arachnothryx Planch. (1849)【汉】蛛毛茜属(蜘蛛茜属)。【隶属】茜草科 Rubiaceae。【包含】世界 80 种。【学名诠释与讨论】〈阴〉(希)arachne,arachnos,蜘蛛+thryon,芦苇。或说 arachne+thrix,毛发。此属的学名是"Arachnothryx Planch. ,Flore des Serres et des Jardins de l' Europe 5：442. 1849. (Mar 1849) "。亦有文献把其处理为"Rondeletia L. (1753)"的异名。【分布】厄瓜多尔,哥伦比亚(安蒂奥基亚),尼加拉瓜,热带美洲,中美洲。【后选模式】Arachnothryx leucophylla (Kunth) Planchon [Rondeletia leucophylla Kunth]。【参考异名】Arachnothrix Walp. (1852) Nom. illegit. ;Rondeletia L. (1753)●☆

3873　Arachus Medik. (1787) ＝ Vicia L. (1753)[豆科 Fabaceae(Leguminosae)//蝶形花科 Papilionaceae//野豌豆科 Viciaceae]■

3874　Aracium(Neck.) Alf. Monnler(1829) Nom. illegit. ≡ Aracium Alf. Monnler (1829)；~ ＝ Crepis L. (1753)[菊科 Asteraceae(Compositae)]■

3875　Aracium Alf. Monnler(1829) Nom. illegit. ≡ Aracium Alf. Monnler (1829)；~ ＝Crepis L. (1753)[菊科 Asteraceae(Compositae)]■

3876　Aracium Neck. (1790) Nom. inval. ＝ Crepis L. (1753)[菊科 Asteraceae(Compositae)]■

3877　Araeoandra Lefor (1975) ＝ Viviania Cav. (1804)[牻牛儿苗科 Geraniaceae//青蛇胚科(曲胚科,韦韦苗科)Vivianiaceae]■☆

3878　Araeococcus Brongn. (1841)【汉】多穗凤梨属(阿来果属,鞭叶凤梨属)。【日】アレオコックス属。【隶属】凤梨科 Bromeliaceae。【包含】世界 3-6 种。【学名诠释与讨论】〈阳〉(希)araios,少,薄,窄+kokkos,变为拉丁文 coccus,仁,谷粒,浆果,种子。【分布】巴拿马,玻利维亚,哥斯达黎加,热带南美洲,中美洲。【模式】Araeococcus micranthus A. T. Brongniart。■☆

3879　Arafoe Pimenov et Lavrova(1989)【汉】高加索香草属。【隶属】伞形花科(伞形科)Apiaceae(Umbelliferae)。【包含】世界 1 种。【学名诠释与讨论】〈阴〉词源不详。【分布】西高加索。【模式】Arafoe aromatica Pimenov et Lavrova。☆

3880　Aragallus Neck. (1790) Nom. inval. , Nom. illegit. ＝ Aragallus Neck. ex Greene(1897) Nom. illegit. ; ~ ≡ Astragalus L. (1753)； ~ ＝ Oxytropis DC. (1802)(保留属名)[豆科 Fabaceae (Leguminosae)]●■

3881　Aragallus Neck. ex Greene(1897) Nom. illegit. ＝ Astragalus L. (1753)；~ ＝Oxytropis DC. (1802)(保留属名)[豆科 Fabaceae (Leguminosae)//蝶形花科 Papilionaceae]■

3882　Arago Endl. (1841) ＝ Aragoa Kunth (1818)[玄参科 Scrophulariaceae//婆婆纳科 Veronicaceae]●☆

3883　Aragoa Kunth (1818)【汉】阿拉戈婆婆纳属。【隶属】玄参科 Scrophulariaceae//婆婆纳科 Veronicaceae。【包含】世界 5-8 种。【学名诠释与讨论】〈阴〉(人)Arago。【分布】安第斯山,哥伦比亚。【后选模式】Aragoa cupressina Kunth。【参考异名】Arago Endl. (1841)●☆

3884　Aragoaceae D. Don (1835) ＝ Orobanchaceae Vent. (保留科名)；~ ＝Scrophulariaceae Juss. (保留科名)●■

3885　Aragus Steud. (1840) ＝ Aragallus Neck. ex Greene(1897) Nom. illegit. ; ~ ＝Astragalus L. (1753)[豆科 Fabaceae(Leguminosae)//蝶形花科 Papilionaceae]■

3886　Aralia L. (1753)【汉】楤木属(刺楤属,独活属,土当归属)。【日】タラノキ属。【俄】Аралия。【英】Angelica, Angelica Tree, Angelica - tree, Aralia, Mountain - angelica。【隶属】五加科 Araliaceae。【包含】世界 40-55 种,中国 29-40 种。【学名诠释与讨论】〈阴〉(加拿大法语)aralie,一种植物俗名。【分布】巴基斯坦,秘鲁,玻利维亚,马达加斯加,美国,尼加拉瓜,印度至马来西亚,中国,东亚,北美洲,中美洲。【后选模式】Aralia racemosa Linnaeus。【参考异名】Acanthophora Merr. (1918) Nom. illegit. ; Aureliana Lafit. ex Catesb. (1754)；Cwangayana Rauschert (1982) Nom. illegit. ; Dimorphanthes Meisn. (1843) Nom. illegit. (废弃属名)；Dimorphanthus Miq. (1840)；Ginseng Wood (1871)；Neoacanthophora Bennet(1979)●■

3887　Araliaceae Juss. (1789)(保留科名)【汉】五加科。【日】ウコギ科。【俄】Аралиевые。【英】Ginseng Family。【包含】世界 47-60 属 700-1325 种,中国 26 属 239 种。【分布】印度-马来西亚,热带,美洲。【科名模式】Aralia L. ●■

3888　Aralidiaceae Philipson et B. C. Stone(1980)[亦见 Toricelliaceae Hu＝Torricelliaceae Hu 鞘柄木科(烂泥树科)]【汉】沟子树科(假茱萸科)。【包含】世界 55 属 700 种。【分布】马来西亚,中南半岛。【科名模式】Aralidium Miq. ●☆

3889　Aralidium Miq. (1856)【汉】沟子树属。【隶属】山茱萸科 Cornaceae//沟子树科(假茱萸科)Aralidiaceae。【包含】世界 1 种。【学名诠释与讨论】〈中〉(属)Aralia 楤木属(独活属,土当归属,刺楤属)+-idius,-idia,-idium,指示小的词尾。【分布】马来西亚(西部),中南半岛。【模式】Aralidium pinnatifidum (Junghuhn et Vriese) Miquel [Aralia pinnatifida Junghuhn et Vriese]●☆

3890　Araliopsis Engl. (1896)(保留属名)【汉】类五加芸香属。【隶属】芸香科 Rutaceae。【包含】世界 3 种。【学名诠释与讨论】〈阴〉(属)Aralia 楤木属+希腊文 opsis,外观,模样,相似。此属的学名"Araliopsis Engl. in Engler et Prantl, Nat. Pflanzenfam. 3(4)：175. Mar 1896"是保留属名。法规未列出相应的废弃属名。但是五加科 Araliaceae 的"Araliopsis Kurz, Rep. Veg. Andaman Isl. [ed. 1] App. B, ix. 1868 ＝ Euaraliopsis Hutch. ex Y. R. Ling (1977)"和化石植物"Araliopsis E. W. Berry, Bull. Torrey Bot. Club 38；413. 1911"应该废弃。【分布】热带非洲西部。【模式】Araliopsis soyauxii Engler。●☆

3891　Araliopsis Kurz（1868）Nom. inval.（废弃属名）= Euaraliopsis Hutch. ex Y. R. Ling（1977）［五加科 Araliaceae］●

3892　Araliorhamnus H. Perrier（1943）【汉】楤木鼠李属。【隶属】鼠李科 Rhamnaceae。【包含】世界 2 种。【学名诠释与讨论】〈阴〉（属）Aralia 楤木属 +（属）Rhamnus 鼠李属。此属的学名是 "Araliorhamnus H. Perrier de la Bâthie, Notul. Syst.（Paris）11：14. Apr 1943"。亦有文献把其处理为 "Berchemia Neck. ex DC.（1825）（保留属名）" 的异名。【分布】马达加斯加。【模式】未指定。【参考异名】Berchemia Neck. ex DC.（1825）（保留属名）●☆

3893　Aralodendron Oerst. ex Marchal = Oreopanax Decne. et Planch.（1854）［五加科 Araliaceae］●☆

3894　Aranella Barnhart ex Small（1913）Nom. illegit. ≡ Aranella Barnhart（1913）；~ = Utricularia L.（1753）［狸藻科 Lentibulariaceae］■

3895　Aranella Barnhart（1913）= Utricularia L.（1753）［狸藻科 Lentibulariaceae］■

3896　Arapabaca Adans.（1763）Nom. illegit. ≡ Spigelia L.（1753）［马钱科（断肠草科, 马钱子科）Loganiaceae//驱虫草科（度量草科）Spigeliaceae］■☆

3897　Arapatiella Rizzini et A. Mattos（1972）【汉】小阿拉苏木属。【隶属】豆科 Fabaceae（Leguminosae）//云实科（苏木科）Caesalpiniaceae。【包含】世界 2 种。【学名诠释与讨论】〈阴〉词源不详。【分布】巴西。【模式】Arapatiella trepocarpa C. T. Rizzini et A. de Mattos。●☆

3898　Araracuara Fern. Alonso（2008）【汉】哥伦比亚鼠李属。【隶属】鼠李科 Rhamnaceae。【包含】世界 1 种。【学名诠释与讨论】〈阴〉（地）Araracuara, 阿拉夸拉, 位于哥伦比亚。【分布】哥伦比亚。【模式】Araracuara vetusta Fern. Alonso。●☆

3899　Arariba Mart.（1860）= Sickingia Willd.（1801）；~ = Simira Aubl.（1775）［茜草科 Rubiaceae］■☆

3900　Ararocarpus Scheff.（1885）= Meiogyne Miq.（1865）［番荔枝科 Annonaceae］●

3901　Araschcoolia Sch. Bip.（1873）Nom. inval. ≡ Araschcoolia Sch. Bip. ex Benth. et Hook. f.（1873）；~ = Geigeria Griess.（1830）［菊科 Asteraceae（Compositae）］■●☆

3902　Araschcoolia Sch. Bip. ex Benth. et Hook. f.（1873）= Geigeria Griess.（1830）［菊科 Asteraceae（Compositae）］■●☆

3903　Aratitiyopea Steyerm.（1984）Nom. illegit. ≡ Aratitiyopea Steyerm. et P. E. Berry（1984）［黄眼草科（黄谷精科, 芴草科）Xyridaceae］■☆

3904　Aratitiyopea Steyerm. et P. E. Berry（1984）【汉】立花黄眼草属。【隶属】黄眼草科（黄谷精科, 芴草科）Xyridaceae。【包含】世界 1 种。【学名诠释与讨论】〈阴〉词源不详。此属的学名, ING、TROPICOS 和 IK 记载是 "Aratitiyopea J. A. Steyermark et P. E. Berry in J. A. Steyermark, Ann. Missouri Bot. Gard. 71：297. 31 Dec 1984"。"Aratitiyopea Steyerm.（1984）≡ Aratitiyopea Steyerm. et P. E. Berry（1984）" 的命名人引证有误。【分布】哥伦比亚, 委内瑞拉至巴西。【模式】Aratitiyopea lopezii（L. B. Smith）J. A. Steyermark et P. E. Berry［Navia lopezii L. B. Smith］。【参考异名】Aratitiyopea Steyerm.（1984）Nom. illegit. ■☆

3905　Araucaria Juss.（1789）【汉】南洋杉属。【日】ナンヤウスギ属, ナンヨウスギ属。【俄】Араукария。【英】Araucaria, Monkey Puzzle, Monkey Puzzle Tree, Monkey-puzzle。【隶属】南洋杉科 Araucariaceae。【包含】世界 20-50 种, 中国 3-4 种。【学名诠释与讨论】〈阴〉（智利）araucanos, 智利南部的印第安族部落名 araucani。因智利南洋杉（Araucaria araucana）生长在该部落居住地而得名。此属的学名, ING、APNI、GCI、TROPICOS 和 IK 记载

是 "Araucaria Juss., Gen. Pl. 413. 1789 ［4 Aug 1789］"。"Columbea R. A. Salisbury, Trans. Linn. Soc. London 8：317. 1807" 和 "Dombeya Lamarck, Encycl. Meth., Bot. 2：301. 16 Oct 1786, Nom. illegit." 是 "Araucaria Juss.（1789）" 的同模式异名（Homotypic synonym, Nomenclatural synonym）。【分布】澳大利亚（东部, 诺福克岛）, 巴基斯坦, 巴拿马, 秘鲁, 玻利维亚, 厄瓜多尔, 哥伦比亚（安蒂奥基亚）, 尼加拉瓜, 法属新喀里多尼亚, 巴西（南部）至智利, 新西兰, 中国, 新几内亚岛, 中美洲。【模式】Araucaria imbricata Pavon, Nom. illegit. ［Pinus araucana Molina, Araucaria araucana（Molina）K. Koch；Columbea quadrifaria R. A. Salisbury, nom. illeg.］。【参考异名】Althingia Steud.（1840）；Columbea Salisb.（1807）Nom. illegit.；Colymbea Steud.（1840）；Dombeia Raeusch.（1797）；Dombeya Lam.（1786）Nom. illegit.（废弃属名）；Eutacta Link（1842）Nom. illegit.；Eutassa Salisb.（1807）；Marywildea A. V. Bobrov et Melikyan（2006）；Quadrifaria Manetti ex Gordon（1862）；Titanodendron A. V. Bobrov et Melikyan（2006）●

3906　Araucariaceae Henkel et W. Hochst.（1865）（保留科名）【汉】南洋杉科。【日】ナンヨウスギ科。【俄】Араукариевые。【英】Araucaria Family, Chile Pine Family, Monkey-puzzle Family。【包含】世界 6 属近 100 种, 中国 2 属 7 种。【分布】菲律宾, 南半球的热带和亚热带至中南半岛。【科名模式】Araucaria Juss.●

3907　Araucasia Benth. et Hook. f.（1883）= Arausiaca Blume（1836）；~ = Orania Zipp.（1829）［棕榈科 Arecaceae（Palmae）］●☆

3908　Araujia Brot.（1817）【汉】阿鲁藤属（白蛾藤属）。【日】チョウトリカズラ属。【俄】Арауджия, Араушия。【英】Araujia, Bladder Flower。【隶属】萝藦科 Asclepiadaceae。【包含】世界 3 种。【学名诠释与讨论】〈阴〉南美植物俗名。另说纪念葡萄牙人 Araujo d'Azevedo, 1752-1817, 植物学赞助人。【分布】巴拉圭, 秘鲁, 玻利维亚, 南美洲。【模式】Araujia sericofera Brotero。【参考异名】Lagenia E. Fourn.（1885）；Pentaphragma Zucc. ex Rchb.（1828）Nom. inval.；Physianthus Mart.（1824）；Physianthus Mart. et Zucc.（1824）Nom. illegit.●☆

3909　Arausiaca Blume（1836）= Orania Zipp.（1829）［棕榈科 Arecaceae（Palmae）］●☆

3910　Arbelaezaster Cuatrec.（1986）【汉】革苞蒿属。【隶属】菊科 Asteraceae（Compositae）。【包含】世界 1 种。【学名诠释与讨论】〈阳〉（人）Arbelaez+希腊文 aster, 所有格 asteros, 星, 紫菀属。拉丁文词尾-aster, -astra, -astrum 加在名词词干之后形成指小式名词。【分布】哥伦比亚。【模式】Arbelaezaster ellsworthii（J. Cuatrecasas）J. Cuatrecasas［Senecio ellsworthii J. Cuatrecasas］■☆

3911　Arberella Soderstr. et C. E. Calderón（1979）【汉】阿波禾属。【隶属】禾本科 Poaceae（Gramineae）。【包含】世界 1-6 种。【学名诠释与讨论】〈阴〉（人）Arber, 植物学者+-ellus, -ella, -ellum, 加在名词词干后面形成指小式的词尾。或加在人名、属名等后面以组成新属的名称。【分布】巴拿马, 哥斯达黎加, 热带南美洲, 中美洲。【模式】Arberella dressleri T. R. Soderstrom et C. E. Calderón。■☆

3912　Arboa Thulin et Razafim.（2012）【汉】阿勃时钟花属。【隶属】时钟花科（穗柱榆科, 窝籽科, 有叶花科）Turneraceae。【包含】世界 4 种。【学名诠释与讨论】〈阴〉词源不详。似来自人名。【分布】马达加斯加。【模式】Paropsia integrifolia Claverie。☆

3913　Arbulocarpus Tennant（1958）= Spermacoce L.（1753）［茜草科 Rubiaceae//繁缕科 Alsinaceae］●■

3914　Arbutaceae Bromhead = Ericaceae Juss.（保留科名）●

3915　Arbutaceae J. Agardh［亦见 Ericaceae Juss.（保留科名）杜鹃花科（欧石南科）］【汉】草莓树科。【包含】世界 1 属 10-20 种。

【分布】地中海,亚洲西部,欧洲西部,北美洲和中美洲。【科名模式】Arbutus L.●☆

3916 Arbutaceae Miers(1840)= Ericaceae Juss.(保留科名)●

3917 Arbutus L.(1753)【汉】草莓树属(荔莓属,乔杜鹃属,乔鹃属,洋杨梅属)。【日】アルブス属,アルブッス属,アルブートゥス属。【俄】Дерево земляничное,Земляничник,Земляничное дерево。【英】Arbutus,Bear-berry,Madrona,Madrone,Manzanita,Strawberry Tree,Strawberry-tree。【隶属】杜鹃花科(欧石南科)Ericaceae//草莓树科 Arbutaceae。【包含】世界 10-20 种。【学名诠释与讨论】〈阴〉(希)ar,酸的+butus,灌木,指叶和果实具酸味。另说来自草莓树的古拉丁名。此属的学名,ING、APNI、GCI、TROPICOS 和 IK 记载是"Arbutus L.,Sp. Pl. 1:395. 1753 [1 May 1753]"。"Unedo Hoffmannsegg et Link,Fl. Portug. 1:415. Sep-Dec 1809"是"Arbutus L.(1753)"的晚出的同模式异名(Homotypic synonym,Nomenclatural synonym)。【分布】尼加拉瓜,地中海沿岸,欧洲西部,亚洲西部,北美洲,中美洲。【后选模式】Arbutus unedo Linnaeus。【参考异名】Unedo Hoffmanns. et Link(1809)●☆

3918 Arcangelina Kuntze(1891)Nom. illegit. lKralikia Coss. et Durieu(1868);~ = Tripogon Roem. et Schult.(1817)[禾本科 Poaceae(Gramineae)]■

3919 Arcangelisia Becc.(1877)【汉】古山龙属。【英】Arcang. sia,Garden Angelica,Gushanlong。【隶属】防己科 Menispermaceae。【包含】世界 2-4 种,中国 1 种。【学名诠释与讨论】〈阴〉(拉)arcanus,关闭的+gelidus,硬的。另说纪念意大利植物学者,1840-1921。【分布】马来西亚,中国。【后选模式】Arcangelisia lemniscata(Miers)Beccari[Anamirta lemniscata Miers]。【参考异名】Mirtana Pierre(1905)●

3920 Arcaula Raf.(1838)= Lithocarpus Blume(1826)[壳斗科(山毛榉科)Fagaceae]●

3921 Arceuthidaceae A. V. Bobrov et Melikyan(2006)= Cupressaceae Gray(保留科名)●

3922 Arceuthobiaceae Tiegh.(1897)= Santalaceae R. Br.(保留科名)●■

3923 Arceuthobiaceae Tiegh. ex Nakai = Viscaceae Miq.●

3924 Arceuthobium Griseb.(废弃属名)= Dendrophthora Eichler(1868)[槲寄生科 Viscaceae]●☆

3925 Arceuthobium M. Bieb.(1819)(保留属名)【汉】油杉寄生属(油松寄生属)。【俄】Можжевелоягодник,Райграсс,Рузумовския。【英】Dwarf Mistletoe,Dwarfmistletoe,Dwarf-mistletoe,Parasite。【隶属】桑寄生科 Loranthaceae。【包含】世界 31-45 种,中国 4-5 种。【学名诠释与讨论】〈中〉(希)arkeuthos,杜松+bios,生活+-ius,-ia,-ium,在拉丁文和希腊文中,这些词尾表示性质或状态。指模式种寄生于杜松上。此属的学名"Arceuthobium M. Bieb.,Fl. Taur. -Caucas. 3:629. 1819(sero)-1820(prim.)"是保留属名。相应的废弃属名是桑寄生科 Loranthaceae 的"Razoumofskya Hoffm.,Hort. Mosq.;1. Jun-Dec 1808 = Arceuthobium M. Bieb.(1819)(保留属名)"。槲寄生科 Viscaceae 的"Arceuthobium Griseb. = Dendrophthora Eichler(1868)亦应废弃。【分布】巴基斯坦,印度尼西亚(爪哇岛),中国,地中海地区,马来半岛,喜马拉雅山,西印度群岛,北美洲,中美洲。【模式】Arceuthobium oxycedri(A. P. de Candolle)Marschall von Bieberstein [Viscum oxycedri A. P. de Candolle]。【参考异名】Arceuthobium Griseb.(废弃属名);Arceuthobium Steud.;Dendrophthora Eichler(1868);Razoumofskia Hoffm.(1808)(废弃属名);Razoumofskya Hoffm.(1808)(废弃属名);Razoumowskia Hoffm.(1808)Nom. inval.;Razoumowskia Hoffm. ex M. Bieb.(1819);Razoumowskya Hoffm.(废弃属名)●

3926 Arceutholobium H. Fürnr.(1850)Nom. illegit. = ? Arceuthobium M. Bieb.(1819)(保留属名)[桑寄生科 Loranthaceae]●☆

3927 Arceutholobium Steud. = Arceuthobium M. Bieb.(1819)(保留属名)[桑寄生科 Loranthaceae]●

3928 Arceuthos Antoine et Kotschy(1854)= Juniperus L.(1753)[柏科 Cupressaceae]●

3929 Archaeocarex Börner(1913)= Schoenoxiphium Nees(1832)[莎草科 Cyperaceae]■☆

3930 Archaetogeron Greenm.(1904)= Achaetogeron A. Gray(1849)[菊科 Asteraceae(Compositae)]■

3931 Archakebia C. Y. Wu,F. H. Chen et H. N. Qin(1995)【汉】长尊木通属(古木通属,长蕊木通属)。【隶属】木通科 Lardizabalaceae。【包含】世界 1 种,中国 1 种。【学名诠释与讨论】〈阴〉(希)arch-(元音字母打头的词根前用 arch-,辅音字母打头的词根前用 archo-或 archi-),原始的,时间上第一的,第一重要的+(属)Akebia 木通属。【分布】中国。【模式】Archakebia apetala(Q. Xia,J. Z. Suen et Z. X. Peng)C. Y. Wu,T. Chen et H. N. Qin [Holboellia apetala Q. Xia,J. Z. Suen et Z. X. Peng]。【参考异名】Angelocarpa Rupr.(1869)●

3932 Archangelica Hoffm.(1814)Nom. illegit. = Angelica L.(1753)[伞形花科(伞形科)Apiaceae(Umbelliferae)]■

3933 Archangelica Wolf(1776)【汉】古当归属。【俄】Ангелика,Дягиль,Дядиль。【英】Archangelica。【隶属】伞形花科(伞形科)Apiaceae(Umbelliferae)。【包含】世界 10-12 种,中国 2 种。【学名诠释与讨论】〈阴〉(希)arch-,原始的+(属)Angelica 当归属。指构造较当归原始。此属的学名,ING、GCI 和 IK 记载是"Archangelica N. M. Wolf,Gen. Pl. 32. 1776"。"Archangelica Hoffm.,Gen. Pl. Umbell. 161. 1814 = Angelica L.(1753)"是晚出的非法名称。"Agathorhiza Rafinesque,Good Book 60. Jan 1840"是"Archangelica Wolf(1776)"的晚出的同模式异名(Homotypic synonym,Nomenclatural synonym)。亦有文献把"Archangelica Wolf(1776)"处理为"Angelica L.(1753)"的异名。【分布】巴基斯坦,中国,北温带。【后选模式】Archangelica atropurpurea(Linnaeus)G. F. Hoffmann。【参考异名】Agathorhiza Raf.(1840)Nom. illegit.;Angelica L.(1753);Archangelica Hoffm.(1776)■■

3934 Archboldia E. Beer et H. J. Lam(1936)= Clerodendrum L.(1753)[马鞭草科 Verbenaceae//牡荆科 Viticaceae]●■

3935 Archboldiodendron Kobuski(1940)【汉】阿奇山茶属。【隶属】山茶科(茶科)Theaceae//厚皮香科 Ternstroemiaceae。【包含】世界 1 种。【学名诠释与讨论】〈中〉(人)Archbold,旅行和探险家+dendron 或 dendros,树木,棍,丛林。【分布】新几内亚岛。【模式】Archboldiodendron calosericeum Kobuski。●☆

3936 Archemara Steud.(1840)Nom. illegit. [伞形花科(伞形科)Apiaceae(Umbelliferae)]■■☆

3937 Archemera Raf.,Nom. illegit. = Archemora DC.(1830)[伞形花科(伞形科)Apiaceae(Umbelliferae)]■☆

3938 Archemora DC.(1830)= Tiedemannia DC.(1829)[伞形花科(伞形科)Apiaceae(Umbelliferae)]■☆

3939 Archeria Hook. f.(1857)【汉】狼毒石南属。【隶属】尖苞木科 Epacridaceae。【包含】世界 4-7 种。【学名诠释与讨论】〈阴〉(人),1820-1874,澳大利亚植物学者。【分布】澳大利亚(塔斯马尼亚岛),新西兰。【模式】未指定。●☆

3940 Archiatriplex G. L. Chu(1987)【汉】单性滨藜属(古滨藜属,始滨藜属)。【英】Archiatriplex。【隶属】藜科 Chenopodiaceae。【包含】世界 1 种,中国 1 种。【学名诠释与讨论】〈阴〉(希)arch-,原始的+(属)Atriplex 滨藜属。【分布】中国。【模式】

Archiatriplex nanpinensis G. L. Chu。■●★

3941 Archibaccharis Heering(1904)【汉】近单性紫菀属。【隶属】菊科 Asteraceae(Compositae)。【包含】世界 30-32 种。【学名诠释与讨论】〈阴〉(希)archi-,原始的+(属)Baccharis 种棉木属。【分布】墨西哥,中美洲。【模式】未指定。【参考异名】Hemibaccharis S. F. Blake(1924)■●☆

3942 Archiboehmeria C. J. Chen(1980)【汉】舌柱麻属。【英】Archiboehmeria, Linguaramie。【隶属】荨麻科 Urticaceae。【包含】世界 1 种,中国 1 种。【学名诠释与讨论】〈阴〉(希)arch-,原始的+(属)Boehmeria 苎麻属。指形态构造比苎麻属原始。【分布】越南(北部),中国。【模式】Archiboehmeria atrata(Gagnepain)C. J. Chen [Debregeasia atrata Gagnepain]●★

3943 Archiclematis(Tamura)Tamura(1968)【汉】互叶铁线莲属(五叶铁线莲属)。【英】Archiclematis。【隶属】毛茛科 Ranunculaceae。【包含】世界 1 种。【学名诠释与讨论】〈阴〉(希)arch-,原始的+(属)Clematis 铁线莲属。指构造较铁线莲原始。此属的学名,ING 和 TROPICOS 记载是“Archiclematis M. Tamura, Sci. Rep. Coll. Gen. Educ. Osaka Univ. 16(2):31. 1968(post 3 Feb)”。IK 则记载为“Archiclematis(Tamura)Tamura, Sci. Rep. Osaka Univ. 16(2):31. 1967”,由“Clematis sect. Archiclematis Tamura”改级而来。三者引用的文献相同。《中国植物志》采用“Archiclematis(Tamura)Tamura(1968)”。亦有文献把“Archiclematis(Tamura)Tamura(1968)”处理为“Clematis L. (1753)”的异名。【分布】中国,喜马拉雅山地区。【模式】Archiclematis alternata(S. Kitamura et M. Tamura)M. Tamura [Clematis alternata S. Kitamura et M. Tamura]。【参考异名】Archiclematis Tamura(1968)Nom. illegit.;Clematis L. (1753);Clematis sect. Archiclematis Tamura ●■★

3944 Archiclematis Tamura(1968)Nom. illegit. ≡ Archiclematis(Tamura)Tamura(1968)[毛茛科 Ranunculaceae]●■

3945 Archidendron F. Muell. (1865)【汉】领垂豆属(古木属,猴耳环属)。【隶属】豆科 Fabaceae(Leguminosae)//含羞草科 Mimosaceae。【包含】世界 94-100 种,中国 1-15 种。【学名诠释与讨论】〈中〉(希)arch-,原始的+dendron 或 dendros,树木,棍,丛林。亦有文献把“Archidendron F. Muell. (1865)”处理为“Cylindrokelupha Kosterm. (1954)”的异名。【分布】澳大利亚(热带),中国,新几内亚岛。【模式】Archidendron vaillantii F. v. Mueller。【参考异名】Cylindrokelupha Kosterm. (1954);Hansemannia K. Schum. (1887);Morolobium Kosterm. (1954);Ortholobium Gagnep. (1952);Paralbizzia Kosterm. (1954);Pleiophaca F. Muell. ex Baill.;Pliophaca Post et Kuntze(1903)●

3946 Archidendropsis I. C. Nielsen(1983)【汉】拟领垂豆属(拟古木属)。【隶属】豆科 Fabaceae(Leguminosae)。【包含】世界 14 种。【学名诠释与讨论】〈阴〉(属)Archidendron 领垂豆属+希腊文 opsis,外观,模样,相似。【分布】马来西亚,法属新喀里多尼亚。【模式】Archidendropsis fulgens(Labillardière)I. Nielsen [Acacia fulgens Labillardière]●☆

3947 Archihyoscyamus A. M. Lu(1997)【汉】细萼天仙子属。【隶属】茄科 Solanaceae。【包含】世界 1 种。【学名诠释与讨论】〈阳〉(希)arch-,原始的+(属)Hyoscyamus 天仙子属。此属的学名是“Archihyoscyamus A. M. Lu, Adansonia ser. 3. 19:136. 10 Jun 1997”。亦有文献把其处理为“Hyoscyamus L. (1753)”的异名。【分布】亚洲中部。【模式】Archihyoscyamus leptocalyx(O. Stapf)A. M. Lu [Hyoscyamus leptocalyx O. Stapf]。【参考异名】Hyoscyamus L. (1753)■☆

3948 Archileptopus P. T. Li(1991)【汉】方鼎木属。【英】Archileptopus。【隶属】大戟科 Euphorbiaceae。【包含】世界 1 种,中国 1 种。【学名诠释与讨论】〈阳〉(希)arch-,原始的+leptos,

瘦的,小的,弱的+pous,所有格 podos,指小式 podion,脚,足,柄,梗。podotes,有脚的。此属的学名是“Archileptopus P. T. Li, Journal of South China Agricultural University 12(3):38. 1991”。亦有文献把其处理为“Leptopus Decne. (1843)”的异名。【分布】中国。【模式】Archileptopus fangdinianus P. T. Li。【参考异名】Leptopus Decne. (1843)●★

3949 Archimedea Leandro ex A. St. -Hil. (1837)= Lophophytum Schott et Endl. (1832)[裸花菰科 Lophophytaceae//蛇菰科(土鸟麟科)Balanophoraceae]■☆

3950 Archimedea Leandro, Nom. illegit. = Lophophytum Schott et Endl. (1832)[裸花菰科 Lophophytaceae//蛇菰科(土鸟麟科)Balanophoraceae]■☆

3951 Archimedia Raf. = Iberis L. (1753)[十字花科 Brassicaceae(Cruciferae)]●■

3952 Archineottia S. C. Chen(1979)= Holopogon Kom. et Nevski(1935);~ = Neottia Guett. (1754)(保留属名)[兰科 Orchidaceae//鸟巢兰科 Neottiaceae]■

3953 Archiphyllum Tiegh. (1896)= Myzodendron Sol. ex DC. [羽毛果科 Misodendraceae]●☆

3954 Archiphysalis Kuang(1966)【汉】地海椒属。【英】Archiphysalis。【隶属】茄科 Solanaceae。【包含】世界 3 种,中国 2 种。【学名诠释与讨论】〈阴〉(希)arch-,原始的+(属)Physalis 酸浆属。指其形态构造比酸浆属植物原始。此属的学名是“Archiphysalis K. Kuang, Acta Phytotax. Sin. 11:59. Jan 1966”。亦有文献把其处理为“Physaliastrum Makino(1914)”的异名。【分布】中国,东亚。【模式】Archiphysalis sinensis(W. B. Hemsley)K. Kuang [Chamaesaracha sinensis W. B. Hemsley]。【参考异名】Physaliastrum Makino(1914)●■

3955 Archirhodomyrtus(Nied.)Burret(1941)【汉】原始桃金娘属。【隶属】桃金娘科 Myrtaceae。【包含】世界 1 种。【学名诠释与讨论】〈阴〉(属)arch-,原始的+(属)Rhodomyrtus 桃金娘属。此属的学名,ING、APNI 和 IK 记载是“Archirhodomyrtus(Niedenzu)Burret, Repert. Spec. Nov. Regni Veg. 50:59. 10 Jun 1941”,由“Rhodomyrtus sect. Archirhodomyrtus Nied.”改级而来。TROPICOS 则记载为“Archirhodomyrtus Burret, Repert. Spec. Nov. Regni Veg. 50:59,1941”。四者引用的文献相同。【分布】澳大利亚,法属新喀里多尼亚。【后选模式】Archirhodomyrtus baladensis(Brongniart et Gris)Burret [Myrtus baladensis Brongniart et Gris]。【参考异名】Archirhodomyrtus Burret(1941)Nom. illegit.;Rhodomyrtus(DC.)Rchb. (1841);Rhodomyrtus sect. Archirhodomyrtus Nied. ●☆

3956 Archirhodomyrtus Burret(1941)Nom. illegit. ≡ Archirhodomyrtus(Nied.)Burret(1941)[桃金娘科 Myrtaceae]●☆

3957 Archiserratula L. Martins(2006)【汉】滇麻花头属。【隶属】菊科 Asteraceae(Compositae)//麻花头科 Serratulaceae。【包含】世界 1 种,中国 1 种。【学名诠释与讨论】〈阴〉(希)arch-,原始的+(属)Serratula 麻花头属(升麻属)。此属的学名是“Archiserratula L. Martins, Taxon 55:973. 2006”。亦有文献把其处理为“Serratula L. (1753)”的异名。【分布】中国。【模式】Archiserratula forrestii(Iljin)L. Martins。【参考异名】Serratula L. (1753)■

3958 Architaea Mart. (1826)Nom. illegit. ≡ Archytaea Mart. (1826)[猪胶树科(克鲁西科,山竹子科,藤黄科)Clusiaceae(Guttiferae)//多籽树科 Bonnetiaceae]●☆

3959 Archivea Christenson et Jenny(1996)【汉】巴西爱尔兰属。【隶属】兰科 Orchidaceae。【包含】世界 1 种。【学名诠释与讨论】〈阴〉词源不详。【分布】巴西。【模式】Archivea kewensis

Christenson et Jenny。■☆

3960 Archontophoenix H. Wendl. et Drude(1875)【汉】假槟榔属(亚历山大椰子属)。【日】ユスラヤシ属。【俄】Архонтофеникс。【英】Bangalow Palm, Butterfly Palm, Falsear.eca, King Palm, Kingpalm, King-palm。【隶属】棕榈科 Arecaceae(Palmae)。【包含】世界 6-14 种,中国 2 种。【学名诠释与讨论】〈阴〉(希)archontos,首长,统治者+(属)Phoenix 刺葵属。指植株高大,并与刺葵属相近。【分布】澳大利亚(东部),中国。【后选模式】未指定。【参考异名】Loroma O. F. Cook (1915); Lovoma Willis, Nom. inval. ●

3961 Archytaea Mart. (1826)【汉】阿奇藤属。【隶属】猪胶树科(克鲁西科,山竹子科,藤黄科)Clusiaceae(Guttiferae)//多籽树科 Bonnetiaceae。【包含】世界 2 种。【学名诠释与讨论】〈阴〉"Archytaea Mart. (1826)"是"Architaea Mart. (1826)"的拼写变体。照理,应该用"Architaea Mart. (1826)"为正名。【分布】巴西,几内亚。【模式】Archytaea triflora Mart.。【参考异名】Architaea Mart. (1826)●☆

3962 Arcion Bubani(1899)Nom. illegit. ≡ Arctium L. (1753) [菊科 Asteraceae(Compositae)]■

3963 Arcoa Urb. (1923)【汉】海地豆属。【隶属】豆科 Fabaceae (Leguminosae)//云实科(苏木科)Caesalpiniaceae。【包含】世界 1-2 种。【学名诠释与讨论】〈阴〉(人)Arco。【分布】海地。【模式】Arcoa gonavensis Urban。☆

3964 Arctagrostis Griseb. (1852)【汉】寒地剪股颖属(寒剪股颖属)。【俄】Арктагростис。【隶属】禾本科 Poaceae(Gramineae)。【包含】世界 1 种。【学名诠释与讨论】〈阴〉(希)arktos,北方的,极地的,熊+(属)Agrostis 剪股颖属(小糠草属)。【分布】美洲极地,欧亚大陆。【模式】Arctagrostis latifolia Grisebach, Nom. illegit. [Colpodium latifolium R. Brown 1823, Nom. illegit., Agrostis paradoxa R. Brown 1819]■☆

3965 Arctanthemum(Tzvelev)Tzvelev (1985)【汉】极地菊属。【英】Arctic Daisy。【隶属】菊科 Asteraceae(Compositae)。【包含】世界 3 种。【学名诠释与讨论】〈阴〉(希)arktos,北方的,极地的,熊+anthemon,花。此属的学名,ING 和 IK 记载是"Arctanthemum (N. N. Tzvelev) N. N. Tzvelev, Novosti Sist. Vyss. Rast. 22:274. 1985 (post 25 Oct)",由"Dendranthema sect. Arctanthemum N. N. Tzvelev in B. K. Schischkin et E. G. Bobrov, Fl. URSS 26:897. Nov-Dec 1961"改级而来。【分布】北极。【模式】Arctanthemum arcticum (Linnaeus) N. N. Tzvelev [Chrysanthemum arcticum Linnaeus]。【参考异名】Dendranthema sect. Arctanthemum Tzvelev (1961)■☆

3966 Arcteranthis Greene(1897)【汉】极地毛茛属。【隶属】毛茛科 Ranunculaceae。【包含】世界 1 种。【学名诠释与讨论】〈阴〉(希)arktos +(属)Eranthis 菟葵属。此属的学名,ING、TROPICOS、GCI 和 IK 记载是"Arcteranthis Greene, Pittonia 3 (16):190. 1897 [20 Jul 1897]"。它曾被处理为"Ranunculus sect. Arcteranthis (Greene) L. D. Benson, American Journal of Botany 23:174. 1936"。亦有文献把"Arcteranthis Greene(1897)"处理为"Ranunculus L. (1753)"的异名。【分布】北美洲。【模式】Arcteranthis cooleyae (Vasey et Rose) E. L. Greene [Ranunculus cooleyae Vasey et Rose]。【参考异名】Ranunculus L. (1753); Ranunculus sect. Arcteranthis (Greene) L. D. Benson(1936)■☆

3967 Arcterica Coville(1901)【汉】北石南属。【俄】Арктерика。【隶属】杜鹃花科(欧石南科)Ericaceae。【包含】世界 1 种。【学名诠释与讨论】〈中〉(希)arktos +(属)Erica 欧石南属。此属的学名是"Arcterica Coville, Proc. Wash. Acad. Sci. 3: 573. 11 Dec 1901"。亦有文献把其处理为"Pieris D. Don(1834)"的异名。【分布】日

本,俄罗斯(库页岛),喀什米尔,西伯利亚。【模式】Arcterica oxycoccoides (A. Gray) Coville [Cassiope oxycoccoides A. Gray]。【参考异名】Pieris D. Don(1834)●☆

3968 Arctio Lam. (1783) Nom. illegit. = Berardia Vill. (1779) [菊科 Asteraceae(Compositae)]■☆

3969 Arctiodracon A. Gray (1859) Nom. illegit. ≡ Lysichitum Schott (1857) [天南星科 Araceae]■☆

3970 Arction Cass. (1826) Nom. illegit. ≡ Berardia Vill. (1779) [菊科 Asteraceae(Compositae)]■☆

3971 Arction Lam. (1779) Nom. illegit. ≡ Berardia Vill. (1779) [菊科 Asteraceae(Compositae)]■☆

3972 Arctium L. (1753)【汉】牛蒡属。【日】ゴバウ属,ゴボウ属。【俄】Лопух,Лопушник。【英】Bur Dock, Burdock, Clotbur, Flapper Bags。【隶属】菊科 Asteraceae(Compositae)。【包含】世界 10-27 种,中国 2 种。【学名诠释与讨论】〈中〉(希)arktos,北方的,极地的,熊+-ius, -ia, -ium,在拉丁文和希腊文中,这些词尾表示性质或状态。指某些种习生于北极地区。此属的学名,ING、APNI、GCI、TROPICOS 和 IK 记载是"Arctium L., Sp. Pl. 2:816. 1753 [1 May 1753]"。"Arctium Linn. emend. ex Kuntze, Revis. Gen. Pl. 1: 306. 1891 [5 Nov 1891]"修订了属的描述。菊科 Asteraceae(Compositae)的"Arctium Lam., Fl. Franç. (Lamarck)2: 70. 1779 [1778 publ. after 21 Mar 1779] ≡ Berardia Vill. (1779)"是晚出的非法名称;"Arction Lam. (1779)"是其拼写变体。菊科 Asteraceae(Compositae)的"Arction Cass. (1826) Nom. illegit."是"Berardia Vill. (1779)"的晚出的同模式异名。"Arcion Bubani, Fl. Pyrenaea 2: 123. 1899(sero?)('1900')"、"Bardana J. Hill, Veg. Syst. 4: 28. 1762"和"Lappa Scopoli, Meth. Pl. 19. 1754"是"Arctium L. (1753)"的晚出的同模式异名(Homotypic synonym, Nomenclatural synonym)。【分布】美国,中国,温带,中美洲。【后选模式】Arctium lappa Linnaeus。【参考异名】Arcion Bubani (1899) Nom. illegit.; Arctium L. emend. Kuntze (1891); Bardana Hill(1762)Nom. illegit.; Lappa Adans. (1763) Nom. illegit.; Lappa Ruppius(1745)Nom. inval.; Lappa Scop. (1754)Nom. illegit. ■

3973 Arctium L. emend. Kuntze(1891) = Arctium L. (1753) [菊科 Asteraceae(Compositae)]■

3974 Arctium Lam. (1779) Nom. illegit. ≡ Berardia Vill. (1779) [菊科 Asteraceae(Compositae)]■☆

3975 Arctocalyx Fenzl(1848) = Solenophora Benth. (1840) [苦苣苔科 Gesneriaceae]●☆

3976 Arctocarpus Blanco (1837) = Artocarpus J. R. Forst. et G. Forst. (1775)(保留属名)[桑科 Moraceae//波罗蜜科 Artocarpaceae]●

3977 Arctocrania(Endl.)Nakai(1909) = Chamaepericlymenum Asch. et Graebn. (1898); ~ = Cornus L. (1753) [山茱萸科 Cornaceae//四照花科 Cornaceae]●■

3978 Arctocrania Nakai (1909) Nom. illegit. ≡ Arctocrania (Endl.) Nakai(1909); ~ = Cornus L. (1753) [山茱萸科 Cornaceae//四照花科 Cornaceae]●

3979 Arctogentia Á. Löve (1982) = Gentianella Moench(1794)(保留属名)[龙胆科 Gentianaceae]■

3980 Arctogeron DC. (1836)【汉】莎菀属。【日】シバヨナメ属。【俄】Арктогерон。【英】Arctogeron。【隶属】菊科 Asteraceae (Compositae)。【包含】世界 1 种,中国 1 种。【学名诠释与讨论】〈中〉(希)arktos,北方的,极地的,熊+geron,老人。指模式种产于北方。【分布】中国,西伯利亚。【模式】Arctogeron gramineum (Linnaeus) A. P. de Candolle [Erigeron gramineum Linnaeus]■

3981 Arctomecon Torr. et Frém. (1845)【汉】北美罂粟属(沙漠罂粟

属)。【英】Desert Bearclaw-poppy。【隶属】罂粟科 Papaveraceae。【包含】世界 3 种。【学名诠释与讨论】〈阴〉(希)arktos,北方的,极地的,熊 + mekon,罂粟。【分布】美国(西南部)。【模式】Arctomecon californica J. Torrey et Frémont [as 'californicum']■☆

3982　Arctophila(Rupr.) Andersson (1852)【汉】耐寒禾属(喜极禾属)。【俄】Арктофила。【隶属】禾本科 Poaceae(Gramineae)。【包含】世界 1 种。【学名诠释与讨论】〈阴〉(希)arktos,北方的,极地的,熊 + philos,喜欢的,爱的。此属的学名,IPNI 记载是"Arctophila(Rupr.) Andersson, Pl. Scand. Gram. x, 48. 1852",由"Poa sect. Arctophila Rupr. Beitr. Pflanzenk. Russ. Reiches 2:64. 1845 [Jun 1845]"改级而来。TROPICOS 则记载为"Arctophila(Rupr.) Rupr. ex Andersson, Pl. Scand. Gram. x, 48, 1852"。二者引用的文献相同。"Arctophila Rupr.(1852)"的命名人引证有误。【分布】极地,亚洲山地,北美洲。【模式】Arctophila fulva(Trinius) N. J. Andersson [Poa fulva Trinius]。【参考异名】Arctophila(Rupr.) Rupr. ex Andersson(1852) Nom. illegit.; Arctophila Rupr.(1852) Nom. illegit.; Poa sect. Arctophila Rupr.(1845)■☆

3983　Arctophila(Rupr.) Rupr. ex Andersson(1852) Nom. illegit. ≡ Arctophila(Rupr.) Andersson(1852); ~ = Poa L.(1753) + Colpodium Trin.(1820) [兰科 Orchidaceae]■☆

3984　Arctophila Rupr.(1852) Nom. illegit. ≡ Arctophila(Rupr.) Andersson(1852); ~ = Poa L.(1753) + Colpodium Trin.(1820) [禾本科 Poaceae(Gramineae)]■☆

3985　Arctopoa(Griseb.) Prob.(1974)【汉】寒地禾属(寒早熟禾属)。【隶属】禾本科 Poaceae(Gramineae)。【包含】世界 5 种。【学名诠释与讨论】〈阴〉(希)arktos,北方的,极地的,熊 + poa,禾草。此属的学名,IK 记载是"Arctopoa(Griseb.) Prob., Novosti Sist. Vyssh. Rast. 11:49. 1974",由"Glyceria sect. Arctopoa Griseb., Flora Rossica 4(13):392. 1852. (Sep 1852)"改级而来。它曾先后被处理为"Poa sect. Arctopoa(Griseb.) Tzvelev, Arkticheskaia Flora SSSR 2:121. 1964"和"Poa subgen. Arctopoa(Griseb.) Prob., Novosti Sistematiki Vysshchikh Rastenii 8:34. 1971"。亦有文献把"Arctopoa(Griseb.) Prob.(1974)"处理为"Poa L.(1753)"的异名。【分布】温带亚洲,北美洲西部。【模式】Arctopoa eminens(J. S. Presl) N. S. Probatova [Poa eminens J. S. Presl]。【参考异名】Glyceria sect. Arctopoa Griseb.(1852); Poa L.(1753); Poa sect. Arctopoa(Griseb.) Tzvelev; Poa subgen. Arctopoa(Griseb.) Prob.(1971)■☆

3986　Arctopus L.(1753)【汉】熊足芹属。【隶属】伞形花科(伞形科)Apiaceae(Umbelliferae)。【包含】世界 3 种。【学名诠释与讨论】〈阳〉(希)arktos,北方的,极地的,熊 + pous,所有格 podos,指小式 podion,脚,足,柄,梗。【分布】非洲南部。【模式】Arctopus echinatus Linnaeus。【参考异名】Apradus Adans.(1763)■☆

3987　Arctostaphylaceae J. Agardh(1858) [亦见 Ericaceae Juss.(保留科名)杜鹃花科(欧石南科)]【汉】熊果科。【包含】1 属世界 50-60 种。【分布】北温带,北美洲和中美洲。【科名模式】Arctostaphylos Adans.●

3988　Arctostaphylos Adans.(1763)(保留属名)【汉】熊果属(熊葡萄属)。【俄】Толокнянка。【英】Bearberry, Bear-berry, Fox-berry, Manzanita。【隶属】杜鹃花科(欧石南科)Ericaceae//熊果科 Arctostaphylaceae。【包含】世界 50-60 种。【学名诠释与讨论】〈阴〉(希)arktos,北方的,极地的,熊 + staphyle,一簇,一串葡萄。此属的学名"Arctostaphylos Adans., Fam. Pl. 2:165,520. Jul-Aug 1763"是保留属名。相应的废弃属名是杜鹃花科(欧石南科)Ericaceae 的"Uva-ursi Duhamel, Traité Arbr. Arbust. 2:371. 1755 ≡ Arctostaphylos Adans.(1763)(保留属名)"。杜鹃花科(欧石

南科)Ericaceae 的"Uva-ursi Tourn. ex Moench, Methodus(Moench) 470(1794) [4 May 1794]"亦应废弃。"Mairania Desvaux, J. Bot. Agric. 1:36. Jan 1813"也是"Arctostaphylos Adans.(1763)(保留属名)"的晚出的同模式异名(Homotypic synonym, Nomenclatural synonym)。【分布】巴拿马,北温带,北美洲,中美洲。【模式】Arctostaphylos uva-ursi(Linnaeus) K. P. J. Sprengel。【参考异名】Arctous(A. Gray) Nied.(1889); Arctous Nied.(1889) Nom. illegit.; Daphnidostaphylis Klotzsch(1851); Mairania Bubani(1899) Nom. illegit.; Mairania Desv.(1813) Nom. illegit.; Mairrania Neck.(1790) Nom. inval.; Mairrania Neck. ex Desv.(1813) Nom. illegit.; Ornithostaphylos Small(1914); Schizococcus Eastw.(1934); Uva-ursi Duhamel(1755)(废弃属名); Xerobotrys Nutt.(1842) Nom. inval.; Xylococcus Nutt.(1842) Nom. inval.●☆

3989　Arctotheca J. C. Wendl.(1798)【汉】赛金盏属。【英】Capeweed, Plain Treasureflower。【隶属】菊科 Asteraceae(Compositae)。【包含】世界 4 种。【学名诠释与讨论】〈阴〉(希)arktos,北方的,极地的,熊 + theke = 拉丁文 theca,匣子,箱子,室,药室,囊。指果实木质或无毛。【分布】澳大利亚,非洲南部。【模式】Arctotheca repens J. C. Wendland。【参考异名】Alloiozonium Kuntze(1844); Aloiozonium Lindl.(1847); Anemonospermum Comm. ex Steud.(1840); Arctotheca Vaill.(1754); Cryptostemma R. Br.(1813); Cryptostemma R. Br. ex W. T. Aiton(1813) Nom. illegit.; Cynotis Hoffmanns.(1826) Nom. illegit.; Microstephium Less.(1831)■☆

3990　Arctotheca Vaill.(1754) = Arctotheca J. C. Wendl.(1798) [菊科 Asteraceae(Compositae)]■☆

3991　Arctotidaceae Bercht. et J. Presl(1820) = Asteraceae Bercht. et J. Presl(保留科名)//Compositae Giseke(保留科名)●■

3992　Arctotidaceae Bessey [亦见 Asteraceae Bercht. et J. Presl(保留科名)//Compositae Giseke(保留科名)菊科]【汉】灰毛菊科。【包含】世界 1 属 3-60 种。【分布】澳大利亚,热带和非洲南部。【科名模式】Arctotis L.■

3993　Arctotis L.(1753)【汉】灰毛菊属(非洲菊属,蓝目菊属,熊耳菊属)。【日】アークトチス属,アークトティス属,ハゴロモギク属。【俄】Арктотис。【英】African-daisy, Arctotis。【隶属】菊科 Asteraceae(Compositae)//灰毛菊科 Arctotidaceae。【包含】世界 3-60 种。【学名诠释与讨论】〈阴〉(希)arktos,北方的,极地的,熊 + ous, otos,指小式 otion,耳,otikos,耳的。可能暗喻冠毛鳞片的形状像熊耳。此属的学名,ING、APNI、TROPICOS 和 IK 记载是"Arctotis L., Sp. Pl. 2:922. 1753 [1 May 1753]"。"Anemonospermos Boehmer in C. G. Ludwig, Def. Gen. ed. 3. 192. 1760"是"Arctotis L.(1753)"的晚出的同模式异名(Homotypic synonym, Nomenclatural synonym)。【分布】澳大利亚,热带和非洲南部,中美洲。【后选模式】Arctotis angustifolia Linnaeus。【参考异名】Anemonospermos Boehm.(1760) Nom. illegit.; Anemonospermos Möhring(1891) Nom. illegit.; Lycotis Hoffmanns.(1826); Odontoptera Cass.(1825); Stegonotus Cass.(1825); Stegonotus Post et Kuntze(1903) Nom. illegit.; Venidium Less.(1831)■☆

3994　Arctottonia Trel.(1930)【汉】柄花胡椒属。【隶属】胡椒科 Piperaceae。【包含】世界 3 种。【学名诠释与讨论】〈阴〉(希)arktos,北方的,极地的,熊 +(属)Ottonia Spreng. = Piper L. 胡椒属。【分布】墨西哥,中美洲。【模式】Piper muelleri C. de Candolle。●☆

3995　Arctous(A. Gray) Nied.(1889)【汉】北极果属(当年枯属,天栌属)。【日】ウラシマツツジ属。【俄】Арктоус。【英】Arctous, Bear Berry, North Pole Fruit, Ptarmiganberry, Ptarmigan-berry。【隶

属】杜鹃花科（欧石南科）Ericaceae。【包含】世界 5 种，中国 3 种。【学名诠释与讨论】〈阴〉（希）arktos，北方的，极地的。指其习生于北极。此属的学名，ING、TROPICOS 和 GCI 记载是"Arctous（A. Gray）Niedenzu, Bot. Jahrb. Syst. 11：180. 13 Sep 1889"，由"Arctostaphylos［par.］Arctous A. Gray, Syn. Fl. N. Amer. 2：27. Mai 1878"改级而来。IK 则记载为"Arctous Nied., Nat. Pflanzenfam.［Engler et Prantl］iv. I.（1889）48; et in Bot. Jahrb. xi.（1890）141."。四者引用的文献相同。亦有文献把"Arctous（A. Gray）Nied.（1889）"处理为"Arctostaphylos Adans.（1763）（保留属名）"的异名。【分布】中国，北温带。【模式】Arctous alpina（Linnaeus）Niedenzu［Arbutus alpina Linnaeus］。【参考异名】Arctostaphylos Adans.（1763）（保留属名）；Arctostaphylos［par.］Arctous A. Gray（1878）；Arctous Nied.（1889）Nom. illegit. ●

3996 Arctous Nied.（1889）Nom. illegit. ≡ Arctous（A. Gray）Nied.（1889）［杜鹃花科（欧石南科）Ericaceae］●

3997 Arcuatopterus M. L. Sheh et R. H. Shan（1986）【汉】弓翅芹属。【英】Bowwingpaesley。【隶属】伞形花科（伞形科）Apiaceae（Umbelliferae）。【包含】世界 3 种，中国 3 种。【学名诠释与讨论】〈阳〉（希）arcuatus，弓形的 + pteron，指小式 pteridion，翅。pteridios，有羽毛的。【分布】中国。【模式】Arcuatopterus filipedicellus M. I. Sheh et R. H. Shan。■★

3998 Arculus Tiegh.（1895）= Amylotheca Tiegh.（1894）［桑寄生科 Loranthaceae］●☆

3999 Arcyna Wiklund（2003）【汉】西班牙网菊属。【隶属】菊科 Asteraceae（Compositae）。【包含】世界 1 种。【学名诠释与讨论】〈阴〉（希）rakys，网。【分布】西班牙。【模式】Arcyna tournefortii（Boissier et G. F. Reuter）A. M. Wiklund［Cynara tournefortii Boissier et G. F. Reuter］■☆

4000 Arcynospermum Turcz.（1858）【汉】网籽锦葵属。【隶属】锦葵科 Malvaceae。【包含】世界 1 种。【学名诠释与讨论】〈中〉（希）rakys，网 + sperma，所有格 spermatos，种子，孢子。【分布】墨西哥。【模式】Arcynospermum nodiflorum Turczaninow。■☆

4001 Arcyosperma O. E. Schulz（1924）【汉】网籽芥属。【隶属】十字花科 Brassicaceae（Cruciferae）。【包含】世界 1 种。【学名诠释与讨论】〈中〉（希）rakys，网 + sperma，所有格 spermatos，种子，孢子。【分布】喜马拉雅山。【模式】Arcyosperma primulifolium（T. Thomson）O. E. Schulz［Sisymbrium primulaefolium T. Thomson］■☆

4002 Arcyphyllum Elliott（1818）= Rhynchosia Lour.（1790）（保留属名）［豆科 Fabaceae（Leguminosae）//蝶形花科 Papilionaceae］●■

4003 Arcythophyllum Schltdl.（1857）Nom. illegit. ≡ Arcyphyllum Willd. ex Schltdl.（1857）Nom. illegit. ; ~ = Arcytophyllum Willd. ex Schult. et Schult. f.（1827）［茜草科 Rubiaceae］●☆

4004 Arcythophyllum Willd. ex Schltdl.（1857）Nom. illegit. = Arcytophyllum Willd. ex Schult. et Schult. f.（1827）; ~ = Arcytophyllum Willd. ex Schult. et Schult. f.（1827）［茜草科 Rubiaceae］●☆

4005 Arcytophyllum Roem. et Schult.（1827）Nom. illegit. hArcytophyllum Willd. ex Schult. et Schult. f.（1827）; ~ = Arcytophyllum Willd. ex Schult. et Schult. f.（1827）［茜草科 Rubiaceae］l☆

4006 Arcytophyllum T. Durand = Arcytophyllum Willd. ex Schult. et Schult. f.（1827）［茜草科 Rubiaceae］●☆

4007 Arcytophyllum Willd. ex Schult. et Schult. f.（1827）【汉】网叶茜属。【隶属】茜草科 Rubiaceae。【包含】世界 15 种。【学名诠释与讨论】〈中〉（希）rakys，网 + phyllon，叶子。此属的学名，IK 记载是"Arcytophyllum Roem. et Schult., Mant. iii. 5（1827）"。TROPICOS 则记载为"Arcytophyllum Willd. ex Schult. et Schult. f.,

Mant. 3：5,108,1827"。【分布】巴拿马，秘鲁，玻利维亚，厄瓜多尔，哥伦比亚（安蒂奥基亚），麦迪迪，热带美洲山区，中美洲。【模式】Arcytophyllum blaerioides Willdenow ex J. A. Schultes et J. H. Schultes。【参考异名】Anotis DC.（1830）Nom. illegit., Nom. superfl.; Arcythophyllum Schltdl.（1857）Nom. illegit.; Arcythophyllum Willd. ex Schltdl.（1857）Nom. illegit.; Arcytophyllum Roem. et Schult.（1827）Nom. illegit.; Arcytophyllum T. Durand; Ereicoctis（DC.）Kuntze（1891）Nom. illegit.; Ereicoctis Kuntze（1891）; Mallostoma H. Karst.（1862）; Pseudorachicallis Post et Kuntze（1903）Nom. illegit.; Pseudorhachicallis Hook. f.（1873）; Rachicallis DC.（1830）Nom. illegit.; Rhachicallis Spach（1838）Nom. illegit. ●☆

4008 Ardernia Salisb.（1866）= Ornithogalum L.（1753）［百合科 Liliaceae//风信子科 Hyacinthaceae］■

4009 Ardinghalia Comm. ex A. Juss.（1824）Nom. illegit. = Phyllanthus L.（1753）［大戟科 Euphorbiaceae//叶下珠科（叶萝藦科）Phyllanthaceae］●■

4010 Ardinghella Thouars（1805）Nom. inval. = Mammea L.（1753）; ~ = Ochrocarpos Thouars（1806）［猪胶树科（克鲁西科，山竹子科，藤黄科）Clusiaceae（Guttiferae）］●

4011 Ardisia Gaertn.（1790）（废弃属名）= Cyathodes Labill.（1805）［尖苞木科 Epacridaceae//杜鹃花科（欧石南科）Ericaceae］●☆

4012 Ardisia Sw.（1788）（保留属名）【汉】紫金牛属。【日】マンリャウ属，マンリョウ属，ヤブカウジ属，ヤブコウジ属。【俄】Ардизия。【英】Ardisia, Spearflower, Spiceberry。【隶属】紫金牛科 Myrsinaceae。【包含】世界 250-500 种，中国 65-86 种。【学名诠释与讨论】〈阴〉（希）ardis，顶尖，枪尖，箭尖。指花冠裂片或雄蕊先端锐尖。此属的学名"Ardisia Sw., Prodr.；3,48. 20 Jun-29 Jul 1788"是保留属名。相应的废弃属名是茜草科 Rubiaceae 的"Katoutheka Adans., Fam. Pl. 2：159, 534. Jul-Aug 1763 = Ardisia Sw.（1788）（保留属名）= Wendlandia Bartl. ex DC.（1830）（保留属名）"，紫金牛科 Myrsinaceae 的"Vedela Adans., Fam. Pl. 2：502,617. Jul-Aug 1763 = Ardisia Sw.（1788）（保留属名）"、"Icacorea Aubl., Hist. Pl. Guiane：Suppl. 1. Jun-Dec 1775 = Ardisia Sw.（1788）（保留属名）"和"Bladhia Thunb., Nova Gen. Pl.；6. 24 Nov 1781 = Ardisia Sw.（1788）（保留属名）"。尖苞木科 Epacridaceae 的"Ardisia Gaertn., Fruct. Sem. Pl. 2（1）：78. 1790［Sep-Nov 1790］= Cyathodes Labill.（1805）"和紫金牛科 Myrsinaceae 的"Katoutheka Adanson, Fam. 2：159, 534（'Katouteka'）. Jul-Aug 1763 = Ardisia Sw.（1788）（保留属名）"亦应废弃。"Katoutheka Adans.（1763）（废弃属名）"的拼写变体"Katouthexa Steud., Nomencl. Bot.［Steudel］, ed. 2. i. 844（1840）"也须废弃。【分布】巴基斯坦，巴拉圭，巴拿马，秘鲁，玻利维亚，厄瓜多尔，哥伦比亚（安蒂奥基亚），哥斯达黎加，加拉瓜，马达加斯加，中国，中美洲。【模式】Ardisia tinifolia O. Swartz。【参考异名】Afrardisia Mez（1902）; Amatlania Lundell（1982）; Anguillaria Gaertn.（1788）（废弃属名）; Ardisia Gaertn.（1790）（废弃属名）; Ardisia sect. Pickeringia（Nutt.）A. DC.（1841）; Ardisia subgen. Pickeringia（Nutt.）Mez（1901）; Auriculardisia Lundell（1981）; Barthesia Comm. ex A. DC.（1834）; Bladhia Thunb.（1781）（废弃属名）; Chontalesia Lundell（1982）; Climacandra Miq.（1852）; Collaea Bert. ex Colla（1835）; Galiziola Raf.（1838）; Gentlea Lundell（1964）; Graphardisia（Mez）Lundell（1981）; Ibarraea Lundell（1981）; Icacorea Adans.; Icacorea Aubl.（1775）（废弃属名）; Katoutheka Adans.（1763）（废弃属名）; Katouthexa Steud.（1840）Nom. illegit.（废弃属名）; Niara Dennst.（1818）Nom. inval.; Niara Dennst.（1834）Nom. illegit.; Niara Dennst. ex Kostel.

（1834）；Nilbedousi Augier；Oerstedianthus Lundell（1981）；Parardisia M. P. Nayar et G. S. Giri（1988）；Pickeringia Nutt.（1834）（废弃属名）；Pimelandra A. DC.（1841）；Purkinjia C. Presl（1833）；Pyrgus Lour.（1790）；Rosaura Noronha（1790）；Stigmatococca Willd.（1827）；Stigmatococca Willd. ex Schult.（1827）Nom. illegit.；Strangula Noronha（1790）；Synardisia（Mez）Lundell（1963）；Tinus Burm.；Tinus Kuntze（1891）Nom. illegit.；Valerioanthus Lundell（1982）；Vedela Adans.（1763）（废弃属名）；Wedela Steud.（1841）；Wedelia Post et Kuntze（1903）（废弃属名）；Zunilia Lundell（1981）●■

4013 Ardisiaceae Bartl. = Myrsinaceae R. Br.（保留科名）●

4014 Ardisiaceae Juss.（1810）= Myrsinaceae R. Br.（保留科名）●

4015 Ardisiandra Hook. f.（1864）【汉】紫金花属。【隶属】报春花科 Primulaceae//紫金牛科 Myrsinaceae。【包含】世界 3 种。【学名诠释与讨论】〈阴〉（希）ardis，顶尖，枪尖，箭尖+aner，所有格 andros，雄性，雄蕊。【分布】热带非洲。【模式】Ardisiandra sibthorpioides J. D. Hooker。■☆

4016 Arduina Adans.（1763）（废弃属名）≡ Kundmannia Scop.（1777）（保留属名）［伞形花科（伞形科）Apiaceae（Umbelliferae）］■☆

4017 Arduina Mill.（1767）Nom. illegit.（废弃属名）= Carissa L.（1767）（保留属名）［夹竹桃科 Apocynaceae］●

4018 Arduina Mill. ex L.（1767）Nom. illegit.（废弃属名）= Carissa L.（1767）（保留属名）［夹竹桃科 Apocynaceae］●

4019 Areca L.（1753）【汉】槟榔属。【日】アレカ属，ビンラウジ属，ビンロウジュ属。【俄】Пальма арековая。【英】Areca，Areca Palm，Arecapalm，Betel Palms。【隶属】棕榈科 Arecaceae（Palmae）。【包含】世界 60 种，中国 2-3 种。【学名诠释与讨论】〈阴〉（马来）areeca，槟榔树俗名。一说来自印度马拉巴尔地区的俗名。【分布】澳大利亚（北部），巴布亚新几内亚（俾斯麦群岛），所罗门群岛，印度至马来西亚，中国。【模式】Areca catechu Linnaeus［as ' cathecu '］。【参考异名】Gigliolia Becc.（1877）Nom. illegit.；Mischophloeus Scheff.（1876）；Pichisermollia H. C. Monteiro（1976）●

4020 Arecaceae Bercht. et J. Presl（1820）（保留科名）【汉】棕榈科（槟榔科）。【包含】世界 190-217 属 2000-2800 种，中国 25-42 属 100-150 余种。Arecaceae Bercht. et J. Presl 和 Palmae Juss. 均为保留科名，是《国际植物命名法规》确定的九对互用科名之一。【分布】澳大利亚（北部），巴布亚新几内亚（俾斯麦群岛），所罗门群岛，印度-马来西亚。Arecaceae Bercht. et J. Presl 和 Palmae Juss. 均为保留科名，是《国际植物命名法规》确定的九对互用科名之一。详见 Palmae Juss.。【科名模式】Areca L.。●

4021 Arecaceae Schultz Sch. = Arecaceae Bercht. et J. Presl（保留科名）；~ = Palmae Juss.（保留科名）●

4022 Arecastrum（Drude）Becc.（1916）【汉】山葵属（槟榔星属，皇后葵属，克利巴椰子属，女王椰属，女王椰子属）。【日】ジョオウヤシ属。【英】Arecastrum，Queen Palm。【隶属】棕榈科 Arecaceae（Palmae）。【包含】世界 1 种，中国 1 种。【学名诠释与讨论】〈中〉（属）Areca 槟榔属+-astrum，指示小的词尾，也有"不完全相似"的含义。指其与槟榔属相似的一类野生植物。此属的学名，ING 和 APNI 记载是" Arecastrum（Drude）Beccari，Agric. Colon. 10：446. 30 Sep 1916"，但是都未给基源异名。IK 则记载为" Arecastrum Becc.，in Agric. Colon. 1916，x. 446"。三者引用的文献相同。TROPICOS 记载为" Arecastrum（Drude）Beccari，Agric. Colon. 10：446. 30 Sep 1916"，基源异名是" Cocos sect. Arecastrum Drude，Flora Brasiliensis 3（2）：402"。" Arecastrum Becc.（1916）≡ Arecastrum（Drude）Becc.（1916）［棕榈科 Arecaceae（Palmae）］"的命名人引证有误。亦有文献把" Arecastrum

（Drude）Becc.（1916）"处理为" Syagrus Mart.（1824）"的异名。【分布】巴拉圭，巴西，中国。【模式】Arecastrum romanzoffianum（Chamisso）Beccari［Cocos romanzoffiana Chamisso］。【参考异名】Arecastrum Becc.（1916）Nom. illegit.；Cocos sect. Arecastrum Drude；Syagrus Mart.（1824）●

4023 Arecastrum Becc.（1916）Nom. illegit. ≡ Arecastrum（Drude）Becc.（1916）［棕榈科 Arecaceae（Palmae）］●

4024 Arechavaletaia Speg.（1899）【汉】乌拉圭大风子属。【隶属】刺篱木科（大风子科）Flacourtiaceae。【包含】世界 1 种。【学名诠释与讨论】〈阴〉（人）Jose Arechavaleta y Balpardo，1838-1912，西班牙植物学者，药剂师。此属的学名是" Arechavaletaia Spegazzini，Anales Soc. Ci. Argent. 47：9. 1899；Anales Mus. Nac. Montevideo 2（12）：275. 1899"。亦有文献把其处理为" Azara Ruiz et Pav.（1794）"的异名。【分布】乌拉圭。【模式】Arechavaletaia uruguayensis Spegazzini。【参考异名】Azara Ruiz et Pav.（1794）●☆

4025 Aregelia Kuntze（1891）Nom. illegit.，Nom. superfl. ≡ Nidularium Lem.（1854）；~ = Neoregelia L. B. Sm.（1934）［凤梨科 Bromeliaceae］■☆

4026 Aregelia Mez，Nom. illegit. = Neoregelia L. B. Sm.（1934）［凤梨科 Bromeliaceae］■☆

4027 Areldia Luer（2004）= Pleurothallis R. Br.（1813）［兰科 Orchidaceae］■☆

4028 Arelina Neck.（1790）Nom. inval. = Berkheya Ehrh.（1784）（保留属名）［菊科 Asteraceae（Compositae）］●■☆

4029 Aremonia Neck.（1790）Nom. inval.（废弃属名）≡ Aremonia Neck. ex Nestl.（1816）（保留属名）［蔷薇科 Rosaceae］■☆

4030 Aremonia Neck. ex Nestl.（1816）（保留属名）【汉】龙牙蔷薇属。【英】Aremonia，Bastard Agrimony。【隶属】蔷薇科 Rosaceae。【包含】世界 1 种。【学名诠释与讨论】〈阴〉（地）Aremon Brittany，布列塔尼，位于法国。此属的学名" Aremonia Neck. ex Nestl.，Monogr. Potentilla：iv，17. Jun 1816"是保留属名。相应的废弃属名是蔷薇科 Rosaceae 的" Agrimonoides Mill.，Gard. Dict. Abr.，ed. 4：［42］. 28 Jan 1754 ≡ Aremonia Neck. ex Nestl.（1816）（保留属名）"。菊科的 Asteraceae 的" Aremonia Neck.，Elem. Bot.（Necker）2：100. 1790，Nom. inval. ≡ Aremonia Neck. ex Nestl.（1816）（保留属名）"，蔷薇科 Rosaceae 的" Aremonia Nestl.（1816）= Aremonia Neck. ex Nestl.（1816）（保留属名）"亦应废弃。" Aremonia Nestl.（1816）≡ Aremonia Neck. ex Nestl.（1816）（保留属名）"的命名人引证有误，也须废弃。" Spallanzania Pollini，Hort. Prov. Veron. Pl. Nov. 10. 1816"也是" Aremonia Neck. ex Nestl.（1816）（保留属名）"的同模式异名（Homotypic synonym，Nomenclatural synonym）。【分布】欧洲东南部。【模式】Aremonia agrimonoides（Linnaeus）A. P. de Candolle［Agrimonia agrimonoides Linnaeus］。【参考异名】Agrimonioides Wolf（1776）；Agrimonoides Mill.（1754）（废弃属名）；Amonia Nestl.（1816）；Aremonia Neck.（1790）Nom. inval.（废弃属名）；Aremonia Nestl.（1816）Nom. illegit.（废弃属名）；Spallanzania Pollini（1816）Nom. illegit.■☆

4031 Aremonia Nestl.（1816）Nom. illegit.（废弃属名）≡ Aremonia Neck. ex Nestl.（1816）（保留属名）［蔷薇科 Rosaceae］■☆

4032 Arenaria Adans.（1763）Nom. illegit. ≡ Phaloe Dumort.（1827）；~ = Sagina L.（1753）［石竹科 Caryophyllaceae］■

4033 Arenaria L.（1753）【汉】无心菜属（蚤缀属）。【日】ノミノツツリ属。【俄】Песчанка。【英】Sandwort。【隶属】石竹科 Caryophyllaceae。【包含】世界 300 种，中国 102-250 种。【学名诠释与讨论】〈阴〉（希）arena，砂+-arius，-aria，-arium，指示"属于、

相似、具有、联系"的词尾。指某些种习生于沙地。此属的学名，ING、APNI、GCI、TROPICOS 和 IK 记载是"Arenaria L., Sp. Pl. 1：423. 1753 ［1 May 1753］"。"Arenaria Adans., Fam. Pl.（Adanson）2：256. 1763 ≡ Phaloe Dumort.（1827）= Sagina L.（1753）［石竹科 Caryophyllaceae］"是晚出的非法名称。"Arenaria L.（1753）"的异名"Assoella J. M. Monts., Fl. et Veg. Sierra de Guara 53（1986）"是"Dufourea Grenier, Actes Soc. Linn. Bordeaux 9：25. 15 Jun 1827（non Acharius 1810）（废弃属名）"的替代名称。"Alsinanthe（Fenzl）H. G. L. Reichenbach, Deutsche Bot. Herbarienbuch（Nom.）205. Jul 1841"、"Alsinanthus Desvaux, J. Bot. Agric. 3：221. Mar–Dec 1816（'1814'）"、"Alsinella S. F. Gray, Nat. Arr. Brit. Pl. 2：655. 1 Nov 1821（non J. Hill 1756）"和"Gypsophytum Adanson, Fam. 2：256. Jul–Aug 1763"也是"Arenaria L.（1753）"的晚出的同模式异名（Homotypic synonym, Nomenclatural synonym）。【分布】巴基斯坦，巴勒斯坦，巴拿马，秘鲁，玻利维亚，厄瓜多尔，哥伦比亚（安蒂奥基亚），美国（密苏里），尼加拉瓜，中国，中美洲。【后选模式】Arenaria serpyllifolia Linnaeus。【参考异名】Adenostemma Hook. f.；Alsinanthe（Fenzl ex Endl.）Rchb.（1841）Nom. illegit.；Alsinanthe（Fenzl）Rchb.（1841）Nom. illegit.；Alsinanthe Rchb.（1841–1842）Nom. illegit.；Alsinanthus Desv.（1816）Nom. illegit.；Alsinanthus Rchb.（1837）Nom. illegit.；Alsine Scop.（1772）Nom. illegit.；Alsinella Gray（1821）Nom. illegit.；Ammodenia Patrin. ex J. G. Gmel.（1769）；Assoella J. M. Monts.（1986）Nom. illegit.；Brewerina A. Gray（1872）；Cernohorskya Á. Löve et D. Löve（1974）；Cherleria Haller ex L.（1753）；Cherleria Haller（1740）Nom. inval.；Cherleria L.（1753）；Chetropis Raf.（1837）；Dicranilla（Fenzl）Rchb.；Dolophragma Fenzl（1836）；Dufourea Gren.（1827）Nom. illegit.（废弃属名）；Eremogone Fenzl（1833）；Euthalia（Fenzl）Rupr.（1869）；Euthalia Rupr.（1869）Nom. illegit.；Facchinia Rchb.（1841）；Gooringia F. N. Williams（1897）；Gouffeia Robill. et Cast. ex DC.（1815）Nom. illegit.；Gouffeia Robill. et Cast. ex Lam. et DC.（1815）；Greniera J. Gay（1845）；Gypsophytum Adans.（1763）Nom. illegit.；Leptophyllum Ehrh.；Moehringella（Franch.）H. Neumayer（1923）；Neumayera Rchb.（1841）；Odontostemma Benth.（1829）Nom. inval.；Odontostemma Benth. ex G. Don（1831）；Pettera Rchb.（1841）（废弃属名）；Plinthine（Rchb.）Rchb.（1837）；Plinthine Rchb.（1837）Nom. illegit.；Rhodalsine J. Gay（1845）；Spergulastrum Rich.（1803）；Spergulastrum Michx.（1803）Nom. illegit.；Tryphane（Fenzl）Rchb.（1841）；Tryphane Rchb.（1841）Nom. illegit.；Willwebera Á. Löve et D. Löve（1974）■

4034 Arenbergia Mart. et Galeotti（1844）= Eustoma Salisb.（1806）［龙胆科 Gentianaceae］■☆

4035 Arenga Labill.（1800）（保留属名）【汉】桃椰属（桃椰子属，南椰属，砂糖椰子属，莎木属，山棕属，糖椰子属，羽棕属）。【日】クロッグ属。【俄】Аренга。【英】Arenga, Sugar Palm, Sugarpalm。【隶属】棕榈科 Arecaceae（Palmae）。【包含】世界 18-210 种，中国 6 种。【学名诠释与讨论】〈阴〉（马来）areng 桃椰的俗名。此属的学名"Arenga Labill. in Bull. Sci. Soc. Philom. Paris 2：162. Nov（sero）1800"是保留属名。相应的废弃属名是棕榈科 Arecaceae 的"Saguerus Steck, Sagu：15. 21 Sep 1757 = Arenga Labill.（1800）（保留属名）"。【分布】印度至马来西亚，中国。【模式】Arenga saccharifera Labillardière。【参考异名】Blancoa Blume（1843）Nom. illegit.；Didymosperma H. Wendl. et Drude ex Benth. et Hook. f.（1883）Nom. illegit.；Didymosperma H. Wendl. et Drude ex Hook. f.（1883）Nom. illegit.；Didymosperma H. Wendl. et Drude（1878）Nom. inval.；Gomutus Corrêa（1807）；Gumutus Spreng.；Saguerus Steck（1757）（废弃属名）●

4036 Arenifera A. G. J. Herre（1948）【汉】紫沙玉属。【日】アレニフェラ属。【隶属】番杏科 Aizoaceae。【包含】世界 1 种。【学名诠释与讨论】〈阴〉（希）arena，砂 + fera，具有。【分布】非洲南部。【模式】Arenifera pillansii（L. Bolus）H. Herre［Psammophora pillansii L. Bolus］●☆

4037 Arequipa Britton et Rose（1922）【汉】醉翁玉属（阿雷魁帕属）。【日】アレクイパ属。【隶属】仙人掌科 Cactaceae。【包含】世界 17 种。【学名诠释与讨论】〈阴〉（地）Arequipa，阿雷基帕，位于秘鲁。指产地。此属的学名是"Arequipa N. L. Britton et J. N. Rose, Cact. 3：100. 12 Oct 1922"。亦有文献把其处理为"Borzicactus Riccob.（1909）"或"Oreocereus（A. Berger）Riccob.（1909）"的异名。【分布】秘鲁，南美洲。【模式】Arequipa leucotricha（Philippi）N. L. Britton et J. N. Rose［Echinocactus leucotrichus Philippi］。【参考异名】Borzicactus Riccob.（1909）；Oreocereus（A. Berger）Riccob.（1909）■☆

4038 Arequipiopsis Kreuz. et Buining（1941）= Borzicactus Riccob.（1909）；~ = Matucana Britton et Rose（1922）；~ = Oreocereus（A. Berger）Riccob.（1909）［仙人掌科 Cactaceae］●

4039 Arethusa L.（1753）【汉】龙嘴兰属（北美湿地兰属，泽兰属）。【日】アレッーサ属。【俄】Аретуза。【英】Arethusa, Dragon's-mouth。【隶属】兰科 Orchidaceae。【包含】世界 1 种。【学名诠释与讨论】〈阴〉（希）Arethusa，希腊神话中的森林女神，她是女神黛安娜的属下，后来变成了泉。【分布】巴基斯坦，玻利维亚，马达加斯加，温带北美洲。【后选模式】Arethusa bulbosa Linnaeus。【参考异名】Cleistesiopsis Pansarin et F. Barros（2009）；Orchidion Mitch.（1769）■☆

4040 Arethusantha Finet（1897）= Cymbidium Sw.（1799）［兰科 Orchidaceae］■

4041 Aretia Haller = Androsace L.（1753）［报春花科 Primulaceae//点地梅科 Androsacaceae］■

4042 Aretia L.（1753）= Androsace L.（1753）［报春花科 Primulaceae//点地梅科 Androsacaceae］■

4043 Aretia Link（1829）Nom. illegit. ≡ Auricula-ursi Ség.（1754）；~ = Primula L.（1753）［报春花科 Primulaceae］■

4044 Aretiastrum（DC.）Spach（1841）= Valeriana L.（1753）［缬草科（败酱科）Valerianaceae］■

4045 Aretiastrum Spach（1841）Nom. illegit. ≡ Aretiastrum（DC.）Spach（1841）；~ = Valeriana L.（1753）［缬草科（败酱科）Valerianaceae］p ■

4046 Arfeuillea Pierre ex Radlk.（1895）【汉】阿福木属。【隶属】无患子科 Sapindaceae。【包含】世界 1 种。【学名诠释与讨论】〈阴〉（人）Mons. Arfeuille，可能是法国植物学者、本属订名人 Pierre 的朋友。【分布】泰国，中南半岛。【模式】Arfeuillea arborescens Pierre ex Radlkofer。●☆

4047 Argan Dryand.（1794）= Argania Roem. et Schult.（1819）（保留属名）［山榄科 Sapotaceae］●☆

4048 Argania Roem. et Schult.（1819）（保留属名）【汉】摩洛哥山榄属。【隶属】山榄科 Sapotaceae。【包含】世界 1 种。【学名诠释与讨论】〈阴〉（地）Argana，艾尔加纳，位于摩洛哥。此属的学名"Argania Roem. et Schult., Syst. Veg. 4：xlvi, 502. Mar–Jun 1819"是保留属名。法规未列出相应的废弃属名。【分布】摩洛哥。【模式】Argania sideroxylon J. J. Roemer et J. A. Schultes, Nom. illegit.［Sideroxylon spinosum Linnaeus；Argania spinosa（Linnaeus）Skeels］。【参考异名】Argan Dryand.（1794）；Tekelia Scop.（1777）；Veriangia Neck.；Verlangia Neck.（1790）Nom. inval.；Verlangia Neck. ex Raf.（1838）●☆

4049　Argantoniella G. López et R. Morales（2004）= Satureja L.（1753）［唇形科 Lamiaceae（Labiatae）］●■

4050　Argelasia Fourr.（1868）= Genista L.（1753）［豆科 Fabaceae（Leguminosae）//蝶形花科 Papilionaceae］●

4051　Argelia Decne.（1838）Nom. illegit. ≡ Solenostemma Hayne（1825）［萝藦科 Asclepiadaceae］●☆

4052　Argemone L.（1753）【汉】蓟罂粟属（刺罂粟属，蓟叶罂粟属）。【日】アザミゲシ属。【俄】Аргемон，Аргемона，Аргемоне。【英】Argemony，Mexican Poppy，Pricklepoppy，Prickly Poppy，Prickly-poppy，Yellow Thistle。【隶属】罂粟科 Papaveraceae。【包含】世界 23-32 种，中国 1 种。【学名诠释与讨论】〈阴〉（希）argemon，眼角膜上的白斑。可能指其乳汁可治眼疾。此属的学名，ING、APNI 和 GCI 记载是"Argemone L.，Sp. Pl. 1：508. 1753［1 May 1753］"。IK 则记为"Argemone Tourn. ex L.，Sp. Pl. 1：508. 1753［1 May 1753］"。"Argemone Tourn."是命名起点著作之前的名称，故"Argemone L.（1753）"和"Argemone Tourn. ex L.（1753）"都为合法名称，可以通用。【分布】巴基斯坦，巴拿马，秘鲁，玻利维亚，厄瓜多尔，哥斯达黎加，马达加斯加，美国，墨西哥，尼加拉瓜，中国，西印度群岛，中美洲。【后选模式】Argemone mexicana Linnaeus。【参考异名】Argemone Tourn. ex L.（1753）；Echtrus Lour.（1790）；Enomegra A. Nelson（1902）■

4053　Argemone Tourn. ex L.（1753）≡ Argemone L.（1753）［罂粟科 Papaveraceae］■

4054　Argenope Salisb.（1866）= Narcissus L.（1753）［石蒜科 Amaryllidaceae//水仙科 Narcissaceae］■

4055　Argentacer Small（1933）= Acer L.（1753）［槭树科 Aceraceae］●

4056　Argentina Hill（1756）= Potentilla L.（1753）［蔷薇科 Rosaceae//委陵菜科 Potentillaceae］■●

4057　Argentina Lam.（1779）Nom. illegit. = Potentilla L.（1753）［蔷薇科 Rosaceae//委陵菜科 Potentillaceae］■●

4058　Argentipallium Paul G. Wilson（1992）【汉】彩鼠麴属。【隶属】菊科 Asteraceae（Compositae）。【包含】世界 6 种。【学名诠释与讨论】〈中〉（拉）argrnteus，银色的+pallium，斗篷，外套。【分布】非洲南部。【模式】Argentipallium obtusifolium（Sonder）Paul G. Wilson。■☆

4059　Argeta N. E. Br.（1927）= Gibbaeum Haw. ex N. E. Br.（1922）［番杏科 Aizoaceae］●☆

4060　Argillochloa W. A. Weber（1984）= Festuca L.（1753）［禾本科 Poaceae（Gramineae）//羊茅科 Festucaceae］■

4061　Argithamnia Sw.（1788）Nom. illegit. = Argythamnia P. Browne（1756）［大戟科 Euphorbiaceae］●☆

4062　Argocoffea（Pierre ex De Wild.）Lebrun（1941）【汉】阿尔加咖啡属。【隶属】茜草科 Rubiaceae//咖啡科 Coffeaceae。【包含】世界 8 种。【学名诠释与讨论】〈阴〉（地）Arga，阿尔加，位于意大利+（属）Coffea 咖啡属。或说来自希腊文 argos 白色的+（属）Coffea 咖啡属。此属的学名，IK 记载是"Argocoffea（Pierre ex De Wild.）Lebrun，Mem. Inst. Roy. Col. Belge，Sect. Sci. Nat. et Med. 8vo. xi. Fasc. 3，39（1941）."，由"Coffea sect. Argocoffea Pierre ex De Wild."改级而来。"Argocoffea Lebrun（1941）≡ Argocoffeopsis（Pierre ex De Wild.）Lebrun（1941）"的命名人引证有误。TROPICOS 在"Argocoffea Lebrun（1941）"名下标注："Nom. nud.，no Latin description，and intended to be based on Coffea sect. Argocoffea Pierre but that is nom. nud.；see Robbrecht，Bull. Jard. Bot. Belg. 51（34）：363，1981"。亦有文献把"Argocoffea（Pierre ex De Wild.）Lebrun（1941）"处理为"Coffea L.（1753）"的异名。【分布】参见 Coffea L.（1753）。【模式】Argocoffea rupestris（Hiern）Lebrun。【参考异名】Argocoffea Lebrun（1941）Nom. illegit.；Coffea L.（1753）；Coffea sect. Argocoffea Pierre ex De Wild.●☆

4063　Argocoffea Lebrun（1941）Nom. illegit. ≡ Argocoffeopsis（Pierre ex De Wild.）Lebrun（1941）；~ = Coffea L.（1753）［茜草科 Rubiaceae//咖啡科 Coffeaceae］●☆

4064　Argocoffeopsis（Pierre ex De Wild.）Lebrun（1941）Nom. illegit. ≡ Argocoffeopsis Lebrun（1941）；~ = Coffea L.（1753）［茜草科 Rubiaceae//咖啡科 Coffeaceae］●☆

4065　Argocoffeopsis Lebrun（1941）【汉】拟阿尔加咖啡属。【隶属】茜草科 Rubiaceae//咖啡科 Coffeaceae。【包含】世界 8 种。【学名诠释与讨论】〈阴〉（属）Argocoffea 阿尔加咖啡属+希腊文 opsis，外观，模样，相似。此属的学名，ING、TROPICOS 和 IK 记载是"Argocoffeopsis Lebrun，Mém. Inst. Roy. Colon. Belge，Sect. Sci. Nat.（8）11（3）：55. 1941"。"Argocoffeopsis（Pierre ex De Wild.）Lebrun（1941）"的命名人引证有误。此属的学名是"Argocoffeopsis Lebrun，Mém. Inst. Roy. Colon. Belge，Sect. Sci. Nat.（8）11（3）：55. 1941"。亦有文献把其处理为"Coffea L.（1753）"的异名。【分布】热带非洲。【后选模式】Argocoffeopsis subcordata（W. P. Hiern）Lebrun［Coffea subcordata W. P. Hiern］。【参考异名】Argocoffea Lebrun（1941）；Argocoffeopsis（Pierre ex De Wild.）Lebrun（1941）Nom. illegit.；Coffea L.（1753）●☆

4066　Argolasia Juss.（1789）（废弃属名）= Lanaria Aiton（1789）（保留属名）［毛石蒜科 Lanariaceae//血草科（半授花科，给血草科，血皮草科）Haemodoraceae］■☆

4067　Argomuellera Pax（1894）【汉】白雪叶属（雪叶属）。【隶属】大戟科 Euphorbiaceae。【包含】世界 10-11 种。【学名诠释与讨论】〈阴〉（希）argos，arges，白色的，银色的，光明的+（人）Jean（Johannes）Mueller，亦称 Argo-viensis（Aargau or Argovie），1828-1896，瑞士植物学者。【分布】马达加斯加，热带非洲。【模式】Argomuellera macrophylla Pax。【参考异名】Neopycnocoma Pax（1909）；Wetriaria（Müll. Arg.）Kuntze（1903）；Wetriaria Kuntze（1903）Nom. illegit.；Wetriaria Pax（1914）Nom. illegit.●☆

4068　Argophilum Blanco（1837）= Aglaia Lour.（1790）（保留属名）［楝科 Meliaceae］●

4069　Argophyllaceae（Engl.）Takht.（1987）= Argophyllaceae Takht.（1987）●

4070　Argophyllaceae Takht.（1987）［亦见 Grossulariaceae DC.（保留科名）醋栗科（茶藨子科）【汉】雪叶木科（雪叶科）。【包含】世界 2 属 16-20 种。【分布】澳大利亚，新西兰，法属新喀里多尼亚。【科名模式】Argophyllum J. R. Forst. et G. Forst.●☆

4071　Argophyllum Blanco（1837）Nom. illegit. ≡ Argophilum Blanco（1837）［楝科 Meliaceae］●

4072　Argophyllum J. R. Forst. et G. Forst.（1776）【汉】雪叶木属。【隶属】醋栗科（茶藨子科）Grossulariaceae//雪叶木科（雪叶科）Argophyllaceae//南美鼠刺科（吊片果科，鼠刺科，夷鼠刺科）Escalloniaceae//虎耳草科 Saxifragaceae。【包含】世界 11-15 种。【学名诠释与讨论】〈中〉（希）argos，银色的，光明的+phyllon，叶子。此属的学名，ING 和 IK 记载是"Argophyllum J. R. Forster et J. G. A. Forster，Charact. Gen. 15. 29 Nov 1775"。楝科 Meliaceae 的"Argophyllum Blanco，Fl. Filip.［F. M. Blanco］p. lxv. 1837 = Aglaia Lour.（1790）（保留属名）"是晚出的非法名称；"Argophilum Blanco，Fl. Filip.［F. M. Blanco］186（1837）"是其拼写变体。【分布】澳大利亚（热带），法属新喀里多尼亚。【模式】Argophyllum nitidum J. R. et J. G. A. Forster。●☆

4073　Argopogon Mimeur（1951）= Ischaemum L.（1753）［禾本科 Poaceae（Gramineae）］■

4074　Argorips Raf.（1838）= Salix L.（1753）（保留属名）［杨柳科

Salicaceae]●

4075　Argostemma Wall. (1824)【汉】水冠草属(雪花草属)。【英】Argostemma, Snowflake。【隶属】茜草科 Rubiaceae。【包含】世界100种,中国6种。【学名诠释与讨论】〈中〉(希)argos,银色的,光明的+stemma,所有格 stemmatos,花冠,花环,王冠。指花冠白色。【分布】巴基斯坦,中国,热带非洲,亚洲。【后选模式】Argostemma sarmentosum Wallich [as 'sarmentosa']。【参考异名】Argostemmella Ridl.; Pomangium Reinw. (1828)■

4076　Argostemmella Ridl. = Argostemma Wall. (1824) [茜草科 Rubiaceae]■

4077　Argothamnia Spreng. (1826) Nom. illegit. = Argythamnia P. Browne(1756) [大戟科 Euphorbiaceae]●☆

4078　Argusia Boehm. (1760) = Tournefortia L. (1753) [紫草科 Boraginaceae]●■

4079　Argusia Boehm. ex Ludw. (1760) Nom. illegit. ≡ Argusia Boehm. (1760);~= Tournefortia L. (1753) [紫草科 Boraginaceae]●■

4080　Argussiera Bubani (1897) Nom. illegit. ≡ Hippophae L. (1753) [胡颓子科 Elaeagnaceae]●

4081　Arguzia Amm. ex Steud. (1821) Nom. illegit. = Messerschmidia L. ex Hebenstr. (1763) Nom. illegit.;~= Argusia Boehm. (1760);~= Tournefortia L. (1753) [紫草科 Boraginaceae]■

4082　Arguzia Raf. (1838) Nom. illegit. ≡ Argusia Boehm. (1760) [紫草科 Boraginaceae]●■

4083　Argylia D. Don (1823)【汉】阿盖紫葳属。【隶属】紫葳科 Bignoniaceae。【包含】世界10-12种。【学名诠释与讨论】〈阴〉词源不详。【分布】阿根廷,秘鲁南部,智利。【模式】Argylia radiata (Linnaeus) D. Don [Bignonia radiata Linnaeus]。【参考异名】Oxymitus C. Presl(1845)●☆

4084　Argyra Noronha ex Baill. (1861) = Croton L. (1753) [大戟科 Euphorbiaceae//巴豆科 Crotonaceae]●

4085　Argyranthemum Webb ex Sch. Bip. (1844)【汉】木茼蒿属(木筒蒿属)。【俄】Аргирантемум。【英】Argyranthemum, Marguerite。【隶属】菊科 Asteraceae(Compositae)。【包含】世界10-24种,中国1种。【学名诠释与讨论】〈中〉(希)argyros,银色的,光明的+anthemon,花。指其花白色。此属的学名,ING 和 IK 记载是"Argyranthemum P. B. Webb in P. B. Webb et Berthelot, Hist. Nat. Iles Canaries 3 (2.2). t. 90. Nov 1839"。《中国植物志》、TROPICOS 和《北美植物志》则用"Argyranthemum Webb ex Schultz-Bipontinus in P. B. Webb and S. Berthelot, Hist. Nat. Îles Canaries. 3 (2, 75): 245, 258. 1844"为正名。"Preauxia C. H. Schultz Bip. in P. B. Webb et S. Berthelot, Hist. Nat. Iles Canaries 3 (2.2): 250. Jul 1844"是"Argyranthemum Webb ex Sch. Bip. (1844)"的同模式异名(Homotypic synonym, Nomenclatural synonym)。【分布】玻利维亚,哥伦比亚(安蒂奥基亚),西班牙(加那利群岛),尼加拉瓜,中国,中美洲。【模式】Argyranthemum jacobaeifolium P. B. Webb。【参考异名】Argyranthemum Webb (1839) Nom. inval.; Monoptera Sch. Bip. (1844); Preauxia Sch. Bip. (1844) Nom. illegit.; Scyphopappus B. Nord. (1976); Stigmatotheca Sch. Bip. (1844)●

4086　Argyranthemum Webb(1839) Nom. inval. ≡ Argyranthemum Webb ex Sch. Bip. (1839) [菊科 Asteraceae(Compositae)]●

4087　Argyranthus Neck. (1790) Nom. inval. = Helipterum DC. ex Lindl. (1836) Nom. confus. [菊科 Asteraceae(Compositae)]■☆

4088　Argyreia Lour. (1790)【汉】银背藤属(白鹤藤属,朝颜属,木旋花属,银叶花属)。【日】オオバアサガオ属,オホバアサガホ属。【俄】Перламтровка。【英】Argyreia, Asia Glory, Asiaglory, Asia-glory, Silver Weed, Silverweed。【隶属】旋花科 Convolvulaceae。

【包含】世界90种,中国22-25种。【学名诠释与讨论】〈阴〉(希)argyreios,银白色的。指叶背面具银白色的丝毛。【分布】澳大利亚(昆士兰),印度至马来西亚,中国。【后选模式】Argyreia obtusifolia Loureiro。【参考异名】Argyreon St.-Lag. (1880); Cryptanthela Gagnep. (1950); Letsoma Raf.; Lettsomia Roxb. (1814) Nom. inval. (废弃属名); Lettsomia Roxb. (1824) Nom. illegit. (废弃属名); Moorcroftia Choisy (1833); Samudra Raf. (1838)●

4089　Argyrella Naudin(1850) = Dissotis Benth. (1849)(保留属名) [野牡丹科 Melastomataceae]●☆

4090　Argyreon St.-Lag. (1880) = Argyreia Lour. (1790) [旋花科 Convolvulaceae]●

4091　Argyrexias Raf. (1838) = Echium L. (1753) [紫草科 Boraginaceae]●■

4092　Argyrocalymma K. Schum. et Lauterb. (1900) = Carpodetus J. R. Forst. et G. Forst. (1775) [醋栗科(茶藨子科)Grossulariaceae//腕带花科 Carpodetaceae]●☆

4093　Argyrocalymna K. Schum. et Lauterb. (1900) Nom. illegit. ≡ Argyrocalymma K. Schum. et Lauterb. (1900) [虎耳草科 Saxifragaceae]●☆

4094　Argyrochaeta Cav. (1791) = Parthenium L. (1753) [菊科 Asteraceae(Compositae)]■●

4095　Argyrocoma Raf. (1836) = Paronychia Mill. (1754) [石竹科 Caryophyllaceae//醉人花科(裸果木科)Illecebraceae//指甲草科 Paronichiaceae]■

4096　Argyrocome Breyne ex Kuntze (1891) Nom. illegit. = Helipterum DC. ex Lindl. (1836) Nom. confus. [菊科 Asteraceae(Compositae)]■☆

4097　Argyrocome Breyne (1739) Nom. inval. ≡ Argyrocome Breyne ex Kuntze(1891) Nom. illegit.;~= Helipterum DC. ex Lindl. (1836) Nom. confus. [菊科 Asteraceae(Compositae)]■☆

4098　Argyrocome Gaertn. (1791) = Helipterum DC. ex Lindl. (1836) Nom. confus. [菊科 Asteraceae(Compositae)]■☆

4099　Argyrocytisus (Maire) Raynaud (1975)【汉】银雀儿属。【英】Silver Broom。【隶属】豆科 Fabaceae(Leguminosae)。【包含】世界1种。【学名诠释与讨论】〈阴〉(希)argyreus,银白色+(属)Cytisus 金雀儿属。此属的学名,ING 和 IK 记载是"Argyrocytisus (R. Maire) C. Raynaud, Bull. Soc. Bot. France 121: 360. 1975 ('1974')",由"Cytisus subgen. Argyrocytisus R. Maire, Bull. Stat. Rech. Forest. Nord Afrique 1(3):72. 30 Dec 1915"改级而来。【分布】摩洛哥。【模式】Argyrocytisus battandieri (R. Maire) C. Raynaud [Cytisus battandieri R. Maire]。【参考异名】Cytisus subgen. Argyrocytisus Maire(1915)●☆

4100　Argyrodendron (Endl.) Klotzsch (1861) Nom. illegit. = Croton L. (1753);~= Heritiera Aiton(1789) [大戟科 Euphorbiaceae//巴豆科 Crotonaceae]●

4101　Argyrodendron F. Muell. (1858) = Heritiera Aiton(1789) [梧桐科 Sterculiaceae//锦葵科 Malvaceae]●

4102　Argyrodendron Klotzsch (1861) Nom. illegit. ≡ Argyrodendron (Endl.) Klotzsch (1861) Nom. illegit.;~= Croton L. (1753);~= Heritiera Aiton(1789) [大戟科 Euphorbiaceae]●

4103　Argyroderma N. E. Br. (1922)【汉】银叶花属(银皮属,银石属)。【日】アルギロデルマ属。【英】Argyroderma。【隶属】番杏科 Aizoaceae。【包含】世界10-50种,中国1种。【学名诠释与讨论】〈中〉(希)argyreus,银色的+derma,所有格 dermatos,皮,革。【分布】非洲南部。【模式】Argyroderma testiculare (W. Aiton) N. E. Brown [Mesembryanthemum testiculare W. Aiton]。【参考异名】

Roodia N. E. Br.（1922）●☆

4104　Argyroglottis Turcz.（1851）【汉】银舌鼠麴木属。【隶属】菊科 Asteraceae（Compositae）。【包含】世界 1 种。【学名诠释与讨论】〈阴〉（希）argyros，银白色的+glottis，所有格 glottidos，气管口，来自 glottaglossa，舌。此属的学名是“Argyroglottis Turczaninow，Bull. Soc. Imp. Naturalistes Moscou 24（2）：83. 1851”。亦有文献把其处理为“Helichrysum Mill.（1754）［as chrysum Mill（保留属名）”的异名。【分布】澳大利亚（西北）。【模式】Argyroglottis turbinata Turczaninow。【参考异名】Helichrysum Mill.（1754）（保留属名）●☆

4105　Argyrolobium Eckl. et Zeyh.（1836）（保留属名）【汉】银豆属。【俄】Аргиролобий，Аргиролобиум。【英】Argyrolobium，Silverleaf。【隶属】豆科 Fabaceae（Leguminosae）。【包含】世界 70 种。【学名诠释与讨论】〈中〉（希）argyros+lobos 拉丁文 lobulus，片，裂片，叶，荚，蒴+-ius，-ia，-ium，在拉丁文和希腊文中，这些词尾表示性质或状态。指荚果具银白色的毛。此属的学名“Argyrolobium Eckl. et Zeyh.，Enum. Pl. Afric. Austral.：184. Jan 1836”是保留属名。相应的废弃属名是豆科 Fabaceae 的“Lotophyllus Link，Handbuch 2：156. Jan–Aug 1831 = Argyrolobium Eckl. et Zeyh.（1836）（保留属名）”。【分布】巴基斯坦，马达加斯加，地中海至印度，非洲。【模式】Argyrolobium argenteum（N. J. Jacquin）Ecklon et Zeyher［Crotalaria argentea N. J. Jacquin］。【参考异名】Chamaecytisus Vis.（1851）；Chasmone E. Mey.（1835）；Chesmone Bubani（1899）；Dalmatocytisus Trinajsti ć（2001）；Diotolotus Tausch（1842）；Gamochilum Walp.（1840）；Lotophyllus Link（1831）（废弃属名）；Macrolotus Harms（1897）；Tephrothamnus Sweet（1830）；Trichasma Walp.（1840）●☆

4106　Argyronerium Pit.（1933）= Epigynum Wight（1848）［夹竹桃科 Apocynaceae］●

4107　Argyrophanes Schltdl.（1847）= Chrysocephalum Walp.（1841）；~ = Helichrysum Mill.（1754）［as ‘Elichrysum’］（保留属名）［菊科 Asteraceae（Compositae）//蜡菊科 Helichrysaceae］●■

4108　Argyrophyllum Pohl（1873）Nom. inval. = Soaresia Sch. Bip.（1863）（保留属名）●☆

4109　Argyrophyllum Pohl ex Baker（1873）Nom. inval. = Soaresia Sch. Bip.（1863）（保留属名）●☆

4110　Argyrophyton Hook.（1837）= Argyroxiphium DC.（1836）［菊科 Asteraceae（Compositae）］■☆

4111　Argyropsis M. Poem.（1847）Nom. illegit. ≡ Plectronema Raf.（1838）；~ = Zephyranthes Herb.（1821）（保留属名）［石蒜科 Amaryllidaceae//葱莲科 Zephyranthaceae］■

4112　Argyrorchis Blume（1859）= Macodes（Blume）Lindl.（1840）［兰科 Orchidaceae］■☆

4113　Argyrostachys Lopriore（1901）= Achyropsis（Moq.）Benth. et Hook. f.（1880）［苋科 Amaranthaceae］■☆

4114　Argyrotegium J. M. Ward et Breitw.（2003）【汉】银盖鼠麴草属。【隶属】菊科 Asteraceae（Compositae）。【包含】世界 4 种。【学名诠释与讨论】〈中〉（希）argyros，银色的+tegos，盖，屋顶+-ius，-ia，-ium，在拉丁文和希腊文中，这些词尾表示性质或状态。在来源于人名的植物属名中，它们常常出现。在医学中，则用它们来作疾病或病状的名称。【分布】澳大利亚，新西兰。【模式】Argyrotegium mackayi（J. Buchanan）J. M. Ward et I. Breitwieser［Raoulia mackayi J. Buchanan］■☆

4115　Argyrothamnia Müll. Arg.（1865）Nom. illegit. = Argythamnia P. Browne（1756）［大戟科 Euphorbiaceae］●☆

4116　Argyrovernonia MacLeish（1984）= Chresta Vell. ex DC.（1836）［菊科 Asteraceae（Compositae）］■●☆

4117　Argyroxiphium DC.（1836）【汉】星银菊属（银剑草属）。【日】ギンケンソウ属。【英】Silversword。【隶属】菊科 Asteraceae（Compositae）。【包含】世界 5-6 种。【学名诠释与讨论】〈中〉（希）argyros，银色的+xiphos，剑+-ius，-ia，-ium，在拉丁文和希腊文中，这些词尾表示性质或状态。指叶的颜色和形状。此属的学名是“Argyroxiphium A. P. de Candolle，Prodr. 5：668. Oct（prim.）1836”；“Argyroxyphium DC.（1836）”是其拼写变体。【分布】美国（夏威夷）。【模式】Argyroxiphium sandwicense A. P. de Candolle。【参考异名】Argyrophyton Hook.（1837）；Argyroxyphium DC.（1836）■☆

4118　Argyroxyphium DC.（1836）Nom. illegit. = Argyroxiphium DC.（1836）［菊科 Asteraceae（Compositae）］■☆

4119　Argytamnia Duchesne（1805）Nom. illegit. = Argythamnia P. Browne（1756）［大戟科 Euphorbiaceae］●☆

4120　Argythamnia P. Browne（1756）【汉】银灌戟属。【英】Silverbush。【隶属】大戟科 Euphorbiaceae。【包含】世界 17 种。【学名诠释与讨论】〈阴〉（希）argyros，银色的+thamnos，指小式 thamnion，灌木，灌丛，树丛，枝。此属的学名，ING，TROPICOS 和 IK 记载是“Argythamnia P. Browne，Civ. Nat. Hist. Jamaica 338 sphalm. 1756［10 Mar 1756］”。大戟科 Euphorbiaceae 的“Argytamnia Duchesne，Dict. Sci. Nat.［F. Cuvier］3：98. 1805［30 Jan 1805］”似拼写有误。【分布】南美洲，西印度群岛。【模式】Argythamnia candicans O. Swartz。【参考异名】Aphora Nutt.（1835）Nom. illegit.；Argithamnia Sw.（1788）Nom. illegit.；Argothamnia Spreng.（1826）Nom. illegit.；Argyrothamnia Müll. Arg.（1865）Nom. illegit.；Argytamnia Duchesne（1805）Nom. illegit.；Chiropetalum A. Juss.（1832）；Chlorocaulon Klotzsch ex Endl.（1850）Nom. illegit.；Chlorocaulon Klotzsch（1850）；Ditaxis Vahl ex A. Juss.（1824）；Odotalon Raf.（1838）；Paxiuscula Herter（1939）；Serophyton Benth.（1844）；Stachyanthus DC.（1836）（废弃属名）；Stenonia Didr.（1857）Nom. illegit.●☆

4121　Arhynchium Lindl.（1850）Nom. illegit. ≡ Arhynchium Lindl. et Paxton（1850）Nom. illegit.；~ = Armodorum Breda（1829）［兰科 Orchidaceae］■

4122　Arhynchium Lindl. ex Paxton（1850）Nom. illegit. = Armodorum Breda（1829）［兰科 Orchidaceae］■

4123　Aria（Pers.）Host（1831）【汉】赤杨叶梨属。【隶属】蔷薇科 Rosaceae。【包含】世界 160 种，中国 1 种。【学名诠释与讨论】〈阴〉（希）aria，植物古名。此属的学名，ING 和 IK 记载是“Aria（Persoon）Host，Fl. Austriaca 2：7. 1831”，由“Sorbus subgen. Aria Persoon，Syn. Pl. 2：38. Nov 1806”改级而来。“Aria Host（1831）”的命名人引证有误。此属的学名是“Aria（Persoon）Host，Fl. Austriaca 2：7. 1831”。亦有文献把“Aria（Pers.）Host（1831）”处理为“Sorbus L.（1753）”的异名。【分布】中国，亚洲东部和东南。【模式】未指定。【参考异名】Aria Host（1831）Nom. illegit.；Aria J. Jacq.；Sorbus L.（1753）；Sorbus subgen. Aria Pers.（1806）；Sorbus L.（1753）●

4124　Aria Host（1831）Nom. illegit. ≡ Aria（Pers.）Host（1831）［蔷薇科 Rosaceae］●

4125　Aria J. Jacq. = Sorbus L.（1753）［蔷薇科 Rosaceae］●

4126　Ariadne Urb.（1922）【汉】蛛形茜属。【隶属】茜草科 Rubiaceae。【包含】世界 2 种。【学名诠释与讨论】〈阴〉（人）Ariadne 或 Ariadna，阿里亚特纳，希腊神话中克里特的国王 Minos 米诺斯的女儿，她爱上了吉秀斯之后，就给了他一团线，引导他在杀了人首牛身之怪物后走出迷宫。后来被塔西乌斯遗弃，成为巴库斯的妻子。【分布】古巴。【模式】Ariadne ekmanii Urban。☆

4127　Ariaria Cuervo（1893）【汉】哥伦比亚豆属。【隶属】豆科

Fabaceae(Leguminosae)//云实科(苏木科)Caesalpiniaceae//羊蹄甲科 Bauhiniaceae。【包含】世界 1 种。【学名诠释与讨论】〈阴〉（地）Ariari，阿里亚里河，位于哥伦比亚。此属的学名是"Ariaria Cuervo, Prehistoria y viajes：estudios arqueológicos y etnográficos 219. 1893"。亦有文献把其处理为"Bauhinia L. (1753)"的异名。【分布】哥伦比亚。【模式】Ariaria superba Cuervo。【参考异名】Bauhinia L. (1753)●☆

4128　Arida(R. L. Hartm.) D. R. Morgan et R. L. Hartm. (2003)【汉】沙蒿菀属。【英】Desert Tansy-aster。【隶属】菊科 Asteraceae (Compositae)。【包含】世界 9 种。【学名诠释与讨论】〈阴〉（拉）aridus，干燥的。此属的学名，ING、TROPICOS 和 GCI 记载是"Arida (R. L. Hartman) D. R. Morgan et R. L. Hartman, Sida 20：1410. 22 Dec 2003"，由"Machaeranthera sect. Arida R. L. Hartman, Phytologia 68：446. 2 Jul ('Jun') 1990"改级而来。【分布】北美洲。【模式】Machaeranthera arida B. L. Turner et D. B. Horne。【参考异名】Machaeranthera sect. Arida R. L. Hartm. (1990)；■☆

4129　Aridaria N. E. Br. (1925)【汉】干番杏属。【隶属】番杏科 Aizoaceae。【包含】世界 100 种。【学名诠释与讨论】〈阴〉（拉）aridus，干燥的+-arius，-aria，-arium，指示"属于、相似、具有、联系"的词尾。此属的学名，ING、TROPICOS 和 IK 记载是"Aridaria N. E. Brown, Gard. Chron. ser. 3. 78：433. 28 Nov 1925"。"Nycteranthus Necker ex Rothmaler, Notizbl Bot. Gart. Berlin - Dahlem 15：413. 30 Mar 1941"和"Manettia Adanson, Fam. 2：242. Jul-Aug 1763"是"Aridaria N. E. Br. (1925)"的同模式异名（Homotypic synonym, Nomenclatural synonym）。亦有文献把"Aridaria N. E. Br. (1925)"处理为"Phyllobolus N. E. Br. (1925)"的异名。【分布】非洲南部。【后选模式】Aridaria noctiflora (Linnaeus) N. E. Brown［Mesembryanthemum noctiflorum Linnaeus］。【参考异名】Manettia Adans. (1763) Nom. illegit. (废弃属名)；Nycteranthus Neck. ex Rothm. (1941) Nom. illegit.；Phyllobolus N. E. Br. (1925)●☆

4130　Aridarum Ridl. (1913)【汉】异疆南星属。【隶属】天南星科 Araceae。【包含】世界 7 种。【学名诠释与讨论】〈中〉词源不详。【分布】加里曼丹岛。【模式】Aridarum montanum Ridley。●☆

4131　Arietinum Beck(1833) Nom. illegit. ≡ Criosanthes Raf. (1818)；~ =Cypripedium L. (1753)［兰科 Orchidaceae］■

4132　Arikuriroba Barb. Rodr. (1891) Nom. illegit. ≡ Arikuryroba Barb. Rodr. (1891)［棕榈科 Arecaceae(Palmae)］●☆

4133　Arikury Becc. (1916) Nom. illegit. ≡ Arikuryroba Barb. Rodr. (1891)；~ =Syagrus Mart. (1824)［棕榈科 Arecaceae(Palmae)］●☆

4134　Arikuryroba Barb. Rodr. (1891)【汉】阿利棕属（巴西棕属）。【日】アリクリヤシ属。【英】Arikury Palm。【隶属】棕榈科 Arecaceae(Palmae)。【包含】世界 3 种。【学名诠释与讨论】〈阴〉来自巴西印第安人的俗名。Arib，开花，花，花序+kury，干果，坚果+rob，酸的。Beccari (1916)用"Arikury Beccari, Agric. Colon. 10：445. 30 Sep 1916"替代"Arikuryroba Barbosa Rodrigues, Pl. Nov. Cult. Jard. Bot. Rio de Janeiro 1：5. 1891"；这是多余的。"Arikuriroba Barb. Rodr., Pl. Jard. Rio de Janeiro 1：5. 1891 ≡ Arikuryroba Barb. Rodr. (1891)"似为误引。亦有文献把"Arikuryroba Barb. Rodr. (1891)"处理为"Syagrus Mart. (1824)"的异名。【分布】巴西。【模式】Arikuryroba capanemae Barbosa Rodrigues。【参考异名】Arikuriroba Barb. Rodr. (1891) Nom. illegit.；Arikury Becc. (1916)Nom. illegit.；Syagrus Mart. (1824)●●☆

4135　Arillaria S. Kurz(1873) = Ormosia Jacks. (1811)（保留属名）［豆科 Fabaceae(Leguminosae)//蝶形花科 Papilionaceae］●

4136　Arillastrum Pancher ex Baill. (1877)【汉】假皮桃金娘属。【隶属桃金娘科 Myrtaceae。【包含】世界 3 种。【学名诠释与讨论】〈中〉（拉）arillus，假种皮+-astrum，指示小的词尾，也有"不完全相似"的含义。此属的学名"Arillastrum Pancher ex Baillon, Hist. Pl. 6：363. 1877"是一个替代名称。"Spermolepis A. T. Brongniart et A. Gris, Ann. Sci. Nat. Bot. ser. 5. 2：136. 1864"是一个非法名称（Nom. illegit.），因为此前已经有了"Spermolepis Rafinesque, Neogenyton 2. 1825 ［伞形花科（伞形科）Apiaceae (Umbelliferae)］"。故用"Arillastrum Pancher ex Baill. (1877)"替代之。"Myrtomera B. C. Stone, Pacific Sci. 16：241. Apr 1962"是"Arillastrum Pancher ex Baill. (1877)"的晚出的同模式异名（Homotypic synonym, Nomenclatural synonym）。亦有文献把"Arillastrum Pancher ex Baill. (1877)"处理为"Stereocaryum Burret(1941)"的异名。【分布】法属新喀里多尼亚。【模式】Arillastrum gummiferum (Brongniart et Gris) Pancher ex Baillon［Spermolepis gummifera Brongniart et Gris］。【参考异名】Myrtomera B. C. Stone (1962) Nom. illegit., Nom. superfl.；Spermatolepis Clem.；Spermolepis Brongn. et Gris (1864) Nom. illegit.；Stereocaryum Burret(1941)●☆

4137　Arinemia Raf. (1838) = Ilex L. (1753)［冬青科 Aquifoliaceae］●

4138　Ariocarpus Scheidw. (1838)【汉】岩牡丹属（牡丹球属，玉牡丹属）。【日】アリオカルプス属。【俄】Ангалоний。【英】Living Rock, Living-rock Cactus。【隶属】仙人掌科 Cactaceae。【包含】世界 6 种，中国 5 种。【学名诠释与讨论】〈阳〉（属）Aria 赤杨叶梨属 + karpos，果实。【分布】美国，墨西哥，中国。【模式】Ariocarpus retusus Scheidweiler。【参考异名】Anhalonium Lem. (1839)；Neogomesia Castaneda (1941)；Neogomezia Buxb., Nom. illegit.；Roseocactus A. Berger (1925)；Stromatocactus Karw. ex Foerst. (1885)；Stromatocactus Karw. ex Lem. (1869) Nom. inval.；Stromatocactus Karw. ex Rümpler, Nom. inval.；Stromatocarpus Rümpler, Nom. inval. ●

4139　Ariodendron Meisn. (1842) = Agriodendron Endl. (1836)；~ =Aloe L. (1753)［百合科 Liliaceae//阿福花科 Asphodelaceae//芦荟科 Aloaceae］●■

4140　Ariona Pers. (1805) = Arjona Comm. ex Cav. (1798)［檀香科 Santalacea]☆

4141　Arionaceae Tiegh. = Arjonaceae Tiegh.；~ =Santalaceae R. Br. (保留科名)●■

4142　Ariopsis J. Graham(1839) = Ariopsis Nimmo (1839)［天南星科 Araceae］■☆

4143　Ariopsis Nimmo(1839)【汉】假赤杨叶梨属。【隶属】天南星科 Araceae。【包含】世界 1-2 种。【学名诠释与讨论】〈阴〉（属）Aria 赤杨叶梨属+希腊文 opsis，外观，模样，相似。【分布】印度至马来西亚。【模式】Ariopsis peltata Nimmo。【参考异名】Ariopsis J. Graham(1839)■☆

4144　Ariosorbus Koidz. (1934) = Sorbus L. (1753)［蔷薇科 Rosaceae］●

4145　Aripuana Struwe, Maas et V. A. Albert(1997)【汉】阿利龙胆属。【隶属】龙胆科 Gentianaceae。【包含】世界 1 种。【学名诠释与讨论】〈阴〉（地）Aripuana，阿里普阿南，位于巴西。【分布】巴西。【模式】Aripuana cullmaniorum L. Struwe, P. J. M. Maas et V. A. Albert。■☆

4146　Arisacontis Schott (1857) = Cyrtosperma Griff. (1851)［天南星科 Araceae]■

4147　Arisaema Mart. (1831)【汉】天南星属。【日】テンナンシャウ属，テンナンショウ属。【俄】Аризема。【英】Arisaema, Cobra Lily, Dragon Arum, Indian Turnip, Jack-in-the-pulpit, Snake Lily, Southstar。【隶属】天南星科 Araceae。【包含】世界 150-170 种，

中国 97 种。【学名诠释与讨论】〈中〉(拉) aris, aron, 一种疆南星属植物+sema, 旗帜, 标记, 或 haima, 血, 指叶具斑点。【分布】中国, 墨西哥, 非洲, 非洲东部, 热带亚洲, 北美洲。【后选模式】Arisaema speciosum (Wallich) H. W. Schott [Arum speciosum Wallich]。【参考异名】Alocasia Raf. (1837) (废弃属名); Dochafa Schott (1856); Doschafa Post et Kuntze (1903); Flagellarisaema Nakai (1950); Heteroarisaema Nakai (1950); Muricauda Small (1903); Pleuriarum Nakai(1950); Ringentiarum Nakai(1950) ●■

4148 Arisanorchis Hayata(1914) = Cheirostylis Blume (1825) [兰科 Orchidaceae]■

4149 Arisaraceae Raf. (1838) [亦见 Araceae Juss. (保留科名)天南星科和 Aristolochiaceae Juss. (保留科名)马兜铃科]【汉】老鼠芋科。【包含】世界 1 属 3 种。【分布】地中海周围。【科名模式】Arisarum Mill. ■

4150 Arisaron Adans. (1763) Nom. illegit. ≡ Arisarum Mill. (1754) [天南星科 Araceae//老鼠芋科 Arisaraceae]■☆

4151 Arisarum Haller(1745) Nom. inval. = Calla L. (1753) [天南星科 Araceae//水芋科 Callaceae]■

4152 Arisarum Mill. (1754)【汉】老鼠芋属(盔苞芋属, 鼠尾南星属)。【英】Arisarum, Mousetail – plant。【隶属】天南星科 Araceae//老鼠芋科 Arisaraceae。【包含】世界 3 种。【学名诠释与讨论】〈中〉(希) arista, 芒, 或希腊文 aristos 最好的+(属) Arum 疆南星属。另说 Arisaron 是经典的希腊名称, 被 Dioscorides 用于本属植物 Arisarum vulgare。此属的学名, ING、TROPICOS 和 IK 记载是 "Arisarum P. Miller, Gard. Dict. Abr. ed. 4. 28 Jan 1754"。天南星科 Araceae 的 "Arisarum Hall., in RuppiusFl. Jen. ed. II. 251 (1745) = Calla L. (1753)" 是命名起点著作之前的名称。"Arisaron Adanson, Fam. 2: 470. Aug 1763" 和 "Balmisa M. Lagasca, Gen. Sp. Pl. Nov 17. Jun – Dec 1816" 是 "Arisarum Mill. (1754)" 的晚出的同模式异名(Homotypic synonym, Nomenclatural synonym)。"Arisarum Targ. Tozz. = Arisarum Mill. (1754)" 是晚出的非法名称。【分布】地中海地区。【后选模式】Arisarum vulgare Targioni – Tozzetti [(Arum arisarum Linnaeus)。【参考异名】Arisaron Adans. (1763) Nom. illegit.; Arisarum Targ. Tozz.; Balmisa Lag. (1816) Nom. illegit.; Homaida Raf. (1837)■☆

4153 Arisarum Targ. Tozz. = Arisarum Mill. (1754) [天南星科 Araceae//老鼠芋科 Arisaraceae]■☆

4154 Arischrada Pobed. (1972) (废弃属名) = Salvia L. (1753) [唇形科 Lamiaceae(Labiatae)//鼠尾草科 Salviaceae]●■

4155 Aristaea A. Rich. (1842) = Aristea Aiton (1789) [鸢尾科 Iridaceae]■☆

4156 Aristaloe Boatwr. et J. C. Manning(2014)【汉】南非芦荟属。【隶属】芦荟科 Aloaceae。【包含】世界 1 种。【学名诠释与讨论】〈阴〉词源不详。【分布】南非。【模式】Aristaloe aristata (Haw.) Boatwr. et J. C. Manning [Aloe aristata Haw.]☆

4157 Aristaria Jungh. (1840) = Anthistiria L. f. (1779); ~ = Themeda Forssk. (1775) [禾本科 Poaceae(Gramineae)//营科(营草科, 紫灯花科)Themidaceae]■

4158 Aristavena F. Albers et Butzin (1977) = Deschampsia P. Beauv. (1812) [禾本科 Poaceae(Gramineae)]■

4159 Aristea Aiton(1789)【汉】蓝星花属。【英】Aristea, Blue Corn – lily。【隶属】鸢尾科 Iridaceae。【包含】世界 50 种。【学名诠释与讨论】〈阴〉(拉) arista, 芒。此属的学名 "Aristea W. Aiton, Hortus Kew. 1: 67; 3: 506. 7 Aug – 1 Oct 1789" 是一个替代名称。"Ixia Linnaeus, Sp. Pl. 36. 1753" 是一个废弃名称, 而 "Ixia Linnaeus, Sp. Pl. ed. 2. 51. Sep 1762(nom. cons.)" 则被确定为保留名称。故用 "Aristea Aiton(1789)" 替代 "Ixia L. (1753) [鸢尾

科 Iridaceae]"。"Aristea Sol. ex Aiton(1789) ≡ Ixia L. (1762) (保留名称) [鸢尾科 Iridaceae//鸟娇花科 Ixiaceae]" 的命名人引证有误。【分布】马达加斯加, 热带和非洲南部。【模式】Aristea cyanea W. Aiton, Nom. illegit. [Ixia africana Linnaeus]。【参考异名】Aristaea A. Rich. (1842); Aristea Sol., Nom. inval.; Aristea Sol. ex Aiton (1789) Nom. illegit.; Cleanthe Salisb. (1812) Nom. inval.; Cleanthe Salisb. ex Benth. (1883) Nom. illegit.; Genlisea Benth. et Hook. f. (1883) Nom. illegit.; Genlisia Rchb. (1828) Nom. illegit.; Ixia L. (1753) (废弃属名); Sisyrinchium Eckl. (1827) Nom. illegit.; Wredowia Eckl. (1827)■☆

4160 Aristea Sol. ex Aiton(1789) Nom. illegit. ≡ Aristea Aiton(1789) [鸢尾科 Iridaceae]■☆

4161 Aristega Miers (1867) = Tiliacora Colebr. (1821) (保留属名) [防己科 Menispermaceae]●☆

4162 Aristeguietia R. M. King et H. Rob. (1975)【汉】尖苞亮泽兰属。【隶属】菊科 Asteraceae(Compositae)。【包含】世界 21 种。【学名诠释与讨论】〈阴〉(人) Leandro Aristeguieta, 1923–, 委内瑞拉植物学者。【分布】厄瓜多尔, 安第斯山。【模式】Aristeguietia salvia (Colla) R. M. King et H. Robinson [Eupatorium salvia Colla]●☆

4163 Aristella (Trin.) Bertol. (1833)【汉】类蓝星花属。【隶属】禾本科 Poaceae(Gramineae)。【包含】世界 2 种。【学名诠释与讨论】〈阴〉(属) Aristea 蓝星花属+-ellus, -ella, -ellum, 加在名词词干后面形成指小式的词尾。或加在人名、属名等后面以组成新属的名称。此属的学名是 "Aristella (Trinius) Bertoloni, Fl. Ital. 1: 690. 1833", 由 "Stipa unranked Aristella Trin., Fundamenta Agrostographiae 110. 1820" 改级而来。"Aristella Bertol. (1833)" 的命名人引证有误。它还曾被处理为 "Achnatherum sect. Aristella (Trin.) Tzvelev"、"Aristella (Trin.) Bertol."、"Stipa sect. Aristella (Trin.) Steud." 和 "Stipa subg. Aristella (Trin.) Trin."。亦有文献把 "Aristella Bertol. (1833)" 处理为 "Achnatherum P. Beauv. (1812)"、"Aristella Bertol. (1833)" 或 "=Stipa L. (1753)" 的异名。【分布】温带亚洲。【模式】Aristella bromoides (Linnaeus) Bertoloni [Agrostis bromoides Linnaeus]。【参考异名】Achnatherum P. Beauv. (1812); Achnatherum sect. Aristella (Trin.) Tzvelev; Aristella Bertol. (1833), Nom. illegit.; Aristella Bertol. (1833); Stipa L. (1753); Stipa sect. Aristella (Trin.) Steud.; Stipa subg. Aristella (Trin.) Trin.■☆

4164 Aristella Bertol. (1833), Nom. illegit. = Aristella (Trin.) Bertol. (1833)■☆

4165 Aristeyera H. E. Moore(1966) = Asterogyne H. Wendl. ex Benth. et Hook. f. (1883) [棕榈科 Arecaceae(Palmae)]●☆

4166 Aristida L. (1753)【汉】三芒草属(三枪茅属)。【日】マツバシバ属。【俄】Аристида, Селин, Триостница。【英】Three – awn, Three – awned Grass, Three – awned – grass, Threeawngrass, Triawn。【隶属】禾本科 Poaceae(Gramineae)。【包含】世界 250-330 种, 中国 10-13 种。【学名诠释与讨论】〈阴〉(拉) arista, 芒, 刺 + -idius, -idia, -idium, 指示小的词尾。指叶顶湍具芒。此属的学名, ING、APNI、GCI、TROPICOS 和 IK 记载是 "Aristida L., Sp. Pl. 1: 82. 1753 [1 May 1753]"。禾本科 Poaceae (Gramineae) "Aristida P. Beauv., Ess. Agrostogr. 33, 152. 1812" 是晚出的非法名称。"Kielboul Adanson, Fam. 2: 31, 539. Jul – Aug 1763" 和 "Chaetaria Palisot de Beauvois, Essai Agrost. 30, 158. Dec 1812" 是 "Aristida L. (1753)" 的晚出的同模式异名(Homotypic synonym, Nomenclatural synonym)。【分布】巴基斯坦, 巴拿马, 秘鲁, 玻利维亚, 厄瓜多尔, 哥斯达黎加, 马达加斯加, 美国(密苏里), 尼加拉瓜, 中国, 温带和亚热带, 中美洲。【模式】Aristida adscensionis

Linnaeus。【参考异名】Aristopsis Catasus(1981); Arthratherum P. Beauv. (1812) Nom. illegit.; Chaetaria P. Beauv. (1812) Nom. illegit.; Curtopogon P. Beauv. (1812) Nom. illegit.; Cyrtopogon Spreng. (1824) Nom. illegit.; Kielboul Adans. (1763) Nom. illegit.; Moulinsia Raf. (1830) Nom. illegit.; Schistachne Fig. et De Not. (1852); Stipagrostis Ness(1832); Streptachne Kunth (1816) Nom. illegit.; Streptachne R. Br. (1810); Trixostis Raf. (1830)■

4167　Aristida P. Beauv. (1812) Nom. illegit. [禾本科 Poaceae (Gramineae)]☆

4168　Aristidium(Endl.) Lindl. (1847) Nom. illegit. = Bouteloua Lag. (1805) [as 'Botelua'](保留属名) [禾本科 Poaceae (Gramineae)]■

4169　Aristidium Lindl. (1847) Nom. illegit. ≡ Aristidium (Endl.) Lindl. (1847); ~ = Bouteloua Lag. (1805) [as eloua Lag(保留属名) [禾本科 Poaceae(Gramineae)]■

4170　Aristocapsa Reveal et Hardham(1989)【汉】谷刺蓼属。【英】Valley Spinycape。【隶属】蓼科 Polygonaceae。【包含】世界 1 种。【学名诠释与讨论】〈阴〉(拉)arista,芒+capsa,盒子。指花被具芒。【分布】美国(西南部)。【模式】Aristocapsa insignis (M. K. Curran) J. L. Reveal et C. B. Hardham [Chorizanthe insignis M. K. Curran]■☆

4171　Aristoclesia Coville (1910) Nom. illegit. ≡ Platonia Mart. (1832) (保留属名) [猪胶树科(克鲁西科,山竹子科,藤黄科) Clusiaceae(Guttiferae)]●☆

4172　Aristogeitonia Prain(1908)【汉】邻刺大戟属。【隶属】大戟科 Euphorbiaceae。【包含】世界 4 种。【学名诠释与讨论】〈阴〉(拉)arista,芒+geiton,邻居。另说最好的,精致的+geiton,邻居。【分布】安哥拉,肯尼亚,坦桑尼亚。【模式】Aristogeitonia limoniifolia Prain。【参考异名】Paragelonium Léandri(1939)☆

4173　Aristolochia L. (1753)【汉】马兜铃属。【日】ウマノスズクサ属。【俄】Аристолохия,Кирказон。【英】Aristolochia, Birthwort, Dutchman's Pipe, Dutchman's-pipe, Dutchmanspipe, Pelicanflower, Pipevine, Snake-root。【隶属】马兜铃科 Aristolochiaceae。【包含】世界 120-400 种,中国 45-68 种。【学名诠释与讨论】〈阴〉(希)aristolochia,马兜铃的古名,来自aristos 最好的+locheia 分娩。指其于优良的药用植物,有催生药效。此属的学名,ING、TROPICOS、APNI、GCI 和 IK 记载是 "Aristolochia L., Sp. Pl. 2:960. 1753 [1 May 1753]"。多有文献承认"孔雀花属(麻雀花属,雀仔花) Howardia Klotzsch, Monatsber. Königl. Preuss. Akad. Wiss. Berlin 1859:584, 607. 1860 [post 18 Aug 1859]";但是它是一个是晚出的非法名称,因为此前已经有了"Howardia H. A. Weddell, Ann. Sci. Nat. Bot. ser. 4. 1;65. 1854 [茜草科 Rubiaceae]";"Howardia Wedd. (1854)"是"Chrysoxylon H. A. Weddell, Hist. Nat. Quinquin. Monogr. Cinchona 100. 1849(non Casaretto 1843)"的替代名称。若孔雀花属有独立的必要,须再给新名称。亦有文献把"Aristolochia L. (1753)"处理为"Pararistolochia Hutch. et Dalziel(1927)"的异名。【分布】安提瓜和巴布达,巴基斯坦,巴拉圭,巴勒斯坦,巴拿马,秘鲁,玻利维亚,厄瓜多尔,马达加斯加,美国(密苏里),尼加拉瓜,中国,中美洲。【后选模式】Aristolochia rotunda Linnaeus。【参考异名】Ambuya Raf. (1838); Cardiolochia Raf.; Cardiolochia Raf. ex Rchb. (1828); Dasyphonion Raf. (1824); Dictyanthes Raf. (1832); Dictyanthex Raf.; Diglosselis Raf. (1838); Einomeia Raf. (1828); Endodeca Raf. (1828); Endotheca Raf. (1838); Enomeia Spach (1841); Eudodeca Steud. (1840); Glossula (Raf.) Rchb. (1837) Nom. illegit. (废弃属名); Glossula Rchb. (1837) Nom. illegit. (废弃属名); Guaco Liebm. (1844); Hexaplectris Raf. (1838);

Hocquartia Dumort. (1822); Howardia Klotzsch (1859) Nom. illegit.; Isiphia Raf. (1830); Isotrema Raf. (1819); Niphus Raf. (1832) Nom. inval., Nom. nud.; Niphus Raf. ex Steud. (1840) Nom. illegit.; Pararistolochia Hutch. et Dalziel (1927); Pistolochia (Raf.) Raf. (1838) Nom. illegit. (废弃属名); Pistolochia Raf. (1838) Nom. illegit. (废弃属名); Plagistra Raf. (1838); Psophiza Raf. (1838); Pteriphis Raf. (1838); Siphidia Raf. (1832) Nom. inval.; Siphisia Raf. (1828) Nom. illegit.; Tropexa Raf. (1838)■●

4174　Aristolochiaceae Adans. = Aristolochiaceae Juss. (保留科名)■●

4175　Aristolochiaceae Juss. (1789) (保留科名)【汉】马兜铃科。【日】ウマノスズクサ科。【俄】Кирказоновые。【英】Birthwort Family, Dutchman's-pipe Family, Dutchmanspipe Family。【包含】世界 4-12 属约 700 种,中国 4-5 属 86-116 种。【分布】热带、亚热带和温带。【科名模式】Aristolochia L.■●

4176　Aristomenia Vell. (1829) = Stifftia J. C. Mikan (1820) (保留属名) [菊科 Asteraceae(Compositae)]●☆

4177　Aristopetalum Willis, Nom. inval. = Aistopetalum Schltr. (1914) [火把树科(常绿棱枝树科,角瓣木科,库诺尼科,南蔷薇科,轻木科)Cunoniaceae]●☆

4178　Aristopsis Catasus(1981) = Aristida L. (1753) [禾本科 Poaceae (Gramineae)]■

4179　Aristotela Adans. (1763) Nom. illegit. (废弃属名) ≡ Othonna L. (1753) [菊科 Asteraceae(Compositae)]●■☆

4180　Aristotela J. F. Gmel. (1791) Nom. illegit. (废弃属名) = Aristotelia L'Hér. (1786) (保留属名) [杜英科 Elaeocarpaceae//酒果科 Aristoteliaceae]●☆

4181　Aristotelea Lour. (1790) = Spiranthes Rich. (1817) (保留属名) [兰科 Orchidaceae]■

4182　Aristotelea Spreng. (1825) Nom. illegit. = Aristotelia L'Hér. (1786) (保留属名) [杜英科 Elaeocarpaceae//酒果科 Aristoteliaceae]●☆

4183　Aristotelia Comm. ex Lam. (1785) (废弃属名) = Terminalia L. (1767) (保留属名) [使君子科 Combretaceae//榄仁树科 Terminaliaceae]●

4184　Aristotelia L'Hér. (1786) (保留属名)【汉】酒果属。【日】アリストーテーリア属。【俄】Аристотелия。【英】Aristotelia, Wineberry。【隶属】杜英科 Elaeocarpaceae//酒果科 Aristoteliaceae。【包含】世界 5 种。【学名诠释与讨论】〈阴〉(人)Aristoteles,384-322 BC,亚里士多德,希腊哲学家。此属的学名 "Aristotelia L'Hér., Stirp. Nov.:31. Dec 1785 (sero)-Jan 1786"是保留属名。相应的废弃属名是菊科 Asteraceae 的 "Aristotela Adans., Fam. Pl. 2;125, 520. Jul-Aug 1763 ≡ Othonna L. (1753)"。杜英科 Elaeocarpaceae 的 "Aristotela J. F. Gmel., Syst. Nat., ed. 13 [bis]. 2(1):751. 1791 [late Sep-Nov 1791] = Aristotelia L'Hér. (1786) (保留属名)"和菊科 Asteraceae 的 "Aristotelia Comm. ex Lam., Encycl. [J. Lamarck et al.] 1(2):349. 1785 [1 Aug 1785] = Terminalia L. (1767) (保留属名)"亦应废弃。【分布】澳大利亚(东部,塔斯曼半岛),秘鲁至智利,新西兰。【模式】Aristotelia macqui L'Héritier。【参考异名】Aristotela J. F. Gmel. (1791) Nom. illegit. (废弃属名); Aristotelea Spreng. (1825) Nom. illegit.; Beaumaria Deless. (1840) Nom. illegit.; Beaumaria Deless. ex Steud. (1840); Friesea Rchb. (1841); Friesia DC. (1824) Nom. illegit.; Othonna L. (1753); Triphalia Banks et Sol. ex Hook. f. (1902)●☆

4185　Aristoteliaceae Dumort. (1829) [亦见 Elaeocarpaceae Juss. (保留科名)杜英科]【汉】酒果科。【包含】世界 1 属 5 种。【分布】澳大利亚(东部,塔斯曼半岛),新西兰,秘鲁至智利。【科名模

式】Aristotelia L' Hér. ●☆

4186　Arivela Raf. (1838)【汉】黄花草属。【隶属】山柑科(白花菜科,醉蝶花科)Capparaceae//白花菜科(醉蝶花科)Cleomaceae。【包含】世界10种,中国1种。【学名诠释与讨论】〈阴〉词源不详。此属的学名是"Arivela Rafinesque, Sylva Tell. 110. Oct－Dec 1838"。亦有文献把其处理为"Cleome L. (1753)"或"Polanisia Raf. (1819)"的异名。【分布】中国,亚洲,非洲。【模式】Arivela viscosa (Linnaeus) Rafinesque [Cleome viscosa Linnaeus]。【参考异名】Cleome L. (1753);Polanisia Raf. (1819)■

4187　Arivona Steud. (1840)= Arjona Comm. ex Cav. (1798) [檀香科 Santalacea]☆

4188　Arjona Cav. (1798)【汉】阿霍檀香属。【隶属】檀香科 Santalaceae。【包含】世界10种。【学名诠释与讨论】〈阴〉(人) Francisco Arjona, 植物学教授。此属的学名, ING 和 TROPICOS 记载是"Arjona Cavanilles, Icon. 4:57. 14 Mai 1798"。IK 则记载为"Arjona Comm. ex Cav., Icon. [Cavanilles] iv. 57. t. 383 (1797)"。三者引用的文献相同。【分布】秘鲁,玻利维亚,温带南美洲。【模式】Arjona tuberosa Cavanilles。【参考异名】Ariona Pers. (1805);Arivona Steud. (1840);Arjona Comm. ex Cav. (1798) Nom. illegit.;Arjonaea Kuntze(1898) Nom. inval. ☆

4189　Arjona Comm. ex Cav. (1798) Nom. illegit. ≡ Arjona Cav. (1798) [檀香科 Santalaceae]☆

4190　Arjonaceae Tiegh. (1898)= Olacaceae R. Br. (保留科名);~ = Santalaceae R. Br. (保留科名)●■

4191　Arjonaea Kuntze (1898) Nom. inval. = Arjona Comm. ex Cav. (1798) [檀香科 Santalacea]☆

4192　Arkezostis Raf. (1838)= Cayaponia Silva Manso(1836)(保留属名) [葫芦科(瓜科,南瓜科)Cucurbitaceae]■☆

4193　Arkopoda Raf. (1837)= Reseda L. (1753) [木犀草科 Resedaceae]■

4194　Armania Bert. ex DC. (1836)= Encelia Adans. (1763) [菊科 Asteraceae(Compositae)]●■☆

4195　Armarintea Bubani(1899)Nom. illegit. ≡ Cachrys L. (1753) [伞形花科(伞形科)Apiaceae(Umbelliferae)]■

4196　Armatocereus Backeb. (1938)【汉】花铠柱属。【日】アルマトセレウス属。【隶属】仙人掌科 Cactaceae。【包含】世界10种。【学名诠释与讨论】〈阳〉(希)armato, 武装的 =拉丁文 armatus+(属)Cereus 仙影掌属。【分布】秘鲁,厄瓜多尔,哥伦比亚。【模式】Armatocereus laetus (Humboldt, Bonpland et Kunth) Backeberg [Cactus laetus Humboldt, Bonpland et Kunth]●☆

4197　Armeniaca Mill. (1768) Nom. illegit. [蔷薇科 Rosaceae//李科 Prunaceae]●

4198　Armeniaca Scop. (1754)【汉】杏属。【俄】Абрикос。【英】Apricot, Common Apricot。【隶属】蔷薇科 Rosaceae//李科 Prunaceae。【包含】世界11种,中国10种。【学名诠释与讨论】〈阴〉(地)Armenia, 亚美尼亚, 亚洲西部地方。此属的学名, ING、APNI、TROPICOS 和 IK 记载是"Armeniaca Scop., Meth. Pl. (Scopoli) 15. 1754 [25 Mar 1754]"。蔷薇科 Rosaceae 的"Armeniaca Mill., Gard. Dict., ed. 8. (1768) [16 Apr 1768] ≡ Armeniaca Tourn. ex Mill., Gard. Dict., ed. 6 = Armeniaca Scop. (1754)= Prunus L. (1753)"是晚出的非法名称。亦有文献把"Armeniaca Scop. (1754)"处理为"Prunus L. (1753)"的异名。【分布】中国,温带亚洲。【模式】未指定。【参考异名】Armeniaca Mill. (1768)Nom. illegit.;Armeniaca Tourn. ex Mill. (1768)Nom. illegit.;Prunus L. (1753)●

4199　Armeniaca Tourn. ex Mill. (1768)Nom. illegit. ≡ Armeniaca Mill. (1768) Nom. illegit.; ~ = Armeniaca Scop. (1754); ~ = Prunus L.

4200　Armeniastrum Lem. (1854)= Espadaea A. Rich. (1850) [印茄树科 Goetzeaceae]●☆

4201　Armeria(DC.)Willd. (1809)(废弃属名)≡ Armeria Willd. (1809)(保留属名) [白花丹科(矶松科,蓝雪科)Plumbaginaceae//海石竹科 Armeriaceae]■☆

4202　Armeria Kuntze(1891)Nom. illegit. (废弃属名)≡ Phlox L. (1753) [花荵科 Polemoniaceae]■

4203　Armeria L. (1891)Nom. illegit. (废弃属名)= Armeria Willd. (1809)(保留属名) [白花丹科(矶松科,蓝雪科)Plumbaginaceae//海石竹科 Armeriaceae]■☆

4204　Armeria Willd. (1809)(保留属名)【汉】海石竹属。【日】アルメリア属,ハマカンザシ属。【俄】Армерия, Гвоздичнник, Статице。【英】Armeria, Sea Pink, Sea Thrift, Thrift。【隶属】白花丹科(矶松科,蓝雪科)Plumbaginaceae//海石竹科 Armeriaceae。【包含】世界100种。【学名诠释与讨论】〈阴〉(法)armoires, 法国古名, 生于海边的一种植物。此属的学名"Armeria Willd., Enum. Pl. :333. Apr 1809"是保留属名。相应的废弃属名是白花丹科(矶松科,蓝雪科)Plumbaginaceae 的"Statice L., Sp. Pl. :274. 1 Mai 1753 ≡ Armeria Willd. (1809)(保留属名)"。花荵科 Polemoniaceae 的"Armeria Kuntze, Revis. Gen. Pl. 2:432. 1891 [5 Nov 1891] = Armeria Willd. (1809)(保留属名)≡ Phlox L. (1753)",白花丹科的"Armeria Linn. fide Kuntze, Revis. Gen. Pl. 2:432. 1891 [5 Nov 1891] = Armeria Willd. (1809)(保留属名)"、"Armeria (DC.) Willd. (1809)= Armeria Willd. (1809)(保留属名)"亦应废弃。"Polyanthemum Medikus, Philos. Bot. 2;68. Mai 1791"和"Statice Linnaeus, Sp. Pl. 274. 1 Mai 1753"是"Armeria Willd. (1809)(保留属名)"的同模式异名(Homotypic synonym, Nomenclatural synonym)。【分布】安第斯山,北温带。【模式】Armeria vulgaris Willdenow [Statice armeria Linnaeus]。【参考异名】Armeria (DC.) Willd. (1809)(废弃属名);Armeria L. (1891)Nom. illegit. (废弃属名);Polyanthemum Medik. (1791)Nom. illegit.;Reverchonia Gand.;Statice L. (1753)(废弃属名);Taxanthema Neck. (1790)Nom. inval.;Taxanthema Neck. ex R. Br. (1810);Taxanthema R. Br. (1810)Nom. illegit. ■☆

4205　Armeriaceae Horan. (1834) [亦见 Plumbaginaceae Juss. (保留科名)白花丹科(矶松科,蓝雪科)]【汉】海石竹科。【包含】世界1属100种。【学名诠释】〈阴〉词源不详。【分布】北温带和安第斯山。【科名模式】Armeria Willd. ■

4206　Armeriastrum (Jaub. et Spach) Lindl. (1847)(废弃属名)≡ Acantholimon Boiss. (1846)(保留属名) [白花丹科(矶松科,蓝雪科)Plumbaginaceae]●

4207　Armeriastrum Lindl. (1847) Nom. illegit. (废弃属名)≡ Armeriastrum (Jaub. et Spach) Lindl. (1847)(废弃属名); ~ ≡ Acantholimon Boiss. (1846)(保留属名) [白花丹科(矶松科,蓝雪科)Plumbaginaceae]●

4208　Arminia Bronner (1857)【汉】德国葡萄属。【隶属】葡萄科 Vitaceae。【包含】世界3种。【学名诠释与讨论】〈阴〉(人)Armin。【分布】德国。【模式】不详。●☆

4209　Armodorum Breda(1829)【汉】阿芒多兰属(蜘蛛兰属)。【英】Armodorum。【隶属】兰科 Orchidaceae。【包含】世界3-4种,中国1种。【学名诠释与讨论】〈中〉(希)armos, 关节+doros, 革制的袋,囊。【分布】泰国,印度,印度尼西亚(苏门答腊岛,爪哇岛),中国。【模式】Armodorum distichum Breda。【参考异名】Arhynchium Lindl. (1850) Nom. illegit.;Arhynchium Lindl. et Paxton(1850) Nom. illegit. ■

4210　Armola(Kirschl.) Friche-Joset et Montandon(1856)= Atriplex L.

（1753）（保留属名）［藜科 Chenopodiaceae//滨藜科 Atriplicaceae］■●

4211　Armola（Kirschl.）Montandon（1856）Nom. illegit. ≡ Armola（Kirschl.）Friche‐Joset et Montandon（1856）；~ = Atriplex L.（1753）（保留属名）［藜科 Chenopodiaceae//滨藜科 Atriplicaceae］■●

4212　Armola Friche‐Joset et Montandon（1856）Nom. illegit. ≡ Armola（Kirschl.）Friche‐Joset et Montandon（1856）；~ = Atriplex L.（1753）（保留属名）［藜科 Chenopodiaceae］■●

4213　Armola Montandon（1856）Nom. illegit. ≡ Armola（Kirschl.）Friche‐Joset et Montandon（1856）；~ = Atriplex L.（1753）（保留属名）［藜科 Chenopodiaceae］■●

4214　Armoracia Fabr.（废弃属名）= Armoracia P. Gaertn., B. Mey. et Scherb.（1800）（保留属名）［十字花科 Brassicaceae（Cruciferae）］■

4215　Armoracia P. Gaertn., B. Mey. et Scherb.（1800）（保留属名）【汉】辣根属（马萝卜属）。【日】セイヨウワサビ属。【俄】Ложечица, Хрен。【英】Horseradish, Horse‐radish。【隶属】十字花科 Brassicaceae（Cruciferae）。【包含】世界 3‐4 种，中国 1 种。【学名诠释与讨论】〈阴〉（拉）armorakia, 马萝卜。此属的学名"Armoracia P. Gaertn. et al., Oekon. Fl. Wetterau 2：426. Mai‐Jul 1800"是保留属名。相应的废弃属名是十字花科 Brassicaceae 的"Raphanis Moench, Methodus：267. 4 Mai 1794 = Armoracia P. Gaertn., B. Mey. et Scherb.（1800）（保留属名）"。"Raphanis Dod. ex Moench, Methodus（Moench）267（1794）［4 May 1794］= Armoracia P. Gaertn., B. Mey. et Scherb.（1800）（保留属名）"和"Armoracia Fabr. = Armoracia P. Gaertn., B. Mey. et Scherb.（1800）（保留属名）"亦应废弃。"Raphanis Moench（1794）（废弃属名）"是"Armoracia P. Gaertn., B. Mey. et Scherb.（1800）（保留属名）"的同模式异名（Homotypic synonym, Nomenclatural synonym）。【分布】中国，欧洲至西伯利亚。【模式】Armoracia rusticana P. G. Gaertner, B. Meyer et J. Scherbius［Cochlearia armoracia Linnaeus］。【参考异名】Armoracia Fabr.（废弃属名）；Raphanis Dod. ex Moench（1794）（废弃属名）；Raphanis Moench（1794）（废弃属名）■

4216　Armourea Lewton（1933）= Thespesia Sol. ex Corrêa（1807）（保留属名）［锦葵科 Malvaceae］●

4217　Arnaldoa Cabrera（1962）【汉】同花刺菊木属。【隶属】菊科 Asteraceae（Compositae）。【包含】世界 3‐5 种。【学名诠释与讨论】〈阴〉（人）Arnaldo。【分布】秘鲁。【模式】Arnaldoa magnifica Cabrera。●☆

4218　Arnanthus Baehni（1964）= Pichonia Pierre（1890）［山榄科 Sapotaceae］●☆

4219　Arnebia Forssk.（1775）【汉】软紫草属（阿纳花属，欠喉草属，假紫草属）。【日】アルネービア属。【俄】Арнебия。【英】Arabian Primrose, Arnebia, Friar's Cowl。【隶属】紫草科 Boraginaceae。【包含】世界 25 种，中国 6 种。【学名诠释与讨论】〈阴〉（阿拉伯）arneb, 一种植物俗名。【分布】中国，地中海地区，喜马拉雅山，热带非洲。【模式】Arnebia tinctoria Forsskål。【参考异名】Aepyanthus Post et Kuntze（1903）；Aipyanthus Steven（1851）；Amebia Repel（1882）Nom. illegit.；Arnebiola Chiov.（1929）；Dioclea Spreng.（1824）Nom. illegit.；Echioides Ortega（1773）Nom. illegit.；Huynhia Greuter（1981）；Leptanthe Klotzsch（1862）；Macrotomia DC.（1840）；Macrotomia DC. ex Meisn.（1840）；Meneghinia Endl.（1839）Nom. illegit.；Munbya Boiss.（1849）；Strobila G. Don（1837）Nom. illegit.；Tetaris Chesney（1868）；Tetaris Lindl.（1868）Nom. illegit.；Toxostigma A. Rich.（1851）；Ulugbekia Zakirov（1961）●■

4220　Arnebiola Chiov.（1929）= Arnebia Forssk.（1775）［紫草科 Boraginaceae］●■

4221　Arnedina Rchb.（1841）= Arundina Blume（1825）［兰科 Orchidaceae］●

4222　Arnhemia Airy Shaw（1978）【汉】澳大利亚瑞香属。【隶属】瑞香科 Thymelaeaceae。【包含】世界 1 种。【学名诠释与讨论】〈阴〉（地）Arnhem, 阿钠姆, 位于澳大利亚北部。【分布】澳大利亚（北部）。【模式】Arnhemia cryptantha H. K. Airy Shaw。●☆

4223　Arnica Boehm.（1760）Nom. illegit. ≡ Doronicum L.（1753）［菊科 Asteraceae（Compositae）］■

4224　Arnica L.（1753）【汉】山金车属（阿尼菊属，金车菊属，山烟菊属，兔菊属，羊菊属）。【日】アルニカ属，ウサギキク属。【俄】Арника, Баранник。【英】Arnica。【隶属】菊科 Asteraceae（Compositae）。【包含】世界 32 种。【学名诠释与讨论】〈阴〉（希）arnos, 绵羊 + aikos, 用。指可以食用。一说（希）arnakis, 羊皮, 指叶的质地似羊皮。此属的学名, ING、APNI、GCI、TROPICOS 和 IK 记载是"Arnica L., Sp. Pl. 2：884. 1753［1 May 1753］"。"Arnica Ruppius"是命名起点著作之前的名称, 故"Arnica Ruppius ex L.（1753）"和"Arnica L.（1753）"都是合法名称, 可以通用。"Arnica Boehmer in C. G. Ludwig, Def. Gen. ed. 3. 186. 1760 ≡ Doronicum L.（1753）"是晚出的非法名称。"Gerbera Boehmer, Def. Gen. 186. 1760"是"Arnica L.（1753）"的晚出的同模式异名（Homotypic synonym, Nomenclatural synonym）。【分布】北温带和极地。【后选模式】Arnica montana Linnaeus。【参考异名】Aliseta Raf.（1836）；Arnica Ruppius ex L.（1753）；Arnicula Kuntze（1898）；Gerbera Boehm.（1760）Nom. illegit.（废弃属名）；Mallotopus Franch. et Sav.（1878）；Peritris Raf.（1836）；Whitneya A. Gray（1865）●■☆

4225　Arnica Ruppius ex L.（1753）≡ Arnica L.（1753）［菊科 Asteraceae（Compositae）］●■☆

4226　Arnicastrum Greenm.（1903）【汉】肖羊菊属。【隶属】菊科 Asteraceae（Compositae）。【包含】世界 2 种。【学名诠释与讨论】〈中〉（属）Arnica 山金车属（阿尼菊属，金车菊属，山烟菊属，兔菊属，羊菊属）+‐astrum, 指示小的词尾, 也有"不完全相似"的含义。【分布】墨西哥。【模式】Arnicastrum glandulosum Greenman。■●☆

4227　Arnicratea N. Hallé（1984）【汉】羊头卫矛属。【隶属】卫矛科 Celastraceae。【包含】世界 3 种。【学名诠释与讨论】〈阴〉（希）arnos, 绵羊 + krata 头。【分布】印度（安达曼群岛，马拉巴海岸），泰国，柬埔寨，缅甸，越南，菲律宾，印度尼西亚（马鲁古群岛，苏门答腊岛，爪哇岛），新几内亚岛，加里曼丹岛。【模式】Arnicratea grahamii（R. Wight）N. Hallé［Hippocratea grahamii R. Wight］●●

4228　Arnicula Kuntze（1898）= Arnica L.（1753）［菊科 Asteraceae（Compositae）］●■☆

4229　Arnocrinum Endl. et Lehm.（1846）【汉】毛兰草属。【隶属】杜鹃花科（欧石南科）Ericaceae//苞花草科（红箭花科）Johnsoniaceae。【包含】世界 3 种。【学名诠释与讨论】〈中〉（希）arnos, 绵羊 +（属）Crinum 文殊兰属。【分布】澳大利亚（西南部）。【模式】未指定。●☆

4230　Arnoglossum Gray（1821）Nom. illegit. = Plantago L.（1753）［车前科（车前草科）Plantaginaceae］■●

4231　Arnoglossum Raf.（1817）【汉】美蟹甲属。【英】Indian Plantain。【隶属】菊科 Asteraceae（Compositae）。【包含】世界 7‐8 种。【学名诠释与讨论】〈中〉（希）arnos, 绵羊 + glossa, 舌。此属的学名, ING、TROPICOS、GCI 和 IK 记载是"Arnoglossum Raf., Fl. Ludov. 64. 1817［Oct‐Dec 1817］"。车前科 Plantaginaceae 的

"Arnoglossum Gray, Nat. Arr. Brit. Pl. ii. 292(1821) = Plantago L. (1753)"是晚出的非法名称。亦有文献把"Arnoglossum Raf. (1817)"处理为"Cacalia L. (1753)"的异名。【分布】美国(东部和东南)。【模式】Arnoglossum plantagineum Rafinesque。【参考异名】Cacalia L. (1753); Conophora (DC.) Nieuwl. (1914); Conophora Nieuwl. (1914) Nom. illegit.; Mesadenia Raf. (1832); Plantago L. (1753)■☆

4232 Arnoldia Blume(1826)Nom. illegit. = Weinmannia L. (1759)(保留属名)[火把树科(常绿棱枝树科,角瓣木科,库诺尼科,南蔷薇科,轻木科)Cunoniaceae]●☆

4233 Arnoldia Cass. (1824) = Dimorphotheca Vaill. (1754)(保留属名)[菊科 Asteraceae(Compositae)]■●☆

4234 Arnoldoschultzea Mildbr. (1922)【汉】喀麦隆山榄属。【隶属】山榄科 Sapotaceae。【包含】世界1种。【学名诠释与讨论】〈阴〉(人)纪念 Arnold 和 Schultz 两位植物学者。【分布】喀麦隆。【模式】Arnoldoschultzea macrocarpa Mildbr.。●☆

4235 Arnopogon Willd. (1803) Nom. illegit. ≡ Urospermum Scop. (1777) [菊科 Asteraceae(Compositae)]■☆

4236 Arnoseris Gaertn. (1791)【汉】羊莴苣属(阿诺菊属,羊苣属)。【俄】Арнозерис。【英】Lamb's Succory, Succory。【隶属】菊科 Asteraceae(Compositae)。【包含】世界1种。【学名诠释与讨论】〈阴〉(希) arnos, 绵羊 + seris, 菊苣。【分布】欧洲。【模式】Arnoseris pusilla J. Gaertner, Nom. illegit. [Hyoseris minima Linnaeus; Arnoseris minima (Linnaeus) Dumortier]■☆

4237 Arnottia A. Rich. (1828)【汉】阿尔兰属。【隶属】兰科 Orchidaceae。【包含】世界2种。【学名诠释与讨论】〈阴〉(人) George Amott Walker Arnott, 1799-1868, 英国植物学者。【分布】马斯克林群岛。【模式】Arnottia mauritiana A. Richard。■☆

4238 Arodendron Werth(1901) = Typhonodorum Schott(1857) [天南星科 Araceae]■☆

4239 Arodes Heist., Nom. inval. ≡ Arodes Heist. ex Fabr. (1763); ~ ≡ Arodes Heist. ex Kuntze(1891) Nom. illegit.; ~ ≡ Calla L. (1753); ~ = Zantedeschia Spreng. (1826)(保留属名) [天南星科 Araceae]■

4240 Arodes Heist. ex Fabr. (1763) Nom. illegit. ≡ Calla L. (1753) [天南星科 Araceae//水芋科 Callaceae]■

4241 Arodes Heist. ex Kuntze(1891) Nom. illegit. ≡ Arodes Heist. ex Fabr. (1763); ~ = Zantedeschia Spreng. (1826)(保留属名) [天南星科 Araceae]■

4242 Arodes Kuntze(1891) Nom. illegit. ≡ Arodes Heist. ex Kuntze(1891) Nom. illegit.; ~ = Zantedeschia Spreng. (1826)(保留属名) [天南星科 Araceae]■

4243 Arodia Raf. = Rubus L. (1753) [蔷薇科 Rosaceae]●■

4244 Aroides Fabr. (1763) Nom. illegit. ≡ Aroides Heist. ex Fabr. (1763) Nom. illegit.; ~ ≡ Calla L. (1753) [天南星科 Araceae]■

4245 Aroides Heist. ex Fabr. (1763) Nom. illegit. ≡ Calla L. (1753) [天南星科 Araceae//水芋科 Callaceae]■

4246 Aromadendron Andréws ex Steud. (1840) Nom. inval. = Aromadendrum W. Anderson ex R. Br. (1810); ~ ≡ Eucalyptus L W. An(1789) [桃金娘科 Myrtaceae]●

4247 Aromadendron Blume(1825)【汉】香木兰属(香兰属)。【隶属】木兰科 Magnoliaceae。【包含】世界4种。【学名诠释与讨论】〈中〉(希) aroma, 芳香, 香料 + dendron 或 dendros, 树木, 棍, 丛林。此属的学名, ING、TROPICOS 和 IK 记载是"Aromadendron Blume, Bijdr. Fl. Ned. Ind. 1:10. 1825 [15 Mar-31 May 1825]"; "Aromadendrum Blume(1825)"是其拼写变体。桃金娘科 Myrtaceae 的"Aromadendron Andréws ex Steud., Nomencl. Bot. ed. 2, 1:134, 1840 = Eucalyptus L'Hér. (1789)"是一个未合格发表的名称(Nom. inval.)。亦有文献把"Aromadendron Blume(1825)"处理为"Magnolia L. (1753)"的异名。【分布】印度尼西亚(爪哇岛), 加里曼丹岛, 马来半岛。【模式】Aromadendron elegans Blume。【参考异名】Aromadendrum Blume(1825) Nom. illegit.; Magnolia L. (1753)●☆

4248 Aromadendrum Blume(1825) Nom. illegit. ≡ Aromadendron Blume(1825) [木兰科 Magnoliaceae]●☆

4249 Aromadendrum W. Anderson ex R. Br. (1810) Nom. illegit. = Eucalyptus L'Hér. (1789) [桃金娘科 Myrtaceae]●

4250 Aromia Nutt. (1841) = Amblyopappus Hook. et Arn. (1841) [菊科 Asteraceae(Compositae)]■☆

4251 Aron Adans. (1763) = Colocasia Schott + Dracunculus Mill. (1754) [天南星科 Araceae]■☆

4252 Arongana Cholay(1824) = Haronga Thouars(1806) [菊科 Asteraceae(Compositae)]■☆

4253 Aronia Medik. (1789)(保留属名)【汉】苦味果属(涩果属, 腺肋花椒属)。【日】アローニア属。【俄】Арония。【英】Chokeberry, Service Tree, Service-berry。【隶属】蔷薇科 Rosaceae。【包含】世界3-40种。【学名诠释与讨论】〈阴〉(属) Aria 的改缀。另说来自欧楂树的希腊名称 uronia。此属的学名"Aronia Medik., Philos. Bot. 1:155. Apr 1789"是保留属名。相应的废弃属名是天南星科 Araceae 的"Aronia Mitch., Diss. Princ. Bot.:28. 1769 ≡ Orontium L. (1753)"。蔷薇科 Rosaceae 的"Aronia Pers., Syn. Pl. [Persoon] 2(1):39. 1806 [Nov 1806] = Amelanchier Medik. (1789)(保留属名)"亦应废弃。"Adenorachis (A. P. de Candolle) Nieuwland, Amer. Midl. Naturalist 4:93. 1 Mai 1915"是"Aronia Medik. (1789)(保留属名)"的晚出的同模式异名(Homotypic synonym, Nomenclatural synonym)。亦有文献把"Aronia Medik. (1789)(保留属名)"处理为"Amelanchier Medik. (1789)"或"Photinia Lindl. (1820)"的异名。【分布】美国(东部)。【模式】Aronia arbutifolia (Linnaeus) Persoon [Mespilus arbutifolia Linnaeus]。【参考异名】Adenorachis (DC.) Nieuwl. (1915) Nom. illegit.; Amelanchier Medik. (1789); Photinia Lindl. (1820); Pourthiaea Decne. (1874); Stranvaesia Lindl. (1837)●☆

4254 Aronia Mitch. (1769)(废弃属名)≡ Orontium L. (1753) [天南星科 Araceae//金棒芋科 Orontiaceae]■☆

4255 Aronia Pers. (1806)(废弃属名)= Amelanchier Medik. (1789)(保留属名) [蔷薇科 Rosaceae]●

4256 Aronicum Neck. (1790) Nom. inval. ≡ Aronicum Neck. ex Rchb. (1831); ~ ≡ Grammarthron Cass. (1817); ~ = Doronicum L. (1753) [菊科 Asteraceae(Compositae)]■

4257 Aronicum Neck. ex Rchb. (1831) Nom. illegit. ≡ Grammarthron Cass. (1817); ~ = Doronicum L. (1753) [菊科 Asteraceae(Compositae)]■

4258 Arophyton Jum. (1928)【汉】拟白星海芋属。【隶属】天南星科 Araceae。【包含】世界3-7种。【学名诠释与讨论】〈中〉(希) aron, 白星海芋属植物 + phyton, 植物, 树木, 枝条。【分布】马达加斯加。【模式】Arophyton tripartitum H. Jumelle。【参考异名】Humbertina Buchet(1942); Synandrogyne Buchet(1939)■☆

4259 Aropsis Rojas(1918) = Spathicarpa Hook. (1831) [天南星科 Araceae]■☆

4260 Arosma Raf. (1837) = Philodendron Schott(1829) [as 'Philodendrum'](保留属名) [天南星科 Araceae]■●

4261 Aroton Neck. (1790) Nom. inval. = Croton L. (1753) [大戟科 Euphorbiaceae//巴豆科 Crotonaceae]●

4262 Arouna Aubl. (1775) = Dialium L. (1767) [豆科 Fabaceae(Leguminosae)//云实科(苏木科)Caesalpiniaceae]●☆

4263　Arpitium Neck.（1790）Nom. inval. ≡ Arpitium Neck. ex Sweet （1830）；~ = Ligusticum L.（1753）；~ = Pachypleurum Ledeb.（1829）［伞形花科（伞形科）Apiaceae（Umbelliferae）］■

4264　Arpitium Neck. ex Sweet（1830）= Ligusticum L.（1753）；~ = Pachypleurum Ledeb.（1829）［伞形花科（伞形科）Apiaceae（Umbelliferae）］■

4265　Arpophyllum La Llaveet Lex.（1825）Nom. illegit. ≡ Arpophyllum Lex.（1825）［兰科 Orchidaceae］■☆

4266　Arpophyllum Lex.（1825）【汉】风信子兰属（镰叶兰属）。【日】アーポフィラム属，アルポフィムム属。【英】Hyacinth Orchid。【隶属】兰科 Orchidaceae。【包含】世界 2-5 种。【学名诠释与讨论】〈中〉（希）arpe，弯刀，镰刀+phyllon，叶子。指叶形似弯刀。此属的学名，ING 记载是"Arpophyllum Lexarza in La Llave et Lexarza, Nov. Veg. Descr.（Orch. Opusc.）19. 1825"。IK 和 TROPICOS 则记载为"Arpophyllum La Llave et Lex., Nov. Veg. Descr.［La Llave et Lexarza]2（Orchid. Opusc.）:19. 1825"。三者引用的文献相同。【分布】哥斯达黎加，尼加拉瓜，西印度群岛，热带南美洲，中美洲。【模式】Arpophyllum spicatum Lexarza。【参考异名】Arpophyllum La Llave et Lex.（1825）Nom. illegit.■☆

4267　Arquita Gagnon, G. P. Lewis et C. E. Hughes（2015）【汉】阿弯豆属。【隶属】豆科 Fabaceae（Leguminosae）。【包含】世界 5 种。【学名诠释与讨论】〈阴〉词源不详。【分布】阿根廷。【模式】Arquita mimosifolia（Griseb.）Gagnon, G. P. Lewis et C. E. Hughes ［Caesalpinia mimosifolia Griseb.］☆

4268　Arrabidaea DC.（1838）【汉】阿拉树属。【隶属】紫葳科 Bignoniaceae。【包含】世界 50-70 种。【学名诠释与讨论】〈阴〉（人）Don Antonio da Arrabida。此属的学名，ING、GCI、TROPICOS 和 IK 记载是"Arrabidaea DC., Biblioth. Universelle Genève 17：126. 1838 ［Sep 1838］"。鼠李科 Rhamnaceae 的"Arrabidaea Steud., Nomencl. Bot.［Steudel］, ed. 2. i. 135（1840）= Cormonema Reissek ex Endl.（1840）"是晚出的非法名称。"Vasconcellia C. F. P. Martius, Flora 24（2, Beibl.）:12. 7 Aug 1841（non Vasconcella A. F. C. P. St.–Hilaire 1837）"是"Arrabidaea DC.（1838）"的晚出的同模式异名（Homotypic synonym, Nomenclatural synonym）。【分布】巴拉圭，巴拿马，秘鲁，比尼翁，玻利维亚，厄瓜多尔，哥伦比亚（安蒂奥基亚），尼加拉瓜，中美洲。【模式】Arrabidaea rego（Vellozo）A. P. de Candolle ［as 'sego'］［Bignonia rego Vellozo］。【参考异名】Chasmia Schott ex Spreng.（1827）Nom. illegit.；Chasmia Schott（1827）；Cremastus Miers（1863）；Neomacfadya Baill.（1888）；Panterpa Miers（1863）；Paracarpaea（K. Schum.）Pichon（1946）；Paracarpaea Pichon（1946）Nom. illegit.；Paramansoa Baill.（1888）；Pentelesia Raf.（1838）；Petastoma Miers（1863）；Sampaiella J. C. Gomes（1949）；Scobinaria Seibert（1940）；Sideropogon Pichon（1945）；Stenosiphanthus A. Samp.（1936）；Tetrastichella Pichon（1946）；Vasconcellia Mart.（1841）Nom. illegit.●☆

4269　Arrabidaea Steud.（1840）Nom. illegit. = Cormonema Reissek ex Endl.（1840）［鼠李科 Rhamnaceae］●

4270　Arracacha DC.（1829）= Arracacia Bancr.（1828）［伞形花科（伞形科）Apiaceae（Umbelliferae）］■☆

4271　Arracacia Bancr.（1828）【汉】秘鲁胡萝卜属。【英】Arracacia。【隶属】伞形花科（伞形科）Apiaceae（Umbelliferae）。【包含】世界 55 种。此属的学名，ING、TROPICOS 和 IK 记载是"Arracacia E. N. Bancroft, Verh. Vereins Beförd. Gartenbaues Königl. Preuss. Staaten 4:386. 1828"。伞形花科（伞形科）Apiaceae 的"Arracacha DC., Bibl. Univ. Genève xl.（1829）74 = Arracacia Bancr.（1828）"是晚出的异名。【学名诠释与讨论】〈阴〉（西）arracacia，西班牙

语植物俗名。【分布】巴拿马，秘鲁，玻利维亚，厄瓜多尔，哥伦比亚（安蒂奥基亚），墨西哥，中国，中美洲。【模式】未指定。【参考异名】Arracacha DC.（1829）；Bancroftia Billb.（1833）；Bimcroftia Billb.；Nematosciadium H. Wolff（1911）；Pentacrypta Lehm.（1830）；Velaea D. Dietr.■

4272　Arraschkoolia Hochst.（1842）Nom. illegit. ≡ Arraschkoolia Sch. Bip. ex Hochst.（1842）；~ = Geigeria Griess.（1830）［菊科 Asteraceae（Compositae）］■●☆

4273　Arraschkoolia Sch. Bip. ex Hochst.（1842）= Geigeria Griess.（1830）［菊科 Asteraceae（Compositae）］■●☆

4274　Arrhenachne Cass.（1828）= Baccharis L.（1753）（保留属名）［菊科 Asteraceae（Compositae）］●■☆

4275　Arrhenatherum P. Beauv.（1812）【汉】燕麦草属（大蟹钓属）。【日】オオカニツリ属，オホカニツリ属。【俄】Райграсс французский，Французский райграс。【英】Bulbous Oat Grass, False Oat-grass, Oat Grass, Oatgrass。【隶属】禾本科 Poaceae（Gramineae）。【包含】世界 7 种，中国 1 种。【学名诠释与讨论】〈中〉（希）arrhena, ayrhenos，雄性的+atheros，芒。指雄花具长芒。【分布】厄瓜多尔，美国，中国，地中海地区，欧洲。【后选模式】Arrhenatherum avenaceum Palisot de Beauvois, Nom. illegit. ［Avena elatior Linnaeus, Arrhenatherum elatius（Linnaeus）Palisot de Beauvois ex J. S. et C. B. Presl］。【参考异名】Pseudarrhenatherum Rouy（1922）；Thorea Rouy（1913）Nom. illegit.；Thoreochloa Holub（1962）Nom. illegit.■

4276　Arrhenechthites Mattf.（1938）【汉】紫芹菊属。【隶属】菊科 Asteraceae（Compositae）。【包含】世界 5-6 种。【学名诠释与讨论】〈阴〉（希）arrhen，雄性的+（属）Erechtites 菊芹属。【分布】新几内亚岛。【模式】Arrhenechthites tomentella Mattfeld。■●☆

4277　Arrhentaria Thouars ex Baill. = Uvaria L.（1753）［番荔枝科 Annonaceae］●

4278　Arrhostoxylon Mart. ex Nees（1847）Nom. illegit. ≡ Arrhostoxylon Nees（1847）；~；~ = Ruellia L.（1753）［爵床科 Acanthaceae］■●

4279　Arrhostoxylon Nees（1847）= Ruellia L.（1753）［爵床科 Acanthaceae］■●

4280　Arrhostoxylum Mart. ex Nees（1847）Nom. illegit. ≡ Arrhostoxylon Nees（1847）；~ = Ruellia L.（1753）［爵床科 Acanthaceae］■●

4281　Arrhostoxylum Nees（1847）Nom. illegit. ≡ Arrhostoxylon Nees（1847）；~ = Ruellia L.（1753）［爵床科 Acanthaceae］■●

4282　Arrhynchium Lindl.（1850–1851）= Arachnis Blume（1825）［兰科 Orchidaceae］■

4283　Arrojadoa Britton et Rose（1920）【汉】猩猩冠柱属。【日】アロヤドラ属。【隶属】仙人掌科 Cactaceae。【包含】世界 3-9 种。【学名诠释与讨论】〈阴〉（人）Miguel Arrojado Lisboa，巴西植物采集者。【分布】巴西（东部）。【模式】Arrojadoa rhodantha（Guerke）N. L. Britton et J. N. Rose ［Cereus rhodanthus Guerke］。【参考异名】Arrojadoopsis Guiggi（2008）●☆

4284　Arrojadoa Mattf.（1923）Nom. illegit. ≡ Arrojadocharis Mattf.（1930）［菊科 Asteraceae（Compositae）］■☆

4285　Arrojadocharis Mattf.（1930）【汉】密叶柄泽兰属。【隶属】菊科 Asteraceae（Compositae）。【包含】世界 1-2 种。【学名诠释与讨论】〈阴〉（人）Miguel Arrojado Lisboa，巴西植物采集者+charis，喜悦，雅致，美丽，流行。此属的学名"Arrojadocharis Mattfeld in Burret, Notizbl. Bot. Gart. Berlin–Dahlem 10：1053. 1 Aug 1930"是一个替代名称。"Arrojadoa Mattfeld in Pilger, Notizbl. Bot. Gart. Berlin–Dahlem 8：434. 15 Jun 1923"是一个非法名称（Nom. illegit.），因为此前已经有了"Arrojadoa N. L. Britton et J. N. Rose, Cact. 2：170. 9 Sep 1920 ［仙人掌科 Cactaceae］"。故用

"Arrojadocharis Mattf.（1930）"替代之。【分布】巴西（东部）。【模式】Arrojadocharis praxeloides（Mattfeld）Mattfeld［Arrojadoa praxeloides Mattfeld］。【参考异名】Arrojadoa Mattf.（1923）Nom. illegit.■☆

4286　Arrojadoopsis Guiggi（2008）【汉】拟猩猩冠柱属。【隶属】仙人掌科 Cactaceae。【包含】世界 1 种。【学名诠释与讨论】〈阴〉（属）Arrojadoa 猩猩冠柱属+希腊文 opsis，外观，模样，相似。此属的学名是"Arrojadoopsis Guiggi, Cactology 1：26. 2007 = Arrojadoa Britton et Rose（1920）"，由"Arrojadoa Britton et Rose（1920）"分出。亦有文献把"Arrojadoopsis Guiggi（2008）"处理为"Arrojadoa Britton et Rose（1920）"的异名。【分布】巴西。【模式】Arrojadoopsis marylaniae（Soares Filho et M. Machado）Guiggi。【参考异名】Arrojadoa Britton et Rose（1920）●☆

4287　Arrostia Raf.（1810）= Gypsophila L.（1753）［石竹科 Caryophyllaceae］■●

4288　Arrowsmithia DC.（1838）【汉】毛柱鼠麴木属。【隶属】菊科 Asteraceae（Compositae）。【包含】世界 1 种。【学名诠释与讨论】〈阴〉（人）Arrow Smith。【分布】非洲南部。【模式】Arrowsmithia styphelioides A. P. de Candolle。●☆

4289　Arrozia Kunth（1833）Nom. illegit. ≡ Arrozia Schrad. ex Kunth（1833）［禾本科 Poaceae（Gramineae）］■☆

4290　Arrozia Schrad. ex Kunth（1833）Nom. illegit. ≡ Caryochloa Trin.（1826）；~ = Luziola Juss.（1789）［禾本科 Poaceae（Gramineae）］■☆

4291　Arrudaria Macedo（1867）Nom. inval. = Copernicia Mart. ex Endl.（1837）［棕榈科 Arecaceae（Palmae）］●☆

4292　Arrudea A. St. – Hil. et Camb.（1827）Nom. illegit. ≡ Arrudea Camb.（1827）［猪胶树科（克鲁西科，山竹子科，藤黄科）Clusiaceae（Guttiferae）］●☆

4293　Arrudea Camb.（1827）= Clusia L.（1753）［猪胶树科（克鲁西科，山竹子科，藤黄科）Clusiaceae（Guttiferae）］●☆

4294　Arsace（Salisb. ex DC.）Fourr.（1869）= Erica L.（1753）［杜鹃花科（欧石南科）Ericaceae］●☆

4295　Arsace Fourr.（1869）Nom. illegit. ≡ Arsace（Salisb. ex DC.）Fourr.（1869）；~ = Erica L.（1753）［杜鹃花科（欧石南科）Ericaceae］●☆

4296　Arsenia Noronha = Uvaria L.（1753）［番荔枝科 Annonaceae］●

4297　Arsenjevia Starod.（1989）= Anemone L.（1753）（保留属名）［毛茛科 Ranunculaceae//银莲花科（罂粟莲花科）Anemonaceae］■

4298　Arsenoeoecus Small（1913）= Lyonia Nutt.（1818）（保留属名）［杜鹃花科（欧石南科）Ericaceae］●

4299　Arsis Lour.（1790）= Microcos L.（1753）［椴树科（椴科，田麻科）Tiliaceae//锦葵科 Malvaceae］●

4300　Artabotrys R. Br.（1820）【汉】鹰爪花属（鹰爪花属，鹰爪属）。【日】アウソウクワ属,オウソウカ属。【俄】Артабоьрис。【英】Eagleclaw, Tail Grape, Tailgrape, Tail – grape。【隶属】番荔枝科 Annonaceae。【包含】世界 100 种，中国 8 种。【学名诠释与讨论】〈阳〉（希）artao,悬挂+botrys,葡萄串,总状花序,簇生。指果悬垂状如葡萄串。此属的学名，ING、TROPICOS 和 IK 记载是"Artabotrys R. Brown, Bot. Reg. 5：ad t. 423. 1 Jan 1820"。"Artabotrys R. Br. ex Ker Gawl. ≡ Artabotrys R. Br.（1820）"的命名人引证有误。【分布】印度至马来西亚，中国，热带非洲。【模式】Artabotrys odoratissimus R. Brown, Nom. illegit.［Annona hexapetala Linnaeus f., Artabotrys hexapetalus（Linnaeus f.）M. M. Bhandari］。【参考异名】Artabotrys R. Br. ex Ker Gawl., Nom. illegit. ●

4301　Artabotrys R. Br. ex Ker Gawl., Nom. illegit. ≡ Artabotrys R. Br.（1820）［番荔枝科 Annonaceae］●

4302　Artanacetum（Rzazade）Rzazade（1956）= Artemisia L.（1753）［菊科 Asteraceae（Compositae）//蒿科 Artemisiaceae］●■

4303　Artanema D. Don（1834）（保留属名）【汉】悬丝参属。【隶属】玄参科 Scrophulariaceae//婆婆纳科 Veronicaceae。【包含】世界 4 种。【学名诠释与讨论】〈中〉（希）artao, 悬挂+nema, 所有格 nematos, 丝, 花丝。此属的学名"Artanema D. Don in Sweet, Brit. Fl. Gard. 6：ad t. 234. 1 Apr 1834"是保留属名。相应的废弃属名是"Bahel Adans. , Fam. Pl. 2：210,523. Jul – Aug 1763 = Artanema D. Don（1834）（保留属名）"。"Bahel Adans.（1763）",曾被不同学者置于 Acanthaceae、Scrophulariaceae 和 Linderniaceae 中。【分布】热带非洲，印度至马来西亚。【模式】Artanema fimbriatum（W. J. Hooker ex R. Graham）D. Don［Torenia fimbriata W. J. Hooker ex R. Graham］。【参考异名】Achimenes Vahl（1791）Nom. illegit.（废弃属名）；Achymenes Batsch；Artenema G. Don（1839）；Bahel Adans.（1763）（废弃属名）；Bahelia Kuntze（1891）；Diceras Post et Kuntze（1903）；Diceros Pers.（1806）Nom. illegit.（废弃属名）；Ourisianthus Bonati（1925）■☆

4304　Artanthe Miq.（1840）Nom. illegit. ≡ Oxodium Raf.（1838）；~ = Piper L.（1753）［胡椒科 Piperaceae］●■

4305　Artaphaxis Mill.（1754）Nom. illegit. ≡ Atraphaxis L.（1753）［蓼科 Polygonaceae］●

4306　Artedia L.（1753）【汉】阿特迪草属。【隶属】伞形花科（伞形科）Apiaceae（Umbelliferae）。【包含】世界 1 种。【学名诠释与讨论】〈阴〉（人）Artedi。【分布】亚洲西部。【后选模式】Artedia squamata Linnaeus。■☆

4307　Artemisia L.（1753）【汉】蒿属（艾蒿属，艾属）。【日】ヨモギ属。【俄】Артемизия, Полынь。【英】Artemisia, Felon – herb, Mugwort, Ragweed, Sage, Sagebrush, Sailor's – tobacco, Silver Mound, Wormwood。【隶属】菊科 Asteraceae（Compositae）//蒿科 Artemisiaceae。【包含】世界 300-522 种，中国 187-199 种。【学名诠释与讨论】〈阴〉（希）Artemis, 希腊神话中一女神名，常被认为与罗马神话中的月亮和狩猎女神狄安娜（Diana）是同一个神。可用于妇女病。【分布】巴基斯坦，巴拉圭，秘鲁，玻利维亚，厄瓜多尔，哥伦比亚（安蒂奥基亚），美国（密苏里），尼加拉瓜，中国，北温带，非洲南部，南美洲，中美洲。【后选模式】Artemisia vulgaris Linnaeus。【参考异名】Abrotanum Duhamel（1755）；Abrotanum L.；Abrotanum Mill.（1754）Nom. illegit.；Absinthium L.（1753）；Absinthium Mill.（1754）；Absinthium Tourn. ex L.（1753）；Artanacetum（Rzazade）Rzazade（1956）；Artemisiastrum Rydb.（1916）；Chamartemisia Rydb.（1916）；Delwiensia W. A. Weber et R. C. Wittmann（2009）；Draconia Fabr.（1759）Nom. illegit.；Draconia Heist. ex Fabr.（1759）；Dracunculus Ledeb.（1845）Nom. illegit.；Mausolea Bunge ex Podlech（1986）Nom. illegit.；Mausolea Bunge ex Poljakov（1961）Nom. inval.；Mausolea Poljakov（1961）Nom. illegit.；Oligosporus Cass.（1817）；Picrothamnus Nutt.（1841）；Seriphidium Fourr.（1869）Nom. illegit.；Vesicarpa Rydb.（1916）●■

4308　Artemisiaceae Mertinov（1820）［亦见 Asteraceae Bercht. et J. Presl（保留科名）//Compositae Giseke（保留科名）菊科］【汉】蒿科。【包含】世界 7 属 366-658 种，中国 3 属 220-232 种。【分布】北温带，非洲南部，南美洲。【科名模式】Artemisia L. ●■

4309　Artemisiastrum Rydb.（1916）= Artemisia L.（1753）［菊科 Asteraceae（Compositae）//蒿科 Artemisiaceae］●■

4310　Artemisiella Ghafoor（1992）【汉】小蒿属（冻原白蒿属）。【隶属】菊科 Asteraceae（Compositae）。【包含】世界 1 种，中国 1 种。【学名诠释与讨论】〈阴〉（属）Artemisia 蒿属+ – ellus, – ella,

–ellum,加在名词词干后面形成指小式的词尾。或加在人名、属名等后面以组成新属的名称。【分布】中国,喜马拉雅山。【模式】Artemisiella stracheyi (Hook. f. et Thoms. ex Clarke) Ghafoor。■

4311 Artemisiopsis S. Moore(1902)【汉】蒿绒草属。【隶属】菊科 Asteraceae(Compositae)。【包含】世界1种。【学名诠释与讨论】〈阴〉(属) Artemisia 蒿属 + 希腊文 opsis,外观,模样,相似。【分布】热带非洲南部。【模式】Artemisiopsis linearis S. M. Moore。●☆

4312 Artenema G. Don(1839)= Artanema D. Don(1834)(保留属名)[玄参科 Scrophulariaceae//婆婆纳科 Veronicaceae]■☆

4313 Arthostema Neck.(1790)Nom. inval. = Gnetum L.(1767)[买麻藤科(倪藤科)Gnetaceae]●

4314 Arthraerua(Kuntze)Schinz.(1894)【汉】无叶苋属。【隶属】苋科 Amaranthaceae。【包含】世界1种。【学名诠释与讨论】〈阴〉(希) arthron,关节 +(属)Aerva 白花苋属。此属的学名,ING 和 TROPICOS 记载是"Arthraerua(O. Kuntze)Schinz in Engler et Prantl, Nat. Pflanzenfam. 3(la):105,109. Aug 1893",由"Aerva sect. Arthraerua O. Kuntze, Jahrb. Königl. Bot. Gart. Berlin 4:272. 1886"改级而来;而 IK 则记载为"Arthraerua Schinz, Nat. Pflanzenfam.[Engler et Prantl]iii. 1 a.(1894)109"。三者引用的文献相同。【分布】非洲西南部。【后选模式】Arthraerua leubnitziae(O. Kuntze)Schinz[Aerva leubnitziae O. Kuntze]。【参考异名】Aerva sect. Arthraerua Kuntze(1886);Arthraerua Schinz(1894)Nom. illegit.■☆

4315 Arthraerua Schinz(1894)Nom. illegit. = Arthraerua(Kuntze)Schinz.(1894)[苋科 Amaranthaceae]■☆

4316 Arthragrostis Lazarides(1985)【汉】北澳黍属。【隶属】禾本科 Poaceae(Gramineae)。【包含】世界1种。【学名诠释与讨论】〈阴〉(希) arthron,关节 + Agrostis 剪股颖属(小糠草属)。【分布】澳大利亚(东北部)。【模式】Arthragrostis deschampsioides(K. Domin)M. Lazarides[Panicum deschampsioides K. Domin]■☆

4317 Arthratherum P. Beauv.(1812)Nom. illegit. = Aristida L.(1753)[禾本科 Poaceae(Gramineae)]■

4318 Arthraxella Nakai(1952)= Psittacanthus Mart.(1830)[桑寄生科 Loranthaceae]●

4319 Arthraxon(Eichler)Tiegh.(1895)Nom. illegit. ≡ Arthraxella Nakai(1952);~ = Psittacanthus Mart.(1830)[桑寄生科 Loranthaceae]●☆

4320 Arthraxon P. Beauv.(1812)【汉】荩草属。【日】コブナグサ属。【俄】Артраксон, Членистоостник。【英】Arthraxon, Ungeargrass。【隶属】禾本科 Poaceae(Gramineae)。【包含】世界22-26种,中国12-15种。【学名诠释与讨论】〈阳〉(希) arthron,关节 + axon,轴。穗轴逐节脱落。此属的学名,ING、APNI、GCI、TROPICOS 和 IK 记载是"Arthraxon P. Beauv., Ess. Agrostogr. 111. 1812[Dec 1812]"。桑寄生科的"Arthraxon(Eichler)Van Tieghem, Bull. Soc. Bot. France 42:352. 1895 ≡ Arthraxella Nakai(1952)= Psittacanthus Mart.(1830)"则是晚出的非法名称。"Arthraxon Tiegh., Bull. Soc. Bot. France 42:352. 1895"的命名人引证有误。"Arthraxella Nakai, Bull. Natl. Sci. Mus. 31:46. Mar 1952"是"Arthraxon(Eichler)Tiegh.(1895)[桑寄生科 Loranthaceae]"的替代名称。"Bathratherum Hochst., Flora 39:177. 1856"和"Bathratherum Nees(1835)Nom. illegit."是"Batratherum C. G. D. Nees, Edinburgh New Philos. J. 18:180. Jan 1835"的拼写变体。【分布】巴基斯坦,哥斯达黎加,马达加斯加,毛里求斯,美国(密苏里),尼加拉瓜,日本,印度至马来西亚,中国,热带非洲,中美洲。【模式】Arthraxon ciliare Palisot de Beauvois。【参考异名】Alectoridia A. Rich.(1850);Barthratherum Andersson(1852);Bathratherum Nees(1835)Nom. illegit.;Batratherum Nees(1835);

Lasiolytrum Steud.(1846);Lucaea Kunth(1831);Pleuroplitis Trin.(1820);Psilopogon Hochst.(1841)■

4321 Arthraxon Tiegh.(1895)Nom. illegit. ≡ Arthraxon(Eichler)Tiegh.(1895)Nom. illegit.;~ ≡ Arthraxella Nakai(1952);~ = Psittacanthus Mart.(1830)[桑寄生科 Loranthaceae]●☆

4322 Arthrocarpum Balf. f.(1882)【汉】节果豆属。【隶属】豆科 Fabaceae(Leguminosae)//蝶形花科 Papilionaceae。【包含】世界2种。【学名诠释与讨论】〈中〉(希) arthron,关节 + karpos,果实。【分布】也门(索科特拉岛),索马里。【模式】Arthrocarpum gracile I. B. Balfour。●☆

4323 Arthrocereus(A. Berger)A. Berger(1929)Nom. illegit.(废弃属名)≡ Arthrocereus A. Berger(1929)(保留属名)[仙人掌科 Cactaceae]●☆

4324 Arthrocereus A. Berger et F. M. Knuth, Nom. illegit.(废弃属名)≡ Arthrocereus A. Berger(1929)(保留属名)[仙人掌科 Cactaceae]●☆

4325 Arthrocereus A. Berger(1929)(保留属名)【汉】关节柱属(关节仙人柱属)。【日】アルスロセレウス属。【隶属】仙人掌科 Cactaceae。【包含】世界5种。【学名诠释与讨论】〈阳〉(希) arthron,关节 +(属)Cereus 仙影掌属。此属的学名"Arthrocereus A. Berger, Kakteen:337. Jul–Aug 1929"是保留属名。法规未列出相应的废弃属名。但是仙人掌科 Cactaceae 的"Arthrocereus(A. Berger)A. Berger(1929)≡ Arthrocereus A. Berger(1929)(保留属名)"和"Arthrocereus A. Berger et F. M. Knuth ≡ Arthrocereus A. Berger(1929)(保留属名)"应予废弃。【分布】巴西。【模式】'Cereus damazoi'。【参考异名】Acanthopetalus Y. Ito(1957)Nom. illegit.;Arthrocereus(A. Berger)A. Berger(1929)Nom. illegit.(废弃属名);Arthrocereus A. Berger et F. M. Knuth, Nom. illegit.(废弃属名);Pilopsis Y. Ito, Nom. inval.;Setiechinopsis(Backeb.)de Haas(1940);Setiechinopsis Backeb.(1950)Nom. illegit.;Setiechinopsis Backeb. ex de Hass(1940)Nom. illegit.●☆

4326 Arthrochilium(Irmisch)Beck(1890)= Epipactis Zinn(1757)(保留属名)[兰科 Orchidaceae]■

4327 Arthrochilium Beck(1890)Nom. illegit. ≡ Arthrochilium(Irmisch)Beck(1890);~ = Epipactis Zinn(1757)(保留属名)[兰科 Orchidaceae]■

4328 Arthrochilium Irmisch, Nom. illegit. ≡ Arthrochilium(Irmisch)Beck(1890);~ = Epipactis Zinn(1757)(保留属名)[兰科 Orchidaceae]■

4329 Arthrochilus F. Muell.(1858)【汉】节唇兰属。【隶属】兰科 Orchidaceae。【包含】世界10种。【学名诠释与讨论】〈阳〉(希) arthron,关节 + cheilos,唇。亦有文献把"Arthrochilus F. Muell.(1858)"处理为"Spiculaea Lindl.(1839)"的异名。【分布】澳大利亚。【模式】Arthrochilus irritabilis F. v. Mueller。【参考异名】Phoringopsis D. L. Jones et M. A. Clem.(2002);Spiculaea Lindl.(1839)■☆

4330 Arthrochlaena Benth.(1881)Nom. illegit. ≡ Arthrochlaena Boiv. ex Benth.(1881);~ = Sclerodactylon Stapf(1911)[禾本科 Poaceae(Gramineae)]■☆

4331 Arthrochlaena Boiv. ex Benth.(1881)= Sclerodactylon Stapf(1911)[禾本科 Poaceae(Gramineae)]■☆

4332 Arthrochloa Lorch(1960)Nom. illegit. hNormanboria Butzin(1978);~ = Acrachne Wight et Arn. ex Chiov.(1907);~ = Dactyloctenium Willd.(1809)[禾本科 Poaceae(Gramineae)]■

4333 Arthrochloa R. Br.(1823)Nom. illegit. = Holcus L.(1753)(保留属名)[禾本科 Poaceae(Gramineae)]■

4334 Arthrochloa Schult.(1827)Nom. illegit. = Holcus L.(1753)(保

留属名)〔禾本科 Poaceae(Gramineae)〕■

4335　Arthrochortus Lowe(1856)= Lolium L.(1753)〔禾本科 Poaceae(Gramineae)〕■

4336　Arthroclianthus Baill.(1870)【汉】节花豆属(新喀豆属,新耀花豆属)。【隶属】豆科 Fabaceae(Leguminosae)。【包含】世界 10-20 种。【学名诠释与讨论】〈阳〉(希)arthron,关节 + (属)Clianthus 鹦鹉嘴属(沙耀花豆属,所罗豆属,耀花豆属,原耀花豆属)。【分布】法属新喀里多尼亚。【模式】Arthroclianthus sanguineus Baillon。■☆

4337　Arthrocnemum Moq.(1840)【汉】大苞盐节木属(节藜属)。【英】Glasswort。【隶属】藜科 Chenopodiaceae。【包含】世界 3-20 种,中国 1 种。【学名诠释与讨论】〈中〉(希)arthron,关节 + kneme,节间。knemis,所有格 knemidos,胫衣,脚绊。knema,所有格 knematos,碎片,碎屑,刨花。山的肩状突出部分。指花枝具关节。【分布】巴基斯坦,巴勒斯坦,地中海至澳大利亚,马达加斯加,中国。【后选模式】Arthrocnemum fruticosum(Linnaeus)Moquin-Tandon〔Salicornia fruticosa Linnaeus〕●

4338　Arthrolepis Boiss.(1849)= Achillea L.(1753)〔菊科 Asteraceae(Compositae)〕■

4339　Arthrolobium Rchb.(1828)= Artrolobium Desv.(1813)Nom. illegit.;~ = Ornithopus L.(1753)〔豆科 Fabaceae(Leguminosae)〕■☆

4340　Arthrolobus Andrz. ex DC.(1821)= Rapistrum Crantz(1769)(保留属名)〔十字花科 Brassicaceae(Cruciferae)〕■☆

4341　Arthrolobus Steven ex DC.(1821)= Sterigma DC.(1821)Nom. illegit.;~ = Sterigmostemum M. Bieb.(1819)〔十字花科 Brassicaceae(Cruciferae)〕■

4342　Arthrolophis(Trin.)Chiov.(1917)Nom. illegit. = Andropogon L.(1753)(保留属名)〔禾本科 Poaceae(Gramineae)//须芒草科 Andropogonaceae〕■

4343　Arthrolophis Chiov.(1917)Nom. illegit. ≡ Arthrolophis(Trin.)Chiov.(1917)Nom. illegit.;~ = Andropogon L.(1753)(保留属名)〔禾本科 Poaceae(Gramineae)//须芒草科 Andropogonaceae〕■

4344　Arthromischus Thwaites(1858)= Paramignya Wight(1831)〔芸香科 Rutaceae〕●

4345　Arthrophyllum Blume(1826)【汉】节叶属(节叶五加属)。【隶属】五加科 Araliaceae。【包含】世界 31 种。【学名诠释与讨论】〈中〉(希)arthron,关节 + phyllon,叶子。此属的学名,ING、TROPICOS 和 IK 记载是“Arthrophyllum Blume, Bijdr. Fl. Ned. Ind. 15:878. 1826〔Jul-Dec 1826〕”。紫葳科 Bignoniaceae 的“Arthrophyllum Bojer ex A. P. de Candolle, Biblioth. Universelle Genève ser. 2. 17:134. Sep 1838”是晚出的非法名称;它已经被“Phyllarthron DC.(1840)”所替代。“Arthrophyllum Bojer, Hortus Maurit. 221(1837)≡ Arthrophyllum Bojer ex A. DC.(1838)Nom. illegit.”是一个未合格发表的名称(Nom. inval.)。【分布】印度至马来西亚。【模式】未指定。【参考异名】Eremopanax Baill.(1878);Mormoraphis Jack ex Wall.(1831-1832);Nesodoxa Calest.(1905)●☆

4346　Arthrophyllum Bojer(1837)Nom. illegit. ≡ Arthrophyllum Bojer ex A. DC.(1838)Nom. illegit.;~ ≡ Phyllarthron DC.(1840)〔紫葳科 Bignoniaceae〕●☆

4347　Arthrophyllum Bojer ex A. DC.(1838)Nom. illegit. ≡ Phyllarthron DC.(1840)〔紫葳科 Bignoniaceae〕●☆

4348　Arthrophytum Schrenk(1845)【汉】节节木属。【俄】Саксаульчик。【英】Arthrophytum, Nodosetree。【隶属】藜科 Chenopodiaceae。【包含】世界 9-20 种,中国 3 种。【学名诠释与讨论】〈中〉(希)arthron,关节 + phyton,植物,树木,枝条。指枝具

关节。【分布】中国,亚洲中部。【模式】Arthrophytum subulifolium A. G. Schrenk。●

4349　Arthropodium R. Br.(1810)【汉】龙舌百合属。【英】Chocolate Lily。【隶属】百合科 Liliaceae//吊兰科(猴面包科,猴面包树科)Anthericaceae//点柱花科 Lomandraceae。【包含】世界 8-20 种。【学名诠释与讨论】〈中〉(希)arthron,关节 + pous,所有格 podos,指小式 podion,脚,足,柄,梗。【分布】澳大利亚,马达加斯加,法属新喀里多尼亚,新西兰。【模式】未指定。【参考异名】Anthropodium Sims(1816)■☆

4350　Arthropogon Nees(1829)【汉】节芒草属。【隶属】禾本科 Poaceae(Gramineae)。【包含】世界 7 种。【学名诠释与讨论】〈阳〉(希)arthron,关节 + pogon,所有格 pogonos,指小式 pogonion,胡须,髯毛,芒。【分布】巴西,玻利维亚。【模式】Arthropogon villosus C. G. D. Nees。【参考异名】Achlaena Griseb.(1866)■☆

4351　Arthrosamanea Britton et Rose ex Britton et Killip(1936)Nom. illegit. ≡ Arthrosamanea Britton et Rose(1936)〔豆科 Fabaceae(Leguminosae)//含羞草科 Mimosaceae〕●☆

4352　Arthrosamanea Britton et Rose(1936)【汉】节雨树属。【隶属】豆科 Fabaceae(Leguminosae)//含羞草科 Mimosaceae。【包含】世界 10 种。【学名诠释与讨论】〈阴〉(希)arthron,关节 + (属)Samanea 雨树属。此属的学名,ING 和 IK 记载是“Arthrosamanea N. L. Britton et J. N. Rose, Ann. New York Acad. Sci. 35:128. 7 Apr 1936”。GCI 则记载为“Arthrosamanea Britton ex Britton et Killip, Ann. New York Acad. Sci. 35:128. 1936”。三者引用的文献相同。亦有文献把“Arthrosamanea Britton et Rose(1936)”处理为“Albizia Durazz.(1772)”的异名。【分布】玻利维亚,热带美洲。【模式】Arthrosamanea pistaciaefolia(Willdenow)Britton et J. N. Rose〔Mimosa pistaciaefolia Willdenow〕。【参考异名】Albizia Durazz.(1772);Arthrosamanea Britton et Rose ex Britton et Killip(1936)Nom. illegit.●☆

4353　Arthrosia(Luer)Luer(2006)= Pleurothallis R. Br.(1813)〔兰科 Orchidaceae〕■☆

4354　Arthrosolen C. A. Mey.(1843)= Gnidia L.(1753)〔瑞香科 Thymelaeaceae〕●☆

4355　Arthrosprion Hassk.(1855)= Acacia Mill.(1754)(保留属名)〔豆科 Fabaceae(Leguminosae)//含羞草科 Mimosaceae//金合欢科 Acaciaceae〕●■

4356　Arthrostachya Link(1827)= Gaudinia P. Beauv.(1812)〔禾本科 Poaceae(Gramineae)〕■☆

4357　Arthrostachys Desv.(1831)= Andropogon L.(1753)(保留属名)〔禾本科 Poaceae(Gramineae)//须芒草科 Andropogonaceae〕■

4358　Arthrostemma DC.(1828)Nom. illegit. = Brachyotum(DC.)Triana ex Benth.(1867)〔野牡丹科 Melastomataceae〕●☆

4359　Arthrostemma Naudin(1850)Nom. illegit. = Pterolepis(DC.)Miq.(1840)(保留属名)〔野牡丹科 Melastomataceae〕●■☆

4360　Arthrostemma Pav. ex D. Don(1823)【汉】节冠野牡丹属。【隶属】野牡丹科 Melastomataceae。【包含】世界 4 种。【学名诠释与讨论】〈中〉(希)arthron,关节 + stemma,所有格 stemmatos,花冠,花环,王冠。此属的学名,ING、TROPICOS 和 GCI 记载是“Arthrostemma Pavón ex D. Don, Mem. Wern. Nat. Hist. Soc. 4:298. Mai 1823”。野牡丹科 Melastomataceae 的“Arthrostemma DC., Prodr.〔A. P. de Candolle〕3:134, pro parte. 1828〔mid Mar 1828〕= Brachyotum(DC.)Triana ex Benth.(1867)”和“Arthrostemma Naudin, Ann. Sci. Nat., Bot. sér. 3, 13:355. 1850〔Jun 1850〕= Pterolepis(DC.)Miq.(1840)(保留属名)”是晚出的非法名称。【分布】巴拿马,秘鲁,玻利维亚,厄瓜多尔,哥伦比亚(安蒂奥基亚),哥斯达黎加,墨西哥,尼加拉瓜,西印度群岛,中美洲。【模

式】Arthrostemma ciliatum Pavón ex D. Don。【参考异名】Heteronema Rchb. (1828); Heteronoma DC. (1828)■☆

4361　Arthrostygma Steud. (1840) = Petrophile R. Br. ex Knight(1809) [山龙眼科 Proteaceae]●☆

4362　Arthrostylidium Rupr. (1840)【汉】芦柱竹属(内门竹属)。【隶属】禾本科 Poaceae(Gramineae)。【包含】世界 20-25 种。【学名诠释与讨论】〈中〉(希)arthron, 关节+stylos =拉丁文 style, 花柱, 中柱, 有尖之物, 桩, 柱, 支持物, 支柱, 石头做的界标+-idius, -idia, -idium, 指示小的词尾。【分布】巴拿马, 秘鲁, 玻利维亚, 厄瓜多尔, 哥伦比亚(安蒂奥基亚), 哥斯达黎加, 尼加拉瓜, 西印度群岛, 热带美洲, 中美洲。【后选模式】Arthrostylidium cubense Ruprecht。【参考异名】Aulonemia Goudot(1846)●☆

4363　Arthrostylis Boeck. (1872) Nom. illegit. = Actinoschoenus Benth. (1881) [莎草科 Cyperaceae]■

4364　Arthrostylis R. Br. (1810)【汉】节柱莎草属。【隶属】莎草科 Cyperaceae。【包含】世界 1 种。【学名诠释与讨论】〈阴〉(希) arthron, 关节 + stylos =拉丁文 style, 花柱。【分布】澳大利亚。【模式】Arthrostylis aphylla R. Brown。【参考异名】Anthrostylis D. Dietr. (1839)☆

4365　Arthrotaxidaceae Lotsy (1838) = Cupressaceae Gray(保留科名)●

4366　Arthrotaxis Endl. (1841) Nom. inval. = Athrotaxis D. Don(1838) [杉科(落羽杉科)Taxodiaceae//澳大利亚杉科 Athrotaxidaceae]●☆

4367　Arthrothamnus Klotzsch et Garcke(1859) = Euphorbia L. (1753) [大戟科 Euphorbiaceae]●■

4368　Arthrotrichum F. Muell. (1863) = Trichinium R. Br. (1810) [苋科 Amaranthaceae]■●☆

4369　Arthrozamia Rchb. (1828) = Encephalartos Lehm. (1834) [苏铁科 Cycadaceae//泽米苏铁科(泽米科)Zamiaceae]●☆

4370　Artia Guillaumin(1941)【汉】南亚夹竹桃属。【隶属】夹竹桃科 Apocynaceae。【包含】世界 7 种。【学名诠释与讨论】〈阴〉(希)artios, 完全的, 偶数的, 健康的。【分布】法属新喀里多尼亚, 马来半岛。【模式】未指定。●☆

4371　Artocarpaceae Bercht. et J. Presl(1820) = Moraceae Gaudich. (保留科名)●■

4372　Artocarpaceae R. Br. [亦见 Moraceae Gaudich. (保留科名)桑科]【汉】波罗蜜科。【包含】世界 1 属 50 种, 中国 1 属 14-20 种。【分布】印度-马来西亚, 东南亚。【科名模式】Artocarpus J. R. Forst. et G. Forst. (1775)(保留属名)●

4373　Artocarpus Forst. (废弃属名) = Artocarpus J. R. Forst. et G. Forst. (1775) (保留属名) [桑科 Moraceae//波罗蜜科 Artocarpaceae]●

4374　Artocarpus J. R. Forst. et G. Forst. (1775)(保留属名)【汉】波罗蜜属(菠萝蜜属, 桂木属, 面包树属, 木波罗属, 木菠萝属)。【日】アルトカルプス属, パンノキ属。【俄】Дерево хлебное。【英】Artocarpus, Bread Fruit Tree, Bread-fruit, Roman Wormwood。【隶属】桑科 Moraceae//波罗蜜科 Artocarpaceae。【包含】世界 50 种, 中国 14-20 种。【学名诠释与讨论】〈阳〉(希)artos, 面包, 盘+karpos, 果实。指果可食, 其味如面包。此属的学名“Artocarpus J. R. Forst. et G. Forst. , Char. Gen. Pl. :51. 29 Nov 1775”是保留属名。相应的废弃属名是桑科 Moraceae 的“Sitodium Parkinson, J. Voy. South Seas;45. Jul 1773 = Artocarpus J. R. Forst. et G. Forst. (1775)(保留属名)”。桑科 Moraceae 的“Artocarpus Forst. = Artocarpus J. R. Forst. et G. Forst. (1775)(保留属名)”、“Sitodium Banks ex Gaertn. , Fruct. Sem. Pl. i. 344. tt. 71, 72 (1788) = Radermachia Thunb. (1776)” 和 “Sitodium Parkinson, J. Voyage South Seas 45. 1773 = Artocarpus J. R. Forst. et G. Forst. (1775)(保留属名)”亦应废弃。“Saccus O. Kuntze, Rev. Gen. 2;633. 5 Nov 1891” 是 “Artocarpus J. R. Forst. et G. Forst. (1775)(保留属名)” 的晚出的同模式异名(Homotypic synonym, Nomenclatural synonym)。【分布】巴基斯坦, 巴拿马, 秘鲁, 玻利维亚, 厄瓜多尔, 哥伦比亚(安蒂奥基亚), 哥斯达黎加, 尼加拉瓜, 印度至马来西亚, 中国, 东南亚, 中美洲。【模式】Artocarpus communis J. R. Forster et J. G. A. Forster。【参考异名】Arctocarpus Blanco(1837); Artocarpus Forst. (废弃属名); Iridaps Comm. ex Pfeiff. ; Nangha Zipp. ex Macklot (1830) Nom. inval. ; Polyphema Lour. (1790); Rademachia Steud. (1821); Rademachia Thunb. (1776) Nom. illegit. ;Radermachia Thunb. (1776); Rima Sonn. (1776); Saccus Kuntze(1891) Nom. illegit. ; Saccus Rumph. (1741) Nom. inval. ; Saccus Rumph. ex Kuntze(1891) Nom. illegit. ; Sitodium Banks ex Gaertn. (1788) Nom. illegit. (废弃属名); Sitodium Parkinson (1773)(废弃属名);Tridaps Comm. ex Endl. ●

4375　Artomeria Breda = Eria Lindl. (1825)(保留属名) [兰科 Orchidaceae]■

4376　Artorhiza Raf. (1840) Nom. illegit. zBattata Hill (1765); ~ = Solanum L. (1753) [茄科 Solanaceae]■

4377　Artorima Dressler et G. E. Pollard(1971)【汉】裂盘兰属。【隶属】兰科 Orchidaceae。【包含】世界 1 种。【学名诠释与讨论】〈阴〉(希)artos, 面包, 盘+rima, 裂缝。【分布】墨西哥。【模式】Artorima erubescens (Lindley) R. L. Dressler et G. E. Pollard [Epidendrum erubescens Lindley]■☆

4378　Artrolobium Desv. (1813)【汉】地中海豆属。【隶属】豆科 Fabaceae(Leguminosae)//蝶形花科 Papilionaceae。【包含】世界 5 种。【学名诠释与讨论】〈中〉(希)arthron, 关节+lobos =拉丁文 lobulus, 片, 裂片, 叶, 荚, 蒴+-ius, -ia, -ium, 在拉丁文和希腊文中, 这些词尾表示性质或状态。此属的学名是“Artrolobium Desvaux, J. Bot. Agric. 1: 121. Mar 1813”; “Scorpius Medikus (1787) Nom. illegit. ”是“Artrolobium Desv. (1813)”的同模式异名(Homotypic synonym, Nomenclatural synonym)。亦有文献把“Artrolobium Desv. (1813)”处理为“Coronilla L. (1753)(保留属名)”或“Ornithopus L. (1753)”的异名。【分布】地中海地区。【模式】Scorpius scorpioides (Linnaeus)Medikus [as 'scorpiodes'] [Ornithopus scorpioides Linnaeus]。【参考异名】Arthrolobium Rchb. (1828); Astrolobium DC. (1825); Coronilla L. (1753)(保留属名); Ornithopus L. (1753); Scorpius Medik. (1787) Nom. illegit. ■☆

4379　Aruana Burm. f. (1769) = Myristica Gronov. (1755)(保留属名) [肉豆蔻科 Myristicaceae]●

4380　Aruba Aubl. (1775) = Quassia L. (1762) [苦木科 Simaroubaceae]●☆

4381　Aruba Nees et Mart. (1823) Nom. illegit. = Almeidea A. St. -Hil. (1823) [芸香科 Rutaceae]●☆

4382　Arum L. (1753)【汉】疆南星属(黄苞芋属, 箭芋属)。【日】アラム属。【俄】Аройник, Ароник, Аронник, Арум, Борода ааронова。【英】Arum, Arum Lily, Cuckoo Pint, Lords and Ladies, Lords-and-ladies, Wake robin, Wild Ginger, Yellow Calla。【隶属】天南星科 Araceae。【包含】世界 15-26 种, 中国 2 种。【学名诠释与讨论】〈中〉(希)aron, 一种白星海芋的希腊名称。【分布】巴基斯坦, 玻利维亚, 美国, 地中海地区, 欧洲。【后选模式】Arum maculatum Linnaeus。【参考异名】Gymnomesium Schott(1855)■☆

4383　Aruna Schreb. (1789) = Arouna Aubl. (1775); ~ = Dialium L. (1767) [豆科 Fabaceae (Leguminosae)//云实科(苏木科) Caesalpiniaceae]●☆

4384　Aruncus Adans. (1763) Nom. illegit. = Aruncus L. (1758) [蔷薇科 Rosaceae]●■

4385　Aruncus L.（1758）【汉】假升麻属（棣棠升麻属）。【日】ヤマブキショウマ属。【俄】Арункус，Волжанка，Таволжник。【英】Buck's-beard，Goat's Beard，Goat's-beard，Goatsbeard。【隶属】蔷薇科 Rosaceae。【包含】世界 3-6 种，中国 2 种。【学名诠释与讨论】〈阳〉（拉）aruncus，一种植物名，含义为山羊胡子。指花序形状。此属的学名，ING、APNI、GCI、TROPICOS 和 IK 记载是" Aruncus L.，Opera Var. 259. 1758"。蔷薇科 Rosaceae 的" Aruncus Zinn，Cat. Pl. Gott. 119（1757）"是一个未合格发表的名称（Nom. inval.）。" Aruncus Adans.（1763）Nom. illegit."则是晚出的非法名称。【分布】美国，中国，北温带。【模式】Aruncus sylvester V. F. Kosteletzky。【参考异名】Aruncus Adans.（1763）Nom. illegit.；Aruncus Zinn（1757）Nom. inval.；Drymopogon Fabr.；Pleiosepalum Hand.-Mazz.（1922）●■

4386　Aruncus Zinn（1757）Nom. inval. ≡ Aruncus Adans.（1763）Nom. illegit. ；~ = Aruncus L.（1758）［蔷薇科 Rosaceae］●■

4387　Arundarbor Kuntze（1891）Nom. illegit. ≡ Arundarbor Rumph. ex Kuntze（1891）；~ = Bambusa Schreb.（1789）（保留属名）；~ = Donax Lour.（1790）+ Clinogyne Salisb. ex Benth.（1883）+ Marantochloa Brongn. ex Gris（1860）［禾本科 Poaceae（Gramineae）］●

4388　Arundarbor Rumph.（1743）Nom. inval. ≡ Arundarbor Rumph. ex Kuntze（1891）；~ = Bambusa Schreb.（1789）（保留属名）；~ = Donax Lour.（1790）+ Clinogyne Salisb. ex Benth.（1883）+ Marantochloa Brongn. ex Gris（1860）［禾本科 Poaceae（Gramineae）］●

4389　Arundarbor Rumph. ex Kuntze（1891）= Bambusa Schreb.（1789）（保留属名）；~ = Donax Lour.（1790）+Clinogyne Salisb. ex Benth.（1883）+ Marantochloa Brongn. ex Gris（1860）［禾本科 Poaceae（Gramineae）//箣竹科 Bambusaceae］●

4390　Arundastrum Kuntze（1891）Nom. illegit. ≡ Arundastrum Rumph. ex Kuntze（1891）；~ ≡ Donax Lour.（1790）；~ = Donax Lour.（1790）+Clinogyne Salisb. ex Benth.（1883）+Marantochloa Brongn. ex Gris（1860）［竹芋科（莨科，柊叶科）Marantaceae］■

4391　Arundastrum Rumph. ex Kuntze（1891）Nom. illegit. ≡ Donax Lour.（1790）［竹芋科（莨科，柊叶科）Marantaceae］■

4392　Arundina Blume（1825）【汉】竹叶兰属（苇草兰属）。【日】アルンディナ属，ナリヤラン属。【俄】Арундинелла。【英】Arundina。【隶属】兰科 Orchidaceae。【包含】世界 2 种，中国 1 种。【学名诠释与讨论】〈阴〉（拉）arundo，芦苇的古拉丁名，或 Arundo 芦竹属+-inus，-ina，-inum，拉丁文加在名词词干之后，以形成形容词的词尾，含义为"属于、相似、关于、小的"。指其茎秆形似芦苇。【分布】斯里兰卡，印度至马来西亚，中国，东南亚。【后选模式】Arundina speciosa Blume。【参考异名】Arnedina Rchb.（1841）Nom. illegit. ；Arnedina Rchb. f.，Nom. illegit. ■

4393　Arundinaceae（Dumort.）Herter ＝Gramineae Juss.（保留科名）//Poaceae Barnhart（保留科名）■●

4394　Arundinaceae（Kunth）Herter ＝ Gramineae Juss.（保留科名）//Poaceae Barnhart（保留科名）■●

4395　Arundinaceae Bercht. et J. Presl（1820）Nom. inval. ＝ Gramineae Juss.（保留科名）//Poaceae Barnhart（保留科名）■●

4396　Arundinaceae Burmeist.（1837）＝Gramineae Juss.（保留科名）//Poaceae Barnhart（保留科名）■●

4397　Arundinaceae Döll ＝ Gramineae Juss.（保留科名）//Poaceae Barnhart（保留科名）■●

4398　Arundinaceae Herter ＝ Gramineae Juss.（保留科名）//Poaceae Barnhart（保留科名）●■

4399　Arundinaria Michx.（1803）【汉】青篱竹属（北美箭竹属）。【日】アズマザサ属，メダケ属。【俄】Арундинария，Камышовка。【英】Bamboo，Cane，Canebrake，Fern-leaf Bamboo。【隶属】禾本科 Poaceae（Gramineae）//青篱竹科 Arundinariaceae。【包含】世界 8-150 种，中国 5-22 种。【学名诠释与讨论】〈阴〉（拉）arindo，芦苇的古拉丁名，或 Arundo 芦竹属+-arius，-aria，-arium，指示"属于、相似、具有、联系"的词尾。此属的学名，ING、APNI、GCI、TROPICOS 和 IK 记载是" Arundinaria Michx.，Fl. Bor. - Amer.（Michaux）1；73. 1803［19 Mar 1803］"。" Miegia Persoon，Syn. Pl. 1；101. 1 Apr-15 Jun 1805（non Schreber 1791）"、" Ludolfia Willdenow，Ges. Naturf. Freunde Berlin Mag. Neuesten Entdeck. Gesammten Naturk. 2；320. 1808（non Adanson 1763）"和" Macronax Rafinesque，Med. Repos. ser. 2. 5；353. Feb-Apr 1808"是" Arundinaria Michx.（1803）"的晚出的同模式异名（Homotypic synonym，Nomenclatural synonym）。【分布】巴基斯坦，玻利维亚，马达加斯加，美国（密苏里），中国，中美洲。【模式】Arundinaria macrosperma A. Michaux。【参考异名】Bashania P. C. Keng et T. P. Yi（1982）；Butania P. C. Keng（1982）；Clavinodum T. H. Wen（1984）；Ludolfia Willd.（1808）Nom. illegit. ；Ludolphia Willd.（1808）Nom. illegit. ；Macronax Raf.（1808）Nom. illegit. ；Miagia Raf. ；Miegia Pers.（1805）Nom. illegit. ；Nipponocalamus Nakai（1942）；Oligostachyum Z. P. Wang et G. H. Ye（1982）；Omeiocalamus P. C. Keng（1983）；Pleioblastus Nakai（1925）；Polyanthus C. H. Hu et Y. C. Hu（1991）；Sarocalamus Stapleton（2004）；Triglossum Fisch.（1812）；Triglossum Roem. et Schult. ；Tschompskia Asch. et Graebn.，Nom. inval. ●

4400　Arundinariaceae Baum. -Bod.［亦见 Gramineae Juss.（保留科名）//Poaceae Barnhart（保留科名）禾本科］【汉】青篱竹科。【包含】世界 3 属 68-220 种，中国 3 属 37-66 种。【分布】温暖地区。【科名模式】Arundinaria Michx.（1803）●

4401　Arundinella Raddi（1823）【汉】野古草属（野牡草属）。【日】トダシバ属。【俄】Арундинелла，Полевица обыкновенная。【英】Arundinella。【隶属】禾本科 Poaceae（Gramineae）//野古草科 Arundinellaceae。【包含】世界 55-60 种，中国 20-25 种。【学名诠释与讨论】〈阴〉（属）arundo，芦苇的古拉丁名，或 Arundo 芦竹属+-ellus，-ella，-ellum，加在名词词干后面形成指小式的词尾。或加在人名、属名等后面以组成新属的名称。【分布】巴基斯坦，巴拿马，秘鲁，玻利维亚，厄瓜多尔，哥伦比亚（安蒂奥基亚），哥斯达黎加，马达加斯加，尼加拉瓜，中国，中美洲。【模式】Arundinella brasiliensis Raddi。【参考异名】Acratherum Link（1827）；Brandtia Kunth（1830）；Calamochloe Rchb.（1828）Nom. illegit. ；Chalynochlamys Franch. ；Goldbachia Trin.（1821）（废弃属名）；Riedelia Kunth（1833）Nom. illegit.（废弃属名）；Riedelia Trin. ex Kunth（1833）Nom. illegit.（废弃属名）；Thysanachne C. Presl（1829）■

4402　Arundinellaceae Herter［亦见 Gramineae Juss.（保留科名）//Poaceae Barnhart（保留科名）禾本科］【汉】野古草科。【包含】世界 1 属 20-60 种，中国 1 属 20-25 种。【分布】温热地带。【科名模式】Arundinella Raddi ■

4403　Arundinellaceae Stapf（1940）＝ Gramineae Juss.（保留科名）//Poaceae Barnhart（保留科名）■●

4404　Arundlnellaceae（Stapf）Herter ＝Gramineae Juss.（保留科名）//Poaceae Barnhart（保留科名）■●

4405　Arundo L.（1753）【汉】芦竹属（荻芦竹属）。【日】ダンチク属。【俄】Арундо。【英】Giant Reed，Giantreed，Great Reed。【隶属】禾本科 Poaceae（Gramineae）。【包含】世界 3-5 种，中国 2 种。【学名诠释与讨论】〈阴〉（拉）arundo，芦竹属的拉丁文名称。此属的学名，ING、APNI 和 GCI 记载是" Arundo L.，Sp. Pl. 1；81.

1753［1 May 1753］"。IK 则记载为"Arundo Tourn. ex L.，Sp. Pl. 1：81. 1753［1 May 1753］"。"Arundo Tourn."是命名起点著作之前的名称，故"Arundo L.（1753）"和"Arundo Tourn. ex L.（1753）"都是合法名称，可以通用。禾本科 Poaceae（Gramineae）"Arundo P. Beauv.，Ess. Agrostogr. 60. t. 13. f. 2（1812）= Phragmites Adans.（1763）"是晚出的非法名称。"Donax Palisot de Beauvois，Essai Agrost. 77，161. Dec 1812（non Loureiro 1790）"是"Arundo L.（1753）"的晚出的同模式异名（Homotypic synonym，Nomenclatural synonym）。【分布】巴基斯坦，秘鲁，玻利维亚，厄瓜多尔，哥伦比亚（安蒂奥基亚），哥斯达黎加，马达加斯加，美国（密苏里），尼加拉瓜，中国，中美洲。【后选模式】Arundo donax Linnaeus。【参考异名】Amphidonax Nees ex Steud.（1854）；Amphidonax Nees（1836）Nom. inval.；Arundo Tourn. ex L.（1753）；Donacium Fr.（1843）Nom. illegit.；Donax P. Beauv.（1812）Nom. illegit.；Eudonax Fr.（1843）Nom. illegit.；Scolochloa Mert. et W. D. J. Koch（1823）（废弃属名）●

4406　Arundo P. Beauv.（1812）Nom. illegit. = Phragmites Adans.（1763）［禾本科 Poaceae（Gramineae）］■

4407　Arundo Tourn. ex L.（1753）≡ Arundo L.（1753）［禾本科 Poaceae（Gramineae）］●

4408　Arundoclaytonia Davidse et R. P. Ellis（1987）【汉】克莱东芦竹属。【隶属】禾本科 Poaceae（Gramineae）。【包含】世界 1 种。【学名诠释与讨论】〈阴〉（拉）arundo，芦苇的古拉丁名，或 Arundo 芦竹属+（人）John Clayton，1686-1773，美国医生，他曾在维吉尼亚采集植物标本。【分布】巴西。【模式】Arundoclaytonia dissimilis G. Davidse et R. P. Ellis。■☆

4409　Arungana Pers.（1806）= Haronga Thouars（1806）［菊科 Asteraceae（Compositae）］■☆

4410　Arunia Pers.（1797）= Brunia Lam.（1785）（保留属名）［鳞叶树科（布鲁尼科，小叶树科）Bruniaceae］●☆

4411　Arupsis Rojas ＝Spathicarpa Hook.（1831）［天南星科 Araceae］■☆

4412　Arversia Cambess.（1829）= Polycarpon Loefl. ex L.（1759）［石竹科 Caryophyllaceae］■

4413　Arviela Salisb.（1866）= Zephyranthes Herb.（1821）（保留属名）［石蒜科 Amaryllidaceae//葱莲科 Zephyranthaceae］■

4414　Arytera Blume（1849）【汉】滨木患属。【英】Arytera。【隶属】无患子科 Sapindaceae。【包含】世界 20-28 种，中国 1 种。【学名诠释与讨论】〈阴〉（希）aryter，杓，杯，勺。【分布】澳大利亚，印度至马来西亚，中国。【后选模式】Arytera litoralis Blume。【参考异名】Zygolepis Turcz.（1848）●

4415　Asacara Raf.（1825）= Gleditsia L.（1753）［豆科 Fabaceae（Leguminosae）//云实科（苏木科）Caesalpiniaceae］●

4416　Asaemia（Harv.）Benth.（1873）Nom. illegit. ≡ Asaemia（Harv.）Benth. et Hook. f.（1873）Nom. illegit.；~ ≡ Stilpnophyton Less.（1832）Nom. illegit.；~ ≡ Stilpnophytum Less.（1832）Nom. illegit.；~ = Athanasia L.（1763）［菊科 Asteraceae（Compositae）］●☆

4417　Asaemia（Harv.）Benth. et Hook. f.（1873）Nom. illegit. ≡ Stilpnophyton Less.（1832）Nom. illegit.；~ = Athanasia L.（1763）［菊科 Asteraceae（Compositae）］●☆

4418　Asaemia Harv.（1865）Nom. illegit. ≡ Asaemia（Harv.）Benth. et Hook. f.（1873）Nom. illegit.；~ ≡ Stilpnophyton Less.（1832）Nom. illegit.；~ = Athanasia L.（1763）［菊科 Asteraceae（Compositae）］●☆

4419　Asaemia Harv. ex Benth.（1873）Nom. illegit. ≡ Asaemia（Harv.）Benth. et Hook. f.（1873）Nom. illegit.；~ ≡ Stilpnophyton Less.（1832）Nom. illegit.；~ = Athanasia L.（1763）［菊科 Asteraceae（Compositae）］●☆

4420　Asaemia Harv. ex Benth. et Hook. f.（1873）Nom. illegit. ≡

Asaemia（Harv.）Benth. et Hook. f.（1873）Nom. illegit.；~ ≡ Stilpnophyton Less.（1832）Nom. illegit.；~ = Athanasia L.（1763）［菊科 Asteraceae（Compositae）］●☆

4421　Asagraea Baill.（1870）Nom. illegit. = Dalea L.（1758）（保留属名）；~ = Psorothamnus Rydb.（1919）［豆科 Fabaceae（Leguminosae）//蝶形花科 Papilionaceae］●☆

4422　Asagraea Lindl.（1839）= Sabadilla Brandt et Ratzeb.（1837）；~ = Schoenocaulon A. Gray（1837）［百合科 Liliaceae//黑药花科（藜芦科）Melanthiaceae］■☆

4423　Asamanthia（Stapf）Ridl. = Mussaenda L.（1753）［茜草科 Rubiaceae］●■

4424　Asanthus R. M. King et H. Rob.（1972）【汉】鳞叶肋泽兰属。【隶属】菊科 Asteraceae（Compositae）。【包含】世界 3 种。【学名诠释与讨论】〈阳〉（人）Asa Gray，1810-1888，美国植物学者+anthos，花。此属的学名是"Asanthus R. M. King et H. E. Robinson，Phytologia 24：66. 26 Sep 1972"。亦有文献把其处理为"Steviopsis R. M. King et H. Rob.（1971）"的异名。【分布】美国，墨西哥。【模式】Asanthus squamulosus（A. Gray）R. M. King et H. E. Robinson［Brickellia squamulosa A. Gray］。【参考异名】Steviopsis R. M. King et H. Rob.（1971）●☆

4425　Asaphes DC.（1825）= Toddalia Juss.（1789）（保留属名）；~ = Vepris Comm. ex A. Juss.（1825）［芸香科 Rutaceae//飞龙掌血科 Toddaliaceae］●☆

4426　Asaphes Spreng.（1827）Nom. illegit. = Morina L.（1753）［川续断科（刺参科，蓟叶参科，山萝卜科，续断科）Dipsacaceae//刺续断科（刺参科，蓟叶参科）Morinaceae］■

4427　Asaraceae Vent.（1799）［亦见 Aristolochiaceae Juss.（保留科名）马兜铃科］【汉】细辛科（杜蘅科）。【包含】世界 1 属 70 种。【分布】北温带。【科名模式】Asarum L.（1753）●

4428　Asarca Lindl.（1827）= Chloraea Lindl.（1827）；~ = Gavilea Poepp.（1833）［兰科 Orchidaceae］■☆

4429　Asarca Poepp. ex Lindl.（1827）Nom. illegit. ≡ Asarca Lindl.（1827）［兰科 Orchidaceae］■☆

4430　Asarina Mill.（1757）【汉】金鱼藤属（腋花金鱼草属）。【日】キリカヅラ属。【英】Asarina，Trailing Snapdragon，Wild Ginger。【隶属】玄参科 Scrophulariaceae//婆婆纳科 Veronicaceae。【包含】世界 1-15 种。【学名诠释与讨论】〈阴〉（属）Asarum 细辛属+-inus，-ina，-inum，拉丁文加在名词词干之后，以形成形容词的词尾，含义为"属于、相似、关于、小的"。另说 a-，无，不，从……分开+装饰。另说为 Antirrhinum 金鱼草属（龙头花属）一种植物的西班牙俗名。此属的学名，ING、APNI、IK 和 GCI 记载是"Asarina Mill.，The Gardeners Dictionary ed. 7 1757"。"Asarina Tourn. ex Mill.，Gard. Dict.，ed. 8. 1768［16 Apr 1768］"是晚出的非法名称。"Probatea Rafinesque，Aut. Bot. 157. 1840"是"Asarina Mill.（1757）"的晚出的同模式异名（Homotypic synonym，Nomenclatural synonym）。【分布】玻利维亚，缅甸，北美洲。【后选模式】Asarina procumbens P. Miller［Antirrhinum asarina Linnaeus］。【参考异名】Asarina Tourn. ex Mill.（1768）Nom. illegit.；Probatea Raf.（1840）Nom. illegit.■☆

4431　Asarina Tourn. ex Mill.（1768）Nom. illegit. = Asarina Mill.（1757）［玄参科 Scrophulariaceae//婆婆纳科 Veronicaceae］■☆

4432　Asarum L.（1753）【汉】细辛属。【日】カンアオイ属，カンアフヒ属，サイシン属，フタバアオイ属。【俄】Копытень。【英】Asarabaeca，Asarum，Wild Ginger，Wildginger，Wild-ginger。【隶属】马兜铃科 Aristolochiaceae//细辛科（杜蘅科）Asaraceae。【包含】世界 70-91 种，中国 45 种。【学名诠释与讨论】〈中〉（希）a-（a-在辅音字母前面，an-在元音字母前面）无，不+saron，枝。指

植物体无茎。【分布】美国,中国,北温带。【后选模式】Asarum europaeum Linnaeus。【参考异名】Asiasarum F. Maek.(1936); Geotaenium F. Maek.; Heterotropa C. Morren et Decne.(1834); Hexastylis Raf.(1825)Nom. illegit.; Homotropa Shuttlew. ex Small; Japonasarum Nakai(1936)■

4433 Ascalea Hill(1762)Nom. illegit. Carduus L.(1753); ~ = Carduus L.(1753)+Cirsium Mill.(1754)［菊科 Asteraceae(Compositae)//飞廉科 Carduaceae］■

4434 Ascalonicum P. Renault(1804)= Allium L.(1753)［百合科 Liliaceae//葱科 Alliaceae］■

4435 Ascania Crantz(1766)Nom. illegit. ≡ Patagonula L.(1753)［紫草科 Boraginaceae］●☆

4436 Ascanica B. D. Jacks. = Ascania Crantz(1766)Nom. illegit.; ~ = Patagonula L.(1753)［紫草科 Boraginaceae］●☆

4437 Ascanica Crantz(1766)Nom. illegit. = Patagonula L.(1753)［紫草科 Boraginaceae］●☆

4438 Ascaricida(Cass.)Cass.(1817)Nom. illegit. ≡ Baccharoides Moench(1794); ~ = Vernonia Schreb.(1791)(保留属名)［菊科 Asteraceae(Compositae)］●■

4439 Ascaricida Cass.(1817)Nom. illegit. ≡ Ascaricida(Cass.)Cass.(1817)Nom. illegit. ≡ Baccharoides Moench(1794); ~ = Vernonia Schreb.(1791)(保留属名)［菊科 Asteraceae(Compositae)//斑鸠菊科(绿菊科)Vernoniaceae］●■

4440 Ascaridia Rchb.(1841)= Ascaricida(Cass.)Cass.(1817)Nom. illegit.; ~ ≡ Baccharoides Moench(1794); ~ = Vernonia Schreb.(1791)(保留属名)［菊科 Asteraceae(Compositae)］●■

4441 Ascarina J. R. Forst. et G. Forst.(1775)【汉】蛔囊花属。【隶属】金粟兰科 Chloranthaceae。【包含】世界 12 种。【学名诠释与讨论】〈阴〉(希)askaris,蛔虫+-inus,-ina,-inum,拉丁文加在名词词干之后,以形成形容词的词尾,含义为"属于、相似、关于、小的"。指花药形状。【分布】马来西亚,新西兰,波利尼西亚群岛。【模式】Ascarina polystachya J. R. Forster et J. G. A. Forster。【参考异名】Ascarinopsis Humbert et Capuron(1955)●☆

4442 Ascarinopsis Humbert et Capuron(1955)【汉】类蛔囊花属。【隶属】金粟兰科 Chloranthaceae。【包含】世界 1 种。【学名诠释与讨论】〈阴〉(属)Ascarina 蛔囊花属+希腊文opsis,外观,模样,相似。此属的学名是"Ascarinopsis Humbert et Capuron, Compt. Rend. Hebd. Séances Acad. Sci. 240: 28. Jan–Jun 1955"。亦有文献把它处理为"Ascarina J. R. Forst. et G. Forst.(1775)"的异名。【分布】马达加斯加。【模式】Ascarinopsis coursii Humbert et Capuron。【参考异名】Ascarina J. R. Forst. et G. Forst.(1775)●☆

4443 Aschamia Salisb.(1866)Nom. illegit. ≡ Hippeastrum Herb.(1821)(保留属名)［石蒜科 Amaryllidaceae］■

4444 Aschenbornia S. Schauer(1847)= Calea L.(1763)［菊科 Asteraceae(Compositae)］●■☆

4445 Aschenfeldtia F. Muell.(1857)Nom. illegit. ≡ Aschenfeldtia F. Muell. ex Meisn.(1857); ~ = Pimelea Banks ex Gaertn.(1788)(保留属名)［金粟兰科 Chloranthaceae］●☆

4446 Aschenfeldtia F. Muell. ex Meisn.(1857)= Pimelea Banks ex Gaertn.(1788)(保留属名)［瑞香科 Thymelaeaceae］●☆

4447 Aschersonia F. Muell.(1878)Nom. illegit. ≡ Aschersonia F. Muell. ex Benth.(1878)Nom. illegit.; ~ = Halophila Thouars(1806)［水鳖科 Hydrocharitaceae//喜盐草科 Halophilaceae］■

4448 Aschersonia F. Muell. ex Benth.(1878)Nom. illegit. = Halophila Thouars(1806)［水鳖科 Hydrocharitaceae//喜盐草科 Halophilaceae］■

4449 Aschersoniodoxa Gilg et Muschl.(1909)【汉】山白花芥属。【隶属】十字花科 Brassicaceae(Cruciferae)。【包含】世界 3 种。【学名诠释与讨论】〈阴〉(人)Paul Friedrich August Ascherson,1834-1913,德国植物学者+doxa,光荣,光彩,华丽,荣誉,有名,显著。【分布】玻利维亚,安第斯山。【后选模式】Aschersoniodoxa mandoniana(H. A. Weddell)Gilg et Muschler［Draba mandoniana H. A. Weddell］■☆

4450 Aschistanthera C. Hansen(1987)【汉】全药野牡丹属。【隶属】野牡丹科 Melastomataceae。【包含】世界 1 种。【学名诠释与讨论】〈阴〉(希)a-,无,不+schistos,分开的,裂开的+anthera,花药。【分布】古巴。【模式】Aschistanthera cristanthera C. Hansen。☆

4451 Asciadium Griseb.(1866)【汉】古巴草属。【隶属】伞形花科(伞形科)Apiaceae(Umbelliferae)。【包含】世界 1 种。【学名诠释与讨论】〈阴〉(希)a-,无,不+skiadion,skiadeion,伞状花序,太阳伞。【分布】古巴。【模式】Asciadium coronopifolium Grisebach。☆

4452 Ascidieria Seidenf.(1984)【汉】囊兰属。【隶属】兰科 Orchidaceae。【包含】世界 6 种。【学名诠释与讨论】〈阴〉(希)askos,指小式 askidion,瓶子,囊+(属)Eria 毛兰属。【分布】泰国,马来半岛。【模式】Ascidieria longifolia(J. D. Hooker)G. Seidenfaden［Eria longifolia J. D. Hooker］■☆

4453 Ascidiogyne Cuatrec.(1965)【汉】瓶实菊属。【隶属】菊科 Asteraceae(Compositae)。【包含】世界 1-2 种。【学名诠释与讨论】〈阴〉(希)askos,指小式 askidion,瓶子,囊+gyne,所有格 gynaikos,雌性,雌蕊。【分布】秘鲁。【模式】Ascidiogyne wurdackii Cuatrecasas。☆

4454 Ascium Schreb.(1789)Nom. illegit. ≡ Norantea Aubl.(1775)［蜜囊花科(附生藤科)Marcgraviaceae//囊苞木科 Noranteaceae］●☆

4455 Ascium Vahl(1798)Nom. illegit. = Norantea Aubl.(1775)［蜜囊花科(附生藤科)Marcgraviaceae//囊苞木科 Noranteaceae］●☆

4456 Ascleia Raf.(1838)= Hydrolea L.(1762)(保留属名)［田基麻科(叶藏刺科)Hydroleaceae//田梗草科(田基麻科,田亚麻科)Hydrophyllaceae］■

4457 Asclepiadaceae Borkh.(1797)(保留科名)［亦见 Apocynaceae Juss.(保留科名)夹竹桃科］【汉】萝藦科(萝摩科)。【日】ガガイモ科,タウワタ科。【俄】Асклепиадовые,Ластовневые,Латочниковые。【英】Milkweed Family。【包含】世界 130-323 属 2000-3230 种,中国 41-51 属 240-340 种。【分布】热带和亚热带。【科名模式】Asclepias L.(1753)●■

4458 Asclepiadaceae Medikus ex Borkh. = Apocynaceae Juss.(保留科名); ~ = Asclepiadaceae Borkh.(保留科名)●■

4459 Asclepiadaceae R. Br. = Asclepiadaceae Borkh.(保留科名)●■

4460 Asclepias L.(1753)【汉】马利筋属(尖尾凤属,莲生桂子花属,莲生桂子属)。【日】タウワタ属,トウワタ属。【俄】Асклепиас,Ваточник,Ластовень,Трава эскулапова。【英】Asclepias,Butterfly Flower,Mildweed,Milkweed,Milkweed Rubber,Silkweed。【隶属】萝藦科 Asclepiadaceae。【包含】世界 100-120 种,中国 2 种。【学名诠释与讨论】〈阴〉(人)Askulap,古希腊医生。另说 Asclepiades,古罗马医生+-ias,希腊文词尾,表示关系密切。指本属植物可供药用。【分布】巴基斯坦,巴拉圭,巴拿马,秘鲁,玻利维亚,厄瓜多尔,哥伦比亚(安蒂奥基亚),马达加斯加,美国,尼加拉瓜,中国,中美洲。【后选模式】Asclepias syriaca Linnaeus。【参考异名】Acerates Elliott(1817)Nom. illegit.; Acerotis Raf.(1836); Anantherix Nutt.(1818); Anatherix Steud.(1821); Anthanotis Raf.(1817); Asclepiodella Small(1933); Asclepiodora A. Gray(1876)Nom. illegit.; Biventraria Small(1933); Chlorostelma Welw. ex Rendle; Dassovia Neck.(1790)Nom. inval.; Esmeraldia E. Fourn.(1882)Nom. illegit.; Gomphocarpus R. Br.(1810); Oligoron Raf.(1836)Nom. illegit.,

Nom. superfl.；Otanema Raf.（1826）；Otaria Kunth ex G. Don（1837）；Otaria Kunth（1818）Nom. inval.；Oxypteryx Greene（1897）；Podostemma Greene（1897）；Podostigma Elliott（1817）；Polyotus Nutt.（1836）Nom. illegit.；Schizonotus A. Gray（1876）Nom. illegit.（废弃属名）；Solanoa Greene（1890）；Solanoa Kuntze（1891）Nom. illegit. ■

4461　Asclepiodella Small（1933）= Asclepias L.（1753）［萝藦科 Asclepiadaceae］■

4462　Asclepiodora A. Gray（1876）Nom. illegit. ≡ Anantherix Nutt.（1818）；~ = Asclepias L.（1753）［萝藦科 Asclepiadaceae］■

4463　Asclerum Tiegh.（1893）= Gonystylus Teijsm. et Binn.（1862）［瑞香科 Thymelaeaceae//膝柱花科（弯柱科）Gonystylaceae］●

4464　Ascocarydion G. Taylor（1931）= Plectranthus L' Hér.（1788）（保留属名）［唇形科 Lamiaceae（Labiatae）］●■

4465　Ascocentropsis Senghas et Schildh.（2000）= Ascocentrum Schltr. ex J. J. Sm.（1914）［兰科 Orchidaceae］■

4466　Ascocentrum Schltr.（1913）Nom. inval. ≡ Ascocentrum Schltr. ex J. J. Sm.（1914）［兰科 Orchidaceae］■

4467　Ascocentrum Schltr. ex J. J. Sm.（1914）【汉】鸟舌兰属（百代兰属，假囊距兰属，鹿角兰属）。【日】アスコセントウム属，アスコセントラム属。【英】Ascocentrum。【隶属】兰科 Orchidaceae。【包含】世界10种，中国3种。【学名诠释与讨论】〈中〉（希）askos，指小式 askidion，瓶子，囊+kentron，点，刺，圆心，中央，距。指舌瓣具大距。此属的学名，ING 记载是"Ascocentrum Schlechter ex J. J. Smith, Bull. Jard. Bot. Buitenzorg ser. 2. 14：49. Apr 1914"。IK 则记载为"Ascocentrum Schltr., Repert. Spec. Nov. Regni Veg. Beih. 1：975. 1913［1 Sep 1913］"这是一个未合格发表的名称（Nom. inval.）。【分布】印度尼西亚（苏拉威西岛和爪哇岛），中国，热带东南亚至菲律宾。【后选模式】Ascocentrum miniatum（Lindley）Schlechter ex J. J. Smith［Saccolabium miniatum Lindley］。【参考异名】Ascocentropsis Senghas et Schildh.（2000）；Ascocentrum Schltr.（1913）Nom. inval.；Ascolabium S. S. Ying（1977）；Gunnaria S. C. Chen ex Z. J. Liu et L. J. Chen（2009）■

4468　Ascochilopsis Carr（1929）【汉】类囊唇兰属。【隶属】兰科 Orchidaceae。【包含】世界1种。【学名诠释与讨论】〈阴〉（属）Ascochilus 肖囊唇兰属+希腊文 opsis，外观，模样，相似。【分布】马来半岛，印度尼西亚（苏门答腊岛）。【模式】Ascochilopsis myosurus（Ridley）C. E. Carr［Saccolabium myosurus Ridley］。【参考异名】Conystylus Pritz.（1866）■☆

4469　Ascochilus Blume（1828）Nom. illegit. ≡ Cistella Blume（1825）；~ = Geodorum Jacks.（1811）［兰科 Orchidaceae］■

4470　Ascochilus Ridl.（1896）Nom. illegit. = Pteroceras Hasselt ex Hassk.（1842）［兰科 Orchidaceae］■

4471　Ascoglossum Schltr.（1913）【汉】袋舌兰属。【隶属】兰科 Orchidaceae。【包含】世界2种。【学名诠释与讨论】〈中〉（希）askos，指小式 askidion，瓶子，囊+glossa，舌。【分布】所罗门群岛，新几内亚岛。【模式】未指定。●☆

4472　Ascolabium S. S. Ying（1977）= Ascocentrum Schltr. ex J. J. Sm.（1914）［兰科 Orchidaceae］■

4473　Ascolepis Nees ex Steud.（1855）（保留属名）【汉】囊鳞莎草属。【隶属】莎草科 Cyperaceae。【包含】世界15-20种。【学名诠释与讨论】〈阴〉（希）askos，指小式 askidion，瓶子，囊+lepis，所有格 lepidos，指小式 lepion 或 lepidion，鳞，鳞片。此属的学名"Ascolepis Nees ex Steud., Syn. Pl. Glumac. 2：105. 10-11 Apr 1855"是保留属名。法规未列出相应的废弃属名。但是莎草科 Cyperaceae 的"Ascolepis Nees, Syn. Pl. Glumac. 2（8-9）：105. 1855［10-11 Apr 1855］≡ Ascolepis Nees ex Steud.（1855）（保留属

名）"应该废弃。亦有文献把"Ascolepis Nees ex Steud.（1855）（保留属名）"处理为"Lipocarpha R. Br.（1818）（保留属名）"的异名。【分布】巴拿马，玻利维亚，非洲，马达加斯加，利比里亚（宁巴），美洲。【模式】Ascolepis eriocauloides（Steudel）C. G. D. Nees ex Steudel［Kyllinga eriocauloides Steudel］。【参考异名】Antrolepis Welw.（1859）；Ascolepis Nees（1855）Nom. illegit.（废弃属名）；Lipocarpha R. Br.（1818）（保留属名）；Platylepis Kunth（1837）Nom. illegit.（废弃属名）；Pterogyne Schrad. ex Nees（1842）■☆

4474　Ascolepis Nees（1855）Nom. illegit.（废弃属名）≡ Ascolepis Nees ex Steud.（1855）（保留属名）［莎草科 Cyperaceae］■☆

4475　Ascopholis C. E. C. Fisch.（1931）【汉】南印度莎草属。【隶属】莎草科 Cyperaceae。【包含】世界1种。【学名诠释与讨论】〈阴〉（希）askos，指小式 askidion，瓶子，囊+pholis 鳞甲。此属的学名是"Ascopholis C. E. C. Fischer, Bull. Misc. Inform. 1931：104. 16 Feb 1931"。此属的学名是"Ascopholis C. E. C. Fischer, Bull. Misc. Inform. 1931：104. 16 Feb 1931"。亦有文献把其处理为"Cyperus L.（1753）"的异名。【分布】印度（南部）。【模式】Ascopholis gamblei C. E. C. Fischer。【参考异名】Cyperus L.（1753）■☆

4476　Ascotainia Ridl.（1907）= Ania Lindl.（1831）；~ = Tainia Blume（1825）［兰科 Orchidaceae］■

4477　Ascotheca Heine（1966）【汉】少脉孩儿草属。【隶属】爵床科 Acanthaceae。【包含】世界1种。【学名诠释与讨论】〈阴〉（希）askos，指小式 askidion，瓶子，囊+theke 拉丁文 theca，匣子，箱子，室，药室，囊。【分布】西赤道非洲。【模式】Ascotheca paucinervia（T. Anderson ex C. B. Clarke）H. Heine［Justicia paucinervia T. Anderson ex C. B. Clarke］■☆

4478　Ascra Schott（1827）= Banara Aubl.（1775）［刺篱木科（大风子科）Flacourtiaceae］●☆

4479　Asculaceae Martinov = Hippocastanaceae A. Rich.（保留科名）；~ = Ascyraceae Plenck；~ = Clusiaceae Lindl.（保留科名）//Guttiferae Juss.（保留科名）；~ = Hypericaceae Juss.（保留科名）●■

4480　Ascyraceae Plenck（1796）［亦见 Clusiaceae Lindl.（保留科名）//Guttiferae Juss.（保留科名）猪胶树科（克鲁西科，山竹子科，藤黄科）］【汉】四数金丝桃科。【包含】世界1属5种。【分布】西印度群岛，北美洲。【科名模式】Ascyrum L.●

4481　Ascyroides Lippi ex Adans.（1763）（1）= Bergia L.（1771）［沟繁缕科 Elatinaceae］●■

4482　Ascyroides Lippi ex Adans.（1763）（2）= Bistorta（L.）Adans.（1763）Nom. illegit.；~ = Bistorta（L.）Scop.（1754）；~ = Persicaria（L.）Mill.（1754）［蓼科 Polygonaceae］■

4483　Ascyroides Lippi ex Adans.（1763）（3）= Bistella Adans.；~ = Vahlia Thunb.（1782）（保留属名）［虎耳草科 Saxifragaceae//二歧草科 Vahliaceae］■☆

4484　Ascyron Rchb.（1827）Nom. inval. =? Ascyrum L.（1753）［猪胶树科（克鲁西科，山竹子科，藤黄科）Clusiaceae（Guttiferae）］●☆

4485　Ascyrum L.（1753）【汉】四数金丝桃属。【隶属】金丝桃科 Hypericaceae//四数金丝桃科 Ascyraceae//猪胶树科（克鲁西科，山竹子科，藤黄科）Clusiaceae（Guttiferae）。【包含】世界5种。【学名诠释与讨论】〈中〉（希）askyron = 拉丁文 ascyron，一种金丝桃的名字。此属的学名，ING，APNI，GCI，TROPICOS 和 IK 记载是"Ascyrum L., Sp. Pl. 2：787. 1753［1 May 1753］"。"Ascyrum P. Miller, Gard. Dict. Abr. ed. 4. 28 Jan 1754 = Hypericum L.（1753）"是晚出的非法名称。"Hypericoides Adanson, Fam. 2：443. Jul-Aug 1763"是"Ascyrum L.（1753）"的晚出的同模式异名（Homotypic synonym, Nomenclatural synonym）。亦有文献把

"Ascyrum L.（1753）"处理为"Hypericum L.（1753）"的异名。【分布】西印度群岛，北美洲。【后选模式】Ascyrum hypericoides Linnaeus。【参考异名】Hypericoides Adans.（1763）Nom. illegit.；Hypericoides Plum. ex Adans.（1763）；Hypericum L.（1753）；Isophyllum Spach（1836）Nom. illegit. ●☆

4486　Ascyrum Mill.（1754）Nom. illegit. = Hypericum L.（1753）［金丝桃科 Hypericaceae//四数金丝桃科 Ascyraceae//猪胶树科（克鲁西科，山竹子科，藤黄科）Clusiaceae（Guttiferae）］■●

4487　Ascyum Vahl ex Choisy（1824）Nom. inval. ≡ Ascyum Vahl ex DC.（1824）= Ascium Schreb.（1789）Nom. illegit.；～= Norantea Aubl.（1775）［蜜甖花科（附生藤科）Marcgraviaceae//囊苞木科 Noranteaceae］●☆

4488　Ascyum Vahl ex DC.（1824）= Ascium Schreb.（1789）Nom. illegit.；～= Norantea Aubl.（1775）［蜜囊花科（附生藤科）Marcgraviaceae//囊苞木科 Noranteaceae］●☆

4489　Ascyum Vahl（1824）Nom. illegit. ≡ Ascyum Vahl ex DC.（1824）；～= Ascium Schreb.（1789）Nom. illegit.；～= Norantea Aubl.（1775）［蜜囊花科（附生藤科）Marcgraviaceae//囊苞木科 Noranteaceae］●☆

4490　Asemanthia（Stapf）Ridl.（1940）= Mussaenda L.（1753）［茜草科 Rubiaceae］●■

4491　Asemanthia Ridl.（1940）Nom. illegit. ≡ Asemanthia（Stapf）Ridl.（1940）；～= Mussaenda L.（1753）［茜草科 Rubiaceae］●■

4492　Asemeia Raf.（1833）= Polygala L.（1753）［远志科 Polygalaceae］●■

4493　Asemnantha Hook. f.（1873）【汉】阿塞茜属。【隶属】茜草科 Rubiaceae。【包含】世界 1 种。【学名诠释与讨论】〈阴〉（希）asemos, 无标记的, 无形状的, 模糊不清的; asemnos, 低下的 + anthos, 花。【分布】墨西哥, 中美洲。【模式】Asemnantha pubescens J. D. Hooker。☆

4494　Asepalum Marais（1981）【汉】无萼木属。【隶属】盘果木科（圆唇花科）Cyclocheilaceae。【包含】世界 1 种。【学名诠释与讨论】〈中〉（希）a-, 无, 不 + sepalum, 花萼。【分布】阿拉伯半岛东南部, 埃塞俄比亚, 肯尼亚, 索马里, 坦桑尼亚, 乌干达。【模式】Asepalum eriantherum（W. Vatke）W. Marais［Tinnea erianthera W. Vatke］●☆

4495　Asephananthes Bory ex DC.（1828）= Passiflora L.（1753）（保留属名）［西番莲科 Passifloraceae］●■

4496　Asephananthes Bory（1828）Nom. illegit. ≡ Asephananthes Bory ex DC.（1828）；～= Passiflora L.（1753）（保留属名）［西番莲科 Passifloraceae］●■

4497　Ashtonia Airy Shaw（1968）【汉】阿什顿大戟属。【隶属】大戟科 Euphorbiaceae。【包含】世界 2 种。【学名诠释与讨论】〈阴〉（人）Ashton。【分布】马来西亚, 加里曼丹岛。【模式】Ashtonia excelsa Airy Shaw。☆

4498　Asiasarum F. Maek.（1936）【汉】东亚细辛属（萍叶细辛属, 亚洲细辛属）。【隶属】马兜铃科 Aristolochiaceae//细辛科（杜蘅科）Asaraceae。【包含】世界 4 种。【学名诠释与讨论】〈中〉（拉）Asia, 亚洲 +（属）Asarum 细辛属。亚洲特产之意。此属的学名是"Asiasarum F. Maekawa in Nakai, Fl. Sylv. Korea 21：17. 1936"。亦有文献把其处理为"Asarum L.（1753）"的异名。【分布】东亚。【模式】Asiasarum sieboldii（Miquel）F. Maekawa［Asarum sieboldii Miquel］。【参考异名】Asarum L.（1753）■☆

4499　Asicaria Neck.（1790）Nom. inval. = Persicaria（L.）Mill.（1754）［蓼科 Polygonaceae］■

4500　Asimia Kunth（1821）Nom. illegit. = Asimina Adans.（1763）［番荔枝科 Annonaceae］●☆

4501　Asimina Adans.（1763）【汉】泡泡果属（巴婆果属, 巴婆属, 泡泡属, 万寿果属）。【日】アシミナ 属。【俄】Азимина, Дерево авраамово。【英】Papaw, Paw Paw, Pawpaw。【隶属】番荔枝科 Annonaceae。【包含】世界 8 种。【学名诠释与讨论】〈阴〉（人）Asiminier。另说加拿大植物俗名。或说印第安植物俗名。此属的学名, ING、GCI 和 IK 记载是"Asimina Adans., Fam. Pl.（Adanson）2：365. 1763［Jul-Aug 1763］"。A. Michaux（1803）曾用"Orchidocarpum A. Michaux, Fl. Bor. - Amer. 1：329. 19 Mar 1803"替代"Asimina Adans.（1763）", 多余了。【分布】美国, 美洲。【模式】Asimina triloba（Linnaeus）Dunal［Annona triloba Linnaeus］。【参考异名】Asimia Kunth（1821）Nom. illegit.；Glyptomenes Collins ex Raf.；Orchidocarpum Michx.（1803）Nom. illegit., Nom. superfl.；Pityothamnus Small（1933）；Porcelia Pers.；Uvaria Torr. et A. Gray ●☆

4502　Asiphonia Griff.（1844）【汉】胡椒兜铃属。【隶属】马兜铃科 Aristolochiaceae。【包含】世界 1 种。【学名诠释与讨论】〈阴〉（希）a-, 无, 不 + siphon, 所有格 siphonos, 管子。此属的学名是"Asiphonia W. Griffith, Proc. Linn. Soc. London 1：218. 1844（sero）."。亦有文献把其处理为"Apama Lam.（1783）"或"Thottea Rottb.（1783）"的异名。【分布】马来半岛。【模式】Asiphonia piperiformia W. Griffith。【参考异名】Apama Lam.（1783）；Thottea Rottb.（1783）●☆

4503　Asisadenia Hutch. = Anisadenia Wall. ex Meisn.（1838）［亚麻科 Linaceae］■

4504　Askellia W. A. Weber（1984）【汉】假苦菜属。【隶属】菊科 Asteraceae（Compositae）。【包含】世界 9 种。【学名诠释与讨论】〈阴〉（希）askeles, 干枯的, 枯萎的。IK 和 ING 记载此属的学名"Askellia W. A. Weber, Phytologia 55（1）：6（1984）"是"Crepis sect. Ixeredopsis Babc., University of California Publications in Botany 22：212. 1947.（Univ. Calif. Publ. Bot.）"的替代名称。亦有文献把"Askellia W. A. Weber（1984）"处理为"Crepis L.（1753）"的异名。【分布】喜马拉雅山西北部, 亚洲北部和中部, 北美洲。【模式】Askellia nana（J. Richardson）W. A. Weber［Crepis nana J. Richardson］。【参考异名】Crepis L.（1753）；Crepis sect. Ixeredopsis Babc.（1947）■☆

4505　Asketanthera Woodson（1932）【汉】美药夹竹桃属。【隶属】夹竹桃科 Apocynaceae。【包含】世界 4 种。【学名诠释与讨论】〈阴〉（希）asketos, 完全的 + anthera, 花药。【分布】热带美洲, 西印度群岛。【模式】Asketanthera calycosa（A. Richard）Woodson［Echites calycosa A. Richard］●☆

4506　Askidiosperma Steud.（1855）【汉】瓶子帚灯草属（南非帚灯草属）。【隶属】帚灯草科 Restionaceae。【包含】世界 11 种。【学名诠释与讨论】〈中〉（希）askos, 指小式 askidion, 瓶子, 囊 + sperma, 所有格 spermatos, 种子, 孢子。【分布】非洲南部。【模式】Askidiosperma capitatum Steudel。■☆

4507　Askofake Raf.（1838）= Utricularia L.（1753）［狸藻科 Lentibulariaceae］■

4508　Askolame Raf.（1837）Nom. illegit. = Milla Cav.（1794）［百合科 Liliaceae//葱科 Alliaceae］■☆

4509　Asophila Neck.（1790）Nom. inval. = Gypsophila L.（1753）［石竹科 Caryophyllaceae］■●

4510　Aspalathaceae Martinov［亦见 Fabaceae Lindl.（保留科名）//Leguminosae Juss.（1789）（保留科名）豆科］【汉】芳香木科。【包含】世界 2 属 279 种。【分布】非洲。【科名模式】Aspalathus L.（1753）●

4511　Aspalathoides（DC.）K. Koch（1854）= Anthyllis L.（1753）［豆科 Fabaceae（Leguminosae）//蝶形花科 Papilionaceae］■☆

4512　Aspalathoides K. Koch（1854）Nom. illegit. ≡ Aspalathoides（DC.）K. Koch（1854）；~ = Anthyllis L.（1753）［豆科 Fabaceae（Leguminosae）//蝶形花科 Papilionaceae］■☆

4513　Aspalathus Amm.（1739）Nom. inval. ≡ Aspalathus Amm. ex Kuntze（1891）Nom. illegit. . ；~ = Caragana Lam.（1785）［豆科 Fabaceae（Leguminosae）//蝶形花科 Papilionaceae］●

4514　Aspalathus Amm. ex Kuntze（1891）Nom. illegit. = Caragana Lam.（1785）［豆科 Fabaceae（Leguminosae）//蝶形花科 Papilionaceae］●

4515　Aspalathus Kuntze（1891）Nom. illegit. ≡ Aspalathus Amm. ex Kuntze（1891）Nom. illegit. ；~ = Caragana Lam.（1785）［豆科 Fabaceae（Leguminosae）//蝶形花科 Papilionaceae］●

4516　Aspalathus L.（1753）【汉】芳香木属（骆驼刺属，南非香豆属）。【隶属】豆科 Fabaceae（Leguminosae）//芳香木科 Aspalathaceae。【包含】世界 278 种。【学名诠释与讨论】〈阴〉（希）aspalathos = 拉丁文 aspalathus，植物古名。此属的学名，ING、TROPICOS 和 IK 记载是 "Aspalathus Linnaeus, Sp. Pl. 711. 1 Mai 1753"。"Aspalathus Amm.（1739）≡ Aspalathus Amm. ex Kuntze（1891）Nom. illegit. ≡ Aspalathus Kuntze（1891）Nom. illegit."是命名起点著作之前的名称。"Aspalathus Amman ex O. Kuntze, Rev. Gen. 1：161. 5 Nov 1891 = Caragana Lam.（1785）≡ Aspalathus Kuntze（1891）Nom. illegit."是晚出的非法名称。"Scaligera Adanson, Fam. 2：323. Jul – Aug 1763（废弃属名）"和 "Achyronia A. van Royen ex Linnaeus, Opera Varia 243. 1758"是 "Aspalathus L.（1753）"的晚出的同模式异名（Homotypic synonym, Nomenclatural synonym）。【分布】巴基斯坦，非洲南部。【后选模式】Aspalathus chenopoda Linnaeus。【参考异名】Achyronia Boehm. ；Achyronia L.（1758）Nom. illegit. ；Achyronia Royen ex L.（1758）Nom. illegit. ；Acropodium Desv.（1826）；Aspalatus A. St. – Hil.（1805）；Asphalathus Burm. f.（1768）；Bootia Adans.（1763）Nom. illegit. ；Borbonia L.（1753）；Cyphocalyx C. Presl（1846）；Diallosperma Raf.（1838）；Eriocalyx Endl.（1840）；Eriocyclax Neck.（1790）Nom. inval. ；Heterolathus C. Presl（1845）；Lapasathus C. Presl（1845）；Pachygraphea Post et Kuntze（1903）；Pachyraphea C. Presl（1845）；Paraspalathus C. Presl（1845）；Plagiostigma C. Presl（1845）；Psilolepus C. Presl（1845）；Sarcocalyx Walp.（1840）Nom. illegit. ；Sarcophyllus Thunb.（1799）；Scaligera Adans.（1763）（废弃属名）；Streptosema C. Presl（1845）；Trineuria C. Presl（1845）●☆

4517　Aspalatus A. St. – Hil.（1805）= Aspalathus L.（1753）［豆科 Fabaceae（Leguminosae）//芳香木科 Aspalathaceae］●☆

4518　Aspalthium Medik.（1789）Nom. illegit. ≡ Bituminaria Heist. ex Fabr.（1759）Nom. illegit. , Nom. superfl. ；~ = Asphalthium Medik.（1787）；~ = Psoralea L.（1753）［豆科 Fabaceae（Leguminosae）//蝶形花科 Papilionaceae］●■

4519　Asparagaceae Juss.（1789）（保留科名）【汉】天门冬科。【包含】世界 3-6 属 150-302 种，中国 1 属 31-36 种。【分布】旧世界，非洲。【科名模式】Asparagus L. ■●

4520　Asparagopsis（Kunth）Kunth（1844）Nom. illegit. ≡ Protasparagus Oberm.（1983）；~ = Asparagus L.（1753）［百合科 Liliaceae//天门冬科 Asparagaceae］■

4521　Asparagopsis Kunth（1844）Nom. illegit. ≡ Asparagopsis（Kunth）Kunth（1844）Nom. illegit. ；~ ≡ Protasparagus Oberm.（1983）；~ = Asparagus L.（1753）［百合科 Liliaceae//天门冬科 Asparagaceae］■

4522　Asparagopsis L. = Asparagus L.（1753）［百合科 Liliaceae//天门冬科 Asparagaceae］

4523　Asparagus L.（1753）【汉】天门冬属（天冬属）。【日】アスパラガス属，クサスギカズラ属，クサスギカヅラ属。【俄】Аспар，Аспарагус，Спаржа。【英】Asparagus, Asparagus – fern, Asperge，【隶属】百合科 Liliaceae//天门冬科 Asparagaceae。【包含】世界 140-302 种，中国 31-36 种。【学名诠释与讨论】〈阳〉（希）asparagos, aspharagos, 石刁柏的古名，分裂之义。【分布】巴基斯坦，玻利维亚，厄瓜多尔，哥伦比亚（安蒂奥基亚），哥斯达黎加，马达加斯加，美国（密苏里），尼加拉瓜，中国，中美洲。【后选模式】Asparagus officinalis Linnaeus。【参考异名】Asparagopsis（Kunth）Kunth（1844）Nom. illegit. ；Asparagopsis Kunth（1844）Nom. illegit. ；Asparagopsis L. ；Elachanthera F. Muell.（1886）；Elide Medik.（1791）；Hecatris Salisb.（1866）Nom. illegit. ；Myrsiphyllum Willd.（1808）Nom. illegit. ；Protasparagus Oberm.（1983）■

4524　Aspasia E. Mey.（1873）Nom. illegit. ≡ Aspasia E. Mey. ex Pfeiff.（1873）Nom. illegit. ；~ = Stachys L.（1753）［唇形科 Lamiaceae（Labiatae）］●■

4525　Aspasia E. Mey. ex Pfeiff.（1873）Nom. illegit. = Stachys L.（1753）［唇形科 Lamiaceae（Labiatae）］●■

4526　Aspasia Lindl.（1832）【汉】美乐兰属。【日】アスパシア属，アスパーシア属。【隶属】兰科 Orchidaceae。【包含】世界 8 种。【学名诠释与讨论】〈阴〉（希）aspasios, 令人愉快的。或来自人名 Aspasia, 古希腊的高级名姬。此属的学名，ING、TROPICOS 和 IK 记载是 "Aspasia Lindl. , Gen. Sp. Orchid. Pl. 139. 1832［Dec 1832］"。唇形科 Lamiaceae（Labiatae）的 "Aspasia E. Mey. ex Pfeiff. , Nomencl. Bot.［Pfeiff.］1：295. 1873"和风信子科 Hyacinthaceae 的 "Aspasia Salisb. , Gen. Pl.［Salisbury］34. 1866［Apr–May 1866］"是晚出的非法名称。"Aspasia E. Mey.（1873）Nom. illegit. ≡ Aspasia E. Mey. ex Pfeiff.（1873）Nom. illegit."的命名人引证有误。化石植物的 "Aspasia C. de Stefani, Fl. Carbon. Perm. Toscana 73. 1901"也是晚出的非法名称。"Aspasia E. Mey.（1873）= Stachys L.（1753）"的命名人引证有误。【分布】巴拿马，玻利维亚，厄瓜多尔，哥伦比亚（安蒂奥基亚），哥斯达黎加，尼加拉瓜，热带南美洲，中美洲。【模式】Aspasia epidendroides J. Lindley。【参考异名】Trophianthus Scheidw.（1844）■☆

4527　Aspasia Salisb.（1866）Nom. illegit. = Ornithogalum L.（1753）［百合科 Liliaceae//风信子科 Hyacinthaceae］■

4528　Aspazoma N. E. Br.（1925）【汉】大花日中花属。【日】アズパゾマ属。【隶属】番杏科 Aizoaceae。【包含】世界 1 种。【学名诠释与讨论】〈中〉（希）aspazomai, 拥抱。指叶鞘紧紧抱茎。【分布】非洲南部。【模式】Aspazoma amplectens（L. Bolus）N. E. Brown［Mesembryanthemum amplectens L. Bolus］●☆

4529　Aspegrenia Poepp. et Endl.（1837）= Octomeria R. Br.（1813）［兰科 Orchidaceae］■☆

4530　Aspelina Cass.（1826）= Senecio L.（1753）［菊科 Asteraceae（Compositae）//千里光科 Senecionidaceae］■●

4531　Aspera Columna ex Moench（1794）Nom. illegit. ≡ Aspera Moench（1794）［茜草科 Rubiaceae］■●

4532　Aspera Moench（1794）= Galium L.（1753）［茜草科 Rubiaceae］■●

4533　Asperella Humb.（1790）Nom. illegit. ≡ Hystrix Moench（1794）［禾本科 Poaceae（Gramineae）］■

4534　Asperella Juss.（1804）Nom. illegit. = Asperella Schreb.（1789）［禾本科 Poaceae（Gramineae）］■

4535　Asperellaceae Link（1827）= Gramineae Juss.（保留科名）//Poaceae Barnhart（保留科名）■●

4536　Asperifoliaceae Rchb. = Boraginaceae Juss.（保留科名）■●

4537　Asperifoliae Batsch = Asperifoliaceae Rchb. ●■

4538　Asperuginoides Rauschert（1982）【汉】糙芥属。【俄】Бухингера。【隶属】十字花科 Brassicaceae（Cruciferae）。【包含】世界 1 种。【学名诠释与讨论】〈阴〉（属）Asperugo 糙草属 + oides, 来自 o +

eides,像,似;或 o + eidos 形,含义为相像。此属的学名"Asperuginoides S. Rauschert, Taxon 31:558. 9 Aug 1982"是一个替代名称。"Buchingera Boissier et Hohenacker in Boissier, Diagn. Pl. Orient. ser. 1. 2(8):29. Jan-Feb 1849"是一个非法名称(Nom. illegit.),因为此前已经有了"Buchingera F. Schultz, Jahrb. Pract. Pharm. Verwandte Fächer 14:170. 1847 = Cuscuta L. (1753)[旋花科 Convolvulaceae//菟丝子科 Cuscutaceae]"。故用"Asperuginoides Rauschert(1982)"替代之。【分布】阿富汗,巴基斯坦,伊朗,高加索,亚洲中部。【模式】Asperuginoides axillaris (Boissier et Hohenacker)S. Rauschert[Buchingera axillaris Boissier et Hohenacker]。【参考异名】Buchingera Boiss. et Hohen. (1849) Nom. illegit. ■☆

4539 Asperugo L. (1753)【汉】糙草属(糙芥属)。【俄】Асперуга, Острица。【英】German Madwort, Madwort, Roughstraw。【隶属】紫草科 Boraginaceae。【包含】世界 1 种,中国 1 种。【学名诠释与讨论】〈阴〉(拉) asper, asperugo, 粗糙的。指模式种植物体粗糙,叶片多刺。【分布】中国,欧洲。【模式】Asperugo procumbens Linnaeus。■

4540 Asperula L. (1753)(保留属名)【汉】车叶草属。【日】クルマバサウ属,クルマバソウ属。【俄】Ясменник。【英】Asphodel, Woodruff。【隶属】茜草科 Rubiaceae//车叶草科 Asperulaceae。【包含】世界 90-200 种,中国 2 种。【学名诠释与讨论】〈阴〉(拉) asper, 粗糙的+-ulus,-ula,-ulum, 指示小的词尾。指茎和叶面粗糙。另说希腊文 kyon, 犬 + ancho, 绞杀。此属的学名"Asperula L., Sp. Pl. :103. 1 Mai 1753"是保留属名。法规未列出相应的废弃属名。"Chlorostemma (Lange) Fourreau, Ann. Soc. Linn. Lyon ser. 2. 16:398. 28 Dec 1868"是"Asperula L. (1753)(保留属名)"的晚出的同模式异名(Homotypic synonym, Nomenclatural synonym)。亦有文献把"Asperula L. (1753)(保留属名)"处理为"Galium L. (1753)"的异名。【分布】巴基斯坦,中国,欧亚大陆。【模式】Asperula arvensis Linnaeus。【参考异名】Aperula Gled. (1751) Nom. inval. ; Asterophyllum Schimp. et Spenn. (1829); Blepharostemma (Lange) Fourr. (1868); Blepharostemma Fourr. (1868) Nom. illegit. ; Chlorostemma (Lange) Fourr. (1868) Nom. illegit. ; Cynanchica Fourr. (1868); Galium L. (1753); Leptunis Steven(1856)■

4541 Asperulaceae Cham. ex Spenn. (1835)[亦见 Rubiaceae Juss. (保留科名)茜草科]【汉】车叶草科。【包含】世界 1 属 90-20 种,中国 1 属 2 种。【分布】欧亚大陆。【科名模式】Asperula L. ■

4542 Asperulaceae Spenn. (1835) = Asperulaceae Cham. ex Spenn. ; ~ = Rubiaceae Juss. (保留科名)●■

4543 Asphalathus Burm. f. (1768) = Aspalathus L. (1753)[豆科 Fabaceae(Leguminosae)//芳香木科 Aspalathaceae]●☆

4544 Asphalthium Medik. (1787) = Psoralea L. (1753)[豆科 Fabaceae(Leguminosae)//蝶形花科 Papilionaceae]●■

4545 Asphaltium Fourr. (1868) = Asphalthium Medik. (1787)[豆科 Fabaceae(Leguminosae)//蝶形花科 Papilionaceae]●■

4546 Asphodelaceae Juss. (1789)[亦见 Liliaceae Juss. (保留科名)]【汉】阿福花科(芦荟科,日光兰科,独尾草科)。【包含】世界 15-50 属 162-800 种,中国 25 种。【分布】热带、亚热带和温带,主要分布在非洲、地中海沿岸和中亚地区,只有凤尾百合属(或称"鸡尾兰属")是原产于新西兰的。【科名模式】Asphodelus L. ●■

4547 Asphodeline Rchb. (1830)【汉】阿福膝属(金穗花属,矛百合属,日光兰属,香阿福花属)。【日】アスフォデリーネ属。【俄】Асфоделина。【英】Asphodel, Jacob's Rod, Jacobs-rod。【隶属】百合科 Liliaceae//阿福花科 Asphodelaceae。【包含】世界 14-15 种。【学名诠释与讨论】〈阴〉(希) asphodelos, 地狱之花, 日光

兰+-inus,-ina,-inum 拉丁文加在名词词干之后,以形成形容词的词尾,含义为"属于、相似、关于、小的"。【分布】地中海地区。【后选模式】Asphodeline lutea (Linnaeus) H. G. L. Reichenbach[Asphodelus luteus Linnaeus]。【参考异名】Dorydium Salisb. (1866); Heroion Raf. (1838); Ifuon Raf. (1838); Iphyon Post et Kuntze(1903)■☆

4548 Asphodeliris Kuntze(1891)Nom. illegit. ≡ Tofieldia Huds. (1778)[百合科 Liliaceae//纳茜菜科(肺筋草科)Nartheciaceae//无叶莲科(樱井草科)Petrosaviaceae//岩菖蒲科 Tofieldiaceae]■

4549 Asphodeloides Moench(1794) = Asphodelus L. (1753)[百合科 Liliaceae//阿福花科 Asphodelaceae]■☆

4550 Asphodelopsis Steud. ex Baker (1876), Nom. inval. = Chlorophytum Ker Gawl. (1807)■☆

4551 Asphodelus L. (1753)【汉】拟阿福花属(阿福花属)。【日】アスフォデルス属,ツルボラン属。【俄】Асфодель, Асфоделюс, Асфодил。【英】Affodil, Asphodel, White Asphodel。【隶属】百合科 Liliaceae//阿福花科 Asphodelaceae。【包含】世界 12-16 种。【学名诠释与讨论】〈阳〉(希)asphodelos, 地狱之花, 日光兰。实指 Asphodelus ramosus。【分布】巴基斯坦,玻利维亚,地中海至喜马拉雅山。【后选模式】Asphodelus ramosus Linnaeus。【参考异名】Asphodeloides Moench (1794); Bidwellia Herb. (1844) Nom. illegit. ; Bidwillia Herb. (1844) Nom. illegit. ; Clausonia Pomel (1860); Gethosyne Salisb. (1866); Glyphosperma S. Watson (1883); Ophioprason Salisb. (1866); Verinea Pomel(1860)■☆

4552 Aspicaria D. Dietr. (1839) = Aspicarpa Rich. (1815)[金虎尾科(黄褥花科)Malpighiaceae]●☆

4553 Aspicarpa Lag. (1816)Nom. illegit. [夹竹桃科 Apocynaceae]●☆

4554 Aspicarpa Rich. (1815)【汉】盾果金尾属。【隶属】金虎尾科(黄褥花科)Malpighiaceae。【包含】世界 12 种。【学名诠释与讨论】〈阴〉(希) aspis, 所有格 aspidos, 指小式 aspidion, 盾 +karpos, 果实。此属的学名,ING、TROPICOS 和 IK 记载是"Aspicarpa Rich. ,Mém. Mus. Par. ii. (1815) 398. t. 1; Lag. Gen. et Sp. Nov. 1"。夹竹桃科 Apocynaceae 的"Aspicarpa Lagasca, Gen. Sp. Pl. Nov. 1. Jun-Jul(?)1816"是晚出的非法名称。【分布】巴拉圭,玻利维亚,美国(南部)至阿根廷。【模式】Aspicarpa hitella L. C. Richard。【参考异名】Acosmus Desv. (1829); Aspicaria D. Dietr. (1839)●☆

4555 Aspidalis Gaertn. (1791) = Cuspidia Gaertn. (1791)[菊科 Asteraceae(Compositae)]■☆

4556 Aspidandra Hassk. (1855) = Ryparosa Blume (1826)[刺篱木科(大风子科)Flacourtiaceae]●☆

4557 Aspidanthera Benth. (1841) = Ferdinandusa Pohl(1829)[茜草科 Rubiaceae]●☆

4558 Aspideium Zollik. ex DC. (1838) = Chondrilla L. (1753)[菊科 Asteraceae(Compositae)]■

4559 Aspidistra Ker Gawl. (1822)【汉】蜘蛛抱蛋属(叶兰属)。【日】ハラン属。【俄】Аспидистра, Плектогине。【英】Aspidistra。【隶属】百合科 Liliaceae//铃兰科 Convallariaceae//蜘蛛抱蛋科 Aspidistraceae。【包含】世界 56 种,中国 49-55 种。【学名诠释与讨论】〈阴〉(希)aspis, 所有格 aspidos, 指小式 aspidion, 盾 +-astrum, 指示小的词尾,也有"不完全相似"的含义,星。可能指柱头盾形放射状。此属的学名,ING 和 IK 记载是"Aspidistra Ker-Gawler, Bot. Reg. t. 628. 1 Jun 1822"。"Macrogyne Link et Otto, Icon. Pl. Select. 69. Jul-Dec 1825('1828')"是"Aspidistra Ker Gawl. (1822)"的晚出的同模式异名(Homotypic synonym, Nomenclatural synonym)。【分布】中国,东亚。【模式】Aspidistra lurida Ker-Gawler。【参考异名】Antherolophus Gagnep. (1934);

Colania Gagnep. (1934); Macrogyne Link et Otto (1825) Nom. illegit.; Plectogyne Link(1834); Porpax Salisb. (1866)●■

4560　Aspidistraceae Endl. [亦见 Ruscaceae M. Roem. (保留科名)假叶树科和 Convallariaceae L. 铃兰科]【汉】蜘蛛抱蛋科。【包含】世界 1 属 56 种,中国 1 属 49-55 种。【分布】东亚。【科名模式】Aspidistra Ker Gawl. ■

4561　Aspidistraceae Hassk. (1844) = Aspidistraceae Endl.; ~ = Convallariaceae L.; ~ = Ruscaceae M. Roem. (保留科名)●

4562　Aspidistraceae J. Agardh = Aspidistraceae Endl. ■

4563　Aspidixia(Korth.)Tiegh. (1896) = Viscum L. (1753) [桑寄生科 Loranthaceae//槲寄生科 Viscaceae]●

4564　Aspidixia Tiegh. (1896) Nom. illegit. ≡ Aspidixia (Korth.) Tiegh. (1896); ~ = Viscum L. (1753) [桑寄生科 Loranthaceae//槲寄生科 Viscaceae]a

4565　Aspidocarpus Neck. (1790) Nom. inval. = Rhamnus L. (1753) [鼠李科 Rhamnaceae]●

4566　Aspidocarya Hook. f. et Thomson(1855)【汉】球果藤属(盾核藤属)。【英】Aspidocarya, Conevine。【隶属】防己科 Menispermaceae。【包含】世界 1 种,中国 1 种。【学名诠释与讨论】〈阴〉(希)aspis,所有格 aspidos,指小式 aspidion,盾+karyon,胡桃,硬壳果,核,坚果。指果核盾状。【分布】中国,喜马拉雅山,东南亚。【模式】Aspidocarya uvifera J. D. Hooker et T. Thomson。●

4567　Aspidogenia Burret(1941) Nom. illegit. ≡ Reichea Kausel(1940) [as 'Reicheia']; ~ = Myrcianthes O. Berg (1856) [桃金娘科 Myrtaceae]●☆

4568　Aspidoglossum E. Mey. (1838)【汉】盾舌萝藦属。【隶属】萝藦科 Asclepiadaceae。【包含】世界 35 种。【学名诠释与讨论】〈中〉(希)aspis,所有格 aspidos,指小式 aspidion,盾+glossa,舌。此属的学名是 "Aspidoglossum E. H. F. Meyer, Comment. Pl. Africae Austr. 200. 14-20 Jan 1838 ('1837')"。亦有文献把其处理为 "Schizoglossum E. Mey. (1838)"的异名。【分布】热带非洲和南非。【后选模式】Aspidoglossum biflorum E. H. F. Meyer。【参考异名】Schizoglossum E. Mey. (1838)■☆

4569　Aspidogyne Garay (1977)【汉】盾柱兰属。【隶属】兰科 Orchidaceae。【包含】世界 30 种。【学名诠释与讨论】〈阴〉(希)aspis,所有格 aspidos,指小式 aspidion,盾+gyne,所有格 gynaikos,雌性,雌蕊。【分布】巴拉圭,巴拿马,玻利维亚,哥伦比亚(安蒂奥基亚),热带美洲,中美洲。【模式】Aspidogyne foliosa (Poeppig et Endlicher) L. A. Garay [Pelexia foliosa Poeppig et Endlicher]■☆

4570　Aspidonepsis Nicholas et Goyder(1992)【汉】盾萝藦属。【隶属】萝藦科 Asclepiadaceae。【包含】世界 5 种。【学名诠释与讨论】〈阴〉(希)aspis+希腊文 opsis,外观,模样,相似。【分布】非洲南部。【模式】不详。●☆

4571　Aspidophyllum Ulbr. (1922)【汉】盾叶毛茛属。【隶属】毛茛科 Ranunculaceae。【包含】世界 1 种。【学名诠释与讨论】〈中〉(希)aspis,所有格 aspidos,指小式 aspidion,盾+phyllon,叶子。此属的学名是 "Aspidophyllum Ulbrich, Notizbl. Bot. Gart. Berlin-Dahlem 8: 252, 268. 1 Jul 1922"。亦有文献把其处理为 "Ranunculus L. (1753)"的异名。【分布】秘鲁。【模式】Aspidophyllum clypeatum Ulbrich。【参考异名】Ranunculus L. (1753)■☆

4572　Aspidopterys A. Juss. (1840) Nom. illegit. ≡ Aspidopterys A. Juss. ex Endl. (1840) [金虎尾科(黄褥花科)Malpighiaceae]●

4573　Aspidopterys A. Juss. ex Endl. (1840)【汉】盾翅藤属(盾翅果属)。【英】Aspidopterys。【隶属】金虎尾科(黄褥花科)Malpighiaceae。【包含】世界 15-21 种,中国 9 种。【学名诠释与

讨论】〈阴〉(希)aspis,所有格 aspidos,指小式 aspidion,盾+pteron,指小式 pteridion,翅。指果翅盾形。此属的学名,ING、TROPICOS 和 IK 记载是 "Aspidopterys A. H. L. Jussieu ex Endlicher, Gen. 1060. Apr 1840";《中国植物志》英文版亦使用此名称。"Aspidopterys A. Juss., Ann. Sci. Nat., Bot. sér. 2, 13: 266. 1840 [Apr 1840] ≡ Aspidopterys A. Juss. ex Endl. (1840)"的命名人引证有误。【分布】马来西亚(西部),印度尼西亚(苏拉威西岛),中国,西喜马拉雅山。【后选模式】Aspidopterys elliptica (Blume) A. H. L. Jussieu [Hiraea elliptica Blume]。【参考异名】Aspidopterys A. Juss. (1840) Nom. illegit.; Aspidopteryx Dalla Torre et Harms●

4574　Aspidopteryx Dalla Torre et Harms = Aspidopterys A. Juss. ex Endl. (1840) [金虎尾科(黄褥花科)Malpighiaceae]●

4575　Aspidosperma Mart. et Zucc. (1824)(保留属名)【汉】白坚木属(盾籽木属,楷籽木属)。【俄】Аспидосперма。【英】Peroba Rosa, White Quebracho。【隶属】夹竹桃科 Apocynaceae。【包含】世界 50-80 种。【学名诠释与讨论】〈中〉(希)aspis,所有格 aspidos,指小式 aspidion,盾+sperma,所有格 spermatos,种子,孢子。此属的学名 "Aspidosperma Mart. et Zucc. in Flora 7 (1, Beil.): 135. Mai-Jun 1824"是保留属名。相应的废弃属名是 "Coutinia Vell., Quinogr. Port.: 166. 1799 = Aspidosperma Mart. et Zucc. (1824)(保留属名)"和 "Macaglia Rich. ex Vahl in Skr. Naturhist. - Selsk. 6: 107. 1810 = Aspidosperma Mart. et Zucc. (1824)(保留属名)"。【分布】巴拉圭,巴拿马,秘鲁,玻利维亚,厄瓜多尔,哥伦比亚(安蒂奥基亚),尼加拉瓜,热带和南美洲,西印度群岛,中美洲。【模式】Aspidosperma tomentosum C. F. P. Martius et Zuccarini。【参考异名】Coutinia Vell. (1799)(废弃属名); Coutiria Willis, Nom. inval.; Cufodontia Woodson (1934); Himatanthus Schult. (1819) Nom. illegit.; Himatanthus Willd. (1819) Nom. illegit.; Himatanthus Willd. ex Roem. et Schult. (1819) Nom. illegit.; Himatanthus Willd. ex Schult. (1819); Macaglia Rich. ex Vahl (1810)(废弃属名); Ostreocarpus Rich. ex Endl. (1840); Paralyxia Baill. (1888); Peltospermum DC. (1838); Thyroma Miers(1878)●☆

4576　Aspidostemon Rohwer et H. G. Richt. (1987)【汉】盾蕊樟属(盾蕊厚壳桂属)。【隶属】樟科 Lauraceae。【包含】世界 15 种。【学名诠释与讨论】〈阳〉(希)aspis,所有格 aspidos,指小式 aspidion,盾+stemon,雄蕊。【分布】马达加斯加。【模式】Aspidostemon perrieri (P. A. Danguy) J. G. Rohwer [Cryptocarya perrieri P. A. Danguy]●☆

4577　Aspidostigma Hochst. (1842-1843)(废弃属名) = Teclea Delile (1843)(保留属名) [芸香科 Rutaceae]●☆

4578　Aspilia Thouars (1806)【汉】阿斯皮菊属。【隶属】菊科 Asteraceae(Compositae)。【包含】世界 125 种。【学名诠释与讨论】〈阴〉(希)a-,无,不+spilos,斑点,污点。此属的学名是 "Aspilia L. M. A. A. Du Petit-Thouars, Gen. Nova Madag. 12. 17 Nov 1806"。亦有文献把其处理为 "Wedelia Jacq. (1760)(保留属名)"的异名。【分布】马达加斯加,墨西哥至巴西,热带非洲南部。【模式】Aspilia thouarsii A. P. de Candolle。【参考异名】Anomostephium DC. (1836); Coronocarpus Schumach. (1827); Coronocarpus Schumach. et Thonn. (1827) Nom. illegit.; Dipterotheca Sch. Bip. (1842); Dipterotheca Sch. Bip. ex Hochst. (1841) Nom. inval.; Gymnolomia Kunth(1818); Harpephora Endl. (1841); Harpephora Post et Kuntze (1903); Spirea Piarre (1898) Nom. illegit.; Wedelia Jacq. (1760)(保留属名); Wirtgenia Sch. Bip. (1842)■☆

4579　Aspiliopsis Greenm. (1903) = Podachaenium Benth. (1853) [菊

科 Asteraceae(Compositae)]●☆

4580　Aspilobium Sol.（1838）Nom. illegit. ≡ Aspilobium Sol. ex A. Cunn.（1838）；= Geniostoma J. R. Forst. et G. Forst.（1776）［马钱科（断肠草科，马钱子科）Loganiaceae//髯管花科 Geniostomaceae]●

4581　Aspilobium Sol. ex A. Cunn.（1838）= Geniostoma J. R. Forst. et G. Forst.（1776）［马钱科（断肠草科，马钱子科）Loganiaceae//髯管花科 Geniostomaceae]●

4582　Aspilotum Sol. ex Steud.（1840）= Aspilobium Sol. , Nom. illegit. ；~ ≡ Aspilobium Sol. ex A. Cunn.（1838）；~ = Geniostoma J. R. Forst. et G. Forst.（1776）［马钱科（断肠草科，马钱子科）Loganiaceae//髯管花科 Geniostomaceae]●

4583　Aspitium Neck. ex Steud.（1840）= Laserpitium L.（1753）［伞形花科（伞形科）Apiaceae(Umbelliferae)]●☆

4584　Aspla Rchb.（1841）= Aopla Lindl.（1834）；~ = Habenaria Willd.（1805）；~ = Herminium L.（1758）［兰科 Orchidaceae]■

4585　Asplundia Harling（1954）（保留属名）【汉】阿斯草属。【隶属】巴拿马草科（环花科）Cyclanthaceae。【包含】世界 89-100 种。【学名诠释与讨论】〈阴〉（人）Eric（Erik）Asplund, 1888-1974, 瑞典植物学者。他曾在古巴和南美洲采集植物。此属的学名"Asplundia Harling in Acta Horti Berg. 17:41. 1954（post 3 Nov）"是保留属名。相应的废弃属名是巴拿马草科（环花科）Cyclanthaceae 的"Sarcinanthus Oersted in Vidensk. Meddel. Dansk Naturhist. Foren. Kjøbenhavn 1857:196. 1857 = Asplundia Harling（1954）（保留属名）= Carludovica Ruiz et Pav.（1794）"。【分布】巴拿马，秘鲁，玻利维亚，厄瓜多尔，哥伦比亚（安蒂奥基亚），哥斯达黎加，尼加拉瓜，热带南美洲，中美洲。【模式】Asplundia latifolia（Ruiz et Pavón）Harling［Carludovica latifolia Ruiz et Pavón]。【参考异名】Sarcinanthus Oerst.（1857）（废弃属名）■☆

4586　Asplundianthus R. M. King et H. Rob.（1975）【汉】平托亮泽兰属。【隶属】菊科 Asteraceae(Compositae)。【包含】世界 7-17 种。【学名诠释与讨论】〈阳〉（人）Eric（Erik）Asplund, 1888-1974, 瑞典植物学者 + anthos, 花。【分布】秘鲁，厄瓜多尔，哥伦比亚。【模式】Asplundianthus pseudoglomeratus（Hieronymus ex Sodiro）R. M. King et H. Robinson［Eupatorium pseudoglomeratum Hieronymus ex Sodiro]●☆

4587　Asprella Host（1809）Nom. illegit. ≡ Psilurus Trin.（1820）［禾本科 Poaceae(Gramineae)]■☆

4588　Asprella Schreb.（1789）Nom. illegit. ≡ Homalocenchrus Mieg ex Haller（1768）（废弃属名）；~ ≡ Leersia Sw.（1788）（保留属名）［禾本科 Poaceae(Gramineae)]■

4589　Asprella Willd.（1809）Nom. inval. , Nom. illegit. = Asperella Humb.（1790）Nom. illegit. ；~ = Hystrix Moench（1794）［禾本科 Poaceae(Gramineae)]■

4590　Aspris Adans.（1763）Nom. illegit. ≡ Aira L.（1753）（保留属名）［禾本科 Poaceae(Gramineae)]■

4591　Asraoa J. Joseph（1975）= Wallichia Roxb.（1820）［棕榈科 Arecaceae(Palmae)]●

4592　Assa Houtt.（1776）= Tetracera L.（1753）［锡叶藤科 Tetraceraceae//五桠果科（第伦桃科，五丫果科，锡叶藤科）Dilleniaceae]●

4593　Assaracus Haw.（1838）= Narcissus L.（1753）［石蒜科 Amaryllidaceae//水仙科 Narcissaceae]■

4594　Assidora A. Chev.（1948）= Schumanniophyton Harms（1897）［茜草科 Rubiaceae]●☆

4595　Assoella J. M. Monts.（1986）Nom. illegit. ≡ Dufourea Gren.（1827）Nom. illegit.（废弃属名）；~ = Arenaria L.（1753）［石竹科 Caryophyllaceae]■

4596　Assonia Cav.（1786）（废弃属名）= Dombeya Cav.（1786）（保留属名）［梧桐科 Sterculiaceae//锦葵科 Malvaceae]●☆

4597　Asta Klotzsch ex O. E. Schulz（1933）【汉】阿斯塔芥属。【隶属】十字花科 Brassicaceae(Cruciferae)。【包含】世界 2 种。【学名诠释与讨论】〈阴〉词源不详。【分布】墨西哥。【后选模式】Asta schaffneri（S. Watson）O. E. Schulz［Capsella schaffneri S. Watson]■☆

4598　Astartea DC.（1828）【汉】澳大利亚桃金娘属。【隶属】桃金娘科 Myrtaceae。【包含】世界 7-8 种。【学名诠释与讨论】〈阴〉（人）Astarte, 叙利亚的女神。【分布】澳大利亚。【模式】Astartea fascicularis（Labillardière）A. P. de Candolle［Melaleuca fascicularis Labillardière]。【参考异名】Seorsus Rye et Trudgen（2008）●☆

4599　Astelia Banks et Sol.（1810）Nom. illegit.（废弃属名）≡ Astelia Banks et Sol. ex R. Br.（1810）（保留属名）［百合科 Liliaceae//聚星草科（芳香草科，无柱花科）Asteliaceae]■☆

4600　Astelia Banks et Sol. ex R. Br.（1810）（保留属名）【汉】聚星草属（芳香草属，无柱花属）。【俄】Драцена астелия。【英】Astelia。【隶属】百合科 Liliaceae//聚星草科（芳香草科，无柱花科）Asteliaceae。【包含】世界 25 种。【学名诠释与讨论】〈阴〉（希）a-, 无, 不 + stele, 花柱, 支持物, 支柱, 石头做的界标, 中柱。指该属植物无茎或缺花柱，或指某些植物附生。此属的学名"Astelia Banks et Sol. ex R. Br. , Prodr. :291. 27 Mar 1810"是保留属名。相应的废弃属名是百合科 Liliaceae 的"Funckia Willd. in Ges. Naturf. Freunde Berlin Mag. Neuesten Entdeck. Gesammten Naturk. 2:19. 1808 = Astelia Banks et Sol. ex R. Br.（1810）（保留属名）"。"Astelia Banks（1810）≡ Astelia Banks et Sol. ex R. Br.（1810）（保留属名）"、"Astelia Banks et Sol.（1810）≡ Astelia Banks et Sol. ex R. Br.（1810）（保留属名）"和"Funckia Muhl. ex Willd.（1808）"命名人引证有误，亦应废弃。【分布】澳大利亚（包括塔斯曼半岛），马斯克林群岛，太平洋地区至美国（夏威夷），新几内亚岛。【模式】Astelia alpina R. Brown。【参考异名】Astelia Banks et Sol. , Nom. illegit.（废弃属名）；Astelia Banks, Nom. illegit.（废弃属名）；Funckia Muhl. ex Willd.（1808）Nom. illegit.（废弃属名）；Funckia Willd.（1808）（废弃属名）；Funkia Benth. et Hook. f.（1883）Nom. illegit. ; Hamelinia A. Rich.（1832）; Skizima Raf.（1837）Nom. illegit. ■☆

4601　Astelia Banks（1810）Nom. illegit.（废弃属名）≡ Astelia Banks et Sol. ex R. Br.（1810）（保留属名）［百合科 Liliaceae//聚星草科（芳香草科，无柱花科）Asteliaceae]■☆

4602　Asteliaceae Dumort.（1829）【汉】聚星草科（芳香草科，无柱花科）。【包含】世界 4-6 属 35-53 种。【分布】马达加斯加，澳大利亚，新西兰，新几内亚岛，南美洲。【科名模式】Astelia Banks et Sol. ex R. Br.●■☆

4603　Astelma R. Br.（1820）Nom. illegit. ≡ Astelma R. Br. ex Ker-Gawl.（1821）；~ = Helichrysum Mill.（1754）［as chrysum Mill（保留属名）；~ = Helipterum DC. ex Lindl.（1836）Nom. confus. ［菊科 Asteraceae(Compositae)]■☆

4604　Astelma R. Br. ex Ker-Gawl.（1821）= Helichrysum Mill.（1754）［as 'Elichrysum']（保留属名）；~ = Helipterum DC. ex Lindl.（1836）Nom. confus. ［菊科 Asteraceae(Compositae)//蜡菊科 Helichrysaceae]●■

4605　Astelma Schltr.（1913）Nom. illegit. ≡ Papuastelma Bullock（1965）［萝藦科 Asclepiadaceae]●☆

4606　Astemma Less.（1832）= Monactis Kunth（1818）［菊科 Asteraceae(Compositae)]●☆

4607　Astemon Regel（1860）= Lepechinia Willd.（1804）；~ =

Lepechinia Willd.（1804）+Sphacele Benth.（1829）（保留属名）［唇形科 Lamiaceae（Labiatae）］●■☆

4608 Astenolobium Nevski（1937）＝Astragalus L.（1753）［豆科 Fabaceae（Leguminosae）//蝶形花科 Papilionaceae］●■

4609 Astephananthes Bory（1819）＝Passiflora L.（1753）（保留属名）［西番莲科 Passifloraceae］●■

4610 Astephania Oliv.（1886）【汉】隐冠菊属。【隶属】菊科 Asteraceae（Compositae）。【包含】世界2种。【学名诠释与讨论】〈阴〉〈希〉a-，无，不+stephos，stephanos，花冠，王冠。此属的学名，ING、TROPICOS 和 IK 记载是"Astephania D. Oliver, Hooker's Icon. Pl. 16：ad t. 1506. Apr 1886"。"Meyerafra O. Kuntze, Rev. Gen. 1：353. 5 Nov 1891"是"Astephania Oliv.（1886）［菊科 Asteraceae（Compositae）]"的晚出的同模式异名（Homotypic synonym，Nomenclatural synonym）。亦有文献把"Astephania Oliv.（1886）"处理为"Anisopappus Hook. et Arn.（1837）"的异名。【分布】热带非洲东部。【模式】Astephania africana D. Oliver。【参考异名】Anisopappus Hook. et Arn.（1837）；Meyerafra Kuntze（1891）Nom. illegit.；Stephania Kuntze（1891）Nom. illegit. ■☆

4611 Astephanocarpa Baker（1887）＝Syncephalum DC.（1838）［菊科 Asteraceae（Compositae）］●☆

4612 Astephanus R. Br.（1810）【汉】无冠萝藦属。【隶属】萝藦科 Asclepiadaceae。【包含】世界2-30种。【学名诠释与讨论】〈阴〉〈希〉a-，无，不+stephos，stephanos，花冠，王冠。【分布】秘鲁，玻利维亚，非洲南部，马达加斯加，中美洲。【后选模式】Astephanus triflorus（Linnaeus f.）J. A. Schultes［Apocynum triflorum Linnaeus f.］。【参考异名】Grisebachiella Lorentz（1880）；Minaria T. U. P. Konno et Rapini（2006）■☆

4613 Aster L.（1753）【汉】紫菀属。【日】アスター属，シオン属，シヲン属。【俄】Астра，Грудница。【英】Aster, Easter Daisy, Frost Flowers, Michaelmas Daisy, Michaelmas-daisy, Starwort。【隶属】菊科 Asteraceae（Compositae）。【包含】世界180-1000种，中国95-113种。【学名诠释与讨论】〈中〉〈拉〉aster，所有格 asteros，星，星鱼。astron，星。astroeides，似星的。asterias, astratos, asterion，有星的，星形的。指头状花序放射状。此属的学名，ING、APNI、GCI、TROPICOS 和 IK 记载是"Aster L., Sp. Pl. 2：872. 1753［1 May 1753]"。"Amellus Adanson, Fam. 2：125. Jul-Aug 1763"和"Kalimares Rafinesque, Fl. Tell. 2：46. Jan-Mar 1837（'1836'）"是"Aster L.（1753）"的晚出的同模式异名（Homotypic synonym，Nomenclatural synonym）。【分布】巴拉圭，巴拿马，玻利维亚，厄瓜多尔，马达加斯加，美国（密苏里），尼加拉瓜，中国，非洲，欧亚大陆，美洲。【模式】Aster amellus Linnaeus。【参考异名】Aglotoma Raf.（1837）；Alkibias Raf.（1838）；Almutaster Á. Löve et D. Löve（1982）；Amellus Adans.（1763）（废弃属名）；Ampelaster G. L. Nesom（1994）；Asterigeron Rydb.（1917）；Asteromoea Blume（1826）；Baccharidiopsis G. M. Barroso（1975）；Bellidastrum（DC.）Scop.（1760）Nom. illegit.；Bellidastrum Scop.（1760）；Bellidiaster Dumort.（1827）Nom. illegit.；Bellidiastrum Cass.（1816）Nom. illegit.；Bellidistrum Rchb.（1828）；Bindera Raf.（1836）；Biotia DC.（1836）Nom. illegit.；Borkonstia Ignatov（1983）Nom. illegit.；Brachyaster Ambrosi（1857）；Calimeris Nees（1832）；Calymeris Post et Kuntze（1903）；Chalcitis Post et Kuntze（1903）；Chlamydites J. R. Drumm.（1907）；Chrosothamnus Post et Kuntze（1903）；Conyzanthus Tamamsch.（1959）；Crinitaria Cass.（1825）；Dieteria Nutt.（1840）；Diplactis Raf.（1837）；Diplopappus Cass.（1817）；Diplopapus Raf.（1836）；Doellingeria Nees（1832）；Donia Nutt.；Eucephalus Nutt.（1840）；Eurybia（Cass.）Gray（1821）Nom. illegit.；Eurybia Gray（1821）Nom. illegit.；Exothamnus D. Don ex

Hook.（1836）；Fimbristima Raf.（1837）；Galatea（Cass.）Less.（1832）；Galatea Cass.（1818）Nom. inval.；Galatea Cass. ex Less.（1832）Nom. illegit.；Galatella Cass.（1825）；Gymnaster Kitam.（1937）Nom. illegit.；Heleastrum DC.（1836）；Herrickia Wooton et Standl.（1913）；Hersilea Klotzsch（1862）；Heterochaeta DC.（1836）Nom. illegit.；Heteropappus Less.（1832）；Kalimares Raf.（1837）Nom. illegit.；Kalimeris（Cass.）Cass.（1825）；Kemulariella Tamamsch.（1959）；Kitamuraea Rauschert（1982）Nom. illegit.；Kitamuraster Soják（1982）Nom. illegit.；Lasallea Greene（1903）；Leiachenis Raf.（1837）；Leiachensis Merr.；Leiacherus Raf.；Leucosyris Greene（1897）；Maecharanthera Pritz.（1855）；Margarita Gaudin（1829）；Martinia Vaniot（1903）Nom. illegit.；Mesoligus Raf.（1837）；Mictanthes Raf.；Miyamayomena Kitam.（1982）；Myctanthes Raf.（1836）；Oclemena Greene（1903）；Odemena Greene；Oreastrum Greene（1896）；Oreostemma Greene（1900）；Pinardia Neck.（1790）Nom. inval.；Rhinactinidia Novopokr.（1948）；Symphyotrichum Nees（1832）；Tripolium Nees（1832）；Unamia Greene（1903）；Venatris Raf.（1837）；Virgaria Raf. ex DC.（1836）Nom. illegit.；Virgulaster Semple（1985）；Virgulus Raf.（1837）；Wardaster J. Small（1926）；Weberaster Á. Löve et D. Löve（1982）；Xalkitis Raf.（1836）Nom. illegit. ●■

4614 Asteracantha Nees（1832）＝Hygrophila R. Br.（1810）［爵床科 Acanthaceae］●■

4615 Asteraceae Bercht. et J. Presl（1820）（保留科名）【汉】菊科。【英】Aster Family。【包含】世界900-1535属13000-30000种，中国232-248属2160-2556种。Compositae Giseke 和 Asteraceae Bercht. et J. Presl 均为保留科名，是《国际植物命名法规》确定的九对互用科名之一。详见 Compositae Giseke。【分布】广泛分布，主要温带和亚热带。【科名模式】Aster L.（1753）●■

4616 Asteraceae Dumort.＝Asteraceae Bercht. et J. Presl（保留科名）//Compositae Giseke（保留科名）●■

4617 Asteraceae Martinov（1820）＝Asteraceae Bercht. et J. Presl（保留科名）//Compositae Giseke（保留科名）●■

4618 Asterandra Klotzsch（1841）＝Phyllanthus L.（1753）［大戟科 Euphorbiaceae//叶下珠科（叶萝藦科）Phyllanthaceae］●■

4619 Asterantha Rchb.（1837）＝Asteracantha Nees（1832）；～＝Hygrophila R. Br.（1810）［爵床科 Acanthaceae］●■

4620 Asteranthaceae R. Knuth（1939）（保留科名）［亦见 Lecythidaceae A. Rich.（保留科名）玉蕊科（巴西果科）]【汉】星花科（合玉蕊科）。【包含】世界1属1-2种。【分布】巴西。【科名模式】Asteranthos Desf. ●☆

4621 Asteranthe Engl. et Diels（1901）【汉】菀花木属。【隶属】番荔枝科 Annonaceae。【包含】世界2种。【学名诠释与讨论】〈阴〉〈希〉aster，星，星形的+anthos，花。此属的学名，ING 和 IK 记载是"Asteranthe Engler et Diels in Engler, Monogr. Afr. Pflanzenfam. 6：5, 30. 1901"。"Asteranthopsis O. Kuntze in Post et O. Kuntze, Lex. 49. Dec 1903（'1904'）"是"Asteranthe Engl. et Diels（1901）"的晚出的同模式异名（Homotypic synonym，Nomenclatural synonym）。【分布】热带非洲东部。【模式】Asteranthe asterias（S. Moore）Engler et Diels［Uvaria asterias S. Moore］。【参考异名】Asteranthopsis Kuntze（1903）Nom. illegit. ●☆

4622 Asteranthemum Kunth（1850）＝Smilacina Desf.（1807）（保留属名）［百合科 Liliaceae//铃兰科 Convallariaceae］■

4623 Asteranthera Hanst.（1854）【汉】星花苣苔（智利苣苔属，紫菀花苣苔属）。【英】Asteranthera。【隶属】苦苣苔科 Gesneriaceae。【包含】世界1种。【学名诠释与讨论】〈阴〉〈希〉aster，星，星形的+anthera，花药。此属的学名，ING 和 IK 记载是"Asteranthera

J. Hanstein, Linnaea 26：211. Apr 1854（'1853'）"。TROPICOS 则记载为 "Asteranthera Klotzsch et Hanst. , Linnaea 26：211. 1853［1854］"。三者引用的文献相同。【分布】智利。【模式】Asteranthera chiloënsis J. Hanstein。【参考异名】Asteranthera Klotzsch et Hanst. (1854) Nom. illegit. ●☆

4624 Asteranthera Klotzsch et Hanst. （1854）Nom. illegit. ≡ Asteranthera Hanst. (1854)［苦苣苔科 Gesneriaceae］●☆

4625 Asteranthopsis Kuntze（1903）Nom. illegit. ≡ Asteranthe Engl. et Diels（1901）［番荔枝科 Annonaceae］●☆

4626 Asteranthos Desf.（1820）【汉】星花属。【隶属】星玉蕊科（合玉蕊科）Asteranthaceae//革瓣花科（木果树科）Scytopetalaceae。【包含】世界 1 种。【学名诠释与讨论】〈阳〉（希）aster，星，星形的+anthos，花。【分布】巴西（北部）。【模式】Asteranthos brasiliensis Desfontaines。【参考异名】Asteranthus Spreng. (1825) ●☆

4627 Asteranthus Endl. （1837）Nom. illegit. = Astranthus Lour. (1790)；~ = Homalium Jacq. （1760）［刺篱木科（大风子科）Flacourtiaceae//天料木科 Samydaceae］●

4628 Asteranthus Spreng. （1825）= Asteranthos Desf. （1820）［星花科（合玉蕊科）Asteranthaceae//革瓣花科（木果树科）Scytopetalaceae］●☆

4629 Asterias Borkh. （1796）Nom. illegit. ≡ Gentiana L. （1753）［龙胆科 Gentianaceae］■

4630 Asteriastigma Bedd. （1873）= Hydnocarpus Gaertn. （1788）［刺篱木科（大风子科）Flacourtiaceae］●

4631 Asteridea Lindl. （1839）【汉】星绒草属。【隶属】菊科 Asteraceae（Compositae）。【包含】世界 7-9 种。【学名诠释与讨论】〈阴〉（希）aster，星，星形的+-idius，-idia，-idium，指示小的词尾。此属的学名，ING、APNI、TROPICOS 和 IK 记载为 "Asteridea J. Lindley, Sketch Veg. Swan River Colony xxiv. 1 Dec 1839"。"Asteridia N. T. Burb. ,Dictionary of Australian Plant Genera 1963" 是其拼写变体。亦有文献把 "Asteridea Lindl. （1839）" 处理为 "Athrixia Ker Gawl. （1823）"的异名。【分布】澳大利亚。【模式】Asteridea pulverulenta J. Lindley。【参考异名】Asteridia N. T. Burb. （1963）Nom. illegit. ；Athrixia Ker Gawl. （1823）■☆

4632 Asteridia N. T. Burb. （1963）Nom. illegit. = Asteridea Lindl. （1839）［菊科 Asteraceae（Compositae）］■☆

4633 Asteridium Engelm. ex Walp. （1843）= Chaetopappa DC. （1836）［菊科 Asteraceae（Compositae）］■☆

4634 Asterigeron Rydb. （1917）= Aster L. （1753）［菊科 Asteraceae（Compositae）］●■

4635 Asteringa E. Mey. ex DC. （1838）= Pentzia Thunb. （1800）［菊科 Asteraceae（Compositae）］■●☆

4636 Asteriscium Cham. et Schltdl. （1826）【汉】星箱草属。【隶属】伞形花科（伞形科）Apiaceae（Umbelliferae）。【包含】世界 8 种。【学名诠释与讨论】〈阳〉（拉）aster，星，星形的+scias 伞+-ius，-ia，-ium，在拉丁文和希腊文中，这些词尾表示性质或状态。【分布】墨西哥至巴塔哥尼亚。【模式】Asteriscium chilense Chamisso et D. F. L. Schlechtendal。【参考异名】Anteriscium Meyen（1834）；Asteriscus Rchb. （1828）Nom. illegit. ；Bustillosia Clos（1848）；Cassidocarpus C. Presl ex DC. （1830）；Dipterygia C. Presl ex DC. (1830)；Dipterygia C. Presl（1830）Nom. illegit. ；Dypterygia Gay（1848）；Tritaenicum Turcz. （1847）■☆

4637 Asteriscodes Kuntze （1891）Nom. illegit. ≡ Callistephus Cass. （1825）（保留属名）［菊科 Asteraceae（Compositae）］■

4638 Asteriscus Mill. (1754)【汉】金币花属（齿子菊属，甲壳菊属）。【英】Asteriscus。【隶属】菊科 Asteraceae（Compositae）。【包含】世界 3-8 种。【学名诠释与讨论】〈阳〉（拉）aster，星，星形的+-

iscus，指示小的词尾。此属的学名，ING、APNI、TROPICOS 和 IK 记载是 "Asteriscus P. Miller, Gard. Dict. Abr. ed. 4. 28 Jan 1754"。TROPICOS 则记载为 "Asteriscus Tourn. ex Mill. , Gard. Dict. Abr. (ed. 4)，1754"。"Asteriscus Tourn. " 是命名起点著作之前的名称，故 "Asteriscus Mill. （1754）" 和 "Asteriscus Tourn. ex Mill. （1754）" 都是合法名称，可以通用。菊科 Asteraceae 的 "Asteriscus Tourn. ex Sch. Bip. , in Webb, Phytogr. Canar. ii. 229 （1835－1860）= Odontospermum Neck. ex Sch. Bip. （1844）Nom. illegit. "、"Asteriscus Sch. Bip. （1835－1860）Nom. illegit. ≡ Asteriscus Tourn. ex Sch. Bip. （1835－1860）Nom. illegit. "、"Asteriscus Siegesb. （1736）Nom. inval. ≡ Asteriscus Siegesb. ex Kuntze（1891）Nom. illegit. "、"Asteriscus Siegesb. , Fl. Petrop. （1736）15 pr. p. ex Kuntze, Rev. Gen. （1891）318 = Pallenis Cass. （1822）（保留属名）"、"Asteriscus Moench, Methodus（Moench）592（1794）［4 May 1794］"和伞形花科 Apiaceae 的 "Asteriscus Rchb. , Consp. Regn. Veg. ［H. G. L. Reichenbach］144. 1828 = Asteriscium Cham. et Schltdl. （1826）" 都是晚出的非法名称，应予废弃。亦有学者承认 "甲壳菊属 Nauplius（Cassini）Cassini in F. Cuvier, Dict. Sci. Nat. 23：566. Nov 1822"；但是它是 "Asteriscus Mill. （1754）" 的晚出的同模式异名（Homotypic synonym, Nomenclatural synonym），必须废弃。"Dontospermum Necker ex C. H. Schultz－Bip. in Walpers, Repert. Bot. Syst. 2：955. 28-30 Dec 1843" 和 "Bubonium J. Hill, Veg. Syst. 2：74. Oct 1761" 也是 "Asteriscus Mill. （1754）" 的晚出的同模式异名（Homotypic synonym, Nomenclatural synonym）。【分布】佛得角，西班牙（加那利群岛），地中海地区，非洲北部。【后选模式】Asteriscus aquaticus（Linnaeus）Lessing［Buphthalmum aquaticum Linnaeus］。【参考异名】Asteriscus Moench （1794）Nom. illegit. ；Asteriscus Siegesb. （1736）Nom. inval. ；Asteriscus Siegesb. ex Kuntze（1891）Nom. illegit. ；Asteriscus Tourn. ex Mill. （1754）Nom. illegit. ；Bubonium Hill（1761）Nom. illegit. ；Dontospermum Neck. ex Sch. Bip. （1843）Nom. illegit. ；Dontospermum Sch. Bip. （1843）Nom. illegit. ；Nauplius（Cass.）Cass. （1822）；Nauplius Cass. （1822）Nom. illegit. ；Odontospermum Neck. （1790）Nom. inval. ；Odontospermum Neck. ex Sch. Bip. （1844）Nom. illegit. ；Pallenis （Cass.）Cass. （1822）Nom. illegit. （废弃属名）；Saulcya Michon （1854）■●☆

4639 Asteriscus Moench （1794）Nom. illegit. ［菊科 Asteraceae （Compositae）］■☆

4640 Asteriscus Rchb. （1828）Nom. illegit. = Asteriscium Cham. et Schltdl. （1826）［伞形花科（伞形科）Apiaceae（Umbelliferae）］■☆

4641 Asteriscus Sch. Bip. （1835－1860）Nom. illegit. ≡ Asteriscus Tourn. ex Sch. Bip. （1835－1860）Nom. illegit. ；~ = Pallenis Cass. （1822）（保留属名）［菊科 Asteraceae（Compositae）］■●☆

4642 Asteriscus Siegesb. （1736）Nom. inval. ≡ Asteriscus Siegesb. ex Kuntze（1891）Nom. illegit. ；~ = Odontospermum Neck. ex Sch. Bip. （1844）Nom. illegit. ；~ = Asteriscus Mill. （1754）；~ ≡ Dontospermum Neck. ex Sch. Bip. （1843）［菊科 Asteraceae（Compositae）］■☆

4643 Asteriscus Siegesb. ex Kuntze （1891）Nom. illegit. = Odontospermum Neck. ex Sch. Bip. （1844）Nom. illegit. ；~ = Asteriscus Mill. （1754）；~ ≡ Dontospermum Neck. ex Sch. Bip. （1843）［菊科 Asteraceae（Compositae）］■☆

4644 Asteriscus Tourn. ex Mill. （1754）Nom. illegit. ≡ Asteriscus Mill. （1754）［菊科 Asteraceae（Compositae）］■●☆

4645 Asteriscus Tourn. ex Sch. Bip. （1835－1860）Nom. illegit. = Pallenis Cass. （1822）（保留属名）［菊科 Asteraceae

（Compositae）] ■●☆

4646　Asterocarpus Eckl. et Zeyh.（1834 - 1835）Nom. illegit. ≡ Pterocelastrus Meisn.（1837）［卫矛科 Celastraceae］●☆

4647　Asterocarpus Rchb.（1837）Nom. illegit. = Astrocarpa Dumort.（1822）Nom. illegit. ; ~ = Sesamoides Ortega（1773）［木犀草科 Resedaceae］■☆

4648　Asterocephalus Adans.（1763）Nom. illegit. ≡ Scabiosa L.（1753）［川续断科（刺参科，蓟叶参科，山萝卜科，续断科）Dipsacaceae//蓝盆花科 Scabiosaceae］●■

4649　Asterocephalus Vaill. ex Lag.（1816）Nom. illegit. = Scabiosa L.（1753）［川续断科（刺参科，蓟叶参科，山萝卜科，续断科）Dipsacaceae//蓝盆花科 Scabiosaceae］☆

4650　Asterocephalus Vaill. ex Zinn（1757）Nom. illegit. ≡ Asterocephalus Zinn（1757）Nom. illegit. ; ~ ≡ Scabiosa L.（1753）［川续断科（刺参科，蓟叶参科，山萝卜科，续断科）Dipsacaceae//蓝盆花科 Scabiosaceae］●■

4651　Asterocephalus Zinn（1757）Nom. illegit. ≡ Asterocephalus Vaill. ex Zinn（1757）; ~ ≡ Scabiosa L.（1753）［川续断科（刺参科，蓟叶参科，山萝卜科，续断科）Dipsacaceae//蓝盆花科 Scabiosaceae］●■

4652　Asterochaete Nees（1834）= Carpha Banks et Sol. ex R. Br.（1810）［莎草科 Cyperaceae］■☆

4653　Asterochiton Turcz.（1852）= Thomasia J. Gay（1821）［梧桐科 Sterculiaceae//锦葵科 Malvaceae］●☆

4654　Asterochlaena Garcke（1850）= Pavonia Cav.（1786）（保留属名）［锦葵科 Malvaceae］●■☆

4655　Asterocytisus（W. D. J. Koch）Schur ex Fuss（1866）= Genista L.（1753）［豆科 Fabaceae（Leguminosae）//蝶形花科 Papilionaceae］●

4656　Asterocytisus Schur ex Fuss（1866）Nom. illegit. ≡ Asterocytisus（W. D. J. Koch）Schur ex Fuss（1866）= Genista L.（1753）［豆科 Fabaceae（Leguminosae）//蝶形花科 Papilionaceae］●

4657　Asterogeum Gray（1821）= Plantago L.（1753）［车前科（车前草科）Plantaginaceae］■●

4658　Asterogyne H. Wendl.（1883）Nom. illegit. ≡ Asterogyne H. Wendl. ex Benth. et Hook. f.（1883）［棕榈科 Arecaceae（Palmae）］●☆

4659　Asterogyne H. Wendl. ex Benth. et Hook. f.（1883）【汉】星蕊棕属（单叶棕属，星雌椰属，星蕊榈属）。【日】ホシヤシ属。【隶属】棕榈科 Arecaceae（Palmae）。【包含】世界 2-5 种。【学名诠释与讨论】〈阴〉（希）aster，星，星形的+gyne，所有格 gynaikos，雌性，雌蕊。此属的学名，ING、IK 和 IK 记载都是"Asterogyne H. Wendland ex Bentham et J. D. Hooker, Gen. 3：914. 14 Apr 1883"。TROPICOS 则记载为"Asterogyne H. Wendl. , Gen. Pl. 3：914, 1883"。四者引用的文献相同。"Asterogyne H. Wendl. ex Hook. f.（1883）"的命名人引证有误。【分布】巴拿马，厄瓜多尔，哥伦比亚（安蒂奥基亚），哥斯达黎加，美国，尼加拉瓜，热带南美洲，中美洲。【模式】Asterogyne martiana（H. Wendland）Hemsley［Geonoma martiana H. Wendland］。【参考异名】Aristeyera H. E. Moore（1966）; Asterogyne H. Wendl.（1883）Nom. illegit. ; Asterogyne H. Wendl. ex Hook. f.（1883）Nom. illegit. ●☆

4660　Asterogyne H. Wendl. ex Hook. f.（1883）Nom. illegit. ≡ Asterogyne H. Wendl. ex Benth. et Hook. f.（1883）［棕榈科 Arecaceae（Palmae）］●☆

4661　Asterohyptis Epling（1932）【汉】星香属。【隶属】唇形科 Lamiaceae（Labiatae）。【包含】世界 3 种。【学名诠释与讨论】〈阴〉（希）aster，星，星形的+（属）Hyptis 山香属（香苦草属，四方骨属）。【分布】哥斯达黎加，墨西哥，尼加拉瓜，中美洲。【模式】Asterohyptis stellulata（Bentham）Epling［Hyptis stellulata

Bentham］●☆

4662　Asteroides Mill.（1754）Nom. illegit. ≡ Buphthalmum L.（1753）［as 'Buphthalmum'］［菊科 Asteraceae（Compositae）］■

4663　Asterolasia F. Muell.（1854）【汉】星毛芸香属。【隶属】芸香科 Rutaceae。【包含】世界 6 种。【学名诠释与讨论】〈阴〉（希）aster，星，星形的+lasios，多毛的。lasio- = 拉丁文 lani-，多毛的。【分布】澳大利亚。【后选模式】Asterolasia trymalioides F. von Mueller。【参考异名】Pleurandropsis Baill.（1873）; Urocarpus J. L. Drumm. ex Harv.（1855）●☆

4664　Asterolepidion Ducke（1922）= Dendrobangia Rusby et R. A. Howard（1842）［茶茱萸科 Icacinaceae］●☆

4665　Asterolinion Brongn.（1843）= Asterolinon Hoffmanns. et Link（1820）［报春花科 Primulaceae］■☆

4666　Asterolinon Hoffmanns. et Link（1820）【汉】星亚麻属。【俄】Астеролинум。【隶属】报春花科 Primulaceae。【包含】世界 2 种。【学名诠释与讨论】〈中〉（希）aster，星，星形的+leirion，百合，leiros 百合白的，苍白的，娇柔的。此属的学名，ING、APNI、TROPICOS 和 IK 记载是"Asterolinon Hoffmannsegg et Link, Fl. Portug. 1：332. 1813 - 1820"。"Asterolinum Duby, Botanicon Gallicum ed. 2, 1 1828"是其拼写变体。"Asterolinion Brongn. , Enum. Pl. Mus. Paris 69. 1843［12 Aug 1843］"是其晚出异名。"Borissa Rafinesque, Ann. Gén. Sci. Phys. 7：193. Feb 1821"是"Asterolinon Hoffmanns. et Link（1820）"的晚出的同模式异名（Homotypic synonym, Nomenclatural synonym）。亦有文献把"Asterolinon Hoffmanns. et Link（1820）"处理为"Lysimachia L.（1753）"的异名。【分布】埃塞俄比亚，巴基斯坦，伊朗，地中海至克里米亚半岛。【模式】Asterolinon stellatum Hoffmannsegg et Link，Nom. illegit. ［Lysimachia linum-stellatum Linnaeus］。【参考异名】Asterolinion Brongn.（1843）; Asterolinum Duby（1828）Nom. illegit. ; Astrolinon Baudo（1843）; Borissa Raf.（1821）Nom. inval. ; Borissa Raf. ex Steud.（1840）Nom. illegit. ; Lysimachia L.（1753）■☆

4667　Asterolinum Duby（1828）Nom. illegit. = Asterolinon Hoffmanns. et Link（1820）［报春花科 Primulaceae］■☆

4668　Asteroloma Kuntze（1903）= Astroloma R. Br.（1810）［尖苞木科 Epacridaceae//杜鹃花科（欧石南科）Ericaceae］●☆

4669　Asteromaea DC.（1836）= Asteromoea Blume（1826）［菊科 Asteraceae（Compositae）］●■

4670　Asteromoea Blume（1826）= Aster L.（1753）; ~ = Kalimeris（Cass.）Cass.（1825）［菊科 Asteraceae（Compositae）］■

4671　Asteromyrtus Schauer（1843）【汉】菀桃木属。【隶属】桃金娘科 Myrtaceae//白千层科 Melaleucaceae。【包含】世界 7 种。【学名诠释与讨论】〈阴〉（属）Aster 紫菀属+（属）Myrtus 香桃木属（爱神木属，番桃木属，莫塌属，银香梅属）。亦有文献把"Asteromyrtus Schauer（1843）"处理为"Melaleuca L.（1767）（保留属名）"的异名。【分布】澳大利亚。【模式】Asteromyrtus gaertneri J. C. Schauer，Nom. illegit. ［Melaleuca angustifolia Gaertner］。【参考异名】Melaleuca L.（1767）（保留属名）; Sinoga S. T. Blake（1958）●☆

4672　Asteropea Tul.（1857）Nom. inval. ［翼萼茶科 Asteropeiaceae］●☆

4673　Asteropeia Thouars（1805）【汉】翼萼茶属。【隶属】翼萼茶科 Asteropeiaceae。【包含】世界 5-8 种。【学名诠释与讨论】〈阴〉（希）aster，所有格 asteros，星，星鱼。astron，星。astroides，似星的。asterias，astratos，asterion，有星的，星形的+peos，阴茎。【分布】马达加斯加。【模式】Asteropeia multiflora Du Petit-Thouars。【参考异名】Rhodoclada Baker（1884）●☆

4674　Asteropeiaceae（Szyszyl.）Takht. ex Reveal et Hoogland（1990）［亦见 Theaceae Mirb.（1816）（保留科名）山茶科（茶科）］【汉】

翼萼茶科。【包含】世界1属5-8种。【分布】马达加斯加。【科名模式】Asteropeia Thouars ●☆

4675　Asteropeiaceae Reveal et Hoogland = Asteropeiaceae (Szyszyl.) Takht. ex Reveal et Hoogland；～ = Theaceae Mirb. (1816) (保留科名) ●

4676　Asteropeiaceae Takht. = Asteropeiaceae (Szyszyl.) Takht. ex Reveal et Hoogland (1990)；～ = Theaceae Mirb. (1816) (保留科名) ●

4677　Asteropeiaceae Takht. ex Reveal et Hoogland (1990) = Asteropeiaceae (Szyszyl.) Takht. ex Reveal et Hoogland；～ = Theaceae Mirb. (1816) (保留科名) ●

4678　Asterophorum Sprague (1908)【汉】厄瓜多尔椴属。【隶属】椴树科 (椴科，田麻科) Tiliaceae//锦葵科 Malvaceae。【包含】世界1-2种。【学名诠释与讨论】〈中〉(希) aster，星，星形的+phoros，具有，梗，负载，发现者。亦有文献把 " Asterophorum Sprague (1908) " 处理为 " Christiana DC. (1824) " 的异名。【分布】厄瓜多尔。【模式】Asterophorum eburneum T. A. Sprague。【参考异名】Christiana DC. (1824) ●☆

4679　Asterophyllum Schimp. et Spenn. (1829) = Asperula L. (1753) (保留属名) [茜草科 Rubiaceae]；～ = Galium L. (1753)；～ = Sherardia L. (1753)；～ = Valantia L. (1753) [茜草科 Rubiaceae] ■☆

4680　Asteropsis Less. (1832)【汉】大头菊属。【隶属】菊科 Asteraceae (Compositae)。【包含】世界1种。【学名诠释与讨论】〈阴〉(属) Aster 紫菀属+希腊文 opsis，外观，模样，相似。此属的学名是 " Asteropsis Fragoso，Trab. Mus. Nac. Ci. Nat.，Ser. Bot. 12：50. 15 Sep 1917 (non Lessing 1832) "。亦有文献把 " Asteropsis Less. (1832) " 处理为 " Podocoma Cass. (1817) " 的异名。【分布】巴西 (南部)。【模式】Asteropsis macrocephala Lessing。【参考异名】Podocoma Cass. (1817) ■☆

4681　Asteropterus Adans. (1763) Nom. illegit. (废弃属名) = Leysera L. (1763) [菊科 Asteraceae (Compositae)] ■●☆

4682　Asteropterus Vaillant (1754) (废弃属名) ≡ Printzia Cass. (1825) (保留属名) [菊科 Asteraceae (Compositae)] ■●☆

4683　Asteropus Schult. (1827) = Astropus Spreng. (1822)；～ = Waltheria L. (1753) [梧桐科 Sterculiaceae//锦葵科 Malvaceae] ●■

4684　Asteropyrum J. R. Drumm. et Hutch. (1920)【汉】星果草属。【英】Starfruit，Starfruitstraw。【隶属】毛茛科 Ranunculaceae。【包含】世界2种，中国2种。【学名诠释与讨论】〈中〉(希) aster，星，星形的+pyren，核，颗粒。指果放射状排列。【分布】中国。【后选模式】Asteropyrum peltatum (Franchet) J. R. Drummond et J. Hutchinson [Isopyrum peltatum Franchet] ■★

4685　Asteroschoenus Nees (1842) = Rhynchospora Vahl (1805) [as 'Rynchospora'] (保留属名) [莎草科 Cyperaceae] ■☆

4686　Asterosedum Grulich (1984) Nom. illegit. = Phedimus Raf. (1817) [景天科 Crassulaceae] ■

4687　Asterosperma Less. (1832) = Felicia Cass. (1818) (保留属名) [菊科 Asteraceae (Compositae)] ●■

4688　Asterostemma Decne. (1838)【汉】星冠萝藦属。【隶属】萝藦科 Asclepiadaceae。【包含】世界1种。【学名诠释与讨论】〈中〉(希) aster，星，星形的+stemma，所有格 stemmatos，花冠，花环，王冠。【分布】印度尼西亚 (爪哇岛)。【模式】Asterostemma repandum Decaisne。☆

4689　Asterostigma Fisch. et C. A. Mey. (1845)【汉】星柱南星属。【隶属】天南星科 Araceae。【包含】世界5-7种。【学名诠释与讨论】〈中〉(希) aster，星，星形的+stigma，所有格 stigmatos，柱头，眼点。【分布】巴西，秘鲁，玻利维亚。【模式】Asterostigma langsdorffianum F. E. L. Fischer et C. A. Meyer。【参考异名】Andromycia A. Rich. (1853)；Croatiella E. G. Gonç. (2005)；

Incarum E. G. Gonç. (2005)；Rhopalostigma Schott (1859)；Staurostigma Scheidw. (1848) ■☆

4690　Asterostoma Blume (1849) = Osbeckia L. (1753) [野牡丹科 Melastomataceae] ●■

4691　Asterothamnus Novopokr. (1950)【汉】紫菀木属。【俄】Астеротамнус。【英】Asterbush，Asterothamnus。【隶属】菊科 Asteraceae (Compositae)。【包含】世界7种，中国5种。【学名诠释与讨论】〈阳〉(属) Aster 紫菀属+thamnos，指小式 thamnion，灌木，灌丛，树丛，枝。意谓灌木状的紫菀。【分布】中国，东亚和中亚。【模式】Asterothamnus alyssoides (Turczaninow) I. V. Novopokrovsky [Aster alyssoides Turczaninow]。【参考异名】Kalimeris (Cass.) Cass. (1825) ●；Kalimeris Cass. (1825) ■

4692　Asterothrix Cass. (1827) = Leontodon L. (1753) (保留属名) [菊科 Asteraceae (Compositae)] ■☆

4693　Asterotricha Kuntze (1903) = Astrotricha DC. (1829) [五加科 Araliaceae] ●☆

4694　Asterotricha Post et Kuntze (1903) Nom. illegit. ≡ Asterotricha Kuntze (1903) [五加科 Araliaceae] ●☆

4695　Asterotricha V. V. Botschantz. (1976) Nom. illegit. ≡ Pterygostemon V. V. Botsch. (1977)；～ = Fibigia Medik. (1792) [十字花科 Brassicaceae (Cruciferae)] ■☆

4696　Asterotrichion Klotzsch (1840)【汉】星毛锦葵属。【隶属】锦葵科 Malvaceae。【包含】世界2种。【学名诠释与讨论】〈阳〉(希) aster，星，星形的+thrix，所有格 trichos，毛，毛发+-ion，表示出现。此属的学名，ING、APNI、GCI、TROPICOS 和 IK 记载是 " Asterotrichion Klotzsch in Link, Klotzsch et Otto, Icon. Pl. Rar. Horti Berol. 1：19. 15-21 Nov 1840 (' 1841 ') "。" Asterotrichion Link (1840) Nom. illegit. ≡ Asterotrichion Klotzsch (1840) " 的命名人引证有误。亦有文献把 " Asterotrichion Klotzsch (1840) " 处理为 " Plagianthus J. R. Forst. et G. Forst. (1776) " 的异名。【分布】澳大利亚 (塔斯马尼亚岛)。【模式】Asterotrichion sidoides Klotzsch。【参考异名】Asterotrichion Klotzsch, Link, Klotzsch et Otto (1840) Nom. illegit.；Asterotrichon N. T. Burb. (1963)；Plagianthus J. R. Forst. et G. Forst. (1776) ●☆

4697　Asterotrichion Link (1840) Nom. illegit. ≡ Asterotrichion Klotzsch (1840) [锦葵科 Malvaceae] ●☆

4698　Asterotrichon N. T. Burb. (1963) = Asterotrichion Klotzsch (1840) [锦葵科 Malvaceae] ●☆

4699　Asthenatherum Nevski (1934) Nom. illegit. ≡ Centropodia (R. Br.) Rchb. (1829) [禾本科 Poaceae (Gramineae)] ■☆

4700　Asthenochloa Büse (1854)【汉】柔草属。【隶属】禾本科 Poaceae (Gramineae)。【包含】世界1种。【学名诠释与讨论】〈阴〉(希) asthenes，弱的+chloe 多利斯文 chloa，草的幼芽，嫩草，禾草。【分布】菲律宾，印度尼西亚 (爪哇岛)。【模式】Asthenochloa tenera L. H. Buse。【参考异名】Garnotiella Stapf (1896) ■☆

4701　Asthotheca Miers ex Planch. et Triana (1860) = Clusia L. (1753) [猪胶树科 (克鲁西科，山竹子科，藤黄科) Clusiaceae (Guttiferae)] ●☆

4702　Astianthus D. Don (1823)【汉】美花属。【隶属】紫葳科 Bignoniaceae。【包含】世界1种。【学名诠释与讨论】〈阳〉(希) asteios，美丽的+anthos，花。【分布】墨西哥，中美洲。【模式】Astianthus longifolius D. Don。●☆

4703　Astiella Jovet (1941)【汉】小美茜属。【隶属】茜草科 Rubiaceae。【包含】世界1种。【学名诠释与讨论】〈阴〉(希) asteios，美丽的+-ellus，-ella，-ellum，加在名词词干后面形成指小式的词尾。或加在人名、属名等后面以组成新属的名称。【分布】马达加斯加。【模式】Astiella delicatula Jovet。☆

4704 Astilbaceae Krach［亦见 Saxifragaceae Juss.（保留科名）虎耳草科］【汉】落新妇科。【包含】世界 1 属 12-40 种，中国 1 属 9 种。【分布】东亚，北美洲。【科名模式】Astilbe Buch. –Ham. ex D. Don ■

4705 Astilbe Buch. –Ham.（1825）Nom. illegit.≡Astilbe Buch. –Ham. ex D. Don（1825）［虎耳草科 Saxifragaceae//落 新 妇 科 Astilbaceae］■

4706 Astilbe Buch. –Ham. ex D. Don（1825）【汉】落新妇属（红升麻属）。【日】アスティルベ属，チダケサシ属。【俄】Астильба，Астильбе。【英】Astilbe, False Buck's-beard, False Goat's Beard, False Spirea, Goat's-beard, Meadow Sweet。【隶属】虎耳草科 Saxifragaceae//落新妇科 Astilbaceae。【包含】世界 12-40 种，中国 9 种。【学名诠释与讨论】〈阴〉（希）a-，无，不+stilbon，放光闪闪的东西，水星。stilbe，灯。Stilboma，所有格 stilbomatos，放光的饰品。拉丁文 stilbotes 磨光者。指叶无光泽，或说指花无光泽。此属的学名，ING、TROPICOS 和 GCI 记载是"Astilbe F. Hamilton ex D. Don, Prodr. Fl. Nepal. 210. 1 Feb 1825"。IK 则记载为"Astilbe Buch. – Ham., Prodr. Fl. Nepal. 210（1825）［26 Jan – 1 Feb 1825］"。四者引用的文献相同。【分布】巴基斯坦，中国，东亚，北美洲。【模式】Astilbe rivularis F. Hamilton ex D. Don。【参考异名】Astilbe Buch. –Ham.（1825）Nom. illegit.；Hoteia C. Morren et Decne.（1834）■

4707 Astilboides（Hemsl.）Engl.（1930）Nom. illegit.≡Astilboides Engl.（1930）［虎耳草科 Saxifragaceae］■

4708 Astilboides Engl.（1930）【汉】大叶子属（山荷叶属）。【英】Astilboides, Rodgersia。【隶属】虎耳草科 Saxifragaceae。【包含】世界 1 种，中国 1 种。【学名诠释与讨论】〈阴〉（属）Astilbe 落新妇属+oides，来自 o+eides，像，似；或 o+eidos 形，含义为相像。指其外形似红升麻。此属的学名，ING、TROPICOS 和 IK 记载是"Astilboides Engler in Engler et Prantl, Nat. Pflanzenfam. ed. 2. 18a：116. Mai 1930"。"Astilboides（Hemsl.）Engl.（1930）≡Astilboides Engl.（1930）"的命名人引证有误。【分布】中国。【模式】Astilboides tabularis（Hemsley）Engler［Saxifraga tabularis Hemsley］。【参考异名】Astilboides（Hemsl.）Engl.（1930）Nom. illegit. ■

4709 Astiria Lindl.（1844）【汉】毛梧桐属。【隶属】梧桐科 Sterculiaceae//锦葵科 Malvaceae。【包含】世界 1 种。【学名诠释与讨论】〈阴〉（希）a-，无，不+steiros，不毛的。【分布】马斯克林群岛。【模式】Astiria rosea J. Lindley。【参考异名】Astyria Lindl.（1847）●☆

4710 Astoma DC.（1829）Nom. illegit.≡Astomaea Rchb.（1837）［伞形科（伞形科）Apiaceae（Umbelliferae）］●☆

4711 Astomaea Rchb.（1837）【汉】无口草属。【俄】Астомаеа, Астоматопсис。【隶属】伞形科（伞形科）Apiaceae（Umbelliferae）。【包含】世界 2 种。【学名诠释与讨论】〈阴〉（希）a-，无，不+stoma，所有格 stomatos，孔口。此属的学名"Astomaea Rchb., Handb. 218. 1-7 Oct 1837"是一个替代名称。"Astoma A. P. de Candolle, Collect. Mém. Ombellif. 5：71. t. 17. 12 Sep 1829"是一个非法名称（Nom. illegit.），因为此前已经有了真菌的"Astoma S. F. Gray, Nat. Arr. Brit. Pl. 1：523. 1 Nov 1821"。故用"Astomaea Rchb.（1837）"替代之。【分布】亚洲。【模式】Astomaea seselifolia（A. P. de Candolle）S. Rauschert［Astoma seselifolium A. P. de Candolle］。【参考异名】Astoma DC.（1829）Nom. illegit.；Astomatopsis Korovin（1948）●☆

4712 Astomatopsis Korovin（1948）= Astomaea Rchb.（1837）［伞形花科（伞形科）Apiaceae（Umbelliferae）］●☆

4713 Astonia S. W. L. Jacobs（1997）【汉】阿氏泽泻属。【隶属】泽泻科 Alismataceae。【包含】世界 1 种。【学名诠释与讨论】〈阴〉（人）Aston，植物学者。【分布】澳大利亚。【模式】Astonia australiensis（H. I. Aston）S. W. L. Jacobs［Limnophyton australiense H. I. Aston］■☆

4714 Astorganthus Endl.（1842）= Melicope J. R. Forst. et G. Forst.（1776）［芸香科 Rutaceae］●

4715 Astracantha Podlech（1983）【汉】星刺豆属（云英花属）。【英】Dragon Gum, Gum Dragon, Gum Tragacanth。【隶属】豆科 Fabaceae（Leguminosae）//蝶形花科 Papilionaceae。【包含】世界 250 种。【学名诠释与讨论】〈阴〉（希）aster，星，星形的+akantha，荆棘，刺。【分布】地中海地区，西班牙，意大利。【模式】Astracantha cretica（Lamarck）D. Podlech［Astragalus creticus Lamarck［as 'cretica'］●☆

4716 Astradelphus J. Rémy（1849）【汉】兄弟星属。【隶属】菊科 Asteraceae（Compositae）。【包含】世界 2 种。【学名诠释与讨论】〈阳〉（希）aster，星，星形的 + adelphos，兄弟。此属的学名是"Astradelphus E. J. Remy, Ann. Sci. Nat. Bot. ser. 3. 12：185. 1849"。亦有文献把"Astradelphus J. Rémy（1849）"处理为"Erigeron L.（1753）"的异名。【分布】智利，中美洲。【模式】Astradelphus chilensis J. Rémy。【参考异名】Erigeron L.（1753）；Gusmania J. Rémy（1849）Nom. illegit. ■☆

4717 Astraea Klotzsch（1841）Nom. illegit. = Croton L.（1753）［大戟科 Euphorbiaceae//巴豆科 Crotonaceae］●

4718 Astraea Schauer（1843）Nom. illegit.≡Gomphotis Raf.（1838）（废弃属名）；~ = Thryptomene Endl.（1839）（保留属名）［桃金娘科 Myrtaceae］●☆

4719 Astragalaceae Bercht. et J. Presl（1820）= Fabaceae Lindl.（保留科名）//Leguminosae Juss.（1789）（保留科名）●■

4720 Astragalaceae Martinov［亦见 Fabaceae Lindl.（保留科名）//Leguminosae Juss.（1789）（保留科名）豆科］【汉】黄耆科。【包含】世界 1 属 1750-2500 种，中国 1 属 394 种。【分布】广泛分布。【科名模式】Astragalus L.（1753）●■

4721 Astragalina Bubani（1899）Nom. illegit.≡Phaca L.（1753）；~ = Astragalus L.（1753）［豆科 Fabaceae（Leguminosae）//蝶形花科 Papilionaceae］●■

4722 Astragaloides Adans.（1763）Nom. illegit. = Astragalus L.（1753）［豆科 Fabaceae（Leguminosae）//蝶形花科 Papilionaceae］●■

4723 Astragaloides Boehm.（1760）Nom. illegit.≡Phaca L.（1753）；~ = Astragalus L.（1753）［豆科 Fabaceae（Leguminosae）//蝶形花科 Papilionaceae］●■

4724 Astragaloides Quer. = Astragalus L.（1753）［豆科 Fabaceae（Leguminosae）//蝶形花科 Papilionaceae］●■

4725 Astragalus L.（1753）【汉】黄耆属（黄花属，黄芪属，黄蓍属，紫云英属）。【日】ゲンケ属，ゲンゲ属。【俄】Астрагал。【英】Coat's Thorn, Loco, Loeoweed, Milk Vetch, Milkvetch, Milk-vetch, Poison Vetch, Poisonvetch。【隶属】豆科 Fabaceae（Leguminosae）//蝶形花科 Papilionaceae。【包含】世界 1750-2500 种，中国 394 种。【学名诠释与讨论】〈阳〉（希）astragalos，踝骨。指果的形状，或说指根的形状。此属的学名，INGAPNI、GCI、TROPICOS 和 IK 记载是"Astragalus L., Sp. Pl. 2：755. 1753［1 May 1753］"。"Astralagus Curran（1885）"似为错误拼写。"Aragallus Necker ex E. L. Greene, Pittonia 3：209. 25 Sep 1897"是"Astragalus L.（1753）"的晚出的同模式异名（Homotypic synonym, Nomenclatural synonym）。有些文献承认"拟黄耆属 Astragaloides Boehmer in C. G. Ludwig, Def. Gen. ed. 3. 255. 1760"；但是 ING 记载"Astragaloides Boehm.（1760）"是"Phaca L.（1753）"的晚出的同模式异名（Homotypic synonym, Nomenclatural synonym），应予废弃。豆科 Fabaceae（Leguminosae）的

"Astragaloides Adans., Fam. Pl. (Adanson) 2：323. 1763 = Astragalus L. (1753)"是晚出的非法名称。【分布】巴基斯坦,秘鲁,玻利维亚,厄瓜多尔,美国(密苏里),中国,中美洲。【后选模式】Astragalus christianus Linnaeus。【参考异名】Acanthophaca Nevski(1937); Aeluroschia Post et Kuntze(1903); Ailuroschia Steven(1856); Alopecias Steven(1832); Ammodytes Steven(1832); Anaphragma Steven(1832); Ankylobus Steven(1856); Aragallus Neck. (1790) Nom. inval., Nom. illegit.; Aragallus Neck. ex Greene(1897) Nom. illegit.; Aragus Steud. (1840); Astenolobium Nevski(1937); Astragalina Bubani(1899); Astragaloides Adans. (1763) Nom. illegit.; Astragaloides Boehm. (1750); Astragaloides Quer.; Astralagus Curran(1885) Nom. illegit.; Atelophragma Rydb. (1905); Aulosema Walp. (1842); Batidophaca Rydb. (1929); Brachyphragma Rydb. (1929); Caryolobium Steven(1832); Centrophyta Rchb. (1841); Chondrocarpus Steven(1832) Nom. illegit.; Cnemidophacos Rydb. (1906); Contortuplicata Medik. (1787); Craccina Steven(1856); Cryptorrhynchus Nevski(1937); Ctenophyllum Rydb. (1905); Cymbicarpos Steven(1832); Cystium(Steven) Steven(1856) Nom. illegit.; Cystium Steven(1832); Cystopora Lunell(1916) Nom. illegit.; Didymopelta Regel et Schmalh. (1877); Diholcos Rydb. (1905); Dipelta Regel et Schmalh. (1878) Nom. illegit.; Diplotheca Hochst. (1846); Erophaca Boiss. (1840); Euilus Steven(1856); Euprepia Steven(1832); Feidanthus Steven(1856); Geoprumnon Rydb. (1903); Glandula Medik. (1787); Glaux Hill(1756) Nom. illegit.; Glaux Medik. (1787) Nom. illegit.; Glottes Medik. (1789); Glottis Medik. (1787); Glycyphylla Steven(1832); Gynophoraria Rydb. (1929); Halicacabus(Bunge) Nevski(1937); Hamaria Fourr. (1868) Nom. illegit.; Hamosa Medik. (1787); Hedyphylla Steven(1856); Hesperastragalus A. Heller(1905); Hesperonix Rydb. (1929); Holcophacos Rydb. (1903); Homalobus Nutt. (1838); Homalobus Nutt. ex Torr. et A. Gray(1838) Nom. illegit.; Hypoglottis Fourr. (1868); Jonesiella Rydb. (1905); Kentrophyta Nutt. (1838); Kentrophyta Nutt. ex Torr. et A. Gray(1838) Nom. illegit.; Kerstania Rech. f. (1958); Kiapasia Woronow ex Grossh. (1939); Kirchnera Opiz(1858); Lithoon Nevski(1937); Lonchophaca Rydb. (1929); Macrosema Steven(1832); Medyphylla Opiz(1858); Microphacos Rydb. (1905); Myctirophora Nevski(1937); Myobroma(Steven) Steven(1856); Myobroma Steven(1856) Nom. illegit.; Mystirophora Nevski; Neodielsia Harms(1905); Oedicephalus Nevski(1937); Onix Medik. (1787); Onyx Medik. (1789); Ophiocarpus(Bunge) Ikonn. (1977); Orophaca(Torr. et A. Gray) Britton(1897); Orophaca Britton(1897) Nom. illegit.; Orophaca Nutt.; Oxyglottis(Bunge) Nevski(1937); Pedina Steven(1856); Phaca L. (1753); Phacomene Rydb. (1929); Phacopsis Rydb. (1905) Nom. illegit.; Philammos(Steven) Steven(1832); Philammos Steven(1832) Nom. illegit.; Phyllolobium Fisch. (1818); Phyllolobium Fisch. ex Spreng. (1818); Picraena Steven(1832); Pisophaca Rydb. (1929); Podlechiella Maassoumi et Kaz. Osaloo(2003); Podochrea Fourr. (1868); Podolotus Benth. (1835) Nom. illegit.; Podolotus Royle ex Benth. (1835); Podolotus Royle(1835) Nom. illegit.; Poecilocarpus Nevski(1937); Proselias Steven(1832); Psychridium Steven(1832); Pterophacos Rydb. (1917); Rydbergiella Fedde et Syd. (1906); Rydbergiella Fedde et Syd. ex Rydb. (1906) Nom. illegit.; Rydbergiella Fedde et Syd. ex Rydb. (1917) Nom. illegit.; Rydbergiella Fedde(1906) Nom. illegit.; Rysodium Steven(1832); Saccocalyx Steven(1832)(废弃属名); Sewerzowia Regel et Schmalh. (1877); Solenotus(Steven) Steven(1832); Solenotus Steven(1832) Nom. illegit.; Stella Medik. (1787); Thium Steud. (1821); Tium Medik. (1787); Tragacantha Mill. (1754); Triquetra Medik. (1787); Xerophysa Steven(1856); Xylophacos Rydb. (1903); Xylophacos Rydb. ex Small(1903) Nom. illegit. ●■

4726 Astralagus Curran(1885) Nom. illegit. = Astragalus L. (1753)[豆科 Fabaceae(Leguminosae)//蝶形花科 Papilionaceae]●■

4727 Astranthium Nutt. (1840)【汉】西雏菊属。【英】Western-daisy。【隶属】菊科 Asteraceae(Compositae)。【包含】世界 11 种。【学名诠释与讨论】〈阴〉(希)aster,星,星形的+anthos,花+-ius,-ia,-ium,在拉丁文和希腊文中,这些词尾表示性质或状态。【分布】美国(南部),墨西哥,中美洲。【模式】Astranthium integrifolium(A. Michaux) Nuttall[Bellis integrifolia A. Michaux]■☆

4728 Astranthus Lour. (1790) = Homalium Jacq. (1760)[刺篱木科(大风子科) Flacourtiaceae//天料木科 Samydaceae]●

4729 Astrantia Ehth. = Astrantia L. (1753)[伞形花科(伞形科) Apiaceae(Umbelliferae)]■☆

4730 Astrantia L. (1753)【汉】大星芹属(粉珠花属,星芹属)。【俄】Астранция。【英】Astrantia, Hattie's Pincushion, Master Wort, Masterwort。【隶属】伞形花科(伞形科) Apiaceae(Umbelliferae)。【包含】世界 10 种。【学名诠释与讨论】〈阴〉(希)astron,星+anthos,花。此属的学名,ING、TROPICOS 和 IK 记载是"Astrantia L., Sp. Pl. 1：235. 1753[1 May 1753]"。【分布】高加索,欧洲南部和中部,安纳托利亚。【后选模式】Astrantia major Linnaeus。【参考异名】Astrantia Ehth.; Etoxoe Raf. (1840); Transcaucasia M. Hiroe(1979)■☆

4731 Astrapaea Lindl. (1822) = Dombeya Cav. (1786)(保留属名)[梧桐科 Sterculiaceae//锦葵科 Malvaceae]●☆

4732 Astrebla F. Muell. (1878) Nom. illegit. ≡ Astrebla F. Muell. ex Benth. (1878)[菊科 Asteraceae(Compositae)]●■

4733 Astrebla F. Muell. ex Benth. (1878)【汉】阿司禾属(阿司吹禾属)。【英】Mitchell Grass。【隶属】菊科 Asteraceae(Compositae)。【包含】世界 4 种。【学名诠释与讨论】〈阴〉(希)a-,无,不+streblos,搓成的,反常的,变态的。指芒。此属的学名,ING、APNI 和 IK 记载是"Astrebla F. v. Mueller ex Bentham, Fl. Austral. 7：602. 23-30 Mar 1878"。TROPICOS 则记载为"Astrebla F. Muell., Austral. 7：602, 1878"。四者引用的文献相同。【分布】澳大利亚,中国。【模式】未指定。【参考异名】Astrebla F. Muell. (1878) Nom. illegit. ●■

4734 Astrephia Dufr. (1811) = Valeriana L. (1753)[缬草科(败酱科) Valerianaceae]●■

4735 Astridia Dinter et Schwantes(1927) Nom. illegit. ≡ Astridia Dinter(1926)[番杏科 Aizoaceae]●☆

4736 Astridia Dinter(1926)【汉】鹿角海棠属。【日】アストリディア属。【英】Astridia。【隶属】番杏科 Aizoaceae。【包含】世界 7-10 种。【学名诠释与讨论】〈阴〉(希)aster,所有格 asteros,星,星鱼。astron,星。astroeides,似星的。asterias,astratos,asterion,有星的,星形的+-idius,-idia,-idium,指示小的词尾。此属的学名,ING 记载是"Astridia Dinter, Gard. Chron. ser. 3. 80：430. 27 Nov 1926"。IK 记载为"Astridia Dinter, Gard. Chron. 1926, Ser. III. lxxx. 430, 447; Dinter et Schwantes in Zeitschr. Sukkulentenk. iii. 16(1927)"。"Astridia Dinter et Schwantes(1927)"是错误引用。【分布】非洲南部。【模式】Astridia velutina Dinter。【参考异名】Astridia Dinter et Schwantes(1927) Nom. illegit. ●☆

4737 Astripomoea A. Meeuse(1958)【汉】星牵牛属。【隶属】旋花科 Convolvulaceae。【包含】世界 3-12 种。【学名诠释与讨论】〈阴〉

（希）aster，星，星形的+（属）Ipomoea 番薯属（甘薯属，牵牛花属，牵牛属）。此属的学名"Astripomoea A. D. J. Meeuse，Bothalia 6：709. 1958（'1957'）"是一个替代名称。"Astrochlaena H. G. Hallier，Bot. Jahrb. Syst. 18：120. 22 Dec 1893"是一个非法名称（Nom. illegit.），因为此前已经有了化石植物的"Asterochlaena Corda，Beitr. Fl. Vorwelt 81. Jul 1845"。故用"Astripomoea A. Meeuse（1958）"替代之。【分布】热带非洲。【后选模式】Astripomoea lachnosperma（J. D. Choisy）A. D. J. Meeuse［Ipomoea lachnosperma J. D. Choisy］。【参考异名】Astrochlaena Hallier f.（1893）Nom. illegit. ■●

4738　Astrocalyx Merr.（1910）【汉】星萼野牡丹属。【隶属】野牡丹科 Melastomataceae。【包含】世界 1 种。【学名诠释与讨论】〈阳〉（希）aster，星，星形的+kalyx，所有格 kalykos =拉丁文 calyx，花萼，杯子。【分布】菲律宾（菲律宾群岛）。【模式】Astrocalyx pleiosandra Merrill。●☆

4739　Astrocarpa Dumort.（1822）Nom. illegit. ≡ Astrocarpa Neck. ex Dumort.（1822）；~ = Sesamoides Ortega（1773）［木犀草科 Resedaceae］■☆

4740　Astrocarpa Neck. ex Dumort.（1822）= Sesamoides Ortega（1773）［木犀草科 Resedaceae］■☆

4741　Astrocarpaceae A. Kern.（1891）= Resedaceae Martinov（保留科名）■●

4742　Astrocarpus Duby（1828）Nom. illegit. = Astrocarpa Neck. ex Dumort.（1822）；~ = Sesamoides Ortega（1773）［木犀草科 Resedaceae］■☆

4743　Astrocarpus Neck. ex DC. = Astrocaryum G. Mey.（1818）（保留属名）［棕榈科 Arecaceae（Palmae）］●☆

4744　Astrocaryum G. Mey.（1818）（保留属名）【汉】星果棕属（星刺椰子属，星果榈属，星果椰属，星果椰子属，星坚果棕属，星棕属）。【日】ホシダネヤシ属。【俄】Астрокариум。【英】Astrocaryum，Astrucarpus，Guere Palm，Star Nut Palm，Star－nut Plam，Tucum Palm，Tucuma。【隶属】棕榈科 Arecaceae（Palmae）。【包含】世界 18-50 种。【学名诠释与讨论】〈中〉（希）aster，星，星形的+karyon，胡桃，硬壳果，核，坚果。指种子星状。此属的学名"Astrocaryum G. Mey.，Prim. Fl. Esseq.：265. Nov 1818"是保留属名。相应的废弃属名是棕榈科 Arecaceae（Palmae）的"Avoira Giseke，Prael. Ord. Nat. Pl.：38，53. Apr 1792 = Astrocaryum G. Mey.（1818）（保留属名）"。【分布】巴拿马，秘鲁，玻利维亚，厄瓜多尔，哥伦比亚（安蒂奥基亚），哥斯达黎加，尼加拉瓜，热带美洲，中美洲。【模式】Astrocaryum aculeatum G. F. W. Meyer。【参考异名】Astrocarpus Neck. ex DC.；Avoira Giseke（1792）（废弃属名）；Hexopetion Burret（1934）；Toxophoenix Schott（1822）●☆

4745　Astrocasia B. L. Rob. et Millsp.（1905）【汉】纤梗珠属。【隶属】大戟科 Euphorbiaceae。【包含】世界 5 种。【学名诠释与讨论】〈阴〉（希）aster，星，星形的+（属）Osyris 沙针属。【分布】巴拿马，玻利维亚，哥斯达黎加，墨西哥，中美洲。【模式】Astrocasia phyllanthoides B. L. Robinson et Millspaugh。☆

4746　Astrocephalus Raf.（1838）= Asterocephalus Vaill. ex Zinn（1757）Nom. illegit. ；~ = Scabiosa L.（1753）［川续断科（刺参科，蓟叶参科，山萝卜科，续断科）Dipsacaceae//蓝盆花科 Scabiosaceae］●■

4747　Astrochlaena Hallier f.（1893）Nom. illegit. ≡ Astripomoea A. Meeuse（1958）［旋花科 Convolvulaceae］■☆

4748　Astrococcus Benth.（1854）【汉】星果大戟属。【隶属】大戟科 Euphorbiaceae。【包含】世界 2 种。【学名诠释与讨论】〈阳〉（希）aster，星，星形的+kokkos，变为拉丁文 coccus，仁，谷粒，浆果。【分布】巴西。【模式】Astrococcus cornutus Bentham。☆

4749　Astrocodon Fed.（1957）= Campanula L.（1753）［桔梗科 Campanulaceae］■●

4750　Astrocoma Neck.（1790）Nom. inval. =Staavia Dahl（1787）［鳞叶树科（布鲁尼科，小叶树科）Bruniaceae］●☆

4751　Astrodaucus Drude（1898）【汉】星萝卜属。【俄】Морковица。【隶属】伞形花科（伞形科）Apiaceae（Umbelliferae）。【包含】世界 2 种。【学名诠释与讨论】〈阳〉（希）aster，星，星形的+Daucus 胡萝卜。此属的学名是"Astrodaucus Drude in Engler et Prantl，Nat. Pflanzenfam. 3（8）：156. Mar 1898"。亦有文献把其处理为"Ageomoron Raf.（1840）"的异名。【分布】叙利亚，伊拉克，伊朗，俄罗斯（克里米亚半岛），高加索，欧洲南部，小亚细亚。【后选模式】Astrodaucus orientalis（Linnaeus）Drude［Caucalis orientalis Linnaeus］。【参考异名】Ageomoron Raf.（1840）■☆

4752　Astrodendrum Dennst.（1818）= Sterculia L.（1753）［梧桐科 Sterculiaceae//锦葵科 Malvaceae］●

4753　Astroglossus Rchb. f.（1883）Nom. illegit. ≡ Astroglossus Rchb. f. ex Benth. et Hook. f.（1883）Nom. illegit. ；~ = Stellilabium Schltr.（1914）；=Trichoceros Kunth（1816）［大戟科 Euphorbiaceae］■☆

4754　Astroglossus Rchb. f. ex Benth.（1883）Nom. illegit. ≡ Astroglossus Rchb. f. ex Benth. et Hook. f.（1883）Nom. illegit. ；~ = Stellilabium Schltr.（1914）；~ = Trichoceros Kunth（1816）［大戟科 Euphorbiaceae］■☆

4755　Astroglossus Rchb. f. ex Benth. et Hook. f.（1883）Nom. illegit. = Stellilabium Schltr.（1914）；~ = Trichoceros Kunth（1816）［兰科 Orchidaceae］■☆

4756　Astrogyne Benth.（1839）= Croton L.（1753）［大戟科 Euphorbiaceae//巴豆科 Crotonaceae］●

4757　Astrogyne Wall. ex M. A. Lawson（1875）Nom. illegit. ，Nom. inval. =Siphonodon Griff.（1843）［异卫矛科 Siphonodontaceae］●☆

4758　Astrolinon Baudo（1843）= Asterolinon Hoffmanns. et Link（1820）［报春花科 Primulaceae］■☆

4759　Astrolinon Bubani（1897）Nom. illegit.［报春花科 Primulaceae］■

4760　Astroloba Uitewaal（1947）【汉】松塔掌属。【日】アストロロバ属。【英】Astroloba。【隶属】百合科 Liliaceae//阿福花科 Asphodelaceae。【包含】世界 7-12 种。【学名诠释与讨论】〈阴〉（希）aster，星，星形的+lobos 拉丁文 lobulus，片，裂片，叶，荚，蒴。此属的学名是"Astroloba A. J. A. Uitewaal，Succulenta（Amsterdam）1947：53. Sep–Oct 1947"。亦有文献把其处理为"Haworthia Duval（1809）（保留属名）"的异名。【分布】非洲南部。【模式】Astroloba pentagona（Haworth）A. J. A. Uitewaal［Aloe pentagona Haworth］。【参考异名】Haworthia Duval（1809）（保留属名）■☆

4761　Astrolobium DC.（1825）= Artrolobium Desv.（1813）Nom. illegit. ；~ = Coronilla L.（1753）（保留属名）；~ = Ornithopus L.（1753）［豆科 Fabaceae（Leguminosae）//蝶形花科 Papilionaceae］●■☆

4762　Astroloma R. Br.（1810）【汉】松石南属。【隶属】尖苞木科 Epacridaceae//杜鹃花科（欧石南科）Ericaceae。【包含】世界 20-28 种。【学名诠释与讨论】〈中〉（希）aster，星，星形的+loma，所有格 lomatos，袍的边缘。【分布】澳大利亚。【模式】未指定。【参考异名】Asteroloma Kuntze（1903）；Mesotricha Stschegl.（1859）；Pentataphrus Schltdl.（1847）；Stenanthera R. Br.（1810）；Stomarrhena DC.（1839）●☆

4763　Astromerremia Pilg.（1936）= Merremia Dennst. ex Endl.（1841）（保留属名）［旋花科 Convolvulaceae］●■

4764　Astronia Blume（1826-1827）【汉】褐鳞木属（大野牡丹属）。【日】オホノボタンノキ属。【英】Astronia。【隶属】野牡丹科 Melastomataceae。【包含】世界 60-70 种，中国 1-2 种。【学名诠释

与讨论】〈阴〉（希）astron，星。指幼枝、叶背和花序被褐色鳞片。此属的学名，ING 和 TROPICOS 记载是"Astronia Blume, Bijdr. 1080. Oct 1826–Nov 1827"。"Pharmacum O. Kuntze, Rev. Gen. 1：248.5 Nov 1891"是"Astronia Blume（1826–1827）"的晚出的同模式异名（Homotypic synonym, Nomenclatural synonym）。"Astronia Noronha, Verh. Batav. Genootsch. Kunst. 5（Art. 4）：1；Blume, Bijdr. 1080（1826）. 1790; nom. inval."是"Murraya J. G. Koenig ex Linnaeus, Mant. 2；554, 563. Oct 1771（'Murraea'）（nom. et orth. cons.）"的晚出的同模式异名（Homotypic synonym, Nomenclatural synonym）。"Astronia Noronha ex Blume（1826–1827）≡ Astronia Blume（1826–1827）"的命名人引证有误。【分布】马来西亚，中国，波利尼西亚群岛。【后选模式】Astronia spectabilis Blume。【参考异名】Astronia Noronha ex Blume（1826–1827）Nom. illegit.；Astronia Noronha（1790）Nom. inval.；Pharmacum Kuntze（1891）Nom. illegit.●

4765   Astronia Noronha ex Blume（1826–1827）Nom. illegit. ≡ Astronia Blume（1826–1827）［野牡丹科 Melastomataceae］●

4766   Astronia Noronha（1790）Nom. inval. ≡ Murraya J. König ex L.（1771）［as 'Murraea'］（保留属名）［芸香科 Rutaceae］●

4767   Astronidium A. Gray（1853）（保留属名）【汉】小褐鳞木属。【隶属】野牡丹科 Melastomataceae。【包含】世界 67 种。【学名诠释与讨论】〈中〉（属）Astronia 褐鳞木属（大野牡丹属）+-idius, -idia, -idium, 指示小的词尾。此属的学名"Astronidium A. Gray, U. S. Expl. Exped. ,Phan. ;581. Jun 1854"是保留属名。相应的废弃属名是野牡丹科 Melastomataceae 的"Lomanodia Raf. , Sylva Tellur. ;97. Oct–Dec 1838 ＝ Astronidium A. Gray（1853）（保留属名）"。【分布】太平洋地区，新几内亚岛。【模式】Astronidium parviflorum A. Gray。【参考异名】Bamlera K. Schum. et Lauterb.（1900）Nom. illegit.；Bamlera Lauterb. et K. Schum.（1900）；Beccarianthus Cogn.（1890）；Everettia Merr.（1913）；Lomanodia Raf.（1838）（废弃属名）；Naudinia Decne. ex Triana（1866）Nom. illegit.（废弃属名）；Naudiniella Krasser（1893）●☆

4768   Astronium Jacq.（1760）【汉】星漆木属（斑纹漆属，星漆属）。【俄】Астрониум。【英】Star Tree, Star–tree。【隶属】漆树科 Anacardiaceae。【包含】世界 15 种。【学名诠释与讨论】〈阴〉（希）astron，星，星形的+-ius, -ia, -ium，在拉丁文和希腊文中，这些词尾表示性质或状态。【分布】巴拉圭，玻利维亚，西印度群岛，热带南美洲，中美洲。【模式】Astronium graveolens N. J. Jacquin。【参考异名】Myracodruon F. Allemão et M. Allemão（1862）Nom. illegit.；Myracrodruon F. Allemão（1862）●☆

4769   Astropanax Seem.（1865）＝ Schefflera J. R. Forst. et G. Forst.（1775）（保留属名）［五加科 Araliaceae］●

4770   Astropetalum Griff.（1854）＝ Swintonia Griff.（1846）［漆树科 Anacardiaceae］●☆

4771   Astrophea（DC.）Rchb.（1828）＝ Passiflora L.（1753）（保留属名）［西番莲科 Passifloraceae］●■

4772   Astrophea DC.（1828）Nom. illegit. ≡ Astrophea（DC.）Rchb.（1828）；~ ＝ Passiflora L.（1753）（保留属名）［西番莲科 Passifloraceae］●■

4773   Astrophea Rchb.（1828）Nom. illegit. ≡ Astrophea（DC.）Rchb.（1828）；~ ＝ Passiflora L.（1753）（保留属名）［西番莲科 Passifloraceae］●■

4774   Astrophia Nutt.（1838）＝ Lathyrus L.（1753）［豆科 Fabaceae（Leguminosae）//蝶形花科 Papilionaceae］■

4775   Astrophyllum Neck. ex Lindb.（1878）Nom. illegit. ＝ Astrophyllum Torr.（1857）［芸香科 Rutaceae］●☆

4776   Astrophyllum Torr.（1857）＝ Choisya Kunth（1823）［芸香科

4777   Astrophyllum Torr. et A. Gray（1857）Nom. illegit. ≡ Astrophyllum Torr.（1857）；~ ＝ Choisya Kunth（1823）［芸香科 Rutaceae］●☆

4778   Astrophyton Lawr. , Nom. illegit. ＝ Astrophytum Lem.（1839）［仙人掌科 Cactaceae］●

4779   Astrophyton Lawr. et Lem. , Nom. illegit. ＝ Astrophytum Lem.（1839）［仙人掌科 Cactaceae］●

4780   Astrophytum Lem.（1839）【汉】星状仙人球属（星冠属，星球属，有星属）。【日】アストロフィツム属。【俄】Астрофитум。【英】Star Cactus, Star–cactus。【隶属】仙人掌科 Cactaceae。【包含】世界 4-6 种，中国 4 种。【学名诠释与讨论】〈中〉（希）aster，所有格 asteros，星，星鱼，astron，星。astroeides，似星的。asterias, astratos, asterion，有星的，星形的+phyton，植物，树木，枝条。此属的学名，ING、GCI、TROPICOS 和 IK 记载是"Astrophytum Lem. , Cact. Gen. Sp. Nov. 3. 1839［Feb 1839］"。"Astrophyton Lawr."和"Astrophyton Lawr. et Lem."似为误引。【分布】美国（南部），墨西哥，中国。【模式】Astrophytum myriostigma Lemaire。【参考异名】Astrophyton Lawr. , Nom. illegit.；Astrophyton Lawr. et Lem. , Nom. illegit.；Digitostigma Velazco et Nevárez（2002）Nom. inval.；Maierocactus E. C. Rost（1926）●

4781   Astropus Spreng.（1822）＝ Waltheria L.（1753）［梧桐科 Sterculiaceae//锦葵科 Malvaceae］●■

4782   Astroschoenus Lindl.（1847）＝ Asteroschoenus Nees（1842）［莎草科 Cyperaceae］■

4783   Astrostemma Benth.（1880）Nom. illegit. ≡ Absolmsia Kuntze（1891）［萝藦科 Asclepiadaceae］■

4784   Astrothalamus C. B. Rob.（1911）【汉】星室麻属。【隶属】荨麻科 Urticaceae。【包含】世界 1 种。【学名诠释与讨论】〈阳〉（希）aster，星，星形的+thalamus，花托，内室。【分布】菲律宾（菲律宾群岛）。【模式】Astrothalamus reticulatus（Weddell）C. B. Robinson［Maoutia reticulata Weddell］●☆

4785   Astrotheca Miers ex Planch. et Triana（1862）＝ Clusia L.（1753）［猪胶树科（克鲁西科，山竹子科，藤黄科）Clusiaceae（Guttiferae）］●☆

4786   Astrotheca Miers exVesque（1892）Nom. illegit. ≡ Astrotheca Vesque（1892）Nom. illegit.；~ ＝ Clusia L.（1753）［猪胶树科（克鲁西科，山竹子科，藤黄科）Clusiaceae（Guttiferae）］●☆

4787   Astrotheca Vesque（1892）Nom. illegit. ＝ Asthotheca Miers ex Planch. et Triana（1860）；~ ＝ Clusia L.（1753）［猪胶树科（克鲁西科，山竹子科，藤黄科）Clusiaceae（Guttiferae）］●☆

4788   Astrotricha DC.（1829）【汉】澳大利亚五加属。【英】Star–hair。【隶属】五加科 Araliaceae。【包含】世界 16 种。【学名诠释与讨论】〈阴〉（希）aster，星，星形的+thrix，所有格 trichos，毛，毛发。此属的学名，ING、APNI、TROPICOS 和 IK 记载是"Astrotricha A. P. de Candolle, Collect. Mém. Ombellif. 29. 12 Sep 1829"。"Astrotriche Benth. , Enumeratio Plantarum. Huegel 1837"和"Astrotrichia Rchb. , Handbuch des Nat？rlichen Pflanzensystems 1837"是其拼写变体。【分布】澳大利亚。【模式】未指定。【参考异名】Asterotricha Kuntze（1903）；Astrotriche Benth.（1837）Nom. illegit.；Astrotrichia Rchb.（1837）Nom. illegit.●☆

4789   Astrotriche Benth.（1837）Nom. illegit. ＝ Astrotricha DC.（1829）［五加科 Araliaceae］●☆

4790   Astrotrichia Rchb.（1837）Nom. illegit. ＝ Astrotricha DC.（1829）［五加科 Araliaceae］●☆

4791   Astrotrichilia（Harms）J. –F. Leroy ex T. D. Penn. et Styles（1975）【汉】星毛楝属。【隶属】楝科 Meliaceae。【包含】世界 2 种。【学

名诠释与讨论】〈阴〉(希) aster, 星, 星形的+thrix, 所有格 trichos, 毛, 毛发。此属的学名, ING 记载是 "Astrotrichilia (Harms) T. D. Pennington et B. T. Styles, Blumea 22: 477. 24 Sep 1975"; TROPICOS 和 IK 则记载为 "Astrotrichilia (Harms) J.-F. Leroy ex T. D. Penn. et Styles, Blumea 22(3): 477(1975)"; 均由 "Trichilia sect. Astrotrichilia Harms in Engler et Prantl, Nat. Pflanzenfam. 3(4): 306. Jul 1896" 改级而来。IK 记载的 "Astrotrichilia (Harms) J.-F. Leroy, in Compt. Rend. Acad. Sci. Paris ccxlvii. 1890(1958)" 是一个未合格发表的名称(Nom. inval.); 发表时间有误。【分布】马达加斯加。【模式】Astrotrichilia asterotricha (Radlkofer) M. Cheek [Trichilia asterotricha Radlkofer]。【参考异名】Astrotrichilia (Harms) J.-F. Leroy(1958) Nom. inval.; Astrotrichilia (Harms) T. D. Penn. et Styles(1975) Nom. illegit.; Trichilia sect. Astrotrichilia Harms(1896)●☆

4792 Astrotrichilia (Harms) J.-F. Leroy (1958) Nom. inval. ≡ Astrotrichilia (Harms) J.-F. Leroy ex T. D. Penn. et Styles(1975) [楝科 Meliaceae]●☆

4793 Astrotrichilia(Harms) T. D. Penn. et Styles(1975) Nom. illegit. ≡ Astrotrichilia (Harms) J.-F. Leroy ex T. D. Penn. et Styles(1975) [楝科 Meliaceae]●☆

4794 Astus Trudgen et Rye(2005)【汉】澳洲鳞叶树属。【隶属】鳞叶树科(布鲁尼科, 小叶树科) Bruniaceae//桃金娘科 Myrtaceae。【包含】世界4种。【学名诠释与讨论】〈阳〉词源不详。此属的学名是 "Astus Trudgen et Rye, Nuytsia 15: 502. 2005. (16 Dec 2005)"。亦有文献把其处理为 "Baeckea L. (1753)" 的异名。【分布】澳大利亚。【模式】Astus tetragonus (F. Muell. ex Benth.) Trudgen et Rye [Baeckea tetragona F. Muell. ex Benth.]。【参考异名】Baeckea L. (1753)●☆

4795 Astydamia DC. (1829)【汉】星隔芹属。【隶属】伞形科(伞形科) Apiaceae(Umbelliferae)。【包含】世界1种。【学名诠释与讨论】〈阴〉词源不详。【分布】非洲西北部, 西班牙(加那利群岛)。【模式】Astydamia canariensis A. P. de Candolle, Nom. illegit. [Crithmum latifolium Linnaeus f.; Astydamia latifolia (Linnaeus f.) Baillon]■☆

4796 Astylis Wight (1853) = Drypetes Vahl (1807) [大戟科 Euphorbiaceae]●

4797 Astylus Dulac (1867) = Hutchinsia R. Br., Nom. illegit.; ~ = Hornungia Rchb. (1837); ~ = Pritzelago Kuntze(1891); ~ = Thlaspi L. (1753) [十字花科 Brassicaceae(Cruciferae)//荠菜科 Thlaspiaceae]■

4798 Astyposanthea Herter(1943) = Stylosanthes Sw. (1788) [豆科 Fabaceae(Leguminosae)//蝶形花科 Papilionaceae]●■

4799 Astyria Lindl. (1847) = Astiria Lindl. (1844) [梧桐科 Sterculiaceae//锦葵科 Malvaceae]●☆

4800 Asyneuma Griseb. et Schenk(1852)【汉】异牧根草属(喉节草属)。【俄】Азинеума。【英】Asyneuma。【隶属】桔梗科 Campanulaceae。【包含】世界20-50种, 中国3-4种。【学名诠释与讨论】〈阴〉(希) a-, 无, 不+syn 联合, 一起(有时用 syr 或 sys)+aeuma(Phyteuma 属的缩写)。指其与 Phyteuma 牧根草属有异。此属的学名, ING、TROPICOS 和 IK 记载是 "Asyneuma Griseb. et Schenk, Arch. Naturgesch. (Berlin) xviii. (1852) I. 335"。"Trachanthelium Schur, Enum. Pl. Transsilv. 431. Apr-Jun 1866" 是 "Asyneuma Griseb. et Schenk(1852)" 的晚出的同模式异名 (Homotypic synonym, Nomenclatural synonym)。【分布】巴基斯坦, 中国, 地中海至高加索, 东亚。【模式】Asyneuma canescens (Waldstein et Kitaibel) Grisebach et Schenk [Phyteuma canescens Waldstein et Kitaibel]。【参考异名】Cryptocodon Fed. (1957);

Phyteuma sect. Podanthum G. Don (1834); Podanthum (G. Don) Boiss. (1875); Podanthum Boiss. (1875) Nom. illegit.; Trachanthelium Schur(1866) Nom. illegit. ■

4801 Asyneumopsis Contandr., Quézel et Pamukç. (1972)【汉】土耳其牧根草属(喉节草属)。【隶属】桔梗科 Campanulaceae。【包含】世界1种。【学名诠释与讨论】〈阴〉(属) Asystasia+希腊文 opsis, 外观, 模样, 相似。【分布】土耳其。【模式】Asyneumopsis stipitatum J. Contandriopoulos, P. Quézel et A. Pamukçuoglu。●☆

4802 Asystasia Blume (1826)【汉】十万错属。【英】Asystasia。【隶属】爵床科 Acanthaceae。【包含】世界70种, 中国3种。【学名诠释与讨论】〈阴〉(希) a-, 无, 不+syn 联合, 一起(有时用 syr 或 sys)+tasis, 伸长。另说 asystatos, 松散的, 不粘连的。指其习性。此属的学名, ING 和 IK 记载是 "Asystasia Blume, Bijdr. 796. Jul-Dec 1826"。"Intrusaria Rafinesque, Fl. Tell. 4: 66. 1838 (med.) ('1836')" 是 "Asystasia Blume(1826)" 的晚出的同模式异名 (Homotypic synonym, Nomenclatural synonym)。【分布】巴基斯坦, 巴拿马, 玻利维亚, 马达加斯加, 尼加拉瓜, 中国, 中美洲。【模式】Asystasia intrusa (Forsskål) Blume [Ruellia intrusa Forsskål]。【参考异名】Dicentranthera T. Anderson (1863); Henfreya Lindl. (1847); Intrusaria Raf. (1838) Nom. illegit.; Isochoriste Miq. (1856); Parasystasia Baill. (1891); Ramusia E. Mey. (1843); Salpinctium T. J. Edwards (1989); Styasasia S. Moore (1905)●■

4803 Asystasiella Lindau(1895)【汉】白接骨属(拟马偕花属)。【英】Asystasiella。【隶属】爵床科 Acanthaceae。【包含】世界3种, 中国1种。【学名诠释与讨论】〈阴〉(属) Asystasia 十万错属+-ellus, -ella, -ellum, 加在名词词干后面形成指小式的词尾。或加在人名、属名等后面以组成新属的名称。指外形似十万错属。【分布】热带非洲, 亚洲。【后选模式】Asystasiella atroviridis (T. Anderson) Lindau [Asystasia atroviridis T. Anderson]●■☆

4804 Atacama Toro, Mort et Al-Shehbaz(2014)【汉】智利雪芥属(智利芥属)。【隶属】十字花科 Brassicaceae(Cruciferae)。【包含】世界1种。【学名诠释与讨论】〈阴〉词源不详。【分布】智利。【模式】Atacama nivea (Phil.) Toro, Mort et Al-Shehbaz [Sisymbrium niveum Phil.]。☆

4805 Atacca Lem. (1852) Nom. illegit. ≡ Ataccia J. Presl(1828) [蒟蒻薯科(箭根薯科, 蛛丝草科) Taccaceae]■

4806 Ataccia J. Presl(1828) = Tacca J. R. Forst. et G. Forst. (1775)(保留名) [蒟蒻薯科(箭根薯科, 蛛丝草科) Taccaceae//薯蓣科 Dioscoreaceae]■

4807 Atadinus Raf. (1838) = Rhamnus L. (1753) [鼠李科 Rhamnaceae]●

4808 Ataenia Endl. (1850) = Atenia Hook. et Arn. (1839); ~ = Perideridia Rchb. (1837) [伞形花科(伞形科) Apiaceae (Umbelliferae)]■☆

4809 Ataenidia Gagnep. (1908)【汉】簇叶竹芋属。【隶属】竹芋科(苳叶科, 柊叶科) Marantaceae。【包含】世界1种。【学名诠释与讨论】〈阴〉(希) a-(a-在辅音字母前面, an-在元音字母前面) 无, 不+tainia, 变为拉丁文 taenia, 带。taeniatus, 有条纹的。taenidium, 螺旋丝。此属的学名是 "Ataenidia Gagnepain, Bull. Soc. Bot. France 55: xli. 1908"。亦有文献把其处理为 "Phrynium Willd. (1797)(保留属名)" 的异名。【分布】热带非洲。【模式】Ataenidia gabonensis Gagnepain。【参考异名】Ataenidium Gagnep. (1908) Nom. illegit.; Phrynium Willd. (1797)(保留属名)■☆

4810 Ataenidium Gagnep. (1908) Nom. illegit. ≡ Ataenidia Gagnep. (1908) [竹芋科(苳叶科, 柊叶科) Marantaceae]■

4811 Atalanta (Nutt.) Raf. (1838) Nom. illegit. ≡ Peritoma DC.

（1824）；~ ≡ Cleome L.（1753）［山柑科（白花菜科，醉蝶花科）Capparaceae//白花菜科（醉蝶花科）Cleomaceae］●■

4812　Atalanta Nutt.（1818）Nom. illegit. ≡ Atalanta（Nutt.）Raf.（1838）Nom. illegit. ; ~ ≡ Peritoma DC.（1824）; ~ ≡ Cleome L.（1753）［山柑科（白花菜科，醉蝶花科）Capparaceae//白花菜科（醉蝶花科）Cleomaceae］●■

4813　Atalanta Raf.（1838）Nom. illegit. ≡ Atalanta（Nutt.）Raf.（1838）Nom. illegit. ; ~ ≡ Peritoma DC.（1824）; ~ ≡ Cleome L.（1753）［山柑科（白花菜科，醉蝶花科）Capparaceae//白花菜科（醉蝶花科）Cleomaceae］●■

4814　Atalanthus D. Don（1829）【汉】多枝苦荬菜属。【俄】Аталантус。【隶属】菊科 Asteraceae（Compositae）。【包含】世界10种。【学名诠释与讨论】〈阳〉（希）atalos，优美的，娇弱的，温柔的+anthos，花。指花美丽。此属的学名，ING、TROPICOS 和 IK 记载是"Atalanthus D. Don, Edinburgh New Philos. J. 6：311. Jan-Mar 1829"。"Taeckholmia L. Boulos, Bot. Not. 120：97. 4 Apr 1967"是"Atalanthus D. Don（1829）"的晚出的同模式异名（Homotypic synonym, Nomenclatural synonym）。亦有文献把"Atalanthus D. Don（1829）"处理为"Sonchus L.（1753）"的异名。【分布】地中海至亚洲中部，西班牙（加那利群岛），中美洲。【后选模式】Atalanthus pinnatus（Linneaus f.）Sweet［Prenanthes pinnata Linnaeus f.］。【参考异名】Acanthosonchus（Sch. Bip.）Kirp.（1960）Nom. illegit. ; Sonchus L.（1753）; Taeckholmia Boulos（1967）Nom. illegit. ■☆

4815　Atalantia Corrêa（1805）（保留属名）【汉】酒饼簕属（狗橘属，蠔壳刺属，绿黄柑属，乌柑属）。【日】ツボバゲッケイ属。【俄】Аталантия。【英】Atalantia。【隶属】芸香科 Rutaceae。【包含】世界17种，中国7种。【学名诠释与讨论】〈阴〉（希）Atalanta（或 Atalante），希腊女神，为希波墨涅斯（Hippomenes）的妻子。此属的学名"Atalantia Corrêa in Ann. Mus. Natl. Hist. Nat. 6：383, 385, 386. 1805"是保留属名。相应的废弃属名是芸香科 Rutaceae 的"Malnaregam Adans. , Fam. Pl. 2：345, 574. Jul–Aug 1763 ≡ Atalantia Corrêa（1805）（保留属名）"。【分布】澳大利亚，中国，热带亚洲。【模式】Atalantia monophylla A. P. de Candolle。【参考异名】Alalantia Corr.（1804）; Atlantia Kurz（1877）; Chilocalyx Turcz.（1863）Nom. illegit. ; Gonocitrus Kurz（1874）; Helia Benth. et Hook. f. ; Helie M. Room.（1846）; Lampetia M. Roem.（1846）Nom. illegit. ; Malnaregam Adans（1763）（废弃属名）; Malnerega Raf.（1838）; Phantis Adans.（1763）; Rissoa Arn.（1836）; Sclerostylis Blume（1825）; Severinia Ten.（1840）Nom. inval. ; Severinia Ten. ex Endl.（1842）●

4816　Atalaya Blume（1849）【汉】阿塔木属。【英】Whitewood。【隶属】无患子科 Sapindaceae。【包含】世界11种。【学名诠释与讨论】〈阴〉帝汶人的植物俗名，称 Atalaya salic-ifolia（A. DC.）Blume 为 Atalay。或来自希腊文 atalos，柔软的，纤细的。【分布】澳大利亚，马来西亚（东部），非洲南部。【模式】Atalaya salicifolia（A. P. de Candolle）Blume［Sapindus salicifolius A. P. de Candolle］。【参考异名】Diacarpa Sim（1909）; Pseudatalaya Baill.（1874）●☆

4817　Atamasco Raf.（1825）= Zephyranthes Herb.（1821）（保留属名）［石蒜科 Amaryllidaceae//葱莲科 Zephyranthaceae］■

4818　Atamisquea Miers ex Hook. et Arn.（1833）【汉】阿根廷山柑属。【隶属】山柑科（白花菜科，醉蝶花科）Capparaceae。【包含】世界1种。【学名诠释与讨论】〈阴〉（地）Atamisqui，阿塔米斯基，位于阿根廷。或说来自植物俗名。此属的学名，ING、TROPICOS 和 IK 记载是"Atamisquea Miers ex W. J. Hooker et Arnott, Bot. Misc. 3：142. 1 Mar 1833（'1832'）"。"Atamisquea Miers, Trav. Chili. ii.

529（1826）≡ Atamisquea Miers ex Hook. et Arn.（1833）"是一个未合格发表的名称（Nom. inval.）。【分布】玻利维亚，美国（加利福尼亚），温带南美洲，中美洲。【模式】Atamisquea emarginata Miers ex W. J. Hooker et Arnott。【参考异名】Atamisquea Miers（1826）Nom. inval.●☆

4819　Atamisquea Miers（1826）Nom. inval. ≡ Atamisquea Miers ex Hook. et Arn.（1833）［山柑科（白花菜科，醉蝶花科）Capparaceae］●☆

4820　Atamosco Adans.（1763）（废弃属名）≡ Zephyranthes Herb.（1821）（保留属名）［石蒜科 Amaryllidaceae//葱莲科 Zephyranthaceae］■

4821　Atanara Raf. = Annona L.（1753）［番荔枝科 Annonaceae］●

4822　Atasites Neck.（1790）Nom. inval. = Gerbera L.（1758）（保留属名）［菊科 Asteraceae（Compositae）］■

4823　Ataxia R. Br.（1823）= Hierochloe R. Br.（1810）（保留属名）［禾本科 Poaceae（Gramineae）］■

4824　Ate Lindl.（1835）= Habenaria Willd.（1805）［兰科 Orchidaceae］■

4825　Atecosa Raf.（1837）= Rumex L.（1753）［蓼科 Polygonaceae］■●

4826　Ateixa Ravenna（1971）= Sarcodraba Gilg et Muschl.（1909）［十字花科 Brassicaceae（Cruciferae）］■☆

4827　Atelandra Bello（1881）Nom. illegit. = Meliosma Blume（1823）［清风藤科 Sabiaceae//泡花树科 Meliosmaceae］●

4828　Atelandra Lindl.（1840）= Hemigenia R. Br.（1810）［唇形科 Lamiaceae（Labiatae）］●☆

4829　Atelanthera Hook. f. et Thomson（1861）【汉】异药芥属（无尾药属，异药荠属）。【俄】Неполнопыльник。【英】Diversianther。【隶属】十字花科 Brassicaceae（Cruciferae）。【包含】世界1种，中国1种。【学名诠释与讨论】〈阴〉（希）ateles，不生产的，不育的，不完全的+anthera，花药。指长雄蕊的药室退化为1室。【分布】阿富汗，中国，西喜马拉雅山，亚洲中部。【模式】Atelanthera perpusilla J. D. Hooker et Thomson。■

4830　Atelea A. Rich.（1845）= Ateleia（Moc. et Sessé ex DC.）D. Dietr.（1847）Nom. illegit. ; ~ = Ateleia（DC.）Benth.（1837）［豆科 Fabaceae（Leguminosae）］■☆

4831　Ateleia（DC.）Benth.（1837）【汉】美瑕豆属。【隶属】豆科 Fabaceae（Leguminosae）//蝶形花科 Papilionaceae。【包含】世界16种。【学名诠释与讨论】〈阴〉（希）ateles，不生产的，不育的，不完全的。此属的学名，ING 和 GCI 记载是"Ateleia（A. P. de Candolle）Bentham, Commentat. Legum. Gen. 27, 37. 1837"，由"Pterocarpus sect. Ateleia A. P. de Candolle, Prodr. 2：419. Nov 1825"改级而来。"Ateleia DC.（1826）"引证错误。"Ateleia（DC.）Moc. et Sessé ex D. Dietr. , Syn. Pl.［D. Dietrich］4：1219. 1847［early Jan 1847］"是晚出的非法名称；"Ateleia（Moc. et Sessé ex DC.）D. Dietr.（1847）"、"Ateleia Moc. et Sessé ex DC.（1847）"、"Ateleia D. Dietr.（1847）"和"Ateleia（Sessé et Moc. ex DC.）D. Dietr.（1847）"的命名人引证有误。【分布】巴拉圭，巴拿马，玻利维亚，哥斯达黎加，墨西哥，尼加拉瓜，西印度群岛，中美洲。【模式】pterocarpa Moçiño et Sessé ex D. Dietrich。【参考异名】Ateleia（DC.）Moc. et Sessé ex D. Dietr.（1847）Nom. illegit. ; Ateleia（Moc. et Sessé ex DC.）D. Dietr.（1847）Nom. illegit. ; Ateleia（Sessé et Moc. ex DC.）D. Dietr.（1847）Nom. illegit. ; Ateleia DC.（1826）Nom. illegit. ; Ateleia Moc. et Sessé ex DC.（1847）Nom. illegit. ; Pterocarpus sect. Ateleia DC.（1825）■☆

4832　Ateleia（DC.）Moc. et Sessé ex D. Dietr.（1847）Nom. illegit. = Ateleia（DC.）Benth.（1837）［豆科 Fabaceae（Leguminosae）//蝶形花科 Papilionaceae］■☆

4833 Ateleia（Moc. et Sessé ex DC.）D. Dietr.（1847）Nom. illegit. = Ateleia（DC.）Benth.（1837）［豆科 Fabaceae（Leguminosae）//蝶形花科 Papilionaceae］■☆

4834 Ateleia（Sessé et Moc. ex DC.）D. Dietr.（1847）Nom. illegit. = Ateleia（DC.）Benth.（1837）［豆科 Fabaceae（Leguminosae）//蝶形花科 Papilionaceae］■☆

4835 Ateleia D. Dietr.（1847）Nom. illegit. = Ateleia（DC.）Benth.（1837）［豆科 Fabaceae（Leguminosae）//蝶形花科 Papilionaceae］■☆

4836 Ateleia DC.（1826）Nom. illegit. = Ateleia（DC.）Benth.（1837）［豆科 Fabaceae（Leguminosae）//蝶形花科 Papilionaceae］■☆

4837 Ateleia Moc. et Sessé ex DC.（1847）Nom. illegit. = Ateleia（DC.）Benth.（1837）［豆科 Fabaceae（Leguminosae）//蝶形花科 Papilionaceae］■☆

4838 Ateleste Sond.（1850）= Doryalis E. Mey. ex Arn., Nom. inval.；~ = Dovyalis E. Mey. ex Arn.（1841）［刺篱木科（大风子科）Flacourtiaceae］●

4839 Atelianthus Nutt. ex Benth.（1846）= Synthyris Benth.（1846）［玄参科 Scrophulariaceae//婆婆纳科 Veronicaceae］■☆

4840 Atelophragma Rydb.（1905）= Astragalus L.（1753）［豆科 Fabaceae（Leguminosae）//蝶形花科 Papilionaceae］●■

4841 Atemnosiphon Léandri（1947）【汉】革质瑞香属。【隶属】瑞香科 Thymelaeaceae。【包含】世界 1 种。【学名诠释与讨论】〈阴〉（希）a-，无，不 + temno，切割 + siphon，管子。此属的学名是“Atemnosiphon J. Leandri, Notul. Syst.（Paris）13：44. Jun 1947”。亦有文献把其处理为“Gnidia L.（1753）”的异名。【分布】马达加斯加。【模式】Atemnosiphon coriaceus（J. Leandri）J. Leandri［Lasiosiphon coriaceus J. Leandri］。【参考异名】Gnidia L.（1753）●☆

4842 Atenia Hook. et Arn.（1839）= Perideridia Rchb.（1837）［伞形花科（伞形科）Apiaceae（Umbelliferae）］■☆

4843 Ateramnus P. Browne（1756）Nom. illegit. ≡ Sapium Jacq.（1760）（保留属名）；~ = Gymnanthes Sw.（1788）［大戟科 Euphorbiaceae］●

4844 Atevala Raf.（1840）= Aloe L.（1753）［百合科 Liliaceae//阿福花科 Asphodelaceae//芦荟科 Aloaceae］●■

4845 Athalmum Neck.（1891）Nom. illegit. ≡ Athalmum Neck. ex Kuntze（1891）Nom. illegit.；~ ≡ Pallenis Cass.（1822）（保留属名）［菊科 Asteraceae（Compositae）］■●☆

4846 Athalmum Neck. ex Kuntze（1891）Nom. illegit. ≡ Pallenis Cass.（1822）（保留属名）［菊科 Asteraceae（Compositae）］■●☆

4847 Athalmus B. D. Jacks. = Athalmum Neck. ex Kuntze（1891）Nom. illegit.；~ = Pallenis Cass.（1822）（保留属名）［菊科 Asteraceae（Compositae）］■●☆

4848 Athalmus Neck.（1790）Nom. inval. ≡ Athalmum Neck. ex Kuntze（1891）Nom. illegit.；~ ≡ Pallenis Cass.（1822）（保留属名）［菊科 Asteraceae（Compositae）］■●☆

4849 Athamanta L.（1753）【汉】糖胡萝卜属。【隶属】伞形花科（伞形科）Apiaceae（Umbelliferae）。【包含】世界 5-6 种。【学名诠释与讨论】〈阴〉（人），希腊风神的儿子。此属的学名，ING 和 IK 记载是“Athamanta L., Sp. Pl. 1：244. 1753 [1 May 1753]”。“Killinga Adanson, Fam. 2：498, 539. Jul-Aug 1763”和“Petrocarvi Tausch, Flora 17：355. 21 Jun 1834”是“Athamanta L.（1753）”的晚出的同模式异名（Homotypic synonym, Nomenclatural synonym）。亦有文献把“Athamanta L.（1753）”处理为“Kyllinga Rottb.（1773）（保留属名）”的异名。【分布】巴基斯坦，地中海地区。【后选模式】Athamanta cretensis Linnaeus。【参考异名】

Athamantha Raf.；Bubon L.（1753）；Galbanon Adans.（1763）Nom. illegit.；Galbanum D. Don（1831）；Killinga Adans.（1763）Nom. illegit.（废弃属名）；Kyllinga Rottb.（1773）（废弃属名）；Kyllingia Post et Kuntze（1903）Nom. illegit.；Notobubon B.-E. van Wyk（2008）；Petrocarvi Tausch（1834）Nom. illegit.；Turbith Tausch（1834）■☆

4850 Athamantha Juss.（1789）= Athamanta L.（1753）［伞形花科（伞形科）Apiaceae（Umbelliferae）］■☆

4851 Athamantha Raf., Nom. inval. = Athamanta L.（1753）［伞形花科（伞形科）Apiaceae（Umbelliferae）］■☆

4852 Athamus Neck.（1790）Nom. inval. = Carlina L.（1753）［菊科 Asteraceae（Compositae）］■●

4853 Athanasia L.（1763）【汉】永菊属。【隶属】菊科 Asteraceae（Compositae）//旋覆花科 Inulaceae。【包含】世界 39-40 种。【学名诠释与讨论】〈阴〉（希）athanasia，不朽的，不死的。指其干花可以长久保存。此属的学名是“Athanasia Linnaeus, Sp. Pl. ed. 2. 1180. Jul-Aug 1763”。亦有文献把其处理为“Inulanthera Källersjö（1986）”的异名。【分布】马达加斯加，热带和非洲南部。【后选模式】Athanasia crithmifolia（Linnaeus）Linnaeus［Santolina crithmifolia Linnaeus］。【参考异名】Asaemia（Harv.）Benth.（1873）Nom. illegit.；Asaemia Harv.（1865）Nom. illegit.；Asaemia Harv. ex Benth.（1873）Nom. illegit.；Bembecodium Lindl.（1847）；Bembicodium Post et Kuntze（1903）；Bembycodium Kunze（1842）；Holophyllum Less.（1832）；Hymenolepis Cass.（1817）；Inulanthera Källersjö（1986）；Metagnanthus Endl.（1838）Nom. illegit.；Metagnathus Benth. et Hook. f.（1873）Nom. illegit.；Morysia Cass.（1824）；Oligodora DC.（1838）；Pristocarpha E. Mey. ex DC.（1838）；Saintmorysia Endl.（1838）Nom. illegit.；Stilpnophyton Less.（1832）Nom. illegit.；Stilpnophytum Less.（1832）Nom. illegit.●☆

4854 Athanasiaceae Martinov（1820）= Asteraceae Bercht. et J. Presl（保留科名）；~ = Compositae Giseke（保留科名）●■

4855 Athecia Gaertn.（1788）= Forstera L. f.（1780）［花柱草科（丝滴草科）Stylidiaceae］■☆

4856 Athenaea Adans.（1763）Nom. illegit.（废弃属名）≡ Struchium P. Browne（1756）［菊科 Asteraceae（Compositae）］■☆

4857 Athenaea Schreb.（1789）Nom. illegit.（废弃属名）≡ Iroucana Aubl.（1775）；~ = Casearia Jacq.（1760）［刺篱木科（大风子科）Flacourtiaceae//天料木科 Samydaceae］●

4858 Athenaea Sendtn.（1846）（保留属名）【汉】阿西娜茄属。【隶属】茄科 Solanaceae。【包含】世界 7 种。【学名诠释与讨论】〈阴〉（人）Athena。此属的学名“Athenaea Sendtn. in Martius, Fl. Bras. 10：133. 1 Jul 1846”是保留属名。相应的废弃属名是菊科 Asteraceae 的“Athenaea Adans., Fam. Pl. 2：121, 522. Jul-Aug 1763 ≡ Struchium P. Browne（1756）”和茄科 Solanaceae 的“Deprea Raf., Sylva Tellur.；57. Oct-Dec 1838. = Athenaea Sendtn.（1846）（保留属名）”。刺篱木科（大风子科）Flacourtiaceae 的“Athenaea Schreb., Gen. Pl., ed. 8 [a]. 1：259. 1789 [Apr 1789] ≡ Iroucana Aubl.（1775）= Athenaea Sendtn.（1846）（保留属名）= Casearia Jacq.（1760）”亦应废弃。“Witheringia Miers, Ann. Mag. Nat. Hist. ser. 2. 3；145. Feb 1849（non L'Héritier de Brutelle 1789）”是“Athenaea Sendtn.（1846）（保留属名）”的晚出的同模式异名（Homotypic synonym, Nomenclatural synonym）。【分布】热带美洲。【模式】Athenaea picta（Mart.）Sendtn.［Witheringia picta Mart.］。【参考异名】Athenaea Adans.（1763）Nom. illegit.（废弃属名）；Deprea Raf.（1838）（废弃属名）；Larnax Miers（1849）；

Orinocoa Raf. (1838) ; Witheringia Miers(1849) Nom. illegit. ●☆

4859 Athenanthia Kunth(1815) = Anthaenantia P. Beauv. (1812) [菊科 Asteraceae(Compositae)]■☆

4860 Atheolaena Rchb. (1828) = Aetheolaena Cass. (1827) ; ～ = Senecio L. (1753) [菊科 Asteraceae (Compositae)//千里光科 Senecionidaceae]■●

4861 Atherandra Decne. (1844)【汉】芒蕊萝藦属。【隶属】萝藦科 Asclepiadaceae。【包含】世界 1 种。【学名诠释与讨论】〈阴〉(希)ather,atheros,芒+aner,所有格 andros,雄性,雄蕊。【分布】马来半岛,印度尼西亚(苏门答腊岛,爪哇岛),美洲东南部。【模式】未指定。【参考异名】Atherostemon Blume(1850)■☆

4862 Atheranthera Mast. (1871) = Gerrardanthus Harv. ex Benth. et Hook. f. (1867) [葫芦科(瓜科,南瓜科)Cucurbitaceae]■☆

4863 Athernotus Dulac (1867) Nom. illegit. = Calamagrostis Adans. (1763) [禾本科 Poaceae(Gramineae)]■

4864 Atherocephala DC. (1839) = Andersonia Buch. – Ham. ex Wall. (1810) [使君子科 Combretaceae]●☆

4865 Atherolepis Hook. f. (1883)【汉】芒鳞萝藦属。【隶属】萝藦科 Asclepiadaceae。【包含】世界 3 种。【学名诠释与讨论】〈阴〉(希)ather,芒+lepis,所有格 lepidos,指小式 lepion 或 lepidion,鳞,鳞片。【分布】缅甸,泰国。【模式】Atherolepis wallichii (Wight et Arnott) J. D. Hooker [Hemidesmus wallichii Wight et Arnott]。【参考异名】Atherolepis Willis,Nom. inval. ☆

4866 Atherolepis Willis, Nom. inval. = Atherolepis Hook. f. (1883) [萝藦科 Asclepiadaceae]☆

4867 Atherophora Steud. (1840) Nom. illegit. ≡ Atherophora Willd. ex Steud. (1840) ; ～ = Aegopogon Humb. et Bonpl. ex Willd. (1806) [禾本科 Poaceae(Gramineae)]■☆

4868 Atherophora Willd. ex Steud. (1840) = Aegopogon Humb. et Bonpl. ex Willd. (1806) [禾本科 Poaceae(Gramineae)]■☆

4869 Atheropogon Muhlenb. ex Willd. (1806) = Bouteloua Lag. (1805) [as 'Botelua'](保留属名) [禾本科 Poaceae(Gramineae)]■

4870 Atheropogon Willd. (1806) Nom. illegit. ≡ Atheropogon Muhlenb. ex Willd. (1806) ; ～ = Bouteloua Lag. (1805) [as 'Botelua'](保留属名) [禾本科 Poaceae(Gramineae)]■

4871 Atherosperma Labill. (1806)【汉】黑檫木属(蔻香木属,芒籽属,芒籽香属,麝香芒籽属,香皮茶属)。【隶属】香材树科(杯轴花科,黑檫木科,芒籽科,蒙立米科,檬立木科,香材木科,香树木科)Monimiaceae//黑檫木科(芒子科,芒籽科,芒籽香科,香皮茶科,异籽木科)Atherospermataceae。【包含】世界 1 种。【学名诠释与讨论】〈中〉(希)ather,芒+sperma,所有格 spermatos,种子,孢子。【分布】澳大利亚(塔斯马尼亚岛,维多利亚)。【模式】Atherosperma moschatum Labillardière [as 'moschata']。【参考异名】Antherosperma Poir. (1808) Nom. inval. ;Antherosperma Poir. ex Steud. (1840) ;Dendrosma R. Br. ;Dendrosma R. Br. ex Cromb. ●☆

4872 Atherostemon Blume(1850) = Atherandra Decne. (1844) [萝藦科 Asclepiadaceae]■☆

4873 Atherstonea Pappe(1862) = Strychnos L. (1753) [马钱科(断肠草科,马钱子科)Loganiaceae]●

4874 Athertonia L. A. S. Johnson et B. G. Briggs(1975)【汉】昆士兰龙眼属。【隶属】山龙眼科 Proteaceae。【包含】世界 1 种。【学名诠释与讨论】〈阴〉(地)Atherton,阿瑟顿,位于澳大利亚。【分布】澳大利亚(东北部)。【模式】Athertonia diversifolia (C. T. White) L. A. S. Johnson et B. G. Briggs [Helicia diversifolia C. T. White]●☆

4875 Atherurus Blume(1837)(废弃属名) = Pinellia Ten. (1839)(保留属名) [天南星科 Araceae]■

4876 Athesiandra Miers ex Benth. et Hook. f. (1862) = Ptychopetalum Benth. (1843) [铁青树科 Olacaceae]●☆

4877 Athlianthus Endl. (1842) = Justicia L. (1753) [爵床科 Acanthaceae//鸭嘴花科(鸭咀花科)Justiciaceae]■●

4878 Athrixia Ker Gawl. (1823)【汉】紫绒草属。【隶属】菊科 Asteraceae(Compositae)。【包含】世界 14-20 种。【学名诠释与讨论】〈阴〉(希)a,强调+thrix,毛发。该植物多毛。【分布】澳大利亚,马达加斯加,阿拉伯地区,热带和非洲南部。【模式】Athrixia capensis Ker – Gawler。【参考异名】Asteridea Lindl. (1839) ;Chrysodiscus Steetz(1845) ;Klenzea Sch. Bip. ex Hochst. (1841) Nom. illegit. ; Klenzea Sch. Bip. ex Steud. (1840) Nom. inval. ;Lepidoslephium Oliv. ;Trichostegia Turcz. (1851)●■☆

4879 Athroandra (Hook. f.) Pax et K. Hoffm. (1914) = Erythrococca Benth. (1849) [大戟科 Euphorbiaceae]●☆

4880 Athroandra Pax et K. Hoffm. (1914) Nom. illegit. ≡ Athroandra (Hook. f.) Pax et K. Hoffm. (1914) ; ～ = Erythrococca Benth. (1849) [大戟科 Euphorbiaceae]●☆

4881 Athrodactylis J. R. Forst. et G. Forst. (1776) Nom. illegit. ≡ Keura Forssk. (1775) ; ～ = Pandanus Parkinson (1773) [露兜树科 Pandanaceae]●■

4882 Athroisma DC. (1833)【汉】黑果菊属。【隶属】菊科 Asteraceae (Compositae)。【包含】世界 11 种。【学名诠释与讨论】〈中〉(希)athroos,成堆的,密集的+-isma 状态。指其花序。此属的学名,ING、TROPICOS 和 IK 记载是" Athroisma DC. , in Guillem. , Arch. Bot. (Paris) ii. (1833) 516"。大戟科 Euphorbiaceae 的"Athroisma Griff. , Not. Pl. Asiat. 4: 477. 1854 = Trigonostemon Blume(1826) [as 'Trigostemon'](保留属名)"是晚出的非法名称。【分布】印度至马来西亚,热带非洲。【模式】Athroisma laciniatum A. P. de Candolle。【参考异名】Aetheocephalus Gagnep. (1920) ;Polycline Oliv. (1894)■●☆

4883 Athroisma Griff. (1854) Nom. illegit. = Trigonostemon Blume (1826) [as 'Trigostemon'](保留属名) [大戟科 Euphorbiaceae]●

4884 Athrolophis(Trin.) Chiov. , Nom. illegit. = Andropogon L. (1753) (保留属名) [禾本科 Poaceae (Gramineae)//须芒草科 Andropogonaceae]■

4885 Athronia Neck. (1790) Nom. inval. = Spilanthes Jacq. (1760) [菊科 Asteraceae(Compositae)]■

4886 Athroostachys Benth. (1883)【汉】密穗竹属。【隶属】禾本科 Poaceae(Gramineae)。【包含】世界 1 种。【学名诠释与讨论】〈阴〉(希)athroos,成堆的,密集的+stachys,穗,谷,长钉。此属的学名, ING 和 TROPICOS 记载是" Athroostachys Bentham in Bentham et J. D. Hooker,Gen. 3: 1208. 14 Apr 1883"。IK 则记载为"Athroostachys Benth. ex Benth. et Hook. f. ,Gen. Pl. [Bentham et Hooker f.]3(2): 1208. 1883 [14 Apr 1883]"。三者引用的文献相同。【分布】巴西。【模式】Athroostachys capitata (W. J. Hooker) Bentham [Merostachys capitata W. J. Hooker]。【参考异名】Achroostachys Benth. ex Benth. et Hook. f. (1883) Nom. illegit. ●☆

4887 Athroostachys Benth. ex Benth. et Hook. f. (1883) Nom. illegit. ≡ Athroostachys Benth. (1883) [禾本科 Poaceae (Gramineae)]●☆

4888 Athrophyllum Labour. (1853) Nom. inval. [仙人掌科 Cactaceae]☆

4889 Athrotaxidaceae Doweld(2001)【汉】澳大利亚杉科。【包含】世界 1 属 2-3 种。【分布】澳大利亚。【科名模式】Athrotaxis D. Don ●☆

4890 Athrotaxidaceae Nakai =Taxodiaceae Saporta(保留科名)●

4891 Athrotaxis D. Don (1838)【汉】澳大利亚杉属(密叶杉属)。【日】タスマニアスギ属。【英】Pencil Pine,Tasmanian Cedar。【隶属】杉科(落羽杉科)Taxodiaceae//澳大利亚杉科

Athrotaxidaceae。【包含】世界 2-3 种。【学名诠释与讨论】〈阴〉（希）athroon,成堆的,密集的+taxis,排列。【分布】澳大利亚。【后选模式】Athrotaxis selaginoides D. Don。【参考异名】Arthrotaxis Endl. (1841) Nom. inval. ●☆

4892　Athruphyllum Lour. (1790)【汉】密叶掌属。【隶属】仙人掌科 Cactaceae。【包含】世界 5 种。【学名诠释与讨论】〈阴〉（希）athroon,成堆的,密集的+phyllon,叶子。phyllodes,似叶的,多叶的。phylleion,绿色材料,绿草。此属的学名是"Athruphyllum Loureiro,Fl. Cochinch. 94,120. Sep 1790"。亦有文献把其处理为"Rapanea Aubl. (1775)"的异名。【分布】中美洲。【模式】Athruphyllum lineare Loureiro。【参考异名】Rapanea Aubl. (1775) ●☆

4893　Athyana(Griseb.) Radlk. (1888)【汉】阿西无患子属。【隶属】无患子科 Sapindaceae。【包含】世界 1 种。【学名诠释与讨论】〈阴〉词源不详。此属的学名,ING 和 TROPICOS 记载是"Athyana (Grisebach) Radlkofer in T. Durand, Index Gen. PHAN. 73. 1887 ('1888')",由"Thouinia sect. Athyana Grisebach, Abh. Königl. Ges. Wiss. Göttingen 24;81. Mar-Apr 1879"改级而来。IK 则记载为"Athyana Radlk., in Th. Dur. Ind. Gen. (1888)73"。三者引用的文献相同。【分布】阿根廷,巴拉圭。【模式】Athyana weinmannifolia (Grisebach) Radlkofer [Thouinia weinmannifolia Grisebach]。【参考异名】Athyana Radlk. (1888) Nom. illegit.; Thouinia sect. Athyana Griseb. (1879)●☆

4894　Athyana Radlk. (1888) Nom. illegit. ≡ Athyana (Griseb.) Radlk. (1888) [无患子科 Sapindaceae]●☆

4895　Athymalus Neck. (1790) Nom. inval. ≡ Athymalus Neck. ex Raf. (1790) Nom. illegit.; ~ = Euphorbia L. (1753) [大戟科 Euphorbiaceae]●■

4896　Athymalus Neck. ex Raf. (1790) Nom. illegit. ≡ Euphorbia L. (1753) [大戟科 Euphorbiaceae]●■

4897　Athyrocarpus Schltdl. (1855) Nom. illegit. ≡ Phaeosphaerion Hassk. (1866); ~ = Commelina L. (1753) [鸭跖草科 Commelinaceae]■

4898　Athyrocarpus Schltdl. ex Benth. (1883) Nom. illegit. ≡ Athyrocarpus Schltdl. (1855); ~ ≡ Phaeosphaerion Hassk. (1866); ~ = Commelina L. (1753) [鸭跖草科 Commelinaceae]■

4899　Athyrocarpus Schltdl. ex Benth. et Hook. f. (1883) Nom. illegit. ≡ Athyrocarpus Schltdl. (1855); ~ ≡ Phaeosphaerion Hassk. (1866); ~ =Commelina L. (1753) [鸭跖草科 Commelinaceae]■

4900　Athyrocarpus Schltdl. ex Hassk. (1866) Nom. illegit. ≡ Athyrocarpus Schltdl. (1855); ~ ≡ Phaeosphaerion Hassk. (1866); ~ = Commelina L. (1753) [鸭跖草科 Commelinaceae]■

4901　Athyrus Neck. (1790) Nom. inval. = Lathyrus L. (1753) [豆科 Fabaceae(Leguminosae)//蝶形花科 Papilionaceae]■

4902　Athysanus Greene (1885)【汉】小盾芥属。【隶属】十字花科 Brassicaceae(Cruciferae)。【包含】世界 1 种。【学名诠释与讨论】〈阳〉（拉）a-(a-在辅音字母前面,ab-在辅音字母前面或元音字母前面,abs-在字母 c 或字母 t 的前面)无,不,从……分开+thusanos,缘饰。指果实无翅。【分布】美国（西部）。【模式】Athysanus pusillus (W. J. Hooker) E. L. Greene [Thysanocarpus pusillus W. J. Hooker]■☆

4903　Atimeta Schott(1858)= Rhodospatha Poepp. (1845) [天南星科 Araceae]■☆

4904　Atirbesia Raf. (1840) = Marrubium L. (1753) [唇形科 Lamiaceae(Labiatae)]■

4905　Atitara Juss. (1805) Nom. illegit. ≡ Atitara Marcgr. ex Juss. (1805); ~ = Evodia J. R. Forst. et G. Forst. (1776) [芸香科 Rutaceae]●

4906　Atitara Kuntze (1891) Nom. inval., Nom. illegit. ≡ Desmoncus Mart. (1824)(保留属名) [棕榈科 Arecaceae(Palmae)]●☆

4907　Atitara Marcgr. ex Juss. (1805) = Evodia J. R. Forst. et G. Forst. (1776) [芸香科 Rutaceae]●

4908　Atitara O. F. Cook = Desmoncus Mart. (1824)(保留属名) [棕榈科 Arecaceae(Palmae)]●☆

4909　Atkinsia R. A. Howard(1949) = Thespesia Sol. ex Corrêa (1807) (保留属名) [锦葵科 Malvaceae]●

4910　Atkinsonia F. Muell. (1865)【汉】西南澳寄生属。【隶属】桑寄生科 Loranthaceae。【包含】世界 1 种。【学名诠释与讨论】〈阴〉（人）Caroline Louisa Waring Calvert,1834-1872,澳大利亚植物学者。【分布】澳大利亚（东部）。【模式】Atkinsonia ligustrina F. v. Mueller。●☆

4911　Atlanthemum Raynaud(1987) = Helianthemum Mill. (1754) [半日花科(岩蔷薇科)Cistaceae]●■

4912　Atlantia Kurz(1877) = Atalantia Corrêa(1805)(保留属名) [芸香科 Rutaceae]●

4913　Atocion Adans. (1763) = Melandrium Röhl. (1812); ~ = Silene L. (1753)(保留属名) [石竹科 Caryophyllaceae]■

4914　Atolaria Neck. (1790) Nom. inval. = Crotalaria L. (1753)(保留属名) [豆科 Fabaceae(Leguminosae)//蝶形花科 Papilionaceae]●■

4915　Atomostigma Kuntze(1898)【汉】巴西蔷薇属。【隶属】蔷薇科 Rosaceae。【包含】世界 1 种。【学名诠释与讨论】〈中〉（希）atomos,不可分的,不可割的+stigma,所有格 stigmatos,柱头,眼点。【分布】巴西。【模式】Atomostigma mattogrossense O. Kuntze。■☆

4916　Atomostylis Steud. (1850) = Cyperus L. (1753) [莎草科 Cyperaceae]■

4917　Atopocarpus Cuatrec. (1958) = Clonodia Griseb. (1858) [金虎尾科(黄褥花科)Malpighiaceae]●☆

4918　Atopoglossum Luer (2004)【汉】异舌兰属。【隶属】兰科 Orchidaceae。【包含】世界 3 种。【学名诠释与讨论】〈中〉（希）atopos,奇异的,异状的,不适合的+glossa,舌。【分布】古巴。【模式】Pleurothallis ekmanii Schltr.。■☆

4919　Atopostema Boutique(1951)【汉】肖单花番荔枝属。【隶属】番荔枝科 Annonaceae。【包含】世界 2 种。【学名诠释与讨论】〈中〉（希）atopos + stemon,雄蕊。亦有文献把"Atopostema Boutique(1951)"处理为"Monanthotaxis Baill. (1890)"的异名。【分布】热带非洲。【后选模式】Atopostema klainii (Engler) Boutique [Popowia klainii Engler]。【参考异名】Monanthotaxis Baill. (1890)●☆

4920　Atossa Alef. (1861) = Vicia L. (1753) [豆科 Fabaceae (Leguminosae)//蝶形花科 Papilionaceae//野豌豆科 Viciaceae]■

4921　Atractantha McClure(1973)【汉】纺锤花竹属。【隶属】禾本科 Poaceae(Gramineae)。【包含】世界 3-7 种。【学名诠释与讨论】〈阴〉（希）atraktos,纺锤+anthos,花。antheros,多花的。antheo,开花。【分布】巴西。【模式】Atractantha radiata F. A. McClure。●☆

4922　Atractocarpa Franch. (1887) = Puelia Franch. (1887) [禾本科 Poaceae(Gramineae)]■☆

4923　Atractocarpeae Jacq. -Fél. (1962) Nom. inval. ≡ Atractocarpeae Jacq. -Fél. ex Tzvelev(1987); ~ = Atractocarpa Franch. (1887) [禾本科 Poaceae(Gramineae)]■☆

4924　Atractocarpeae Jacq. -Fél. ex Tzvelev (1987) = Atractocarpa Franch. (1887) [禾本科 Poaceae(Gramineae)]■☆

4925　Atractocarpinae E. G. Camus(1913) Nom. illegit. ≡ Atractocarpeae Jacq. -Fél. ex Tzvelev (1987) [禾本科 Poaceae(Gramineae)]■☆

4926　Atractocarpus Schltr. et K. Krause(1908)【汉】纺锤果茜属。【隶属】茜草科 Rubiaceae。【包含】世界 20 种。【学名诠释与讨论】〈阳〉(希)atraktos,纺锤+karpos,果实。【分布】法属新喀里多尼亚。【模式】Atractocarpus bracteatus Schlechter et K. Krause。●☆

4927　Atractogyne Pierre(1896)【汉】梭柱茜属。【隶属】茜草科 Rubiaceae。【包含】世界 3 种。【学名诠释与讨论】〈阴〉(希)atraktos,纺锤+gyne,所有格 gynaikos,雌性,雌蕊。【分布】非洲西部。【模式】Atractogyne gabonii Pierre。【参考异名】Afrohamelia Wernham(1913)●☆

4928　Atractylia Rchb.(1841)= Carthamus L.(1753)[菊科 Asteraceae(Compositae)]■

4929　Atractylis Boehm.(1760)Nom. illegit. ≡ Phonus J. Gessner ex J. Hill(1762);~ ≡ Phonus Hill(1762);~ = Carthamus L.(1753)[菊科 Asteraceae(Compositae)]●☆

4930　Atractylis L.(1753)【汉】纺锤菊属(苍术属,羽叶苍术属)。【俄】Атрактилис。【英】Distaff Thistle。【隶属】菊科 Asteraceae(Compositae)。【包含】世界 14-20 种。【学名诠释与讨论】〈阴〉(希)atraktos,纺锤。指形成坚硬的总苞。此属的学名,ING、GCI,TROPICOS 和 IK 记载是"Atractylis L.,Sp. Pl. 2:829. 1753 [1 May 1753]"。菊科 Asteraceae(Compositae)的"Atractylia Rchb.,Deut. Bot. Herb. – Buch n. 3416. 1841 [Jul 1841] = Carthamus L.(1753)"和"Atractylis Boehmer in C. G. Ludwig,Def. Gen. ed. 3. 164. 1760 ≡ Phonus Hill(1762)= Carthamus L.(1753)"是晚出的非法名称。"Acarna Boehmer in C. G. Ludwig,Def. Gen. ed. 3. 195. 1760"和"Crocodilina Bubani,Fl. Pyrenaea 2:171. 1899(sero?)('1900')"是"Atractylis L.(1753)"的晚出的同模式异名(Homotypic synonym,Nomenclatural synonym)。【分布】地中海西部至日本。【后选模式】Atractylis humilis Linnaeus。【参考异名】Acarna Boehm.(1760)Nom. illegit.;Anactis Cass.(1827);Attractilis Haller ex Scop.(1777);Chamaeleon Cass.(1827);Chamalium Cass.(1827)Nom. illegit.;Cirsellium Gaertn.(1791);Crocodilina Bubani(1899)Nom. illegit.;Spadactis Cass.(1827);Tremolsia Gand.■☆

4931　Atractylodes DC.(1838)【汉】苍术属。【日】ウケラ属,オケラ属,ヲケラ属。【俄】Атрактилодес。【英】Atractylodes。【隶属】菊科 Asteraceae(Compositae)。【包含】世界 7-21 种,中国 6 种。【学名诠释与讨论】〈阴〉(属)Atractylis 纺锤菊属(苍术属,羽叶苍术属)+希腊文 eidos 相似。指总苞纺锤形。【分布】中国,东亚。【后选模式】Atractylodes lancea(Thunberg)A. P. de Candolle[Atractylis lancea Thunberg]。【参考异名】Giraldia Baroni(1897)■

4932　Atragene L.(1753)【汉】赛铁线莲属(瓣铁线莲属)。【隶属】毛茛科 Ranunculaceae。【包含】世界 45 种。【学名诠释与讨论】〈阴〉(希)atragene,植物古名。此属的学名是"Atragene Linnaeus,Sp. Pl. 542. 1 Mai 1753"。亦有文献把其处理为"Clematis L.(1753)"的异名。【分布】巴基斯坦,中美洲。【后选模式】Atragene alpina Linnaeus。【参考异名】Atraphax Scop.(1777);Clematis L.(1753);Clematis sect. Atragene(L.)DC.(1818);Clematis subgen. Atragene(L.)Torr. et A. Gray(1838);Clematis subsect. Atragene(L.)Koehne(1893);Naravel Adans.(1763)Nom. illegit.;Naravelia Adans.(1763)[as 'Naravel'](保留属名);Narvelia Link(1822)Nom. illegit.●☆

4933　Atraphax Scop.(1777)= Atragene L.(1753)[毛茛科 Ranunculaceae]●☆

4934　Atraphaxis L.(1753)【汉】木蓼属(针枝蓼属,针枝属)。【俄】Колючая греча,Курчавка。【英】Goat's – wheat,Goatwheat,Knotwood。【隶属】蓼科 Polygonaceae。【包含】世界 25-27 种,中国 12-14 种。【学名诠释与讨论】〈阴〉(希)atraphaxys,一种植物的古名。此属的学名,ING 和 IK 记载是"Atraphaxis L.,Sp. Pl. 1:333. 1753 [1 May 1753]"。"Artaphaxis P. Miller,Gard. Dict. Abr. ed. 4. 28 Jan 1754"、"Pedalium Adanson,Fam. 2:277,589. Jul-Aug 1763(non D. Royan ex Linnaeus 1759)"和"Tephis Rafinesque,Fl. Tell. 3:11. Nov – Dec 1837('1836')(non Adanson 1763)"是"Atraphaxis L.(1753)"的晚出的同模式异名(Homotypic synonym,Nomenclatural synonym)。【分布】巴基斯坦,中国,非洲北部,欧洲东南部至喜马拉雅山、西伯利亚。【后选模式】Atraphaxis spinosa Linnaeus。【参考异名】Artaphaxis Mill.(1754)Nom. illegit.;Pedalium Adans.(1763)Nom. illegit.;Persicaria Neck.(1790)Nom. inval.;Tephis Raf.(1837)Nom. illegit.;Tragopyrum M. Bieb.(1819)●

4935　Atrategia Bedd.(1864)Nom. inval. ≡ Atrategia Bedd. ex Hook. f.(1872);~ = Goniothalamus(Blume)Hook. f. et Thomson(1855)[番荔枝科 Annonaceae]●

4936　Atrategia Bedd. ex Hook. f.(1872)= Goniothalamus(Blume)Hook. f. et Thomson(1855)[番荔枝科 Annonaceae]●

4937　Atrategia Hook. f.(1872)Nom. illegit. ≡ Atrategia Bedd. ex Hook. f.(1872);~ = Goniothalamus(Blume)Hook. f. et Thomson(1855)[番荔枝科 Annonaceae]●

4938　Atrema DC.(1829)= Bifora Hoffm.(1816)(保留属名)[伞形花科(伞形科)Apiaceae(Umbelliferae)]■☆

4939　Atrichantha Hilliard et B. L. Burtt(1981)【汉】疏毛鼠麹木属。【隶属】菊科 Asteraceae(Compositae)。【包含】世界 1 种。【学名诠释与讨论】〈阴〉(希)a-(a-在辅音字母前面,an-在元音字母前面)无,不+thrix,所有格 trichos,毛,毛发+anthos,花。antheros,多花的。antheo,开花。【分布】非洲南部,中南半岛。【模式】Atrichantha gemmifera(H. Bolus)O. M. Hilliard et B. L. Burtt[Helichrysum gemmiferum H. Bolus]●☆

4940　Atrichodendron Gagnep.(1950)【汉】无毛茄属。【隶属】茄科 Solanaceae。【包含】世界 1 种。【学名诠释与讨论】〈中〉(希)a-,无,不+thrix,所有格 trichos,毛发+dendron 或 dendros,树木,棍,丛林。此属的学名是"Atrichodendron Gagnepain,Notul. Syst.(Paris)14:29. Feb 1950"。亦有文献把其处理为"Lycium L.(1753)"的异名。【分布】中南半岛。【模式】Atrichodendron tonkinense Gagnepain。【参考异名】Lycium L.(1753)●☆

4941　Atrichoseris A. Gray(1884)【汉】无冠苣属。【英】Gravel–ghost,Parachute Plant,Tobacco – weed。【隶属】菊科 Asteraceae(Compositae)。【包含】世界 1 种。【学名诠释与讨论】〈中〉(希)a-+thrix,所有格 trichos,毛,毛发+seris,菊苣。指植物无冠毛。【分布】美国(西南部)。【模式】Atrichoseris platyphylla(A. Gray)A. Gray[Malacothrix platyphylla A. Gray]■☆

4942　Atriplex L.(1753)(保留属名)【汉】滨藜属(海滨藜属)。【日】アトリプレックス属,ハマアカザ属。【俄】Лебеда,Лебедка。【英】Orach,Orache,Saltbush,Salt – bush。【隶属】藜科 Chenopodiaceae//滨藜科 Atriplicaceae。【包含】世界 250-300 种,中国 17-20 种。【学名诠释与讨论】〈阴〉(拉)atriplex,一种植物的古拉丁名。此属的学名"Atriplex L.,Sp. Pl.:1052. 1 Mai 1753"是保留属名。法规未列出相应的废弃属名。【分布】巴基斯坦,巴拉圭,巴勒斯坦,秘鲁,玻利维亚,厄瓜多尔,马达加斯加,美国(密苏里),中国,温带和亚热带。【模式】Atriplex hortensis Linnaeus。【参考异名】Armola(Kirschl.)Friche-Joset et Montandon(1856);Armola(Kirschl.)Montandon(1856)Nom. illegit.;Armola Friche-Joset et Montandon(1856)Nom. illegit.;Armola Montandon(1856)Nom. illegit.;Blackiella Aellen(1938);Endolepis Torr. ex A. Gray(1860);Halimione Aellen(1938);Halimus L.;Halimus Wallr.(1822)Nom. illegit.;Haloxanthium

Ulbr.（1934）；Halymus Waldenb.（1826）；Lophocarya Nutt. ex Moq.（1849）；Morrisiella Aellen（1938）；Neopreissia Ulbr.（1934）；Obione Gaertn.（1791）；Pachypharynx Aellen（1938）；Phyllocarpa Nutt. ex Moq.（1849）；Phyllotheca Nutt. ex Moq.（1849）；Proatriplex（Weber）Stutz et G. L. Chu（1990）；Proatriplex Stutz et G. L. Chu（1990）Nom. illegit.；Pterocarya Nutt. ex Moq.（1849）Nom. inval.；Pterochiton Torr.（1845）Nom. illegit.；Pterochiton Torr. et Frém.（1845）；Schizotheca（C. A. Mey.）Lindl.（1846）；Schizotheca Lindl.（1846）Nom. illegit.；Senniella Aellen（1938）；Stanley L. Welsh；Teutliopsis（Dumort.）čelak.（1872）■●

4943　Atriplicaceae Juss.（1789）［亦见 Amaranthaceae Juss.（保留科名）苋科和 Chenopodiaceae Vent.（保留科名）藜科］【汉】滨藜科。【包含】世界 2 属 253-303 种，中国 1 属 17-20 种。【分布】温带和亚热带。【科名模式】Atriplex L.（1753）（保留属名）●■

4944　Atropa L.（1753）【汉】颠茄属。【日】アトロパ属，オオカミナスビ属，ベラドンナ属。【俄】Белладонна，Красавка。【英】Atropa, Banewort, Deadly Nightshade, Dwale。【隶属】茄科 Solanaceae//颠茄科 Atropaceae。【包含】世界 4 种，中国 1 种。【学名诠释与讨论】〈阴〉（希）Atropos，司命运的三个女神之一。名字含义来自 a，无，不+trapos，龙骨，转弯。指本属植物有毒。此属的学名，ING、APNI、GCI、TROPICOS 和 IK 记载是"Atropa L. , Sp. Pl. 1 : 181. 1753［1 May 1753］"。"Belladona P. Miller, Gard. Dict. Abr. ed. 4. 28 Jan 1754"是"Atropa L.（1753）"的晚出的同模式异名（Homotypic synonym, Nomenclatural synonym）。【分布】巴基斯坦，玻利维亚，中国，地中海至亚洲中部和喜马拉雅山，欧洲。【后选模式】Atropa belladonna Linnaeus。【参考异名】Belladona Adans.（1763）Nom. illegit.；Belladona Duhamel；Belladona Mill.（1754）Nom. illegit.；Belladonna Mill.（1754）Nom. illegit.；Belladonna Ruppius（1745）Nom. inval.；Boberella E. H. L. Krause（1903）Nom. illegit.；Walkeria Mill. ex Ehret（1763）Nom. illegit.；Zwingera Hofer（1762）■

4945　Atropaceae Martinov（1820）［亦见 Solanaceae Juss.（保留科名）茄科］【汉】颠茄科。【包含】世界 1 属 4 种，中国 1 属 1 种。【分布】地中海至亚洲中部和喜马拉雅山，欧洲。【科名模式】Atropa L.（1753）●■

4946　Atropanthe Pascher（1909）【汉】天蓬子属。【英】Atropanthe。【隶属】茄科 Solanaceae。【包含】世界 1 种，中国 1 种。【学名诠释与讨论】〈阴〉（属）Atropa 颠茄属+希腊文 anthos，花。指花的外形与颠茄相似。【分布】中国。【模式】Atropanthe sinensis（Hemsley）Pascher［Scopolia sinensis Hemsley］●■★

4947　Atropatenia F. K. Mey.（1973）＝ Thlaspi L.（1753）［十字花科 Brassicaceae（Cruciferae）//菥蓂科 Thlaspiaceae］■

4948　Atropis（Trin.）Griseb.（1845）Nom. illegit.（废弃属名）≡ Atropis（Trin.）Rupr. ex Griseb.（1845）（废弃属名）；~ ＝ Puccinellia Parl.（1848）（保留属名）［禾本科 Poaceae（Gramineae）］■

4949　Atropis（Trin.）Rupr. ex Griseb.（1845）（废弃属名）＝ Puccinellia Parl.（1848）（保留属名）［禾本科 Poaceae（Gramineae）］■

4950　Atropis Rupr.（1845）（废弃属名）＝ Puccinellia Parl.（1848）（保留属名）［禾本科 Poaceae（Gramineae）］■

4951　Atroxima Stapf（1905）【汉】黑远志属。【隶属】远志科 Polygalaceae。【包含】世界 2 种。【学名诠释与讨论】〈阴〉（拉）atrox，所有格 atrocis，黑暗的，可怕的+-ima 最高级词尾。【分布】热带非洲。【模式】未指定。●☆

4952　Attalea Kunth（1816）【汉】亚塔棕属（阿他利属，奥达尔椰子属，奥达椰子属，巴西桐属，巴西棕属，帝王椰子属，刷棕属，亚达利亚棕属，亚达利椰属，直叶椰子属，直叶棕属）。【日】アッタレア

属。【俄】Атталея，Пальма-атталея。【英】Attalea。【隶属】棕榈科 Arecaceae（Palmae）。【包含】世界 23-40 种，中国 1 种。【学名诠释与讨论】〈阴〉（人）Attalus III Philometor, Pergamus 的国王。【分布】巴拉圭，巴拿马，秘鲁，玻利维亚，厄瓜多尔，哥伦比亚（安蒂奥基亚），哥斯达黎加，尼加拉瓜，西印度群岛，热带非洲，南美洲，中美洲。【模式】Attalea amygdalina Kunth。【参考异名】Bornoa O. F. Cook（1939）；Lithocarpos Targ. - Toz.（1833）Nom. inval.；Lithocarpos Targ. - Toz. ex Steud.（1841）；Lithocarpus Steud.；Maximiliana Mart.（1824）（保留属名）；Orbignya Mart. ex Endl.（1837）（保留属名）；Pindarea Barb. Rodr.（1896）；Sarinia O. F. Cook（1942）；Scheelea H. Karst.（1857）；Ynesa O. F. Cook（1942）●☆

4953　Attilaea E. Martínez et Ramos（2007）【汉】阿特漆树属。【隶属】漆树科 Anacardiaceae。【包含】世界 1 种。【学名诠释与讨论】〈阴〉（人）Attila。【分布】墨西哥，中美洲。【模式】Attilaea abalak E. Martínez et Ramos。●☆

4954　Attractilis Haller ex Scop.（1777）＝ Atractylis L.（1753）［菊科 Asteraceae（Compositae）］■☆

4955　Atulandra Raf.（1838）＝ Rhamnus L.（1753）［鼠李科 Rhamnaceae］●

4956　Atuna Raf.（1838）【汉】阿顿果属。【隶属】金壳果科 Chrysobalanaceae。【包含】世界 11-13 种。【学名诠释与讨论】〈阴〉来自植物俗名。【分布】波利尼西亚群岛，马来西亚。【模式】Atuna racemosa Rafinesque。【参考异名】Cyclandrophora Hassk.（1842）；Entosiphon Bedd.（1864）●☆

4957　Atylosia Wight et Arn.（1834）【汉】虫豆属（蝙蝠豆属）。【日】ビロウドヒメクツ属。【英】Atylosia。【隶属】豆科 Fabaceae（Leguminosae）//蝶形花科 Papilionaceae。【包含】世界 35 种，中国 5 种。【学名诠释与讨论】〈阴〉（希）a-，无，不+tylos，硬皮。指种子无硬皮。此属的学名是"Atylosia R. Wight et Arnott, Prodr. 257. 10 Oct 1834"。亦有文献把其处理为"Cajanus Adans.（1763）［as 'Cajan'］（保留属名）"的异名。【分布】澳大利亚，中国，马来西亚，热带亚洲。【后选模式】Atylosia candollei R. Wight et Arnott, Nom. illegit. ［Odonia trinervia K. P. J. Sprengel；Atylosia trinervia（K. P. J. Sprengel）Gamble］。【参考异名】Cajanus Adans.（1763）（保留属名）；Cantharospermum Wight et Arn.（1834）●■

4958　Atylus Salisb.（1807）（废弃属名）＝ Isopogon R. Br. ex Knight（1809）（保留属名）；~ ＝ Petrophile R. Br. ex Knight（1809）［山龙眼科 Proteaceae］●☆

4959　Atyson Raf. ＝ Aectyson Raf.（1821）；~ ＝ Sedum L.（1753）［景天科 Crassulaceae］●■

4960　Aubentonla Dombey ex Steud.（1821）＝ Waltheria L.（1753）［梧桐科 Sterculiaceae//锦葵科 Malvaceae］●■

4961　Aubertia Bory（1804）＝ Zanthoxylum L.（1753）［芸香科 Rutaceae//花椒科 Zanthoxylaceae］●

4962　Aubertia Chapel. ex Baill.（1861）Nom. illegit. ＝ Croton L.（1753）［大戟科 Euphorbiaceae//巴豆科 Crotonaceae］●

4963　Aubertiella Briq.（1894）＝ Audibertiella Briq.（1894）；~ ＝ Salvia L.（1753）［唇形科 Lamiaceae（Labiatae）//鼠尾草科 Salviaceae］●■

4964　Aubion Raf.（1838）＝ Cleome L.（1753）［山柑科（白花菜科，醉蝶花科）Capparaceae//白花菜科（醉蝶花科）Cleomaceae］●■

4965　Aubletella Pierre（1891）＝ Chrysophyllum L.（1753）［山榄科 Sapotaceae］●

4966　Aubletia Gaertn.（1788）Nom. illegit. ＝ Sonneratia L. f.（1782）（保留属名）［海桑科 Sonneratiaceae//千屈菜科 Lythraceae］●

4967　Aubletia Le Monn. ex Rozier（1771）Nom. inval. ＝ Obletia

Lemonn. ex Rozier (1773); ~ = Verbena L. (1753) [马鞭草科 Verbenaceae] ■●

4968 Aubletia Lour. (1790) Nom. illegit. = Paliurus Tourn. ex Mill. (1754) [鼠李科 Rhamnaceae] ●

4969 Aubletia Neck. (1790) Nom. inval. = Ruellia L. (1753) [爵床科 Acanthaceae] ■●

4970 Aubletia Pers. (1807) Nom. illegit. ≡ Moniera Loefl. (1758) [as 'Monnieria'], Nom. illegit. (废弃属名); ~ ≡ Ertela Adans. (1763) Nom. illegit. [芸香科 Rutaceae] ●☆

4971 Aubletia Schreb. (1789) Nom. illegit. ≡ Apeiba Aubl. (1775) [椴树科(椴科, 田麻科) Tiliaceae] ●☆

4972 Aubletiana J. Murillo (2000) 【汉】非洲大戟属。【隶属】大戟科 Euphorbiaceae。【包含】世界 2 种。【学名诠释与讨论】〈阴〉(人) Jean Baptiste Christophore Fusee Aublet, 1720-1778, 法国植物学者+-anus, -ana, -anum, 加在名词词干后面形成形容词的词尾, 含义为"属于"。此属的学名, ING 和 TROPICOS 记载是 "Aubletiana J. Murillo, Revista Acad. Colomb. Ci. Exact. 24(92): 360. 2000"。亦有文献把"Aubletiana J. Murillo (2000)"处理为"Conceveiba Aubl. (1775)"的异名。【分布】热带非洲。【模式】不详。【参考异名】Conceveiba Aubl. (1775) ●☆

4973 Aubregrinia Heine (1960) 【汉】西非单性榄属(西非榄属)。【隶属】山榄科 Sapotaceae。【包含】世界 1 种。【学名诠释与讨论】〈阴〉(人) 法国植物学者 Andre Aubreville (1897 - 1982) 和 Pellegrin (1881-1965), La Flore du Mayombe d'après les Récoltes de M. Georges Le Testu 的作者。此属的学名"Aubregrinia H. Heine, Kew Bull. 14: 301. 6 Oct 1960"是一个替代名称。"Endotricha Aubréville et Pellegrin, Bull. Soc. Bot. France 81: 794. Apr (prim) 1935"是一个非法名称 (Nom. illegit.), 因为此前已经有了红藻的"Endotrichia Suringar, Alg. Jap. 34. 1870"。故用"Aubregrinia Heine (1960)"替代之。【分布】热带非洲西部。【模式】Aubregrinia taiensis (Aubréville et Pellegrin) H. Heine [Endotricha taiensis Aubréville et Pellegrin]。【参考异名】Endotricha Aubrév. et Pellegr. (1935) Nom. illegit. ●☆

4974 Aubrevillea Pellegr. (1933) 【汉】奥布雷豆属。【隶属】豆科 Fabaceae (Leguminosae) // 含羞草科 Mimosaceae。【包含】世界 2 种。【学名诠释与讨论】〈阴〉(人) Andre Aubreville, 1897-1982, 法国植物学者。【分布】热带非洲西部。【模式】Aubrevillea kerstingii (Harms) F. Pellegrin [Piptadenia kerstingii Harms] ■☆

4975 Aubrieta Adans. (1763) 【汉】南庭荠属(紫荠属)。【日】ムラサキナズナ属。【俄】Обриеция, Орех маньчжурский。【英】Aubretia, Aubrieta, Aubrietia, Purple Rockcress, Purple Rock-cress, Rock-cress。【隶属】十字花科 Brassicaceae (Cruciferae)。【包含】世界 12-15 种。【学名诠释与讨论】〈阴〉(人) Claude Aubriet, 1668-1743, 法国人, 擅画花草与动物。【分布】意大利山区至伊朗。【模式】' Alysson. Cretic. flore violaceo. Tourn. ' [Aubrieta deltoidea (Linnaeus) A. P. de Candolle]。【参考异名】Aubrietia DC. (1821) ■☆

4976 Aubrietia DC. (1821) = Aubrieta Adans. (1763) [十字花科 Brassicaceae (Cruciferae)] ■☆

4977 Aubrya Baill. (1862) = Sacoglottis Mart. (1827) [核果树科(胡香脂科, 树脂核科, 无距花科, 香膏科, 香膏木科) Humiriaceae] ●☆

4978 Auchera DC. (1837) = Cousinia Cass. (1827) [菊科 Asteraceae (Compositae)] ●■

4979 Aucklandia Falc. (1841) 【汉】云木香属(云木香菊属)。【英】Aucklandia。【隶属】菊科 Asteraceae (Compositae)。【包含】世界 1 种, 中国 1 种。【学名诠释与讨论】〈阴〉(地) Auckland, 奥克兰, 新西兰港市。指模式种产地。此属的学名是"Aucklandia

Falconer, Ann. Mag. Nat. Hist. 6: 475. Feb 1841"。亦有文献把其处理为"Saussurea DC. (1810) (保留属名)"的异名。【分布】新西兰, 中国, 喜马拉雅山。【模式】Aucklandia costus Falconer。【参考异名】Saussurea DC. (1810) (保留属名) ■

4980 Aucoumea Pierre (1896) 【汉】假榄木属(奥克橄榄属)。【俄】Аукумения。【英】Gaboon Mahogany, Okoume, Tasmanian Sassafras。【隶属】香材树科(杯轴花科, 黑榄木科, 芒籽科, 蒙立米科, 檬立木科, 香材木科, 香树木科) Monimiaceae // 橄榄科 Burseraceae。【包含】世界 1 种。【学名诠释与讨论】〈阴〉来自 Aucoumea klaineana Pierre 的俗名。【分布】热带非洲西部。【模式】Aucoumea klaineana Pierre。●☆

4981 Aucuba Cham. = Aruba Nees et Mart. (1823) Nom. illegit.; ~ = Raputia Aubl. (1775) [芸香科 Rutaceae] ●☆

4982 Aucuba Thunb. (1783) 【汉】桃叶珊瑚属。【日】アオキバ属, アオキ属, アヲキバ属, アヲキ属。【俄】Аукуба, Дерево золотое。【英】Aucuba, Gold Dust Shrub, Spotted-laurel。【隶属】山茱萸科 Cornaceae // 桃叶珊瑚科 Aucubaceae。【包含】世界 3-19 种, 中国 10-14 种。【学名诠释与讨论】〈阴〉(日) 由日本桃叶珊瑚 Aucuba japonica Thunb. 的俗名アオキバ音译而来。指叶似桃叶。此属的学名, ING、TROPICOS 和 IK 记载是"Aucuba Thunberg, Nova Gen. Pl. 61. 18 Jun 1783; Fl. Jap. 4, 64 (Aukuba). Aug 1784"。"Eubasis R. A. Salisbury, Prodr. Stirp. 68. Nov - Dec 1796"和"Aukuba Thunberg, Fl. Jap. 64. t. 12. Aug 1784"是"Aucuba Thunb. (1783)"的晚出的同模式异名 (Homotypic synonym, Nomenclatural synonym)。芸香科 Rutaceae 的"Aucuba Cham."曾被不同学者处理为"Aruba Nees et Mart., Nova Acta Phys. - Med. Acad. Caes. Leop. - Carol. Nat. Cur. 11: 172, t. 19, 27, 29. 1823"或"Raputia Aubl., Hist. Pl. Guiane 2: 670, t. 272. 1775"的异名。【分布】日本, 俄罗斯 (远东地区), 中国, 喜马拉雅山。【模式】Aucuba japonica Thunberg。【参考异名】Acuba Link (1822); Aukuba Kochne (1893) Nom. illegit.; Aukuba Thunb ex Koehne (1893) Nom. illegit.; Aukuba Thunb. (1784) Nom. illegit.; Eubasis Salisb. (1796) Nom. illegit. ●

4983 Aucubaceae Bercht. et J. Presl (1825) = Cornaceae Bercht. et J. Presl (保留科名); ~ Garryaceae Lindl. (保留科名) ●■

4984 Aucubaceae J. Agardh (1858) [亦见 Cornaceae Bercht. et J. Presl (保留科名) 山茱萸科(四照花科) 和 Garryaceae Lindl. (保留科名) 丝穗木科(常绿四照花科, 绞木科, 卡尔亚木科, 丝缨花科)] 【汉】桃叶珊瑚科。【包含】世界 1 属 14-19 种, 中国 1 属 10-14 种。【分布】从喜马拉雅山至日本和俄罗斯远东地区。【科名模式】Aucuba Thunb. (1783) ●

4985 Aucubaephyllum Ahlburg (1878) = Grumilea Gaertn. (1788); ~ = Psychotria L. (1759) (保留属名) [茜草科 Rubiaceae // 九节科 Psychotriaceae] ●

4986 Aucuparia Medik. (1789) Nom. illegit. = Sorbus L. (1753) [蔷薇科 Rosaceae] ●

4987 Audibertia Benth. (1829) Nom. illegit. = Mentha L. (1753) [唇形科 Lamiaceae (Labiatae) // 薄荷科 Menthaceae] ■●

4988 Audibertia Benth. (1832) Nom. illegit. ≡ Audibertiella Briq. (1894); ~ = Audibertiella Briq. (1894); ~ = Salvia L. (1753) [唇形科 Lamiaceae (Labiatae) // 鼠尾草科 Salviaceae] ●■

4989 Audibertiella Briq. (1894) = Salvia L. (1753) [唇形科 Lamiaceae (Labiatae) // 鼠尾草科 Salviaceae] ●■

4990 Audouinia Brongn. (1826) 【汉】奥丁鳞叶草属。【隶属】鳞叶树科(布鲁尼科, 小叶树科) Bruniaceae。【包含】世界 1 种。【学名诠释与讨论】〈阴〉(人) Audouin。【分布】非洲南部。【模式】Audouinia capitata (Thunberg) A. T. Brongniart [Diosma capitata

Thunberg]。【参考异名】Andouinia Rchb.（1828）；Pavinda Thunb.（1830）Nom. illegit.；Pavinda Thunb. ex Bartl.（1830）●☆

4991 Auerodendron Urb.（1924）【汉】奥尔鼠李属。【隶属】鼠李科 Rhamnaceae。【包含】世界 7-8 种。【学名诠释与讨论】〈中〉（人）Auer+dendron 或 dendros，树木，棍，丛林。【分布】西印度群岛。【模式】Auerodendron cubense（Britton et Wilson）Urban［Rhamnidium cubense Britton et Wilson］●☆

4992 Auganthus Link（1829）= Primula L.（1753）［报春花科 Primulaceae］■

4993 Augea Thunb.（1794）（保留属名）【汉】日光蒺藜属。【隶属】蒺藜科 Zygophyllaceae。【包含】世界 1 种。【学名诠释与讨论】〈阴〉（希）auge，日光。另说纪念德国园丁 Johann Andreas Auge，1711-1805，植物采集家。此属的学名"Augea Thunb., Prodr. Pl. Cap. 1：[viii]，80. 1794"是保留属名。相应的废弃属名是漆树科 Anacardiaceae 的"Augia Lour., Fl. Cochinch.：327，337. Sep 1790 = Calophyllum L.（1753）= Rhus L.（1753）"。"Augea Thunb. ex Retz. ≡ Augea Thunb.（1794）（保留属名）"的命名人引证有误，亦应废弃。亦有文献把"Augea Thunb.（1794）（保留属名）"处理为"Lanaria Aiton（1789）（保留属名）［毛石蒜科 Lanariaceae//血草科（半授花科，给血草科，血皮草科）Haemodoraceae］"的异名，似有误。【分布】非洲南部。【模式】Augea capensis Thunberg。【参考异名】Augea Thunb. ex Retz., Nom. illegit.（废弃属名）；? Lanaria Aiton（1789）（保留属名）；Piotes Sol. ex Britton（1884）（废弃属名）■☆

4994 Augea Thunb. ex Retz., Nom. illegit.（废弃属名）≡ Augea Thunb.（1794）（保留属名）［蒺藜科 Zygophyllaceae］■☆

4995 Augia Lour.（1790）（废弃属名）= Rhus L.（1753）［漆树科 Anacardiaceae］+Calophyllum L.（1753）［猪胶树科（克鲁西科，山竹子科，藤黄科）Clusiaceae（Guttiferae）//红厚壳科 Calophyllaceae］●

4996 Augouardia Pellegr.（1924）【汉】日光豆属。【隶属】豆科 Fabaceae（Leguminosae）//云实科（苏木科）Caesalpiniaceae。【包含】世界 1 种。【学名诠释与讨论】〈阴〉（人）Augouard。【分布】西赤道非洲。【模式】Augouardia letestui Pellegrin。■☆

4997 Augusta Ellis（1821）（废弃属名）= Gardenia J. Ellis（1761）（保留属名）；~ = Warneria Ellis ex L.（1759）［茜草科 Rubiaceae//栀子科 Gardeniaceae］●

4998 Augusta Leandro（1821）（废弃属名）= Stifftia J. C. Mikan（1820）（保留属名）［菊科 Asteraceae（Compositae）］●☆

4999 Augusta Pohl（1828）（保留属名）【汉】巴西茜草属。【隶属】茜草科 Rubiaceae。【包含】世界 1 种。【学名诠释与讨论】〈阴〉（拉）augustus，出名的，伟大的。另说来自人名 Caroline Augusta，奥地利皇后。此属的学名"Augusta Pohl, Pl. Bras. Icon. Descr. 2：1. 1828（sero）-Feb 1829"是保留属名。相应的废弃属名是菊科 Compositae 的"Augusta Leandro in Denkschr. Königl. Akad. Wiss. München 7：235. Jul-Dec 1821 = Stifftia J. C. Mikan（1820）（保留属名）"。茜草科 Rubiaceae 的"Augusta Ellis（1821）= Gardenia J. Ellis（1761）（保留属名）= Warneria Ellis ex L.（1759）［茜草科 Rubiaceae//栀子科 Gardeniaceae］"亦应废弃。"Augustea DC., Prodr.［A. P. de Candolle］4：404. 1830［late Sep 1830］"是"Augusta Pohl（1828）（保留属名）"变体。"Schreibersia Pohl ex Endlicher, Gen. 553. Jun 1838"是"Augusta Pohl（1828）（保留属名）"的晚出的同模式异名（Homotypic synonym, Nomenclatural synonym）。【分布】巴拿马，巴西（东部），尼加拉瓜，中美洲。【模式】Augusta lanceolata Pohl［A. longifolia（Spreng.）Rehder, Ucriana longifolia Spreng.］。【参考异名】Augusta Ellis（1821）（废弃属名）；Augustea DC.（1830）Nom. inval., Nom. illegit.；Bonifacia

Silva Manso ex Steud.（1840）；Schreiberia Steud.（1841）；Schreibersia Pohl ex Endl.（1838）Nom. illegit.；Schreibersia Pohl（1825）Nom. inval.；Stifftia J. C. Mikan（1820）（保留属名）■☆

5000 Augustea DC.（1830）Nom. inval., Nom. illegit. ≡ Augusta Pohl（1828）（保留属名）［茜草科 Rubiaceae］■☆

5001 Augustea Iamonico（2015）Nom. illegit.［石竹科 Caryophyllaceae］■☆

5002 Augustia Klotzsch（1854）= Begonia L.（1753）［秋海棠科 Begoniaceae］●■

5003 Augustinea A. St. -Hil. et Naudin（1844）= Miconia Ruiz et Pav.（1794）（保留属名）［野牡丹科 Melastomataceae//米氏野牡丹科 Miconiaceae］●☆

5004 Augustinea H. Karst.（1857）Nom. illegit. ≡ Pyrenoglyphis H. Karst.（1869）［棕榈科 Arecaceae（Palmae）］●

5005 Augustinea Mart. = Bactris Jacq. ex Scop.（1777）［棕榈科 Arecaceae（Palmae）］●

5006 Aukuba Kochne（1893）Nom. illegit. ≡ Aukuba Thunb ex Koehne（1893）Nom. illegit.；~ ≡ Aucuba Thunb.（1783）［山茱萸科 Cornaceae//桃叶珊瑚科 Aucubaceae］●

5007 Aukuba Thunb ex Koehne（1893）Nom. illegit. ≡ Aucuba Thunb.（1783）［山茱萸科 Cornaceae//桃叶珊瑚科 Aucubaceae］●

5008 Aukuba Thunb.（1784）Nom. inval., Nom. illegit. ≡ Aukuba Thunb ex Koehne（1893）Nom. illegit.；~ ≡ Aucuba Thunb.（1783）［山茱萸科 Cornaceae//桃叶珊瑚科 Aucubaceae］●

5009 Aulacia Lour.（1790）（废弃属名）= Micromelum Blume（1825）（保留属名）［芸香科 Rutaceae］●

5010 Aulacidium Rich. ex DC.（1828）= Macrocentrum Hook. f.（1867）［野牡丹科 Melastomataceae］■☆

5011 Aulacinthus E. Mey.（1835）= Lotononis（DC.）Eckl. et Zeyh.（1836）（保留属名）［豆科 Fabaceae（Leguminosae）//蝶形花科 Papilionaceae］■

5012 Aulacocalyx Hook. f.（1873）【汉】沟萼茜属。【隶属】茜草科 Rubiaceae。【包含】世界 8 种。【学名诠释与讨论】〈阳〉（希）aulax，所有格 aulakos = alox，所有格 alokos，犁沟，记号，伤痕，腔穴，子宫+kalyx，所有格 kalykos =拉丁文 calyx，花萼，杯子。【分布】热带非洲。【模式】Aulacocalyx jasminiflora J. D. Hooker。【参考异名】Dorothea Wernham（1913）●☆

5013 Aulacocarpus O. Berg（1856）【汉】沟萼野牡丹属。【隶属】野牡丹科 Melastomataceae。【包含】世界 2 种。【学名诠释与讨论】〈阳〉（希）aulax，所有格 aulakos = alox，所有格 alokos，犁沟，记号，伤痕，腔穴，子宫+karpos，果实。此属的学名是"Aulacocarpus O. C. Berg, Linnaea 27：137（in clave），345. Jan 1856（'1854'）"。亦有文献把其处理为"Mouriri Aubl.（1775）"的异名。【分布】巴西，中美洲。【后选模式】Aulacocarpus crassifolius（Bentham）O. C. Berg［Campomanesia crassifolia Bentham］。【参考异名】Mouriri Aubl.（1775）●☆

5014 Aulacodiscus Hook. f.（1873）Nom. illegit. ≡ Pleiocarpidia K. Schum.（1897）［茜草科 Rubiaceae］●☆

5015 Aulacolepis Hack.（1907）Nom. illegit. ≡ Neoaulacolepis Rauschert（1982）；~ = Aniselytron Merr.（1910）；~ = Calamagrostis Adans.（1763）［禾本科 Poaceae（Gramineae）］■

5016 Aulacophyllum Regel（1876）【汉】沟叶苏铁属。【隶属】苏铁科 Cycadaceae。【包含】世界 6 种。【学名诠释与讨论】〈中〉（希）aulax，所有格 aulakos = alox，所有格 alokos，犁沟，记号，伤痕，腔穴，子宫+phyllon，叶子。此属的学名是"Aulacophyllum E. Regel, Gartenflora 25：140. 1876"。亦有文献把其处理为"Zamia L.（1763）（保留属名）"的异名。【分布】中美洲和热带南美洲西北

部。【后选模式】Aulacophyllum skinneri（Warszewicz）E. Regel [Zamia skinneri Warszewicz]。【参考异名】Zamia L.（1763）（保留属名）●☆

5017 Aulacorhynchus Nees（1834）= Tetraria P. Beauv.（1816）［莎草科 Cyperaceae］■☆

5018 Aulacospermum Ledeb.（1833）【汉】沟子芹属（种沟芹属）。【俄】Болоздоплодник。【隶属】伞形花科（伞形科）Apiaceae（Umbelliferae）。【包含】世界 12-15 种，中国 2 种。【学名诠释与讨论】〈中〉（希）aulax，所有格 aulakos = alox，所有格 alokos，犁沟，记号，伤痕，腔穴，子宫 + sperma，所有格 spermatos，种子，孢子。指种子具沟。此属的学名是"Aulacospermum Ledebour, Fl. Altaica 4：334. Jul – Dec 1833"。亦有文献把其处理为"Pleurospermum Hoffm.（1814）"的异名。【分布】中国，俄罗斯（东部）至亚洲中部和西伯利亚东北。【后选模式】Aulacospermum anomalum（Ledebour）Ledebour［Cnidium anomalum Ledebour］。【参考异名】Pleurospermum Hoffm.（1814）■

5019 Aulacostigma Turcz.（1847）= Rhynchotheca Ruiz et Pav.（1794）［喙果木科（刺灌木科）Rhynchothecaceae//牻牛儿苗科 Geraniaceae］●☆

5020 Aulacothelae Lem.（1927）Nom. illegit. = Coryphantha（Engelm.）Lem.（1868）（保留属名）［仙人掌科 Cactaceae］●■

5021 Aulacothele Lem.（1927）Nom. illegit.（废弃属名）≡ Aulacothele Monv. ex Lem.（1927）（废弃属名）；~ = Coryphantha（Engelm.）Lem.（1868）（保留属名）［仙人掌科 Cactaceae］●■

5022 Aulacothele Monv.（1846）Nom. inval.（废弃属名）≡ Aulacothele Monv. ex Lem.（1927）（废弃属名）；~ = Coryphantha（Engelm.）Lem.（1868）（保留属名）［仙人掌科 Cactaceae］●■

5023 Aulacothele Monv. ex Lem.（1927）（废弃属名）= Coryphantha（Engelm.）Lem.（1868）（保留属名）［仙人掌科 Cactaceae］●■

5024 Aulandra H. J. Lam（1927）【汉】管蕊榄属。【隶属】山榄科 Sapotaceae。【包含】世界 3 种。【学名诠释与讨论】〈阴〉（希）aulos，管子，沟道，平原，草地 + aner，所有格 andros，雄性，雄蕊。【分布】加里曼丹岛。【模式】Aulandra longifolia H. J. Lam。●☆

5025 Aulax P. J. Bergius（1767）【汉】南非山龙眼属。【隶属】山龙眼科 Proteaceae。【包含】世界 3 种。【学名诠释与讨论】〈阴〉（希）aulax，所有格 aulakosalox，所有格 alokos，犁沟，记号，伤痕，腔穴，子宫。【分布】非洲南部。【模式】Aulax pinifolia P. J. Bergius。●☆

5026 Aulaxanthus Elliott（1816）= Anthenantia P. Beauv.（1812）Nom. illegit.；~ = Anthaenantia P. Beauv.（1812）［禾本科 Poaceae（Gramineae）］■☆

5027 Aulaxia Nutt.（1818）Nom. illegit. ≡ Aulaxanthus Elliott（1816）；~ = Anthenantia P. Beauv.（1812）Nom. illegit.；~ = Anthaenantia P. Beauv.（1812）［禾本科 Poaceae（Gramineae）］■☆

5028 Aulaxis Haw.（1821）= Saxifraga L.（1753）［虎耳草科 Saxifragaceae］■

5029 Aulaxis Steud.（1840）Nom. illegit. = Anthenantia P. Beauv.（1812）Nom. illegit.；~ = Aulaxia Nutt.（1818）Nom. illegit.；~ = Aulaxanthus Elliott（1816）；~ = Anthaenantia P. Beauv.（1812）Nom. illegit.［禾本科 Poaceae（Gramineae）］■☆

5030 Aulaya Harv.（1838）= Harveya Hook.（1837）［玄参科 Scrophulariaceae//列当科 Orobanchaceae］■☆

5031 Auleya D. Dietr.（1843）= Aulaya Harv.（1838）［玄参科 Scrophulariaceae//列当科 Orobanchaceae］■☆

5032 Aulica Raf.（1838）= Hippeastrum Herb.（1821）（保留属名）［石蒜科 Amaryllidaceae］■

5033 Auliphas Raf.（1838）= Miconia Ruiz et Pav.（1794）（保留属名）［野牡丹科 Melastomataceae//米氏野牡丹科 Miconiaceae］●☆

5034 Aulisconema Hua（1892）= Disporopsis Hance（1883）［百合科 Liliaceae//铃兰科 Convallariaceae］■

5035 Auliza Salisb.（1812）= Epidendrum L.（1763）（保留属名）［兰科 Orchidaceae］■☆

5036 Auliza Small（1913）Nom. illegit. = Epidendrum L.（1763）（保留属名）［兰科 Orchidaceae］■☆

5037 Aulocaulis Standl. = Boerhavia L.（1753）［紫茉莉科 Nyctaginaceae］■

5038 Aulojusticia Lindau（1897）= Justicia L.（1753）［爵床科 Acanthaceae//鸭嘴花科（鸭咀花科）Justiciaceae］●■

5039 Aulomyrcia O. Berg（1855）= Myrcia DC. ex Guill.（1827）［桃金娘科 Myrtaceae］●☆

5040 Aulonemia Goudot（1846）【汉】牧笛竹属。【隶属】禾本科 Poaceae（Gramineae）。【包含】世界 24-30 种。【学名诠释与讨论】〈阴〉（希）aulos，管子，沟道，平原，草地 + nema，所有格 nematos，丝，花丝。此属的学名是"Aulonemia Goudot, Ann. Sci. Nat. Bot. ser. 3. 5：75. 1846"。亦有文献把其处理为"Arthrostylidium Rupr.（1840）"的异名。【分布】从墨西哥到玻利维亚和巴西，热带美洲。【模式】Aulonemia queko Goudot。【参考异名】Arthrostylidium Rupr.（1840）；Matudacalamus F. Maek.（1961）●☆

5041 Aulonix Raf.（1838）= Cytisus Desf.（1798）（保留属名）［豆科 Fabaceae（Leguminosae）//蝶形花科 Papilionaceae］●

5042 Aulosema Walp.（1842）= Astragalus L.（1753）［豆科 Fabaceae（Leguminosae）//蝶形花科 Papilionaceae］●■

5043 Aulosepalum Garay（1982）【汉】管萼兰属。【隶属】兰科 Orchidaceae。【包含】世界 4 种。【学名诠释与讨论】〈中〉（希）aulos，管子，沟道，平原，草地 + sepalum，花萼。此属的学名"Aulosepalum L. A. Garay, Bot. Mus. Leafl. 28：298. 25 Jun 1982（'Dec 1980'）"是一个替代名称。"Gamosepalum Schlechter, Beih. Bot. Centralbl. 37（2）：429. 31 Mar 1920"是一个非法名称（Nom. illegit.），因为此前已经有了"Gamosepalum Haussknecht, Mitth. Thüring. Bot. Vereins ser. 2. 11：73. Dec 1897 = Alyssum L.（1753）［十字花科 Brassicaceae（Cruciferae）］"。故用"Aulosepalum Garay（1982）"替代之。"Deiregynopsis Rauschert, Taxon 31（3）：560（Aug. 1982）"也是"Gamosepalum Schltr.（1920）Nom. illegit."的替代名称；但是一个晚出的非法名称。【分布】墨西哥，危地马拉。【模式】Aulosepalum tenuiflorum（J. M. Greenman）L. A. Garay［Spiranthes tenuiflora J. M. Greenman］。【参考异名】Deiregynopsis Rauschert（1982）Nom. illegit.；Gamosepalum Schltr.（1920）Nom. illegit.■☆

5044 Aulosolena Koso-Pol.（1915）= Sanicula L.（1753）［伞形花科（伞形科）Apiaceae（Umbelliferae）//变豆菜科 Saniculaceae］■

5045 Aulospermum J. M. Coult. et Rose（1900）【汉】管籽芹属（管子芹属）。【隶属】伞形花科（伞形科）Apiaceae（Umbelliferae）。【包含】世界 13 种。【学名诠释与讨论】〈中〉（希）aulos，管子，沟道，平原，草地 + sperma，所有格 spermatos，种子，孢子。Kozo-Poljansky（1916）曾用"Epallageiton Kozo-Poljansky, Bull. Soc. Imp. Naturalistes Moscou ser. 2. 29：121. 1916"替代"Aulospermum J. M. Coulter et J. N. Rose, Contr. U. S. Natl. Herb. 7：174. 31 Dec 1900"；这是多余的。未见记载"Aulospermum J. M. Coulter et J. N. Rose, Contr. U. S. Natl. Herb. 7：174. 31 Dec 1900"是非法名称。亦有文献把"Aulospermum J. M. Coult. et Rose（1900）"处理为"Cymopterus Raf.（1819）"的异名。【分布】北美洲。【模式】Aulospermum longipes（S. Watson）J. M. Coulter et J. N. Rose［Cymopterus longipes S. Watson］。【参考异名】Cymopterus Raf.（1819）；Epallageiton Koso-Pol.（1916）Nom. illegit.■☆

5046　Aulostephanus Schltr. (1896) = Brachystelma R. Br. (1822)(保留属名)〔萝藦科 Asclepiadaceae〕■

5047　Aulostylis Schltr. (1912)【汉】管柱兰属。【隶属】兰科 Orchidaceae。【包含】世界1种。【学名诠释与讨论】〈阴〉(希)aulos,管子,沟道,平原,草地+stylos 拉丁文 style,花柱,中柱,有尖之物,桩,柱,支持物,支柱,石头做的界标。此属的学名是"Aulostylis Schlechter, Repert. Spec. Nov. Regni Veg. Beih. 1: 392.1 Apr 1912"。亦有文献把其处理为"Calanthe R. Br. (1821)(保留属名)"的异名。【分布】新几内亚岛。【模式】Aulostylis papuana Schlechter。【参考异名】Calanthe R. Br. (1821)(保留属名)■☆

5048　Aulotandra Gagnep. (1902)【汉】管蕊姜属。【隶属】姜科(襄荷科)Zingiberaceae。【包含】世界1-5种。【学名诠释与讨论】〈阴〉(希)aulos,管子,沟道,平原,草地+aner,所有格 andros,雄性,雄蕊。【分布】马达加斯加,热带非洲西部。【模式】Aulotandra madagascariensis Gagnepain。■☆

5049　Aurantiaceae Juss. (1789)= Rutaceae Juss. (保留科名)●■

5050　Auranticarpa L. W. Cayzer, Crisp et I. Telford(2000)【汉】澳大利亚海桐花属。【隶属】海桐花科(海桐科)Pittosporaceae。【包含】世界6种。【学名诠释与讨论】〈阴〉(希)aurantium,橘子。此属的学名是"Auranticarpa L. W. Cayzer, Crisp et I. Telford, Australian Systematic Botany 13 (6): 904.2000"。亦有文献把其处理为"Pittosporum Banks ex Gaertn. (1788)(保留属名)"的异名。【分布】澳大利亚。【模式】不详。【参考异名】Pittosporum Banks ex Gaertn. (1788)(保留属名)●☆

5051　Aurantium Mill. (1754)≡ Aurantium Tourn. ex Mill. (1754);~= Citrus L. (1753)〔芸香科 Rutaceae〕●

5052　Aurantium Tourn. ex Mill. (1754)= Citrus L. (1753)〔芸香科 Rutaceae〕●

5053　Aureilobivia Frič ex Kreuz. (1935) Nom. illegit. = Echinopsis Zucc. (1837)〔仙人掌科 Cactaceae〕●

5054　Aureilobivia Frič (1935) Nom. illegit. ≡ Aureilobivia Frič ex Kreuz. (1935)Nom. illegit.;~ = Echinopsis Zucc. (1837)〔仙人掌科 Cactaceae〕●

5055　Aurelia Cass. (1815) Nom. illegit. ≡ Donia R. Br. (1819) Nom. illegit.;~ = Grindelia Willd. (1807)〔菊科 Asteraceae(Compositae)〕●■☆

5056　Aurelia J. Gay (1858) Nom. illegit. =Narcissus L. (1753)〔石蒜科 Amaryllidaceae//水仙科 Narcissaceae〕■

5057　Aureliana Boehm. (1760)Nom. illegit. ≡Panax L. (1753)〔五加科 Araliaceae〕■

5058　Aureliana Lafit. ex Catesb. (1754) = Aralia L. (1753)〔五加科 Araliaceae〕●■

5059　Aureliana Sendtn. (1846)Nom. illegit. =Bassovia Aubl. (1775);~ =Solanum L. (1753)〔茄科 Solanaceae〕●■

5060　Aureolaria Raf. (1837)【汉】类毛地黄属。【俄】Дазистома。【英】Oakleeeh。【隶属】玄参科 Scrophulariaceae//列当科 Orobanchaceae。【包含】世界10种。【学名诠释与讨论】〈阴〉(拉)aureus,指小式 aureolus,黄金的,金黄的,华丽的+-arius,-aria,-arium,指示"属于、相似、具有、联系"的词尾。【分布】美国(东部),墨西哥。【模式】未指定。【参考异名】Dasistemon Raf. (1839) Nom. illegit.;Dasystoma Benth. (1846) Nom. illegit.;Dasystoma Raf. ex Endl. (1839) Nom. illegit.;Dasystoma Spach (1840)Nom. illegit.;Ovostima Raf. (1836);Panctenis Raf. (1836)■☆

5061　Auricula Hill (1756) = Primula L. (1753)〔报春花科 Primulaceae〕■

5062　Auricula Tourn. ex Spach(1840)Nom. illegit. =Primula L. (1753)〔报春花科 Primulaceae〕■

5063　Auriculardisia Lundell(1981)= Ardisia Sw. (1788)(保留属名)〔紫金牛科 Myrsinaceae〕●■

5064　Auricula - ursi Adans. (1763) Nom. illegit.〔报春花科 Primulaceae〕■

5065　Auricula-ursi Sdg. (1754)= Auricula Hill(1756);~ =Primula L. (1753)〔报春花科 Primulaceae〕■

5066　Aurinia Desv. (1815)【汉】奥林荠属(金庭荠属)。【隶属】十字花科 Brassicaceae(Cruciferae)。【包含】世界11-16种。【学名诠释与讨论】〈阴〉(人)Aurinia,女预言家。拉丁文 aureus,金黄色的。【分布】欧洲南部和中部至安纳托利亚。【模式】未指定。【参考异名】Lepidotrichum Velen. et Bornm. (1889)●☆

5067　Aurinocidium Romowicz et Szlach. (2006)= Oncidium Sw. (1800)(保留属名)〔兰科 Orchidaceae〕■☆

5068　Aurora Noronha(1790)Nom. nud. = Quisqualis L. (1762)〔使君子科 Combretaceae〕●

5069　Aurota Raf. (1837) = Curculigo Gaertn. (1788)〔石蒜科 Amaryllidaceae//长喙科(仙茅科)Hypoxidaceae〕■

5070　Austerium Poir. ex DC. (1825)= Rhynchosia Lour. (1790)(保留属名)〔豆科 Fabaceae(Leguminosae)//蝶形花科 Papilionaceae〕●■

5071　Austinia Buril et A. R. Simões (2014) Nom. illegit. ≡ Daustinia Buril et A. R. Simões(2015)〔旋花科 Convolvulaceae〕■☆

5072　Australina Gaudich. (1830)【汉】澳大利亚单蕊麻属。【隶属】荨麻科 Urticaceae。【包含】世界1-2种。【学名诠释与讨论】〈阴〉(希)auster,所有格 austri,南风。australis,南方的,南风的。变为新拉丁文 Australia,澳大利亚的+linea,linum,线,绳,亚麻。linon 网,也是亚麻古名。【分布】澳大利亚,非洲南部,新西兰。【模式】Australina pusilla (Poiret)Weddell〔Urtica pusilla Poiret〕。【参考异名】Ananganthos Hook. f. (1854);Didymodoxa E. Mey. ex Wedd. (1857);Didymotoca E. Mey. (1843)■☆

5073　Australluma Plowes(1995)【汉】澳非水牛角属。【隶属】萝藦科 Asclepiadaceae。【包含】世界2种。【学名诠释与讨论】〈阴〉(地)auster,所有格 austri,南风。australis,南方的,南风的。变为新拉丁文 Australia,澳大利亚的+lluma,水牛角属 Caralluma 的后半部分。此属的学名是"Australluma Plowes, Haseltonia 3: 54.1995"。亦有文献把其处理为"Caralluma R. Br. (1810)"的异名。【分布】澳大利亚,非洲。【模式】Australluma peschii (Nel)Plowes。【参考异名】Caralluma R. Br. (1810)■☆

5074　Australopyrum(Tzvelev)Á. Löve (1984)【汉】澳麦草属(澳大利亚冰草属)。【隶属】禾本科 Poaceae(Gramineae)。【包含】世界3种。【学名诠释与讨论】〈中〉(希)auster,所有格 austri,南风。australis,南方的,南风的。变为新拉丁文 Australia,澳大利亚的+pyren,核,颗粒。此属的学名,ING、APNI 和 IK 记载是"Australopyrum (N. N. Tzvelev) Á. Löve, Feddes Repert. 95: 442. Oct 1984",由"Agropyron sect. Australopyrum N. N. Tzvelev, Novosti Sist. Vyss. Rast. 10: 35. 1973 (post 30 Mar)"改级而来。"Australopyrum Á. Löve(1984)"的命名人引证有误。亦有文献把"Australopyrum (Tzvelev) Á. Löve (1984)"处理为"Agropyron Gaertn. (1770)"的异名。【分布】澳大利亚,新几内亚岛。【模式】Australopyrum pectinatum (Labillardière) Á. Löve〔Festuca pectinata Labillardière〕。【参考异名】Agropyron Gaertn. (1770);Agropyron sect. Australopyrum Tzvelev (1973);Australopyrum Á. Löve(1984)Nom. illegit. ■☆

5075　Australopyrum Á. Löve (1984) Nom. illegit. ≡ Australopyrum (Tzvelev)Á. Löve(1984)〔禾本科 Poaceae(Gramineae)〕■☆

5076　Australorchis Brieger(1981)= Dendrobium Sw. (1799)(保留属

名）[兰科 Orchidaceae]■

5077 Austroamericium Hendrych(1963)= Thesium L.(1753)[檀香科 Santalaceae]■

5078 Austrobaileya C. T. White(1933)【汉】木兰藤属(对叶藤属,昆士兰樟属)。【隶属】木兰藤科(对叶藤科,昆士兰樟科)Austrobaileyaceae。【包含】世界 2-3 种。【学名诠释与讨论】〈阴〉(希)auster,所有格 austri,南风。australis,南方的,南风的。变为新拉丁文 Australia,澳大利亚的+(人),1800-1864,澳大利亚植物学者。【分布】澳大利亚。【模式】Austrobaileya scandens C. T. White。●☆

5079 Austrobaileyaceae Croizat(1943)(保留科名)【汉】木兰藤科(对叶藤科,昆士兰樟科)。【包含】世界 1 属 2-3 种。【分布】澳大利亚(昆士兰)。【科名模式】Austrobaileya C. T. White ●☆

5080 Austrobassia Ulbr.(1934)【汉】澳大利亚雾冰藜属。【隶属】藜科 Chenopodiaceae。【包含】世界 30 种。【学名诠释与讨论】〈阴〉(希)auster,所有格 austri,南风。australis,南方的,南风的。变为新拉丁文 Australia,澳大利亚的+(属)Bassia 雾冰藜属(巴锡藜属,雾冰草属,肯诺藜属,刺果藜属)。此属的学名是 "Austrobassia Ulbrich in Engler et Prantl, Nat. Pflanzenfam. ed. 2.16c: 532. Jan-Apr 1934"。亦有文献把其处理为 "Sclerolaena R. Br.(1810)"的异名。【分布】澳大利亚。【模式】未指定。【参考异名】Sclerolaena R. Br.(1810)■☆

5081 Austrobrickellia R. M. King et H. Rob.(1972)【汉】南美肋泽兰属。【隶属】菊科 Asteraceae(Compositae)。【包含】世界 3 种。【学名诠释与讨论】〈阴〉(希)auster,所有格 austri,南风。australis,南方的,南风的。变为新拉丁文 Australia,澳大利亚的+(属)Brickellia 肋泽兰属(布氏菊属,鞘冠菊属)。【分布】阿根廷,巴拉圭,巴西,玻利维亚。【模式】Austrobrickellia patens(Don ex W. J. Hooker et Arnott)R. M. King et H. E. Robinson [Eupatorium patens Don ex W. J. Hooker et Arnott]●☆

5082 Austrobryonia H. Schaef.(2008)【汉】澳泻根属。【隶属】葫芦科(瓜科,南瓜科)Cucurbitaceae。【包含】世界 4 种。【学名诠释与讨论】〈阴〉(希)auster,所有格 austri,南风。australis,南方的,南风的。变为新拉丁文 Australia,澳大利亚的+(属)Bryonia 泻根属(欧薯蓣属,欧洲甜瓜属)。此属的学名是 "Austrobryonia H. Schaef.,Systematic Botany 33: 126. 2008.(26 Feb 2008)"。亦有文献把其处理为 "Cucurbita L.(1753)"的异名。【分布】澳大利亚。【模式】Austrobryonia micrantha(F. Muell.)I. Telford [Cucurbita micrantha F. Muell.]。【参考异名】Cucurbita L.(1753)■☆

5083 Austrobuxus Miq.(1861)【汉】黄杨大戟属。【隶属】大戟科 Euphorbiaceae。【包含】世界 10 种。【学名诠释与讨论】〈阴〉(希)auster,所有格 austri,南风。australis,南方的,南风的。变为新拉丁文 Australia,澳大利亚的+(属)Buxus 黄杨属。【分布】澳大利亚(东部),斐济,马来西亚(西部),法属新喀里多尼亚,新几内亚岛。【模式】Austrobuxus nitidus Miquel。【参考异名】Buraeavia Baill.(1873)(保留属名);Bureaua Kuntze;Canaca Guillaumin(1927);Choriophyllum Benth.(1879);Longetia Baill.(1866)●☆

5084 Austrocactus Britton et Rose(1922)【汉】狼爪玉属(狼爪球属,狼爪属)。【日】アウストロカクタス属,オーストロカクタス属。【隶属】仙人掌科 Cactaceae。【包含】世界 5 种。【学名诠释与讨论】〈阳〉(希)auster,所有格 austri,南风。australis,南方的,南风的。变为新拉丁文 Australia,澳大利亚的+cactos,有刺的植物,通常指仙人掌科 Cactaceae 植物。【分布】温带南美洲。【模式】Austrocactus bertinii(Cels)N. L. Britton et J. N. Rose [Cereus bertini Cels]●☆

5085 Austrocedrus Florin et Boutelje(1954)【汉】智利柏属(南美柏属)。【英】Chilean Cedar, Chilean Incense Cedar。【隶属】柏科 Cupressaceae。【包含】世界 1 种。【学名诠释与讨论】〈阴〉(希)auster,所有格 austri,南风。australis,南方的,南风的。变为新拉丁文 Australia,澳大利亚的+(属)Cedrus 雪松属。亦有文献把 "Austrocedrus Florin et Boutelje(1954)"处理为 "Libocedrus Endl.(1847)"的异名。【分布】温带南美洲。【模式】Austrocedrus chilensis(D. Don)Florin et Boutelje [Thuja chilensis D. Don]。【参考异名】Libocedrus Endl.(1847)●☆

5086 Austrocephalocereus(Backeb.)Backeb.(1938)Nom. illegit. ≡ Austrocephalocereus Backeb.(1938)[仙人掌科 Cactaceae]●☆

5087 Austrocephalocereus Backeb.(1938)【汉】白丽翁属(南美翁柱属)。【日】アウストロケファロセレウス属。【隶属】仙人掌科 Cactaceae。【包含】世界 3 种。【学名诠释与讨论】〈阳〉(希)auster,所有格 austri,南风。australis,南方的,南风的。变为新拉丁文 Australia,澳大利亚的+(属)Cephalocereus 翁柱属。此属的学名,ING、GCI 和 IK 记载是 "Austrocephalocereus Backeberg, Blätt. Kakteenf. 1938(6): [22]. 1938"。"Austrocephalocereus(Backeb.)Backeb.(1938)≡ Austrocephalocereus Backeb.(1938)"的命名人引证有误。"Austrocephalocereus Backeb., Buxb. et Buining, in Krainz, Kakteen, Lief. 44-45, Gen. CVa.(Oct. 1970), descr. emend."修订了属的描述。"Austrocephalocereus Backeb.(1938)"曾被处理为 "Micranthocereus subgen. Austrocephalocereus(Backeb.)P. J. Braun & Esteves, Succulentes(France)70(3): 65. 1991"。亦有文献把 "Austrocephalocereus Backeb.(1938)"处理为 "Espostoopsis Buxb.(1968)"或 "Micranthocereus Backeb.(1938)"的异名。【分布】巴西。【模式】Austrocephalocereus purpureus(Gürke)Backeberg [Cephalocereus purpureus Gürke]。【参考异名】Austrocephalocereus(Backeb.)Backeb.(1938)Nom. illegit.; Espostoopsis Buxb.(1968); Micranthocereus Backeb.(1938); Micranthocereus subgen. Austrocephalocereus(Backeb.)P. J. Braun & Esteves(1991)●☆

5088 Austrocephalocereus Backeb., Buxb. et Buining(1970), descr. emend. = Micranthocereus Backeb.(1938)[仙人掌科 Cactaceae]●☆

5089 Austrochloris Lazarides(1972)【汉】澳大利亚禾属(澳大利亚虎尾草属)。【隶属】禾本科 Poaceae(Gramineae)。【包含】世界 1 种。【学名诠释与讨论】〈阴〉(希)auster,所有格 austri,南风。australis,南方的,南风的。变为新拉丁文 Australia,澳大利亚的+chloe 多利斯文 chloa,草的幼芽,嫩草,禾草。【分布】澳大利亚。【模式】Austrochloris dichanthioides(S. L. Everist)M. Lazarides [Chloris dichanthioides S. L. Everist]■☆

5090 Austrochthamalia Morillo et Fontella(2013)【汉】南萝藦属。【隶属】夹竹桃科 Apocynaceae。【包含】世界 4 种。【学名诠释与讨论】〈阴〉(希)auster,所有格 austri,南风。australis,南方的,南风的。变为新拉丁文 Australia,澳大利亚的+(属)Chthamalia = Lachnostoma 毛口萝藦属。【分布】巴西。【模式】Austrochthamalia purpurea(Decne.)Morillo et Fontella [Chthamalia purpurea Decne.]☆

5091 Austrocritonia R. M. King et H. Rob.(1975)【汉】巴西亮泽兰属。【隶属】菊科 Asteraceae(Compositae)。【包含】世界 4 种。【学名诠释与讨论】〈阴〉(希)auster,所有格 austri,南风。australis,南方的,南风的。变为新拉丁文 Australia,澳大利亚的+(属)Critonia 亮泽兰属。【分布】巴西。【模式】Austrocritonia velutina(G. Gardner)R. M. King et H. E. Robinson [Eupatorium velutinum G. Gardner]●☆

5092 Austrocylindropuntia Backeb.(1938)【汉】南方圆筒仙人掌属。

【日】オストロシリンドロプンティア属,オーストロシリンドロプンティア属。【隶属】仙人掌科 Cactaceae。【包含】世界 19 种。【学名诠释与讨论】〈阴〉(希) auster, 所有格 austri, 南风。australis, 南方的, 南风的。变为新拉丁文 Australia, 澳大利亚的+(属) Cylindropuntia 圆筒仙人掌属。此属的学名是 "Austrocylindropuntia Backeberg, Blätt. Kakteenf. 1938(6): [21]. 1938"。亦有文献把其处理为 "Opuntia Mill. (1754) Nom. illegit." 的异名。【分布】玻利维亚。【后选模式】Austrocylindropuntia exaltata (A. Berger) Backeberg [Opuntia exaltata A. Berger]。【参考异名】Opuntia Mill. (1754); Opuntia sect. Austrocylindropuntia (Backeb.) Moran (1953)●■☆

5093　Austrocynoglossum Popov ex R. R. Mill(1989)【汉】南琉璃草属。【隶属】紫草科 Boraginaceae。【包含】世界 1 种。【学名诠释与讨论】〈中〉(希) auster+(属) Cynoglossum 琉璃草属。【分布】澳大利亚。【模式】Austrocynoglossum latifolium (R. Br.) R. R. Mill■☆

5094　Austrodanthonia H. P. Linder(1997)【汉】澳大利亚扁芒草属。【隶属】禾本科 Poaceae(Gramineae)。【包含】世界 29 种。【学名诠释与讨论】〈阴〉(希) auster, 所有格 austri, 南风。australis, 南方的, 南风的。变为新拉丁文 Australia, 澳大利亚的+(属) Danthonia 扁芒草属。【分布】澳大利亚。【模式】Austrodanthonia caespitosa (Gaudichaud–Beaupré) H. P. Linder [Danthonia caespitosa Gaudichaud-Beaupré]■☆

5095　Austrodolichos Verdc. (1970)【汉】澳扁豆属。【隶属】豆科 Fabaceae(Leguminosae)//蝶形花科 Papilionaceae。【包含】世界 1 种。【学名诠释与讨论】〈阳〉(希) auster+(属) Dolichos 镰扁豆属(扁豆属, 大麻药属, 鹊豆属)。【分布】澳大利亚。【模式】Austrodolichos errabundus (D. Scott) Verdcourt [Dolichos errabundus D. Scott]■☆

5096　Austrodrimys Doweld(2000)【汉】澳大利亚辛酸木属。【隶属】林仙科(冬木科, 假八角科, 辛辣木科)Winteraceae。【包含】世界 7 种。【学名诠释与讨论】〈阴〉(希) auster, 所有格 austri, 南风。australis, 南方的, 南风的。变为新拉丁文 Australia, 澳大利亚的+(属) Drimys 辛酸木属。【分布】澳大利亚。【模式】Austrodrimys lanceolata (Poiret) A. B. Doweld [Winterania lanceolata Poiret]●☆

5097　Austroeupatorium R. M. King et H. Rob. (1970)【汉】南泽兰属。【隶属】菊科 Asteraceae(Compositae)。【包含】世界 13 种, 中国 1 种。【学名诠释与讨论】〈中〉(希) auster, 所有格 austri, 南风。australis, 南方的, 南风的。变为新拉丁文 Australia, 澳大利亚的+(属) Eupatorium 泽兰属(佩兰属, 山兰属)。【分布】乌拉圭, 中国, 热带南美洲。【模式】Austroeupatorium inulifolium (Kunth) R. M. King et H. E. Robinson [as 'inulaefolium'] [Eupatorium inulifolium Kunth [as 'inulaefolium']]■●

5098　Austrofestuca (Tzvelev) E. B. Alexeev (1976)【汉】澳羊茅属。【隶属】禾本科 Poaceae(Gramineae)。【包含】世界 4 种。【学名诠释与讨论】〈阴〉(希) auster, 所有格 austri, 南风。australis, 南方的, 南风的。变为新拉丁文 Australia, 澳大利亚的 +(属) Festuca 羊茅属(狐茅属)。此属的学名, ING、和 IK 记载是 "Austrofestuca (N. N. Tzvelev) E. B. Alexeev, Byull. Moskovsk. Obshch. Isp. Prir., Otd. Biol. 81 (5): 55. 25-31 Oct 1976 ('Austofestuca')", 由 "Festuca subgen. Austrofestuca N. N. Tzvelev, Bot. Zhurn. (Moscow et Leningrad) 56:1257. Sep 1971" 改级组合而来。【分布】澳大利亚, 新西兰。【模式】Austrofestuca littoralis (Labillardière) E. B. Alexeev [Festuca littoralis Labillardière]。【参考异名】Festuca subgen. Austrofestuca Tzvelev (1971); Festucella E. B. Alexeev (1985); Hookerochloa E. B. Alexeev(1985)■☆

5099　Austrogambeya Aubrév. et Pellegr. (1961) = Chrysophyllum L.

(1753) [山榄科 Sapotaceae]●

5100　Austroliabum H. Rob. et Brettell(1974)【汉】南黄安菊属。【隶属】菊科 Asteraceae(Compositae)。【包含】世界 4 种。【学名诠释与讨论】〈中〉(希) auster, 所有格 austri, 南风。australis, 南方的, 南风的。变为新拉丁文 Australia, 澳大利亚的+(属) Liabum 黄安菊属。此属的学名是 "Austroliabum H. E. Robinson et R. D. Brettell, Phytologia 28: 48. Jun 1974."。亦有文献把其处理为 "Microliabum Cabrera(1955)" 的异名。【分布】澳大利亚。【模式】Austroliabum candidum (Grisebach) H. E. Robinson et R. D. Brettell [Liabum candidum Grisebach]。【参考异名】Microliabum Cabrera(1955)●☆

5101　Austromatthaea L. S. Sm. (1969)【汉】南黑檫木属(南圣马太属)。【隶属】香材树科(杯轴花科, 黑檫木科, 芒籽科, 蒙立米科, 檬立木科, 香材木科, 香树木科)Monimiaceae。【包含】世界 1 种。【学名诠释与讨论】〈阴〉(希) auster, 所有格 austri, 南风。australis, 南方的, 南风的。变为新拉丁文 Australia, 澳大利亚的+(属) Matthaea 圣马太属。【分布】澳大利亚(昆士兰)。【模式】Austromatthaea elegans L. S. Smith。●☆

5102　Austromimusops A. Meeuse(1960) = Vitellariopsis Baill. ex Dubard (1915) [山榄科 Sapotaceae]●☆

5103　Austromuellera C. T. White(1930)【汉】矛果豆山龙眼属。【隶属】山龙眼科 Proteaceae。【包含】世界 2 种。【学名诠释与讨论】〈阴〉(希) auster, 所有格 austri, 南风。australis, 南方的, 南风的。变为新拉丁文 Australia, 澳大利亚的+(属) Muellera 矛果豆属(合生果属, 尖荚豆属, 矛英木属, 梭果豆属)。【分布】澳大利亚(昆士兰)。【模式】Austromuellera trinervia C. T. White。●☆

5104　Austromyrtus(Nied.) Burret(1941)【汉】南香桃木属。【隶属】桃金娘科 Myrtaceae。【包含】世界 37 种。【学名诠释与讨论】〈阴〉(希) auster, 所有格 austri, 南风。australis, 南方的, 南风的。变为新拉丁文 Australia, 澳大利亚的+(属) Myrtus 香桃木属(爱神木属, 番桃木属, 莫塌属, 银香梅属)。此属的学名, ING、APNI 和 IK 记载是 "Austromyrtus (Niedenzu) Burret, Notizbl. Bot. Gart. Berlin – Dahlem 15: 500. 30 Mar 1941", 由 "Myrtus sect. Austromyrtus Nied. Die Nat? rlichen Pflanzenfamilien 3(7)1893" 改级而来。【分布】澳大利亚(东部), 瓦努阿图, 法属新喀里多尼亚。【模式】Austromyrtus tenuifolia (J. E. Smith) Burret [Myrtus tenuifolia J. E. Smith]。【参考异名】Myrtus sect. Austromyrtus Nied. (1893)●☆

5105　Austropeucedanum Mathias et Constance(1952)【汉】澳前胡属。【隶属】伞形花科(伞形科) Apiaceae(Umbelliferae)。【包含】世界 1 种。【学名诠释与讨论】〈中〉(希) auster, 所有格 austri, 南风。australis, 南方的, 南风的。变为新拉丁文 Australia, 澳大利亚的+(属) Peucedanum 前胡属(石防风属)。【分布】阿根廷。【模式】Austropeucedanum oreopansil (Grisebach) Mathias et Constance [Peucedanum oreopansil Grisebach]■☆

5106　Austroplenckia Lundell (1939) Nom. illegit. ≡ Plenckia Reissek (1861)(保留属名) [卫矛科 Celastraceae]●☆

5107　Austrosteenisia R. Geesink(1984)【汉】澳矛果豆属。【隶属】豆科 Fabaceae(Leguminosae)//蝶形花科 Papilionaceae。【包含】世界 3 种。【学名诠释与讨论】〈阴〉(希) auster, 所有格 austri, 南风。australis, 南方的, 南风的。变为新拉丁文 Australia, 澳大利亚的+(人) Cornelis Gijsbert Gerrit Jan van Steenis 1901-1986, 植物学者。【分布】澳大利亚(北部), 新几内亚岛。【模式】Austrosteenisia blackii (F. von Mueller) R. Geesink [Millettia blackii F. von Mueller]■☆

5108　Austrostipa S. W. L. Jacobs et J. Everett (1996)【汉】澳针茅属。【隶属】禾本科 Poaceae(Gramineae)。【包含】世界 60 种。【学名

诠释与讨论】〈阴〉（希）auster, 所有格 austri, 南风。australis, 南方的, 南风的。变为新拉丁文 Australia, 澳大利亚的+（属）Stipa 针茅属（羽茅属）。【分布】澳大利亚。【模式】Austrostipa mollis（R. Brown）S. W. L. Jacobs et J. Everett［Stipa mollis R. Brown］■☆

5109　Austrosynotis C. Jeffrey（1986）【汉】非洲合耳菊属。【隶属】菊科 Asteraceae（Compositae）。【包含】世界 1 种。【学名诠释与讨论】〈阴〉（希）auster, 所有格 austri, 南风。australis, 南方的, 南风的。变为新拉丁文 Australia, 澳大利亚的+（属）Synotis 合耳菊属。【分布】热带非洲东部。【模式】Austrosynotis rectirama（J. G. Baker）C. Jeffrey［Senecio rectiramus J. G. Baker］■☆

5110　Austrotaxaceae Nakai ex Takht. et Reveal（1993）［亦见 Taxaceae Gray（保留科名）红豆杉科（紫杉科）］【汉】澳大利亚红豆杉科。【包含】世界 1 属 1 种。【分布】法属新喀里多尼亚。【科名模式】Austrotaxus Compton●☆

5111　Austrotaxaceae Nakai（1938）= Austrotaxaceae Nakai ex Takht. et Reveal；~ = Taxaceae Gray（保留科名）●■

5112　Austrotaxus Compton（1922）【汉】澳大利亚红豆杉属（澳洲红豆杉属）。【英】Australianyew, Austrotaxus。【隶属】红豆杉科（紫杉科）Taxaceae//澳大利亚红豆杉科 Austrotaxaceae。【包含】世界 1 种, 中国 1 种。【学名诠释与讨论】〈阴〉（希）auster, 所有格 austri, 南风。australis, 南方的, 南风的。变为新拉丁文 Australia, 澳大利亚的+Taxus 红豆杉属。【分布】中国, 法属新喀里多尼亚。【模式】Austrotaxus spicata R. H. Compton。●

5113　Autana C. T. Philbrick（2011）【汉】热美川苔草属。【隶属】髯管花科 Geniostomaceae。【包含】世界 1 种。【学名诠释与讨论】〈阴〉词源不详。【分布】热带美洲。【模式】Autana andersonii C. T. Philbrick。☆

5114　Auticoryne Turcz. = Baeckea L.（1753）［桃金娘科 Myrtaceae］●

5115　Autogenes Raf.（1838）= Narcissus L.（1753）［石蒜科 Amaryllidaceae//水仙科 Narcissaceae］■

5116　Autonoe（Webb et Berthel.）Speta（1998）【汉】光梗风信子属。【隶属】风信子科 Hyacinthaceae。【包含】世界 6 种。【学名诠释与讨论】〈阴〉词源不详。此属的学名是 "Autonoe（Webb et Berthel.）Speta, Phyton（Horn）38（1）：93. 1998", 由 "Scilla sect. Autonoe Webb et Berthel." 改级而来。此属的学名是 "Autonoe（Webb et Berthel.）Speta, Phyton. Annales Rei Botanicae 38：93. 1998", 由 "Scilla sect. Autonoe Webb & Berthel." 改级而来。亦有文献把其处理为 "Scilla L.（1753）" 的异名。【分布】参见 Scilla L.（1753）。【模式】不详。【参考异名】Scilla L.（1753）；Scilla sect. Autonoe Webb et Berthel.●☆

5117　Autrandra Pierre ex Prain（1912）= Athroandra（Hook. f.）Pax et K. Hoffm.（1914）；~ = Erythrococca Benth.（1849）●☆

5118　Autranea C. Winkl. et Barbey（1892）Nom. illegit. = Autrania C. Winkl. et Barbey（1892）［菊科 Asteraceae（Compositae）］■☆

5119　Autranella A. Chev.（1917）【汉】奥特山榄属。【隶属】山榄科 Sapotaceae。【包含】世界 1 种。【学名诠释与讨论】〈阴〉（人）1855-1912, 瑞士植物学者+-ellus, -ella, -ellum, 加在名词词干后面形成指小式的词尾。或加在人名、属名等后面以组成新属的名称。此属的学名, ING 和 IK 记载是 "Autranella Chevalier, Vég. Util. Afrique Trop. Franç. 9：271, 446. Jun 1917"。"Autranella A. Chev. et Aubrév., in Fl. Gabon No. 1, 40（1961）" 则修订了属的描述。【分布】非洲, 热带。【模式】Autranella congolensis A. Chev.。【参考异名】Ambianella Willis（1931）Nom. illegit. ; Autranella A. Chev. et Aubrév.（1961）descr. ampl.●☆

5120　Autranella A. Chev. et Aubrév.（1961）descr. ampl. = Autranella A. Chev.（1917）［山榄科 Sapotaceae］●☆

5121　Autrania C. Willis（1892）Nom. illegit. ≡ Autranea C. Winkl. et Barbey（1892）［菊科 Asteraceae（Compositae）］■☆

5122　Autrania C. Winkl. et Barbey（1892）【汉】叙利亚菊属。【隶属】菊科 Asteraceae（Compositae）。【包含】世界 1 种。【学名诠释与讨论】〈阴〉（人）Autran。此属的学名, ING 和 IK 记载是 "Autrania C. Winkler et Barbey in G. E. Post, Pl. Postianae 3：11. Feb 1892"。"Autrania C. Willis（1892）" 的命名人引证有误。"Autranea C. Winkl. et Barbey" 似为误记。亦有文献把 "Autrania C. Winkl. et Barbey（1892）" 处理为 "Centaurea L.（1753）（保留属名）" 或 "Jurinea Cass.（1821）" 的异名。【分布】叙利亚。【模式】Autrania pulchella C. Winkler。【参考异名】Autranea C. Winkl. et Barbey（1892）Nom. illegit. ; Autrania C. Willis（1892）Nom. illegit. ; Centaurea L.（1753）（保留属名）；Jurinea Cass.（1821）■☆

5123　Autumnalia Pimenov（1989）【汉】秋芹属。【隶属】伞形花科（伞形科）Apiaceae（Umbelliferae）。【包含】世界 2 种。【学名诠释与讨论】〈阴〉（拉）autumnalis, 秋天的+alia 属于。【分布】亚洲中部。【模式】Autumnalia botschantzevii M. G. Pimenov。■☆

5124　Autunesia Dyer = Antunesia O. Hoffm.（1893）［菊科 Asteraceae（Compositae）］●☆

5125　Autunesia O. Hoffm.（1897）= Newtonia Baill.（1888）［豆科 Fabaceae（Leguminosae）//含羞草科 Mimosaceae］●☆

5126　Auxemma Miers（1875）【汉】巴西紫草属。【隶属】紫草科 Boraginaceae。【包含】世界 2 种。【学名诠释与讨论】〈阴〉词源不详。【分布】巴西。【模式】Auxemma gardneriana Miers。●☆

5127　Auxopus Schltr.（1900）【汉】大足兰属。【隶属】兰科 Orchidaceae。【包含】世界 2 种。【学名诠释与讨论】〈阳〉（希）auxe, 生长, 增加+pous, 所有格 podos, 指小式 podion, 脚, 足, 柄, 梗。podotes, 有脚的。指花梗形态。【分布】热带非洲。【模式】Auxopus kamerunensis Schlechter。■☆

5128　Auzuba Juss. = Sideroxylon L.（1753）［山榄科 Sapotaceae］●☆

5129　Aveledoa Pittier（1925）= Metteniusa H. Karst.（1860）［管花木科 Metteniusaceae］●☆

5130　Avellanita Phil.（1864）【汉】榛色大戟属。【隶属】大戟科 Euphorbiaceae。【包含】世界 1 种。【学名诠释与讨论】〈阴〉（希）avellana, 榛。【分布】智利。【模式】Avellanita bustillosi R. A. Philippi。☆

5131　Avellara Blanca et C. Diaz（1985）= Scorzonera L.（1753）［菊科 Asteraceae（Compositae）］■

5132　Avellinia Parl.（1842）= Colobanthium Rchb.（1841）Nom. illegit. ; ~ = Trisetaria Forssk.（1775）［禾本科 Poaceae（Gramineae）］■☆

5133　Avena Haller ex Scop.（1777）Nom. illegit. = Agrostis L.（1753）（保留属名）；~ = Lagurus L.（1753）［禾本科 Poaceae（Gramineae）//剪股颖科 Agrostidaceae］■☆

5134　Avena Kunth（1815）Nom. illegit.［禾本科 Poaceae（Gramineae）］■☆

5135　Avena L.（1753）【汉】燕麦属（乌麦属）。【日】カラスムギ属。【俄】Овес, Овёс, Овсюг。【英】Avena Grass, Oat, Oat Grass, Oats。【隶属】禾本科 Poaceae（Gramineae）//燕麦科 Avenaceae。【包含】世界 25 种, 中国 5-9 种。【学名诠释与讨论】〈阴〉（拉）avena, 燕麦的古拉丁名。此属的学名, ING、APNI、GCI、TROPICOS 和 IK 记载是 "Avena L., Sp. Pl. 1：79. 1753［1 May 1753］"。"Avena Hall. ex Scop., Introd. 74（1777）= Agrostis L.（1753）（保留属名）" 是晚出的非法名称。"Avena Scop.（1777）" 的命名人引证有误。【分布】巴基斯坦, 秘鲁, 玻利维亚, 厄瓜多尔, 哥斯达黎加, 马达加斯加, 美国（密苏里）, 中国, 温带和热带山区, 中美洲。【后选模式】Avena sativa Linnaeus。【参考异名】Anelytrum Hack.（1910）；Neoholubia Tzvelev（2009）；

Preissia Opiz（1852）Nom. inval.；Tricholemma（Röser）Röser
（2009）■

5136　Avena Scop.（1777）Nom. illegit. = Avena Haller ex Scop.（1777）
Nom. illegit. = Agrostis L.（1753）（保留属名）；~ = Lagurus L.
（1753）［禾本科 Poaceae（Gramineae）//剪股颖科 Agrostidaceae］
■☆

5137　Avena Thell.，Nom. inval.［禾本科 Poaceae（Gramineae）］■☆

5138　Avenaceae（Kunth）Hotter = Gramineae Juss.（保留科名）//
Poaceae Barnhart（保留科名）■●

5139　Avenaceae Bercht. et C. Presl（1820）Nom. inval. = Gramineae
Juss.（保留科名）//Poaceae Barnhart（保留科名）■●

5140　Avenaceae Link（1827）Nom. inval. = Gramineae Juss.（保留科
名）//Poaceae Barnhart（保留科名）■●

5141　Avenaceae Martinov（1820）［亦见 Gramineae Juss.（保留科
名）//Poaceae Barnhart（保留科名）禾本科］【汉】燕麦科。【包
含】世界3属28种,中国1属5-9种。【分布】温带和热带山区。
【科名模式】Avena L.■

5142　Avenaria Fabr.（1759）Nom. illegit. ≡ Avenaria Heist. ex Fabr.
（1759）Nom. illegit.；~ ≡ Bromus L.（1753）（保留属名）［禾本科
Poaceae（Gramineae）］■

5143　Avenaria Heist. ex Fabr.（1759）Nom. illegit. ≡ Bromus L.（1753）
（保留属名）［禾本科 Poaceae（Gramineae）］■

5144　Avenastrum（Koch）Opiz（1852）Nom. illegit. ≡ Helictotrichon
Besser（1827）［禾本科 Poaceae（Gramineae）］■

5145　Avenastrum Jess.（1863）Nom. illegit. ≡ Avenula（Dumort.）
Dumort.（1868）；~ = Helictotrichon Besser（1827）［禾本科 Poaceae
（Gramineae）］■

5146　Avenastrum Opiz（1852）Nom. illegit. ≡ Avenastrum（Koch）Opiz
（1852）Nom. illegit.；~ ≡ Helictotrichon Besser（1827）［禾本科
Poaceae（Gramineae）］■

5147　Avenella（Bluff et Fingerh.）Drejer（1838）Nom. illegit. =
Deschampsia P. Beauv.（1812）［禾本科 Poaceae（Gramineae）］■

5148　Avenella Bluff ex Drejer（1838）Nom. illegit. = Deschampsia P.
Beauv.（1812）［禾本科 Poaceae（Gramineae）］■

5149　Avenella Drejer（1838）= Deschampsia P. Beauv.（1812）［禾本科
Poaceae（Gramineae）］■

5150　Avenella Koch ex Steud.（1840）Nom. illegit. = Deschampsia P.
Beauv.（1812）［禾本科 Poaceae（Gramineae）］■

5151　Avenella Koch，Nom. illegit. = Deschampsia P. Beauv.（1812）［禾
本科 Poaceae（Gramineae）］■

5152　Avenella Parl.（1848）Nom. illegit. = Deschampsia P. Beauv.
（1812）［禾本科 Poaceae（Gramineae）］■

5153　Avenella Parl.（1850）Nom. illegit. = Deschampsia P. Beauv.
（1812）［禾本科 Poaceae（Gramineae）］■

5154　Avenochloa Holub（1962）Nom. illegit. = Helictotrichon Besser
（1827）［禾本科 Poaceae（Gramineae）］■

5155　Avenula（Dumort.）Dumort.（1868）= Helictotrichon Besser
（1827）［禾本科 Poaceae（Gramineae）］■

5156　Averia Léonard（1940）【汉】奥弗涅爵床属。【隶属】爵床科
Acanthaceae。【包含】世界3种。【学名诠释与讨论】〈阴〉（地）
Aver 即 Auvergne,奥弗涅山脉,位于法国。此属的学名是"E. C.
Leonard,J. Wash. Acad. Sci. 30：501. 1940"。亦有文献把其处理
为"Justicia L.（1753）"或"Tetramerium Nees（1846）（保留属名）"
的异名。【分布】中美洲。【模式】Averia longipes（Standley）E.
C. Leonard［Drejerella longipes Standley］。【参考异名】Justicia L.
（1753）；Tetramerium Nees（1846）（保留属名）●☆

5157　Averrhoa L.（1753）【汉】阳桃属（羊桃属,杨桃属）。【日】ゴレ

ンシ属。【英】Averrhoa，Carambola。【隶属】酢浆草科
Oxalidaceae//阳桃科（捻子科,羊桃科）Averrhoaceae。【包含】世
界2种,中国2种。【学名诠释与讨论】〈阴〉（人）Averrhoes,
1126-1198,侨居西班牙尔多瓦（Cordova）的阿拉伯医生。此
属的学名,ING、TROPICOS 和 IK 记载是"Averrhoa L.，Sp. Pl. 1：
428. 1753 [1 May 1753]"。"Carambola Adanson,Fam. 2：508. Jul-
Aug 1763"是"Averrhoa L.（1753）"的晚出的同模式异名
（Homotypic synonym, Nomenclatural synonym）。【分布】巴基斯
坦,巴拿马,秘鲁,玻利维亚,厄瓜多尔,哥伦比亚（安蒂奥基亚）,
尼加拉瓜,中国,中美洲。【后选模式】Averrhoa bilimbi Linnaeus。
【参考异名】Carambola Adans.（1763）Nom. illegit.；Oxynia
Noronha（1790）■

5158　Averrhoaceae Hutch.（1959）［亦见 Oxalidaceae R. Br.（保留科
名）酢浆草科］【汉】阳桃科（捻子科,羊桃科）。【包含】世界3属
16种,中国1属2种。【分布】马达加斯加,马来西亚（西部）,中
国,南美洲,热带南美洲。【科名模式】Averrhoa L.■

5159　Averrhoidium Baill.（1874）【汉】阳桃无患子属。【隶属】无患
子科 Sapindaceae。【包含】世界2种。【学名诠释与讨论】〈中〉
（属）Averrhoa 阳桃属（羊桃属,杨桃属）+-idius,-idia,-idium,指
示小的词尾。【分布】巴拉圭,巴西。【模式】Averrhoidium
gardnerianum Baillon。●☆

5160　Aversia G. Don（1834）= Arversia Cambess.（1829）；~ =
Polycarpon Loefl. ex L.（1759）［石竹科 Caryophyllaceae］■

5161　Avesicaria Barnhart（1916）Nom. illegit. ≡ Avesicaria（Kamienski）
Barnhart（1916）；~ = Utricularia L.（1753）［狸藻科
Lentibulariaceae］■

5162　Avetra H. Perrier（1924）【汉】马达藤属（木本薯蓣属）。【隶
属】马达藤科 Avetraceae//毛柄花科（发柄花科,毛柄科,毛脚科,
毛脚薯科）Trichopodaceae。【包含】世界1种。【学名诠释与讨
论】〈阴〉词源不详。此属的学名是"Avetra H. Perrier de la
Bâthie,Bull. Soc. Bot. France 71：25. Mai（prim.）1924"。亦有文
献把其处理为"Trichopus Gaertn.（1788）"的异名。【分布】马达
加斯加。【模式】Avetra sempervirens H. Perrier de la Bâthie。【参
考异名】Trichopus Gaertn.（1788）■☆

5163　Avetraceae Takht.（1997）［亦见 Dioscoreaceae R. Br.（保留科
名）薯蓣科］【汉】马达藤科。【包含】世界1属1种。【分布】马
达加斯加。【科名模式】Avetra H. Perrier ●☆

5164　Avicennia L.（1753）【汉】海榄雌属（海茄冬属）。【日】ヒルギ
ダマシ属。【俄】Ависения。【英】Avicennia，Mangrove。【隶属】
马鞭草科 Verbenaceae//海榄雌科 Avicenniaceae。【包含】世界7-
14种,中国1种。【学名诠释与讨论】〈阴〉（人）Avicenna,980-
1036,波斯中世纪著名的医生。此属的学名,ING、APNI、
TROPICOS 和 IK 记载是"Avicennia L.，Sp. Pl. 1：110. 1753 [1
May 1753]"。"Upata Adanson,Fam. 2：201. Jul-Aug 1763"是
"Avicennia L.（1753）"的晚出的同模式异名（Homotypic
synonym, Nomenclatural synonym）。【分布】巴基斯坦,巴拿马,秘
鲁,厄瓜多尔,哥伦比亚（安蒂奥基亚）,马达加斯加,尼加拉瓜,
中国,中美洲。【模式】Avicennia officinalis Linnaeus。【参考异
名】Bontia P. Br.；Corna Noronha（1790）；Donatia Loefl.（1758）
（废弃属名）；Halodendron Roem. et Schult.（1818）Nom. illegit.；
Halodendrum Thouars（1806）；Hilairanthus Tiegh.（1898）；Horau
Adans.（1763）；Racka J. F. Gmel.（1791）；Racua J. F. Gmel.
（1792）；Sceura Forssk.（1775）；Upata Adans.（1763）Nom. illegit. ●

5165　Avicenniaceae Endl. = Acanthaceae Juss.（保留科名）；~ =
Avicenniaceae Miq.（保留科名）●

5166　Avicenniaceae Endl. ex Schnizl. = Avicenniaceae Miq.（保留科
名）●

5167 Avicenniaceae Miq.(1845)(保留科名)【汉】海榄雌科。【包含】世界1属7-14种,中国1属1种。【分布】热带。【科名模式】Avicennia L.●

5168 Aviceps Lindl.(1838)=Satyrium Sw.(1800)(保留属名)[兰科Orchidaceae]■

5169 Avicularia(Meisn.)Börner(1912)Nom. illegit.≡Polygonum L.(1753)(保留属名)[蓼科Polygonaceae]■●

5170 Avicularia Börner(1912)Nom. illegit.≡Avicularia(Meisn.)Börner(1912)Nom. illegit.;~≡Polygonum L.(1753)(保留属名)[蓼科Polygonaceae]■●

5171 Avicularia Steud.(1840)=Polygonum L.(1753)(保留属名)[蓼科Polygonaceae]■●

5172 Aviunculus Fourr.(1868)=Coronilla L.(1753)(保留属名)[豆科Fabaceae(Leguminosae)//蝶形花科Papilionaceae]●■

5173 Avoira Giseke(1792)(废弃属名)=Astrocaryum G. Mey.(1818)(保留属名)[棕榈科Arecaceae(Palmae)]●☆

5174 Avonia(E. Mey. ex Fenzl)G. D. Rowley(1994)【汉】阿冯苋属。【隶属】马齿苋科Portulacaceae//回欢草科Anacampserotaceae。【包含】世界13种。【学名诠释与讨论】〈阴〉(人)Avon。此属的学名,TROPICOS和IK记载是"Avonia(E. Mey. ex Fenzl)G. D. Rowley,Bradleya 12:111(1994)",由"Anacampseros subgen. Avonia E. Mey. ex Fenzl"改级而来。"Avonia G. D. Rowley(1994)≡Avonia(E. Mey. ex Fenzl)G. D. Rowley(1994)"的命名人引证有误。TROPICOS记载"Avonia G. D. Rowley,Bradleya 12:105,1994"是一个未合格发表的名称(Nom. inval.)。亦有文献把"Avonia(E. Mey. ex Fenzl)G. D. Rowley(1994)"处理为"Anacampseros L.(1758)(保留属名)"的异名。【分布】参见Anacampseros L.。【模式】不详。【参考异名】Anacampseros L.(1758)(保留属名);Anacampseros subgen. Avonia E. Mey. ex Fenzl;Anacampseros sect. Avonia(E. Mey. ex Fenzl)Gerbaulet(1992);Avonia G. D. Rowley(1994)Nom. inval.■☆

5175 Avonia G. D. Rowley(1994)Nom. inval.≡Avonia(E. Mey. ex Fenzl)G. D. Rowley(1994)[马齿苋科Portulacaceae]■☆

5176 Avonsera Speta(1998)【汉】多棱被风信子属。【隶属】风信子科Hyacinthaceae。【包含】世界1-2种。【学名诠释与讨论】〈阴〉词源不详。"Avonsera Speta(1998)"亦被处理为"Ornithogalum subgen. Avonsera(Speta)J. C. Manning et Goldblatt,Taxon 58(1):100.2009.(2 Mar 2009)"。【分布】马达加斯加。【模式】不详。【参考异名】Ornithogalum subgen. Avonsera(Speta)J. C. Manning et Goldblatt(2009)■☆

5177 Avornela Raf.(1838)Nom. illegit.≡Chamaespartium Adans.(1763)[豆科Fabaceae(Leguminosae)//蝶形花科Papilionaceae]●

5178 Awayus Raf.(1838)=Spiraea L.(1753)[蔷薇科Rosaceae//绣线菊科Spiraeaceae]●

5179 Axanthes Blume(1826)=Urophyllum Jack ex Wall.(1824)[茜草科Rubiaceae]●

5180 Axanthopsis Korth.(1851)=Axanthes Blume(1826);~=Urophyllum Jack ex Wall.(1824)[茜草科Rubiaceae]●

5181 Axenfeldia Baill.(1858)=Mallotus Lour.(1790)[大戟科Euphorbiaceae]●

5182 Axia Lour.(1790)=Boerhavia L.(1753)[紫茉莉科Nyctaginaceae]■

5183 Axiana Raf.(1820)=Axia Lour.(1790)[缬草科(败酱科)Valerianaceae]■

5184 Axillaria Raf.(1818)Nom. illegit.≡Polygonatum Mill.(1754)[百合科Liliaceae//黄精科Polygonataceae//铃兰科Convallariaceae]■

5185 Axinaea Ruiz et Pav.(1794)【汉】斧丹属。【隶属】野牡丹科Melastomataceae。【包含】世界25-30种。【学名诠释与讨论】〈阴〉(希)axine,斧头。【分布】巴拿马,秘鲁,玻利维亚,厄瓜多尔,哥伦比亚(安蒂奥基亚),热带美洲,中美洲。【模式】未指定。【参考异名】Axinea Juss.(1823)Nom. illegit.;Chastenaea DC.(1828)●☆

5186 Axinandra Thwaites(1854)【汉】楔蕊牡丹属(斧药属)。【隶属】野牡丹科Melastomataceae。【包含】世界4-5种。【学名诠释与讨论】〈阴〉(希)axine,斧头+aner,所有格andros,雄性,雄蕊。【分布】斯里兰卡,加里曼丹岛,马来半岛。【模式】Axinandra zeylanica Thwaites。【参考异名】Naxiandra(Baill.)Krasser(1893)Nom. illegit.;Naxiandra Krasser(1893)●☆

5187 Axinanthera H. Karst.(1859-1861)=Bellucia Neck. ex Raf.(1838)(保留属名)[野牡丹科Melastomataceae]●☆

5188 Axinea Juss.(1823)Nom. illegit.=Axinaea Ruiz et Pav.(1794)[野牡丹科Melastomataceae]●☆

5189 Axiniphyllum Benth.(1872)【汉】斧叶菊属(箭叶菊属)。【隶属】菊科Asteraceae(Compositae)。【包含】世界2-5种。【学名诠释与讨论】〈中〉(希)axine,斧头+phyllon,叶子。phyllodes,似叶的,多叶的。phylleion,绿色材料,绿草。【分布】墨西哥,中美洲。【模式】Axiniphyllum corymbosum Bentham。■☆

5190 Axinopus Kunth(1833)=Axonopus P. Beauv.(1812);~=Paspalum L.(1759)[禾本科Poaceae(Gramineae)]■

5191 Axiris L.(1753)Nom. illegit.=Axyris L.(1753)[藜科Chenopodiaceae]■

5192 Axiron Raf.=Cytisus Desf.(1798)(保留属名)[豆科Fabaceae(Leguminosae)//蝶形花科Papilionaceae]●

5193 Axolopha Alef.(1862)=Lavatera L.(1753)[锦葵科Malvaceae]■●

5194 Axolus Raf.(1838)Nom. illegit.≡Acrodryon Spreng.(1824);~=Cephalanthus L.(1753)[茜草科Rubiaceae]●

5195 Axonopus(Steud.)Chase(1911)Nom. illegit.=Axonopus P. Beauv.(1812);~=Lappagopsis Steud.(1854)[禾本科Poaceae(Gramineae)]■

5196 Axonopus Hook. f.=Alloteropsis J. Presl ex C. Presl(1830)[禾本科Poaceae(Gramineae)]■

5197 Axonopus P. Beauv.(1812)【汉】地毯草属。【英】Carpet Grass,Carpetgrass。【隶属】禾本科Poaceae(Gramineae)。【包含】世界35-110种,中国2种。【学名诠释与讨论】〈阳〉(希)axon,轴+pous,所有格podos,指小式podion,脚,足,柄,梗。podotes,有脚的。【分布】巴基斯坦,巴拿马,秘鲁,玻利维亚,厄瓜多尔,哥伦比亚(安蒂奥基亚),哥斯达黎加,马达加斯加,尼加拉瓜,中国,热带南美洲,中美洲。【后选模式】Axonopus compressus(O. Swartz)Palisot de Beauvois[Milium compressum O. Swartz]。【参考异名】Anastrophus Schltdl.(1850);Axinopus Kunth(1833);Axonopus(Steud.)Chase(1911);Cabrera Lag.(1816);Lappagopsis Steud.(1854)■

5198 Axonotechium Fenzl(1836)=Orygia Forssk.(1775)[粟米草科Molluginaceae]■☆

5199 Axyris L.(1753)【汉】轴藜属(优若属)。【日】イヌハハキギ属。【俄】Аксирис。【英】Axyris,Russian Pigweed,Winter Fat。【隶属】藜科Chenopodiaceae。【包含】世界6种,中国3种。【学名诠释与讨论】〈阴〉(希)axirias,未剪毛的,axyres,未剪毛的,未割的。指其叶片形态。此属的学名,ING、TROPICOS和IK记载是"Axyris L.,Sp. Pl. 2:979.1753[1 May 1753]"。"优若属Eurotia Adans.,Fam. Pl.(Adanson)2:260.1763,Nom. illegit.,Nom. superfl.≡Axyris L.(1753)=Ceratoides Gagnebin(1755)"是

"Axyris L. (1753)"的晚出的同模式异名(Homotypic synonym, Nomenclatural synonym)。【分布】巴基斯坦,朝鲜,美国,中国,俄罗斯(南部)至西伯利亚。【后选模式】Axyris amaranthoides Linnaeus。【参考异名】Axiris L. ; Ceratoides (Tourn.) Gagnebin (1755) Nom. illegit. ; Ceratoides Gagnebin (1755) Nom. illegit. ; Ceratospermum Pers. (1807) Nom. illegit. ; Eurotia Adans. (1763) Nom. illegit. , Nom. superfl. ●

5200 Ayapana Spach(1841)【汉】尖泽兰属。【隶属】菊科 Asteraceae (Compositae)。【包含】世界 14-16 种。【学名诠释与讨论】〈阴〉词源不详。【分布】西印度群岛,热带南美洲,中美洲。【模式】Ayapana officinalis Spach, Nom. illegit. [Eupatorium ayapana Ventenat 1803, Eupatorium triplinerve Vahl 1794]。【参考异名】Lepidesmia Klatt(1896)■☆

5201 Ayapanopsis R. M. King et H. Rob. (1972)【汉】显药尖泽兰属。【隶属】菊科 Asteraceae (Compositae)。【包含】世界 14-17 种。【学名诠释与讨论】〈阴〉(属)Ayapana 尖泽兰属+希腊文 opsis,外观,模样,相似。【分布】安第斯山,巴拉圭,秘鲁,玻利维亚,厄瓜多尔。【模式】Ayapanopsis latipaniculata (Rusby) R. M. King et H. E. Robinson [Eupatorium latipaniculatum Rusby]■●☆

5202 Aydendron Nees(1833)= Aniba Aubl. (1775) [樟科 Lauraceae] ●☆

5203 Ayenia Griseb. (1859) Nom. illegit. = Ayenia L. (1756) [梧桐科 Sterculiaceae//锦葵科 Malvaceae] ●☆

5204 Ayenia L. (1756)【汉】阿延梧桐属。【隶属】梧桐科 Sterculiaceae//锦葵科 Malvaceae。【包含】世界 70 种。【学名诠释与讨论】〈阴〉(人)Ayen。此属的学名,ING、GCI、TROPICOS 和 IK 记载是"Ayenia L. ,Kongl. Svenska Vetensk. Acad. Handl. 17:24. 1756 [Jan - Mar 1756]"。梧桐科 Sterculiaceae (锦葵科 Malvaceae)的"Ayenia Griseb. ,Fl. Brit. W. I. [Grisebach] 91. 1859 [Dec 1859] = Ayenia L. (1756)"和"Ayenia Loefl. ,Iter Hispan. 199. 1758 [Dec 1758] = Ayenia L. (1756)"是晚出的非法名称。"Ayenia L. ,Systema Naturae, Editio Decima 2:1247. 1759"亦是晚出的非法名称。【分布】巴拉圭,巴拿马,秘鲁,玻利维亚,厄瓜多尔,哥伦比亚(安蒂奥基亚),尼加拉瓜,热带和亚热带美洲,中美洲。【模式】Ayenia pusilla Linnaeus。【参考异名】Ayenia Griseb. (1859) Nom. illegit. ; Ayenia Loefl. (1758) Nom. illegit. ; Cybiostigma Turcz. (1852); Cybostigma Post et Kuntze(1903); D' Ayena Monier ex Mill. ; Dayena Monier ex Mill. (1756); Dayenia Mill. ; Jungia Loefl. (1758) Nom. inval. (废弃属名); Lorentzia Hieron. (1881) Nom. illegit. ; Nephropetalum B. L. Rob. et Greenm. (1896) ●☆

5205 Ayenia Loefl. (1758) Nom. illegit. = Ayenia L. (1756) [梧桐科 Sterculiaceae//锦葵科 Malvaceae] ●☆

5206 Ayensua L. B. Sm. (1969)【汉】委内瑞拉凤梨属。【隶属】凤梨科 Bromeliaceae。【包含】世界 1 种。【学名诠释与讨论】〈阴〉词源不详。【分布】委内瑞拉。【模式】Ayensua uaipanensis (Maguire) L. B. Smith [Barbacenia uaipanensis Maguire]■☆

5207 Aylacophora Cabrera (1953)【汉】沙黄菀属。【隶属】菊科 Asteraceae(Compositae)。【包含】世界 1 种。【学名诠释与讨论】〈阴〉(希)aulax,所有格 aulakos = alox,犁沟,皱纹+phoros,具有,负载。【分布】巴塔哥尼亚。【模式】Aylacophora deserticola Cabrera。●☆

5208 Aylanthus Raf. = Aylantus Juss. (1789) [苦木科 Simaroubaceae] ●

5209 Aylantus Juss. (1789) = Ailanthus Desf. (1788) (保留属名) [苦木科 Simaroubaceae//臭椿科 Ailanthaceae] ●

5210 Aylmeria Mart. (1826) = Polycarpaea Lam. (1792) (保留属名) [as 'Polycarpea'] [石竹科 Caryophyllaceae] ■●

5211 Aylostera Speg. (1923)【汉】红笠属。【日】アイロステラ属。【隶属】仙人掌科 Cactaceae。【包含】世界 8 种。【学名诠释与讨论】〈阴〉(希)日本《最新园艺大辞典》解释为"指轴(花筒)坚挺",但是未注明词源。此属的学名是"Aylostera Spegazzini, Anales Soc. Ci. Argent. 96:75. 1923"。亦有文献把其处理为"Rebutia K. Schum. (1895)"的异名。【分布】玻利维亚至阿根廷,中国。【模式】Aylostera pseudominuscula (Spegazzini) Spegazzini [Echinopsis pseudominuscula Spegazzini]。【参考异名】Rebutia K. Schum. (1895)■

5212 Aylthonia N. L. Menezes(1971) = Barbacenia Vand. (1788) [翡若翠科(巴西蒜科,尖叶棱枝草科,尖叶鳞枝科)Velloziaceae]■☆

5213 Aynia H. Rob. (1988)【汉】叶苞斑鸠菊属。【隶属】菊科 Asteraceae(Compositae)//斑鸠菊科(绿菊科)Vernoniaceae。【包含】世界 1 种。【学名诠释与讨论】〈阴〉(人)Ayn。此属的学名是"Aynia H. E. Robinson, Proc. Biol. Soc. Washington 101:959. 7 Dec 1988"。亦有文献把处理为"Vernonia Schreb. (1791) (保留属名)"的异名。【分布】南美洲。【模式】Aynia pseudascaricida H. E. Robinson。【参考异名】Vernonia Schreb. (1791) (保留属名)■☆

5214 Ayparia Raf. (1838) = Elaeocarpus L. (1753) [杜英科 Elaeocarpaceae] ●

5215 Aytonia L. = Aitonia Thunb. ; ~ = Nymania Lindb. (1868) [楝科 Meliaceae] ●☆

5216 Aytonia L. f. (1782) Nom. illegit. = Nymania Lindb. (1868) [楝科 Meliaceae] ●☆

5217 Aytonia Lam. (1783) Nom. illegit. = Nymania Lindb. (1868) [楝科 Meliaceae] ●☆

5218 Azadehdelia Braem(1988) Nom. illegit. , Nom. Superfl. ≡ Cribbia Senghas(1985) [兰科 Orchidaceae]■☆

5219 Azadirachta A. Juss. (1830)【汉】蒜楝木属(蒜楝属,印度楝属,印楝属)。【俄】Азадирахта。【隶属】楝科 Meliaceae。【包含】世界 2 种。【学名诠释与讨论】〈阴〉(波斯)azad dhirakat 或 azaddhirakt,优秀的树,雄伟的树。指该属植物具有很重要的经济价值。【分布】印度至马来西亚。【模式】Azadirachta indica A. H. L. Jussieu。●☆

5220 Azalea Desv. (废弃属名) = Rhododendron L. (1753) [杜鹃花科(欧石南科)Ericaceae] ●

5221 Azalea Gaertn. (1788) Nom. illegit. (废弃属名) = Loiseleuria Desv. (1813) (保留属名) [杜鹃花科(欧石南科)Ericaceae] ●☆

5222 Azalea L. (1753) (废弃属名) ≡ Loiseleuria Desv. (1813) (保留属名); ~ = Rhododendron L. (1753); ~ = Loiseleuria Desv. (1813) (保留属名) + Rhododendron L. (1753) [杜鹃花科(欧石南科)Ericaceae] ●☆

5223 Azaleaceae Vest(1818) = Ericaceae Juss. (保留科名) ●

5224 Azaleastrum(Maxim.) Rydb. (1900) Nom. illegit. ≡ Azaleastrum (Planch. ex Maxim.) Rydb. (1900); ~ = Rhododendron L. (1753) [杜鹃花科(欧石南科)Ericaceae] ●

5225 Azaleastrum Rydb. (1900) Nom. illegit. ≡ Azaleastrum (Planch. ex Maxim.) Rydb. (1900) [杜鹃花科(欧石南科)Ericaceae] ●

5226 Azaltea Walp. (1842) = Alzatea Ruiz et Pav. (1794) [千屈菜科 Lythraceae//六出花科(彩花扭柄科,扭柄叶科)Alstroemeriaceae//双隔果科(双翼果科)Alzateaceae] ●☆

5227 Azamara Hochst. ex Rchb. (1841) = Schmidelia L. (1767) Nom. illegit. = Allophylus L. (1753) [无患子科 Sapindaceae] ●

5228 Azanza Alef. (1861) Nom. illegit. = Thespesia Sol. ex Corrêa (1807) (保留属名) [锦葵科 Malvaceae] ●

5229 Azanza Moc. et Sessé ex DC. (1824) = Hibiscus L. (1753) (保留

属名）[锦葵科 Malvaceae//木槿科 Hibiscaceae]●■

5230　Azaola Blanco（1837）= Madhuca Buch. -Ham. ex J. F. Gmel.（1791）；~ =Payena A. DC.（1844）[山榄科 Sapotaceae]●

5231　Azara Ruiz et Pav.（1794）【汉】阿氏木属（阿查拉属）。【日】アサーラ属，アザラ属。【俄】Азара。【英】Azara。【隶属】刺篱木科（大风子科）Flacourtiaceae。【包含】世界 10 种。【学名诠释与讨论】〈阴〉（人）I. N. Azara，西班牙植物爱好者，外交官。此属的学名，ING、TROPICOS 和 IK 记载是"Azara Ruiz et Pav., Fl. Peruv. Prodr. 79, t. 36. 1794 [early Oct 1794]"。"Azaraea Post et O. Kuntze, Lex. 56. Dec 1903（'1904'）"是"Azara Ruiz et Pav.（1794）"的晚出的同模式异名（Homotypic synonym, Nomenclatural synonym）。【分布】玻利维亚，巴西至智利和阿根廷，智利（胡安-费尔南德斯群岛）。【后选模式】Azara serrata Ruiz et Pavón。【参考异名】Arechavaletaia Speg.（1899）；Azaraea Post et Kuntze（1903）Nom. illegit.；Lilenia Bertero ex Bull.（1829）；Lilenia Bertero（1829）Nom. inval.；Myrtophyllum Turcz.（1863）；Staphylorhodos Turcz.（1862）●☆

5232　Azaraea Postet Kuntze（1903）Nom. illegit. ≡ Azara Ruiz et Pav.（1794）[刺篱木科（大风子科）Flacourtiaceae]●☆

5233　Azarolus Borkh.（1803）= Crataegus L.（1753）；~ = Sorbus L.（1753）[蔷薇科 Rosaceae]●

5234　Azedara Raf.（1817）= Azedarach Mill.（1754）Nom. illegit.；~ = Melia L.（1753）[楝科 Meliaceae]●

5235　Azedarac Adans.（1763）Nom. illegit. ≡ Melia L.（1753）；~ = Azedarach Mill.（1754）Nom. illegit.；~ = Melia L.（1753）[楝科 Meliaceae]●

5236　Azedarach Adans.（1763）Nom. illegit. = Melia L.（1753）[楝科 Meliaceae]●

5237　Azedarach Mill.（1754）Nom. illegit. ≡ Melia L.（1753）[楝科 Meliaceae]●

5238　Azedaraea Raf. = Azedarach Mill.（1754）Nom. illegit.；~ = Melia L.（1753）[楝科 Meliaceae]●

5239　Azeredia Allemão（1846）Nom. illegit. ≡ Maximilianea Mart.（1819）（废弃属名）；~ = Cochlospermum Kunth（1822）（保留属名）[弯籽木科（卷胚科，弯胚树科，弯子木科）Cochlospermaceae//红木科（胭脂树科）Bixaceae//木棉科 Bombacaceae]●☆

5240　Azeredia Arruda ex Allemão（1846）Nom. illegit. ≡ Azeredia Allemão（1846）Nom. illegit.；~ ≡ Maximilianea Mart.（1819）（废弃属名）；~ = Cochlospermum Kunth（1822）（保留属名）[弯籽木科（卷胚科，弯胚树科，弯子木科）Cochlospermaceae]●

5241　Azilia Hedge et Lamond（1987）【汉】伊朗草属。【隶属】伞形花科（伞形科）Apiaceae（Umbelliferae）。【包含】世界 1 种。【学名诠释与讨论】〈阴〉来自当地植物俗名。【分布】伊朗。【模式】Azilia eryngioides（C. Pau）I. C. Hedge et J. M. Lamond [Prangos eryngioides C. Pau]■☆

5242　Azima Lam.（1783）【汉】刺茉莉属。【英】Azima。【隶属】牙刷树科（刺茉莉科）Salvadoraceae。【包含】世界 4 种，中国 1 种。【学名诠释与讨论】〈阴〉词源不详。【分布】中国，菲律宾（菲律宾群岛），小巽他群岛，非洲南部。【后选模式】Azima tetracantha Lamarck。【参考异名】Actaeogeton Rchb.；Actegeton Blume（1827）；Actogiton Blume；Monetia L' Hér.（1784）●

5243　Azimaceae Gardner = Salvadoraceae Lindl.（保留科名）●

5244　Azimaceae Wight et Gardner（1845）= Salvadoraceae Lindl.（保留科名）●

5245　Azophora Neck.（1790）Nom. inval. = Rhizophora L.（1753）[红树科 Rhizophoraceae]●

5246　Azorella Lam.（1783）【汉】小鹰芹属（南美芹属，牵环花属）。【日】アカウキクサ属。【隶属】伞形花科（伞形科）Apiaceae（Umbelliferae）。【包含】世界 70 种。【学名诠释与讨论】〈阴〉（西）azor，鹰+-ellus, -ella, -ellum，加在名词词干后面形成指小式的词尾。或加在人名、属名等后面以组成新属的名称。【分布】秘鲁，玻利维亚，厄瓜多尔，哥伦比亚（安蒂奥基亚），马尔维纳斯群岛，安第斯山至温带南美洲，南极半岛，中美洲。【模式】Azorella filamentosa Lamarck。【参考异名】Apleura Phil.（1864）；Bolax Comm. ex Juss.（1789）；Chamitis Banks ex Gaertn.（1788）；Fragosa Ruiz et Pav.（1794）；Microsciadium Hook. f.（1847）Nom. illegit.；Oschatzia Walp.（1848）；Pectophyllum Rchb.（1828）；Pectophytum Kunth（1821）■☆

5247　Azorellopsis H. Wolff（1924）= Mulinum Pers.（1805）[唇形科 Lamiaceae（Labiatae）//天胡荽科 Hydrocotylaceae]●☆

5248　Azorina Feer（1890）【汉】风铃木属。【隶属】桔梗科 Campanulaceae。【包含】世界 1 种。【学名诠释与讨论】〈阴〉（西）azor+-inus, -ina, -inum，拉丁文加在名词词干之后，以形成形容词的词尾，含义为"属于、相似、关于、小的"。此属的学名是"Azorina Feer, Bot. Jahrb. Syst. 12: 611. 23 Dec 1890"。亦有文献把其处理为"Campanula L.（1753）"的异名。【分布】葡萄牙（亚述尔群岛）。【模式】Azorina vidalii（H. C. Watson）Feer [Campanula vidalii H. C. Watson]。【参考异名】Campanula L.（1753）●☆

5249　Aztecaster G. L. Nesom（1993）【汉】异株菀属。【隶属】菊科 Asteraceae（Compositae）。【包含】世界 2 种。【学名诠释与讨论】〈阳〉（希）Aztek，墨西哥的一个部族，来自美洲那华特语 Azteca，阿兹特克人的故乡+（属）Aster 紫菀属。【分布】墨西哥。【模式】Aztecaster matudae（Rzed.）G. L. Nesom。●☆

5250　Aztekium Boed.（1929）【汉】皱棱球属。【日】アズテキウム属，アズテキューム属。【英】Aztekium。【隶属】仙人掌科 Cactaceae。【包含】世界 1-2 种。【学名诠释与讨论】〈中〉（希）Aztek，墨西哥的一个部族，来自美洲那华特语 Azteca，阿兹特克人的故乡+-ius, -ia, -ium，在拉丁文和希腊文中，这些词尾表示性质或状态。【分布】墨西哥。【模式】Aztekium ritterii（Boedeker）Boedeker [Echinocactus ritterii Boedeker]●☆

5251　Azukia Takah. ex Ohwi（1953）= Vigna Savi（1824）（保留属名）[豆科 Fabaceae（Leguminosae）//蝶形花科 Papilionaceae]■

5252　Azureocereus Akers et H. Johnson（1949）【汉】佛塔柱属。【日】アズレオセレウス属。【隶属】仙人掌科 Cactaceae。【包含】世界 2 种。【学名诠释与讨论】〈阳〉（希）azureus，天蓝色+（属）Cereus 仙影掌属。此属的学名是"Azureocereus Akers et Johnson, Cact. Succ. J.（Los Angeles）21: 133. Sep-Oct 1949"。亦有文献把其处理为"Browningia Britton et Rose（1920）"的异名。【分布】秘鲁。【模式】Azureocereus nobilis Akers et Johnson。【参考异名】Browningia Britton et Rose（1920）●☆

5253　Azurinia Fourr.（1869）= Veronica L.（1753）[玄参科 Scrophulariaceae//婆婆纳科 Veronicaceae]■

5254　Babactes DC.（1840）= Chirita Buch. -Ham. ex D. Don（1822）[苦苣苔科 Gesneriaceae]●■

5255　Babactes DC. ex Meisn.（1840）Nom. illegit. ≡ Babactes DC.（1840）；~ = Chirita Buch. -Ham. ex D. Don（1822）[苦苣苔科 Gesneriaceae]●■

5256　Babbagia F. Muell.（1858）【汉】翅果澳藜属。【隶属】藜科 Chenopodiaceae。【包含】世界 4 种。【学名诠释与讨论】〈阴〉（人）Benjamin Herschel Babbage, 1815-1878，澳大利亚工程师，植物采集者。此属的学名是"Babbagia F. v. Mueller, Rep. Babbage's Exped. 21. 1858"。亦有文献把其处理为"Osteocarpum F. Muell.

(1858)"或"Threlkeldia R. Br. (1810)"的异名。【分布】澳大利亚。【模式】Babbagia dipterocarpa F. v. Muelle。【参考异名】Osteocarpum F. Muell. (1858);Threlkeldia R. Br. (1810)●☆

5257　Babcockia Boulos (1965)【汉】加那利菊属。【隶属】菊科Asteraceae(Compositae)。【包含】世界 1 种。【学名诠释与讨论】〈阴〉(人)Ernest Brown Babcock, 1877-1954, 美国植物学者。此属的学名是"Babcockia Boulos, Bull. Jard. Bot. Èt 35: 64. 31 Mar 1965"。亦有文献把其处理为"Sonchus L. (1753)"的异名。【分布】西班牙(加那利群岛),中美洲。【模式】Babcockia platylepis (P. B. Webb) Boulos [Sonchus platylepis P. B. Webb]。【参考异名】Sonchus L. (1753)■☆

5258　Babiana Ker Gawl. (1802) Nom. illegit. (废弃属名) ≡ Babiana Ker Gawl. ex Sims(1801)(保留属名) [鸢尾科 Iridaceae]■☆

5259　Babiana Ker Gawl. ex Sims(1801)(保留属名)【汉】狒狒花属(狒狒草属,穗花溪荪属)。【日】バビアーナ属,ホザキアヤメ属。【英】Babiana, Baboon Flower, Ballon-root, Blue Freesias。【隶属】鸢尾科 Iridaceae。【包含】世界 60-63 种。【学名诠释与讨论】〈阴〉(希)Baboon,狒狒。此属的学名"Babiana Ker Gawl. ex Sims in Bot. Mag. :ad t. 539. 1 Nov 1801"是保留属名。相应的废弃属名是鸢尾科 Iridaceae 的"Beverna Adans. ,Fam. Pl. 2:(20). Jul-Aug 1763 = Babiana Ker Gawl. ex Sims(1801)(保留属名)"。鸢尾科 Iridaceae 的"Babiana Sims, Curtis's Botanical Magazine 15 1802 ≡ Babiana Ker Gawl. ex Sims(1801)(保留属名)"和"Babiana Ker Gawl. (1802)Babiana Ker Gawl. ex Sims(1801)(保留属名)"亦应废弃。【分布】也门(索科特拉岛),热带和非洲南部。【模式】Babiana plicata Ker-Gawler, Nom. illegit. [Gladiolus fragrans N. J. Jacquin; Babiana fragrans (N. J. Jacquin) Ecklon]。【参考异名】Acaste Salisb. (1812);Anaclanthe N. E. Br. (1932);Antholyza L. (1753);Babiana Ker Gawl. (1802)Nom. illegit. (废弃属名);Babiana Sims(1802)(废弃属名);Beverna Adans. (1763)(废弃属名);Cyanixia Goldblatt et J. C. Manning(2004)■☆

5260　Babiana Sims (1802) Nom. illegit. (废弃属名) ≡ Babiana Ker Gawl. ex Sims(1801)(保留属名) [鸢尾科 Iridaceae]■☆

5261　Babingtonia Lindl. (1842) = Baeckea L. (1753) [桃金娘科 Myrtaceae]●

5262　Babiron Raf. (1836) = Spermolepis Raf. (1825) [伞形花科(伞形科) Apiaceae(Umbelliferae)]■☆

5263　Baca Raf. (1814) = Boea Comm. ex Lam. (1785) [苦苣苔科 Gesneriaceae]■

5264　Bacasia Ruiz et Pav. (1794) = Barnadesia Mutis ex L. f. (1782) [菊科 Asteraceae(Compositae)]●☆

5265　Baccataceae Dulac = Caprifoliaceae Juss. (保留科名) + Sambucaceae Link+Adoxaceae E. Mey. (保留科名)●■

5266　Baccaurea Lour. (1790)【汉】木奶果属(黄果树属)。【日】パッコーメア属。【俄】Баккаурея。【英】Baccarea。【隶属】大戟科 Euphorbiaceae。【包含】世界 80 种,中国 2 种。【学名诠释与讨论】〈阴〉(拉)bacca,浆果,圆形小果+aureus,金黄色的。指浆果金黄色。【分布】印度至马来西亚,中国,波利尼西亚群岛。【后选模式】Baccaurea ramiflora Loureiro。【参考异名】Adenocrepis Blume (1826);Calyptroon Miq. (1861);Coccomelia Reinw. (1825);Everettiodendron Merr. (1909);Gatnaia Gagnep. (1925) Nom. illegit. ;Hedycarpus Jack (1823);Microsepala Miq. (1861);Pierardia Roxb. (1814);Pierardia Roxb. ex Jack(1823)●

5267　Baccaureopsis Pax(1909) = Thecacoris A. Juss. (1824) [大戟科 Euphorbiaceae]●☆

5268　Baccharidastrum Cabrera(1937)【汉】小种棉木属。【隶属】菊科 Asteraceae(Compositae)。【包含】世界 2 种。【学名诠释与讨论】〈中〉(属)Baccharis 种棉木属(无舌紫菀属,酒神菊属)+-astrum,指示小的词尾,也有"不完全相似"的含义。此属的学名是"Baccharidastrum Cabrera, Notas Mus. La Plata, Bot. 2: 175. 30 Dec 1937"。亦有文献把其处理为"Baccharis L. (1753)(保留属名)"的异名。【分布】巴拉圭,玻利维亚,热带和亚热带南美洲。【模式】Baccharidastrum triplinervium (Lessing) Cabrera [Conyza triplinervia Lessing]。【参考异名】Baccharis L. (1753)(保留属名)●☆

5269　Baccharidiopsis G. M. Barroso (1975) = Aster L. (1753); ~ = Baccharis L. (1753)(保留属名) [菊科 Asteraceae(Compositae)]●■☆

5270　Baccharis L. (1753)(保留属名)【汉】种棉木属(酒神菊属,无舌紫菀属,香根菊属)。【俄】Бакхарис。【英】Baccharis, Coyote Bush, Groundsel-tree, Tree Groundsel。【隶属】菊科 Asteraceae(Compositae)。【包含】世界 350-510 种。【学名诠释与讨论】〈阴〉(希)Bacchos,希腊神话中的酒神。bakkaris, bakkaridos, 软膏。此属的学名"Baccharis L. , Sp. Pl. :860. 1 Mai 1753"是保留属名。法规未列出相应的废弃属名。【分布】巴基斯坦,巴拉圭,巴拿马,秘鲁,玻利维亚,厄瓜多尔,哥伦比亚(安蒂奥基亚),美国(密苏里),尼加拉瓜,中美洲。【模式】Baccharis halimifolia Linnaeus。【参考异名】Achyrobaccharis Sch. Bip. (1843) Nom. illegit. ;Achyrobaccharis Sch. Bip. ex Walp. (1843) Nom. illegit. ;Arrhenachne Cass. (1828);Baccharidastrum Cabrera (1937);Baccharidiopsis G. M. Barroso (1975);Brephocton Raf. (1837);Icma Phil. (1872);Marsea Adans. (1763);Molina Ruiz et Pav. (1794)Nom. illegit. ;Neomolina F. H. Hellw. (1993) Nom. illegit. ;Paeudobaecharis Cabrera;Phyllostelidium Beauverd(1916);Pingraea Cass. (1826);Polypappus Less. (1829);Pseudobaccharis Cabrera (1944);Psila Phil. (1891);Pterocladis Lamb. ex G. Don(1839);Sergilus Gaertn. (1791);Stephananthus Lehm. (1827);Tursenia Cass. (1825);Xeregathis Raf. ●■☆

5271　Baccharodes Kuntze (1891) Nom. illegit. = Baccharoides Moench (1794); ~ = Vernonia Schreb. (1791)(保留属名) [菊科 Asteraceae(Compositae)//斑鸠菊科(绿菊科) Vernoniaceae]●■

5272　Baccharoides Moench (1794)【汉】驱虫菊属。【隶属】菊科 Asteraceae(Compositae)//斑鸠菊科(绿菊科) Vernoniaceae。【包含】世界 8-25 种,中国 1 种。【学名诠释与讨论】〈阴〉(属)Baccharis 种棉木属(酒神菊属,无舌紫菀属)+oides,来自 o+eides,像,似;或 o+eidos 形,含义为相像。此属的学名,ING 和 IK 记载是"Baccharoides Moench, Methodus (Moench) 578(1794) [4 May 1794]"。"Ascaricida (Cassini) Cassini in F. Cuvier, Dict. Sci. Nat. ed. 2. 3(Suppl.):38. 11 Jan 1817"是"Baccharoides Moench (1794)"的晚出的同模式异名(Homotypic synonym, Nomenclatural synonym)。"Baccharoides Moench(1794)"曾被处理为"Vernonia sect. Baccharoides (Moench) Gleason, Jr. , Henry Allen, Bulletin of the New York Botanical Garden 4(13):173. 1906. (4 Jun 1906)"。"Baccharodes Kuntze, Revis. Gen. Pl. 1:320. 1891 [5 Nov 1891] = Baccharoides Moench(1794) = Vernonia Schreb. (1791)(保留属名) [菊科 Asteraceae (Compositae)//斑鸠菊科(绿菊科) Vernoniaceae]"是仅有属名的非法名称。亦有文献把"Baccharoides Moench(1794)"处理为"Vernonia Schreb. (1791)(保留属名)"的异名。【分布】巴西,玻利维亚,中国。【模式】Baccharoides anthelmintica (Linnaeus) Moench [Conyza anthelmintica Linnaeus]。【参考异名】Ascaricida (Cass.) Cass. (1817) Nom. illegit. ;Ascaricida Cass. (1817) Nom. illegit. ;Baccharodes Kuntze (1891) Nom. illegit. ;Candidea Ten. (1839);Stengelia Sch. Bip (1841);Stengelia Sch. Bip. ex Steetz(1841) Nom.

illegit.；Vernonia Schreb.（1791）（保留属名）；Vernonia sect. Baccharoides（Moench）Gleason, Jr., Henry Allen(1906)●■

5273　Bachmannia Pax(1897)【汉】巴克曼山柑属。【隶属】山柑科（白花菜科,醉蝶花科）Capparaceae。【包含】世界1-2种。【学名诠释与讨论】〈阴〉（人）Franz Ewald Theodor Bachmann, 1850-1937,植物学者。【分布】非洲南部。【后选模式】Bachmannia major Pax。●☆

5274　Backebergia Bravo(1954)Nom. illegit. ≡Mitrocereus（Backeb.）Backeb.（1942）；~ = Pachycereus（A. Berger）Britton et Rose（1909）［仙人掌科 Cactaceae］●☆

5275　Backeria Bakh. f.（1943）= Anplectrum A. Gray（1854）；~ = Diplectria（Blume）Rchb.（1841）［野牡丹科 Melastomataceae］●■

5276　Backhousea Kuntze（1903）= Backhousia Hook. et Harv.（1845）［桃金娘科 Myrtaceae］●☆

5277　Backhousia Hook. et Harv.（1845）【汉】巴克木属。【隶属】桃金娘科 Myrtaceae。【包含】世界7种。【学名诠释与讨论】〈阴〉（人）J. Backhouse,1794-1869,英国植物学者。【分布】澳大利亚（东部）。【后选模式】Backhousia myrtifolia W. J. Hooker et W. H. Harvey。【参考异名】Backhousea Kuntze(1903)●☆

5278　Baclea E. Fourn.（1877）【汉】巴氏萝藦属。【隶属】萝藦科 Asclepiadaceae。【包含】世界2种。【学名诠释与讨论】〈阴〉（人）Cesar Hippolyte Bacle,1794-1838,瑞士博物学者,植物采集家。此属的学名,ING 和 IK 记载是"Baclea E. P. N. Fournier in Baillon, Dict. Bot. 1: 338. 7 Dec 1877"；TROPICOS 则记载为"Baclea E. Fourn. ex Baill., Dict. Bot. 1:338,1877"；三者引用的文献相同。" Baclea Greene, Erythea 1（1893）238［萝藦科 Asclepiadaceae］"是晚出的非法名称；它已经被"Pseudonemacladus McVaugh, N. Amer. Fl. 32A；3. 1943［5 Jan 1943］"所替代。亦有学者把"Baclea Greene(1893)Nom. illegit."处理为"Nemacladus Nutt.（1842）［丝枝参科 Nemacladaceae//桔梗科 Campanulaceae］"的异名。【分布】巴西。【模式】未指定。【参考异名】Baclea E. Fourn. ex Baill.（1877）Nom. illegit. ■☆

5279　Baclea E. Fourn. ex Baill.（1877）Nom. illegit. ≡Baclea E. Fourn.（1877）［萝藦科 Asclepiadaceae］■☆

5280　Baclea Greene(1893)Nom. illegit. ≡Pseudonemacladus McVaugh（1943）；~ = Nemacladus Nutt.（1842）［丝枝参科 Nemacladaceae//桔梗科 Campanulaceae］■☆

5281　Baconia DC.（1807）= Pavetta L.（1753）［茜草科 Rubiaceae］●

5282　Bacopa Aubl.（1775）（保留属名）【汉】巴考婆婆纳属（过长沙属,假马齿苋属）。【日】オトメアゼナ属。【俄】Бакопа。【英】Water Hyssop, Waterhissop, Water - hyssop。【隶属】玄参科 Scrophulariaceae//婆婆纳科 Veronicaceae。【包含】世界60-65种,中国3种。【学名诠释与讨论】〈阴〉（南美洲）bacopa,法属圭亚那的一种植物俗名。此属的学名"Bacopa Aubl., Hist. Pl. Guiane:128. Jun-Dec 1775"是保留属名。相应的废弃属名是玄参科 Scrophulariaceae 的 "Moniera P. Browne, Civ. Nat. Hist. Jamaica:269. 10 Mar 1756 =Bacopa Aubl.（1775）（保留属名）"和"Brami Adans., Fam. Pl. 2:208,527. Jul-Aug 1763 =Bacopa Aubl.（1775）（保留属名）"。玄参科 Scrophulariaceae 的"Moniera B. Juss.（1756）Nom. illegit. ≡Moniera B. Juss. ex P. Browne, Civ. Nat. Hist. Jamaica 269, t. 28, fig. 3. 1756［10 Mar 1756］=Bacopa Aubl.（1775）（保留属名）"和"Moniera Loefl., Iter Hispan. 197. 1758［Dec 1758］≡Ertela Adan.（1763）"亦应废弃。"Moniera Loefl.（1758）"的拼写变体"Monniera Juss., Gen. Pl.［Jussieu］421. 1789［4 Aug 1789］"、"Monnieria L., Syst. Nat., ed. 10. 2：1153. 1759［7 Jun 1759］"和"Monniera Kuntze, Revis. Gen. Pl. 2：462. 1891［5 Nov 1891］"都应废弃。【分布】巴拉圭,巴拿马,秘鲁,玻利维亚、

厄瓜多尔,哥伦比亚（安蒂奥基亚）,马达加斯加,美国（密苏里）,尼加拉瓜,中国,中美洲。【模式】Bacopa aquatica Aublet。【参考异名】Allocalyx Cordem.（1895）；Amphianthus Torr.（1837）；Ancistrostylis T. Yamaz.（1980）；Anisocalyx Hance ex Walp.（1852）Nom. illegit.；Anisocalyx Hance（1852）Nom. illegit.；Benjaminia Mart. ex Benj.（1847）；Brami Adans.（1763）（废弃属名）；Bramia Lam.（1785）Nom. illegit.；Branica Endl.（1841）；Caconapea Cham.（1833）；Calytriplex Ruiz et Pav.（1794）；Cardiolophus Griff.（1836）；Geochorda Cham. et Schltdl.（1828）；Habershamia Raf.（1825）；Heptas Meisn.（1840）；Herpestes Kunth（1823）Nom. illegit.；Herpestis C. F. Gaertn.（1807）；Hydranthelium Kunth（1825）；Hydrotrida Small（1913）Nom. illegit.；Hydrotrida Willd. ex Schltdl. et Cham.（1830）Nom. inval.；Ildefonsia Gardner（1842）；Macuillamia Raf.（1825）；Mecardonia Ruiz et Pav.（1794）；Mella Vand.（1788）；Moniera B. Juss.（废弃属名）；Moniera B. Juss. ex P. Browne（1756）（废弃属名）；Moniera P. Browne(1756)（废弃属名）；Moniera Loefl.（1758）（废弃属名）；Monniera Kuntze（1891）（废弃属名）；Monniera Post et Kuntze（1903）（废弃属名）；Monocardia Pennell（1920）；Naiadothrix Pennell（1920）；Obolaria Walt.；Quinquelobus Benj.（1847）；Ranapalus Kellogg（1877）；Ranaria Cham.（1833）；Septas Lour.（1790）Nom. illegit.；Septilia Raf.（1838）；Silvinula Pennell（1920）；Sinobacopa D. Y. Hong(1987)■

5283　Bactris Jacq.（1763）Nom. inval. ≡Bactris Jacq. ex Scop.（1777）［棕榈科 Arecaceae(Palmae)］●

5284　Bactris Jacq. ex Scop.（1777）【汉】刺棒棕属（栗椰属,粮棕属,手杖椰子属,桃果椰子属,桃椰属,桃棕属）。【日】ステッキヤシ属,モモミヤシ属,ユーユーヤシ属。【俄】Бактрис,Пальма - бактрис。【英】Gris Palm, Spiny Club Palm, Spiny Club - palm, Spiny-club Palm。【隶属】棕榈科 Arecaceae(Palmae)。【包含】世界64-250种,中国1种。【学名诠释与讨论】〈阴〉（希）baktron,手杖。此属的学名,ING 和 GCI 记载是"Bactris N. J. Jacquin ex Scopoli, Intr. Hist. Nat. 70. 1777［Jan-Apr 1777］"。IK 则记载为"Bactris Jacq., Select. Stirp. Amer. Hist. 279（- 280；t. 271, figs. 1-2). 1763［5 Jan 1763］; Nom. inval."。【分布】巴拉圭,巴拿马,秘鲁,玻利维亚,厄瓜多尔,哥伦比亚（安蒂奥基亚）,哥斯达黎加,尼加拉瓜,中国,西印度群岛,热带美洲,中美洲。【后选模式】Bactris minor N. J. Jacquin, Nom. illegit. ［Cocos guineensis Linnaeus; Bactris guineensis（Linnaeus）H. E. Moore］。【参考异名】Bactris Jacq.（1763）Nom. inval.；Guilelma Link（1829）；Guilielma Mart.（1824）；Pyrenoglyphis H. Karst.（1869）●

5285　Bactyrilobium Willd.（1809）Nom. illegit. ≡Cassia L.（1753）（保留属名）［豆科 Fabaceae（Leguminosae）//云实科（苏木科）Caesalpiniaceae］●■

5286　Bacularia F. Muell.（1870）Nom. inval. ≡Bacularia F. Muell. ex Hook. f.（1879）≡Linospadix H. Wendl.（1875）［棕榈科 Arecaceae(Palmae)］●☆

5287　Bacularia F. Muell. ex Hook. f.（1879）Nom. illegit. ≡Linospadix H. Wendl.（1875）［棕榈科 Arecaceae(Palmae)］●☆

5288　Badamia Gaertn.（1791）= Terminalia L.（1767）（保留属名）［使君子科 Combretaceae//榄仁树科 Terminaliaceae］●

5289　Badaroa Bert. ex Steud.（1840）Nom. illegit. = Sicyos L.（1753）［葫芦科（瓜科,南瓜科）Cucurbitaceae］■

5290　Baderoa Bert. ex Hook.（1833）= Sicyos L.（1753）［葫芦科（瓜科,南瓜科）Cucurbitaceae］■

5291　Badianifera Kuntze（1891）Nom. illegit. ≡Illicium L.（1759）［木兰科 Magnoliaceae//八角科 Illiciaceae］●

5292 Badianifera L. =Illicium L. (1759)［木兰科 Magnoliaceae//八角科 Illiciaceae］●

5293 Badiera DC. （1824）【汉】巴迪远志属。【隶属】远志科 Polygalaceae。【包含】世界 15-70 种。【学名诠释与讨论】〈阴〉（人）Badier。此属的学名，ING、TROPICOS、GCI 和 IK 记载是 "Badiera DC., Prodr.［A. P. de Candolle］1：334. 1824［Jan 1824］"。它曾被处理为 "Polygala subgen. Badiera（DC.）S. F. Blake, Contributions from the Gray Herbarium of Harvard University 2 (47)：10-11. 1916. (10 Aug 1916)"。【分布】热带美洲，西印度群岛。【后选模式】Badiera penaea (Linnaeus) A. P. de Candolle［Polygala penaea Linnaeus］。【参考异名】Polygala subgen. Badiera (DC.) S. F. Blake(1916)●■☆

5294 Badiera Hassk. （1844）= Polygala L. （1753）［远志科 Polygalaceae］●■

5295 Badilloa R. M. King et H. Rob. (1975)【汉】点腺亮泽兰属。【隶属】菊科 Asteraceae(Compositae)。【包含】世界 10 种。【学名诠释与讨论】〈阴〉（人）,? -1920,委内瑞拉植物学者。【分布】秘鲁,厄瓜多尔,哥伦比亚(安蒂奥基亚),安第斯山北麓。【模式】Badilloa salicinia (Lamarck) R. M. King et H. Robinson［Eupatorium salicinum Lamarck］●☆

5296 Badula Juss. (1789)【汉】无梗药紫金牛属。【隶属】紫金牛科 Myrsinaceae。【包含】世界 12 种。【学名诠释与讨论】〈阴〉（希）bados,步迹,径路,集合+-ulus,-ula,-ulum,指示小的词尾。【分布】马斯克林群岛。【模式】Badula barthesia (Lamarck) Alph. de Candolle。【参考异名】Stolidia Baill. (1862)●☆

5297 Badusa A. Gray (1859)【汉】白杜伞属。【隶属】茜草科 Rubiaceae。【包含】世界 3 种。【学名诠释与讨论】〈阴〉词源不详。Bathysograya O. Kuntze(1903)用 "Bathysograya O. Kuntze in T. Post et O. Kuntze, Lex. 62. Dec 1903" 替代 "Badusa A. Gray, Proc. Amer. Acad. Arts 4：308. Sep 1859";这是多余的。【分布】斐济,美国(卡罗林纳),瓦努阿图。【模式】Badusa corymbifera (J. G. Forster) A. Gray［Cinchona corymbifera J. G. Forster］。【参考异名】Bathysograya Kuntze(1904) Nom. illegit. ●☆

5298 Baea Comm. ex Juss. (1789) Nom. illegit. ≡ Boea Comm. ex Lam. (1785)［苦苣苔科 Gesneriaceae］■

5299 Baea Juss. (1789) Nom. illegit. ≡ Boea Comm. ex Lam. (1785)［苦苣苔科 Gesneriaceae］■

5300 Baea Juss. (1838) Nom. illegit. ≡ Boea Comm. ex Lam. (1785)［苦苣苔科 Gesneriaceae］■

5301 Baechea Colla (1824) = Baeckea L. (1753)［桃金娘科 Myrtaceae］●

5302 Baecka Cothen. (1790) Nom. illegit. =Baeckea L. (1753)［桃金娘科 Myrtaceae］●

5303 Baeckea Burm. f. (1768) Nom. illegit. =Brunia Lam. (1785) (保留属名)［鳞叶树科(布鲁尼科,小叶树科)Bruniaceae］●☆

5304 Baeckea L. (1753)【汉】岗松属。【英】Baeckea。【隶属】桃金娘科 Myrtaceae。【包含】世界 70-75 种,中国 1 种。【学名诠释与讨论】〈阴〉（人）Abraham Baeck, 1713-1795, 瑞典医生, 植物学者。此属的学名, ING、APNI、TROPICOS 和 IK 记载是 "Baeckea L., Sp. Pl. 1：358. 1753［1 May 1753］"。"Baecka Cothen., Dispositio Vegetabilium Methodica a Staminum Numero Desumta 1790" 和 "Baeckia Andrews, The Botanists Repository 9 1810" 是其拼写变体。鳞叶树科(布鲁尼科,小叶树科)Bruniaceae 的 "Baeckea Burm. f., Fl. Ind. (N. L. Burman) Prodr. Fl. Cap.：12. 1768［1 Mar-6 Apr 1768］=Brunia Lam. (1785)(保留属名)" 是晚出的非法名称。"Tjongina Adanson, Fam. 2：234,611. Jul-Aug 1763" 是 "Baeckea L. (1753)" 的晚出的同模式异名(Homotypic

synonym, Nomenclatural synonym)。【分布】澳大利亚,马来西亚,中国,法属新喀里多尼亚,加里曼丹岛。【模式】Baeckea frutescens Linnaeus。【参考异名】Allostis Raf. (1838); Anticoryne Turcz. (1852); Astus Trudgen et Rye (2005); Auticoryne Turcz. (1852); Babingtonia Lindl. (1842); Baechea Colla (1824); Baecka Cothen. (1790); Baeckia Andrews(1810); Baeckia R. Br.; Beckea A. St.-Hil. (1806); Beckia Raf. (1838); Camphoromyrtus Schauer(1843) Nom. illegit.; Cyathostemon Turcz. (1852); Drosodendron Roem. (1846) Nom. illegit.; Eremopyxis Baill. (1862) Nom. illegit.; Ericomyrtus Turcz. (1847); Eurymyrtus Post et Kuntze (1903); Euryomyrtus Schauer(1843); Harmogia Schauer(1843); Imbricaria Sm. (1797) Nom. illegit.; Jungia Gaertn. (1788) Nom. illegit. (废弃属名); Kardomia Peter G. Wilson(2007); Mollia J. F. Gmel. (1791) (废弃属名); Murrinea Raf. (1838); Neuhofia Stokes (1812); Oxymyrrhine Schauer(1843); Rinzia Schauer(1843); Schidiomyrtus Schauer (1843); Tetrapora Schauer (1843); Tetraspora Miq. (1856); Tjongina Adans. (1763) Nom. illegit.; Triplarina Raf. (1838)●

5305 Baeckeaceae Bercht. et J. Presl =Myrtaceae Juss. (保留科名)●

5306 Baeckia Andrews(1810) Nom. illegit. =Baeckea L. (1753)［桃金娘科 Myrtaceae］●

5307 Baeckia R. Br., Nom. illegit. =Baeckea L. (1753)［桃金娘科 Myrtaceae］●

5308 Baeica C. B. Clarke(1883) Nom. illegit. ≡Boeica T. Anderson ex C. B. Clarke(1874)［苦苣苔科 Gesneriaceae］●■

5309 Baeobotrys J. Forst. et G. Forst. (1776) = Maesa Forssk. (1775)［紫金牛科 Myrsinaceae//杜茎山科 Maesaceae］●

5310 Baeochortus Ehrh. (1789) Nom. inval. =Carex L. (1753)［莎草科 Cyperaceae］■

5311 Baeolepis Decne. ex Moq. (1849)【汉】弱鳞萝藦属(南印度萝藦属)。【隶属】萝藦科 Asclepiadaceae。【包含】世界 1 种。【学名诠释与讨论】〈阴〉（希）baios,瘦,小,弱,干燥的,简略的+lepis,所有格 lepidos,指小式 lepion 或 lepidion,鳞,鳞片。此属的学名 "Baeolepis Decaisne ex Moquin-Tandon in Alph. de Candolle, Prodr. 13(2)：216. 5 Mai 1849" 是一个替代名称。"Brachylepis R. Wight et Arnott in R. Wight, Contr. Bot. India 63. Dec 1834" 是一个非法名称(Nom. illegit.),因为此前已经有了 "Brachylepis C. A. Meyer ex Ledebour, Icon. Pl. Nov. 1：12. Mai-Dec 1829［藜科 Chenopodiaceae］"。故用 "Baeolepis Decne. ex Moq. (1849)" 替代之。"Cornacchinia Endlicher, Gen. 1397. Feb-Mar 1841(non Savi 1837) Nom. illegit." 也是 "Baeolepis Decne. ex Moq. (1849)" 的同模式异名(Homotypic synonym, Nomenclatural synonym)。【分布】印度(南部)。【模式】Baeolepis nervosa (Wight et Arnott) Decaisne ex Moquin-Tandon［Brachylepis nervosa Wight et Arnott］。【参考异名】Brachylepis Wight et Arn. (1834) Nom. illegit.; Cornacchinia Endl. (1841) Nom. illegit. ■☆

5312 Baeometra Salisb. (1812) Nom. inval. ≡ Baeometra Salisb. ex Endl. (1836)［秋水仙科 Colchicaceae］■☆

5313 Baeometra Salisb. ex Endl. (1836)【汉】南非秋水仙属。【隶属】秋水仙科 Colchicaceae。【包含】世界 1 种。【学名诠释与讨论】〈阴〉（希）baios,瘦,小,弱,干燥的,简略的+metre 子宫,腹。此属的学名 "Baeometra R. A. Salisbury ex Endlicher, Gen. 136. Dec 1836" 是一个替代名称。"Kolbea D. F. L. Schlechtendal, Linnaea 1：80. Jan 1826" 是一个非法名称(Nom. illegit.),因为此前已经有了 "Kolbia Adans., Fam. Pl. (Adanson) 2：164. 1763 ≡Blaeria L. (1753)［杜鹃花科(欧石南科)Ericaceae］"。故用 "Baeometra Salisb. ex Endl. (1836)" 替代之。"Baeometra Salisb. (1812) ≡

Baeometra Salisb. ex Endl.（1836）"是一个未合格发表的名称。"Jania J. A. Schultes et J. H. Schultes in J. J. Roemer et J. A. Schultes, Syst. Veg. 7(2):xcviii, 1528. 1830 (sero)（non Lamouroux 1812）"也是"Baeometra Salisb. ex Endl.（1836）"的同模式异名（Homotypic synonym, Nomenclatural synonym）。【分布】非洲南部。【模式】Baeometra breyniana（Linnaeus）Baillon［Tulipa breyniana Linnaeus］。【参考异名】Baeometra Salisb.（1812）Nom. inval.；Baeoterpe Salisb.（1866）；Epionix Raf.（1837）Nom. illegit.；Jania Schult. et Schult. f.（1830）Nom. illegit.；Jania Schult. f.（1830）Nom. illegit.；Kolbea Schltdl.（1826）Nom. illegit. ■☆

5314　Baeoterpe Salisb.（1866）= Baeometra Salisb. ex Endl.（1836）；~ = Hyacinthus L.（1753）［百合科 Liliaceae//风信子科 Hyacinthaceae//秋水仙科 Colchicaceae］☆

5315　Baeothrion Pfeiff. = Baeothryon A. Dietr.（1833）Nom. illegit.；~ = Eleocharis R. Br.（1810）；~ = Scirpus L.（1753）（保留属名）［莎草科 Cyperaceae］■

5316　Baeothryon A. Dietr.（1833）Nom. illegit. = Eleocharis R. Br.（1810）；~ = Scirpus L.（1753）（保留属名）［莎草科 Cyperaceae//藨草科 Scirpaceae］■

5317　Baeothryon Ehrh. ex A. Dietr.（1833）Nom. illegit. = Eleocharis R. Br.（1810）；~ = Scirpus L.（1753）（保留属名）［莎草科 Cyperaceae//藨草科 Scirpaceae］■

5318　Baeothryon Ehth.（1789）Nom. inval., Nom. nud. = Eleocharis R. Br.（1810）；~ = Scirpus L.（1753）（保留属名）［莎草科 Cyperaceae//藨草科 Scirpaceae］■

5319　Baeria Fisch. et C. A. Mey.（1836）【汉】拜氏菊属。【隶属】菊科 Asteraceae（Compositae）。【包含】世界 10 种。【学名诠释与讨论】〈阴〉（人）K. E. von Baer, 1792-1876, 俄罗斯植物学者。此属的学名是"Baeria F. E. L. Fischer et C. A. Meyer, Index Sem. Hortus Bot. Petrop. 2：29. Jan（?）1836"。亦有文献把其处理为"Lasthenia Cass.（1834）"的异名。【分布】美国（西南部）。【模式】Baeria chrysostoma F. E. L. Fischer et C. A. Meyer。【参考异名】Dichaeta Nutt.（1841）；Lasthenia Cass.（1834）；Ptilomeria Nutt.（1841）■☆

5320　Baeriopsis J. T. Howell（1942）【汉】腺肉菊属（拟拜氏菊属）。【隶属】菊科 Asteraceae（Compositae）。【包含】世界 1 种。【学名诠释与讨论】〈阴〉（属）Baeria 拜氏菊属+希腊文 opsis, 外观, 模样, 相似。【分布】美国（加利福尼亚）。【模式】Baeriopsis guadalupensis J. T. Howell。●☆

5321　Baeumerta P. Gaertn., B. Mey. et Scherb.（1800）Nom. illegit. ≡ Cardaminum Moench（1794）（废弃属名）；~ = Nasturtium W. T. Aiton（1812）（保留属名）；~ = Rorippa Scop.（1760）［十字花科 Brassicaceae（Cruciferae）］■

5322　Bafodeya Prance ex F. White（1976）【汉】西非金椽实属。【隶属】金壳果科（金棒科, 金橡实科, 可可李科）Chrysobalanaceae。【包含】世界 1 种。【学名诠释与讨论】〈阴〉词源不详。此属的学名, ING、TROPICOS 和 IK 记载是"Bafodeya G. T. Prance ex F. White, Bull. Jard. Bot. Belg. 46：271. 31 Dec 1976"。"Bafodeya Prance（1976）"的命名人引证有误。【分布】热带非洲西部。【模式】Bafodeya benna（G. F. Scott-Elliot）F. White［Parinari benna G. F. Scott-Elliot］。【参考异名】Bafodeya Prance（1976）Nom. illegit. ●☆

5323　Bafodeya Prance（1976）Nom. illegit. = Bafodeya Prance ex F. White（1976）［金壳果科（金棒科, 金橡实科, 可可李科）Chrysobalanaceae］●☆

5324　Bafutia C. D. Adams（1962）【汉】纤粉菊属。【隶属】菊科 Asteraceae（Compositae）。【包含】世界 1 种。【学名诠释与讨论】〈阴〉词源不详。【分布】西赤道非洲。【模式】Bafutia tenuicaulis C. D. Adams。■☆

5325　Bagalatta Roxb. ex Rchb.（1828）= Tiliacora Colebr.（1821）（保留属名）［防己科 Menispermaceae］●☆

5326　Bagassa Aubl.（1775）【汉】乳桑属。【英】Bagasse, Tatajuba。【隶属】桑科 Moraceae。【包含】世界 1-2 种。【学名诠释与讨论】〈阴〉Bagassa guianensis Aubl. 的加勒比俗名。【分布】巴西（北部），几内亚。【模式】Bagassa guianensis Aublet。【参考异名】Laurea Gaudich.（1830）；Lourea Kunth（1839）Nom. illegit. ●☆

5327　Bagnisia Becc.（1877）= Thismia Griff.（1845）［水玉簪科 Burmanniaceae//水玉杯科（腐杯草科, 肉质腐生草科）Thismiaceae］☆

5328　Baguenaudiera Bubani（1899）Nom. illegit. ≡ Colutea L.（1753）［豆科 Fabaceae（Leguminosae）//蝶形花科 Papilionaceae］●

5329　Bahamia Britton et Rose（1928）= Acacia Mill.（1754）（保留属名）［豆科 Fabaceae（Leguminosae）//含羞草科 Mimosaceae//金合欢科 Acaciaceae］●■

5330　Baharuia D. J. Middleton（1995）【汉】加岛夹竹桃属。【隶属】夹竹桃科 Apocynaceae。【包含】世界 1 种。【学名诠释与讨论】〈阴〉词源不详。【分布】加里曼丹岛。【模式】Baharuia gracilis D. J. Middleton。●☆

5331　Bahel Adans.（1763）（废弃属名）= Artanema D. Don（1834）（保留属名）［玄参科 Scrophulariaceae//婆婆纳科 Veronicaceae］■☆

5332　Bahelia Kuntze（1891）= Bahel Adans.（1763）（废弃属名）；~ = Artanema D. Don（1834）（保留属名）［玄参科 Scrophulariaceae//婆婆纳科 Veronicaceae］■☆

5333　Bahia Lag.（1816）【汉】黄羽菊属。【隶属】菊科 Asteraceae（Compositae）。【包含】世界 10-13 种。【学名诠释与讨论】〈阴〉（地）Bahia, 巴伊亚, 位于巴西。另说纪念 Juan Francisco（Joannes Fran-ciscus）de Bahf y Fonseca, 1775-1841, 西班牙植物学者, 医生。此属的学名, ING、GCI、TROPICOS 和 IK 记载是"Bahia Lag., Gen. Sp. Pl.［Lagasca］30. 1816［Jun-Jul（?）1816］"。"Stylesia Nuttall, Trans. Amer. Philos. Soc. ser. 2. 7：377. 2 Apr 1841"是"Bahia Lag.（1816）"的晚出的同模式异名（Homotypic synonym, Nomenclatural synonym）。亦有文献把"Bahia Lag.（1816）"处理为"Picradeniopsis Rydb. ex Britton（1901）"的异名。【分布】美国（西南部），墨西哥, 智利, 中美洲。【模式】Bahia ambrosioides Lagasca。【参考异名】Amauriopsis Rydb.（1914）；Picradeniopsis Rydb.（1901）；Picradeniopsis Rydb. ex Britton（1901）Stylesia Nutt.（1841）Nom. illegit.；Trichophyllum Nutt.（1818）；Virletia Sch. Bip. ex Benth. et Hook. f.（1873）■☆

5334　Bahia Nutt.（1841）Nom. illegit. ≡ Trichophyllum Nutt.（1818）［菊科 Asteraceae（Compositae）］■☆

5335　Bahianthus R. M. King et H. Rob.（1972）【汉】胶黏柄泽兰属。【隶属】菊科 Asteraceae（Compositae）。【包含】世界 1 种。【学名诠释与讨论】〈阳〉（地）Bahia, 巴伊亚, 位于巴西+anthos, 花。另说（属）Bahia 黄羽菊属+anthos, 花。【分布】巴西。【模式】Bahianthus viscosus（K. P. J. Sprengel）R. M. King et H. E. Robinson［Mikania viscosa K. P. J. Sprengel］●☆

5336　Bahiella J. F. Morales（2006）【汉】巴西蛇木属。【隶属】夹竹桃科 Apocynaceae。【包含】世界 2 种。【学名诠释与讨论】〈阴〉（属）Bahia 黄羽菊属+-ellus, -ella, -ellum, 加在名词词干后面形成指小式的词尾。或加在人名、属名等后面以组成新属的名称。亦有文献把"Bahiella J. F. Morales（2006）"处理为"Echites P. Browne（1756）"的异名。【分布】巴西。【模式】Bahiella blanchetii（A. DC.）J. F. Morales［Echites blanchetii A. DC.］。【参考异名】Echites P. Browne（1756）●☆

5337　Bahiopsis Kellogg（1863）【汉】黄目菊属。【隶属】菊科 Asteraceae（Compositae）。【包含】世界 12 种。【学名诠释与讨论】〈阴〉（属）Bahia 黄羽菊属＋希腊文 opsis，外观，模样，相似。此属的学名是"Bahiopsis Kellogg, Proc. Calif. Acad. Sci. 2：35. 1863"。亦有文献把其处理为"Viguiera Kunth（1818）"的异名。【分布】参见 Viguiera Kunth（1818）。【模式】Bahiopsis lanata Kellogg。【参考异名】Viguiera Kunth（1818）■☆

5338　Baicalia Steller ex Grmel. ＝ Astragalus L.（1753）＋Oxytropis DC.（1802）（保留属名）［豆科 Fabaceae（Leguminosae）//蝶形花科 Papilionaceae］●■

5339　Baijiania A. M. Lu et J. Q. Li（1993）【汉】白兼果属。【隶属】葫芦科（瓜科，南瓜科）Cucurbitaceae。【包含】世界 3 种，中国 3 种。【学名诠释与讨论】〈阴〉（汉）Baijian 白兼（果）。此属的学名是"Baijiania A. M. Lu et J. Q. Li in J. Q. Li, Acta Phytotax. Sin. 31：50. Feb 1993"。亦有文献把其处理为"Siraitia Merr.（1934）"的异名。【分布】泰国，中国，马来半岛至加里曼丹岛。【模式】Baijiania borneensis（E. D. Merrill）A. M. Lu et J. Q. Li ［Thladiantha borneensis E. D. Merrill］。【参考异名】Siraitia Merr.（1934）■

5340　Baikiaea Benth.（1865）【汉】红苏木属。【隶属】豆科 Fabaceae（Leguminosae）//云实科（苏木科）Caesalpiniaceae。【包含】世界 4-10 种。【学名诠释与讨论】〈阴〉（人）William Balfour Baikie，1825-1864，英国医生。【分布】热带非洲。【模式】Baikiaea insignis Bentham。●☆

5341　Baileya Harv. et A. Gray ex Torr.（1848）【汉】沙金盏属（白莱菊属，白莱氏菊属，贝利菊属）。【英】Desert Marigold。【隶属】菊科 Asteraceae（Compositae）。【包含】世界 3-4 种。【学名诠释与讨论】〈阴〉（人）Jacob Whitman Bailey，1811-1857，美国硅藻学者。另说纪念美国植物学者 Irving Widmer Bailey，1884-1967。此属的学名，ING 和 IK 记载是"Baileya Harv. et A. Gray ex Torr., in Emory, Notes Mil. Reconnois. 144（1848）"。"Baileya Harv. et A. Gray（1848）"的命名人引证有误。红藻的"Baileya Kuetzing, Tab. Phycol. 7：35. t. 87, f. III. 1857"是晚出的非法名称。【分布】美国（西南部），墨西哥。【模式】Baileya multiradiata W. H. Harvey et A. Gray ex J. Torrey。【参考异名】Baileya Harv. et A. Gray（1848）Nom. illegit.■☆

5342　Baileya Harv. et A. Gray（1848）Nom. illegit. ≡ Baileya Harv. et A. Gray ex Torr.（1848）［菊科 Asteraceae（Compositae）］■☆

5343　Baileyoxylon C. T. White（1941）【汉】白氏木属。【隶属】刺篱木科（大风子科）Flacourtiaceae。【包含】世界 1 种。【学名诠释与讨论】〈中〉（人）Jacob Whitman Bailey，1811-1857，硅藻学者＋xyle＝xylon，木材。【分布】澳大利亚。【模式】Baileyoxylon lanceolatum C. T. White。●☆

5344　Baillandea Roberty（1952）＝ Calycobolus Willd. ex Schult.（1819）［旋花科 Convolvulaceae］●☆

5345　Baillieria Aubl.（1775）＝ Clibadium F. Allam. ex L.（1771）［菊科 Asteraceae（Compositae）］●■☆

5346　Baillonacanthus Kuntze（1903）Nom. illegit. ≡ Solenoruellia Baill.（1891）［爵床科 Acanthaceae］●☆

5347　Baillonella Pierre ex Dubard, Nom. illegit. ≡ Baillonella Pierre（1890）［山榄科 Sapotaceae］●☆

5348　Baillonella Pierre（1890）【汉】毒籽山榄属。【隶属】山榄科 Sapotaceae。【包含】世界 1 种。【学名诠释与讨论】〈阴〉（属）Baillonia 白花不老树属＋-ellus，-ella，-ellum，加在名词词干后面形成指小式的词尾。或加在人名、属名等后面以组成新属的名称。此属的学名，ING、TROPICOS 和 IK 记载是"Baillonella Pierre, Notes Bot. Sapot. 13. 30 Dec 1890"。"Baillonella Pierre ex

Dubard ≡ Baillonella Pierre（1890）"的命名人引证有误。【分布】西赤道非洲。【模式】Baillonella toxisperma Pierre。【参考异名】Baillonella Pierre ex Dubard, Nom. illegit. ●☆

5349　Baillonia Bocq.（1862）【汉】白花不老树属（贝隆草属）。【隶属】马鞭草科 Verbenaceae。【包含】世界 1 种。【学名诠释与讨论】〈阴〉（人）Henri Ernest Baillon，1827-1895，法国植物学者。此属的学名，ING、TROPICOS 和 IK 记载是"Baillonia Bocquillon, Adansonia 2：251. Apr 1862"。"Baillonia Bocq. ex Baill.（1862）"的命名人引证有误。【分布】巴拉圭，玻利维亚，南美洲。【模式】Baillonia amabilis Bocquillon。【参考异名】Baillonia Bocq. ex Baill.（1862）Nom. illegit. ●☆

5350　Baillonia Bocq. ex Baill.（1862）Nom. illegit. ≡ Baillonia Bocq.（1862）［马鞭草科 Verbenaceae］●☆

5351　Baillonodendron Heim（1890）＝ Dryobalanops C. F. Gaertn.（1805）［龙脑香科 Dipterocarpaceae］●☆

5352　Baimashania Al-Shehbaz（2000）【汉】白马芥属。【隶属】十字花科 Brassicaceae（Cruciferae）。【包含】世界 2 种，中国 2 种。【学名诠释与讨论】〈阴〉（地）Baimashan，白马山。【分布】中国。【模式】Baimashania pulvinata I. A. Al-Shehbaz。■★

5353　Baimo Raf.（1838）＝ Fritillaria L.（1753）［百合科 Liliaceae//贝母科 Fritillariaceae］■

5354　Baissea A. DC.（1844）【汉】白瑟木属。【隶属】夹竹桃科 Apocynaceae。【包含】世界 20 种。【学名诠释与讨论】〈阴〉词源不详。此属的学名是"Baissea Alph. de Candolle, Prodr. 8：424. Mar（med.）1844"。亦有文献把其处理为"Cleghornia Wight（1848）"的异名。【分布】热带非洲，亚洲。【模式】Baissea multiflora Alph. de Candolle。【参考异名】Cleghornia Wight（1848）；Codonura K. Schum.（1896）；Guerkea K. Schum.（1895）；Gürkea K. Schum.（1895）Nom. illegit.；Perinerion Baill.（1888）；Zygodia Benth.（1876）●☆

5355　Baiswa Raf. ＝ Paris L.（1753）［百合科 Liliaceae//延岭草科（重楼科）Trilliaceae］■

5356　Baitaria Ruiz. et Pav.（1794）（废弃属名）＝ Calandrinia Kunth（1823）（保留属名）［马齿苋科 Portulacaceae］■☆

5357　Bajacalia Loockerman, B. L. Turner et R. K. Jansen（2003）【汉】肉腺菊属。【隶属】菊科 Asteraceae（Compositae）。【包含】世界 3 种。【学名诠释与讨论】〈阴〉（地）Baia California，下加里福尼亚半岛。【分布】北美洲。【模式】Bajacalia tridentata（Bentham）D. J. Loockerman, B. L. Turner et R. K. Jansen ［Porophyllum tridentatum Bentham］●☆

5358　Bajan Adans.（1763）Nom. illegit. ≡ Amaranthus L.（1753）［苋科 Amaranthaceae］■

5359　Bakera Post et Kuntze（1）＝ Bakeria Seem.（1864）；~ ＝ Plerandra A. Gray（1854）［五加科 Araliaceae］●

5360　Bakera Post et Kuntze（2）＝ Bakeria Andre（1889）Nom. illegit.；~ ＝ Bakerantha L. B. Sm.（1934）［凤梨科 Bromeliaceae］■☆

5361　Bakera Post et Kuntze（3）＝ Rosa L.（1753）（subgen. Bakeria Gandog.）［蔷薇科 Rosaceae］●

5362　Bakerantha L. B. Sm.（1934）【汉】贝克凤梨属。【隶属】凤梨科 Bromeliaceae。【包含】世界 1 种。【学名诠释与讨论】〈阴〉（人）John Gilbert Baker，1834-1920，英国植物学者＋anthos，花。antheros，多花的。antheo，开花。此属的学名"Bakerantha L. B. Smith, Contr. Gray Herb. 104：72. 6 Aug 1934"是一个替代名称。"Bakeria E. F. André, Rev. Hort. 61：84. 1889"是一个非法名称（Nom. illegit.），因为此前已经有了"Bakeria B. C. Seemann, J. Bot. 2：239, 248. 1 Aug 1864 ≡ Plerandra A. Gray（1854）＝ Schefflera J. R. Forst. et G. Forst.（1775）（保留属名）［五加科 Araliaceae］"。

故用"Bakerantha L. B. Sm. (1934)"替代之。同理,"Bakeria (M. Gandoger) M. Gandoger, Fl. Eur. 8:188. Mai 1886"也是一个非法名称。亦有文献把"Bakerantha L. B. Sm. (1934)"处理为"Hechtia Klotzsch(1835)"的异名。【分布】哥伦比亚。【模式】Bakerantha tillandsioides (André) L. B. Sm. [Bakeria tillandsioides André]。【参考异名】Bakera Post et Kuntze (1903);Bakeria André(1889) Nom. illegit. ;Hechtia Klotzsch(1835)■☆

5363 Bakerella Tiegh. (1895)【汉】马岛寄生属。【隶属】桑寄生科 Loranthaceae。【包含】世界16种。【学名诠释与讨论】〈阴〉(人)John Gilbert Baker, 1834–1920,英国植物学者+-ellus, -ella,-ellum,加在名词词干后面形成指小式的词尾。或加在人名、属名等后面以组成新属的名称。【分布】马达加斯加。【模式】未指定。●☆

5364 Bakeria (Gand.) Gand. (1886) Nom. illegit. = Rosa L. (1753) [蔷薇科 Rosaceae]●

5365 Bakeria Andr. (1889) Nom. illegit. ≡ Bakerantha L. B. Sm. (1934);~ =Hechtia Klotzsch(1835) [凤梨科 Bromeliaceae]■☆

5366 Bakeria Seem. (1864) = Plerandra A. Gray(1854);~ =Schefflera J. R. Forst. et G. Forst. (1775)(保留属名)[五加科 Araliaceae]●

5367 Bakeridesia Hochr. (1913)【汉】巴伊锦葵属。【隶属】锦葵科 Malvaceae。【包含】世界13-20种。【学名诠释与讨论】〈阴〉(人)Edmund Gilbert Baker,1864–1949,英国植物学者+Eberhard Ysbrant Ides,荷兰旅行家,18世纪曾来过中国采集植物标本。【分布】厄瓜多尔,哥斯达黎加,墨西哥,尼加拉瓜,热带南美洲,中美洲。【模式】Bakeridesia galeottii (E. G. Baker) Hochreutiner [Abutilon galeottii E. G. Baker]●☆

5368 Bakeriella Dubard (1911) Nom. illegit. ≡ Bakeriella Pierre ex Dubard (1911) Nom. illegit. ;~ ≡Synsepalum (A. DC.) Daniell (1852);~ =Vincentella Pierre(1891) [山榄科 Sapotaceae]●☆

5369 Bakeriella Pierre exDubard(1911) Nom. illegit. ≡Synsepalum (A. DC.) Daniell (1852);~ = Vincentella Pierre (1891) [山榄科 Sapotaceae]●☆

5370 Bakerisideroxylon(Engl.) Engl. (1904) Nom. illegit. ≡ Vincentella Pierre(1891);~ = Afrosersalisia A. Chev. (1943);~ = Synsepalum (A. DC.) Daniell(1852) [山榄科 Sapotaceae]●☆

5371 Bakerisideroxylon Engl. (1904) Nom. illegit. ≡Bakerisideroxylon (Engl.) Engl. (1904) Nom. illegit. ≡Vincentella Pierre(1891);~ = Afrosersalisia A. Chev. (1943);~ = Synsepalum (A. DC.) Daniell (1852) [山榄科 Sapotaceae]●☆

5372 Bakerolimon Lincz. (1968)【汉】无叶补血草属(情人草属)。【隶属】白花丹科(矶松科,蓝雪科)Plumbaginaceae。【包含】世界2种。【学名诠释与讨论】〈中〉(人)Herbert G. Baker,1920–,英国植物学者+leimon,草地。【分布】秘鲁,智利北部。【模式】Bakerolimon plumosum (R. A. Philippi) I. Linczevski [Statice plumosa R. A. Philippi]●☆

5373 Bakerophyton (J. Léonard) Hutch. (1964)【汉】巴氏豆属。【隶属】豆科 Fabaceae(Leguminosae)。【包含】世界1种。【学名诠释与讨论】〈中〉(人)John Gilbert Baker,1834–1920 and Edmund Gilbert Baker,1864–1949,英国植物学者+phyton,植物,树木,枝条。此属的学名,ING和IK记载是"Bakerophyton (J. Léonard) J. Hutchinson,Gen. Fl. Pl. 1:474. 1964",由"Aeschynomene subgen. Bakerophyton J. Léonard,Fl. Congo Belge 5:251. 1954"改级而来。TROPICOS则记载为"Bakerophyton Hutch., Gen. Fl. Pl. 1:474. 1964"。亦有文献把"Bakerophyton (J. Lrophyt) Hutch. (1964)"处理为"Aeschynomene L. (1753)"的异名。【分布】热带非洲。【模式】Bakerophyton lateritium (Harms) J. Hutchinson [Aeschynomene lateritia Harms]。【参考异名】Aeschynomene L.

(1753);Aeschynomene subgen. Bakerophyton J. Léonard (1954);Bakerophyton Hutch. (1964)Nom. illegit. ●☆

5374 Bakerophyton Hutch. (1964) Nom. illegit. ≡ Bakerophyton (J. Léonard) Hutch. (1964) [豆科 Fabaceae(Leguminosae)//蝶形花科 Papilionaceae]●☆

5375 Bakeros Raf. (1840) = Seseli L. (1753) [伞形花科(伞形科) Apiaceae(Umbelliferae)]■

5376 Bakoa P. C. Boyce et S. Y. Wong(2008)【汉】巴科南星属。【隶属】天南星科 Araceae。【包含】世界1种。【学名诠释与讨论】〈阴〉(人)Bako。【分布】加里曼丹岛。【模式】Bakoa lucens (Bogner) P. C. Boyce et S. Y. Wong [Hottarum lucens Bogner]■☆

5377 Balaka Becc. (1885)【汉】巴拉卡椰子属(巴拉卡椈属,巴拉卡棕属,仗椰属)。【日】バラカヤシ属。【英】Balaca, Balaca Palm。【隶属】棕榈科 Arecaceae(Palmae)。【包含】世界7-20种。【学名诠释与讨论】〈阴〉(希)Balak,斐济岛名。另说来自植物俗名。【分布】斐济,萨摩亚群岛。【后选模式】Balaka perbrevis (H. Wendland) Beccari [Ptychosperma perbreve H. Wendland]●☆

5378 Balakata Esser (1999)【汉】巴拉大戟属。【隶属】大戟科 Euphorbiaceae。【包含】世界2种。【学名诠释与讨论】〈阴〉词源不详。【分布】菲律宾,南亚。【模式】Balakata luzonica (S. Vidal) H. -J. Esser [Myrica luzonica S. Vidal]●☆

5379 Balanaulax Raf. (1838) = Pasania (Miq.) Oerst. (1867);~ = Quercus L. (1753) [壳斗科(山毛榉科)Fagaceae]●

5380 Balaneikon Setchell(1932) = Balanophora J. R. Forst. et G. Forst. (1776) [蛇菰科(土鸟麟科)Balanophoraceae]■

5381 Balanghas Raf. (1838) Nom. illegit. ≡ Southwellia Salisb. (1807);~ = Sterculia L. (1753) [梧桐科 Sterculiaceae//锦葵科 Malvaceae]●

5382 Balania Noronha(1790) = Gnetum L. (1767) [买麻藤科(倪藤科)Gnetaceae]●

5383 Balania Tiegh. (1896) Nom. illegit. = Balanophora J. R. Forst. et G. Forst. (1776) [蛇菰科(土鸟麟科)Balanophoraceae]■

5384 Balaniella Tiegh. (1907) Nom. illegit. ≡ Cynopsole Endl. (1836);~ = Balania Tiegh. (1896);~ = Balanophora J. R. Forst. et G. Forst. (1776) [蛇菰科(土鸟麟科)Balanophoraceae]■

5385 Balanitaceae Endl. = Balanitaceae M. Roem. (保留科名);~ = Zygophyllaceae R. Br. (保留科名)●■

5386 Balanitaceae M. Roem. (1846)(保留科名)【汉】榭果科(翠蛋胚科,龟头树科,卤水草科)。【包含】世界1属25种。【分布】热带非洲,亚洲西部和南部。【科名模式】Balanites Delile ●☆

5387 Balanites Delile(1813)(保留属名)【汉】榭果属(翠蛋胚属,卤刺树属,卤水草属,橡形木属)。【英】Desert Dale。【隶属】蒺藜科 Zygophyllaceae//榭果科(翠蛋胚科,龟头树科,卤水草科)Balanitaceae。【包含】世界25-28种。【学名诠释与讨论】〈阳〉(希)balanos,榭果,橡实+-ites,表示关系密切的词尾。此属的学名"Balanites Delile, Descr. Egypte, Hist. Nat. 2;221. 1813 (sero)-1814 (prim.)"是保留属名。相应的废弃属名是蒺藜科 Zygophyllaceae 的"Agialid Adans., Fam. Pl. 2;508,514. Jul-Aug 1763 =Bartonia Muhl. ex Willd. (1801)(保留属名)≡ Balanites Delile(1813)(保留属名)"。【分布】热带非洲至缅甸。【模式】Balanites aegyptiacus (Linnaeus) Delile [as 'aegyptiaca'] [Ximenia aegyptiaca Linnaeus]。【参考异名】Agialid Adans. (1763)(废弃属名);Agialida Kuntze(1891)Nom. illegit. (废弃属名);Agiella Tiegh. (1906);Agihalid Juss. (1804);Glans Gronov. ●☆

5388 Balanocarpus Bedd. (1874)【汉】棒果香属(新棒果香属)。【隶属】龙脑香科 Dipterocarpaceae。【包含】世界25种。【学名诠释与讨论】〈阴〉(希)balanos,榭果,橡实+carpos果实。此属的学

名,ING 和 IK 记载是" Balanocarpus Bedd. , Fl. Sylv. S. India Forester's Man. Bot. :p. ccxxxvi［bis］.［late 1873 or early 1874］"。P. S. Ashton(1982)曾用"Neobalanocarpus P. S. Ashton,Gard. Bull. Singapore 31(1):27, without latin descr. , in error 'nom. nov. '. 1978"和" Neobalanocarpus P. S. Ashton, Fl. Males. , Ser. 1 9:388. 23 Jul 1982"替代"Balanocarpus Bedd.(1874)",但是都未合格发表(Nom. inval.)。亦有文献把"Balanocarpus Bedd.(1874)"处理为"Hopea Roxb.(1811)(保留属名)"的异名。【分布】参见 Hopea Roxb.(1811)(保留属名)。【模式】未指定。【参考异名】Hopea Roxb. (1811)(保留属名);Neobalanocarpus P. S. Ashton (1978) Nom. inval. ; Neobalanocarpus P. S. Ashton (1982) Nom. inval. ,Nom. nud. ;Richetia Heim(1892)●☆

5389　Balanocarpus King ＝Neobalanocarpus P. S. Ashton(1982)Nom. inval. ,Nom. nud. ; ～＝Balanocarpus Bedd.(1874)［龙脑香科 Dipterocarpaceae］●☆

5390　Balanopaceae Benth.(1880)＝Balanopaceae Benth. et Hook. f. (保留科名)●☆

5391　Balanopaceae Benth. et Hook. f.(1880)(保留科名)【汉】橡子木科(假槲树科)。【包含】世界 1-2 属 7-12 种。【分布】澳大利亚(昆士兰),法属新喀里多尼亚,斐济。【科名模式】Balanops Baill. ●☆

5392　Balanophora J. R. Forst. et G. Forst.(1776)【汉】蛇菰属。【日】ツチトリモチ属。【英】Balanophora,Snakemushroom。【隶属】蛇菰科(土鸟黐科)Balanophoraceae。【包含】世界 15-80 种,中国 12-19 种。【学名诠释与讨论】〈阴〉(希)balanos,槲果,橡实+phoros,具有,梗,负载,发现者。指植物体团聚状。【分布】澳大利亚,巴基斯坦,马达加斯加至日本,马来西亚,中国,波利尼西亚群岛。【模式】Balanophora fungosa J. R. Forster et J. G. A. Forster。【参考异名】Acroblastum Sol. (1866) Nom. inval. ; Acroblastum Sol. ex Setchell(1935)Nom. illegit. ; Balaneikon Setchell(1932); Balania Tiegh.(1896); Balaniella Tiegh.(1907) Nom. illegit. ;Bivolva Tiegh.(1907)Nom. illegit. ;Cynopsole Endl. (1836) ;Polyplethia(Griff.)Tiegh.(1896); Polyplethia Tiegh. (1896)Nom. illegit. ;Sarcocordylis Wall.(1832);Scynopsole Rchb. (1837)■

5393　Balanophoraceae L. C. A. Rich. et A. Rich. ＝Balanophoraceae Rich. (保留科名)●■

5394　Balanophoraceae Rich.(1822)(保留科名)［亦见 Cynomoriaceae Endl. ex Lindl.(保留科名)锁阳科和 Dactylanthaceae Takht. 指花菰科(手指花科)］【汉】蛇菰科(土鸟黐科)。【日】ツチトリモチ科。【俄】Баланофоровые。【英】Balanophora Family, Snakemushroom Family。【包含】世界 3-18 属 30-120 种,中国 2 属 13-20 种。【分布】热带旧世界和亚热带,从非洲至波利尼西亚群岛。【科名模式】Balanophora J. R. Forst. et G. Forst. ●■

5395　Balanoplis Raf.(1838)(废弃属名)＝Castanopsis(D. Don)Spach (1841)(保留属名)［壳斗科(山毛榉科)Fagaceae]●

5396　Balanops Baill.(1871)【汉】橡子木属(假槲树属,象子木属)。【隶属】橡子木科(假槲树科)Balanopaceae。【包含】世界 9-12 种。【学名诠释与讨论】〈阴〉(希)balanos,槲果,橡实+ops 或 opsis 外观,模样。【分布】澳大利亚(昆士兰),斐济,法属新喀里多尼亚。【后选模式】Balanops vieillardii Baillon［as 'vieillardi'］。【参考异名】Trilocularia Schltr.(1906)●☆

5397　Balanopseae Benth. ＝Balanopaceae Benth. et Hook. f. (保留科名)●☆

5398　Balanopsidaceae Engl. ＝Balanopseae Benth. ●☆

5399　Balanopsis Raf.(1838)＝Ocotea Aubl.(1775)［樟科 Lauraceae] ●☆

5400　Balanopteris Gaertn.(1791)＝Heritiera Aiton(1789)［梧桐科 Sterculiaceae//锦葵科 Malvaceae]●

5401　Balanostreblus Kurz(1874)＝Sorocea A. St. -Hil.(1821)［桑科 Moraceae]●☆

5402　Balansaea Boiss. et Reut.(1852)＝Geocaryum Coss.(1851)［伞形花科(伞形科)Apiaceae(Umbelliferae)]■

5403　Balansaephytum Drake(1896)＝Poikilospermum Zipp. ex Miq. (1864)［荨麻科 Urticaceae//蚁牺树科(号角树科,南美伞科,南美伞树科,伞树科,锥头麻科)Cecropiaceae]●

5404　Balanochloa Kuntze(1903)Nom. illegit. ≡Germainia Balansa et Poitr.(1873)［禾本科 Poaceae(Gramineae)]●

5405　Balantiaceae Dulac ＝Asclepiadaceae Borkh.(保留科名)●■

5406　Balantium Desv. ex Ham.(1825)Nom. illegit. ＝Parinari Aubl. (1775)［蔷薇科 Rosaceae//金壳果科 Chrysobalanaceae]●☆

5407　Balardia Cambess.(1829)＝Spergularia(Pers.)J. Presl et C. Presl(1819)(保留属名)［石竹科 Caryophyllaceae]■

5408　Balaustion Hook.(1851)【汉】野石榴花属。【隶属】桃金娘科 Myrtaceae。【包含】世界 2 种。【学名诠释与讨论】〈中〉(希)balaustion ＝拉丁文 balaustium,植物古名,或多室的果实。【分布】澳大利亚(西部)。【模式】Balaustion pulcherrimum W. J. Hooker。【参考异名】Cheynia Harv.(1855);Cheynia J. Drumm. ex Harv.(1855);Cheyniana Rye(2009);Punicella Turcz.(1852)●☆

5409　Balbisia Cav.(1804)(保留属名)【汉】巴尔果属(杜香果属)。【隶属】牻牛儿苗科 Geraniaceae。【包含】世界 8-11 种。【学名诠释与讨论】〈阴〉(人)Gioanni(Giovanni)Battista Balbis,1765-1831,意大利植物学者。此属的学名"Balbisia Cav. in Anales Ci. Nat. 7;61. Feb 1804"是保留属名。相应的废弃属名是菊科 Asteraceae(Compositae)的"Balbisia Willd. ,Sp. Pl. 3:1486,2214. Apr-Dec 1803 ＝Tridax L.(1753)"。菊科 Asteraceae 的"Balbisia A. P. de Candolle, Arch. Bot.(Paris)2;333. 21 Oct 1833 ≡ Rhetinodendron Meisn.(1839)"亦应废弃。其异名中,"Ledocarpum DC.(1824)Nom. illegit. "是" Ledocarpon Desf. (1818)"的拼写变体。【分布】秘鲁,玻利维亚,南美洲。【模式】Balbisia berterii A. P. de Candolle。【参考异名】Cistocarpus Kunth (1827);Cruckshanksia Hook.(1831)(废弃属名);Cruikshanksia Benth. et Hook. f.(1862)Nom. illegit. ; Dematophyllum Griseb. (1879);Ledocarpon Desf.(1818);Ledocarpum DC.(1824)Nom. illegit. ;Wendtia Meyen(1834)●☆

5410　Balbisia DC.(1833)Nom. illegit.(废弃属名)≡Rhetinodendron Meisn.(1839)［菊科 Asteraceae(Compositae)]●☆

5411　Balbisia Willd.(1803)(废弃属名)＝Tridax L.(1753)［菊科 Asteraceae(Compositae)]■●

5412　Balboa Liebm.(1853)(废弃属名)≡Balboa Liebm. ex Didr. (1853)(废弃属名); ～＝Tephrosia Pers.(1807)(保留属名)［豆科 Fabaceae(Leguminosae)//蝶形花科 Papilionaceae]●■

5413　Balboa Liebm. ex Didr.(1853)(废弃属名)＝Tephrosia Pers. (1807)(保留属名)［豆科 Fabaceae(Leguminosae)//蝶形花科 Papilionaceae]●■

5414　Balboa Planch. et Triana(1860)(保留属名)【汉】哥伦比亚藤黄属。【隶属】猪胶树科(克鲁西科,山竹子科,藤黄科)Clusiaceae (Guttiferae)。【包含】世界 1 种。【学名诠释与讨论】〈阴〉(地)Balboa,巴尔博亚,位于哥伦比亚。此属的学名"Balboa Planchon et Triana in Ann. Sci. Nat. ,Bot. ,ser. 4,13:315. Mai 1860"是保留属名。相应的废弃属名是豆科 Fabaceae(Leguminosae)的"Balboa Liebm. ex Didr. in Vidensk. Meddel. Dansk Naturhist. Foren. Kjøbenhavn 1853:106. 1853Tephrosia Pers.(1807)(保留属名)"。"Balboa Liebm.(1853)≡Balboa Liebm. ex Didr.(1853)(废弃属

名）= Tephrosia Pers.（1807）（保留属名）"亦应废弃。亦有文献把"Balboa Planch. et Triana（1860）（保留属名）"处理为"Chrysochlamys Poepp.（1840）"的异名。【分布】厄瓜多尔,哥伦比亚,中美洲。【模式】Balboa membranacea J. E. Planchon et Triana。【参考异名】Chrysochlamys Poepp.（1840）■☆

5415　Baldellia Parl.（1854）【汉】假泽泻属（圆果泻属）。【英】Baldellia, Lesser Water-plantain, Water-plantain。【隶属】泽泻科 Alismataceae。【包含】世界2种。【学名诠释与讨论】〈阴〉（人）Bartolomeo Bartolini-Baldelli,意大利博物学者。【分布】非洲北部,欧洲南部和西部。【模式】Baldellia ranunculoides（Linnaeus）Parlatore［Alisma ranunculoides Linnaeus］■☆

5416　Baldingera Dennst.（1818）Nom. illegit. = Premna L.（1771）（保留属名）［马鞭草科 Verbenaceae//唇形科 Lamiaceae（Labiatae）//牡荆科 Viticaceae］●■

5417　Baldingera G. Gaertn., B. Mey. et Scherb.（1799）Nom. illegit. ≡ Typhoides Moench（1794）Nom. illegit.;~= Phalaris L.（1753）［禾本科 Poaceae（Gramineae）//藨草科 Phalariaceae］■

5418　Baldingeria F. W. Schmidt（1795）= Leontodon L.（1753）（保留属名）［菊科 Asteraceae（Compositae）］■☆

5419　Baldingeria Neck.（1790）Nom. inval. = Cotula L.（1753）［菊科 Asteraceae（Compositae）］■

5420　Baldomiria Herter（1940）= Leptochloa P. Beauv.（1812）［禾本科 Poaceae（Gramineae）］■

5421　Balduina Nutt.（1818）（保留属名）【汉】蜂巢菊属（巴都菊属）。【隶属】菊科 Asteraceae（Compositae）。【包含】世界3种。【学名诠释与讨论】〈阴〉（人）William Baldwin,1779-1819,美国植物学者,医生。此属的学名"Balduina Nutt.,Gen. N. Amer. Pl. 2:175. 14 Jul 1818"是保留属名。相应的废弃名是菊科 Asteraceae 的"Mnesiteon Raf.,Fl. Ludov.:67. Oct-Dec（prim.）1817 = Balduina Nutt.（1818）（保留属名）= Eclipta L.（1771）（保留属名）"。"Baldwinia Nutt.,Gen. N. Amer. Pl.［Nuttall］.2:175. 1818［14 Jul 1818］"是"Balduina Nutt.（1818）（保留属名）"的拼写变体。"Endorima Rafinesque, Amer. Monthly Mag. et Crit. Rev. 4:195. Jan 1819"是"Balduina Nutt.（1818）（保留属名）"的晚出的同模式异名（Homotypic synonym, Nomenclatural synonym）。【分布】美国（南部）,中美洲。【模式】Balduina uniflora Nuttall。【参考异名】Actinospermum Elliott（1823）;Balduinia Raf.（1817）;Balduinia Raf.（1818）;Baldwinia Nutt.（1818）Nom. illegit.;Baldwinia Torr. et A. Gray（1842）Nom. illegit.;Endorima Raf.（1819）Nom. illegit.;Mnesiteon Raf.（1817）（废弃属名）■☆

5422　Balduinia Raf.（1817）= Baldwinia Raf.（1818）Nom. illegit.;~= Passiflora L.（1753）（保留属名）［西番莲科 Passifloraceae］●■

5423　Baldwinia Nutt.（1818）Nom. illegit. ≡ Balduina Nutt.（1818）（保留属名）［菊科 Asteraceae（Compositae）］■☆

5424　Baldwinia Raf.（1818）Nom. illegit.（1）= Passiflora L.（1753）（保留属名）［西番莲科 Passifloraceae］●■

5425　Baldwinia Raf.（1818）Nom. illegit.（2）≡ Balduina Nutt.（1818）（保留属名）［菊科 Asteraceae（Compositae）］■☆

5426　Baldwinia Torr. et A. Gray（1842）Nom. illegit. = Balduina Nutt.（1818）（保留属名）［菊科 Asteraceae（Compositae）］■☆

5427　Balendasia Raf.（1838）= Passerina L.（1753）［瑞香科 Thymelaeaceae］●☆

5428　Balenerdia Comm. ex Steud.（1821）= Nanodea Banks ex C. F. Gaertn.（1807）［檀香科 Santalaceae//小檀香科 Nanodeaceae］●☆

5429　Balessam Bruce（1790）= Balsamodendrum Kunth（1824）［橄榄科 Burseraceae］●

5430　Balexerdia Comm. ex Endl. = Nanodea Banks ex C. F. Gaertn.（1807）［檀香科 Santalaceae//小檀香科 Nanodeaceae］●☆

5431　Balfouria（H. Ohba）H. Ohba（1995）Nom. illegit. = Ohbaea Byalt et I. V. Sokolova（1999）［景天科 Crassulaceae］■★

5432　Balfouria H. Ohba（1995）Nom. illegit. ≡ Balfouria（H. Ohba）H. Ohba（1995）Nom. illegit.;~= Ohbaea Byalt et I. V. Sokolova（1999）［景天科 Crassulaceae］■★

5433　Balfouria R. Br.（1810）= Wrightia R. Br.（1810）［夹竹桃科 Apocynaceae］●

5434　Balfourina Kuntze（1891）Nom. illegit. ≡ Didymaea Hook. f.（1873）［茜草科 Rubiaceae］■☆

5435　Balfourodendron Corr. Mello ex Oliv.（1877）【汉】巴福芸香属。【隶属】芸香科 Rutaceae。【包含】世界1种。【学名诠释与讨论】〈中〉（人）英国植物学者 John Hutton Balfour,1808-1884 和 Isaac Bayley Balfour,1853-1922 父子+dendron 或 dendros,树木,棍,丛林。【分布】阿根廷,巴拉圭,巴西。【模式】Balfourodendron eburneum Mello ex D. Oliver, Nom. illegit.［Esenbeckia riedeliana Engler］●☆

5436　Balfuria Rchb.（1828）= Balfouria R. Br.（1810）;~= Wrightia R. Br.（1810）［夹竹桃科 Apocynaceae］●

5437　Balgoya Morat et Meijden（1991）【汉】新喀远志属。【隶属】远志科 Polygalaceae。【包含】世界1种。【学名诠释与讨论】〈阴〉词源不详。【分布】法属新喀里多尼亚。【模式】Balgoya pacifica Morat et Meijden。●☆

5438　Balingayum Blanco（1837）= Calogyne R. Br.（1810）［草海桐科 Goodeniaceae］■

5439　Baliospermum Blume（1826）【汉】斑籽木属（斑籽属,微籽属）。【英】Baliosperm, Baliospermum。【隶属】大戟科 Euphorbiaceae。【包含】世界6-10种,中国7种。【学名诠释与讨论】〈中〉（希）balios,有斑点的+sperma,所有格 spermatos,种子,孢子。指种子有斑点。【分布】印度,印度尼西亚（爪哇岛）,中国,马来半岛。【模式】Baliospermum axillare Blume。●

5440　Balisaea Taub.（1895）= Aeschynomene L.（1753）［豆科 Fabaceae（Leguminosae）//蝶形花科 Papilionaceae］●■

5441　Balizia Barneby et J. W. Grimes（1996）= Inga Mill.（1754）［豆科 Fabaceae（Leguminosae）//含羞草科 Mimosaceae］●■

5442　Ballantinia Hook. f. ex E. A. Shaw（1974）【汉】牧人钱袋芥属。【隶属】十字花科 Brassicaceae（Cruciferae）。【包含】世界1种。【学名诠释与讨论】〈阴〉（人）英国 Mary Ballantini 小姐,曾在塔斯马尼亚采集植物标本。【分布】澳大利亚。【模式】Ballantinia antipoda（F. von Mueller）E. A. Shaw［Capsella antipoda F. von Mueller］■☆

5443　Ballardia Montrouz.（1860）Nom. illegit.（1）= Cloezia Brongn. et Gris（1864）［桃金娘科 Myrtaceae］●☆

5444　Ballardia Montrouz.（1860）Nom. illegit.（2）≡ Carpolepis（J. W. Dawson）J. W. Dawson（1985）［椴树科（椴科,田麻科）Tiliaceae//锦葵科 Malvaceae］●☆

5445　Ballarion Raf.（1818）= Stellaria L.（1753）［石竹科 Caryophyllaceae］■

5446　Ballela（Railn.）B. D. Jacks. = Merremia Dennst. ex Endl.（1841）（保留属名）［旋花科 Convolvulaceae］●■

5447　Ballela Raf.（1838）= Campanula L.（1753）［桔梗科 Campanulaceae］●■

5448　Ballexerda Comm. ex A. DC.（1857）= Nanodea Banks ex C. F. Gaertn.（1807）［檀香科 Santalaceae//小檀香科 Nanodeaceae］●☆

5449　Ballieria Juss.（1789）= Baillieria Aubl.（1775）;~= Clibadium F. Allam. ex L.（1771）［菊科 Asteraceae（Compositae）］●■☆

5450　Ballimon Raf.（1836）= Daucus L.（1753）［伞形花科（伞形科）

5451　Ballochia Balf. f. (1884)【汉】脱被爵床属。【隶属】爵床科 Acanthaceae。【包含】世界 3 种。【学名诠释与讨论】〈阴〉（希）ballo, 发射+chiton＝拉丁文 chitin, 罩衣, 外罩, 上衣, 铠甲, 覆盖物。【分布】也门（索科特拉岛）。【模式】Ballochia rotundifolia I. B. Balfour。☆

5452　Ballosporum Salisb. (1866) = Gladiolus L. (1753) [鸢尾科 Iridaceae]■

5453　Ballota L. (1753)【汉】宽萼苏属（巴娄塔属, 巴洛草属）。【俄】Белокудренник。【英】Ballota, Black Horehound, Horehound。【隶属】唇形科 Lamiaceae(Labiatae)。【包含】世界 30-35 种。【学名诠释与讨论】〈阴〉（希）ballote, 一种黑色紫苏的希腊名。来自 ballo 发射。此属的学名, ING、APNI、TROPICOS 和 IK 记载是 "Ballota L., Sp. Pl. 2: 582. 1753 [1 May 1753]"。"Ballote P. Miller, Gard. Dict. Abr. ed. 4. 28 Jan 1754" 是 "Ballota L. (1753)" 的晚出的同模式异名（Homotypic synonym, Nomenclatural synonym）。【分布】巴基斯坦, 玻利维亚, 地中海地区, 欧洲, 亚洲西部。【后选模式】Ballota nigra Linnaeus。【参考异名】Acanthoprasium（Benth.）Spach（1840）Nom. illegit.; Acanthoprasium（Benth.）Spenn.（1843）Nom. illegit.; Acanthoprasium Spach(1840)Nom. illegit.; Acanthoprasium Spenn.(1843)Nom. illegit.; Ballote Mill.(1754)Nom. illegit.; Beringeria（Neck.）Link（1829）Nom. illegit.; Beringeria Link（1829）Nom. illegit.; Beringeria Neck.（1790）Nom. inval.; Elbunis Raf.（1837）; Pseudodictamnus Fabr.（1759）; Zapateria Pau（1887）●■☆

5454　Ballote Mill. (1754) Nom. illegit. ≡ Ballota L. (1753) [唇形科 Lamiaceae(Labiatae)]●■☆

5455　Balls-headleya F. Muell. ex F. M. Bailey(1886)【汉】澳大利亚吊片果属。【隶属】南美鼠刺科（吊片果科, 鼠刺科, 夷鼠刺科）Escalloniaceae。【包含】世界 1 种。【学名诠释与讨论】〈阴〉（人）Balls Headley。【分布】澳大利亚。【模式】Balls-headleya stipellosa F. Muell. ex F. M. Bailey。●☆

5456　Ballya Brenan (1964)【汉】东非鸭趾草属。【俄】Белокудренник。【隶属】[鸭趾草科 Commelinaceae]。【包含】世界 1 种。【学名诠释与讨论】〈阴〉（人）Peter Rene Oscar Bally, 1895-1980, 瑞士植物学者, 该属植物的采集人。此属的学名是 "Ballya Brenan, Kew Bull. 19: 63. 15 Nov 1964"。亦有文献把其处理为 "Aneilema R. Br. (1810)" 或 "Murdannia Royle(1840)(保留名)" 的异名。【分布】热带非洲东部。【模式】Ballya zebrina（Chiovenda）Bullock [Aneilema zebrina Chiovenda]。【参考异名】Aneilema R. Br.（1810）; Murdannia Royle（1840）(保留属名)■☆

5457　Ballyanthus Bruyns(2000)【汉】索马里豹皮花属。【隶属】萝藦科 Asclepiadaceae//豹皮花科 Stapeliaceae。【包含】世界 1 种。【学名诠释与讨论】〈阴〉（人）Walter Bally+anthos, 花, antheros, 多花的。antheo, 开花。此属的学名是 "Ballyanthus Bruyns, Aloe: Mondstuk van die Suid-Afrikaanse Aalwyn-en Vetplant Vereniging. Journal of the South african Aloe and Succulent Society. Pretoria 37 (4): 76. 2000"。亦有文献把其处理为 "Stapelia L. (1753)(保留属名)" 的异名。【分布】索马里。【模式】Ballyanthus prognathus（P. R. O. Bally）Bruyns。【参考异名】Stapelia L.（1753）(保留属名)■☆

5458　Balmea Martinez(1942)【汉】巴尔木属（巴尔米木属, 巴尔姆木属）。【隶属】茜草科 Rubiaceae。【包含】世界 1 种。【学名诠释与讨论】〈阴〉（人）Basil Eric Balme, 1923-, 植物学者。【分布】墨西哥, 中美洲。【模式】Balmea stormae M. Martinez。●☆

5459　Balmeda Nocca(1804) = Grewia L. (1753) [椴树科（椴科, 田麻科）Tiliaceae//锦葵科 Malvaceae//扁担杆科 Grewiaceae]●

5460　Balmisa Lag. (1816) Nom. illegit. =Arisarum Mill. (1754) [天南星科 Araceae//老鼠芋科 Arisaraceae]■☆

5461　Baloghia Endl. (1833)【汉】包洛格大戟属。【隶属】大戟科 Euphorbiaceae。【包含】世界 12-13 种。【学名诠释与讨论】〈阴〉（人）Josephus Balog(h), 植物学者, 医生。【分布】澳大利亚（东部, 诺福克岛）, 法属新喀里多尼亚。【模式】Baloghia lucida Endlicher。【参考异名】Buraeavia Baill.（1873）(保留属名); Steigeria Müll. Arg.（1865）●■☆

5462　Baloghiaceae Baum. -Bod. =Euphorbiaceae Juss. (保留科名)●■

5463　Balonga Le Thomas(1968)【汉】巴朗木属（巴郎木属）。【隶属】番荔枝科 Annonaceae。【包含】世界 1 种。【学名诠释与讨论】〈阴〉（地）Balong, 巴朗。此属的学名是 "Balonga A. Le Thomas, Adansonia ser. 2. 8: 106. 11 Jun 1968"。亦有文献把其处理为 "Uvaria L. (1753)" 的异名。【分布】西赤道非洲。【模式】Balonga buchholzii（A. Engler et L. Diels）A. Le Thomas [Uvaria buchholzii A. Engler et L. Diels]。【参考异名】Uvaria L.（1753）●☆

5464　Baloskion Raf. (1838) = Restio Rottb. (1772)(保留属名) [帚灯草科 Restionaceae]■☆

5465　Balsamaceae Dumort. =Burseraceae Kunth(保留科名)●

5466　Balsamaceae Lindl. =Altingiaceae Lindl.(保留科名)●

5467　Balsamaria Lour. (1790) Nom. illegit. ≡ Ponna Boehm. (1760); ~ =Calophyllum L. (1753) [猪胶树科（克鲁西科, 山竹子科, 藤黄科）Clusiaceae(Guttiferae)//红厚壳科 Calophyllaceae]●

5468　Balsamea Gled. (1782)(废弃属名) = Commiphora Jacq. (1797)(保留属名) [橄榄科 Burseraceae]●

5469　Balsameaceae Dumort. (1829) = Burseraceae Kunth ●

5470　Balsamifiua Griff. (1854) = Populus L. (1753) [杨柳科 Salicaceae]●

5471　Balsamina Mill. (1754) Nom. illegit. ≡ Impatiens L. (1753) [凤仙花科 Balsaminaceae]■

5472　Balsamina Tourn. ex Scop. (1772) Nom. illegit. = Impatiens L. (1753) [凤仙花科 Balsaminaceae]■

5473　Balsaminaceae A. Rich. (1822)(保留科名)【汉】凤仙花科。【日】ツリフネソウ科, ホウセンクワ科。【俄】Бальзаминовые。【英】Balsam Family, Balsamina Family, Jewelweed Family。【包含】世界 2-4 属 600-1000 种, 中国 2 属 228-332 种。【分布】热带至温带, 非洲, 欧亚大陆, 北美洲。【科名模式】Balsamina Mill. [Impatiens L. (1753)]■

5474　Balsaminaceae Bercht. et J. Presl =Balsaminaceae A. Rich. (保留科名)■

5475　Balsaminaceae DC. =Balsaminaceae A. Rich. (保留科名)■

5476　Balsamita Desf. (1792) Nom. illegit. [菊科 Asteraceae(Compositae)]■☆

5477　Balsamita Mill. (1754)Nom. illegit. ≡Tanacetum L. (1753); ~ =Chrysanthemum L. (1753)(保留属名) [菊科 Asteraceae(Compositae)//菊蒿科 Tanacetaceae]■●

5478　Balsamocarpon Clos(1847)【汉】香果云实属。【隶属】豆科 Fabaceae(Leguminosae)//云实科（苏木科）Caesalpiniaceae。【包含】世界 1 种。【学名诠释与讨论】〈中〉（希）balsamon, 香脂+karpos, 果实。此属的学名是 "Balsamocarpon D. Clos in C. Gay, Hist. Chile, Bot. 2: 226. t. 20. ante Mai 1847"。亦有文献把其处理为 "Caesalpinia L. (1753)" 的异名。【分布】智利。【模式】Balsamocarpon brevifolium D. Clos。【参考异名】Caesalpinia L. (1753)■☆

5479　Balsamocitrus Stapf(1906)【汉】香胶橘属（胶柑属）。【隶属】芸香科 Rutaceae。【包含】世界 2 种。【学名诠释与讨论】〈阴〉（希）balsamon, 香脂+（属）Citrus 柑橘属。【分布】热带非洲。

【模式】Balsamocitrus dawei Stapf.●☆

5480　Balsamodendron DC.（1825）Nom. illegit. , Nom. inval. ≡ Balsamodendron Kunth（1824）; ~ = Commiphora Jacq.（1797）（保留属名）［橄榄科 Burseraceae］●☆

5481　Balsamodendron Kunth（1824）Nom. illegit. ≡ Balsamodendrum Kunth（1824）; ~ = Commiphora Jacq.（1797）（保留属名）［橄榄科 Burseraceae］●

5482　Balsamodendrum Kunth（1824）= Commiphora Jacq.（1797）（保留属名）［橄榄科 Burseraceae］●

5483　Balsamona Vand.（1771）= Cuphea Adans. ex P. Browne（1756）［千屈菜科 Lythraceae］●■

5484　Balsamophleos O. Berg（1862）= Commiphora Jacq.（1797）（保留属名）［橄榄科 Burseraceae］●

5485　Balsamorhiza Hook.（1833）Nom. inval. ≡ Balsamorhiza Hook. ex Nutt.（1840）［菊科 Asteraceae（Compositae）］■☆

5486　Balsamorhiza Hook. ex Nutt.（1840）【汉】香根属。【英】Balsamroot.【隶属】菊科 Asteraceae（Compositae）。【包含】世界 14 种。【学名诠释与讨论】〈阴〉（希）balsamon, 香脂 + rhiza, 或 rhizoma, 根, 根茎。此属的学名, ING 记载是 " Balsamorhiza Nuttall, Trans. Amer. Philos. Soc. ser. 2. 7;349. Oct-Dec 1840"。IK 记载为 "Balsamorhiza Hook. , Fl. Bor. -Amer.（Hooker）1（6）;310. 1833 [late 1833]; nom. inval. "。IPNI 和 TROPICOS 则记载为 "Balsamorhiza Hook. ex Nutt. , Trans. Amer. Philos. Soc. ser. 2. 7; 349. 1840 [Oct-Dec 1840]"。ING、TROPICOS 和 IPNI 引用的文献相同。亦有文献把 "Balsamorhiza Hook. ex Nutt.（1840）" 处理为 "Wyethia Nutt.（1834）" 的异名。【分布】北美洲西部。【后选模式】Balsamorhiza hookeri Nuttall [as 'hookerii'] [Heliopsis balsamorhiza W. J. Hooker]。【参考异名】Balsamorhiza Hook.（1833）Nom. inval. ; Balsamorhiza Nutt.（1840）Nom. illegit. ; Espeletia Nutt.（1834）Nom. illegit. ;Wyethia Nutt.（1834）■☆

5487　Balsamorhiza Nutt.（1840）Nom. illegit. ≡ Balsamorhiza Hook. ex Nutt.（1840）［菊科 Asteraceae（Compositae）］■☆

5488　Balsamus Stackh.（1814）= Commiphora Jacq.（1797）（保留属名）［橄榄科 Burseraceae］●

5489　Balsas J. Jiménez Ram. et K. Vega（2011）【汉】墨西哥无患子属。【隶属】无患子科 Sapindaceae。【包含】世界 1 种。【学名诠释与讨论】〈阴〉词源不详。【分布】墨西哥, 北美洲。【模式】Balsas guerrerensis Cruz Durán et K. Vega.☆

5490　Balthasaria Verdc.（1969）【汉】长管山茶属（巴尔山茶属, 肖长管山茶属）。【隶属】山茶科（茶科）Theaceae//厚皮香科 Ternstroemiaceae。【包含】世界 2-3 种。【学名诠释与讨论】〈阴〉（人）Balthasar, 是向初生基督朝圣的东方三大博士之一。此属的学名 "Balthasaria Verdc. , Kew Bull. 23（3）:469. 1969 [14 Nov 1969]" 是一个替代名称。山茶科（茶科）Theaceae 的 "Melchiora Kobuski, J. Arnold Arbor. 37:154. 16 Apr 1956" 是一个非法名称（Nom. illegit. ）, 因为此前已经有了真菌的 "Melchioria Penzig et P. A. Saccardo, Malpighia 11:399. 1897"。故用 "Balthasaria Verdc.（1969）" 替代之。【分布】热带非洲。【模式】Balthasaria mannii（D. Oliver）B. Verdcourt [Adinandra mannii D. Oliver]。【参考异名】Melchiora Kobuski（1956）Nom. illegit. ●☆

5491　Baltimora L.（1771）（保留属名）【汉】艳头菊属。【隶属】菊科 Asteraceae（Compositae）。【包含】世界 2-4 种。【学名诠释与讨论】〈阴〉词源不详。此属的学名 "Baltimora L. , Mant. Pl. :158, 288. Oct 1771" 是保留属名。法规未列出相应的废弃属名。"Timanthea R. A. Salisbury, Prodr. Stirp. 208. Nov-Dec 1796" 是 "Baltimora L.（1771）（保留属名）" 的晚出的同模式异名（Homotypic synonym, Nomenclatural synonym）。【分布】巴拉圭,

巴拿马, 秘鲁, 玻利维亚, 厄瓜多尔, 哥伦比亚, 墨西哥, 尼加拉瓜, 中美洲。【模式】Baltimora recta Linnaeus。【参考异名】Baltimorea Raf. ; Fougeria Moench（1802）; Fougerouxia Cass.（1829）Nom. illegit. ; Niebuhria Scop.（1777）; Scolospospermum Hemsl.（1881）; Scolospermum Less.（1830）; Timanthea Salisb.（1796）Nom. illegit. ■☆

5492　Baltimorea Raf. = Baltimora L.（1771）（保留属名）［菊科 Asteraceae（Compositae）］■☆

5493　Bambekea Cogn.（1916）【汉】巴姆葫芦属（西非葫芦属）。【隶属】葫芦科（瓜科, 南瓜科）Cucurbitaceae。【包含】世界 2 种。【学名诠释与讨论】〈阴〉（人）Charles Eugène Marie Van Bambeke, 1829-1918, 比利时植物学者。【分布】热带非洲西部。【模式】Bambekea racemosa Cogniaux.■☆

5494　Bamboga Baill.（1880）Nom. illegit. = Mamboga Blanco（1837）（废弃属名）; ~ = Mitragyna Korth.（1839）（保留属名）［茜草科 Rubiaceae］●

5495　Bambos Retz.（1789）Nom. illegit.（废弃属名）≡ Bambusa Schreb.（1789）（保留属名）［禾本科 Poaceae（Gramineae）//箣竹科 Bambusaceae］●

5496　Bamburanta L. Linden（1900）= Hybophrynium K. Schum.（1892）Nom. illegit. ; ~ = Trachyphrynium Benth.（1883）［竹竽科（竛叶科, 柊叶科）Marantaceae］■☆

5497　Bambus Blanco = Bambusa Schreb.（1789）（保留属名）［禾本科 Poaceae（Gramineae）//箣竹科 Bambusaceae］●

5498　Bambus J. F. Gmel.（1791）= Bambusa Schreb.（1789）（保留属名）［禾本科 Poaceae（Gramineae）//箣竹科 Bambusaceae］●

5499　Bambusa Caldas（1809）Nom. illegit.（废弃属名）≡ Bambusa Mutis ex Caldas（1809）Nom. inval. ）= Bambusa Schreb.（1789）（保留属名）; ~ = Guadua Kunth（1822）［禾本科 Poaceae（Gramineae）//箣竹科 Bambusaceae］●

5500　Bambusa Mutis ex Caldas（1809）Nom. inval. = Bambusa Schreb.（1789）（保留属名）; ~ = Guadua Kunth（1822）［禾本科 Poaceae（Gramineae）//箣竹科 Bambusaceae］●

5501　Bambusa Schreb.（1789）（保留属名）【汉】箣竹属（蔪竹属, 凤凰竹属, 簕竹属, 蓬莱竹属, 山白竹属, 孝顺竹属）。【日】バンブーサ属, ホウワウチク属。【俄】Бамбуза, Бамбук。【英】Bamboo, Bambusa。【隶属】禾本科 Poaceae（Gramineae）//箣竹科 Bambusaceae。【包含】世界 100-120 种, 中国 80-92 种。【学名诠释与讨论】〈阴〉（马来）bambo, 或印度尼西亚语 bambu, 或印度语 bambos, 植物俗名, 原义是竹燃烧时的爆破声。此属的学名 "Bambusa Schreb. , Gen. Pl. ;236. Apr 1789" 是保留属名。相应的废弃属名是禾本科 Poaceae（Gramineae）的 "Bambos Retz. , Observ. Bot. 5;24. Sep 1788 ≡ Bambusa Schreb.（1789）（保留属名）"。禾本科 Poaceae（Gramineae）的 "Bambusa Caldas（1809）Nom. illegit. ≡ Bambusa Mutis ex Caldas, Seman. N. Granada No. 17, 131（1809）= Bambusa Mutis ex Caldas（1809）Nom. inval. " 和 "Bambusa Mutis ex Caldas, Seman. N. Granada No. 17, 131（1809）= Bambusa Schreb.（1789）（保留属名）= Guadua Kunth（1822）" 亦应废弃。"Bambos A. J. Retzius, Observ. Bot. 5;24. Sep 1788（废弃属名）" 是 "Bambusa Schreb.（1789）（保留属名）" 的同模式异名（Homotypic synonym, Nomenclatural synonym）。【分布】巴基斯坦, 巴拿马, 秘鲁, 玻利维亚, 厄瓜多尔, 哥斯达黎加, 马达加斯加, 尼加拉瓜, 中国, 非洲, 热带和亚热带亚洲, 中美洲。【模式】Bambusa arundinacea（Retzius）Willdenow [Bambos arundinacea Retzius]。【参考异名】Arundarbor Kuntze（1891）Nom. illegit. ; Arundarbor Rumph.（1743）Nom. inval. ; Arundarbor Rumph. ex Kuntze（1891）; Bambos Retz.（1789）Nom. illegit.（废弃属名）;

Bambus Blanco；Bambus J. F. Gmel.（1791）；Bambusa Caldas（1809）Nom. illegit.（废弃属名）；Bambusa Mutis ex Caldas（1809）Nom. inval.（废弃属名）；Bonia Balansa（1890）；Dendrocalamopsis（L. C. Chia et H. L. Fung）P. C. Keng（1983）Nom. illegit.；Guadua Kunth（1822）；H. L. Fung et Y. L. Yang（1988）；Ischurochloa Büse（1854）；Leleba（Kurz）Nakai（1933）；Leleba Nakai（1933）；Leleba Rumph. ex Nakai（1933）；Leleba Rumph. ex Schult.（1830）Nom. inval.；Leleba Rumph. ex Teijsm. et Binn.（1866）Nom. inval.；Lingnania McClure（1940）；Microcalamus Gamble（1890）Nom. illegit.；Monocladus H. C. Chia；Mullerochloa K. M. Wong（2005）；Tetragonocalamus Nakai（1933）●

5502　Bambusaceae Bercht. et J. Presl ＝ Gramineae Juss.（保留科名）//Poaceae Barnhart（保留科名）■●

5503　Bambusaceae Burnett（1835）＝ Gramineae Juss.（保留科名）//Poaceae Barnhart（保留科名）■●

5504　Bambusaceae Kunth（1815）＝ Gramineae Juss.（保留科名）//Poaceae Barnhart（保留科名）■●

5505　Bambusaceae Nakai（1943）［亦见 Gramineae Juss.（保留科名）//Poaceae Barnhart（保留科名）禾本科］【汉】箣竹科。【包含】世界45属。【分布】热带和亚热带，少数温带。【科名模式】Bambusa Schreb.（1789）（保留属名）●☆

5506　Bamia R. Br. ex Sims（1815）Nom. inval. ＝Hibiscus L.（1753）（保留属名）［锦葵科 Malvaceae//木槿科 Hibiscaceae］●■

5507　Bamia R. Br. ex Wall.（1830）Nom. inval. ＝ Hibiscus L.（1753）（保留属名）［锦葵科 Malvaceae//木槿科 Hibiscaceae］●■

5508　Bamiania Lincz.（1971）【汉】肉叶补血草属。【隶属】白花丹科（矶松科，蓝雪科）Plumbaginaceae。【包含】世界1种。【学名诠释与讨论】〈阴〉词源不详。【分布】阿富汗。【模式】Bamiania pachycorma（K. H. Rechinger f.）I. A. Linczevski［Cephalorhizum pachycormum K. H. Rechinger f.］■☆

5509　Bamlera K. Schum. et Lauterb.（1900）Nom. illegit. ≡ Bamlera Lauterb. et K. Schum.（1900）［野牡丹科 Melastomataceae］●☆

5510　Bamlera Lauterb. et K. Schum.（1900）＝ Astronidium A. Gray（1853）（保留属名）［野牡丹科 Melastomataceae］●☆

5511　Bammia Ruppius（1745）Nom. inval. ＝ Bamia R. Br. ex Wall.（1830）Nom. inval.；~ ＝Hibiscus L.（1753）（保留属名）［锦葵科 Malvaceae//木槿科 Hibiscaceae］●■

5512　Bampsia Lisowski et Mielcarek（1983）【汉】邦氏婆婆纳属（巴氏玄参属）。【隶属】玄参科 Scrophulariaceae 婆婆纳。【包含】世界2种。【学名诠释与讨论】〈阴〉（人）Paul Rodolphe Joseph Bamps，1932-?，植物学者。【分布】刚果（金）。【模式】Bampsia lawalreana S. Lisowski et R. Mielcarek。■☆

5513　Banalia Bubani（1899）Nom. illegit. ≡ Hedysarum L.（1753）（保留属名）［豆科 Fabaceae（Leguminosae）//蝶形花科 Papilionaceae］●■

5514　Banalia Moq.（1849）Nom. illegit. ＝Indobanalia A. N. Henry et B. Roy（1969）［苋科 Amaranthaceae］■☆

5515　Banalia Raf.（1840）＝ Croton L.（1753）［大戟科 Euphorbiaceae//巴豆科 Crotonaceae］●

5516　Banara Aubl.（1775）【汉】巴纳尔木属。【英】Banana Tree。【隶属】刺篱木科（大风子科）Flacourtiaceae//马钱科（断肠草科，马钱子科）Loganiaceae。【包含】世界31种。【学名诠释与讨论】〈阴〉（人）Banar。【分布】热带美洲，西印度群岛。【模式】Banara guianensis Aublet。【参考异名】Ascra Schott（1827）；Boca Vell.（1829）；Kuhlia Kunth（1825）Nom. illegit.；Kuhlia Reinw.（1823）Nom. illegit.；Kuhlia Reinw. ex Kunth（1825）Nom. illegit.；Xyladenius Desv.（1825）Nom. illegit.；Xyladenius Desv. ex Ham.

（1825）；Xyladenius Ham.（1825）Nom. illegit.●☆

5517　Banava Juss. ＝ Adamboe Adans.（1763）；~ ＝ Lagerstroemia L.（1759）［千屈菜科 Lythraceae//紫薇科 Lagerstroemiaceae］●

5518　Bancalus Kuntze（1891）Nom. illegit. ≡ Bancalus Rumph. ex Kuntze（1891）；~ ≡ Nauclea L.（1762）［茜草科 Rubiaceae//乌檀科（水团花科）Naucleaceae］●

5519　Bancalus Rumph.（1743）Nom. inval. ≡ Bancalus Rumph. ex Kuntze（1891）；~ ≡ Nauclea L.（1762）［茜草科 Rubiaceae//乌檀科（水团花科）Naucleaceae］●

5520　Bancalus Rumph. ex Kuntze（1891）Nom. illegit. ≡ Nauclea L.（1762）［茜草科 Rubiaceae//乌檀科（水团花科）Naucleaceae］●

5521　Bancrofftia Steud.（1840）＝ Bancroftia Macfad.（1837）Nom. illegit. ＝Tovaria Ruiz et Pav.（1794）（保留属名）［烈味三叶草科（多籽果科，鲜芹味科）Tovariaceae//铃兰科 Convallariaceae］●■

5522　Bancroftia Billb.（1833）＝ Arracacia Bancr.（1828）［伞形花科（伞形科）Apiaceae（Umbelliferae）］■☆

5523　Bancroftia Macfad.（1837）Nom. illegit. ＝ Tovaria Ruiz et Pav.（1794）（保留属名）［烈味三叶草科（多籽果科，鲜芹味科）Tovariaceae//铃兰科 Convallariaceae］●■

5524　Bancroftia R. K. Porter（1838）Nom. illegit.［唇形科 Lamiaceae（Labiatae）］■☆

5525　Bandeiraea Benth.（1865）Nom. illegit. ≡ Bandeiraea Welw. ex Benth. et Hook. f.（1865）；~ ＝ Griffonia Baill.（1865）［豆科 Fabaceae（Leguminosae）//云实科（苏木科）Caesalpiniaceae］■☆

5526　Bandeiraea Welw.（1865）Nom. illegit. ≡ Bandeiraea Welw. ex Benth. et Hook. f.（1865）；~ ＝ Griffonia Baill.（1865）［豆科 Fabaceae（Leguminosae）//云实科（苏木科）Caesalpiniaceae］■☆

5527　Bandeiraea Welw. ex Benth.（1865）Nom. illegit. ≡ Bandeiraea Welw. ex Benth. et Hook. f.（1865）；~ ＝ Griffonia Baill.（1865）［豆科 Fabaceae（Leguminosae）//云实科（苏木科）Caesalpiniaceae］■☆

5528　Bandeiraea Welw. ex Benth. et Hook. f.（1865）＝ Griffonia Baill.（1865）［豆科 Fabaceae（Leguminosae）//云实科（苏木科）Caesalpiniaceae］■☆

5529　Bandereia Baill.（1870）＝ Bandeiraea Welw. ex Benth. et Hook. f.（1865）；~ ＝ Griffonia Baill.（1865）［豆科 Fabaceae（Leguminosae）//云实科（苏木科）Caesalpiniaceae］■☆

5530　Bandura Adans.（1763）Nom. illegit. ≡ Nepenthes L.（1753）［猪笼草科 Nepenthaceae］●■

5531　Bandura Burm.（1737）＝ Nepenthes L.（1753）［猪笼草科 Nepenthaceae］●■

5532　Banffya Baumg.（1816）＝ Gypsophila L.（1753）［石竹科 Caryophyllaceae］■●

5533　Banfiopuntia Guiggi（2011）【汉】玻利维亚掌属。【隶属】仙人掌科 Cactaceae。【包含】世界1种。【学名诠释与讨论】〈阴〉词源不详。【分布】玻利维亚。【模式】Banfiopuntia verschaffeltii（Cels ex F. A. C. Weber）Guiggi［Opuntia verschaffeltii Cels ex F. A. C. Weber］☆

5534　Banglium Buch. - Ham. ex Wall.（1832）＝ Boesenbergia Kuntze（1891）［姜科（襄荷科）Zingiberaceae］■

5535　Bania Becc.（1877）＝ Carronia F. Muell.（1875）［防己科 Menispermaceae］●☆

5536　Banisteria L.（1753）（废弃属名）＝ Heteropterys Kunth（1822）［as 'Heteropteris'］（保留属名）［金虎尾科（黄褥花科）Malpighiaceae］●☆

5537　Banisterioides Dubard et Dop（1908）＝ Sphedamnocarpus Planch. ex Benth. et Hook. f.（1862）［金虎尾科（黄褥花科）Malpighiaceae］●☆

5538　Banisteriopsis C. B. Rob. (1910)【汉】槭果木属(巴尼金虎尾属，卡拔木属)。【隶属】金虎尾科(黄褥花科)Malpighiaceae。【包含】世界92-100种。【学名诠释与讨论】〈阴〉(属)Bannisteria = Heteropterys 异翅藤属(异翅木属，异翼果属)+希腊文 opsis，外观，模样，相似。此属的学名，ING、GCI、TROPICOS 和 IK 记载是"Banisteriopsis C. B. Robinson in J. K. Small, N. Amer. Fl. 25:131. 3 Jun 1910"。"Banisteriopsis C. B. Rob. ex Small(1910)"的命名人引证有误。【分布】巴拉圭，巴拿马，秘鲁，玻利维亚，厄瓜多尔，哥伦比亚(安蒂奥基亚)，哥斯达黎加，尼加拉瓜，西印度群岛，热带美洲，中美洲。【后选模式】Banisteriopsis argentea (Kunth) C. B. Robinson［Heteropterys argentea Kunth］。【参考异名】Banisteriopsis C. B. Rob. ex Small (1910) Nom. illegit. ; Jubistylis Rusby(1927)●☆

5539　Banisteriopsis C. B. Rob. ex Small (1910) Nom. illegit. ≡ Banisteriopsis C. B. Rob. (1910)［金虎尾科(黄褥花科)Malpighiaceae］●☆

5540　Banisterodes Kuntze(1891) Nom. illegit. ≡ Xanthophyllum Roxb. (1820)(保留属名)［远志科 Polygalaceae//黄叶树科 Xanthophyllaceae］●

5541　Banium Ces. ex Boiss. (1872)= Carum L. (1753)［伞形花科(伞形科)Apiaceae(Umbelliferae)］■

5542　Banjolea Bowdich (1825) = Nelsonia R. Br. (1810)［爵床科 Acanthaceae//瘤子草科 Nelsoniaceae］■

5543　Bankesia Bruce (1790) Nom. illegit. (废弃属名); ~ ≡ Banksia Bruce(1790) Nom. illegit. (废弃属名) ≡ Hagenia J. F. Gmel. (1791); ~ = Brayera Kunth ex A. Rich. (1822)［蔷薇科 Rosaceae］■●☆

5544　Banksa Cothen. (1790) Nom. illegit. [山龙眼科 Proteaceae]●☆

5545　Banksea J. König (1783) Nom. illegit. ≡ Hellenia Retz. (1791); ~ = Costus L. (1753)［姜科(蘘荷科)Zingiberaceae//闭鞘姜科 Costaceae］■

5546　Banksia Bruce(1790) Nom. illegit. (废弃属名) ≡ Hagenia J. F. Gmel. (1791); ~ = Brayera Kunth ex A. Rich. (1822)［蔷薇科 Rosaceae］■●☆

5547　Banksia Dombey ex DC. (1828) Nom. illegit. (废弃属名) = Cuphea Adans. ex P. Browne(1756)［千屈菜科 Lythraceae］●■

5548　Banksia Gaertn. (废弃属名)= Banksia L. f. (1782)(保留属名)［山龙眼科 Proteaceae］●☆

5549　Banksia J. R. Forst. et G. Forst. (1775)(废弃属名)= Pimelea Banks ex Gaertn. (1788)(保留属名)［瑞香科 Thymelaeaceae］●☆

5550　Banksia L. f. (1782)(保留属名)【汉】班克木属(澳大利亚山龙眼属，贝克斯属，佛塔树属)。【日】バンクシア属。【俄】Банксия。【英】Australian Honeysuckle, Banksia。【隶属】山龙眼科 Proteaceae。【包含】世界50-76种。【学名诠释与讨论】〈阴〉(人)Joseph Banks 1743 - 1820，英国植物学者。此属的学名"Banksia L. f. , Suppl. Pl. :15, 126. Apr 1782"是保留属名。相应的废弃属名是瑞香科 Thymelaeaceae 的"Banksia J. R. Forst. et G. Forst. , Char. Gen. Pl. :4. 29 Nov 1775 = Pimelea Banks ex Gaertn. (1788)(保留属名)"。蔷薇科 Rosaceae 的"Banksia Bruce, Trav. Disc. Source Nile 5:73("Bankesia"), tt. 22-23. 1790［Feb - Apr 1790］≡ Hagenia J. F. Gmel. (1791) = Brayera Kunth ex A. Rich. (1822)"，千屈菜科 Lythraceae 的"Banksia Dombey ex DC. , Prodr. 3:83, 1828 = Cuphea Adans. ex P. Browne(1756)"以及山龙眼科 Proteaceae 的"Banksia Gaertn. = Banksia L. f. (1782)(保留属名)"亦应废弃。"Sirmuellera O. Kuntze, Rev. Gen. 2:581. 5 Nov 1891"是"Banksia L. f. (1782)(保留属名)"的晚出的同模式异名(Homotypic synonym, Nomenclatural synonym)。【分布】澳大利

亚。【模式】Banksia serrata Linnaeus f. 。【参考异名】Bankesia Bruce(1790) Nom. illegit. (废弃属名); Banksia Gaertn. (废弃属名); Isostylis (R. Br.) Spach (1841) Nom. illegit. ; Isostylis Spach (1841); Sirmuellera Kuntze(1891) Nom. illegit. ●☆

5551　Banksiaceae Bercht. et J. Presl = Proteaceae Juss. (保留科名)●■

5552　Baobab Adans. (1763) Nom. illegit. ≡ Adansonia L. (1753)［木棉科 Bombacaceae//锦葵科 Malvaceae//猴面包树科 Adansoniaceae］●

5553　Baobab Mill. (1752) Nom. illegit. [木棉科 Bombacaceae]●☆

5554　Baobabus Kuntze (1891) = Adansonia L. (1753); ~ = Baobab Adans. (1763)［木棉科 Bombacaceae//锦葵科 Malvaceae//猴面包树科 Adansoniaceae］●

5555　Baolia H. W. Kung et G. L. Chu (1978)【汉】苞藜属。【英】Bractgoosefoot。【隶属】藜科 Chenopodiaceae。【包含】世界1种，中国1种。【学名诠释与讨论】〈阴〉(汉)Baoli，苞藜，一种植物名。此属的学名是"Baolia H. W. Kung et G. L. Chu in H. W. Kung et al. , Acta Phytotax. Sin. 16(1): 119. Feb 1978"。亦有文献把其处理为"Chenopodium L. (1753)"的异名。【分布】中国。【模式】Baolia bracteata H. W. Kung et G. L. Chu。【参考异名】Chenopodium L. (1753)■★

5556　Baoulia A. Chev. (1912) = Murdannia Royle(1840)(保留属名)［鸭跖草科 Commelinaceae］■

5557　Baphia Afzel. (1820) Nom. illegit. ≡ Baphia Lodd. (1820)●［豆科 Fabaceae(Leguminosae)］●☆

5558　Baphia Afzel. ex Lodd. (1820) Nom. illegit. ≡ Baphia Lodd. (1820)［豆科 Fabaceae(Leguminosae)］●☆

5559　Baphia Afzel. ex Lodd. (1825) Nom. illegit. ≡ Baphia Lodd. (1820)［豆科 Fabaceae(Leguminosae)］●☆

5560　Baphia Lodd. (1820)【汉】杂色豆属(贝非属，非洲紫檀属)。【俄】Бафия。【英】Camwood。【隶属】豆科 Fabaceae (Leguminosae)。【包含】世界45-65种。【学名诠释与讨论】〈阴〉(希)baphe，染色法，上釉艺术。此属的学名，ING 记载是"Baphia G. Loddiges in C. Loddiges, Bot. Cab. 4:367. Mai 1820"。IK 记载为"Baphia Afzel. ex Lodd. , Bot. Cab. t. 367 (1825)"。TROPICOS 则记载为"Baphia Afzel. ex Lodd. , Bot. Cab. 4:367, 1820"。"Baphia Afzel. (1820) ≡ Baphia Lodd. (1820)"的命名人引证有误。【分布】马达加斯加，热带非洲，加里曼丹岛。【模式】Baphia nitida G. Loddiges。【参考异名】Baphia Afzel. (1820) Nom. illegit. ; Baphia Afzel. ex Lodd. (1820) Nom. illegit. ; Baphia Afzel. ex Lodd. (1825) Nom. illegit. ; Bracteolaria Hochst. (1841); Delairea Post et Kuntze(1903) Nom. illegit. ; Delaria Desv. (1826)●☆

5561　Baphiastrum Harms (1913)【汉】小杂色豆属。【隶属】豆科 Fabaceae(Leguminosae)//蝶形花科 Papilionaceae。【包含】世界1-2种。【学名诠释与讨论】〈中〉(属)Baphia 非洲紫檀属(贝非属，杂色豆属)+-astrum，指示小的词尾，也有"不完全相似"的含义。【分布】热带非洲。【模式】Baphiastrum brachycarpum Harms。●☆

5562　Baphicacanthus Bremek. (1944)【汉】板蓝属(马蓝属)。【英】Baphicacanthus。【隶属】爵床科 Acanthaceae。【包含】世界2种，中国2种。【学名诠释与讨论】〈阳〉(希)baphe，染色法+(属)Acanthus 老鼠簕属。指植物体可提取蓝色染料。此属的学名是"Baphicacanthus Bremekamp, Verh. Kon. Ned. Akad. Wetensch. , Afd. Natuurk. , Tweede Sect. 41(1): 190. 11 Mai 1944"。亦有文献把其处理为"Strobilanthes Blume(1826)"的异名。【分布】印度，中国，中南半岛。【模式】Baphicacanthus cusia (C. G. D. Nees) Bremekamp［Goldfussia cusia C. G. D. Nees］。【参考异名】Strobilanthes Blume(1826)●

5563　Baphiopsis Benth.（1871）Nom. illegit. ≡ Baphiopsis Benth. ex Baker（1871）［豆科 Fabaceae（Leguminosae）］●☆

5564　Baphiopsis Benth. ex Baker（1871）【汉】拟杂色豆属（拟非洲紫檀属）。【隶属】豆科 Fabaceae（Leguminosae）。【包含】世界 1-2 种。【学名诠释与讨论】〈阴〉（属）Baphia 杂色豆属+希腊文 opsis，外观，模样，相似。此属的学名，ING，TROPICOS 和 IK 记载是“Baphiopsis Bentham ex J. G. Baker in D. Oliver, Fl. Trop. Africa 2：256. 1871”。“Baphiopsis Benth.（1871）”的命名人引证有误。【分布】热带非洲。【模式】Baphiopsis parviflora Bentham ex J. G. Baker。【参考异名】Baphiopsis Benth.（1871）Nom. illegit. ●☆

5565　Baphorhiza Link（1829）= Alkanna Tausch（1824）（保留属名）［紫草科 Boraginaceae］●☆

5566　Baprea Pierre ex Pax et K. Hoffm.（1914）= Cladogynos Zipp. ex Span.（1841）［大戟科 Euphorbiaceae］●

5567　Baptisia Vent.（1808）【汉】赛靛属（北美靛蓝属，赝靛属，野靛属）。【日】ムラサキセンダイハギ属。【俄】Бантизия，Бантисия，【英】False Indigo，Wild Indigo。【隶属】豆科 Fabaceae（Leguminosae）//蝶形花科 Papilionaceae。【包含】世界 17 种。【学名诠释与讨论】〈阴〉（希）baptiso，染。指可产染料。【分布】美国，北美洲。【后选模式】Baptisia alba（Linnaeus）R. Brown［Crotolaria alba Linnaeus］。【参考异名】Crotalopsis Michx. ex DC.（1825）；Eaplosia Raf.（1836）；Lasinia Raf.（1836）；Pericaulon Raf.（1836）；Riparia Raf.；Ripasia Raf.（1836）■☆

5568　Baptistania Barb. Rodr. ex Pfltzer（1889）Nom. illegit. = Oncidium Sw.（1800）（保留属名）［兰科 Orchidaceae］■☆

5569　Baptistania Pfitzer（1889）Nom. illegit. ≡ Baptistania Barb. Rodr. ex Pfltzer（1889）；~ = Oncidium Sw.（1800）（保留属名）［兰科 Orchidaceae］■☆

5570　Baptistonia Barb. Rodr.（1877）Nom. illegit. ≡ Baptistania Barb. Rodr. ex Pfltzer（1889）；~ = Oncidium Sw.（1800）（保留属名）［兰科 Orchidaceae］■☆

5571　Baptorhachis Clayton et Renvoize（1986）【汉】染轴粟属。【隶属】禾本科 Poaceae（Gramineae）。【包含】世界 1 种。【学名诠释与讨论】〈阴〉（希）baptiso，染+rhachis，针，刺。【分布】莫桑比克。【模式】Baptorhachis foliacea（W. D. Clayton）W. D. Clayton［Stereochlaena foliacea W. D. Clayton］☆

5572　Baranda Llanos（1859）= Barringtonia J. R. Forst. et G. Forst.（1775）（保留属名）［玉蕊科（巴西果科）Lecythidaceae//翅玉蕊科（金刀木科）Barringtoniaceae］●

5573　Barathranthus（Korth.）Miq.（1856）Nom. illegit. = Baratranthus（Korth.）Miq.（1856）［桑寄生科 Loranthaceae］●☆

5574　Barathranthus Danser（1928）Nom. illegit. = Baratranthus（Korth.）Miq.（1856）［桑寄生科 Loranthaceae］●☆

5575　Baratostachys（Korth.）Kuntze（1903）= Phoradendron Nutt.（1848）［桑寄生科 Loranthaceae//美洲桑寄生科 Phoradendraceae］●☆

5576　Baratostachys Uphof（1910）Nom. illegit.［檀香科 Santalaceae］●☆

5577　Baratranthus（Korth.）Miq.（1856）【汉】凹花寄生属。【隶属】桑寄生科 Loranthaceae。【包含】世界 4 种。【学名诠释与讨论】〈阳〉（希）barathron，深坑+anthos，花。antheros，多花的。antheo，开花。此属的学名，ING 和 APNI 记载是“Baratranthus（Korthals）Miquel, Fl. Ind. Bat. 1（1）：810,834. 10 Jul 1856”，但是都未给出基源异名。IK 则记载为“Baratranthus Miq., Fl. Ned. Ind. 1（1）：834. 1855”。三者引用的文献相同。TROPICOS 记载如上，给出的基源异名是“Loranthus sect. Baratranthus Korth.”。【分布】马来西亚（西部），斯里兰卡。【模式】Baratranthus axanthus（Korthals）Miquel［Loranthus axanthus Korthals］。【参考异名】

Barathranthus（Korth.）Miq.（1856）Nom. illegit.；Barathranthus Danser（1928）Nom. illegit.；Baratranthus Miq.（1855）Nom. illegit.；Cyathiscus Tiegh.（1895）；Loranthus sect. Baratranthus Korth. ●☆

5578　Baratranthus Miq.（1856）Nom. illegit. ≡ Baratranthus（Korth.）Miq.（1856）［桑寄生科 Loranthaceae］●☆

5579　Barattia A. Gray et Engelrn.（1848）= Encelia Adans.（1763）［菊科 Asteraceae（Compositae）］■■☆

5580　Baraultia Spreng.（1825）Nom. illegit. ≡ Baraultia Steud. ex Spreng.（1825）；~ ≡ Barraldeia Thouars（1806）（废弃属名）；~ = Carallia Roxb.（1811）［红树科 Rhizophoraceae］●

5581　Baraultia Steud. ex Spreng.（1825）Nom. illegit. ≡ Barraldeia Thouars（1806）（废弃属名）；~ = Carallia Roxb.（1811）（保留属名）［红树科 Rhizophoraceae］●

5582　Barbacenia Vand.（1788）【汉】巴尔翡若翠属。【隶属】翡若翠科（巴西蒜科，尖叶棱枝草科，尖叶鳞枝科）Velloziaceae。【包含】世界 90-104 种。【学名诠释与讨论】〈阴〉（人）Barbacene。【分布】玻利维亚，马达加斯加，南美洲，热带非洲。【模式】未指定。【参考异名】Aylthonia N. L. Menezes（1971）；Pleurostima Raf.（1837）；Raddia Post et Kuntze（1903）Nom. illegit.；Radia A. Rich.（1822）；Radia A. Rich. ex Kunth；Visnea Steud. ex Endl.（1837）Nom. illegit. ■☆

5583　Barbaceniaceae Arn.（1832）= Velloziaceae J. Agardh（保留科名）■

5584　Barbaceniopsis L. B. Sm.（1962）【汉】拟巴尔翡若翠属。【隶属】翡若翠科（巴西蒜科，尖叶棱枝草科，尖叶鳞枝科）Velloziaceae。【包含】世界 3 种。【学名诠释与讨论】〈阴〉（属）Barbacenia 巴尔翡若翠属+希腊文 opsis，外观，模样，相似。【分布】秘鲁，玻利维亚，安第斯山。【模式】Barbaceniopsis boliviensis（J. G. Baker）L. B. Smith［Vellozia boliviensis J. G. Baker］☆

5585　Barba-jovis Adans.（1763）= Anthyllis L.（1753）［豆科 Fabaceae（Leguminosae）//蝶形花科 Papilionaceae］■☆

5586　Barbajovis Mill.（1754）= Anthyllis L.（1753）［豆科 Fabaceae（Leguminosae）//蝶形花科 Papilionaceae］■☆

5587　Barba-jovis Ség.（1754）= Anthyllis L.（1753）［豆科 Fabaceae（Leguminosae）//蝶形花科 Papilionaceae］■☆

5588　Barbamine A. P. Khokhr.（1997）= Barbarea W. T. Aiton（1812）（保留属名）（保留属名）［十字花科 Brassicaceae（Cruciferae）］■

5589　Barbaraea Beckm. = Barbarea R. Br.［十字花科 Brassicaceae（Cruciferae）］■

5590　Barbarea R. Br.（废弃属名）= Barbarea W. T. Aiton（1812）（保留属名）［十字花科 Brassicaceae（Cruciferae）］■

5591　Barbarea Scop.（1760）（废弃属名）= Dentaria L.（1753）［十字花科 Brassicaceae（Cruciferae）］■☆

5592　Barbarea W. T. Aiton（1812）（保留属名）【汉】山芥属。【日】ヤマガラシ属。【俄】Сурепица，Сурепка。【英】American Cress，False Indigo，Upland Cress，Winter Cress，Wintercress。【隶属】十字花科 Brassicaceae（Cruciferae）。【包含】世界 16-22 种，中国 5 种。【学名诠释与讨论】〈阴〉（人）St. Barbara，一女圣者。此属的学名“Barbarea W. T. Aiton, Hort. Kew., ed. 2, 4：109. Dec 1812”是保留属名。相应的废弃属名是十字花科 Brassicaceae 的“Barbarea Scop., Fl. Carniol.：522. 15 Jun-21 Jul 1760 = Barbarea W. T. Aiton（1812）（保留属名）= Dentaria L.（1753）”。十字花科 Brassicaceae 的“Barbarea R. Br.”亦应废弃。“Campe Dulac, Fl. Hautes-Pyrénées 199. 1867”是“Barbarea W. T. Aiton（1812）（保留属名）”的晚出的同模式异名（Homotypic synonym, Nomenclatural synonym）。【分布】美国，中国，地中海地区，喜马拉雅山，温带北半球，非洲北部和热带非洲东部，中美洲。【模式】Barbarea vulgaris W. T. Aiton［Erysimum barbarea Linnaeus］。【参考异名】

Barbamine A. P. Khokhr. (1997); Barbarea R. Br. (废弃属名); Barbarea Scop. (1760) (废弃属名); Campe Dulac (1867) Nom. illegit. ■

5593　Barbellina Cass. (1827) = Staehelina L. (1753) [菊科 Asteraceae (Compositae)] ●☆

5594　Barberetta Harv. (1868) 【汉】南非血草属。【隶属】血草科 (半授花科, 给血草科, 血皮草科) Haemodoraceae。【包含】世界 1 种。【学名诠释与讨论】〈阴〉词源不详。【分布】非洲南部。【模式】Barberetta aurea W. H. Harvey。■☆

5595　Barberina Vell. (1829) = Symplocos Jacq. (1760) [山矾科 (灰木科) Symplocaceae] ●

5596　Barbeuia Thouars(1806) 【汉】商陆藤属 (节柄属, 节柄藤属)。【隶属】商陆藤科 (节柄藤科, 节柄科) Barbeuiaceae//商陆科 Phytolaccaceae。【包含】世界 1 种。【学名诠释与讨论】〈阴〉词源不详。【分布】马达加斯加。【模式】Barbeuia madagascariensis Steudel。●☆

5597　Barbeuiaceae(H. Walter) Nakai = Phytolaccaceae R. Br. (保留科名) ●■

5598　Barbeuiaceae Nakai(1942) [亦见 Phytolaccaceae R. Br. (保留科名) 商陆科] 【汉】商陆藤科 (节柄藤科, 节柄科)。【包含】世界 1 属 1 种。【分布】马达加斯加。【科名模式】Barbeuia Thouars ●☆

5599　Barbeya Albov ex Alboff(1894) Nom. illegit. = Amphoricarpos Vis. (1844) [菊科 Asteraceae(Compositae)] ●☆

5600　Barbeya Albov(1893) Nom. inval., Nom. illegit. ≡ Barbeya Albov ex Alboff(1894) Nom. illegit.; ~ = Amphoricarpos Vis. (1844) [菊科 Asteraceae(Compositae)] ●☆

5601　Barbeya Schweinf. (1892) 【汉】钩毛树属 (钩毛叶属)。【隶属】钩毛树科 (钩毛叶科, 合瓣莲科) Barbeyaceae。【包含】世界 1 种。【学名诠释与讨论】〈阴〉(人) Barbey, 植物学者。此属的学名, ING 和 IK 记载是 "Barbeya G. Schweinfurth, Malpighia 5:332. 1892"。菊科 Asteraceae 的 "Barbeya Albov, Mem. Sect. Oural. Soc. Russ. Geogr. xiv. (1893) = Amphoricarpos Vis. (1844)" 是晚出的非法名称。"Barbeya Schweinf. ex Penz. (1892)" 和 "Barbeya Albov ex Alboff(1894)" 的命名人引证有误。【分布】阿拉伯地区, 埃塞俄比亚, 厄立特里亚, 索马里。【模式】Barbeya oleoides G. Schweinfurth。【参考异名】Barbeya Schweinf. ex Penz. (1892) Nom. illegit. ●☆

5602　Barbeya Schweinf. ex Penz. (1892) Nom. illegit. = Barbeya Schweinf. (1892) [钩毛树科 (钩毛叶科, 合瓣莲科) Barbeyaceae] ●☆

5603　Barbeyaceae Rendle(1916) (保留科名) 【汉】钩毛树科 (钩毛叶科, 合瓣莲科)。【包含】世界 1 属 1 种。【分布】非洲东北部, 阿拉伯半岛。【科名模式】Barbeya Schweinf. ●☆

5604　Barbeyastrum Cogn. (1891) = Dichaetanthera Endl. (1840) [野牡丹科 Melastomataceae] ●☆

5605　Barbiera Spreng. (1831) = Barbieria DC. (1925); ~ = Clitoria L. (1753) [豆科 Fabaceae(Leguminosae)] ●☆

5606　Barbieria DC. (1925) = Clitoria L. (1753) [豆科 Fabaceae (Leguminosae)//蝶形花科 Papilionaceae] ●

5607　Barbieria Spreng. (1831) Nom. illegit. = Clitoria L. (1753) [豆科 Fabaceae(Leguminosae)//蝶形花科 Papilionaceae] ●

5608　Barbilus P. Browne(1756) = Trichilia P. Browne(1756) (保留属名) [楝科 Meliaceae] ●

5609　Barbosa Becc. (1887) 【汉】东智利棕属 (巴西金山葵属)。【隶属】棕榈科 Arecaceae(Palmae)。【包含】世界 2 种。【学名诠释与讨论】〈阴〉(人) Joao Barbosa Rodrigues, 1842-1909, 巴西植物学者。此属的学名, ING、TROPICOS 和 IK 记载是 "Barbosa

Beccari, Malpighia 1:349,352. 1887"。"Langsdorffia Raddi, Mem. Soc. Ital. Sci. 18(2):345. 1820(non C. F. P. Martius 1818)" 是 "Barbosa Becc. (1887)" 的同模式异名 (Homotypic synonym, Nomenclatural synonym)。亦有文献把 "Barbosa Becc. (1887)" 处理为 "Syagrus Mart. (1824)" 的异名。【分布】巴西 (东部)。【模式】Barbosa pseudococos (Raddi) Beccari [Langsdorffia pseudococos Raddi]。【参考异名】Langsdorffia Raddi (1820) Nom. illegit.; Langsdorfia Pfeiff. (1874) Nom. illegit.; Langsdorfia Raddi ex Pfeiff. (1874) Nom. illegit.; Syagrus Mart. (1824) ●☆

5610　Barbosella Schltr. (1918) 【汉】小棕兰属 (巴波兰属)。【隶属】兰科 Orchidaceae。【包含】世界 12-15 种。【学名诠释与讨论】〈阴〉(属) Barbosa 东智利棕属 (巴西金山葵属) +-ellus, -ella, -ellum, 加在名词词干后面形成指小式的词尾。或加在人名, 属名等后面以组成新属的名称。【分布】巴拉圭, 巴拿马, 秘鲁, 玻利维亚, 厄瓜多尔, 哥伦比亚 (安蒂奥基亚), 哥斯达黎加, 尼加拉瓜, 热带和温带南美洲, 中美洲。【后选模式】Barbosella gardneri (J. Lindley) Schlechter [Pleurothallis gardneri J. Lindley]。■☆

5611　Barbrodria Luer. (1981) 【汉】米尔斯兰属。【隶属】兰科 Orchidaceae。【包含】世界 1 种。【学名诠释与讨论】〈阴〉(人) Joao Barbosa Rodrigues, 1842-1909, 巴西植物学者。【分布】巴西。【模式】Barbrodria miersii (Lindley) C. A. Luer [Pleurothallis miersii Lindley]。■☆

5612　Barbula Lour. (1790) = Caryopteris Bunge (1835) [马鞭草科 Verbenaceae//牡荆科 Viticaceae] ●

5613　Barbylus Juss. (1789) = Barbilus P. Browne(1756); ~ = Trichilia P. Browne(1756) (保留属名) [楝科 Meliaceae] ●

5614　Barcella(Trail) Drude(1881) Nom. illegit. ≡ Barcella (Trail) ex Drude(1881) [棕榈科 Arecaceae(Palmae)] ●☆

5615　Barcella(Trail)Trail ex Drude(1881) 【汉】亚马孙棕属 (凹雌椰属, 巴塞卢斯椰子属)。【隶属】棕榈科 Arecaceae(Palmae)。【包含】世界 1 种。【学名诠释与讨论】〈阴〉(希) bar, 埃及的一种平底小舟, 城堡+-cellus, -cella, -cellum, 指示小的词尾。此属的学名, ING 记载是 "Barcella (Trail) Trail ex Drude in Martius, Fl. Bras. 3(2):459. 1 Nov 1881", 由 "Elaeis subgen. Barcella Trail, J. Bot. 15:80. Mar 1877" 改级而来。IK 则记载为 "Barcella Drude, Fl. Bras. (Martius) 3(2):459, t. 106. 1881 [1 Nov 1881]"。TROPICOS 则记载为 "Barcella Trail ex Drude, Flora Brasiliensis 3 (2):459. 1881"。三者引用的文献相同。"Barcella (Trail) Drude (1881) ≡ Barcella (Trail)Trail ex Drude(1881)" 的命名人引证有误。【分布】巴西。【模式】Barcella odora (Trail) Trail ex Drude [Elaeis odora Trail]。【参考异名】Barcella (Trail) Drude(1881) Nom. illegit.; Barcella Drude (1881) Nom. illegit.; Elaeis subgen. Barcella Trail(1877) ●☆

5616　Barcella Drude (1881) Nom. illegit. ≡ Barcella (Trail) Trail ex Drude(1881) [棕榈科 Arecaceae(Palmae)] ●☆

5617　Barcella Trail ex Drude(1881) ≡ Barcella (Trail) Trail ex Drude (1881) [棕榈科 Arecaceae(Palmae)] ●☆

5618　Barcena Duges(1879) = Colubrina Rich. ex Brongn. (1826) (保留属名) [鼠李科 Rhamnaceae] ●

5619　Barcenia Duges (1879) = Barcena Duges (1879); ~ = Colubrina Rich. ex Brongn. (1826) (保留属名) [鼠李科 Rhamnaceae] ●

5620　Barcenia Villada (1879) Nom. illegit. [鼠李科 Rhamnaceae] ●☆

5621　Barckhausenia Menke (1854) Nom. illegit. ≡ Barckhausia DC. (1815) [菊科 Asteraceae(Compositae)] ■

5622　Barckhausia DC. (1815) = Barkhausia Moench(1794); ~ = Crepis L. (1753) [菊科 Asteraceae(Compositae)] ■

5623　Barclaya Wall. (1827) (保留属名) 【汉】合瓣莲属。【隶属】睡

莲科 Nymphaeaceae//合瓣莲科 Barclayaceae。【包含】世界 3-4 种。【学名诠释与讨论】〈阴〉(人)，1751－1830。此属的学名 "Barclaya Wall. in Trans. Linn. Soc. London 15：442. 11-20 Dec 1827"是保留属名。相应的废弃属名是睡莲科 Nymphaeaceae 的 "Hydrostemma Wall. in Philos. Mag. Ann. Chem. 1：454. Jun 1827 ≡ Barclaya Wall. (1827)(保留属名)"。【分布】印度至马来西亚。【模式】Barclaya longifolia Wallich。【参考异名】Hydrostemma Wall. (1827)(废弃属名)■☆

5624　Barclayaceae(Endl.)H. L. Li(1955)= Nymphaeaceae Salisb. (保留科名)■

5625　Barclayaceae H. L. Li(1955)［亦见 Nymphaeaceae Salisb. (保留科名)睡莲科]【汉】合瓣莲科。【包含】世界 1 属 3-4 种。【分布】印度-马来西亚,新几内亚岛。【科名模式】Barclaya Wall. ■☆

5626　Bardana Hill(1762) Nom. illegit. ≡ Arctium L. (1753)［菊科 Asteraceae(Compositae)]■

5627　Bardotia Eb. Fisch. ,Schäferh. et Kai Müll. (2012)【汉】马岛列当属。【隶属】列当科 Orobanchaceae。【包含】世界 1 种。【学名诠释与讨论】〈阴〉似来自人名或地名。【分布】马达加斯加。【模式】Bardotia ankaranensis Eb. Fisch. ,Schäferh. et Kai Müll. 。☆

5628　Bareria Juss. (1806)= Barreria Scop. (1777) Nom. illegit. ; ~ = Poraqueiba Aubl. (1775)［茶茱萸科 Icacinaceae]●☆

5629　Baretia Comm. ex Cav. = Turraea L. (1771)［楝科 Meliaceae]●

5630　Bargemontia Gaudich. (1841)= Nolana L. ex L. f. (1762)［茄科 Solanaceae//铃花科 Nolanaceae]■☆

5631　Barhamia Klotzsch(1853)= Croton L. (1753)［大戟科 Euphorbiaceae//巴豆科 Crotonaceae]●

5632　Bariaea Rchb. f. =Cynorkis Thouars(1809)［兰科 Orchidaceae]■☆

5633　Barjonia Decne. (1844)【汉】巴尔萝藦属。【隶属】萝藦科 Asclepiadaceae。【包含】世界 6-12 种。【学名诠释与讨论】〈阴〉(人)Barjon。【分布】巴西。【后选模式】Barjonia racemosa Decaisne, Nom. illegit. ［Apocynum erectum Vellozo]●■☆

5634　Barkania Ehrenb. (1834)= Halophila Thouars(1806)［水鳖科 Hydrocharitaceae//喜盐草科 Halophilaceae]■

5635　Barkeria Knowles et Westc. (1838)【汉】巴克兰属。【日】バーケリア属。【隶属】兰科 Orchidaceae。【包含】世界 14 种。【学名诠释与讨论】〈阴〉(人)George Barker, 1776－1845,兰科 Orchidaceae 植物培育者。【分布】中美洲。【模式】Barkeria elegans Knowles et Westcott。☆

5636　Barkerwebbia Becc. (1905)【汉】巴克棕属(巴克伟桐属)。【隶属】棕榈科 Arecaceae(Palmae)。【包含】世界 3 种。【学名诠释与讨论】〈阴〉(人)Philip Barker Webb, 1793－1854,英国植物学者。此属的学名是 "Barkerwebbia Beccari, Webbia 1：281. 10 Mai 1905"。亦有文献把其处理为 "Heterospathe Scheff. (1876)"的异名。【分布】新几内亚岛。【模式】Barkerwebbia elegans Beccari。【参考异名】Heterospathe Scheff. (1876)●☆

5637　Barkhausenia Schur(1877)= Borckhausenia P. Gaertn. ,B. Mey. et Scherb. (1801) Nom. illegit. ; ~ = Corydalis DC. (1805)(保留属名)［罂粟科 Papaveraceae//紫堇科(荷包牡丹科)Fumariaceae]■☆

5638　Barkhausia Moench(1794)= Crepis L. (1753)［菊科 Asteraceae(Compositae)]■

5639　Barkhusenia Hoppe(1829)= Barkhausia Moench(1794)［菊科 Asteraceae(Compositae)]■

5640　Barkleyanthus H. Rob. et Brettell(1974)【汉】柳叶千里光属(巴克花属)。【英】Jarilla, Willow Ragwort。【隶属】菊科 Asteraceae(Compositae)。【包含】世界 1 种。【学名诠释与讨论】〈阴〉(人)Theodore M. Barkley, 1934－2004,北美植物学者。【分布】美国(南部),墨西哥,中美洲。【模式】Barkleyanthus salicifolius

(Kunth) H. E. Robinson et R. D. Brettell［Cineraria salicifolia Kunth]●☆

5641　Barklya F. Muell. (1859)【汉】金花木属。【英】Golden-blossom Tree,Leather Jacket。【隶属】豆科 Fabaceae(Leguminosae)//云实科(苏木科)Caesalpiniaceae//羊蹄甲科 Bauhiniaceae。【包含】世界 1 种。【学名诠释与讨论】〈阴〉(人)Henry Barkly, 1815－1898,植物采集家。此属的学名是 "Barklya F. v. Mueller, J. Proc. Linn. Soc. ,Bot. 3：158. 1 Feb 1859"。亦有文献把其处理为 "Bauhinia L. (1753)"的异名。【分布】澳大利亚(昆士兰)。【模式】Barklya syringifolia F. v. Mueller。【参考异名】Bauhinia L. (1753)●☆

5642　Barlaea Rchb. f. (1876)= Cynorkis Thouars(1809)［兰科 Orchidaceae]■☆

5643　Barleria L. (1753)【汉】假杜鹃属。【日】バーレリア属,バーレーリア属。【英】Barleria, Falsecuckoo。【隶属】爵床科 Acanthaceae。【包含】世界 230-250 种,中国 4-6 种。【学名诠释与讨论】〈阴〉(人)J. Barrelier, 1606－1673,法国植物学者,医生。【分布】巴基斯坦,巴拿马,秘鲁,玻利维亚,马达加斯加,尼加拉瓜,中国,中美洲。【后选模式】Barleria cristata Linnaeus。【参考异名】Barleriacanthus Oerst. (1854); Barlerianthus Oerst. (1854); Barleriopsis Oerst. (1854); Barleriosiphon Oerst. (1854); Barlerites Oerst. (1854); Barreliera J. F. Gmel. (1792); Dicranacanthus Oerst. (1854); Hystrix Rumph. ; Isaloa Humbert(1937); Parabarleria Baill. (1890); Prionitis Oerst. (1854); Pseudobarleria Oerst. (1854); Pseudo-Barleria Oerst. (1854); Soubeyrania Neck. (1790) Nom. inval. ; Wahabia Fenzl(1844)●■

5644　Barleriacanthus Oerst. (1854)= Barleria L. (1753)［爵床科 Acanthaceae]●■

5645　Barlerianthus Oerst. (1854)= Barleria L. (1753)［爵床科 Acanthaceae]●■

5646　Barleriola Oerst. (1855)【汉】小杜鹃花属。【隶属】爵床科 Acanthaceae。【包含】世界 6 种。【学名诠释与讨论】〈阴〉(属)Barleria 假杜鹃属 +-olus, -ola, -olum,拉丁文指示小的词尾。【分布】西印度群岛。【模式】Barleriola solanifolia(Linnaeus) Oersted ex Lindau［Barleria solanifolia Linnaeus]●☆

5647　Barleriopsis Oerst. (1854)= Barleria L. (1753)［爵床科 Acanthaceae]●■

5648　Barleriosiphon Oerst. (1854)= Barleria L. (1753)［爵床科 Acanthaceae]●■

5649　Barlerites Oerst. (1854)= Barleria L. (1753)［爵床科 Acanthaceae]●■

5650　Barlia Parl. (1860)【汉】巴拉兰属。【英】Giant orchid。【隶属】兰科 Orchidaceae。【包含】世界 2 种。【学名诠释与讨论】〈阴〉(人)Joseph Hieronymus(Jérome) Jean Baptiste(Giambattista) Barla 1817-1896,法国植物学者。【分布】地中海地区。【模式】Barlia longibracteata(Bivona) Parlatore［Orchis longibracteata Bivona]■☆

5651　Barnadesia Mutis ex L. f. (1782)【汉】刺菊木属。【隶属】菊科 Asteraceae(Compositae)。【包含】世界 19-23 种。【学名诠释与讨论】〈阴〉(人)Miguel Barnades(Barnadez), c. 1708/1717－1771,西班牙植物学者。此属的学名,ING、TROPICOS 和 IK 记载是 "Barnadesia Mutis ex Linnaeus f. ,Suppl. Pl. 55. 1782［1781 publ. Apr 1782]"。"Barnadesia Mutis(1782) ≡ Barnadesia Mutis ex L. f. (1782)"的命名人引证有误。【分布】秘鲁,玻利维亚,厄瓜多尔,哥伦比亚(安蒂奥基亚),南美洲,中美洲。【模式】Barnadesia spinosa Linnaeus f. 。【参考异名】Bacasia Ruiz et Pav. (1794); Barnadesia Mutis(1782) Nom. illegit. ; Diacantha Less.

（1830）Nom. illegit. ; Dolichostylis Cass.（1828）Nom. illegit. ; Penthea（D. Don）Spach（1841）Nom. illegit. ; Penthea Spach（1841）Nom. illegit. ; Rhodactinea Gardner（1847）; Turpinia Bonpl.（1807）（废弃属名）; Turpinia Humb. et Bonpl.（1807）（废弃属名）; Voigtia Spreng.（1826）Nom. illegit. ; Xenophontia Vell.（1829）●☆

5652 Barnadesia Mutis（1782）Nom. illegit. ≡ Barnadesia Mutis ex L. f.（1782）［菊科 Asteraceae（Compositae）]●☆

5653 Barnardia Lindl.（1826）【汉】类绵枣儿属。【隶属】风信子科 Hyacinthaceae//百合科 Liliaceae//绵枣儿科 Scillaceae。【包含】世界8种。【学名诠释与讨论】〈阴〉（人）Barnard。亦有文献把"Barnardia Lindl.（1826）"处理为"Scilla L.（1753）"的异名。【分布】中国。【模式】Barnardia scilloides J. Lindley。【参考异名】Scilla L.（1753）■

5654 Barnardiella Goldblatt（1977）【汉】肖绵枣儿属。【隶属】鸢尾科 Iridaceae。【包含】世界1种。【学名诠释与讨论】〈阴〉（属）Barnardia 绵枣儿属+-ellus, -ella, -ellum, 加在名词词干后面形成指小式的词尾。或加在人名、属名等后面以组成新属的名称。此属的学名是"Barnardiella P. Goldblatt, Ann. Missouri Bot. Gard. 63：312.1976"。亦有文献把其处理为"Moraea Mill.（1758）［as ea Mill（保留属名）]"的异名。【分布】非洲南部。【模式】Barnardiella spiralis（N. E. Brown）P. Goldblatt［Helixyra spiralis N. E. Brown, Moraea spiralis J. G. Baker］。【参考异名】Moraea Mill.（1758）［as 'Morea']（保留属名）■☆

5655 Barnebya W. R. Anderson et B. Gates（1981）【汉】巴恩木属。【隶属】金虎尾科（黄褥花科）Malpighiaceae。【包含】世界2种。【学名诠释与讨论】〈阴〉（人）Rupert Charles Barneby, 1911-2000, 植物学者。【分布】巴西。【模式】Barnebya dispar（Grisebach）W. R. Anderson et B. Gates［Byrsonima dispar Grisebach]●☆

5656 Barnebydendron J. H. Kirkbr.（1999）【汉】几内亚叶果豆属。【隶属】豆科 Fabaceae（Leguminosae）。【包含】世界1种。【学名诠释与讨论】〈阴〉（人）Rupert Charles Barneby, 1911-2000, 植物学者 + dendron 或 dendros, 树木, 棍, 丛林。此属的学名"Barnebydendron J. H. Kirkbride, Sida 18：817. 20 Sep 1999"是一个替代名称。"Phyllocarpus Riedel ex Tulasne, Ann. Sci. Nat. Bot. ser. 2.20：142. Sep 1843"是一个非法名称（Nom. illegit.）, 因为此前已经有了"Phyllocarpus Riedel ex Endlicher, Gen. suppl. 2：97. Mar - Jun 1842［豆科 Fabaceae（Leguminosae）]"。故用"Barnebydendron J. H. Kirkbr.（1999）"替代之。【分布】几内亚。【模式】Barnebydendron riedelii（Tulasne）J. H. Kirkbride［Phyllocarpus riedelii Tulasne］。【参考异名】Phyllocarpus Riedel ex Tul.（1843）Nom. illegit. ●☆

5657 Barnebyella Podlech（1994）= Dorycnium Mill.（1754）［豆科 Fabaceae（Leguminosae）]●■☆

5658 Barneoudia Gay（1845）【汉】肾果獐耳细辛属。【隶属】毛茛科 Ranunculaceae。【包含】世界3种。【学名诠释与讨论】〈阴〉（人）Francois Marius Barneoud, 1821-?, 法国植物学者。【分布】阿根廷, 智利。【模式】Barneoudia chilensis C. Gay。■☆

5659 Barnettia Santisuk（1973）= Santisukia Brummitt（1992）［紫葳科 Bignoniaceae]●☆

5660 Barnhartia Gleason（1926）【汉】繁花远志属。【隶属】远志科 Polygalaceae。【包含】世界1种。【学名诠释与讨论】〈阴〉（人）John Hendley Barnhart, 1871-1949, 美国植物学者, 医生。【分布】几内亚。【模式】Barnhartia floribunda Gleason。●☆

5661 Barola Adans.（1763）Nom. illegit. ≡ Barbilus P. Browne（1756）; ~ = Trichilia P. Browne（1756）（保留属名）［棟科 Meliaceae]●

5662 Barollaea Neck.（1790）Nom. inval. = Caryocar F. Allam. ex L.（1771）［多柱树科（油桃木科）Caryocaraceae]●☆

5663 Barombia Schltr.（1914）【汉】繁花兰属。【隶属】兰科 Orchidaceae。【包含】世界1种。【学名诠释与讨论】〈阴〉（地）Barombi, 位于喀麦隆。此属的学名是"Barombia Schlechter, Orchideen 600. 28 Nov 1914"。亦有文献把其处理为"Aerangis Rchb. f.（1865）"的异名。【分布】热带非洲西部。【模式】Barombia gracillima（Kränzlin）Schlechter［Angraecum gracillimum Kränzlin］。【参考异名】Aerangis Rchb. f.（1865）; Barombiella Szlach.（2003）■☆

5664 Barombiella Szlach.（2003）= Barombia Schltr.（1914）［兰科 Orchidaceae]■☆

5665 Barongia Peter G. Wilson et B. Hyland（1988）【汉】巴隆木属。【隶属】桃金娘科 Myrtaceae。【包含】世界1种。【学名诠释与讨论】〈阴〉（人）Barong。【分布】澳大利亚。【模式】Barongia lophandra Peter G. Wilson et B. P. M. Hyland。●☆

5666 Baronia Baker（1882）【汉】马达加斯加漆树属。【隶属】漆树科 Anacardiaceae。【包含】世界1种。【学名诠释与讨论】〈阴〉（人）Richard Baron, 1847-1907, 英国植物学者, 传教士, 曾在马达加斯加采集标本。此属的学名是"Baronia J. G. Baker, J. Bot. 20：67. Mar 1882"。亦有文献把其处理为"Rhus L.（1753）"的异名。【分布】马达加斯加。【模式】Baronia taratana J. G. Baker。【参考异名】Rhus L.（1753）●☆

5667 Baroniella Costantin et Gallaud（1907）【汉】巴龙萝藦属。【隶属】萝藦科 Asclepiadaceae。【包含】世界1-4种。【学名诠释与讨论】〈阴〉（人）Richard Baron, 1847-1907, 英国植物学者, 传教士, 曾在马达加斯加采集标本+-ellus, -ella, -ellum, 加在名词词干后面形成指小式的词尾。或加在人名、属名等后面以组成新属的名称。【分布】马达加斯加。【模式】Baroniella camptocarpoides Costantin et Gallaud。●☆

5668 Barosma Willd.（1809）（保留属名）【汉】重香木属（重香属）。【俄】Баросма。【英】Buchu。【隶属】芸香科 Rutaceae。【包含】世界20-42种。【学名诠释与讨论】〈阴〉（希）baros, 重量, barys 重的, 笨重的+osme =odme, 香味, 臭味, 气味。在希腊文组合词中, 词头 osm-和词尾-osma 通常指香味。此属的学名"Barosma Willd. , Enum. Pl. ；257. Apr 1809"是保留属名。相应的废弃属名是芸香科 Rutaceae 的"Parapetalifera J. C. Wendl. , Coll. Pl. 1；49. 1806 = Agathosma Willd.（1809）（保留属名）= Barosma Willd.（1809）（保留属名）。亦有文献把"Barosma Willd.（1809）（保留属名）"处理为"Agathosma Willd.（1809）（保留属名）"的异名。【分布】非洲。【模式】Barosma serratifolia（Curtis）Willldenow［Diosma serratifolia Curtis］。【参考异名】Agathosma Willd.（1809）（保留属名）; Baryosma Roem. et Schult.（1819）Nom. illegit. ; Parapetalifera J. C. Wendl.（1805）（废弃属名）●☆

5669 Barraldeia Thouars（1806）（废弃属名）= Carallia Roxb.（1811）（保留属名）［红树科 Rhizophoraceae]●

5670 Barrattia A. Gray et Engelm.（1847）【汉】巴勒特菊属。【隶属】菊科 Asteraceae（Compositae）。【包含】世界1种。【学名诠释与讨论】〈阴〉（人）Joseph Barratt, 1796-1882, 植物学者。此属的学名, ING、TROPICOS 和 GCI 记载是"Barrattia A. Gray et Engelmann, Proc. Amer. Acad. Arts 1：48. Dec 1846-Jan 1847"。IK 则记载为"Asteraceae Barrattia A. Gray, Proc. Amer. Acad. Arts i.（1848）48"。四者引用的文献相同。亦有文献把"Barrattia A. Gray et Engelm.（1847）"处理为"Encelia Adans.（1763）"的异名。【分布】美国（得克萨斯）, 中美洲。【模式】Barrattia calva A. Gray et Engelmann。【参考异名】Barrattia A. Gray（1848）Nom. illegit. ; Encelia Adans.（1763）●■☆

5671　Barrattia A. Gray（1848）Nom. illegit. ≡ Barrattia A. Gray et Engelm.（1847）；~ = Encelia Adans.（1763）［菊科 Asteraceae（Compositae）］●■☆

5672　Barreliera J. F. Gmel.（1792）= Barleria L.（1753）［爵床科 Acanthaceae］●■

5673　Barreria L.（1753）= Diosma L. +Brunia Lam.（1785）（保留属名）［芸香科 Rutaceae］●☆

5674　Barreria Scop.（1777）Nom. illegit. ≡ Poraqueiba Aubl.（1775）［茶茱萸科 Icacinaceae］●☆

5675　Barreria Willd.（1798）Nom. illegit. = Poraqueiba Aubl.（1775）［茶茱萸科 Icacinaceae］●☆

5676　Barreriaceae Mart.= Icacinaceae（Benth.）Miers ●■

5677　Barrettia Sim（1909）= Ricinodendron Müll. Arg.（1864）［大戟科 Euphorbiaceae］●☆

5678　Barringtonia J. R. Forst. et G. Forst.（1775）（保留属名）【汉】玉蕊属（金刀木属，棋盘脚树属）。【日】ゴバンノアシ属，サガリバナ属。【英】Barringtonia。【隶属】玉蕊科（巴西果科）Lecythidaceae//翅玉蕊科（金刀木科）Barringtoniaceae。【包含】世界 39-45 种，中国 3 种。【学名诠释与讨论】〈阴〉（人）Daines Barrington，1727-1800，英国植物学者。此属的学名"Barringtonia J. R. Forst. et G. Forst.，Char. Gen. Pl. ；38. 29 Nov 1775"是保留属名。相应的废弃属名是玉蕊科（巴西果科）Lecythidaceae 的"Huttum Adans.，Fam. Pl. 2；88,616. Jul-Aug 1763 ≡ Barringtonia J. R. Forst. et G. Forst.（1775）（保留属名）"。"Commersona Sonnerat，Voyage Nouv. Guinée 14. Jan-Mar 1776"是"Barringtonia J. R. Forst. et G. Forst.（1775）（保留属名）"的晚出的同模式异名（Homotypic synonym，Nomenclatural synonym）。【分布】澳大利亚，巴基斯坦，马达加斯加，印度，印度至马来西亚，中国，非洲东部。【模式】Barringtonia speciosa J. R. Forster et J. G. A. Forster。【参考异名】Agasta Miers（1875）；Baranda Llanos（1859）；Botryoropis C. Presl（1851）；Botryropis Post et Kuntze（1903）；Butonica Lam.（1785）；Commercona Sonn.（1776）Nom. illegit.；Commersona Sonn.（1776）Nom. illegit.；Doxomma Miers（1875）；Huttum Adans.（1763）（废弃属名）；Megadendron Miers（1875）；Menichea Sonn.（1776）Nom. inval.；Menichea Sonn. ex J. F. Gmelin（1791）；Mennichea Steud.（1841）；Meteorus Lour.（1790）；Michelia Kuntze（1891）Nom. illegit.；Mitraria J. F. Gmel.（1791）Nom. illegit.（废弃属名）；Stravadium A. Juss.（1789）●

5679　Barringtoniaceae DC. ex F. Rudolphi（1830）（保留科名）【汉】翅玉蕊科（金刀木科）。【日】サガリバナ科。【英】Barringtonia Family。【包含】世界 5-6 属 48-53 种，中国 1 属 3 种。【分布】热带。【科名模式】Barringtonia J. R. Forst. et G. Forst.●

5680　Barringtoniaceae F. Rudolphi = Barringtoniaceae DC. ex F. Rudolphi（保留科名）；~ = Lecythidaceae A. Rich.（保留科名）●

5681　Barroetea A. Gray（1879）【汉】刺叶修泽兰属。【隶属】菊科 Asteraceae（Compositae）。【包含】世界 7 种。【学名诠释与讨论】〈阴〉词源不详。此属的学名是"Barroetea A. Gray，Proc. Amer. Acad. Arts 15；29. post 25 Mai 1880"。亦有文献把其处理为"Brickellia Elliott（1823）（保留属名）"的异名。【分布】墨西哥。【模式】Barroetea setosa A. Gray。【参考异名】Brickellia Elliott（1823）（保留属名）■☆

5682　Barrosoa R. M. King et H. Rob.（1971）【汉】腺柄柄泽兰属。【隶属】菊科 Asteraceae（Compositae）。【包含】世界 9-10 种。【学名诠释与讨论】〈阴〉（人）Liberato Joaquim Barroso，1900-1949，植物学者。【分布】巴拉圭，玻利维亚，热带南美洲。【模式】Barrosoa candolleana（W. J. Hooker et Arnott）R. M. King et H. E. Robinson ［Eupatorium candolleanum W. J. Hooker et Arnott］■☆

5683　Barrotia Brongn.（1875）Nom. illegit. ≡ Barrotia Gaudich. ex Brongn.（1875）；~ = Pandanus Parkinson（1773）［露兜树科 Pandanaceae］●■

5684　Barrotia Gaudich.（1852）Nom. inval. ≡ Barrotia Gaudich. ex Brongn.（1875）；~ = Pandanus Parkinson（1773）［露兜树科 Pandanaceae］●■

5685　Barrotia Gaudich. ex Brongn.（1875）= Pandanus Parkinson（1773）［露兜树科 Pandanaceae］●■

5686　Barrowia Decne.（1844）= Orthanthera Wight（1834）［萝藦科 Asclepiadaceae］■☆

5687　Bartera Post et Kuntze（1903）= Barteria Hook. f.（1860）［西番莲科 Passifloraceae］●☆

5688　Barteria Hook. f.（1860）【汉】巴特西番莲属。【隶属】西番莲科 Passifloraceae。【包含】世界 1-4 种。【学名诠释与讨论】〈阴〉（人）Charles Barter，？ -1859，英国植物采集者。此属的学名，ING、TROPICOS 和 IK 记载是"Barteria Hook. f.，J. Proc. Linn. Soc.，Bot. 5：14，t. 2. 1860 ［1861 publ. 1860］"。"Barteria Welwitsch，Arch. Sci. Phys. Nat. ser. 2. 11：200. Jul 1861"是晚出的非法名称。【分布】非洲西部。【模式】Barteria nigritana J. D. Hooker。【参考异名】Bartera Post et Kuntze（1903）●☆

5689　Barteria Welw.（1861）Nom. illegit. = Brasenia Schreb.（1789）［睡莲科 Nymphaeaceae//竹节水松科（莼菜科，莼科）Cabombaceae］■

5690　Barthea Hook. f.（1867）【汉】棱果花属（刚毛药花属，毛药花属，深山野牡丹属）。【日】ミヤマノボタン属。【英】Barthea。【隶属】野牡丹科 Melastomataceae。【包含】世界 1 种，中国 1 种。【学名诠释与讨论】〈阴〉（人）Barthe，英国人名。【分布】中国。【模式】Barthea chinensis J. D. Hooker，Nom. illegit. ［Dissochaeta barthei Hance ex Bentham］●★

5691　Barthesia Comm. ex A. DC.（1834）= Ardisia Sw.（1788）（保留属名）［紫金牛科 Myrsinaceae］●■

5692　Barthlottia Eb. Fisch.（1996）【汉】巴氏玄参属。【隶属】玄参科 Scrophulariaceae。【包含】世界 1 种。【学名诠释与讨论】〈阴〉（人）Wilhelm A. Barthlott 1946-，植物学者。【分布】马达加斯加。【模式】Barthlottia madagascariensis E. Fischer。●☆

5693　Bartholina R. Br.（1813）【汉】南非蜘蛛兰属（巴索兰属）。【英】Spider Orchid。【隶属】兰科 Orchidaceae。【包含】世界 3 种。【学名诠释与讨论】〈阴〉（人）József Barth，1833-1915，植物学者+linea，linum，线，绳，亚麻，（希）linon 网，亚麻古名。另说纪念，1616-1680，丹麦外科医生。【分布】非洲南部。【模式】Bartholina pectinata R. Brown，Nom. illegit. ［Orchis pectinata Thunberg，Nom. illegit.；Orchis burmanniana Linnaeus；Bartholina burmanniana（Linnaeus）Ker-Gawler］。【参考异名】Lathrisia Sw.（1829）■☆

5694　Barthollesia Silva Manso（1836）= Bertholletia Bonpl.（1807）［玉蕊科（巴西果科）Lecythidaceae//翅玉蕊科（金刀木科）Barringtoniaceae］●☆

5695　Bartholomaea Standl. et Steyerm.（1940）【汉】巴斯木属。【隶属】刺篱木科（大风子科）Flacourtiaceae。【包含】世界 3 种。【学名诠释与讨论】〈阴〉（人）József Barth，1833-1915，植物学者+loma，所有格 lomatos，袍的边缘。【分布】中美洲。【模式】Bartholomaea mollis Standley et Steyermark。●☆

5696　Barthratherum Andersson（1852）= Arthraxon P. Beauv.（1812）；~ = Bathratherum Nees（1835）［禾本科 Poaceae（Gramineae）］■

5697　Bartlettia A. Gray（1854）【汉】粗莛菊属（巴氏菊属）。【隶属】菊科 Asteraceae（Compositae）。【包含】世界 1 种。【学名诠释与讨论】〈阴〉（人）Harley Harris Bartlett，1886-1960，美国植物学者。

【分布】墨西哥,中美洲。【模式】Bartlettia scaposa A. Gray。■☆

5698　Bartlettina R. M. King et H. Rob. (1971)【汉】巴特菊属(柔冠毛泽兰属)。【隶属】菊科 Asteraceae(Compositae)。【包含】世界23-37 种。【学名诠释与讨论】〈阴〉(人) Bartlett,植物学者+-inus,-ina,-inum,拉丁文加在名词词干之后,以形成形容词的词尾,含义为"属于、相似、关于、小的"。此属的学名"Bartlettina R. M. King et H. E. Robinson,Phytologia 22:160. 2 Dec 1971"是一个替代名称。"Neobartlettia R. M. King et H. E. Robinson,Phytologia 21:294. Jun 1971"是一个非法名称(Nom. illegit.),因为此前已经有了"Neobartlettia Schlechter, Repert. Spec. Nov. Regni Veg. 16:440. 31 Jul 1920[兰科 Orchidaceae]"。故用"Bartlettina R. M. King et H. Rob. (1971)"替代之。【分布】巴拿马,巴西,秘鲁,厄瓜多尔,哥伦比亚(安蒂奥基亚),墨西哥,中美洲。【模式】Bartlettina tuerckheimii (Klatt) R. M. King et H. E. Robinson[Eupatorium tuerckheimii Klatt]。【参考异名】Neobartlettia R. M. King et H. Rob. (1971) Nom. illegit.。●☆

5699　Bartlingia Brongn. (1827) Nom. inval. = Pultenaea Sm. (1794)[豆科 Fabaceae(Leguminosae)]●☆

5700　Bartlingia Brongn. (1882) = Pultenaea Sm. (1794)[豆科 Fabaceae(Leguminosae)]●☆

5701　Bartlingia F. Muell. (1874) Nom. inval. , Nom. illegit. =Laxmannia R. Br. (1810)(保留属名)[吊兰科(猴面包科,猴面包树科)Anthericaceae//点柱花科 Lomandraceae//异蕊兰科(异蕊草科)Laxmanniaceae//天门冬科 Asparagaceae]■☆

5702　Bartlingia F. Muell. ex Benth. (1878) Nom. illegit. =Laxmannia R. Br. (1810)(保留属名)[吊兰科(猴面包科,猴面包树科)Anthericaceae//点柱花科 Lomandraceae//异蕊兰科(异蕊草科)Laxmanniaceae//天门冬科 Asparagaceae]■☆

5703　Bartlingia Rchb. (1824) = Plocama Aiton (1789)[茜草科 Rubiaceae]●☆

5704　Bartolina Adans. (1763) Nom. illegit. ≡Tridax L. (1753)[菊科 Asteraceae(Compositae)]■●

5705　Bartonia Muhl. ex Willd. (1801)(保留属名)【汉】巴顿龙胆属。【俄】Бартония。【英】Bartonia。【隶属】龙胆科 Gentianaceae。【包含】世界 3-4 种。【学名诠释与讨论】〈阴〉(人) Benjamin Smith Barton,1766-1815,美国植物学者,医生,动物学者。此属的学名"Bartonia Muhl. ex Willd. in Ges. Naturf. Freunde Berlin Neue Schriften 3:444. 1801(post 21 Apr)"是保留属名。法规未列出相应的废弃属名。但是刺莲花科 Loasaceae 的"Bartonia Pursh ex Sims, (1812) Bot. Mag. 36:t. 1487 = Mentzelia L. (1753) ≡ Nuttallia Raf. (1818)"、"Bartonia Pursh, Bot. Mag. 36:t. 1487. 1812 ≡Bartonia Pursh ex Sims (1812) Nom. illegit. (废弃属名)"和"Bartonia Sims (1812) ≡ Bartonia Pursh ex Sims (1812) Nom. illegit. (废弃属名)"应该废弃。【分布】美国,北美洲东部。【模式】Bartonia tenella Willdenow。【参考异名】Agina Neck. (1790) Nom. inval. ; Agina Neck. ex Post et Kuntze (1903); Andrewsia Spreng. (1817) Nom. illegit. ; Centaurella Michx. (1803) Nom. illegit. ;Centaurium Pers. (1805) Nom. illegit.。■☆

5706　Bartonia Pursh ex Sims (1812) Nom. illegit. (废弃属名) ≡ Nuttallia Raf. (1818); ~ = Mentzelia L. (1753)[刺莲花科(硬毛草科)Loasaceae]●■☆

5707　Bartonia Pursh(1812) Nom. illegit. (废弃属名)≡Bartonia Pursh ex Sims (1812) Nom. illegit. (废弃属名); ~ = Nuttallia Raf. (1818); ~ = Mentzelia L. (1753)[刺莲花科(硬毛草科)Loasaceae]●■☆

5708　Bartonia Sims(1812) Nom. illegit. (废弃属名)≡Bartonia Pursh ex Sims (1812) Nom. illegit. (废弃属名); ~ ≡ Nuttallia Raf.

(1818); ~ = Mentzelia L. (1753)[刺莲花科(硬毛草科)Loasaceae]●■☆

5709　Bartramia Bartram (1791) Nom. illegit. = Pinckneya Michx. (1803)[茜草科 Rubiaceae]●☆

5710　Bartramia Ellis(1821) Nom. illegit. =Dodecatheon L. (1753)[报春花科 Primulaceae]■☆

5711　Bartramia L. (1753) = Triumfetta L. (1753)[椴树科(椴科,田麻科)Tiliaceae//锦葵科 Malvaceae]●■

5712　Bartramia Salisb. (1796) Nom. illegit. = Penstemon Schmidel (1763)[玄参科 Scrophulariaceae//婆婆纳科 Veronicaceae]●■

5713　Bartschella Britton et Rose (1923) = Mammillaria Haw. (1812)(保留属名)[仙人掌科 Cactaceae]●

5714　Bartschia Dalla Torre et Harms = Bartsia L. (1753)(保留属名)[玄参科 Scrophulariaceae//列当科 Orobanchaceae]■●☆

5715　Bartsia L. (1753)(保留属名)【汉】巴茨列当属(巴茨玄参属)。【俄】Бартсия,Бартшия,Зубчатка。【英】Bartsia。【隶属】玄参科 Scrophulariaceae//列当科 Orobanchaceae。【包含】世界49-50 种。【学名诠释与讨论】〈阴〉(人) Johann Bartsch (Johannes Bartsius),1709-1738,德国植物学者,医生。此属的学名"Bartsia L.,Sp. Pl. :602. 1 Mai 1753"是保留属名。法规未列出相应的废弃属名。"Alicosta Dulac, Fl. Hautes - Pyrénées 381. 1867"和"Staehelina Haller, Hist. Stirp. Helv. 1:136. 1768;3:183. 1768(non Staehelina Linnaeus 1753)"是"Bartsia L. (1753)(保留属名)"的晚出的同模式异名(Homotypic synonym, Nomenclatural synonym)。【分布】秘鲁,玻利维亚,厄瓜多尔,哥伦比亚(安蒂奥基亚),北温带,热带山区。【模式】Bartsia alpina Linnaeus。【参考异名】Alicosta Dulac(1867) Nom. illegit. ;Bartschia Dalla Torre et Harms;Bellardia All. (1785) ;Staehelinia Crantz (1769) ;Staehelinia Haller (1742) Nom. inval. ; Stoehelina Benth. (1846) Nom. illegit. ;Stoehelina Haller ex Benth. (1846) Nom. illegit. ■●☆

5716　Bartsiella Bolliger(1996)【汉】小巴茨列当属。【隶属】玄参科 Scrophulariaceae//列当科 Orobanchaceae。【包含】世界 1 种。【学名诠释与讨论】〈阴〉(属) Bartsia 巴茨列当属+-ellus,-ella,-ellum,加在名词词干后面形成指小式的词尾。或加在人名、属名等后面以组成新属的名称。【分布】摩洛哥。【模式】Bartsiella rameauana (Emb.) Bolliger。■☆

5717　Barya Klotzsch (1854) = Begonia L. (1753)[秋海棠科 Begoniaceae]●■

5718　Barylucuma Ducke (1925) = Pouteria Aubl. (1775)[山榄科 Sapotaceae]●

5719　Baryosma Gaertn. (1791) = Dipteryx Schreb. (1791)(保留属名)[豆科 Fabaceae(Leguminosae)]●☆

5720　Baryosma Roem. et Schult. (1819) Nom. illegit. = Barosma Willd. (1809)(保留属名)[芸香科 Rutaceae]●☆

5721　Barysoma Bunge (1839) Nom. illegit. = Heracleum L. (1753)[伞形花科(伞形科)Apiaceae(Umbelliferae)]■

5722　Baryxylum Lour. (1790)(废弃属名) = Peltophorum (Vogel) Benth. (1840)(保留属名); ~ = Peltophorum Walp. +Gymnocladus Lam. (1785)(保留属名)[豆科 Fabaceae(Leguminosae)//云实科(苏木科)Caesalpiniaceae]●

5723　Basaal Lam. (1785) Nom. inval. [紫金牛科 Myrsinaceae]☆

5724　Basal Lam. (1785) Nom. inval. [紫金牛科 Myrsinaceae]☆

5725　Basaltogeton Salisb. (1866) = Scilla L. (1753)[百合科 Liliaceae//风信子科 Hyacinthaceae//绵枣儿科 Scillaceae]■

5726　Basanacantha Hook. f. (1873) = Randia L. (1753)[茜草科 Rubiaceae//山黄皮科 Randiaceae]●

5727　Basananthe Peyr. (1859)【汉】基花莲属。【隶属】西番莲科

Passifloraceae。【包含】世界 30-32 种。【学名诠释与讨论】〈阴〉(希)basis,基部,底部,基础 + anthos,花。antheros,多花的。antheo,开花。此属的学名是"Basananthe Peyritsch, Bot. Zeitung (Berlin) 17：101. 18 Mar 1859"。亦有文献把其处理为"Tryphostemma Harv. (1859)"的异名。【分布】非洲。【模式】Basananthe littoralis Peyritsch。【参考异名】Carania Chiov. (1929);Tryphostemma Harv. (1859)■●☆

5728 Basedowia E. Pritz. (1918)【汉】细弱金绒草属。【隶属】菊科 Asteraceae(Compositae)。【包含】世界 1 种。【学名诠释与讨论】〈阴〉(人)Herbert Basedow,1881-1933,人类学者,曾在澳大利亚采集植物标本。【分布】澳大利亚(南部)。【模式】Basedowia helichrysoides Pritzel。■☆

5729 Basela L. (1767) Nom. illegit. = Basella L. (1753) [落葵科 Basellaceae]■

5730 Basella L. (1753)【汉】落葵属。【日】ツルムラサキ属。【俄】Безелла, Шпинат индийский, Шпинат малабарский。【英】Madeira‐vine, Malabar Nightshade, Vine Spinach, Vinegreens, Vinespinach, Vine-spinach。【隶属】落葵科 Basellaceae。【包含】世界 5 种,中国 1-2 种。【学名诠释与讨论】〈阴〉(巴拿马)basella,植物俗名。另说印度 Malabar 地方 Basella rubra L. 的俗名。【分布】马达加斯加,中国,热带非洲。【后选模式】Basella rubra Linnaeus。【参考异名】Basela L. (1767);Gandola L. (1762);Gandola Rumph. ex L. (1762)■

5731 Basellaceae Moq. = Basellaceae Raf. (保留科名)■

5732 Basellaceae Raf. (1837)(保留科名)【汉】落葵科。【日】ツルムラサキ科。【俄】Базеллевые。【英】Basella Family, Madeira‐vine Family。【包含】世界 4-5 属 20-25 种,中国 2 属 3-4 种。【分布】热带和温带,美洲。【科名模式】Basella L.■

5733 Baseonema Schltr. et Rendle(1896)【汉】基丝萝藦属。【隶属】萝藦科 Asclepiadaceae。【包含】世界 1 种。【学名诠释与讨论】〈中〉(希)basis,基部,底部,基础+nema,所有格 nematos,丝,花丝。【分布】热带非洲东部。【模式】Baseonema gregorii Schlechter et Rendle。■☆

5734 Bashania P. C. Keng et T. P. Yi(1982)【汉】巴山木竹属(冷箭竹属)。【英】Bashanbamboo, Bashania。【隶属】禾本科 Poaceae(Gramineae)//青篱竹科 Arundinariaceae。【包含】世界 5 种,中国 5 种。【学名诠释与讨论】〈阴〉(地)Bashan,巴山。指模式种(B. fargesii)采自大巴山南坡(四川省城口县)。此属的学名是"Bashania P. C. Keng et T. P. Yi, J. Nanjing Univ., Nat. Sci. Ed. 1982：722. 1982(sero)"。亦有文献把其处理为"Arundinaria Michx. (1803)"的异名。【分布】中国。【模式】Bashania fargesii (E. G. Camus) P. C. Keng et T. P. Yi [Arundinaria fargesii E. G. Camus]。【参考异名】Arundinaria Michx. (1803);Omeiocalamus P. C. Keng(1983)●★

5735 Basicarpus Tiegh. (1896)(1) = Antidaphne Poepp. et Endl. (1838) [绿乳科(菜萸寄生科,房底珠科)Eremolepidaceae]●☆

5736 Basicarpus Tiegh. (1896)(2) = Loranthus Jacq. (1762)(保留属名) [桑寄生科 Loranthaceae]●

5737 Basigyne J. J. Sm. (1917)【汉】基蕊兰属。【隶属】兰科 Orchidaceae。【包含】世界 1 种。【学名诠释与讨论】〈阴〉(希)basis,基部,底部,基础+gyne,所有格 gynaikos,雌性,雌蕊。此属的学名是"Basigyne J. J. Smith, Bull. Jard. Bot. Buitenzorg ser. 2. 25：4. Sep 1917"。亦有文献把其处理为"Dendrochilum Blume (1825)"的异名。【分布】印度尼西亚(苏拉威西岛)。【模式】Basigyne muriculata J. J. Smith。【参考异名】Dendrochilum Blume (1825)■☆

5738 Basilaea Juss. ex Lam. (1785) Nom. illegit. (废弃属名) = Eucomis L'Hér. (1789)(保留属名) [风信子科 Hyacinthaceae//百合科 Liliaceae//美顶花科 Eucomidaceae]■☆

5739 Basileophyta F. Muell. (1853) = Fieldia A. Cunn. (1825) [苦苣苔科 Gesneriaceae]●☆

5740 Basilicum Moench(1802)【汉】小冠薰属。【英】Basilicum。【隶属】唇形科 Lamiaceae(Labiatae)。【包含】世界 6 种,中国 1 种。【学名诠释与讨论】〈中〉(希)basilikos,王室的。此属的学名,ING、APNI、TROPICOS 和 IK 记载是"Basilicum Moench, Suppl. Meth. (Moench)143(1802) [2 May 1802]"。"Lumnitzera J. F. Jacquin ex K. P. J. Sprengel, Syst. Veg. 2：675,687. Jan‐Mai 1825 (non Willdenow 1803)"和"Moschosma H. G. L. Reichenbach, Consp. 171. Dec 1828‐Mar 1829"是"Basilicum Moench(1802)"的晚出的同模式异名(Homotypic synonym, Nomenclatural synonym)。【分布】马达加斯加,中国,热带非洲至澳大利亚(昆士兰)。【模式】Basilicum polystachyon (Linnaeus) Moench [as 'polystachion'] [Ocimum polystachyon Linnaeus]。【参考异名】Lehmannia Jacq. ex Steud. (1840) Nom. illegit.;Lumnitzera J. Jacq. ex Spreng. (1825) Nom. illegit.;Moschosma Rchb. (1828) Nom. illegit.;Perxo Raf. (1840)■

5741 Basilima Raf. (1838) Nom. illegit. ≡ Sorbaria (Ser.) A. Braun (1860)(保留属名) [蔷薇科 Rosaceae]●

5742 Basillaea R. Hedw. (1806) = Eucomis L'Hér. (1789)(保留属名) [风信子科 Hyacinthaceae//百合科 Liliaceae//美顶花科 Eucomidaceae]■☆

5743 Basiloxylon K. Schum. (1886) = Pterygota Schott et Endl. (1832) [梧桐科 Sterculiaceae//锦葵科 Malvaceae]●

5744 Basiphyllaea Schltr. (1921)【汉】基叶兰属。【隶属】兰科 Orchidaceae。【包含】世界 3 种。【学名诠释与讨论】〈阴〉(希)basis,基部,底部,基础+phyllon,叶子。【分布】美国(佛罗里达),西印度群岛。【模式】Basiphyllaea sarcophylla (H. G. Reichenbach) Schlechter [Bletia sarcophylla H. G. Reichenbach]。【参考异名】Carteria Small(1910)■☆

5745 Basisperma C. T. White(1942)【汉】基子金娘属。【隶属】桃金娘科 Myrtaceae。【包含】世界 1 种。【学名诠释与讨论】〈中〉(希)basis,基部,底部,基础+sperma,所有格 spermatos,种子,孢子。【分布】新几内亚岛。【模式】Basisperma lanceolata C. T. White。●☆

5746 Basistelma Bartlett (1909)【汉】基冠萝藦属。【隶属】萝藦科 Asclepiadaceae。【包含】世界 2 种。【学名诠释与讨论】〈中〉(希)basis,基部,底部,基础+stelma,王冠,花冠。【分布】墨西哥,中美洲。【模式】未指定。●☆

5747 Basistemon Turcz. (1863)【汉】基蕊玄参属。【隶属】玄参科 Scrophulariaceae。【包含】世界 8 种。【学名诠释与讨论】〈阳〉(希)basis,基部,底部,基础+stemon,雄蕊。【分布】巴拉圭,秘鲁,玻利维亚,热带美洲。【模式】Basistemon bogotensis Turczaninow [as 'bogotense']。【参考异名】Desdemona S. Moore (1895);Hassleropsis Chodat(1904);Saccanthus Herzog(1916)●☆

5748 Baskervilla Lindl. (1840)【汉】秘鲁巴氏兰属。【隶属】兰科 Orchidaceae。【包含】世界 23 种。【学名诠释与讨论】〈阴〉(人)Thomas Baskerville,医生。【分布】巴拿马,秘鲁,玻利维亚,厄瓜多尔,哥伦比亚(安蒂奥基亚),哥斯达黎加,尼加拉瓜,中美洲。【模式】Baskervilla assurgens J. Lindley。●☆

5749 Baskervillea Lindl. (1840)【汉】巴斯克兰属。【隶属】兰科 Orchidaceae。【包含】世界 7 种。【学名诠释与讨论】〈阴〉(人)Baskerville。【分布】热带南美洲。【模式】不详。■☆

5750 Basonca Raf. (1838) = Rogeria J. Gay ex Delile(1827) [胡麻科 Pedaliaceae]■☆

5751　Bassecoia B. L. Burtt(1999)【汉】拟蓝盆花属。【隶属】川续断科(刺参科,蓟叶参科,山萝卜科,续断科)Dipsacaceae。【包含】世界2种,中国1种。【学名诠释与讨论】〈阴〉词源不详。【分布】缅甸,中国。【模式】不详。■

5752　Basselinia Vieill. (1873)【汉】彩颈椰属(巴舍椰子属,巴西林桐属,喀里多尼亚椰属,新喀里多尼亚棕属)。【隶属】棕榈科Arecaceae(Palmae)。【包含】世界11种。【学名诠释与讨论】〈阴〉(人)Basselin。此属的学名,ING、TROPICOS和IK记载是"Basselinia Vieillard, Bull. Soc. Linn. Normandie ser. 2. 6:230. 1873"。"Microkentia H. Wendland ex Bentham and Hook. f. ,Gen. 3:895. 14 Apr 1883"是"Basselinia Vieill. (1873)"的晚出的同模式异名(Homotypic synonym, Nomenclatural synonym)。【分布】法属新喀里多尼亚。【后选模式】Basselinia gracilis (A. T. Brongniart et Gris) Vieillard [Kentia gracilis A. T. Brongniart et Gris]。【参考异名】Microkentia H. Wendl. ex Benth. et Hook. f. (1883) Nom. illegit. ;Microkentia H. Wendl. ex Hook. f. (1883) Nom. illegit. ;Nephrocarpus Dammer(1906)●☆

5753　Bassia All. (1766)【汉】雾冰藜属(巴锡藜属,刺果藜属,肯诺藜属,雾冰草属)。【俄】Дерево масляное。【英】Bassia, Kochia, Seablite, Summer-cypress。【隶属】藜科Chenopodiaceae。【包含】世界10-21种,中国3种。【学名诠释与讨论】〈阴〉(人)Ferdinando Bassi,1710-1774,意大利植物学者,博洛尼亚植物园的长官。此属的学名,ING、APNI、GCI、TROPICOS和IK记载是"Bassia All. ,Mélanges Philos. Math. Soc. Roy. Turin 3:177. 1766"。山榄科Sapotaceae的"Bassia J. G. Koenig ex Linnaeus, Mant. 2:555,563. Oct 1771 ≡ Illipe J. König ex Gras (1864) = Madhuca Buch. -Ham. ex J. F. Gmel. (1791)"、"Bassia J. König(1771) Nom. illegit. ≡Bassia J. König ex L. (1771) Nom. illegit. "和"Bassia L. (1771) Nom. illegit. ≡ Bassia J. König ex L. (1771) Nom. illegit. "都是晚出的非法名称。【分布】澳大利亚,巴基斯坦,巴勒斯坦,玻利维亚,马达加斯加,中国,地中海至亚洲中部。【后选模式】Bassia muricata (Linnaeus) Ascherson [Salsola muricata Linnaeus]。【参考异名】Chenolea Thunb. (1781);Chenoleoides (Ulb.) Botsch. (1976);Chenoleoides Botsch. (1976);Cyrilwhitea Ising(1964);Echinopsilon Moq. (1834)Nom. illegit. ;Eriochiton F. Muell. ;Kochia Roth(1801);Londesia Fisch. et C. A. Mey. (1836);Sclerobassia Ulbr. (1934)■●

5754　Bassia J. König ex L. (1771)Nom. illegit. ≡Illipe J. König ex Gras (1864);~ =Madhuca Buch. -Ham. ex J. F. Gmel. (1791)[山榄科Sapotaceae]●

5755　Bassia J. König(1771) Nom. illegit. ≡ Bassia J. König ex L. (1771) Nom. illegit. ;~ ≡ Illipe J. König ex Gras (1864);~ = Madhuca Buch. -Ham. ex J. F. Gmel. (1791) [山榄科Sapotaceae]●

5756　Bassia L. (1771) Nom. illegit. ≡ Bassia J. König ex L. (1771) Nom. illegit. ;~ ≡ Illipe J. König ex Gras (1864);~ = Madhuca Buch. -Ham. ex J. F. Gmel. (1791) [山榄科Sapotaceae]●

5757　Bassovia Aubl. (1775)= Solanum L. (1753) [茄科Solanaceae]●■

5758　Bastardia Kunth (1822)【汉】巴氏葵属。【隶属】锦葵科Malvaceae。【包含】世界3-8种。【学名诠释与讨论】〈阴〉(人)Toussaint Bastard (Batard),1784 - 1846,法国植物学者,医生。【分布】巴拉圭,巴拿马,秘鲁,玻利维亚,厄瓜多尔,哥伦比亚(安蒂奥基亚),哥斯达黎加,马达加斯加,尼加拉瓜,西印度群岛,中美洲。【后选模式】Bastardia parvifolia Kunth。■●☆

5759　Bastardiastrum(Rose) D. M. Bates(1978)【汉】小巴氏葵属。【隶属】锦葵科Malvaceae。【包含】世界7-10种。【学名诠释与讨论】〈中〉(属)Bastardia 巴氏葵属+-astrum,指示小的词尾,也有"不完全相似"的含义。此属的学名,ING、TROPICOS和IK记载

是"Bastardiastrum (J. N. Rose) D. M. Bates, Gentes Herb. 11:318. 22 Nov 1978",由"Wissadula sect. Bastardiastrum J. N. Rose,Contr. U. S. Natl. Herb. 5:178. 31 Oct 1899"改级而来。"Bastardiastrum D. M. Bates(1978) ≡Bastardiastrum (Rose)D. M. Bates(1978)"的命名人引证有误。【分布】墨西哥,中美洲。【模式】Bastardiastrum hirsutiflorum (K. B. Presl) D. M. Bates [Bastardia hirsutiflora K. B. Presl]。【参考异名】Bastardiastrum D. M. Bates (1978)Nom. illegit. ;Wissadula sect. Bastardiastrum Rose(1899)●☆

5760　Bastardiastrum D. M. Bates(1978) Nom. illegit. ≡ Bastardiastrum (Rose)D. M. Bates(1978) [锦葵科Malvaceae]●☆

5761　Bastardiopsis (K. Schum.) Hassl. (1910)【汉】韧葵木属。【隶属】锦葵科Malvaceae。【包含】世界1种。【学名诠释与讨论】〈阴〉(属)Bastardia 巴氏葵属+希腊文opsis,外观,模样,相似。此属的学名,ING和TROPICOS记载是"Bastardiopsis (K. M. Schumann) Hassler,Repert. Spec. Nov. Regni Veg. 8:40. Jan 1910",由"Sida sect. Bastardiopsis K. Schum. "改级而来。IK则记载为"Bastardiopsis Hassl. ,Repert. Spec. Nov. Regni Veg. 8:40. 1910"。三者引用的文献相同。【分布】巴拉圭,厄瓜多尔,南美洲。【模式】Bastardiopsis densiflora (W. J. Hooker et Arnott) Hassler [Sida densiflora W. J. Hooker et Arnott]。【参考异名】Bastardiopsis Hassl. (1910)Nom. illegit. ;Sida sect. Bastardiopsis K. Schum. ●☆

5762　Bastardiopsis Hassl. (1910) Nom. illegit. ≡ Bastardiopsis (K. Schum.)Hassl. (1910) [锦葵科Malvaceae]●☆

5763　Bastera J. F. Gmel. (1792) = Basteria Houtt. (1776) Nom. illegit. (废弃属名);~ = Berkheya Ehrh. (1784) (保留属名) [菊科Asteraceae(Compositae)]●■☆

5764　Basteria Houtt. (1776) Nom. illegit. (废弃属名) = Berkheya Ehrh. (1784) (保留属名) [菊科Asteraceae(Compositae)]●■☆

5765　Basteria Mill. (1755) (废弃属名)= Calycanthus L. (1759) (保留属名) [蜡梅科Calycanthaceae]●

5766　Bastia Steud. (1840) = Buphthalmum L. (1753) [as 'Buphtalmum'];~ = Bustia Adans. (1763) [菊科Asteraceae (Compositae)]■

5767　Basutica E. Phillips (1944) = Gnidia L. (1753) [瑞香科Thymelaeaceae]●☆

5768　Bataceae Mart. ex Meisn. =Bataceae Mart. ex Perleb(保留科名)●☆

5769　Bataceae Mart. ex Perleb(1838) (保留科名)【汉】肉穗果科(白楔果科,藜木科)。【包含】世界1属2-8种。【分布】太平洋地区,西印度群岛,南美洲。【科名模式】Batis P. Browne●☆

5770　Batania Hatus. (1966) = Pycnarrhena Miers ex Hook. f. et Thomson (1855) [防己科Menispermaceae]●

5771　Batanthes Raf. (1832) = Gilia Ruiz et Pav. (1794);~ =Ipomopsis Michx. (1803) [花荵科Polemoniaceae]■☆

5772　Bataprine Nieuwl. (1910) = Galium L. (1753) [茜草科Rubiaceae]■●

5773　Batatas Choisy(1833)= Ipomoea L. (1753) (保留属名) [旋花科Convolvulaceae]●■

5774　Batemania Endl. (1837) = Batemannia Lindl. (1834) [兰科Orchidaceae]■☆

5775　Batemannia Lindl. (1834)【汉】巴氏兰属(巴特兰属)。【日】バテマニヤ属。【隶属】兰科Orchidaceae。【包含】世界5-45种。【学名诠释与讨论】〈阴〉(人)James Batemann,1811-1897,英国兰科Orchidaceae植物学者。【分布】秘鲁,玻利维亚,厄瓜多尔,热带南美洲。【模式】Batemannia colleyi J. Lindley。【参考异名】Batemania Endl. (1837);Petronia Barb. Rodr. (1877)Nom. illegit. ■☆

5776　Baterium Miers (1864) = Haematocarpus Miers (1867) [防己科Menispermaceae]●☆

5777 Batesanthus N. E. Br. (1896)【汉】西非萝藦属。【隶属】萝藦科 Asclepiadaceae。【包含】世界1种。【学名诠释与讨论】〈阳〉（人），1863-1940，美国植物采集者，传教士+anthos，花。【分布】非洲西部。【模式】Batesanthus purpureus N. E. Brown。【参考异名】Perithrix Pierre（1898）●☆

5778 Batesia Spruce ex Benth. (1865) Nom. illegit. ≡ Batesia Spruce ex Benth. et Hook. f. (1865)［豆科 Fabaceae（Leguminosae）］●☆

5779 Batesia Spruce ex Benth. et Hook. f. (1865)【汉】巴北苏木属（贝茨苏木属）。【隶属】豆科 Fabaceae（Leguminosae）。【包含】世界1种。【学名诠释与讨论】〈阴〉（人）Henry Walter Bates，1825-1892，英国植物学者，昆虫学者。此属的学名，ING 记载是"Batesia Spruce ex Bentham et J. D. Hooker，Gen. 1：563. 19 Oct 1865"。IK 则记载为"Batesia Spruce，Gen. Pl.［Bentham et Hooker f.］1（2）：563. 1865［19 Oct 1865］"。二者引用的文献相同。"Batesia Spruce ex Benth. (1865) ≡ Batesia Spruce ex Benth. et Hook. f. (1865)"的命名人引证亦有误。【分布】巴西（北部），秘鲁。【模式】Batesia floribunda Spruce ex Bentham。【参考异名】Batesia Spruce ex Benth. (1865) Nom. illegit.；Batesia Spruce (1865) Nom. illegit.●☆

5780 Batesia Spruce (1865) Nom. illegit. ≡ Batesia Spruce ex Benth. et Hook. f. (1865)［豆科 Fabaceae（Leguminosae）］●☆

5781 Batesimalva Fryxell(1975)【汉】贝茨锦葵属。【隶属】锦葵科 Malvaceae。【包含】世界3-4种。【学名诠释与讨论】〈阴〉（人）Bates，植物学者+（属）Malva 锦葵属。【分布】墨西哥，委内瑞拉。【模式】Batesimalva violacea（J. N. Rose）P. A. Fryxell［Gaya violacea J. N. Rose］●☆

5782 Bathiaea Drake(1902)【汉】红花翼豆属。【隶属】豆科 Fabaceae（Leguminosae）//云实科（苏木科）Caesalpiniaceae。【包含】世界1种。【学名诠释与讨论】〈阴〉（人）Joseph Marie Henri Alfred Perrier de la Bathie，1873-1958，法国植物学者。【分布】马达加斯加。【模式】Bathiaea rubriflora Drake del Castillo。【参考异名】Bathieaea Willis，Nom. inval.●☆

5783 Bathiea Schltr. (1915) = Neobathiea Schltr. (1925)［兰科 Orchidaceae］■☆

5784 Bathieaea Willis，Nom. inval. = Bathiaea Drake (1902)［豆科 Fabaceae（Leguminosae）//云实科（苏木科）Caesalpiniaceae］●☆

5785 Bathiorchis Bosser et P. J. Cribb (2003) = Goodyera R. Br. (1813)［兰科 Orchidaceae］■

5786 Bathiorhamnus Capuron(1966)【汉】巴斯鼠李属。【隶属】鼠李科 Rhamnaceae。【包含】世界2种。【学名诠释与讨论】〈阴〉（人）Joseph Marie Henri Alfred Perrier de la Bathie，1873-1958，法国植物学者+（属）Rhamnus 鼠李属。【分布】马达加斯加。【模式】Bathiorhamnus louveli（H. Perrier de la Bâthie）R. Capuron［Macrorhamnus louveli H. Perrier de la Bâthie］●☆

5787 Bathratherum Hochst. (1856) Nom. illegit. ≡ Batratherum Nees (1835)；~ = Arthraxon P. Beauv. (1812)［禾本科 Poaceae（Gramineae）］■

5788 Bathratherum Nees (1835) Nom. illegit. ≡ Batratherum Nees (1835)［禾本科 Poaceae（Gramineae）］■

5789 Bathya Ravenna (2003)【汉】智利石蒜属。【隶属】石蒜科 Amaryllidaceae。【包含】世界2种。【学名诠释与讨论】〈阴〉（人）Bathy。【分布】智利。【模式】不详。

5790 Bathysa C. Presl (1845)【汉】滨茜属。【隶属】茜草科 Rubiaceae。【包含】世界10种。【学名诠释与讨论】〈阴〉（希）bathys = 多利斯语 bathysson，深的，低的，广的。【分布】巴西，秘鲁。【模式】Bathysa stipulata（Vellozo）K. B. Presl［Coffea stipulata Vellozo］。【参考异名】Schoenleinia Klotzsch (1843) Nom. inval.；

Voigtia Klotzsch (1846) Nom. illegit. ■☆

5791 Bathysograya Kuntze (1904) Nom. illegit. ≡ Badusa A. Gray (1859)［茜草科 Rubiaceae］●☆

5792 Batidaceae Mart. ex Meisn. = Bataceae Mart. ex Perleb（保留科名）●☆

5793 Batidaea（Dumort.）Greene (1906) Nom. illegit. ≡ Batidaea Greene (1906)［蔷薇科 Rosaceae］●■

5794 Batidaea Greene (1906)【汉】北美悬钩子属。【隶属】蔷薇科 Rosaceae。【包含】世界16种。【学名诠释与讨论】〈阴〉（人）Batida。此属的学名，ING 和 IK 记载是"Batidaea E. L. Greene，Leafl. Bot. Observ. 1：238. 24 Sep 1906"。也有文献用为"Batidaea（Dumort.）Greene (1906)"。亦有文献把"Batidaea Greene (1906)"处理为"Rubus L. (1753)"的异名。【分布】北美洲。【模式】Rubus idaeus Linnaeus。【参考异名】Batidaea（Dumort.）Greene (1906) Nom. illegit.；Rubus L. (1753)；Rubus sect. Batidea Dumort. (1827)●☆

5795 Batidophaca Rydb. (1929) = Astragalus L. (1753)［豆科 Fabaceae（Leguminosae）//蝶形花科 Papilionaceae］●■

5796 Batindum Raf. (1838) Nom. illegit. ≡ Oftia Adans. (1763)［硬核木科（硬粒木科）Oftiaceae//苦槛蓝科 Myoporaceae//玄参科 Scrophulariaceae］●■☆

5797 Batis L. (1759) Nom. illegit. = Batis P. Browne (1756)［肉穗果科（白楔木，藜木科）Bataceae］●☆

5798 Batis P. Browne (1756)【汉】肉穗果属（白楔属，藜木属）。【俄】Батис。【英】Saltwort。【隶属】肉穗果科（白楔科，藜木科）Bataceae。【包含】世界2-8种。【学名诠释与讨论】〈阴〉（希）batis，一种海滨植物的希腊俗名。【分布】澳大利亚（昆士兰），巴拿马，秘鲁，厄瓜多尔，哥伦比亚（安蒂奥基亚），美国（西南部，夏威夷），尼加拉瓜，南美洲，西印度群岛，新几内亚岛，中美洲。【模式】Batis maritima Linnaeus。【参考异名】Batis L. (1759) Nom. illegit. ●☆

5799 Batocarpus H. Karst. (1863)【汉】荔枝桑属。【隶属】桑科 Moraceae。【包含】世界4种。【学名诠释与讨论】〈阳〉（希）batos，荆棘+karpos，果实。【分布】巴拿马，秘鲁，玻利维亚，厄瓜多尔，哥伦比亚（安蒂奥基亚），哥斯达黎加，热带美洲，中美洲。【模式】Batocarpus orinocensis H. Karsten。【参考异名】Anonocarpus Ducke(1922)●☆

5800 Batocydia Mart. ex Britton et P. Wilson (1925) Nom. illegit. ≡ Doxantha Miers(1863)；~ = Bignonia L. (1753)（保留属名）［紫葳科 Bignoniaceae］●☆

5801 Batocydia Mart. ex DC. (1845) Nom. inval. = Batocydia Mart. ex Britton et P. Wilson (1925) Nom. illegit.；~ = Bignonia L. (1753)（保留属名）［紫葳科 Bignoniaceae］●☆

5802 Batodendron Nutt. (1842)【汉】巴特杜鹃属。【隶属】杜鹃花科（欧石南科）Ericaceae//越橘科（乌饭树科）Vacciniaceae。【包含】世界3种。【学名诠释与讨论】〈中〉（希）batos，荆棘+dendron 或 dendros，树木，棍，丛林。此属的学名，ING，TROPICOS，GCI 和 IK 记载是"Batodendron Nutt.，Trans. Amer. Philos. Soc. ser. 2，8：261. 1842［dt. 1843；publ. 15 Dec 1842］"。化石植物的"Batodendron V. A. Hahlov，Izv. Sibirsk. Otd. Geol. Komiteta 2（5）：9. 1921（non Nuttall 1842）"是晚出的非法名称。"Batodendron Nutt. (1842)"曾先后被处理为"Vaccinium sect. Batodendron（Nutt.）A. Gray，Memoirs of the American Academy of Arts and Science，new series 3：53. 1846"和"Vaccinium subgen. Batodendron（Nutt.）A. Gray"。亦有文献把"Batodendron Nutt. (1842)"处理为"Vaccinium L. (1753)"的异名。【分布】北美洲。【模式】Batodendron arboreum（Marshall）Nuttall［Vaccinium arboreum Marshall]。【参考异名】Vaccinium L.（1753）；Vaccinium sect. Batodendron（Nutt.）A. Gray（1921）；Vaccinium subgen. Batodendron（Nutt.）A. Gray●☆

5803 Batopedina Verdc.（1953）【汉】平原茜属。【隶属】茜草科 Rubiaceae。【包含】世界 3 种。【学名诠释与讨论】〈阴〉（人）Cornells Elisa（Eliza）Bertus Bremekamp，1888-1984，荷兰植物学者+pedion，平原地方，平坦。【分布】热带非洲南部和西南部。【模式】Batopedina linearifolia（Bremekamp）Verdcourt ［ Otomeria linearifolia Bremekamp ］■☆

5804 Batopilasia G. L. Nesom et Noyes（2000）【汉】莲菀属。【隶属】菊科 Asteraceae（Compositae）。【包含】世界 1 种。【学名诠释与讨论】〈阴〉（地）Batopilas，巴托皮拉斯，位于墨西哥。【分布】墨西哥。【模式】Batopilasia byei（S. D. Sundb. et G. L. Nesom）G. L. Nesom et Noyes。■☆

5805 Batrachium（DC.）Gray（1821）【汉】水毛茛属（梅花藻属）。【俄】Водяной лютик，Шелковник。【英】Batrachium。【隶属】毛茛科 Ranunculaceae。【包含】世界 20-31 种，中国 8-9 种。【学名诠释与讨论】〈中〉（希）batrachos，蛙。指本属植物两栖的习性。此属的学名，ING、APNI、TROPICOS 和 GCI 记载是"Batrachium（A. P. de Candolle）S. F. Gray, Nat. Arr. Brit. Pl. 2：720. 1 Nov 1821"，由"Ranunculus sect. Batrachium A. P. de Candolle, Syst. Nat. 1：233. 1-15 Nov 1817（'1818'）"改级而来。《中国植物志》英文版亦用此名。IK 则记载为"Batrachium Gray, Nat. Arr. Brit. Pl. ii. 720（1821）"；《巴基斯坦植物志》也用此名。七者引用的文献相同。上述名称还曾被处理为"Ranunculus subgen. Batrachium（DC.）A. Gray, Proceedings of the American Academy of Arts and Sciences 21（2）：363. 1886"。【分布】巴基斯坦，中国。【后选模式】Batrachium hederaceum（Linnaeus）S. F. Gray ［ Ranunculus hederaceus Linnaeus ］。【参考异名】Batrachium Gray（1821）Nom. illegit. ；Ranunculus L.（1753）；Ranunculus sect. Batrachium DC.（1817）；Ranunculus subgen. Batrachium（DC.）A. Gray（1886）■

5806 Batrachium Gray（1821）Nom. illegit. ≡ Batrachium（DC.）Gray（1821）；~ = Ranunculus L.（1753）［毛茛科 Ranunculaceae ］■

5807 Batratherum Nees（1835）= Arthraxon P. Beauv.（1812）［禾本科 Poaceae（Gramineae）］■

5808 Batschia J. F. Gmel.（1791）= Lithospermum L.（1753）［紫草科 Boraginaceae ］■

5809 Batschia Moench（1794）Nom. illegit. = Eupatorium L.（1753）［菊科 Asteraceae（Compositae）//泽兰科 Eupatoriaceae ］■●

5810 Batschia Mutis ex Thunb.（1792）Nom. illegit. ≡ Trichoa Pars.（1807）；~ = Abuta Aubl.（1775）［防己科 Menispermaceae ］●☆

5811 Batschia Vahl（1794）Nom. illegit. = Humboldtia Vahl（1794）（保留属名）［豆科 Fabaceae（Leguminosae）//云实科（苏木科）Caesalpiniaceae ］■☆

5812 Battandiera Maire（1926）= Ornithogalum L.（1753）［百合科 Liliaceae//风信子科 Hyacinthaceae ］■

5813 Battata Hill（1765）= Solanum L.（1753）［茄科 Solanaceae ］●■

5814 Bauchea E. Fourn.（1886）Nom. illegit. = Sporobolus R. Br.（1810）［禾本科 Poaceae（Gramineae）//鼠尾粟科 Sporobolaceae ］■

5815 Bauchea E. Fourn. ex Benth.（1881）= Sporobolus R. Br.（1810）［禾本科 Poaceae（Gramineae）//鼠尾粟科 Sporobolaceae ］■

5816 Baucis Phil.（1894）= Brachyclados Gillies ex D. Don（1832）［菊科 Asteraceae（Compositae）］●☆

5817 Baudinia Lesch. ex DC.（1828）= Calothamnus Labill.（1806）［桃金娘科 Myrtaceae ］●☆

5818 Baudinia Lesch. ex DC.（1839）= Scaevola L.（1771）（保留属名）［草海桐科 Goodeniaceae ］●■

5819 Baudouinia Baill.（1866）【汉】鲍德豆属。【隶属】豆科 Fabaceae（Leguminosae）。【包含】世界 4-6 种。【学名诠释与讨论】〈阴〉（人）Baudouin。【分布】马达加斯加。【模式】Baudouinia sollyiformis Baillon ［ as 'sollyaeformis' ］●☆

5820 Bauera Banks ex Andréws（1801）【汉】鲍氏木属（鲍耶尔属，常绿棱枝树属）。【日】エリカモドキ属，バウエラ属。【隶属】虎耳草科 Saxifragaceae//鲍氏木科（常绿棱枝树科，常绿枝科，角瓣木科）Baueraceae。【包含】世界 4 种。【学名诠释与讨论】〈阴〉（人）Franz Andreas（1758-1840）and Ferdinand Lukas（Lucas）（1760-1826）Bauer，奥地利植物学者。此属的学名，ING、APNI、TROPICOS 和 IK 记载是"Bauera Banks ex H. C. Andrews, Bot. Repos. 3：t. 198. Apr-Dec 1801"。"Bauera Banks（1801）"的命名人引证有误。【分布】澳大利亚（温带，东部，塔斯曼半岛）。【模式】Bauera rubioides H. C. Andrews。【参考异名】Bauera Banks（1801）Nom. illegit. ；Bavera Poir.（1817）；Ramsaia W. Anderson ex R. Br.●☆

5821 Bauera Banks（1801）Nom. illegit. ≡ Bauera Banks ex Andréws（1801）［虎耳草科 Saxifragaceae//鲍氏木科（常绿棱枝树科，常绿枝科，角瓣木科）Baueraceae ］●☆

5822 Baueraceae Lindl.（1830）［亦见 Cunoniaceae R. Br.（保留科名）火把树科（常绿棱枝树科，角瓣木科，库诺尼科，南蔷薇科，轻木科）］【汉】鲍氏木科（常绿棱枝树科，常绿枝科，角瓣木科）。【包含】世界 1 属 4 种。【分布】澳大利亚。【科名模式】Bauera Banks ex Andréws●☆

5823 Bauerella Borzi（1897）【汉】小鲍氏木属。【隶属】芸香科 Rutaceae。【包含】世界 1 种。【学名诠释与讨论】〈阴〉（人）G. H. Bauer，？-1808，画家，法律学教授。此属的学名，ING、TROPICOS 和 IK 记载是"Bauerella A. Borzì, Boll. Reale Orto Bot. Giardino Colon Palermo 1：153. 1897"。"Bauerella A. K. Schindler, Repert. Spec. Nov. Regni Veg. 22：284. 15 Jun 1926 ≡ Baueropsis Hutch.（1964）= Psoralea L.（1753）"是晚出的非法名称。亦有文献把"Bauerella Borzi（1897）"处理为"Acronychia J. R. Forst. et G. Forst.（1775）（保留属名）"的异名。【分布】澳大利亚（东部），法属新喀里多尼亚。【模式】Bauerella australiana A. Borzì, Nom. illegit. ［ Acronychia baueri Schott ］。【参考异名】Acronychia J. R. Forst. et G. Forst.（1775）（保留属名）●☆

5824 Bauerella Schindl.（1926）Nom. illegit. ≡ Baueropsis Hutch.（1964）；~ = Psoralea L.（1753）［豆科 Fabaceae（Leguminosae）//蝶形花科 Papilionaceae ］●☆

5825 Baueropsis Hutch.（1964）【汉】拟鲍氏木属（绿棱枝树属）。【隶属】豆科 Fabaceae（Leguminosae）//蝶形花科 Papilionaceae。【包含】世界 1 种。【学名诠释与讨论】〈阴〉（属）Bauera 鲍氏木属（常绿棱枝树属，鲍耶尔属）+希腊文 opsis，外观，模样。此属的学名"Baueropsis J. Hutchinson, Gen. Fl. Pl. 1：469. 1964"是一个替代名称。"Bauerella A. K. Schindler, Repert. Spec. Nov. Regni Veg. 22：284. 15 Jun 1926"是一个非法名称（Nom. illegit.），因为此前已经有了"Bauerella A. Borzì, Boll. Reale Orto Bot. Giardino Colon Palermo 1：153. 1898 = Acronychia J. R. Forst. et G. Forst.（1775）（保留属名）［芸香科 Rutaceae ］"。故用"Baueropsis Hutch.（1964）"替代之。亦有文献把"Baueropsis Hutch.（1964）"处理为"Cullen Medik.（1787）"的异名。【分布】澳大利亚。【模式】Baueropsis tomentosa（A. K. Schindler）J. Hutchinson ［ Bauerella tomentosa A. K. Schindler ］。【参考异名】Bauerella Schindl.（1926）Nom. illegit. ；Cullen Medik.（1787）●☆

5826 Bauhinia L.（1753）【汉】羊蹄甲属。【日】ハカマカズラ属，ハカマカヅラ属。【俄】Баугиния，Баухиния。【英】Bauhinia, Butter

Tree,Camel's Foot,Mountain Ebony,Orchid Tree。【隶属】豆科 Fabaceae(Leguminosae)//云实科(苏木科)Caesalpiniaceae//羊蹄甲科 Bauhiniaceae。【包含】世界 250-600 种,中国 47-49 种。【学名诠释与讨论】〈阴〉(人)John Bauhin(1560-1624)和 Casper Bauhin(1560-1624),瑞士植物学者,一对兄弟。指叶先端像羊蹄甲样,2 个瓣裂似一对兄弟。此属的学名,ING、APNI、GCI、TROPICOS 和 IK 记载为"Bauhinia L.,Sp. Pl. 1:374. 1753 [1 May 1753]"。"Mandarus Rafinesque,Sylva Tell. 122. Oct-Dec 1838"是"Bauhinia L.(1753)"的晚出的同模式异名(Homotypic synonym,Nomenclatural synonym)。【分布】哥伦比亚(安蒂奥基亚),巴基斯坦,巴拉圭,巴拿马,玻利维亚,厄瓜多尔,哥斯达黎加,马达加斯加,尼加拉瓜,中国,中美洲。【模式】Bauhinia divaricata Linnaeus。【参考异名】Amaria S. Mutis ex Caldas(1810);Ariaria Cuervo(1893);Barklya F. Muell.(1859);Binaria Raf.(1838);Bracteolanthus de Wit(1956);Cansenia Raf.(1838);Cardenasia Rusby(1927);Casparea Kunth(1824)Nom. illegit.;Caspareopsis Britton et Rose(1930);Casparia Kunth(1824)Nom. illegit.;Caulotretus(DC.)Rich. ex Spreng.(1827);Caulotretus Rich. ex Spreng.(1827);Cusparia D. Dietr.(1840)Nom. illegit.;Gigasiphon Drake(1903);Lacara Spreng.(1822);Lasiobema(Korth.)Miq.(1855);Lasiobema Korth.,Nom. illegit.;Lasiobema Miq.(1855);Locellaria Welw.(1859);Lysiphyllum(Benth.)de Wit(1956);Mandarus Raf.(1838)Nom. illegit.;Monoteles Raf.(1838);Pauletia Cav.(1799);Perlebia Mart.(1828);Phanera Lour.(1790);Piliostigma Hochst.(1846)(保留属名);Schnella Raddi(1820);Telestria Raf.(1838);Tournaya A. Schmitz(1973);Tylosema(Schweinf.)Torre et Hillc.(1955)●

5827 Bauhiniaceae Martinov(1820)[亦见 Fabaceae Lindl.(保留科名)//Leguminosae Juss.(1789)(保留科名)豆科]【汉】羊蹄甲科。【包含】世界 5 属 261-611 种,中国 2 属 47-50 种。【分布】热带。【科名模式】Bauhinia L.(1753)●

5828 Baukea Vatke(1881)【汉】显豆属。【隶属】豆科 Fabaceae(Leguminosae)//蝶形花科 Papilionaceae。【包含】世界 1 种。【学名诠释与讨论】〈阴〉(人)Bauk. 亦有文献把"Baukea Vatke(1881)"处理为"Rhynchosia Lour.(1790)(保留属名)"的异名。【分布】马达加斯加。【模式】Baukea insignis Vatke。【参考异名】Rhynchosia Lour.(1790)(保留属名)■☆

5829 Baumannia DC.(1834)= Damnacanthus C. F. Gaertn.(1805)[茜草科 Rubiaceae]●

5830 Baumannia K. Schum.(1897)Nom. illegit. ≡ Neobaumannia Hutch. et Dalziel(1931);~ = Knoxia L.(1753)[茜草科 Rubiaceae]■

5831 Baumannia Spach(1835)Nom. illegit. ≡ Anogra Spach(1835);~ =Oenothera L.(1753)[柳叶菜科 Onagraceae]●■

5832 Baumea Gaudich.(1829)【汉】鲍姆莎属。【隶属】莎草科 Cyperaceae。【包含】世界 30 种。【学名诠释与讨论】〈阴〉(人)Antoine Baume,1728 - 1804,药剂师。此属的学名,ING、TROPICOS 和 IK 记载是"Baumea Gaudichaud-Beaupré in Freycinet,Voyage Monde Bot. 416. Sep 1829"。它曾先后被处理为"Cladium sect. Baumea(Gaudich.)Benth.,Flora Australiensis:a description... 7:401. 1878"和"Cladium subgen. Baumea(Gaudich.)C. B. Clarke,The Flora of British India 6:674. 1894"。亦有文献把"Baumea Gaudich.(1829)"处理为"Machaerina Vahl(1805)"的异名。【分布】澳大利亚,马达加斯加,印度至马来西亚,马斯克林群岛,太平洋地区。【后选模式】Baumea glomerata Gaudichaud-Beaupré。【参考异名】Cladium sect. Baumea(Gaudich.)Benth.(1878);Cladium subgen. Baumea(Gaudich.)

C. B. Clarke(1894);Machaerina Vahl(1805)■☆

5833 Baumgartenia Spreng.(1817)Nom. illegit. = Borya Labill.(1805)[吊兰科(猴面包科,猴面包树科)Anthericaceae//耐旱草科 Boryaceae]■☆

5834 Baumgartia Moench(1794)(废弃属名)= Cocculus DC.(1817)(保留属名)[防己科 Menispermaceae]●

5835 Baumia Engl. et Gilg(1903)【汉】鲍姆玄参属。【隶属】玄参科 Scrophulariaceae//列当科 Orobanchaceae。【包含】世界 1 种。【学名诠释与讨论】〈阴〉(人)Baum,植物学者。【分布】热带非洲。【模式】Baumia angolensis Engler et Gilg。■☆

5836 Baumiella H. Wolff(1927)Nom. illegit. = Afrocarum Rauschert(1982)[伞形花科(伞形科)Apiaceae(Umbelliferae)]■☆

5837 Baursea Hoffmanns.(1824)= Philodendron Schott(1829)[as 'Philodendrum']（保留属名）[天南星科 Araceae]■●

5838 Baursea Hort. ex Hoffmanns.(1824)= Philodendron Schott(1829)[as 'Philodendrum']（保留属名）[天南星科 Araceae]■●

5839 Baursia Schott(1856)= Baursea Hoffmanns.(1824)[天南星科 Araceae]■●

5840 Bauschia Seub. ex Warm.(1872)= Aneilema R. Br.(1810)[鸭跖草科 Commelinaceae]■☆

5841 Bauxia Neck.(1790)Nom. inval. = Marica Ker Gawl.(1803)Nom. illegit.;~ =Neomarica Sprague(1928)[鸢尾科 Iridaceae]■☆

5842 Bavera Poir.(1817)= Bauera Banks ex Andréws(1801)[虎耳草科 Saxifragaceae//鲍氏木科(常绿棱枝树科,常绿枝科,角瓣木科)Baueraceae]●☆

5843 Baxtera Rchb.(1829)(废弃属名)= Harrisonia Hook.(1826)Nom. illegit.(废弃属名);~ =Loniceroides Bullock(1964)[萝藦科 Asclepiadaceae]■☆

5844 Baxteria R. Br.(1843)(保留属名)【汉】西澳朱蕉属(无茎草属)。【隶属】点柱花科(朱蕉科)Lomandraceae//毛瓣花科(多须草科)Dasypogonaceae//西澳朱蕉科(无茎草科)Baxteridaceae。【包含】世界 1 种。【学名诠释与讨论】〈阴〉(人)William Baxter,flourished 1820s-1830s,植物学者,曾在澳大利亚采集植物标本。此属的学名"Baxteria R. Br. in London J. Bot. 2:494. 1843"是保留属名。相应的废弃属名是萝藦科 Asclepiadaceae 的"Baxtera Rchb.,Consp. Regni Veg.:131. Dec 1828-Mar 1829 = Harrisonia Hook.(1826)Nom. illegit.(废弃属名)= Loniceroides Bullock(1964)"。点柱花科 Lomandraceae 的"Baxteria R. Br. ex Hook.,Hooker's London Journal of Botany 2 1843 ≡ Baxteria R. Br.(1843)(保留属名)= Calectasia R. Br.(1810)"亦应废弃。亦有文献把"Baxteria R. Br.(1843)(保留属名)"处理为"Calectasia R. Br.(1810)"的异名。【分布】澳大利亚(西部)。【模式】Baxteria australis Hook.。【参考异名】Baxteria R. Br. ex Hook.(1843)Nom. illegit.(废弃属名);Calectasia R. Br.(1810);Harrisonia Hook.(1826)Nom. illegit.(废弃属名);Loniceroides Bullock(1964)■☆

5845 Baxteria R. Br. ex Hook.(1843)Nom. illegit.(废弃属名)≡ Baxteria R. Br.(1843)(保留属名)[点柱花科(朱蕉科)Lomandraceae//毛瓣花科(多须草科)Dasypogonaceae//西澳朱蕉科(无茎草科)Baxteridaceae]■☆

5846 Baxteriaceae Takht.(1995)= Baxteridaceae Takht.;~ = Dasypogonaceae Dumort.■☆

5847 Baxteridaceae Takht.(1995)【汉】西澳朱蕉科(无茎草科)。【包含】世界 1 属 1 种。【分布】澳大利亚西部。【科名模式】Baxteria R. Br.■☆

5848 Bayabusua W. J. de Wilde(1999)【汉】马来瓜属。【隶属】葫芦科(瓜科,南瓜科)Cucurbitaceae//翅子瓜科 Zanoniaceae。【包

含】世界 1 种。【学名诠释与讨论】〈阴〉词源不详。此属的学名是"Bayabusua W. J. J. O. de Wilde in W. J. J. O. de Wilde et B. E. E. Duyfjes,Sandakania 13∶1. Jun 1999"。亦有文献把其处理为"Zanonia L.（1753）"的异名。【分布】马来半岛。【模式】Bayabusua clarkei（G. King）W. J. J. O. de Wilde［Zanonia clarkei G. King］。【参考异名】Zanonia L.（1753）■☆

5849　Baynesia Bruyns（2000）【汉】纳米比亚萝藦属。【隶属】萝藦科 Asclepiadaceae。【包含】世界 1 种。【学名诠释与讨论】〈阴〉（地）Baynes,贝恩斯山,位于纳米比亚。【分布】纳米比亚。【模式】Baynesia lophophora P. V. Bruyns。■☆

5850　Bayonia Dugand（1946）= Mansoa DC.（1838）; ~ = Onohualcoa Lundell（1942）［紫葳科 Bignoniaceae］u☆

5851　Baziasa Steud.（1840）Nom. illegit. ≡ Sabazia Cass.（1827）［菊科 Asteraceae（Compositae）］■●☆

5852　Bazina Raf.（1840）= Lindernia All.（1766）［玄参科 Scrophulariaceae//母草科 Linderniaceae//婆婆纳科 Veronicaceae］■

5853　Bdallophyton Eichler（1872）Nom. illegit. ≡ Bdallophytum Eichler（1872）［大花草科 Rafflesiaceae］■☆

5854　Bdallophytum Eichler（1872）【汉】美洲簇花草属。【隶属】大花草科 Rafflesiaceae。【包含】世界 2-4 种。【学名诠释与讨论】〈中〉词源不详。此属的学名,ING、GCI 和 IK 记载是"Bdallophytum Eichler, Bot. Zeitung（Berlin）30∶714. 4 Oct 1872"。"Bdallophyton Eichler（1872）Nom. illegit." 是其拼写变体。【分布】哥斯达黎加,墨西哥,尼加拉瓜,中美洲。【模式】未指定。【参考异名】Bdallophyton Eichler（1872）Nom. illegit. ; Scytanthus Liebm.（1847）Nom. illegit. ■☆

5855　Bdellium Baill. ex Laness.（1886）Nom. illegit. ≡ Heudelotia A. Rich.（1832）; ~ = Commiphora Jacq.（1797）（保留属名）［橄榄科 Burseraceae］●

5856　Bea C. B. Clarke = Boea Comm. ex Lam.（1785）［苦苣苔科 Gesneriaceae］■

5857　Beadlea Small（1903）= Cyclopogon C. Presl（1827）［兰科 Orchidaceae］■☆

5858　Bealea Scribn. = Muhlenbergia Schreb.（1789）［禾本科 Poaceae（Gramineae）］■

5859　Bealia Scribn.（1890）Nom. inval. ≡ Bealia Scribn. ex Vasey（1889）; ~ = Muhlenbergia Schreb.（1789）［禾本科 Poaceae（Gramineae）］■

5860　Bealia Scribn. ex Vasey（1889）= Muhlenbergia Schreb.（1789）［禾本科 Poaceae（Gramineae）］■

5861　Beata O. F. Cook（1941）Nom. inval. , Nom. nud. = Coccothrinax Sarg.（1899）［棕榈科 Arecaceae（Palmae）］●☆

5862　Beatonia Herb.（1840）= Tigridia Juss.（1789）［鸢尾科 Iridaceae］■

5863　Beatsonia Roxb.（1816）= Frankenia L.（1753）［瓣鳞花科 Frankeniaceae］●■

5864　Beaua Pourr. = Boea Comm. ex Lam.（1785）［苦苣苔科 Gesneriaceae］■

5865　Beaucarnea Lem.（1861）【汉】酒瓶兰属。【隶属】石蒜科 Amaryllidaceae//龙舌兰科 Agavaceae//龙血树科 Dracaenaceae//诺林兰科（玲花蕉科,南青冈科,陷孔木科）Nolinaceae。【包含】世界 7-20 种。【学名诠释与讨论】〈阴〉（人）Beaucarne。此属的学名是"Beaucarnea Lemaire, Ill. Hort. 8 Misc. 57, 59. Oct 1861"。亦有文献把其处理为"Nolina Michx.（1803）"的异名。【分布】尼加拉瓜,中美洲。【模式】Beaucarnea recurvata Lemaire。【参考异名】Nolina Michx.（1803）●☆

5866　Beaufortia R. Br.（1812）Nom. illegit. ≡ Beaufortia R. Br. ex Aiton

（1812）［桃金娘科 Myrtaceae］●☆

5867　Beaufortia R. Br. ex Aiton（1812）【汉】瓶刷树属。【日】ベアウフォルティア属。【隶属】桃金娘科 Myrtaceae。【包含】世界 18 种。【学名诠释与讨论】〈阴〉（人）Mary Beaufort,植物学赞助人。此属的学名,ING 记载是"Beaufortia R. Brown ex W. T. Aiton, Hortus Kew. ed. 2. 4∶418. Dec 1812"。APNI、TROPICOS 和 IK 则记载为"Beaufortia R. Br. , Hort. Kew. , ed. 2［W. T. Aiton］4∶418. 1812"。四者引用的文献相同。【分布】澳大利亚（西部）。【模式】未指定。【参考异名】Beaufortia R. Br.（1812）Nom. illegit. ; Manglesia Lindl.（1839）; Schizopleura（Lindl.）Endl.（1840）; Schizopleura（Lindl.）Endl.（1876）Nom. illegit. ; Schizopleura Endl.（1840）Nom. illegit. ●☆

5868　Beauharnoisia Ruiz et Pav.（1808）= Tovomita Aubl.（1775）［猪胶树科（克鲁西科,山竹子科,藤黄科）Clusiaceae（Guttiferae）］●☆

5869　Beauica Post et Kuntze（1903）= Boeica T. Anderson ex C. B. Clarke（1874）［苦苣苔科 Gesneriaceae］●■

5870　Beaumaria Deless.（1840）Nom. illegit. ≡ Beaumaria Deless. ex Steud.（1840）; ~ = Aristotelia Less. e（1786）（保留属名）［杜英科 Elaeocarpaceae//酒果科 Aristoteliaceae］●☆

5871　Beaumaria Deless. ex Steud.（1840）= Aristotelia L' Hér.（1786）（保留属名）［杜英科 Elaeocarpaceae//酒果科 Aristoteliaceae］●☆

5872　Beaumontia Wall.（1824）【汉】清明花属（比蒙藤属）。【英】Herald-trumpet, Qingmingflower。【隶属】夹竹桃科 Apocynaceae。【包含】世界 9-100 种,中国 5 种。【学名诠释与讨论】〈阴〉（人）Lady Diana Beaumont, 1641-1686,英国 T. Beaumont 上校的夫人。【分布】巴基斯坦,马达加斯加,印度至马来西亚,中国,中美洲。【模式】Beaumontia grandiflora N. Wallich。【参考异名】Muantum Pichon（1948）●

5873　Beaumulix Willd. ex Poir.（1817）= Reaumuria L.（1759）［柽柳科 Tamaricaceae//红砂柳科 Reaumuriaceae］●

5874　Beauprea Brongn. et Gris（1871）【汉】新喀山龙眼属。【隶属】山龙眼科 Proteaceae。【包含】世界 10-13 种。【学名诠释与讨论】〈阴〉（人）Beaupre。【分布】法属新喀里多尼亚。【后选模式】Beauprea gracilis A. T. Brongniart et Gris。●☆

5875　Beaupreopsis Virot（1968）【汉】拟新喀山龙眼属。【隶属】山龙眼科 Proteaceae。【包含】世界 1 种。【学名诠释与讨论】〈阴〉（属）Beauprea 新喀山龙眼属+希腊文 opsis,外观,模样,相似。【分布】法属新喀里多尼亚。【模式】Beaupreopsis paniculata（A. T. Brongniart et A. Gris）R. Virot［Cenarrhenes paniculata A. T. Brongniart et A. Gris］●☆

5876　Beautempsia（Benth. et Hook. f.）Gaudich.（1866）= Capparis L.（1753）［山柑科（白花菜科,醉蝶花科）Capparaceae］●

5877　Beautempsia Gaudich.（1842）Nom. inval. ≡ Beautempsia（Benth. et Hook. f.）Gaudich.（1866）; ~ = Capparis L.（1753）［山柑科（白花菜科,醉蝶花科）Capparaceae］●

5878　Beautia Comm. ex Poir.（1808）= Thilachium Lour.（1790）［山柑科（白花菜科,醉蝶花科）Capparaceae］●☆

5879　Beauverdia Herter（1943）= Ipheion Raf.（1837）; ~ = Leucocoryne Lindl.（1830）［百合科 Liliaceae//葱科 Alliaceae］■☆

5880　Beauvisagea Pierre ex Baill.（1892）= Lucuma Molina（1782）; ~ = Pouteria Aubl.（1775）［山榄科 Sapotaceae］●

5881　Beauvisagea Pierre（1890）Nom. inval. ≡ Beauvisagea Pierre ex Baill.（1892）; ~ = Lucuma Molina（1782）; ~ = Pouteria Aubl.（1775）［山榄科 Sapotaceae］●

5882　Bebbia Greene（1885）【汉】甜菊木属。【英】Sweetbush。【隶属】菊科 Asteraceae（Compositae）。【包含】世界 2 种。【学名诠释与讨论】〈阴〉（人）Michael Schuck Bebb, 1833-1895,美国植物学

者,柳属专家。此属的学名,ING、GCI、TROPICOS 和 IK 记载是 "Bebbia Greene, Bull. Calif. Acad. Sci. 1(4):179. 1885 [1886 publ. 29 Aug 1885]"。"Kuhniodes Post et O. Kuntze, Lex. 311. Dec 1903('1904')"是"Bebbia Greene(1885)"的晚出的同模式异名 (Homotypic synonym, Nomenclatural synonym)。"Kuhniodes(A. Gray)Kuntze(1903)≡ Kuhnioides Post et Kuntze(1903)Nom. illegit."的命名人引证有误。【分布】美国(西南部)。【后选模式】Bebbia juncea(Bentham)E. L. Greene [Carphephorus junceus Bentham]。【参考异名】Carphephorus sect. Kuhnioides A. Gray (1873);Kuhnioides(A. Gray)Kuntze(1903)Nom. illegit.; Kuhniodes Post et Kuntze(1903)Nom. illegit.●☆

5883 Beccabunga Fourr.(1869)Nom. illegit. = Veronica L.(1753)[玄参科 Scrophulariaceae//婆婆纳科 Veronicaceae]■

5884 Beccabunga Hill(1756)= Veronica L.(1753)[玄参科 Scrophulariaceae//婆婆纳科 Veronicaceae]■

5885 Beccarianthus Cogn.(1890)= Astronidium A. Gray(1853)(保留属名)[野牡丹科 Melastomataceae]●☆

5886 Beccariella Pierre(1890)= Planchonella Pierre(1890)(保留属名);~ = Pouteria Aubl.(1775)[山榄科 Sapotaceae]●☆

5887 Beccarimnea Pierre ex Post et Kuntze(1903)Nom. illegit. ≡ Beccarimnea Pierre(1903);~ = Beccariella Pierre(1890)[山榄科 Sapotaceae]●

5888 Beccarimnea Pierre(1903)= Beccariella Pierre(1890)[山榄科 Sapotaceae]●

5889 Beccarimnia Pierre ex Koord. = Pouteria Aubl.(1775)[山榄科 Sapotaceae]●

5890 Beccarina Tiegh.(1895)Nom. illegit. ≡ Trithecanthera Tiegh.(1894)[桑寄生科 Loranthaceae]●☆

5891 Beccarinda Kuntze(1891)【汉】横蒴苣苔属。【英】Beccarinda。【隶属】苦苣苔科 Gesneriaceae。【包含】世界 7 种,中国 5 种。【学名诠释与讨论】〈阴〉(人)Odourdo Beccari, 1843−1920, 意大利植物学者+(地)India, 印度。"Beccarinda O. Kuntze, Rev. Gen. 2:470. 5 Nov 1891"是一个替代名称。"Slackia W. Griffith, Notul. Pl. Asiat.(Posthum. Pap.)4:158. 1854"是一个非法名称(Nom. illegit.),因为此前已经有了"Slackia W. Griffith, Calcutta J. Nat. Hist. 5:468. Jan 1845 [棕榈科 Arecaceae]"和"Slackia Griff.(1848)Nom. illegit. ≡ Decaisnea Hook. f. et Thomson(1855)(保留属名)[木通科 Lardizabalaceae//猫儿子科 Decaisneaceae]"。故用"Beccarinda Kuntze(1891)"替代之。【分布】缅甸,中国,中南半岛。【模式】Beccarinda griffithii(C. B. Clarke)O. Kuntze [Slackia griffithii C. B. Clarke]。【参考异名】Petrodoxa J. Anthony (1934);Slackia Griff.(1854)Nom. illegit. ■

5892 Beccariodendron Warb.(1891)【汉】新几内亚番荔枝属。【隶属】番荔枝科 Annonaceae。【包含】世界 1 种。【学名诠释与讨论】〈中〉(人)Odourdo Beccari, 1843−1920, 意大利植物学者+dendron 或 dendros, 树木,棍,丛林。此属的学名是"Beccariodendron Warburg, Bot. Jahrb. Syst. 13:452. 20 Mar 1891"。亦有文献把其处理为"Goniothalamus(Blume)Hook. f. et Thomson(1855)"的异名。【分布】新几内亚岛。【模式】Beccariodendron grandiflorum Warburg。【参考异名】Goniothalamus (Blume)Hook. f. et Thomson(1855)●☆

5893 Beccariophoenix Jum. et H. Perrier(1915)【汉】贝加利椰子属 (马岛窗孔椰属,马岛刺葵属)。【隶属】棕榈科 Arecaceae (Palmae)。【包含】世界 1-2 种。【学名诠释与讨论】〈阴〉(人) Odourdo Beccari, 1843−1920, 意大利植物学者+phoinix, 海枣,凤凰。【分布】马达加斯加。【模式】Beccariophoenix madagascariensis H. Jumelle et H. Perrier de la Bâthie。●☆

5894 Becheria Ridl.(1912)= Ixora L.(1753)[茜草科 Rubiaceae]●

5895 Bechium DC.(1836)【汉】红腺尖鸠菊属。【隶属】菊科 Asteraceae(Compositae)//斑鸠菊科(绿菊科)Vernoniaceae。【包含】世界 2 种。【学名诠释与讨论】〈中〉词源不详。此属的学名是"Bechium A. P. de Candolle, Prodr. 5:70. Oct(prim.)1836"。亦有文献把"Bechium DC.(1836)"处理为"Vernonia Schreb. (1791)(保留属名)"的异名。【分布】热带非洲和非洲南部,热带亚洲。【后选模式】Bechium auricaule A. P. de Candolle。【参考异名】Vernonia Schreb.(1791)(保留属名)■☆

5896 Bechonneria Hort. ex Carrière(1867)= Beschorneria Kunth(1850) [龙舌兰科 Agavaceae]■☆

5897 Bechsteineria Muell. = Rechsteineria Regel(1848)(保留属名) [苦苣苔科 Gesneriaceae]■☆

5898 Becium Lindl.(1842)= Ocimum L.(1753)[唇形科 Lamiaceae (Labiatae)]●■

5899 Beckea A. St.−Hil.(1806)Nom. illegit. = Baeckea L.(1753) [桃金娘科 Myrtaceae]●

5900 Beckea Pers.(1805)= Baeckea Burm. f.(1768)Nom. illegit.; ~ = Brunia Lam.(1785)(保留属名)[鳞叶树科(布鲁尼科,小叶树科)Bruniaceae]●

5901 Beckera Fresen(1837)Nom. illegit. = Snowdenia C. E. Hubb. (1929)[禾本科 Poaceae(Gramineae)]■☆

5902 Beckera Bernh.(1800)= Melica L.(1753)[禾本科 Poaceae (Gramineae)//臭草科 Melicaceae]■

5903 Beckeria Heynh.(1846)Nom. illegit. = Beckera Fresen(1837) Nom. illegit.; ~ = Snowdenia C. E. Hubb.(1929)[禾本科 Poaceae (Gramineae)]■☆

5904 Beckeropsis Fig. et De Not.(1854)= Pennisetum Rich.(1805) [禾本科 Poaceae(Gramineae)]■

5905 Beckia Raf.(1838)= Baeckea L.(1753)[桃金娘科 Myrtaceae]●

5906 Beckmannia Host(1805)【汉】茵草属。【日】カズノコグサ属, ミノゴメ属。【俄】Бекманния。【英】Slough Grass, Sloughgrass。【隶属】禾本科 Poaceae(Gramineae)。【包含】世界 2 种,中国 1 种。【学名诠释与讨论】〈阴〉(人)Johann Beckmann, 1739−1811, 德国植物学者。此属的学名,ING、TROPICOS 和 IK 记载是"Beckmannia Host, Icon. Descr. Gram. Austriac. 3:5, t. 6. 1805"。"Joachima Tenore, Fl. Neapol. 1:ix, 16. 1811"是"Beckmannia Host(1805)"的晚出的同模式异名(Homotypic synonym, Nomenclatural synonym)。【分布】中国,北温带。【模式】Beckmannia erucaeformis(Linnaeus)Host [Phalaris erucaeformis Linnaeus]。【参考异名】Bruchmannia Nutt.(1818) Nom. illegit.; Ioackima Ten.(1813)Nom. illegit., Nom. inval.; Joachima Ten.(1811)Nom. illegit.; Joachimia Ten. ex Roem. et Schult.(1817)■

5907 Beckwithia Jeps.(1898)= Ranunculus L.(1753)[毛茛科 Ranunculaceae]■

5908 Beclardia A. Rich.(1828)Nom. illegit. ≡ Cryptopus Lindl. (1824)[兰科 Orchidaceae]■☆

5909 Becquerela Nees(1834)= Becquerelia Brongn.(1833)[莎草科 Cyperaceae]■☆

5910 Becquerelia Brongn.(1833)【汉】贝克莎属。【隶属】莎草科 Cyperaceae。【包含】世界 5-10 种。【学名诠释与讨论】〈阴〉(人)Becquer+elia 属于。【分布】巴拿马,秘鲁,玻利维亚,厄瓜多尔,哥斯达黎加,尼加拉瓜,热带南美洲,中美洲。【后选模式】Becquerelia cymosa Brongniart。【参考异名】Becquerela Nees (1834)■☆

5911 Beddomea Hook. f.(1862)= Aglaia Lour.(1790)(保留属名)

［棟科 Meliaceae］●

5912　Bedfordia DC.（1833）【汉】澳菊木属（线绒菊属）。【隶属】菊科 Asteraceae（Compositae）。【包含】世界 2-3 种。【学名诠释与讨论】〈阴〉（人）英国 Bedford 六世公爵，植物学赞助人。【分布】澳大利亚（东南部,塔斯曼半岛）。【模式】未指定。●☆

5913　Bedousi Augier = Casearia Jacq.（1760）［刺篱木科（大风子科）Flacourtiaceae//天料木科 Samydaceae］●

5914　Bedousia Dennst.（1818）= Casearia Jacq.（1760）［刺篱木科（大风子科）Flacourtiaceae//天料木科 Samydaceae］●

5915　Bedusia Raf.（1838）= Casearia Jacq.（1760）［刺篱木科（大风子科）Flacourtiaceae//天料木科 Samydaceae］●

5916　Beehsa Endl.（1840）= Beesha Kunth（1822）Nom. illegit. ; ~ = Melocanna Trin.（1820）［禾本科 Poaceae（Gramineae）］●

5917　Been Schmidel = Limonium Mill.（1754）（保留属名）［白花丹科（矶松科,蓝雪科）Plumbaginaceae//补血草科 Limoniaceae］●■

5918　Beera P. Beauv.（1819）Nom. illegit. ≡ Beera P. Beauv. ex T. Lestib.（1819）; ~ = Hypolytrum Rich. ex Pers.（1805）［莎草科 Cyperaceae］■

5919　Beera P. Beauv. ex T. Lestib.（1819）= Hypolytrum Rich. ex Pers.（1805）［莎草科 Cyperaceae］■

5920　Beesha Kunth（1822）Nom. illegit. = Melocanna Trin.（1820）［禾本科 Poaceae（Gramineae）］●

5921　Beesha Munro（1868）Nom. illegit. ≡ Ochlandra Thwaites（1864）［禾本科 Poaceae（Gramineae）］●☆

5922　Beesia Balf. f. et W. W. Sm.（1915）【汉】铁破锣属。【英】Beesia。【隶属】毛茛科 Ranunculaceae。【包含】世界 2 种,中国 2 种。【学名诠释与讨论】〈阴〉（人）Messers Bees,英国传教士,曾在中国采集植物标本。【分布】缅甸,中国。【模式】Beesia cordata I. B. Balfour et W. W. Smith。■★

5923　Beethovenia Engl.（1865）= Ceroxylon Bonpl.（1804）［棕榈科 Arecaceae（Palmae）］●☆

5924　Befaria Mutis ex L.（1771）Nom. illegit.（废弃属名）≡ Bejaria Mutis（1771）［as 'Befaria'］（保留属名）［杜鹃花科（欧石南科）Ericaceae］●☆

5925　Befaria Mutis（1771）Nom. illegit.（废弃属名）≡ Befaria Mutis ex L.（1771）Nom. illegit.（废弃属名）; ~ = Bejaria Mutis（1771）［as 'ria Mutis（保留属名）［杜鹃花科（欧石南科）Ericaceae］●☆

5926　Begonia L.（1753）【汉】秋海棠属。【日】シウカイダウ属,シュウカイダウ属,ベゴニア属。【俄】Бегония。【英】Angel Wing Begonia, Beefsteak Geranium, Begonia, Elephant Ear, Elephant's Ear。【隶属】秋海棠科 Begoniaceae。【包含】世界 900-1400 种,中国 164-173 种。【学名诠释与讨论】〈阴〉（人）Michel Begon, 1638-1710,德国植物学者。另说为法国人,他是植物学者 St. 多明我的赞助者。【分布】巴基斯坦,巴拿马,秘鲁,玻利维亚,厄瓜多尔,哥伦比亚（安蒂奥基亚）,马达加斯加,尼加拉瓜,中国,热带和亚热带,中美洲。【模式】Begonia obliqua Linnaeus。【参考异名】Augustia Klotzsch（1854）; Barya Klotzsch（1854）; Begoniella Oliv.（1872）［as 'Begonella'］; Casparya Klotzsch（1854）; Cladomischus Klotzsch ex A. DC.（1864）; Cyathocnemis Klotzsch（1854）; Diploclinium Lindl.（1847）; Diploclinium Lindl. ex R. Wight（1852）; Donaldia Klotzsch（1854）; Doratometra Klotzsch（1854）; Drepanometra Hassk. ; Eupetalum Lindl.（1836）; Eupetalum Lindl. ex Klotzsch（1854）Nom. illegit. ; Ewaldia Klotzsch（1854）; Falkea Koenig ex Steud.（1840）; Gaerdtia Klotzsch（1854）; Gireoudia Klotzsch（1854）; Gurltia Klotzsch（1854）; Haagea Klotzsch（1854）; Hoffmannella Klotzsch ex A. DC. ; Huszia Klotzsch（1854）; Irma Bouton ex A. DC.（1864）; Isopteris Klotzsch

（1854）Nom. illegit. ; Isopteryx Klotzsch（1854）; Knesebeckia Klotzsch（1854）; Lauchea Klotzsch（1854）; Lepsia Klotzsch（1854）; Magnusia Klotzsch（1854）; Meziera Baker（1877）Nom. illegit. ; Mezierea Gaudich.（1841）; Mitcherlichia Klotzsch（1854）Nom. illegit. ; Mitscherlichia Klotasch（1854）Nom. illegit. ; Moschkowitzia Klotzsch（1854）; Nephromischus Klotzsch（1855）; Petermannia Klotzsch（1854）Nom. illegit.（废弃属名）; Pilderia Klotzsch（1854）; Platycentrum Klotzsch（1854）Nom. illegit. ; Platyclinium T. Moore（1850）; Pritzelia Klotzsch（1854）Nom. illegit. ; Putzeysia Klotzsch（1855）; Rachia Klotzsch（1854）; Reichenheimia Klotzsch（1854）; Riessia Klotzsch（1854）Nom. illegit. ; Rossmannia Klotzsch（1854）; Sassea Klotzsch（1854）; Saueria Klotzsch（1854）; Scheidweileria Klotzsch（1854）; Semibegoniella C. E. C. Fisch.（1908）; Sphenanthera Hassk.（1856）; Steineria Klotzsch（1854）; Stibadotheca Klotzsch（1854）; Stiradotheca Klotzsch（1854）Nom. illegit. ; Titelbachia Klotzsch（1855）Nom. illegit. ; Tittelbachia Klotzsch（1854）; Trachelanthus Klotzsch（1855）Nom. illegit. ; Trachelocarpus Müll. Berol.（1858）; Trendelenburgia Klotzsch（1854）; Trilomisa Raf.（1837）; Wageneria Klotzsch（1854）; Wagneria Klotzsch（1854）Nom. illegit. ; Weilbachia Klotzsch et Oerat.（1854）●■

5927　Begoniaceae C. Agardh（1824）（保留科名）【汉】秋海棠科。【日】シウカイダウ科,シュウカイダウ科。【俄】Бегониевые。【英】Begonia Family。【包含】世界 2-5 属 900-2000 种,中国 1 属 173 种。【分布】热带。【科名模式】Begonia L.（1753）■●

5928　Begoniella Oliv.（1872）［as 'Begonella'］【汉】小秋海棠属。【隶属】秋海棠科 Begoniaceae。【包含】世界 5 种。【学名诠释与讨论】〈阴〉（属）Begonia 秋海棠属+-ellus, -ella, -ellum,加在名词词干后面形成指小式的词尾。或加在人名、属名等后面以组成新属的名称。此属的学名是 "Begoniella D. Oliver, J. Bot. 10: 219. 1 Jul 1872（'Begonella'）"。亦有文献把其处理为 "Begonia L.（1753）" 的异名。【分布】哥伦比亚。【模式】Begoniella whitei D. Oliver。【参考异名】Begonia L.（1753）■☆

5929　Beguea Capuron（1969）【汉】布格木属。【隶属】无患子科 Sapindaceae。【包含】世界 1 种。【学名诠释与讨论】〈阴〉（人）Begu。【分布】马达加斯加。【模式】Beguea apetala R. Capuron。●☆

5930　Behaimia Griseb.（1866）【汉】古巴豆属。【隶属】豆科 Fabaceae（Leguminosae）。【包含】世界 1-2 种。【学名诠释与讨论】〈阴〉（人）Behaim。【分布】古巴。【模式】Behaimia cubensis Grisebach。●☆

5931　Behen Hill（1762）= Centaurea L.（1753）（保留属名）; ~ = Jacea Mill.（1754）; ~ = Vernonia Schreb.（1791）（保留属名）［菊科 Asteraceae（Compositae）//斑鸠菊科（绿菊科）Vernoniaceae//矢车菊科 Centaureaceae］●■

5932　Behen Moench（1794）Nom. illegit. = Oberna Adans.（1763）; ~ = Silene L.（1753）（保留属名）［石竹科 Caryophyllaceae］■

5933　Behenantha（Otth）Schur（1877）= Behen Moench（1794）Nom. illegit. ; ~ = Oberna Adans.（1763）; ~ = Silene L.（1753）（保留属名）［石竹科 Caryophyllaceae］■

5934　Behenantha Schur（1877）Nom. illegit. ≡ Behenantha（Otth）Schur（1877）; ~ = Behen Moench（1794）Nom. illegit. ; ~ = Oberna Adans.（1763）; ~ = Silene L.（1753）（保留属名）［石竹科 Caryophyllaceae］■

5935　Behnia Didr.（1855）【汉】两型花属。【隶属】菝葜科 Smilacaceae//两型花科 Behniaceae//智利花科（垂花科,金钟木科,喜爱花科）Philesiaceae。【包含】世界 1 种。【学名诠释与讨论】〈阴〉（人）Wilhelm Friedrich Georg Behn（1808-1878）,丹麦植

物学者 Didrik Ferdinand Didrichsen(1814-1887)的朋友。此属的学名,ING、和 IK 记载是 "Behnia Didrichsen, Vidensk. Meddel. Dansk Naturhist. Foren. Kjøbenhavn 1854:182. 1855"。"Dictyopsis W. H. Harvey ex Hook. f., Bot. Mag. t. 5638. 1 Apr 1867(non Sonder 1855)"是 "Behnia Didr.(1855)"的晚出的同模式异名(Homotypic synonym, Nomenclatural synonym)。【分布】非洲南部。【模式】Behnia reticulata(Thunberg)Didrichsen [Ruscus reticulatus Thunberg]。【参考异名】Brehnia Baker(1875);Dictyopsis Harv. ex Hook. f.(1867)Nom. illegit.;Hylonome Webb et Benth.(1850)●☆

5936 Behniaceae Conran, M. W. Chase et Rudall(1997)[亦见 Agavaceae Dumort.(保留科名)龙舌兰科]【汉】两型花科。【包含】世界 1 属 1 种。【分布】非洲南部。【科名模式】Behnia Didr.●☆

5937 Behniaceae R. Dahlgren ex Reveal(1998) = Behniaceae Conran, M. W. Chase et Rudall●☆

5938 Behria Greene(1886) = Bessera Schult. f.(1829)(保留属名)[百合科 Liliaceae//葱科 Alliaceae]■☆

5939 Behrinia Sieber ex Steud.(1821) = Berinia Brign.(1810);~ = Crepis L.(1753)[菊科 Asteraceae(Compositae)]■

5940 Behrinia Sieber(1821)Nom. illegit. ≡ Behrinia Sieber ex Steud.(1821);~ = Berinia Brign.(1810);~ = Crepis L.(1753)[菊科 Asteraceae(Compositae)]■

5941 Behuria Cham.(1834)【汉】巴西野牡丹属。【隶属】野牡丹科 Melastomataceae。【包含】世界 3-10 种。【学名诠释与讨论】〈阴〉词源不详。【分布】巴西(南部)。【模式】Behuria insignis Chamisso。■☆

5942 Beilia(Baker)Eckl. ex Kuntze(1898)Nom. illegit. = Watsonia Mill.(1758)(保留属名)[鸢尾科 Iridaceae]■☆

5943 Beilia Eckl.(1827)Nom. inval. = Watsonia Mill.(1758)(保留属名)[鸢尾科 Iridaceae]■☆

5944 Beilia Kuntze(1898)Nom. illegit. ≡ Beilia(Baker)Eckl. ex Kuntze(1898)Nom. illegit.;~ ≡ Micranthus(Pers.)Eckl.(1827)(保留属名)[鸢尾科 Iridaceae]■☆

5945 Beilschmiedia Nees(1831)【汉】琼楠属。【日】アカハダクスノキ属,アカハダノキ属。【俄】Бейльшмидия。【英】Slogwood, Slugwood。【隶属】樟科 Lauraceae。【包含】世界 200-300 种,中国 39-42 种。【学名诠释与讨论】〈阴〉(人)Carl(Karl)Traugutt Beilschmied,1793-1848,德国植物学者。此属的学名,ING、APNI\GCI、TROPICOS、和 IK 记载是 "Beilschmiedia Nees, Pl. Asiat. Rar.(Wallich). ii. 69(1831)"。【分布】澳大利亚,巴拿马,秘鲁,玻利维亚,厄瓜多尔,哥斯达黎加,马达加斯加,尼加拉瓜,新西兰,中国,中美洲。【后选模式】Beilschmiedia roxburghiana C. G. D. Nees。【参考异名】Afrodaphne Stapf(1905);Anaueria Kosterm.(1938);Beilschmiedia Rchb.;Bellota Gay(1849);Bernieria Baill.(1884)(保留属名);Bielschmiedia Pancher et Sebert(1874);Boldu Nees(1833)Nom. illegit.(废弃属名);Hufelandia Nees(1833);Lauromerrillia C. K. Allen(1942);Nesodaphne Hook. f.(1853);Purkayasthaea Purkayastha(1938);Thouenotia Danguy(1920);Thylostemon Kunkel;Tylostemon Engl.(1899);Wimmeria Nees ex Meisn.(1864)●

5946 Beilschmiedia Rchb. = Beilschmiedia Nees(1831)[樟科 Lauraceae]●

5947 Beirnaertia Louis ex Troupin(1949)【汉】碧奈藤属(毕奈藤属)。【隶属】防己科 Menispermaceae。【包含】世界 1 种。【学名诠释与讨论】〈阴〉(人)Beirnaert。【分布】热带非洲。【模式】Beirnaertia yangambiensis Louis ex Troupin。●☆

5948 Beiselia Forman(1987)【汉】墨西哥橄榄属。【隶属】橄榄科 Burseraceae。【包含】世界 1 种。【学名诠释与讨论】〈阴〉(人)Beisel。【分布】墨西哥。【模式】Beiselia mexicana L. L. Forman。●☆

5949 Bejaranoa R. M. King et H. Rob.(1978)【汉】寡花泽兰属(少花柄泽兰属)。【隶属】菊科 Asteraceae(Compositae)。【包含】世界 2 种。【学名诠释与讨论】〈阴〉(人)Bejarano。【分布】巴拉圭,巴西,玻利维亚。【模式】Bejaranoa balansae(G. Hieronymus)R. M. King et H. Robinson [Eupatorium balansae G. Hieronymus]●☆

5950 Bejaria L.(1771)Nom. illegit.(废弃属名) ≡ Bejaria Mutis(1771)[as 'Befaria'](保留属名)[杜鹃花科(欧石南科)Ericaceae]●☆

5951 Bejaria Mutis ex L.(1771)Nom. illegit.(废弃属名) ≡ Bejaria Mutis(1771)[as 'Befaria'](保留属名)[杜鹃花科(欧石南科)Ericaceae]●☆

5952 Bejaria Mutis(1771)[as 'Befaria'](保留属名)【汉】贝氏木属(贝亚利属,七瓣杜属)。【英】Andes Rose。【隶属】杜鹃花科(欧石南科)Ericaceae。【包含】世界 15-25 种。【学名诠释与讨论】〈阴〉(人)Jose Bejar,植物学者。此属的学名 "Bejaria Mutis in L., Mant. Pl.:152,242. Oct 1771('Befaria')"是保留属名。法规未列出相应的废弃属名。但是其拼写变体 "Befaria Mutis ex L.(1771)"和 "Befaria Mutis(1771)"应该废弃。"Bejaria Mutis ex L.(1771)"和 "Bejaria L.(1771)"的命名人引证有误。杜鹃花科(欧石南科)Ericaceae 的 "Bejaria Zea, Anales Ci. Nat. iii.(1801)151,in nota = Bejaria Mutis(1771)[as 'Befaria'](保留属名)"也应废弃。【分布】巴拿马,秘鲁,玻利维亚,厄瓜多尔,哥伦比亚(安蒂奥基亚),尼加拉瓜,中美洲。【模式】Bejaria aestuans Mutis ex Linnaeus [as 'stuans']。【参考异名】Acunna Ruiz et Pav.(1794);Befaria Mutis ex L.(1771)Nom. illegit.(废弃属名);Befaria Mutis(1771)Nom. illegit.(废弃属名);Bejaria L.(1771)Nom. illegit.(废弃属名);Bejaria Mutis ex L.(1771)Nom. illegit.(废弃属名);Bejaria Zea(1801)Nom. illegit., Nom. inval.(废弃属名);Heptacarpus Conz.(1940);Jurgensenia Turcz.(1847)●☆

5953 Bejaria Zea(1801)Nom. inval., Nom. illegit.(废弃属名) = Bejaria Mutis(1771)[as 'Befaria'](保留属名)[杜鹃花科(欧石南科)Ericaceae]●☆

5954 Bejaudia Gagnep.(1937) = Myrialepis Becc.(1893)[棕榈科 Arecaceae(Palmae)]●☆

5955 Bejuco Loefl.(1758) = Hippocratea L.(1753)[卫矛科 Celastraceae//翅子藤科(希藤科)Hippocrateaceae]●☆

5956 Beketowia Krassn.(1887-1888) = Braya Sternb. et Hoppe(1815)[十字花科 Brassicaceae(Cruciferae)]■

5957 Belairia A. Rich.(1846)【汉】加勒比豆属。【隶属】豆科 Fabaceae(Leguminosae)//蝶形花科 Papilionaceae。【包含】世界 6 种。【学名诠释与讨论】〈阴〉(地)Belair,贝莱尔。【分布】古巴。【模式】Belairia spinosa A. Richard。■☆

5958 Belamcanda Adans.(1763)(保留属名)【汉】射干属。【日】ヒアフギ属,ヒオウギ属。【俄】Беламканда。【英】Blackberry Lily,Blackberrylily,Blackberry-lily,Leopard Flower。【隶属】鸢尾科 Iridaceae。【包含】世界 2 种,中国 1 种。【学名诠释与讨论】〈阴〉(马拉巴)velamcandam,印度马拉巴地区一种植物俗名。或 balamtandam,印度西南部喀拉拉邦地区植物俗名。此属的学名 "Belamcanda Adans., Fam. Pl. 2:60('Belam-canda'),524('Belamkanda'). Jul-Aug 1763(orth. cons.)"是保留属名。法规未列出相应的废弃属名。但是其拼写变体 "Belamkanda Adans.(1763)"和 "Belam-Canda Adans.(1763)"应该废弃。"Pardanthus Ker-Gawler, Ann. Bot.(König et Sims)1:246. 1 Sep 1804"是 "Belamcanda Adans.(1763)(保留属名)"的晚出的同模

式异名(Homotypic synonym, Nomenclatural synonym)。【分布】中国,东亚。【模式】Belamcanda chinensis (L.) DC. [Ixia chinensis L.]。【参考异名】Belam-Canda Adans. (1763)(废弃属名); Belamkanda Adans. (1763)(废弃属名); Gemmingia Fabr. (1759) Nom. illegit.; Gemmingia Heist. ex Fabr (1763) Nom. illegit.; Gemmingia Heist. ex Kuntze(1891) Nom. illegit.; Gemmingia Kuntze (1891) Nom. illegit.; Pardanthus Ker Gawl. (1804) Nom. illegit. ●■

5959　Belam-Canda Adans. (1763)(废弃属名)≡Belamcanda Adans. (1763)(保留属名)[鸢尾科 Iridaceae]●■

5960　Belamkanda Adans. (1763)(废弃属名)≡Belamcanda Adans. (1763)(保留属名)[鸢尾科 Iridaceae]●■

5961　Belandra S. F. Blake (1917) = Prestonia R. Br. (1810)(保留属名)[夹竹桃科 Apocynaceae]●☆

5962　Belangera Cambess. (1829) = Lamanonia Vell. (1829)[火把树科(常绿棱枝树科,角瓣木科,库诺尼科,南蔷薇科,轻木科) Cunoniaceae]●■

5963　Belangeraceae J. Agardh (1858) = Cunoniaceae R. Br. (保留科名)●☆

5964　Belanthera Post et Kuntze(1903) = Beloanthera Hassk. (1842); ~ =Hydrolea L. (1762)(保留属名)[田基麻科(叶藏刺科) Hydroleaceae//田梗草科(田基麻科,田亚麻科) Hydrophyllaceae]■

5965　Belantheria Nees(1847) = Brillantaisia P. Beauv. (1818)[爵床科 Acanthaceae]●■☆

5966　Belemia J. M. Pires(1981)【汉】吊钟茉莉属。【隶属】紫茉莉科 Nyctaginaceae。【包含】世界1种。【学名诠释与讨论】〈阴〉(地) Belem,贝伦,位于巴西。【分布】巴西(东部)。【模式】Belemia fucsioides J. M. Pires。●☆

5967　Belencita H. Karst. (1857)【汉】哥伦比亚山柑属(哥伦比亚白花菜属)。【隶属】山柑科(白花菜科,醉蝶花科) Capparaceae//白花菜科(醉蝶花科) Cleomaceae。【包含】世界1种。【学名诠释与讨论】〈阴〉词源不详。【分布】哥伦比亚。【模式】Belencita hagenii H. Karsten。【参考异名】Stuebelia Pax(1887)●☆

5968　Belendenia Raf. (1832) Nom. illegit. ≡Bellendenia Raf. (1832) Nom. illegit.; ~ ≡Tritonia Ker Gawl. (1802)[鸢尾科 Iridaceae]■

5969　Belenia Decne. (1835) = Physochlaina G. Don (1838)[茄科 Solanaceae]■

5970　Belenidium Arn., Nom. illegit. ≡Belenidium Arn. ex DC. (1838); ~ = Hymenantherum Cass. (1817) Nom. illegit.; ~ = Dyssodia Cav. (1801)[菊科 Asteraceae(Compositae)]■☆

5971　Belenidium Arn. ex DC. (1838) = Hymenantherum Cass. (1817) Nom. illegit.; ~ = Dyssodia Cav. (1801)[菊科 Asteraceae (Compositae)]■☆

5972　Beleropone C. B. Clarke(1885) = Beloperone Nees(1832)[爵床科 Acanthaceae]■☆

5973　Belharnnala Adans. (1763) Nom. illegit. ≡Sanguinaria L. (1753)[罂粟科 Papaveraceae]■☆

5974　Belharnosia Adans. (1763) Nom. illegit. ≡Sanguinaria L. (1753)[罂粟科 Papaveraceae]■☆

5975　Belia Steller ex J. G. Gmel. (1769) = Claytonia Gronov. ex L. (1753)[马齿苋科 Portulacaceae]■☆

5976　Belia Steller, Nom. illegit. ≡Belia Steller ex J. G. Gmel. (1769); ~ =Claytonia Gronov. ex L. (1753)[马齿苋科 Portulacaceae]■☆

5977　Belicea Lundell (1942) = Morinda L. (1753)[茜草科 Rubiaceae]●■

5978　Beliceodendron Lundell(1975) = Lecointea Ducke (1922)[豆科 Fabaceae(Leguminosae)//蝶形花科 Papilionaceae]■☆

5979　Belicia Lundell =Morinda L. (1753)[茜草科 Rubiaceae]●■

5980　Belilla Adans. (1763) Nom. illegit. ≡Mussaenda L. (1753)[茜草科 Rubiaceae]●■

5981　Belingia Pierre(1895) = Zollingeria Kurz(1872)(保留属名)[无患子科 Sapindaceae]■☆

5982　Belis Salisb. (1807)(废弃属名)≡Cunninghamia R. Br. (1826)(保留属名)[杉科(落羽杉科)Taxodiaceae]●★

5983　Belladona Adans. (1763) Nom. illegit. = Atropa L. (1753)[茄科 Solanaceae//颠茄科 Atropaceae]■

5984　Belladona Duhamel =Atropa L. (1753)[茄科 Solanaceae//颠茄科 Atropaceae]■

5985　Belladona Mill. (1754) Nom. illegit. ≡Atropa L. (1753)[茄科 Solanaceae//颠茄科 Atropaceae]■

5986　Belladonna(Sweet ex Endl.) Sweet ex Harv. (1838) Nom. illegit. ≡Amaryllis L. (1753)(保留属名)[石蒜科 Amaryllidaceae]■☆

5987　Belladonna Boehm. = Belladona Mill. (1754) Nom. illegit.; ~ = Atropa L. (1753)[茄科 Solanaceae//颠茄科 Atropaceae]■

5988　Belladonna Mill. (1754) Nom. illegit. ≡Atropa L. (1753)[茄科 Solanaceae//颠茄科 Atropaceae]■

5989　Belladonna Ruppius (1745) Nom. inval. = Atropa L. (1753)[茄科 Solanaceae//颠茄科 Atropaceae]■

5990　Belladonna Scop. (1771) Nom. illegit. [茄科 Solanaceae]■☆

5991　Belladonna Sweet(1830) Nom. illegit. ≡Amaryllis L. (1753)(保留属名)[石蒜科 Amaryllidaceae]■☆

5992　Bellardia All. (1785)【汉】伯氏玄参属。【俄】Беллардиа。【英】Mediterranean Lineseed。【隶属】玄参科 Scrophulariaceae//列当科 Orobanchaceae。【包含】世界1种。【学名诠释与讨论】〈阴〉(人)Carlo Antonio Lodovico Bellardi, 1741-1826,意大利物学者,医生。他是意大利植物学者 Carlo Allioni(1728-1804)的学生。此属的学名, ING、APNI、TROPICOS 和 IK 记载是"Bellardia Allioni, Fl. Pedem. 1:61. Apr-Jul 1785";它曾经被处理为"Bartsia sect. Bellardia (All.) Molau Opera Bot. 102:26 (1990)"。菊科 Asteraceae 的"Bellardia Colla, Mem. Reale Accad. Sci. Torino 38:40. Nov-Dec 1835 =Microseris D. Don(1832)"和茜草科 Rubiaceae 的"Bellardia Schreb., Gen. Pl., ed. 8 [a]. 2:790. 1791 [May 1791]≡Tontelea Aubl. (1775)(废弃属名)= Tontelea Miers(1872)(保留属名)= Salacia L. (1771)(保留属名)= Coccocypselum P. Browne(1756)(保留属名)"均是晚出的非法名称。亦有文献把"Bellardia All. (1785)"处理为"Bartsia L. (1753)(保留属名)"的异名。【分布】埃塞俄比亚,伊拉克,伊朗,地中海地区,高加索,南非,小亚细亚。【模式】Bellardia trixago (Linnaeus) Allioni [Bartsia trixago Linnaeus]。【参考异名】Bartsia L. (1753)(保留属名); Bartsia sect. Bellardia (All.) Molau (1990); Trixago Steven(1823) Nom. illegit. ■☆

5993　Bellardia Colla (1835) Nom. illegit. = Microseris D. Don (1832)[菊科 Asteraceae(Compositae)]■☆

5994　Bellardia Schreb. (1791) Nom. illegit. (1) = Coccocypselum P. Browne(1756)(保留属名)[茜草科 Rubiaceae]●☆

5995　Bellardia Schreb. (1791) Nom. illegit. (2)≡Tontelea Aubl. (1775)(废弃属名); ~ =Elachyptera A. C. Sm. (1940); ~ =Salacia L. (1771)(保留属名)[卫矛科 Celastraceae//翅子藤科 Hippocrateaceae//五层龙科 Salaciaceae]●

5996　Bellardiochloa Chiov. (1929)【汉】伯氏禾属。【俄】Беллардиахлоа。【隶属】禾本科 Poaceae(Gramineae)。【包含】世界5种。【学名诠释与讨论】〈阴〉(人)Carlo Antonio Lodovico Bellardi,1741-1826,意大利植物学者,医生+chloe,草的幼芽,嫩草,禾草。此属的学名是"Bellardiochloa Chiovenda, Stud. Veg. Piemonte 60. 1929"。亦有文献把其处理为"Poa L. (1753)"的异

名。【分布】欧洲南部。【模式】Bellardiochloa violacea（Bellardi）Chiovenda［Poa violacea Bellardi］。【参考异名】Poa L.（1753）■☆

5997　Bellendena R. Br.（1810）【汉】塔岛山龙眼属。【隶属】山龙眼科 Proteaceae。【包含】世界 1 种。【学名诠释与讨论】〈阴〉（人）John Bellenden Ker, 1764-1842, 英国植物学者。此属的学名，APNI、TROPICOS 和 IK 记载是"Bellendena R. Br., Transactions of the Linnean Society of London, Botany 10 1810"。"Bellendenia Endl., Gen. Pl.［Endlicher］340. 1837［Dec 1837］"是其拼写变体。"Bellendenia Raf.（1837）Nom. illegit. ≡ Bellendenia Raf. ex Endl., Gen. Pl.［Endlicher］169, in syn. 1837［Jun 1837］"则是鸢尾科 Iridaceae 的"Tritonia Ker Gawl.（1802）"的异名。【分布】澳大利亚（塔斯马尼亚岛）。【模式】Bellendena montana R. Brown。【参考异名】Bellendenia Endl.（1837）Nom. illegit.●☆

5998　Bellendenia Endl.（1837）Nom. illegit. ≡ Bellendena R. Br.（1810）［山龙眼科 Proteaceae］●☆

5999　Bellendenia Raf.（1837）Nom. illegit. ≡ Bellendenia Raf. ex Endl.（1837）；~ = Tritonia Ker Gawl.（1802）［鸢尾科 Iridaceae］■

6000　Bellendenia Raf. ex Endl.（1837）Nom. illegit. = Tritonia Ker Gawl.（1802）［鸢尾科 Iridaceae］■

6001　Bellendenia Schltdl.（1833）Nom. illegit.［鸢尾科 Iridaceae］■☆

6002　Bellermannia Klotzsch ex H. Karst.（1846）【汉】拜氏茜属。【隶属】茜草科 Rubiaceae。【包含】世界 1 种。【学名诠释与讨论】〈阴〉（人）Bellermann, 植物学者。此属的学名，ING、TROPICOS 和 IK 记载是"Bellermannia J. F. Klotzsch ex G. K. W. Karsten in J. F. Klotzsch, Bot. Zeitung（Berlin）4: 107. 13 Feb 1846"。"Bellermannia Klotzsch（1846）≡ Bellermannia Klotzsch ex H. Karst.（1846）"的命名人引证有误。亦有文献把"Bellermannia Klotzsch ex H. Karst.（1846）"处理为"Gonzalagunia Ruiz et Pav.（1794）"的异名。【分布】哥伦比亚。【模式】Bellermannia spicata J. G. Klotzsch ex G. K. W. Karsten。【参考异名】？Gonzalagunia Ruiz et Pav.（1794）；Bellermannia Klotzsch（1846）Nom. illegit.●☆

6003　Bellermannia Klotzsch（1846）Nom. illegit. ≡ Bellermannia Klotzsch ex H. Karst.（1846）［茜草科 Rubiaceae］●☆

6004　Bellevalia Delile（1836）Nom. inval., Nom. illegit.（废弃属名）≡ Bellevalia Delile ex Endl.（1836）Nom. inval.（废弃属名）；~ = Althenia F. Petit（1829）［角果藻科 Zannichelliaceae//眼子菜科 Potamogetonaceae］■☆

6005　Bellevalia Lapeyr.（1808）（保留属名）【汉】罗马风信子属。【俄】Белльвалия。【英】Hyacinth。【隶属】风信子科 Hyacinthaceae//百合科 Liliaceae。【包含】世界 45-50 种。【学名诠释与讨论】〈阴〉（人）Pierre Richer de Belleval, 德国植物学者。此属的学名"Bellevalia Lapeyr. in J. Phys. Chim. Hist. Nat. Arts 67: 425. Dec 1808"是保留属名。相应的废弃属名是"Bellevalia Scop., Intr. Hist. Nat.: 198. Jan - Apr 1777 = Clerodendrum L.（1753）≡ Marurang Rumph. ex Adans.（1763）"。"Bellevalia Delile ex Endl., Gen. Pl.［Endlicher］231. 1836 = Althenia F. Petit（1829）［角果藻科 Zannichelliaceae//眼子菜科 Potamogetonaceae］"和"Bellevalia Delile（1836）≡ Bellevalia Delile ex Endl.（1836）Nom. inval.（废弃属名）［角果藻科 Zannichelliaceae//眼子菜科 Potamogetonaceae］"，堇菜科 Violaceae 的"Bellevalia Montrouz. ex Beauvis., Ann. Soc. Bot. Lyon 26: 80. 1901 = Agatea A. Gray（1852）"、"Bellevalia Montrouz.（1901）≡ Bellevalia Montrouz. ex P. Beauvis.（1901）"和大戟科 Euphorbiaceae 的"Bellevalia Roem. et Schult. = Richeria Vahl（1797）"都应废弃。【分布】巴基斯坦，地中海西部至伊朗。【模式】Bellevalia operculata Lapeyrouse。【参考异名】Bellevalia Scop.（1777）Nom. illegit.（废弃属名）；Clerodendrum L.（1753）；Marurang Adans.（1763）Nom. illegit.；

Marurang Rumph. ex Adans.（1763）；Richeria Vahl（1797）；Strangweja Bertol.（1835）；Strangweya Benth. et Hook. f.（1883）Nom. illegit.■☆

6006　Bellevalia Montrouz.（1901）Nom. illegit., Nom. inval.（废弃属名）≡ Bellevalia Montrouz. ex P. Beauvis.（1901）Nom. inval.（废弃属名）；~ = Agatea A. Gray（1852）［堇菜科 Violaceae］■☆

6007　Bellevalia Montrouz. ex P. Beauvis.（1901）Nom. inval.（废弃属名）= Agatea A. Gray（1852）［堇菜科 Violaceae］■☆

6008　Bellevalia Roem. et Schult.（废弃属名）= Richeria Vahl（1797）［大戟科 Euphorbiaceae］●☆

6009　Bellevalia Scop.（1777）Nom. illegit.（废弃属名）≡ Marurang Rumph. ex Adans.（1763）；~ = Clerodendrum L.（1753）［马鞭草科 Verbenaceae//牡荆科 Viticaceae］■●

6010　Bellia Bubani（1899）= Chaerophyllum L.（1753）［伞形花科（伞形科）Apiaceae（Umbelliferae）］■

6011　Bellida Ewart（1907）【汉】禾鼠麹属。【英】Grass Daisy。【隶属】菊科 Asteraceae（Compositae）。【包含】世界 1 种。【学名诠释与讨论】〈阴〉（属）Bellis, 所有格 bellidis, 小白菊。指其与雏菊属 Bellis 相近。【分布】澳大利亚。【模式】Bellida graminea Ewart。☆

6012　Bellidastrum（DC.）Scop.（1760）Nom. illegit. ≡ Bellidastrum Scop.（1760）；~ = Aster L.（1753）［菊科 Asteraceae（Compositae）］●■

6013　Bellidastrum Scop.（1760）Nom. illegit. = Aster L.（1753）［菊科 Asteraceae（Compositae）］●■

6014　Bellidiaster Dumort.（1827）Nom. illegit. ≡ Bellidastrum Scop.（1760）；~ = Aster L.（1753）［菊科 Asteraceae（Compositae）●■

6015　Bellidiastrum Cass.（1816）Nom. illegit. ≡ Bellidastrum Scop.（1760）；~ = Aster L.（1753）［菊科 Asteraceae（Compositae）］●■

6016　Bellidiastrum Less.（1832）Nom. illegit. = Osmites L.（1764）（废弃属名）；~ = Relhania L' Hér.（1789）（保留属名）［菊科 Asteraceae（Compositae）］●☆

6017　Bellidiopsis（DC）Spach（1841）Nom. illegit. ≡ Bellidiastrum Less.（1832）Nom. illegit.；~ = Osmites L.（1764）（废弃属名）；~ = Relhania L' Hér.（1789）（保留属名）［菊科 Asteraceae（Compositae）］●☆

6018　Bellidiopsis Spach（1841）Nom. illegit. ≡ Bellidiopsis（DC）Spach（1841）Nom. illegit.；~ ≡ Bellidiastrum Less.（1832）Nom. illegit.；~ = Osmites L.（1764）（废弃属名）；~ = Relhania L' Hér.（1789）（保留属名）［菊科 Asteraceae（Compositae）］●☆

6019　Bellidistrum Rchb.（1828）= Bellidastrum Scop.（1760）［菊科 Asteraceae（Compositae）］●■

6020　Bellidium Bertol.（1853）【汉】小白菊属。【隶属】菊科 Asteraceae（Compositae）。【包含】世界 2 种。【学名诠释与讨论】〈阴〉（拉）Bellis, 所有格 bellidis, 小白菊。亦有文献把"Bellidium Bertol.（1853）"处理为"Bellis L.（1753）"的异名。【分布】欧洲。【模式】未指定。【参考异名】Bellis L.（1753）■☆

6021　Bellilla Raf.（1820）= Belilla Adans.（1763）Nom. illegit.；~ = Mussaenda L.（1753）［茜草科 Rubiaceae］●■

6022　Bellinia Roem. et Schult.（1819）Nom. illegit. ≡ Saracha Ruiz et Pav.（1794）［茄科 Solanaceae］●☆

6023　Belliolum Tiegh.（1900）【汉】美林仙属。【隶属】林仙科（冬木科，假八角科，辛辣木科）Winteraceae。【包含】世界 8 种。【学名诠释与讨论】〈中〉（拉）bellus, 美丽的+-olus, -ola, -olum, 指示小的词尾。此属的学名是"Belliolum Van Tieghem, J. Bot.（Morot）14: 278. Oct 1900; 330. Nov 1900"。亦有文献把其处理为"Zygogynum Baill.（1867）"的异名。【分布】所罗门群岛，法属新喀里多尼亚。【模式】未指定。【参考异名】Zygogynum Baill.

（1867）●☆

6024　Belliopsis Pomel（1860）= Bellium L.（1771）［菊科 Asteraceae（Compositae）］■☆

6025　Bellis L.（1753）【汉】雏菊属。【日】ヒナギク属。【俄】Белльс，Маргаритка。【英】Daisy，English Daisy。【隶属】菊科 Asteraceae（Compositae）。【包含】世界 8 种，中国 1 种。【学名诠释与讨论】〈阴〉（拉）bellus，美丽的。指花大而美丽。另说来自 Bellis，所有格 bellidis，Bellis perennis L.。【分布】玻利维亚，哥伦比亚（安蒂奥基亚），美国（密苏里），中国，地中海地区，欧洲，中美洲。【后选模式】Bellis perennis Linnaeus。【参考异名】Bellidium Bertol.（1853）；Kyberia Neck.（1790）Nom. inval.；Seubertia H. C. Watson（1844）Nom. illegit.■

6026　Bellium L.（1771）【汉】拟雏菊属（丽菊属）。【日】ベリューム属。【俄】Беллиум。【英】Bastard Daisy。【隶属】菊科 Asteraceae（Compositae）。【包含】世界 3-4 种。【学名诠释与讨论】〈中〉（属）Bellis 雏菊属+-ius，-ia，-ium，在拉丁文和希腊文中，这些词尾表示性质或状态。【分布】地中海地区。【模式】未指定。【参考异名】Belliopsis Pomel（1860）■☆

6027　Bellizinca Borhidi（2004）【汉】墨西哥茜草属。【隶属】茜草科 Rubiaceae。【包含】世界 1 种。【学名诠释与讨论】〈阴〉词源不详。此属的学名是“Bellizinca Borhidi，Acta Botanica Hungarica 46（1-2）：80-83，f. 1-3. 2004”。亦有文献把其处理为“Omiltemia Standl.（1918）”的异名。【分布】墨西哥，中美洲。【学名诠释与讨论】〈阴〉词源不详。【模式】Bellizinca scoti（J. H. Kirkbr.）Borhidi。【参考异名】Omiltemia Standl.（1918）●☆

6028　Belloa J. Rémy（1848）【汉】尖柱紫绒草属。【隶属】菊科 Asteraceae（Compositae）。【包含】世界 9 种。【学名诠释与讨论】〈阴〉（人）Bello。【分布】安第斯山，秘鲁，玻利维亚，厄瓜多尔。【模式】Belloa chilensis（W. J. Hooker et Arnott）E. J. Remy［Lucilia chilensis W. J. Hooker et Arnott］■☆

6029　Bellonia L.（1753）【汉】贝隆苣苔属。【隶属】苦苣苔科 Gesneriaceae。【包含】世界 2 种。【学名诠释与讨论】〈阴〉（人）Bellon。【分布】西印度群岛。【模式】Bellonia aspera Linnaeus。【参考异名】Belonia Adans.（1763）●☆

6030　Belloniaceae Martinov（1820）= Gesneriaceae Rich. et Juss.（保留科名）■●

6031　Bellota A. Rich. ex Phil.（1858）Nom. illegit. = Boldu Adans.（1763）（废弃属名）；~ = Peumus Molina（1782）（保留属名）［香材树科（杯轴花科，黑檫木科，芒籽科，蒙立米科，檬立米科，香材木科，香树木科）Monimiaceae］●☆

6032　Bellota Gay（1849）= Beilschmiedia Nees（1831）；~ = Cryptocarya R. Br.（1810）（保留属名）；~ = Ocotea Aubl.（1775）［樟科 Lauraceae］●☆

6033　Belluccia Adans.（1763）Nom. illegit.（废弃属名）≡ Ptelea L.（1753）［芸香科 Rutaceae//榆橘科 Pteleaceae］●

6034　Bellucia Neck.（1790）Nom. inval.（废弃属名）≡ Bellucia Neck. ex Raf.（1838）（保留属名）［野牡丹科 Melastomataceae］●☆

6035　Bellucia Neck. ex Raf.（1838）（保留属名）【汉】热美野牡丹属。【隶属】野牡丹科 Melastomataceae。【包含】世界 7-18 种。【学名诠释与讨论】〈阴〉（人）Belluc。此属的学名“Bellucia Neck. ex Raf.，Sylva Tellur.：92. Oct-Dec 1838”是保留属名。相应的废弃属名是芸香科 Rutaceae 的“Belluccia Adans.，Fam. Pl. 2：344，525. Jul – Aug 1763 ≡ Ptelea L.（1753）”和野牡丹科 Melastomataceae 的“Apatitia Desv. ex Ham.，Prodr. Pl. Ind. Occid.：42. 1825 ≡ Bellucia Neck. ex Raf.（1838）（保留属名）”。野牡丹科 Melastomataceae 的“Bellucia Neck.，Elem. Bot.（Necker）2：142. 1790 ≡ Bellucia Neck. ex Raf.（1838）（保留属名）”和“Apatitia

Desv.，Nom. illegit. ≡ Apatitia Ham.（1825）Nom. illegit. ≡ Apatitia Desv. ex Ham.，Prodr. Pl. Ind. Occid.［Hamilton］xv（42）. 1825 ≡ Apatitia Desv. ex Ham.（1825）≡ Bellucia Neck. ex Raf.（1838）（保留属名）”亦应废弃。“Apatitia Desvaux ex W. Hamilton，Prodr. Pl. Indiae Occid. xv，42. 1825”和“Webera J. F. Gmelin，Syst. Nat. 2：776，820. Sep（sero）– Nov 1791（non Schreber Mai 1791）”是“Bellucia Neck. ex Raf.（1838）（保留属名）”的同模式异名（Homotypic synonym，Nomenclatural synonym）。【分布】巴拿马，秘鲁，玻利维亚，厄瓜多尔，哥伦比亚（安蒂奥基亚），哥斯达黎加，尼加拉瓜，热带美洲，中美洲。【模式】Bellucia nervosa Rafinesque，Nom. illegit.［Blakea quinquenervia Aublet，Bellucia quinquenervia（Aublet）H. Karsten］。【参考异名】Apatitia Desv.（1825）Nom. illegit.（废弃属名）；Apatitia Desv. ex Ham.（1825）（废弃属名）；Apatitia Ham.（1825）Nom. illegit.（废弃属名）；Axinanthera H. Karst.（1859–1861）；Bellucia Neck.（1790）Nom. inval.（废弃属名）；Ischyranthera Steud. ex Naudin（1851）；Webera J. F. Gmel.（1791）Nom. illegit.●☆

6036　Bellynkxia Müll. Arg.（1875）= Morinda L.（1753）［茜草科 Rubiaceae］●■

6037　Belmontia E. Mey.（1837）（保留属名）【汉】拜尔龙胆属。【隶属】龙胆科 Gentianaceae。【包含】世界 28 种。【学名诠释与讨论】〈阴〉词源不详。似来自人名。此属的学名“Belmontia E. Mey.，Comment. Pl. Afr. Austr.：183. 1-8 Jan 1838”是保留属名。相应的废弃属名是十字花科 Brassicaceae 的“Parrasia Raf.，Fl. Tellur. 3：78. Nov-Dec 1837 ≡ Nerisyrenia Greene（1900）”。十字花科 Brassicaceae 的“Parrasia Greene，Erythea 3：75. 1895 = Nerisyrenia E. L. Greene 1900”和蓝藻的“Belmontia C. G. M. Archibald，Nova Hedwigia 12：532. 31 Jan 1967”是晚出的非法名称，亦应废弃。“Parrasia Rafinesque，Fl. Tell. 3：78. Nov-Dec 1837（‘1836’）”是“Belmontia E. Mey.（1837）（保留属名）”的同模式异名（Homotypic synonym，Nomenclatural synonym）。亦有文献把“Belmontia E. Mey.（1837）（保留属名）”处理为“Sebaea Sol. ex R. Br.（1810）”的异名。【分布】马达加斯加。【模式】Belmontia cordata E. Mey.，nom. illeg.［Sebaea cordata Roem. et Schult.，nom. illeg.；Gentiana exacoides L.；Belmontia exacoides（L.）Druce］。【参考异名】Parrasia Raf.（1837）（废弃属名）；Sebaea Sol. ex R. Br.（1810）■☆

6038　Beloakon Raf.（1837）= Phlomis L.（1753）［唇形科 Lamiaceae（Labiatae）］●■

6039　Beloanthera Hassk.（1842）= Hydrolea L.（1762）（保留属名）［田基麻科（叶藏刺科）Hydroleaceae//田梗草科（田基麻科，田亚麻科）Hydrophyllaceae］■

6040　Beloere Shuttlew.（1852）Nom. illegit. ≡ Herissantia Medik.（1788）；~ = Abutilaea F. Muell.（1853）；~ = Abutilon Mill.（1754）［锦葵科 Malvaceae］●■

6041　Beloere Shuttlew. ex A. Gray（1852）Nom. illegit. ≡ Beloere Shuttlew.（1852）Nom. illegit.；~ ≡ Herissantia Medik.（1788）；~ = Abutilaea F. Muell.（1853）；~ = Abutilon Mill.（1754）［锦葵科 Malvaceae］■●

6042　Beloglottis Schltr.（1920）【汉】刺舌兰属。【隶属】兰科 Orchidaceae。【包含】世界 2 种。【学名诠释与讨论】〈阴〉（希）belos，所有格 beleos，标枪，刺+glottis，气管口，来自 glotta = glossa，舌。亦有文献把“Beloglottis Schltr.（1920）”处理为“Spiranthes Rich.（1817）（保留属名）”的异名。【分布】玻利维亚，哥斯达黎加，中美洲。【后选模式】Beloglottis costaricensis（H. G. Reichenbach）Schlechter［Spiranthes costaricensis H. G. Reichenbach］。【参考异名】Spiranthes Rich.（1817）（保留属名）

6043　Belonanthus Graebn.（1906）= Valeriana L.（1753）［缬草科（败酱科）Valerianaceae］●■

6044　Belonia Adans.（1763）= Bellonia L.（1753）［苦苣苔科 Gesneriaceae］●☆

6045　Belonites B. Mey.（1837）= Pachypodium Lindl.（1830）［夹竹桃科 Apocynaceae］●☆

6046　Belonophora Hook. f.（1873）【汉】针茜属。【隶属】茜草科 Rubiaceae。【包含】世界6种。【学名诠释与讨论】〈阴〉（希）belone，针，尖物+phoros，具有，梗，负载，发现者。【分布】热带非洲西部。【模式】Belonophora coffeoides J. D. Hooker。【参考异名】Diplosporopsis Wernham（1913）；Kerstingia K. Schum.（1903）■☆

6047　Beloperone Nees（1832）【汉】矢带爵床属（麒麟吐珠属）。【日】コエビソウ属。【隶属】爵床科 Acanthaceae。【包含】世界60种。【学名诠释与讨论】〈阴〉（希）belos，箭，标枪+perone，带，胸针，领针。又尖东西。此属的学名是"Beloperone C. G. D. Nees in Wallich, Pl. Asiat. Rar. 3：76. 15 Aug 1832"。亦有文献把其处理为"Justicia L.（1753）"的异名。【分布】巴基斯坦，巴拉圭，玻利维亚，西印度群岛，中美洲。【后选模式】Beloperone amherstiae C. G. D. Nees。【参考异名】Belerepone C. B. Clarke（1885）；Beloperonidea Oerst.（1854）；Calycostylis Hort.（1895）；Calycostylis Hort. ex Viim.；Gromovia Regel（1865）；Justicia L.（1753）；Kuestera Regel（1857）；Kustera Benth. et Hook. f.（1876）；Rodatia Raf.（1840）；Simonisia Nees（1847）；Simonsia Kuntze（1891）■☆

6048　Beloperonidea Oerst.（1854）= Beloperone Nees（1832）［爵床科 Acanthaceae］■☆

6049　Belospis Raf.（1837）= Salvia L.（1753）［唇形科 Lamiaceae（Labiatae）//鼠尾草科 Salviaceae］●■

6050　Belostemma Wall. ex Wight（1834）【汉】箭药藤属。【英】Belostemma。【隶属】萝藦科 Asclepiadaceae。【包含】世界3种，中国3种。【学名诠释与讨论】〈中〉（希）belos，箭，标枪+stemma，所有格 stemmatos，花冠，花环，王冠。指花药箭形。此属的学名是"Belostemma N. Wallich ex R. Wight, Contr. Bot. India 52. Dec 1834"。亦有文献把其处理为"Tylophora R. Br.（1810）"的异名。【分布】印度，中国。【模式】Belostemma hirsutum（N. Wallich）N. Wallich ex R. Wight［Gymnema hirsutum N. Wallich］。【参考异名】Tylophora R. Br.（1810）●★

6051　Belosynapsis Hassk.（1871）【汉】假紫万年青属。【英】Belosynapsis。【隶属】鸭跖草科 Commelinaceae。【包含】世界3-5种，中国2种。【学名诠释与讨论】〈阴〉（希）belos，箭，标枪+synapsis，联合。【分布】印度至马来西亚，中国。【模式】Belosynapsis kewensis Hasskarl。【参考异名】Dalzellia Hassk.（1865）Nom. illegit.■

6052　Belotia A. Rich.（1845）= Trichospermum Blume（1825）［椴树科（椴科，田麻科）Tiliaceae//锦葵科 Malvaceae］●☆

6053　Belotropis Raf. = Salicornia L.（1753）［藜科 Chenopodiaceae//盐角草科 Salicorniaceae］■●

6054　Belou Adans（1763）（废弃属名）≡ Aegle Corrêa（1800）（保留属名）［芸香科 Rutaceae］●

6055　Belovia Bunge（1852）Nom. illegit. ≡ Belowia Moq.（1849）；~ = Suaeda Forssk. ex J. F. Gmel.（1776）（保留属名）［藜科 Chenopodiaceae］●■

6056　Belovia Moq.（1849）Nom. illegit. ≡ Belowia Moq.（1849）；~ = Suaeda Forssk. ex J. F. Gmel.（1776）（保留属名）［藜科 Chenopodiaceae］●■

6057　Beltokon Raf.（1837）= Origanum L.（1753）［唇形科 Lamiaceae（Labiatae）］●■

6058　Beltrania Miranda（1957）Nom. illegit. ≡ Enriquebeltrania Rzed.（1980）［大戟科 Euphorbiaceae］☆

6059　Belutta Raf.（1837）Nom. illegit. = Allmania R. Br. ex Wight（1834）［苋科 Amaranthaceae］●■

6060　Belutta-kaka Adans.（1763）（废弃属名）= Chonemorpha G. Don（1837）（保留属名）［夹竹桃科 Apocynaceae］●

6061　Beluttakaka Adans.（1763）= Chonemorpha G. Don（1837）（保留属名）［夹竹桃科 Apocynaceae］●

6062　Beluttakaka Adans. ex Kuntze = Chonemorpha G. Don（1837）（保留属名）［夹竹桃科 Apocynaceae］●

6063　Belvala Adans.（1763）（废弃属名）= Struthiola L.（1767）（保留属名）［瑞香科 Thymelaeaceae］●☆

6064　Belvalia Delile（1830）Nom. illegit. ≡ Althenia F. Petit（1829）［角果藻科 Zannichelliaceae//茨藻科 Najadaceae］/［眼子菜科 Potamogetonaceae］■☆

6065　Belvisia Desv.（1814）Nom. illegit. ≡ Napoleona P. Beauv.（1811）Nom. illegit. ；~ = Napoleonaea P. Beauv.（1804）［玉蕊科（巴西果科）Lecythidaceae//围裙花科 Napoleonaeaceae］●☆

6066　Belvisiaceae R. Br. = Napoleonaenaceae P. Beauv.●☆

6067　Bemangidia L. Gaut.（2013）【汉】马岛山榄属。【隶属】山榄科 Sapotaceae。【包含】世界1种。【学名诠释与讨论】〈阴〉词源不详。【分布】马达加斯加。【模式】Bemangidia lowryi L. Gaut.。☆

6068　Bemarivea Choux（1925）= Tinopsis Radlk.（1887）［无患子科 Sapindaceae］●☆

6069　Bembecodium Lindl.（1847）= Athanasia L.（1763）［菊科 Asteraceae（Compositae）］●☆

6070　Bembicia Oliv.（1883）【汉】盾头木属。【隶属】盾头木科 Bembiciaceae//刺篱木科（大风子科）Flacourtiaceae。【包含】世界1种。【学名诠释与讨论】〈阴〉（希）bembex，所有格 bembekos，陀螺，旋涡，也是一种发营营声的昆虫。指其花序形态。【分布】马达加斯加。【模式】Bembicia axillaris D. Oliver。【参考异名】Bembicina Kuntze（1903）●☆

6071　Bembiciaceae R. C. Keating et Takht.（1994）［亦见 Flacourtiaceae Rich. ex DC.（保留科名）刺篱木科（大风子科）和 Salicaceae Mirb.（保留科名）］【汉】盾头木科。【包含】世界1属1种。【分布】马达加斯加。【科名模式】Bembicia Oliv. b●☆

6072　Bembicidium Rydb.（1920）【汉】小盾头木属。【隶属】豆科 Fabaceae（Leguminosae）//蝶形花科 Papilionaceae。【包含】世界1种。【学名诠释与讨论】〈阴〉（属）Bembicia 盾头木属+-idius, -idia, -idium，指示小的词尾。此属的学名是"Bembicidium Rydberg, Mem. Torrey Bot. Club 16：68. 13 Sep 1920"。亦有文献把其处理为"Poitea Vent.（1800）"的异名。【分布】古巴。【模式】Bembicidium cubense Rydberg。【参考异名】Poitea Vent.（1800）●☆

6073　Bembicina Kuntze（1903）= Bembicia Oliv.（1883）［盾头木科 Bembiciaceae//刺篱木科（大风子科）Flacourtiaceae］●☆

6074　Bembiciopsis H. Perrier（1940）= Camellia L.（1753）［山茶科（茶科）Theaceae］●

6075　Bembicium Mart.（1876）Nom. illegit. ≡ Bembicium Mart. ex Baker（1876）；~ = Eupatorium L.（1753）［菊科 Asteraceae（Compositae）//泽兰科 Eupatoriaceae］■●

6076　Bembicium Mart. ex Baker（1876）= Eupatorium L.（1753）［菊科 Asteraceae（Compositae）//泽兰科 Eupatoriaceae］■●

6077　Bembicodium Post et Kuntze（1903）= Athanasia L.（1763）；~ = Bembycodium Kunze（1842）［菊科 Asteraceae（Compositae）］●☆

6078　Bembix Lour.（1790）（废弃属名）= Ancistrocladus Wall.（1829）（保留属名）［钩枝藤科 Ancistrocladaceae］●

6079　Bembycodium Kunze（1842）= Athanasia L.（1763）［菊科 Asteraceae（Compositae）］●☆

6080　Bemsetia Raf.（1838）= Ixora L.（1753）［茜草科 Rubiaceae］●

6081　Benaurea Raf.（1837）Nom. illegit. ≡ Musschia Dumort.（1822）［桔梗科 Campanulaceae］●☆

6082　Bencomia Webb et Berthel.（1842）【汉】异地榆属。【隶属】蔷薇科 Rosaceae。【包含】世界 6-7 种。【学名诠释与讨论】〈阴〉词源不详。【分布】西班牙（加那利群岛），葡萄牙（马德拉群岛）。【后选模式】Bencomia caudata（W. Aiton）Webb et Berthelot［Poterium caudatum W. Aiton］。【参考异名】Dendriopoterium Svent.（1948）；Marcetella Svent.（1948）●☆

6083　Benedicta Bernh.（1800）= Carbenia Adans.（1763）［菊科 Asteraceae（Compositae）］■●

6084　Benedictaea Toledo = Ottelia Pers.（1805）［水鳖科 Hydrocharitaceae］■

6085　Benedictella Maire（1924）= Lotus L.（1753）［豆科 Fabaceae（Leguminosae）//蝶形花科 Papilionaceae］■

6086　Beneditaea Toledo（1942）= Ottelia Pers.（1805）［水鳖科 Hydrocharitaceae］■

6087　Benevidesia Saldanha et Cogn.（1888）【汉】贝内野牡丹属。【隶属】野牡丹科 Melastomataceae。【包含】世界 1 种。【学名诠释与讨论】〈阴〉（拉）bene，好的，合宜的+（人）Eberhard Ysbrant Ides，荷兰旅行家，18 世纪曾来过中国采集植物标本。此属的学名，ING 和 GCI 记载是“Benevidesia Saldhana et Cogniaux in C. F. P. Martius, Fl. Brasil. 14（3）:604. 15 Aug 1888”。IK 则记载为“Benevidesia Saldanha et Cogn. ex Cogn., Fl. Bras.（Martius）14（4）:604. 1888［15 Aug 1888］”。三者引用的文献相同。【分布】巴西（东南部）。【模式】Benevidesia organensis Saldhana et Cogniaux。【参考异名】Benevidesia Saldanha et Cogn. ex Cogn.（1888）Nom. illegit. ●☆

6088　Benevidesia Saldanha et Cogn. ex Cogn.（1888）Nom. illegit. ≡ Benevidesia Saldanha et Cogn.（1888）［野牡丹科 Melastomataceae］●☆

6089　Benguellia G. Taylor（1931）【汉】安哥拉草属。【隶属】唇形科 Lamiaceae（Labiatae）。【包含】世界 1 种。【学名诠释与讨论】〈阴〉词源不详。【分布】安哥拉。【模式】Benguellia lanceolata（Guerke）G. Taylor［Orthosiphon lanceolatus Guerke］■■☆

6090　Benincasa Savi（1818）【汉】冬瓜属。【日】トウガン属，トウグワ属。【俄】Бенинказа。【英】Wax Gourd，Waxgourd。【隶属】葫芦科（瓜科，南瓜科）Cucurbitaceae。【包含】世界 1 种，中国 1 种。【学名诠释与讨论】〈阴〉（人）Count Benincas，1500-1595，意大利植物学者。另说 G. Benincasa，1500-1595，意大利贵族，植物爱好者。此属的学名，ING，TROPICOS 和 IK 记载是“Benincasa G. Savi, Bibliot. Ital.（Milan）9:158. 1818”。“Camolenga Post et O. Kuntze, Lex. 95. Dec 1903（‘1904’）”是“Benincasa Savi（1818）”的晚出的同模式异名（Homotypic synonym，Nomenclatural synonym）。【分布】巴基斯坦，中国，热带亚洲，中美洲。【模式】Benincasa cerifera G. Savi。【参考异名】Camolenga Post et Kuntze（1903）Nom. illegit. ■

6091　Benitoa D. D. Keck（1956）【汉】光叶沙紫菀属。【隶属】菊科 Asteraceae（Compositae）。【包含】世界 1 种。【学名诠释与讨论】〈阴〉（地）San Benito County，位于美国加利福尼亚，模式种产地。此属的学名是“Benitoa Keck, Leafl. W. Bot. 8:26. 30 Apr 1956”。亦有文献把其处理为“Lessingia Cham.（1829）”的异名。【分布】美国（加利福尼亚）。【模式】Benitoa occidentalis（H. M. Hall）Keck［Haplopappus occidentalis H. M. Hall］。【参考异名】Lessingia Cham.（1829）■☆

6092　Benitzia H. Karst.（1857）= Gymnosiphon Blume（1827）［水玉簪科 Burmanniaceae］■

6093　Benjamina Vell.（1829）= Dictyoloma A. Juss.（1825）（保留属名）［芸香科 Rutaceae］●☆

6094　Benjaminia Mart. ex Benj.（1847）【汉】本氏婆婆纳属（本氏玄参属）。【隶属】玄参科 Scrophulariaceae//婆婆纳科 Veronicaceae。【包含】世界 1 种。【学名诠释与讨论】〈阴〉（人）Ludwig Benjamin，1825-1848，德国植物学者，医生。此属的学名，ING 和 IK 记载是“Benjaminia C. F. P. Martius ex L. Benjamin in C. F. P. Martius, Fl. Brasil. 10:255. 1 Jun 1847”。真菌的“Benjaminia N. M. Pidoplichko et A. A. Mil’ko, Atlas Mukoral’nyh Gribov 96. 1971”和“Benjaminia S. Ahmad, Biologia（Lahore）13:21. Jun 1967”则是晚出的非法名称。亦有文献把“Benjaminia Mart. ex Benj.（1847）”处理为“Bacopa Aubl.（1775）（保留属名）”或“Quinquelobus Benj.（1847）”的异名。【分布】巴拿马，玻利维亚，哥伦比亚（安蒂奥基亚），尼加拉瓜，热带美洲，中美洲。【模式】Benjaminia utriculariaeformis C. F. P. Martius ex L. Benjamin。【参考异名】Bacopa Aubl.（1775）（保留属名）；Naiadothrix Pennell（1920）；Quinquelobus Benj.（1847）■☆

6095　Benkara Adans.（1763）= Randia L.（1753）［茜草科 Rubiaceae//山黄皮科 Randiaceae］●

6096　Bennetia DC.（1838）Nom. illegit. = Bennettia Gray（1821）Nom. illegit.；~ = Saussurea DC.（1810）（保留属名）［菊科 Asteraceae（Compositae）］●■

6097　Bennetia Raf.（1830）Nom. illegit. = Sporobolus R. Br.（1810）［禾本科 Poaceae（Gramineae）//鼠尾粟科 Sporobolaceae］■

6098　Bennettia Gray（1821）Nom. illegit. = Saussurea DC.（1810）（保留属名）［菊科 Asteraceae（Compositae）］●■

6099　Bennettia Miq.（1858）Nom. illegit. ≡ Bennettiodendron Merr.（1927）［刺篱木科（大风子科）Flacourtiaceae］●

6100　Bennettia R. Br.（1838）Nom. illegit. = Galearia Zoll. et Moritzi（1846）（保留属名）［攀打科 Pandaceae］●☆

6101　Bennettiaceae R. Br. = Scepaceae Lindl. +Pandaceae Engl. et Gilg（保留科名）●

6102　Bennettiaceae R. Br. ex Schnizl. = Scepaceae Lindl. +Pandaceae Engl. et Gilg（保留科名）●

6103　Bennettiodendron Merr.（1927）【汉】山桂花属。【英】Bennettiodendron，Wildlaurel。【隶属】刺篱木科（大风子科）Flacourtiaceae。【包含】世界 2-8 种，中国 1-8 种。【学名诠释与讨论】〈中〉（人）John Joseph Bennett，1801-1876，英国植物学者+dendron 或 dendros，树木，棍，丛林。此属的学名“Bennettiodendron Merrill, J. Arnold Arbor. 8:10. 28 Feb 1927”是一个替代名称。“Bennettia Miquel, Fl. Ind. Bat. 1（2）:105. 23 Dec 1858”是一个非法名称（Nom. illegit.），因为此前已经有了“Bennettia R. Brown in J. J. Bennett et R. Brown, Pl. Jav. Rar. 249. 8-13 Mai 1852 = Galearia Zoll. et Moritzi（1846）（保留属名）［攀打科 Pandaceae］”。故用“Bennettiodendron Merr.（1927）”替代之。【分布】缅甸，印度，印度尼西亚（爪哇岛，苏门答腊岛），中国，中南半岛。【模式】Bennettiodendron leprosipes（Clos）Merrill［Xylosma leprosipes Clos］。【参考异名】Bennettia Miq.（1858）Nom. illegit. ●

6104　Bennettites Carruth.（1870）【汉】本内苏铁属（本勒苏铁属，赛凤尾蕉属）。【隶属】棕榈科 Arecaceae（Palmae）。【包含】世界 种。【学名诠释与讨论】〈阳〉（人）A. W. Bennett，1833-1902，英国植物学者+-ites，表示关系密切的词尾。【分布】印度至马来西亚。【模式】未指定。●☆

6105　Benoicanthus Heine et A. Raynal（1968）【汉】马岛芦莉草属。

【隶属】爵床科 Acanthaceae。【包含】世界 2 种。【学名诠释与讨论】〈阳〉词源不详。【分布】马达加斯加。【模式】Benoicanthus tachiadenus H. Heine et A. Raynal。■☆

6106　Benoistia H. Perrier et Léandri (1938)【汉】伯努瓦大戟属。【隶属】大戟科 Euphorbiaceae。【包含】世界 2 种。【学名诠释与讨论】〈阴〉（人）Benoist。【分布】马达加斯加。【模式】未指定。☆

6107　Bensonia Abrams et Bacig. (1929) Nom. illegit. ≡ Bensoniella C. V. Morton (1965)［虎耳草科 Saxifragaceae］■☆

6108　Bensoniella C. V. Morton (1965)【汉】本森草属。【隶属】虎耳草科 Saxifragaceae。【包含】世界 1 种。【学名诠释与讨论】〈阴〉（人）Gilbert Thereon Benson, 1896-1928, 美国植物学者+ella, 小的。此属的学名"Bensoniella C. V. Morton, Leafl. W. Bot. 10: 181. 27 Aug 1965"是一个替代名称。"Bensonia Abrams et Bacigalupi, Contr. Dudley Herb. 1(3): 95. t. 5. 1929"是一个非法名称（Nom. illegit.），因为此前已经有了化石植物的"Bensonia Buckman in Murchison, Outline Geol. Cheltenham ed. 2. 93. 1845"。故用"Bensoniella C. V. Morton (1965)"替代之。【分布】美国西北部。【模式】Bensoniella oregona (Abrams et Bacigalupi) C. V. Morton [Bensonia oregona Abrams et Bacigalupi]。【参考异名】Bensonia Abrams et Bacig. (1929) Nom. illegit. ■☆

6109　Benteca Adans. (1763)（废弃属名）= Hymenodictyon Wall. (1824)（保留属名）［茜草科 Rubiaceae］●

6110　Benthamantha Alef. (1862) Nom. illegit. ≡ Cracca Benth. (1853)（保留属名）; ~ = Coursetia DC. (1825)［豆科 Fabaceae (Leguminosae)］●☆

6111　Benthamia A. Rich. (1828)【汉】本氏兰属。【隶属】兰科 Orchidaceae。【包含】世界 26 种。【学名诠释与讨论】〈阴〉（人）George Bentham, 1800-1884, 英国植物学者。此属的学名, ING、TROPICOS 和 IK 记载是"Benthamia A. Rich., Mém. Soc. Hist. Nat. Paris iv. (1828) 37. t. 7"。山茱萸科 Cornaceae 的"Benthamia Lindl., Edwards's Bot. Reg. 19: t. 1579. 1833［1 May 1833］≡ Dendrobenthamia Hutch. (1942) = Cornus L. (1753)"是晚出的非法名称。紫草科 Boraginaceae 的"Benthamia Lindl., Intr. Nat. Syst. Bot. 241. 1830［Sep 1830］= Amsinckia Lehm. (1831)（保留属名）"也是晚出的非法名称。【分布】马斯克林群岛。【模式】未指定。【参考异名】Rolfeella Schltr. (1924)●☆

6112　Benthamia Lindl. (1830) Nom. illegit. = Amsinckia Lehm. (1831)（保留属名）［紫草科 Boraginaceae］■☆

6113　Benthamia Lindl. (1833) Nom. illegit. ≡ Dendrobenthamia Hutch. (1942); ~ = Cornus L. (1753)［山茱萸科 Cornaceae//四照花科 Cornaceae］●

6114　Benthamidia Spach (1839)【汉】本氏茱萸属（四照花属, 肖本氏兰属）。【隶属】山茱萸科 Cornaceae//四照花科 Cornaceae。【包含】世界 3 种。【学名诠释与讨论】〈阴〉（人）George Bentham, 1800-1884, 英国植物学者+-idius, -idia, -idium, 指示小的词尾。此属的学名, ING、GCI、TROPICOS 和 IK 记载是"Benthamidia Spach, Hist. Nat. Vég. (Spach) 8: 106. 1839［23 Nov 1839］"。"Cynoxylon (Rafinesque) J. K. Small, Fl. Souteast. U. S. 854. 22 Jul 1903"是"Benthamidia Spach (1839)"的晚出的同模式异名（Homotypic synonym, Nomenclatural synonym）。亦有文献把"Benthamidia Spach (1839)"处理为"Cornus L. (1753)"的异名。【分布】北美洲, 中美洲。【模式】Benthamidia florida (Linnaeus) Spach [Cornus florida Linnaeus]。【参考异名】Cornus L. (1753); Cynoxylon (Raf.) Small (1903) Nom. illegit. ●☆

6115　Benthamiella Speg. (1883)【汉】本氏茄属。【隶属】茄科 Solanaceae。【包含】世界 12-15 种。【学名诠释与讨论】〈阴〉（人）George Bentham, 1800-1884, 英国植物学者+-ellus, -ella, -ellum, 加在名词词干后面形成指小式的词尾。或加在人名、属名等后面以组成新属的名称。【分布】阿根廷, 巴塔哥尼亚。【模式】Benthamiella patagonica Spegazzini。【参考异名】Saccardophytum Speg. (1902)■☆

6116　Benthamina Tiegh. (1896)【汉】本氏寄生属。【隶属】桑寄生科 Loranthaceae。【包含】世界 1 种。【学名诠释与讨论】〈阴〉（人）George Bentham, 1800-1884, 英国植物学者+-inus, -ina, -inum, 拉丁文加在名词词干之后, 以形成形容词的词尾, 含义为"属于、相似、关于、小的"。【分布】澳大利亚（东部）。【模式】Benthamina alyxifolia (F. v. Mueller ex Bentham) Van Tieghem [Loranthus alyxifolius F. v. Mueller ex Bentham]●☆

6117　Benthamistella Kuntze (1891) Nom. illegit. ≡ Stellularia Benth. (1880); ~ = Buchnera L. (1753)［玄参科 Scrophulariaceae//列当科 Orobanchaceae］■

6118　Benthamodendron Philipson = Dendrobenthamia Hutch. (1942)［山茱萸科 Cornaceae］●

6119　Bentheca Neck. (1790) Nom. inval. = Benteca Adans. (1763)（废弃属名）; ~ = Hymenodictyon Wall. (1824)（保留属名）［茜草科 Rubiaceae］●

6120　Bentheka Neck. ex A. DC. (1844) = Willughbeia Roxb. (1820)（保留属名）［夹竹桃科 Apocynaceae//胶乳藤科 Willughbeiaceae］●☆

6121　Bentia Rolfe (1894) = Justicia L. (1753)［爵床科 Acanthaceae//鸭嘴花科（鸭咀花科）Justiciaceae］●■

6122　Bentinckia Berry ex Roxb. (1832)【汉】毛梗椰属（班氏椰子属, 班秩克椰子属, 本氏棕属, 本亭琪亚棕属, 边亭克桐属, 尼科巴桐属, 尼可巴椰属, 尼可巴棕属）。【日】ベンティンクヤシ属。【英】Bentinck Palm, Bentinckia。【隶属】棕榈科 Arecaceae (Palmae)。【包含】世界 2 种, 中国 1 种。【学名诠释与讨论】〈阴〉（人）Lord William Henry Cavendish-Bentinck, 1774-1839, 英国人, 1828-1835 担任印度总督。此属的学名, ING、TROPICOS 和 IK 记载是"Bentinckia A. Berry ex Roxburgh, Fl. Indica ed. 2. 3: 621. Oct-Dec 1832"。"Bentinckia Berry (1832) ≡ Bentinckia Berry ex Roxb. (1832)"的命名人引证有误。"Keppleria C. F. P. Martius ex Endlicher, Gen. 251. Oct 1837"是"Bentinckia Berry ex Roxb. (1832)"的晚出的同模式异名（Homotypic synonym, Nomenclatural synonym）。【分布】厄瓜多尔, 印度, 中国。【模式】Bentinckia condapanna A. Berry ex Roxburgh。【参考异名】Bentinckia Berry (1832) Nom. illegit. ; Keppleria Mart. ex Endl. (1837) Nom. illegit. ●

6123　Bentinckia Berry (1832) Nom. illegit. ≡ Bentinckia Berry ex Roxb. (1832)［棕榈科 Arecaceae (Palmae)］●

6124　Bentinckiopsis Becc. (1921)【汉】曲嘴椰子属（拟边亭椰属）。【日】ベンティンキンプシス属。【隶属】棕榈科 Arecaceae (Palmae)。【包含】世界 3 种。【学名诠释与讨论】〈阴〉（属）Bentinckia 毛梗椰属+希腊文 opsis, 外观, 模样, 相似。此属的学名是"Bentinckiopsis Beccari, Palm. Nuova Caledonia 45. 10 Dec 1920; Webbia 5: 113. Aug 1921"。亦有文献把其处理为"Clinostigma H. Wendl. (1862)"的异名。【分布】参见 Clinostigma H. Wendl. (1862)。【后选模式】Bentinckiopsis carolinensis (Beccari) Beccari [Cyphokentia carolinensis Beccari]。【参考异名】Bentnickiopsis Becc. (1921); Clinostigma H. Wendl. (1862)●☆

6125　Bentleya E. M. Benn. (1986)【汉】本特木属。【隶属】海桐花科（海桐科）Pittosporaceae。【包含】世界 2 种。【学名诠释与讨论】〈阴〉（人）Bentley, 模式种采集者。【分布】澳大利亚（西部）。【模式】Bentleya spinescens E. M. Bennett。●☆

6126　Bentnickiopsis Becc. (1921) = Bentinckiopsis Becc. (1921)［棕

榈科 Arecaceae(Palmae)]●☆

6127　Benzingia Dodson ex Dodson(2010)【汉】本兰属。【隶属】兰科 Orchidaceae。【包含】世界 2 种。【学名诠释与讨论】〈阴〉(人) D. H. Benzing, 美国人。此属的学名, GCI、IPNI、TROPICOS 和 IK 都记载了 3 个 "Benzingia": "Benzingia Dodson, Icon. Pl. Trop. Ser. 2, 5: t. 406. 1989"、"Benzingia Dodson, Lindleyana 10(2): 74. 1995 [29 Jun 1995]" 和 "Benzingia Dodson, Lankesteriana 9(3): 526(- 527). 2010 [21 Jan 2010]"; 而且都把前 2 个名称标注为 "Nom. inval.", 用最后一个名称为正名。其实, "Benzingia Dodson (2010)" 的表述亦误, 正确表述应该是 "Benzingia Dodson ex Dodson(2010)"。【分布】热带南美洲西部。【模式】Benzingia estradae(Dodson)Dodson。【参考异名】Benzingia Dodson(1989) Nom. inval. ; Benzingia Dodson(1995)Nom. inval. , Nom. illegit. ; Benzingia Dodson(2010)Nom. illegit. ■☆

6128　Benzingia Dodson(1989)Nom. inval. = Benzingia Dodson ex Dodson(2010)[兰科 Orchidaceae]■☆

6129　Benzingia Dodson(1995)Nom. inval. , Nom. illegit. = Benzingia Dodson ex Dodson(2010)[兰科 Orchidaceae]■☆

6130　Benzingia Dodson(2010)Nom. illegit. = Benzingia Dodson ex Dodson(2010)[兰科 Orchidaceae]■☆

6131　Benzoe Fabr. = Lindera Thunb.(1783)(保留属名)[樟科 Lauraceae]●

6132　Benzoin Boerh. ex Schaeff.(1760)(废弃属名)= Lindera Thunb. (1783)(保留属名)[樟科 Lauraceae]●

6133　Benzoin Hayne(1829)Nom. illegit.(废弃属名)= Styrax L. (1753)[安息香科(齐墩果科, 野茉莉科)Styracaceae]●

6134　Benzoin Nees(1831)Nom. illegit.(废弃属名)= Lindera Thunb. (1783)(保留属名)[樟科 Lauraceae]●

6135　Benzoin Schaeff.(1760)Nom. illegit.(废弃属名)= Lindera Thunb.(1783)(保留属名)[樟科 Lauraceae]●

6136　Benzoina Raf.(1838)= Lindera Thunb.(1783)(保留属名)[樟科 Lauraceae]●

6137　Benzonia Schumach.(1827)【汉】本索茜属。【隶属】茜草科 Rubiaceae。【包含】世界 1 种。【学名诠释与讨论】〈阴〉(人)C. Benzoni, 植物学者。【分布】非洲西部。【模式】Benzonia corymbosa H. C. F. Schumacher。☆

6138　Bequaertia R. Wilczek(1956)【汉】热非卫矛属。【隶属】卫矛科 Celastraceae。【包含】世界 1 种。【学名诠释与讨论】〈阴〉(人) Joseph Charles Corneille Bequaert, 1886-1982, 比利时植物学者。 【分布】热带非洲。【模式】Bequaertia mucronata(Exell)Wilczek [Hippocratea mucronata Exell]●☆

6139　Bequaertiodendron De Wild.(1919)= Englerophytum K. Krause (1914)[山榄科 Sapotaceae]●☆

6140　Berarda Vill. St - Lager(1889)Nom. illegit. [菊科 Asteraceae (Compositae)]☆

6141　Berardia Brongn.(1826)Nom. illegit. ≡ Brunia Lam.(1785)(保留属名); ~≡ Nebelia Neck. ex Sweet(1830)Nom. illegit. [鳞叶树科(布鲁尼科, 小叶树科)Bruniaceae]●☆

6142　Berardia Vill.(1779)【汉】双绵菊属。【隶属】菊科 Asteraceae (Compositae)。【包含】世界 1 种。【学名诠释与讨论】〈阴〉 (人)Berard, 植物学者。此属的学名, ING、TROPICOS 和 IK 记载 是 "Berardia Vill. , Prosp. Hist. Pl. Dauphiné 27. 1779 [16 Apr 1779]"。"Berardia A. T. Brongniart, Ann. Sci. Nat.(Paris)8: 380. Aug 1826 ≡ Brunia Lam.(1785)(保留属名)≡ Nebelia Neck. ex Sweet(1830)Nom. illegit. " 是晚出的非法名称。"Arction Cassini in F. Cuvier, Dict. Sci. Nat. 41: 311, 330. Jun 1826" 和 "Arctium Lamarck, Fl. Franç. 2: 70. 21 Mar 1779('1778')(non Linnaeus

1753)" 是 "Berardia Vill.(1779)" 的同模式异名(Homotypic synonym, Nomenclatural synonym)。【分布】阿尔卑斯山。【模式】 subacaulis Villars。【参考异名】Arctio Lam.(1783)Nom. illegit. ; Arction Cass.(1826)Nom. illegit. ; Arction Lam.(1779)Nom. illegit. ; Arctium Lam.(1779)Nom. illegit. ; Berhardia C. Muell. (1858); Bernardia Endl.(废弃属名); Vilaria Guett.(1779)(废弃属名); Villaria DC.(1838); Villarsia Post et Kuntze(1903)Nom. illegit.(废弃属名)■☆

6143　Berberidaceae Juss.(1789)(保留科名)【汉】小檗科。【日】メ ギ科。【俄】Барбарисовые。【英】Barberry Family。【包含】世界 4-17 属 650-780 种, 中国 11 属 320-342 种。【分布】北温带, 热带 山区, 南美洲。【科名模式】Berberis L. ●■

6144　Berberidopsidaceae(Veldk.)Takht.(1985)= Flacourtiaceae Rich. ex DC.(保留科名)●

6145　Berberidopsidaceae Takht.(1985)[亦见 Flacourtiaceae Rich. ex DC.(保留科名)刺篱木科(大风子科)]【汉】智利藤科。【包含】 世界 2 属 4 种。【分布】澳大利亚(东北部), 智利, 东亚。【科名 模式】Berberidopsis Hook. f. ●☆

6146　Berberidopsis Hook. f.(1862)【汉】智利藤属。【隶属】刺篱木 科(大风子科)Flacourtiaceae//智利藤科 Berberidopsidaceae。【包 含】世界 2 种。【学名诠释与讨论】〈阴〉(属)Berberis 小檗属+希 腊文 opsis, 外观, 模样, 相似。【分布】智利。【模式】Berberidopsis corallina J. D. Hooker。●☆

6147　Berberina Bronner(1857)【汉】小檗葡萄属。【隶属】葡萄科 Vitaceae。【包含】世界 2 种。【学名诠释与讨论】〈阴〉(属) Berberis 小檗属+-inus, -ina, -inum 拉丁文加在名词词干之后, 以形成形容词的词尾, 含义为 "属于、相似、关于、小的"。【分 布】德国。【模式】Berberina villosa Bronner。●☆

6148　Berberis L.(1753)【汉】小檗属。【日】メギ属。【俄】 Барбарис。【英】Barberry, Berberis, Oregon-grape。【隶属】小檗科 Berberidaceae。【包含】世界 450-500 种, 中国 215 种。【学名诠 释与讨论】〈阴〉(阿)berberys, 小檗果实的俗名。【分布】巴基斯 坦, 巴拿马, 秘鲁, 玻利维亚, 厄瓜多尔, 哥伦比亚(安蒂奥基亚), 美国(密苏里), 尼加拉瓜, 中国, 非洲北部, 欧亚大陆, 美洲。【后 选模式】Berberis vulgaris Linnaeus。【参考异名】Mahonia Nutt. (1818)(保留属名); Odostemon Raf.(1819)Nom. illegit. ●

6149　Berchemia Neck.(1790)Nom. inval.(废弃属名)≡ Berchemia Neck. ex DC.(1825)(保留属名)[鼠李科 Rhamnaceae]●

6150　Berchemia Neck. ex DC.(1825)(保留属名)【汉】勾儿茶属(黄 鳝藤属)。【日】クマヤナギ属。【俄】Берхемия。【英】Hooktea, Supplejack, Supple-jack。【隶属】鼠李科 Rhamnaceae。【包含】世 界 20-32 种, 中国 19-21 种。【学名诠释与讨论】〈阴〉(人), 法国 博物学者。此属的学名 "Berchemia Neck. ex DC. , Prodr. 2: 22. Nov(med.)1825" 是保留属名。相应的废弃属名是鼠李科 Rhamnaceae 的 "Oenoplea Michx. ex R. Hedw. , Gen. Pl. : 151. Jul 1806 ≡ Berchemia Neck. ex DC.(1825)(保留属名)"。鼠李科 Rhamnaceae 的 "Berchemia Neck.(1790)≡ Berchemia Neck. ex DC.(1825)(保留属名)" 和 "Oenoplea R. Hedw.(1806)Nom. illegit. ≡ Oenoplea Michx. ex R. Hedw.(1806)" 亦应废弃。【分 布】巴基斯坦, 马达加斯加, 美国(密苏里), 中国, 热带, 北美洲, 中美洲。【模式】Berchemia volubilis(Linnaeus f.)A. P. de Candolle [Rhamnus volubilis Linnaeus f.]。【参考异名】 Araliorhamnus H. Perrier(1943); Berchemia Neck.(1790)Nom. inval.(废弃属名); Halaea Garden; Huxhamia Garden ex Sm. , Nom. illegit. ; Oenoplea Michx. ex R. Hedw.(1806)(废弃属名); Oenoplea R. Hedw.(1806)Nom. illegit.(废弃属名); Oenoplia (Pers.)Room. et Schult.(1819)Nom. illegit. ; Oenoplia Roem. et

Schult. (1819);Oenoplia Schult. ex Roem. et Schult. (1819) Nom. illegit.;Phyllogeiton (Weberb.) Herzog(1903);Phyllogeiton Herzog (1903) Nom. illegit. ●

6151　Berchemiella Nakai (1923)【汉】小勾儿茶属。【英】Berchemiella,Hookettea。【隶属】鼠李科 Rhamnaceae。【包含】世界3种,中国2种。【学名诠释与讨论】〈阴〉(属)Berchemia 勾儿茶属+拉丁文-ellus 小的。指形似勾儿茶,但叶较小。【分布】日本,中国。【模式】未指定。●

6152　Berchtoldia C. Presl (1830) Nom. illegit. ≡ Berchtoldia J. Presl (1830);~ = Chaetium Nees (1829) [禾本科 Poaceae (Gramineae)]■☆

6153　Berchtoldia J. Presl (1830) = Chaetium Nees (1829) [禾本科 Poaceae(Gramineae)]■☆

6154　Berckheya C. Presl(1807)= Berkheya Ehrh. (1784) (保留属名) [菊科 Asteraceae(Compositae)]●■☆

6155　Berebera Baker(1871)= Berrebera Hochst. (1844);~ = Millettia Wight et Arn. (1834) (保留属名) [豆科 Fabaceae (Leguminosae)//蝶形花科 Papilionaceae]●■

6156　Berendtia A. Gray (1868) Nom. illegit. iBerendtiella Wettst. et Harms (1899);~ = Hemichaena Benth. (1841) [玄参科 Scrophulariaceae//透骨草科 Phrymaceae]■●☆

6157　Berendtiella Wettst. et Harms(1899)【汉】贝伦特玄参属。【隶属】玄参科 Scrophulariaceae。【包含】世界4种。【学名诠释与讨论】〈阴〉(人)Joseph Charles Corneille Bequaert,1886-1982,植物学者+-ellus,-ella,-ellum,加在名词词干后面形成指小式的词尾。或加在人名、属名等后面以组成新属的名称。此属的学名"Berendtiella R. Wettstein et Harms in Engler et Prantl, Nat. Pflanzenfam. Gesamtreg. 2-4:459. Mar 1899"是一个替代名称。"Berendtia A. Gray, Proc. Amer. Acad. Arts 7:379. Jul 1868"是一个非法名称(Nom. illegit.),因为此前已经有了化石植物的"Berendtia Göppert in Berendt, Bernstein Reste Vorwelt 1(1):80. t. 5,f. 21-26. Jul 1845"。故用"Berendtiella Wettst. et Harms (1899)"替代之。亦有文献把"Berendtiella Wettst. et Harms (1899)"处理为"Hemichaena Benth. (1841)"的异名。【分布】墨西哥,中美洲。【模式】未指定。【参考异名】Berendtia A. Gray (1868) Nom. illegit.;Hemichaena Benth. (1841)■●☆

6158　Berenice Salisb. (1866) Nom. illegit. ≡ Loncostemon Raf. (1837);~ = Allium L. (1753) [百合科 Liliaceae//葱科 Alliaceae]■

6159　Berenice Tul. (1857)【汉】直药桔梗属。【隶属】桔梗科 Campanulaceae。【包含】世界1种。【学名诠释与讨论】〈阴〉词源不详。此属的学名,ING、TROPICOS 和 IK 记载是"Berenice L. R. Tulasne, Ann. Sci. Nat. Bot. ser. 4. 8:156. 1857"。"Berenice Salisb., Gen. Pl. [Salisbury] 89. 1866 [Apr - May 1866] ≡ Loncostemon Raf. (1837)= Allium L. (1753) [百合科 Liliaceae//葱科 Alliaceae]"是晚出的非法名称。【分布】法国(留尼汪岛)。【模式】Berenice arguta L. R. Tulasne。●☆

6160　Bergbambos Stapleton (2013)【汉】方格禾属。【隶属】禾本科 Poaceae(Gramineae)。【包含】世界1种。【学名诠释与讨论】〈阴〉词源不详。【分布】南非。【模式】Bergbambos tessellata (Nees) Stapleton [Nastus tessellatus Nees]☆

6161　Bergella(A. Gray)Schnizl. (1843-1870)= Bergia L. (1771) [沟繁缕科 Elatinaceae]●■

6162　Bergella Schnizl. (1843-1870)Nom. illegit. ≡ Bergella (A. Gray) Schnizl. (1843-1870);~ = Bergia L. (1771) [沟繁缕科 Elatinaceae]●■

6163　Bergena Adans. (1763) Nom. illegit. (废弃属名) ≡ Lecythis

Loefl. (1758) [玉蕊科(巴西果科)Lecythidaceae]●☆

6164　Bergenia Moench(1794)(保留属名)【汉】岩白菜属(朝鲜岩扇属)。【日】チョウセンイワウチワ属,チウウセンイワウチワ属。【俄】Бадан, Бергения。【英】Bergenia, Elephant's Ears, Elephant's-ears, Elephant-ear, Saxifrage, Siberian Saxifrage。【隶属】虎耳草科 Saxifragaceae。【包含】世界6-10种,中国7种。【学名诠释与讨论】〈阴〉(人)Karl August Von Bergen, 1704-1760,德国医生、植物学者。此属的学名"Bergenia Moench, Methodus:664. 4 Mai 1794 [Saxifrag.]"是保留属名。相应的废弃属名是玉蕊科(巴西果科)Lecythidaceae 的"Bergena Adans., Fam. Pl. 2:345,525. Jul-Aug 1763 ≡ Lecythis Loefl. (1758)"。千屈菜科 Lythraceae 的"Bergenia Neck.,Elem. Bot. (Necker)2:108. 1790 ≡ Bergenia Neck. ex Raf. (1838) (废弃属名)"、"Bergenia Necker ex Rafinesque, Sylva Tell. 102. Oct - Dec 1838 = Cuphea Adans. ex P. Browne(1756)"和"Bergenia Raf. (1838) ≡ Bergenia Neck. ex Raf. (1838) (废弃属名)"亦应废弃。亦有文献把"Bergenia Moench (1794) (保留属名)"处理为"Saxifraga L. (1753)"的异名。【分布】巴基斯坦,玻利维亚,蒙古,缅甸,日本,印度,中国,喜马拉雅山,西伯利亚西部和东部,远东,亚洲中部。【模式】Bergenia bifolia Moench, Nom. illegit. [Bergenia crassifolia (Linnaeus) Fritsch, Saxifraga crassifolia Linnaeus]。【参考异名】Megasea Haw. (1821) Nom. illegit.;Piarophyla Raf. (1837) Nom. illegit.;Saxifraga L. (1753)■

6165　Bergenia Neck. (1790)Nom. inval. (废弃属名) ≡ Bergenia Neck. ex Raf. (1838) (废弃属名);~ = Cuphea Adans. ex P. Browne (1756) [千屈菜科 Lythraceae]●■

6166　Bergenia Neck. ex Raf. (1838) (废弃属名)= Cuphea Adans. ex P. Browne(1756) [千屈菜科 Lythraceae]●■

6167　Bergenia Raf. (1838)Nom. illegit. (废弃属名) ≡ Bergenia Neck. ex Raf. (1838) (废弃属名);~ = Cuphea Adans. ex P. Browne (1756) [千屈菜科 Lythraceae]●■

6168　Bergera J. König ex L. (1771)(废弃属名)= Murraya J. König ex L. (1771) [as 'Murraea'] (保留属名) [芸香科 Rutaceae]●

6169　Bergeranthus Schwantes(1926)【汉】照波属。【日】ベルゲランッス属。【隶属】番杏科 Aizoaceae。【包含】世界12-23种。【学名诠释与讨论】〈阳〉(人)Alwin Berger,1871-1931,德国植物学者+希腊文 anthos,花。antheros,多花的。antheo,开花。希腊文 anthos 亦有"光明、光辉、优秀"之义。【分布】非洲南部。【后选模式】Bergeranthus scapigerus (Haworth) Schwantes, Nom. illegit. [Mesembryanthemum scapiger Haworth;Bergeranthus scapiger (Haworth) N. E. Brown]■☆

6170　Bergeretia Bubani (1901) Nom. illegit. ≡ Illecebrum L. (1753) [石竹科 Caryophyllaceae//醉人花科(裸果木科)Illecebraceae]■☆

6171　Bergeretia Desv. (1815)= Clypeola L. (1753) [十字花科 Brassicaceae(Cruciferae)]■☆

6172　Bergeria Koenig ex Steud. (1840) Nom. illegit. = Koenigia L. (1767) [蓼科 Polygonaceae]■

6173　Bergeria Koenig(1840) Nom. illegit. ≡ Bergeria Koenig ex Steud. (1840) Nom. illegit.;~ = Koenigia L. (1767) [蓼科 Polygonaceae]■

6174　Bergerocactus Britton et Rose(1909)【汉】碧彩柱属。【日】ベルゲロカケタス属,ベルゲロセレウス属。【英】Snakecactus。【隶属】仙人掌科 Cactaceae。【包含】世界1种。【学名诠释与讨论】〈阴〉(人)Alwin Berger,1871-1931,德国植物学者,园艺家。此属的学名,ING、GCI、TROPICOS 和 IK 记载是"Bergerocactus Britton et Rose, Contr. U. S. Natl. Herb. 12:435. 1909"。"Bergerocereus A. V. Frič et K. Kreuzinger in K. Kreuzinger, Verzeichnis Amer. Sukk. Revision Syst. Kakteen 18. 30 Apr 1935"是

"Bergerocactus Britton et Rose（1909）"的晚出的同模式异名（Homotypic synonym，Nomenclatural synonym）。【分布】美国（加利福尼亚），墨西哥。【模式】Bergerocactus emoryi（Engelmann）N. L. Britton et J. N. Rose［Cereus emoryi Engelmann］。【参考异名】Bergerocereus Britton et Rose（1909）；Bergerocereus Frič et Kreuz.（1935）Nom. illegit. ●☆

6175　Bergerocereus Britton et Rose（1909）= Bergerocactus Britton et Rose（1909）［仙人掌科 Cactaceae］●☆

6176　Bergerocereus Frič et Kreuz.（1935）Nom. illegit. ≡ Bergerocactus Britton et Rose（1909）［仙人掌科 Cactaceae］●☆

6177　Bergeronia Micheli（1883）【汉】巴拉圭豆属（绢质豆属）。【隶属】豆科 Fabaceae（Leguminosae）。【包含】世界1种。【学名诠释与讨论】〈阴〉（人）Bergeron。【分布】巴拉圭。【模式】Bergeronia sericea M. Micheli。■☆

6178　Berghausia Endl.（1843）= Garnotia Brongn.（1832）［禾本科 Poaceae（Gramineae）］■

6179　Berghesia Nees（1847）【汉】伯格茜属。【隶属】茜草科 Rubiaceae。【包含】世界1种。【学名诠释与讨论】〈阴〉词源不详。【分布】墨西哥。【模式】Berghesia coccinea C. G. D. Nees。☆

6180　Berghias Juss.（1820）= Bergkias Sonn.（1776）Nom. illegit.；~ = Gardenia J. Ellis（1761）（保留属名）［茜草科 Rubiaceae//栀子科 Gardeniaceae］●

6181　Bergia L.（1771）【汉】田繁缕属（伯格草属）。【日】シマバラサウ属，シマバラソウ属。【俄】Бергия。【英】Bergia。【隶属】沟繁缕科 Elatinaceae。【包含】世界25种，中国3种。【学名诠释与讨论】〈阴〉（人）Peter Jonas Bergius，1730-1790，瑞典植物学者，林奈的学生。【分布】巴基斯坦，秘鲁，厄瓜多尔，哥斯达黎加，美国（密苏里），尼加拉瓜，中国，热带和温带，中美洲。【模式】Bergia capensis Linnaeus。【参考异名】Ascyroides Lippi ex Adans.；Bergella Schnizl.（1843 - 1870）Nom. illegit.；Lancretia Delile（1813）；Merimea Cambess.（1829）；Sphondylococca Schult.（1820）；Sphondylococca Willd.，Nom. illegit.；Sphondylococca Willd. ex Schult.（1820）；Spondylococcus Rchb.（1828）●■

6182　Bergiera Neck.（1790）Nom. inval. = Berginia Harv. ex Benth. et Hook. f.（1876）；~ = Holographis Nees（1847）［爵床科 Acanthaceae］■☆

6183　Berginia Harv.（1876）Nom. illegit. ≡ Berginia Harv. ex Benth. et Hook. f.（1876）；~ = Holographis Nees（1847）［爵床科 Acanthaceae］■☆

6184　Berginia Harv. ex Benth. et Hook. f.（1876）= Holographis Nees（1847）［爵床科 Acanthaceae］■☆

6185　Bergkias Sonn.（1776）Nom. illegit. ≡ Piringa Juss.（1820）；~ = Gardenia J. Ellis（1761）（保留属名）［茜草科 Rubiaceae//栀子科 Gardeniaceae］●

6186　Bergsmia Blume（1849）= Ryparosa Blume（1826）［刺篱木科（大风子科）Flacourtiaceae］●☆

6187　Berhardia C. Muell.（1858）= Berardia Vill.（1779）［菊科 Asteraceae（Compositae）］■☆

6188　Berhautia Balle（1956）【汉】伯氏寄生属。【隶属】桑寄生科 Loranthaceae。【包含】世界1种。【学名诠释与讨论】〈阴〉（人）Jean Berhaut，1902-1977，法国植物学者，传教士。【分布】非洲西部。【模式】Berhautia senegalensis S. Balle。●☆

6189　Beria Bubani = Sium L.（1753）［伞形花科（伞形科）Apiaceae（Umbelliferae）］■

6190　Beriesa Steud.（1840）= Siebera C. Presl（1828）Nom. illegit.（废弃属名）；~ = Anredera Juss.（1789）［落葵科 Basellaceae//落葵薯科 Anrederaceae］●■

6191　Beringeria（Neck.）Link（1829）= Ballota L.（1753）［唇形科 Lamiaceae（Labiatae）］●■☆

6192　Beringeria Link（1829）Nom. illegit. ≡ Beringeria（Neck.）Link（1829）；~ = Ballota L.（1753）［唇形科 Lamiaceae（Labiatae）］●■☆

6193　Beringeria Neck.（1790）Nom. inval. = Ballota L.（1753）［唇形科 Lamiaceae（Labiatae）］●■☆

6194　Beringia R. A. Price，Al-Shehbaz et O'Kane（2001）Nom. illegit. ≡ Transberingia Al - Shehbaz et O'Kane（2003）［十字花科 Brassicaceae（Cruciferae）］■☆

6195　Berinia Brign.（1810）= Crepis L.（1753）［菊科 Asteraceae（Compositae）］■

6196　Berkheya Ehrh.（1784）（保留属名）【汉】尖刺联苞菊属（贝克菊属）。【隶属】菊科 Asteraceae（Compositae）。【包含】世界75-90种。【学名诠释与讨论】〈阴〉（人）Johannes le Franc van Berkhey，1729 - 1812，荷兰植物学者。此属的学名"Berkheya Ehrh. in Neues Mag. Aerzte 6：303. 12 Mai-7 Sep 1784"是保留属名。法规未列出相应的废弃属名。"Apuleja J. Gaertner，Fruct. 2：439. Sep-Dec 1791"和"Crocodilodes Adanson，Fam. 2：127. 545. Jul-Aug 1763"是"Berkheya Ehrh.（1784）（保留属名）"的同模式异名（Homotypic synonym，Nomenclatural synonym）。【分布】非洲。【模式】Berkheya fruticosa（Linnaeus）F. Ehrhart［Atractylis fruticosa Linnaeus］。【参考异名】Agriophyllum Post et Kuntze（1903）Nom. illegit.；Agriphyllum Juss.（1789）Nom. illegit.；Apuleia Gaertn.（1791）（废弃属名）；Apuleja Gaertn.（1791）Nom. illegit.（废弃属名）；Arelina Neck.（1790）Nom. inval.；Basteria Houtt.（1776）Nom. illegit.（废弃属名）；Berckheya C. Presl（1807）；Carlinodes Kuntze；Crocodilodes Adans.（1763）（废弃属名）；Euopis Bartl.（1830）；Evopis Cass.（1818）；Rohria Vahl（1791）Nom. illegit.；Stephanocoma Less.（1832）；Stobaea Thunb.（1800）；Zarabellia Neck.（1790）Nom. inval. ●■☆

6197　Berkheyopsis O. Hoffm.（1893）【汉】拟贝克菊属。【隶属】菊科 Asteraceae（Compositae）。【包含】世界14种。【学名诠释与讨论】〈阴〉（属）Berkheya 贝克菊属+希腊文 opsis，外观，模样，相似。此属的学名是"Berkheyopsis O. Hoffmann in Engler et Prantl，Nat. Pflanzenfam. 4（5）：311. Aug 1893"。亦有文献把其处理为"Hirpicium Cass.（1820）"的异名。【分布】热带和非洲南部。【后选模式】Berkheyopsis echinus（Lessing）O. Hoffmann［Hirpicium echinus Lessing］。【参考异名】Hirpicium Cass.（1820）■☆

6198　Berla Bubani（1899）Nom. illegit. ≡ Sium L.（1753）［伞形花科（伞形科）Apiaceae（Umbelliferae）］■

6199　Berlandiera DC.（1836）【汉】绿眼菊属（伯兰氏菊属）。【英】Green Eyes。【隶属】菊科 Asteraceae（Compositae）。【包含】世界4-5种。【学名诠释与讨论】〈阴〉（人）Jean Louis Berlandier，1805-1851，比利时人，曾在北美洲探险。另说他是法国植物学者。【分布】美国（南部）和东部。【模式】Berlandiera texana A. P. de Candolle。■☆

6200　Berliera Buch. - Ham.（1832）Nom. illegit. ≡ Berliera Buch. - Ham. ex Wall.（1832）；~ = Myrioneuron R. Br. ex Kurz（1877）［茜草科 Rubiaceae］●

6201　Berliera Buch. - Ham. ex Wall.（1832）= Myrioneuron R. Br. ex Kurz（1877）［茜草科 Rubiaceae］●

6202　Berlinia Sol. ex Hook. f.（1849）（保留属名）【汉】鞋木属。【俄】Берлиния。【英】Abem，Berlinia，Ekpogoi。【隶属】豆科 Fabaceae（Leguminosae）//云实科（苏木科）Caesalpiniaceae。【包含】世界15种。【学名诠释与讨论】〈阴〉（人）Andreas（Anders）Henricus（Hen-ricsson）Berlin，1746-1773，瑞典植物学者。此属的学名

"Berlinia Sol. ex Hook. f. in Hooker, Niger Fl. ;326. Nov–Dec 1849" 是保留属名。相应的废弃属名是豆科 Fabaceae(Leguminosae)// 云实科(苏木科)Caesalpiniaceae] 的 "Westia Vahl in Skr. Naturhist. – Selsk. 6;117. 1810 = Berlinia Sol. ex Hook. f. (1849) (保留属名)"。豆科 Fabaceae 的 "Berlinia Sol. ex Hook. f. et Benth. (1849) Nom. illegit. ≡ Berlinia Sol. ex Hook. f. (1849) (保留属名)" 的命名人引证有误,亦应废弃。【分布】热带非洲。【模式】Berlinia acuminata Solander ex J. D. Hooker。【参考异名】Berlinia Sol. ex Hook. f. et Benth. (1849) Nom. illegit. (废弃属名); Macroberlinia (Harms) Hauman (1952); Westia Vahl (1810) (废弃属名)●☆

6203 Berlinia Sol. ex Hook. f. et Benth. (1849) Nom. illegit. (废弃属名) ≡ Berlinia Sol. ex Hook. f. (1849) (保留属名) [豆科 Fabaceae (Leguminosae)//云实科(苏木科)Caesalpiniaceae]●☆

6204 Berlinianche (Harms) Vattimo (1955) Nom. inval. = Pilostyles Guill. (1834) [大花草科 Rafflesiaceae]■☆

6205 Bermudiana Mill. (1754) Nom. illegit. ≡ Sisyrinchium L. (1753) [鸢尾科 Iridaceae]■

6206 Bernardia Endl. (废弃属名) = Berardia Vill. (1779) [菊科 Asteraceae(Compositae)]■☆

6207 Bernardia Houst. ex Mill. (1754) ≡ Bernardia Mill. (1754) (废弃属名); ~ ≡ Sisyrinchium L. (1753); ~ ≡ Adelia L. (1759) (保留属名) [大戟科 Euphorbiaceae]●☆

6208 Bernardia Houst. ex P. Browne (1756) (废弃属名) = Adelia L. (1759) (保留属名) [大戟科 Euphorbiaceae]●☆

6209 BernardiaMill. (1754) (废弃属名) = Adelia L. (1759) (保留属名) [大戟科 Euphorbiaceae]●☆

6210 Bernardia P. Browne (1756) Nom. illegit. (废弃属名) = Adelia L. (1759) (保留属名) [大戟科 Euphorbiaceae]●☆

6211 Bernardina Baudo (1843) = Lysimachia L. (1753) [报春花科 Primulaceae//珍珠菜科 Lysimachiaceae]●■

6212 Bernardinia Planch. (1850) 【汉】美洲牛栓藤属。【隶属】牛栓藤科 Connaraceae。【包含】世界 6 种。【学名诠释与讨论】〈阴〉(人) Bernard de Juss. ,1699–1776,法国植物分类学者。此属的学名是 "Bernardinia J. E. Planchon, Linnaea 23:412. Aug 1850"。亦有文献把其处理为 "Rourea Aubl. (1775) (保留属名)" 的异名。【分布】热带南美洲,中美洲。【模式】Bernardinia fluminensis J. E. Planchon。【参考异名】Rourea Aubl. (1775) (保留属名)●☆

6213 Berneuxia Decne. (1873) 【汉】岩匙属(藏岩梅属)。【英】Berneuxia, Berneuxine。【隶属】岩梅科 Diapensiaceae。【包含】世界 1 种,中国 1 种。【学名诠释与讨论】〈阴〉(人) Berneux。【分布】中国。【模式】Berneuxia thibetica Decaisne。■★

6214 Berniera DC. (1838) (废弃属名) = Gerbera L. (1758) (保留属名) [菊科 Asteraceae(Compositae)]■

6215 Bernieria Baill. (1884) (保留属名) 【汉】拜尔樟属。【隶属】樟科 Lauraceae。【包含】世界 1 种。【学名诠释与讨论】〈阴〉词源不详。似来自人名。此属的学名 "Bernieria Baill. in Bull. Mens. Soc. Linn. Paris:434. 1884" 是保留属名。相应的废弃属名是菊科 Asteraceae 的 "Berniera DC. , Prodr. 7:18. Apr (sero) 1838 = Gerbera L. (1758) (保留属名)"。此属的学名是 "Bernieria Baillon, Bull. Mens. Soc. Linn. Paris 1:434. 3 Dec 1884"。亦有文献把其处理为 "Beilschmiedia Nees(1831)" 的异名。【分布】马达加斯加。【模式】Bernieria madagascariensis Baill.。【参考异名】Beilschmiedia Nees(1831)●☆

6216 Bernoullia Neck. (1790) Nom. inval. (废弃属名) ≡ Bernoullia Neck. ex Raf. (1840) (废弃属名); ~ ≡ Bernullia Neck. ex Raf. (1840) Nom. illegit. (废弃属名); ~ = Geum L. (1753) [蔷薇科

Rosaceae]●☆

6217 Bernoullia Neck. ex Raf. (1840) (废弃属名) Nom. illegit. ≡ Bernullia Neck. ex Raf. (1840) Nom. illegit. (废弃属名); ~ = Geum L. (1753) [蔷薇科 Rosaceae]●☆

6218 Bernoullia Oliv. (1873) (保留属名) 【汉】贝尔木棉属。【隶属】木棉科 Bombacaceae//锦葵科 Malvaceae。【包含】世界 2-3 种。【学名诠释与讨论】〈阴〉(人) Karl (Carl) Gustav Bernoulli, 1834–1878,植物学者。此属的学名 "Bernoullia Oliv. in Hooker's Icon. Pl. :ad t. 1169–1170. Dec 1873" 是保留属名。相应的废弃属名是蔷薇科 Rosaceae 的 "Bernullia Neck. ex Raf. , Autik. Bot. :173. 1840 = Geum L. (1753)"。木棉科 Bombacaceae 的 "Bernoullia Neck. (1790) Nom. inval. = Bernoullia Oliv. (1873) (保留属名) ≡ Bernoullia Neck. ex Raf. (1840)"、"Bernoullia Neck. ex Raf. (1840) Nom. illegit. ≡ Bernullia Neck. ex Raf. (1840) Nom. illegit. (废弃属名)" 亦应废弃。"Bernullia Raf. (1840)" 的命名人引证有误;也应废弃。化石植物的 "Bernoullia O. Heer, Flora Fossilis Helv. 88. 1877" 是晚出的非法名称;也须废弃。【分布】巴拿马,玻利维亚,哥伦比亚(安蒂奥基亚),尼加拉瓜,热带南美洲,中美洲。【模式】Bernoullia flammea D. Oliver。●☆

6219 Bernullia Neck. ex Raf. (1840) Nom. illegit. (废弃属名) = Geum L. (1753) [蔷薇科 Rosaceae]■

6220 Bernullia Raf. (1840) Nom. illegit. (废弃属名) ≡ Bernullia Neck. ex Raf. (1840) Nom. illegit. (废弃属名); ~ = Geum L. (1753) [蔷薇科 Rosaceae]●☆

6221 Beroniella Zakirov et Nabiev (1986) = Heliotropium L. (1753) [紫草科 Boraginaceae//天芥菜科 Heliotropiaceae]●■

6222 Berrebera Hochst. (1844) = Millettia Wight et Arn. (1834) (保留属名) [豆科 Fabaceae(Leguminosae)//蝶形花科 Papilionaceae]●■

6223 Berresfordia L. Bolus (1932) 【汉】紫锥花属。【日】ベリスフォルディア属。【隶属】番杏科 Aizoaceae。【包含】世界 1 种。【学名诠释与讨论】〈阴〉(人) Berrisford。【分布】非洲南部。【模式】Berresfordia khamiesbergensis H. M. L. Bolus。■☆

6224 Berria Roxb. (1814) Nom. illegit. ≡ Berrya Roxb. (1820) (保留属名) [椴树科(椴科,田麻科) Tiliaceae//锦葵科 Malvaceae]●

6225 Berria Roxb. (1820) Nom. illegit. ≡ Berrya Roxb. (1820) (保留属名) [椴树科(椴科,田麻科) Tiliaceae//锦葵科 Malvaceae]●

6226 Berroa Beauverd (1913) 【汉】羽冠紫绒草属。【隶属】菊科 Asteraceae(Compositae)。【包含】世界 1 种。【学名诠释与讨论】〈阴〉(人) Berro。【分布】亚热带南美洲。【模式】Berroa gnaphalioides (Lessing) Beauverd [Lucilia gnaphalioides Lessing]■☆

6227 Berrya DC. (1824) Nom. illegit. (废弃属名) = Berrya Roxb. (1820) (保留属名) [椴树科(椴科,田麻科) Tiliaceae//锦葵科 Malvaceae]●

6228 Berrya Klein (废弃属名) = Litsea Lam. (1792) (保留属名) [樟科 Lauraceae]●

6229 Berrya Roxb. (1820) (保留属名) 【汉】六翅木属(浆果椴属)。【英】Berrya。【隶属】椴树科(椴科,田麻科) Tiliaceae//锦葵科 Malvaceae。【包含】世界 5-6 种,中国 1 种。【学名诠释与讨论】〈阴〉(人) Andrew Berry,英国植物学者,医生。此属的学名 "Berrya Roxb. , Pl. Coromandel 3:60. 18 Feb 1820" 是保留属名。相应的废弃属名是椴树科(椴科,田麻科) Tiliaceae 的 "Espera Willd. in Ges. Naturf. Freunde Berlin Neue Schriften 3:450. 1801 = Berrya Roxb. (1820) (保留属名)"。椴树科(椴科,田麻科) Tiliaceae 的 "Berria Roxb. , The Plants of the Coast of Coromandel 3 1820" 是其拼写变体,亦应废弃。椴树科(椴科,田麻科) Tiliaceae 的 "Berrya DC. , Prodr. [A. P. de Candolle]1;517. 1824 [mid Jan

1824]＝Berrya Roxb.（1820）（保留属名）"和樟科 Lauraceae 的"Berrya Klein"亦应废弃。晚出的化石植物的"Berrya Knowlton, Profess. Pap. U. S. Geol. Surv. 155:133. 1930"自然亦应废弃。【分布】印度至马来西亚,中国,波利尼西亚群岛。【模式】Berrya ammonilla Roxburgh。【参考异名】Berria Roxb.（1814）Nom. illegit.（废弃属名）；Berria Roxb.（1820）Nom. illegit.（废弃属名）；Berrya DC.（1824）Nom. illegit.（废弃属名）；Carpodiptera Griseb.（1860）；Espera Willd.（1801）（废弃属名）；Hexagonotheca Turcz.（1846）；Pterocoelion Turcz.（1863）Nom. illegit.；Pterocoellion Turcz.（1863）；Tahitia Burret（1926）●

6230 Berryaceae Doweld（2001）＝Malvaceae Juss.（保留科名）●■

6231 Bersama Fresen.（1837）【汉】伯萨木属（伯萨马属）。【隶属】蜜花科（假栾树科,羽叶树科）Meliantaceae。【包含】世界 2-8 种。【学名诠释与讨论】〈阴〉来自埃塞俄比亚植物俗名。【分布】热带和非洲南部。【模式】Bersama abyssinica Fresenius。【参考异名】Natalia Hochst.（1841）；Rhaganus E. Mey.（1843）●☆

6232 Bersamaceae Doweld（2001）＝Meliantaceae Horan.（保留科名）●☆

6233 Bertauxia Szlach.（2004）＝Habenaria Willd.（1805）［兰科 Orchidaceae］■

6234 Bertera Steud.（1840）＝Gladiolus L.（1753）［鸢尾科 Iridaceae］■

6235 Berteroa DC.（1821）【汉】团扇荠属（波儿菜属,团扇芥属）。【俄】Икотник。【英】False Alison, False Alyssum, Falsealyssum, Hoary Alison。【隶属】十字花科 Brassicaceae（Cruciferae）。【包含】世界 5 种,中国 1-2 种。【学名诠释与讨论】〈阴〉（人）,1789-1831,意大利医生,植物学者,曾在智利采集标本。此属的学名,ING、GCI、TROPICOS 和 IK 记载是"Berteroa A. P. de Candolle, Mém. Mus. Hist. Nat. 7:232. 20 Apr 1821"。"Myopteron K. P. J. Sprengel, Gen. 517. Jan – Mai 1831"是"Berteroa DC.（1821）"的晚出的同模式异名（Homotypic synonym, Nomenclatural synonym）。【分布】美国,中国,温带。【后选模式】Berteroa incana（Linnaeus）A. P. de Candolle［Alyssum incanum Linnaeus］。【参考异名】Berteroa Zipp.；Myopteron Spreng.（1831）Nom. illegit.■

6236 Berteroa Zipp. ＝Berteroa DC.（1821）［十字花科 Brassicaceae（Cruciferae）］■

6237 Berteroella O. E. Schulz（1919）【汉】锥果芥属（北荠属,星毛芥属）。【日】ハナナズナ属。【英】Berteroella。【隶属】十字花科 Brassicaceae（Cruciferae）。【包含】世界 1 种,中国 1 种。【学名诠释与讨论】〈阴〉（属）Bertera 团扇荠属+ellus 小的。指形似团扇荠,但体形较小。【分布】中国,温带东亚。【模式】Berteroella maximowiczii（Palibin）O. E. Schulz［Sisymbrium maximowiczii Palibin］■

6238 Berthelotia DC.（1836）＝Pluchea Cass.（1817）［菊科 Asteraceae（Compositae）］●■

6239 Bertholetia Brongn.（1843）Nom. illegit. ＝Bertholletia Bonpl.（1807）［玉蕊科（巴西果科）Lecythidaceae//翅玉蕊科（金刀木科）Barringtoniaceae］●☆

6240 Bertholetia Rchb.（1841）Nom. illegit. ＝Berthelotia DC.（1836）；~ ＝Pluchea Cass.（1817）［菊科 Asteraceae（Compositae）］●■

6241 Bertholletia Bonpl.（1807）【汉】巴西果属（巴西坚果属,巴西栗属,栗油果属）。【日】ブラジルナットノキ属。【英】Brazil-nut, Brazil-nut Tree, Butter-nut, Cream-nut, Para-nut。【隶属】玉蕊科（巴西果科）Lecythidaceae//翅玉蕊科（金刀木科）Barringtoniaceae。【包含】世界 1 种。【学名诠释与讨论】〈阴〉（人）Claude-Louis Berthollet, 1748-1822,法国化学家。此属的学名,ING 和 IK 记载是"Bertholletia Bonpland in Humboldt et Bonpland, Pl. Aequin. 1：122. t. 36. Apr 1807（'1808'）"。

"Bertholletia Humb. et Bonpl.（1807）"的命名人引证有误。【分布】秘鲁,玻利维亚,西印度群岛,热带南美洲,中美洲。【模式】Bertholletia excelsa Bonpland。【参考异名】Barthollesia Silva Manso（1836）；Bertholetia Brongn.（1843）Nom. illegit.；Bertholletia Humb. et Bonpl.（1807）Nom. illegit.；Tonca Rich.●☆

6242 Bertholletia Humb. et Bonpl.（1807）Nom. illegit. ≡Bertholletia Bonpl.（1807）［玉蕊科（巴西果科）Lecythidaceae//翅玉蕊科（金刀木科）Barringtoniaceae］●☆

6243 Bertiera Aubl.（1775）【汉】贝尔茜属。【隶属】茜草科 Rubiaceae。【包含】世界 55 种。【学名诠释与讨论】〈阴〉（人）Bertier。此属的学名,ING、TROPICOS、GCI 和 IK 记载是"Bertiera Aubl., Hist. Pl. Guiane 180（t. 69）. 1775［Jun 1775］"。"Bertiera Blume, Bijdr. Fl. Ned. Ind. 16：987.［Oct 1826 – Nov 1827］＝Mycetia Reinw.（1825）［茜草科 Rubiaceae］"和"Bertiera Blume, Cat. Gew. Buitenzorg（Blume）45. 1823［Feb – Sep 1823］＝? Mycetia Reinw.（1825）［茜草科 Rubiaceae］"是晚出的非法名称。【分布】巴拿马,秘鲁,玻利维亚,厄瓜多尔,哥伦比亚（安蒂奥基亚）,马达加斯加,尼加拉瓜,非洲,热带美洲,中美洲。【模式】Bertiera guianensis Aublet。【参考异名】Berthiera Vent.（1799）Nom. illegit.；Justenia Hiern（1898）；Pomatium C. F. Gaertn.（1807）；Zuluzania Comm. ex C. F. Gaertn.（1806）Nom. inval.■☆

6244 Bertiera Blume（1823）Nom. illegit. ＝? Mycetia Reinw.（1825）［茜草科 Rubiaceae］●

6245 Bertiera Blume（1826）Nom. illegit. ＝Mycetia Reinw.（1825）［茜草科 Rubiaceae］●

6246 Bertilia Cron（2013）【汉】南非菊属。【隶属】菊科 Asteraceae（Compositae）。【包含】世界 1 种。【学名诠释与讨论】〈阴〉词源不详。似来自人名。【分布】南非。【模式】Bertilia hantamensis（J. C. Manning et Goldblatt）Cron［Emilia hantamensis J. C. Manning et Goldblatt］☆

6247 Bertolonia DC.（1812）Nom. inval.（废弃属名）＝Leucheria Lag.（1811）［菊科 Asteraceae（Compositae）］■☆

6248 Bertolonia Moc. et Sessé ex DC.（1825）（废弃属名）＝Cercocarpus Kunth（1824）［蔷薇科 Rosaceae//山桃花心木科 Cercocarpaceae］●☆

6249 Bertolonia Moc. et Sessé（1825）Nom. illegit.（废弃属名）＝Bertolonia Moc. et Sessé ex DC.（1825）（废弃属名）；~ ＝Cercocarpus Kunth（1824）［蔷薇科 Rosaceae］●☆

6250 Bertolonia Raddi（1820）（保留属名）【汉】华贵草属（拜氏野牡丹属）。【日】ヒメノボタン属,ベルトローニア属。【隶属】野牡丹科 Melastomataceae。【包含】世界 10-14 种。【学名诠释与讨论】〈阴〉（人）Antonio Bertoloni, 1775-1869,意大利植物学者。此属的学名"Bertolonia Raddi, Quar. Piant. Nuov. Bras. :5. 1820"是保留属名。相应的废弃属名是苦槛蓝科 Myoporaceae 的"Bertolonia Spin, Jard. St. Sébastien, ed. 1909；24. 1809"。苦槛蓝科 Myoporaceae 的"Bertolonia Spin, Le Jardin de St. Sebastien 1812",菊科 Asteraceae 的"Bertolonia DC., Ann. Mus. Natl. Hist. Nat. xix.（1812）t. 5（14）＝Leucheria Lag.（1811）",蔷薇科的"Bertolonia Moc. et Sessé ex DC., Prodr.［A. P. de Candolle］2：589. 1825［mid Nov 1825］＝Cercocarpus Kunth（1824）"和"Bertolonia Moc. et Sessé（1825）Nom. illegit.（废弃属名）＝Bertolonia Moc. et Sessé ex DC.（1825）（废弃属名）",马鞭草科 Verbenaceae 的"Bertolonia Raf., J. Bot. Agric. 4：277. 1815 ＝Phyla Lour.（1790）"、"Bertolonia Raf., Amer. Monthly Mag. et Crit. Rev. 2（4）：267. 1818［Feb 1818］＝Phyla Lour.（1790）",猪胶树科（克鲁西科,山竹子科,藤黄科）Clusiaceae（Guttiferae）的"Bertolonia K. P. J. Sprengel, Neue Entdeck. Pflanzenk. 2：110. 1820 （sero）（'1821'）≡ Tovomitopsis Planch. et Triana（1860）= Myoporum Banks et Sol. ex G. Forst.（1786）"和苦槛蓝科 Myoporaceae 的"Bertolonia Spinola, Cat. Jard. St. Sebast.（1809）24 = Myoporum Banks et Sol. ex G. Forst.（1786）"亦应废弃。【分布】巴西,马达加斯加,中美洲。【模式】Bertolonia nymphaeifolia Raddi［as 'nymphaeaefolia'］。【参考异名】Bolina Raf.（1838）Nom. illegit.；Triblemma R. Br. ex DC.；Triblemma R. Br. ex Spreng.（1830）Nom. illegit. ■☆

6251 Bertolonia Raf.（1815）Nom. inval.（废弃属名）= Phyla Lour.（1790）［马鞭草科 Verbenaceae］■

6252 Bertolonia Raf.（1818）Nom. illegit.（废弃属名）= Phyla Lour.（1790）［马鞭草科 Verbenaceae］■

6253 Bertolonia Spin（1809）Nom. illegit.（废弃属名）［苦槛蓝科（苦槛盘科）Myoporaceae］■☆

6254 Bertolonia Spin（1812）Nom. illegit.（废弃属名）［苦槛蓝科（苦槛盘科）Myoporaceae］■☆

6255 Bertolonia Spinola（1809）（废弃属名）= Myoporum Banks et Sol. ex G. Forst.（1786）［苦槛蓝科（苦槛盘科）Myoporaceae//玄参科 Scrophulariaceae］●

6256 Bertolonia Spreng.（1821）Nom. illegit.（废弃属名）≡ Tovomitopsis Planch. et Triana（1860）［猪胶树科（克鲁西科,山竹子科,藤黄科）Clusiaceae（Guttiferae）］●☆

6257 Bertuchia Dennst.（1818）Nom. inval. = Fagraea Thunb.（1782）［马钱科（断肠草科,马钱子科）Loganiaceae//龙爪七叶科 Potaliaceae］●

6258 Bertya Planch.（1845）【汉】贝梯大戟属。【隶属】大戟科 Euphorbiaceae。【包含】世界 25 种。【学名诠释与讨论】〈阴〉（人）Leonce de Lambertye, 1810-1877, 法国植物学者,园艺家。【分布】澳大利亚（包括塔斯曼半岛）。【模式】未指定。【参考异名】Lambertya F. Muell. ●☆

6259 Bertyaceae J. Agardh（1858）= Euphorbiaceae Juss.（保留科名）●■

6260 Berula Besser et W. D. J. Koch, Nom. illegit. = Berula W. D. J. Koch（1826）［伞形花科（伞形科）Apiaceae（Umbelliferae）］■

6261 Berula Hoffm.（1822）Nom. inval., Nom. nud. ≡ Berula Hoffm. ex Besser（1822）Nom. inval., Nom. nud.；~ = Berula W. D. J. Koch（1826）；~ = Sium L.（1753）［伞形花科（伞形科）Apiaceae（Umbelliferae）］■

6262 Berula Hoffm. ex Besser（1822）Nom. inval., Nom. nud. = Berula W. D. J. Koch（1826）；~ = Sium L.（1753）［伞形花科（伞形科）Apiaceae（Umbelliferae）］■

6263 Berula W. D. J. Koch（1826）【汉】天山泽芹属（毕若拉属）。【俄】Берула, Берулья。【英】Berula, Lesser Water-parsnip。【隶属】伞形花科（伞形科）Apiaceae（Umbelliferae）。【包含】世界 2 种,中国 1 种。【学名诠释与讨论】〈阴〉（拉）berula,水堇的古拉丁名。此属的学名,ING、APNI、TROPICOS 和 GCI 记载是"Berula W. D. J. Koch in F. K. Mertens et W. D. J. Koch, J. C. Röhlings Deutschlands Fl. 2：25, 433. 1826"。"Berula Besser et W. D. J. Koch = Berula W. D. J. Koch（1826）"的命名人引证有误。"Berula Hoffm., Enumeratio Plantarum 44. 1822 ≡ Berula Hoffm. ex Besser（1822）Nom. inval."和"Berula Hoffm. ex Besser, Enum. Pl.［Besser］44. 1822"是未合格发表的名称（Nom. inval., Nom. nud.）。TROPICOS 记载"Siella M. G. Pimenov, Bot. Zurn.（Moscow et Leningrad）63：1746. Dec 1978"是"Berula W. D. J. Koch（1826）"的替代名称；IK 则记载为"Berula Hoffm. ex Besser（1822）Nom. inval., Nom. nud."的替代名称。【分布】巴基斯坦,美国（密苏里）,伊朗,中国,欧洲至亚洲中部,中美洲。【模式】Berula angustifolia F. K. Mertens et W. D. J. Koch, Nom. illegit.

［Sium angustifolium Linnaeus, Nom. illegit.；Sium erectum Hudson；Berula erecta（Hudson）F. V. Coville］。【参考异名】Berula Besser et W. D. J. Koch, Nom. illegit.；Berula Hoffm.（1822）Nom. inval., Nom. nud.；Berula Hoffm. ex Besser（1822）Nom. inval., Nom. nud.；Siella Pimenov（1746）Nom. inval., Nom. illegit., Nom. superfl. ■

6264 Beruniella Zakirov et Nabiev（1986）= Heliotropium L.（1753）［紫草科 Boraginaceae//天芥菜科 Heliotropiaceae］●■

6265 Beryllis Salisb.（1866）= Ornithogalum L.（1753）［百合科 Liliaceae//风信子科 Hyacinthaceae］■

6266 Berylsimpsonia B. L. Turner（1993）【汉】弯刺钝柱菊属。【隶属】菊科 Asteraceae（Compositae）。【包含】世界 2 种。【学名诠释与讨论】〈阴〉（人）Beryl Brimall Simpson, 1942-, 植物学者。【分布】古巴,海地。【模式】Berylsimpsonia vanillosma（C. Wright）B. L. Turner［Proustia vanillosma C. Wright］●☆

6267 Berzelia Brongn.（1826）【汉】饰球花属（贝柏丽木属）。【隶属】饰球花科 Berzeliaceae//鳞叶树科（布鲁尼科,小叶树科）Bruniaceae。【包含】世界 12 种。【学名诠释与讨论】〈阴〉（人）Berzelius。此属的学名"Berzelia A. T. Brongniart, Ann. Sci. Nat.（Paris）8：370. Aug 1826"是一个替代名称；它替代的是废弃名称"Brunia L., Sp. Pl. 1：199. 1753［1 May 1753］（废弃属名）= Brunia Lam.（1785）（保留属名）［鳞叶树科（布鲁尼科,小叶树科）Bruniaceae］"。苋科 Amaranthaceae 的"Berzelia C. F. P. Martius, Beitr. Amaranthac. 84. 1825 ≡ Hermbstaedtia Rchb.（1828）"是一个未合格发表的名称（Nom. inval.）。亦有文献把"Berzelia Brongn.（1826）"处理为"Brunia Lam.（1785）（保留属名）"的异名。【分布】非洲南部。【后选模式】Berzelia lanuginosa（Linnaeus）A. T. Brongniart［Brunia lanuginosa Linneaus］。【参考异名】Brunia L.（1753）（废弃属名）；Brunia Lam.（1785）（保留属名）；Hermbstaedtia Rchb.（1828）；Heterodon Meisn.（1837）；Mniothamus Nied.（1891）；Rabenhorstia Rchb.（1841）Nom. illegit. ●☆

6268 Berzelia Mart.（1825）Nom. inval. ≡ Berzelia Mart.（1826）Nom. illegit.；~ ≡ Hermbstaedtia Rchb.（1828）［苋科 Amaranthaceae］■●☆

6269 Berzelia Mart.（1826）Nom. illegit. ≡ Hermbstaedtia Rchb.（1828）［苋科 Amaranthaceae］■●☆

6270 Berzeliaceae Nakai（1943）［亦见 Bruniaceae R. Br. ex DC.（保留科名）鳞叶树科（不路尼亚科,布鲁尼科,假石楠科,鳞石木科,小叶树科,小叶树木科）］【汉】饰球花科。【包含】世界 1 属 12 种。【分布】非洲。【科名模式】Berzelia Brongn. ●

6271 Beschorneria Kunth（1850）【汉】龙舌草属。【隶属】龙舌兰科 Agavaceae。【包含】世界 7-10 种。【学名诠释与讨论】〈阴〉（人）Friedrich Wilhelm Christian Beschorner, 1806-1873, 德国植物学者,医生。【分布】墨西哥,中美洲。【模式】Beschorneria tubiflora（Kunth et Bouché）Kunth［Furcraea tubiflora Kunth et Bouché］。【参考异名】Bechonneria Hort. ex Carrière（1867）■☆

6272 Besenna A. Rich.（1847）= Albizia Durazz.（1772）［豆科 Fabaceae（Leguminosae）//含羞草科 Mimosaceae］●

6273 Besha D. Dietr.（1805）= Beesha Munro（1868）Nom. illegit.；~ = Ochlandra Thwaites（1864）［禾本科 Poaceae（Gramineae）］●☆

6274 Besleria L.（1753）【汉】贝思乐苣苔属。【英】Besleria。【隶属】苦苣苔科 Gesneriaceae//贝思乐苣苔科 Besoniaceae。【包含】世界 150-200 种。【学名诠释与讨论】〈阴〉（人）Basilius Besler, 1561-1629, 德国植物学者,药剂师。此属的学名,ING 和 GCI 记载是"Besleria L., Sp. Pl. 2：619. 1753［1 May 1753］"。IK 则记载为"Besleria Plum. ex L., Sp. Pl. 2：619. 1753［1 May 1753］"。"Besleria Plum."是命名起点著作之前的名称,故"Besleria L.（1753）"和"Besleria Plum. ex L.（1753）"都是合法名称,可以通

用。【分布】巴拿马,秘鲁,玻利维亚,厄瓜多尔,哥伦比亚(安蒂奥基亚),哥斯达黎加,美国,尼加拉瓜,西印度群岛,美洲。【后选模式】Besleria lutea Linnaeus。【参考异名】Besleria Plum. ex L. (1753);Cyrtanthemum Oerst. (1861);Eriphia P. Browne(1756);Fimbrolina Raf. (1838);Gasteranthopsis Oerst. (1861);Gasteranthus Benth. (1846);Gastranthopsis Post et Kuntze(1903);Orobanche Vell. (1829)Nom. illegit.;Parabesleria Oerst. (1861);Pseudobesleria Oerst. (1861);Pterobesleria C. V. Morton(1953)●■☆

6275 Besleria Plum. ex L. (1753)≡Besleria L. (1753)[苦苣苔科Gesneriaceae//贝思乐苣苔科Besoniaceae]●■☆

6276 Besleriaceae Raf. (1838)=Gesneriaceae Rich. et Juss. (保留科名)■●

6277 Besoniaceae Bercht. et J. Presl【汉】贝思乐苣苔科。【包含】世界2属900种。【分布】美洲,西印度群岛。【科名模式】Besleria L.●■

6278 Bessera Schult. (1809)(废弃属名)=Pulmonaria L. (1753)[紫草科Boraginaceae]■●

6279 Bessera Schult. f. (1829)(保留属名)【汉】合丝韭属(白丝瑞属)。【日】ベッセラ属,ボッセラ属。【英】Coral Drops,Coral-frops,Mexican Coral Drops。【隶属】百合科Liliaceae//葱科Alliaceae。【包含】世界2-3种。【学名诠释与讨论】〈阴〉(人)Wilibald Swibert Joseph Gottlieb von Besser,1784-1842,波兰植物学者。此属的学名“Bessera Schult. f. in Linnaea 4:121. Jan 1829”是保留属名。相应的废弃属名是早出的而且极易混淆的紫草科Boraginaceae的“Bessera Schult., Observ. Bot.:27. 1809 = Pulmonaria L. (1753)”。大戟科Euphorbiaceae的“Bessera K. P. J. Sprengel, Pl. Min. Cogn. Pugil. 2:90. 1815 = Flueggea Willd. (1806)=Xylosma G. Forst. (1786)(保留属名)”和紫茉莉科Nyctaginaceae的“Bessera Vell.,Fl. Flumin. 147. 1829[1825 publ. 7 Sep-28 Nov 1829]=Pisonia L. (1753)”亦应废弃。【分布】美国(南部),墨西哥。【模式】Bessera azurea J. A. Schultes。【参考异名】Androstephium Torr. (1859);Behria Greene(1886);Pharium Herb. (1832)■☆

6280 Bessera Spreng. (1815)(废弃属名)(1)= Flueggea Willd. (1806)[大戟科Euphorbiaceae//叶下珠科(叶萝藦科)Phyllanthaceae]●

6281 Bessera Spreng. (1815)(废弃属名)(2)= Xylosma G. Forst. (1786)(保留属名)[刺篱木科(大风子科)Flacourtiaceae]●

6282 Bessera Vell. (1829)(废弃属名)= Pisonia L. (1753)[紫茉莉科Nyctaginaceae//腺果藤科(避霜花科)Pisoniaceae]●

6283 Besseya Rydb. (1903)【汉】珊瑚参属。【隶属】玄参科Scrophulariaceae//婆婆纳科Veronicaceae。【包含】世界7-9种。【学名诠释与讨论】〈阴〉(人)Bessey,植物学者。此属的学名,ING、TROPICOS和IK记载是“Besseya Rydb.,Bull. Torrey Bot. Club 30(5):279. 1903[16 May 1903]”。“Dendrema Rafinesque, Sylva Tell. 14. Oct-Dec 1838”是“Besseya Rydb. (1903)”的同模式异名(Homotypic synonym,Nomenclatural synonym)。【分布】中国,北美洲,中美洲。【模式】Besseya alpina(A. Gray)Rydberg[Synthyris alpina A. Gray]。【参考异名】Lunella Nieuwi. (1914)■

6284 Bessia Raf. (1838)= Intsia Thouars(1806)[豆科Fabaceae(Leguminosae)//云实科(苏木科)Caesalpiniaceae]●☆

6285 Bestram Adans. (1763)Nom. illegit. ≡Antidesma L. (1753)[大戟科Euphorbiaceae//五月茶科Stilaginaceae//叶下珠科(叶萝藦科)Phyllanthaceae]●

6286 Beta L. (1753)【汉】甜菜属(君荙菜属)。【日】タウヂサ属,トウヂサ属。【俄】Бурак,Кызылша,Свекла,Свёкла。【英】Beet,Chard。【隶属】藜科Chenopodiaceae//甜菜科Betaceae。【包含】世界6-13种,中国1种。【学名诠释与讨论】〈阴〉(拉)beta,甜菜。来自凯尔特语bett红色,指其根红色。【分布】巴基斯坦,玻利维亚,厄瓜多尔,哥伦比亚(安蒂奥基亚),美国,中国,地中海地区,欧洲。【模式】Beta vulgaris Linnaeus。【参考异名】Patellaria J. T. Williams et Ford-Lloyd ex J. T. Williams,A. J. Scott et Ford-Lloyd(1977)Nom. illegit.;Patellaria J. T. Williams et Ford-Lloyd,Nom. illegit.;Patellaria J. T. Williams,A. J. Scott et Ford-Lloyd(1976)Nom. illegit.;Patellifolia A. J. Scott et Ford-Lloyd,Nom. illegit.;Patellifolia A. J. Scott,Ford-Lloyd et J. T. Williams(1977)■

6287 Betaceae Burnett(1835)[亦见Amaranthaceae Juss. (保留科名)苋科和Chenopodiaceae Vent. (保留科名)藜科]【汉】甜菜科。【包含】世界1属6-13种,中国1属1种。【分布】欧洲,地中海。【科名模式】Beta L.■

6288 Betchea Schltr. (1914)= Caldcluvia D. Don(1830)[火把树科(常绿棱枝树科),角瓣木科,库诺尼科,南蔷薇科,轻木科)Cunoniaceae]●☆

6289 Betckea DC. (1830)【汉】贝才茜属。【隶属】茜草科Rubiaceae//忍冬科Caprifoliaceae//缬草科(败酱科)Valerianaceae。【包含】世界6种。【学名诠释与讨论】〈阴〉(人)Ernst Friedrich Betcke,1815-1865,德国植物学者。此属的学名是“Betckea A. P. de Candolle,Prodr. 4:642. Sep(sero)1830”。亦有文献把其处理为“Valerianella Mill. (1754)”的异名。【分布】玻利维亚。【模式】Betckea samolifolia A. P. de Candolle。【参考异名】Valerianella Mill. (1754)■☆

6290 Betela Raf. (1838)= Piper L. (1753)[胡椒科Piperaceae]●■

6291 Betenoourtia A. St. -Hil. (1833)= Galactia P. Browne(1756)[豆科Fabaceae(Leguminosae)//蝶形花科Papilionaceae]■

6292 Bethencourtia Choisy(1825)【汉】小头尾药菊属(加那利泽菊属)。【隶属】菊科Asteraceae(Compositae)。【包含】世界3种。【学名诠释与讨论】〈阴〉(人)Bethencourt。此属的学名,ING、TROPICOS和IK记载是“Bethencourtia J. D. Choisy in C. L. von Buch,Phys. Beschr. Canar. Ins. 148. 1825(post 28 Mai)”。“Canariothamnus B. Nordenstam,Comp. Newslett. 44:26. 20 Feb 2006”是“Bethencourtia Choisy(1825)”的同模式异名(Homotypic synonym,Nomenclatural synonym)。亦有文献把“Bethencourtia Choisy(1825)”处理为“Senecio L. (1753)”的异名。【分布】美洲。【模式】Bethencourtia palmensis(C. L. von Buch)J. D. Choisy[Senecio palmensis C. L. von Buch]。【参考异名】Canariothamnus B. Nord. (2006)Nom. illegit.;Senecio L. (1753)●☆

6293 Betonica L. (1753)【汉】药水苏属。【俄】Буквиза,Буквица,Буковица,Чистец。【英】Betonica,Woundwort。【隶属】唇形科Lamiaceae(Labiatae)。【包含】世界15种,中国1种。【学名诠释与讨论】〈阴〉(凯)Vettones,西班牙植物俗名。此属的学名是“Betonica Linnaeus,Sp. Pl. 573. 1 Mai 1753”。亦有文献把其处理为“Stachys L. (1753)”的异名。【分布】巴基斯坦,中国,温带欧亚大陆。【后选模式】Betonica officinalis Linnaeus。【参考异名】Stachys L. (1753)■

6294 Betula L. (1753)【汉】桦木属。【日】カバノキ属,カンバ属,シラカンバ属。【俄】Берёза,Берёза。【英】Birch。【隶属】桦木科Betulaceae。【包含】世界35-100种,中国32-40种。【学名诠释与讨论】〈阴〉(拉)betula,桦树的古名,源自凯尔特语betu桦树。【分布】巴基斯坦,美国,中国,极地,北温带,中美洲。【后选模式】Betula alba Linnaeus。【参考异名】Apterocaryon Opiz(1855);Apteroearyon(Spach)Opiz(1855);Betulaster Spach(1841);Chamaebetula Opiz(1855)Nom. illegit.●

6295 Betula-alnus Marshall(1785)= Alnus Mill. (1754)[桦木科

Betulaceae]●

6296 Betulaceae Gray(1822)(保留科名)【汉】桦木科。【日】カバノキ科、ハンノキ科。【俄】Березовые, Берёзовые。【英】Birch Family。【包含】世界 6-7 属 110-200 种,中国 6 属 89-133 种。【分布】阿根廷,安第斯山,北温带,热带山区。【科名模式】Betula L.●

6297 Betulaster Spach(1841)= Betula L.(1753)[桦木科 Betulaceae]●

6298 Beurera Kuntze(1891)= Bourreria P. Browne(1756)(保留属名)[紫草科 Boraginaceae]●☆

6299 Beureria Ehret(1755)(废弃属名)= Calycanthus L.(1759)(保留属名)[蜡梅科 Calycanthaceae]●

6300 Beureria P. Br. ex Gürke(1891)Nom. illegit.(废弃属名)= Bourreria P. Browne(1756)(保留属名)[紫草科 Boraginaceae]●☆

6301 Beureria Spreng.(1824)(废弃属名)= Bourreria P. Browne(1756)(保留属名)[紫草科 Boraginaceae]●☆

6302 Beurreria Jacq.(1760)Nom. illegit. = Bourreria P. Browne(1756)(保留属名)[紫草科 Boraginaceae]●☆

6303 Bevania Bridges ex Endl. = Desfontainia Ruiz et Pav.(1794)[豆科 Fabaceae(Leguminosae)//虎刺叶科 Desfontainiaceae//马钱科(断肠草科,马钱子科)Loganiaceae//美冬青科 Aquifoliaceae]●☆

6304 Beveria Collinson(1821)Nom. illegit. = Beureria Ehret(1755)(废弃属名);~ = Calycanthus L.(1759)(保留属名)[蜡梅科 Calycanthaceae]●

6305 Beverinckia Salisb. ex DC. = Azalea Desv.;~ = Rhododendron L.(1753)[杜鹃花科(欧石南科)Ericaceae]●

6306 Beverna Adans.(1763)(废弃属名)= Babiana Ker Gawl. ex Sims(1801)(保留属名)[鸢尾科 Iridaceae]■☆

6307 Bewsia Gooss.(1941)【汉】非洲千金子属。【隶属】禾本科 Poaceae(Gramineae)。【包含】世界 1 种。【学名诠释与讨论】〈阴〉(人)John William Bews, 1884-1938, 英国植物学者,哲学家。【分布】非洲南部。【模式】Bewsia biflora(Hackel)Goossens[Diplachne biflora Hackel]■☆

6308 Beyeria Miq.(1844)【汉】拜尔大戟属。【英】Türpentine Bush。【隶属】大戟科 Euphorbiaceae。【包含】世界 15 种。【学名诠释与讨论】〈阴〉(人)Seyer Mahling Beyer, 丹麦教士。此属的学名,ING、APNI、TROPICOS 和 IK 记载是"Beyeria Miq., Ann. Sci. Nat., Bot. sér. 3, 1:350, t. 15. 1844"。"Calyptrostigma Klotzsch in J. G. C. Lehmann, Pl. Preiss. 1:175. 9-11 Feb 1845"是"Beyeria Miq.(1844)"的晚出的同模式异名(Homotypic synonym, Nomenclatural synonym)。【分布】澳大利亚。【模式】Beyeria viscosa(Labillardière)Miquel[Croton viscosum Labillardière]。【参考异名】Beyeriopsis Müll. Arg.(1865);Calyptrostigma Klotzsch(1845)Nom. illegit.;Clavipodium Desv. ex Grruening(1913)☆

6309 Beyeriopsis Müll. Arg.(1865)= Beyeria Miq.(1844)[大戟科 Euphorbiaceae]☆

6310 Beyrichia Cham. et Schltdl.(1828)= Achetaria Cham. et Schltdl.(1827)[玄参科 Scrophulariaceae]■☆

6311 Beythea Endl.(1840)= Elaeocarpus L.(1753)[杜英科 Elaeocarpaceae]●

6312 Bezanilla J. Rémy(1849)Nom. illegit. ≡ Psilocarphus Nutt.(1840)[菊科 Asteraceae(Compositae)]■☆

6313 Bhesa Buch. - Ham. ex Arn.(1834)【汉】膝柄木属。【英】Bhesa。【隶属】卫矛科 Celastraceae。【包含】世界 5 种,中国 2 种。【学名诠释与讨论】〈阴〉词源不详。【分布】印度至马来西亚,中国,太平洋地区。【模式】未指定。【参考异名】Kurrimia Wall.(1831)Nom. inval.;Kurrimia Wall. ex Meisn.(1837)Nom. illegit.;Kurrimia Wall. ex Thwaites(1837);Nothocnestis Miq.

(1861);Pyrospermum Miq.(1861);Rhesa Walp.(1842);Trochisandra Bedd.(1871)●

6314 Bhidea Stapf ex Bor(1949)【汉】印度禾属(印比草属)。【隶属】禾本科 Poaceae(Gramineae)。【包含】世界 1-2 种。【学名诠释与讨论】〈阴〉(地)Bhidi 皮尔迪,位于印度。【分布】印度。【模式】Bhidea burnsiana Bor。■☆

6315 Bhutanthera Renz(2001)【汉】高山兰属。【隶属】兰科 Orchidaceae。【包含】世界 5 种,中国 1 种。【学名诠释与讨论】〈阴〉(地)Bhuta, 普达,位于尼泊尔+anthera, 花药。【分布】中国,东喜马拉雅山。【模式】Bhutanthera albomarginata(G. King et R. Pantling)J. Renz[Habenaria albomarginata G. King et R. Pantling]■

6316 Bia Klotzsch(1841)= Tragia L.(1753)[大戟科 Euphorbiaceae]●

6317 Biancaea Tod.(1860)【汉】多刺豆属。【隶属】豆科 Fabaceae(Leguminosae)//云实科(苏木科)Caesalpiniaceae。【包含】世界 4 种。【学名诠释与讨论】〈阴〉(人)Giuseppe Bianca, 1801-1883, 植物学者。此属的学名是"Biancaea Todaro, Nuovi Gen. Sp. Orto Palermo 21. 1860"。亦有文献把其处理为"Caesalpinia L.(1753)"的异名。【分布】参见 Caesalpinia L.(1753)。【模式】Biancaea scandens Todaro。【参考异名】Caesalpinia L.(1753)●☆

6318 Biarum Schott(1832)(保留属名)【汉】袖珍南星属(双芋属)。【英】False arum。【隶属】天南星科 Araceae。【包含】世界 15-22 种。【学名诠释与讨论】〈中〉(拉)bi- = 希腊文 bis-, 二个,二倍,双 +(属)Arum 疆南星属。此属的学名"Biarum Schott in Schott et Endlicher, Melet. Bot.:17. 1832"是保留属名。相应的废弃属名是天南星科 Araceae 的"Homaid Adans., Fam. Pl. 2:470, 584. Jul - Aug 1763 ≡ Biarum Schott(1832)(保留属名)"。"Homaïd Adanson, Fam. 2:470. Jul - Aug 1763(废弃属名)"和"Stenurus R. A. Salisbury, Gen. 5. Apr-Mai 1866"是"Biarum Schott(1832)(保留属名)"的同模式异名(Homotypic synonym, Nomenclatural synonym)。【分布】中国,地中海地区。【模式】Biarum tenuifolium(Linnaeus)H. W. Schott[Arum tenuifolium Linnaeus]。【参考异名】Cyllenium Schott(1858);Homaid Adans.(1763)(废弃属名);Homaida Kuntze;Ischarum(Blume)Rchb.(1841)Nom. illegit.;Ischarum Blume(1837)Nom. inval.;Leptopetion Schott(1858);Stenurus Salisb.(1866)Nom. illegit.■

6319 Biaslia Vand.(1788)= Mayaca Aubl.(1775)[三蕊细叶草科(花水藓科)Mayacaceae]■☆

6320 Biasolettia Bertol.(1837)Nom. illegit. ≡ Physocaulis(DC.)Tausch(1834)Nom. illegit.;~ ≡ Myrrhoides Heist. ex Fabr.(1759)[伞形花科(伞形科)Apiaceae(Umbelliferae)]■☆

6321 Biasolettia C. Presl(1835)= Hernandia L.(1753)[莲叶桐科 Hernandiaceae]●

6322 Biasolettia Endl.(1840)Nom. illegit. = Biasolettia C. Presl(1835)[莲叶桐科 Hernandiaceae]●

6323 Biasolettia Pohl ex Baker(1876)Nom. illegit. = Eupatorium L.(1753)[菊科 Asteraceae(Compositae)//泽兰科 Eupatoriaceae]■●

6324 Biasolettia W. D. J. Koch(1837)Nom. illegit. ≡ Freyera Rchb.(1837);~ = Geocaryum Coss.(1851)[伞形花科(伞形科)Apiaceae(Umbelliferae)]■☆

6325 Biatherium Desv.(1831)= Gymnopogon P. Beauv.(1812)[禾本科 Poaceae(Gramineae)]■☆

6326 Biauricula Bubani(1901)Nom. illegit. ≡ Iberis L.(1753)[十字花科 Brassicaceae(Cruciferae)]●■

6327 Bicchia Parl.(1860)Nom. illegit. ≡ Pseudorchis Ség.(1754);~ = Habenaria Willd.(1805);~ = Leucorchis E. Mey.(1839)[兰科 Orchidaceae]■☆

6328 Bichea Stokes(1812)（废弃属名）= Cola Schott et Endl.（1832）（保留属名）［梧桐科 Sterculiaceae//锦葵科 Malvaceae］●☆

6329 Bichenia D. Don（1830）= Trichocline Cass.（1817）［菊科 Asteraceae(Compositae)］☆

6330 Bicornaceae Dulac = Saxifragaceae Juss.（保留科名）●■

6331 Bicornella Lindl.（1834）= Cynorkis Thouars（1809）［兰科 Orchidaceae］■☆

6332 Bicorona A. DC.（1844）= Melodinus J. R. Forst. et G. Forst.（1775）［夹竹桃科 Apocynaceae］●

6333 Bicuccula Adans.（1763）Nom. illegit. = Bikukulla Adans.（1763）（废弃属名）; ~ = Dicentra Bernh.（1833）（保留属名）［罂粟科 Papaveraceae//紫堇科（荷苞牡丹科）Fumariaceae］■

6334 Bicuculla Borkh.（1797）Nom. illegit. ≡ Adlumia Raf. ex DC.（1821）（保留属名）［罂粟科 Papaveraceae//紫堇科（荷苞牡丹科）Fumariaceae］■

6335 Bicucullaria Juss.（1840）Nom. illegit. ≡ Bicucullaria Juss. ex Steud.（1840）; ~ = Dicentra Bernh.（1833）（保留属名）［罂粟科 Papaveraceae//紫堇科（荷苞牡丹科）Fumariaceae］■☆

6336 Bicucullaria Juss. ex Steud.（1840）= Dicentra Bernh.（1833）（保留属名）［罂粟科 Papaveraceae//紫堇科（荷苞牡丹科）Fumariaceae］■

6337 Bicucullata Juss. ex Borkh.（1797）Nom. inval. = Diclytra Borkh.（1797）（废弃属名）; ~ = Dicentra Bernh.（1833）（保留属名）［罂粟科 Papaveraceae//紫堇科（荷苞牡丹科）Fumariaceae］■

6338 Bicucullata Marchant ex Adans.（1763）= Bicucullaria Juss. ex Steud.（1840）; ~ = Dicentra Bernh.（1833）（保留属名）［罂粟科 Papaveraceae//紫堇科（荷苞牡丹科）Fumariaceae］●■

6339 Bicuiba W. J. de Wilde（1992）【汉】比蔻木属。【隶属】肉豆蔻科 Myristicaceae。【包含】世界 1 种。【学名诠释与讨论】〈阴〉来自巴西植物俗名。【分布】巴西（东南部）。【模式】Bicuiba oleifera（H. W. Schott）W. J. J. O. de Wilde［Myristica oleifera H. W. Schott］●☆

6340 Bicuspidaria（S. Watson）Rydb.（1903）= Mentzelia L.（1753）［刺莲花科（硬毛草科）Loasaceae］●■☆

6341 Bicuspidaria Rydb.（1903）Nom. illegit. ≡ Bicuspidaria（S. Watson）Rydb.（1903）; ~ = Mentzelia L.（1753）［刺莲花科（硬毛草科）Loasaceae］■☆

6342 Bidaria（Endl.）Decne.（1844）= Gymnema R. Br.（1810）［萝藦科 Asclepiadaceae］●

6343 Bidaria Decne.（1844）Nom. illegit. ≡ Bidaria（Endl.）Decne.（1844）; ~ = Gymnema R. Br.（1810）［萝藦科 Asclepiadaceae］●

6344 Bidaria Endl.，Nom. illegit. = Gymnema R. Br.（1810）［萝藦科 Asclepiadaceae］●

6345 Bidens L.（1753）【汉】鬼针草属（鬼针属，狼杷草属）。【日】センダングサ属，タウコギ属。【俄】Череда。【英】Beggar Tick, Beggarticks, Beggar - ticks, Bur Marigold, Bur - marigold, Cuckold, Pitchfork, Sticktight, Stick - tights, Tickseed。【隶属】菊科 Asteraceae(Compositae)。【包含】世界 240-280 种，中国 11 种。【学名诠释与讨论】〈阴〉（拉）Bidens，拉丁古名。来自 bi- = 希腊文 bis，二个，二倍，双 +dens，所有格 dentis，齿。指瘦果具二齿。此属的学名，ING、APNI、TROPICOS 和 IK 记载是"Bidens L.，Sp. Pl. 2；831. 1753［1 May 1753］"。"Forbicina Séguier，Pl. Veron. 3；283. Jul-Aug 1754"是"Bidens L.（1753）"的晚出的同模式异名（Homotypic synonym, Nomenclatural synonym）。【分布】巴拉圭，巴拿马，玻利维亚，厄瓜多尔，哥伦比亚（安蒂奥基亚），马达加斯加，美国（密苏里），尼泊尔，尼加拉瓜，中国，中美洲。【后选模式】Bidens tripartita Linnaeus。【参考异名】Adenolepis Sch. Bip.;

Campylotheca Cass.（1827）; Ceratocephalus Cass.（1817）Nom. illegit.; Ceratocephalus Rich. ex Pers.（1807）Nom. illegit.; Ceratocephalus Vaill. ex Cass.（1817）; Delucia DC.（1836）; Edwardsia Endl.（1838）Nom. illegit. Edwardsia Neck.（1790）Nom. illegit.; Edwarsia Neck.（1790）Nom. inval.; Forbicina Ség.（1764）Nom. illegit.; Gemella Hill（1761）; Heliophthalmum Raf.（1817）; Kerneria Moench（1794）; Megalodonta Greene（1901）; Microlecane Sch. Bip. ex Benth.（1873）Nom. illegit.; Microlecane Sch. Bip. ex Benth. et Hook. f.（1873）; Pluridens Neck.（1790）Nom. inval. ■●

6346 Biderdykia(L.) Dum. Cours. = Polygonum L.（1753）（保留属名）［蓼科 Polygonaceae］●

6347 Bidwillia Herb.（1844）Nom. illegit. ≡ Bidwellia Herb.（1844）Nom. illegit.; ~ = Asphodelus L.（1753）［阿福花科 Asphodelaceae//吊兰科（猴面包科，猴面包树科）Anthericaceae//百合科 Liliaceae］■☆

6348 Bidwillia Herb. ex Lindl.（1847）Nom. inval.，Nom. nud. = Bidwellia Herb.（1844）Nom. illegit.; ~ = Asphodelus L.（1753）［阿福花科 Asphodelaceae//吊兰科（猴面包科，猴面包树科）Anthericaceae//百合科 Liliaceae］■☆

6349 Biebersteinia Stephan ex Fisch.（1808）Nom. illegit. ≡ Biebersteinia Stephan（1806）［牻牛儿苗科 Geraniaceae//熏倒牛科 Biebersteiniaceae］■

6350 Biebersteinia Stephan（1806）【汉】熏倒牛属。【俄】Биберштейния。【英】Biebersteinia。【隶属】牻牛儿苗科 Geraniaceae//熏倒牛科 Biebersteiniaceae。【包含】世界 5 种，中国 3 种。【学名诠释与讨论】〈阴〉（人）Friedrich August Marschall von Bieberstein，1768-1826，德国植物学者，探险家。此属的学名，ING 和 IK 记载是"Biebersteinia Stephan, Zap. Obshch. Isp. Prir. Imp. Moskovsk. Univ. 1；126. 1806"。"Biebersteinia Stephan ex Fisch.，Hort. Gorenk. 88，1808 ≡ Biebersteinia Stephan（1806）"是晚出的非法名称。【分布】巴基斯坦，中国，希腊至亚洲中部。【模式】Biebersteinia odora Stephan。【参考异名】Biebersteinia Stephan ex Fisch.（1808）Nom. illegit.; Dayenia Michx. ex Jaub. et Spach（1846）■

6351 Biebersteiniaceae Endl.（1841）［亦见 Geraniaceae Juss.（保留科名）牻牛儿苗科］【汉】熏倒牛科。【包含】世界 1 属 5 种，中国 1 属 3 种。【分布】欧洲东南部至亚洲中部。【科名模式】Biebersteinia Stephan ex Fisch. ■

6352 Biebersteiniaceae Schnizl.（1856）= Geraniaceae Juss.（保留科名）●●

6353 Bielschmeidia Pancher et Sebert（1874）= Beilschmiedia Nees（1831）［樟科 Lauraceae］●

6354 Bielzia Schur（1866）Nom. illegit. ≡ Centaurea L.（1753）（保留属名）［菊科 Asteraceae(Compositae)//矢车菊科 Centaureaceae］●■

6355 Bieneria Rchb. f.（1853）= Chloraea Lindl.（1827）［兰科 Orchidaceae］■☆

6356 Bienertia Bunge ex Boiss.（1879）【汉】翅果蓬属。【俄】Бинерция。【隶属】藜科 Chenopodiaceae。【包含】世界 1 种。【学名诠释与讨论】〈阴〉（人）Theophil Bienert，? -1873，植物学者。此属的学名，ING 和 TROPICOS 记载是"Bienertia Bunge ex Boissier, Fl. Orient. 4；945. Apr - Jun 1879"。IK 则记载为"Bienertia Bunge, Trudy Imp. S. -Peterburgsk. Bot. Sada vi.（1879）II. 425;et in Boiss. Fl. Orient. iv. 945（1879）"。【分布】亚洲中部和西部。【模式】Bienertia cycloptera Bunge。【参考异名】Bienertia Bunge（1879）■☆

6357 Bienertia Bunge（1879）= Bienertia Bunge ex Boiss.（1879）［藜科

Chenopodiaceae]■☆

6358 Biermannia King et Pantl. (1897)【汉】胼胝兰属(尖囊兰属,胼胝体兰属)。【英】Biermannia。【隶属】兰科 Orchidaceae。【包含】世界2-9种,中国1种。【学名诠释与讨论】〈阴〉(人)Adolph (Adolf) Biermann,德国人。【分布】印度,中国。【模式】Biermannia quinquecallosa G. King et R. Pantling。■

6359 Bifaria(Hack.) Kuntze(1898) Nom. illegit. = Mesosetum Steud. (1854)[禾本科 Poaceae(Gramineae)]■☆

6360 Bifaria Kuntze(1898) Nom. illegit. ≡ Bifaria (Hack.) Kuntze (1898) Nom. illegit. ;~ = Mesosetum Steud. (1854)[禾本科 Poaceae(Gramineae)]■☆

6361 Bifaria Tiegh. (1896) = Korthalsella Tiegh. (1896)[桑寄生科 Loranthaceae]●

6362 Bifariaceae Nakai(1952) = Santalaceae R. Br. (保留科名);~ = Viscaceae Miq. ●■

6363 Bifolium Nieuwl. (1913) Nom. illegit. ≡ Bifolium Petiver ex Nieuwl.(1913) Nom. illegit. ;~ = Listera R. Br. (1813)(保留属名)[兰科 Orchidaceae]■

6364 Bifolium P. Gaertn., B. Mey. et Scherb. (1799) Nom. illegit. ≡ Maianthemum F. H. Wigg. (1780)(保留属名)[百合科 Liliaceae//铃兰科 Convallariaceae]■

6365 Bifolium Petiver ex Nieuwl. (1913) Nom. illegit. ≡ Listera R. Br. (1813)(保留属名)[兰科 Orchidaceae]■

6366 Bifolium Petiver(1764) Nom. inval. ≡ Bifolium Petiver ex Nieuwl. (1913) Nom. illegit. ;~ ≡ Listera R. Br. (1813)(保留属名)[兰科 Orchidaceae]■

6367 Bifora Hoffm. (1816)(保留属名)【汉】双孔芹属。【俄】Бифора, Двойчатка。【英】Bifora。【隶属】伞形花科(伞形科) Apiaceae(Umbelliferae)。【包含】世界3种。【学名诠释与讨论】〈阴〉(拉) bi-,二个,二倍,双 + foris,门。此属的学名"Bifora Hoffm. , Gen. Pl. Umbell. , ed. 2 : xxxiv, 191. 1816(post 15 Mai)"是保留属名。法规未列出相应的废弃属名。"Anidrum Necker ex Rafinesque, Good Book 59. Jan 1840"是"Bifora Hoffm. (1816)(保留属名)"的晚出的同模式异名(Homotypic synonym, Nomenclatural synonym)。【分布】地中海至亚洲中部。【模式】B Bifora. dicocca G. F. Hoffmann, Nom. illegit. [Coriandrum testiculatum Linnaeus; Bifora testiculata (Linnaeus) K. P. J. Sprengel]。【参考异名】Anidrum Neck. (1790) Nom. inval. ; Anidrum Neck. ex Raf. (1840) Nom. illegit. ; Atrema DC. (1829); Biforis Spreng. (1817); Corion Hoffmanns. et Link(1840); Corium Post et Kuntze(1903)■☆

6368 Biforis Spreng. (1817) = Bifora Hoffm. (1816)(保留属名)[伞形花科(伞形科) Apiaceae(Umbelliferae)]■☆

6369 Bifrenaria Lindl. (1832)【汉】比佛瑞纳兰属(双柄兰属,二缰兰属)。【日】ビフレナリア属,ビフレナーリア属。【英】Bifrenaria。【隶属】兰科 Orchidaceae。【包含】世界 10-24 种。【学名诠释与讨论】〈阴〉(拉) bi-,二个 + frenum,纽 + -arius,-aria,-arium,指示"属于、相似、具有、联系"的词尾。另说 frenum,马勒,抑制。【分布】巴拿马,秘鲁,玻利维亚,厄瓜多尔,热带南美洲。【模式】Bifrenaria atropurpurea (Loddiges) J. Lindley [Maxillaria atropurpurea Loddiges]。【参考异名】Adipe Raf. (1837); Guanchezia G. A. Romero et Carnevali(2000); Stenocoryne Lindl. (1843)■☆

6370 Bigamea K. Koenig ex Endl. (1840) Nom. illegit. ≡ Ancistrocladus Wall. (1829)(保留属名)[钩枝藤科 Ancistrocladaceae]●

6371 Bigelonia Raf. (1819) = Bigelowia Raf. (1817)(废弃属名);~ = Stellaria L. (1753)[石竹科 Caryophyllaceae]■☆

6372 Bigelovia Sm. (1819) Nom. illegit. ≡ Forestiera Poir. (1810)(保留属名)[木犀榄科(木犀科) Oleaceae]●☆

6373 Bigelovia Spreng. (1820) Nom. illegit. = Casearia Jacq. (1760)[刺篱木科(大风子科) Flacourtiaceae//天料木科 Samydaceae]●

6374 Bigelovia Spreng. (1824) Nom. illegit. ≡ Borreria G. Mey. (1818)(保留属名);~ = Spermacoce L. (1753)[茜草科 Rubiaceae//繁缕科 Alsinaceae]●■

6375 Bigelowia DC. (1830) Nom. inval. (废弃属名)≡ Bigelovia Spreng. (1824) Nom. illegit. ;~ ≡ Borreria G. Mey. (1818)(保留属名)[茜草科 Rubiaceae//繁缕科 Alsinaceae]. ■

6376 Bigelowia DC. (1836)(保留属名)【汉】暗黄花属。【英】Rayless-goldenrod。【隶属】菊科 Asteraceae(Compositae)。【包含】世界2种。【学名诠释与讨论】〈阴〉(人) Jacob Bigelow, 1787-1879,美国医生、植物学者。此属的学名"Bigelowia DC. , Prodr. 5 : 329. 1-10 Oct 1836"是保留属名。相应的废弃属名是石竹科 Caryophyllaceae 的"Bigelowia Raf. in Amer. Monthly Mag. et Crit. Rev. 1 : 442. Oct 1817 = Stellaria L. (1753)"和菊科 Asteraceae 的"Pterophora L. , Pl. Rar. Afr. : 17. 20 Dec 1760 ≡ Bigelowia DC. (1836)(保留属名)"。堇菜科 Violaceae 的"Bigelowia DC. ex Ging. (1824) = Noisettia Kunth(1823)"、茜草科 Rubiaceae 的"Bigelowia DC. (1830) ≡ Bigelovia Spreng. (1824) Nom. illegit. ≡ Borreria G. Mey. (1818)(保留属名)"亦须废弃。萝藦科 Asclepiadaceae 的"Pterophora Harv. , Gen. S. Afr. Pl. 223. 1838 ≡ Dregea E. Mey. (1838)(保留属名)"和菊科 Asteraceae 的"Pterophora Neck. , Elem. Bot. (Necker)1 : 78. 1790; nom. invalid."也要废弃。"Bigelowia DC. (1830)"是未合格发表的名称。【分布】巴基斯坦,北美洲至厄瓜多尔。【模式】Bigelowia nudata (A. Michaux) A. P. de Candolle [Chrysocoma nudata A. Michaux]。【参考异名】Aciclinium Torr. et A. Gray (1842); Chondrophora Raf. (1838) Nom. inval. ; Chondrophora Raf. ex Porter et Britton(1894) Nom. illegit. ; Pterophora L. (1760)(废弃属名)●☆

6377 Bigelowia DC. ex Ging. (1824)(废弃属名) = Noisettia Kunth (1823)[堇菜科 Violaceae]■☆

6378 Bigelowia Raf. (1817)(废弃属名) = Stellaria L. (1753)[石竹科 Caryophyllaceae]■

6379 Biggina Raf. (1838) = Salix L. (1753)(保留属名)[杨柳科 Salicaceae]●

6380 Biglandularia H. Karst. (1857) = Leiphaimos Cham. et Schltdl. (1831)[龙胆科 Gentianaceae]■☆

6381 Biglandularia Seem. (1868) Nom. illegit. ≡ Rosanowia Regel (1872);~ = Sinningia Nees(1825)[苦苣苔科 Gesneriaceae]●■☆

6382 Bignonia L. (1753)(保留属名)【汉】紫葳属(比格诺藤属,卷须紫葳属)。【日】ツリガネカズラ属。【俄】Бигнония。【英】Bignonia, Cross Vine, Trumpet-creper。【隶属】紫葳科 Bignoniaceae。【包含】世界1种,中国3种。【学名诠释与讨论】〈阴〉(人) Abbe Jean Paul Bignon, 1662-1743,植物学赞助人。此属的学名"Bignonia L. , Sp. Pl. : 622. 1 Mai 1753"是保留属名。法规未列出相应的废弃属名。"Anisostichus Bureau, Monogr. Bignon. 43. t. 6. 1864"是"Bignonia L. (1753)(保留属名)"的晚出的同模式异名(Homotypic synonym, Nomenclatural synonym)。【分布】巴基斯坦,巴拉圭,玻利维亚,马达加斯加,美国(密苏里),尼加拉瓜,中国,北美洲,中美洲。【模式】Bignonia capreolata Linnaeus。【参考异名】Alsocydia Mart. ex DC. (1845) Nom. inval. , Nom. nud. ; Anisostichus Bureau(1864) Nom. illegit. ; Anisostictus Benth. et Hook. f. (1876); Batocydia Mart. ex DC. (1845) Nom. inval. ; Bygnonia Barcena (1873); Doxantha Miers (1863); Exsertanthera Pichon(1946); Sparattosperma Mart. ex DC.

（1840）；Sparattosperma Mart. ex Meisn.（1840）；Temnocydia Mart. ex DC.（1845）●

6383　Bignoniaceae Juss.（1789）（保留科名）【汉】紫葳科。【日】ノイゼンカツラ科，ノウゼンカズラ科。【俄】Бигнониевые。【英】Bignonia Family，Creeper Family，Trumpet Creeper Family，Trumpet-creeper Family。【包含】世界 100-120 属 650-870 种，中国 12-24 属 35-63 种。【分布】热带，少量在温带。【科名模式】Bignonia L.●■

6384　Bihai Mill.（1754）（废弃属名）≡Heliconia L.（1771）（保留属名）［芭蕉科 Musaceae//鹤望兰科（旅人蕉科）Strelitziaceae//蝎尾蕉科（赫蕉科）Heliconiaceae］■

6385　Bihaia Kuntze（1891）＝Heliconia L.（1771）（保留属名）［芭蕉科 Musaceae//鹤望兰科（旅人蕉科）Strelitziaceae//蝎尾蕉科（赫蕉科）Heliconiaceae］■

6386　Bihania Meisn.（1864）＝Eusideroxylon Teijsm. et Binn.（1863）（保留属名）［樟科 Lauraceae］●☆

6387　Bijlia H. E. K. Hartmann（1992）Nom. illegit. ＝Bijlia N. E. Br.（1928）［番杏科 Aizoaceae］■☆

6388　Bijlia N. E. Br.（1928）【汉】碧波属。【日】ビイリア属。【隶属】番杏科 Aizoaceae。【包含】世界 1 种。【学名诠释与讨论】〈阴〉（人）After Paul Andries van der Byl（Bijl），1888-1939，肉质植物采集者。此属的学名，ING 和 IK 记载为"Bijlia N. E. Brown，J. Bot. 66：267. Sep 1928"。"Bijlia H. E. K. Hartmann，Cact. Succ. J.（Los Angeles）64（4）：178，homonym. 1992＝Bijlia N. E. Br.（1928）"是晚出的非法名称。【分布】非洲南部。【模式】Bijlia cana（A. H. Haworth）N. E. Brown［Mesembryanthemum canum A. H. Haworth］。【参考异名】Bijlia H. E. K. Hartmann（1992）Nom. illegit.；Bolusanthemum Schwantes（1928）■☆

6389　Bikai Adans.（1763）Nom. inval.［蝎尾蕉科（赫蕉科）Heliconiaceae］■☆

6390　Bikera Adans.（1763）Nom. illegit. ≡Tetragonotheca L.（1753）［菊科 Asteraceae（Compositae）］■☆

6391　Bikinia Wieringa（1999）【汉】碧波豆属。【隶属】豆科 Fabaceae（Leguminosae）。【包含】世界 10 种。【学名诠释与讨论】〈阴〉（人）Bikin。【分布】非洲。【模式】Bikinia media J. J. Wieringa。●☆

6392　Bikkia Reinw.（1825）（保留属名）【汉】比克茜属。【隶属】茜草科 Rubiaceae。【包含】世界 20 种。【学名诠释与讨论】〈阴〉（人）Bikk. 此属的学名"Bikkia Reinw. in Syll. Pl. Nov. 2：8. 1825"是保留属名。法规未列出相应的废弃属名。但是茜草科 Rubiaceae 的"Bikkia Reinw. ex Blume, Bijdr. Fl. Ned. Ind. 16：1017，in syn.［Oct 1826-Nov 1827］"应该废弃。【分布】马来西亚（东部），波利尼西亚群岛。【模式】Bikkia grandiflora Reinwardt, Nom. illegit.［Portlandia tetrandra Linnaeus f.；Bikkia tetrandra（Linnaeus f.）A. Gray］。【参考异名】Bikkia Reinw. ex Blume（1826-1827）（废弃属名）；Bikkiopsis Brongn. et Gris（1866）；Cormigonus Raf.（1820）；Grisia Brongn.（1866）；Tatea Seem.（1866）Nom. illegit.；Thiollierea Montrouz.（1860）●☆

6393　Bikkia Reinw. ex Blume（1826-1827）（废弃属名）＝Bikkia Reinw.（1825）（保留属名）［茜草科 Rubiaceae］●☆

6394　Bikkiopsis Brongn. et Gris（1866）＝Bikkia Reinw.（1825）（保留属名）［茜草科 Rubiaceae］●☆

6395　Bikukulla Adans.（1763）（废弃属名）＝Dicentra Bernh.（1833）（保留属名）［罂粟科 Papaveraceae//紫堇科（荷包牡丹科）Fumariaceae］■

6396　Bilabium Miq.（1856）＝Chirita Buch. -Ham. ex D. Don（1822）；～＝Didymocarpus Wall.（1819）（保留属名）［苦苣苔科 Gesneriaceae］●■

6397　Bilabrella Lindl.（1834）＝Habenaria Willd.（1805）［兰科 Orchidaceae］■

6398　Bilacunaria Pimenov et V. N. Tikhom.（1983）【汉】双沟芹属。【隶属】伞形花科（伞形科）Apiaceae（Umbelliferae）。【包含】世界 5 种。【学名诠释与讨论】〈阴〉（拉）bi-，二个，二倍，双+lacuna，沟，坑+-arius，-aria，-arium，指示"属于、相似、具有、联系"的词尾。【分布】地中海东部，高加索。【模式】Bilacunaria microcarpa（Marschall von Bieberstein）M. G. Pimenov et V. N. Tikhomirov［Cachrys microcarpa Marschall von Bieberstein］■☆

6399　Bilacus Kuntze（1891）Nom. illegit. ≡Bilacus Rumph. ex Kuntze（1891）Nom. illegit.；～＝Aegle Corrmp（1800）（保留属名）［芸香科 Rutaceae］●

6400　Bilacus Rumph.（1741）Nom. inval. ≡Bilacus Rumph. ex Kuntze（1891）Nom. illegit.；～＝Aegle Corrmp（1800）（保留属名）［芸香科 Rutaceae］●

6401　Bilacus Rumph. ex Kuntze（1891）Nom. illegit. ＝Aegle Corrêa（1800）（保留属名）［芸香科 Rutaceae］●

6402　Bilamista Raf.（1836）＝Gentiana L.（1753）［龙胆科 Gentianaceae］■

6403　Bilderdykia Dumort.（1827）Nom. illegit. ≡Tiniaria（Meisn.）Rchb.（1837）；～＝Fallopia Adans.（1763）［蓼科 Polygonaceae］●■

6404　Bilegnum Brand（1915）【汉】肖翅果草属。【隶属】紫草科 Boraginaceae。【包含】世界 2 种。【学名诠释与讨论】〈中〉词源不详。此属的学名是"Bilegnum A. Brand, Repert. Spec. Nov. Regni Veg. 13：549. 15 Sep 1915"。亦有文献把其处理为"Rindera Pall.（1771）"的异名。【分布】伊朗（北部），亚洲中部。【模式】Bilegnum bungei（Boissier）A. Brand［Mattia bungei Boissier］。【参考异名】Rindera Pall.（1771）■☆

6405　Bileveillea Vaniot（1904）＝Blumea DC.（1833）（保留属名）［菊科 Asteraceae（Compositae）］■●

6406　Billardiera Moench（1794）Nom. illegit. ＝Verbena L.（1753）［马鞭草科 Verbenaceae］■●

6407　Billardiera Sm.（1793）【汉】藤海桐属（比拉碟兰属，长花海桐花属）。【日】ツツアナナス属。【英】Apple Berry，Billardiera。【隶属】海桐花科（海桐科）Pittosporaceae。【包含】世界 9-30 种。【学名诠释与讨论】〈阴〉（人）Jacques Julien Houtou de Labillardière，1755-1834，法国植物学者。此属的学名，ING、APNI、GCI 和 IK 记载为"Billardiera J. E. Smith, Spec. Bot. New Holland 1：1. t. 1. 1 Oct 1793"。马鞭草科 Verbenaceae 的"Billardiera Moench, Methodus（Moench）369. 1794［4 May 1794］＝Verbena L.（1753）"和茜草科 Rubiaceae 的"Billardiera Vahl, Eclog. Amer. 1：13，t. 10. 1797＝Coussarea Aubl.（1775）"都是晚出的非法名称。【分布】澳大利亚，玻利维亚。【模式】Billardiera scandens J. E. Smith。【参考异名】Marianthus Hügel ex Endl.（1837）●■☆

6408　Billardiera Vahl（1797）Nom. illegit. ＝Coussarea Aubl.（1775）［茜草科 Rubiaceae］●☆

6409　Billbergia Thunb.（1821）【汉】水塔花属（比尔贝亚属，必尔褒奇属，凤兰属，红苞凤梨属，芘尔贝属，水塔凤梨属，筒凤梨属，筒状凤梨属）。【日】アカバナハナオンライ属，ツツアナナス属。【俄】Билльбергия。【英】Airbroom，Billbergia，Watertowerflower。【隶属】凤梨科 Bromeliaceae。【包含】世界 56-62 种，中国 2 种。【学名诠释与讨论】〈阴〉（人）Gustaf Johan Billberg，1772-1844，瑞典植物学者。【分布】巴拉圭，巴拿马，秘鲁，玻利维亚，厄瓜多尔，哥伦比亚（安蒂奥基亚），哥斯达黎加，尼加拉瓜，中国，中美洲。【模式】Billbergia speciosa Thunberg。【参考异名】Anacyclia Hoffmanns.（1833）；Cremobotrys Beer（1854）Nom. illegit.；

Eucallias Raf. (1838); Helicodea Lem. (1864) Nom. illegit.; Jonghea Lem. (1852); Libonia Lem. (1855) Nom. illegit. ∎

6410 Billburttia Magee et B. -E. van Wyk(2009)【汉】马岛草属。【隶属】伞形科（伞形科）Apiaceae（Umbelliferae）。【包含】世界2种。【学名诠释与讨论】〈阴〉（人）Bill Burtt。【分布】马达加斯加。【模式】Billburttia capensoides Sales et Hedge。☆

6411 Billia Peyr. (1858)（保留属名）【汉】三叶树属。【隶属】七叶树科 Hippocastanaceae。【包含】世界2种。【学名诠释与讨论】〈阴〉（人）Bill。此属的学名"Billia Peyr. in Bot. Zeitung（Berlin）16：153. 28 Mai 1858"是保留属名。相应的废弃属名是菊科 Asteraceae 的" Billya Cass. in Cuvier, Dict. Sci. Nat. 34：38. Apr 1825 = Helichrysum Mill. (1754)（保留属名）= Petalacte D. Don (1826)"。【分布】巴拿马，厄瓜多尔，哥伦比亚（安蒂奥基亚），美国，尼加拉瓜，墨西哥南部至热带南美洲，中美洲。【模式】Billia hippocastanum Peyritsch。☆

6412 Billieturnera Fryxell(1982)【汉】图尔锦葵属。【隶属】锦葵科 Malvaceae。【包含】世界1种。【学名诠释与讨论】〈阴〉（人）Billie Lee Turner, 1925-，植物学者。此属的学名"Billieturnera Fryxell, Sida 9(3)：195"是"Sida sect. Icanifolia Clement"的替代名称。【分布】美国，墨西哥。【模式】Sida grayana I. D. Clement。【参考异名】Sida sect. Icanifolia Clement ●☆

6413 Billiotia Endl. (1837) Nom. illegit. = Billotia G. Don(1834)［桃金娘科 Myrtaceae]●☆

6414 Billiotia G. Don(1834) Nom. illegit. ≡ Billiottia DC. (1830) Nom. illegit.; ~ = Melanopsidium Colla (1824) Nom. illegit.; ~ = Melanopsidium Cels ex Colla(1824)［茜草科 Rubiaceae]●☆

6415 Billiotia Rchb. (1841) Nom. illegit. = Agonis (DC.) Sweet(1830)（保留属名）; ~ = Billottia R. Br. (1832) Nom. illegit.; ~ = Agonis (DC.) Sweet(1830)（保留属名）桃金娘科 Myrtaceae]●☆

6416 Billiottia DC. (1830) Nom. illegit. ≡ Melanopsidium Colla(1824) Nom. illegit.; ~ = Melanopsidium Cels ex Colla (1824)［茜草科 Rubiaceae]●☆

6417 Billiottia Endl. (1838) Nom. illegit. = Billiottia DC. (1830) Nom. illegit.; ~ = Melanopsidium Colla (1824) Nom. illegit.; ~ = Melanopsidium Cels ex Colla(1824)［茜草科 Rubiaceae]●☆

6418 Billolivia D. J. Middleton(2014)【汉】中南苣苔属。【隶属】苦苣苔科 Gesneriaceae。【包含】世界1种。【学名诠释与讨论】〈阴〉词源不详。【分布】越南，中南半岛。【模式】Billolivia longipetiolata D. J. Middleton et Luu。☆

6419 Billotia Colla (1824) = Calothamnus Labill. (1806)［桃金娘科 Myrtaceae]●☆

6420 Billotia G. Don (1832) Nom. illegit. ≡ Billotia R. Br. ex G. Don (1832) Nom. illegit.; ~ = Agonis (DC.) Sweet(1830)（保留属名）［桃金娘科 Myrtaceae]●☆

6421 Billotia R. Br. ex G. Don (1832) Nom. illegit. ≡ Agonis (DC.) Sweet(1830)（保留属名）［桃金娘科 Myrtaceae]●☆

6422 Billotia Sch. Bip. (1841) Nom. illegit. ≡ Barkhausia Moench (1794); ~ = Crepis L. (1753)［菊科 Asteraceae(Compositae)]∎

6423 Billottia Colla (1824) = Calothamnus Labill. (1806)［桃金娘科 Myrtaceae]●☆

6424 Billottia R. Br. (1832) Nom. illegit. = Agonis (DC.) Sweet(1830)（保留属名）［桃金娘科 Myrtaceae]●☆

6425 Billya Cass. (1825)（废弃属名）= Helichrysum Mill. (1754)［as 'Elichrysum']（保留属名）; ~ = Petalacte D. Don (1826)［菊科 Asteraceae(Compositae)//蜡菊科 Helichrysaceae]●∎

6426 Biltia Small(1903)= Rhododendron L. (1753)［杜鹃花科（欧石南科）Ericaceae]●

6427 Bima Noronha(1790) = Castanopsis (D. Don) Spach(1841)（保留属名）+ Nephelium L.［壳斗科（山毛榉科）Fagaceae]●

6428 Bimcroftia Billb. = Arracacia Bancr. (1828)［伞形科（伞形科）Apiaceae(Umbelliferae)]∎☆

6429 Binaria Raf. (1838) = Bauhinia L. (1753)［豆科 Fabaceae (Leguminosae)//云实科（苏木科）Caesalpiniaceae//羊蹄甲科 Bauhiniaceae]●

6430 Bindera Raf. (1836) = Aster L. (1753)［菊科 Asteraceae (Compositae)]●∎

6431 Binectaria Forssk. (1775) = Imbricaria Comm. ex Juss. (1789); ~ = Mimusops L. (1753)［山榄科 Sapotaceae]●☆

6432 Bingeria A. Chev. (1909) = Turraeanthus Baill. (1874)［楝科 Meliaceae]●

6433 Binghamia Backeb. = Borzicactus Riccob. (1909)［仙人掌科 Cactaceae]∎☆

6434 Binghamia Britton et Rose(1920) Nom. illegit. ≡ Pseudoespostoa Backeb. (1933); ~ = Espostoa Britton et Rose (1920); ~ = Haageocereus Backeb. (1933) + Pseudoespostoa Backeb. (1933)［仙人掌科 Cactaceae]∎

6435 Binia Noronha ex Thouars(1806) = Noronhia Stadman ex Thouars (1806)［木犀榄科（木犀科）Oleaceae]●☆

6436 Binnendijkia Kurz(1865) = Leptonychia Turcz. (1858)［梧桐科 Sterculiaceae//锦葵科 Malvaceae]●☆

6437 Binotia Rolfe(1905)【汉】比诺兰属。【隶属】兰科 Orchidaceae。【包含】世界2种。【学名诠释与讨论】〈阴〉（拉）bi- =希腊文 bis，二个，二倍，双+notos，背部。《显花植物与蕨类植物词典》记载：Binotia W. Watson = Hippeastrum Herb. (1821)（保留属名）; ~ = Worsleya (W. Watson ex Traub) Traub (1944)［石蒜科 Amaryllidaceae]；但是 TROPICOS、IPNI、APNI、GCI、IK 和 ING 都未收录"Binotia W. Watson"。【分布】巴西。【模式】Binotia brasiliensis (Rolfe) Rolfe [Cochlioda brasiliensis Rolfe]∎☆

6438 Binotia W. Watson = Hippeastrum Herb. (1821)（保留属名）; ~ = Worsleya (W. Watson ex Traub) Traub (1944)［石蒜科 Amaryllidaceae]∎

6439 Biolettia Greene (1891) = Trichocoronis A. Gray (1849)［菊科 Asteraceae(Compositae)]∎☆

6440 Biondea Usteri (1794) = Blondea Rich. (1792); ~ = Sloanea L. (1753)［椴树科（椴科，田麻科）Tiliaceae//杜英科 Elaeocarpaceae]●

6441 Biondia Schltr. (1905)【汉】秦岭藤属。【英】Biondia。【隶属】萝藦科 Asclepiadaceae。【包含】世界14种，中国14种。【学名诠释与讨论】〈阴〉语源不详。似来自人名。【分布】中国。【模式】Biondia chinensis Schlechter。●★

6442 Bionia Mart. ex Benth. (1837) = Camptosema Hook. et Arn. (1833)［豆科 Fabaceae(Leguminosae)//蝶形花科 Papilionaceae]∎☆

6443 Biophytum DC. (1824)【汉】感应草属（羞礼花属）。【日】オサバフウロ属，ビオフィタム属。【俄】Биофитум。【英】Biophytum, Reactiongrass。【隶属】酢浆草科 Oxalidaceae。【包含】世界50-70种，中国3种。【学名诠释与讨论】〈中〉（希）bios，生命、生活+phyton，植物，树木，枝条。或指叶子对刺激敏感。此属的学名，ING、APNI、TROPICOS 和 IK 记载是"Biophytum DC., Prodr. [A. P. de Candolle]1：689. 1824 [mid Jan 1824]"。" Toddavaddia O. Kuntze, Rev. Gen. 1：96. 5 Nov 1891"是"Biophytum DC. (1824)"的晚出的同模式异名（Homotypic synonym, Nomenclatural synonym）。【分布】巴拿马，秘鲁，玻利维亚，厄瓜多尔，马达加斯加，尼加拉瓜，中国，中美洲。【后选模

式］Biophytum sensitivum（Linnaeus）A. P. de Candolle［Oxalis sensitiva Linnaeus］。【参考异名】Toddavaddia Kuntze（1891）Nom. illegit. ■■●

6444 Biota D. Don ex Endl.（1847）Nom. illegit. ≡ Platycladus Spach（1841）；~ = Thuja L.（1753）［柏科 Cupressaceae//侧柏科 Platycladaceae//崖柏科 Thujaceae］●

6445 Biota D. Don, Nom. illegit. ≡ Biota（D. Don）Endl.（1847）Nom. illegit.；~ ≡ Platycladus Spach（1841）；~ = Thuja L.（1753）［柏科 Cupressaceae//侧柏科 Platycladaceae//崖柏科 Thujaceae］●

6446 Biotia Cass.（1825）= Madia Molina（1782）［菊科 Asteraceae（Compositae）］■☆

6447 Biotia DC.（1836）Nom. illegit. = Aster L.（1753）［菊科 Asteraceae（Compositae）］●■

6448 Biovularia Kamienski（1893）= Utricularia L.（1753）［狸藻科 Lentibulariaceae］■

6449 Bipinnula Comm. ex Juss.（1789）【汉】双羽兰属。【隶属】兰科 Orchidaceae。【包含】世界 7-8 种。【学名诠释与讨论】〈阴〉（拉）bi-，二个，二倍，双+pinnula，小羽片。【分布】热带南美洲。【模式】Bipinnula bonariensis K. P. J. Sprengel, Nom. illegit.［Arethusa biplumata Linnaeus f.；Bipinnula biplumata（Linnaeus f.）H. G. Reichenbach］■☆

6450 Bipontia S. F. Blake（1937）Nom. illegit. ≡ Soaresia Sch. Bip.（1863）（保留属名）［菊科 Asteraceae（Compositae）］●☆

6451 Bipontinia Alef.（1866）= Psoralea L.（1753）［豆科 Fabaceae（Leguminosae）//蝶形花科 Papilionaceae］●■

6452 Biporeia Thouars（1806）= Quassia L.（1762）［苦木科 Simaroubaceae］●☆

6453 Biramella Tiegh.（1903）= Ochna L.（1753）［金莲木科 Ochnaceae］●

6454 Biramia Néraud（1826）= Macleania Hook.（1837）［杜鹃花科（欧石南科）Ericaceae］●☆

6455 Birchea A. Rich.（1841）= Luisia Gaudich.（1829）［兰科 Orchidaceae］■

6456 Biris Medik.（1791）= Iris L.（1753）［鸢尾科 Iridaceae］■

6457 Birnbaumia Kostel.（1844）= Anisacanthus Nees（1842）［爵床科 Acanthaceae］■☆

6458 Birolia Bellardi（1808）= Elatine L.（1753）［繁缕科 Alsinaceae//沟繁缕科 Elatinaceae//玄参科 Scrophulariaceae］■

6459 Birolia Raf.（1838）Nom. illegit. = Clusia L.（1753）［猪胶树科（克鲁西科，山竹子科，藤黄科）Clusiaceae（Guttiferae）］●☆

6460 Birostula Raf.（1840）= Scandix L.（1753）［伞形花科（伞形科）Apiaceae（Umbelliferae）］■

6461 Bisaschersonia Kuntze（1891）Nom. illegit. ≡ Tetraclis Hiern（1873）；~ = Diospyros L.（1753）［柿树科 Ebenaceae］●

6462 Bisboeckelera Kuntze（1891）【汉】双伯莎属。【隶属】莎草科 Cyperaceae。【包含】世界 4-8 种。【学名诠释与讨论】〈阴〉（拉）bi- 希腊文 bis，二个，二倍，双+（人）Johann Otto Boeckeler, 1803-1899，植物学者。此属的学名"Bisboeckelera O. Kuntze, Rev. Gen. 2:747. 5 Nov 1891"是一个替代名称。"Hoppia C. G. D. Nees in C. F. P. Martius, Fl. Brasil. 2（1）:199. 1 Apr 1842"是一个非法名称（Nom. illegit.），因为此前已经有了真菌的"Horakia F. Oberwinkler, Sydowia 28:359. Dec 1976"。故用"Bisboeckelera Kuntze（1891）"替代之。【分布】秘鲁，南美洲。【模式】Bisboeckelera irrigua（C. G. D. Nees）O. Kuntze［Hoppia irrigua C. G. D. Nees］。【参考异名】Hoppia Nees（1842）Nom. illegit. ■☆

6463 Bischoffia Decne.（1842）= Bischofia Blume（1827）［大戟科 Euphorbiaceae//重阳木科 Bischofiaceae］●

6464 Bischoffia F. Muell.（1874）Nom. illegit. = Bischofia Blume（1827）［大戟科 Euphorbiaceae//重阳木科 Bischofiaceae］●

6465 Bischofia Blume（1827）【汉】重阳木属（别重阳木属，茄苳属，秋枫属）。【日】アカギ属。【俄】Бишофия。【英】Bishopwood, Bishop-wood。【隶属】大戟科 Euphorbiaceae//重阳木科 Bischofiaceae。【包含】世界 2 种，中国 2 种。【学名诠释与讨论】〈阴〉（人）Karl Gustar Chrischoff, 19 世纪德国自然科学者。另说纪念德国植物学者 Gottlieb Wilhelm Bischoff, 1797-1854。此属的学名, ING、TROPICOS 和 IK 记载是"Bischofia Blume, Bijdragen tot de Flora van Nederlandsch Indie No. 7 1827"。"Bischoffia F. Muell., Fragmenta Phytographiae Australiae 8 1874"是其拼写变体。"Bischoffia Decne.（1842）"亦似其变体。【分布】印度，中国。【模式】Bischofia javanica Blume。【参考异名】Bischoffia Decne.（1842）；Bischoffia F. Muell.（1874）Nom. illegit.；Micrelus Post et Kuntze（1903）；Microelus Wight et Arn.（1833）；Psychodendron Walp. ex Voigt；Stylodiscus Benn.（1838）●

6466 Bischofiaceae（Mischofiac）Airy Shaw（1964）= Bischofiaceae Airy Shaw（1964）= Euphorbiaceae Juss.（保留科名）；~ = Phyllanthaceae J. Agardh ●■

6467 Bischofiaceae AiryShaw（1964）［亦见 Euphorbiaceae Juss.（保留科名）大戟科 and Phyllanthaceae J. Agardh 叶下珠科（叶萝摩科）］【汉】重阳木科。【包含】世界 1 属 2 种，中国 1 属 2 种。【分布】热带亚洲。【科名模式】Bischofia Blume ●

6468 Biscutela Raf.（1840）Nom. illegit. ≡ Biscutella L.（1753）（保留属名）［十字花科 Brassicaceae（Cruciferae）］■☆

6469 Biscutella L.（1753）（保留属名）【汉】双碟荠属。【英】Biscutella, Buckler Mustard。【隶属】十字花科 Brassicaceae（Cruciferae）。【包含】世界 10-40 种。【学名诠释与讨论】〈阴〉（拉）bi-，二个，二倍，双+cut, 碟+-ellus, -ella, -ellum, 加在名词词干后面形成指小式的词尾。或加在人名、属名等后面以组成新属的名称。此属的学名"Biscutella L., Sp. Pl.:652. 1 Mai 1753"是保留属名。法规未列出相应的废弃属名。"Biscutela Raf., Autikon Botanikon 10. 1840"是其拼写变体。"Thlaspidium P. Miller, Gard. Dict. Abr. ed. 4. 28 Jan 1754"是"Biscutella L.（1753）（保留属名）"的晚出的同模式异名（Homotypic synonym, Nomenclatural synonym）。【分布】玻利维亚，欧洲中部和南部。【模式】Biscutella didyma Linnaeus。【参考异名】Biscutela Raf.（1840）Nom. illegit.；Iondraba Rchb.（1828）；Jondraba Medik.（1792）；Perspicillum Fabr.（1759）Nom. illegit.；Perspicillum Heist. ex Fabr.（1759）；Thlaspidium Mill.（1754）Nom. illegit. ■☆

6470 Bisedmondia Hutch.（1967）= Calycophysum H. Karst. et Triana（1855）［葫芦科（瓜科，南瓜科）Cucurbitaceae］■☆

6471 Biserrula L.（1753）【汉】双齿黄耆属。【隶属】豆科 Fabaceae（Leguminosae）//蝶形花科 Papilionaceae。【包含】世界 1 种。【学名诠释与讨论】〈阴〉（拉）bi-，二个，二倍，双+serra, 指小式 serrula, 锯。此属的学名, TROPICOS 和 IK 记载是"Biserrula Linnaeus, Sp. Pl. 762. 1 Mai 1753"。"Pelecinus P. Miller, Gard. Dict. Abr. ed. 4. 28 Jan 1754"是"Biserrula L.（1753）"的晚出的同模式异名（Homotypic synonym, Nomenclatural synonym）。【分布】地中海地区。【模式】Biserrula pelecinus Linnaeus。【参考异名】Pelecinus Mill.（1754）Nom. illegit. ■☆

6472 Bisetaria Tiegh.（1902）= Campylospermum Tiegh.（1902）［金莲木科 Ochnaceae］●

6473 Bisglaziovia Cogn.（1891）【汉】格拉野牡丹属。【隶属】野牡丹科 Melastomataceae。【包含】世界 1 种。【学名诠释与讨论】〈阴〉（希）bis, 双，二个，二倍+（人）Auguste Francois Marie Glaziou, 1828-1906, 法国植物学者。【分布】巴西。【模式】Bisglaziovia behurioides Cogniaux。☆

6474 Bisgoeppertia Kuntze(1891)【汉】双格佩龙胆属。【隶属】龙胆科 Gentianaceae。【包含】世界 2 种。【学名诠释与讨论】〈阴〉(希) bis +(人) Johann Heinrich Robert Göppert,1800 - 1884,德国植物学者,医生。此属的学名"Bisgoeppertia O. Kuntze,Rev. Gen. 2:426. 5 Nov 1891"是一个替代名称。"Goeppertia Grisebach,J. Linn. Soc.,Bot. 6:141. 1862"是一个非法名称(Nom. illegit.),因为此前已经有了"Goeppertia C. G. D. Nees,Linnaea 6:337. post Mar 1831 = Endlicheria Nees(1833)(保留属名)"。故用"Bisgoeppertia Kuntze(1891)"替代之。【分布】西印度群岛。【模式】Bisgoeppertia volubilis O. Kuntze,Nom. illegit. [Lisianthius scandens K. P. J. Sprengel;Bisgoeppertia scandens (K. P. J. Sprengel) Urban]。【参考异名】Goeppertia Griseb. (1862) Nom. illegit.■☆

6475 Bishopalea H. Rob. (1981)【汉】毛瓣叉毛菊属。【隶属】菊科 Asteraceae(Compositae)。【包含】世界 1 种。【学名诠释与讨论】〈阴〉词源不详。【分布】巴西。【模式】Bishopalea erecta H. E. Robinson。■☆

6476 Bishopanthus H. Rob. (1983)【汉】单头黄安菊属。【隶属】菊科 Asteraceae(Compositae)。【包含】世界 1 种。【学名诠释与讨论】〈阳〉(人) Bishop,植物学者 + anthos,花。【分布】秘鲁。【模式】Bishopanthus soliceps H. E. Robinson。●☆

6477 Bishopiella R. M. King et H. Rob. (1981)【汉】连座柄泽兰属。【隶属】菊科 Asteraceae(Compositae)。【包含】世界 1 种。【学名诠释与讨论】〈阳〉(人) Bishop,植物学者 + -ellus,-ella,-ellum,加在名词词干后面形成指小式的词尾。或加在人名、属名等后面以组成新属的名称。【分布】巴西。【模式】Bishopiella elegans R. M. King et H. E. Robinson。■●☆

6478 Bishovia R. M. King et H. Rob. (1978)【汉】繁花亮泽兰属。【隶属】菊科 Asteraceae(Compositae)。【包含】世界 2 种。【学名诠释与讨论】〈阴〉词源不详。【分布】阿根廷,玻利维亚。【模式】Bishovia boliviensis R. M. King et H. Robinson。■☆

6479 Bisluederitzia Kuntze(1903) Nom. illegit. ≡ Neoluederitzia Schinz (1894) [蒺藜科 Zygophyllaceae]●☆

6480 Bismalva Medik. (1787) = Malva L. (1753) [锦葵科 Malvaceae]■

6481 Bismarckia Hildebr. et H. Wendl. (1881)【汉】霸王棕属(卑士麦棕属,卑斯麦椰属,卑斯麦棕属,比斯马棕属,俾氏椰属,贵椰属)。【日】ビスマルクヤシ属。【英】Bismarck Palm,Bismarckia。【隶属】棕榈科 Arecaceae(Palmae)。【包含】世界 1 种。【学名诠释与讨论】〈阴〉(人) Prince Karl Otto Eduard Leopold von Bismarck,1815 - 1898,德国政治家。【分布】马达加斯加。【模式】Bismarckia nobilis Hildebrandt et H. Wendland。●☆

6482 Bisnaga Orcutt(1926) = Ferocactus Britton et Rose(1922) [仙人掌科 Cactaceae]●

6483 Bisnaja J. Vick(1866) Nom. illegit. [伞形花科(伞形科) Apiaceae (Umbelliferae)]☆

6484 BisnicholsoniaKuntze (1903) = Neonicholsonia Dammer (1901) [棕榈科 Arecaceae(Palmae)]●☆

6485 Bisphaeria Noronha (1790) = Poikilospermum Zipp. ex Miq. (1864) [荨麻科 Urticaceae//蚁栖树科(号角树科,南美伞科,南美伞树科,伞树科,锥头麻科) Cecropiaceae]●

6486 Bisquamaria Pichon(1947)【汉】双鳞夹竹桃属(巴西夹竹桃属)。【隶属】夹竹桃科 Apocynaceae。【包含】世界 1 种。【学名诠释与讨论】〈阴〉(拉) bi -,二个,二倍,双 + squama,指小式 squamula,鳞甲。squamatus,squamosus,有鳞的 + -arius,-aria,-arium,指示"属于、相似、具有、联系"的词尾。此属的学名是"Bisquamaria Pichon,Bull. Mus. Hist. Nat. (Paris) ser. 2. 19:299.

Mai 1947"。亦有文献把其处理为"Laxoplumeria Markgr. (1926)"的异名。【分布】巴西。【模式】Bisquamaria macrophylla (Kuhlmann) Pichon [Tonduzia macrophylla Kuhlmann]。【参考异名】Laxoplumeria Markgr. (1926)●☆

6487 Bisrautanenia Kuntze(1903) Nom. illegit. ≡ Neorautanenia Schinz (1899) [豆科 Fabaceae(Leguminosae)]■☆

6488 Bissea V. R. Fuentes (1986) Nom. illegit. ,Nom. superfl. ≡ Henoonia Griseb. (1866) [印茄树科 Goetzeaceae]●☆

6489 Bistania Noronha(1790) = Litsea Lam. (1792)(保留属名) [樟科 Lauraceae]●

6490 Bistella Adans. (1763)(废弃属名) = Vahlia Thunb. (1782)(保留属名) [虎耳草科 Saxifragaceae//二歧草科 Vahliaceae]■☆

6491 Bistorta(L.) Adans. (1763) Nom. illegit. = Bistorta (L.) Scop. (1754);~ = Persicaria (L.) Mill. (1754) [蓼科 Polygonaceae]■

6492 Bistorta (L.) Mill. (1754) Nom. inval. = Bistorta (L.) Adans. (1763) Nom. illegit. ;~ = Persicaria (L.) Mill. (1754) [蓼科 Polygonaceae]■

6493 Bistorta(L.) Scop. (1754)【汉】双曲蓼属(拳参属)。【英】Bistort。【隶属】蓼科 Polygonaceae。【包含】世界 50 种。【学名诠释与讨论】〈阴〉(希) bis 双 + tortus,扭曲。指根茎的形状。此属的学名,ING、IK、TROPICOS 和 GCI 记载是"Bistorta (Linnaeus) Scopoli,Meth. Pl. 24. 25 Mar 1754",由"Polygonum [unranked] Bistorta Linnaeus,Sp. Pl. 360. 1 Mar 1753"改级而来。"Bistorta (L.) Mill. ,Gard. Dict. Abr. ,ed. 4. [194]. 1754 [28 Jan 1754] = Bistorta (L.) Adans. (1763) Nom. illegit. = Persicaria (L.) Mill. (1754) [蓼科 Polygonaceae]"是未合格发表的名称。"Bistorta Scop. (1754) ≡ Bistorta (L.) Scop. (1754)"的命名人引证有误。"Colubrina Montandon,Syn. Fl. Jur. Sept. 268. 1856"是"Bistorta (L.) Scop. (1754)"的晚出的同模式异名(Homotypic synonym,Nomenclatural synonym)。"Bistorta L. = Bistorta (L.) Adans. (1763) Nom. illegit. "的命名人引证亦有误。亦有文献把"Bistorta (L.) Scop. (1754)"处理为"Persicaria (L.) Mill. (1754)"的异名。【分布】巴基斯坦,欧亚大陆,温带北美洲,中美洲。【模式】Bistorta major S. F. Gray [Polygonum bistorta Linnaeus]。【参考异名】Ascyroides Lippi ex Adans. ;Bistorta (L.) Adans. ,Nom. illegit. ;Bistorta (L.) Mill. (1754) Nom. inval. ;Bistorta Adans. (1763) Nom. illegit. ;Bistorta L. ,Nom. illegit. ;Bistorta Scop. (1754) Nom. illegit. ;Colubrina Montandon (1856) Nom. illegit. (废弃属名);Persicaria (L.) Mill. (1754);Polygonum [unranked] Bistorta L. (1753);Russelia L. f. (1782) Nom. illegit. ;Vahlia Thunb. (1782)(保留属名)■☆

6494 Bistorta Adans. (1763) Nom. illegit. ≡ Bistorta (L.) Adans. (1763) Nom. illegit. ;~ = Bistorta (L.) Scop. (1754);~ = Persicaria (L.) Mill. (1754) [蓼科 Polygonaceae]■☆

6495 Bistorta L. ,Nom. illegit. = Bistorta (L.) Adans. (1763) Nom. illegit. ;~ = Bistorta (L.) Scop. (1754);~ = Persicaria (L.) Mill. (1754) [蓼科 Polygonaceae]■☆

6496 Bistorta Scop. (1754) Nom. illegit. ≡ Bistorta (L.) Scop. (1754) [蓼科 Polygonaceae]■☆

6497 Biswarea Cogn. (1882)【汉】三裂瓜属。【日】イブキトラノオ属。【英】Biswarea。【隶属】葫芦科(瓜科,南瓜科) Cucurbitaceae。【包含】世界 1 种,中国 1 种。【学名诠释与讨论】〈阴〉(拉) bi - +(人) Fr. Warre。此属的学名"Biswarea Cogniaux,Bull. Soc. Roy. Bot. Belgique 21(2):16. 188"是一个替代名称。"Warea C. B. Clarke,J. Linn. Soc. ,Bot. 15:127. 11 Mai 1876"是一个非法名称(Nom. illegit.),因为此前已经有了"Warea Nuttall,J. Acad. Nat. Sci. Philadelphia 7:83. 1834 [十字花科 Brassicaceae

（Cruciferae）]"。故用"Biswarea Cogn. (1882)"替代之。【分布】中国,喜马拉雅山。【模式】Biswarea tonglensis（C. B. Clarke）Cogniaux［Warea tonglensis C. B. Clarke］。【参考异名】Warea C. B. Clarke（1876）Nom. illegit.

6498 Biteria Börner（1913）Nom. illegit. ≡Bitteria Börner（1913）［莎草科 Cyperaceae］■

6499 Bitteria Börner（1913）= Carex L.（1753）［莎草科 Cyperaceae］■

6500 Bituminaria C. H. Stirt.（1981）Nom. illegit. = Bituminaria Heist. ex Fabr.（1759）Nom. illegit. , Nom. superfl.［豆科 Fabaceae （Leguminosae）//蝶形花科 Papilionaceae］☆

6501 Bituminaria Fabr.（1759）Nom. illegit. , Nom. superfl. ≡ Bituminaria Heist. ex Fabr.（1759）Nom. illegit. , Nom. superfl. ; ~= Psoralea L.（1753）［豆科 Fabaceae（Leguminosae）//蝶形花科 Papilionaceae］●■

6502 Bituminaria Heist. ex Fabr.（1759）Nom. illegit. , Nom. superfl. ≡ Psoralea L.（1753）［豆科 Fabaceae（Leguminosae）//蝶形花科 Papilionaceae］●■

6503 Biventraria Small（1933）= Asclepias L.（1753）［萝藦科 Asclepiadaceae］■

6504 Bivinia Jaub. ex Tul.（1857）【汉】比维木属。【隶属】刺篱木科（大风子科）Flacourtiaceae。【包含】世界 9 种。【学名诠释与讨论】〈阴〉（人）Louis Hyacinthe Boivin, 1808–1852, 法国植物学者。此属的学名, ING 和 TROPICOS 记载是"Bivinia Jaubert ex L. R. Tulasne, Ann. Sci. Nat. Bot. ser. 4. 8:78. 1857"。IK 则记载为"Bivinia Tul. , Ann. Sci. Nat. , Bot. sér. 4, 8:78. 1857"。三者引用的文献相同。亦有文献把"Bivinia Jaub. ex Tul.（1857）"处理为"Calantica Jaub. ex Tul.（1857）"的异名。【分布】肯尼亚,马达加斯加,莫桑比克,坦桑尼亚。【模式】Bivinia jalbertii L. R. Tulasne［as 'jalberti'］。【参考异名】Bivinia Tul.（1857）Nom. illegit. ; Calantica Jaub. ex Tul.（1857）●☆

6505 Bivinia Tul.（1857）Nom. illegit. ≡Bivinia Jaub. ex Tul.（1857）［刺篱木科（大风子科）Flacourtiaceae］●☆

6506 Bivolva Tiegh.（1907）Nom. illegit. ≡Balania Tiegh.（1896）; ~= Balanophora J. R. Forst. et G. Forst.（1776）［蛇菰科（土鸟麯科）Balanophoraceae］■

6507 Bivonaea DC.（1821）（保留属名）【汉】西地中海芥属。【隶属】十字花科 Brassicaceae（Cruciferae）。【包含】世界 1 种。【学名诠释与讨论】〈阴〉（人）Barone Antonino（Antonio）de Bivona - Bernardi, 1774–1837, 意大利植物学者。此属的学名"Bivonaea DC. in Mém. Mus. Hist. Nat. 7:241. 20 Apr 1821"是保留属名。相应的废弃属名是大戟科 Euphorbiaceae 的"Bivonea Raf. in Specchio Sci. 1:156. 1 Mai 1814 = Cnidoscolus Pohl（1827）= Jatropha L.（1753）（保留属名）"。醉人花科（裸果木科）Illecebraceae 的"Bivonaea Moc. et Sessé ex DC. , Prodr.［A. P. de Candolle］3: 372. 1828［mid Mar 1828］= Cardionema DC.（1828）"和"Bivonaea Moc. et Sessé（1828）Nom. illegit. ≡Bivonaea Moc. et Sessé ex DC.（1828）（废弃属名）"亦应废弃。大戟科 Euphorbiaceae 的"Bivonea Raf. , Fl. Ludov. 138. 1817"也应废弃。【分布】地中海西部。【模式】Bivonaea lutea（Bivona - Bernardi）A. P. de Candolle［Thlaspi luteum Bivona-Bernardi］■☆

6508 Bivonaea Moc. et Sessé ex DC.（1828）（废弃属名）= Cardionema DC.（1828）［石竹科 Caryophyllaceae//醉人花科（裸果木科）Illecebraceae］■☆

6509 Bivonaea Moc. et Sessé（1828）Nom. illegit.（废弃属名）≡ Bivonaea Moc. et Sessé ex DC.（1828）（废弃属名）; ~= Cardionema DC.（1828）［醉人花科（裸果木科）Illecebraceae］■☆

6510 Bivonea Raf.（1814）（废弃属名）≡ Mesandrinia Raf. ; ~= Cnidoscolus Pohl（1827）; ~ =Jatropha L.（1753）（保留属名）［大戟科 Euphorbiaceae］●■

6511 Bivonea Raf.（1817）Nom. illegit.（废弃属名）［大戟科 Euphorbiaceae］●☆

6512 Bivonia Raf.（1814）≡ Bivonea Raf.（1814）（废弃属名）; ~≡ Mesandrinia Raf. ; ~= Cnidoscolus Pohl（1827）; ~= Jatropha L.（1753）（保留属名）［大戟科 Euphorbiaceae］●■

6513 Biwaldia Scop.（1777）Nom. illegit. ≡Garcinia L.（1753）［猪胶树科（克鲁西科,山竹子科,藤黄科）Clusiaceae（Guttiferae）//金丝桃科 Hypericaceae］●

6514 Bixa L.（1753）【汉】红木属（胭脂树属）。【日】ベニノキ属。【俄】Викса。【英】Anatto, Anatto Tree, Anattotree, Anatto - tree, Bixa。【隶属】红木科（胭脂树科）Bixaceae。【包含】世界 1-4 种,中国 1 种。【学名诠释与讨论】〈阴〉（西）biche, 巴西或南美洲一种植物的俗名。另说西班牙语 bixa, 植物俗名。此属的学名, ING、APNI、TROPICOS 和 IK 记载是"Bixa L. , Sp. Pl. 1:512. 1753［1 May 1753］"。"Orellana O. Kuntze, Rev. Gen. 1:44. 5 Nov 1891"、"Orleania Boehmer in Ludwig, Def. Gen. ed. Boehmer. 380. 1760"和"Urucu Adanson, Fam. 2:381. Jul-Aug 1763"都是"Bixa L.（1753）"的晚出的同模式异名（Homotypic synonym, Nomenclatural synonym）。【分布】巴拉圭, 巴拿马, 玻利维亚, 厄瓜多尔, 哥伦比亚（安蒂奥基亚）, 马达加斯加, 尼加拉瓜, 中国, 西印度群岛, 热带美洲, 中美洲。【模式】Bixa orellana Linnaeus。【参考异名】Orellana Kuntze（1891）Nom. illegit. ; Orleania Boehm.（1760）Nom. illegit. ; Orleania Commel. ex Boehm.（1760）Nom. illegit. ; Urucu Adans.（1763）Nom. illegit. ●

6515 Bixaceae Kunth（1822）（保留科名）【汉】红木科（胭脂树科）。【日】ベニノキ科。【俄】Биксовые。【英】Annatto Family, Bixa Family。【包含】世界 1-4 属 5-20 种,中国 1 属 1 种。【分布】西印度群岛,热带美洲。【科名模式】Bixa L. ●■

6516 Bixaceae Link =Bixaceae Kunth（保留科名）●■

6517 Bixagrewia Kurz（1875）= Trichospermum Blume（1825）［椴树科（椴科,田麻科）Tiliaceae//锦葵科 Malvaceae］●☆

6518 Bizanilla J. Rémy（1849）= Psilocarphus Nutt.（1840）［菊科 Asteraceae（Compositae）］■☆

6519 Bizonula Pellegr.（1924）【汉】双带无患子属。【隶属】无患子科 Sapindaceae。【包含】世界 1 种。【学名诠释与讨论】〈阴〉（拉）bi- = 希腊文 bis, 二个,二倍,双+zona, 环带+-ulus, -ula, -ulum, 指示小的词尾。【分布】热带非洲。【模式】Bizonula letestui Pellegrin。●☆

6520 Blabea Baehni（1964）Nom. illegit. ≡Blabeia Baehni（1964）［山榄科 Sapotaceae］●

6521 Blabeia Baehni（1964）= Pouteria Aubl.（1775）［山榄科 Sapotaceae］●

6522 Blaberopus A. DC.（1844）= Alstonia R. Br.（1810）（保留属名）［夹竹桃科 Apocynaceae］●

6523 Blachia Baill.（1858）（保留属名）【汉】留萼木属。【日】アカギ属。【英】Blachia。【隶属】大戟科 Euphorbiaceae。【包含】世界 12 种,中国 5 种。【学名诠释与讨论】〈阴〉（人）Blach。此属的学名"Blachia Baill. , Etude Euphorb. :385. 1858"是保留属名。相应的废弃属名是大戟科 Euphorbiaceae 的"Bruxanellia Dennst. ex Kostel. , Allg. Med. - Pharm. Fl. :2002. Jan-Sep 1836"。大戟科 Euphorbiaceae 的"Bruxanelia Dennst.（1818）= Bruxanellia Dennst. ex Kostel.（1836）（废弃属名）= Blachia Baill.（1858）（保留属名）"是其拼写变体,亦应废弃。【分布】菲律宾（菲律宾群岛）,印度, 中国, 东南亚。【模式】Blachia umbellata（Willdenow）Baillon［Croton umbellatum Willdenow］。【参考异名】Bruxanelia

Dennst. (1818) Nom. illegit. , Nom. inval. (废弃属名); Bruxanellia Dennst. ex Kostel. (1836) (废弃属名); Deonia Pierre ex Pax (1911)●

6524　Blackallia C. A. Gardner(1942)【汉】布莱鼠李属。【隶属】鼠李科 Rhamnaceae。【包含】世界 1-2 种。【学名诠释与讨论】〈阴〉（人）William Edward Blackall, 1876-1941, 英国植物学者, 医生。【分布】澳大利亚（西部）。【模式】未指定。●☆

6525　Blackbournea Kunth(1824) = Blackburnia J. R. Forst. et G. Forst. (1776)［芸香科 Rutaceae］●

6526　Blackburnia J. R. Forst. et G. Forst. (1776) = Zanthoxylum L. (1753)［芸香科 Rutaceae//花椒科 Zanthoxylaceae］●

6527　Blackia Schrank ex DC. (1828) = Myriaspora DC. (1828)［野牡丹科 Melastomataceae］●☆

6528　Blackia Schrank (1828) Nom. illegit. ≡ Blackia Schrank ex DC. (1828); ~ = Myriaspora DC. (1828)［野牡丹科 Melastomataceae］●☆

6529　Blackiella Aellen(1938) = Atriplex L. (1753) (保留属名)［藜科 Chenopodiaceae//滨藜科 Atriplicaceae］■●

6530　Blackstonia A. Juss. (1849) Nom. illegit. = Blakstonia Scop. (1777) Nom. illegit. ; ~ = Moronobea Aubl. (1775)［猪胶树科（克鲁西科, 山竹子科, 藤黄科）Clusiaceae(Guttiferae)］●☆

6531　Blackstonia Huds. (1762)【汉】布氏龙胆属（克劳拉草属）。【俄】Блейстония, Зелёнка, Хлора。【英】Centaury, Yellow-wort。【隶属】龙胆科 Gentianaceae。【包含】世界 5-6 种。【学名诠释与讨论】〈阴〉（人）John Blackstone, 1712-1753, 英国植物学者, 药剂师。此属的学名, ING、APNI、TROPICOS 和 IK 记载是 "Blackstonia Huds. , Fl. Angl. (Hudson) 146, nomen prius. 1762"。"Seguiera O. Kuntze, Rev. Gen. 2:430. 5 Nov 1891 (non Seguiera Loefling 1758, nec Seguiera Adanson 1763)" 是 "Blackstonia Huds. (1762)" 的晚出的同模式异名(Homotypic synonym, Nomenclatural synonym)。"Blackstonia A. Juss. , in Orbign. Dict. vi. 432 (1849) = Moronobea Aubl. (1775)［猪胶树科（克鲁西科, 山竹子科, 藤黄科）Clusiaceae(Guttiferae)］" 是晚出的非法名称。多有文献承认 "克劳拉草属 Chlora Adanson, Fam. 2;503. Jul-Aug 1763"; 但是它是 "Blackstonia Huds. (1762)" 的晚出的同模式异名, 必须废弃。【分布】玻利维亚, 地中海地区, 欧洲。【模式】Blackstonia perfoliata (Linnaeus) Hudson［Gentiana perfoliata Linnaeus］。【参考异名】Chlora Adans. (1763) Nom. illegit. ; Chlora Ren. ex Adans. (1763) Nom. illegit. ; Chlorita Raf. ; Chloryta Raf. ; Pleurimaria B. D. Jacks. ; Plurimaria Raf. (1836); Seguiera Kuntze (1891) Nom. illegit. ; Seguiera Manetti ex Kuntze (1891) Nom. illegit. ; Seguiera Manetti(1891) Nom. illegit. ■☆

6532　Blackwellia Comm. ex Juss. (1838) Nom. illegit. = Blakwellia Comm. ex Juss. (1838) Nom. inval. ; ~ = Homalium Jacq. (1760)［刺篱木科（大风子科）Flacourtiaceae//天料木科 Samydaceae］e

6533　Blackwellia Gaertn. (1790) = Blakwellia Gaertn. (1790) Nom. illegit. ; ~ = Palladia Lam. (1792)［椴树科（椴科, 田麻科）Tiliaceae］●■

6534　Blackwellia J. F. Gmel. (1825) Nom. illegit. = Blakwellia Comm. ex Juss. (1838) Nom. inval. ; ~ = Homalium Jacq. (1760)［刺篱木科（大风子科）Flacourtiaceae//天料木科 Samydaceae］●■

6535　Blackwellia Sieber ex Pax et K. Hoffm. = Claoxylon A. Juss. (1824)［大戟科 Euphorbiaceae］●

6536　Blackwelliaceae Sch. Bip. = Flacourtiaceae Rich. ex DC. (保留科名)●

6537　Bladhia Thunb. (1781) (废弃属名) = Ardisia Sw. (1788) (保留属名)［紫金牛科 Myrsinaceae］●■

6538　Blaeria L. (1753) = Erica L. (1753)［杜鹃花科（欧石南科）Ericaceae］●☆

6539　Blaeria L. et E. Phillips(1944), descr. emend. = Erica L. (1753)［杜鹃花科（欧石南科）Ericaceae］●☆

6540　Blainvillea Cass. (1823)【汉】异芒菊属（百能葳属）。【英】Blainvillea。【隶属】菊科 Asteraceae(Compositae)。【包含】世界 10 种, 中国 1 种。【学名诠释与讨论】〈阴〉（人）Henri Marie Ducrotay de Blainville, 1777-1850, 法国植物学者, 动物学者。【分布】中国, 热带。【模式】Blainvillea rhomboidea Cassini。【参考异名】Calophthalmum Rchb. (1841); Eisenmannia Sch. Bip. (1841) Nom. illegit. ; Eisenmannia Sch. Bip. ex Hochst. (1841); Galophthalmum Nees et Mart. (1824); Oligogyne DC. (1836); Ucacea Cass. (1823) Nom. illegit. ■●

6541　Blairia Adans. (1763) Nom. illegit. = Priva Adans. (1763)［马鞭草科 Verbenaceae］■☆

6542　Blairia Gled. (1751) = Blaeria L. (1753); ~ = Erica L. (1753)［杜鹃花科（欧石南科）Ericaceae］●☆

6543　Blairia Spreng. (1825) Nom. illegit. = Blaeria L. (1753); ~ = Erica L. (1753)［杜鹃花科（欧石南科）Ericaceae］●☆

6544　Blakburnia J. F. Gmel. (1791) = Blackburnia J. R. Forst. et G. Forst. (1776); ~ = Zanthoxylum L. (1753)［芸香科 Rutaceae//花椒科 Zanthoxylaceae］●

6545　Blakea P. Browne(1756)【汉】布氏野牡丹属。【隶属】野牡丹科 Melastomataceae//布氏野牡丹科 Blakeaceae。【包含】世界 100 种。【学名诠释与讨论】〈阴〉（人）Stephan Blake, 英国人。【分布】西印度群岛, 中美洲和南美洲。【模式】Blakea trinervia Linnaeus。【参考异名】Amaraboya Linden ex Mast. (1871); Pyxidanthus Naudin(1852); Valdesia Ruiz et Pav. (1794)■☆

6546　Blakeaceae Rchb. ex Barnhart (1895)［亦见 Melastomataceae Juss. (保留科名)野牡丹科］【汉】布氏野牡丹科。【包含】世界 1 属 100 种。【分布】中美洲和南美洲, 西印度群岛。【科名模式】Blakea P. Browne ■

6547　Blakeanthus R. M. King et H. Rob. (1972)【汉】杂腺菊属。【隶属】菊科 Asteraceae(Compositae)。【包含】世界 1 种。【学名诠释与讨论】〈阳〉（人）Sidney Fay Blake, 1892-1959, 美国植物学者 + anthos, 花。此属的学名是 "Blakeanthus R. M. King et H. E. Robinson, Phytologia 24: 118. 26 Sep 1972"。亦有文献把其处理为 "Ageratum L. (1753)" 的异名。【分布】危地马拉。【模式】Blakeanthus cordatus (S. F. Blake) R. M. King et H. E. Robinson［Alomia cordata S. F. Blake］。【参考异名】Ageratum L. (1753)●☆

6548　Blakeochloa Veldkamp (1981) Nom. illegit. ≡ Plinthanthesis Steud. (1853)［禾本科 Poaceae(Gramineae)］■☆

6549　Blakiella Cuatrec. (1968)【汉】卷边菀属。【隶属】菊科 Asteraceae(Compositae)。【包含】世界 1 种。【学名诠释与讨论】〈阴〉（人）Stephan Blake, 英国人 + -ellus, -ella, -ellum, 加在名词词干后面形成指小式的词尾。或加在人名、属名等后面以组成新属的名称。【分布】委内瑞拉。【模式】Blakiella bartsiaefolia (S. F. Blake) Cuatrecasas［Podocoma bartsiaefolia S. F. Blake］●☆

6550　Blakstonia Scop. (1777) Nom. illegit. ≡ Moronobea Aubl. (1775)［猪胶树科（克鲁西科, 山竹子科, 藤黄科）Clusiaceae(Guttiferae)］●☆

6551　Blakwellia Comm. ex Juss. (1838) Nom. inval. , Nom. illegit. = Homalium Jacq. (1760)［刺篱木科（大风子科）Flacourtiaceae//天料木科 Samydaceae］●

6552　Blakwellia Gaertn. (1790) Nom. illegit. ≡ Palladia Lam. (1792)［椴树科（椴科, 田麻科）Tiliaceae］●■

6553　Blakwellia Lam. (1785) Nom. illegit. = Palladia Lam. (1792)［椴

树科(椴科,田麻科)Tiliaceae]●■

6554 Blakwellia Scop. (1777) Nom. illegit. ≡ Nalagu Adans. (1763)(废弃属名);~ = Leea D. Royen ex L. (1767)(保留属名)[五加科 Araliaceae//葡萄科 Vitaceae//火筒树科 Leeaceae]●■

6555 Blakwelliaceae T. Lestib. = Flacourtiaceae Rich. ex DC. (保留科名)●

6556 Blanca Hutch. (1959) = Blancoa Lindl. (1840)[血草科(半授花科,给血草科,血皮草科)Haemodoraceae]■☆

6557 Blanchea Boiss. (1875) = Iphiona Cass. (1817)(保留属名)[菊科 Asteraceae(Compositae)]●■☆

6558 Blanchetia DC. (1836)【汉】黑毛落苞菊属。【隶属】菊科 Asteraceae(Compositae)。【包含】世界1种。【学名诠释与讨论】〈阴〉(人)Jacques Samuel Blanchet,1807-1875,瑞士植物学者+-ellus,-ella,-ellum,加在名词词干后面形成指小式的词尾。或加在人名、属名等后面以组成新属的名称。【分布】巴西。【模式】Blanchetia heterotricha A. P. de Candolle。■☆

6559 Blanchetiastrum Hassl. (1910)【汉】小黑毛落苞菊属。【隶属】锦葵科 Malvaceae。【包含】世界1种。【学名诠释与讨论】〈中〉(人)Jacques Samuel Blanchet, 1807 - 1875, 瑞士植物学者 + -astrum,指示小的词尾,也有"不完全相似"的含义。【分布】巴西。【模式】Blanchetiastrum goetheoides Hassler。■☆

6560 Blanchetiodendron Barneby et J. W. Grimes(1996)【汉】巴西象耳豆属。【隶属】豆科 Fabaceae(Leguminosae)。【包含】世界1种。【学名诠释与讨论】〈中〉(人)Jacques Samuel Blanchet,1807-1875,植物学者+dendron 或 dendros,树木,棍,丛林。亦有文献把"Blanchetiodendron Barneby et J. W. Grimes(1996)"处理为"Enterolobium Mart. (1837)"的异名。【分布】巴西,中国。【模式】Blanchetiodendron blanchetii (Bentham)R. C. Barneby et J. W. Grimes[Enterolobium blanchetii Bentham]。【参考异名】Enterolobium Mart. (1837)●

6561 Blanckia Neck. (1790)Nom. inval. = Conobea Aubl. (1775)[玄参科 Scrophulariaceae//婆婆纳科 Veronicaceae]■☆

6562 Blancoa Blume(1843)Nom. illegit. = Arenga Labill. (1800)(保留属名);~ = Didymosperma H. Wendl. et Drude ex Benth. et Hook. f. (1883)[棕榈科 Arecaceae(Palmae)]●

6563 Blancoa Blume(1849)Nom. illegit. = Harpullia Roxb. (1824)[无患子科 Sapindaceae]●

6564 Blancoa Lindl. (1840)【汉】布氏血草属。【隶属】血草科(半授花科,给血草科,血皮草科)Haemodoraceae//锥柱草科(叉毛草科)Conostylidaceae。【包含】世界1种。【学名诠释与讨论】〈阴〉(人)Francisco Manuel Blanco,1780-1848,西班牙牧师,植物学者。此属的学名,ING、APNI、TROPICOS 和 IK 记载是"Blancoa J. Lindley,Sketch Veg. Swan River Colony xlv. 1 Jan 1840"。菊科 Arecaceae 的"Blancoa Blume, Rumphia 2:128. Jan-Aug 1843 ('1836') = Arenga Labill. (1800)(保留属名)= Didymosperma H. Wendl. et Drude ex Benth. et Hook. f. (1883)"和无患子科 Sapindaceae 的"Blancoa Blume, Rumphia 3:181. 1849[Jan 1849]=Harpullia Roxb. (1824)"是晚出的非法名称。"Styloconus Baillon, Hist. Pl. 13:75. Oct 1894"是"Blancoa Lindl. (1840)"的晚出的同模式异名(Homotypic synonym, Nomenclatural synonym)。亦有文献把"Blancoa Lindl. (1840)"处理为"Conostylis R. Br. (1810)"的异名。【分布】澳大利亚(东南部)。【模式】Blancoa canescens J. Lindley。【参考异名】Blanca Hutch. (1959);Conostylis R. Br. (1810);Styloconus Baill. (1894)Nom. illegit.■☆

6565 Blandfordia Andréws(1804)(废弃属名)= Galax Sims(1804)(保留属名)[岩梅科 Diapensiaceae]■☆

6566 Blandfordia Sm. (1804)(保留属名)【汉】香水花属(疣毛子属)。【隶属】香水花科(疣毛子科)Blandfordiaceae//百合科 Liliaceae。【包含】世界4种。【学名诠释与讨论】〈阴〉(人)Blandford,英国五世公爵。此属的学名"Blandfordia Sm. , Exot. Bot. 1:5.1 Dec 1804"是保留属名。相应的废弃属名是岩梅科 Diapensiaceae 的"Blandfordia Andrews in Bot. Repos. : ad t. 343. 9 Feb 1804 = Galax Sims(1804)(保留属名)"。【分布】澳大利亚(东部)。【模式】Blandfordia nobilis J. E. Smith。■☆

6567 Blandfordiaceae R. Dahlgren et Clifford(1985)【汉】香水花科(疣毛子科)。【包含】世界1属4种。【分布】澳大利亚(东部,塔斯马尼亚岛)。【科名模式】Blandfordia Sm. ■☆

6568 Blandfortia Poir. (1816)= Blandfordia Andr 科名模(1804)(废弃属名);~ = Galax Sims (1804)(保留属名)[岩梅科 Diapensiaceae]■☆

6569 Blandibractea Wernham(1917)【汉】光苞茜属。【隶属】茜草科 Rubiaceae。【包含】世界1种。【学名诠释与讨论】〈阴〉(拉)blandus,光滑的,令人愉快的+bractea,苞片,苞鳞。【分布】巴西。【模式】Blandibractea brasiliensis Wernham。☆

6570 Blandina Raf. (1837)= Leucas R. Br. (1810)[唇形科 Lamiaceae (Labiatae)]●■

6571 Blandowia Willd. (1809)= Apinagia Tul. emend. P. Royen[髯管花科 Geniostomaceae]■☆

6572 Blanisia Pritz. (1855)= Cleome L. (1753);~ = Polanisia Raf. (1819)[山柑科(白花菜科,醉蝶花科)Capparaceae//白花菜科(醉蝶花科)Cleomaceae]●■

6573 Blastania Kotschy et Peyr. (1867)= Ctenolepis Hook. f. (1867)[葫芦科(瓜科,南瓜科)Cucurbitaceae]■☆

6574 Blastemanthus Planch. (1846)【汉】毛花金莲木属。【隶属】金莲木科 Ochnaceae。【包含】世界8种。【学名诠释与讨论】〈阳〉(希)blastema,刺,刚毛,芽+anthos,花。antheros,多花的。antheo,开花。【分布】巴西(北部),几内亚。【模式】Blastemanthus gemmiflorus (C. F. P. Martius et Zuccarini) J. E. Planchon[Godoya gemmiflora C. F. P. Martius et Zuccarini]●☆

6575 Blastocaulon Ruhland(1903)【汉】芽茎谷精草属。【隶属】谷精草科 Eriocaulaceae。【包含】世界4-5种。【学名诠释与讨论】〈中〉(希)blastos,胚,幼芽,嫩枝,枝,花+kaulos=拉丁文 caulis,指小式 cauliculus,茎,干,亦指甘蓝。【分布】巴西。【模式】未指定。■☆

6576 Blastotrophe Didr. (1854)= Alafia Thouars(1806)[夹竹桃科 Apocynaceae]●☆

6577 Blastus Lour. (1790)【汉】柏拉木属(伯拉木属)。【日】ミヤマハシカンボク属。【英】Blastus。【隶属】野牡丹科 Melastomataceae。【包含】世界12-20种,中国9-14种。【学名诠释与讨论】〈阳〉(希)blastos。【分布】印度至马来西亚,中国。【模式】Blastus cochinchinensis Loureiro。●

6578 Blattaria Kuntze(1891)Nom. inval. , Nom. illegit. ≡ Pentapetes L. (1753)[梧桐科 Sterculiaceae//锦葵科 Malvaceae]■●

6579 Blattaria Mill. (1754)= Veratrum L. (1753)[百合科 Liliaceae//黑药花科(藜芦科)Melanthiaceae]■●

6580 Blatti Adans. (1763)Nom. illegit. (废弃属名)≡ Blatti Rheede ex Adans. (1763)(废弃属名);~ = Sonneratia L. f. (1782)(保留属名)[海桑科 Sonneratiaceae//千屈菜科 Lythraceae]●

6581 Blatti Rheede ex Adans. (1763)(废弃属名)= Sonneratia L. f. (1782)(保留属名)[海桑科 Sonneratiaceae//千屈菜科 Lythraceae]●

6582 Blattiaceae Engl. (1892)=Sonneratiaceae Engl. (保留科名)●

6583 Blattiaceae Nied. (1892)= Lythraceae J. St. -Hil. (保留科名);~ =Sonneratiaceae Engl. (保留科名)■●

6584　Blaxium Cass. (1824) = Dimorphotheca Vaill. (1754) (保留属名) [菊科 Asteraceae(Compositae)]■●☆

6585　Bleasdalea F. Muell. (1865) Nom. inval. ≡ Bleasdalea F. Muell. ex Domin (1921); ~ = Grevillea R. Br. ex Knight (1809) [as 'Grevillia'] (保留属名) [山龙眼科 Proteaceae]●

6586　Bleasdalea F. Muell. ex Domin(1921) = Grevillea R. Br. ex Knight (1809) [as 'Grevillia'] (保留属名) [山龙眼科 Proteaceae]●

6587　Blechum P. Browne(1756)【汉】赛山蓝属(美爵床属)。【俄】Дербянка。【英】Blechum。【隶属】爵床科 Acanthaceae。【包含】世界 6-10 种,中国 1 种。【学名诠释与讨论】〈中〉(希)blechon,本来用于其他植物,薄荷之类。【分布】巴拿马,秘鲁,玻利维亚,厄瓜多尔,哥伦比亚(安蒂奥基亚),尼加拉瓜,中国,西印度群岛,热带美洲,中美洲。【模式】Blechum brownei A. L. Jussieu。【参考异名】Alvarezia Pav. ex Nees(1847);Blexum Raf. ■

6588　Bleekeria Hassk. (1855)【汉】布拉克玫瑰树属(布利木属)。【隶属】夹竹桃科 Apocynaceae。【包含】世界 10 种。【学名诠释与讨论】〈阴〉(人)Pieter Bleeker, 1819-1878,荷兰医生,博物学者,动物学者。他是荷兰植物学者 Justus Carl Hasskarl (1811-1894)的朋友。此属的学名,ING、APNI、TROPICOS 和 IK 记载是"Bleekeria Hasskarl, Retzia 1;38. 1855"。大戟科 Euphorbiaceae 的"Bleekeria Miquel, Fl. Ind. Bat. 1(2);407. 6 Oct 1859 = Alchornea Sw. (1788)"是晚出的非法名称。亦有文献把"Bleekeria Hassk. (1855)"处理为"Ochrosia Juss. (1789)"的异名。【分布】马斯克林群岛至美国(夏威夷)和法属新喀里多尼亚。【模式】Bleekeria kalokarpa Hasskarl。【参考异名】Ochrosia Juss. (1789)●

6589　Bleekeria Miq. (1859) Nom. illegit. = Alchornea Sw. (1788) [大戟科 Euphorbiaceae]●

6590　Bleekrodea Blume (1856)【汉】南鹊肾树属。【隶属】桑科 Moraceae。【包含】世界 3 种。【学名诠释与讨论】〈阴〉词源不详。亦有文献把"Bleekrodea Blume(1856)"处理为"Streblus Lour. (1790)"的异名。【分布】马达加斯加,加里曼丹岛,中南半岛。【后选模式】Bleekrodea insignis Blume。【参考异名】Streblus Lour. (1790)●☆

6591　Blencocoes B. D. Jacks., Nom. illegit. = Blenocoes Raf. (1837) Nom. illegit.; ~ = Nicotiana L. (1753) [茄科 Solanaceae//烟草科 Nicotianaceae]●■

6592　Blencocoes Raf. (1837) Nom. illegit. ≡ Blenocoes Raf. (1837) Nom. illegit.; ~ ≡ Tabacus Moench (1794); ~ = Nierembergia Ruiz et Pav. (1794) [茄科 Solanaceae//烟草科 Nicotianaceae]●■

6593　Blennoderma Spach (1836) = Oenothera L. (1753) [柳叶菜科 Onagraceae]●■

6594　Blennodia R. Br. (1849)【汉】黏液芥属。【隶属】十字花科 Brassicaceae(Cruciferae)。【包含】世界 2 种。【学名诠释与讨论】〈阴〉(希)blenna, blennos,黏液,胶。指其种子覆有黏液。【分布】澳大利亚。【模式】Blennodia canescens R. Brown。■☆

6595　Blennosperma Less. (1832)【汉】黏子菊属。【英】Stickyseed。【隶属】菊科 Asteraceae(Compositae)。【包含】世界 2 种。【学名诠释与讨论】〈中〉(希)blennos,黏液,胶 + sperma,所有格 spermatos,种子,孢子。【分布】美国(加利福尼亚),智利。【模式】Blennosperma chilense Lessing。【参考异名】Apalus DC. (1836);Coniothele DC. (1836);Hapalus Endl. (1837);Unxia Bert. ex Colla(1835)Nom. illegit. (废弃属名)●☆

6596　Blennospora A. Gray(1851)【汉】丝叶鼠麹草属。【隶属】菊科 Asteraceae(Compositae)。【包含】世界 2 种。【学名诠释与讨论】〈阴〉(希)blennos,黏液,胶 + spora,孢子,种子。此属的学名是"Blennospora A. Gray, Hooker's J. Bot. Kew Gard. Misc. 3; 98, 172.

Apr 1851"。亦有文献把其处理为"Calocephalus R. Br. (1817)"的异名。【分布】澳大利亚(南部)。【模式】Blennospora drummondii A. Gray。【参考异名】Calocephalus R. Br. (1817)■☆

6597　Blenocoes Raf. (1837) Nom. illegit. ≡ Tabacus Moench (1794); ~ = Nicotiana L. (1753); ~ = Nierembergia Ruiz et Pav. (1794) [茄科 Solanaceae//烟草科 Nicotianaceae]●■☆

6598　Blepetalon Raf. (1838) Nom. illegit. ≡ Scutia (Comm. ex DC.) Brongn. (1826) (保留属名) [鼠李科 Rhamnaceae]●

6599　Blepharanthera Raf. (1837) = Bulbine Wolf (1776) (保留属名) [百合科 Liliaceae//阿福花科 Asphodelaceae]■☆

6600　Blepharacanthus Nees ex Lindl. (1836) Nom. illegit. ≡ Blepharacanthus Nees(1836); ~ = Blepharis Juss. (1789) [爵床科 Acanthaceae]●■

6601　Blepharacanthus Nees(1836) = Blepharis Juss. (1789) [爵床科 Acanthaceae]●■

6602　Blepharaden Dulac(1867) Nom. illegit. ≡ Swertia L. (1753) [龙胆科 Gentianaceae]■

6603　Blepharandra Griseb. (1849)【汉】圭亚那金虎尾属。【隶属】金虎尾科(黄褥花科) Malpighiaceae。【包含】世界 3-6 种。【学名诠释与讨论】〈阴〉(希)blepharis,所有格 blepharidos,睫毛,眼睑 + aner,所有格 andros,雄性,雄蕊。【分布】几内亚。【模式】Blepharandra hypoleuca (Bentham) Grisebach [Coleostachys hypoleuca Bentham]●☆

6604　Blepharanthemum Klotzsch(1840) = Plagianthus J. R. Forst. et G. Forst. (1776) [锦葵科 Malvaceae]●☆

6605　Blepharanthera Schltr. (1913) = Brachystelma R. Br. (1822) (保留属名) [萝藦科 Asclepiadaceae]■

6606　Blepharanthes Sm. (1821) Nom. illegit. ≡ Modecca Lam. (1797); ~ = Adenia Forssk. (1775) [西番莲科 Passifloraceae]●

6607　Blepharidachne Hack. (1888)【汉】荒漠草属。【隶属】禾本科 Poaceae(Gramineae)。【包含】世界 4 种。【学名诠释与讨论】〈阴〉(希)blepharis,所有格 blepharidos,睫毛,眼睑+achne,鳞片,泡沫,泡囊,谷壳,稃。此属的学名"Blepharidachne Hackel in Engler et Prantl, Nat. Pflanzenfam. 2(2); 68. Nov 1887; 126. Jan 1888('1887')"是一个替代名称。"Eremochloe S. Watson, U. S. Geol. Explor. 40th Parallel, Bot. 5;382. Sep-Dec 1871"是一个非法名称(Nom. illegit.),因为此前已经有了"Eremochloa Büse 1854 [禾本科 Poaceae(Gramineae)]"。故用"Blepharidachne Hack. (1888)"替代之。【分布】北美洲西部。【后选模式】Blepharidachne kingii (S. Watson) Hackel [Eremochloe kingii S. Watson]。【参考异名】Blepharodachna Post et Kuntze (1903); Eremochloe S. Watson (1871) Nom. illegit.; Trichodiclida Cerv. (1870)■☆

6608　Blepharidium Standl. (1918)【汉】小毛茜属。【隶属】茜草科 Rubiaceae。【包含】世界 1-2 种。【学名诠释与讨论】〈中〉(希)blepharis,所有格 blepharidos,睫毛,眼睑+-idius, -idia, -idium,指示小的词尾。【分布】墨西哥,中美洲。【模式】Blepharidium guatemalense Standley。●☆

6609　Blephariglottis Raf. (1837) Nom. illegit. = Platanthera Rich. (1817) (保留属名) [兰科 Orchidaceae]■

6610　Blepharipappus Hook. (1833) (废弃属名); ~ = Lebetanthus Endl. (1841) [as 'Lebethanthus'] (保留属名) [菊科 Asteraceae(Compositae)]●☆

6611　Blepharis Juss. (1789)【汉】百簕花属。【隶属】爵床科 Acanthaceae。【包含】世界 20-100 种,中国 1 种。【学名诠释与讨论】〈阴〉(希)blepharis,所有格 blepharidos,睫毛,眼睑。【分布】马达加斯加,中国,地中海地区,非洲南部。【模式】Blepharis boerhaviifolia Persoon, Nom. illegit. ［Blepharis maderaspatensis (Linnaeus) Heyne ex Roth］。【参考异名】Acanthodium Delile (1812); Blepharacanthus Nees ex Lindl. (1836) Nom. illegit.; Blepharacanthus Nees (1836); Cynarospermum Vollesen (1999); Trichacanthus Zoll. et Moritzi(1845)●■

6612 Blepharispermum Benth. , Nom. illegit. = Blepharophyllum Klotzsch (1838); ~ = Scyphogyne Brongn. (1828) Nom. illegit.; ~ = Scyphogyne Decne. (1828); ~ = Erica L. (1753)［杜鹃花科(欧石南科) Ericaceae］●☆

6613 Blepharispermum DC. (1834)【汉】睑子菊属。【隶属】菊科 Asteraceae(Compositae)。【包含】世界 15 种。【学名诠释与讨论】〈中〉(希) blepharis, 所有格 blepharidos, 睫毛, 眼睑+sperma, 所有格 spermatos, 种子, 孢子。此属的学名, ING 和 IK 记载是 "Blepharispermum A. P. de Candolle in R. Wight, Contr. Bot. India 11. Dec 1834"。TROPICOS 则记载为 "Blepharispermum Wight ex DC. , Contr. Bot. India 11. 1834"。"Blepharispermum Wight(1834) ≡ Blepharispermum DC. (1834)" 的命名人引证亦有误。【分布】马达加斯加, 热带非洲和亚洲。【模式】Blepharispermum petiolare A. P. de Candolle。【参考异名】Blepharispermum Wight ex DC. (1834) Nom. illegit.; Blepharispermum Wight (1834) Nom. illegit.; Blepharospermum Post et Kuntze (1903); Leucoblepharis Arn. (1838)■☆

6614 Blepharispermum Wight ex DC. (1834) Nom. illegit. ≡ Blepharispermum DC. (1834)［菊科 Asteraceae(Compositae)］■☆

6615 Blepharispermum Wight (1834) Nom. illegit. ≡ Blepharispermum DC. (1834)［菊科 Asteraceae(Compositae)］■☆

6616 Blepharistemma Benth. (1832) Nom. inval. , Nom. illegit. ≡ Blepharistemma Wall. ex Benth. (1858)［红树 Rhizophoraceae］●☆

6617 Blepharistemma Wall. ex Benth. (1858)【汉】睫毛树属。【隶属】红树科 Rhizophoraceae。【包含】世界 1 种。【学名诠释与讨论】〈中〉(希) blepharis, 所有格 blepharidos, 睫毛, 眼睑+stemma, 所有格 stemmatos, 花冠, 花环, 王冠。此属的学名, ING 和 IK 记载是 "Blepharistemma Wallich ex Bentham, J. Proc. Linn. Soc. , Bot. 3: 73, 78. 1858"。IK 还记载了 "Blepharistemma Benth. , Numer. List ［Wallich］n. 6320. 1832 ≡ Blepharistemma Wall. ex Benth. (1858)"。【分布】印度。【模式】Blepharistemma corymbosum Wallich ex Bentham, Nom. illegit. ［Dryptopetalum membranaceum Miquel］。【参考异名】Blepharistemma Benth. (1832) Nom. inval. , Nom. illegit.; Blepharostemma Post et Kuntze(1903)●☆

6618 Blepharitheca Pichon (1946) = Cuspidaria DC. (1838) (保留属名)［紫葳科 Bignoniaceae］●☆

6619 Blepharizonia(A. Gray) Greene(1885)【汉】睑菊属。【隶属】菊科 Asteraceae(Compositae)。【包含】世界 1-2 种。【学名诠释与讨论】〈阴〉(希) blepharis, 所有格 blepharidos, 睫毛, 眼睑+zona 环带。此属的学名, ING、TROPICOS 和 GCI 记载是 "Blepharizonia (A. Gray) E. L. Greene, Bull. Calif. Acad. Sci. 1: 279. 14 Dec 1885", 由 "Hemizonia subgen. Blepharizonia A. Gray, Proc. Amer. Acad. Arts 9: 192. 1874" 改级而来。IK 则记载为 "Blepharizonia Greene, Bull. Calif. Acad. Sci. 1(4): 279. 1885 ［1886 publ. 14 Dec 1885］"。"Blepharizonia Greene, Man. Bot. San Francisco 198. 1894 ［2 Feb 1894］" 则是晚出的非法名称。【分布】美国(加利福尼亚)。【模式】Blepharizonia plumosa (A. Kellogg) E. L. Greene ［Calycadenia plumosa A. Kellogg］。【参考异名】Blepharizonia Greene (1885) Nom. illegit.; Blepharizonia Greene (1894) Nom. illegit.; Hemizonia subgen. Blepharizonia A. Gray(1874)■☆

6620 Blepharizonia Greene (1885) Nom. illegit. ≡ Blepharizonia (A. Gray) Greene(1885)［菊科 Asteraceae(Compositae)］■☆

6621 Blepharizonia Greene (1894) Nom. illegit. ［菊科 Asteraceae (Compositae)］■☆

6622 Blepharocalyx O. Berg(1856)【汉】毛萼金娘属。【隶属】桃金娘科 Myrtaceae。【包含】世界 25 种。【学名诠释与讨论】〈阳〉(希) blepharis, 所有格 blepharidos, 睫毛, 眼睑+kalyx, 所有格 kalykos=拉丁文 calyx, 花萼, 杯子。【分布】巴拉圭, 秘鲁, 玻利维亚, 厄瓜多尔, 南美洲。【后选模式】Blepharocalyx acuminatissimus (Miquel) O. C. Berg ［Eugenia acuminatissima Miquel］。【参考异名】Heteromyrtus Blume (1850); Marlieriopsis Kiaersk. (1890); Temu O. Berg(1861)●☆

6623 Blepharocarya F. Muell. (1878)【汉】毛果漆属。【隶属】漆树科 Anacardiaceae//毛果漆科(毛萼金娘科) Blepharocaryaceae。【包含】世界 2 种。【学名诠释与讨论】〈阴〉(希) blepharis, 所有格 blepharidos, 睫毛, 眼睑+karyon, 胡桃, 硬壳果, 核, 坚果。【分布】澳大利亚。【模式】Blepharocarya involucrigera F. v. Mueller。●☆

6624 Blepharocaryaceae Airy Shaw(1964)［亦见 Anacardiaceae R. Br. (保留科名)漆树科］【汉】毛果漆科(毛萼金娘科)。【包含】世界 1 属 2 种。【分布】澳大利亚(东部和北部)。【科名模式】Blepharocarya F. Muell. ●

6625 Blepharochilum M. A. Clem. et D. L. Jones(2002) = Bulbophyllum Thouars(1822)(保留属名)［兰科 Orchidaceae］■

6626 Blepharochlamys C. Presl (1851) = Mystropetalon Harv. (1838)［宿苞果科 Mystropetalaceae//蛇菰科(土鸟麴科) Balanophoraceae］■☆

6627 Blepharochloa Endl. (1840) = Leersia Sw. (1788) (保留属名)［禾本科 Poaceae(Gramineae)］■

6628 Blepharodachna Post et Kuntze(1903) = Blepharidachne Hack. (1888)［禾本科 Poaceae(Gramineae)］■☆

6629 Blepharodon Decne. (1844)【汉】毛齿萝藦属。【隶属】萝藦科 Asclepiadaceae。【包含】世界 45 种。【学名诠释与讨论】〈阳〉(希) blepharis, 所有格 blepharidos, 睫毛, 眼睑+odous, 所有格 odontos, 齿。【分布】巴拉圭, 巴拿马, 秘鲁, 玻利维亚, 厄瓜多尔, 哥伦比亚(安蒂奥基亚), 墨西哥, 尼加拉瓜, 智利, 中美洲。【后选模式】Blepharodon linearis (Decaisne) Decaisne ［as 'lineare'］［Matelea linearis Decaisne］。【参考异名】Ptycholepis Griseb. (1857); Ptycholepis Griseb. ex Lechler(1857) Nom. illegit. ■☆

6630 Blepharolepis Nees ex Lindl. (1836) = Polpoda C. Presl(1829)［粟米草科 Molluginaceae//南非粟米草科 Polpodaceae］●☆

6631 Blepharolepis Nees(1836) = Polpoda C. Presl(1829)［粟米草科 Molluginaceae//南非粟米草科 Polpodaceae］●☆

6632 Blepharolepis Nees(1843) Nom. illegit. = Scirpus L. (1753) (保留属名)［莎草科 Cyperaceae//藨草科 Scirpaceae］■

6633 Blepharoneuron Nash(1898)【汉】毛脉禾属(肋禾属)。【隶属】禾本科 Poaceae(Gramineae)。【包含】世界 2 种。【学名诠释与讨论】〈中〉(希) blepharis, 所有格 blepharidos, 睫毛, 眼睑+neuron=拉丁文 nervus, 脉, 筋, 腱, 神经。此属的学名, ING、TROPICOS 和 IK 记载是 "Blepharoneuron Nash, Bull. Torrey Bot. Club 25(2): 88. 1898 ［12 Feb 1898］"。禾本科 Poaceae (Gramineae) 的 "Blepharoneuron Rydb. , Bull. Torrey Bot. Club 25(2): 88. 1898 ［12 Feb 1898］" 是其异名。【分布】美国(西南部), 墨西哥。【模式】Blepharoneuron tricholepis (Torrey) Nash ［Vilfa tricholepis Torrey］。【参考异名】Blepharoneuron Rydb. (1898) Nom. illegit. ■☆

6634 Blepharoneuron Rydb. (1898) Nom. illegit. ≡ Blepharoneuron Nash(1898)［禾本科 Poaceae(Gramineae)］■☆

6635 Blepharopappua Post et Kuntze(1903) = Blepharipappus Hook. (1833) (废弃属名); ~ = Lebetanthus Endl. (1841)［as 'Lebethanthus'］(保留属名)［菊科 Asteraceae(Compositae)］●■

6636　Blepharophyllum Klotzsch（1838）＝ Scyphogyne Brongn.（1828）Nom. illegit.；～＝Scyphogyne Decne.（1828）；～＝ Erica L.（1753）［杜鹃花科（欧石南科）Ericaceae］●☆

6637　Blepharospermum Post et Kuntze（1903）＝ Blepharispermum DC.（1834）［菊科 Asteraceae（Compositae）］■☆

6638　Blepharostemma（Lange）Fourr.（1868）＝ Asperula L.（1753）（保留属名）［茜草科 Rubiaceae//车叶草科 Asperulaceae］■

6639　Blepharostemma Fourr.（1868）Nom. illegit. ≡ Blepharostemma（Lange）Fourr.（1868）；～＝ Asperula L.（1753）（保留属名）［茜草科 Rubiaceae//车叶草科 Asperulaceae］■

6640　Blepharostemma Post et Kuntze（1903）Nom. illegit. ＝ Blepharistemma Wall. ex Benth.（1858）［红树科 Rhizophoraceae］●☆

6641　Blepharozonia Post et Kuntze（1903）＝ Blepharizonia（A. Gray）Greene（1885）［菊科 Asteraceae（Compositae）］■☆

6642　Blepheuria Raf. ＝ Campanula L.（1753）［桔梗科 Campanulaceae］■●

6643　Blephilia Raf.（1819）【汉】睫毛草属。【英】Wood Mint。【隶属】唇形科 Lamiaceae（Labiatae）。【包含】世界 3 种。【学名诠释与讨论】〈阳〉（希）blepharis, 所有格 blepharidos, 睫毛, 眼睑。【分布】美国, 北美洲。【模式】Blephilia ciliata（Linnaeus）Bentham［Monarda ciliata Linnaeus］■☆

6644　Blephiloma Raf.（1837）＝ Phlomis L.（1753）［唇形科 Lamiaceae（Labiatae）］●■

6645　Blephistelma Raf.（1838）Nom. illegit. ≡ Disemma Labill.（1825）；～＝ Passiflora L.（1753）（保留属名）［西番莲科 Passifloraceae］●■

6646　Blephixis Raf.（1840）＝ Chaerophyllum L.（1753）［伞形花科（伞形科）Apiaceae（Umbelliferae）］■

6647　Bletia Ruiz et Pav.（1794）【汉】美洲白芨属（美洲白及属, 拟白芨属, 拟白及属）。【日】ブレッティア属。【隶属】兰科 Orchidaceae。【包含】世界 26-30 种。【学名诠释与讨论】〈阴〉（人）Louis Blet, 18 世纪西班牙药剂师, 植物学者。他在 Algeciras 拥有一有名的植物园。他曾陪伴植物学者 Ruiz 和 Jose Antonio Pavon 去新大陆探险。此属的学名, ING、APNI、GCI、TROPICOS 和 IK 记载是 "Bletia Ruiz et Pav., Fl. Peruv. Prodr. 119. 1794 [early Oct 1794]"。"Bletiana Rafinesque, Amer. Monthly Mag. et Crit. Rev. 2:268. Feb 1818"是"Bletia Ruiz et Pav.（1794）"的晚出的同模式异名（Homotypic synonym, Nomenclatural synonym）。【分布】巴基斯坦, 巴拿马, 秘鲁, 玻利维亚, 厄瓜多尔, 哥伦比亚（安蒂奥基亚）, 哥斯达黎加, 马达加斯加, 尼加拉瓜, 西印度群岛, 热带美洲, 中美洲。【后选模式】Bletia catenulata Ruiz et Pavon。【参考异名】Anthogyas Raf.（1838）；Bletiana Raf.（1818）Nom. illegit.；Gyas Salisb.（1812）；Limodorum L.（1753）（废弃属名）；Regnellia Barb. Rodr.（1877）；Thiebautia Colla（1825）■☆

6648　Bletiana Raf.（1818）Nom. illegit. ≡ Bletia Ruiz et Pav.（1794）［兰科 Orchidaceae］■☆

6649　Bletilla Rchb. f.（1853）（保留属名）【汉】白芨属（白及属）。【日】シラン属, ブレティラ属。【俄】Блетилла。【英】Bletilla, Ground Orchid。【隶属】兰科 Orchidaceae。【包含】世界 6-9 种, 中国 4 种。【学名诠释与讨论】〈阴〉（属）Bletia 美洲白芨属 +-illus, -illa, -illum, 指示小的词尾。此属的学名"Bletilla Rchb. f. in Fl. Serres Jard. Eur. 8：246. 5 Oct 1853"是保留属名。相应的废弃属名是兰科 Orchidaceae 的"Jimensia Raf., Fl. Tellur. 4：38. 1838 ＝Bletilla Rchb. f.（1853）（保留属名）"。【分布】中国, 东亚。【模式】Bletilla gebina（Lindley）H. G. Reichenbach［as 'gebinae'］［Bletia gebina Lindley］。【参考异名】Jimensia Raf.（1838）（废弃属名）；Polytoma Lour. ex B. A. Gomes（1868）Nom. illegit. ●■

6650　Bletti Steud.（1840）＝ Blatti Adans.（1763）（废弃属名）；～＝ Sonneratia L. f.（1782）（保留属名）［海桑科 Sonneratiaceae//千屈菜科 Lythraceae］●

6651　Blexum Raf. ＝Blechum P. Browne（1756）［爵床科 Acanthaceae］■

6652　Blighia K. König（1806）【汉】阿开木属。【俄】Блигия。【英】Akee, Akee Apple。【隶属】无患子科 Sapindaceae。【包含】世界 4 种。【学名诠释与讨论】〈阴〉（人）William Bligh, 1754-1817, 英国水手。【分布】巴拿马, 哥伦比亚, 尼加拉瓜, 热带非洲, 中美洲。【模式】Blighia sapida K. König。【参考异名】Aakesia Baill.；Akea Stokes（1812）；Akeesia Tussac（1808）；Akesia Tussac（1808）Nom. illegit.；Bonannia Raf.（1814）（废弃属名）；Phialodiscus Radlk.（1879）●☆

6653　Blighiopsis Van de Veken（1960）【汉】拟阿开木属。【隶属】无患子科 Sapindaceae。【包含】世界 1 种。【学名诠释与讨论】〈阴〉（属）Blighia 阿开木属 + 希腊文 opsis, 外观, 模样, 相似。【分布】热带非洲。【模式】Blighiopsis pseudostipularis Veken。●☆

6654　Blinkworthia Choisy（1834）【汉】苞叶藤属。【英】Blinkworthia。【隶属】旋花科 Convolvulaceae。【包含】世界 2-3 种, 中国 1 种。【学名诠释与讨论】〈阴〉（人）Blinkworth。【分布】缅甸, 中国。【模式】Blinkworthia lycioides J. D. Choisy。●

6655　Blismus Friche-Joset et Montandon（1856）Nom. illegit. ＝Blysmus Panz. ex Schult.（1824）（保留属名）；～＝ Scirpus L.（1753）（保留属名）［莎草科 Cyperaceae//蔍草科 Scirpaceae］■

6656　Blismus Montandon（1856）Nom. illegit. ＝ Blysmus Panz. ex Schult.（1824）（保留属名）［莎草科 Cyperaceae］■

6657　Blitaceae Adans.（1903）＝ Blitaceae Adans. ex T. Post et Kuntze（1903）；～＝ Amaranthaceae Juss.（保留科名）；～＝ Chenopodiaceae Vent.（保留科名）●■

6658　Blitaceae Adans. ex Post et Kuntze（1903）＝ Amaranthaceae Juss.（保留科名）；～＝ Chenopodiaceae Vent.（保留科名）●■

6659　Blitanthus Rchb.（1824）Nom. illegit. ≡ Acroglochin Schrad.（1822）［藜科 Chenopodiaceae］■

6660　Blitoides Fabr. ＝ Amaranthus L.（1753）［苋科 Amaranthaceae］■

6661　Bliton Adans.（1763）＝ Blitum Fabr.（1759）Nom. illegit.；～≡ Blitum Heist. ex Fabr.（1759）Nom. illegit.；～＝ Amaranthus L.（1753）［苋科 Amaranthaceae］■

6662　Blitum Fabr.（1759）Nom. illegit. ≡Blitum Heist. ex Fabr.（1759）Nom. illegit.；～＝ Amaranthus L.（1753）［苋科 Amaranthaceae］■

6663　Blitum Heist. ex Fabr.（1759）Nom. illegit. ＝ Amaranthus L.（1753）［苋科 Amaranthaceae］■

6664　Blitum Hill（1757）Nom. illegit. ＝Chenopodium L.（1753）［藜科 Chenopodiaceae］■●

6665　Blitum L.（1753）＝ Chenopodium L.（1753）［藜科 Chenopodiaceae］■●

6666　Blitum Scop.（1772）Nom. illegit. ≡Albersia Kunth（1838）；～＝ Amaranthus L.（1753）［苋科 Amaranthaceae］■

6667　Blochmannia Rchb.（1828）＝ Triplaris Loefl. ex L.（1758）［蓼科 Polygonaceae］●

6668　Blomia Miranda（1953）【汉】布氏无患子属。【隶属】无患子科 Sapindaceae。【包含】世界 1 种。【学名诠释与讨论】〈阴〉（人）Carl Hilding Blom, 1888-1972, 植物学者。【分布】墨西哥。【模式】Blomia cupanioides F. Miranda。【参考异名】Tikalia Lundell（1961）●☆

6669　Blondea Rich.（1792）＝ Sloanea L.（1753）［杜英科 Elaeocarpaceae］●

6670　Blondia Neck.（1790）Nom. inval. ＝Tiarella L.（1753）［虎耳草

科 Saxifragaceae]■

6671 Blondia Neck.（1837）= Tiarella L.（1753）［虎耳草科 Saxifragaceae]■

6672 Bloomeria Kellogg(1863)【汉】环丝韭属。【日】ブローメリア属。【英】Golden Star, Golden Stars。【隶属】百合科 Liliaceae//葱科 Alliaceae。【包含】世界 2-3 种。【学名诠释与讨论】〈阴〉（人）H. G. Bloomer, 1821-1874, 美国植物学者。【分布】美国（加利福尼亚）。【模式】Bloomeria aurea Kellogg。■☆

6673 Blossfeldia Werderm.（1937）【汉】松露玉属（松露球属）。【日】ブロスフェルディア属。【英】Blossfeldia。【隶属】仙人掌科 Cactaceae。【包含】世界 1-2 种。【学名诠释与讨论】〈阴〉（人）Harry Blossfeld, 1913-1986, 探险家, 模式种的发现者。【分布】阿根廷, 玻利维亚。【模式】Blossfeldia liliputana Werdermann。●☆

6674 Blossfeldiana Megata = Frailea Britton et Rose(1922)［仙人掌科 Cactaceae]●

6675 Blotia Léandri（1957）【汉】布洛大戟属。【隶属】大戟科 Euphorbiaceae。【包含】世界 5 种。【学名诠释与讨论】〈阴〉（人）Blot。【分布】马达加斯加。【模式】Blotia oblongifolia (Baillon) Leandri。●■☆

6676 Bluffia Delile（1835）Nom. illegit. = Panicum L.（1753）［禾本科 Poaceae(Gramineae)]■

6677 Bluffia Nees（1834）= Alloteropsis J. Presl ex C. Presl；~ = Panicum L.（1753）［禾本科 Poaceae(Gramineae)]■

6678 Blumea DC.（1833）（保留属名）【汉】艾纳香属（大艾属, 毛将军属）。【日】ツルハグマ属。【俄】Блюмея。【英】Blumea。【隶属】菊科 Asteraceae(Compositae)。【包含】世界 50-100 种, 中国 29-32 种。【学名诠释与讨论】〈阴〉（人）Karl Ludwig (Carl, Carolus Ludovicus) von Blume, 1796-1862, 德国出生的荷兰植物学者, 医生, 旅行家, 茂物植物园负责人。此属的学名"Blumea A. P. de Candolle, Arch. Bot.（Paris）2：514. 23 Dec 1833"是保留属名。相应的废弃属名是木兰科 Magnoliaceae 的"Blumia Nees in Flora 8：152. 14 Mar 1825 = Talauma Juss.（1789）"和菊科 Asteraceae 的"Placus Lour., Fl. Cochinch.：475, 496. Sep 1790"。猕猴桃科 Actinidiaceae 的"Blumea G. Don, Gen. Hist. 1：564, 573, 1831 = Saurauia Willd.（1801）（保留属名 = Blumia Spreng.（1826）Nom. illegit.（废弃属名）"、"Blumea Post et Kuntze（1903）= Blumia Nees ex Blume（1823）Nom. illegit.（废弃属名）= Blumia Nees（1825）（废弃属名）= Blumia Meyen ex Endl.（废弃属名）= Blumia Spreng.（1826）Nom. illegit.（废弃属名）"、"Blumia Spreng., Syst. Veg.（ed. 16）［Sprengel]3：126. 1826 ≡ Reinwardtia Blume ex Nees（1824）Nom. illegit. Saurauia Willd.（1801）（保留属名）", 木棉科 Bombacaceae//锦葵科 Malvaceae 的"Blumea Rchb., Consp. Regn. Veg.［H. G. L. Reichenbach]209. 1828 ≡ Neesia Blume（1835）（保留属名）", 木兰科 Magnoliaceae 的"Blumia Nees ex Blume, Verh. Batav. Genootsch. Kunst. 9：147. 1823 = Talauma Juss.（1789）", 棕榈科 Arecaceae(Palmae) 的"Blumea Zipp. ex Miq. = Didymosperma H. Wendl. et Drude ex Benth. et Hook. f.（1883）"和"Blumia Meyen ex Endl."都应废弃。【分布】巴基斯坦, 巴拿马, 秘鲁, 玻利维亚, 厄瓜多尔, 马达加斯加, 中国, 印度和东亚至澳大利亚, 热带和非洲南部, 中美洲。【模式】Blumea balsamifera (Linnaeus) A. P. de Candolle［Conyza balsamifera Linnaeus]。【参考异名】Bileveillea Vaniot（1904）；Doellia Sch. Bip.（1842）Nom. inval.；Leveillea Vaniot（1903）Nom. illegit.；Merrittia Merr.（1910）；Placus Lour.（1790）（废弃属名）■●

6679 Blumea G. Don（1831）Nom. illegit.（废弃属名）= Blumia Spreng.（1826）Nom. illegit.（废弃属名）；~ = Saurauia Willd.（1801）（保留属名）［猕猴桃科 Actinidiaceae//水东哥科（伞罗夷科, 水冬瓜

科）Saurauiaceae]●■

6680 Blumea Post et Kuntze（1903）Nom. illegit.（废弃属名）= Blumia Meyen ex Endl.（废弃属名）；~ = Blumia Nees ex Blume（1823）Nom. illegit.（废弃属名）；~ = Blumia Nees（1825）（废弃属名）；~ = Blumia Spreng.（1826）Nom. illegit.（废弃属名）；~ = Schoenus L.（1753）；~ = Rhynchospora Vahl（1805）［as 'Rynchospora']（保留属名）［猕猴桃科 Actinidiaceae]●■

6681 Blumea Rchb.（1828）（废弃属名）≡ Neesia Blume（1835）（保留属名）［木棉科 Bombacaceae//锦葵科 Malvaceae]●☆

6682 Blumea Zipp. ex Miq.（废弃属名）= Didymosperma H. Wendl. et Drude ex Benth. et Hook. f.（1883）［棕榈科 Arecaceae(Palmae)]●

6683 Blumella Tiegh.（1895）Nom. illegit. ≡ Iticania Raf.（1838）；~ = Elytranthe（Blume）Blume（1830）；~ = Elytranthe Blume + Macrosolen（Blume）Rchb.（1841）［桑寄生科 Loranthaceae]●

6684 Blumenbachia Koeler（1802）（废弃属名）= Sorghum Moench（1794）（保留属名）［禾本科 Poaceae(Gramineae)]■

6685 Blumenbachia Schrad.（1825）（保留属名）【汉】布氏刺莲花属（南美刺莲花属）。【日】ブルーメンバッキア属。【隶属】刺莲花科（硬毛草科）Loasaceae。【包含】世界 6-12 种。【学名诠释与讨论】〈阴〉（人）Johann Friedrich Blumenbach, 1752-1840, 德国医生, 他对植物学、人类学、昆虫学、解剖学有造诣。此属的学名"Blumenbachia Schrad. in Gött. Gel. Anz. 1825：1705. 24 Oct 1825"是保留属名。相应的废弃属名是禾本科 Poaceae(Gramineae) 的"Blumenbachia Koeler, Descr. Gram.：28. 1802 = Sorghum Moench（1794）（保留属名）"。"Saloa S. C. Stuntz, U. S. Dept. Agric. Bur. Pl. Industr. Invent. Seeds 31：86. 13 Feb 1914"是"Blumenbachia Schrad.（1825）（保留属名）"的晚出的同模式异名（Homotypic synonym, Nomenclatural synonym）。【分布】玻利维亚, 温带南美洲。【模式】Blumenbachia insignis H. A. Schrader。【参考异名】Raphisanthe Lilja（1841）；Saloa Stuntz（1914）Nom. illegit. ■☆

6686 Blumeodendron（Müll. Arg.）Kurz（1874）【汉】布氏木大戟属。【隶属】大戟科 Euphorbiaceae。【包含】世界 6 种。【学名诠释与讨论】〈中〉（人）Karl Ludwig（Carl, Carolus Ludovicus）von Blume, 1796-1862, 德国植物学者 + dendron 或 dendros, 树木, 棍, 丛林。此属的学名, ING 和 TROPICOS 记载是"Blumeodendron（J. Müller Arg.）Kurz, J. Asiat. Soc. Bengal, Pt. 2, Nat. Hist. 42：245. 26 Mai 1874（'1873'）", 由"Mallotus sect. Blumeodendron J. Müller Arg. in Alph. de Candolle, Prodr. 15(2)：956. Aug (sero) 1866"改级而来。IK 则记载为"Blumeodendron Kurz, J. Asiat. Soc. Bengal, Pt. 2, Nat. Hist. 42(4)：245. 1874［1873 publ. 26 May 1874]"。三者引用的文献相同。【分布】印度（安达曼群岛）, 马来西亚。【模式】Blumeodendron tokbrai（Blume）Kurz［Elateriospermum tokbrai Blume]。【参考异名】Blumeodendron Kurz（1874）Nom. illegit.；Mallotus sect. Blumeodendron Müll. Arg.（1866）●☆

6687 Blumeodendron Kurz（1874）Nom. illegit. ≡ Blumeodendron（Müll. Arg.）Kurz(1874)［大戟科 Euphorbiaceae]●☆

6688 Blumeopsis Gagnep.（1920）【汉】拟艾纳香属（假艾脑属, 似艾脑属）。【英】Blumeopsis。【隶属】菊科 Asteraceae(Compositae)。【包含】世界 1 种, 中国 1 种。【学名诠释与讨论】〈阴〉（属）Blumea 艾纳香属 + 希腊文 opsis, 外观, 模样, 相似。指外形似艾纳香。【分布】巴基斯坦, 印度尼西亚（苏门答腊岛）, 印度（包括尼科巴群岛）, 中国, 马来半岛。【模式】Blumeopsis flava（A. P. de Candolle）Gagnepain［Blumea flava A. P. de Candolle]■

6689 Blumeorchis Szlach.（2003）【汉】布氏兰属。【隶属】兰科 Orchidaceae。【包含】世界 1 种。【学名诠释与讨论】〈阴〉（人）Karel Lodewijk Blume, 1796-1862, 德国植物学者 + orchis, 原义是睾丸, 后变为植物兰的名称, 因为根的形态而得名。变为拉丁文

orchis,所有格 orchidis。【分布】中南半岛。【模式】Blumeorchis crochetii（Guillaumin）Szlach.。■☆

6690 Blumia Meyen ex Endl.（废弃属名）=？Podochilus Blume（1825）［兰科 Orchidaceae］■

6691 Blumia Nees ex Blume（1823）Nom. illegit.（废弃属名）= Talauma Juss.（1789）［木兰科 Magnoliaceae］●

6692 Blumia Nees（1825）Nom. illegit.（废弃属名）= Talauma Juss.（1789）［木兰科 Magnoliaceae］●

6693 Blumia Spreng.（1826）Nom. illegit.（废弃属名）= Saurauia Willd.（1801）（保留属名）；~ = Saurauia Willd.（1801）（保留属名）［猕猴桃科 Actinidiaceae//水东哥科（伞罗夷科，水冬瓜科）Saurauiaceae］●

6694 Blutaparon Raf.（1838）【汉】银头苋属。【英】Silverhead。【隶属】苋科 Amaranthaceae。【包含】世界 4 种。【学名诠释与讨论】〈中〉（拉）Bulutaparon 银头苋的旧名。此属的学名是“Blutaparon Rafinesque，New Fl. 4：45. 1838（sero）（‘1836’）”。亦有文献把其处理为“Philoxerus R. Br.（1810）”的异名。【分布】巴拿马，厄瓜多尔，尼加拉瓜，非洲西部，美洲。【后选模式】Blutaparon repens Rafinesque，Nom. illegit.［Gomphrena vermicularis Linnaeus；Blutaparon vermiculare（Linnaues）J. A. Mears］。【参考异名】Philoxerus R. Br.（1810）■●☆

6695 Blynia Arn. = Cynanchum L.（1753）［萝藦科 Asclepiadaceae］●■

6696 Blysmocarex N. A. Ivanova（1939）= Kobresia Willd.（1805）［莎草科 Cyperaceae//嵩草科 Kobresiaceae］■

6697 Blysmopsis Oteng - Yeb.（1974）= Blysmus Panz. ex Schult.（1824）（保留属名）［莎草科 Cyperaceae］■

6698 Blysmoschoenus Palla（1910）【汉】泡箭莎属。【隶属】莎草科 Cyperaceae。【包含】世界 1 种。【学名诠释与讨论】〈阳〉（希）blysma = blysis，发泡+（属）Schoenus 小赤箭莎属。【分布】玻利维亚。【模式】Blysmoschoenus buchtienii Palla■☆

6699 Blysmus Panz.（1824）Nom. illegit.（废弃属名）≡ Blysmus Panz. ex Schult.（1824）（保留属名）［莎草科 Cyperaceae］■

6700 Blysmus Panz. ex Roem. et Schult.（1824）Nom. illegit.（废弃属名）≡ Blysmus Panz. ex Schult.（1824）（保留属名）［莎草科 Cyperaceae］■

6701 Blysmus Panz. ex Schult.（1824）（保留属名）【汉】扁穗草属（扁穗莞属，布利莎属）。【俄】Блисмус。【英】Blysmus，Flat - sedge，Flatspike。【隶属】莎草科 Cyperaceae。【包含】世界 4 种，中国 3-4 种。【学名诠释与讨论】〈阳〉（希）blysis，blysma，blysmos，冒泡，沸腾。指某些种生于流水中。此属的学名“Blysmus Panz. ex Schult.，Mant. 2：41. Jan-Apr 1824”是保留属名。相应的废弃属名是莎草科 Cyperaceae 的“Nomochloa P. Beauv. ex T. Lestib.，Essai Cypér. ：37. 29 Mar 1819 ≡ Blysmus Panz. ex Schult.（1824）（保留属名）”。莎草科 Cyperaceae 的“Blysmus Panzer in J. A. Schultes，Mant. 2：41. Jan-Apr 1824 ≡ Blysmus Panz. ex Schult.（1824）（保留属名）”和“Blysmus Panz. ex Roem. et Schult.，Mant. 2（Schultes）41. 1824［Jan-Apr 1824］= Blysmus Panz. ex Schult.（1824）（保留属名）”亦应废弃。【分布】巴基斯坦，中国，温带欧亚大陆。【模式】Blysmus compressus（Linnaeus）Panzer ex Link［Schoenus compressus Linnaeus］。【参考异名】Blismus Friche - Joset et Montandon（1856）Nom. illegit.；Blismus Montandon（1856）Nom. illegit.；Blysmopsis Oteng - Yeb.（1974）；Blysmus Panz.（1824）Nom. illegit.（废弃属名）；Blysmus Panz. ex Roem. et Schult.（1824）（废弃属名）；Leiophyllum Ehrh.（1789）Nom. inval.；Nomochloa P. Beauv.（1819）Nom. illegit.（废弃属名）；Nomochloa P. Beauv. ex T. Lestib.（1819）（废弃属名）■

6702 Blyttia Arn.（1838）【汉】布吕特萝藦属。【隶属】萝藦科 Asclepiadaceae。【包含】世界 2 种。【学名诠释与讨论】〈阴〉（人）Axel Gudbmnd Blytt，1843 - 1898，植物学者。此属的学名，ING、TROPICOS 和 IK 记载是“Blyttia Arnott in Jardine et Johnston，Mag. Zool. Bot. 2：420. 1838”。禾本科 Poaceae（Gramineae）的“Blyttia E. M. Fries，Novit. Fl. Suec. Mant. 2：2. 1839 = Cinna L.（1753）”是晚出的非法名称。“Haplostemma Endl.，Gen. Pl.［Endlicher］Suppl. 3：75. 1843［Oct 1843］”是它的多余的替代名称。亦有文献把“Blyttia Arn.（1838）”处理为“Vincetoxicum Wolf（1776）”的异名。【分布】阿拉伯半岛南部，非洲东部。【模式】Blyttia arabica Arnott。【参考异名】Haplostemma Endl.（1843）Nom. illegit.；Vincetoxicum Wolf（1776）■☆

6703 Blyttia Fr.（1839）Nom. illegit. = Cinna L.（1753）［禾本科 Poaceae（Gramineae）］■

6704 Blyxa Noronha ex Thouars（1806）【汉】水筛属（簧藻属）。【日】スブタ属。【英】Blyxa，Waterbolt。【隶属】水鳖科 Hydrocharitaceae//水筛科 Blyxaceae。【包含】世界 9-11 种，中国 5 种。【学名诠释与讨论】〈阴〉（希）blyzein，流动。指某些种生于流水中。此属的学名，ING、APNI、TROPICOS 和 IK 记载是“Blyxa Noronha ex L. M. A. A. Du Petit-Thouars，Gen. Nova Madag. 4. 17 Nov 1806”；《中国植物志》英文版和《北美植物志》亦用此名。GCI 则记载为“Blyxa Thouars，Gen. Nov. Madagasc. 4. 1806［17 Nov 1806］”。“Madagascar Catalogue”采用“Blyxa A. Thouars ex Rich. Mem. Cl. Sci. Math. Inst. Natl. France 1811（2）：19-23，77（1812）”。《巴基斯坦植物志》用“Blyxa Du Petit-Thouars ex L. C. Rich.，Mem. Cl. Sci. Math. Phys. Inst. France. 1811（2）：19-23，77. 1814”；这是晚出的非法名称。【分布】巴基斯坦，马达加斯加至澳大利亚（热带），中国，热带非洲。【后选模式】Blyxa aubertii L. C. Richard。“Blyxa Noronha（1806）”是一个未合格发表的名称（Nom. inval.）。【参考异名】Blyxa Noronha，Nom. inval.；Blyxa Thouars ex Rich.（1812）Nom. illegit.；Blyxa Thouars（1806）Nom. illegit.；Blyxopsis Kuntze（1903）Nom. illegit.；Diplosiphon Decne.（1835 - 1844）；Diplosyphon Matsum.；Enhydrias Ridl.（1900）；Hydrotrophus C. B. Clarke（1873）；Saivala Jones（1799）Nom. inval.■

6705 Blyxa Noronha（1806）Nom. inval.，Nom. illegit. = Blyxa Noronha ex Thouars（1806）［水鳖科 Hydrocharitaceae//水筛科 Blyxaceae］■

6706 Blyxa Thouars ex Rich.（1812）Nom. illegit. ≡ Blyxa Noronha ex Thouars（1806）［水鳖科 Hydrocharitaceae//水筛科 Blyxaceae］■

6707 Blyxaceae Nakai（1949）［亦见 Hydrocharitaceae Juss.（保留科名）水鳖科］【汉】水筛科。【包含】世界 1 属 9-11 种，中国 1 属 5 种。【分布】热带非洲和马达加斯加至热带澳大利亚。【科名模式】Blyxa Noronha ex Thouars ●■

6708 Blyxopsis Kuntze（1903）Nom. illegit. ≡ Enhydrias Ridl.（1900）；~ = Blyxa Noronha ex Thouars（1806）［水鳖科 Hydrocharitaceae//水筛科 Blyxaceae］■

6709 Boadschia All.（1785）= Bohadschia Crantz（1762）；~ = Peltaria Jacq.（1762）［十字花科 Brassicaceae（Cruciferae）］■☆

6710 Boaria A. DC.（1844）Nom. illegit. ≡ Maytenus Molina（1782）［卫矛科 Celastraceae］●

6711 Bobaea A. Rich.（1830）= Bobea Gaudich.（1830）［茜草科 Rubiaceae］●☆

6712 Bobartella Gaertn. = Mariscus Gaertn.（1788）Nom. illegit.（废弃属名）；~ = Schoenus L.（1753）；~ = Rhynchospora Vahl（1805）［as ‘Rynchospora’］（保留属名）［莎草科 Cyperaceae］■

6713 Bobartia Ker Gawler（1827）Nom. illegit.（废弃属名）= Bobartia L.（1753）（保留属名）［鸢尾科 Iridaceae］■☆

6714 Bobartia L.（1753）（保留属名）【汉】博巴鸢尾属。【隶属】鸢尾

科 Iridaceae。【包含】世界 12-15 种。【学名诠释与讨论】〈阴〉（人）Jacob Bobart,1599-1679/1680,德国植物学者。此属的学名"Bobartia L.,Sp. Pl.:54. 1 Mai 1753"是保留属名。法规未列出相应的废弃属名。但是鸢尾科 Iridaceae 的"Bobartia Ker Gawler（1827）= Bobartia L.（1753）（保留属名）"和"Bobartia Salisb. = Bobartia L.（1753）（保留属名）"应该废弃。【分布】非洲南部。【模式】Bobartia indica Linnaeus。【参考异名】Bobartia Ker Gawler（1827）Nom. illegit.（废弃属名）；Bobartia Salisb.,Nom. illegit.（废弃属名）；Hecaste Sol. ex Schum.（1793）■☆

6715　Bobartia Salisb.,Nom. illegit.（废弃属名）= Bobartia L.（1753）（保留属名）［鸢尾科 Iridaceae］■☆

6716　Bobea Gaudich.（1830）【汉】哈岛茜属。【隶属】茜草科 Rubiaceae。【包含】世界 4 种。【学名诠释与讨论】〈阴〉（人）M. Bobe-Moreau,法国医生,药剂师。【分布】美国（夏威夷）,中美洲。【模式】Bobea elatior Gaudichaud-Beaupré。【参考异名】Bobaea A. Rich.（1830）；Obbea Hook. f.（1870）Nom. illegit.；Rhytidotus Hook. f.（1873）Nom. illegit.；Rytidotus Hook. f.（1870）●☆

6717　Boberella E. H. L. Krause（1903）Nom. illegit. ≡ Physalis L.（1753）；~ = Atropa L.（1753）；~ = Lycium L.（1753）；~ = Nicandra Adans.（1763）（保留属名）［茄科 Solanaceae］■

6718　Bobgunnia J. H. Kirkbr. et Wiersema（1997）= Swartzia Schreb.（1791）（保留属名）［豆科 Fabaceae（Leguminosae）//蝶形花科 Papilionaceae］●☆

6719　Bobrovia A. P. Khokhr.（1998）Nom. illegit. ≡ Ursifolium Doweld（2003）；~ = Trifolium L.（1753）［豆科 Fabaceae（Leguminosae）//蝶形花科 Papilionaceae］■

6720　Bobu Adans.（1763）= Symplocos Jacq.（1760）［山矾科（灰木科）Symplocaceae］●

6721　Bobua Adans.（1763）= Symplocos Jacq.（1760）［山矾科（灰木科）Symplocaceae］●

6722　Bobua DC.（1828）Nom. illegit. = Bobu Adans.（1763）［山矾科（灰木科）Symplocaceae］●

6723　Boca Vell.（1829）= Banara Aubl.（1775）［刺篱木科（大风子科）Flacourtiaceae］●☆

6724　Bocagea A. St.-Hil.（1825）【汉】花纹木属。【隶属】番荔枝科 Annonaceae。【包含】世界 2-3 种。【学名诠释与讨论】〈阴〉（人）Ana Du Bocage,植物学者。此属的学名,ING、TROPICOS 和 IK 记载为"Bocagea A. St.-Hil.,Fl. Bras. Merid.（A. St.-Hil.）. i. 41. t. 9（1825）"。"Bocagea Blume"是"Sageraea Dalzell（1851）［番荔枝科 Annonaceae］"的异名。【分布】玻利维亚,马达加斯加,热带美洲。【后选模式】Bocagea viridis A. F. C. P. Saint-Hilaire。●☆

6725　Bocagea Blume = Sageraea Dalzell（1851）［番荔枝科 Annonaceae］●☆

6726　Bocageopsis R. E. Fr.（1931）【汉】类花纹木属。【隶属】番荔枝科 Annonaceae。【包含】世界 3-4 种。【学名诠释与讨论】〈阴〉（属）Bocagea 花纹木属+希腊文 opsis,外观,模样,相似。【分布】秘鲁,玻利维亚,厄瓜多尔,热带美洲。【后选模式】Bocageopsis multiflora（C. F. P. Martius）R. E. Fries［Bocagea multiflora C. F. P. Martius］●☆

6727　Bocco Steud.（1821）= Bocoa Aubl.（1775）；~ = Swartzia Schreb.（1791）（保留属名）［豆科 Fabaceae（Leguminosae）//蝶形花科 Papilionaceae］●☆

6728　Bocconia L.（1753）【汉】美萼粟属（博考尼属,博克尼属,博氏萼粟属,羽脉博落回属）。【日】ボッコニア属。【俄】Боккон

属］罂粟科 Papaveraceae。【包含】世界 9 种。【学名诠释与讨论】〈阴〉（人）Paolo（Afterwards Silvio）Boccone（Bocconi or Pauli Bocconis）,1633-1704（1703）,意大利医生,植物学者。此属的学名,ING 和 TROPICOS 记载是"Bocconia Linnaeus,Sp. Pl. 505. 1 Mai 1753"。IK 则记载为"Bocconia Plum. ex L.,Sp. Pl. 1:505. 1753［1 May 1753］"。"Bocconia Plum."是命名起点著作之前的名称,故"Bocconia L.（1753）"和"Bocconia Plum. ex L.（1753）"都是合法名称,可以通用。【分布】巴拿马,秘鲁,玻利维亚,厄瓜多尔,哥伦比亚（安蒂奥基亚）,哥斯达黎加,尼加拉瓜,西印度群岛,亚洲,中美洲。【模式】Bocconia frutescens Linnaeus。【参考异名】Bocconia Plum. ex L.（1753）●■☆

6729　Bocconia Plum. ex L.（1753）≡ Bocconia L.（1753）［罂粟科 Papaveraceae］●■☆

6730　Bockia Scop.（1777）Nom. illegit. ≡ Mouriri Aubl.（1775）［野牡丹科 Melastomataceae］●☆

6731　Bocoa Aubl.（1775）【汉】博树铁木豆属。【日】タイヘイヨウクルミ属,ボトラ属。【隶属】豆科 Fabaceae（Leguminosae）//蝶形花科 Papilionaceae。【包含】世界 7 种。【学名诠释与讨论】〈阴〉源于植物俗名。此属的学名,ING 和 TROPICOS 记载是"Bocoa Aublet,Hist. Pl. Guiane Suppl. 38. t. 391. Jun-Dec 1775"。"Gajanus O. Kuntze,Rev. Gen. 1:189. 5 Nov 1891"是"Bocoa Aubl.（1775）"的晚出的同模式异名（Homotypic synonym, Nomenclatural synonym）。亦有文献把"Bocoa Aubl.（1775）"处理为"Swartzia Schreb.（1791）（保留属名）"的异名。【分布】秘鲁,玻利维亚,几内亚,苏里南,亚马孙河流域。【模式】Bocoa prouacensis Aublet。【参考异名】Bocco Steud.（1821）；Gajanus Kuntze（1891）Nom. illegit.；Gajanus Rumph. ex Kuntze（1891）Nom. illegit.；Swartzia Schreb.（1791）（保留属名）●☆

6732　Bocquillonia Baill.（1862）【汉】新卡大戟属。【隶属】大戟科 Euphorbiaceae。【包含】世界 6-12 种。【学名诠释与讨论】〈阴〉（人）Henri Théophile Bocquillon,1834-1883,法国植物学者。【分布】法属新喀里多尼亚。【模式】未指定。【参考异名】Ramelia Baill.（1874）●☆

6733　Bodinieria H. Lév. et Vaniot（1902）= Boenninghausenia Rchb. ex Meisn.（1837）（保留属名）［芸香科 Rutaceae］●■

6734　Bodinteriella H. Lév.（1913）= Enkianthus Lour.（1790）［杜鹃花科（欧石南科）Ericaceae］●

6735　Bodwichia Walp.（1842）= Bowdichia Kunth（1824）［豆科 Fabaceae（Leguminosae）］●☆

6736　Boea Comm. ex Lam.（1785）【汉】旋蒴苣苔属（牛耳草属）。【日】ホクチグサ属。【英】Boea。【隶属】苦苣苔科 Gesneriaceae。【包含】世界 15-21 种,中国 3-5 种。【学名诠释与讨论】〈阴〉（人）（Franz）Franciscus de le Boe（Franciscus dele Boe Sylvius, Franciscus Sylvius）,1614-1672,荷兰人,德国教授。此属的学名,ING、APNI、TROPICOS 和 IK 记载是"Boea Comm. ex Lam., Encycl.［J. Lamarck et al.］1（2）:401. 1785［1 Aug 1785］"。"Boea Lam.（1785）≡ Boea Comm. ex Lam.（1785）"的命名人引证有误。"Baea Comm. ex Juss.,Gen. Pl.［Jussieu］121. 1789［4 Aug 1789］"和"Baea Juss.,Genera Plantarum 1838"是其拼写变体。"Chleterus Rafinesque,Princ. Fond. Somiol. 25. Sep-Dec 1814（'1813'）"是"Boea Comm. ex Lam.（1785）"的晚出的同模式异名（Homotypic synonym, Nomenclatural synonym）；"Cleterus Raf., Nom. illegit. = Chleterus Raf.（1814）Nom. illegit."似为误引。【分布】澳大利亚,中国,热带亚洲。【模式】Boea magellanica Lamarck。【参考异名】Baca Raf.（1814）；Baea Comm. ex Juss.（1789）Nom. illegit.；Baea Juss.（1789）Nom. illegit.；Baea Juss.（1838）Nom. illegit.；Bea C. B. Clarke；Beaua Pourr.；Boea Lam.

(1785) Nom. illegit. ; Chleterus Raf.（1814）Nom. illegit. ; Dorcoceras Bunge（1833）; Raaltema Mus. Lugd. ex C. B. Clarke ■

6737 Boea Lam.（1785）Nom. illegit. ≡ Boea Comm. ex Lam.（1785）［苦苣苔科 Gesneriaceae］■

6738 Boebera Willd.（1803）Nom. illegit. ≡ Dyssodia Cav.（1801）［菊科 Asteraceae（Compositae）］●☆

6739 Boeberastrum（A. Gray）Rydb.（1915）〈汉〉肉羽菊属。【隶属】菊科 Asteraceae（Compositae）。【包含】世界 2 种。【学名诠释与讨论】〈中〉（人）Jean Boeber 1746-1820，植物学者+-astrum，指示小的词尾，也有"不完全相似"的含义。此属的学名，ING 和 TROPICOS 记载是"Boeberastrum（A. Gray）Rydberg, N. Amer. Fl. 34:161. 28 Jul 1915"，由"Dyssodia［par.］Boeberastrum A. Gray, Proc. Amer. Acad. Arts 19:39. 30 Oct 1883"改级而来。IK 记载为"Boeberastrum Rydb., N. Amer. Fl. 34（2）:161. 1915［28 Jul 1915］"。【分布】美国（西南部）。【模式】Boeberastrum anthemidifolium（Bentham）Rydberg［Dyssodia anthemidifolia Bentham］。【参考异名】Boeberastrum Rydb.（1915）Nom. illegit. ■☆

6740 Boeberastrum Rydb.（1915）Nom. illegit. ≡ Boeberastrum（A. Gray）Rydb.（1915）［菊科 Asteraceae（Compositae）］■☆

6741 Boeberoides（DC.）Strother（1986）〈汉〉多腺菊属。【隶属】菊科 Asteraceae（Compositae）。【包含】世界 1 种。【学名诠释与讨论】〈阴〉（属）Boebera = Dyssodia 异味菊属+oides，来自 o+eides，像，似；或 o+eidos 形，含义为相像，此属的学名，ING 和 IK 记载是"Boeberoides（A. P. de Candolle）J. L. Strother, Sida 11:373. Dec 1986"，由"Dyssodia sect. Boeberoides A. P. de Candolle, Prodr. 5:640. 1-10 Oct 1836"改级而来。【分布】墨西哥。【模式】Boeberoides grandiflora（A. P. de Candolle）J. L. Strother［Dyssodia grandiflora A. P. de Candolle］。【参考异名】Dyssodia sect. Boeberoides DC.（1836）■●☆

6742 Boechera Á. Löve et D. Löve（1976）= Arabis L.（1753）［十字花科 Brassicaceae（Cruciferae）］●■

6743 Boecherarctica Á. Löve（1984）〈汉〉格陵兰虎耳草属。【隶属】虎耳草科 Saxifragaceae。【包含】世界 1 种。【学名诠释与讨论】〈阴〉（人）Tyge Wittrock Boecher, 1909-1983+arctic 北极。此属的学名是"Boecherarctica Á. Löve, Arctic Alpine Res. 16:120. Feb 1984"。亦有文献把其处理为"Saxifraga L.（1753）"的异名。【分布】丹麦（格陵兰岛）。【模式】Boecherarctica nathorstii（P. Dusén）Á. Löve［Saxifraga oppositifolia var. nathorstii P. Dusén［as 'nathorsti'］。【参考异名】Saxifraga L.（1753）■☆

6744 Boeckeleria T. Durand（1888）〈汉〉伯克莎属。【隶属】莎草科 Cyperaceae。【包含】世界 1 种。【学名诠释与讨论】〈阴〉（人）Johann Otto Boeckeler, 1803-1899，德国植物学者。此属的学名"Boeckeleria T. Durand, Index Gen. Phan. 504. 1888"是一个替代名称。"Decalepis Boeckeler, Bot. Jahrb. Syst. 5:509. 5 Sep 1884"是一个非法名称（Nom. illegit.），因为此前已经有了"Decalepis R. Wight et Arnott in R. Wight, Contr. Bot. India 64. Dec 1834［萝藦科 Asclepiadaceae］"。故用"Boeckeleria T. Durand（1888）"替代之。亦有文献把"Boeckeleria T. Durand（1888）"处理为"Tetraria P. Beauv.（1816）"的异名。【分布】非洲南部。【模式】Decalepis dregeana Boeckeler。【参考异名】Decalepis Boeck.（1884）Nom. illegit. ; Tetraria P. Beauv.（1816）■☆

6745 Boeckhia Kunth（1841）= Hypodiscus Nees（1836）（保留属名）［帚灯草科 Restionaceae］■☆

6746 Boehmeria Jacq.（1760）〈汉〉苎麻属。【日】カラムシ属，マオ属，マヲ属。【俄】Бемерия，Бомерия，Рами。【英】China Grass, False Nettle, Falsenettle, False-nettle, Ramie。【隶属】荨麻科 Urticaceae。【包含】世界 50-120 种，中国 25-40 种。【学名诠释与讨论】〈阴〉（人）George Rudolph Boehmer, 1723-1803，德国植物学者。此属的学名，ING、APNI、GCI、TROPICOS 和 IK 记载是"Boehmeria Jacq., Enum. Syst. Pl. 9（31）. 1760［Sep - Nov 1760］"。"Ramium O. Kuntze, Rev. Gen. 2:631. 5 Nov 1891"是"Boehmeria Jacq.（1760）"的晚出的同模式异名（Homotypic synonym, Nomenclatural synonym）。【分布】巴基斯坦，巴拿马，玻利维亚，厄瓜多尔，哥伦比亚（安蒂奥基亚），马达加斯加，美国（密苏里），尼泊尔，尼加拉瓜，中国，热带和亚热带，中美洲。【模式】Boehmeria ramiflora N. J. Jacquin。【参考异名】Duretia Gaudich.（1830）Nom. illegit. ; Gymnogyne（F. Didr.）F. Didr.（1859）Nom. illegit. ; Gymnogyne F. Didr.（1859）Nom. illegit. ; Ramium Kuntze（1891）Nom. illegit. ; Ramium Rumph.（1747）Nom. inval. ; Ramium Rumph. ex Kuntze（1891）Nom. illegit. ; Splitgerbera Miq.（1840）●

6747 Boehmeriopsis Kom.（1901）〈汉〉假苎麻属。【隶属】荨麻科 Urticaceae。【包含】世界 1 种。【学名诠释与讨论】〈阴〉（属）Boehmeria 苎麻属+希腊文 opsis，外观，模样，相似。指其外形似苎麻。此属的学名是"Boehmeriopsis Komarov, Trudy Imp. S. - Peterburgsk. Bot. Sada 18:441. 1901"。亦有文献把其处理为"Fatoua Gaudich.（1830）"的异名。【分布】朝鲜。【模式】Boehmeriopsis pallida Komarov。【参考异名】Fatoua Gaudich.（1830）●☆

6748 Boeica C. B. Clarke（1874）Nom. illegit. ≡ Boeica T. Anderson ex C. B. Clarke（1874）［苦苣苔科 Gesneriaceae］●■

6749 Boeica T. Anderson ex C. B. Clarke（1874）〈汉〉短筒苣苔属（比卡苣苔属）。【英】Boeica。【隶属】苦苣苔科 Gesneriaceae。【包含】世界 12 种，中国 7 种。【学名诠释与讨论】〈阴〉（属）Boea 旋蒴苣苔属+拉丁文词尾-icus，-ica，-icum = 希腊文词尾-ikos，属于，关于。此属的学名，ING 和 TROPICOS 记载是"Boeica T. Anderson ex C. B. Clarke, Commelyn. Cyrtandr. Bengal 118. 1874"。IK 则记载为"Boeica C. B. Clarke, Commelyn. Cyrtandr. Bengal 118, tt. 85 ad 87. 1874"。三者引用的文献相同。"Baeica C. B. Clarke（1883）Nom. illegit."是其拼写变体。【分布】中国，东南亚。【后选模式】Boeica fulva C. B. Clarke。【参考异名】Baeica C. B. Clarke（1883）Nom. illegit. ; Beauica Post et Kuntze（1903）; Boeica C. B. Clarke（1874）Nom. illegit. ; Boeicopsis H. W. Li（1982）; Chorizandra Griff. ex C. B. Clarke ●■

6750 Boeicopsis H. W. Li（1982）= Boeica T. Anderson ex C. B. Clarke（1874）［苦苣苔科 Gesneriaceae］●■

6751 Boelckea Rossow（1992）〈汉〉伯尔克婆婆纳属。【隶属】玄参科 Scrophulariaceae//婆婆纳科 Veronicaceae。【包含】世界 1 种。【学名诠释与讨论】〈阴〉（人）Osvaldo Boelcke, 1920-1990，植物学者。【分布】玻利维亚。【模式】Boelckea beckii Rossow。■☆

6752 Boelia Webb（1853）= Genista L.（1753）［豆科 Fabaceae（Leguminosae）//蝶形花科 Papilionaceae］●

6753 Boenninghausenia Rchb.（1828）Nom. inval.（废弃属名）≡ Boenninghausenia Rchb. ex Meisn.（1837）（保留属名）［芸香科 Rutaceae］●■

6754 Boenninghausenia Rchb. ex Meisn.（1837）（保留属名）〈汉〉石椒草属（臭节草属，蛇皮草属，松风草属）。【日】マツカゼサウ属，マツカゼソウ属。【英】Chinaure。【隶属】芸香科 Rutaceae。【包含】世界 2 种，中国 2 种。【学名诠释与讨论】〈阴〉（人）Clemens Maria Friedrich von Boenninqhausen, 1785-1864, 1785-1864，德国植物学者。此属的学名"Boenninghausenia Rchb. ex Meisn., Pl. Vasc. Gen. 1:60; 2:44. 21-27 Mai 1837"是保留属名。相应的废弃属名是豆科 Fabaceae 的"Boenninghausia Spreng., Syst. Veg. 3:153, 245. Jan - Mar 1826 ≡ Chaetocalyx DC.（1825）"。

"Boenninghausenia Rchb.（1828）≡Boenninghausenia Rchb. ex Meisn.（1837）（保留属名）"是一个未合格发表的名称（Nom. inval.）。【分布】印度（阿萨姆）至日本，中国。【模式】Boenninghausenia albiflora（W. J. Hooker）C. F. Meisner。【参考异名】Bodinieria H. Lév. et Vaniot（1902）；Boenninghausenia Rchb.（1828）Nom. inval.（废弃属名）；Podostaurus Jungh.（1845）●■

6755　Boenninghausia Spreng.（1826）（废弃属名）≡Chaetocalyx DC.（1825）［豆科 Fabaceae（Leguminosae）］■☆

6756　Boerhaavia L.（1753）Nom. illegit. ≡Boerhavia L.（1753）［紫茉莉科 Nyctaginaceae］■

6757　Boerhaavia Mill.（1754）Nom. illegit. =Boerhavia L.（1753）［紫茉莉科 Nyctaginaceae］■

6758　Boerhavia L.（1753）【汉】黄细心属。【日】ナハカノコサウ属，ナハカノコソウ属。【俄】Боэравия。【英】Boerhavia, Spiderling。【隶属】紫茉莉科 Nyctaginaceae。【包含】世界 20-50 种，中国 4 种。【学名诠释与讨论】〈阴〉（人）Hermann Boerhaave，1668-1737，荷兰医生，植物学者。另说为德国人。此属的学名，ING、TROPICOS、GCI、APNI 和 IK 记载为"Boerhavia L., Sp. Pl. 1：3. 1753［1 May 1753］"。"Boerhaavia Mill., The Gardeners Dictionary abridged 3 1754"和"Boerhaavia L.（1753）"是其拼写变体。【分布】巴基斯坦，巴拉圭，巴勒斯坦，巴拿马，秘鲁，玻利维亚，厄瓜多尔，哥伦比亚（安蒂奥基亚），哥斯达黎加，马达加斯加，美国（密苏里），尼加拉瓜，中国，热带和亚热带，中美洲。【后选模式】Boerhavia diffusa Linnaeus。【参考异名】Anulocaulis Standl.（1909）；Aulocaulis Standl.；Axia Lour.（1790）；Axiana Raf.（1820）；Boerhaavia L.（1753）Nom. illegit.；Boerhaavia Mill.（1754）Nom. illegit.；Boheravia Parodi（1878）；Commicarpus Standl.（1909）；Cyphomeris Standl.（1911）；Dantia Lippi ex Choisy（1849）Nom. inval.；Oxia Rchb.（1841）■

6759　Boerlagea Cogn.（1890）【汉】加岛野牡丹属。【隶属】野牡丹科 Melastomataceae。【包含】世界 1 种。【学名诠释与讨论】〈阴〉（人）Jacob Gijsbert Boerlage 1849-1900，荷兰植物学者。【分布】加里曼丹岛。【模式】Boerlagea grandifolia Cogniaux。●☆

6760　Boerlagea Post et Kuntze（1903）Nom. illegit. =Boerlagella（Pierre ex Dubard）H. J. Lam（1925）Nom. illegit.；～=Boerlagia Pierre（1890）［山榄科 Sapotaceae］●☆

6761　Boerlagella（Dubard）H. J. Lam（1925）Nom. illegit. ≡Boerlagella H. J. Lam（1925）Nom. illegit.；～=Boerlagella Cogn.（1891）［山榄科 Sapotaceae］●☆

6762　Boerlagella（Pierre ex Dubard）H. J. Lam（1925）Nom. illegit. ≡Boerlagella H. J. Lam（1925）Nom. illegit.；～=Boerlagella Cogn.（1891）［山榄科 Sapotaceae］●☆

6763　Boerlagella Cogn.（1891）【汉】苏门答腊山榄属。【隶属】山榄科 Sapotaceae//苏门答腊山榄科 Boerlagellaceae。【包含】世界 1 种。【学名诠释与讨论】〈阴〉（属）Boerlagea 加岛野牡丹属+-ellus，-ella，-ellum，加在名词词干后面形成指小式的词尾。或加在人名、属名等后面以组成新属的名称。此属的学名"Boerlagella Cogniaux in Alph. de Candolle et A. C. de Candolle，Monogr. Phan. 7：1173. Jun 1891"是一个替代名称。"Boerlagia Pierre，Notes Bot. Sapot. 33. 30 Dec 1890"是一个非法名称（Nom. illegit.），因为此前已经有了"Boerlagea Cogniaux 2 Aug 1890［野牡丹科 Melastomataceae］"。故用"Boerlagella Cogn.（1891）"替代之。山榄科 Sapotaceae 的"Boerlagella H. J. Lam，Bull. Jard. Bot. Buitenzorg ser. 3，7：251. 1925 =Boerlagella Pierre ex Cogn.（1891）Nom. illegit."是晚出的非法名称。"Boerlagella Pierre，Handl. Fl. Ned. Ind.（Boerlage）2（1）：305，adnot. 1891［1 Oct 1891］=Boerlagella Pierre ex Cogn.（1891）Nom. illegit.（1891）［山榄科

Sapotaceae］"是一个未合格发表的名称（Nom. inval.）。"Boerlagella Pierre ex Cogn.，Monogr. Phan.［A. DC. et C. DC.］7：1173. 1891［Jun 1891］=Boerlagella Cogn.（1891）"、"Boerlagella（Dubard）H. J. Lam（1925）≡Boerlagella H. J. Lam（1925）Nom. illegit."、"Boerlagella（Pierre ex Dubard）H. J. Lam（1925）Nom. illegit. ≡Boerlagella H. J. Lam（1925）Nom. illegit."和"Boerlagella Pierre ex Boerl."等名称的命名人引证有误。真菌的"Boerlagella Penzig et P. A. Saccardo，Malpighia 11：404. 1897"也是晚出的非法名称。【分布】印度尼西亚（苏门答腊岛）。【模式】Boerlagella spectabilis（Miquel）Lam。【参考异名】Boerlagea Post et Kuntze（1903）Nom. illegit.；Boerlagella（Dubard）H. J. Lam（1925）Nom. illegit.；Boerlagella（Pierre ex Dubard）H. J. Lam（1925）Nom. illegit.；Boerlagella H. J. Lam（1925）Nom. illegit.；Boerlagella Pierre ex Cogn.（1890）Nom. illegit.；Boerlagia Pierre（1891）Nom. illegit.●☆

6764　Boerlagella H. J. Lam（1925）Nom. illegit. =Boerlagella Pierre ex Cogn.（1891）Nom. illegit.；～=Boerlagella Cogn.（1891）［山榄科 Sapotaceae］●☆

6765　Boerlagella Pierre ex Boerl.，Nom. illegit. =Sideroxylon L.（1753）［山榄科 Sapotaceae］●☆

6766　Boerlagella Pierre ex Cogn.（1891）Nom. illegit. =Boerlagella Cogn.（1891）［山榄科 Sapotaceae//苏门答腊山榄科 Boerlagellaceae］●☆

6767　Boerlagella Pierre（1891）Nom. inval. =Boerlagella Pierre ex Cogn.（1891）Nom. illegit.；～=Boerlagella Cogn.（1891）［山榄科 Sapotaceae］●☆

6768　Boerlagellaceae H. J. Lam（1925）［亦见 Sapotaceae Juss.（保留科名）山榄科］【汉】苏门答腊山榄科。【包含】世界 2 属 2 种。【分布】马来西亚西部。【科名模式】Boerlagella Pierre ex Cogn.●☆

6769　Boerlagia Pierre（1890）Nom. illegit. ≡Boerlagella Pierre ex Cogn.（1891）Nom. illegit.；～=Boerlagella Cogn.（1891）［山榄科 Sapotaceae］●☆

6770　Boerlagiodendron Harms（1894）【汉】兰屿五加属（兰屿八角金盘属，兰屿加属，台湾五加属）。【日】コウトウヤツデ属。【英】Boerlagiodendron。【隶属】五加科 Araliaceae。【包含】世界 50-55 种，中国 3 种。【学名诠释与讨论】〈中〉（人）Jacob Gijsbert Boerlage，1849-1900，荷兰植物学者+dendron 或 dendros，树木，棍，丛林。此属的学名"Boerlagiodendron Harms in Engler et Prantl，Nat. Pflanzenfam. 3（8）：31. 28 Dec 1894"是一个替代名称。"Eschweileria Zippelius ex Boerlage，Ann. Jard. Bot. Buitenzorg 6：106，112. 1887"是一个非法名称（Nom. illegit.），因为此前已经有了"Eschweilera C. F. P. Martius ex A. P. de Candolle，Prodr. 3：293. Mar（med.）1828［玉蕊科（巴西果科）Lecythidaceae］"。故用"Boerlagiodendron Harms（1894）"替代之。亦有文献把"Boerlagiodendron Harms（1894）"处理为"Osmoxylon Miq.（1863）"的异名。【分布】马来西亚，中国，太平洋地区。【模式】未指定。【参考异名】Bourlageodendron K. Schum.（1898）；Eschweileria Zipp. ex Boerl.（1887）Nom. illegit.；Osmoxylon Miq.（1863）●

6771　Boesenbergia Kuntze（1891）【汉】凹唇姜属。【英】Boesenbergia。【隶属】姜科（蘘荷科）Zingiberaceae。【包含】世界 30-60 种，中国 3 种。【学名诠释与讨论】〈阴〉（人）Boesenberg，一瑞典人。此属的学名"Boesenbergia O. Kuntze，Rev. Gen. 2：685. 5 Nov 1891"是一个替代名称。"Gastrochilus Wallich，Pl. Asiat. Rar. 1：22. Sep 1829"是一个非法名称（Nom. illegit.），因为此前已经有了"Gastrochilus D. Don，Prodr. Fl. Nepal. 32. 1 Feb 1825［兰科 Orchidaceae］"。故用"Boesenbergia Kuntze（1891）"替代之。【分布】印度至马来西亚，中国。【后选模式】Boesenbergia pulcherrima（Wallich）O. Kuntze［Gastrochilus pulcherrimus Wallich as 'pulcherrima'］。【参考异名】Banglium Buch. -Ham. ex Wall.（1832）；Curcumorpha A. S. Rao et D. M. Verma（1974）；Gastrochilus Wall.（1829）Nom. illegit.（废弃属名）；Kaempferia K. Schum. et Auctomm ■

6772 Bogenhardia Rchb.（1841）Nom. illegit. ≡ Herissantia Medik.（1788）；~ = Abutilon Mill.（1754）［锦葵科 Malvaceae］■●

6773 Bognera Mayo et Nicolson（1984）【汉】鲍氏南星属。【隶属】天南星科 Araceae。【包含】世界 1 种。【学名诠释与讨论】〈阴〉（人）Bogner。【分布】巴西。【模式】Bognera recondita（M. T. Madison）S. Mayo et D. H. Nicolson［Ulearum reconditum M. T. Madison］■☆

6774 Bogoria J. J. Sm.（1905）【汉】茂物兰属。【隶属】兰科 Orchidaceae。【包含】世界 4 种。【学名诠释与讨论】〈阴〉（地）Bogor，茂物，位于印度尼西亚。【分布】印度尼西亚（爪哇岛），新几内亚岛。【模式】Bogoria raciborskii J. J. Smith。■☆

6775 Bohadschia C. Presl（1831）Nom. illegit. = Turnera L.（1753）［时钟花科（穗柱榆科，窝籽科，有叶花科）Turneraceae］●■☆

6776 Bohadschia Crantz（1762）= Peltaria Jacq.（1762）［十字花科 Brassicaceae（Cruciferae）］■☆

6777 Bohadschia F. W. Schmidt（1795）Nom. illegit. = Hyoseris L.（1753）+ Leontodon L.（1753）（保留属名）［菊科 Asteraceae（Compositae）］■☆

6778 Boheravia Parodi（1878）= Boerhavia L.（1753）［紫茉莉科 Nyctaginaceae］■

6779 Boholia Merr.（1926）【汉】菲律宾茜属。【隶属】茜草科 Rubiaceae。【包含】世界 1 种。【学名诠释与讨论】〈阴〉（地）Bohol，保和，位于菲律宾。【分布】菲律宾（菲律宾群岛）。【模式】Boholia nematostylis Merrill。☆

6780 Boisalaea Lem. = Bossiaea Vent.（1800）［豆科 Fabaceae（Leguminosae）］●☆

6781 Boisduvalia Spach（1835）【汉】穗报春属。【俄】Бойсдувалия。【英】Spike Primrose。【隶属】柳叶菜科 Onagraceae。【包含】世界 6-8 种。【学名诠释与讨论】〈阴〉（人）Jean Baptiste Alphonse Dechauffour（e）de Boisduval，1799/1801-1879，法国博物学者，医生，昆虫学者，植物学者，医生。此属的学名，ING、TROPICOS、GCI、APNI 和 IK 记载是"Boisduvalia Spach, Hist. Nat. Vég.（Spach）4：383. 1835［11 Apr 1835］"。它曾先后被处理为"Epilobium sect. Boisduvalia（Spach）Hoch & P. H. Raven, Phytologia 73（6）：457. 1992［1993］."和"Oenothera［unranked］Boisduvalia（Spach）Torr. & A. Gray, Fl. N. Amer. 1（3）：505. 1840"。亦有文献把"Boisduvalia Spach（1835）"处理为"Epilobium L.（1753）"的异名。【分布】北美洲西部，温带南美洲。【后选模式】Boisduvalia douglasii Spach, Nom. illegit.［Oenothera densiflora Lindley；Boisduvalia densiflora（Lindley）S. Watson］。【参考异名】Cratericarpium Spach（1835）；Epilobium L.（1753）；Epilobium sect. Boisduvalia（Spach）Hoch & P. H. Raven（1992）；Oenothera［unranked］Boisduvalia（Spach）Torr. & A. Gray（1840）■☆

6782 Boissiaea Lem.（1842）= Bossiaea Vent.（1800）［豆科 Fabaceae（Leguminosae）］●☆

6783 Boissiera Dombey ex DC. = Lardizabala Ruiz et Pav.（1794）［木通科 Lardizabalaceae］●☆

6784 Boissiera Haenseler ex Willd.（1846）= Gagea Salisb.（1806）［百合科 Liliaceae］■

6785 Boissiera Hochst. ex Griseb.（1852）Nom. illegit. = Boissiera Hochst. ex Steud.（1840）［禾本科 Poaceae（Gramineae）］■

6786 Boissiera Hochst. ex Ledeb. = Bromus L.（1753）（保留属名）［禾本科 Poaceae（Gramineae）］■

6787 Boissiera Hochst. ex Steud.（1840）【汉】糙雀麦属（布瓦氏草属）。【俄】Буассьера。【英】Boissiera。【隶属】禾本科 Poaceae（Gramineae）。【包含】世界 1 种。【学名诠释与讨论】〈阴〉（人）Pierre Edmond Boissier，1810-1885，瑞士植物学者。此属的学名，ING 和 TROPICOS 记载是"Boissiera Hochstetter ex Steudel, Nom. ed. 2. 1：213. Aug（prim.）1840"；IK 则记载为"Boissiera Hochst. et Steud., Flora 21（1, Intelligenzbl.）：25. 1838"；并注明它已经被改级为"Bromus sect. Boissiera（Hochst. ex Steud.）P. M. Sm. Notes Roy. Bot. Gard. Edinburgh 42（3）：492. 1985"，注意：（Hochst. ex Steud.）。ING 记载是"Boissiera Hochstetter ex Steudel, Nom. ed. 2. 1：213. Aug（prim.）1840"；基于"Pappophorum c. Euraphis Trinius, Gram. Gen. Quaedam Spec. 92. Jan 1830"而建立。《巴基斯坦植物志》采用"Boissiera Hochst. ex Steud., Syn. Pl. Glum. 1：200. 1854"；这是一个晚出名称。禾本科 Poaceae（Gramineae）"Boissiera Hochst. ex Griseb., Fl. Ross. 4（13）：404, 1852"和百合科 Liliaceae 的"Boissiera Haenseler ex Willd.（1846）= Gagea Salisb.（1806）"也是晚出的非法名称。"Euraphis（Trinius）J. Lindley, Veg. Kingd. 115. Jan-Mai 1846"是"Boissiera Hochst. ex Steud.（1840）"的晚出的同模式异名（Homotypic synonym, Nomenclatural synonym）。亦有文献把"Boissiera Hochst. ex Steud.（1840）"处理为"Boissiera Hochst. et Steud.（1840）"的异名。【分布】中国，亚洲西部。【模式】Boissiera bromoides Hochstetter ex Steudel, Nom. illegit.［Pappophorum pumilio Trinius；Boissiera pumilio（Trinius）Hackel］。【参考异名】Boissiera Hochst. ex Griseb.（1852）Nom. illegit.；Boissiera Hochst. ex Steud.（1854）Nom. illegit.；Euraphis（Trin.）Lindl.（1847）Nom. illegit.；Pappophorum c. Euraphis Trinius（1830）；Schnizleinia Steud.（1840）Nom. inval.；Wiestia Boiss.（1884）Nom. illegit. ■

6788 Boissiera Hochst. ex Steud.（1854）Nom. illegit. = Boissiera Hochst. et Steud.（1840）［禾本科 Poaceae（Gramineae）］■

6789 Boivinella（Pierre ex Baill.）Aubrre et Pellegr.（1958）Nom. illegit. ≡ Neoboivinella Aubrév. et Pellegr.（1959）［山榄科 Sapotaceae］●☆

6790 Boivinella（Pierre ex Baill.）Aubrre ex Baill.（1958）Nom. illegit. ≡ Neoboivinella Aubrév. et Pellegr.（1959）；~ = Bequaertiodendron De Wild.（1919）；~ = Englerophytum K. Krause（1914）［山榄科 Sapotaceae］●☆

6791 Boivinella A. Camus（1925）Nom. illegit. = Cyphochlaena Hack.（1901）［禾本科 Poaceae（Gramineae）］■☆

6792 Boivinella Aubrév. et Pellegr.（1958）Nom. illegit. ≡ Boivinella（Pierre ex Baill.）Aubrév. et Pellegr.（1958）Nom. illegit.；~ ≡ Neoboivinella Aubrév. et Pellegr.（1959）；~ = Englerophytum K. Krause（1914）［山榄科 Sapotaceae］●☆

6793 Boivinella Pierre ex Aubrév. et Pellegr.（1958）Nom. illegit. ≡ Boivinella（Pierre ex Baill.）Aubrév. et Pellegr.（1958）≡ Neoboivinella Aubrév. et Pellegr.（1959）Nom. illegit.；~ = Englerophytum K. Krause（1914）［山榄科 Sapotaceae］●☆

6794 Bojeria DC.（1836）= Inula L.（1753）［菊科 Asteraceae（Compositae）//旋覆花科 Inulaceae］●■

6795 Bojeria Raf.（1838）Nom. illegit. ≡ Doxanthes Raf.（1838）；~ = Phaeomeria Lindl. ex K. Schum.（1904）Nom. illegit.［姜科（襄荷科）Zingiberaceae］■☆

6796 Bokkeveldia D. Müll. -Doblies et U. Müll. -Doblies（1985）【汉】南非石蒜属。【隶属】石蒜科 Amaryllidaceae。【包含】世界 4 种。【学名诠释与讨论】〈阴〉词源不详。【分布】非洲南部。【模式】

Bokkeveldia watermeyeri（L. Bolus）D. Müller-Doblies et U. Müller-Doblies［Strumaria watermeyeri L. Bolus］■☆

6797　Bolandia Cron（2006）【汉】异果千里光属。【隶属】菊科 Asteraceae（Compositae）。【包含】世界2种。【学名诠释与讨论】〈阴〉（人）Douglas John Boland，植物学者。【分布】北美洲。【模式】Bolandia pedunculosa（DC.）Cron［Cineraria pedunculosa DC.］■☆

6798　Bolandra A. Gray（1868）【汉】节柱菊属。【隶属】菊科 Asteraceae（Compositae）。【包含】世界2种。【学名诠释与讨论】〈阴〉（人）Henry Nicholas Bolander，1831（or 1832）-1897，美国植物学者。【分布】太平洋地区，北美洲。【模式】Bolandra californica A. Gray。■☆

6799　Bolanosa A. Gray（1852）【汉】博拉菊属。【隶属】菊科 Asteraceae（Compositae）。【包含】世界1种。【学名诠释与讨论】〈阴〉（地）Bolanos，博拉尼奥斯，位于墨西哥。【分布】墨西哥。【模式】Bolanosa coulteri A. Gray。■☆

6800　Bolanthus（Ser.）Rchb.（1841）【汉】爪翅花属。【隶属】石竹科 Caryophyllaceae。【包含】世界8种。【学名诠释与讨论】〈阳〉（希）bolos，块，肿块+anthos，花。此属的学名，ING 和 IK 记载是"Bolanthus（Seringe）H. G. L. Reichenbach, Deutsche Bot. Herbarienbuch（Nom.）205. Jul 1841"，由"Saponaria sect. Bolanthus Seringe in A. P. de Candolle, Prodr. 1：366. Jan（med.）1824"改级而来。【分布】希腊至巴勒斯坦。【后选模式】Bolanthus hirsutus（Labillardière）Y. V. Barkoudah［Saponaria hirsuta Labillardière］。【参考异名】Saponaria sect. Bolanthus Seringe ■☆

6801　Bolax Comm. ex Juss.（1789）【汉】垫芹属。【隶属】伞形花科（伞形科）Apiaceae（Umbelliferae）。【包含】世界4-5种。【学名诠释与讨论】〈阴〉（希）bolax = bolos，一块，垫，肿块。此属的学名是"Bolax Commerson ex A. L. Jussieu, Gen. 226. 4 Aug 1789"。亦有文献把其处理为"Azorella Lam.（1783）"的异名。【分布】温带南美洲。【模式】Bolax gummifera（Lamarck）K. P. J. Sprengel［as 'gummifer'］［Hydrocotyle gummifera Lamarck］。【参考异名】Azorella Lam.（1783）■☆

6802　Bolbidium（Lindl.）Lindl.（1846）= Dendrobium Sw.（1799）（保留属名）［兰科 Orchidaceae］■

6803　Bolbidium Brieger（1981）Nom. illegit. = Dendrobium Sw.（1799）（保留属名）［兰科 Orchidaceae］■

6804　Bolbidium Lindl.（1846）Nom. illegit. ≡ Bolbidium（Lindl.）Lindl.（1846）；~ = Dendrobium Sw.（1799）（保留属名）［兰科 Orchidaceae］■

6805　Bolbodium Brieger（1981）Nom. illegit. ≡ Bolbidium Brieger（1981）Nom. illegit.；~ = Dendrobium Sw.（1799）（保留属名）［兰科 Orchidaceae］■

6806　Bolbophyllaria Rchb. f.（1852）= Bulbophyllum Thouars（1822）（保留属名）［兰科 Orchidaceae］■

6807　Bolbophyllopsis Rchb. f.（1852）= Cirrhopetalum Lindl.（1830）（保留属名）［兰科 Orchidaceae］■

6808　Bolbophyllum Spreng.（1826）= Bulbophyllum Thouars（1822）（保留属名）［兰科 Orchidaceae］■

6809　Bolborchis Lindl. Nom. illegit. = Coelogyne Lindl.（1821）［兰科 Orchidaceae］■

6810　Bolborchis Zoll. et Moritzi（1846）= Nervilia Comm. ex Gaudich.（1829）（保留属名）［兰科 Orchidaceae］■

6811　Bolbosaponaria Bondarenko（1971）= Gypsophila L.（1753）［石竹科 Caryophyllaceae］■●

6812　Bolboschoenus（Asch.）Palla（1905）【汉】块茎藨草属（荆三棱属，球茎藨草属）。【俄】Клубнекамыш。【英】Bolax, Tuberous bulrush。【隶属】莎草科 Cyperaceae。【包含】世界8-16种，中国3种。【学名诠释与讨论】〈阳〉（希）bolbos，球茎+（属）Schoenus 赤箭莎属。此属的学名，ING、GCI、TROPICOS 和 APNI 记载是"Bolboschoenus（Ascherson）Palla in E. H. Hallier et A. Brand, Koch's Syn. Deutsch. Schw. Fl. ed. 3. 2531. Jan 1905"，由"Schoenus 'subdiv.' Bolboschoenus Ascherson, Fl. Prov. Brandenburg 1：753. Jan. - Apr. 1864"改级而来。IK 记载为"Bolboschoenus Palla, in Koch, Syn. Deut. Schweiz. Fl., ed. 3 2531. 1904"。【分布】巴基斯坦，马达加斯加，美国（密苏里），中国，中美洲。【模式】Bolboschoenus maritimus（Linnaeus）Palla［Scirpus maritimus Linnaeus］。【参考异名】Bolboschoenus Palla（1905）Nom. illegit.；Reigera Opiz（1852）；Schoenus 'subdiv.' Bolboschoenus Asch.（1864）■

6813　Bolboschoenus Palla（1905）Nom. illegit. ≡ Bolboschoenus（Asch.）Palla（1905）［莎草科 Cyperaceae］■

6814　Bolbostemma Franquet（1930）【汉】假贝母属。【英】Bolbostemma。【隶属】葫芦科（瓜科，南瓜科）Cucurbitaceae。【包含】世界2-3种，中国2-3种。【学名诠释与讨论】〈中〉（希）bolbos，球茎+stemma，所有格 stemmatos，花冠，花环，王冠。【分布】中国。【模式】Bolbostemma paniculatum（Maximowicz）Franquet［Mitrosicyos paniculatus Maximowicz］■★

6815　Bolbostylis Gardner（1846）= Eupatorium L. Eupatorium L.（1753）［菊科 Asteraceae（Compositae）//泽兰科 Eupatoriaceae］■●

6816　Bolboxalis Small（1907）= Oxalis L.（1753）［酢浆草科 Oxalidaceae］■●

6817　Boldea Juss.（1809）Nom. illegit. ≡ Peumus Molina（1782）（保留属名）；~ = Boldu Adans.（1763）（废弃属名）；~ = Peumus Molina（1782）（保留属名）［香材树科（杯轴花科，黑檫木科，芒籽科，蒙立米科，檬立木科，香材木科，香树木科）Monimiaceae］●☆

6818　Boldoa Cav.（1803）Nom. inval. ≡ Boldoa Cav. ex Lag.（1816）［紫茉莉科 Nyctaginaceae］■☆

6819　Boldoa Cav. ex Lag.（1816）【汉】钩毛茉莉属。【隶属】紫茉莉科 Nyctaginaceae。【包含】世界1种。【学名诠释与讨论】〈阴〉来自智利植物俗名。此属的学名，ING 和 IK 记载是"Boldoa Cavanilles ex Lagasca, Gen. Sp. Pl. Nov. 9. Jun - Jul（?）1816"。"Boldoa Cav.（1803）"应该是未合格发表的名称。蒙立米科的"Boldoa Endl.（1841）= Boldu Adans.（1763）（废弃属名）"则是晚出的非法名称。【分布】墨西哥，西印度群岛，中美洲。【模式】未指定。【参考异名】Boldoa Cav.（1803）Nom. inval. ■☆

6820　Boldoa Endl.（1841）Nom. inval. ≡ Boldea Juss.（1809）Nom. illegit.；~ ≡ Peumus Molina（1782）（保留属名）；~ = Boldu Adans.（1763）（废弃属名）；~ = Peumus Molina（1782）（保留属名）［香材树科（杯轴花科，黑檫木科，芒籽科，蒙立米科，檬立木科，香材木科，香树木科）Monimiaceae］●☆

6821　Boldu Adans.（1763）（废弃属名）= Peumus Molina（1782）（保留属名）［香材树科（杯轴花科，黑檫木科，芒籽科，蒙立米科，檬立木科，香材木科，香树木科）Monimiaceae］●☆

6822　Boldu Feuill. ex Adans.（1763）Nom. illegit.（废弃属名）≡ Boldu Adans.（1763）（废弃属名）；~ = Peumus Molina（1782）（保留属名）［香材树科（杯轴花科，黑檫木科，芒籽科，蒙立米科，檬立木科，香材木科，香树木科）Monimiaceae］●

6823　Boldu Nees（1833）Nom. illegit.（废弃属名）= Beilschmiedia Nees（1831）［樟科 Lauraceae］●

6824　Bolducia Neck.（1790）Nom. inval. = Taralea Aubl.（1775）［豆科 Fabaceae（Leguminosae）］（废弃属名）●☆

6825　Boldus Kuntze（1891）Nom. illegit. = Boldu Adans.（1763）（废弃

属名)；~ =Peumus Molina(1782)(保留属名)［香材树科(杯轴花科，黑檫木科，芒籽科，蒙立米科，檬立木科，香材木科，香树木科)Monimiaceae］●☆

6826　Boldus Schult. et Schult. f. (1829)Nom. illegit. ≡Peumus Molina (1782)(保留属名)［香材树科(杯轴花科，黑檫木科，芒籽科，蒙立米科，檬立木科，香材木科，香树木科)Monimiaceae］●☆

6827　Boldus Schult. f. (1829)Nom. illegit. ≡Boldus Schult. et Schult. f. (1829)Nom. illegit. ; ~ ≡Peumus Molina (1782)(保留属名)［香材树科(杯轴花科，黑檫木科，芒籽科，蒙立米科，檬立木科，香材木科，香树木科)Monimiaceae］●☆

6828　Bolelia Raf. (1832)(废弃属名)≡Downingia Torr. (1857)(保留属名)［桔梗科 Campanulaceae］■☆

6829　Boleum Desv. (1815)【汉】西班牙芥属。【隶属】十字花科 Brassicaceae(Cruciferae)。【包含】世界 1 种。【学名诠释与讨论】〈中〉词源不详。此属的学名，ING、TROPICOS 和 IK 记载是"Boleum Desvaux, J. Bot. Agric. 3：163. 1815 (prim.)('1814')"。它曾被处理为"Vella sect. Boleum (Desv.) M. B. Crespo, Biología de la conservación de Vella pseudocytisus subspecie paui, una planta amenazada en Aragón 86. 2011. (Jun 2011)"。亦有文献把"Boleum Desv. (1815)"处理为"Vella L. (1753)"的异名。【分布】西班牙。【模式】Boleum asperum (Persoon) Desvaux［Vella aspera Persoon］。【参考异名】Vella L. (1753)；Vella sect. Boleum (Desv.) M. B. Crespo(2011)■☆

6830　Bolina Raf. (1838)Nom. illegit. ≡Bertolonia Raddi(1820)(保留属名)［野牡丹科 Melastomataceae］■☆

6831　Bolivaria Cham. et Schltdl. (1826) = Menodora Humb. et Bonpl. (1812)Nom. illegit. ; ~ = Menodora Bonpl. (1812)［木犀榄科(木犀科)Oleaceae］●☆

6832　Bolivariaceae Griseb. (1838) = Oleaceae Hoffmanns. et Link(保留科名)●

6833　Bolivicactus Doweld (2000) = Echinocactus Link et Otto (1827)［仙人掌科 Cactaceae］●

6834　Bolivicereus Cárdenas (1951) = Borzicactus Riccob. (1909); ~ = Cleistocactus Lem. (1861)［仙人掌科 Cactaceae］●☆

6835　Bollaea Parl. (1858) = Pancratium L. (1753)［石蒜科 Amaryllidaceae//百合科 Liliaceae//全能花科 Pancratiaceae］■

6836　Bollea Rchb. f. (1852)【汉】宝丽兰属。【日】ボルレア属。【英】Bollea。【隶属】兰科 Orchidaceae。【包含】世界 3-10 种。【学名诠释与讨论】〈阴〉(人)Carl (Karl) August Boll, 1821-1909，德国植物学者、园艺家。【分布】秘鲁，厄瓜多尔，哥伦比亚(安蒂奥基亚)，热带美洲。【模式】Bollea violacea (Lindley) H. G. Reichenbach［Huntleya violacea Lindley］■☆

6837　Bollwilleria Zabel(1907) = Pyrus L. (1753)［蔷薇科 Rosaceae］●

6838　Bolocephalus Hand. - Mazz. (1938)【汉】球菊属(丝苞菊属)。【英】Balldaisy, Bolocephalus。【隶属】菊科 Asteraceae (Compositae)。【包含】世界 1 种，中国 1 种。【学名诠释与讨论】〈阳〉(希)bolbos，球茎+kephale，头。指头状花序球状。此属的学名是"Bolocephalus Handel - Mazzetti, J. Bot. 76：291. Oct 1938"。亦有文献把其处理为"Dolomiaea DC. (1833)"的异名。【分布】中国。【模式】Bolocephalus saussureoides Handel - Mazzetti。【参考异名】Dolomiaea DC. (1833)■★

6839　Bolophyta Nutt. (1840)【汉】掷菊属。【隶属】菊科 Asteraceae (Compositae)。【包含】世界 3 种。【学名诠释与讨论】〈阴〉(希)bolos，块，肿块，垫+phyton，植物，树木，枝条。此属的学名是"Bolophyta Nuttall, Trans. Amer. Philos. Soc. ser. 2. 7：347. Oct-Dec 1840"。亦有文献把其处理为"Parthenium L. (1753)"的异名。【分布】美国(西部)，中美洲。【模式】Bolophyta alpina

Nuttall。【参考异名】Parthenium L. (1753)■☆

6840　Bolosia Pourr. ex Willd. et Lange (1865) = Hispidella Barnadez ex Lam. (1789)［菊科 Asteraceae(Compositae)］■☆

6841　Boltonia L'Hér. (1789)【汉】偶雏菊属(北美马兰属)。【日】アメリカギク属。【俄】Болтония。【英】Boltonia, Doll's-daisy, False Chamomile。【隶属】菊科 Asteraceae(Compositae)。【包含】世界 5 种。【学名诠释与讨论】〈阴〉(人)James B. Bolton, 1750-1799，英国植物学者，画家。【分布】美国，东亚，北美洲。【后选模式】Boltonia glastifolia (J. Hill) L'Héritier de Brutelle［Matricaria glastifolia J. Hill］。【参考异名】Actartife Raf. (1840)；Cacotanis Raf. (1837)；Chloracantha G. L. Nesom, Y. B. Suh, D. R. Morgan, S. D. Sundb. et B. B. Simpson(1991)；Hisutsua DC. (1838)；Madea Sol. ex DC. (1836)■☆

6842　Bolusafra Kuntze(1891)【汉】沥青豆属。【隶属】豆科 Fabaceae (Leguminosae)//蝶形花科 Papilionaceae。【包含】世界 1 种。【学名诠释与讨论】〈阴〉(人)Harry Bolus, 1834-1911，南非植物学者。此属的学名"Bolusafra O. Kuntze, Rev. Gen. 1：162. 5 Nov 1891"是一个替代名称。"Fagelia A. P. de Candolle, Prodr. 2：389. Nov (med.)1825"是一个非法名称(Nom. illegit.)，因为此前已经有了"Fagelia Schwencke, Verh. Bataafsch Genootsch. Rotterdam 1：473. t. 13. 1774 = Calceolaria L. (1770)(保留属名)［玄参科 Scrophulariaceae//蒲包花科(荷包花科)Calceolariaceae］"。故用"Bolusafra Kuntze(1891)"替代之。【分布】非洲南部。【模式】Bolusafra bituminosa (Linnaeus) O. Kuntze［Glycine bituminosa Linnaeus］。【参考异名】Fagelia DC. (1825)Nom. illegit. ; Fagelia Neck. (1790)Nom. illegit. ; Fagelia Neck. ex DC. (1825)Nom. illegit.■☆

6843　Bolusanthemum Schwantes(1928) = Bijlia N. E. Br. (1928)［番杏科 Aizoaceae］■☆

6844　Bolusanthus Harms (1906)【汉】树紫藤属。【隶属】豆科 Fabaceae(Leguminosae)//蝶形花科 Papilionaceae。【包含】世界 1 种。【学名诠释与讨论】〈阳〉(人)，1834-1911，南非植物学者+anthos，花。antheros，多花的。antheo，开花。【分布】非洲南部。【模式】Bolusanthus speciosus (Bolus) Harms［Lonchocarpus speciosus Bolus］●☆

6845　Bolusia Benth. (1873)【汉】托叶齿豆属。【隶属】豆科 Fabaceae (Leguminosae)。【包含】世界 5 种。【学名诠释与讨论】〈阴〉(人)Bolus，植物学者。【分布】热带和非洲南部。【模式】Bolusia capensis Bentham■☆

6846　Bolusiella Schltr. (1918)【汉】波鲁兰属。【隶属】兰科 Orchidaceae。【包含】世界 6 种。【学名诠释与讨论】〈阴〉(人)Harry Bolus, 1834-1911，南非植物学者+-ellus, -ella, -ellum，加在名词词干后面形成指小式的词尾。或加在人名、属名等后面以组成新属的名称。【分布】非洲。【后选模式】Bolusiella maudae (H. Bolus) Schlechter［Angraecum maudae H. Bolus］■☆

6847　Bolvicereus Cardenas = Borzicactus Riccob. (1909)［仙人掌科 Cactaceae］■☆

6848　Bomarea Mirb. (1804)【汉】竹叶吊钟属(玻玛莉属，藤本百合水仙属)。【日】ツルユリズイセン属，ボマーレア属。【俄】Бомарея。【英】Climbing Amaryllis。【隶属】百合科 Liliaceae//六出花科(彩花扭柄科，扭柄叶科)Alstroemeriaceae。【包含】世界 100-150 种。【学名诠释与讨论】〈阴〉(人)J. C. V. de Bomare，法国学者。【分布】巴拿马，秘鲁，玻利维亚，厄瓜多尔，哥伦比亚(安蒂奥基亚)，哥斯达黎加，墨西哥，尼加拉瓜，热带美洲，西印度群岛，中美洲。【模式】未指定。【参考异名】Bomaria Kunth (1850)；Collania Herb. (1837)Nom. illegit. ; Danbya Salisb. (1866)；Dodecasperma Raf. (1838)；Leontochir Phil. (1873)；

Sphaerine Herb. (1837); Vandesia Salisb. (1812); Wichuraea M. Roem. (1847)■☆

6849　Bomaria Kunth (1850) = Bomarea Mirb. (1804) [百合科 Liliaceae//六出花科(彩花扭柄科,扭柄叶科)Alstroemeriaceae]■☆

6850　Bombacaceae Kunth(1822)(保留科名)[亦见 Malvaceae Juss. (保留科名)锦葵科]【汉】木棉科。【日】パンヤ科。【俄】 Баобабовые, Бомбаксовые。【英】Bombax Family, Silk－cotton Family。【包含】世界 20-30 属 180-320 种, 中国 3-6 属 5-9 种。 【分布】热带,美洲。【科名模式】Bombax L. ●

6851　Bombacopsis Pittier(1916)(保留属名)【汉】类木棉属。【英】 Mahot Coton。【隶属】木棉科 Bombacaceae。【包含】世界 22 种。 【学名诠释与讨论】〈中〉(属)Bombax 木棉属+希腊文 opsis, 外 观,模样,相似。此属的学名"Bombacopsis Pittier in Contr. U. S. Natl. Herb. 18:162. 3 Mar 1916"是保留属名。相应的废弃属名是 木棉科 Bombacaceae 的"Pochota Ram. Goyena, Fl. Nicarag. 1:198. 1909 = Bombacopsis Pittier (1916)(保留属名) = Pachira Aubl. (1775)"。亦有文献把"Bombacopsis Pittier(1916)(保留属名)" 处理为"Pachira Aubl. (1775)"的异名。【分布】巴拿马,秘鲁,玻 利维亚,厄瓜多尔,热带南美洲,中美洲。【模式】Bombacopsis sessilis (Bentham) Pittier [Pachira sessilis Bentham]。【参考异 名】Pachira Aubl. (1775);Pochota Ram. (1909)(废弃属名)●☆

6852　Bombax L. (1753)(保留属名)【汉】木棉属。【日】キワタノキ 属,キワタ 属。【俄】Бомбакс。【英】Bombax, Kapok－tree, Silk Cotton Tree, Silk-cotton Tree。【隶属】木棉科 Bombacaceae//锦葵 科 Malvaceae。【包含】世界 8-50 种, 中国 2-3 种。【学名诠释与 讨论】〈中〉(希)bombax, 所有格 bombacis, 棉花。指果片内有绵 毛,或指种子具绵毛。此属的学名"Bombax L., Sp. Pl.;511. 1 Mai 1753"是保留属名。法规未列出相应的废弃属名。"Salmalia Schott et Endlicher, Melet. Bot. 35. 1832"是"Bombax L. (1753)(保 留属名)"的晚出的同模式异名(Homotypic synonym, Nomenclatural synonym)。【分布】巴基斯坦,玻利维亚,中国,热 带非洲,亚洲。【模式】Bombax ceiba Linnaeus。【参考异名】 Bombycella Lindl. (1847); Bombycella (DC.) Lindl. (1847) Nom. illegit.; Eriodendron DC. (1824) Nom. illegit.; Gossampinus Buch.－ Ham. (1827); Melaleuca Blanco; Rhodognaphalon (Ulbr.) Roberty (1953); Rhodognaphalopsis A. Robyns (1963); Salmalia Schott et Endl. (1832) Nom. illegit.; Xylon Kuntze(1891) Nom. illegit. ●

6853　Bombix Medik. (1787) = Hibiscus L. (1753)(保留属名)[锦葵 科 Malvaceae//木槿科 Hibiscaceae]●■

6854　Bombycella (DC.) Lindl. (1847) Nom. illegit. ≡ Bombax L. (1753)(保留属名)[木棉科 Bombacaceae//锦葵科 Malvaceae]●

6855　Bombycella Lindl. (1847) Nom. illegit. ≡ Bombycella (DC.) Lindl. (1847) Nom. illegit.; ~ ≡ Bombax L. (1753)(保留属名) [木棉科 Bombacaceae 锦葵科 Malvaceae]●

6856　Bombycidendron Zoll. et Moritzi(1845)= Hibiscus L. (1753)(保 留属名)[锦葵科 Malvaceae//木槿科 Hibiscaceae]●■

6857　Bombycilaena (DC.) Smoljan. (1955)【汉】光果紫绒草属。 【俄】Бомбицилена。【隶属】菊科 Asteraceae(Compositae)。【包 含】世界 3 种。【学名诠释与讨论】〈阴〉(希)bombyx, 所有格 bombycis, 蚕+laina=chlaine=拉丁文 laena, 外衣,衣服。此属的 学名, ING 和 IK 记载是" Bombycilaena (A. P. de Candolle) Smoljaninova, Bot. Mater. Gerb. Bot. Inst. Komarova Akad. Nauk SSSR 17:448. 1955(post 9 Nov)", 由" Micropus sect. Bombycilaena A. P. de Candolle, Prodr. 5:460. 1-10 Oct 1836"改级而来。亦有文 献把"Bombycilaena (DC.) Smoljan. (1955)"处理为"Micropus L. (1753)"的异名。【分布】非洲北部,欧洲南部和中部至阿富汗。 【模式】Bombycilaena erecta (Linnaeus) Smoljaninova [Micropus

erectus Linnaeus]。【参考异名】Micropus L. (1753); Micropus sect. Bombycilaena DC. (1836)■☆

6858　Bombycodendrum Post et Kuntze(1903)= Bombycidendron Zoll. et Moritzi(1845)[锦葵科 Malvaceae]●■

6859　Bombycospermum C. Presl(1831)= Ipomoea L. (1753)(保留属 名)[旋花科 Convolvulaceae]●■

6860　Bombynia Noronha (1827) = Elaeagnus L. (1753)[胡颓子科 Elaeagnaceae]●

6861　Bombyx Moench(1794)= Bombix Medik. (1787); ~ = Hibiscus L. (1753)(保留属名)[锦葵科 Malvaceae//木槿科 Hibiscaceae] ●■

6862　Bona Medik. (1787) = Vicia L. (1753) [豆科 Fabaceae (Leguminosae)//蝶形花科 Papilionaceae//野豌豆科 Viciaceae]■

6863　Bonafidia Neck. (1790) Nom. inval. = Amorpha L. (1753) [豆科 Fabaceae(Leguminosae)//蝶形花科 Papilionaceae]●

6864　Bonafousia A. DC. (1844) = Tabernaemontana L. (1753) [夹竹 桃科 Apocynaceae//红月桂科 Tabernaemontanaceae]●

6865　Bonaga Medik. (1787) = Ononis L. (1753) [豆科 Fabaceae (Leguminosae)//蝶形花科 Papilionaceae]■●

6866　Bonamia A. Gray (1862) Nom. illegit. (废弃属名) = Bonamia Thouars(1804)(保留属名); ~ = Breweria R. Br. (1810) [旋花科 Convolvulaceae]●☆

6867　Bonamia Thouars(1804)(保留属名)【汉】伯纳旋花属。【隶 属】旋花科 Convolvulaceae。【包含】世界 45 种。【学名诠释与讨 论】〈阴〉(人)François Bonamy [Bonami], 1710-1786, 法国医生, 植物学者, Florae nannetensis prodro-mus. Nannetis [Nantes] 1782 的作者。此属的学名"Bonamia Thouars, Hist. Vég. Iles France:33. 1804(ante 22 Sep)"是保留属名。法规未列出相应的废弃属名。 但是旋花科 Convolvulaceae 的"Bonamia A. Gray, Proc. Amer. Acad. Arts v. (1862) 337 = Breweria R. Br. (1810) = Bonamia Thouars(1804)(保留属名)"应该废弃。【分布】巴拉圭,巴拿马, 秘鲁,玻利维亚,哥伦比亚(安蒂奥基亚),哥斯达黎加,马达加斯 加,尼加拉瓜,中美洲。【模式】Bonamia alternifolia Jaume St.－ Hilaire。【参考异名】Bonamia A. Gray(1862) Nom. illegit. (废弃属 名); Bonamiopsis (Boberty) Roberty (1964); Bonamiopsis Roberty (1964) Nom. illegit.; Breueria R. Br. (1810) Nom. illegit.; Breueriopsis Roberty(1952) Nom. illegit.; Breweria R. Br. (1810); Breweria Roberty; Breweriopsis Roberty (1952); Cymonamia (Roberty) Roberty (1964); Cymonamia Roberty (1964); Perispermum O. Deg. (1932); Petrogenia I. M. Johnst. (1941); Trichantha H. Karst. et Triana(1857) Nom. illegit.; Trichantha Triana (1855) Nom. illegit.; Trichantha H. Karst. et Triana (1854) Nom. illegit.; Wilberforcia Hook. f. ex Planch. (1848)●☆

6868　Bonamica Vell. (1829) = Chionanthus L. (1753); ~ = Linociera Sw. ex Schreb. (1791)(保留属名); ~ = Mayepea Aubl. (1775)(废 弃属名)[木犀榄科(木犀科)Oleaceae]●

6869　Bonamiopsis(Boberty)Roberty(1964)= Bonamia Thouars(1804) (保留属名)[旋花科 Convolvulaceae]●☆

6870　Bonamiopsis Roberty (1964) Nom. illegit. ≡ Bonamiopsis (Boberty)Roberty(1964); ~ = Bonamia Thouars(1804)(保留属 名)[旋花科 Convolvulaceae]●☆

6871　Bonamya Neck. (1790) Nom. inval. = Stachys L. (1753) [唇形科 Lamiaceae(Labiatae)]●■

6872　Bonania A. Rich. (1850)【汉】伯南大戟属。【隶属】大戟科 Euphorbiaceae。【包含】世界 10 种。【学名诠释与讨论】〈阴〉 (人)Bonan。【分布】西印度群岛。【模式】Bonania cubana A. Richard。【参考异名】Hypocoton Urb. (1912)☆

6873　Bonannia C. Presl(1826)(废弃属名)= Brassica L. (1753)［十字花科 Brassicaceae(Cruciferae)］■●

6874　Bonannia Guss. (1843)(保留属名)【汉】西西里草属。【隶属】伞形科(伞形科)Apiaceae(Umbelliferae)。【包含】世界1种。【学名诠释与讨论】〈阴〉词源不详。此属的学名"Bonannia Guss. ,Fl. Sicul. Syn. 1:355. Feb 1843"是保留属名。相应的废弃属名是无患子科 Sapindaceae 的"Bonannia Raf. in Specchio Sci. 1:115. 1 Apr 1814 = Blighia K. König (1806)"。十字花科 Brassicaceae 的"Bonannia C. Presl,Fl. Sicul. (Presl) 1:99. 1826 = Brassica L. (1753)"亦应废弃。【分布】欧洲东南部。【模式】Bonannia resinifera Gussone, Nom. illegit. ［Ferula nudicaulis K. P. J. Sprengel; Bonannia nudicaulis (K. P. J. Sprengel) Rickett et Stafleu］■☆

6875　Bonannia Raf. (1814)(废弃属名)= Blighia K. König(1806)［无患子科 Sapindaceae］●☆

6876　Bonanox Raf. (1821)【汉】月光花属(夜喇叭花属)。【日】ヨルガオ属，ヨルガホ属。【俄】Луноцвет。【英】Moon Flower, Moonflower。【隶属】旋花科 Convolvulaceae。【包含】世界6种，中国3种。【学名诠释与讨论】〈中〉(希)Calonyction:kalos, 美丽的+nyx, 所有格 nyktos, 夜。nykteus 夜的。nyktios, 每夜地。指夜间绽开美丽的花。此属的学名，ING、APNI、GCI、TROPICOS 和 IK 记载是"Calonyction Choisy, Mém. Soc. Phys. Genève 6:441. 1834［Aug 1834］";《中国植物志》中文版亦采用此名称;它是"Bonanox Raf. ,Fl. Tellur. 4:77. 1838［1836 publ. mid-1838］"的替代名称，但是这个替代是多余的。亦有文献把"Bonanox Raf. (1821)"处理为"Ipomoea L. (1753)(保留属名)"的异名。【分布】澳大利亚，巴基斯坦，巴拉圭，玻利维亚，马达加斯加，中国，美洲。【模式】Bonanox Rafinesque 1821。【参考异名】Bonanox Raf. (1821); Euryloma Raf. (1838) Nom. illegit. ; Gomphipus (Raf.)B. D. Jacks. ;Gomphopus Post et Kuntze(1903);Ipomoea L. (1753)(保留属名);Melascus Raf. (1838); Tereietra Raf. (1838);Tremasperma Raf. (1838)■

6877　Bonapa Larranaga (1927) = Tillandsia L. (1753)［凤梨科 Bromeliaceae//花凤梨科 Tillandsiaceae］■☆

6878　Bonapartea Haw. (1812) Nom. illegit. = Agave L. (1753)［石蒜科 Amaryllidaceae//龙舌兰科 Agavaceae］■

6879　Bonapartea Ruiz et Pav. (1802)【汉】刺子凤梨属。【隶属】凤梨科 Bromeliaceae//花凤梨科 Tillandsiaceae。【包含】世界12种。【学名诠释与讨论】〈阴〉(人)Roland Napoléon Bonaparte, 1858-1924, 植物学者。此属的学名，ING 和 IK 记载是"Bonapartea Ruiz et Pav. ,Fl. Peruv. ［Ruiz et Pavon］3:38. 1802"。"Bonapartea Haw. ,Syn. Pl. Succ. 68 (1812) = Agave L. (1753)［石蒜科 Amaryllidaceae//龙舌兰科 Agavaceae］"是晚出的非法名称。"Acanthospora K. P. J. Sprengel, Anleit. ed. 2. 2 (1):255. 20 Apr 1817"和"Misandra F. G. Dietrich, Nachtr. Vollst. Lex. Gaertn. Bot. 5:102. Oct (?) 1819 (non Commerson ex A. L. Jussieu 1789)"是"Bonapartea Ruiz et Pav. (1802)"的晚出的同模式异名(Homotypic synonym, Nomenclatural synonym)。亦有文献把"Bonapartea Ruiz et Pav. (1802)"处理为"Tillandsia L. (1753)"的异名。【分布】玻利维亚，中美洲。【后选模式】Bonapartea juncea Ruiz et Pavón。【参考异名】Acanthospora Spreng. (1817) Nom. illegit. ; Buonapartea G. Don (1839); Misandra F. Dietr. (1819) Nom. illegit. ;Tillandsia L. (1753)■☆

6880　Bonarota Adans. (1763) Nom. illegit. ≡ Paederota L. (1758)［玄参科 Scrophulariaceae//婆婆纳科 Veronicaceae］■☆

6881　Bonatea Willd. (1805)【汉】长须兰属。【隶属】兰科 Orchidaceae。【包含】世界20种。【学名诠释与讨论】〈阴〉(人) Giuseppe Antonio Bonato, 1753-1836, 意大利植物学者。【分布】阿拉伯地区，玻利维亚，马达加斯加，热带和非洲南部。【模式】Bonatea speciosa (Linnaeus f.) Willdenow ［Orchis speciosa Linnaeus f.]。【参考异名】Bonatoa Post et Kuntze(1903)■☆

6882　Bonatia Schltr. et Krause (1908) Nom. illegit. = Tarenna Gaertn. (1788)［茜草科 Rubiaceae］●

6883　Bonatoa Post et Kuntze(1903) = Bonatea Willd. (1805)［兰科 Orchidaceae］■☆

6884　Bonaveria Scop. (1777)(废弃属名) ≡ Securigera DC. (1805)(保留属名); ~ =Coronilla L. (1753)(保留属名)［豆科 Fabaceae (Leguminosae)//蝶形花科 Papilionaceae］●■

6885　Bondtia Kuntze (1891) = Bontia L. (1753) + Eremophila R. Br. (1810) + Pholidia R. Br. (1810)［苦槛蓝科(苦槛盘科) Myoporaceae//假瑞香科 Bontiaceae］●☆

6886　Bonduc Adans. (1763) Nom. illegit. = Caesalpinia L. (1753)［豆科 Fabaceae(Leguminosae)//云实科(苏木科) Caesalpiniaceae］●

6887　Bonduc Mill. (1754) Nom. illegit. ≡ Guilandina L. (1753); ~ = Caesalpinia L. (1753)［豆科 Fabaceae (Leguminosae)//云实科(苏木科) Caesalpiniaceae］●

6888　Bonellia Bertero ex Colla (1824) = Jacquinia L. (1759)［as 'Jaquinia'］(保留属名)［假轮叶科(狄氏科, 拟棕科) Theophrastaceae］●☆

6889　Bonetiella Rzed. (1957)【汉】墨西哥漆树属。【隶属】漆树科 Anacardiaceae。【包含】世界1种。【学名诠释与讨论】〈阴〉词源不详。【分布】墨西哥。【模式】Bonetiella anomala (M. H. Johnston) Rzedowski ［Pseudosmodingium anomalum M. H. Johnston］●☆

6890　Bongardia C. A. Mey. (1831)【汉】长瓣囊果草属(邦加属)。【俄】Бонгардия。【隶属】小檗科 Berberidaceae。【包含】世界1种。【学名诠释与讨论】〈阴〉(人)August (Gustav) Heinrich von Bongard, 1786-1839, 俄罗斯植物学者。【分布】地中海东部至阿富汗。【模式】Bongardia rauwolfii C. A. Meyer, Nom. illegit. ［Leontice chrysogonum Linnaeus］■☆

6891　Bonia Balansa(1890)【汉】异箪竹属(单枝竹属, 异箭竹属)。【英】Monoclads, Singlebamboo。【隶属】禾本科 Poaceae (Gramineae)//箪竹科 Bambusaceae。【包含】世界5种, 中国4-5种。【学名诠释与讨论】〈阴〉词源不详。此属的学名是"Bonia Patouillard, Bull. Soc. Mycol. France 8:48. 1892 (non Balansa 1890)"。亦有文献把其处理为"Bambusa Schreb. (1789)(保留属名)"或"Monocladus H. C. Chia, H. L. Fung et Y. L. Yang (1988)"的异名。【分布】中国。【模式】Bonia tonkinensis Balansa。【参考异名】Bambusa Schreb. (1789)(保留属名); Monocladus H. C. Chia, H. L. Fung et Y. L. Yang(1988)●★

6892　Bonifacia Silva Manso ex Steud. (1840) = Augusta Pohl (1828)(保留属名)［茜草科 Rubiaceae］■☆

6893　Bonifazia Standl. et Steyerm. (1944) = Disocactus Lindl. (1845)［仙人掌科 Cactaceae］●☆

6894　Boninia Planch. (1872)【汉】博南芸香属。【隶属】芸香科 Rutaceae。【包含】世界2种。【学名诠释与讨论】〈中〉(地) Bonin, 小笠原群岛。【分布】日本(小笠原群岛)。【模式】未指定。●☆

6895　Boninofatsia Nakai(1924)【汉】小笠原五加属。【隶属】五加科 Araliaceae。【包含】世界2种。【学名诠释与讨论】〈阴〉(地) Bonin, 小笠原群岛 + (属)Fatsia 八角金盘属。此属的学名是"Boninofatsia Nakai, J. Arnold Arbor. 5:17. 18 Feb 1924"。亦有文献把其处理为"Fatsia Decne. et Planch. (1854)"的异名。【分布】日本(小笠原群岛)。【模式】未指定。【参考异名】Fatsia Decne.

et Planch. (1854)●☆

6896　Boniodendron Gagnep.（1946）【汉】黄梨木属。【英】Boniodendron。【隶属】无患子科 Sapindaceae。【包含】世界 1-2 种,中国 1 种。【学名诠释与讨论】〈中〉（人）Pere Bon,法国植物学者+dendron 或 dendros,树木,棍,丛林。另说 bonus,好+希腊文 dendron 或 dendros,树木,棍,丛林。【分布】中国,中南半岛。【模式】Boniodendron parviflorum（Lecomte）Gagnepain［Harpullia parviflora Lecomte］。【参考异名】Sinoradlkofera F. G. Mey.（1977）●

6897　Bonjeanea Rchb.（1832）= Dorycnium Mill.（1754）［豆科 Fabaceae(Leguminosae)］●■☆

6898　Bonjeania Rchb.（1832）Nom. illegit. ≡ Bonjeanea Rchb.（1832）;~= Dorycnium Mill.（1754）［豆科 Fabaceae(Leguminosae)］●■☆

6899　Bonnaya Link et Otto（1821）= Lindernia All.（1766）［玄参科 Scrophulariaceae//母草科 Linderniaceae//婆婆纳科 Veronicaceae］■

6900　Bonnayodes Blatt. et Hallb.（1921）= Limnophila R. Br.（1810）（保留属名）［玄参科 Scrophulariaceae//婆婆纳科 Veronicaceae］■

6901　Bonneria B. D. Jacks. = Bonniera Cordem.（1899）［兰科 Orchidaceae］■☆

6902　Bonnetia Mart.（1826）（保留属名）【汉】多籽树属（多子树属）。【隶属】山茶科（茶科）Theaceae//多籽树科（多子科）Bonnetiaceae//猪胶树科（克鲁西科,山竹子科,藤黄科）Clusiaceae(Guttiferae)。【包含】世界 25-29 种。【学名诠释与讨论】〈阴〉（人）Charles Bonnet,1720-1793,瑞士博物学者,医生。此属的学名“Bonnetia Mart., Nov. Gen. Sp. Pl. 1;114. Jan-Mar 1826”是保留属名。相应的废弃属名是猪胶树科 Clusiaceae 的“Bonnetia Schreb., Gen. Pl.;363. Apr 1789 ≡ Mahurea Aubl.（1775）”和“Kieseria Nees in Wied-Neuwied, Reise Bras. 2;338. Jan-Jun 1821 = Bonnetia Mart.（1826）（保留属名）”。玄参科 Scrophulariaceae 的“Bonnetia Neck., Elem. Bot. 1;368,1790”和豆科 Fabaceae 的“Kieseria Spreng. = Tephrosia Pers.（1807）（保留属名）”亦应废弃。“Bonnetia Mart. et Zucc. = Bonnetia Mart.（1826）（保留属名）”也须废弃。【分布】秘鲁,玻利维亚,厄瓜多尔,热带美洲,西印度群岛。【模式】Bonnetia anceps C. F. P. Martius。【参考异名】Acopanea Steyerm.（1984）; Bonnetia Mart. et Zucc.（废弃属名）; Kiersera T. Durand et Jacks., Nom. illegit.; Kieseria Nees（1821）（废弃属名）; Mahurea Aubl.（1775）; Neblinaria Maguire（1972）; Neogleasonia Maguire（1972）; Neotatea Maguire（1972）●☆

6903　Bonnetia Mart. et Zucc.（废弃属名）= Bonnetia Mart.（1826）（保留属名）［山茶科（茶科）Theaceae//多籽树科（多子科）Bonnetiaceae//猪胶树科（克鲁西科,山竹子科,藤黄科）Clusiaceae(Guttiferae)］●☆

6904　Bonnetia Neck.（1790）（废弃属名）= Buchnera L.（1753）［玄参科 Scrophulariaceae//列当科 Orobanchaceae］■

6905　Bonnetia Schreb.（1789）Nom. illegit.（废弃属名）≡ Mahurea Aubl.（1775）［猪胶树科（克鲁西科,山竹子科,藤黄科）Clusiaceae(Guttiferae)］●☆

6906　Bonnetiaceae L. Beauvis., Nom. inval. = Clusiaceae Lindl.（保留科名）//Guttiferae Juss.（保留科名）●■

6907　Bonnetiaceae L. Beauvis. ex Nakai（1948）［亦见 Clusiaceae Lindl.（保留科名）//Guttiferae Juss.（保留科名）］【汉】多籽树科（多子科）。【包含】世界 4-5 属 32-36 种。【分布】热带亚洲和美洲。【科名模式】Bonnetia Mart. ●☆

6908　Bonnetiaceae Nakai（1948）= Bonnetiaceae L. Beauvis.;~= Clusiaceae Lindl.（保留科名）//Guttiferae Juss.（保留科名）●☆

6909　Bonniera Cordem.（1899）【汉】留岛兰属。【隶属】兰科 Orchidaceae。【包含】世界 2 种。【学名诠释与讨论】〈阴〉（人）Gaston Eugène Marie Bonnier, 1851-1922,法国植物学者。【分布】法国（留尼汪岛）。【模式】未指定。【参考异名】Bonneria B. D. Jacks.; Bormiera Post et Kuntze（1903）■☆

6910　Bonnierella R. Vig.（1905）= Polyscias J. R. Forst. et G. Forst.（1776）［五加科 Araliaceae］●

6911　Bonplandia Cav.（1800）【汉】邦普花荵属（墨西哥花荵属）。【隶属】花荵科 Polemoniaceae。【包含】世界 1-2 种。【学名诠释与讨论】〈阴〉（人）Aimé Jacques Alexandre Bonpland 1773-1858,法国植物学者。此属的学名,ING、GCI、TROPICOS 和 IK 记载是“Bonplandia Cavanilles, Anales Hist. Nat. 2;131. 1800”。芸香科 Rutaceae 的“Bonplandia Willdenow, Mém. Acad. Roy. Sci. Hist.（Berlin）1802;26. 1802 = Angostura Roem. et Schult.（1819）Nom. illegit.”是晚出的非法名称。“Caldasia Humboldt ex Willdenow, Hort. Berol. t. 71. Apr-Jun 1806”是“Bonplandia Cav.（1800）”的晚出的同模式异名（Homotypic synonym, Nomenclatural synonym）。“Caldasia Willd.（1807）Nom. illegit. ≡ Caldasia Humb. ex Willd.（1807）Nom. illegit.［花荵科 Polemoniaceae］”是错误引用。【分布】墨西哥,中美洲。【模式】Bonplandia geminiflora Cavanilles。【参考异名】Caldasia Humb. ex Willd.（1807）Nom. illegit.; Caldasia Willd.（1807）Nom. illegit. ●☆

6912　Bonplandia Willd.（1802）Nom. illegit. = Angostura Roem. et Schult.（1819）［芸香科 Rutaceae］●☆

6913　Bontia L.（1753）【汉】假瑞香属（美槛蓝属）。【隶属】苦槛蓝科（苦槛盘科）Myoporaceae//假瑞香科 Bontiaceae。【包含】世界 1 种。【学名诠释与讨论】〈阴〉（人）Bonti。此属的学名,ING 和 IK 记载是“Bontia L., Sp. Pl. 2;638［“938”］. 1753［1 May 1753］”。“Bontia L., in Loefl. Iter. 193（1758）［马鞭草科 Verbenaceae］”和“Bontia P. Br. = Avicennia L.（1753）［马鞭草科 Verbenaceae//海榄雌科 Avicenniaceae］”是晚出的非法名称。【分布】热带南美洲北部,西印度群岛,中美洲。【模式】Bontia daphnoides Linnaeus。【参考异名】Regina Buc'hoz（1783）●☆

6914　Bontia L.（1758）Nom. illegit. ［马鞭草科 Verbenaceae］●☆

6915　Bontia P. Br. = Avicennia L.（1753）［马鞭草科 Verbenaceae//海榄雌科 Avicenniaceae］●

6916　Bontiaceae Horan.（1834）［亦见 Myoporaceae R. Br.（保留科名）苦槛蓝科（苦槛盘科）和 Scrophulariaceae Juss.（保留科名）玄参科］【汉】假瑞香科。【包含】世界 1 属 1 种。【分布】西印度群岛,热带南美洲北部。【科名模式】Bontia L. ●

6917　Bonyunia M. R. Schomb.（1868）Nom. illegit. ≡ Bonyunia M. R. Schomb. ex Progel.（1868）［马钱科（断肠草科,马钱子科）Loganiaceae］●☆

6918　Bonyunia M. R. Schomb. ex Progel.（1868）【汉】热美马钱属。【隶属】马钱科（断肠草科,马钱子科）Loganiaceae。【包含】世界 4-5 种。【学名诠释与讨论】〈阴〉词源不详。此属的学名,ING、TROPICOS 和 IK 记载是“Bonyunia M. R. Schomb. ex Progel, Fl. Bras.（Martius）6（1）;267. 1868［1 Aug 1868］”。“Bonyunia M. R. Schomb.（1868）Nom. illegit. ≡ Bonyunia M. R. Schomb. ex Progel.（1868）”的命名人引证有误。【分布】玻利维亚,热带美洲。【模式】Bonyunia superba R. Schomburgk ex Progel。【参考异名】Bonyunia M. R. Schomb.（1868）Nom. illegit. ●☆

6919　Bonzetia Post et Kuntze（1903）= Bouzetia Montrouz.（1860）［芸香科 Rutaceae］●☆

6920　Boophane Herb.（1821）Nom. illegit. ≡ Boophone Herb.（1821）（保留属名）［石蒜科 Amaryllidaceae］■☆

6921　Boophone Herb.（1821）（保留属名）【汉】非洲箭毒草属（非洲石蒜属）。【隶属】石蒜科 Amaryllidaceae。【包含】世界 2-6 种。【学名诠释与讨论】〈阴〉（希）bous,所有格 boos,牛+phonos,杀

戮。指其有毒。此属的学名"Boophone Herb. , Appendix. : 18. 1821('Boophane')(orth. cons.)"是保留属名。法规未列出相应的废弃属名。"Boophone Herb. , Bot. Mag. (Kew Mag.) 52: t. 2578. 1825"是其拼写变体,亦应废弃。【分布】非洲东部和南部。【模式】Boophone toxicaria Herbert, Nom. illegit. [Haemanthus toxicarius W. Aiton, Nom. illegit. , Amaryllis disticha Linnaeus f. ; Boophone disticha (Linnaeus f.) Herbert]。【参考异名】Boophane Herb. (1821) Nom. illegit. ;Bouphone Lem. (1842) ;Buphane Herb. (1825) Nom. illegit. ; Crossyne Salisb. (1866) ; Elisena M. Roem. (1847) Nom. illegit. ■☆

6922　Boopidaceae Cass. (1816) = Calyceraceae R. Br. ex Rich. (保留科名)●■☆

6923　Boopis Juss. (1803)【汉】牛眼萼角花属(南美萼角花属)。【隶属】萼角花科 Calyceraceae。【包含】世界 13-30 种。【学名诠释与讨论】〈阴〉(希)boopis, 有牛眼的。【分布】阿根廷, 巴西, 玻利维亚, 安第斯山。【后选模式】Boopis balsamitaefolia A. L. Jussieu, Nom. illegit. [Scabiosa sympaganthera Ruiz et Pavón]。【参考异名】Chionophila Miers ex Lindl. (1847) Nom. illegit. ■☆

6924　Boosia Speta (2001)【汉】澳非海葱属。【隶属】百合科 Liliaceae//风信子科 Hyacinthaceae。【包含】世界 1 种。【学名诠释与讨论】〈阴〉(人)Boos。此属的学名是"Boosia Speta, Stapfia 75: 168. 2001"。亦有文献把其处理为"Urginea Steinh. (1834)"的异名。【分布】澳大利亚, 非洲。【模式】Boosia macrocentra (Baker) Speta。【参考异名】Urginea Steinh. (1834) ■☆

6925　Boothia Douglas ex Benth. (1835) = Platystemon Benth. (1835) [罂粟科 Papaveraceae//宽蕊罂粟科 Platystemonaceae] ■☆

6926　Bootia Adans. (1763) Nom. illegit. ≡ Borbonia L. (1753) ; ~ = Aspalathus L. (1753) [豆科 Fabaceae(Leguminosae)//芳香木科 Aspalathaceae] ●☆

6927　Bootia Bigel. (1824) Nom. illegit. = Potentilla L. (1753) [蔷薇科 Rosaceae//委陵菜科 Potentillaceae] ■●

6928　Bootia Neck. (1768) Nom. illegit. ≡ Saponaria L. (1753) [石竹科 Caryophyllaceae] ■

6929　Bootrophis Steud. (1840) = Botrophis Raf. (1835) Nom. illegit. ; ~ = Cimicifuga Wernisch. (1763) [毛茛科 Ranunculaceae] ●■

6930　Boottia Ayres ex Baker = Pleurostylia Wight et Arn. (1834) [卫矛科 Celastraceae] ●

6931　Boottia Wall. (1830) = Ottelia Pers. (1805) [水鳖科 Hydrocharitaceae] ■

6932　Bopusia C. Presl (1845) = Graderia Benth. (1846) [玄参科 Scrophulariaceae] ■●☆

6933　Boquila Decne. (1837)【汉】南美木通属。【隶属】木通科 Lardizabalaceae。【包含】世界 1 种。【学名诠释与讨论】〈阴〉词源不详。【分布】智利。【模式】Boquila trifoliolata (A. P. de Candolle) Decaisne [Lardizabala trifoliolata A. P. de Candolle] ●☆

6934　Borabora Steud. (1854) = Mariscus Gaertn. (1788) Nom. illegit. (废弃属名) ; ~ = Schoenus L. (1753) ; ~ = Rhynchospora Vahl (1805) [as 'Rynchospora'] (保留属名) [莎草科 Cyperaceae] ■

6935　Boraeva Boiss. (1842) = Boreava Jaub. et Spach (1841) [十字花科 Brassicaceae(Cruciferae)] ■☆

6936　Boraginaceae Adans. = Boraginaceae Juss. (保留科名) ■●

6937　Boraginaceae Juss. (1789) (保留科名)【汉】紫草科。【日】ムラサキ科。【俄】Бурачниковые。【英】Borage Family, Forget-me-not Family。【包含】世界 100-156 属 2000-2500 种, 中国 45-48 属 276-315 种。【分布】热带、亚热带和温带。【科名模式】Borago L. ■●

6938　Boraginella Kuntze (1891) Nom. illegit. ≡ Borraginoides Boehm.

(1760) (废弃属名) ; ~ = Trichodesma R. Br. (1810) (保留属名) [紫草科 Boraginaceae] ●■

6939　Boraginella Siegesb. (1736) Nom. inval. ≡ Boraginella Siegesb. ex Kuntze(1891) Nom. illegit. ; ~ Borraginoides Boehm. (1760) (废弃属名) ; ~ = Trichodesma R. Br. (1810) (保留属名) [紫草科 Boraginaceae] ●■

6940　Boraginella Siegesb. ex Kuntze(1891) Nom. illegit. ≡ Boraginella Kuntze (1891) Nom. illegit. ; ~ Borraginoides Boehm. (1760) (废弃属名) ; ~ = Trichodesma R. Br. (1810) (保留属名) [紫草科 Boraginaceae] ●■

6941　Boraginodes Post et Kuntze (1903) = Boraginella Kuntze (1891) Nom. illegit. ; ~ Borraginoides Boehm. (1760) (废弃属名) ; ~ Trichodesma R. Br. (1810) (保留属名) [紫草科 Boraginaceae] ●■

6942　Boraginoides Moench = Trichodesma R. Br. (1810) (保留属名) [紫草科 Boraginaceae] ●■

6943　Borago L. (1753)【汉】琉璃苣属(玻璃苣属)。【日】ルリヂサ属, ルリヂシャ属。【俄】Бораго, Бурачик, Огуречная трава, Огуречник, Трава огуречная。【英】Borage。【隶属】紫草科 Boraginaceae。【包含】世界 3 种。【学名诠释与讨论】〈阴〉(拉)borago, 粗糙的叶子, 与"法"bourre, 野兽的毛有关。另说"是从 cor 心, 和 ago 加以影响二字改变而成的"。"Borrago P. Miller, Gard. Dict. Abr. ed. 4. 28 Jan 1754"是"Borago L. (1753)"的晚出的同模式异名(Homotypic synonym, Nomenclatural synonym)。【分布】巴基斯坦, 巴拿马, 秘鲁, 玻利维亚, 厄瓜多尔, 哥伦比亚(安蒂奥基亚), 尼加拉瓜, 中国, 地中海地区, 亚洲, 美洲。【后选模式】Borago officinalis Linnaeus。【参考异名】Borrachinea Lavy (1830) ; Borrago Mill. (1754) Nom. illegit. ; Buglossites Moris (1845) Nom. illegit. ■☆

6944　Borassaceae O. F. Cook [亦见 Arecaceae Bercht. et J. Presl(保留科名)//Palmae Juss. (保留科名)棕榈科]【汉】糖棕科。【包含】世界 1 属 8-11 种, 中国 1 属 1 种。【分布】热带。【科名模式】Borassus L. ●

6945　Borassaceae Schultz Sch. (1832) = Arecaceae Bercht. et J. Presl (保留科名)// = Palmae Juss. (保留科名) ●

6946　Borassodendron Becc. (1914)【汉】垂裂棕属(毛果棕属, 树头桐属, 树头木桐属, 树头木属)。【英】Borassodendron。【隶属】棕榈科 Arecaceae(Palmae)。【包含】世界 1-2 种。【学名诠释与讨论】〈中〉(希)borrassos, 棕榈树的果实+dendron 或 dendros, 树木, 棍, 丛林。【分布】马来半岛。【模式】Borassodendron machadonis (Ridley) Beccari [Borassus machadonis Ridley] ●☆

6947　Borassus L. (1753)【汉】糖棕属(贝叶棕属, 扁叶槟榔属, 扇桐属, 扇椰子属, 扇叶糖棕属, 树头棕属, 树头糖棕属, 糖椰属)。【日】アウギヤシ属, アフギヤシ属, オアギヤシ属, オウギヤシ属。【英】Borassus, Sweetpalm。【隶属】棕榈科 Arecaceae (Palmae) [糖棕科 Borassaceae]。【包含】世界 8-11 种, 中国 1 种。【学名诠释与讨论】〈中〉(希)borrassos, 棕榈树的果实。此属的学名, ING、APNI、TROPICOS 和 IK 记载是"Borassus L. , Sp. Pl. 2:1187. 1753 [1 May 1753]"。"Lontarus Adanson, Fam. 2:25, 572. Jul-Aug 1763"是"Borassus L. (1753)"的晚出的同模式异名(Homotypic synonym, Nomenclatural synonym)。【分布】巴基斯坦, 玻利维亚, 马达加斯加, 中国。【模式】Borassus flabellifer Linnaeus。【参考异名】Lontarus Adans. (1763) Nom. illegit. ; Lontarus Steck ●

6948　Borbasia Gand. = Dianthus L. (1753) [石竹科 Caryophyllaceae] ■

6949　Borbonia Adans. (1763) Nom. illegit. = Ocotea Aubl. (1775) [樟科 Lauraceae] ●☆

6950　Borbonia L. (1753) = Aspalathus L. (1753) [豆科 Fabaceae

（Leguminosae）//芳香木科 Aspalathaceae]●☆

6951 Borbonia Mill.（1754）Nom. illegit. = Persea Mill.（1754）（保留属名）［樟科 Lauraceae]●

6952 Borbonia Plum. ex Adans.（1763）Nom. illegit. = Borbonia Adans.（1763）Nom. illegit. ; ~ =Ocotea Aubl.（1775）［樟科 Lauraceae]●☆

6953 Borboraceae Dulac =Scheuchzeriaceae F. Rudolphi（保留科名）+ Juncaginaceae Rich.（保留科名）+Alismataceae Vent.（保留科名）■

6954 Borboya Raf.（1837）= Hyacinthus L.（1753）［百合科 Liliaceae//风信子科 Hyacinthaceae]■☆

6955 Borckhausenia P. Gaertn., B. Mey. et Scherb.（1801）Nom. illegit. ≡Pseudo-fumaria Medik.（1789）（废弃属名）; ~ = Corydalis DC.（1805）（保留属名）［罂粟科 Papaveraceae//紫堇（荷苞牡丹科）Fumariaceae]■

6956 Borckhausenia Roth（1800）= Teedia Rudolphi（1800）［玄参科 Scrophulariaceae]■●☆

6957 Bordasia Krapov.（2003）【汉】巴拉圭锦葵属。【隶属】锦葵科 Malvaceae。【包含】世界1种。【学名诠释与讨论】〈阴〉（人）Bordas。【分布】巴拉圭。【模式】Bordasia bicornis A. Krapovickas。☆

6958 Borderea Miégev.（1866）【汉】无翅薯蓣属。【隶属】薯蓣科 Dioscoreaceae。【包含】世界2种。【学名诠释与讨论】〈阴〉（人）Henri Bordere，1825-1889，植物学者。据 TROPICOS 和 ING，此属的学名是"Borderea Miégeville, Bull. Soc. Bot. France 13：374. 1866"；IPNI 误记为"Borderea Miégeville, Bull. Soc. Bot. France 13：374. 1868"。亦有文献把"Borderea Miernv.（1866）"处理为"Dioscorea L.（1753）（保留属名）"的异名。【分布】比利牛斯山。【模式】Borderea pyrenaica Miégeville。【参考异名】Borderea Miégev.（1868）Nom. illegit. ;Dioscorea L.（1753）（保留属名）■☆

6959 Borderea Miégev.（1868）Nom. illegit. ≡ Borderea Miégev.（1866）; ~ = Dioscorea L.（1753）（保留属名）［薯蓣科 Dioscoreaceae]■

6960 Borea Meisn.（1840）= Bovea Decne.（1834）; ~ = Lindenbergia Lehm.（1829）［玄参科 Scrophulariaceae]■

6961 Borealluma Plowes（1995）= Caralluma R. Br.（1810）［萝藦科 Asclepiadaceae]■

6962 Boreava Jaub. et Spach（1841）【汉】钩喙荠属（博里花属）。【隶属】十字花科 Brassicaceae（Cruciferae）。【包含】世界2种。【学名诠释与讨论】〈阴〉（人）Alexandre Boreau，1803-1875，法国植物学者。【分布】巴基斯坦，地中海东部。【模式】Boreava orientalis Jaubert et Spach。【参考异名】Boraeva Boiss.（1842）; Martinsia Godr.（1853）■☆

6963 Borellia Neck.（1790）Nom. inval. = Cordia L.（1753）（保留属名）［紫草科 Boraginaceae//破布木科（破布树科）Cordiaceae]●

6964 Boretta Kuntze（1891）Nom. illegit. ≡ Boretta Neck. ex Kuntze（1891）; ~ ≡ Boretta Neck. ex Baill.（1891）Nom. illegit. ; ~ ≡ Daboecia D. Don（1834）（保留属名）［杜鹃花科（欧石南科）Ericaceae]●☆

6965 Boretta Neck.（1790）Nom. inval. ≡ Boretta Neck. ex Baill.（1891）Nom. illegit. ; ~ = Daboecia D. Don（1834）（保留属名）［杜鹃花科（欧石南科）Ericaceae]●☆

6966 Boretta Neck. ex Baill.（1891）Nom. illegit. ≡ Daboecia D. Don（1834）（保留属名）［杜鹃花科（欧石南科）Ericaceae]●☆

6967 Boretta Neck. ex Kuntze（1891）Nom. illegit. ≡ Boretta Neck. ex Baill.（1891）Nom. illegit. ; ~ = Daboecia D. Don（1834）（保留属名）［杜鹃花科（欧石南科）Ericaceae]●☆

6968 Borinda Stapleton（1994）【汉】北方箭竹属（北风箭竹属）。【隶属】禾本科 Poaceae（Gramineae）。【包含】世界8种。【学名诠释

与讨论】〈阴〉词源不详。此属的学名是"Borinda C. M. A. Stapleton，Edinburgh J. Bot. 51：284. 7 Sep 1994"。亦有文献把其处理为"Fargesia Franch.（1893）"的异名。【分布】参见 Fargesia Franch。【模式】Borinda macclureana（N. L. Bor）C. M. A. Stapleton［Arundinaria macclureana N. L. Bor］。【参考异名】Fargesia Franch.（1893）■☆

6969 Boriskellera Terechov（1938）= Eragrostis Wolf（1776）［禾本科 Poaceae（Gramineae）]■

6970 Borismene Barneby（1972）【汉】月牛藤属。【隶属】防己科 Menispermaceae。【包含】世界1种。【学名诠释与讨论】〈阴〉（人）Boris Alexander Krukoff，1898-1983，俄罗斯出生的美国植物学者。【分布】巴西，秘鲁，哥伦比亚，委内瑞拉。【模式】Borismene japurensis（C. F. P. Martius）R. C. Barneby［Cocculus japurensis C. F. P. Martius］●☆

6971 Borissa Raf.（1821）Nom. inval. ≡Borissa Raf. ex Steud.（1840）; ~ ≡ Asterolinon Hoffmanns. et Link（1820）; ~ = Lysimachia L.（1753）［报春花科 Primulaceae//珍珠菜科 Lysimachiaceae//紫金牛科 Myrsinaceae]■☆

6972 Borissa Raf. ex Steud.（1840）Nom. illegit. ≡ Asterolinon Hoffmanns. et Link（1820）; ~ = Lysimachia L.（1753）［报春花科 Primulaceae//珍珠菜科 Lysimachiaceae//紫金牛科 Myrsinaceae]■☆

6973 Borith Adans.（1763）Nom. illegit. ≡ Anabasis L.（1753）［藜科 Chenopodiaceae]■●

6974 Borkhausia Nutt.（1818）= Barkhausia Moench（1794）; ~ =Crepis L.（1753）［菊科 Asteraceae（Compositae）]■

6975 Borkonstia Ignatov（1983）Nom. illegit. ≡ Rhinactinidia Novopokr.（1948）; ~ =Aster L.（1753）［菊科 Asteraceae（Compositae）]●■

6976 Bormiera Post et Kuntze（1903）= Bonniera Cordem.（1899）［兰科 Orchidaceae]■☆

6977 Borneacanthus Bremek.（1960）【汉】婆罗刺属。【隶属】爵床科 Acanthaceae。【包含】世界6种。【学名诠释与讨论】〈阳〉（地）Borneo，加里曼丹岛（婆罗洲）+akantha，荆棘。akanthikos，荆棘的。akanthion，蓟的一种，豪猪，刺猬。akanthinos，多刺的，用荆棘做成的。在植物描述中 acantha 通常指刺。【分布】加里曼丹岛。【模式】Borneacanthus grandifolius Bremekamp。●■☆

6978 Borneodendron Airy Shaw（1963）【汉】三数大戟属。【隶属】大戟科 Euphorbiaceae。【包含】世界1种。【学名诠释与讨论】〈中〉（地）Borneo，加里曼丹岛（婆罗洲）+dendron 或 dendros，树木，棍，丛林。【分布】加里曼丹岛。【模式】Borneodendron aenigmaticum Airy Shaw。●☆

6979 Borneosicyos W. J. de Wilde（1998）【汉】加岛瓜属。【隶属】葫芦科（瓜科，南瓜科）Cucurbitaceae。【包含】世界1种。【学名诠释与讨论】〈阳〉（地）Borneo，加里曼丹岛（婆罗洲）+（属）Sicyos 刺瓜藤属。【分布】加里曼丹岛。【模式】B Borneosicyos. simplex W. J. J. O. de Wilde。●☆

6980 Bornmuellera Hausskn.（1897）【汉】岩园荠属。【隶属】十字花科 Brassicaceae（Cruciferae）。【包含】世界6-7种。【学名诠释与讨论】〈阴〉（人）Joseph Friedrich Nicolaus Bornmüller，1862-1948，德国植物学者。【分布】阿尔巴尼亚，前南斯拉夫，希腊，安纳托利亚。【模式】Bornmuellera tymphaea（Haussknecht）Haussknecht［Vesicaria tymphaea Haussknecht］■●☆

6981 Bornmuellerantha Rothm.（1943）【汉】博恩列当属。【隶属】玄参科 Scrophulariaceae//列当科 Orobanchaceae。【包含】世界1种。【学名诠释与讨论】〈阴〉（人）Joseph Friedrich Nicolaus Bornmüller，1862-1948，德国植物学者+anthos，花。antheros，多花的。antheo，开花。此属的学名是"Bornmuellerantha Rothmaler, Mitth. Thüring. Bot. Vereins ser. 2. 50：226. 1943"。亦有文献把其

处理为"Odontites Ludw.（1757）"的异名。【分布】希腊。【模式】Bornmuellerantha aucheri（Boissier）Rothmaler［Odontites aucheri Boissier］。【参考异名】Odontites Ludw.（1757）■☆

6982 Bornoa O. F. Cook（1939）= Attalea Kunth（1816）［棕榈科 Arecaceae（Palmae）］●☆

6983 Borodinia N. Busch（1921）【汉】贝加尔芥属。【俄】Бородиния。【隶属】十字花科 Brassicaceae（Cruciferae）。【包含】世界 1 种。【学名诠释与讨论】〈阴〉（人）Borodin。【分布】东西伯利亚。【模式】Borodinia baicalensis Busch。☆

6984 Borodiniopsis D. A. German, M. Koch, R. Karl et Al-Shehbaz（2012）【汉】贺兰山芥属。【隶属】十字花科 Brassicaceae（Cruciferae）。【包含】世界 1 种。【学名诠释与讨论】〈阴〉（属）Borodinia 贝加尔芥属+希腊文 opsis，外观，模样。【分布】中国。【模式】Borodiniopsis alaschanica（Maxim.）D. A. German, M. Koch, R. Karl et Al-Shehbaz［Arabis alaschanica Maxim.］☆

6985 Borojoa Cuatrec.（1949）【汉】博罗茜属。【隶属】茜草科 Rubiaceae。【包含】世界 8 种。【学名诠释与讨论】〈阴〉（地）Borojo，博罗霍，位于委内瑞拉。另说来自植物俗名。此属的学名，ING、GCI、TROPICOS 和 IK 记载是"Borojoa Cuatrec., Revista Acad. Colomb. Ci. Exact. 7：474. 1949"。"Borojoa Cuatrec. et Cuatrec. in Acta Agron., Colomb. iii. 93（1953）descr. ampl."修订了属的描述。【分布】巴拿马，秘鲁，玻利维亚，厄瓜多尔，哥伦比亚（安蒂奥基亚），尼加拉瓜，热带美洲，中美洲。【模式】Borojoa patinoi Cuatrecasas。【参考异名】Borojoa Cuatrec. et Cuatrec.（1953）descr. ampl.●☆

6986 Borojoa Cuatrec. et Cuatrec.（1953）descr. ampl. ≡ Borojoa Cuatrec.（1949）［茜草科 Rubiaceae］●☆

6987 Boronella Baill.（1872）【汉】小博龙香木属。【隶属】芸香科 Rutaceae。【包含】世界 4 种。【学名诠释与讨论】〈阴〉（属）Boronia 博龙香木属（宝容木属，香波龙属）+-ellus，-ella，-ellum，加在名词词干后面形成指小式的词尾。或加在人名、属名等后面以组成新属的名称。此属的学名是"Boronella Baillon, Adansonia 10：302. 12 Dec 1872"。亦有文献把其处理为"Boronia Sm.（1798）"的异名。【分布】法属新喀里多尼亚。【模式】Boronella pancheri Baillon。【参考异名】Boronia Sm.（1798）●☆

6988 Boronia Sm.（1798）【汉】博龙香木属（宝容木属，香波龙属）。【日】ボロ－ニア属。【英】Boronia。【隶属】芸香科 Rutaceae//博龙香木科 Boroniaceae。【包含】世界 104 种。【学名诠释与讨论】〈阴〉（人）Francesco Borone，1769-1794，意大利博物学者，植物采集家。【分布】澳大利亚。【模式】未指定。【参考异名】Boronella Baill.（1872）；Cyanothamnus Lindl.（1839）●☆

6989 Boroniaceae J. Agardh（1858）［亦见 Rutaceae Juss.（保留科名）芸香科］【汉】博龙香木科。【包含】世界 1 属 104 种。【分布】澳大利亚。【科名模式】Boronia Sm. ●

6990 Borrachinea Lavy（1830）= Borago L.（1753）［紫草科 Boraginaceae］■☆

6991 Borraginoides Boehm.（1760）（废弃属名）= Trichodesma R. Br.（1810）（保留属名）［紫草科 Boraginaceae］●■

6992 Borraginoides Moench（1794）Nom. illegit.（废弃属名）= Trichodesma R. Br.（1810）（保留属名）［紫草科 Boraginaceae］●■

6993 Borrago Mill.（1754）Nom. illegit. ≡ Borago L.（1753）［紫草科 Boraginaceae］■☆

6994 Borrera Spreng.（1830）Nom. illegit.（废弃属名）= Borreria G. Mey.（1818）（保留属名）；~ = Spermacoce L.（1753）［茜草科 Rubiaceae//繁缕科 Alsinaceae］●■

6995 Borreria G. Mey.（1818）（保留属名）【汉】丰花草属（半丰草属，糙叶丰花草属）。【英】Borreria。【隶属】茜草科 Rubiaceae//繁缕科 Alsinaceae。【包含】世界 150 种，中国 7 种。【学名诠释与讨论】〈阴〉（人）William J. Borrer，1781-1826，英国植物学者。此属的学名"Borreria G. Mey., Prim. Fl. Esseq.：79. Nov 1818"是保留名。相应的废弃属名是地衣的"Borrera Ach., Lichenogr. Universalis：93，496. Apr-Mai 1810"。"Borrera Spreng., Gen. Pl., ed. 9. 1：93. 1830［Sep 1830］= Borreria G. Mey.（1818）（保留属名）= Spermacoce L.（1753）［茜草科 Rubiaceae］"亦应废弃。"Bigelovia K. P. J. Sprengel, Syst. Veg. 1：366，404. 1824（sero）（'1825'）［non J. E. Smith 1819, nec Bigelowia Rafinesque 1817（废弃属名），nec Bigelowia A. P. de Candolle 1836（nom. cons.）]"是"Borreria G. Mey.（1818）（保留属名）"的晚出的同模式异名（Homotypic synonym, Nomenclatural synonym）。亦有文献把"Borreria G. Mey.（1818）（保留属名）"处理为"Spermacoce L.（1753）"的异名。【分布】巴基斯坦，巴拉圭，巴拿马，秘鲁，玻利维亚，厄瓜多尔，哥伦比亚（安蒂奥基亚），马达加斯加，尼加拉瓜，中国，中美洲。【模式】Borreria suaveolens G. F. W. Meyer。【参考异名】Bigelovia Spreng.（1824）Nom. illegit.；Borrera Spreng.（1830）Nom. illegit.（废弃属名）；Octodon Thonn.（1827）；Spermacoce L.（1753）；Tardavel Adans.（1763）（废弃属名）●■

6996 Borrichia Adans.（1763）【汉】滨菊蒿属。【英】Sea Oxeye Daisy。【隶属】菊科 Asteraceae（Compositae）。【包含】世界 2 种。【学名诠释与讨论】〈阴〉（人）Ole Borch（Olaus Borrichius），1626-1690，丹麦植物学者。此属的学名，ING 和 IK 记载是"Adelmannia Rchb., Consp. Regn. Veg.［H. G. L. Reichenbach］110. 1828"。"Adelmannia H. G. L. Reichenbach, Consp. 110. Dec 1828-Mar 1829"和"Diomedea Cassini, Bull. Sci. Soc. Philom. Paris 1817：70. Mai 1817"是"Borrichia Adans.（1763）"的晚出的同模式异名（Homotypic synonym, Nomenclatural synonym）。【分布】秘鲁，西印度群岛，热带美洲，中美洲。【模式】Borrichia frutescens（Linnaeus）A. P. de Candolle［Buphthalmum frutescens Linnaeus］。【参考异名】Adelmannia Rchb.（1828）Nom. illegit.；Diomedea Cass.（1817）Nom. illegit.；Diomedella Cass.（1827）；Diomedia Willis, Nom. inval.；Helicta Cass.（1818）；Trimetra Moc. ex DC.（1838）●■☆

6997 Borsczowia Bunge（1877）【汉】异子蓬属（浆果蓬属）。【俄】Борщовия。【英】Borsczowia。【隶属】藜科 Chenopodiaceae。【包含】世界 1 种，中国 1 种。【学名诠释与讨论】〈阴〉（人），Grigori Grigorievicz Borszczow = Grigori Grigorievicz Borshchow，俄罗斯植物学者。【分布】中国，亚洲中部。【模式】Borscewia aralo-caspica Bunge。【参考异名】Borszczowia Bunge（1879）Nom. illegit. ■

6998 Borszczowia Bunge（1879）Nom. illegit. = Borscewia Bunge（1877）［藜科 Chenopodiaceae］■

6999 Borthwickia W. W. Sm.（1912）【汉】节蒴木属。【日】オニク属。【英】Borthwickia。【隶属】山柑科（白花菜科，醉蝶花科）Capparaceae//节蒴木科 Borthwickiaceae。【包含】世界 1 种，中国 1 种。【学名诠释与讨论】〈阴〉（人）Borthwick。【分布】缅甸，中国。【模式】Borthwickia trifoliata W. W. Smith。●

7000 Borthwickiaceae J. X. Su, Wei Wang, Li Bing Zhang et Z. D. Chen（2012）【汉】节蒴木科。【科名模式】Borthwickia W. W. Sm. ●

7001 Bortyodendraceae J. Agarth = Araliaceae Juss.（保留科名）●■

7002 Borya Labill.（1805）【汉】耐旱草属。【隶属】吊兰科（猴面包科，猴面包树科）Anthericaceae//耐旱草科 Boryaceae//百合科 Liliaceae。【包含】世界 10-11 种。【学名诠释与讨论】〈阴〉（人）Jean Baptiste Georges Geneviève Marcellin Bory de Saint-Vincent，1778-1846，法国博物学者。此属的学名，ING、APNI、TROPICOS 和 IK 记载是"Borya Labill., Novae Hollandiae Plantarum Specimen 1 1805"。木犀榄科（木犀科）Oleaceae 的"Borya Willd., Sp. Pl.， ed. 4［Willdenow］4（2）：711. 1806［Apr 1806］≡ Adelia L.（1759）（保留属名）"和马鞭草科 Verbenaceae 的"Borya Montrouz. ex P. Beauv., Ann. Soc. Bot. Lyon 26：68，1901 ≡ Forestiera Poir.（1810）（保留属名）"是晚出的非法名称。"Baumgartenia K. P. J. Sprengel, Anleit. ed. 2. 1：228. 13 Apr 1817"是"Borya Labill.（1805）"的晚出的同模式异名（Homotypic synonym, Nomenclatural synonym）。【分布】澳大利亚（西部）。【模式】Borya nitida Labillardière。【参考异名】Baumgartenia Spreng.（1817）Nom. illegit.；Daviesia Poir.（1817）Nom. illegit.；Daviesiu Poir.（1817）Nom. illegit. ■☆

7003 Borya Montrouz. ex P. Beauv.（1901）Nom. illegit. = Oxera Labill.（1824）［马鞭草科 Verbenaceae//唇形科 Lamiaceae（Labiatae）］●☆

7004 Borya Willd.（1806）Nom. illegit. ≡ Forestiera Poir.（1810）（保留属名）［木犀榄科（木犀科）Oleaceae］●☆

7005 Boryaceae M. W. Chase, Rudall et Conran（1996）Nom. inval. = Boryaceae Rudall, M. W. Chase et Conran（1997）■☆

7006 Boryaceae Rudall, M. W. Chase et Conran（1997）【汉】耐旱草科（澳韭草科）。【包含】世界 1-2 属 3-12 种。【分布】澳大利亚西部。【科名模式】Borya Labill. ■☆

7007 Boryangraecum（Schltr.）Szlach., Mytnik et Grochocka（2013）【汉】耐旱草属。【隶属】兰科 Orchidaceae。【包含】世界 13 种。【学名诠释与讨论】〈阴〉（属）Borya 耐旱草属+（属）Angraecum 风兰属（安顾兰属，茶兰属，大彗星兰属，武夷兰属）。此属的学名是"Boryangraecum（Schltr.）Szlach., Mytnik et Grochocka, Biodivers. Res. Conservation 29：12. 2013［31 Mar 2013］"，由"Angraecum sect. Boryangraecum Schltr. Repert. Spec. Nov. Regni Veg. Beih. 33：308. 1925"改级而来。【分布】不详。【模式】不详。【参考异名】Angraecum sect. Boryangraecum Schltr.（1925）☆

7008 Borzicactella（Johnson）F. Ritter（1981）Nom. illegit. ≡ Borzicactella Johnson ex F. Ritter（1981）Nom. illegit.；~ = Cleistocactus Lem.（1861）［仙人掌科 Cactaceae］●■☆

7009 Borzicactella F. Ritter（1981）Nom. illegit. ≡ Borzicactella Johnson ex F. Ritter（1981）Nom. illegit.；~ = Cleistocactus Lem.（1861）［仙人掌科 Cactaceae］●■☆

7010 Borzicactella Johnson ex F. Ritter（1981）Nom. illegit. = Borzicactus Riccob.（1909）；~ = Cleistocactus Lem.（1861）［仙人掌科 Cactaceae］●■☆

7011 Borzicactella Johnson（1981）Nom. illegit. ≡ Borzicactella Johnson ex F. Ritter（1981）Nom. illegit.；~ = Borzicactus Riccob.（1909）；~ = Cleistocactus Lem.（1861）［仙人掌科 Cactaceae］●■☆

7012 Borzicactus Riccob.（1909）【汉】花冠柱属。【隶属】仙人掌科 Cactaceae。【包含】世界 10-17 种。【学名诠释与讨论】〈阴〉（人）Antonio Borzi, 1852-1921，意大利植物学者，曾任意大利某植物园园长+cactos，有刺的植物，通常指仙人掌科 Cactaceae 植物。此属的学名，ING、TROPICOS 和 IK 记载是"Borzicactus Riccob., Boll. Reale Orto Bot. Palermo 8：261. 1909"。"Borzicereus A. V. Frič et K. Kreuzinger in K. Kreuzinger, Verzeichnis Amer. Sukk. Revision Syst. Kakteen 39. 30 Apr 1935"是"Borzicactus Riccob.（1909）"的晚出的同模式异名（Homotypic synonym, Nomenclatural synonym）。亦有文献把"Borzicactus Riccob.（1909）"处理为"Cleistocactus Lem.（1861）"的异名。【分布】秘鲁，玻利维亚，厄瓜多尔。【模式】Borzicactus ventimigliae Riccobono。【参考异名】Akeesia Tussac（1808）；Akesia Tussac（1808）Nom. illegit.；Arequipa Bntton et Rose（1922）；Arequipiopsis Kreuz. et Buining（1941）；Binghamia Backeb.；Bolivicereus Cárdenas（1951）；Bolvicereus Cardenas；Borzicactella Johnson（1981）Nom. illegit.；Borzicereus Frič et Kreuz.（1935）Nom. illegit.；Cleistocactus

Lem.（1861）；Clistanthocereus Backeb.（1937）；Loxanthocereus Backeb.（1937）；Maritimocereus Akers et Buining（1950）；Maritimocereus Akers（1950）Nom. illegit.；Matucana Britton et Rose（1922）；Morawetzia Backeb.（1936）；Oreocereus（A. Berger）Riccob.（1909）；Pseudoechinocereus Buining, Nom. inval.；Seticereus Backeb.（1937）；Submatucana Backeb.（1959）■☆

7013 Borzicereus Frič et Kreuz.（1935）Nom. illegit. ≡ Borzicactus Riccob.（1909）；~ = Cleistocactus Lem.（1861）［仙人掌科 Cactaceae］■☆

7014 Bosca Vell.（1829）= Daphnopsis Mart.（1824）［瑞香科 Thymelaeaceae］●☆

7015 Boscheria Carrièos（1872）= Bosscheria de Vriese et Teijsm.（1861）；~ = Ficus L.（1753）［桑科 Moraceae］●

7016 Boschia Korth.（1844）【汉】博什木棉属。【隶属】木棉科 Bombacaceae//锦葵科 Malvaceae。【包含】世界 6 种。【学名诠释与讨论】〈中〉（人）J. van den Bosch, 1780-1844，荷兰东印度群岛总督。此属的学名，ING、TROPICOS 和 IK 记载是"Boschia Korth., Verh. Nat. Gesch. Ned. Bezitt., Bot. 257. t. 69（1842）. 1844［15 Feb 1844］"。苔藓的"Boschia Montagne, Ann. Sci. Nat. Bot. ser. 4. 5：351. Jun 1856"是晚出的非法名称。亦有文献把"Boschia Korth.（1844）"处理为"Durio Adans.（1763）"的异名。【分布】参见 Durio Adans.。【模式】Boschia excelsa P. W. Korthals。【参考异名】Durio Adans.（1763）；Heteropyxis Griff.（1854）（废弃属名）●☆

7017 Boschniakia C. A. Mey.（1832）Nom. illegit. ≡ Boschniakia C. A. Mey. ex Bong.（1832）［列当科 Orobanchaceae//玄参科 Scrophulariaceae］■

7018 Boschniakia C. A. Mey. ex Bong.（1832）【汉】草苁蓉属。【日】オニク属。【俄】Бошниакиа，Бошнякиа。【英】Boschniakia, Cistancheherb。【隶属】列当科 Orobanchaceae//玄参科 Scrophulariaceae。【包含】世界 2-4 种，中国 2 种。【学名诠释与讨论】〈阴〉（人）Alexander Karlovich Boschniak, 1786-1831，俄罗斯植物学者。此属的学名，ING、GCI、TROPICOS 和 IK 记载是"Boschniakia C. A. Meyer ex Bongard, Mém. Acad. Imp. Sci. St. - Pétersbourg, Sér. 6, Sci. Math. 2：159. Aug 1832"。"Boschniakia C. A. Mey.（1832）"的命名人引证有误。【分布】中国，俄罗斯亚洲至日本和北美洲西北部，极地。【模式】Boschniakia glabra C. A. Meyer ex Bongard, Nom. illegit.［Orobanche rossica Chamisso et Schlechtendal；Boschniakia rossica（Chamisso et Schlechtendal）B. A. Fedtschenko］。【参考异名】Boschniakia C. A. Mey.（1832）Nom. illegit.；Stellara Fisch. ex Reut.（1847）；Xylanche Beck（1890）■

7019 Boscia Lam.（1793）（废弃属名）≡ Boscia Lam. ex J. St. -Hil.（1805）（保留属名）［山柑科 Capparaceae//白花菜科 Cleomaceae］■☆

7020 Boscia Lam.（1804）Nom. illegit.（废弃属名）≡ Boscia Lam. ex J. St. -Hil.（1805）（保留属名）［山柑科 Capparaceae//白花菜科 Cleomaceae］■☆

7021 Boscia Lam. ex J. St. -Hil.（1805）（保留属名）【汉】非洲白花菜属。【隶属】山柑科（白花菜科，醉蝶花科）Capparaceae//白花菜科（醉蝶花科）Cleomaceae。【包含】世界 30-37 种。【学名诠释与讨论】〈阴〉（人）Louis Auguste（Augustin）Guil-laume Bosc（olim Bosc d'Antic or Dantic），1759-1828，法国博物学者。此属的学名"Boscia Lam. ex J. St. - Hil., Expos. Fam. Nat. 2：3. Feb - Apr 1805"是保留属名。相应的废弃属名是芸香科 Rutaceae 的"Boscia Thunb., Prodr. Pl. Cap.：［x］, 32. 1794 ≡ Asaphes DC."。山柑科（白花菜科，醉蝶花科）Capparaceae 的"Boscia Lamarck,

Tabl. Encycl. Meth. , Bot. t. 395. 11 Feb 1793 ≡ Boscia Lam. ex J. St. -Hil. （1805）（保留属名）"、"Boscia Steud. , Nomenclator Botanicus. Editio secunda 1：219. 1840"、"Boscia Steud. , Nomenclator Botanicus. Editio secunda 1：219. 1840. （early Aug 1840）（Nomencl. Bot. （ed. 2））"和"Boscia Lam. , Tabl. Encycl. t. 395（1804?）≡ Boscia Lam. ex J. St. -Hil. （1805）（保留属名）"亦应废弃。"Podoria Persoon, Syn. Pl. 2：5. Nov 1806（'1807'）"是"Boscia Lam. ex J. St. -Hil. （1805）（保留属名）"的晚出的同模式异名（Homotypic synonym, Nomenclatural synonym）。【分布】马达加斯加, 热带和非洲南部。【模式】Boscia senegalensis （Pers.） Lam. ［Podoria senegalensis Pers.］。【参考异名】Boscia Lam. （1793）（废弃属名）; Boscia Lam. （1804）Nom. illegit. （废弃属名）; Hypselandra Pax et K. Hoffm. （1936）; Meeboldia Pax et K. Hoffm. （1936）; Podoria Pers. （1806）Nom. illegit. ; Podoriocarpus Lam. ex Pers. ■☆

7022 Boscia Steud. （1840）Nom. illegit. （废弃属名）［山柑科 Capparaceae//白花菜科 Cleomaceae］■☆

7023 Boscia Thunb. （1794）（废弃属名）≡ Asaphes DC. （1825）［芸香科 Rutaceae//飞龙掌血科 Toddaliaceae］●☆

7024 Bosciopsis B. C. Sun（1964）= Hypselandra Pax et K. Hoffm. （1936）［山柑科 Capparaceae//白花菜科 Cleomaceae］■☆

7025 Boscoa Post et Kuntze（1903）= Bosca Vell. （1829）; ~ = Daphnopsis Mart. （1824）［瑞香科 Thymelaeaceae］●☆

7026 Bosea L. （1753）【汉】木苋属（浆苋藤属）。【隶属】苋科 Amaranthaceae。【包含】世界 3 种。【学名诠释与讨论】〈阴〉（人）Bose, 植物学者。此属的学名, ING 和 IK 记载是"Bosea L. , Sp. Pl. 1：225. 1753［1 May 1753］"。化石植物的"Bosea S. C. Srivastava, Palaeobotanist 22：19. Mai 1975"是晚出的非法名称。"Yervamora O. Kuntze, Rev. Gen. 2：545. 5 Nov 1891"是"Bosea L. （1753）"的晚出的同模式异名（Homotypic synonym, Nomenclatural synonym）。【分布】西班牙（加那利群岛）, 塞浦路斯, 印度。【模式】Bosea yervamora Linnaeus。【参考异名】Bosia Mill. （1754）Nom. illegit. ; Bozea Raf. ; Rodetia Moq. （1849）; Yervamora Kuntze（1891）Nom. illegit. ; Yervamora Ludw. （1737）Nom. inval. ; Yervamora Ludw. ex Kuntze（1891）Nom. illegit. ●☆

7027 Bosia Mill. （1754）Nom. illegit. = Bosea L. （1753）［苋科 Amaranthaceae］●☆

7028 Bosistoa F. Muell. （1863）【汉】巴博芸香属。【隶属】芸香科 Rutaceae。【包含】世界 7 种。【学名诠释与讨论】〈阴〉（人）Joseph Bosisto, 1827-1898, 英国植物学者。此属的学名, ING 和 IK 记载是"Bosistoa F. v. Mueller ex Bentham, Fl. Austral. 1：359. 30 Mai 1863"。APNI 和 TROPICOS 则记载为"Bosistoa F. Muell. , in Benth. Flora Australiensis 1 1863"。【分布】澳大利亚（东部）。【模式】Bosistoa sapindiformis F. v. Mueller ex Bentham, Nom. illegit. ［Euodia pentacocca F. v. Mueller; Bosista pentacocca （F. v. Mueller） Baillon］。【参考异名】Bosistoa F. Muell. ex Benth. （1863）Nom. illegit. ; Pagetia F. Muell. （1866）●☆

7029 Bosistoa F. Muell. ex Benth. （1863）Nom. illegit. ≡ Bosistoa F. Muell. （1863）［芸香科 Rutaceae］●☆

7030 Bosleria A. Nelson（1905）= Solanum L. （1753）［茄科 Solanaceae］●■

7031 Bosqueia Thouars ex Baill. （1863）【汉】热非桑属（鳞叶桑属）。【隶属】桑科 Moraceae。【包含】世界 15 种。【学名诠释与讨论】〈阴〉词源不详。此属的学名, ING、TROPICOS 和 IK 记载是"Bosqueia Du Petit - Thouars ex Baillon, Adansonia 3：338. Jul 1863"。"Bosqueia Thouars（1863）"的命名人引证有误。亦有文献把"Bosqueia Thouars ex Baill. （1863）"处理为"Trilepisium

Thouars（1806）"的异名。【分布】马达加斯加, 热带非洲。【后选模式】Bosqueia thouarsiana Baillon。【参考异名】Bosqueia Thouars（1863）Nom. illegit. ; Bosquiea B. D. Jacks. ; Centrogyne Welw. ex Benth. et Hook. f. （1880）; Pontya A. Chev. （1909）; Trilepisium Thouars（1806）●☆

7032 Bosqueia Thouars（1863）Nom. illegit. ≡ Bosqueia Thouars ex Baill. （1863）［桑科 Moraceae］●☆

7033 Bosqueiopsis De Wild. et T. Durand（1901）【汉】拟热非桑属（假鳞桑属）。【隶属】桑科 Moraceae。【包含】世界 1 种。【学名诠释与讨论】〈阴〉（属）Bosqueia 热非桑属+希腊文 opsis, 外观, 模样, 相似。【分布】热带非洲。【模式】Bosqueiopsis gilletii E. De Wildeman et T. Durand。●☆

7034 Bosquiea B. D. Jacks. =Bosqueia Thouars ex Baill. （1863）［桑科 Moraceae］●☆

7035 Bosscheria de Vriese et Teijsm. （1861）= Ficus L. （1753）［桑科 Moraceae］●

7036 Bossea （DC.）Rchb. （1841）Nom. illegit. ≡ Cynosbata （DC.）Rchb. （1837）［牻牛儿苗科 Geraniaceae］●■

7037 Bossea Rchb. （1841）Nom. illegit. ≡ Bossea （DC.）Rchb. （1841）Nom. illegit. ; ~ = Cynosbata （DC.）Rchb. （1837）［牻牛儿苗科 Geraniaceae］●■

7038 Bossekia Neck. （1790）Nom. inval. ≡ Bossekia Neck. ex Greene（1906）; ~ ≡ Rubacer Rydb. （1903）; ~ = Rubus L. （1753）［蔷薇科 Rosaceae］●

7039 Bossekia Neck. ex Greene（1906）Nom. illegit. ≡ Rubacer Rydb. （1903）; ~ = Rubus L. （1753）［蔷薇科 Rosaceae］■

7040 Bossekia Raf. =Waldsteinia Willd. （1799）［蔷薇科 Rosaceae］■

7041 Bossera Léandri（1962）= Alchornea Sw. （1788）［大戟科 Euphorbiaceae］●

7042 Bossiaea Vent. （1800）【汉】波思豆属（扁豆木属, 澳扁豆木属）。【隶属】豆科 Fabaceae（Leguminosae）。【包含】世界 40-50 种。【学名诠释与讨论】〈阴〉（人）Boissieu de la Martiniere, 法国旅行家。此属的学名"Bossiaea Vent. , Descr. Pl. Nouv. ：ad t. 7. 1 Mai 1753"是保留属名。相应的废弃属名是豆科 Fabaceae 的"Platylobium Sm. , Spec. Bot. New Holland 1：17. 15 Oct 1793 = Bossiaea Vent. （1800）"。【分布】澳大利亚。【模式】Bossiaea heterophylla Ventenat。【参考异名】Boisalaea Lem. ; Boissiaea Lem. （1842）; Bossiena B. D. Jacks. （1807）; Cheilococca Salisb. （1793）Nom. illegit. ; Cheilococca Salisb. ex Sm. （1793）; Cristonia J. H. Ross（2001）; Lalage Lindl. （1834）; Platylobium Sm. （1793）（废弃属名）; Scottea DC. （1825）; Scottia R. Br. （1812）Nom. illegit. ; Scottia R. Br. ex Aiton（1812）●☆

7043 Bossiena B. D. Jacks. （1807）= Bossiaea Vent. （1800）［豆科 Fabaceae（Leguminosae）］●☆

7044 Bostrychanthera Benth. （1876）【汉】毛药花属（环药花属）。【英】Bostrychanthera。【隶属】唇形科 Lamiaceae（Labiatae）。【包含】世界 2 种, 中国 2 种。【学名诠释与讨论】〈阴〉（希）bostrychos, 卷曲物+anthera, 花药。指花药扭曲成球状。【分布】中国。【模式】Bostrychanthera deflexa Bentham。■★

7045 Bostrychode （Miq.）O. Berg（1859）= Syzygium P. Browne ex Gaertn. （1788）（保留属名）［桃金娘科 Myrtaceae］●

7046 Bostrychode Miq. ex O. Berg（1859）Nom. illegit. ≡ Bostrychode （Miq.）O. Berg（1859）; ~ =Syzygium P. Browne ex Gaertn. （1788）（保留属名）［桃金娘科 Myrtaceae］●

7047 Boswellia Roxb. , Nom. illegit. ≡ Boswellia Roxb. ex Colebr. （1807）［橄榄科 Burseraceae］●☆

7048 Boswellia Roxb. ex Colebr. （1807）【汉】乳香树属。【英】

Frankincense，Incense，Incense Tree，Incense‐tree，Olibanum。【隶属】橄榄科 Burseraceae。【包含】世界 19-25 种。【学名诠释与讨论】〈阴〉（人）John Boswell，1710-1780，1822-1888，英国植物学者。此属的学名，ING、TROPICOS 和 IK 记载是 "Boswellia Roxburgh ex Colebrooke，Asiat. Res. 9：379. 1807"。"Boswellia Roxb. ≡ Boswellia Roxb. ex Colebr.（1807）" 的命名人引证有误。"Libanotus Stackhouse，De Libanoto 13. 1814" 是 "Boswellia Roxb. ex Colebr.（1807）" 的晚出的同模式异名（Homotypic synonym，Nomenclatural synonym）。【分布】马达加斯加，热带非洲，热带亚洲。【模式】Boswellia serrata Roxburgh ex Colebrooke。【参考异名】Boswellia Roxb.，Nom. illegit.；Libanotus Stackh.（1814）Nom. illegit.；Libanus Colebr.（1807）；Ploesslia Endl.（1839）●☆

7049 Botelua Hornem. ex P. Beauv.（1812）（废弃属名）≡ Atheropogon Muhlenb. ex Willd.（1806）［禾本科 Poaceae（Gramineae）］■

7050 Botelua Lag.（1805）Nom. illegit.（废弃属名）= Bouteloua Lag.（1805）［as 'Botelua'］（保留属名）［禾本科 Poaceae（Gramineae）］■

7051 Botherbe Steud. ex Klatt（1862）= Calydorea Herb.（1843）［鸢尾科 Iridaceae］■☆

7052 Bothriochilus Lem.（1856）= Coelia Lindl.（1830）［兰科 Orchidaceae］■☆

7053 Bothriochloa Kuntze（1891）【汉】孔颖草属（白羊草属，臭根子草属）。【日】ボスリオキラス属，モンツキガヤ属。【俄】Бородач。【英】Bothriochloa，Holeglumegrass。【隶属】禾本科 Poaceae（Gramineae）。【包含】世界 30-36 种，中国 3-8 种。【学名诠释与讨论】〈阴〉（希）bothrion，小孔，小坑+chloe，草的幼芽，嫩草，禾草。指第一颖具细凹孔。【分布】巴基斯坦，巴拿马，秘鲁，玻利维亚，厄瓜多尔，哥伦比亚（安蒂奥基亚），哥斯达黎加，马达加斯加，美国（密苏里），尼加拉瓜，中国，热带，中美洲。【模式】Bothriochloa anamitica O. Kuntze。【参考异名】Amphilophis Nash（1901）Nom. illegit.；Gymnandropogon（Nees）Duthie（1878）Nom. illegit.；Gymnandropogon（Nees）Munro ex Duthie（1878）Nom. illegit.；Gymnandropogon Duthie（1878）■

7054 Bothriocline Oliv. ex Benth.（1873）【汉】宽肋瘦片菊属。【隶属】菊科 Asteraceae（Compositae）。【包含】世界 30 种。【学名诠释与讨论】〈阴〉（希）bothrion，小孔，小坑+kline，床，来自 klino，倾斜，斜倚。【分布】马达加斯加，热带非洲。【模式】Bothriocline schimperi D. Oliver et Hiern ex Bentham。【参考异名】Volkensia O. Hoffm.（1894）Nom. illegit.■☆

7055 Bothriopodium Rizzini（1950）Nom. illegit. ≡ Urbanolophium Melch.（1927）［紫葳科 Bignoniaceae］●☆

7056 Bothriospermum Bunge（1833）【汉】斑种草属（细梗子草属）。【日】ハナイバナ属。【俄】Кистесемянник。【英】Bothriospermum，Spotseed。【隶属】紫草科 Boraginaceae。【包含】世界 5-6 种，中国 5-6 种。【学名诠释与讨论】〈中〉（希）bothrion，小孔，小坑+sperma，所有格 spermatos，种子，孢子。指种子具小孔。【分布】巴基斯坦，中国，热带和亚洲东北部。【模式】Bothriospermum chinense Bunge。■

7057 Bothriospora Hook. f.（1870）【汉】孔子茜属。【隶属】茜草科 Rubiaceae。【包含】世界 1 种。【学名诠释与讨论】〈阴〉（希）bothrion，小孔，小坑+spora，孢子，种子。【分布】秘鲁，厄瓜多尔，热带美洲。【模式】Bothriospora corymbosa（Bentham）J. D. Hooker［Evosmia corymbosa Bentham］☆

7058 Bothrocaryum（Koehne）Pojark.（1950）【汉】灯台树属。【俄】Ботрокариум。【英】Bothrocaryum，Lampstandtree。【隶属】山茱萸科 Cornaceae。【包含】世界 2 种，中国 1 种。【学名诠释与讨论】〈中〉（希）bothrion，小孔，小坑+karyon，胡桃，硬壳果，核，坚

果。此属的学名，ING、GCI 和 IK 记载是 "Bothrocaryum（E. Koehne）Pojarkova，Bot. Mater. Gerb. Bot. Inst. Komarova Akad. Nauk SSSR 12：169. 1950（post 25 Feb）"，由 "Cornus subsect. Bothrocaryum E. Koehne，Gartenflora 45：285 1896" 改级而来。亦有文献把 "Bothrocaryum（Koehne）Pojark.（1950）" 处理为 "Cornus L.（1753）" 的异名。【分布】中国，喜马拉雅山至亚洲东北部。【模式】Bothrocaryum controversum（Hemsley）Pojarkova［Cornus controversa Hemsley］。【参考异名】Cornus L.（1753）；Cornus subsect. Bothrocaryum Koehne（1896）●

7059 Botor Adans.（1763）（废弃属名）≡ Psophocarpus Neck. ex DC.（1825）（保留属名）［豆科 Fabaceae（Leguminosae）//蝶形花科 Papilionaceae］■

7060 Botria Lour.（1790）（废弃属名）= Ampelocissus Planch.（1884）（保留属名）［葡萄科 Vitaceae］●

7061 Botrophis Raf.（1835）Nom. illegit. iMegotrys Raf.（1818）；~ = Cimicifuga Wernisch.（1763）［毛茛科 Ranunculaceae］●■

7062 Botrya Juss.（1817）= Ampelocissus Planch.（1884）（保留属名）［葡萄科 Vitaceae］●

7063 Botryadenia Fisch. et C. A. Mey.（1835）= Myriactis Less.（1831）［菊科 Asteraceae（Compositae）］■

7064 Botryanthe Klotzsch（1841）= Fragariopsis A. St.‐Hil.（1840）；~ = Plukenetia L.（1753）［大戟科 Euphorbiaceae］●☆

7065 Botryanthus Kunth（1843）Nom. illegit. ≡ Muscari Mill.（1754）［百合科 Liliaceae//风信子科 Hyacinthaceae］■☆

7066 Botryarrhena Ducke（1932）【汉】串雄茜属。【隶属】茜草科 Rubiaceae。【包含】世界 2 种。【学名诠释与讨论】〈阴〉（希）botrys，一串葡萄，总状花序+arrhena，所有格 ayrhenos，雄的。【分布】巴西，秘鲁。【模式】Botryarrhena pendula Ducke。☆

7067 Botrycarpum（A. Rich.）Opiz，Nom. illegit. = Botrycarpum A. Rich.（1823）；~ = Ribes L.（1753）［虎耳草科 Saxifragaceae/醋栗科（茶藨子科）Grossulariaceae］●

7068 Botrycarpum A. Rich.（1823）= Ribes L.（1753）［虎耳草科 Saxifragaceae//醋栗科（茶藨子科）Grossulariaceae］●

7069 Botryceras Willd.（1811）= Laurophyllus Thunb.（1792）［漆树科 Anacardiaceae］●☆

7070 Botryocomus Fourr.（1869）Nom. illegit. ≡ Leopoldia Parl.（1845）（保留属名）；~ = Muscari Mill.（1754）［百合科 Liliaceae//风信子科 Hyacinthaceae］■☆

7071 Botrydendrum Post et Kuntze（1903）= Botryodendrum Endl.（1833）；~ = Meryta J. R. Forst. et G. Forst.（1775）［五加科 Araliaceae］●☆

7072 Botrydium Spach（1836）Nom. illegit. uNeobotrydium Moldenke（1946）；~ = Chenopodium L.（1753）［藜科 Chenopodiaceae］■●

7073 Botrylotus Post et Kuntze（1903）= Botryolotus Jaub. et Spach（1843）；~ = Trigonella L.（1753）［豆科 Fabaceae（Leguminosae）//蝶形花科 Papilionaceae］■☆

7074 Botrymorus Miq.（1859）= Pipturus Wedd.（1854）［荨麻科 Urticaceae］●

7075 Botryocarpium（A. Rich.）Spach（1838）= Ribes L.（1753）［虎耳草科 Saxifragaceae//醋栗科（茶藨子科）Grossulariaceae］●

7076 Botryocarpium Spach（1838）Nom. illegit. ≡ Botryocarpium（A. Rich.）Spach（1838）；~ = Ribes L.（1753）［虎耳草科 Saxifragaceae//醋栗科（茶藨子科）Grossulariaceae］●

7077 Botryocytinus（Baker f.）Watan.（1936）= Cytinus L.（1764）（保留属名）［大花草科 Rafflesiaceae］■☆

7078 Botryodendraceae J. Agardh（1858）= Araliaceae Juss.（保留科名）●■

7079 Botryodendrum Endl. (1833) = Meryta J. R. Forst. et G. Forst. (1775)［五加科 Araliaceae］●☆

7080 Botryoides Wolf(1776) Nom. illegit. ≡ Muscari Mill. (1754)［百合科 Liliaceae//风信子科 Hyacinthaceae］■☆

7081 Botryoloranthus(Engl. et K. Krause) Balle (1954)【汉】总状桑寄生属。【隶属】桑寄生科 Loranthaceae。【包含】世界1种。【学名诠释与讨论】〈阳〉（希）botrys，一串葡萄，总状花序＋Loranthus 桑寄生属。此属的学名，ING 和 IK 记载是"Botryoloranthus (Engler et K. Krause) Balle, Bull. Séances Inst. Roy. Colon. Belge 25：1622. 1954(post 20 Dec)"，由"Loranthus sect. Botryoloranthus Engler et K. Krause, Bot. Jahrb. Syst. 51：461. 16 Jun 1914"改级而来。亦有文献把"Botryoloranthus (Engl. et K. Krause) Balle (1954)"处理为"Oedina Tiegh. (1895)"的异名。【分布】热带非洲东部。【模式】Botryoloranthus pendens (Engler et K. Krause) Balle ［Loranthus pendens Engler et K. Krause］。【参考异名】Loranthus sect. Botryoloranthus Engl. et K. Krause(1914)；Oedina Tiegh. (1895)●☆

7082 Botryolotus Jaub. et Spach (1843) = Trigonella L. (1753)［豆科 Fabaceae(Leguminosae)//蝶形花科 Papilionaceae］■

7083 Botryomeryta R. Vig. (1910-1913) = Meryta J. R. Forst. et G. Forst. (1775)［五加科 Araliaceae］●☆

7084 Botryopanax Miq. (1863) = Polyscias J. R. Forst. et G. Forst. (1776)［五加科 Araliaceae］●☆

7085 Botryophora Hook. f. (1888)(保留属名)【汉】总状大戟属。【隶属】大戟科 Euphorbiaceae。【包含】世界1种。【学名诠释与讨论】〈阴〉（希）botrys，一串葡萄，总状花序＋phoros，具有，梗，负载，发现者。指花序在茎的两侧并列腋生。此属的学名"Botryophora Hook. f. , Fl. Brit. India 5：476. Dec 1888"是保留属名。相应的废弃属名是绿藻的"Botryophora Bompard in Hedwigia 6：129. Sep 1867 ≡ Coccocladus Cramer Jul 1887"。大戟科 Euphorbiaceae的"Botryophora Post et Kuntze(1903) Nom. illegit. = Botryophora Hook. f. (1888)(保留属名)"亦应废弃。【分布】缅甸，印度尼西亚（苏门答腊岛，爪哇岛），泰国，加里曼丹岛，马来半岛。【模式】Botryophora kingii Hook. f. 。【参考异名】Botryophora Post et Kuntze (1903) Nom. illegit. (废弃属名)；Botryospora B. D. Jacks. (1888) Nom. illegit. ；Botryphora Post et Kuntze(1903) Nom. illegit. ●☆

7086 Botryophora Post et Kuntze (1903) Nom. illegit. (废弃属名)＝Botryophora Hook. f. (1888)(保留属名)［大戟科 Euphorbiaceae］●☆

7087 Botryopitys Doweld(2000)【汉】总状罗汉松属。【隶属】罗汉松科 Podocarpaceae。【包含】世界3种。【学名诠释与讨论】〈阴〉（希）botrys，一串葡萄，总状花序＋pitys，松树，冷杉。此属的学名"Botryopitys A. B. Doweld, Turczaninowia 3(4)：37. 26 Dec 2000"是一个替代名称。"Van-tieghemia A. V. F. C. Bobrov et A. P. Melikian in A. P. Melikian et A. V. F. C. Bobrov, Bot. Zhurn. (Moscow et Leningrad) 85(7)：58. Jul 2000"是一个非法名称 (Nom. illegit.)，因为此前已经有了真菌的"Vantieghemia O. Kuntze, Rev. Gen. 2：874. 5 Nov 1891"。故用"Botryopitys Doweld (2000)"替代之。【分布】热带。【模式】Botryopitys montana (Humb. et Bonpl. ex Willd.) Doweld。【参考异名】Van-tieghemia A. V. Bobrov et Melikyan(2000) Nom. illegit. ●☆

7088 Botryopleuron Hemsl. (1900) = Veronicastrum Heist. ex Fabr. (1759)［玄参科 Scrophulariaceae//婆婆纳科 Veronicaceae］■

7089 Botryopsis Miers (1851) = Chondrodendron Ruiz et Pav. (1794)［防己科 Menispermaceae］●☆

7090 Botryoropis C. Presl(1851) = Barringtonia J. R. Forst. et G. Forst. (1775)(保留属名)［玉蕊科（巴西果科）Lecythidaceae//翅玉蕊

科（金刀木科）Barringtoniaceae］●

7091 Botryosicyos Hochst. (1844) = Dioscorea L. (1753)(保留属名)［薯蓣科 Dioscoreaceae］●

7092 Botryospora B. D. Jacks. (1888) Nom. illegit. = Botryophora Hook. f. (1888)(保留属名)［大戟科 Euphorbiaceae］●☆

7093 Botryostege Stapf(1934)【汉】串盖杜鹃属。【俄】Ботриостеге。【隶属】杜鹃花科（欧石南科）Ericaceae。【包含】世界1种。【学名诠释与讨论】〈阴〉（希）botrys，一串葡萄，总状花序＋stege，盖子，覆盖物。此属的学名是"Botryostege O. Stapf, Bull. Misc. Inform. 1934：194. 8 Aug 1934"。亦有文献把其处理为"Cladothamnus Bong. (1832)"的异名。【分布】日本。【模式】Botryostege bracteata (C. J. Maximowicz) O. Stapf ［Tripetaleia bracteata C. J. Maximowicz］。【参考异名】Cladothamnus Bong. (1832)●☆

7094 Botrypanax Post et Kuntze (1903) = Botryopanax Miq. (1863)；~ = Polyscias J. R. Forst. et G. Forst. (1776)［五加科 Araliaceae］●

7095 Botryphile Salisb. (1866) Nom. illegit. ≡ Muscari Mill. (1754)［百合科 Liliaceae//风信子科 Hyacinthaceae］■☆

7096 Botryphora Post et Kuntze (1903) Nom. illegit. = Botryophora Hook. f. (1888)(保留属名)［大戟科 Euphorbiaceae］●☆

7097 Botryropis Postet Kuntze(1903) = Barringtonia J. R. Forst. et G. Forst. (1775)(保留属名)［玉蕊科（巴西果科）Lecythidaceae//翅玉蕊科（金刀木科）Barringtoniaceae//桃金娘科 Myrtaceae］●

7098 Botrys Fourr. (1869) = Teucrium L. (1753)［唇形科 Lamiaceae (Labiatae)］●■

7099 Botrys Nieuwl. (1914) Nom. illegit. ≡ Botrys Rchb. ex Nieuwl. (1914) Nom. illegit. ；~ = Chenopodium L. (1753)［藜科 Chenopodiaceae］■●

7100 Botrys Rchb. ex Nieuwl. (1914) Nom. illegit. ≡ Chenopodium L. (1753)［藜科 Chenopodiaceae］■●

7101 Botschantzevia Nabiev(1972)【汉】哈萨克芥属。【隶属】十字花科 Brassicaceae(Cruciferae)。【包含】世界1种。【学名诠释与讨论】〈阴〉（人）Victor Petrovič Botschantzev,1910-1990。此属的学名是"Botschantzevia M. M. Nabiev, Novosti Sist. Vyssh. Rast. 9：186. 1972 (post 12 Apr)."。亦有文献把其处理为"Erysimum L. (1753)"的异名。【分布】亚洲中部。【模式】Botschantzevia karatavica (S. Lipschitz et N. V. Pavlov) M. M. Nabiev ［Parrya karatavica S. Lipschitz et N. V. Pavlov］。【参考异名】Erysimum L. (1753)■☆

7102 Bottegoa Chiov. (1916)【汉】博特无患子属。【隶属】无患子科 Sapindaceae。【包含】世界1种。【学名诠释与讨论】〈阴〉（地）Bottego,博泰戈，位于埃塞俄比亚。【分布】埃塞俄比亚，索马里兰地区。【模式】Bottegoa insignis Chiovenda。●☆

7103 Bottionea Colla(1834)【汉】智利吊兰属。【隶属】吊兰科（猴面包科，猴面包树科）Anthericaceae。【包含】世界1种。【学名诠释与讨论】〈阴〉（人）Dominique (Doumenq) Bouchet, 1770-1845, 植物学者。此属的学名是"Bottionea Colla, Mem. Reale Accad. Sci. Torino 37：43. 1834"。亦有文献把其处理为"Trichopetalum Lindl. (1832)"的异名。【分布】智利。【模式】Bottionea thysanothoides Colla。【参考异名】Endocoma Raf. (1837)；Trichopetalum Lindl. (1832)■☆

7104 Boucerosia Wight et Arn. (1834) = Caralluma R. Br. (1810)［萝摩科 Asclepiadaceae］■

7105 Bouchardatia Baill. (1867)【汉】布沙芸香属。【隶属】芸香科 Rutaceae。【包含】世界3种。【学名诠释与讨论】〈阴〉（人）Apollinaire Bouchardat, 1806-1886, 法国医学教授，植物学者。此属的学名是"Bouchardatia Baillon, Adansonia 7：350. Jul 1867"。

亦有文献把其处理为"Melicope J. R. Forst. et G. Forst. (1776)"的异名。【分布】澳大利亚（东部），新几内亚岛。【模式】Bouchardatia australis Baillon。【参考异名】Melicope J. R. Forst. et G. Forst. (1776)●☆

7106 Bouchea Cham. (1832)（保留属名）【汉】布谢草属。【隶属】马鞭草科 Verbenaceae。【包含】世界9种。【学名诠释与讨论】〈阴〉（人）Carl David Bouche, 1809-1881, 1783-1856, 德国植物学者。此属的学名"Bouchea Cham. in Linnaea 7: 252. 1832"是保留属名。法规未列出相应的废弃属名。亦有文献把"Bouchea Cham. (1832)（保留属名）"处理为"Chascanum E. Mey. (1838)（保留属名）"的异名。【分布】巴基斯坦，巴拉圭，秘鲁，玻利维亚，哥伦比亚（安蒂奥基亚），厄瓜多尔，尼加拉瓜，中美洲。【模式】Bouchea pseudogervao (A. F. C. Saint – Hilaire) Chamisso [Verbena pseudogervao A. F. C. Saint – Hilaire]。【参考异名】Buchia D. Dietr. (1843) Nom. illegit. ; Chascanum E. Mey. (1838)（保留属名）; Pleurostigma Hochst. (1841); Plexipus Raf. (1837)（废弃属名）●☆

7107 Bouchetia DC. (1852) Nom. illegit. ≡ Bouchetia Dunal (1852) [茄科 Solanaceae]■☆

7108 Bouchetia DC. ex Dunal (1852) Nom. illegit. ≡ Bouchetia Dunal (1852) [茄科 Solanaceae]■☆

7109 Bouchetia Dunal (1852)【汉】布谢茄属。【隶属】茄科 Solanaceae。【包含】世界3种。【学名诠释与讨论】〈阴〉（人）Dominique (Doumenq) Bouchet, 1770-1845, 植物学者。此属的学名，ING 记载为"Bouchetia Dunal in Alph. de Candolle, Prodr. 13 (1): 589. 10 Mai 1852"。IK 和 TROPICOS 则记载为"Bouchetia DC. ex Dunal, Prodr. [A. P. de Candolle] 13 (1): 589. 1852 [10 May 1852]"。"Bouchetia DC. (1852) ≡ Bouchetia Dunal (1852)"和"Bouchetia DC. ex Dunal (1852) ≡ Bouchetia Dunal (1852)"的命名人引证有误。【分布】巴拉圭，美国（南部）至巴西，中美洲。【后选模式】Bouchetia erecta Dunal。【参考异名】Bouchetia DC. (1852) Nom. illegit. ; Bouchetia DC. ex Dunal (1852) Nom. illegit. ; Leucanthea Scheele (1853)■☆

7110 Bouea Meisn. (1837)【汉】波漆属（对叶杜属）。【隶属】漆树科 Anacardiaceae。【包含】世界4种，中国2种。【学名诠释与讨论】〈阴〉（人）Ami (dim. of Amedee) Boue, 1794-1881, 德国博物学者。此属的学名，ING、TROPICOS 和 IK 记载是"Bouea C. F. Meisner, Pl. Vasc. Gen. 1: 75; 2: 55. 27 Aug – 3 Sep 1837"。"Cambessedea R. Wight et Arnott, Prodr. 170. Oct (prim.) 1834 (non Kunth 1824)（废弃属名）"是"Bouea Meisn. (1837)"的同模式异名（Homotypic synonym, Nomenclatural synonym）。【分布】印度尼西亚（马鲁古群岛），中国，东南亚西部，中美洲。【模式】Bouea oppositifolia (Roxburgh) C. F. Meisner [Mangifera oppositifolia Roxburgh]。【参考异名】Cambessedea Wight et Arn. (1834) Nom. illegit. （废弃属名）; Matpania Gagnep. (1948); Tropidopetalum Turcz. (1859)●

7111 Bouetia A. Chev. (1912) = Hemizygia (Benth.) Briq. (1897) [唇形科 Lamiaceae(Labiatae)]●■☆

7112 Bougainvillea Comm. （废弃属名）= Bougainvillea Comm. ex Juss. (1789) [as ' Buginvillaea']（保留属名）[紫茉莉科 Nyctaginaceae//叶子花科 Bougainvilleaceae]●

7113 Bougainvillea Comm. ex Juss. (1789) [as ' Buginvillaea']（保留属名）【汉】叶子花属（宝巾属，九重葛属，南美紫茉莉属，三角花属）。【日】イカダカズラ属，イカダカヅラ属，ブーケンビレア属。【俄】Бугенвиллея，Бугенвиллия。【英】Bougainvillea, Leafyflower。【隶属】紫茉莉科 Nyctaginaceae//叶子花科 Bougainvilleaceae。【包含】世界18种，中国2-4种。【学名诠释

与讨论】〈阴〉（人）Louis-Antoine de Bougainville, 1729-1811, 法国航海家。此属的学名"Bougainvillea Comm. ex Juss., Gen. Pl.: 91. 4 Aug 1789(' Buginvillaea')(orth. cons.)"是保留属名。法规未列出相应的废弃属名；但是紫茉莉科 Nyctaginaceae 的"Bougainvillea Spach, Hist. Nat. Vég. (Spach) 10: 516. 1841 [20 Mar 1841] = Bougainvillea Comm. ex Juss. (1789)（保留属名）"亦应废弃。" Bougainvillea Comm. "的命名人引证有误；"Buginvillaea Comm. ex Juss. (1789)"是其拼写变体；这2个名称也须废弃。【分布】巴基斯坦，巴拉圭，巴拿马，秘鲁，玻利维亚，厄瓜多尔，哥伦比亚（安蒂奥基亚），尼加拉瓜，中国，中美洲，南美洲。【模式】未指定。【参考异名】Bougainvillea Comm. （废弃属名）; Bougainvillea Spach (1841)（废弃属名）; Buginvillaea Comm. ex Juss. (1789); Buguinvillaea Humb. et Bonpl. (1808); Josepha Vell. (1829); Josephia Steud. (1840) Nom. illegit. （废弃属名）; Tricycla Cav. (1801)●

7114 Bougainvillea Spach(1841)（废弃属名）= Bougainvillea Comm. ex Juss. (1789) [as ' Buginvillaea']（保留属名）[紫茉莉科 Nyctaginaceae//叶子花科 Bougainvilleaceae]●

7115 Bougainvilleaceae J. Agardh (1858) [亦见 Nyctaginaceae Juss. (保留科名)紫茉莉科]【汉】叶子花科。【包含】世界1属18种，中国1属2-4种。【分布】南美洲。【科名模式】Bougainvillea Comm. ex Juss. (1789) [as ' Buginvillaea']（保留属名）●

7116 Bougueria Decne. (1836)【汉】单蕊车前属。【隶属】车前科（车前草科）Plantaginaceae。【包含】世界1种。【学名诠释与讨论】〈阴〉（人）Bouguer。此属的学名是"Bougueria Decaisne, Ann. Sci. Nat. Bot. ser. 2. 5: 132. Mar 1836"。亦有文献把其处理为"Plantago L. (1753)"的异名。【分布】秘鲁，玻利维亚，安第斯山。【模式】Bougueria nubicola Decaisne。【参考异名】Plantago L. (1753)■☆

7117 Boulardia F. Schultz (1848) = Orobanche L. (1753) [列当科 Orobanchaceae//玄参科 Scrophulariaceae]■

7118 Boulaya Gand. = Rubus L. (1753) [蔷薇科 Rosaceae]●■

7119 Bouletia M. A. Clem. et D. L. Jones (2002)【汉】新喀石斛属。【隶属】兰科 Orchidaceae。【包含】世界1种。【学名诠释与讨论】〈阴〉（人）Boulet。此属的学名是"Bouletia M. A. Clem. et D. L. Jones, Orchadian [Australasian native orchid society] 13: 485. 2002"。亦有文献把其处理为"Dendrobium Sw. (1799)（保留属名）"的异名。【分布】法属新喀里多尼亚。【模式】Bouletia finetiana (Schltr.) M. A. Clem. et D. L. Jones。【参考异名】Dendrobium Sw. (1799)（保留属名）■☆

7120 Boulia A. Chev. = Murdannia Royle(1840)（保留属名）[鸭跖草科 Commelinaceae]■

7121 Bouphon Lem. (1842) = Boophone Herb. (1821)（保留属名）[石蒜科 Amaryllidaceae]■☆

7122 Bouphone Lem. (1842) = Boophone Herb. (1821)（保留属名）[石蒜科 Amaryllidaceae]■☆

7123 Bourasaia Thouars. (1806) Nom. illegit. = Burasaia Thouars(1806) [防己科 Menispermaceae]●☆

7124 Bourdaria A. Chev. (1933) = Cincinnobotrys Gilg(1897) [野牡丹科 Melastomataceae]■☆

7125 Bourdonia Greene(1893) = Chaetopappa DC. (1836); ~ = Keerlia A. Gray et Engelm. (1848) Nom. illegit. ; ~ = Chaetopappa DC. (1836) [菊科 Asteraceae(Compositae)]■☆

7126 Bourgaea Coss. (1849) = Cynara L. (1753) [菊科 Asteraceae (Compositae)]■

7127 Bourgia Scop. (1777) Nom. illegit. ≡ Salimori Adans. (1763); ~ = Cordia L. (1753)（保留属名）[紫草科 Boraginaceae//破布木科

（破布树科）Cordiaceae]●

7128　Bourjotia Pomel（1874）= Heliotropium L.（1753）［紫草科 Boraginaceae//天芥菜科 Heliotropiaceae］●■

7129　Bourlageodendron K. Schum.（1898）= Boerlagiodendron Harms （1894）［五加科 Araliaceae］●

7130　Bournea Oliv.（1893）【汉】四数苣苔属。【英】Bournea。【隶属】苦苣苔科 Gesneriaceae。【包含】世界2种，中国2种。【学名诠释与讨论】〈阴〉（人）Bourne。【分布】中国。【模式】Bournea sinensis D. Oliver.■★

7131　Bourreria Jacq.（1760）Nom. illegit.（废弃属名）［紫草科 Boraginaceae］●☆

7132　Bourreria P. Browne（1756）（保留属名）【汉】鲍雷木属。【俄】Буррерия。【英】Strongbark。【隶属】紫草科 Boraginaceae。【包含】世界30种。【学名诠释与讨论】〈阴〉（人）Bourrer。此属的学名"Bourreria P. Browne, Civ. Nat. Hist. Jamaica：168. 10 Mar 1756"是保留属名。相应的废弃属名是紫草科 Boraginaceae 的 "Beureria Ehret, Pl. Papil. Rar.：ad t. 13. 1755 = Calycanthus L. （1759）（保留属名）"。紫草科 Boraginaceae 的"Bourreria Jacq., Enum. Syst. Pl. 2. 1760［Aug-Sep 1760］"、"Beureria "P. Br." ex Gürke, Nat. Pflanzenfam.［Engler et Prantl］iv. 3a.（1891）87"和 "Beureria Spreng., Syst. Veg.（ed. 16）［Sprengel］1：647. 1824 ［dated 1825；publ. in late 1824］= Bourreria P. Browne（1756）（保留属名）"亦应废弃。【分布】巴拿马，玻利维亚，厄瓜多尔，哥伦比亚（安蒂奥基亚），马达加斯加，尼加拉瓜，西印度群岛，美洲。【模式】Bourreria baccata Rafinesque［Cordia bourreria Linnaeus］。【参考异名】Beurera Kuntze（1891）；Beureria Spreng.（1824）；Beurreria Jacq.（1760）Nom. illegit.；Crematomia Miers（1869）Nom. illegit.；Hymenesthes Miers；Morelosia Lex.（1824）；Morelosia Lex. （1875）●☆

7133　Bousigonia Pierre（1898）【汉】奶子藤属（菠锡岗属）。【英】Bousigonia。【隶属】夹竹桃科 Apocynaceae。【包含】世界2种，中国2种。【学名诠释与讨论】〈阴〉词源不详。【分布】中国，中南半岛。【模式】Bousigonia mekongensis Pierre。●

7134　Boussingaultia Kunth（1825）= Anredera Juss.（1789）［落葵科 Basellaceae//落葵薯科 Anrederaceae］●■

7135　Bouteloua Lag.（1805）［as 'Botelua'］（保留属名）【汉】格兰马草属（垂穗草属）。【俄】Бутелоа, Бутелоуа, Трава бизонья, Трава грама, Трава грамова, Трава пастбищная。【英】Blue Grama, Gama-grass, Gamma-grass, Grama, Gramma, Gramma Grass, Sideoats Grama。【隶属】禾本科 Poaceae（Gramineae）。【包含】世界24-40种，中国2-3种。【学名诠释与讨论】〈阴〉（人），1776-1813，西班牙植物学者。此属的学名"Bouteloua Lag. in Varied. Ci. 2（4）：134. 1805（'Botelua'）（orth. cons.）"是保留属名。法规未列出相应的废弃属名。但是其拼写变体"Botelua Lag., Varied. Ci. ii. iv. 134. 1805 = Bouteloua Lag.（1805）［as 'Botelua'］（保留属名）"和"Botelua Hornem. ex P. Beauv.（1812） ≡ Atheropogon Muhlenb. ex Willd.（1806）"均应废弃。禾本科 Poaceae（Gramineae）的"Bouteloua Hornem. ex P. Beauv., Ess. Agrostogr. 40, 1812 ≡ Atheropogon Muhlenb. ex Willd.（1806）"亦应废弃。【分布】巴拿马，秘鲁，玻利维亚，厄瓜多尔，哥伦比亚（安蒂奥基亚），哥斯达黎加，加拿大，美国，尼加拉瓜，中国，中美洲。【模式】Bouteloua racemosa Lagasca。【参考异名】Actinochloa Willd. ex P. Beauv.（1812）；Actinochloa Willd. ex Roem. et Schult.（1817）Nom. illegit.；Aristidium（Endl.）Lindl.（1847）；Atheropogon Muhlenb. ex Willd.（1806）；Atheropogon Willd. （1806）Nom. illegit.；Botelua Lag.（1805）Nom. illegit.（废弃属名）；Botelua Hornem. ex P. Beauv.（1812）Nom. illegit.（废弃属

名）；Corethrum Vahl（1810）；Dinaeba Delile（1813）Nom. illegit.；Dineba Delile ex P. Beauv.（1812）Nom. illegit.；Dinebra DC. （1813）Nom. illegit.；Eutriana Trin.（1820）；Heterosteca Desv. （1810）；Heterostega Kunth（1815）Nom. inval.；Nestlera Steud. （1841）Nom. inval., Nom. illegit.；Nestlera Willd. ex Steud.（1841） Nom. inval., Nom. illegit.；Pleiodon Rchb., Nom. illegit.；Polyodon Kunth（1816）；Triaena Kunth（1816）；Triathera Desv.（1810）； Triplathera（Endl.）Lindl.（1836）；Triplathera Lindl.（1836）Nom. illegit.■

7136　Bouteloua Hornem. ex P. Beauv.（1812）Nom. illegit.（废弃属名） ≡ Bouteloua Lag.（1805）［as 'Botelua'］（保留属名）；~ ≡ Atheropogon Muhlenb. ex Willd.（1806）［禾本科 Poaceae （Gramineae）］■

7137　Boutiquea Le Thomas（1966）【汉】包氏木属。【隶属】番荔枝科 Annonaceae。【包含】世界1种。【学名诠释与讨论】〈阴〉（人） Raymond Boutique, 1906 - 1985, 植物学者。此属的学名是 "Boutiquea A. Le Thomas, Adansonia ser. 2. 5：531. 7 Jan 1966 （'1965'）"。亦有文献把其处理为"Neostenanthera Exell （1935）"的异名。【分布】西赤道非洲。【模式】Boutiquea platypetala（Engler et Diels）A. Le Thomas［Stenanthera platypetala Engler et Diels］。【参考异名】Neostenanthera Exell（1935）●☆

7138　Boutonia Bojer ex Baill.（1858）Nom. illegit. ≡ Cordemoya Baill. （1861）；~ = Mallotus Lour.（1790）［大戟科 Euphorbiaceae］●☆

7139　Boutonia Bojer（1837）Nom. inval., Nom. nud. ≡ Boutonia Bojer ex Baill.（1858）Nom. illegit.；~ ≡ Cordemoya Baill.（1861）；~ = Mallotus Lour.（1790）［大戟科 Euphorbiaceae］●

7140　Boutonia Bojer（1846）Nom. illegit. ≡ Boutonia Bojer ex Baill. （1858）Nom. illegit.；~ ≡ Cordemoya Baill.（1861）［大戟科 Euphorbiaceae］●☆

7141　Boutonia Bojer（1858）Nom. illegit. ≡ Boutonia Bojer ex Baill. （1858）Nom. illegit.；~ ≡ Cordemoya Baill.（1861）［大戟科 Euphorbiaceae］●☆

7142　Boutonia DC.（1838）【汉】马岛爵床属。【隶属】爵床科 Acanthaceae。【包含】世界1种。【学名诠释与讨论】〈阴〉（人） Louis Bouton, 1799 - 1878, 植物学者。此属的学名, ING、 TROPICOS 和 IK 记载是"Boutonia A. P. de Candolle, Biblioth. Universelle Genève 17：134. Sep 1838"；"Periblema A. P. de Candolle, Ann. Sci. Nat. Bot. ser. 2. 11：296. 1839 ≡ Boutonia DC. （1838）"则是晚出的非法名称。"Boutonia Bojer, Hortus Maurit. 282. 1837 ≡ Boutonia Bojer ex Baill.（1858）Nom. illegit.［大戟科 Euphorbiaceae］"是一个未合格发表的名称（Nom. inval., Nom. nud.）；"Boutonia Bojer ex Baill., Étude Euphorb. 400. 1858 ≡ Cordemoya Baill.（1861）= Mallotus Lour.（1790）［大戟科 Euphorbiaceae］"是晚出的非法名称；"Boutonia Bojer, Étude générale du groupe des Euphorbiacées 1858"的命名人引证有误。 "Boutonia Bojer, Procès-Verbaux Soc. Hist. Nat. Ile Maurice 1842- 1846：151.［Dec 1846］ ≡ Cordemoya Baill.（1861）［大戟科 Euphorbiaceae］"亦是晚出的非法名称。"Boutonia hort. ex Steud., Nomencl. Bot.［Steudel］, ed. 2. 1：219. 1840 ≡ Boutonia Steud., Nomenclator Botanicus 1 1840 = Goodenia Sm.（1794）［草海桐科 Goodeniaceae］"也是晚出的非法名称，而且未合格发表。 "Boutonia Erfurt. ex Steud.（1840）Nom. inval. = Goodenia Sm. （1794）［草海桐科 Goodeniaceae］"应该与"Boutonia Steud. （1840）Nom. inval., Nom. illegit."是同物。"Periblema A. P. de Candolle, Ann. Sci. Nat. Bot. ser. 2. 11：296. 1839"是"Boutonia DC. （1838）"的晚出的同模式异名（Homotypic synonym, Nomenclatural synonym）。【分布】马达加斯加。【模式】Boutonia cuspidata A. P.

de Candolle。【参考异名】Periblema DC. (1839) Nom. illegit. ●☆

7143　Boutonia Erfurt. ex Steud. (1840) Nom. inval. = Goodenia Sm. (1794) [草海桐科 Goodeniaceae]●■☆

7144　Boutonia hort. ex Steud. (1840) Nom. inval., Nom. illegit. ≡ Boutonia Steud. (1840) Nom. inval., Nom. illegit.; ~ = Goodenia Sm. (1794) [草海桐科 Goodeniaceae]●■☆

7145　Boutonia Steud. (1840) Nom. inval., Nom. illegit. = Goodenia Sm. (1794) [草海桐科 Goodeniaceae]●■☆

7146　Bouvardia Salisb. (1807)【汉】寒丁子属(鲍伐茜属,波华丽属)。【日】カンチョウジ属,ブバルディア属。【英】Bouvardia。【隶属】茜草科 Rubiaceae。【包含】世界 20-50 种。【学名诠释与讨论】〈阴〉(人)Charles Bouvard,1572-1658,法国医生,植物学者。【分布】巴拿马,哥伦比亚(安蒂奥基亚),尼加拉瓜,热带美洲,中美洲。【模式】Bouvardia triphylla R. A. Salisbury, Nom. illegit. [Houstonia coccinea H. Andrews; Bouvardia coccinea (H. Andrews) Link]。【参考异名】Aeginetia Cav. (1801) Nom. illegit.; Darluca Raf. (1820); Rovaeanthus Borhidi(2004)●■☆

7147　Bouzetia Montrouz. (1860)【汉】新喀芸香属。【隶属】芸香科 Rutaceae。【包含】世界 1 种。【学名诠释与讨论】〈阴〉(人) Bouzet。【分布】法属新喀里多尼亚。【模式】Bouzetia maritima Montrouzier。【参考异名】Bonzetia Post et Kuntze(1903)●☆

7148　Bovea Decne. (1834) = Lindenbergia Lehm. (1829) [玄参科 Scrophulariaceae]■

7149　Bovonia Chiov. (1923)【汉】鲍温草属。【隶属】唇形科 Lamiaceae(Labiatae)。【包含】世界 1 种。【学名诠释与讨论】〈阴〉词源不详。此属的学名是"Bovonia Chiovenda, Nuovo Giorn. Bot. Ital. 29: 114. Oct 1923"。亦有文献把其处理为"Aeollanthus Mart. ex Spreng. (1825)"的异名。【分布】热带非洲。【模式】Bovonia diphylla Chiovenda。【参考异名】Aeollanthus Mart. ex Spreng. (1825)■☆

7150　Bowdichia Kunth(1824)【汉】鲍迪木属(鲍迪豆属,博递奇亚木属,褐心木属)。【英】Sucupira。【隶属】豆科 Fabaceae (Leguminosae)。【包含】世界 4 种。【学名诠释与讨论】〈阴〉(人)Thomas Edward Bowdich,1791-1824,英国植物学者,动物学者。此属的学名,ING 和 TROPICOS 记载是"Bowdichia Kunth in Humboldt, Bonpland et Kunth, Nova Gen. Sp. 6: ed. fol. 295. Apr 1824"。"Cebipira A. L. Jussieu ex O. Kuntze in Post et O. Kuntze, Lex. 107. Dec 1903('1904')"是"Bowdichia Kunth(1824)"的晚出的同模式异名(Homotypic synonym, Nomenclatural synonym)。【分布】巴拉圭,玻利维亚,热带南美洲。【模式】Bowdichia virgilioides Kunth。【参考异名】Bodwichia Walp. (1842); Cebipira Juss. ex Kuntze(1903) Nom. illegit.; Sebipira Mart. (1828)●☆

7151　Bowenia Hook. (1863) Nom. illegit. ≡ Bowenia Hook. ex Hook. f. (1863) [苏铁科 Cycadaceae//波温苏铁科 Boweniaceae]●☆

7152　Bowenia Hook. ex Hook. f. (1863)【汉】波温苏铁属(波温铁属,莲铁属)。【日】ボエーニア属。【隶属】苏铁科 Cycadaceae//波温苏铁科 Boweniaceae。【包含】世界 2 种。【学名诠释与讨论】〈阴〉(人)Right Hon. Sir George Ferguson Bowen, 1821-1899。此属的学名,ING 记载是"Bowenia J. D. Hooker, Bot. Mag. t. 5398. 1 Sep 1863"。APNI、GCI 和 IK 则记载为"Bowenia Hook., Curtis's Botanical Magazine 89 1863"。TROPICOS 和"The Plant-Book"则用"Bowenia Hook. ex Hook. f., Bot. Mag. 89: pl. 5398(1863)"为正名。【分布】澳大利亚。【模式】Bowenia spectabilis J. D. Hooker。【参考异名】Bowenia Hook. (1863) Nom. illegit.; Bowenia Hook. f. (1863) Nom. illegit. ●☆

7153　Bowenia Hook. f. (1863) Nom. illegit. ≡ Bowenia Hook. ex Hook. f. (1863) [苏铁科 Cycadaceae//波温苏铁科 Boweniaceae]●☆

7154　Boweniaceae D. W. Stev. (1981) [亦见 Zamiaceae Rchb. 泽米苏铁科(泽米科)]【汉】波温苏铁科。【包含】世界 1 属 2 种。【分布】澳大利亚东北部。【科名模式】Bowenia Hook. ex Hook. f. ●☆

7155　Bowiea Harv. ex Hook. f. (1867) (保留属名)【汉】苍角殿属(仙鞭草属)。【日】タマツルグサ属,ボーウィエア属。【隶属】风信子科 Hyacinthaceae//百合科 Liliaceae//芦荟科 Aloaceae。【包含】世界 1-3 种。【学名诠释与讨论】〈阴〉(人)James Bowie,1789-1869,英国邱园植物园的标本采集家。此属的学名"Bowiea Harv. ex Hook. f. in Bot. Mag.; ad t. 5619. 1 Jan 1867"是保留属名。相应的废弃属名是芦荟科 Aloaceae 的"Bowiea Haw. in Philos. Mag. J. 64: 299. 1824 = Aloe L. (1753)"。芦荟科 Aloaceae 的"Bowiea Hook. f. et Haw. ≡ Bowiea Haw. (1824) (废弃属名)"和"Bowiea Harv. ex Hook. f., Bot. Mag. 93: ad t. 5619. 1867 [1 Jan 1867] ≡ Bowiea Haw. (1824) (废弃属名)"的命名人引证有误,亦应废弃。"Chamaealoë A. Berger, Bot. Jahrb. Syst. 36: 43. 28 Feb 1905"是"Bowiea Haw. (1824) (废弃属名)"的晚出的同模式异名(Homotypic synonym, Nomenclatural synonym)。"Ophiobostryx Skeels, U. S. Dept. Agric. Bur. Pl. Industr. Bull. 223: 45. 27 Nov 1911"和"Schizobasopsis Macbride, Contr. Gray Herb. ser. 2. 56: 3. 31 Dec 1918"是"Bowiea Harv. ex Hook. f. (1867) (保留属名)"的晚出的同模式异名。【分布】非洲南部和东部。【模式】Bowiea africana A. H. Haworth。【参考异名】Chamaealoe A. Berger (1905) Nom. illegit.; Ophiobostryx Skeels (1911) Nom. illegit.; Schizobasopsis J. F. Macbr. (1918) Nom. illegit. ■☆

7156　Bowiea Haw. (1824) (废弃属名) = Aloe L. (1753) [百合科 Liliaceae//阿福花科 Asphodelaceae//芦荟科 Aloaceae]●■

7157　Bowiea Hook. f. et Haw. (1824) Nom. illegit. (废弃属名) ≡ Bowiea Haw. (1824) (废弃属名); ~ = Aloe L. (1753) [百合科 Liliaceae//阿福花科 Asphodelaceae//芦荟科 Aloaceae]●■

7158　Bowiea Hook. f. ex Haw. (1824) Nom. illegit. (废弃属名) ≡ Bowiea Haw. (1824) (废弃属名); ~ = Aloe L. (1753) [百合科 Liliaceae//阿福花科 Asphodelaceae//芦荟科 Aloaceae]●■

7159　Bowkeria Harv. (1859)【汉】布克木属。【英】Shellflower Bush。【隶属】玄参科 Scrophulariaceae。【包含】世界 5 种。【学名诠释与讨论】〈阴〉(人)Colonel James Henry Bowker, 1822-1900,南非植物学者。【分布】非洲南部。【模式】Bowkeria triphylla W. H. Harvey。●☆

7160　Bowlesia Ruiz et Pav. (1794)【汉】鲍尔斯草属(鲍尔斯属)。【隶属】伞形花科(伞形科) Apiaceae(Umbelliferae)。【包含】世界 14 种。【学名诠释与讨论】〈阴〉(人)William Bowles, 1705-1780,爱尔兰博物学者和旅行家。【分布】巴基斯坦,巴拉圭,秘鲁,玻利维亚,厄瓜多尔。【模式】Bowlesia palmata Ruiz et Pavón。【参考异名】Elsneria Walp. (1843)■☆

7161　Bowmania Garda. (1843) = Trixis P. Browne (1756) [菊科 Asteraceae(Compositae)]■●☆

7162　Bowringia Champ. ex Benth. (1852)【汉】藤槐属(鲍氏槐属)。【英】Bowringia。【隶属】豆科 Fabaceae(Leguminosae)//蝶形花科 Papilionaceae。【包含】世界 2-4 种,中国 1 种。【学名诠释与讨论】〈阴〉(人)J. C. Bowring,18 世纪英国植物学者。【分布】马达加斯加,中国,加里曼丹岛,热带非洲。【模式】Bowringia callicarpa Champion ex Bentham。●☆

7163　Boyania Wurdack(1964)【汉】博延野牡丹属。【隶属】野牡丹科 Melastomataceae。【包含】世界 1 种。【学名诠释与讨论】〈阴〉(人)Samuel Boykin, 1786-1848,美国南卡罗莱纳州植物学者。【分布】几内亚。【模式】Boyania ayangannae Wurdack。●☆

7164　Boykiana Raf. (1825) (废弃属名) = Rotala L. (1771) [千屈菜科 Lythraceae]■

7165 Boykinia Nutt.（1834）（保留属名）【汉】八幡草属。【英】Boykinia。【隶属】虎耳草科 Saxifragaceae。【包含】世界 6-9 种。【学名诠释与讨论】〈阴〉（人）Samuel Boykin，1786-1848，美国植物学者。此属的学名"Boykinia Nutt. in J. Acad. Nat. Sci. Philadelphia 7：113. 28 Oct 1834"是保留属名。相应的废弃属名是千屈菜科 Lythraceae 的"Boykiana Raf.，Neogenyton：2. 1825＝Rotala L.（1771）"。"Boykinia Raf.（1825）≡Boykiana Raf.（1825）（废弃属名）"是错误引用。"Therofon Rafinesque，New Fl. 4：66. 1838（sero）（'1836'）"是"Boykinia Nutt.（1834）（保留属名）"的晚出的同模式异名（Homotypic synonym，Nomenclatural synonym）。"Therophon Rydb.，North American Flora 22（2）：123. 1905"是"Therofon Raf.（1838）Nom. illegit."的拼写变体。"Therefon Raf.，Good Book 46. 1840"也是"Therofon Raf.（1838）Nom. illegit."的拼写变体。"J. C. Willis. A Dictionary of the Flowering Plants and Ferns（Student Edition）. 1985. Cambridge. Cambridge University Press. 1-1245"记载："Boykinia Nutt. ex Raf.＝Cayaponia Silva Manso（1836）（保留属名）［葫芦科（瓜科，南瓜科）Cucurbitaceae］"。【分布】日本，北美洲。【模式】Boykinia aconitifolia Nuttall。【参考异名】Cayaponia Silva Manso（1836）（保留属名）；Neoboykinia Hara（1937）；Telesonix Raf.（1837）；Therefon Raf.（1840）Nom. illegit.；Therofon Raf.（1838）Nom. illegit.；Therophon Rydb.（1905）Nom. illegit.●■☆

7166 Boykinia Nutt. ex Raf.＝Cayaponia Silva Manso（1836）（保留属名）［葫芦科（瓜科，南瓜科）Cucurbitaceae］■☆

7167 Boykinia Raf.（1825）Nom. illegit.（废弃属名）≡Boykiana Raf.（1825）（废弃属名）；～＝Rotala L.（1771）［千屈菜科 Lythraceae］■

7168 Boymia A. Juss.（1825）＝Euodia J. R. Forst. et G. Forst.（1776）［芸香科 Rutaceae］●

7169 Bozea Raf.＝Bosea L.（1753）［苋科 Amaranthaceae］●☆

7170 Braasiella Braem, Lückel et Russmann（1984）＝Oncidium Sw.（1800）（保留属名）［兰科 Orchidaceae］■☆

7171 Brabejaria Burm. f.（1768）＝Brabejum L.（1753）［山龙眼科 Proteaceae］●☆

7172 Brabejum L.（1753）【汉】南非野杏属。【英】South African Wild Almond, Wild Almond, Wild Chestnut。【隶属】山龙眼科 Proteaceae。【包含】世界 1 种。【学名诠释与讨论】〈阴〉（希），权杖。【分布】非洲南部。【模式】Brabejum stellatifolium Linnaeus。【参考异名】Brabejaria Burm. f.（1768）；Brabyla L.（1767）●☆

7173 Brabyla L.（1767）＝Brabejum L.（1753）［山龙眼科 Proteaceae］●☆

7174 Bracea Britton（1905）Nom. illegit.＝Neobracea Britton（1920）［夹竹桃科 Apocynaceae］●☆

7175 Bracea King（1895）＝Sarcosperma Hook. f.（1876）［山榄科 Sapotaceae//肉实树科 Sarcospermataceae］●

7176 Bracera Engelm.（1839）＝Brayera Kunth ex A. Rich.（1822）［蔷薇科 Rosaceae］■●☆

7177 Brachanthemum DC.（1838）【汉】短舌菊属。【俄】Брахантемим, Брахантемум。【英】Brachanthemum, Shorttonguedaisy。【隶属】菊科 Asteraceae（Compositae）。【包含】世界 7-10 种，中国 2-6 种。【学名诠释与讨论】〈中〉（希）brachys，短的。brachy-＝拉丁文 brevi-，短的+anthemon，花。指舌状花冠极短。【分布】中国，亚洲中部。【模式】Brachanthemum fruticulosum（Ledebour）A. P. de Candolle［Chrysanthemum fruticulosum Ledebour］●■

7178 Brachatera Desv.（1810）Nom. illegit.≡Sieglingia Bernh.（1800）（废弃属名）；～＝Danthonia DC.（1805）［禾本科 Poaceae（Gramineae）］■

7179 Bracheilema R. Br.（1814）＝Vernonia Schreb.（1791）（保留属名）［菊科 Asteraceae（Compositae）//斑鸠菊科（绿菊科）Vernoniaceae］r■

7180 Brachiaria（Trin.）Griseb.（1853）【汉】臂形草属。【日】ニクキビ属。【俄】Ветвянка。【英】Armgrass, Signal-grass, Singnalgrass。【隶属】禾本科 Poaceae（Gramineae）。【包含】世界 100 种，中国 9-11 种。【学名诠释与讨论】〈阴〉（拉）brachion，所有格 brachionos，臂之上部，变为"拉"brachiatus，有臂的。brachio-latus 有臂的+-arius，-aria，-arium，指示"属于、相似、具有、联系"的词尾。指总状花序上的分枝臂形。此属的学名，ING、APNI、GCI 和 IK 记载是"Brachiaria（Trinius）Grisebach in Ledebour, Fl. Rossica 4：469. Jun 1853"，由"Panicum sect. Brachiaria Trinius, Gram. Panic. 51, 125. 1826"改级而来。"Brachiaria Griseb.（1853）≡Brachiaria（Trin.）Griseb.（1853）"的命名人引证有误。【分布】中国，玻利维亚，马达加斯加，美国（密苏里），巴基斯坦，巴拿马，中美洲。【后选模式】Brachiaria holosericea（R. Brown）D. K. Hughes［Panicum holosericeum R. Brown］【参考异名】Brachiaria Griseb.（1853）Nom. illegit.；Leucophrys Rendle（1899）；Panicum sect. Brachiaria Trin.（1826）；Pseudobrachiaria Launert（1970）■

7181 Brachiaria Griseb.（1853）Nom. illegit.≡Brachiaria（Trin.）Griseb.（1853）［禾本科 Poaceae（Gramineae）］■

7182 Brachilobos Desv.（1815）＝Brachiolobos All.（1785）Nom. illegit.；～＝Radicula Hill（1756）；～＝Rorippa Scop.（1760）［十字花科 Brassicaceae（Cruciferae）］■

7183 Brachiolobos All.（1785）Nom. illegit.≡Radicula Hill（1756）；～＝Rorippa Scop.（1760）［十字花科 Brassicaceae（Cruciferae）］■

7184 Brachiolobus Bernh.（1800）Nom. illegit.＝Brachiolobos All.（1785）Nom. illegit.；～＝Radicula Hill（1756）；～＝Rorippa Scop.（1760）［十字花科 Brassicaceae（Cruciferae）］■

7185 Brachionidium Lindl.（1859）【汉】臂兰属。【隶属】兰科 Orchidaceae。【包含】世界 35 种。【学名诠释与讨论】〈中〉（希）brachion，所有格 brachionos，有臂的+-idius，-idia，-idium，指示小的词尾。【分布】巴拿马，玻利维亚，厄瓜多尔，哥伦比亚（安蒂奥基亚），哥斯达黎加，尼加拉瓜，西印度群岛，热带南美洲，中美洲。【后选模式】Brachionidium parvifolium（J. Lindley）J. Lindley［Restrepia parvifolia J. Lindley］。【参考异名】Yolanda Hoehne（1919）■☆

7186 Brachionostylum Mattf.（1932）【汉】齿叶蟹甲木属。【隶属】菊科 Asteraceae（Compositae）。【包含】世界 1 种。【学名诠释与讨论】〈中〉（希）brachion，所有格 brachionos，有臂的+stylos＝拉丁文 style，花柱，中柱，有尖之物，桩，柱，支持物，支柱，石头做的界标。【分布】新几内亚岛。【模式】Brachionostylum pullei Mattfeld。【参考异名】Brachyonostylum Mattf.●☆

7187 Brachiostemon Hand.-Mazz.（1934）＝Ornithoboea Parish ex C. B. Clarke（1883）［苦苣苔科 Gesneriaceae］■

7188 Brachistepis Thouars＝Beclardia A. Rich.（1828）Nom. illegit.；～＝Epidendrum L.（1763）（保留属名）［兰科 Orchidaceae］■☆

7189 Brachistus Miers（1849）【汉】短茄属。【隶属】茄科 Solanaceae。【包含】世界 3 种。【学名诠释与讨论】〈阳〉（希）brachys，短的。Brachystos，最短的。【分布】巴拿马，秘鲁，玻利维亚，厄瓜多尔（科隆群岛），尼加拉瓜，中美洲。【后选模式】Brachistus stramonifolius（Kunth）Miers［Witheringia stramonifolia Kunth］。【参考异名】Sicklera Sendtn.（1846）Nom. illegit.●☆

7190 Brachoneuron Post et Kuntze（1903）＝Brochoneura Warb.（1897）［肉豆蔻科 Myristicaceae］●☆

7191 Brachtia Rchb. f.（1850）（保留属名）【汉】布拉兰属（勃拉兰

属)。【隶属】兰科 Orchidaceae。【包含】世界 5 种。【学名诠释与讨论】〈阴〉(人) Adalbert von Bracht, 1804－1848, 匈牙利人。此属的学名"Brachtia Rchb. f. in Linnaea 22：853. Mai 1850"是保留属名。相应的废弃属名是绿藻的"Brachtia Trevis. , Sagg. Algh. Coccot. :57. 1848"。"Oncodia Lindley, Folia Orchid. 4：Oncodia 1. 20-30 Apr 1853"是"Brachtia Rchb. f. (1850)(保留属名)"的晚出的同模式异名(Homotypic synonym, Nomenclatural synonym)。【分布】厄瓜多尔,哥伦比亚,委内瑞拉。【模式】Brachtia glumacea H. G. Reichenbach。【参考异名】Oncodia Lindl. (1853) Nom. illegit. ■☆

7192　Brachyachaenium Baker(1896) = Dicoma Cass. (1817)〔菊科 Asteraceae(Compositae)〕●☆

7193　Brachyachenium Baker(1890) = Dicoma Cass. (1817)〔菊科 Asteraceae(Compositae)〕●☆

7194　Brachyachne(Benth.)Stapf(1922)【汉】短毛草属。【隶属】禾本科 Poaceae(Gramineae)。【包含】世界 9 种。【学名诠释与讨论】〈阴〉(希)brachys, 短的。brachy－ = 拉丁文 brevi－, 短的 + achne, 鳞片,泡沫,泡囊,谷壳,稃。此属的学名,ING、TROPICOS 和 APNI 记载是"Brachyachne (Bentham)Stapf, Hooker's Icon. Pl. 31：ad t. 3099. Jun 1922", 由"Cynodon sect. Brachyachne Bentham in Bentham et J. D. Hooker,Gen. 3：1164. 14 Apr. 1883"改级而来。IK 则记载为"Brachyachne Stapf, Hooker's Icon. Pl. 31：t. 3099. 1922"。【分布】澳大利亚,热带非洲。【模式】未指定。【参考异名】Brachyachne Stapf (1922) Nom. illegit. ; Cynodon sect. Brachyachne Benth. (1883)■☆

7195　Brachyachne Stapf(1922) Nom. illegit. ≡ Brachyachne (Benth.) Stapf(1922)〔禾本科 Poaceae(Gramineae)〕■☆

7196　Brachyachyris Spreng. (1826) = Brachyris Nutt. (1818)〔菊科 Asteraceae (Compositae)〕; ~ = Gutierrezia Lag. (1816)〔菊科 Asteraceae(Compositae)〕■●☆

7197　Brachyactis Ledeb. (1845)【汉】短星菊属。【日】アレチシオン属。【俄】Брахиактис。【英】Brachyactis。【隶属】菊科 Asteraceae (Compositae)。【包含】世界 5 种,中国 4-5 种。【学名诠释与讨论】〈阴〉(希)brachys, 短的 + aktis, 所有格 aktinos, 光线,光束,射线。指舌状花短小。【分布】中国,北亚,北美洲。【模式】Brachyactis ciliata (Ledebour) Ledebour〔Erigeron ciliatus Ledebour〕■

7198　Brachyandra Naudin(1844)(废弃属名) = Pterolepis (DC.) Miq. (1840)(保留属名)〔野牡丹科 Melastomataceae〕●☆

7199　Brachyandra Phil. (1860)(保留属名)【汉】短蕊修泽兰属。【隶属】菊科 Asteraceae(Compositae)。【包含】世界 2 种。【学名诠释与讨论】〈阴〉(希)brachys, 短的 + aner, 所有格 andros, 雄蕊,雄性。此属的学名"Brachyandra Phil. , Fl. Atacam. :34. 1860"是保留属名。相应的废弃属名是野牡丹科 Melastomataceae 的"Brachyandra Naudin in Ann. Sci. Nat. , Bot. , ser. 3, 2：143. Sep 1844 = Pterolepis (DC.) Miq. (1840)(保留属名)"。亦有文献把"Brachyandra Phil. (1860)(保留属名)"处理为"Helogyne Nutt. (1841)"的异名。【分布】智利。【模式】Brachyandra macrogyne R. A. Philippi。【参考异名】Helogyne Nutt. (1841)●☆

7200　Brachyanthes Chem. ex Dunal(1852) = Petunia Juss. (1803)(保留属名)〔茄科 Solanaceae〕■

7201　Brachyapium(Baill.)Maire(1932) Nom. illegit. ≡ Stoibrax Raf. (1840); ~ = Tragiopsis Pomel (1874) Nom. illegit. ; ~ ≡ Stoibrax Raf. (1840)〔伞形花科(伞形科)Apiaceae(Umbelliferae)〕■☆

7202　Brachyaster Ambrosi(1857) = Aster L. (1753); ~ = Bellidastrum Scop. (1760)〔菊科 Asteraceae(Compositae)〕●■

7203　Brachyathera Kuntze, Nom. illegit. = Danthonia DC. (1805)(保留属名); ~ = Brachatera Desv. (1810) Nom. illegit. ; ~ = Sieglingia Bernh. (1800)(废弃属名) = Danthonia DC. (1805)(保留属名)〔禾本科 Poaceae(Gramineae)〕■

7204　Brachyathera Post et Kuntze (1903) Nom. illegit. = Brachatera Desv. (1810) Nom. illegit. ; ~ = Danthonia DC. (1805)(保留属名); ~ =Sieglingia Bernh. (1800)(废弃属名); ~ = Danthonia DC. (1805)(保留属名)〔禾本科 Poaceae(Gramineae)〕■☆

7205　Brachybotrys Maxim. , Nom. illegit. ≡ Brachybotrys Maxim. ex Oliv. (1878)〔紫草科 Boraginaceae〕■

7206　Brachybotrys Maxim. ex Oliv. (1878)【汉】山茄子属(短穗草属,短穗花属,短序花属,山茄属)。【日】クロキソウ属。【俄】Короткокистник。【英】Brachybotrys, Wildeggplant。【隶属】紫草科 Boraginaceae。【包含】世界 1 种,中国 1 种。【学名诠释与讨论】〈阴〉(希)brachys, 短的 + botrys, 葡萄串,总状花序,簇生。指总状花序短。此属的学名,ING、TROPICOS 和 IK 记载是"Brachybotrys Maximowicz ex D. Oliver, Hooker's Icon Pl. t. 1254. Jun 1878";《中国植物志》英文版亦使用此名称。"Brachybotrys Maxim. ≡Brachybotrys Maxim. ex Oliv. (1878)"的命名人引证有误;《中国植物志》中文版使用此名称。【分布】朝鲜,中国,远东,西伯利亚。【模式】Brachybotrys paridiformis Maximowicz ex D. Oliver。【参考异名】Brachybotrys Maxim. ,Nom. illegit. ■

7207　Brachycalycium Backeb. (1942)【汉】新世界属。【日】ブラキカリキウム属。【隶属】仙人掌科 Cactaceae。【包含】世界 1 种。【学名诠释与讨论】〈中〉(希)brachys, 短的 + kalyx, 所有格 kalykos = 拉丁文 calyx, 花萼,杯子 + -ius, -ia, -ium, 在拉丁文和希腊文中,这些词尾表示性质或状态。此属的学名是"Brachycalycium Backeberg, Cactaceae 1941 (2)：76, 78. Jun 1942"。亦有文献把其处理为"Gymnocalycium Pfeiff. ex Mittler (1844)"的异名。【分布】阿根廷。【模式】Brachycalycium tilcarense Backeberg。【参考异名】Gymnocalycium Pfeiff. ex Mittler (1844)■☆

7208　Brachycalyx Sweet ex DC. = Rhododendron L. (1753)〔杜鹃花科(欧石南科)Ericaceae〕●

7209　Brachycarpaea DC. (1821)【汉】南非短果芥属。【隶属】十字花科 Brassicaceae(Cruciferae)。【包含】世界 1 种。【学名诠释与讨论】〈阴〉(希)brachys, 短的 + karpos, 果实。【分布】非洲南部。【模式】Brachycarpaea varians A. P. de Candolle, Nom. illegit. 〔Heliophila flava Linnaeus f. ; Brachycarpaea flava (Linnaeus f.)G. C. Druce〕■☆

7210　Brachycaulaceae Panigrahi et Dikshit(2003)〔亦见 Saxifragaceae Juss. (保留科名)虎耳草科〕【汉】短茎蔷薇科。【包含】世界 1 属 1 种。【分布】印度。【科名模式】Brachycaulos Dikshit et Panigrahi ●☆

7211　Brachycaulos Dikshit et Panigrahi(1981)【汉】短茎蔷薇属。【隶属】蔷薇科 Rosaceae//短茎蔷薇科 Brachycaulaceae。【包含】世界 1 种。【学名诠释与讨论】〈阳〉(希)brachys, 短的 + kaulon, 茎。此属的学名是"Brachycaulos B. K. Dixit et G. Panigrahi, Bull. Mus. Natl. Hist. Nat. , B, Adansonia 3：58. 30 Jul ('Jan－Mar')1981"。亦有文献把其处理为"Chamaerhodos Bunge(1829)"的异名。【分布】印度。【模式】Brachycaulos simplicifolius B. K. Dixit et Panigrahi。【参考异名】Chamaerhodos Bunge(1829)●☆

7212　Brachycentrum Meisn. (1837) = Centronia D. Don(1823)〔野牡丹科 Melastomataceae〕●☆

7213　Brachycereus Britton et Rose(1920)【汉】飞龙柱属。【日】ブラキセレウス属。【隶属】仙人掌科 Cactaceae。【包含】世界 1 种。【学名诠释与讨论】〈阳〉(希)brachys, 短的 + (属)Cereus 仙影掌属。【分布】厄瓜多尔(科隆群岛)。【模式】Brachycereus thouarsii（Weber）N. L. Britton et J. N. Rose ［Cereus thouarsii Weber］●☆

7214　Brachychaeta Torr. et A. Gray（1842）= Solidago L.（1753）［菊科 Asteraceae（Compositae）］■

7215　Brachycheila Harv. ex Eckl. et Zeyh.（1847）= Diospyros L.（1753）;～= Euclea L.（1774）［柿树科 Ebenaceae］●☆

7216　Brachychilum（R. Br. ex Wall.）Petersen（1893）= Hedychium J. König（1783）［姜科（蘘荷科）Zingiberaceae］■

7217　Brachychilum（Wall.）Petersen（1893）Nom. illegit. ≡ Brachychilum（R. Br. ex Wall.）Petersen（1893）;～= Hedychium J. König（1783）［姜科（蘘荷科）Zingiberaceae］■

7218　Brachychilum Petersen（1893）Nom. illegit. ≡ Brachychilum（R. Br. ex Wall.）Petersen（1893）;～= Hedychium J. König（1783）［姜科（蘘荷科）Zingiberaceae］■

7219　Brachychilus Post et Kuntze（1）= Brachycheila Harv. ex Eckl. et Zeyh.（1847）;～= Diospyros L.（1753）［柿树科 Ebenaceae］●

7220　Brachychilus Post et Kuntze（2）= Brachychilum（R. Br. ex Wall.）Petersen（1893）［姜科（蘘荷科）Zingiberaceae］■

7221　Brachychiton Schott et Endl.（1832）【汉】瓶木属（澳梧桐属，澳洲瓶子树属，瓶子木属）。【日】ツボノキ属。【英】Bottle Tree, Bottle-tree, Brachychiton。【隶属】梧桐科 Sterculiaceae//锦葵科 Malvaceae。【包含】世界 11-31 种。【学名诠释与讨论】〈中〉（希）brachys, 短的+chiton = 拉丁文 chitin, 罩衣, 外罩, 上衣, 铠甲, 覆盖物。【分布】澳大利亚。【模式】Brachychiton paradoxus H. W. Schott et Endlicher ［as ' paradoxum ']。【参考异名】Chichaea C. Presl（1836）; Poecilodermis Schott et Endl.（1832）; Poecilodermis Schott（1832）Nom. illegit. ●☆

7222　Brachychlaena Post et Kuntze（1903）= Brachylaena R. Br.（1817）［菊科 Asteraceae（Compositae）］●☆

7223　Brachychloa S. M. Phillips（1982）【汉】非洲矮草属。【隶属】禾本科 Poaceae（Gramineae）。【包含】世界 2-3 种。【学名诠释与讨论】〈阴〉（希）brachys, 短的+chloe, 草的幼芽, 嫩草, 禾草。【分布】非洲南部, 莫桑比克。【模式】Brachychloa schiemanniana（H. G. W. J. Schweickerdt）S. M. Phillips ［Heterocarpha schiemanniana H. G. W. J. Schweickerdt］●☆

7224　Brachycladium（Luer）Luer（2005）= Lepanthes Sw.（1799）［兰科 Orchidaceae］■☆

7225　Brachyclados D. Don（1832）Nom. illegit. ≡ Brachyclados Gillies ex D. Don（1832）［菊科 Asteraceae（Compositae）］●☆

7226　Brachyclados Gillies ex D. Don（1832）【汉】短枝菊属。【隶属】菊科 Asteraceae（Compositae）。【包含】世界 3 种。【学名诠释与讨论】〈阴〉（希）brachys, 短的+klados, 枝, 芽, 指小式 kladion, 棍棒。kladodes 有许多枝子的。此属的学名, ING 记载是 "Brachyclados Gillies ex D. Don, Philos. Mag. Ann. Chem. 11: 391. Mai 1832"。IK 和 TROPICOS 则记载为 "Brachyclados D. Don, Philos. Mag. Ann. Chem.（1832）391"。三者引用的文献相同。【分布】温带南美洲。【模式】Brachyclados lycioides Gillies ex D. Don。【参考异名】Baucis Phil.（1894）; Brachyclados D. Don（1832）Nom. illegit. ; Brachycladus Post et Kuntze（1903）Nom. illegit. ; Lavidia Phil.（1894）●☆

7227　Brachycladus Post et Kuntze（1903）Nom. illegit. = Brachyclados D. Don（1832）;～= Brachyclados Gillies ex D. Don（1832）［菊科 Asteraceae（Compositae）］●☆

7228　Brachycodon（Benth.）Progel（1865）= Pagaea Griseb.（1845）［龙胆科 Gentianaceae］■☆

7229　Brachycodon Fed.（1957）Nom. illegit. = Brachycodonia Fed. ex Kolak.（1994）;～= Campanula L.（1753）［桔梗科

Campanulaceae］■●

7230　Brachycodon Progel（1865）Nom. illegit. ≡ Brachycodon（Benth.）Progel（1865）;～= Pagaea Griseb.（1845）［龙胆科 Gentianaceae］■☆

7231　Brachycodonia Fed. , Nom. illegit. ≡ Brachycodonia Fed. ex Kolak.（1994）;～= Campanula L.（1753）［桔梗科 Campanulaceae］■●

7232　Brachycodonia Fed. ex Kolak.（1994）= Campanula L.（1753）［桔梗科 Campanulaceae］■●

7233　Brachycome Cass.（1825）Nom. illegit. ≡ Brachyscome Cass.（1816）［菊科 Asteraceae（Compositae）］●■☆

7234　Brachycome Gaudich. = Vittadinia A. Rich.（1832）［菊科 Asteraceae（Compositae）］■☆

7235　Brachycorys Schrad.（1830）= Lindenbergia Lehm.（1829）［玄参科 Scrophulariaceae］■

7236　Brachycorythis Lindl.（1838）【汉】苞叶兰属。【英】Brachycorythis。【隶属】兰科 Orchidaceae。【包含】世界 25-33 种, 中国 3-4 种。【学名诠释与讨论】〈阴〉（希）brachys, 短的+korys, 所有格 korythos 头盔, 顶, 头。指花冠上唇短。【分布】中国, 热带和非洲南部, 热带亚洲。【模式】Brachycorythis ovata J. Lindley。【参考异名】Diplacorchis Schltr.（1921）; Gyaladenia Schltr.（1921）; Gymnadenia Schltr. ; Phyllomphax Schltr.（1919）; Schwartzkopffia Kraenzl.（1900）■

7237　Brachycylix（Harms）R. S. Cowan（1975）【汉】艳花短杯豆属。【隶属】豆科 Fabaceae（Leguminosae）//云实科（苏木科）Caesalpiniaceae。【包含】世界 1 种。【学名诠释与讨论】〈阳〉（希）brachys, 短的+kylix, 所有格 kylikos = 拉丁文 calyx, 杯, 萼。此属的学名, ING 和 IK 记载是 "Brachycylix（Harms）R. S. Cowan, Proc. Kon. Ned. Akad. Wetensch. , Ser. C. 78: 464. 1975", 由 " Heterostemon subgen. Brachycylix Harms, Notizbl. Bot. Gart. Berlin-Dahlem 9: 293. 20 Mar 1925" 改级而来。【分布】哥伦比亚。【模式】Brachycylix vageleri（Harms）R. S. Cowan ［Heterostemon vageleri Harms］。【参考异名】Heterostemon subgen. Brachycylix Harms（1925）■☆

7238　Brachycyrtis Koidz.（1924）【汉】日本铃兰属。【隶属】百合科 Liliaceae//铃兰科 Convallariaceae//油点草科 Tricyrtidaceae。【包含】世界 1 种。【学名诠释与讨论】〈阴〉（希）brachys, 短的+cyrtis, 弯曲的。此属的学名是 "Brachycyrtis Koidzumi, Bot. Mag.（Tokyo）38: 100. Mai 1924"。亦有文献把其处理为 "Tricyrtis Wall.（1826）（保留属名）" 的异名。【分布】日本。【模式】Brachycyrtis macrantha（Maximowicz）Koidzumi ［Tricyrtis macrantha Maximowicz］。【参考异名】Tricyrtis Wall.（1826）（保留属名）■☆

7239　Brachyderea Cass.（1827）= Crepis L.（1753）［菊科 Asteraceae（Compositae）］■

7240　Brachyelytrum P. Beauv.（1812）【汉】短颖草属。【日】カウヤザサ属。【俄】Брахиэлитрум。【英】Shorthusk。【隶属】禾本科 Poaceae（Gramineae）。【包含】世界 3 种, 中国 1-2 种。【学名诠释与讨论】〈中〉（希）brachys, 短的+elytron, 皮壳, 套子, 盖。指颖细小。【分布】玻利维亚, 美国, 中国, 非洲, 美洲。【模式】Brachyelytrum erectum（Schreber）Palisot de Beauvois ［Muhlenbergia erecta Schreber］■

7241　Brachyeorys Schrad. = Lindenbergia Lehm.（1829）［玄参科 Scrophulariaceae］■

7242　Brachyglottis J. R. Forst. et G. Forst.（1775）【汉】短喉木属（常春菊属）。【英】Shrub Ragwort。【隶属】菊科 Asteraceae（Compositae）。【包含】世界 30 种。【学名诠释与讨论】〈阴〉（希）brachys, 短的+glottis, 所有格 glottidos, 气管口, 来自 glotta = glossa, 舌。【分布】马达加斯加, 新西兰。【后选模式】

Brachyglottis repanda J. R. Forster et J. G. A. Forster。【参考异名】Brachyoglotis Lam. (1785); Urostemon B. Nord. (1978)●■☆

7243 Brachygyne(Benth.) Small(1903) Nom. illegit. = Dasistoma Raf. (1819); ~ = Seymeria Pursh (1814) (保留属名) [玄参科 Scrophulariaceae//列当科 Orobanchaceae]●■☆

7244 Brachygyne Cass.(1827)= Eriocephalus L.(1753) [菊科 Asteraceae(Compositae)]●☆

7245 Brachygyne Small(1903) Nom. illegit. ≡ Brachygyne(Benth.) Small(1903) Nom. illegit.; ~ = Dasistoma Raf. (1819); ~ = Seymeria Pursh(1814)(保留属名) [玄参科 Scrophulariaceae]■●☆

7246 Brachyhelus(Benth.) Post et Kuntze (1903) = Schwenckia L. (1764) [茄科 Solanaceae]■●☆

7247 Brachyilema Post et Kuntze(1903)= Bracheilema R. Br. (1814); ~ = Schwenckia L. (1764); ~ = Vernonia Schreb. (1791)(保留属名) [菊科 Asteraceae (Compositae)//斑鸠菊科(绿菊科) Vernoniaceae]●■

7248 Brachylaena R. Br. (1817)【汉】非洲木菊属(短被菊属,短衣菊属)。【隶属】菊科 Asteraceae(Compositae)。【包含】世界 11-23 种。【学名诠释与讨论】〈阴〉(希)brachys,短的+laina = chlaine = 拉丁文 laena,外衣,衣服。【分布】马斯克林群岛,热带和非洲南部。【模式】Brachylaena nereifolia (Linnaeus) Lessing [Baccharis nereifolia Linnaeus]。【参考异名】Brachychlaena Post et Kuntze(1903); Oligocarpha Cass. (1817); Synchodendron Bojer ex DC. (1836)●☆

7249 Brachylepis C. A. Mey. (1829) Nom. inval. ≡ Brachylepis C. A. Mey. ex Ledeb. (1829) [藜科 Chenopodiaceae]■

7250 Brachylepis C. A. Mey. ex Ledeb. (1829)【汉】短鳞藜属(短鳞木贼属)。【隶属】藜科 Chenopodiaceae。【包含】世界 8 种。【学名诠释与讨论】〈阴〉(希)brachysbrachion,所有格 brachionos,有臂的+lepis,所有格 lepidos,指小式 lepion 或 lepidion,鳞,鳞片。lepidotos,多鳞的。lepos,鳞,鳞片。此属的学名,ING、TROPICOS 和 GCI 记载是"Brachylepis C. A. Meyer ex Ledebour,Icon. Pl. Nov. 1:12. Mai-Dec 1829"。IK 则记载为"Brachylepis C. A. Mey., Fl. Altaic. [Ledebour]. 1:370. 1829 [Nov-Dec 1829]"。"Brachylepis W. J. Hooker et Arnott,J. Bot. (Hooker) 1:290. Jan 1835 (non C. A. Meyer ex Ledebour 1829) ≡ Melinia Decaisne (1844) [萝藦科 Asclepiadaceae]"和"Brachylepis R. Wight et Arnott in R. Wight, Contr. Bot. India 63. Dec 1834 (non C. A. Meyer ex Ledebour 1829) ≡ Baeolepis Decaisne ex Moquin - Tandon, 1849 [萝藦科 Asclepiadaceae//杠柳科 Periplocaceae]"是晚出的非法名称。【分布】中国,俄罗斯(南部)至亚洲中部。【模式】Brachylepis salsa Ledebour。【参考异名】Brachylepis C. A. Mey. (1829) Nom. inval. ■

7251 Brachylepis Hook. et Arn. (1835) Nom. illegit. ≡ Melinia Decne. (1844) [萝藦科 Asclepiadaceae]■☆

7252 Brachylepis Wight et Arn. (1834) Nom. illegit. ≡ Baeolepis Decne. ex Moq. (1849) [萝藦科 Asclepiadaceae]■☆

7253 Brachylobos Desv. (1815)= Brachylobus Link(1831) [十字花科 Brassicaceae(Cruciferae)]■

7254 Brachylobus Dulac (1867) Nom. illegit. ≡ Melilotus (L.) Mill. (1754) [豆科 Fabaceae(Leguminosae)//蝶形花科 Papilionaceae]■

7255 Brachylobus Link(1831)= Brachiolobos All. (1785) Nom. illegit.; ~ = Rorippa Scop. (1760) [十字花科 Brassicaceae(Cruciferae)]■

7256 Brachyloma Hanst. (1854) Nom. illegit. ≡ Kohleria Regel (1847); ~ = Isoloma Decne. (1848) Nom. illegit.; ~ ≡ Kohleria Regel (1847); ~ = Moussonia Regel(1847) [苦苣苔科 Gesneriaceae]●■☆

7257 Brachyloma Sond. (1845)【汉】瑞香石南属。【隶属】杜鹃花科

(欧石南科)Ericaceae。【包含】世界 2-7 种。【学名诠释与讨论】〈中〉(希)brachys+loma,所有格 lomatos,袍的边缘。【分布】澳大利亚。【模式】Brachyloma preissii Sonder。【参考异名】Lobopogon Schltdl. (1847)●☆

7258 Brachylophon Oliv. (1887)【汉】短脊木属。【隶属】金虎尾科(黄褥花科)Malpighiaceae。【包含】世界 3 种。【学名诠释与讨论】〈中〉(希)brachys,短的+lophos,脊,鸡冠,装饰。【分布】印度尼西亚(苏门答腊岛),泰国,非洲东部,马来半岛。【模式】Brachylophon curtisii D. Oliver。【参考异名】Brachytophora T. Durand ●☆

7259 Brachymeris DC. (1838) = Phymaspermum Less. (1832) [菊科 Asteraceae(Compositae)]●☆

7260 Brachynema Benth. (1857)(保留属名)【汉】短丝铁青树属。【隶属】铁青树科 Olacaceae。【包含】世界 1 种。【学名诠释与讨论】〈中〉(希)brachys,短的+nema,所有格 nematos,丝,花丝。此属的学名"Brachynema Benth. in Trans. Linn. Soc. London 22:126. 21 Nov 1857"是保留属名。相应的废弃属名是马鞭草科 Verbenaceae 的"Brachynema Griff., Not. Pl. Asiat. 4:176. 1854 = Sphenodesme Jack(1820)"。南美鼠刺科(吊片果科,鼠刺科,夷鼠刺科) Escalloniaceae 的"Brachynema F. Muell., Fragm. (Mueller)3(20):90. 1862 [Sep 1862] ≡ Abrophyllum Hook. f. ex Benth. (1864)"亦应废弃。蓝藻的"Brachynema A. Ercegovic, Acta Bot. Inst. Bot. Univ. Zagreb. 6:35. 1931"和黄藻的"Brachynema G. Ålvik, Bergens Mus. Årbok 1934 (Naturvidensk. rekke 6):35.7 Jul 1934"也须废弃。【分布】巴西,秘鲁。【模式】Brachynema ramiflorum Bentham。【参考异名】Brachynema Griff. (1854)(废弃属名)●☆

7261 Brachynema F. Muell. (1862) Nom. illegit. (废弃属名) ≡ Abrophyllum Hook. f. ex Benth. (1864) [醋栗科(茶藨子科) Grossulariaceae//东澳木科 Abrophyllaceae//腕带花科 Carpodetaceae]●☆

7262 Brachynema Griff. (1854) (废弃属名) = Sphenodesme Jack (1820) [马鞭草科 Verbenaceae//唇形材科 Lamiaceae(Labiatae)//六苞藤科(伞序科) Symphoremataceae]●

7263 Brachyoglotis Lam. (1785)= Brachyglottis J. R. Forst. et G. Forst. (1775) [菊科 Asteraceae(Compositae)]●■☆

7264 Brachyolobos DC. (1805) = Brachiolobos All. (1785) Nom. illegit.; ~ = Rorippa Scop. (1760) [十字花科 Brassicaceae (Cruciferae)]■

7265 Brachyonostylum Mattf. = Brachionostylum Mattf. (1932) [菊科 Asteraceae(Compositae)]●☆

7266 Brachyotum (DC.) Triana ex Benth. (1867) Nom. illegit. ≡ Brachyotum (DC.) Triana ex Benth. et Hook. f. (1867) [野牡丹科 Melastomataceae]●☆

7267 Brachyotum(DC.) Triana ex Benth. et Hook. f. (1867)【汉】短野牡丹属。【隶属】野牡丹科 Melastomataceae。【包含】世界 50 种。【学名诠释与讨论】〈中〉(希)brachys,短的。此属的学名,ING 记载是"Brachyotum (A. P. de Candolle) Triana ex Bentham et J. D. Hooker, Gen. 1:729, 743. Sep 1867",由"Arthrostemma sect. Brachyotum A. P. de Candolle, Prodr. 3:136. Mar (med.) 1828"改级而来。IK 记载为"Brachyotum Triana, Gen. Pl. [Bentham et Hooker f.]1(3):743. 1867 [Sep 1867]"。TROPICOS 则记载为"Brachyotum (DC.) Triana, Gen. Pl. 1:729,743,1867"。三者引用的文献相同。"Brachyotum (DC.) Triana ex Benth. (1867)"、"Brachyotum (DC.) Triana (1867)"和"Brachyotum Triana (1867)"的命名人引证均有误。【分布】秘鲁,玻利维亚,厄瓜多尔,哥伦比亚(安蒂奥基亚),南美洲。【后选模式】Brachyotum quinquenerve（Ruiz et Pavón）Triana［Rhexia quinquenervis Ruiz et Pavón］。【参考异名】Alifana Raf.（1838）；Arthrostemma DC.（1828）；Arthrostemma sect. Brachyotum DC.（1828）；Brachyotum（DC.）Triana ex Benth.（1867）Nom. illegit.；Brachyotum（DC.）Triana（1867）Nom. inval.；Brachyotum Triana（1867）Nom. illegit.●☆

7268 Brachyotum（DC.）Triana（1867）Nom. illegit. ≡ Brachyotum（DC.）Triana ex Benth. et Hook. f.（1867）［野牡丹科 Melastomataceae］●☆

7269 Brachyotum Triana（1867）Nom. illegit. ≡ Brachyotum（DC.）Triana ex Benth. et Hook. f.（1867）［野牡丹科 Melastomataceae］●☆

7270 Brachypappus Sch. Bip.（1855）= Senecio L.（1753）［菊科 Asteraceae（Compositae）//千里光科 Senecionidaceae］■●

7271 Brachypetalum Nutt. ex Lindl. = Smilacina Desf.（1807）（保留属名）［百合科 Liliaceae//铃兰科 Convallariaceae］■

7272 Brachypeza Garay（1972）【汉】短足兰属。【隶属】兰科 Orchidaceae。【包含】世界 7 种。【学名诠释与讨论】〈阴〉（希）brachys，短的+pezos 用脚走的。此属的学名，ING 和 IK 记载是"Brachypeza Garay，Bot. Mus. Leafl. 23：163. 30 Jun 1972"。"Brachypeza Schltr. ex Garay.（1972）Nom. illegit. ≡ Brachypeza Garay（1972）"的命名人引证有误。【分布】老挝，泰国，马来西亚至新几内亚岛，太平洋西部。【模式】Brachypeza archytas（Ridley）Garay［Saccolabium archytas Ridley］。【参考异名】Brachypeza Schltr. ex Garay.（1972）Nom. illegit. ■☆

7273 Brachypeza Schltr. ex Garay.（1972）Nom. illegit. ≡ Brachypeza Garay（1972）［兰科 Orchidaceae］■☆

7274 Brachyphragma Rydb.（1929）= Astragalus L.（1753）［豆科 Fabaceae（Leguminosae）//蝶形花科 Papilionaceae］●■

7275 Brachypoda Raf. = Eclipta L.（1771）（保留属名）［菊科 Asteraceae（Compositae）］■

7276 Brachypodandra Gagnep.（1948）【汉】短蕊椴属。【隶属】椴树科（椴科，田麻科）Tiliaceae。【包含】世界 1 种。【学名诠释与讨论】〈阴〉（希）brachys，短的+pous，所有格 podos，指小式 podion，脚，足，柄，梗。podotes，有脚的+andron 雄蕊。【分布】中南半岛。【模式】Brachypodandra chevalieri Gagnepain。●☆

7277 Brachypodium P. Beauv.（1812）【汉】短柄草属。【日】ヤマカモジグサ属。【俄】Коротконожка，Трахиния。【英】False Brome，False Brome Grass，Falsebrome，False-brome，False-brome Grass，Slender False-brome。【隶属】禾本科 Poaceae（Gramineae）。【包含】世界 20 种，中国 5-7 种。【学名诠释与讨论】〈中〉（希）brachys，短的+pous，所有格 podos，指小式 podion，脚，足，柄，梗。podotes，有脚的+-ius，-ia，-ium，在拉丁文和希腊文中，这些词尾表示性质或状态。指小穗柄短。此属的学名，ING、APNI、GCI、TROPICOS 和 IK 记载是"Brachypodium P. Beauv.，Ess. Agrostogr. 100，155. 1812［Dec 1812］"。苔藓的"Brachypodium S. E. Bridel，Bryol. Univ. 1：147. Jan – Mar 1826 ≡ Brachysteleum H. G. L. Reichenbach 1828"是晚出的非法名称。【分布】巴基斯坦，巴拿马，秘鲁，玻利维亚，厄瓜多尔，哥伦比亚（安蒂奥基亚），哥斯达黎加，马达加斯加，中国，热带山区，温带，中美洲。【后选模式】Brachypodium pinnatum（Linnaeus）Palisot de Beauvois［Bromus pinnatus Linnaeus］。【参考异名】Brevipodium Á. Löve et D. Löve（1961）；Disticheia Ehrh.（1789）Nom. inval.；Trachynia Link（1827）；Tragus Panz.（1813）（废弃属名）■

7278 Brachypremna Gleason（1935）= Ernestia DC.（1828）［野牡丹科 Melastomataceae］☆

7279 Brachypteris Griseb.（1839）Nom. illegit. ≡ Brachypterys A. Juss.（1838）［金虎尾科（黄褥花科）Malpighiaceae］●☆

7280 Brachypterum（Wight et Arn.）Benth.（1837）= Derris Lour.

（1790）（保留属名）［豆科 Fabaceae（Leguminosae）//蝶形花科 Papilionaceae］●

7281 Brachypterum Benth.（1837）Nom. illegit. ≡ Brachypterum（Wight et Arn.）Benth.（1838）；~ = Derris Lour.（1790）（保留属名）［豆科 Fabaceae（Leguminosae）//蝶形花科 Papilionaceae］●

7282 Brachypterys A. Juss.（1838）【汉】短翼金虎尾属。【隶属】金虎尾科（黄褥花科）Malpighiaceae。【包含】世界 5 种。【学名诠释与讨论】〈阴〉（希）brachys，短的+pterys 翼，翅。此属的学名，ING、GCI、TROPICOS 和 IK 记载是"Brachypterys A. H. L. Jussieu in Delessert，Icon. Select. Pl. 3：20. Feb 1838（'1837'）"。金虎尾科（黄褥花科）Malpighiaceae 的"Brachypteris Grisebach，Linnaea 13：212. Sep-Oct 1839 ≡ Brachypterys A. Juss.（1838）"是晚出的非法名称。"Brachypteris Grisebach，Linnaea 13：212. Sep – Oct 1839"是"Brachypterys A. Juss.（1838）"的晚出的同模式异名（Homotypic synonym，Nomenclatural synonym）。【分布】热带南美洲，西印度群岛。【模式】Brachypterys australis A. H. L. Jussieu Nom. illegit.［Stigmaphyllon paralias A. H. L. Jussieu；Brachypterys paralias（A. H. L. Jussieu）J. Hutchinson］。【参考异名】Brachypteris Griseb.（1839）Nom. illegit.；Brachypteryx Dalla Torre et Harms ●☆

7283 Brachypteryx Dalla Torre et Harms = Brachypterys A. Juss.（1838）［金虎尾科（黄褥花科）Malpighiaceae］●☆

7284 Brachypus Ledeb.（1841）= Fibigia Medik.（1792）；~ = Lunaria L.（1753）［十字花科 Brassicaceae（Cruciferae）］■☆

7285 Brachyramphus DC.（1838）= Lactuca L.（1753）；~ = Launaea Cass.（1822）［菊科 Asteraceae（Compositae）//莴苣科 Lactucaceae］■

7286 Brachyrhynchos Less.（1832）= Senecio L.（1753）［菊科 Asteraceae（Compositae）//千里光科 Senecionidaceae］■●

7287 Brachyridium Meisn.（1839）Nom. illegit. ≡ Lepidophyllum Cass.（1816）［菊科 Asteraceae（Compositae）］●☆

7288 Brachyris Nutt.（1818）= Gutierrezia Lag.（1816）［菊科 Asteraceae（Compositae）］■●☆

7289 Brachyscias J. M. Hart et Henwood（1999）【汉】澳大利亚短伞芹属。【隶属】星花科 Asteranthaceae。【包含】世界 1 种。【学名诠释与讨论】〈阳〉（希）brachys，短的+scias 伞。【分布】澳大利亚。【模式】Brachyscias verecundus J. M. Hart et Henwood。●☆

7290 Brachyscome Cass.（1816）【汉】五色菊属（短毛菊属，鹅河菊属）。【日】ヒメコスモス属。【英】Swan River Daisy，Swanriver Daisy，Swan-river Daisy。【隶属】菊科 Asteraceae（Compositae）。【包含】世界 66-75 种。【学名诠释与讨论】〈阴〉（希）brachys，短的+kome，毛发，束毛，冠毛，来自拉丁文 coma。指冠毛短。此属的学名，ING、TROPICOS、APNI 和 IK 记载是"Brachyscome Cass.，Bull. Sci. Soc. Philom. Paris（1816）199. Cf. Dict. Sc. Nat. v. Suppl. 63（1817）"。"Brachycome Cass.，Dict. Sci. Nat.，ed. 2.［F. Cuvier]37：491. 1825［Dec 1825］"是其拼写变体。【分布】澳大利亚，新西兰。【模式】Brachyscome billardierei Cassini，Nom. illegit.［Bellis aculeata Labillardière；Brachyscome aculeata（Labillardière）Lessing］。【参考异名】Brachycome Cass.（1825）Nom. illegit.；Ctenosperma F. Muell. ex Pfeiff.（1874）Nom. illegit. ●■☆

7291 Brachyscypha Baker（1870）= Lachenalia J. Jacq.（1784）［百合科 Liliaceae//风信子科 Hyacinthaceae］■☆

7292 Brachysema R. Br.（1811）【汉】西澳木属。【隶属】豆科 Fabaceae（Leguminosae）//蝶形花科 Papilionaceae。【包含】世界 8-16 种。【学名诠释与讨论】〈中〉（希）brachys，短的+sema，所有格 sematos，旗帜，标记。【分布】澳大利亚。【模式】Brachysema latifolium R. Brown。【参考异名】Burgesia F. Muell.（1859）；Kaleniczenkia Turcz.（1853）；Leptosema Benth.（1837）；Pontania Lem.（1844）●☆

7293　Brachysiphon A. Juss.（1846）【汉】南非管萼木属。【隶属】管萼木科（管萼科）Penaeaceae。【包含】世界 4-11 种。【学名诠释与讨论】〈中〉（希）brachys，短的 + siphon，所有格 siphonos，管子。【分布】非洲南部。【模式】未指定。●☆

7294　Brachysola Rye（2000）【汉】星毛灌属。【隶属】唇形科 Lamiaceae（Labiatae）。【包含】世界 2 种。【学名诠释与讨论】〈阴〉（希）brachys + solen，所有格 solnos，管子，沟，阴茎。此属的学名"Brachysola Rye, Nuytsia 13（2）：332（2000）"是"Chloanthes sect. Brachysolenia F. Muell. , Fragmenta Phytographiæ Australiæ 10：14. 1876.（Jan 1876）（Fragm.）"的替代名称。【分布】澳大利亚。【模式】不详。【参考异名】Chloanthes sect. Brachysolenia F. Muell.（1876）●☆

7295　Brachyspatha Schott（1856）= Amorphophallus Blume ex Decne.（1834）（保留属名）［天南星科 Araceae］■●

7296　Brachystachys Klotzsch（1843）= Croton L.（1753）［大戟科 Euphorbiaceae//巴豆科 Crotonaceae］●

7297　Brachystachyum Keng（1940）【汉】短穗竹属。【英】Shortspikebamboo, Shortspikilet Bamboo, Short - spikileted Bamboo。【隶属】禾本科 Poaceae（Gramineae）。【包含】世界 1 种，中国 1 种。【学名诠释与讨论】〈中〉（希）brachys，短的 + stachys，穗，谷，长钉，穗状花序。指总状花序简短而呈穗状。此属的学名是"Brachystachyum Y. L. Keng, Sunyatsenia 4：151. Jun 1940"。其亦有文献把其处理为"Semiarundinaria Makino ex Nakai（1925）"的异名。【分布】中国。【模式】Brachystachyum densiflorum（Rendle）Y. L. Keng［Arundinaria densiflora Rendle］。【参考异名】Semiarundinaria Makino ex Nakai（1925）●★

7298　Brachystegia Benth.（1865）【汉】短盖豆属。【隶属】豆科 Fabaceae（Leguminosae）。【包含】世界 30 种。【学名诠释与讨论】〈阴〉（希）brachys，短的 + stege，隐蔽物，盖。【分布】热带非洲。【后选模式】Brachystegia spiciformis Bentham［as 'spicaeformis'］●☆

7299　Brachystele Schltr.（1920）【汉】短柱兰属。【隶属】兰科 Orchidaceae。【包含】世界 18 种。【学名诠释与讨论】〈阴〉（希）brachys，短的 + stele，支持物，支柱，石头做的界标，柱，中柱，花柱。【分布】南美洲，特立尼达和多巴哥（特立尼达岛）。【后选模式】Brachystele unilateralis（Poiret）Schlechter［Ophyrs unilateralis Poiret］。【参考异名】Galeottiella Schltr.（1920）；Mesadenus Schltr.（1920）；Microthelys Garay（1982）■☆

7300　Brachystelma R. Br.（1822）（保留属名）【汉】润肺草属（短梗藤属，球萝藦属）。【日】ブラキステルマ属。【英】Brachystelma。【隶属】萝藦科 Asclepiadaceae。【包含】世界 30-100 种，中国 2 种。【学名诠释与讨论】〈中〉（希）brachys，短的 + stelma，王冠，花冠。指花具短的副冠。此属的学名"Brachystelma R. Br. in Bot. Mag. :ad t. 2343. 2 Sep 1822"是保留属名。相应的废弃属名是萝藦科 Asclepiadaceae 的"Microstemma R. Br. , Prodr. :459. 27 Mar 1810 = Brachystelma R. Br.（1822）（保留属名）"。【分布】中国，热带和非洲南部。【模式】Brachystelma tuberosum（Meerburg）R. Brown［as 'tuberosa'］［Stapelia tuberosa Meerburg］。【参考异名】Aulostephanus Schltr.（1896）；Blepharanthera Schltr.（1913）；Brachystelmaria Schltr.（1895）；Craterostemma K. Schum.（1893）；Dichaelia Harv.（1868）；Eriopetalum Wight（1834）；Lasiostelma Benth.（1876）；Micraster Harv.（1868）；Microstemma R. Br.（1810）（废弃属名）；Siphonostelma Schltr.（1913）；Tapeinostelma Schltr.（1893）■

7301　Brachystelmaria Schltr.（1895）= Brachystelma R. Br.（1822）（保留属名）［萝藦科 Asclepiadaceae］■

7302　Brachystemma D. Don（1825）【汉】短瓣花属（短瓣石竹属，短瓣藤属）。【英】Brachystemma, Shortpetalflower。【隶属】石竹科 Caryophyllaceae。【包含】世界 1 种，中国 1 种。【学名诠释与讨论】〈中〉（希）brachys，短的 + stemma，所有格 stemmatos，花冠，花环，王冠。指花瓣短。【分布】中国，喜马拉雅山。【模式】Brachystemma calycinum D. Don。■

7303　Brachystemum Michx.（1803）= Pycnanthemum Michx.（1803）（保留属名）［唇形科 Lamiaceae（Labiatae）］■☆

7304　Brachystephanus Nees（1847）【汉】短冠爵床属。【隶属】爵床科 Acanthaceae。【包含】世界 10 种。【学名诠释与讨论】〈阴〉（希）brachys，短的 + stephos, stephanos，花冠，王冠。【分布】马达加斯加，热带非洲。【模式】Brachystephanus lyallii C. G. D. Nees。■☆

7305　Brachystephium Less.（1832）= Brachyscome Cass.（1816）［菊科 Asteraceae（Compositae）］●■☆

7306　Brachystepis Pritz.（1855）= Beclardia A. Rich.（1828）Nom. illegit. ; ~ = Oeonia Lindl.（1824）［as ia Lindl（保留属名）［兰科 Orchidaceae］■☆

7307　Brachystigma Pennell（1928）【汉】短柱头列当属。【隶属】玄参科 Scrophulariaceae//列当科 Orobanchaceae。【包含】世界 1 种。【学名诠释与讨论】〈中〉（希）brachys，短的 + stigma，所有格 stigmatos，柱头，眼点。此属的学名是"Brachystigma Pennell, Proc. Acad. Nat. Sci. Philadelphia 80：432. 1 Nov 1928"。亦有文献把其处理为"Agalinis Raf.（1837）（保留属名）"的异名。【分布】美国（西南部）。【模式】Brachystigma wrightii（A. Gray）Pennell［Gerardia wrightii A. Gray］。【参考异名】Agalinis Raf.（1837）（保留属名）■☆

7308　Brachystylis E. Mey. ex DC.（1838）= Marasmodes DC.（1838）［菊科 Asteraceae（Compositae）］■☆

7309　Brachystylus Dulac（1867）Nom. illegit. ≡ Koeleria Pers.（1805）［禾本科 Poaceae（Gramineae）］■

7310　Brachythalamus Gilg（1900）= Gyrinops Gaertn.（1791）［瑞香科 Thymelaeaceae］●☆

7311　Brachythrix Wild et G. V. Pope（1978）【汉】短毛瘦片菊属。【隶属】菊科 Asteraceae（Compositae）。【包含】世界 5-6 种。【学名诠释与讨论】〈阴〉（希）brachys，短的 + thrix，所有格 trichos，毛，毛发。【分布】热带非洲南部。【模式】Brachythrix stolzii（S. Moore）H. Wild et G. V. Pope［Muschleria stolzii S. Moore］■☆

7312　Brachytome Hook. f.（1871）【汉】短萼齿木属（短口木属）。【英】Brachytome。【隶属】茜草科 Rubiaceae。【包含】世界 5 种，中国 3 种。【学名诠释与讨论】〈中〉（希）brachys，短的 + tomos，一片，锐利的，切割的。tome，断片，残株。指花萼顶部裂齿短。【分布】印度至马来西亚，中国。【模式】Brachytome wallichii J. D. Hooker。●

7313　Brachytophora T. Durand = Brachylophon Oliv.（1887）［金虎尾科（黄褥花科）Malpighiaceae］●☆

7314　Brachytropis（DC.）Rchb.（1828）= Polygala L.（1753）［远志科 Polygalaceae］●■

7315　Brachytropis Rchb.（1828）Nom. illegit. ≡ Brachytropis（DC.）Rchb.（1828）; ~ = Polygala L.（1753）［远志科 Polygalaceae］●■

7316　Bracisepalum J. J. Sm.（1933）【汉】短萼兰属（马来西亚兰属）。【隶属】兰科 Orchidaceae。【包含】世界 1-2 种。【学名诠释与讨论】〈中〉（希）brachys，短的 + sepalum，花萼。【分布】马来西亚。【模式】Bracisepalum selebicum J. J. Smith。■☆

7317　Brackenridgea A. Gray（1853）【汉】布氏木属。【隶属】金莲木科 Ochnaceae。【包含】世界 6-7 种。【学名诠释与讨论】〈阴〉（人）

William Dunlop Brackenridge, 1810 - 1893, 美国植物学者。【分布】印度(安达曼群岛), 澳大利亚(昆士兰), 斐济, 马来西亚, 泰国(东南)。【模式】Brackenridgea nitida A. Gray。【参考异名】Campylopora Tiegh. (1902); Notochnella Tiegh. (1902); Pleuroridgea Tiegh. (1902)●☆

7318　Braconotia Godr. (1844) Nom. illegit. = Agropyron Gaertn. (1770); ~ = Elymus L. (1753); ~ = Elytrigia Desv. (1810) [禾本科 Poaceae(Gramineae)]■

7319　Bracteantha Anderb. (1991) Nom. illegit. ≡ Bracteantha Anderb. et L. Haegi (1991); ~ ≡ Xerochrysum Tzvelev (1990) [菊科 Asteraceae(Compositae)]■☆

7320　Bracteantha Anderb. et L. Haegi (1991) Nom. illegit. = Xerochrysum Tzvelev(1990) [菊科 Asteraceae(Compositae)]■☆

7321　Bracteanthus Ducke(1930)【汉】巴西香材树属。【隶属】香材树科(杯轴花科, 黑檫木科, 芒籽科, 蒙立米科, 檬立木科, 香材木科, 香树木科)Monimiaceae//坛罐花科(西帕木科)Siparunaceae。【包含】世界1种。【学名诠释与讨论】〈阳〉(希)bractea+anthos, 花。此属的学名是"Bracteanthus Ducke, Arch. Jard. Bot. Rio de Janeiro 5; 106. 1930", 亦有文献把其处理为"Siparuna Aubl. (1775)"的异名。【分布】巴西(东部)。【模式】Bracteanthus glycycarpus Ducke。【参考异名】Siparuna Aubl. (1775)●☆

7322　Bractearia DC. (1840) Nom. illegit. ≡ Bractearia DC. ex Steud. (1840); ~ = Tibouchina Aubl. (1775) [野牡丹科 Melastomataceae]●■☆

7323　Bractearia DC. ex Steud. (1840) = Tibouchina Aubl. (1775) [野牡丹科 Melastomataceae]●■☆

7324　Bracteocarpaceae Melikian et A. V. Bobrov(2000) = Podocarpaceae Endl. (保留科名)●

7325　Bracteocarpus A. V. Bobrov et Melikyan (1998) = Dacrycarpus (Endl.)de Laub. (1969) [罗汉松科 Podocarpaceae] ●

7326　Bracteocarpus Melikian et A. V. Bobrov (1998) Nom. illegit. ≡ Bracteocarpus A. V. Bobrov et Melikyan (1998) [罗汉松科 Podocarpaceae]●

7327　Bracteola Swallen (1933) Nom. illegit. ≡ Chrysochloa Swallen (1941) [禾本科 Poaceae(Gramineae)]■☆

7328　Bracteolanthus de Wit (1956) = Bauhinia L. (1753) [豆科 Fabaceae(Leguminosae)//云实科(苏木科)Caesalpiniaceae//羊蹄甲科 Bauhiniaceae]●

7329　Bracteolaria Hochst. (1841) = Baphia Afzel. ex Lodd. (1820) [豆科 Fabaceae(Leguminosae)]●☆

7330　Bractillaceae Dulac = Amaryllidaceae J. St. -Hil. (保留科名)●■

7331　Bradburia Spreng. (1826)(废弃属名) = Bradburya Raf. (1817) (废弃属名); ~ = Centrosema (DC.) Benth. (1837)(保留属名) [豆科 Fabaceae(Leguminosae)]■☆

7332　Bradburia Torr. et A. Gray(1842)(保留属名)【汉】软金菀属。【英】Goldenaster。【隶属】菊科 Asteraceae(Compositae)。【包含】世界2种。【学名诠释与讨论】〈阴〉(人)John Bradbury, 1768 - 1823, 英国博物学者。此属的学名"Bradburia Torr. et A. Gray, Fl. N. Amer. 2;250. Apr 1842"是保留属名。相应的废弃属名是豆科 Fabaceae 的"Bradburya Raf. , Fl. Ludov. ;104. Oct - Dec (prim.) 1817 = Centrosema (DC.). Benth. (1837)(保留属名)"。"Bradburya Raf. (1817)(废弃属名)"的拼写变体"Bradburia K. P. J. Sprengel, Syst. Veg. 3;154, 255. Jan - Mar 1826"亦应废弃。"Mauchia O. Kuntze, Rev. Gen. 1;352. 5 Nov 1891"是"Bradburia Torr. et A. Gray (1842)(保留属名)"的晚出的同模式异名 (Homotypic synonym, Nomenclatural synonym)。"Bradburia Torr. et A. Gray (1842)(保留属名)"曾被处理为"Chrysopsis sect.

Bradburia (Torr. & A. Gray) G. L. Nesom, Phytologia 71(2):112. 1991"。【分布】美国(南部), 墨西哥。【模式】Bradburia hirtella J. Torrey et A. Gray。【参考异名】Chrysopsis (Nutt.)Elliott(1823) (保留属名); Chrysopsis sect. Bradburia (Torr. & A. Gray) G. L. Nesom(1991); Mauchia Kuntze(1891)Nom. illegit. ■☆

7333　Bradburya Raf. (1817)(废弃属名) = Centrosema (DC.) Benth. (1837)(保留属名) [豆科 Fabaceae(Leguminosae)//蝶形花科 Papilionaceae]●■☆

7334　Braddleya Vell. (1829) = Amphirrhox Spreng. (1827)(保留属名) [堇菜科 Violaceae]■☆

7335　Bradea Standl. (1932) Nom. illegit. ≡ Bradea Standl. ex Brade (1932) [茜草科 Rubiaceae]●☆

7336　Bradea Standl. ex Brade(1932)【汉】布雷德茜属。【隶属】茜草科 Rubiaceae。【包含】世界5种。【学名诠释与讨论】〈阴〉(人)Brade. 此属的学名, ING、TROPICOS 和 GCI 记载是"Bradea Standley ex Brade, Arq. Mus. Nac. Rio de Janeiro 34: 122. t. 6. 1932"。IK 则记载为"Bradea Standl. , Arch. Mus. Nac. Rio de Janeiro 1932, xxxiv. 122"。四者引用的文献相同。【分布】巴西。【模式】Bradea brasiliensis Standley ex Brade。【参考异名】Bradea Standl. (1932)Nom. illegit. ●☆

7337　Bradlaeia Neck. (1790) Nom. inval. = Siler Mill. (1754); ~ = Laserpitium L. (1753) [伞形花科(伞形科)Apiaceae (Umbelliferae)]●☆

7338　Bradlea Adans. (1763)Nom. illegit. ≡ Apios Fabr. (1759)(保留属名); ~ = Apios Fabr. (1759)(保留属名)+Wisteria Nutt. (1818) (保留属名) [豆科 Fabaceae (Leguminosae)//蝶形花科 Papilionaceae]●

7339　Bradlea Neck. ex Raf. (1840) Nom. inval. = Apios Fabr. (1759) (保留属名) [豆科 Fabaceae (Leguminosae)//蝶形花科 Papilionaceae]●

7340　Bradleia Banks ex Gaertn. (1791) = Glochidion J. R. Forst. et G. Forst. (1776)(保留属名) [大戟科 Euphorbiaceae]●

7341　Bradleia Cav. , Nom. illegit. = Glochidion J. R. Forst. et G. Forst. (1776)(保留属名) [大戟科 Euphorbiaceae]●

7342　Bradleia Raf. = Bradlaeia Neck. (1790) Nom. inval. ; ~ = Siler Mill. (1754); ~ = Laserpitium L. (1753) [伞形花科(伞形科) Apiaceae(Umbelliferae)]●☆

7343　Bradleja Banks ex Gaertn. (1791) = Glochidion J. R. Forst. et G. Forst. (1776)(保留属名) [大戟科 Euphorbiaceae]●

7344　Bradleya Kuntze, Nom. illegit. (1) = Apios Fabr. (1759)(保留属名); ~ = Bradlea Adans. (1763) Nom. illegit. ; ~ = Apios Fabr. (1759)(保留属名); ~ = Apios Fabr. (1759)(保留属名)+Wisteria Nutt. (1818)(保留属名) [豆科 Fabaceae (Leguminosae)]●

7345　Bradleya Kuntze, Nom. illegit. (2) = Bradleia Banks ex Gaertn. (1791); ~ = Glochidion J. R. Forst. et G. Forst. (1776)(保留属名) [大戟科 Euphorbiaceae]●

7346　Bradleya Kuntze, Nom. illegit. (3) = Bradlaeia Neck. (1790)Nom. inval. ; ~ = Siler Mill. (1754); ~ = Laserpitium L. (1753) [伞形花科(伞形科)Apiaceae(Umbelliferae)]●☆

7347　Bradleya Kuntze, Nom. illegit. (4) = Braddleya Vell. (1829); ~ = Amphirrhox Spreng. (1827)(保留属名) [堇菜科 Violaceae]■☆

7348　Bradleya Post et Kuntze (1903) Nom. illegit. ≡ Bradleya Kuntze (1891)Nom. illegit. ; ~ = Braddleya Vell. (1829); ~ = Amphirrhox Spreng. (1827)(保留属名) [堇菜科 Violaceae]■☆

7349　Bradshawia F. Muell. (1890) = Rhamphicarpa Benth. (1836) [玄参科 Scrophulariaceae//列当科 Orobanchaceae]■☆

7350　Braemea Jenny（1985）Nom. illegit. Braemia Jenny（1985）；~ = Houlletia Brongn.（1841）［兰科 Orchidaceae］■☆

7351　Bragaia Esteves, Hofacker et P. J. Braun（2009）【汉】巴西掌属。【隶属】仙人掌科 Cactaceae。【包含】世界 1 种。【学名诠释与讨论】〈阴〉（地）Braga, 布拉加, 位于巴西。【分布】巴西。【模式】Bragaia estevesii Hofacker et P. J. Braun。■☆

7352　Bragantia Lour.（1790）Nom. illegit. = Apama Lam.（1783）；~ = Thottea Rottb.（1783）［马兜铃科 Aristolochiaceae//阿柏麻科 Apamaceae］●

7353　Bragantia Vand.（1771）= Gomphrena L.（1753）［苋科 Amaranthaceae］●■

7354　Brahea Mart.（1830）Nom. inval.≡Brahea Mart. ex Endl.（1837）［棕榈科 Arecaceae（Palmae）］●☆

7355　Brahea Mart.（1838）Nom. illegit.≡Brahea Mart. ex Endl.（1837）［棕榈科 Arecaceae（Palmae）］●☆

7356　Brahea Mart. ex Endl.（1837）【汉】石棕属（巴夏桐属, 短茎棕属, 岩桐属, 长穗棕属, 中美石棕属）。【日】ハクセンヤシ属, ブラヘアヤシ属, ブラヘア属。【俄】Эритеа。【英】Blue Rock Palm, Brahea Palm, Erythea, Hesper Palm, Rock Palm。【隶属】棕榈科 Arecaceae（Palmae）。【包含】世界 7-16 种。【学名诠释与讨论】〈阴〉（人）Tycho Braché, 1546-1601, 丹麦天文学者。此属的学名, ING 和 TROPICOS 记载是 "Brahea C. F. P. Martius ex Endlicher, Gen. 252. Oct 1837"。IK 记载的 "Brahea Mart., Hist. Nat. Palm. iii. 243, 319. t. 137, 162（1830?）≡Brahea Mart. ex Endl.（1837）" 是一个未合格发表的名称（Nom. inval.）。TROPICOS 则记载为 "Brahea Mart., Hist. Nat. Palm. 3; 243, 1838", 那就是晚出的非法名称了。【分布】玻利维亚, 美国（南部）, 墨西哥, 尼加拉瓜, 中美洲。【模式】Brahea dulcis（Kunth）C. F. P. Martius［Corypha dulcis Kunth］。【参考异名】Brahea Mart.（1830）Nom. inval.；Brahea Mart.（1838）Nom. illegit.；Erythea S. Watson（1880）；Glaucothea O. F. Cook（1915）●☆

7357　Brami Adans.（1763）（废弃属名）= Bacopa Aubl.（1775）（保留属名）［玄参科 Scrophulariaceae//婆婆纳科 Veronicaceae］■

7358　Bramia Lam.（1785）Nom. illegit.≡Brami Adans.（1763）（废弃属名）；~ = Bacopa Aubl.（1775）（保留属名）［玄参科 Scrophulariaceae//婆婆纳科 Veronicaceae］■

7359　Branciona Salisb.（1866）= Albuca L.（1762）［风信子科 Hyacinthaceae//百合科 Liliaceae］■☆

7360　Brandegea Cogn.（1890）【汉】伯兰得瓜属（布兰德瓜属）。【隶属】葫芦科（瓜科, 南瓜科）Cucurbitaceae。【包含】世界 1 种。【学名诠释与讨论】〈阴〉（人）Townsend Stith Brandegee, 1843-1925, 美国植物学者。【分布】美国（西南部）, 墨西哥。【后选模式】Brandegea bigelovii（S. Watson）Cogniaux［Elaterium bigelovii S. Watson］■☆

7361　Brandella R. R. Mill（1986）【汉】布雷德草属。【隶属】紫草科 Boraginaceae。【包含】世界 1 种。【学名诠释与讨论】〈阴〉（人）Brand, 植物学者+-ellus, -ella, -ellum, 加在名词词干后面形成指小式的词尾。或加在人名、属名等后面以组成新属的名称。【分布】埃及, 埃塞俄比亚, 苏丹, 阿拉伯半岛。【模式】Brandella erythraea（A. Brand）R. R. Mill［Adelocaryum erythraeum A. Brand］●☆

7362　Brandesia Mart.（1826）= Alternanthera Forssk.（1775）；~ = Telanthera R. Br.（1818）［苋科 Amaranthaceae］■

7363　Brandisia Hook. f. et Thomson（1865）【汉】来江藤属。【英】Brandisia。【隶属】玄参科 Scrophulariaceae。【包含】世界 11-13 种, 中国 8 种。【学名诠释与讨论】〈阴〉（人）Dietrich Brandis, 1824-1907, 德国树木学者。【分布】缅甸, 中国。【模式】Brandisia discolor J. D. Hooker et T. Thomson。●

7364　Brandonia Rchb.（1828）= Pinguicula L.（1753）［狸藻科 Lentibulariaceae//捕虫堇科 Pinguiculaceae］■

7365　Brandtia Kunth（1830）= Arundinella Raddi（1823）［禾本科 Poaceae（Gramineae）//野古草科 Arundinellaceae］■

7366　Brandzeia Baill.（1869）= Bathiaea Drake（1902）+Albizia Durazz.（1772）［豆科 Fabaceae（Leguminosae）//含羞草科 Mimosaceae］●

7367　Branica Endl.（1841）= Bramia Lam.（1785）Nom. illegit.；~ = Bacopa Aubl.（1775）（保留属名）［玄参科 Scrophulariaceae//婆婆纳科 Veronicaceae］■

7368　Branicia Andrz. ex Trautv.（1883）= Senecio L.（1753）［菊科 Asteraceae（Compositae）//千里光科 Senecionidaceae］■●

7369　Brasea Voss = Senecio L.（1753）［菊科 Asteraceae（Compositae）//千里光科 Senecionidaceae］■●

7370　Brasenia Schreb.（1789）【汉】莼菜属（莼属）。【日】ジュンサイ属。【俄】Бразения。【英】Brasenia, Target, Water Shield, Watershield, Water-shield。【隶属】睡莲科 Nymphaeaceae//竹节水松科（莼菜科, 莼科）Cabombaceae。【包含】世界 1 种, 中国 1 种。【学名诠释与讨论】〈阴〉（人）Christoph Brasen, 1774, 摩尔维亚传教士, 他曾在格陵兰岛和拉布拉多采集植物标本。【分布】澳大利亚, 美国, 印度, 中国, 非洲, 温带东亚, 热带美洲, 中美洲。【模式】Brasenia schreberi J. F. Gmelin。【参考异名】Barteria Welw.（1861）Nom. illegit.；Brassenia Heynh.（1840）；Hydropeltis Michx.（1803）；Ixodia Sol. ex DC.；Rondachine Bosc（1816）Nom. illegit.■

7371　Brasilaelia Campacci（2006）= Cattleya Lindl.（1821）［兰科 Orchidaceae］■

7372　Brasilettia（DC.）Kuntze（1891）Nom. illegit.≡Caesalpinia L.（1753）；~ = Peltophorum（Vogel）Benth.（1840）（保留属名）［豆科 Fabaceae（Leguminosae）//云实科（苏木科）Caesalpiniaceae］●

7373　Brasilettia Kuntze（1891）Nom. illegit.≡Brasilettia（DC.）Kuntze（1891）Nom. illegit.；~ = Caesalpinia L.（1753）；~ = Peltophorum（Vogel）Benth.（1840）（保留属名）［豆科 Fabaceae（Leguminosae）//云实科（苏木科）Caesalpiniaceae］●

7374　Brasilia G. M. Barroso（1963）= Calea L.（1763）［菊科 Asteraceae（Compositae）］●■☆

7375　Brasiliastrum Lam.（1785）Nom. illegit.≡Pseudobrasilium Plum. ex Adans.（1763）Nom. illegit.（废弃属名）；~ = Comocladia P. Browne（1756）+Picramnia Sw.（1788）（保留属名）；~ = Picramnia Sw.（1788）（保留属名）［美洲苦木科（夷苦木科）Picramniaceae//苦木科 Simaroubaceae］●☆

7376　Brasilicactus Backeb.（1942）Nom. illegit.≡Acanthocephala Backeb.（1938）；~ = Notocactus（K. Schum.）A. Berger et Backeb.（1938）Nom. illegit.；~ = Parodia Speg.（1923）（保留属名）［仙人掌科 Cactaceae］■

7377　Brasilicereus Backeb.（1938）【汉】巴西柱属。【日】ブラシリセレウス属。【隶属】仙人掌科 Cactaceae。【包含】世界 2 种。【学名诠释与讨论】〈阳〉（地）Brasil, 巴西+（属）Cereus 仙影掌属。【分布】巴西。【模式】Brasilicereus phaeacanthus（Gürke）Backeberg［Cereus phaeacanthus Gürke］●☆

7378　Brasilidium Campacci（2006）= Oncidium Sw.（1800）（保留属名）［兰科 Orchidaceae］■☆

7379　Brasiliocroton P. E. Berry et Cordeiro（2005）【汉】巴西巴豆属。【隶属】大戟科 Euphorbiaceae。【包含】世界 1 种。【学名诠释与讨论】〈中〉（拉）Brasilia 巴西首都巴西利亚+（属）Croton 巴豆属。【分布】巴西。【模式】Brasiliocroton mamoninha P. E. Berry et Cordeiro。●☆

7380　Brasiliopuntia (K. Schum.) A. Berger (1926) = Opuntia Mill. (1754) [仙人掌科 Cactaceae]●

7381　Brasiliopuntia A. Berger(1926) Nom. illegit. ≡ Brasiliopuntia (K. Schum.) A. Berger (1926) ; ~ = Opuntia Mill. (1754) [仙人掌科 Cactaceae]●

7382　Brasiliorchis R. B. Singer, S. Koehler et Carnevali (2007)【汉】巴西兰属。【隶属】兰科 Orchidaceae。【包含】世界 14 种。【学名诠释与讨论】〈阴〉(地) Brasil, 巴西+orchis, 原义是睾丸, 后变为植物兰的名称, 因为根的形态而得名。变为拉丁文 orchis, 所有格 orchidis。【分布】巴西。【模式】Brasiliorchis picta (Hooker) R. B. Singer, S. Koehler et Carnevali [Maxillaria picta Hooker]■☆

7383　Brasiliparodia F. Ritter(1979) = Parodia Speg. (1923) (保留属名) [仙人掌科 Cactaceae]■

7384　Brasilium J. F. Gmel. (1791) Nom. illegit. ≡ Tariri Aubl. (1775) (废弃属名) ; ~ = Brasiliastrum Lam. (1785) Nom. illegit. ; ~ = Pseudobrasilium Plum. ex Adans. (1763) Nom. illegit. (废弃属名) ; ~ = Comocladia P. Browne(1756)+Picramnia Sw. (1788) (保留属名) ; ~ = Picramnia Sw. (1788) (保留属名) [美洲苦木科(夷苦木科) Picramniaceae//苦木科 Simaroubaceae]●☆

7385　Brasilocactus Frič ex Kreuz. (1935) = Brasilicactus Backeb. (1942) Nom. illegit. ; ~ = Notocactus (K. Schum.) A. Berger et Backeb. (1938) Nom. illegit. ; ~ = Parodia Speg. (1923) (保留属名) [仙人掌科 Cactaceae]■

7386　Brasilocactus Frič (1935) Nom. illegit. ≡ Brasilocactus Frič ex Kreuz. (1935) ; ~ = Brasilicactus Backeb. (1942) Nom. illegit. ; ~ = Notocactus (K. Schum.) A. Berger et Backeb. (1938) Nom. illegit. ; ~ = Parodia Speg. (1923) (保留属名) [仙人掌科 Cactaceae]■

7387　Brasilocalamus Nakai (1933) = Merostachys Spreng. (1824) [禾本科 Poaceae(Gramineae)]●☆

7388　Brasilocycnis G. Gerlach et M. W. Whitten(1999)【汉】巴西天鹅兰属。【隶属】兰科 Orchidaceae。【包含】世界 1 种。【学名诠释与讨论】〈阴〉(地) Brasil, 巴西+kyknos =拉丁文 cycnus =cygnus, 天鹅。【分布】巴西。【模式】Brasilocycnis breviloba (Summerh.) G. Gerlach et Whitten■☆

7389　Brassaia Endl. (1839) = Schefflera J. R. Forst. et G. Forst. (1775) (保留属名) [五加科 Araliaceae]●

7390　Brassaiopsis Decne. et Planch. (1854)【汉】罗伞属(柏拉参属, 柏那参属, 柏氏参属, 阴阳枫属, 掌叶树属)。【英】Bigumbrella, Brassaiopsis, Euaraliopsis, Palmleaftree。【隶属】五加科 Araliaceae。【包含】世界 30-45 种, 中国 24-30 种。【学名诠释与讨论】〈阴〉(属) Brassia =Schefflera 鹅掌柴属(鸭脚木属, 鸭母树属)+希腊文 opsis, 外观, 模样, 相似。指其与 Brassaia 属相相近。【分布】印度至马来西亚, 中国, 东南亚。【模式】Brassaiopsis speciosa Decaisne et J. E. Planchon。【参考异名】Euaraliopsis Hutch. (1967) Nom. inval. ; Euaraliopsis Hutch. ex Y. R. Ling (1977) ; Grushvitzkya Skvortsova et Aver. (1994) ; Pseudobrassaiopsis R. N. Banerjee(1975) ; Wardenia King(1898)●

7391　Brassavola Adans. (1763) (废弃属名) ≡ Helenium L. (1753) [菊科 Asteraceae(Compositae)//堆心菊科 Heleniaceae]■

7392　Brassavola R. Br. (1813) (保留属名)【汉】巴拉索兰属(柏拉兰属)。【日】ブラッサボラ属。【英】Brassavola。【隶属】兰科 Orchidaceae。【包含】世界 15-17 种。【学名诠释与讨论】〈阴〉(人) , 1500-1555, 意大利植物学者+-olus, -ola, -olum, 拉丁文指示小的词尾。此属的学名"Brassavola R. Br. in Aiton, Hort. Kew. , ed. 2, 5:216. Nov 1813"是保留属名。相应的废弃属名是菊科 Asteraceae 的"Brassavola Adans. , Fam. Pl. 2:127, 527. Jul – Aug 1763 ≡ Helenium L. (1753)"。"Eudisanthema Necker ex Post et O. Kuntze, Lex. 215. Dec 1903 (' 1904 ') "是"Brassavola R. Br. (1813) (保留属名) "的晚出的同模式异名(Homotypic synonym, Nomenclatural synonym)。【分布】巴拉圭, 巴拿马, 巴拿马, 秘鲁, 玻利维亚, 厄瓜多尔, 哥伦比亚(安蒂奥基亚), 哥斯达黎加, 尼加拉瓜, 热带美洲, 中美洲。【模式】Brassavola cucullata (Linnaeus) R. Brown [Epidendrum cucullatum Linnaeus]。【参考异名】Brassavolaea Poepp. et Endl. (1838) ; Brassavolaea Post et Kuntze (1903) ; Brassavolea Spreng. (1826) ; Eudisanthema Neck. ex Post et Kuntze(1903) Nom. illegit. ; Eudisanthema Post et Kuntze (1903) Nom. illegit. ; Eydisanthema Neck. (1790) Nom. inval. ; Eydisanthema Neck. ex Raf. (1838) ; Helenium L. (1753) ; Lysimnia Raf. (1838) ; Tulexis Raf. (1838) ; Tylexis Post et Kuntze(1903)■☆

7393　Brassavolaea Poepp. et Endl. (1838) = Brassavola R. Br. (1813) (保留属名) [兰科 Orchidaceae]■☆

7394　Brassavolaea Post et Kuntze (1903) Nom. illegit. = Brassavola R. Br. (1813) (保留属名) [兰科 Orchidaceae]■☆

7395　Brassavolea Spreng. (1826) = Brassavola R. Br. (1813) (保留属名) [兰科 Orchidaceae]■☆

7396　Brassenia Heynh. (1840) = Brasenia Schreb. (1789) [睡莲科 Nymphaeaceae//竹节水松科(莼菜科, 莼科) Cabombaceae]■

7397　Brassia R. Br. (1813)【汉】长萼兰属(巴西亚兰属, 蜘蛛兰属)。【日】ブラッシア属。【俄】Брассия。【英】Spider Orchid, Spider-orchid。【隶属】兰科 Orchidaceae。【包含】世界 35-50 种。【学名诠释与讨论】〈阴〉(人) William Brass, ? -1783, 英国植物学者, 曾在非洲采集标本。【分布】巴拿马, 秘鲁, 玻利维亚, 厄瓜多尔, 哥伦比亚(安蒂奥基亚), 哥斯达黎加, 美国, 尼加拉瓜, 热带美洲, 中美洲。【模式】Brassia maculata R. Brown。☆

7398　Brassiantha A. C. Sm. (1941)【汉】新几内亚卫矛属。【隶属】卫矛科 Celastraceae。【包含】世界 1 种。【学名诠释与讨论】〈阴〉(人) Leonard John Brass, 1900-1971, 澳大利亚植物学者, 曾在非洲采集标本+anthos, 花。antheros, 多花的。antheo, 开花。【分布】新几内亚岛。【模式】Brassiantha pentamera A. C. Smith。●☆

7399　Brassica L. (1753)【汉】芸苔属(甘蓝属, 芥属, 芸薹属)。【日】アブラナ属。【俄】Горчица, Капуста。【英】Brassica, Cabbage, Cole, Greens, Mustard, Rape。【隶属】十字花科 Brassicaceae (Cruciferae)。【包含】世界 35-41 种, 中国 6-19 种。【学名诠释与讨论】〈阴〉(拉) brassica, 甘蓝, 源于凯尔特语 brasic, 甘蓝。【分布】玻利维亚, 厄瓜多尔, 哥伦比亚(安蒂奥基亚), 马达加斯加, 中国, 地中海地区, 欧洲, 亚洲, 中美洲。【后选模式】Brassica oleracea Linnaeus。【参考异名】Agrosinapis Fourr. (1868) ; Bonannia C. Presl (1826) (废弃属名) ; Brassicaria (Gren. et Godron) Pomel (1860) ; Brassicaria Pomel (1860) Nom. illegit. ; Brassicastrum Link(1831) Nom. illegit. ; Brassicella Fourr. (1868) Nom. inval. ; Conirostrum Dulac (1867) ; Corynelobos R. Roem. (1852) Nom. illegit. ; Corynelobos R. Roem. ex Willk. (1852) Nom. illegit. ; Corynolobus Post et Kuntze (1903) ; Erussica G. H. Loos (2004) ; Guenthera Andrz. (1822) Nom. illegit. ; Guenthera Andrz. ex Besser (1822) ; Gunthera Steud. (1840) ; Leucosinapis (DC.) Spach (1838) ; Leucosinapis Spach (1838) Nom. illegit. ; Melanosinapis Schimp. et Spenn. (1829) ; Micropodium Rchb. (1828) ; Mutarda Bernh. (1800) ; Napus Mill. (1754) ; Napus Schimp. et Spenn. (1829) Nom. illegit. ; Rapa Mill. (1754) ; Rapum Hill(1756) Nom. illegit. ; Sinapistrum Spach(1838) Nom. illegit. ■●

7400　Brassicaceae Burnett(1835) (保留科名)【汉】十字花科。【英】Mustard Family。【包含】世界 330 属 3500 种, 中国 102 属 412 种。【分布】广泛分布与栽培。Cruciferae Juss. 和 Brassicaceae Burnett 均为保留科名, 是《国际植物命名法规》确定的九对互用

科名之一。详见 Cruciferae Juss.。【科名模式】Brassica L. (1753)■●

7401 Brassicaria(Gren. et Godron)Pomel(1860)= Brassica L. (1753)［十字花科 Brassicaceae(Cruciferae)］■●

7402 Brassicaria Pomel(1860)Nom. illegit. ≡ Brassicaria(Gren. et Godron)Pomel(1860);~ = Brassica L.(1753)［十字花科 Brassicaceae(Cruciferae)］■●

7403 Brassicastrum Link(1831)Nom. illegit. ≡ Guenthera Andrz. ex Besser(1822);~ = Brassica L.(1753)［十字花科 Brassicaceae (Cruciferae)］■●

7404 Brassicella Fourr.(1868)Nom. inval. ≡Brassicella Fourr. ex O. E. Schnlz(1916)Nom. illegit.;~ ≡Rhynchosinapis Hayek(1911);~ = Brassica L.(1753);~ = Coincya Rouy(1891)［十字花科 Brassicaceae(Cruciferae)］■●

7405 Brassicella Fourr. ex O. E. Schnlz(1916)Nom. illegit. ≡ Rhynchosinapis Hayek(1911);~ = Brassica L.(1753);~ = Coincya Rouy(1891)［十字花科 Brassicaceae(Cruciferae)］■☆

7406 Brassiodendron C. K. Allen(1942)【汉】肖土楠属。【隶属】樟科 Lauraceae。【包含】世界 2 种。【学名诠释与讨论】〈中〉(人) William Brass,18 世纪的英国植物学者,曾在非洲采集标本+ dendron 或 dendros,树木,棍,丛林。此属的学名是 "Brassiodendron C. K. Allen, J. Arnold Arbor. 23：153. 15 Apr 1942"。亦有文献把其处理为"Endiandra R. Br.(1810)"的异名。 【分布】新几内亚岛。【模式】Brassiodendron fragrans C. K. Allen。 【参考异名】Endiandra R. Br.(1810)●☆

7407 Brassiophoenix Burret(1935)【汉】三叉羽椰属(布拉索椰属)。 【隶属】棕榈科 Arecaceae(Palmae)。【包含】世界 1-2 种。【学名 诠释与讨论】〈阴〉(人)Leonard John Brass,1900-1971,澳大利亚 植物学者,曾在非洲采集标本+phoinix,海枣,凤凰。【分布】新几 内亚岛。【模式】Brassiophoenix drymophloeoides Burret。●☆

7408 Brassiopsis Szlach. et Górniak(2006)【汉】鹅掌兰属。【隶属】兰 科 Orchidaceae。【包含】世界 13 种。【学名诠释与讨论】〈阴〉 (希)(属)Brassia = Schefflera 鹅掌柴属(鸭脚木属,鸭母树属)+ 希腊文 opsis,外观,模样,相似。【分布】巴拿马。【模式】 Brassiopsis keiliana(Rchb. f. ex Lindl. et Paxton)Szlach. et Górniak ［Brassia keiliana Rchb. f. ex Lindl. et Paxton］☆

7409 Brathydium Spach(1836)= Hypericum L.(1753)［金丝桃科 Hypericaceae//猪胶树科(克鲁西科,山竹子科,藤黄科) Clusiaceae(Guttiferae)］■●

7410 Brathys L. f.(1782)= Brathys Mutis ex L. f.(1782);~ = Hypericum L.(1753)［金丝桃科 Hypericaceae//猪胶树科(克鲁 西科,山竹子科,藤黄科)Clusiaceae(Guttiferae)］■●

7411 Brathys Mutis ex L. f.(1782)= Hypericum L.(1753)［金丝桃科 Hypericaceae//猪胶树科(克鲁西科,山竹子科,藤黄科) Clusiaceae(Guttiferae)］■●

7412 Braunblanquetia Eskuche(1974)【汉】阿根廷婆婆纳属(阿根廷 玄参属)。【隶属】玄参科 Scrophulariaceae//婆婆纳科 Veronicaceae。【包含】世界 1 种。【学名诠释与讨论】〈阴〉(人) Josias Braun-Blanquet,1884-1980,法国植物学者。此属的学名 是"Braunblanquetia U. Eskuche, Bol. Soc. Argent. Bot. 15：357. 3- 31 Mai 1974"。亦有文献把其处理为"Fonkia Phil.(1859- 1861)"的异名。【分布】阿根廷。【模式】Braunblanquetia littoralis U. Eskuche。【参考异名】Fonkia Phil.(1859-1861)■☆

7413 Braunea Willd.(1806)(废弃属名)= Tiliacora Colebr.(1821) (保留属名)［防己科 Menispermaceae］●☆

7414 Brauneria Neck.(1790)Nom. inval. ≡Brauneria Neck. ex Porter et Britton(1894);~ ≡Echinacea Moench(1794)［菊科 Asteraceae

(Compositae)］■☆

7415 Brauneria Neck. ex Britton(1894)Nom. illegit. = Brauneria Neck. ex Porter et Britton(1894);~ ≡ Echinacea Moench(1794)［菊科 Asteraceae(Compositae)］■☆

7416 Brauneria Neck. ex Porter et Britton(1894)Nom. illegit. ≡ Echinacea Moench(1794)［菊科 Asteraceae(Compositae)］■☆

7417 Braunlowia A. DC.(1873)Nom. illegit.(废弃属名)= Brownlowia Roxb.(1820)(保留属名)［椴树科(椴科,田麻科)Tiliaceae//锦 葵科 Malvaceae］●☆

7418 Braunsia Schwantes(1928)【汉】碧玉莲属。【隶属】番杏科 Aizoaceae。【包含】世界 4-6 种。【学名诠释与讨论】〈阴〉(人) Brauns。【分布】非洲南部。【模式】Braunsia nelii Schwantes。 【参考异名】Bravaisia DC.(1838);Echinus L. Bolus(1927)Nom. illegit.●☆

7419 Bravaisia DC.(1838)= Braunsia Schwantes(1928)［番杏科 Aizoaceae］●☆

7420 Bravoa La Llave et Lex.(1824)Nom. illegit. ≡ Bravoa Lex. (1824)［龙舌兰科 Agavaceae］■☆

7421 Bravoa Lex.(1824)【汉】布拉沃兰属(红花月下香属)。【日】 ベニバナゲッカコウ属。【俄】Бравоа。【隶属】龙舌兰科 Agavaceae。【包含】世界 7 种。【学名诠释与讨论】〈阴〉(人) Helia Bravo-Hollis,1905-?,墨西哥植物学者。此属的学名,ING、 TROPICOS 和 IK 记载是"Bravoa Lexarza in La Llave et Lexarza, Nov. Veg. Descr. 1：6. 1824"。"Bravoa La Llave et Lex.(1824)≡ Bravoa Lex.(1824)"的命名人引证有误。此属的学名是"Bravoa Lexarza in La Llave et Lexarza, Nov. Veg. Descr. 1：6. 1824"。亦有 文献把其处理为"Polianthes L.(1753)"的异名。【分布】墨西 哥。【模式】Bravoa geminiflora Lexarza。【参考异名】Bravoa La Llave et Lex.(1824)Nom. illegit.;Caetocapnia Endl.(1837); Polianthes L.(1753);Robynsia Drap.(1841)(废弃属名)■☆

7422 Bravocactus Doweld(1998)【汉】布拉沃仙人掌属。【隶属】仙人 掌科 Cactaceae。【包含】世界 1 种。【学名诠释与讨论】〈阴〉 (人)Bravo,植物学者+cactos,有刺的植物,通常指仙人掌科 Cactaceae 植物。【分布】北美洲。【模式】Bravocactus horripilus (Lemaire)A. B. Doweld［Mammillaria horripila Lemaire］■☆

7423 Braxilia Raf.(1840)= Pyrola L.(1753)［鹿蹄草科 Pyrolaceae// 杜鹃花科(欧石南科)Ericaceae］●■

7424 Braxipis Raf.(1838)= Cola Schott et Endl.(1832)(保留属名) ［梧桐科 Sterculiaceae//锦葵科 Malvaceae］●☆

7425 Braxireon Raf.(1838)Nom. illegit. ≡Tapeinanthus Herb.(1837) (废弃属名);~ = Narcissus L.(1753)［石蒜科 Amaryllidaceae// 水仙科 Narcissaceae］■●☆

7426 Braxylis Raf.(1838)= Ilex L.(1753)［冬青科 Aquifoliaceae］●

7427 Braya Sternb. et Hoppe(1815)【汉】肉叶荠属(柏蕾荠属,肉叶 芥属)。【俄】Брайа,Брайя。【英】Braya。【隶属】十字花科 Brassicaceae(Cruciferae)。【包含】世界 6-20 种,中国 3-5 种。 【学名诠释与讨论】〈阴〉(人)Franz Gabriel(Francois Gabriel) Graf von Bray,1765-1832,德国植物学者。此属的学名,ING、 TROPICOS 和 IK 记载是"Braya Sternb. et Hoppe, in Denkschr. Königl.-Baier. Bot. Ges. Regensburg 1;65. 1815"。【分布】中国, 阿尔卑斯山,喜马拉雅山,亚洲中部。【模式】Braya alpina Sternberg et Hoppe。【参考异名】Beketowia Krassn.(1887-1888); Platypetalum R. Br.(1823)■

7428 Braya Vell.(1829)Nom. illegit. = Brya Vell.(1829)Nom. illegit.;~ = Hirtella L.(1753)［金壳果科 Chrysobalanaceae］●☆

7429 Brayera Kunth ex A. Rich.(1822)【汉】苦苏属(哈根花属)。 【隶属】蔷薇科 Rosaceae。【包含】世界 2 种。【学名诠释与讨论】

〈阴〉（人）Brayer。此属的学名是"Brayera Kunth ex A. Richard, Bull. Sci. Soc. Philom. Paris 1822：156. 1822"。亦有文献把其处理为"Hagenia J. F. Gmel. (1791)"的异名。【分布】埃塞俄比亚。【模式】Brayera anthelmintica Kunth ex A. Richard。【参考异名】Bankesia Bruce（1790）Nom. illegit.（废弃属名）；Banksia Bruce（1790）Nom. illegit.（废弃属名）；Bracera Engelm.（1839）；Brayera Kunth（1824）Nom. illegit.；Cusso Bruce（1790）；Hagenia J. F. Gmel.（1791）■●☆

7430　Brayera Kunth（1824）Nom. illegit. = Brayera Kunth ex A. Rich.（1822）［蔷薇科 Rosaceae］■■●☆

7431　Brayodendron Small（1901）= Diospyros L.（1753）［柿树科 Ebenaceae］●

7432　Brayopsis Gilg et Muschl.（1909）【汉】假肉叶芥属。【隶属】十字花科 Brassicaceae（Cruciferae）。【包含】世界6种。【学名诠释与讨论】〈阴〉（属）Braya 肉叶荠属（柏蕾荠属，肉叶芥属）+希腊文 opsis，外观，模样。此属的学名是"Brayopsis Gilg et Muschler, Bot. Jahrb. Syst. 42：482. 20 Jul 1909"。亦有文献把其处理为"Englerocharis Muschl.（1908）"的异名。【分布】秘鲁，玻利维亚，厄瓜多尔，安第斯山。【模式】未指定。【参考异名】Englerocharis Muschl.（1908）●☆

7433　Brayulinea Small（1903）Nom. illegit. ≡ Guilleminea Kunth（1823）［苋科 Amaranthaceae］■☆

7434　Brazocactus A. Frič = Brasilicactus Backeb.（1942）Nom. illegit.；~ = Notocactus（K. Schum.）A. Berger et Backeb.（1938）Nom. illegit.；~ = Parodia Speg.（1923）（保留属名）［仙人掌科 Cactaceae］■

7435　Brazoria Engelm. et A. Gray（1845）【汉】响尾花属（布拉棱属）。【隶属】唇形科 Lamiaceae（Labiatae）。【包含】世界2-3种。【学名诠释与讨论】〈阴〉（地）Brazoria，布拉佐里亚，位于美国。此属的学名是"Brazoria Engelmann et A. Gray, Boston J. Nat. Hist. 5：255. Oct 1845；Proc. Boston Soc. Nat. Hist. 2：56. Oct 1845"。亦有文献把其处理为"Brazoria Engelm. et A. Gray（1845）"的异名【分布】美国（南部）。【模式】Brazoria truncata（Bentham）Engelmann et A. Gray［Physostegia truncata Bentham］。【参考异名】Brazoria Engelm. ex A. Gray（1845）■☆

7436　Brazoria Engelm. ex A. Gray（1845）= Brazoria Engelm. et A. Gray（1845）［唇形科 Lamiaceae（Labiatae）］■☆

7437　Brazzeia Baill.（1886）【汉】梭果革瓣花属。【隶属】革瓣花科（木果树科）Scytopetalaceae。【包含】世界3种。【学名诠释与讨论】〈阴〉（人）Count Pierre（Pietro）Paul Frangois Camille Savorgnan de Brazza，1852-1905，意大利出生的法国探险家。【分布】热带非洲。【模式】Brazzeia congoensis Baillon。【参考异名】Erythropyxis Engl.（1902）；Erytropyxis Pierre（1896）；Pseudobrazzeia Engl.（1921）●☆

7438　Brebissonia Spach（1835）= Fuchsia L.（1753）［柳叶菜科 Onagraceae］●■

7439　Bredemeyera Willd.（1801）【汉】布雷木属。【隶属】远志科 Polygalaceae。【包含】世界15-20种。【学名诠释与讨论】〈阴〉（人）Franz Bredemeyer 1758-1839，植物学者。【分布】澳大利亚，巴拉圭，巴拿马，秘鲁，玻利维亚，厄瓜多尔，哥伦比亚（安蒂奥基亚），南美洲，尼加拉瓜，西印度群岛，新几内亚岛，中美洲。【模式】Bredemeyera floribunda Willdenow。【参考异名】Catacoma Walp.（1842）；Catocoma Benth.（1841）；Comesperma Labill.（1806）；Hualania Phil.（1864）●☆

7440　Bredia Blume（1849）【汉】野海棠属（布勒德木属，金石榴属）。【日】ハシカンボク属，ハシカン属，ブレディア属。【英】Bredia。【隶属】野牡丹科 Melastomataceae。【包含】世界15-30种，中国11-15种。【学名诠释与讨论】〈阴〉（人）Jacob Gijsbert Samuel van Breda，1788-1867，荷兰植物学者。【分布】中国，中南半岛，东亚。【模式】Bredia hirsuta Blume。【参考异名】Tashiroea Matsum.（1899）；Tashiroea Matsum. ex T. Ito et Matsum.（1899）●■

7441　Breea Less.（1832）= Cirsium Mill.（1754）［菊科 Asteraceae（Compositae）］■

7442　Brehmia Harv.（1842）Nom. illegit. = Strychnos L.（1753）［马钱科（断肠草科，马钱子科）Loganiaceae］●

7443　Brehmia Schrank（1824）= Pavonia Cav.（1786）（保留属名）［锦葵科 Malvaceae］●■☆

7444　Brehnia Baker（1875）= Behnia Didr.（1855）［菝葜科 Smilacaceae//两型花科 Behniaceae//智利花科（垂花科，金钟木科，喜爱花科）Philesiaceae］●☆

7445　Breitungia Á. Löve et D. Löve（1985）= Sedum L.（1753）［景天科 Crassulaceae］●■

7446　Bremekampia Sreem.（1965）= Haplanthodes Kuntze（1903）［爵床科 Acanthaceae］■

7447　Bremeria Razafim. et Alejandro（2005）【汉】布雷默茜属。【隶属】茜草科 Rubiaceae。【包含】世界19种。【学名诠释与讨论】〈阴〉（人）Bremer。【分布】马达加斯加，热带。【模式】Bremeria landia（Poir.）Razafim. et Alejandro var. holosericea（Sm.）A. P. Davis et Razafim.［Mussaenda landia Poir.］。【参考异名】Landia Comm. ex Juss.（1789）Nom. illegit. ■☆

7448　Bremontiera DC.（1825）【汉】布雷豆属。【隶属】豆科 Fabaceae（Leguminosae）。【包含】世界1种。【学名诠释与讨论】〈阴〉（人）Bremontier。此属的学名是"Bremontiera A. P. de Candolle, Ann. Sci. Nat.（Paris）4：93. Jan 1825（'1824'）"。亦有文献把其处理为"Indigofera L.（1753）"的异名。【分布】马斯克林群岛。【模式】Bremontiera ammoxylum A. P. de Candolle。【参考异名】Indigofera L.（1753）☆

7449　Brenandendron H. Rob.（1999）【汉】蕨序鸡菊花属。【隶属】菊科 Asteraceae（Compositae）。【包含】世界3种。【学名诠释与讨论】〈中〉（人）Brenan+dendron 或 dendros，树木，棍，丛林。此属的学名，ING 和 IK 记载是"Brenandendron H. E. Robinson, Proc. Biol. Soc. Wash. 112：244. 23 Mar 1999"。豆科 Fabaceae（Leguminosae）的"Brenaniodendron J. Léonard, Bull. Jard. Bot. Natl. Belg. 67：16. 31 Mar 1999"很容易与其混淆，已经被"Micklethwaitia G. P. Lewis et Schrire（2004）"所替代。【分布】热带非洲。【模式】Brenandendron titanophyllum（Brenan）H. E. Robinson［Vernonia titanophylla Brenan］●☆

7450　Brenania Keay（1958）【汉】布氏茜属。【隶属】茜草科 Rubiaceae。【包含】世界1种。【学名诠释与讨论】〈阴〉（人）John Patrick Micklethwait Brenan，1917-1985，英国植物学者。【分布】热带非洲西部。【模式】Brenania spathulifolia（Good）Keay［Randia spathulifolia Good］●☆

7451　Brenaniodendron J. Léonard（1999）Nom. illegit. ≡ Micklethwaitia G. P. Lewis et Schrire（2004）［豆科 Fabaceae（Leguminosae）］●☆

7452　Brenesia Schltr.（1923）= Pleurothallis R. Br.（1813）［兰科 Orchidaceae］■☆

7453　Brenierea Humbert（1959）【汉】拟羊蹄甲属。【隶属】豆科 Fabaceae（Leguminosae）。【包含】世界1种。【学名诠释与讨论】〈阴〉（人）Breniere。【分布】马达加斯加。【模式】Brenierea insignis Humbert。●☆

7454　Breonadia Ridsdale（1975）【汉】大苞风箱树属（布雷那茜属）。【隶属】茜草科 Rubiaceae。【包含】世界1种。【学名诠释与讨论】〈阴〉（人）Jean Nicolas Breon，1785-1864，（推测），他曾在毛里求斯采集标本。【分布】马达加斯加，也门，热带非洲和非洲南部。【模式】Breonadia microcephala（Delile）C. E. Ridsdale [Nauclea microcephala Delile]●☆

7455　Breonia A. Rich.（1830）Nom. illegit. ≡ Breonia A. Rich. ex DC.（1830）［茜草科 Rubiaceae］●☆

7456　Breonia A. Rich. exDC.（1830）【汉】黄梁木属（团花属）。【隶属】茜草科 Rubiaceae。【包含】世界 5-16 种。【学名诠释与讨论】〈阴〉（人）Jean Nicolas Breon，1785-1864，他曾在毛里求斯采集标本。Breon。此属的学名，ING 和 IK 记载是"Breonia A. Richard ex A. P. de Candolle，Prodr. 4：620. Sep（sero）1830"。"Breonia A. Rich.（1830）≡ Breonia A. Rich. ex DC.（1830）"的命名人引证有误。【分布】马达加斯加，毛里求斯。【模式】Breonia madagascariensis A. Richard ex A. P. de Candolle。【参考异名】Anthocephalus A. Rich.（1834）；Breonia A. Rich.（1830）Nom. illegit.；Cephalidium A. Rich. ex DC.（1834）；Elattospermum Soler.（1893）；Franchetia Baill.（1885）；Samama Kuntze（1891）Nom. illegit.；Samama Rumph.（1734）Nom. inval.；Samama Rumph. ex Kuntze（1891）Nom. illegit.●☆

7457　Brephocton Raf.（1837）= Baccharis L.（1753）（保留属名）［菊科 Asteraceae（Compositae）］●■☆

7458　Breteuillia Buc'hoz ex DC.（1838）（废弃属名）= Didelta L'Hér.（1786）（保留属名）［菊科 Asteraceae（Compositae）］■☆

7459　Breteuillia Buc'hoz（1785）（废弃属名）= Didelta L'Hér.（1786）（保留属名）［菊科 Asteraceae（Compositae）］■☆

7460　Bretschneidera Hemsl.（1901）【汉】伯乐树属（钟萼木属）。【英】Bretschneidera。【隶属】伯乐树科（钟萼木科）Bretschneideraceae//叠珠树科 Akaniaceae。【包含】世界 1 种，中国 1 种。【学名诠释与讨论】〈阴〉（人）Emile Vasilievitch Bretsehneider，1833-1901，俄国（拉脱维亚）医生、植物学者，汉学家，于 1866-1883 年任驻华使馆医师，并研究中国植物，著有《中国植物》等书。【分布】中国。【模式】Bretschneidera sinensis W. B. Hemsley。●★

7461　Bretschneideraceae Engl. et Gilg（1924）（保留科名）［亦见 Akaniaceae Stapf（保留科名）叠珠树科和 Brexiaceae Lindl. 雨湿木科（流苏边脉科）］【汉】伯乐树科（钟萼木科）。【英】Bretschneidera Family。【包含】世界 1 属 1 种，中国 1 属 1 种。【分布】泰国，中国。【科名模式】Bretschneidera Hemsl. ●

7462　Breueria R. Br.（1810）Nom. illegit. ≡ Breweria R. Br.（1810）［旋花科 Convolvulaceae］●☆

7463　Breueriopsis Roberty（1952）Nom. illegit. ≡ Breweriopsis Roberty（1952）［旋花科 Convolvulaceae］●☆

7464　Brevidens Miq. ex C. B. Clarke = Cyrtandromoea Zoll.（1855）［玄参科 Scrophulariaceae］■

7465　Breviea Aubrév. et Pellegr.（1935）【汉】长籽山榄属。【隶属】山榄科 Sapotaceae。【包含】世界 1 种。【学名诠释与讨论】〈阴〉（人）Brevie。【分布】热带非洲西部。【模式】Breviea sericea Aubréville et Pellegrin［Chrysophyllum sericeum A. Chevalier］●☆

7466　Breviglandium Dulac（1867）Nom. illegit. ≡ Hottonia L.（1753）［报春花科 Primulaceae］■☆

7467　Brevilongium Christenson（2006）= Oncidium Sw.（1800）（保留属名）［兰科 Orchidaceae］■☆

7468　Brevipodium Á. Löve et D. Löve（1961）= Brachypodium P. Beauv.（1812）［禾本科 Poaceae（Gramineae）］■

7469　Brevoortia A. Wood（1867）【汉】缘檐丽韭属。【日】ボレボールティア属。【英】Firecracker Flower，Fire-cracker Flower。【隶属】百合科 Liliaceae//葱科 Alliaceae。【包含】世界 1 种。【学名诠释与讨论】〈阴〉（人）J. Carson Brevoort。此属的学名是"Brevoortia Alph. Wood，Proc. Acad. Nat. Sci. Philadelphia 81. Mai 1867"。亦

有文献把其处理为"Dichelostemma Kunth（1843）"的异名。【分布】美国。【模式】Brevoortia ida-maia Alph. Wood。【参考异名】Dichelostemma Kunth（1843）■☆

7470　Brewcaria L. B. Sm.，Steyerm. et H. Rob.（1984）【汉】布鲁凤梨属。【隶属】凤梨科 Bromeliaceae。【包含】世界 1-2 种。【学名诠释与讨论】〈阴〉词源不详。【分布】委内瑞拉。【模式】Brewcaria duidensis L. B. Smith et al.。■☆

7471　Breweria R. Br.（1810）= Bonamia Thouars（1804）（保留属名）［旋花科 Convolvulaceae］●☆

7472　Breweria Roberty = Bonamia Thouars（1804）（保留属名）；~ = Breweria R. Br.（1810）［旋花科 Convolvulaceae］●☆

7473　Brewerina A. Gray（1872）= Arenaria L.（1753）［石竹科 Caryophyllaceae］■

7474　Breweriopsis Roberty（1952）= Bonamia Thouars（1804）（保留属名）［旋花科 Convolvulaceae］●☆

7475　Brewstera M. Roem.（1846）Nom. illegit. ≡ Ixonanthes Jack（1822）［亚麻科 Linaceae//黏木科 Ixonanthaceae］●

7476　Brewsteria F. Muell.（1857）Nom. illegit. ［豆科 Fabaceae（Leguminosae）//云实科（苏木科）Caesalpiniaceae］☆

7477　Brexia Noronha ex Thouars（1806）（保留属名）【汉】雨湿木属（流苏边脉属）。【隶属】醋栗科（茶藨子科）Grossulariaceae//雨湿木科（流苏边脉科）Brexiaceae。【包含】世界 1-9 种。【学名诠释与讨论】〈阴〉（希）brexis = bronche，雨。此属的学名"Brexia Noronha ex Thouars，Gen. Nov. Madagasc.：20. 17 Nov 1806"是保留属名。相应的废弃属名是醋栗科（茶藨子科）Grossulariaceae 的"Venana Lam.，Tabl. Encycl. 2：99. 6 Nov 1797 ≡ Brexia Noronha ex Thouars（1806）（保留属名）"。【分布】马达加斯加，塞舌尔，热带非洲东部。【模式】Brexia madagascariensis（Lamarck）Ker-Gawler ［Venana madagascariensis Lamarck］。【参考异名】Thomassetia Hemsl.（1902）；Venana Lam.（1800）（废弃属名）●☆

7478　Brexiaceae Lindl. = Celastraceae R. Br.（1814）（保留科名）；~ = Grossulariaceae DC.（保留科名）●

7479　Brexiaceae Loudon（1830）［亦见 Grossulariaceae DC.（保留科名）醋栗科（茶藨子科）］【汉】雨湿木科（流苏边脉科）。【包含】世界 2-3 属 10-11 种。【分布】新西兰，马达加斯加，马斯克林群岛，非洲东部。【科名模式】Brexia Noronha ex Thouars ●☆

7480　Brexiella H. Perrier（1933）【汉】小雨湿木属（小流苏边脉属）。【隶属】卫矛科 Celastraceae。【包含】世界 2 种。【学名诠释与讨论】〈阴〉（属）Brexia 雨湿木属（流苏边脉属）+ -ellus，-ella，-ellum，加在名词词干后面形成指小式的词尾。或加在人名、属名等后面以组成新属的名称。【分布】马达加斯加。【模式】Brexiella illicifolia Perrier de la Bâthie。●☆

7481　Brexiopsis H. Perrier（1942）【汉】拟雨湿木属（拟流苏边脉属）。【隶属】大戟科 Euphorbiaceae。【包含】世界 1 种。【学名诠释与讨论】〈阴〉（属）Brexia 雨湿木属（流苏边脉属）+希腊文 opsis，外观，模样。此属的学名是"Brexiopsis H. Perrier de la Bâthie，Not. Syst. ［Paris］10：192. Oct 1942"。亦有文献把其处理为"Drypetes Vahl（1807）"的异名。【分布】马达加斯加。【模式】Brexiopsis aquifolia H. Perrier de la Bâthie。【参考异名】Drypetes Vahl（1807）●☆

7482　Breynia J. R. Forst. et G. Forst.（1775）（保留属名）【汉】黑面神属（山漆茎属）。【日】オオシマコバンノキ属，タカサゴコバンノキ属。【英】Breynia。【隶属】大戟科 Euphorbiaceae//叶下珠科（叶萝藦科）Phyllanthaceae。【包含】世界 26 种，中国 10 种。【学名诠释与讨论】〈阴〉（人）Johann Philipp Breyn，1637-1697，德国植物学者。此属的学名"Breynia J. R. Forst. et G. Forst.，Char. Gen. Pl.：73. 29 Nov 1775"是保留属名。相应的废弃属名是山柑

科 Capparaceae 的 " Breynia L., Sp. Pl.: 503. 1 Mai 1753 ≡ Linnaeobreynia Hutch. (1967) = Capparis L. (1753) [山柑科(白花菜科,醉蝶花科)Capparaceae]"; TROPICOS 记载"Breynia L. (1753)(废弃属名) = Breynia J. R. Forst. et G. Forst. (1775)(保留属名)[大戟科 Euphorbiaceae]", 应该是误记。"Foersteria Scopoli, Introd. 98. Jan–Apr 1777"是"Breynia J. R. Forst. et G. Forst. (1775)(保留属名)"的晚出的同模式异名(Homotypic synonym, Nomenclatural synonym)。"Pleuteron Rafinesque, Sylva Tell. 109,112('Peuteron'). Oct–Dec 1838"则是山柑科(白花菜科,醉蝶花科)Capparaceae 的"Breynia L. (1753)(废弃属名)"和"Linnaeobreynia Hutch. (1967)"的同模式异名。【分布】澳大利亚,巴基斯坦,玻利维亚,厄瓜多尔,尼加拉瓜,印度至马来西亚,中国,法属新喀里多尼亚,东南亚,中美洲。【模式】Breynia disticha J. R. Forster et J. G. A. Forster。【参考异名】Aalium Lam. ex Kuntze(1891)Nom. illegit. ; Aalius Kuntze(1891)Nom. illegit. ; Aalius Lam. (1783)Nom. inval. ,Nom. nud. ; Aalius Lam. ex Kuntze (1891)Nom. illegit. ; Aalius Rumph. (1743)Nom. inval. ; Aalius Rumph. ex Kuntze(1891)Nom. illegit. ; Aalius Rumph. ex Lam. (1783)Nom. inval. ,Nom. nud. ; Arachne Neck. (1790)Nom. inval. ; Foersteria Scop. (1777)Nom. illegit. ; Forstera Post et Kuntze (1903)Nom. illegit. ; Forsteria Steud. (1821); Linnaeobreynia Hutch. (1967); Melanthes Blume(1826); Melanthesa Blume(1826)Nom. illegit. ; Melanthesiopsis Benth. et Hook. f. (1880); Melanthesopsis Benth. et Hook. f. ; Melanthesopsis Müll. Arg. (1863)●

7483 Breynia L. (1753)(废弃属名)≡Linnaeobreynia Hutch. (1967); ~ = Capparis L. (1753)[山柑科(白花菜科,醉蝶花科)Capparaceae]●

7484 Breyniopsis Beille(1925) = Sauropus Blume(1826)[大戟科 Euphorbiaceae]●■

7485 Brezia Moq. (1849)【汉】横翼碱蓬属。【隶属】藜科 Chenopodiaceae。【包含】世界 1 种。【学名诠释与讨论】〈阴〉(希)brizoin,下垂。此属的学名,ING、TROPICOS 和 IK 记载是 "Brezia Moquin–Tandon in Alph. de Candolle, Prodr. 13(2): 47, 167. 5 Mai 1849"。"Brezia Moq. (1849)"曾被处理为"Suaeda sect. Brezia (Moq.) Volkens, Die Natürlichen Pflanzenfamilien 79[III,1a]: 80. 1893"。亦有文献把"Brezia Moq. (1849)"处理为 "Suaeda Forssk. ex J. F. Gmel. (1776)(保留属名)"的异名。【分布】欧洲东南部,亚洲中部至阿富汗。【模式】Brezia heterophylla (Karelin et Kirilow) Moquin – Tandon [Schoberia heterophylla Karelin et Kirilow]。【参考异名】Suaeda Forssk. ex J. F. Gmel. (1776)(保留属名); Suaeda sect. Brezia (Moq.) Volkens(1893)■☆

7486 Brianhuntleya Chess. ,S. A. Hammer et I. Oliv. (2003)【汉】澳非舟叶花属。【隶属】番杏科 Aizoaceae//龙须海棠科(日中花科)Mesembryanthemaceae。【包含】世界 1 种。【学名诠释与讨论】〈阴〉词源不详。此属的学名是"Brianhuntleya P. Chesselet,S. A. Hammer et I. M. Oliver,Bothalia 33: 161. Oct 2003"。亦有文献把其处理为"Mesembryanthemum L. (1753)(保留属名)"的异名。【分布】澳大利亚,非洲。【模式】Brianhuntleya intrusa (Kensit) Chess. ,S. A. Hammer et I. Oliv. 。【参考异名】Brianhuntleya Chess. ,S. A. Hammer et I. Oliv. (2003); Mesembryanthemum L. (1753)(保留属名); Ruschia Schwantes(1926)●☆

7487 Bricchettia Pax(1897) = Cocculus DC. (1817)(保留属名)[防己科 Menispermaceae]●

7488 Brickellia Elliott(1823)(保留属名)【汉】肋泽兰属(布氏菊属,鞘冠菊属)。【俄】Колеостефус。【英】Coleostephus。【隶属】菊科 Asteraceae(Compositae)。【包含】世界 7-110 种,中国 1 种。

【学名诠释与讨论】〈阳〉(人)John Brickell, 1748–1809, 爱尔兰人,医生,博物学者。此属的学名"Brickellia Elliott, Sketch Bot. S. –Carolina 2: 290. 1823"是保留属名。相应的废弃属名是花荵科 Polemoniaceae 的"Brickellia Raf. in Med. Repos. ,ser. 2,5: 353. Feb – Apr 1808 ≡ Ipomopsis Michx. (1803) = Gilia Ruiz et Pav. (1794)"、菊科 Asteraceae 的"Kuhnia L. ,Sp. Pl. ,ed. 2; 1662. Jul– Aug 1763 = Brickellia Elliott(1823)(保留属名)"和"Coleosanthus Cass. in Bull. Sci. Soc. Philom. Paris 1817; 67. Apr 1817 = Brickellia Elliott(1823)(保留属名)"。"Kuhnia Wall. = Kuhniastera Kuntze (1891)"亦应废弃。【分布】巴拉圭,巴拿马,秘鲁,玻利维亚,厄瓜多尔,哥伦比亚(安蒂奥基亚),美国(密苏里),尼加拉瓜,中国,西印度群岛,美洲。【模式】Brickellia cordifolia S. Elliott。【参考异名】Barroetea A. Gray(1879); Brickellia Raf. (1808)(废弃属名); Bulbostylis DC. (1836)(废弃属名); Clavigera DC. (1836); Coleosanthus Cass. (1817)(废弃属名); Ismaria Raf. (1838)Nom. illegit. ; Kuhnia L. (1763)(废弃属名); Phanerostylis (A. Gray)R. M. King et H. Rob. (1972); Pseudobulbostylis Nutt. ; Rosalesia La Llave(1824)■●

7489 Brickellia Raf. (1808)(废弃属名)≡Ipomopsis Michx. (1803); ~ = Gilia Ruiz et Pav. (1794)[花荵科 Polemoniaceae]■●☆

7490 Brickelliastrum R. M. King et H. Rob. (1972)【汉】落冠肋泽兰属(小肋泽兰属)。【隶属】菊科 Asteraceae(Compositae)。【包含】世界 1-2 种。【学名诠释与讨论】〈中〉(属)Brickellia 布氏菊属+-astrum,指示小的词尾,也有"不完全相似"的含义。【分布】美国(西南部)。【模式】Brickelliastrum fendleri (A. Gray)R. M. King et H. E. Robinson [Brickellia fendleri A. Gray]●☆

7491 Bricour Adans. (1763)Nom. illegit. ≡Myagrum L. (1753)[十字花科 Brassicaceae(Cruciferae)]■☆

7492 Bridelia Spreng. (1818)Nom. illegit. = Bridelia Willd. (1806)[as 'Briedelia'](保留属名)[大戟科 Euphorbiaceae]●

7493 Bridelia Willd. (1806)[as 'Briedelia'](保留属名)【汉】土密树属(土蜜树属)。【日】アルヤマカンコノキ属,カンコモドキ属。【俄】Бриделия。【英】Bridelia,Prikly Bridelia。【隶属】大戟科 Euphorbiaceae。【包含】世界 60 种,中国 11 种。【学名诠释与讨论】〈阴〉(人)Samuel Elisee von Bridel (afterwards Samuel Elias von Bridel–Brideri),1761–1828,瑞士植物学者,苔藓学者,诗人。此属的学名"Bridelia Willd. ,Sp. Pl. 4: 978. Apr 1806 ('Briedelia')(orth. cons.)"是保留属名。法规未列出相应的废弃属名。但是大戟科 Euphorbiaceae 的"Bridelia Spreng. ,Anleitung zur Kenntniss der Gew? chse ed. 2,2 1818 = Bridelia Willd. (1806)[as 'Briedelia'](保留属名)"应该废弃。其变体 "Briedelia Willd. (1806)"亦应废弃。【分布】巴基斯坦,马达加斯加,中国,非洲,亚洲。【模式】Bridelia scandens (Roxburgh) Willdenow [Clutia scandens Roxburgh]。【参考异名】Bridelia Spreng. (1818)Nom. illegit. ; Briedelia Willd. (1806)(废弃属名); Candelabria Hochst. (1843); Cluytia Roxb. ex Steud. (1840)Nom. inval. ; Cluytia Steud. (1840)Nom. inval. ; Gentilia A. Chev. et Beille (1907); Gentilia Beille(1907); Neogoetzea Pax(1900); Pentamerea Klotzsch ex Baill. (1861)Nom. illegit. ; Pentameria Klotzsch ex Baill. (1858); Tzellemtinia Chiov. (1911)●

7494 Bridgesia Backeb. (1934)Nom. inval. (废弃属名) = Gymnocalycium Sweet ex Mittler(1844); ~ = Neoporteria Britton et Rose (1922); ~ = Rebutia K. Schum. (1895)[仙人掌科 Cactaceae]●

7495 Bridgesia Bertero ex Cambess. (1834)(保留属名)【汉】布里无患子属。【隶属】无患子科 Sapindaceae。【包含】世界 1 种。【学名诠释与讨论】〈阴〉(人)Thomas Charles Bridges, 1807–1865, 英

国植物学者。他曾在拉丁美洲采集标本。此属的学名"Bridgesia Bertero ex Cambess. in Nouv. Ann. Mus. Hist. Nat. 3：234. 1834"是保留属名。相应的废弃属名是菊科 Asteraceae 的"Bridgesia Hook. in Bot. Misc. 2：222. 1831（ante 11 Jun）= Polyachyrus Lag. （1811）"。仙人掌科 Cactaceae 的"Bridgesia Backeb., Blätt. Kakteenf. 1934, Pt. 3，[p. 5]，sine descr. = Gymnocalycium Sweet ex Mittler（1844）= Neoporteria Britton et Rose（1922）= Rebutia K. Schum.（1895）"和商陆科 Phytolaccaceae 的"Bridgesia Hook. et Arn., Bot. Misc. 3：168, t. 102. 1833 ≡ Ercilla A. Juss.（1832）"亦应废弃。"Tripterocarpus C. F. Meisner, Pl. Vasc. Gen. 1：52；2：37. 21-27 Mai 1837"是"Bridgesia Bertero ex Cambess.（1834）（保留属名）"的晚出的同模式异名。【分布】智利。【模式】Bridgesia incisifolia Bertero ex Cambessèdes。【参考异名】Tripterocarpus Meisn.（1837）Nom. illegit. ●☆

7496　Bridgesia Hook.（1831）（废弃属名）= Polyachyrus Lag.（1811） ［菊科 Asteraceae（Compositae）］●■☆

7497　Bridgesia Hook. et Arn.（1833）Nom. illegit.（废弃属名）≡ Ercilla A. Juss.（1832）［商陆科 Phytolaccaceae］●☆

7498　Briedelia Willd.（1806）（废弃属名）≡ Bridelia Willd.（1806） （保留属名）［大戟科 Euphorbiaceae］●

7499　Briegeria Senghas（1980）【汉】布里兰属。【隶属】兰科 Orchidaceae。【包含】世界 6 种。【学名诠释与讨论】〈阴〉（人） Friedrich Gustav Brieger, 1900-1985, 植物学者。此属的学名是 "Briegeria K. Senghas, Orchidee（Hamburg）31：29. 15 Jan 1980"。亦有文献把其处理为"Epidendrum L.（1763）（保留属名）"的异名。【分布】参见 Epidendrum L.。【模式】Briegeria teretifolia（O. Swartz）K. Senghas［Epidendrum teretifolium O. Swartz］。【参考异名】Epidendrum L.（1763）（保留属名）■☆

7500　Brieya De Wild.（1914）= Piptostigma Oliv.（1865）［番荔枝科 Annonaceae］●☆

7501　Briggsia Craib（1919）【汉】粗筒苣苔属（佛肚苣苔属）。【英】Brigssia。【隶属】苦苣苔科 Gesneriaceae。【包含】世界 22-29 种，中国 21 种。【学名诠释与讨论】〈阴〉（人）Scott Munro Briggs, 1889-1917, 英国植物学者。【分布】缅甸，中国，东喜马拉雅山。【后选模式】Briggsia longifolia Craib。■

7502　Briggsiopsis K. Y. Pan（1985）【汉】筒花苣苔属。【英】Briggsiopsis。【隶属】苦苣苔科 Gesneriaceae。【包含】世界 1 种，中国 1 种。【学名诠释与讨论】〈阴〉（属）Briggsia 粗筒苣苔属（佛肚苣苔属）+希腊文 opsis，外观，模样。【分布】中国。【模式】Briggsiopsis delavayi（A. R. Franchet）K. Y. Pan［Didissandra delavayi A. R. Franchet］■★

7503　Brighamia A. Gray（1866）【汉】布里桔梗属。【隶属】桔梗科 Campanulaceae。【包含】世界 2 种。【学名诠释与讨论】〈阴〉 （人）William Tufts Brigham, 1841-1926。"The Hawaiian flora"的作者。【分布】美国（夏威夷）。【模式】Brighamia insignis A. Gray ［as 'insiginis'］●☆

7504　Brignolia Bertol.（1815）= Kundmannia Scop.（1777）（保留属名）［伞形花科（伞形科）Apiaceae（Umbelliferae）］■☆

7505　Brignola DC.（1830）Nom. illegit. = Isertia Schreb.（1789）［茜草科 Rubiaceae］●☆

7506　Brillantaisia P. Beauv.（1818）【汉】伴帕爵床属。【日】ブリルランタイシア属。【隶属】爵床科 Acanthaceae。【包含】世界 2 种。【学名诠释与讨论】〈阴〉（人）M. Brillant-Marion，他是本属作者 Palisot de Beauvois 热带非洲旅行时的同伴。【分布】马达加斯加，热带非洲。【模式】Brillantaisia owariensis Palisot de Beauvois。【参考异名】Belantheria Nees（1847）；Leucoraphis Nees；Leucoraphis T. Anderson（1863）；Leucorhaphis Nees（1847）；

Plaesianthera（C. B. Clarke）Livera（1924）；Rudliola Baill.；Ruelliola Baill.（1890）●■☆

7507　Brimeura Salisb.（1866）【汉】钟花风信子属。【隶属】风信子科 Hyacinthaceae//百合科 Liliaceae。【包含】世界 2-5 种。【学名诠释与讨论】〈阴〉（希）brime，力量，庞大+-urus, -ura, -uro，用于希腊文组合词，含义为"尾巴"。此属的学名，ING 和 IK 记载是 "Brimeura Salisb., Gen. Pl.［Salisbury］26. 1866［Apr - May 1866］"。"Sarcomphalium Dulac, Fl. Hautes-Pyrénées 113. 1867" 是"Brimeura Salisb.（1866）"的晚出的同模式异名（Homotypic synonym, Nomenclatural synonym）。亦有文献把"Brimeura Salisb. （1866）"处理为"Hyacinthus L.（1753）"的异名。【分布】欧洲南部。【模式】Hyacinthus amethystinus Linnaeus。【参考异名】Hyacinthus L.（1753）；Sarcomphalium Dulac（1867）Nom. illegit. ■☆

7508　Brimys Scop.（1777）= Drimys J. R. Forst. et G. Forst.（1775）（保留属名）［八角科 Illiciaceae//林仙科（冬木科，假八角科，辛辣木科）Winteraceae］●☆

7509　Brindonia Thouars（1806）Nom. illegit. ≡ Oxycarpus Lour. （1790）；~ = Garcinia L.（1753）［猪胶树科（克鲁西科，山竹子科，藤黄科）Clusiaceae（Guttiferae）//金丝桃科 Hypericaceae］●

7510　Brintonia Greene（1895）【汉】一枝白花属。【隶属】菊科 Asteraceae（Compositae）。【包含】世界 1 种。【学名诠释与讨论】〈阴〉（人）Brinton。此属的学名是"Brintonia E. L. Greene, Erythea 3：89. 1 Jun 1895"。亦有文献把其处理为"Solidago L.（1753）" 的异名。【分布】美国（东南部）。【模式】Brintonia discoidea（S. Elliott）E. L. Greene［Aster discoideus S. Elliott］。【参考异名】Solidago L.（1753）■☆

7511　Briquetastrum Robyns et Lebrun（1929）= Leocus A. Chev.（1909） ［唇形科 Lamiaceae（Labiatae）］■●☆

7512　Briquetia Hochr.（1902）【汉】布里锦葵属。【隶属】锦葵科 Malvaceae。【包含】世界 5 种。【学名诠释与讨论】〈阴〉（人） John Isaac Briquet 1870-1931, 植物学者。【分布】巴拉圭。【模式】Briquetia ancyclocarpa Hochreutiner。■●☆

7513　Briquetina J. F. Macbr.（1931）【汉】秘鲁茶茱萸属。【隶属】茶茱萸科 Icacinaceae。【包含】世界 3 种。【学名诠释与讨论】〈阴〉 （人）John Isaac Briquet, 1870-1931, 瑞士植物学者+-inus, -ina, -inum 拉丁文加在名词词干之后，以形成形容词的词尾，含义为 "属于、相似、关于、小的"。此属的学名是"Briquetina Macbride, Field Mus. Nat. Hist., Bot. Ser. 11：26. 29 Mai 1931"。亦有文献把其处理为"Citronella D. Don（1832）"的异名。【分布】秘鲁。【模式】Briquetina incarum Macbride。【参考异名】Citronella D. Don （1832）●☆

7514　Brisegnoa J. Rémy（1851）= Oxytheca Nutt.（1848）［蓼科 Polygonaceae］■☆

7515　Briseis Salisb.（1866）= Allium L.（1753）［百合科 Liliaceae//葱科 Alliaceae］■

7516　Brissonia Neck.（1790）Nom. inval. ≡ Brissonia Neck. ex Desv. （1814）；~ ≡ Tephrosia Pers.（1807）（保留属名）［豆科 Fabaceae （Leguminosae）//蝶形花科 Papilionaceae］●■

7517　Brissonia Neck. ex Desv.（1814）Nom. illegit. ≡ Tephrosia Pers. （1807）（保留属名）；~ = Indigofera L.（1753）+Tephrosia Pers. （1807）（保留属名）［豆科 Fabaceae（Leguminosae）//蝶形花科 Papilionaceae］●■

7518　Britoa O. Berg（1856）= Campomanesia Ruiz et Pav.（1794）［桃金娘科 Myrtaceae］●☆

7519　Brittenia Cogn.（1890）【汉】巴拉圭野牡丹属。【隶属】野牡丹科 Melastomataceae。【包含】世界 1 种。【学名诠释与讨论】〈阴〉 （人）James Britten, 1846-1924, 英国植物学者。【分布】加里曼丹

岛。【模式】Brittenia subacaulis Cogniaux。■☆

7520　Brittonamra Kuntze(1891)= Cracca Benth.(1853)(保留属名)［豆科 Fabaceae(Leguminosae)］●☆

7521　Brittonastrum Briq.(1896)= Agastache J. Clayton ex Gronov.(1762)［唇形科 Lamiaceae(Labiatae)］■

7522　Brittonella Rusby(1893)= Mionandra Griseb.(1874)［金虎尾科(黄褥花科)Malpighiaceae］●☆

7523　Brittonia C. A. Armstr.(1934)Nom. illegit. = Ferocactus Britton et Rose(1922)［仙人掌科 Cactaceae］●

7524　Brittonia Frick(1931)Nom. inval.［仙人掌科 Cactaceae］☆

7525　Brittonia Houghton et C. A. Armstr.(1934)Nom. illegit. = Hamatocactus Britton et Rose(1922)+? Thelocactus(K. Schum.)Britton et Rose(1922)［仙人掌科 Cactaceae］●

7526　Brittonia Kuntze(1891)= Brissonia Neck. ex Desv.(1814)Nom. illegit.；~ =Indigofera L.(1753)+Tephrosia Pers.(1807)(保留属名)［豆科 Fabaceae(Leguminosae)//蝶形花科 Papilionaceae］●■

7527　Brittonrosea Speg.(1923)Nom. illegit. rEchinofossulocactus Lawr.(1841)；~ =Melocactus Link et Otto(1827)(保留属名)［仙人掌科 Cactaceae］●■

7528　Briza L.(1753)【汉】凌风草属(铃茅属，银鳞茅属)。【日】コバンサウ属，コバンソウ属。【俄】Трясунка。【英】Quake Grass，Quakegrass，Quaking Grass，Quaking-grass，Shaking Grass。【隶属】禾本科 Poaceae(Gramineae)。【包含】世界 21 种，中国 3 种。【学名诠释与讨论】〈阴〉(希)briza，一种黑麦名。来自(希)brizo，点头，思睡。指小穗下垂。此属的学名，ING、TROPICOS、APNI、GCI 和 IK 记载是"Briza L.，Sp. Pl. 1：70. 1753［1 May 1753］"。"Tremularia Heister ex Fabricius，Enum. 207. 1759"是"Briza L.(1753)"的晚出的同模式异名(Homotypic synonym，Nomenclatural synonym)。【分布】巴基斯坦，巴拿马，秘鲁，玻利维亚，厄瓜多尔，哥伦比亚(安蒂奥基亚)，哥斯达黎加，马达加斯加，中国，中美洲，南美洲，北温带。【后选模式】Briza media Linnaeus。【参考异名】Brizochloa V. Jirásek et Chrtek(1966)；Calotheca Desv.(1810)Nom. illegit. ；Calotheca Desv. ex Spreng.(1817)Nom. illegit. ；Calotheca P. Beauv.，Nom. illegit. ；Calotheca Spreng.(1817)Nom. illegit. ；Cascoelytrum P. Beauv.(1812)；Chascolytrum Desv.(1810)；Chondrachyrum Nees(1836)；Lombardochloa Roseng. et B. R. Arill.(1982)；Macrobriza(Tzvelev)Tzvetev(1987)；Monostemon Balansa ex Henrard(1921)Nom. inval. ；Monostemon Hack. ex Henrard(1921)Nom. inval. ；Monostemon Henrard(1921)Nom. inval. ；Neuroloma Endl.(1836)Nom. illegit. ；Relchela Steud.(1854)；Tremularia Fabr.(1759)；Tremularia Heist.(1748)Nom. inval. ；Tremularia Heist. ex Fabr.(1759)Nom. illegit. ■

7529　Brizochloa V. Jirásek et Chrtek(1966)= Briza L.(1753)［禾本科 Poaceae(Gramineae)］■

7530　BrizophilaSalisb.(1866)Nom. illegit. iHonorius Gray(1821)；~ =Ornithogalum L.(1753)［百合科 Liliaceae//风信子科 Hyacinthaceae］■

7531　Brizopyrum J. Presl(1830)Nom. illegit. = Distichlis Raf.(1819)［禾本科 Poaceae(Gramineae)］■☆

7532　Brizopyrum Link(1827)Nom. illegit. ≡ Desmazeria Dumort.(1822)［as 'Demazeria'］［禾本科 Poaceae(Gramineae)］■☆

7533　Brizopyrum Stapf(1898)Nom. illegit. = Tribolium Desv.(1831)［禾本科 Poaceae(Gramineae)］■☆

7534　Brizula Hieron.(1873)= Aphelia R. Br.(1810)［刺鳞草科 Centrolepidaceae］●☆

7535　Brocchia Mauri ex Ten.(1845)Nom. illegit. = Simmondsia Nutt.

(1844)［黄杨科 Buxaceae//大戟科 Euphorbiaceae//旱黄杨科(荷荷巴科，西蒙德木科，希蒙德木科，希蒙木科，油蜡树科)Simmondsiaceae］●☆

7536　Brocchia Ten.(1845)Nom. illegit. ≡ Brocchia Mauri ex Ten.(1845)Nom. illegit. = Simmondsia Nutt.(1844)［黄杨科 Buxaceae//大戟科 Euphorbiaceae//旱黄杨科(荷荷巴科，西蒙德木科，希蒙德木科，希蒙木科，油蜡树科)Simmondsiaceae］,☆

7537　Brocchia Vis.(1836)【汉】黏闾菊属。【隶属】菊科 Asteraceae(Compositae)。【包含】世界 1 种。【学名诠释与讨论】〈阴〉(人)Giovanni Battista Brocchi，1772-1826，植物学者。此属的学名，ING、TROPICOS 和 IK 记载是"Brocchia Vis.，Pl. Aeg. et Nub. 35(1836)"。"Brocchia Mauri ex Ten.，Cat. Ort. Napoli 80(1845)≡Brocchia Tenore，Cat. Orto Bot. Napoli 80. 1845"是晚出的非法名称。亦有文献把其处理为"Cotula L.(1753)"的异名。【分布】非洲北部。【模式】Brocchia cinerea(Delile)Visiani［Cotula cinerea Delile］。【参考异名】Cotula L.(1753)■☆

7538　Brocchinia Schult. et Schult. f.(1830)Nom. illegit. ≡ Brocchinia Schult. f.(1830)［凤梨科 Bromeliaceae］■☆

7539　Brocchinia Schult. f.(1830)【汉】布洛凤梨属(布蕊金属)。【隶属】凤梨科 Bromeliaceae。【包含】世界 20-21 种。【学名诠释与讨论】〈阴〉(人)Brocchini。此属的学名，ING 和 IK 记载是"Brocchinia J. H. Schultes in J. A. Schultes et J. H. Schultes in J. J. Roemer et J. A. Schultes，Syst. Veg. 7(2)：lxx，1250. 1830"。TROPICOS 则记载为"Brocchinia Schult. f. ex Schult. et Schult. f.，Syst. Veg.(ed. 15 bis)7(2)：lxx，1250，1830"。三者引用的文献相同。"Brocchinia Schult. et Schult. f.(1830)≡Brocchinia Schult. f.(1830)"的命名人引证有误。【分布】热带南美洲。【模式】Brocchinia paniculata J. H. Schultes。【参考异名】Brocchinia Schult. et Schult. f.(1830)Nom. illegit. ；Brocchinia Schult. f. ex Schult. et Schult. f.(1830)Nom. illegit. ；Sequencia Givnish(2007)■☆

7540　Brocchinia Schult. f. ex Schult. et Schult. f.(1830)Nom. illegit. ≡ Brocchinia Schult. f.(1830)［凤梨科 Bromeliaceae］■☆

7541　Brocchoneura Warb.(1894)Nom. inval. ≡ Brochoneura Warb.(1897)［肉豆蔻科 Myristicaceae］●☆

7542　Brochoneura Warb.(1897)【汉】显脉木属。【隶属】肉豆蔻科 Myristicaceae。【包含】世界 3 种。【学名诠释与讨论】〈阴〉(希)brochos，绳，索，网眼，环+neuron = 拉丁文 nervus，脉，筋，腱，神经。此属的学名，ING、TROPICOS 和 IK 记载是"Brochoneura Warburg，Nova Acta Acad. Caes. Leop. -Carol. German. Nat. Cur. 68：128，234. Dec 1897"。"Brocchoneura Warb.，Abh. Preuss. Akad. Wiss.(1894)44 nomen；et in Engl. Pflanzenw. Ost-Afr. C(1895)179 ≡Brochoneura Warb.(1897)"是一个未合格发表的名称(Nom. inval.)。【分布】马达加斯加，热带非洲。【模式】Brochoneura madagascariensis(Lamarck)Warburg［Myristica madagascariensis Lamarck］。【参考异名】Brachoneuron Post et Kuntze(1903)；Brocchoneura Warb.(1894)Nom. inval. ；Mauloutchia(Baill.)Warb.(1896)；Mauloutchia Warb.(1895)●☆

7543　Brochosiphon Nees(1847)= Dicliptera Juss.(1807)(保留属名)［爵床科 Acanthaceae］■

7544　Brockmania W. Fitzg.(1918)【汉】西澳木槿属。【隶属】锦葵科 Malvaceae//木槿科 Hibiscaceae。【包含】世界 1 种。【学名诠释与讨论】〈阴〉(人)Frederick Slade Brockman，植物学者，他参在澳大利亚西部搞过考察。此属的学名是"Brockmania W. V. Fitzgerald，J. & Proc. Roy. Soc. Western Australia 3：174. 1918"。亦有文献把其处理为"Hibiscus L.(1753)(保留属名)"的异名。【分布】澳大利亚(西部)。【模式】Brockmania membranacea W. A. Fitzgerald。【参考异名】Hibiscus L.(1753)(保留属名)●☆

7545　Brodiaea Sm.（1810）（保留属名）【汉】花韭属（布罗地属，布若地属，卜若地属）。【日】ハナニラ属。【俄】Бродиея，Броколи，Броколь，Капуста спаржевая，Капуста спаржевая цветная。【英】Brodiaea，California Hyacinth，Cluster－lily，Pretty Face，Starflower，Wild Hyacinth。【隶属】百合科 Liliaceae//葱科 Alliaceae。【包含】世界 10-15 种。【学名诠释与讨论】〈阴〉（人）James Brodie，1744-1824，苏格兰隐花植物学者，擅长藻类、苔藓和蕨类分类。此属的学名"Brodiaea Sm. in Trans. Linn. Soc. London 10：2. Feb 1810"是保留属名。法规未列出相应的废弃属名。"Hookera R. A. Salisbury，Parad. Lond. ad t. 98. 1 Mar 1808"是"Brodiaea Sm.（1810）（保留属名）"的同模式异名（Homotypic synonym，Nomenclatural synonym）。【分布】北美洲西部。【模式】Brodiaea grandiflora J. E. Smith，Nom. illegit.［Hookera coronaria R. A. Salisbury；Brodiaea coronaria（R. A. Salisbury）Jepson］。【参考异名】Calliprora Lindl.（1833）；Caloprora Post et Kuntze（1903）；Dipterostemon Rydb.（1912）；Gardinia Bertoro（1829）；Hookera Salisb.（1808）Nom. illegit.；Scaduakintos Raf.（1838）；Scatohyacinthus Post et Kuntze（1903）；Sculertia K. Schum.（1901）Nom. illegit.；Seubertia Kunth（1843）；Subertia A. Wood（1868）Nom. illegit.；Themis Salisb.（1866）■☆

7546　Brodriguesia R. S. Cowan（1981）【汉】飘柔丝蕊豆属。【隶属】豆科 Fabaceae（Leguminosae）//云实科（苏木科）Caesalpiniaceae。【包含】世界 1 种。【学名诠释与讨论】〈阴〉（人）Joao Barbosa Rodrigues，1842-1909，巴西植物学者。【分布】巴西（东部）。【模式】Brodriguesia santosii R. S. Cowan。■☆

7547　Brogniartia Walp.（1843）Nom. illegit. ≡ Brongniartia Kunth（1824）［豆科 Fabaceae（Leguminosae）］☆

7548　Bromaceae Bercht. et J. Presl（1820）= Gramineae Juss.（保留科名）//Poaceae Barnhart（保留科名）■●

7549　Bromaceae Burnett = Gramineae Juss.（保留科名）//Poaceae Barnhart（保留科名）；~ = Sterculiaceae Vent.（保留科名）●■

7550　Bromaceae K. Koch = Gramineae Juss.（保留科名）//Poaceae Barnhart（保留科名）■●

7551　Brombya F. Muell.（1865）【汉】澳东北芸香属。【隶属】芸香科 Rutaceae。【包含】世界 2 种。【学名诠释与讨论】〈阴〉（人）Dr. John Edward Bromby，1809-1889，澳大利亚牧师。此属的学名是"Brombya F. v. Mueller，Fragm. 5：4. Apr 1865"。亦有文献把其处理为"Melicope J. R. Forst. et G. Forst.（1776）"的异名。【分布】澳大利亚（东北部）。【模式】Brombya platynema F. v. Mueller。【参考异名】Melicope J. R. Forst. et G. Forst.（1776）●☆

7552　Bromeaceae Bercht. et C. Presl（1820）= Gramineae Juss.（保留科名）//Poaceae Barnhart（保留科名）；~ = Bromeaceae Bercht. et C. Presl（1820）■●

7553　Bromelia Adans.（1763）Nom. illegit. = Bromelia L.（1753）；~ = Pitcairnia Lns. t.（1789）（保留属名）［凤梨科 Bromeliaceae］■☆

7554　Bromelia L.（1753）【汉】红心凤梨属（菠萝属，布洛美属，布诺美丽亚属，凤梨属，观赏凤梨属，美凤梨属，强刺凤梨属，强刺属，野凤梨属，真凤梨属）。【日】ブロメーリア属。【俄】Бромелия。【英】Bromelia。【隶属】凤梨科 Bromeliaceae。【包含】世界 47-49 种。【学名诠释与讨论】〈阴〉（人）D. Bromel，苏丹植物学者。另说纪念瑞典植物学者 Olof Bromel（Olaus Bromelius），1629（1639?）－1705。此属的学名，ING 和 TROPICOS 记载是"Bromelia L.，Sp. Pl. 1：285. 1753［1 May 1753］"。"Karatas P. Miller，Gard. Dict. Abr. ed. 4. 28 Jan 1754"是"Bromelia L.（1753）"的晚出的同模式异名（Homotypic synonym，Nomenclatural synonym）；"Caratas Raf.（1754）Nom. illegit."是其拼写变体。"Bromelia Adans.，Fam. Pl.（Adanson）2：67，527. 1763［Jul－Aug

1763］= Bromelia L.（1753）Pitcairnia L'Hér.（1789）= Pitcairnia L'Hér.（1789）（保留属名）［凤梨科 Bromeliaceae］"是晚出的非法名称。【分布】巴拿马，玻利维亚，厄瓜多尔，哥伦比亚（安蒂奥基亚），哥斯达黎加，尼加拉瓜，西印度群岛，热带美洲，中美洲。【后选模式】Bromelia karatas Linnaeus。【参考异名】Agallostachys Beer（1856）；Ananas Gaertn.（1788）；Bromelia Adans.（1763）Nom. illegit.；Caratas Raf.（1754）Nom. illegit.；Deinacanthon Mez（1896）；Karatas Mill.（1754）Nom. illegit.；Pinguin Adans.（1763）；Psedomelia Neck.（1790）Nom. inval.■☆

7555　Bromeliaceae Juss.（1789）（保留科名）【汉】凤梨科（菠萝科）。【日】アナナス科，パイナップル科。【俄】Ананасные，Ананасовые，Бромелиевые。【英】Bromelia Family，Bromeliad Family，Pineapple Family，Rhodostachys Family。【包含】世界 45-75 属 2000-2600 种，中国 2 属 3 种。【分布】西印度群岛，热带和亚热带美洲。【科名模式】Bromelia L.（1753）■

7556　Bromelica（Thurb.）Farw.（1919）= Melica L.（1753）［禾本科 Poaceae（Gramineae）//臭草科 Melicaceae］■

7557　Bromelica Farw.（1919）Nom. illegit. ≡ Bromelica（Thurb.）Farw.（1919）；~ = Melica L.（1753）［禾本科 Poaceae（Gramineae）］■

7558　Bromfeldia Neck.（1790）Nom. inval. = Jatropha L.（1753）（保留属名）［大戟科 Euphorbiaceae］●■

7559　Bromheadia Lindl.（1841）【汉】布隆兰属（布氏兰属）。【隶属】兰科 Orchidaceae。【包含】世界 12 种。【学名诠释与讨论】〈阴〉（人）Edward Ffrench Bromhead，1789-1855，植物学者。【分布】马来西亚。【模式】Bromheadia palustris J. Lindley。●☆

7560　Bromidium Nees et Meyen（1843）= Agrostis L.（1753）（保留属名）；~ = Deyeuxia Clarion ex P. Beauv.（1812）［禾本科 Poaceae（Gramineae）//剪股颖科 Agrostidaceae］■

7561　Bromopsis（Dumort.）Fourr.（1869）【汉】小雀麦属。【英】Brome，Brome Grass。【隶属】禾本科 Poaceae（Gramineae）。【包含】世界 50 种，中国种。【学名诠释与讨论】〈阴〉（属）Bromus 雀麦属+希腊文 opsis，外观，模样，相似。此属的学名，ING、GCI 和 IK 记载是"Bromopsis（Dumortier）Fourreau，Ann. Soc. Linn. Lyon ser. 2. 17：187. 28 Dec 1869"，由"Bromus sect. Bromopsis Dumortier，Observ. Gram. Belg. 117. Jul－Sep，1824"改级而来。"Bromopsis Fourr.（1869）≡ Bromopsis（Dumort.）Fourr.（1869）"的命名人引证有误。亦有文献把"Bromopsis（Dumort.）Fourr.（1869）"处理为"Bromus L.（1753）（保留属名）"的异名。【分布】巴基斯坦，中国，温带、亚热带和热带山区。【后选模式】Bromopsis asper（J. A. Murray）Fourreau［Bromus asper J. A. Murray］。【参考异名】Bromopsis Fourr.（1869）Nom. illegit.；Bromus L.（1753）（保留属名）；Bromus sect. Bromopsis Dumort.（1824）■

7562　Bromopsis Fourr.（1869）Nom. illegit. ≡ Bromopsis（Dumort.）Fourr.（1869）［禾本科 Poaceae（Gramineae）］■

7563　Bromuniola Stapf et C. E. Hubb.（1926）【汉】安哥拉禾属（雀草属）。【隶属】禾本科 Poaceae（Gramineae）。【包含】世界 1 种。【学名诠释与讨论】〈阴〉（属）Bromus 雀麦属+Uniola 牧场草属。【分布】安哥拉。【模式】Bromuniola gossweileri Stapf et C. E. Hubbard。■☆

7564　Bromus Dill. ex L.（1753）（废弃属名）≡ Bromus L.（1753）（保留属名）［禾本科 Poaceae（Gramineae）］■

7565　Bromus L.（1753）（保留属名）【汉】雀麦属。【日】スズメノチャヒキ属。【俄】Анизанта，Костер，Костёр，Стоколос，Хис－каках。【英】Brome，Brome Grass，Bromegrass，Brome－grass，Bromus，Cheat，Chess。【隶属】禾本科 Poaceae（Gramineae）。【包含】世界 100-250 种，中国 55-77 种。【学名诠释与讨论】〈阳〉

（希）bromos,食物,燕麦。此属的学名"Bromus L.,Sp. Pl.：76. 1 Mai 1753"是保留属名。法规未列出相应的废弃属名。但是禾本科 Poaceae(Gramineae)的"Bromus Scop.,Introd. 74(1777)"＝Triticum L.(1753)和"Bromus Dill. ex L.,Sp. Pl. 1：76. 1753［1 May 1753］≡Bromus L.(1753)(保留属名)"应该废弃。"Avenaria Heister ex Fabricius,Enum. 206. 1759"和"Forasaccus Bubani,Fl. Pyrenaea 4：379. 1901(sero?)"是"Bromus L.(1753)(保留属名)"的晚出的同模式异名(Homotypic synonym, Nomenclatural synonym)。【分布】巴基斯坦,巴拿马,秘鲁,玻利维亚,厄瓜多尔,哥伦比亚(安蒂奥基亚),哥斯达黎加,马达加斯加,美国(密苏里),中国,温带和热带山区,中美洲。【模式】Bromus secalinus Linnaeus。【参考异名】Aechmophora Spreng. ex Steud. (1840)；Aechmophora Steud. (1840) Nom. illegit.；Anisantha C. Koch；Anisantha K. Koch(1848)；Avenaria Fabr. (1759) Nom. illegit.；Avenaria Heist. ex Fabr. (1759) Nom. illegit.；Boissiera Hochst. ex Ledeb.；Bromopsis (Dumort.) Fourr. (1869)；Bromopsis Fourr. (1869) Nom. illegit.；Bromus Dill. ex L. (1753)(废弃属名)；Calliagrostis Ehrh. (1789) Nom. inval.；Ceratochloa DC. et P. Beauv. (1812)；Ceratochloa P. Beauv. (1812)；Disticheia Ehrh. (1789) Nom. inval.；Drymonactes Ehrh. (1789) Nom. inval.；Forasaccus Bubani(1901) Nom. illegit.；Genea (Dumort.) Dumort. (1868) Nom. illegit.；Haeupleria G. H. Loos (2010) Nom. illegit.；Lasiopoa Ehrh. (1789) Nom. inval.；Libertia Lej. (1825) Nom. illegit. (废弃属名)；Michelaria Dumort. (1824)；Nevskiella (V. I. Krecz. et Vved.) V. I. Krecz. et Vved. (1934)；Nevskiella V. I. Krecz. et Vved. (1934)；Serrafalcus Parl. (1840)；Sibertia Steud. (1855) Nom. illegit.；Stenofestuca (Honda) Nakai (1950)；Triniusa Steud. (1854)；Trisetobromus Nevski(1934) ■

7566 Bromus Scop. (1777) Nom. illegit. (废弃属名) ＝ Triticum L. (1753)［禾本科 Poaceae(Gramineae)］■

7567 Brongniartia Blume (1825) Nom. illegit. ≡ Kibara Endl. (1837)［香材树科(杯轴花科,黑檫木科,芒籽科,蒙立米科,檬立米科,香材木科,香树木科) Monimiaceae] ●☆

7568 Brongniartia Kunth(1824)【汉】豌豆树属(布氏豆属)。【隶属】豆科 Fabaceae(Leguminosae)//蝶形花科 Papilionaceae。【包含】世界 56 种。【学名诠释与讨论】〈阴〉(人) Adolphe Theodore Brongniart,1801-1876,法国植物学者。此属的学名,ING 和 TROPICOS 记载是"Brongniartia Kunth in Humboldt, Bonpland et Kunth,Nova Gen. Sp. 6：ed. fol. 364. Sep 1824；ed. qu. 465. Sep 1824"。豆科 Fabaceae (Leguminosae) 的"Brongniartia Blume, Bijdr. Fl. Ned. Ind. 9：435. 1825［20 Sep-7 Dec 1825］≡Kibara Endl. (1837)"是晚出的非法名称。"Brogniartia Walp., Repertorium Botanices Systematicae. 2：858. 1843"是"Brongniartia Kunth(1824)"的拼写变体。【分布】玻利维亚,墨西哥,热带美洲,北美洲,中美洲。【后选模式】Brongniartia mollis Kunth。【参考异名】Brogniarfia Walp. (1843) Nom. illegit.；Megastegia G. Don (1832)；Peraltea Kunth(1823) ●☆

7569 Brongniartia Walp.,Nom. illegit. ＝Brongniartia Kunth(1824)［豆科 Fabaceae(Leguminosae)//蝶形花科 Papilionaceae] ●☆

7570 Brongniartikentia Becc. (1921)【汉】裂鞘椰属(邦铁桐属,布朗尼亚椰属)。【隶属】棕榈科 Arecaceae(Palmae)。【包含】世界 1-2 种。【学名诠释与讨论】〈阴〉(人) Adolphe Theodore Brongniart,1801-1876,法国植物学者+(属)Kentia ＝Howea 豪爵棕属。【分布】法属新喀里多尼亚。【模式】Brongniartikentia vaginata (A. T. Brongniart) Beccari［Cyphokentia vaginata A. T. Brongniart] ●☆

7571 Bronnia Kunth (1823) ＝ Fouquieria Kunth (1823)［柽柳科 Tamaricaceae//刺树科 (澳可第罗科,否筷科,福桂花科)

Fouquieriaceae] ●☆

7572 Bronwenia W. R. Anderson et C. Davis(2007)【汉】布龙异翅藤属。【隶属】金虎尾科(黄褥花科) Malpighiaceae。【包含】世界 10 种。【学名诠释与讨论】〈阴〉(人) Bronwen。此属的学名是"Bronwenia W. R. Anderson et C. Davis, Contributions from the University of Michigan Herbarium 25：138-140. 2007. (13 Aug 2007)"。亦有文献把其处理为"Banisteria L. (1753) (废弃属名)"或"Heteropterys Kunth(1822)［as ropterys Kunth(保留属名)"的异名。【分布】玻利维亚。【模式】Bronwenia ferruginea (Cav.) W. R. Anderson et C. Davis［Banisteria ferruginea Cav.]。【参考异名】Banisteria L. (1753)(废弃属名)；Heteropterys Kunth (1822)(保留属名) ●☆

7573 Brookea Benth. (1876)【汉】布鲁草属。【隶属】玄参科 Scrophulariaceae。【包含】世界 3 种。【学名诠释与讨论】〈阴〉(人) Brooke,植物学者。【分布】加里曼丹岛。【模式】未指定。●☆

7574 Brosimopsis S. Moore(1895)【汉】类饱食桑属。【隶属】桑科 Moraceae。【包含】世界 6 种。【学名诠释与讨论】〈阴〉(属) Brosimum 饱食桑属+希腊文 opsis,外观,模样,相似。此属的学名,ING、TROPICOS 和 IK 记载是"Brosimopsis S. Moore, Trans. Linn. Soc. London, Bot. 4 (3)：473. 1895［1894-96 publ. Dec 1895]"。它曾被处理为"Brosimum sect. Brosimopsis (S. Moore) C. C. Berg, Acta Botanica Neerlandica 19：326. 1970"。【分布】巴西(南部),玻利维亚。【模式】Brosimopsis lactescens S. Moore。【参考异名】Brosimum Sw. (1788)(保留属名)；Brosimum sect. Brosimopsis (S. Moore) C. C. Berg(1970) ●☆

7575 Brosimum Sw. (1788)(保留属名)【汉】饱食桑属(饱食木属)。【俄】Бросимум。【英】Breadfruit-tree, Breadnut, Breadnut Tree。【隶属】桑科 Moraceae。【包含】世界 13 种。【学名诠释与讨论】〈中〉(希) brosimos,可食的。此属的学名"Brosimum Sw.,Prodr. 1：12. 20 Jun-29 Jul 1788"是保留属名。相应的废弃属名是桑科 Moraceae 的"Alicastrum P. Browne, Civ. Nat. Hist. Jamaica：372. 10 Mar 1756. ≡ Brosimum Sw. (1788)(保留属名)"、"Piratinera Aubl., Hist. Pl. Guiane：888. Jun-Dec 1775 ＝ Brosimum Sw. (1788)(保留属名)"和"Ferolia Aubl.,Hist. Pl. Guiane：Suppl. 7. Jun-Dec 1775 ＝ Brosimum Sw. (1788)(保留属名)"。蔷薇科 Rosaceae//金壳果科 Chrysobalanaceae 的"Ferolia Kuntze, Revis. Gen. Pl. 1：215. 1891, Nom. illegit. ＝ Parinari Aubl. (1775) ＝ Brosimum Sw. (1788)(保留属名)"和"Ferolia (Aubl.) Kuntze, Revisio Generum Plantarum 1：215. 1891. (5 Nov 1891) Nom. illeg. ＝Brosimum Sw. (1788)(保留属名)"亦应废弃。"Alicastrum P. Browne,Civ. Nat. Hist. Jamaica 372. 10 Mar 1756(废弃属名)"是"Brosimum Sw. (1788)(保留属名)"的同模式异名(Homotypic synonym, Nomenclatural synonym)。【分布】巴拉圭,巴拿马,秘鲁,玻利维亚,厄瓜多尔,哥伦比亚(安蒂奥基亚),哥斯达黎加,美国,尼加拉瓜,热带和温带南美洲,中美洲。【模式】Brosimum alicastrum O. Swartz。【参考异名】Alicastrum P. Browne (1756)(废弃属名)；Brosimopsis S. Moore(1895)；Ferolia (Aubl.) Kuntze (1891) Nom. illeg. (废弃属名)；Ferolia Aubl. (1775) (废弃属名)；Ferolia Kuntze(1891) Nom. illeg. (废弃属名)；Galactodendron Kunth (1819) Nom. illegit.；Galactodendrum Kunth ex Humb. (1819) Nom. illegit.；Piratinera Aubl. (1775) (废弃属名)；Piritanera R. H. Schomb. (1851) ●☆

7576 Brossaea L. (1753) Nom. illegit. ＝ Gaultheria L. (1753)［杜鹃花科 (欧石南科) Ericaceae] ●

7577 Brossardia Boiss. (1841)【汉】两伊芥属。【隶属】十字花科 Brassicaceae(Cruciferae)。【包含】世界 1 种。【学名诠释与讨论】〈阴〉(人) Brossard。【分布】伊朗。【模式】Brossardia papyracea Boissier。■☆

7578 Brossea Kuntze(1891)Nom. illegit. = Gaultheria L. (1753)［杜鹃花科(欧石南科)Ericaceae］●

7579 Brotera Cav. (1799) = Melhania Forssk. (1775)［梧桐科Sterculiaceae//锦葵科 Malvaceae］e ■

7580 Brotera Spreng. (1800) Nom. illegit. (1) ≡ Nauenburgia Willd. (1803)；~ = Flaveria Juss. (1789)［菊科 Asteraceae (Compositae)］■●

7581 Brotera Spreng. (1800) Nom. illegit. (2) = Hyptis Jacq. (1787)(保留属名)［唇形科 Lamiaceae(Labiatae)］a ■

7582 Brotera Vell. (1829) Nom. illegit. = Luehea Willd. (1801)(保留属名)［椴树科(椴科,田麻科)Tiliaceae//锦葵科 Malvaceae］●☆

7583 Brotera Willd. (1803) Nom. illegit. ≡ Cardopatium Juss. (1805)［菊科 Asteraceae(Compositae)］■☆

7584 Broteroa DC. (1836) = Brotera Spreng. (1800) Nom. illegit.；~ = Flaveria Juss. (1789)［菊科 Asteraceae(Compositae)］■●

7585 Broteroa Kuntze(1891) Nom. illegit. = Brotera Willd. (1803) Nom. illegit.；~ = Cardopatium Juss. (1805)［菊科 Asteraceae (Compositae)］■☆

7586 Brotobroma H. Karst. et Triana(1855) = Herrania Goudot(1844)［梧桐科 Sterculiaceae//锦葵科 Malvaceae］●☆

7587 Brotobroma Triana(1855) Nom. illegit. = Herrania Goudot(1844)［梧桐科 Sterculiaceae//锦葵科 Malvaceae］●☆

7588 Broughtonia R. Br. (1813)【汉】宝维兰属(波东兰属,布劳顿兰属,西印第安兰属)。【日】ブラウト-ニア属。【英】Broughtonia。【隶属】兰科 Orchidaceae。【包含】世界 2-5 种。【学名诠释与讨论】〈阴〉(人) A. Broughton, 英国植物学者。此属的学名, ING、TROPICOS 和 IK 记载是"Broughtonia R. Brown in W. T. Aiton, Hortus Kew. ed. 2. 5：217. Nov 1813"。"Broughtonia Wall. ex Lindl. ,Gen. Sp. Orchid. Pl. 35. 1830［Apr 1830］"是一个未合格发表的名称(Nom. inval.)。【分布】玻利维亚,中国,西印度群岛。【模式】Broughtonia sanguinea (O. Swartz) R. Brown ［Epidendrum sanguineum O. Swartz］。【参考异名】Broughtonia R. Br. (1813)；Cattleyopsis Lem. (1854)■

7589 Broughtonia Wall. ex Lindl. (1830) Nom. illegit. , Nom. inval. = Otochilus Lindl. (1830)［兰科 Orchidaceae］■

7590 Brousemichea Balansa(1890) = Zoysia Willd. (1801)(保留属名)［禾本科 Poaceae(Gramineae)］●

7591 Brousemichea Willis, Nom. inval. = Brousemichea Balansa(1890)［禾本科 Poaceae(Gramineae)］■

7592 Broussaisia Gaudich. (1830)【汉】夏威夷绣球属。【隶属】绣球花科(八仙花科,绣球科)Hydrangeaceae。【包含】世界 1-2 种。【学名诠释与讨论】〈阴〉(人)Frangois Joseph Victor Broussais, 1772-1838,法国医生。【分布】美国(夏威夷)。【模式】Broussaisia arguta Gaudichaud-Beaupré。●☆

7593 Broussonetia L'Hér. ex Vent. (1799)(保留属名)【汉】构树属(阿里桑属,楮属,构属,落叶花桑属)。【日】カウゾ属,コウゾ属。【俄】Бруссонетия, Бруссонеция。【英】Allaeanthus, Paper Mulberry, Paper-mulberry。【隶属】桑科 Moraceae。【包含】世界 4-8 种,中国 4-6 种。【学名诠释与讨论】〈阴〉(人)Pierre Marie Auguste Broussonet, 1761-1807,法国医生、植物学者。此属的学名"Broussonetia L'Hér. ex Vent. ,Tabl. Règne Vég. 3：547. 5 Mai 1799"是保留属名。相应的废弃属名是豆科 Fabaceae 的"Broussonetia Ortega, Nov. Pl. Descr. Dec. ：61. 1798(post 15 Mai) = Sophora L. (1753)"；"Agastianis Rafinesque, New Fl. 3：85. Jan-Mar 1838('1836')"是"Broussonetia Ortega(1798)(废弃属名)"的晚出的同模式异名(Homotypic synonym, Nomenclatural

synonym)。"Papyrius Lamarck ex O. Kuntze, Rev. Gen. 1：629. 5 Nov 1891"则是"Broussonetia L'Hér. ex Vent. (1799)(保留属名)"的晚出的同模式异名(Homotypic synonym, Nomenclatural synonym)。【分布】巴基斯坦,巴拉圭,玻利维亚,马达加斯加,美国(密苏里),中国,波利尼西亚群岛,东亚。【模式】Broussonetia papyrifera (Linnaeus) Ventenat［Morus papyrifera Linnaeus］。【参考异名】Allaeanthus Thwaites (1854)；Chlorophora Gaudich. (1830)；Papyrius Lam. (1798) Nom. inval. ；Papyrius Lam. ex Kuntze (1891) Nom. illegit. ；Smithiodendron Hu (1936)；Stenochasma Miq. (1851)；Stromadendrum Pav. ex Bur. ●

7594 Broussonetia Ortega(1798)(废弃属名) = Sophora L. (1753)［豆科 Fabaceae(Leguminosae)//蝶形花科 Papilionaceae］●■

7595 Brouvalea Adans. (1763) = Browallia L. (1753)［茄科 Solanaceae］■☆

7596 Brovallia L. (1764) Nom. illegit. ≡ Browallia L. (1753)［茄科 Solanaceae］■☆

7597 Browallia L. (1753)【汉】歪头菜属(布洛华丽属)。【日】アガリバナ属,ルリマガリバナ属。【俄】Бровallия。【英】Amethyst Flower, Browallia。【隶属】茄科 Solanaceae。【包含】世界 2-6 种。【学名诠释与讨论】〈阴〉(人) Johan (Juhana, Johannes) Browall (Browallius),1707-1755,瑞典一神父,林奈的朋友。此属的学名, ING 和 IK 记载是"Browallia L. , Sp. Pl. 2：631. 1753［1 May 1753］"；"Browallia L. ,Orb. Nat. (1764)"是其拼写变体。"Dalea P. Miller, Gard. Dict. Abr. ed. 4. 28 Jan 1754(废弃属名)"是"Browallia L. (1753)"的晚出的同模式异名(Homotypic synonym, Nomenclatural synonym)。【分布】巴拿马,秘鲁,玻利维亚,厄瓜多尔,哥伦比亚(安蒂奥基亚),尼加拉瓜,西印度群岛,热带美洲,中美洲。【模式】Browallia americana Linnaeus。【参考异名】Brouvalea Adans. (1763)；Brovallia L. (1764)；Dalea Mill. (1754) Nom. illegit. (废弃属名)■☆

7598 Browalliaceae Bercht. et J. Presl =Solanaceae Juss. (保留科名)●■

7599 Brownaea Jacq. (1760) Nom. illegit. (废弃属名)≡ Brownea Jacq. (1760)［as 'Brownaea'](保留属名)［豆科 Fabaceae (Leguminosae)］●☆

7600 Brownanthus Schwantes(1927)【汉】褐花属(露花树属)。【日】ブラウナンッス属。【隶属】番杏科 Aizoaceae。【包含】世界 5-8 种。【学名诠释与讨论】〈阴〉(人),1849-1934,英国植物学者+ anthos, 花。antheros, 多花的。antheo, 开花。此属的学名"Brownanthus Schwantes, Z. Sukkulentenk. 3：14, 20. 1927"是一个替代名称。"Trichocyclus N. E. Brown, Bothalia 1：151. 6 Mai 1923"是一个非法名称(Nom. illegit.),因为此前已经有了蕨类的"Trichocyclus Dulac, Fl. Hautes-Pyrénées 31. 1867"。故用"Brownanthus Schwantes(1927)"替代之。【分布】非洲南部。【模式】Brownanthus ciliatus (W. Aiton) Schwantes ［Mesembryanthemum ciliatum W. Aiton］。【参考异名】Trichocyclus N. E. Br. (1923) Nom. illegit. ●☆

7601 Brownea Jacq. (1760)［as 'Brownaea'](保留属名)【汉】热木豆属(宝冠木属)。【日】ブラウ-ネア属。【隶属】豆科 Fabaceae (Leguminosae)。【包含】世界 12 种。【学名诠释与讨论】〈阴〉(人)Patrick Browne,1720-1790,爱尔兰的医生,植物学者,真菌学者,林奈的朋友。此属的学名"Brownea Jacq. ,Enum. Syst. Pl. ：6,26. Aug-Sep 1760('Brownaea') (orth. cons.)"是保留属名。相应的废弃属名是豆科 Fabaceae 的"Hermesias Loefl. , Iter Hispan. ：278. Dec 1758 = Brownea Jacq. (1760)"。其变体"Brownaea Jacq. (1760)"亦应废弃。【分布】巴拿马,秘鲁,厄瓜多尔,哥伦比亚(安蒂奥基亚),玻利维亚,尼加拉瓜,热带非洲,西印度群岛,中美洲。【模式】Brownea coccinea N. J. Jacquin。

【参考异名】Brownaea Jacq.（1760）Nom. illegit.（废弃属名）；Hermesias Loefl.（1758）Nom. illegit.（废弃属名）●☆

7602 Browneopsis Huber（1906）【汉】拟热木豆属。【隶属】豆科 Fabaceae（Leguminosae）//云实科（苏木科）Caesalpiniaceae。【包含】世界 3-6 种。【学名诠释与讨论】〈阴〉（属）Brownea 热木豆属+希腊文 opsis，外观，模样，相似。【分布】巴拿马，巴西，秘鲁，厄瓜多尔，哥伦比亚（安蒂奥基亚）。【模式】Browneopsis ucayalina Huber。●☆

7603 Brownetara Rich. ex Tratt.（1825）Nom. illegit. ≡ Podocarpus Labill.（1806）（废弃属名）；~ ≡ Phyllocladus Rich. ex Mirb.（1825）（保留属名）[叶枝杉科（伪叶竹柏科）Phyllocladaceae//罗汉松科 Podocarpaceae]●☆

7604 Brownetera Rich.（1810）Nom. inval., Nom. superfl. ≡ Brownetara Rich. ex Tratt.（1825）Nom. illegit.；~ ≡ Podocarpus Labill.（1806）（废弃属名）；~ ≡ Phyllocladus Rich. ex Mirb.（1825）（保留属名）[罗汉松科 Podocarpaceae]●☆

7605 Browningia Britton et Rose（1920）【汉】群蛇柱属（青铜龙属）。【日】ブロウニンギア属。【隶属】仙人掌科 Cactaceae。【包含】世界 7 种。【学名诠释与讨论】〈阴〉（人）W. E. Browning，曾担任智利安格莱斯研究所所长。【分布】秘鲁，智利。【模式】Browningia candelaris（Meyen）N. L. Britton et J. N. Rose [Cereus candelaris Meyen]。【参考异名】Azureocereus Akers et H. Johnson（1949）；Castellanosia Cárdenas（1951）；Gymnanthocereus Backeb.（1937）；Gymnocereus Backeb.（1956）；Gymnocereus Rauh et Backeb.（1957）Nom. illegit.；Gymnocereus Rauh ex Backeb.（1957）Nom. illegit. ●☆

7606 Brownleea Harv.（1842）Nom. illegit. ≡ Brownleea Harv. ex Lindl.（1842）[兰科 Orchidaceae]■☆

7607 Brownleea Harv. ex Lindl.（1842）【汉】布郎兰属。【英】Brownleea。【隶属】兰科 Orchidaceae。【包含】世界 7-14 种。【学名诠释与讨论】〈阴〉（人）John Brownlee，1791-1871，英国牧师，植物学者。此属的学名，ING、TROPICOS 和 IK 记载是"Brownleea W. H. Harvey ex J. Lindley, London J. Bot. 1：16. Jan 1842"。"Brownleea Harv.（1842 ≡ Brownleea Harv. ex Lindl.（1842）"的命名人引证有误。【分布】马达加斯加，热带和非洲南部。【后选模式】Brownleea parviflora W. H. Harvey ex J. Lindley。【参考异名】Brownleea Harv.（1842）Nom. illegit. ■☆

7608 Brownlowia Roxb.（1820）（保留属名）【汉】布朗娄属。【隶属】椴树科（椴科，田麻科）Tiliaceae//锦葵科 Malvaceae。【包含】世界 25 种。【学名诠释与讨论】〈阴〉（人）Lady Brownlow，她是 Abraham Hume 公爵的女儿，英国植物学赞助人。此属的学名"Brownlowia Roxb., Pl. Coromandel 3：61. 18 Feb 1820"是保留属名。相应的废弃属名是椴树科"Glabraria L., Mant. Pl. 156, 276. Oct 1771 = Brownlowia Roxb.（1820）（保留属名）"。"Braunlowia Alph. de Candolle, Prodr. 17：290. 16 Oct 1873"和"Humea Roxburgh, Fl. Indica ed. 2. 2：640. 1832（non J. E. Smith 1804）"是"Brownlowia Roxb.（1820）（保留属名）"的晚出的同模式异名（Homotypic synonym, Nomenclatural synonym）。【分布】东南亚。【模式】Brownlowia elata Roxburgh。【参考异名】Braunlowia A. DC.（1873）Nom. illegit.（废弃属名）；Dialycarpa Mast.（1875）；Glabraria L.（1771）（废弃属名）；Humea Roxb.（1814）Nom. illegit.（废弃属名）●☆

7609 Brownlowiaceae Cheek（2006）= Malvaceae Juss.（保留科名）●■

7610 Brucea J. F. Mill.（1780）（保留属名）【汉】鸦胆子属（鸭胆子属，雅胆子属）。【日】ニガキモドキ属。【英】Brucea。【隶属】苦木科 Simaroubaceae。【包含】世界 6-8 种，中国 2 种。【学名诠释与讨论】〈阴〉（人）James Bruce，1730-1794，英国旅行家，探险

家。此属的学名"Brucea J. F. Mill. [Icon. Anim. Pl.]：t. 25. 1779-1780"是保留属名。法规未列出相应的废弃属名。"Lussa O. Kuntze, Rev. Gen. 1：104. 5 Nov 1891"是"Brucea J. F. Mill.（1780）（保留属名）"的晚出的同模式异名（Homotypic synonym, Nomenclatural synonym）。【分布】中国，热带。【模式】Brucea antidysenterica J. F. Miller。【参考异名】Gonus Lour.（1790）；Laumoniera Noot.（1987）；Lussa Kuntze（1891）Nom. illegit.；Lussa Rumph.（1755）；Lussaria Raf.（1838）●

7611 Bruchmannia Nutt.（1818）Nom. illegit. = Beckmannia Host（1805）[禾本科 Poaceae（Gramineae）]■

7612 Bruckenthalia Rchb.（1831）【汉】布鲁杜鹃属。【俄】Брукенталия。【英】Spike Heath。【隶属】杜鹃花科（欧石南科）Ericaceae。【包含】世界 1 种。【学名诠释与讨论】〈阴〉（人）S. von Bruckenthal。此属的学名是"Bruckenthalia H. G. L. Reichenbach, Fl. German. Excurs. 413. Jul-Dec 1831"。亦有文献把其处理为"Erica L.（1753）"的异名。【分布】欧洲中部和东南部，安纳托利亚。【模式】Bruckenthalia spiculifolia Rchb.。【参考异名】Erica L.（1753）●☆

7613 Bruea Gaudich.（1830）【汉】孟加拉大戟属。【隶属】大戟科 Euphorbiaceae。【包含】世界 1 种。【学名诠释与讨论】〈阴〉（人）Brue。【分布】孟加拉国。【模式】Bruea bengalensis Gaudichaud-Beaupré。●☆

7614 Brueckea Klotzsch et H. Karst.（1848）= Aegiphila Jacq.（1767）[马鞭草科 Verbenaceae//唇形科 Lamiaceae（Labiatae）]●■☆

7615 Bruennichia Willd.（1799）= Brunnichia Banks ex Gaertn.（1788）[蓼科 Polygonaceae]●☆

7616 Brugmansia Blume（1828）Nom. illegit. ≡ Rhizanthes Dumort.（1829）[大花草科 Rafflesiaceae]■☆

7617 Brugmansia Pers.（1805）【汉】曼陀罗木属（花曼陀罗属，木本曼陀罗属，木曼陀罗属）。【英】Angel's Trumpet, Brugmansia。【隶属】茄科 Solanaceae。【包含】世界 15 种，中国 4 种。【学名诠释与讨论】〈阴〉（人）Sebald Justin Brugmans，1763-1819，荷兰植物学者。此属的学名，ING、TROPICOS 和 IK 记载是"Brugmansia Pers., Syn. Pl. [Persoon] 1：216. 1805 [1 Apr-15 Jun 1805]"。大花草科 Rafflesiaceae 的"Brugmansia Blume, Bijdr. Natuurk. Wetensch. 2：422. 1828"是晚出的非法名称，它已经被"Rhizanthes Dumortier, Analyse Fam. 14. 1829"所替代。"Pseudodatura Zijp, Natuurk. Tijdschr. Ned. -Indië 80：27. 1920"是"Brugmansia Pers.（1805）"的晚出的同模式异名（Homotypic synonym, Nomenclatural synonym）。【分布】巴基斯坦，巴拿马，秘鲁，玻利维亚，厄瓜多尔，马达加斯加，尼加拉瓜，中国，热带美洲，中美洲。【后选模式】Brugmansia candida Persoon [Datura arborea Ruiz et Pavón non Linnaeus]。【参考异名】Elisia Milano（1847）；Methysticodendron R. E. Schult.（1955）；Pseudodatura Zijp（1920）Nom. illegit. ●

7618 Bruguiera Lam.（1798）Nom. illegit. ≡ Bruguiera Sav.（1798）[红树科 Rhizophoraceae]●

7619 Bruguiera Pfeiff. = Mirabilis L.（1753）[紫茉莉科 Nyctaginaceae]■

7620 Bruguiera Rich. ex DC. = Conostegia D. Don（1823）[野牡丹科 Melastomataceae]■☆

7621 Bruguiera Sav.（1798）【汉】木榄属（红树属）。【日】オヒルギ属，ヲヒルギ属。【英】Bruguiera。【隶属】红树科 Rhizophoraceae。【包含】世界 6-7 种，中国 3-4 种。【学名诠释与讨论】〈阴〉（人）J. G. Bruguieres，1734-1798，法国医生、植物学者。此属的学名，ING 和 IK 记载是"Bruguiera Savigny in Lamarck, Encycl. 4：696. 1 Nov 1798"；《中国植物志》英文版用"Bruguiera Savigny in Desrousseaux et al., Encycl. 4：696. 1798"；

APNI 记载为 "Bruguiera Sav., Tableau Encyclopédique et Méthodique 1793"；TROPICOS 则用 "Bruguiera Lam., Tabl. Encycl., pl. 397, 1793" 为正名，把 "Bruguiera Savigny, Encycl.: 696. 1798" 标注为 "Nom. illegit."。使君子科 Combretaceae 的 "Bruguiera Thouars, Gen. Nov. Madagasc. 21. 1806 [17 Nov 1806] = Lumnitzera Willd. (1803)" 是晚出的非法名称。"Bruguiera Pfeiff" 是 "Mirabilis L. (1753) [紫茉莉科 Nyctaginaceae]" 的异名。"Bruguiera Rich. ex DC" 是 "Conostegia D. Don (1823) [野牡丹科 Melastomataceae]" 的异名。【分布】澳大利亚 (北部和东北部)，巴布亚新几内亚 (新不列颠岛)，巴基斯坦，马达加斯加，塞舌尔，中国，波利尼西亚群岛，马来半岛到新几内亚岛，美拉尼西亚群岛，密克罗尼西亚群岛，热带亚洲和非洲南部，热带亚洲。【模式】Bruguiera gymnorhiza (Linnaeus) Savigny [Rhizophora gymnorhiza Linnaeus]。【参考异名】Bruguiera Lam. (1798)；Kanilia Blume (1850)；Paletuviera Thouars ex DC. (1828) ●

7622　Bruguiera Thouars (1806) Nom. illegit. = Lumnitzera Willd. (1803) [使君子科 Combretaceae] ●

7623　Bruinsmania Miq. (1843) = Isertia Schreb. (1789) [茜草科 Rubiaceae] ●☆

7624　Bruinsmia Boerl. et Koord. (1893)【汉】歧序安息香属 (歧序野茉莉属)。【隶属】安息香科 (齐墩果科，野茉莉科) Styracaceae。【包含】世界 2 种，中国 1 种。【学名诠释与讨论】〈阴〉词源不详。【分布】马来西亚，缅甸，印度 (阿萨姆)，中国。【模式】Bruinsmia styracoides Boerlage et Koorders。●

7625　Brunella L. (1754) Nom. illegit. ≡ Prunella L. (1753) [唇形科 Lamiaceae (Labiatae)] ■

7626　Brunella Mill. (1754) Nom. illegit. ≡ Prunella L. (1753) [唇形科 Lamiaceae (Labiatae)] ■

7627　Brunella Moench (1794) Nom. illegit. = Prunella L. (1753) [唇形科 Lamiaceae (Labiatae)] ■

7628　Brunellia Ruiz et Pav. (1794)【汉】槽柱花属 (西印度黄栌属)。【英】West Indian Sumach。【隶属】槽柱花科 (瓣裂果科，西印度黄栌科) Brunelliaceae。【包含】世界 45-61 种。【学名诠释与讨论】〈阴〉(人) Brunelli。【分布】巴拿马，秘鲁，玻利维亚，厄瓜多尔，哥伦比亚 (安蒂奥基亚)，墨西哥，尼加拉瓜，西印度群岛，中美洲。【后选模式】Brunellia inermis Ruiz et Pavón。【参考异名】Apopetalum Pax (1908) ●☆

7629　Brunelliaceae Engl. (1897) (保留科名) [亦见 Cunoniaceae R. Br. (保留科名) 火把树科 (常绿棱枝树科，角瓣木科，库诺尼科，南蔷薇科，轻木科)]【汉】槽柱花科 (瓣裂果科，西印度黄栌科)。【包含】世界 1 属 45-61 种。【分布】热带美洲。【科名模式】Brunellia Ruiz et Pav.。●☆

7630　Brunfelsia L. (1753) (保留属名)【汉】番茉莉属 (鸳鸯茉莉属)。【日】バンマツリ属。【俄】Брунфельзия, Францисцея。【英】Rain Tree, Raintree, Rain-tree。【隶属】茄科 Solanaceae。【包含】世界 30-40 种，中国 3 种。【学名诠释与讨论】〈阴〉(人) Otto Brunfels, 1489-1534, 德国医生、植物学者，修道士。此属的学名 "Brunfelsia L., Sp. Pl.: 191. 1 Mai 1753 ('Brunsfelsia') (orth. cons.)" 是保留属名。法规未列出相应的废弃属名。但是拼写变体 "Brunsfelsia L. (1753)" 应予废弃。【分布】巴拉圭，巴拿马，秘鲁，玻利维亚，厄瓜多尔，哥伦比亚 (安蒂奥基亚)，马达加斯加，尼加拉瓜，中国，西印度群岛，热带美洲，中美洲。【模式】Brunfelsia americana Linnaeus。【参考异名】Brunfelsiopsis (Urb.) Kuntze (1903)；Brunfelsiopsis (Urban) Post et Kuntze (1903)；Brunfelsiopsis Urb. (1897) Nom. illegit.；Brunsfelsia L. (1753) (废弃属名)；Franciscea Pohl (1827)；Martia J. A. Schmidt (1862) Nom. inval., Nom. nud.；Martia Lacerda ex J. A. Schmidt (1862) Nom. illegit. ●

7631　Brunfelsiopsis (Urb.) Kuntze (1903) = Brunfelsia L. (1753) (保留属名) [茄科 Solanaceae] ●

7632　Brunfelsiopsis (Urb.) Post et Kuntze (1903) Nom. illegit. ≡ Brunfelsiopsis (Urb.) Kuntze (1903)；~ = Brunfelsia L. (1753) (保留属名) [茄科 Solanaceae] ●

7633　Brunfelsiopsis Urb. (1897) Nom. illegit. ≡ Brunfelsiopsis (Urb.) Kuntze (1903)；~ = Brunfelsia L. (1753) (保留属名) [茄科 Solanaceae] ●

7634　Brunia L. (1753) (废弃属名) = Brunia Lam. (1785) (保留属名) [鳞叶树科 (布鲁尼科，小叶树科) Bruniaceae] ●☆

7635　Brunia Lam. (1785) (保留属名)【汉】鳞叶树属 (布鲁尼木属)。【隶属】鳞叶树科 (布鲁尼科，小叶树科) Bruniaceae。【包含】世界 7 种。【学名诠释与讨论】〈阴〉(人) Alexander Brown, 英国海军医生。此属的学名 "Brunia Lam., Encycl. 1:474. 1 Aug 1785" 是保留属名。相应的废弃属名是鳞叶树科 (布鲁尼科，小叶树科) Bruniaceae 的 "Brunia L., Sp. Pl.: 199. 1 Mai 1753 =? Brunia Lam. (1785) (保留属名)"。硅藻的 "Brunia J. Tempère, Diatomiste 1:21. Sep 1890 ≡ Neobrunia O. Kuntze 1894" 亦应废弃。"Berardia A. T. Brongniart, Ann. Sci. Nat. (Paris) 8:380. Aug 1826 (non Villars 1779)"、"Berzelia A. T. Brongniart, Ann. Sci. Nat. (Paris) 8:370. Aug 1826" 和 "Nebelia Necker ex Sweet, Hortus Brit. ed. 2. 116. Oct-Dec 1830" 是 "Brunia Lam. (1785) (保留属名)" 的晚出的同模式异名 (Homotypic synonym, Nomenclatural synonym)。【分布】非洲南部。【模式】Brunia paleacea Bergius。【参考异名】Arunia Pers. (1797)；Baeckea Burm. f. (1768) Nom. illegit.；Beckea Pers. (1805)；Berardia Brongn. (1826) Nom. illegit.；Berzelia Brongn. (1826)；Nebelia Neck. ex Sweet (1830) Nom. illegit. ●☆

7636　Bruniaceae Bercht. et J. Presl = Bruniaceae R. Br. ex DC. (保留科名) ●☆

7637　Bruniaceae DC. = Bruniaceae R. Br. ex DC. (保留科名) ●☆

7638　Bruniaceae R. Br. ex DC. (1825) (保留科名)【汉】鳞叶树科 (不路尼亚科，布鲁尼科，假石楠科，鳞叶木科，小叶树科，小叶树木科)。【包含】世界 11-13 属 67-75 种。【分布】非洲南部。【科名模式】Brunia Lam.。●☆

7639　Bruniera Franch. (1864) Nom. illegit. ≡ Wolffia Horkel ex Schleid. (1844) (保留属名) [浮萍科 Lemnaceae//芜萍科 (微萍科) Wolffiaceae] ■

7640　Brunnera Steven (1851)【汉】蓝珠草属。【俄】Брунера。【英】Brunnera, Great Forget-me-not。【隶属】紫草科 Boraginaceae。【包含】世界 3 种。【学名诠释与讨论】〈阴〉(人) Brunner。【分布】亚洲西南部。【模式】未指定。■☆

7641　Brunnichia Banks ex Gaertn. (1788)【汉】黄珊瑚藤属 (北美蓼属)。【英】American Buckwheat-vine, Anserine Liana, Eardrop Vine, Ladies'-eardrops。【隶属】蓼科 Polygonaceae。【包含】世界 1-4 种。【学名诠释与讨论】〈阴〉(人) Morten Thrane Brunnich, 1737-1827, 丹麦博物学者。此属的学名，ING、TROPICOS 和 IK 记载是 "Brunnichia Banks ex J. Gaertner, Fruct. 1:213. Dec 1788"。"Brunnichia Banks (1763) ≡ Brunnichia Banks ex Gaertn. (1788)" 是一个未合格发表的名称 (Nom. inval.)。【分布】美国，北美洲。【模式】Brunnichia cirrhosa J. Gaertner。【参考异名】Afrobrunnichia Hutch. et Dalziel (1927)；Bruennichia Willd. (1799)；Brunnichia Banks (1763) Nom. inval.；Rajania Walter (1788)；Rayania Meisn. (1856) ●☆

7642　Brunnichia Banks (1763) Nom. inval. ≡ Brunnichia Banks ex Gaertn. (1788) [蓼科 Polygonaceae] ●☆

7643 Brunonia R. Br. (1811) Nom. illegit. = Brunonia Sm. ex R. Br. (1811)［蓝针花科（兰针垫花科，兰针花科，蓝花根叶草科，留粉花科）Brunoniaceae］●■☆

7644 Brunonia Sm. (1811) Nom. illegit. = Brunonia Sm. ex R. Br. (1811)［蓝针花科（兰针垫花科，兰针花科，蓝花根叶草科，留粉花科）Brunoniaceae］●■☆

7645 Brunonia Sm. ex R. Br. (1811)【汉】蓝针花属（兰针垫花属，兰针花属，蓝花根叶草属，留粉花属）。【日】ブルノニア属，ブルーノニア属。【隶属】蓝针花科（兰针垫花科，兰针花科，蓝花根叶草科，留粉花科）Brunoniaceae。【包含】世界1种。【学名诠释与讨论】〈阴〉（人）Robert Brown，1773–1858，英国植物学者。此属的学名，ING和TROPICOS记载是"Brunonia J. E. Smith ex R. Brown, Prodr. 589. 27 Mar 1810"。APNI记载"Brunonia R. Br., The publication by R. Brown, loc. cit. predates Smith's paper in Trans. Linn. Soc. London 10(1811) 366, t. 28, 29"。"Brunonia R. Br. (1811) Nom. illegit. = Brunonia Sm. ex R. Br. (1810)"和"Brunonia Sm. (1811) Nom. illegit. = Brunonia Sm. ex R. Br. (1810)"的命名人引证有误。【分布】澳大利亚（包括塔斯曼半岛）。【后选模式】Brunonia australis J. E. Smith ex R. Brown。【参考异名】Brunonia R. Br. (1811) Nom. illegit. ; Brunonia Sm. (1811) Nom. illegit. ■☆

7646 Brunoniaceae Dumort. (1829) (保留科名)［亦见Goodeniaceae R. Br. (保留科名)草海桐科］【汉】蓝针花科（兰针垫花科，兰针花科，蓝花根叶草科，留粉花科）。【日】ブルノニア科，ブル-ノニア科。【包含】世界1属1种。【分布】澳大利亚。【科名模式】Brunonia Sm. ex R. Br. ●☆

7647 Brunoniella Bremek. (1964)【汉】小蓝针花属。【隶属】爵床科 Acanthaceae。【包含】世界4-6种。【学名诠释与讨论】〈阴〉（属）Brunonia 兰针花属+-ellus, -ella, -ellum, 加在名词词干后面形成指小式的词尾。或加在人名、属名等后面以组成新属的名称。【分布】澳大利亚。【模式】Brunoniella acaulis (R. Braun) C. E. B. Bremekamp［Ruellia acaulis R. Braun］■☆

7648 Brunsfelsia L. (1753) (废弃属名) = Brunfelsia L. (1753) (保留属名)［茄科 Solanaceae］●

7649 Brunsvia Neck. (1790) Nom. inval. = Croton L. (1753)［大戟科 Euphorbiaceae//巴豆科 Crotonaceae］●

7650 Brunsvigia Heist. (1755)【汉】花盏属。【日】ブルンズウィギア属。【英】Candelabra Flower, Umbrella Lily。【隶属】石蒜科 Amaryllidaceae//花盏科 Brunsvigiaceae。【包含】世界20种。【学名诠释与讨论】〈阴〉（人）Carl Wilhelm Ferdinand，1713–1780。【分布】非洲。【模式】未指定。■☆

7651 Brunsvigiaceae Horan. (1834)［亦见 Amaryllidaceae J. St. -Hil. (保留科名)］【汉】花盏科。【包含】世界1属20种。【分布】非洲。【科名模式】Brunsvigia Heist. ■

7652 Brunswigiaceae Horan. (1834) = Amaryllidaceae J. St. -Hil. (保留科名)●■

7653 Brunyera Bubani (1899) Nom. illegit. ≡ Oenothera L. (1753)［柳叶菜科 Onagraceae］●■

7654 Bruquieria Pourr. ex Ortega = Calyxhymenia Ortega (1797) ; ~ = Mirabilis L. (1753)［紫茉莉科 Nyctaginaceae］■

7655 Bruschia Bertol. (1857) = Nyctanthes L. (1753)［木犀榄科（木犀科）Oleaceae//夜花科（腋花科）Nyctanthaceae］●

7656 Bruxanelia Dennst. (1818) Nom. illegit. ,Nom. inval. (废弃属名) = Bruxanellia Dennst. ex Kostel. (1836) (废弃属名) ; ~ = Blachia Baill. (1858) (保留属名)［大戟科 Euphorbiaceae］●

7657 Bruxanellia Dennst. ex Kostel. (1836) (废弃属名) = Blachia Baill. (1858) (保留属名)［大戟科 Euphorbiaceae］●

7658 Brya P. Browne(1756) = Aldina Endl. (1840) (保留属名)［豆科 Fabaceae(Leguminosae)//云实科（苏木科）Caesalpiniaceae］●☆

7659 Brya Vell. (1829) Nom. illegit. = Hirtella L. (1753)［金壳果科 Chrysobalanaceae］●☆

7660 Bryantea Raf. (1838) (废弃属名) = Neolitsea (Benth. et Hook. f.) Merr. (1906) (保留属名)［樟科 Lauraceae］●

7661 Bryanthus J. G. Gmel. (1769)【汉】繁花鹃属（布利安木属，布利杜鹃属，线香石南属）。【日】チシマツガザクラ属。【俄】Мохоцветник。【隶属】杜鹃花科（欧石南科）Ericaceae。【包含】世界1种。【学名诠释与讨论】〈阳〉（希）bryo, 充满的，膨胀发芽，突然出现。bryon, 地衣，树苔，海草+anthos, 花。【分布】日本，喀什米尔地区。【模式】Bryanthus gmelinii D. Don［as 'gmelini'］［Andromeda bryantha Linnaeus］●☆

7662 Bryantia H. St. John (1989) Nom. illegit. ［露兜树科 Pandanaceae］●☆

7663 Bryantia Webb ex Gaudich. (1841) Nom. illegit. ≡ Bryantia Webb (1841) ; ~ = Pandanus Parkinson (1773)［露兜树科 Pandanaceae］●■

7664 Bryantiella J. M. Porter (2000) = Gilia Ruiz et Pav. (1794)［花荵科 Polemoniaceae］■●☆

7665 Bryaspis P. A. Duvign. (1954)【汉】满盾豆属。【隶属】豆科 Fabaceae(Leguminosae)。【包含】世界1-2种。【学名诠释与讨论】〈阴〉（希）bryon, 地衣，树苔，海草+aspis, 盾。【分布】非洲西部。【模式】Bryaspis lupulina (Planchon) Duvigneaud［Geissaspis lupulina Planchon］■☆

7666 Brylkinia F. Schmidt (1868)【汉】曲柄草属（白列金氏草属，扁穗草属，扁穗属）。【日】ホガエリガヤ属，ホガヘリガヤ属。【俄】Брылкиния。【英】Brylkinia。【隶属】禾本科 Poaceae (Gramineae)。【包含】世界1种，中国1种。【学名诠释与讨论】〈阴〉（人）Brylkon, 俄罗斯植物学者。【分布】俄罗斯（库页岛），日本，中国。【模式】Brylkinia caudata (Munro) F. Schmidt［Ehrharta caudata Munro］■

7667 Bryobium Lindl. (1836)【汉】藓兰属。【隶属】兰科 Orchidaceae。【包含】世界20种，中国1种。【学名诠释与讨论】〈阴〉（希）bryon, 地衣，树苔，海草+bios, 生命。此属的学名是"Bryobium J. Lindley, Nat. Syst. ed. 2. 446. Jul (?) 1836; Edwards's Bot. Reg. 24(Misc.）: 79. Oct 1838"。亦有文献把其处理为"Eria Lindl. (1825) (保留属名)"的异名。【分布】澳大利亚（东北部），中国，从斯里兰卡和东南亚至新几内亚岛，太平洋西南岛屿。【模式】Bryobium pubescens J. Lindley。【参考异名】Alvisia Lindl. (1859) ; Eria Lindl. (1825) (保留属名)●

7668 Bryocarpum Hook. f. et Thomson(1857)【汉】长果报春属（藓果草属，藓葫报春属）。【英】Bryocarpum。【隶属】报春花科 Primulaceae。【包含】世界1种，中国1种。【学名诠释与讨论】〈中〉（希）bryon, 地衣，树苔，海草+karpos, 果实。【分布】东喜马拉雅山。【模式】Bryocarpum himalaicum J. D. Hooker et T. Thomson。■☆

7669 Bryocles Salisb. (1812) Nom. inval. = Funkia Spreng. (1817) Nom. illegit. ; ~ = Hosta Tratt. (1812) (保留属名)［百合科 Liliaceae//玉簪科 Hostaceae］■

7670 Bryocles Salisb. (1866) = Funkia Spreng. (1817) Nom. illegit. ; ~ = Hosta Tratt. (1812) (保留属名)［百合科 Liliaceae//玉簪科 Hostaceae］■

7671 Bryodes Benth. (1846)【汉】马斯克林透骨草属。【隶属】玄参科 Scrophulariaceae//透骨草科 Phrymaceae。【包含】世界1-3种。【学名诠释与讨论】〈阴〉（希）bryon, 地衣，树苔，海草+oides, 相像。此属的学名，ING、TROPICOS和IK记载是"Bryodes Bentham in Alph. de Candolle, Prodr. 10：433. 8 Apr 1846"。檀香科 Santalaceae 的"Bryodes Phil., in Anal. Univ. Chil. xci. 503. 1895"是晚出的非法名称。【分布】马达加斯加,马斯克林群岛。【模式】Bryodes micrantha Bentham。■☆

7672　Bryodes Phil.（1895）Nom. illegit. = Quinchamalium Molina（1782）（保留属名）［檀香科 Santalacea］●☆

7673　Bryomorpha Kar. et Kir.（1842）= Thylacospermum Fenzl（1840）［石竹科 Caryophyllaceae］■

7674　Bryomorphe Harv.（1863）【汉】帚藓菊属。【隶属】菊科 Asteraceae（Compositae）。【包含】世界1种。【学名诠释与讨论】〈阴〉（希）bryon,地衣,树苔,海草+morphe,形状。【分布】非洲南部。【模式】Bryomorphe zeyheri W. H. Harvey, Nom. illegit.［Klenzea lycopodioides C. H. Schultz Bip. ex W. G. Walpers；Bryomorphe lycopodioides（C. H. Schultz Bip. ex W. G. Walpers）M. R. Levyns］●☆

7675　Bryonia L.（1753）【汉】泻根属（欧薯蓣属,欧洲甜瓜属,茓秧属）。【俄】Бриония, Переступень。【英】Bryony, White Bryony。【隶属】葫芦科（瓜科,南瓜科）Cucurbitaceae//泻根科 Bryoniaceae。【包含】世界12种。【学名诠释与讨论】〈阴〉（希）"希"bryonia = bryone 一种葫芦（瓜科,南瓜科）Cucurbitaceae 的植物,来自 bryo 发芽。此属的学名是"Bryonia Linnaeus, Sp. Pl. 1012. 1 Mai 1753"。亦有文献把其处理为"Zehneria Endl.（1833）"的异名。【分布】巴基斯坦,玻利维亚,西班牙（加那利群岛）,马达加斯加,非洲北部,欧洲,亚洲,中美洲。【后选模式】Bryonia alba Linnaeus。【参考异名】Achmandra Arn.（1840）；Achmandra Wight（1840）Nom. illegit.；Aechmaea Brongn.（1841）；Aechmandra Arn.（1841）Nom. illegit.；Kedrostis Medik.（1791）；Neoachmandra W. J. De Wilde et Duyfjes（2006）；Zehneria Endl.（1833）■☆

7676　Bryoniaceae Adans. ex Post et Kuntze = Cucurbitaceae Juss.（保留科名）●■

7677　Bryoniaceae G. Mey.（1836）= Cucurbitaceae Juss.（保留科名）●■

7678　Bryoniaceae Post et Kuntze（1903）［亦见 Cucurbitaceae Juss.（保留科名）葫芦科（瓜科,南瓜科）］【汉】泻根科。【包含】世界1属12种。【分布】欧洲,亚洲,非洲北部,西班牙加那利群岛。【科名模式】Bryonia L.■

7679　Bryoniastrum Fabr.（1759）Nom. illegit. ≡ Bryoniastrum Heist. ex Fabr.（1759）Nom. illegit.；~ ≡ Sicyos L.（1753）［葫芦科（瓜科,南瓜科）Cucurbitaceae］■

7680　Bryoniastrum Heist. ex Fabr.（1759）Nom. illegit. ≡ Sicyos L.（1753）［葫芦科（瓜科,南瓜科）Cucurbitaceae］■

7681　Bryonopsis Arn.（1840）Nom. illegit. = Kedrostis Medik.（1791）［葫芦科（瓜科,南瓜科）Cucurbitaceae］■☆

7682　Bryophthalmum E. Mey.（1839）Nom. illegit. ≡ Moneses Salisb. ex Gray（1821）［鹿蹄草科 Pyrolaceae//杜鹃花科（欧石南科）Ericaceae］■

7683　Bryophyllum Salisb.（1805）【汉】落地生根属。【日】トウロウサウ属,トウロウソウ属。【俄】Блиофиллюм。【英】Kalanhoe。【隶属】景天科 Crassulaceae。【包含】世界20-30种,中国1种。【学名诠释与讨论】〈中〉（希）bryo,充满的,膨胀,发芽,突然出现+phyllon,叶子。指繁殖芽生于叶上。此属的学名是"Bryonia Linnaeus, Sp. Pl. 1012. 1 Mai 1753"。亦有文献把其处理为"Kalanchoe Adans.（1763）"的异名。【分布】巴基斯坦,厄瓜多尔,马达加斯加,玻利维亚,日本,中国,热带非洲和非洲南部,中美洲。【模式】Bryophyllum calycinum R. A. Salisbury。【参考异名】Crassouvia Comm. ex DC.（1828）；Kalanchoe Adans.（1763）；Physocalycium Vest（1820）●■

7684　Bryopsis Reiche（1895）Nom. illegit. ≡ Reicheella Pax（1900）［石竹科 Caryophyllaceae］■☆

7685　Bubalina Raf.（1820）= Burchellia R. Br.（1820）［茜草科 Rubiaceae］●☆

7686　Bubania Girard（1848）Nom. illegit. ≡ Limoniastrum Fabr.（1759）Nom. illegit.；≡ Limoniastrum Heist. ex Fabr.（1759）［白花丹科（矶松科,蓝雪科）Plumbaginaceae］●☆

7687　Bubbia Tiegh.（1900）【汉】巴布林仙属（布比林仙属,布波林仙属）。【隶属】林仙科（冬木科,假八角科,辛辣木科）Winteraceae。【包含】世界30种。【学名诠释与讨论】〈阴〉（人）Bubb. 此属的学名是"Bubbia Van Tieghem, J. Bot.（Morot）14：278, 293. Oct 1900"。亦有文献把其处理为"Takhtajania Baranova et J. -F. Leroy（1978）"或"Zygogynum Baill.（1867）"的异名。【分布】澳大利亚（昆士兰）,马达加斯加,法属新喀里多尼亚,新几内亚岛。【模式】Bubbia howeana（F. v. Mueller）Van Tieghem［Drimys howeana F. v. Mueller］。【参考异名】Takhtajania Baranova et J. -F. Leroy（1978）；Zygogynum Baill.（1867）●☆

7688　Bubon L.（1753）= Athamanta L.（1753）［伞形花科（伞形科）Apiaceae（Umbelliferae）］■☆

7689　Bubonium Hill（1761）Nom. illegit. ≡ Asteriscus Mill.（1754）［菊科 Asteraceae（Compositae）］■●☆

7690　Bubroma Ehrh. = Trifolium L.（1753）［豆科 Fabaceae（Leguminosae）//蝶形花科 Papilionaceae］■

7691　Bubroma Schreb.（1791）Nom. illegit. ≡ Guazuma Adans.（1763）Nom. illegit.；~ ≡ Guazuma Plum. ex Adans.（1763）Nom. illegit.；~ = Diuroglossum Turcz.（1852）；~ = Guazuma Mill.（1754）［梧桐科 Sterculiaceae//锦葵科 Malvaceae］●☆

7692　Bucafer Adans.（1763）Nom. illegit. ≡ Ruppia L.（1753）［眼子菜科 Potamogetonaceae//川蔓藻科（流苏菜科,蔓藻科）Ruppiaceae］■

7693　Bucanion Steven（1851）= Heliotropium L.（1753）［紫草科 Boraginaceae//天芥菜科 Heliotropiaceae］●■

7694　Buccafarrea Bubani（1873）Nom. illegit. = Potamogeton L.（1753）［眼子菜科 Potamogetonaceae］■

7695　Buccaferrea Mich. ex Petagna（1787）Nom. illegit. ≡ Buccaferrea Petagna（1787）；~ = Bucafer Adans.（1763）Nom. illegit.；~ = Ruppia L.（1753）［眼子菜科 Potamogetonaceae//川蔓藻科（流苏菜科,蔓藻科）Ruppiaceae］■

7696　Buccaferrea Petagna（1787）= Bucafer Adans.（1763）Nom. illegit.；~ = Ruppia L.（1753）［眼子菜科 Potamogetonaceae//川蔓藻科（流苏菜科,蔓藻科）Ruppiaceae］■

7697　Buccella Luer（2006）【汉】布克兰属。【隶属】兰科 Orchidaceae。【包含】世界9种。【学名诠释与讨论】〈阴〉（属）Bucco J. C. Wendl = Agathosma 香芸木属（布楚属,布枯属,线球香属）+-ellus, -ella, -ellum,加在名词词干后面形成指小式的词尾。或加在人名、属名等后面以组成新属的名称。亦有文献把"Buccella Luer（2006）"处理为"Masdevallia Ruiz et Pav.（1794）"的异名。【分布】美洲。【模式】Buccella nidifica（Rchb. f.）Luer［Masdevallia nidifica Rchb. f.］。【参考异名】Masdevallia Ruiz et Pav.（1794）■☆

7698　Bucco J. C. Wendl（1808）（废弃属名）≡ Agathosma Willd.（1809）（保留属名）［芸香科 Rutaceae］●☆

7699　Bucculina Lindl.（1837）= Holothrix Rich. ex Lindl.（1835）（保留属名）［兰科 Orchidaceae］■☆

7700　Bucephalandra Schott（1858）【汉】加岛南星属。【隶属】天南星科 Araceae。【包含】世界1-3种。【学名诠释与讨论】〈阴〉（希）bous,所有格 boos,牛,野牛,变为拉丁文 bos,所有格 bovis +

kephale,头+aner,所有格 andros,雄性,雄蕊。【分布】加里曼丹岛。【模式】Bucephalandra motleyana H. W. Schott。【参考异名】Microcasia Becc. (1879) ■☆

7701 Bucephalon L. (1753)(废弃属名)= Trophis P. Browne(1756)(保留属名)[桑科 Moraceae]●☆

7702 Bucephalophora Pau(1887)【汉】地中海蓼属。【隶属】蓼科 Polygonaceae。【包含】世界 1 种。【学名诠释与讨论】〈阴〉(希)bous,所有格 boos,牛,野牛,变为拉丁文 bos,所有格 bovis + kephale,头 + phoros,具有,梗,负载,发现者。此属的学名是"Bubbia Van Tieghem, J. Bot. (Morot) 14: 278, 293. Oct 1900"。亦有文献把其处理为"Rumex L. (1753)"的异名。【分布】地中海沿岸。【模式】Bucephalophora aculeata Pau, Nom. illegit. [Rumex bucephalophorus Linnaeus]。【参考异名】Rumex L. (1753) ■☆

7703 Bucera P. Browne(1756)Nom. illegit. (废弃属名)≡ Buceras P. Browne(1756)(废弃属名)= Terminalia L. (1767)(保留属名); ~ = Terminalia L. (1767)(保留属名)[使君子科 Combretaceae//榄仁树科 Terminaliaceae]●☆

7704 Buceragenia Greenm. (1897)【汉】闭壳骨属。【隶属】爵床科 Acanthaceae。【包含】世界 4 种。【学名诠释与讨论】〈阴〉(希)boukeras,boukeron,boukeros,牛角状的+genos,种类。【分布】巴拿马,墨西哥至哥斯达黎加,中美洲。【模式】Buceragenia minutflora Greenman。☆

7705 Buceras Haller ex All. (1785)Nom. illegit. (废弃属名)≡ Trigonella L. (1753) [豆科 Fabaceae(Leguminosae)//蝶形花科 Papilionaceae]■

7706 Buceras Haller(1768)Nom. inval. , Nom. illegit. (废弃属名)≡ Buceras Haller ex All. (1785)Nom. illegit. (废弃属名); ~ = Trigonella L. (1753) [豆科 Fabaceae(Leguminosae)]■

7707 Buceras P. Browne(1756)(废弃属名)= Terminalia L. (1767)(保留属名); ~ = Terminalia L. (1767)(保留属名)[使君子科 Combretaceae//榄仁树科 Terminaliaceae]●

7708 Bucerosia Endl. (1838)= Boucerosia Wight et Arn. (1834) [萝藦科 Asclepiadaceae]■☆

7709 Bucetum Parn. (1842)Nom. illegit. = Festuca L. (1753) [禾本科 Poaceae(Gramineae)//羊茅科 Festucaceae]■

7710 Buchanania Sm. (1805)Nom. illegit. ≡ Colebrookea Sm. (1806) [唇形科 Lamiaceae(Labiatae)]●

7711 Buchanania Spreng. (1802)【汉】山槟子属(山㮋子属,天干果属)。【日】ヤマンワヤ属。【英】Buchanania。【隶属】漆树科 Anacardiaceae。【包含】世界 25 种,中国 5 种。【学名诠释与讨论】〈阴〉(人)C. Buchanan-Hamilton,1762-1829,英国植物学者。此属的学名,ING、APNI、TROPICOS 和 IK 记载是"Buchanania K. P. J. Sprengel, J. Bot. (Schrader) 1800 (2): 234. Mar 1802 ('1801')"。唇形科 Lamiaceae(Labiatae)的"Buchanania J. E. Smith, Exot. Bot. 2: t. 115. 1 Oct 1806 ≡ Colebrookea Sm. (1806)"是晚出的非法名称。【分布】玻利维亚,澳大利亚(热带),印度至马来西亚,中国。【模式】Buchanania lanzan K. P. J. Sprengel。【参考异名】Buchaniana Pierre(1898)Nom. illegit. ; Cambessedea Kunth(1824)(废弃属名); Coniogeton Blume(1826); Lanzana Stokes(1812); Larmzon Roxb. (1832); Launzan Buch. – Ham. (1799); Lundia Puerari ex DC. (1827)(废弃属名)●

7712 Buchaniana Pierre(1898)Nom. illegit. ≡ Buchanania Spreng. (1802) [漆树科 Anacardiaceae]●

7713 Bucharea Raf. (1838)= Convolvulus L. (1753) [旋花科 Convolvulaceae]■●

7714 Buchena Heynh. = Thryptomene Endl. (1839)(保留属名)[桃金娘科 Myrtaceae]●☆

7715 Buchenavia Eichler(1866)(保留属名)【汉】布切木属。【隶属】使君子科 Combretaceae。【包含】世界 20 种。【学名诠释与讨论】〈阴〉(人)Franz Georg Philipp Buchenau, 1831-1906,德国植物学者。此属的学名"Buchenavia Eichler in Flora 49:164. 17 Apr 1866"是保留属名。相应的废弃属名是使君子科 Combretaceae 的"Pamea Aubl. , Hist. Pl. Guiane: 946. Jun – Dec 1775 = Buchenavia Eichler(1866)(保留属名)"。【分布】巴拿马,秘鲁,玻利维亚,厄瓜多尔,哥伦比亚(安蒂奥基亚),哥斯达黎加,西印度群岛,热带南美洲,中美洲。【模式】Buchenavia capitata(Vahl)Eichler [Bucida capitata Vahl]。【参考异名】Pamea Aubl. (1775)(废弃属名)●☆

7716 Buchenroedera Eckl. et Zeyh. (1836)= Lotononis (DC.)Eckl. et Zeyh. (1836)(保留属名)[豆科 Fabaceae(Leguminosae)//蝶形花科 Papilionaceae]■

7717 Buchera Rchb. = Hornungia Rchb. (1837) [十字花科 Brassicaceae(Cruciferae)]■

7718 Bucheria Heynh. (1846)Nom. illegit. ≡ Gomphotis Raf. (1838)(废弃属名); ~ = Thryptomene Endl. (1839)(保留属名)[桃金娘科 Myrtaceae]●☆

7719 Buchholzia Engl. (1886)【汉】西非白花菜属。【隶属】山柑科(白花菜科,醉蝶花科)Capparaceae//白花菜科(醉蝶花科)Cleomaceae。【包含】世界 2-3 种。【学名诠释与讨论】〈阴〉(人)Feodor (Fedor)Vladimirovic Buchholz,1872-1924,美国植物学者。另说纪念德国植物学者 Reinhold Wilhelm Buchholz,1837-1876,他曾在非洲采集标本。【分布】热带非洲西部。【模式】Buchholzia coriacea Engler。●☆

7720 Buchia D. Dietr. (1843)Nom. illegit. = Bouchea Cham. (1832)(保留属名)[马鞭草科 Verbenaceae]●☆

7721 Buchia Kunth (1818) = Perama Aubl. (1775) [茜草科 Rubiaceae]●☆

7722 Buchingera Boiss. et Hohen. (1849)Nom. illegit. ≡ Asperuginoides Rauschert(1982) [十字花科 Brassicaceae(Cruciferae)]■☆

7723 Buchingera F. Schultz (1848) = Cuscuta L. (1753) [旋花科 Convolvulaceae//菟丝子科 Cuscutaceae]■

7724 Buchloë Engelm. (1859)(保留属名)【汉】野牛草属。【英】Buffalo Grass,Buffalograss。【隶属】禾本科 Poaceae(Gramineae)。【包含】世界 1 种,中国 1 种。【学名诠释与讨论】〈阴〉(希)bous,水牛+chloe,草的幼芽,嫩芽,禾草。此属的学名"Buchloë Engelm. in Trans. Acad. Sci. St. Louis 1:432. Jan-Apr 1859"是保留属名。法规未列出相应的废弃属名。【分布】美国,中国。【模式】Buchloë dactyloides (Nuttall)Engelmann [Sesleria dactyloides Nuttall]。【参考异名】Bulbilis Kuntze(1891)Nom. illegit. ; Bulbilis Raf. (1819)Nom. inval. ; Bulbilis Raf. ex Kuntze(1891); Calanthera Hook. (1856)Nom. illegit. ; Calanthera Kunth ex Hook. (1856); Lasiostega Benth. (1857)Nom. inval. ; Lasiostega Rupr. ex Benth. (1857); Sesleria Nutt. (1818)Nom. illegit. ■

7725 Buchlomimus Reeder,C. Reeder et Rzed. (1965)【汉】拟野牛草属。【隶属】禾本科 Poaceae(Gramineae)。【包含】世界 1 种。【学名诠释与讨论】〈阳〉(属)Buchloe 野牛草属+拉丁文 mimus 善于模拟者,来自希腊文 mimo,所有格 mimous 类人猿,mimos = mimetes 模仿者。【分布】墨西哥。【模式】Buchlomimus nervatus (J. R. Swallen)J. R. Reeder, C. G. Reeder et Rzedowski [Bouteloua nervata J. R. Swallen]■☆

7726 Buchnera L. (1753)【汉】黑草属(鬼羽箭属)。【英】Blackgrass,Buchnera。【隶属】玄参科 Scrophulariaceae//列当科 Orobanchaceae。【包含】世界 60-100 种,中国 1-2 种。【学名诠释

与讨论】〈阴〉(人) Wilhelm Buchner, 德国高山植物专家。另说纪念德国博物学者 Johann Gottfried Buchner (or Buechner, or Büchner), 1695-1749。【分布】巴基斯坦, 巴拉圭, 巴拿马, 秘鲁, 玻利维亚, 厄瓜多尔, 哥伦比亚(安蒂奥基亚), 马达加斯加, 美国(密苏里), 尼加拉瓜, 利比里亚(宁巴), 中国, 热带和亚热带, 中美洲。【后选模式】Buchnera americana Linnaeus。【参考异名】Benthamistella Kuntze(1891) Nom. illegit. ; Bonnetia Neck. (1790)(废弃属名); Bucknera Michx. (1803); Buechnera Roth (1821); Buechnera Wettst. (1891) Nom. illegit. ; Eylesia S. Moore (1908); Peripea Steud. (1841); Piripea Aubl. (1775); Stellularia Benth. (1880)■

7727 Buchneraceae Benth. (1870)=Orobanchaceae Vent. (保留科名)●■

7728 Buchneraceae Lilja =Orobanchaceae Vent. (保留科名)●■

7729 Buchnerodendron Gürke(1893)【汉】比希纳木属。【隶属】刺篱木科(大风子科) Flacourtiaceae。【包含】世界 2-5 种。【学名诠释与讨论】〈中〉(人) Wilhelm Buchner, 德国高山植物专家+dendron 或 dendros, 树木, 棍, 丛林。【分布】热带非洲。【模式】Buchnerodendron speciosum Guerke。●☆

7730 Bucholtzia Meisn. (1841)= Bucholzia Mart. (1826) Nom. illegit. ; ~ =Alternanthera Forssk. (1775)［苋科 Amaranthaceae］■

7731 Bucholzia Mart. (1826) Nom. illegit. = Alternanthera Forssk. (1775)［苋科 Amaranthaceae］■

7732 Bucholzia Stadtm. ex Wiliem. (1796)=Combretum Loefl. (1758)(保留属名)［使君子科 Combretaceae］●

7733 Buchosia Vell. (1829)=Heteranthera Ruiz et Pav. (1794)(保留属名)［雨久花科 Pontederiaceae//水星草科 Heterantheraceae］■☆

7734 Buchozia L'Hér. ex Juss. (1806)=Serissa Comm. ex Juss. (1789)［茜草科 Rubiaceae］●

7735 Buchozia Pfeiffer =Buchffer =omm. ex (1829); ~ =Heteranthera Ruiz et Pav. (1794)(保留属名)［雨久花科 Pontederiaceae//水星草科 Heterantheraceae］■☆

7736 Buchtienia Schltr. (1929)【汉】布枯兰属。【隶属】兰科 Orchidaceae。【包含】世界 3 种。【学名诠释与讨论】〈阴〉(人) Otto Buchtien, 1859-1946, 德国植物学者。【分布】秘鲁, 玻利维亚。【模式】Buchtienia boliviensis Schlechter。■☆

7737 Bucida L. (1759)(保留属名)【汉】拉美使君子属(布希达属)。【隶属】使君子科 Combretaceae。【包含】世界 4-8 种。【学名诠释与讨论】〈阴〉词源不详。此属的学名"Bucida L., Syst. Nat., ed. 10:1012, 1025, 1368. 7 Jun 1759"是保留属名。相应的废弃属名是使君子科 Combretaceae 的"Buceras P. Browne, Civ. Nat. Hist. Jamaica:221. 10 Mar 1756 ≡ Bucida L. (1759)(保留属名)"。豆科的"Buceras Haller ex All. (1785) Nom. illegit. ≡ Trigonella L. (1753)"和"Buceras Haller, Hist. Stirp. Helv. 1:164. 7 Mar-8 Aug 1768 ≡ Trigonella L. (1753)"亦应废弃。亦有文献把"Bucida L. (1759)(保留属名)"处理为"Terminalia L. (1767)(保留属名)"的异名。【分布】美国(佛罗里达), 西印度群岛, 中美洲。【模式】Bucida buceras Linnaeus。【参考异名】Bucera P. Browne (1756) Nom. illegit. (废弃属名); Buceras P. Browne(1756)(废弃属名); Terminalia L. (1767)(保留属名)●☆

7738 Bucidaceae Spreng. (1825)= Combretaceae R. Br. (保留科名)●

7739 Bucinella (Wiehler) Wiehler (1977) Nom. illegit. ≡ Bucinella Wiehler(1977) Nom. illegit. ; ~ ≡ Bucinellina Wiehler (1981); ~ =Columnea L. (1753)［苦苣苔科 Gesneriaceae］●☆

7740 Bucinella Wiehler (1977) Nom. illegit. ≡ Bucinellina Wiehler (1981); ~ =Columnea L. (1753)［苦苣苔科 Gesneriaceae］●■☆

7741 Bucinellina Wiehler(1981)【汉】布奇苣苔属。【隶属】苦苣苔科 Gesneriaceae。【包含】世界 2 种。【学名诠释与讨论】〈阴〉(人)

Bucinell+-inus, -ina, -inum, 拉丁文加在名词词干之后, 以形成形容词的词尾, 含义为"属于、相似、关于、小的"。此属的学名"Bucinellina H. Wiehler, Selbyana 5:381. 19 Oct 1981"是一个替代名称。"Bucinella H. Wiehler, Selbyana 2:89. 20 Aug 1977"是一个非法名称(Nom. illegit.), 因为此前已经有了化石植物(藻类)的"Bucinella A. Fucini, Palaeontogr. Ital. ser. 2. 1 (App.):82. 1936"。故用"Bucinellina Wiehler(1981)"替代之。"Bucinella (Wiehler) Wiehler (1977) Nom. illegit. ≡ Bucinella Wiehler (1977) Nom. illegit."的命名人引证有误。亦有文献把"Bucinellina Wiehler (1981)"处理为"Columnea L. (1753)"的异名。【分布】哥伦比亚。【模式】Bucinellina nariniana (H. Wiehler) H. Wiehler [Bucinella nariniana H. Wiehler]。【参考异名】Bucinella (Wiehler) Wiehler (1977) Nom. illegit. ; Bucinella Wiehler (1977) Nom. illegit. ; Columnea L. (1753)●☆

7742 Buckinghamia F. Muell. (1868)【汉】象牙弯木属(布根海秘属, 布根海密属)。【英】Buckinghamia。【隶属】山龙眼科 Proteaceae。【包含】世界 1-2 种。【学名诠释与讨论】〈阴〉(人) Richard Grenville, 1823-1889, Buckingham 三世公爵。【分布】澳大利亚(昆士兰)。【模式】Buckinghamia celsissima F. v. Mueller。●☆

7743 Bucklandia R. Br. (1832) Nom. inval., Nom. illegit. = Bucklandia R. Br. ex Griff. (1836) Nom. illegit. = Symingtonia Steenis (1952) Nom. illegit. ; ~ = Exbucklandia R. W. Br. (1946)［金缕梅科 Hamamelidaceae］●

7744 Bucklandia R. Br. ex Griff. (1836) Nom. illegit. ≡ Symingtonia Steenis (1952) Nom. illegit. ; ~ ≡ Exbucklandia R. W. Br. (1946)［金缕梅科 Hamamelidaceae］●

7745 Bucklandiaceae J. Agardh =Hamamelidaceae R. Br. (保留科名; ~ =Hamamelidaceae ●

7746 Buckleya Torr. (1843)(保留属名)【汉】米面翁属。【日】ツクバネ属。【英】Piratebush。【隶属】檀香科 Santalaceae。【包含】世界 4 种, 中国 2 种。【学名诠释与讨论】〈阴〉(人) Samuel Botaford Buckley, 1809-1884, 美国植物学者。此属的学名"Buckleya Torr. in Amer. J. Sci. Arts 45:170. Jun 1843"是保留属名。相应的废弃属名是檀香科 Santalaceae 的"Nestronia Raf., New Fl. 3:12. Jan-Mar 1838 = Buckleya Torr. (1843)(保留属名)"。【分布】美国(南部), 日本, 中国。【模式】Buckleya distichophylla (Nuttall) J. Torrey [Borya distichophylla Nuttall]。【参考异名】Calycopteris Siebold, Nom. illegit. ; Darbya A. Gray (1846); Nestronia Raf. (1838)(废弃属名); Quadriala Siebold et Zucc. (1845)●

7747 Bucknera Michx. (1803) = Buchnera L. (1753)［玄参科 Scrophulariaceae//列当科 Orobanchaceae］■

7748 Buckollia Venter et R. L. Verh. (1994)【汉】热非萝摩属。【隶属】萝摩科 Asclepiadaceae。【包含】世界 2 种。【学名诠释与讨论】〈阴〉词源不详。【分布】热带非洲。【模式】Buckollia volubilis (Schlechter) H. J. T. Venter et R. L. Verhoeven [Raphionacme volubilis Schlechter]☆

7749 Bucquetia DC. (1828)【汉】比凯野牡丹属。【隶属】野牡丹科 Melastomataceae。【包含】世界 3 种。【学名诠释与讨论】〈阴〉(人)Bucquet。【分布】厄瓜多尔, 哥伦比亚(安蒂奥基亚), 热带南美洲西部。【模式】Bucquetia glutinosa (Linnaeus f.) A. P. de Candolle [Rhexia glutinosa Linnaeus f.]●☆

7750 Bucranion Raf. (1840) = Utricularia L. (1753)［狸藻科 Lentibulariaceae］■

7751 Buda Adans. (1763)(废弃属名)= Spergularia (Pers.) J. Presl et C. Presl(1819)(保留属名)［石竹科 Caryophyllaceae］■

7752 Budawangia I. Telford（1992）【汉】杉石南属（澳大利亚石南属）。【隶属】尖苞木科 Epacridaceae//杜鹃花科（欧石南科）Ericaceae。【包含】世界1种。【学名诠释与讨论】〈阴〉词源不详。【分布】澳大利亚。【模式】Budawangia gnidioides（V. S. Summerhayes）I. R. H. Telford［Rupicola gnidioides V. S. Summerhayes］●☆

7753 Buddleiaceae K. Wilh. =Buddlejaceae K. Wilh.（保留科名）●

7754 Buddleja L.（1753）【汉】醉鱼草属（白埔姜属,扬波属）。【日】フジウツギ属,フヂウツギ属。【俄】Буддлейя,Буддлея。【英】Buddleia, Butterfly Bush, Butterflybush, Butterfly-bush, Butter-fly-bush, Summer Lilac, Summer-lilac, Summerlilic。【隶属】醉鱼草科 Buddlejaceae//马钱科（断肠草科,马钱子科）Loganiaceae。【包含】世界90-100种,中国20-100种。【学名诠释与讨论】〈阴〉（人）Reverend Adam Buddle, 1660–1719,英国植物学者。【分布】巴基斯坦,巴拉圭,巴拿马,秘鲁,玻利维亚,厄瓜多尔,哥伦比亚（安蒂奥基亚）,马达加斯加,美国（密苏里）,尼加拉瓜,中国,热带和亚热带,中美洲。【模式】Buddleja americana Linnaeus。【参考异名】Adenoplea Radlk.（1883）; Adenoplusia Radlk.（1883）;Chilianthus Burch.（1822）;Nicodemia Ten.（1833）Nom. inval. ;Nicodemia Ten.（1845）;Romana Vell.（1829）●■

7755 Buddlejaceae Bartl. =Buddleja L.（1753）+Scrophulariaceae Juss.（保留科名）●■

7756 Buddlejaceae K. Wilh.（1910）（保留科名）［亦见 Scrophulariaceae Juss.（保留科名）］【汉】醉鱼草科。【日】フジウツギ科。【英】Butterfly-bush Family。【包含】世界5-10属100-150种,中国1属36种。【分布】热带、亚热带和温带。【科名模式】Buddleja L.●

7757 Buechnera Roth（1821）= Buchnera L.（1753）［玄参科 Scrophulariaceae//列当科 Orobanchaceae］■

7758 Buechnera Wettst.（1891）Nom. illegit. =Buchnera L.（1753）［玄参科 Scrophulariaceae//列当科 Orobanchaceae］■

7759 Buechneria Roth（1821）= Buchnera L.（1753）［玄参科 Scrophulariaceae//列当科 Orobanchaceae］■

7760 Bueckia A. Rich.（1842）= Buekia Nees（1834）; ~ = Neesenbeckia Levyns（1947）［莎草科 Cyperaceae］■☆

7761 Buekia Giseke（1792）（废弃属名）= Alpinia Roxb.（1810）（保留属名）［姜科（蘘荷科）Zingiberaceae//山姜科 Alpiniaceae］■

7762 Buekia Nees（1834）Nom. illegit.（废弃属名）≡ Neesenbeckia Levyns（1947）［莎草科 Cyperaceae］■☆

7763 Buellia Raf. =Ruellia L.（1753）［爵床科 Acanthaceae］■●

7764 Buelowia Schumach.（1827）= Smeathmannia Sol. ex R. Br.（1821）［西番莲科 Passifloraceae］●☆

7765 Buelowia Schumach. et Thonn.（1827）Nom. illegit. ≡ Buelowia Schumach.（1827）; ~ =Smeathmannia Sol. ex R. Br.（1821）［西番莲科 Passifloraceae］●☆

7766 Buena Cav.（1800）= Gonzalagunia Ruiz et Pav.（1794）［茜草科 Rubiaceae］●☆

7767 Buena Pohl（1827）Nom. illegit. ≡Cosmibuena Ruiz et Pav.（1802）（保留属名）［茜草科 Rubiaceae］●☆

7768 Buergeria Miq.（1867）Nom. illegit. = Cladrastis Raf.（1824）; ~ = Maackia Rupr.（1856）［豆科 Fabaceae（Leguminosae）//蝶形花科 Papilionaceae］●

7769 Buergeria Siebold et Zucc.（1845）= Magnolia L.（1753）［木兰科 Magnoliaceae］●

7770 Buergersiochloa Pilg.（1914）【汉】伊里安禾属（伊里安属）。【隶属】禾本科 Poaceae（Gramineae）。【包含】世界1种。【学名诠释与讨论】〈阴〉（人）Buergers+chloe,草的幼芽,嫩草,禾草。【分布】新几内亚岛。【模式】Buergersiochloa bambusoides Pilger■☆

7771 Buesiella C. Schweinf.（1952）【汉】布埃兰属。【隶属】兰科 Orchidaceae。【包含】世界1种。【学名诠释与讨论】〈阴〉（人）C. Bues,他曾在秘鲁采集植物标本。此属的学名是"Buesiella C. Schweinfurth, Bot. Mus. Leafl. 15: 153. 21 Feb 1952"。亦有文献把其处理为"Rusbyella Rolfe ex Rusby（1896）"的异名。【分布】秘鲁。【模式】Buesiella pusilla C. Schweinfurth。【参考异名】Rusbyella Rolfe ex Rusby（1896）■☆

7772 Buettnera J. F. Gmel.（1791）= Byttneria Loefl.（1758）（保留属名）［梧桐科 Sterculiaceae//刺果藤科（利末花科）Byttneriaceae］●

7773 Buettneria Benth.（1861）Nom. illegit. = Byttneria Loefl.（1758）（保留属名）［梧桐科 Sterculiaceae//刺果藤科（利末花科）Byttneriaceae］●

7774 Buettneria Kearney（1894）Nom. illegit. ≡ Butneria Duhamel（1755）（废弃属名）; ~ =Byttneria Loefl.（1758）（保留属名）［梧桐科 Sterculiaceae//刺果藤科（利末花科）Byttneriaceae］●

7775 Buettneria L.（1759）= Byttneria Loefl.（1758）（保留属名）［梧桐科 Sterculiaceae//刺果藤科（利末花科）Byttneriaceae］●

7776 Buettneria Murray（1784）Nom. illegit. ≡ Byttneria Loefl.（1758）（保留属名）［梧桐科 Sterculiaceae//刺果藤科（利末花科）Byttneriaceae］●

7777 Buettneriaceae Barnhart =Calycanthaceae Lindl.（保留科名）●

7778 Buffonea Koch.（1836）= Bufonia L.（1753）［石竹科 Caryophyllaceae］■☆

7779 Buffonia Adans.（1763）Nom. illegit. = Bufonia L.（1753）［石竹科 Caryophyllaceae］■☆

7780 Buffonia Batsch, Nom. illegit. = Bufonia L.（1753）［石竹科 Caryophyllaceae］■☆

7781 Buffonia L.（1753）Nom. illegit. = Bufonia L.（1753）［石竹科 Caryophyllaceae］■☆

7782 Bufonia L.（1753）【汉】蟾蜍草属。【俄】Бюффония。【隶属】石竹科 Caryophyllaceae。【包含】世界20种。【学名诠释与讨论】〈阴〉（希）bufo,所有格 bufonis,蟾蜍。另说是纪念 Georges Louis Leclerq（Leclerc）de Buffon, 1707–1788,法国博物学者。此属的学名,ING 和 TROPICOS 记载是"Bufonia Linnaeus, Sp. Pl. 123. 1 Mai 1753"。IK 则记载为"Bufonia Sauvages, Sp. Pl. 1; 123. 1753 [1 May 1753]"是错误的。三者引用的文献相同。【分布】巴基斯坦,巴勒斯坦,西班牙（加那利群岛）,地中海地区。【模式】Bufonia tenuifolia Linnaeus。【参考异名】Buffonea Adans.（1763）Nom. illegit. ; Buffonea Koch.（1836）; Buffonia Batsch, Nom. illegit. ;Buffonia L.（1753）Nom. illegit. ; Bufonia Sauvages（1753）Nom. illegit. ■☆

7783 Bufonia Sauvages ex L.（1753）≡ Bufonia L.（1753）［石竹科 Caryophyllaceae］■☆

7784 Bufonia Sauvages（1753）Nom. illegit. ≡ Bufonia L.（1753）［石竹科 Caryophyllaceae］■☆

7785 Buforrestia C. B. Clarke（1881）【汉】透鞘花属。【隶属】鸭趾草科 Commelinaceae。【包含】世界3种。【学名诠释与讨论】〈阴〉词源不详。【分布】热带非洲西部,热带南美洲。【后选模式】Buforrestia mannii C. B. Clarke。■☆

7786 Bugenvillea Endl.（1837）= Buginvillaea Comm. ex Juss.（1789）［紫茉莉科 Nyctaginaceae］●

7787 Buginvillaea Comm. ex Juss.（1789）（废弃属名）≡ Bougainvillea Comm. ex Juss.（1789）［as 'Buginvillaea'］（保留属名）［紫茉莉科 Nyctaginaceae//叶子花科 Bougainvilleaceae］●

7788 Buglossa Gray（1821）Nom. illegit. ≡ Lycopsis L.（1753）［紫草科 Boraginaceae］■

7789 Buglossaceae Hoffmanns. et Link（1809）= Boraginaceae Juss.（保留科名）●■

7790 Buglossites Bubani(1897)Nom. illegit. ≡Lycopsis L. (1753)［紫草科 Boraginaceae］■

7791 Buglossites Moris（1845）= Borago L. （1753）［紫草科 Boraginaceae］■☆

7792 Buglossoides I. M. Johnst., Nom. illegit. = Buglossoides Moench (1794)；~ =Lithospermum L. (1753)［紫草科 Boraginaceae］■

7793 Buglossoides Moench(1794)【汉】麦家公属(地仙桃属,拟紫草属)。【英】Buglossoides, Gromwell, Grummel。【隶属】紫草科 Boraginaceae。【包含】世界15种,中国2种。【学名诠释与讨论】〈阴〉(属)Buglossum = Anchusa+oides,来自 o+eides,像,似;或 o+eidos 形,含义为相像。此属的学名,ING、APNI、TROPICOS 和 IK 记载是 " Buglossoides Moench, Methodus Plantas Horti Botanici et Agri Marburgensis 1794"。"Buglossoides I. M. Johnst." 是晚出的非法名称。亦有文献把"Buglossoides Moench(1794)"处理为"Lithospermum L. (1753)"的异名。【分布】巴基斯坦,美国,中国,温带欧亚大陆。【模式】Buglossoides ramosissimum Moench, Nom. illegit. [Lithospermum tenuiflorum Linnaeus f.; Buglossoides tenuiflorum (Linnaeus f.) I. M. Johnston]。【参考异名】Buglossoides I. M. Johnst., Nom. illegit.; Lithospermum L. (1753)■

7794 Buglossum Adans. (1763)Nom. illegit. [紫草科 Boraginaceae]■☆

7795 Buglossum Mill. （1754）= Anchusa L. （1753）［紫草科 Boraginaceae］■

7796 Bugranopsis Pomel (1874) = Ononis L. (1753)［豆科 Fabaceae(Leguminosae)//蝶形花科 Papilionaceae］■●

7797 Buguinvillaea Humb. et Bonpl. (1808) = Bougainvillea Comm. ex Juss. (1789)［as 'Buginvillaea']（保留属名）［紫茉莉科 Nyctaginaceae//叶子花科 Bougainvilleaceae］●

7798 Bugula Mill. (1754) Nom. illegit. ≡ Ajuga L. (1753)［唇形科 Lamiaceae(Labiatae)］■●

7799 Bugula Tourn. ex Mill. (1754)Nom. illegit. ≡Bugula Mill. (1754)Nom. illegit.; ~ ≡ Ajuga L. (1753)［唇形科 Lamiaceae(Labiatae)］■●

7800 Buhsea Bunge (1859) = Buhsia Bunge (1859)［山柑科(白花菜科,醉蝶花科)Capparaceae］●☆

7801 Buhsia Bunge(1859)【汉】布赫山柑属。【隶属】山柑科(白花菜科,醉蝶花科)Capparaceae。【包含】世界1种。【学名诠释与讨论】〈阴〉(人)Buhs。【分布】伊朗。【模式】Buhsia coluteoides (Boissier) Bunge [Cleome coluteoides Boissier]。【参考异名】Buhsea Bunge(1859)●☆

7802 Buinalis Raf. (1838) = Siphonychia Torr. et A. Gray(1838)(保留属名)［石竹科 Caryophyllaceae］■☆

7803 Buiningia Buxb. (1971) = Coleocephalocereus Backeb. (1938)［仙人掌科 Cactaceae］●☆

7804 Bujacia E. Mey. (1836) = Glycine Willd. (1802)(保留属名)［豆科 Fabaceae(Leguminosae)//蝶形花科 Papilionaceae］■

7805 Bukiniczia Lincz. (1971)【汉】裂萼补血草属(阿富汗白花丹属)。【隶属】白花丹科(矾松科,蓝雪科)Plumbaginaceae。【包含】世界1种。【学名诠释与讨论】〈阴〉(人)Bukinicz。此属的学名,ING、TROPICOS 和 IK 记载是"Bukiniczia I. A. Linczevski, Bot. Zurn. (Moscow et Leningrad) 56:1634. Nov 1971"。"Aeoniopsis K. H. Rechinger fil. in K. H. Rechinger fil. et H. Schiman-Czeika in K. H. Rechinger fil., Fl. Iranica 108:24. 20 Apr 1974"是"Bukiniczia Lincz. (1971)"的晚出的同模式异名(Homotypic synonym, Nomenclatural synonym)。【分布】阿富汗。【模式】Bukiniczia cabulica (Boissier) I. A. Linczevski [Statice cabulica Boissier]。【参考异名】Aeoniopsis Rech. f. (1974) Nom.

illegit. ■☆

7806 Bulbedulis Raf. (1837) Nom. illegit. ≡ Quamasia Raf. (1818); ~ = Camassia Lindl. (1832)(保留属名)［风信子科 Hyacinthaceae//百合科 Liliaceae］■☆

7807 Bulbilis Kuntze (1891) Nom. illegit. ≡ Bulbilis Raf. ex Kuntze (1891)［禾本科 Poaceae(Gramineae)］■

7808 Bulbilis Raf. (1819) Nom. inval. ≡ Bulbilis Raf. ex Kuntze (1891); ~ = Buchloë Engelm. (1859)(保留属名)［禾本科 Poaceae(Gramineae)］■

7809 Bulbilis Raf. ex Kuntze(1891) = Buchloë Engelm. (1859)(保留属名)［禾本科 Poaceae(Gramineae)］■

7810 Bulbillaria Zucc. (1843) = Gagea Salisb. (1806)［百合科 Liliaceae］■

7811 Bulbine Gaertn. (1788) Nom. illegit. (废弃属名) = Crinum L. (1753)［石蒜科 Amaryllidaceae］■☆

7812 Bulbine Wolf(1776)(保留属名)【汉】球百合属。【日】ブルビーネ属。【英】Bulbine。【隶属】百合科 Liliaceae//阿福花科 Asphodelaceae。【包含】世界50-60种。【学名诠释与讨论】〈阴〉(希)bulbos,bolbine,bolbus,鳞茎+-inus,-ina,-inum 拉丁文加在名词词干之后,以形成形容词的词尾,含义为"属于、相似、关于、小的"。此属的学名"Bulbine Wolf, Gen. Pl.:84. 1776"是保留属名。法规未列出相应的废弃属名。但是石蒜科 Amaryllidaceae 的"Bulbine Gaertn., Fruct. Sem. Pl. 1:41. 1788 [Dec 1788] = Crinum L. (1753)"应该废弃。【分布】热带和非洲南部。【模式】Bulbine asiatica (Linnaeus) J. Gaertner [Crinum asiatium Linnaeus]。【参考异名】Blephanthera Raf. (1837); Bulbinopsis Borzi(1897); Nemopogon Raf. (1837); Phalangium Kuntze (1891) Nom. illegit.; Phalangium Möhring ex Kuntze(1891) Nom. illegit. ■☆

7813 Bulbinella Kunth(1843)【汉】猫尾花属。【日】ブルビネラ属。【英】Cat's Tail。【隶属】阿福花科 Asphodelaceae。【包含】世界21-22种。【学名诠释与讨论】〈阴〉(属)Bulbine 球百合属+-ellus,-ella,-ellum,加在名词词干后面形成指小式的词尾。或加在人名、属名等后面以组成新属的名称。【分布】新西兰(包括奥克兰群岛),非洲南部。【后选模式】Bulbinella triquetra (Linnaeus f.) Kunth [Anthericum triquetrum Linnaeus f.]。【参考异名】Chrysobactron Hook. f. (1844)■☆

7814 Bulbinopsis Borzi (1897) = Bulbine Wolf(1776)(保留属名)［百合科 Liliaceae//阿福花科 Asphodelaceae］■☆

7815 Bulbisperma Reinw. ex Blume (1823) = Peliosanthes Andréws (1808)［百合科 Liliaceae//铃兰科 Convallariaceae//球子草科 Peliosanthaceae］■

7816 Bulbocapnos Bernh. (1833) Nom. illegit. ≡ Capnites (DC.) Dumort. (1827); ~ = Corydalis DC. (1805)(保留属名)［罂粟科 Papaveraceae//紫堇科(荷包牡丹科)Fumariaceae］■

7817 Bulbocastanum Lag. (1821) Nom. illegit. ≡ Conopodium W. D. J. Koch (1824)(保留属名)［伞形花科(伞形科)Apiaceae (Umbelliferae)］■☆

7818 Bulbocastanum Mill. (1754) Nom. illegit. ≡ Bunium L. (1753)［伞形花科(伞形科)Apiaceae(Umbelliferae)］■☆

7819 Bulbocastanum Schur(1866) Nom. illegit. = Carum L. (1753)［伞形花科(伞形科)Apiaceae(Umbelliferae)］■

7820 Bulbocodiaceae Salisb. (1866)［亦见 Colchicaceae DC. (保留科名)秋水仙科和 Melanthiaceae Batsch ex Borkh. (保留科名)黑药花科(藜芦科)]【汉】春水仙科。【包含】世界1属2种。【分布】欧洲。【科名模式】Bulbocodium L. (1753)■

7821 Bulbocodium Gronov. (1755) Nom. illegit. ≡ Romulea Maratti (1772)(保留属名)［鸢尾科 Iridaceae］■☆

7822　Bulbocodium L.(1753)【汉】春水仙属(欧洲鸢尾属)。【日】ブルボコジューム属。【俄】Брандушка。【英】Crocus, Meadow Saffron, Saffron。【隶属】百合科 Liliaceae//秋水仙科 Colchicaceae//春水仙科 Bulbocodiaceae。【包含】世界 2 种。【学名诠释与讨论】〈中〉(希)bolbos,球茎,球状物,肥厚的+koas,指小式 kodion,羊皮,羊毛+-ius,-ia,-ium,在拉丁文和希腊文中,这些词尾表示性质或状态。指球茎被膜。此属的学名,ING、TROPICOS 和 IK 记载是"Bulbocodium L.,Sp. Pl. 1:294. 1753 [1 May 1753]"。鸢尾科 Iridaceae 的"Bulbocodium Gronov.,Fl. Orient. [Gronovius] 38. 1755 ≡ Romulea Maratti(1772)(保留属名)"和"Bulbocodium Ludw.,Def. pl.(1737)12, ex Kuntze, Rev. Gen.(1891)700 =Romulea Maratti(1772)(保留属名)"是晚出的非法名称。亦有文献把"Bulbocodium L.(1753)"处理为"Colchicum L.(1753)"的异名。【分布】巴基斯坦,欧洲。【后选模式】Bulbocodium vernum Linnaeus。【参考异名】Abandion Adans.(1763)Nom. illegit.;Abandium Adans.(1763)Nom. illegit.;Celsia Boehm.(1760)Nom. illegit.;Colchicum L.(1753);Romulea Maratti(1772)(保留属名)■☆

7823　Bulbocodium Ludw.(1737)Nom. inval. ≡Bulbocodium Ludw. ex Kuntze(1891)Nom. illegit.;~ = Romulea Maratti(1772)(保留属名)[鸢尾科 Iridaceae]■☆

7824　Bulbocodium Ludw. ex Kuntze(1891)Nom. illegit. = Romulea Maratti(1772)(保留属名)[鸢尾科 Iridaceae]■☆

7825　Bulbophyllaria Rchb. f.(1852)= Bulbophyllum Thouars(1822)(保留属名)[兰科 Orchidaceae]■

7826　Bulbophyllaria S. Moore(1877)Nom. inval., Nom. illegit. =Bulbophyllaria Rchb. f.(1852);~ = Bulbophyllum Thouars(1822)(保留属名)[兰科 Orchidaceae]■

7827　Bulbophyllopsis Rchb. f. =Bulbophyllum Thouars(1822)(保留属名)[兰科 Orchidaceae]■

7828　Bulbophyllum Thouars(1822)(保留属名)【汉】石豆兰属(豆兰属,卷瓣兰属)。【日】バルボフィラム属,バルボフィルム属,マメヅタラン属。【俄】Бульбофиллум, Бульбофиллюм。【英】Bulbophyllum, Curlylip‐orchis, Stonebean‐orchis。【隶属】兰科 Orchidaceae。【包含】世界 1000-1900 种,中国 103 种。【学名诠释与讨论】〈中〉(希)bulbos,球茎,球状物,肥厚的+phyllon,叶子。指叶生于假鳞茎的顶端。此属的学名"Bulbophyllum Thouars,Hist. Orchid.,Tabl. Esp.:3. 1822"是保留属名。相应的废弃属名是兰科 Orchidaceae 的"Phyllorkis Thouars in Nouv. Bull. Sci. Soc. Philom. Paris 1:319. Apr 1809 ≡ Bulbophyllum Thouars(1822)(保留属名)"。【分布】巴拉圭,巴拿马,秘鲁,玻利维亚,厄瓜多尔,哥斯达黎加,马达加斯加,中国,尼加拉瓜,南温带,热带,中美洲。【模式】Bulbophyllum nutans Du Petit‐Thouars。"Phyllorchis Thou. in Nouv. Bull. Soc. Philom.(1809)314/9;ex Kuntze. Rev Gen.(1891)675"是"Phyllorkis Thouars(1809)(废弃属名)"的拼写变体,亦应废弃。【参考异名】Adelopetalum Fitzg.(1891);Anisopetalon Hook.(1825);Anisopetalum Hook.(1825)Nom. illegit.;Blepharochilum M. A. Clem. et D. L. Jones(2002);Bolbophyllaria Rchb. f.(1852);Bolbophyllum Spreng.(1826);Bulbophyllaria Rchb. f.(1852);Bulbophyllaria S. Moore(1877)Nom. illegit.;Bulbophyllopsis Rchb. f.;Canacorchis Guillaumin(1964);Carparomorchis M. A. Clem. et D. L. Jones(2002);Cirrhopetalum Lindl.(1830)(保留属名);Clavophylis Thouars;Cochlia Blume(1825);Codonosiphon Schltr.(1913);Coespiphylis Thouars;Commersophylis Thouars;Coniphylis Thouars;Criptophylis Thouars;Curvophylis Thouars;Dactylorhynchus Schltr.(1913);Densophylis Thouars;Didactyle Lindl.(1852);Diphyes Blume

(1825);Ephippium Blume(1825)(废弃属名);Epicranthes Blume(1825);Epicrianthus Blume;Ferruminaria Garay, Hamer et Siegerist;Fruticicola(Schltr.)M. A. Clem. et D. L. Jones(2002);Gersinia Néraud(1826);Gracilophylis Thouars;Hapalochilus(Schltr.)Senghas(1978);Haplochilus Endl.(1841);Hederorkis Thouars(1809);Henosis Hook. f.(1890);Hippoglossum Breda(1829)Nom. illegit.;Hyalosema(Schltr.)Rolfe(1919);Hyalosema Rolfe(1919);Karorchis D. L. Jones et M. A. Clem.(2002);Kaurorchis D. L. Jones et M. A. Clem.;Lemniscoa Hook.;Lepanthanthe(Schltr.)Szlach.(2007);Longiphylis Thouars;Lyraea Lindl.(1830);Macrolepis A. Rich.(1833);Malachadenia Lindl.(1839);Megaclinium Lindl.(1826);Minuphylis Thouars;Monosepalum Schltr.(1913);Nuphylis Thouars;Nuphyllis Thouars, Nom. illegit.;Ocyricera H. Deane(1894);Odontostyles Breda(1828)Nom. illegit.;Odontostylis Breda(1828)Nom. illegit.;Osyricera Blume(1825);Oxysepala Wight(1852);Papulipetalum(Schltr.)M. A. Clem. et D. L. Jones(2002);Pelma Finet(1909);Peltopus(Schltr.)Szlach. et Marg.(2002);Pendlphylis Thouars;Phyllorchis Thouars ex Kuntze(1891)Nom. illegit.(废弃属名);Phyllorchis Thouars(1809)Nom. inval., Nom. illegit.(废弃属名);Phyllorkis Thouars(1809)(废弃属名);Prismophylis Thouars;Pusiphylis Thouars;Rectophylis Thouars;Rhytionanthos Garay, Hamer et Siegerist(1994);Sarcobodium Beer(1854);Scandederis Thouars(1822);Serpenticaulis M. A. Clem. et D. L. Jones(2002);Sestochilos Breda(1827);Sestochilus Post et Kuntze(1903);Stachyanthus Blume(废弃属名);Synarmosepalum Garay, Hamer et Siegerist(1994);Tapeinoglossum Schltr.(1913);Taurostalix Rchb. f.(1852);Tribrachia Lindl.(1824);Tribrachium Benth. et Hook. f.(1883);Variphylis Thouars;Vescisepalum(J. J. Sm.)Garay, Hamer et Siegerist;Xiphizusa Rchb. f.(1852);Zygoglossum Reinw.(1825)(废弃属名)■

7829　Bulbospermum Blume(1827)= Peliosanthes Andréws(1808)[百合科 Liliaceae//铃兰科 Convallariaceae//球子草科 Peliosanthaceae]■

7830　Bulbostylis C. B. Clarke(废弃属名)= Bulbostylis Kunth(1837)(保留属名)[菊科 Asteraceae(Compositae)]■

7831　Bulbostylis DC.(1836)Nom. illegit.(废弃属名)≡Coleosanthus Cass.(1817)(废弃属名);~ = Brickellia Elliott(1823)(保留属名)[菊科 Asteraceae(Compositae)]■●

7832　Bulbostylis Gardner(废弃属名)= Eupatorium L.(1753)[菊科 Asteraceae(Compositae)//泽兰科 Eupatoriaceae]■●

7833　Bulbostylis Kunth(1837)(保留属名)【汉】球柱草属。【隶属】菊科 Asteraceae(Compositae)。【包含】世界种。【学名诠释与讨论】〈阴〉词源不详。此属的学名"Bulbostylis Kunth, Enum. Pl. 2:205. 6 Mai 1837"是保留属名。相应的废弃属名是莎草科 Cyperaceae 的"Bulbostylis Steven, Mém. Soc. Imp. Naturalistes Moscou 5:355. 1817 = Eleocharis R. Br.(1810)"和"Stenophyllus Rafinesque, Neogenyton 4. 1825 ≡Coleosanthus Cass.(1817)(废弃属名)= Scirpus L.(1753)(保留属名)"。菊科 Asteraceae 的"Bulbostylis DC., Prodr. [A. P. de Candolle] 5:138. 1836 [1-10 Oct 1836] ≡Coleosanthus Cass.(1817)(废弃属名)= Brickellia Elliott(1823)(保留属名)"、"Bulbostylis Gardner = Eupatorium L.(1753)"和"Bulbostylis C. B. Clarke = Bulbostylis Kunth(1837)(保留属名)"亦应废弃。【分布】巴基斯坦,巴拿马,秘鲁,玻利维亚,朝鲜,厄瓜多尔,菲律宾,哥伦比亚(安蒂奥基亚),哥斯达黎加,柬埔寨,老挝,马达加斯加,美国(密苏里),尼加拉瓜,日本,泰国,印度,越南,中国,中美洲。【模式】Bulbostylis capillaris(L.)Kunth ex C. B. Clarke [Scirpus capillaris Linnaeus]。【参考

异名】Bulbostylis C. B. Clarke（废弃属名）；Bulbostylis Steven（1817）（废弃属名）；Oncostylis Mart.（1842）Nom. illegit. ■

7834 Bulbostylis Steven（1817）（废弃属名）= Eleocharis R. Br.（1810）［莎草科 Cyperaceae］■

7835 Bulbulus Swallen（1964）Nom. inval. = Rehia Fijten（1975）［禾本科 Poaceae（Gramineae）］■☆

7836 Bulga Kuntze（1891）Nom. illegit. ≡ Ajuga L.（1753）；~ = Bugula Mill.（1754）Nom. illegit. ；~ Ajuga L.（1753）［唇形科 Lamiaceae（Labiatae）］■●

7837 Bulleyia Schltr.（1912）【汉】蜂腰兰属。【隶属】兰科 Orchidaceae。【包含】世界1种，中国1种。【学名诠释与讨论】〈阴〉（人）1861-1942，Arthur Kilpin Bulley，植物爱好者。【分布】中国，东喜马拉雅山。【模式】Bulleyia yunnanensis Schlechter。【参考异名】Hydrophila Ehrh. ex House（1920）Nom. illegit. ；Hydrophila House（1920）Nom. illegit. ■★

7838 Bulliarda DC.（1801）Nom. illegit. = Crassula L.（1753）；~ = Tillaea L.（1753）［景天科 Crassulaceae］●■

7839 Bulliarda Neck. = Annona L.（1753）+Xylopia L.（1759）（保留属名）［番荔枝科 Annonaceae］●

7840 Bullockia（Bridson）Razafim.，Lantz et B. Bremer（2009）= Canthium Lam.（1785）［茜草科 Rubiaceae］●

7841 Bulnesia Gay（1846）【汉】布奈木属（布藜属，南美洲蒺藜木属）。【俄】Бульнезия。【英】Bulnesia。【隶属】蒺藜科 Zygophyllaceae。【包含】世界8-9种。【学名诠释与讨论】〈阴〉（人）Manuel Bulnes，1799-1866，智利政治家。【分布】阿根廷，秘鲁，玻利维亚，哥伦比亚（安蒂奥基亚），委内瑞拉，智利。【模式】Bulnesia chilensis C. Gay。【参考异名】Gonoptera Turcz.（1847）●☆

7842 Bulowia Hook.（1848）= Smeathmannia Sol. ex R. Br.（1821）［西番莲科 Passifloraceae］●☆

7843 Bulwera Post et Kuntze（1903）= Bulweria F. Muell.（1864）［紫葳科 Bignoniaceae］●☆

7844 Bulweria F. Muell.（1864）= Deplanchea Vieill.（1863）［紫葳科 Bignoniaceae］●☆

7845 Bumalda Thunb.（1783）【汉】布马无患子属。【隶属】无患子科 Sapindaceae//省沽油科 Staphyleaceae。【包含】世界1种。【学名诠释与讨论】〈阴〉（人）J. A. Bumalda，意大利人。亦有文献把"Bumalda Thunb.（1783）"处理为"Staphylea L.（1753）"的异名。【分布】日本。【模式】Bumalda trifolia Thunberg。【参考异名】Staphylea L.（1753）●☆

7846 Bumelia Sw.（1788）（保留属名）【汉】刺李山榄属（布玛利木属）。【隶属】山榄科 Sapotaceae//刺李山榄科 Bumeliaceae。【包含】世界25种。【学名诠释与讨论】〈阴〉（希）boumelios，希腊古名。boumelia，一种灰。此属的学名"Bumelia Sw.，Prodr.：3，49. 20 Jun-29 Jul 1788"是保留属名。相应的废弃属名是山榄科 Sapotaceae 的"Robertia Scop.，Intr. Hist. Nat.：154. Jan-Apr 1777 = Bumelia Sw.（1788）（保留属名）"。菊科 Asteraceae 的"Robertia A. Richard ex A. P. de Candolle in Lamarck et A. P. de Candolle，Fl. Franç. ed. 3. 6：453. 8 Oct 1815 = Hypochaeris L.（1753）"和"Robertia DC.，Fl. Franc.［de Candolle et Lamarck］，ed. 3. 6：453. 1815，Nom. illegit. ≡ Robertia Rich. ex DC.（1815）"，毛茛科 Ranunculaceae 的"Robertia Mérat，Nouv. Fl. Env. Paris 211. Jun 1812 ≡ Eranthis Salisb.（1807）（保留属名）"，叶枝杉科 Phyllocladaceae 的"Robertia Rich. ex Carrière，Traité Gén. Conif. 498. 1855，Nom. illegit. ，pro syn. = Phyllocladus Rich. ex Mirb.（1825）（保留属名）"，以及化石植物（藻类）"Robertia Choubert，Bull. Acad. Roy. Sci. Belgique，Cl. Sci. ser. 5. 17：1430. 20 Jan

1932"都应废弃。"Lyciodes O. Kuntze，Rev. Gen. 2：406. 5 Nov 1891"是"Bumelia Sw.（1788）（保留属名）"的晚出的同模式异名（Homotypic synonym，Nomenclatural synonym）。亦有文献把"Bumelia Sw.（1788）（保留属名）"处理为"Sideroxylon L.（1753）"的异名。【分布】巴拉圭，巴拿马，玻利维亚，西印度群岛，中美洲。【模式】Bumelia retusa O. Swartz。【参考异名】Decateles Raf.（1838）；Lyciodes Kuntze（1891）Nom. illegit. ；Prieurella Pierre（1891）；Robertia Scop.（1777）（废弃属名）；Sarcorhyna C. Presl（1845）Nom. illegit. ；Sarcoryna Post et Kuntze（1903）；Sclerocladus Raf.（1838）；Sclerozus Raf.（1840）Nom. illegit. ；Sideroxylon L.（1753）●☆

7847 Bumeliaceae Barnhart（1895）［亦见 Sapotaceae Juss.（保留科名）山榄科］【汉】刺李山榄科。【包含】世界1属25种。【分布】美洲，西印度群岛。【科名模式】Bumelia Sw.●

7848 Bunburia Harv.（1838）= Vincetoxicum Wolf（1776）［萝藦科 Asclepiadaceae］●■

7849 Bunburya Meisn. ex Hochst.（1844）Nom. illegit. ≡ Natalanthe Sond.（1850）；~ = Tricalysia A. Rich. ex DC.（1830）［茜草科 Rubiaceae］●

7850 Bunchosia Kunth（1822）Nom. illegit. ≡ Bunchosia Rich. ex Kunth（1822）［金虎尾科（黄褥花科）Malpighiaceae］●☆

7851 Bunchosia Rich. ex Juss.（1811）Nom. inval. ≡ Bunchosia Rich. ex Kunth（1822）［金虎尾科（黄褥花科）Malpighiaceae］●☆

7852 Bunchosia Rich. ex Kunth（1822）【汉】邦乔木属。【隶属】金虎尾科（黄褥花科）Malpighiaceae。【包含】世界55种。【学名诠释与讨论】〈阴〉（希）bounos，小山，小丘+chostis 一堆。此属的学名，ING 和 GCI 记载是"Bunchosia L. C. Richard ex Kunth in Humboldt，Bonpland et Kunth，Nova Gen. Sp. 5：ed. fol. 118；ed. qu. 153. 25 Feb 1822"。TROPICOS 则记载为"Bunchosia Kunth，Nov. Gen. Sp.（quarto ed.）5：153，1821［1822］"。三者引用的文献相同。"Bunchosia Rich. ex Juss.，Ann. Mus. Natl. Hist. Nat. 18：481. 1811"是一个未合格发表的名称（Nom. inval.），原因是 Juss. 不接受此属名。"Bunchosia Kunth（1822）"的命名人引证有误。【分布】巴拉圭，巴拿马，秘鲁，玻利维亚，厄瓜多尔，哥伦比亚（安蒂奥基亚），哥斯达黎加，尼加拉瓜，西印度群岛，中美洲。【后选模式】Bunchosia glandulosa（Cavanilles）A. P. de Candolle。【参考异名】Bunchosia Kunth（1822）Nom. illegit. ；Bunchosia Rich. ex Juss.（1811）Nom. inval. ；Malacmaea Griseb.（1839）●☆

7853 Bungarimba K. M. Wong（2004）= Porterandia Ridl.（1940）［茜草科 Rubiaceae］●

7854 Bungea C. A. Mey.（1831）【汉】斑沼草属（本格草属）。【俄】Бунга。【隶属】玄参科 Scrophulariaceae。【包含】世界2种。【学名诠释与讨论】〈阴〉（人）A. von Bunge，1813-1866，爱沙尼亚草本植物学者，药学家。1831 年在北京一带采集植物标本。在其《邦奇在中国北部采集的植物名录》（Enumeratio Plantarum Quas in China Boreali Collegit A. Bunge，1835）种记载华北植物 420 种，其中新属 17 个，新种 189 个。【分布】小亚细亚至亚洲中部。【模式】Bungea trifida（K. P. J. Sprengel）C. A. Meyer。■☆

7855 Bunias L.（1753）【汉】匙荠属（班倪属）。【日】テンシンナズナ属。【俄】Свербига，Тапсия，Трава злая。【英】Bunias，Corn Rocket，Rocket，Spooncress，Warty-cabbage。【隶属】十字花科 Brassicaceae（Cruciferae）。【包含】世界3-6种，中国2种。【学名诠释与讨论】〈阳〉（希）bounos，小山，小丘。指某些种生于丘陵+-ias，希腊文词尾，表示关系密切。此属的学名，ING 和 IK 记载是"Bunias L.，Sp. Pl. 2：669. 1753［1 May 1753］"。"Erucago P. Miller，Gard. Dict. Abr. ed. 4. 28 Jan 1754"是"Bunias L.（1753）"的晚出的同模式异名（Homotypic synonym，Nomenclatural synonym)。【分布】巴基斯坦,中国,地中海地区,亚洲。【后选模式】Bunias erucago Linnaeus。【参考异名】Erucago Mill. (1754) Nom. illegit.;Laelia Adans. (1763)(废弃属名)■

7856 Buniella Schischk. (1960) = Bunium L. (1753)［伞形花科(伞形科)Apiaceae(Umbelliferae)］■☆

7857 Bunion St.-Lag. (1880) = Bunium L. (1753)［伞形花科(伞形科)Apiaceae(Umbelliferae)］■☆

7858 Bunioseris Jord. (1903) = Lactuca L. (1753)［菊科 Asteraceae (Compositae)//莴苣科 Lactucaceae］■

7859 Buniotrinia Stapf et Wettst. (1886) = Ferula L. (1753)［伞形花科(伞形科)Apiaceae(Umbelliferae)］■

7860 Buniotrinia Stapf et Wettst. ex Stapf (1886) Nom. illegit. ≡ Buniotrinia Stapf et Wettst. (1886);~ = Ferula L. (1753)［伞形花科(伞形科)Apiaceae(Umbelliferae)］■

7861 Bunium L. (1753)【汉】布留芹属(布尼芹属)。【俄】Буниум, Шишечник, Шишник。【英】Earthnut, Great Pignut, Hawk Nut, Hawknut, Pignut。【隶属】伞形花科 (伞形科) Apiaceae (Umbelliferae)。【包含】世界 45-50 种,中国 1 种。【学名诠释与讨论】〈中〉(希)bounion,植物俗名,含义膨胀。另说 bounos,小山,小丘。此属的学名,ING、TROPICOS 和 IK 记载是"Bunium L., Sp. Pl. 1:243. 1753［1 May 1753］"。伞形花科(伞形科)Apiaceae 的"Bunium W. D. J. Koch, Syn. Fl. Germ. Helv., ed. 2. 315. 1843［19-21 Jun 1843］ = Pimpinella L. (1753)"是晚出的非法名称。"Bulbocastanum P. Miller, Gard. Dict. Abr. ed. 4. 28 Jan 1754"是"Bunium L. (1753)"的晚出的同模式异名(Homotypic synonym, Nomenclatural synonym)。【分布】巴基斯坦,欧洲至亚洲中部。【模式】Bunium bulbocastanum Linnaeus。【参考异名】Bulbocastanum Mill. (1754) Nom. illegit.;Buniella Schischk. (1960);Bunion St.-Lag. (1880);Diaphycarpus Calest. (1905); Wallrothia Spreng. (1815)■☆

7862 Bunium W. D. J. Koch(1843)Nom. illegit. = Pimpinella L. (1753)［伞形花科(伞形科)Apiaceae(Umbelliferae)］■

7863 Bunnya F. Muell. (1865) = Cyanostegia Turcz. (1849)［马鞭草科 Verbenaceae］●☆

7864 Bunochilus D. L. Jones et M. A. Clem. (2002)【汉】丘舌兰属。【隶属】兰科 Orchidaceae。【包含】世界 26 种。【学名诠释与讨论】〈阳〉(希)bounos,小山,小丘。【分布】澳大利亚。【模式】Bunochilus longifolius (R. Br.) D. L. Jones et M. A. Clem.。■☆

7865 Bunophila Willd. (1827) = Machaonia Bonpl. (1806)［茜草科 Rubiaceae］■☆

7866 Bunophila Willd. ex Roem. et Schult. (1827) Nom. illegit. ≡ Bunophila Willd. (1827);~ = Machaonia Bonpl. (1806)［茜草科 Rubiaceae］■☆

7867 Buonapartea G. Don(1839) = Bonapartea Ruiz et Pav. (1802);~ = Tillandsia L. (1753)［凤梨科 Bromeliaceae//花凤梨科 Tillandsiaceae］■☆

7868 Bupariti Duhamel(1760)(废弃属名) ≡ Thespesia Sol. ex Corrêa (1807)(保留属名)［锦葵科 Malvaceae］●

7869 Buphane Herb. (1825)Nom. illegit. = Boophone Herb. (1821)(保留属名)［石蒜科 Amaryllidaceae］■☆

7870 Buphtalmum L. (1753) Nom. illegit. ≡ Buphthalmum L. (1753)［as 'Buphtalmum']［菊科 Asteraceae(Compositae)］■

7871 Buphthalmum L. (1753)［as 'Buphtalmum']【汉】牛眼菊属。【日】タウカセン属,トウカセン属,ブフタルムム属。【俄】Телекия。【英】Oxeye, Ox-eye, Oxeyedaisy, Sunwheel, Yellow Oxeye。【隶属】菊科 Asteraceae(Compositae)。【包含】世界 2-4 种,中国 1 种。【学名诠释与讨论】〈中〉(希)bous,牡牛+

ophthalmos,眼。此属的学名,ING、GCI 和 IK 记载是"Buphthalmum Linnaeus, Sp. Pl. 903('Buphtalmum')in index. 1 Mai 1753";"Buphtalmum L. (1753)"是其拼写变体。"Buphtalmum P. Miller, Gard. Dict. Abr. ed. 4. 28 Jan 1754 = Anthemis L. (1753)［菊科 Asteraceae (Compositae)//春黄菊科 Anthemidaceae］"是晚出的非法名称。"Asteroides P. Miller, Gard. Dict. Abr. ed. 4. 28 Jan 1754"是"Buphthalmum L. (1753)"的晚出的同模式异名 (Homotypic synonym, Nomenclatural synonym)。【分布】马达加斯加,中国,安纳托利亚,欧洲,中美洲。【后选模式】Buphthalmum salicifolium Linnaeus。【参考异名】Asteroides Mill. (1754) Nom. illegit.;Bastia Steud. (1840);Buphtalmum L. (1753) Nom. illegit.;Bupthalmum Neck., Nom. illegit.;Bustia Adans. (1763);Molpadia (Cass.) Cass. (1818);Molpadia Cass. (1818) Nom. illegit.;Protocamusia Gand.;Vieria Webb et Berthel. (1839) Nom. illegit.;Vieria Webb ex Sch. Bip. (1844) Nom. illegit.;Vieria Webb (1839) Nom. inval.;Xerolekia Anderb. (1991)■☆

7872 Bupthalmum Mill. (1754) Nom. illegit. = Anthemis L. (1753)［菊科 Asteraceae(Compositae)//春黄菊科 Anthemidaceae］■

7873 Buplerum Raf., Nom. illegit. = Bupleurum L. (1753)［伞形花科(伞形科)Apiaceae(Umbelliferae)］●■

7874 Bupleuraceae Bercht. et J. Presl(1820) = Apiaceae Lindl. (保留科名)//Umbelliferae Juss. (保留科名)■●

7875 Bupleuraceae Martinov = Apiaceae Lindl. (保留科名)//Umbelliferae Juss. (保留科名);~ = Bupleuraceae Bercht. et J. Presl5 ■

7876 Bupleuroides Moench (1794) Nom. illegit. ≡ Phyllis L. (1753)［茜草科 Rubiaceae］●☆

7877 Bupleurum Ehrh., Nom. illegit. = Bupleurum L. (1753)［伞形花科(伞形科)Apiaceae(Umbelliferae)］●■

7878 Bupleurum L. (1753)【汉】柴胡属。【日】ミシマサイコ属。【俄】Володушка。【英】Hare's Ear, Hare's-ear, Thoroughwax, Thorowax。【隶属】伞形花科(伞形科)Apiaceae(Umbelliferae)。【包含】世界 180-190 种,中国 43 种。【学名诠释与讨论】〈中〉(希)bous,所有格 boos,牛,野牛+pleura = pleuron,肋骨,脉,棱,侧生。指叶形。此属的学名,ING、APNI、GCI、TROPICOS 和 IK 记载是"Bupleurum Linnaeus, Sp. Pl. 236. 1 Mai 1753"。"Buplerum Raf."和"Buplevrum Raf."似为误记。"Diatropa Dumortier, Fl. Belg. 76. 1827"和"Perfolisa Rafinesque, Good Book 54. Jan 1840"是"Bupleurum L. (1753)"的晚出的同模式异名 (Homotypic synonym, Nomenclatural synonym)。【分布】巴基斯坦,哥伦比亚(安蒂奥基亚),美国(密苏里),中国,非洲,欧洲,亚洲,北美洲。【后选模式】Bupleurum rotundifolium Linnaeus。【参考异名】Agostana Bute ex Gray(1821);Agrostana Hill(1763);Buplerum Raf., Nom. illegit.;Bupleurum Ehrh., Nom. illegit.;Buplevrum Raf., Nom. illegit.;Buprestis Spreng. (1813);Diaphyllum Hoffm. (1814);Diatropa Dumort. (1827) Nom. illegit.;Glochidopleurum Koso-Pol. (1913);Isophyllum Hoffm. (1814);Odontea Fourr. (1868);Odontites Spreng. (1812) Nom. illegit.;Orimaria Raf. (1830);Orymaria Meisn. (1838);Perfoliata Dod. ex Fourr. (1868);Perfoliata Fourr. (1868) Nom. illegit.;Perfolisa Raf. (1840) Nom. illegit.;Pteraton Raf. (1840);Tenorea C. Koch, Nom. illegit.;Tenorea K. Koch (1869) Nom. illegit.;Tenoria Spreng. (1813);Tepso Raf. (1840) Nom. illegit.;Trachypleurum Rchb. (1828);Zigara Raf. (1840)●■

7879 Buplevrum Raf., Nom. illegit. = Bupleurum L. (1753)［伞形花科(伞形科)Apiaceae(Umbelliferae)］●■

7880 Buprestis Spreng. (1813) = Bupleurum L. (1753) ［伞形花科（伞形科）Apiaceae(Umbelliferae)］●■

7881 Bupthalmum Neck., Nom. illegit. = Buphthalmum L. (1753) ［as 'Buphtalmum'］［菊科 Asteraceae(Compositae)］■

7882 Buraeavia Baill. (1873)（保留属名）【汉】布拉大戟属。【隶属】大戟科 Euphorbiaceae。【包含】世界 1 种。【学名诠释与讨论】〈阴〉词源不详。此属的学名"Buraeavia Baill. in Adansonia 11：83. 15 Nov 1873"是保留属名。相应的废弃属名是使君子科 Combretaceae的"Bureava Baill. in Adansonia 1：71. 1 Nov 1860 = Combretum Loefl. (1758)（保留属名）"。亦有文献把"Buraeavia Baill. (1873)（保留属名）"处理为"Austrobuxus Miq. (1861)"或"Baloghia Endl. (1833)"的异名。【分布】法属新喀里多尼亚。【模式】Buraeavia carunculata (Baillon) Baillon ［Baloghia carunculata Baillon］。【参考异名】Austrobuxus Miq. (1861)；Baloghia Endl. (1833)；Bureaua Kuntze ●☆

7883 Burasaia Thouars (1806)【汉】马岛啤酒藤属（马岛防己属）。【隶属】防己科 Menispermaceae。【包含】世界 4 种。【学名诠释与讨论】〈阴〉词源不详。"Bourasaia Thouars. (1806) Nom. illegit."是其拼写变体。【分布】马达加斯加。【模式】Burasaia madagascariensis A. P. de Candolle。【参考异名】Bourasaia Thouars. (1806) Nom. illegit.；Bursaia Steud. (1840)●☆

7884 Burbidgea Hook. f. (1879)【汉】大萼姜属。【隶属】姜科（蘘荷科）Zingiberaceae。【包含】世界 5-8 种。【学名诠释与讨论】〈阴〉（人）Burbidge，植物学者。【分布】加里曼丹岛。【模式】Burbidgea nitida J. D. Hooker。■☆

7885 Burbonia Fabr. = Persea Mill. (1754)（保留属名）［樟科 Lauraceae］●

7886 Burcarda Cothen. (1790) Nom. inval. = Burghartia Scop. (1777) Nom. illegit.；= Piriqueta Aubl. (1775)［时钟花科（穗柱榆科，窝籽科，有叶花科）Turneraceae//西番莲科 Passifloraceae］■●☆

7887 Burcarda J. F. Gmel. (1791) Nom. illegit. = Burcardia Schreb. (1789)（废弃属名）= Piriqueta Aubl. (1775)［时钟花科（穗柱榆科,窝籽科,有叶花科）Turneraceae//西番莲科 Passifloraceae］■●☆

7888 Burcardia Duhamel (1755)（废弃属名）≡ Burcardia Heist. ex Duhamel(1755)（废弃属名）；~ ≡ Callicarpa L. (1753)［马鞭草科 Verbenaceae//牡荆科 Viticaceae］●

7889 Burcardia Heist. ex Duhamel(1755)（废弃属名）≡ Callicarpa L. (1753)［马鞭草科 Verbenaceae//牡荆科 Viticaceae］●

7890 Burcardia Neck. ex Raf. (1838)（废弃属名）= Campomanesia Ruiz et Pav. (1794)［桃金娘科 Myrtaceae］●☆

7891 Burcardia Raf. (1838) Nom. illegit.（废弃属名）≡ Burcardia Neck. ex Raf. (1838)（废弃属名）；~ = Campomanesia Ruiz et Pav. (1794)［桃金娘科 Myrtaceae］●☆

7892 Burcardia Schreb. (1789)（废弃属名）= Piriqueta Aubl. (1775)［时钟花科（穗柱榆科,窝籽科,有叶花科）Turneraceae//西番莲科 Passifloraceae］■●☆

7893 Burchardia B. D. Jacks., Nom. illegit.（废弃属名）= Burcardia Duhamel (1755)；~ = Callicarpa L. (1753)［马鞭草科 Verbenaceae//牡荆科 Viticaceae］●

7894 Burchardia Duhamel(1755) Nom. inval.（废弃属名）≡ Burcardia Heist. ex Duhamel(1755)（废弃属名）；~ = Callicarpa L. (1753)［马鞭草科 Verbenaceae//牡荆科 Viticaceae］●

7895 Burchardia Neck. (1790) Nom. inval.（废弃属名）≡ Burchardia Neck. ex Raf. (1838)（废弃属名）；~ = Psidium L. (1753)［桃金娘科 Myrtaceae］●

7896 Burchardia Neck. ex Raf. (1838)（废弃属名）= Psidium L. (1753)［桃金娘科 Myrtaceae］●

7897 Burchardia R. Br. (1810)（保留属名）【汉】球茎草属。【隶属】秋水仙科 Colchicaceae//球茎草科 Burchardiaceae。【包含】世界 3-5 种。【学名诠释与讨论】〈阴〉（人）Johann Heinrich (Johannes Hen-ricus) Burckhard, 1676-1738, 德国植物学者，医生。另说纪念植物学者 Oscar Burchard, 1863-1949。此属的学名"Burchardia R. Br. ,Prodr. :272. 27 Mar 1810"是保留属名。相应的废弃属名是唇形科 Lamiaceae(Labiatae) 的"Burcardia Heist. ex Duhamel, Traité Arbr. Arbust. 1：xxx, 11. 1755 ≡ Callicarpa L. (1753)"。唇形科 Lamiaceae (Labiatae) 的"Burcardia Duhamel, Traité Arbr. Arbust. (Duhamel)i. 111(1755) ≡ Burchardia Duhamel, Traité Arb. Arbust. 1：111, 1755 ≡ Callicarpa L. (1753)"，桃金娘科 Myrtaceae 的"Burcardia Necker ex Rafinesque, Sylva Tell. 106. Oct-Dec 1838 = Campomanesia Ruiz et Pav. (1794)"和"Burchardia Neck. (1790) Nom. inval. ≡ Burchardia Neck. ex Raf. (1838)（废弃属名）"，唇形科 Lamiaceae(Labiatae) 的"Burchardia B. D. Jacks. = Callicarpa L. (1753)"，西番莲科 Passifloraceae 的"Burcardia Schreb. ,Gen. Pl. ,ed. 8 ［a］. 1：206. 1789 ［Apr 1789］ = Piriqueta Aubl. (1775)"亦应废弃。桃金娘科 Myrtaceae 的"Burchardia Neck. ,Elem. Bot. (Necker) 2：76. 1790 ≡ Burchardia Neck. ex Raf. (1838)（废弃属名）"和"Burchardia Neck. ex Raf. (1838)（废弃属名）= Psidium L. (1753)"亦在废弃之列。真菌的"Burcardia Schmidel ex O. Kuntze, Rev. Gen. 2：845. 5 Nov 1891 ('Burckhardia')"也要废弃。"Reya O. Kuntze, Rev. Gen. 2：845. 1891"是"Burchardia R. Br. (1810)（保留属名）"的晚出的同模式异名(Homotypic synonym, Nomenclatural synonym)。【分布】澳大利亚（包括塔斯曼半岛）。【模式】Burchardia umbellata R. Brown。【参考异名】Reya Kuntze(1891) Nom. illegit. ■☆

7898 Burchardiaceae Takht. (1995) ［亦见 Colchicaceae DC. (保留科名)秋水仙科］【汉】球茎草科。【包含】世界 1 属 5 种。【分布】澳大利亚。【科名模式】Burchardia R. Br. ■☆

7899 Burchellia R. Br. (1820)【汉】布切尔木属。【日】ブルケルリア属。【英】Buffalo Wood, South African Pomegranate。【隶属】茜草科 Rubiaceae。【包含】世界 1 种。【学名诠释与讨论】〈阴〉（人）William John Burchell, 1781-1863, 英国植物学者，南美植物收集家。【分布】非洲南部。【模式】Burchellia capensis R. Brown, Nom. illegit. ［Burchellia bubalina (Linnaeus f.) Sims, Cephaëlis bubalina Linnaeus f.］。【参考异名】Bubalina Raf. (1820)●☆

7900 Burckella Pierre (1890)【汉】布克榄属。【隶属】山榄科 Sapotaceae。【包含】世界 14 种。【学名诠释与讨论】〈阴〉（人）William Burck, 1848-1910, 荷兰植物学者+-ellus, -ella, -ellum, 加在名词词干后面形成指小式的词尾。或加在人名、属名等后面以组成新属的名称。【分布】印度尼西亚（马鲁古群岛），新几内亚岛至萨摩亚群岛。【后选模式】Burckella obovata (J. G. A. Forster) Pierre ［Bassia obovata J. G. A. Forster］。【参考异名】Cassidispermum Hemsl. (1892)；Cassidospermum Post et Kuntze (1903)；Chelonospermum Hemsl. (1892)；Schefferella Pierre (1890)●☆

7901 Burdachia Juss. ex Endl. (1840) Nom. illegit. ≡ Burdachia Mart. ex Endl. (1840)［金虎尾科（黄褥花科）Malpighiaceae］●☆

7902 Burdachia Mart. ex A. Juss. (1840) Nom. illegit. ≡ Burdachia Mart. ex Endl. (1840)［金虎尾科（黄褥花科）Malpighiaceae］●☆

7903 Burdachia Mart. ex Endl. (1840)【汉】巴北木属。【隶属】金虎尾科（黄褥花科）Malpighiaceae。【包含】世界 4 种。【学名诠释与讨论】〈阴〉（人）Burdach。此属的学名，ING 和 TROPICOS 记载是"Burdachia C. F. P. Martius ex Endlicher, Gen. 1064. Apr 1840"。IK 则记载为"Burdachia Juss. ex S. L. Endlicher, Gen. Pl.

［Endlicher］1064. 1840［Apr 1840］"和"Burdachia Mart. ex A. Juss.，Ann. Sci. Nat.，Bot. sér. 2,13;329. 1840［May 1840］"。【分布】巴西(北部)，秘鲁。【后选模式】Burdachia prismatocarpa A. H. L. Jussieu。【参考异名】Burdachia Juss. ex Endl.(1840)Nom. illegit.；Burdachia Mart. ex A. Juss.(1840)Nom. illegit.；Carusia Mart. ex Nied.(1896)●☆

7904　Bureaua Kuntze＝Austrobuxus Miq.(1861)；~＝Buraeavia Baill.(1873)(保留属名)［大戟科 Euphorbiaceae］●☆

7905　Bureava Baill.(1860)(废弃属名)＝Combretum Loefl.(1758)(保留属名)［使君子科 Combretaceae］●

7906　Bureavella Pierre(1890)＝Lucuma Molina(1782)；~＝Pouteria Aubl.(1775)［山榄科 Sapotaceae］●

7907　Burgesia F. Muell.(1859)【汉】伯吉斯豆属。【隶属】豆科 Fabaceae(Leguminosae)//蝶形花科 Papilionaceae。【包含】世界 3 种。【学名诠释与讨论】〈阴〉(人)Norman Alan Burges，1911-2002，植物学者。此属的学名是"Burgesia F. v. Mueller，Fragm. 1:222. Dec 1859"。亦有文献把其处理为"Brachysema R. Br.(1811)"的异名。【分布】澳大利亚。【模式】Burgesia homaloclada F. v. Mueller。【参考异名】Brachysema R. Br.(1811)●☆

7908　Burghartia Scop.(1777)Nom. illegit. ≡Piriqueta Aubl.(1775)［时钟花科(穗柱榆科，窝籽科，有叶花科)Turneraceae//西番莲科 Passifloraceae］■●☆

7909　Burglaria Wendl.(1821)Nom. illegit. ≡Burglaria Wendl. ex Steud.(1821)；~＝Ilex L.(1753)［冬青科 Aquifoliaceae］●

7910　Burglaria Wendl. ex Steud.(1821)＝Ilex L.(1753)［冬青科 Aquifoliaceae］●

7911　Burgsdorfia Moench(1794)Nom. illegit. ≡Cunila Mill.(1754)(废弃属名)；~＝Sideritis L.(1753)［唇形科 Lamiaceae(Labiatae)］■●

7912　BurkartiaCrisci(1976)【汉】木垫钝柱菊属。【隶属】菊科 Asteraceae(Compositae)。【包含】世界 1 种。【学名诠释与讨论】〈阴〉(人)Arturo Erhardo(Erardo)Burkart，1906-1975，阿根廷植物学者。【分布】阿根廷。【模式】Burkartia lanigera(W. J. Hooker et Arnott)J. V. Crisci［Perezia lanigera W. J. Hooker et Arnott］●☆

7913　Burkea Benth.(1843)Nom. illegit. ≡Burkea Hook.(1843)［豆科 Fabaceae(Leguminosae)//云实科(苏木科)Caesalpiniaceae］●☆

7914　Burkea Hook.(1843)【汉】伯克豆属(白奇木属，伯克苏木属，布克豆属)。【隶属】豆科 Fabaceae(Leguminosae)//云实科(苏木科)Caesalpiniaceae。【包含】世界 1-2 种。【学名诠释与讨论】〈阴〉(人)，1812-1873，英国植物学者。此属的学名，ING 和 TROPICOS 记载是"Burkea W. J. Hooker，Icon. Pl. ad t. 593-594. Jul 1843"。"Burkea Benth.(1843)"的命名人引证有误。【分布】非洲。【模式】Burkea africana W. J. Hooker。【参考异名】Burkea Benth.(1843)●☆

7915　Burkhardia Benth. et Hook. f.(1867)＝Burghartia Scop.(1777)Nom. illegit.；~＝Piriqueta Aubl.(1775)［时钟花科(穗柱榆科，窝籽科，有叶花科)Turneraceae//西番莲科 Passifloraceae］■●☆

7916　Burkillanthus Swingle(1939)【汉】布尔芸香属。【隶属】芸香科 Rutaceae。【包含】世界 1 种。【学名诠释与讨论】〈阴〉(人)Isaac Henry Burkill，1870-1965，英国植物学者+anthos，花。【分布】印度尼西亚(苏门答腊岛)，马来半岛。【模式】Burkillanthus malaccensis(Ridley)Swingle［Citrus malaccensis Ridley］●☆

7917　Burkillia Ridl.(1925)Nom. illegit. ≡Burkilliodendron Sastry(1969)；~＝Alloburkillia Whitmore(1969)Nom. illegit.［豆科 Fabaceae(Leguminosae)］●☆

7918　Burkilliodendron Sastry(1969)【汉】马来布豆属。【隶属】豆科 Fabaceae(Leguminosae)。【包含】世界 1 种。【学名诠释与讨论】〈中〉(人)Isaac Henry Burkill，1870-1965，英国植物学者+dendron 或 dendros，树木，棍，丛林。此属的学名"Burkilliodendron A. R. K. Sastry，Bull. Bot. Surv. India 10:243. 3 Jan 1969"是一个替代名称。"Burkillia H. N. Ridley，Fl. Malay Penins. 5:304. Aug 1925"是一个非法名称(Nom. illegit.)，因为此前已经有了绿藻的"Burkillia W. West et G. S. West，Ann. Roy. Bot. Gard.(Calcutta)6:228. 25 Feb 1908"。故用"Burkilliodendron Sastry(1969)"替代之。"Alloburkillia T. C. Whitmore，Gard. Bull. Straits Settlem. 24:4. 9 Aug 1969"也是"Burkilliodendron Sastry(1969)"的晚出的同模式异名(Homotypic synonym，Nomenclatural synonym)。【分布】马来半岛。【模式】Burkilliodendron album(H. N. Ridley)A. R. K. Sastry［Burkillia alba H. N. Ridley］。【参考异名】Alloburkillia Whitmore(1969)Nom. illegit.；Burkillia Ridl.(1925)Nom. illegit.●☆

7919　Burlemarxia N. L. Menezes et Semir(1991)【汉】岩地翡若翠属。【隶属】翡若翠科(巴西蒜科，尖叶棱枝草科，尖叶鳞枝科)Velloziaceae。【包含】世界 3 种。【学名诠释与讨论】〈中〉(人)Roberto Burle Marx，1909-1994，巴西植物学者，艺术家。【分布】巴西。【模式】Burlemarxia spiralis(L. B. Sm. et Ayensu)Menezes et Semir。■☆

7920　Burlingtonia Lindl.(1837)＝Rodriguezia Ruiz et Pav.(1794)［兰科 Orchidaceae］■☆

7921　Burmabambus P. C. Keng(1982)【汉】缅竹属。【隶属】禾本科 Poaceae(Gramineae)。【包含】世界 1 种，中国 1 种。【学名诠释与讨论】〈阴〉(地)Burma，缅甸+bambus 竹子。此属的学名是"Burmabambus P. C. Keng，J. Bamboo Res. 1(2):39. Jul 1982"。亦有文献把其处理为"Sinarundinaria Nakai(1935)"或"Yushania P. C. Keng(1957)"的异名。【分布】缅甸，中国。【模式】Burmabambus elegans(S. Kurz)P. C. Keng［Arundinaria elegans S. Kurz］。【参考异名】Sinarundinaria Nakai(1935)；Yushania P. C. Keng(1957)●

7922　Burmannia L.(1753)【汉】水玉簪属。【日】ヒナノシャクジョウ属，ヒナノシャクヂャウ属。【英】Burmannia。【隶属】水玉簪科 Burmanniaceae。【包含】世界 57-63 种，中国 10-14 种。【学名诠释与讨论】〈阴〉(人)Johannes Burmann，1706-1779，荷兰医生，植物学者。【分布】巴拿马，秘鲁，玻利维亚，厄瓜多尔，哥伦比亚(安蒂奥基亚)，哥斯达黎加，马达加斯加，尼加拉瓜，中国，热带和亚热带，中美洲。【后选模式】Burmannia disticha Linnaeus。【参考异名】Cryptonema Turcz.(1848)Nom. illegit.；Cyananthus Miers(废弃属名)；Cyanotis Miers(废弃属名)；Gonianthes Blume(1823)；Gonyanthes Nees(1824)；Maburnia Thouars(1806)；Nephrocoelium Turcz.(1853)；Tetraptera Miers ex Lindl.(1847)Nom. illegit.；Tetraptera Miers(1847)；Tripterella Michx.(1803)Nom. illegit.；Triptorella Ritgen(1831)；Vogelia J. F. Gmel.(1791)■

7923　Burmanniaceae Blume(1827)(保留科名)【汉】水玉簪科。【日】ヒナノシャクジョウ科，ヒナノシャクヂャウ科。【英】Burmannia Family。【包含】世界 16-25 属 148-160 种，中国 2-3 属 13-15 种。【分布】热带和亚热带。【科名模式】Burmannia L.■

7924　Burmeistera H. Karst. et Triana(1854)【汉】南美桔梗属。【隶属】桔梗科 Campanulaceae。【包含】世界 82-100 种。【学名诠释与讨论】〈阴〉(人)Burmeister。此属的学名，ING 和 IK 记载是"Burmeistera H. Karst. et Triana，Nuev. Jen. Esp. 13(1854)"。"Burmeistera Triana(1854)"和"Burmeistera H. Karst. et Triana(1856)"的记载有误。【分布】巴拿马，秘鲁，厄瓜多尔，哥伦比亚(安蒂奥基亚)，热带南美洲，中美洲。【模式】Burmeistera ibaguensis Triana。【参考异名】Burmeistera H. Karst. et Triana (1856) Nom. illegit. ;Burmeistera Triana(1854) Nom. illegit. ●■■☆

7925　Burmeistera H. Karst. et Triana(1856) Nom. illegit. ≡Burmeistera H. Karst. et Triana(1854) [桔梗科 Campanulaceae]●■☆

7926　Burmeistera Triana(1854) Nom. illegit. ≡Burmeistera H. Karst. et Triana(1854) [桔梗科 Campanulaceae]●■☆

7927　Burnatastrum Briq. (1897) = Plectranthus L' Hér. (1788) (保留属名) [唇形科 Lamiaceae(Labiatae)]●■

7928　Burnatia Micheli(1881)【汉】东非泽泻属(柏那特泽泻属,比尔纳泽泻属)。【隶属】泽泻科 Alismataceae。【包含】世界 1-3 种。【学名诠释与讨论】〈阴〉(人) Émile Burnat,1828-1920,植物学者。此名称似应表述为 "Burnatia Micheli ex A. DC. et DC. (1881)"。模式种的表述也有疑点。【分布】热带非洲东部。【模式】Burnatia enneandra M. Micheli。【参考异名】Rautanenia Buchenau(1897)■☆

7929　Burnettia Lindl. (1840)【汉】塔斯马尼亚兰属。【隶属】兰科 Orchidaceae。【包含】世界 1 种。【学名诠释与讨论】〈阴〉(人) Gilbert Thomas Burnett,1800-1835,英国植物学者。【分布】澳大利亚(塔斯马尼亚岛)。【模式】Burnettia cuneata J. Lindley。●☆

7930　Burneya Cham. et Schltdl. (1829) (废弃属名) = Timonius DC. (1830) (保留属名); ~ = Timonius DC. (1830) (保留属名) + Bobea Gaudich. (1830) [茜草科 Rubiaceae]●

7931　Burnsbaloghia Szlach. (1991)【汉】伯恩兰属。【隶属】兰科 Orchidaceae。【包含】世界 1 种。【学名诠释与讨论】〈阴〉(人) Pamela Burns-Balogh, 植物学者。【分布】墨西哥。【模式】Burnsbaloghia diaphana (Lindl.)Szlach. 。●☆

7932　Burragea Donn. Sm. et Rose (1913) = Gongylocarpus Schltdl. et Cham. (1830) [柳叶菜科 Onagraceae]■☆

7933　Burretiodendron Rehder (1936)【汉】柄翅果属。【英】Burretiodendron。【隶属】椴树科(椴科,田麻科)Tiliaceae//锦葵科 Malvaceae。【包含】世界 4-6 种,中国 2 种。【学名诠释与讨论】〈中〉(人) Carl Ewald Max Burret,1883-?,德国植物学者 + dendron 树。该氏首先指出模式种 B. esquirolii 被置于 Pentace 属是一个可疑种,导致后来 A. Rehder 创立本属。【分布】中国,东南亚。【模式】Burretiodendron esquirolii (Léveillé) Rehder [Pentace esquirolii Léveillé]。【参考异名】Excentrodendron Hung T. Chang et R. H. Miao(1978); Parapentace Gagnep. (1943)●

7934　Burretiokentia Pic. Serm. (1955)【汉】裂柄椰属(棱籽椰属,裂柄棕属)。【隶属】棕榈科 Arecaceae(Palmae)。【包含】世界 1-5 种。【学名诠释与讨论】〈阴〉(人) Carl Ewald Max Burret,1883-1964,德国植物学者 + (属) Kentia = Howea 豪爵棕属。此属的学名 "Burretiokentia Pichi Sermolli in Beccari et Pichi Sermolli, Webbia 11;122. 31 Mar 1955" 是一个替代名称。"Rhynchocarpa Beccari, Palm. Nuova Caledonia 37. 10 Dec 1920" 是一个非法名称(Nom. illegit.),因为此前已经有了 "Rhynchocarpa H. A. Schrader ex Endlicher, Gen. 936. Nov 1839 =Kedrostis Medik. (1791) [葫芦科(瓜科,南瓜科) Cucurbitaceae]"。故用 "Burretiokentia Pic. Serm. (1955)" 替代之。【分布】法属新喀里多尼亚。【模式】Burretiokentia vieillardii (A. T. Brongniart et Gris) Pichi Sermolli [Kentia vieillardii A. T. Brongniart et Gris]。【参考异名】Rhynchocarpa Becc. (1920) Nom. illegit. ●☆

7935　Burriela Baill. = Burrielia DC. (1836) [菊科 Asteraceae (Compositae)]■☆

7936　Burrielia DC. (1836) = Lasthenia Cass. (1834) [菊科 Asteraceae (Compositae)]■☆

7937　Burriellia Engl. = Burrielia DC. (1836) [菊科 Asteraceae (Compositae)]■☆

7938　Burroughsia Moldenke(1940) = Lippia L. (1753) [马鞭草科 Verbenaceae]●■☆

7939　Bursa Boehm. (1760) Nom. illegit. ≡Capsella Medik. (1792) (保留属名) [十字花科 Brassicaceae(Cruciferae)]■

7940　Bursa Weber(1780) Nom. illegit. =Capsella Medik. (1792) (保留属名) [十字花科 Brassicaceae(Cruciferae)]■

7941　Bursaia Steud. (1840) Nom. illegit. = Burasaia Thouars (1806) [防己科 Menispermaceae]●☆

7942　Bursapastoris Quer(废弃属名) = Capsella Medik. (1792) (保留属名) [十字花科 Brassicaceae(Cruciferae)]■

7943　Bursa-pastoris Ruppius (1745) Nom. inval. (废弃属名) = Capsella Medik. (1792) (保留属名) [十字花科 Brassicaceae (Cruciferae)]■

7944　Bursa-pastoris Ség. (1754) (废弃属名) ≡Capsella Medik. (1792) (保留属名) [十字花科 Brassicaceae(Cruciferae)]■

7945　Bursa-pastoris Suppi (1754) (废弃属名) = Capsella Medik. (1792) (保留属名) [十字花科 Brassicaceae(Cruciferae)]■

7946　Bursaria Cav. (1797)【汉】少子果属(囊花属)。【俄】Бурскария。【英】Bursaria。【隶属】海桐花科(海桐科) Pittosporaceae。【包含】世界 3-6 种。【学名诠释与讨论】〈阴〉(人) Joachim Burser,1583-1639,德国人。另说意大利植物学者。或说 "希"bursa,兽皮,变为 "现拉"bursa,皮袋,"现拉"bursarius,司库人。【分布】澳大利亚。【模式】Bursaria spinosa Cavanilles。●☆

7947　Bursariaceae Kunth = Pittosporaceae R. Br. (保留科名)●

7948　Bursera Jacq. ex L. (1762) (保留属名)【汉】裂榄属(伯氏胶属)。【俄】Бурзера, Бурсера。【英】American Elemi, Bursera, Linaloa Oil, Linaloe。【隶属】橄榄科 Burseraceae。【包含】世界 50-80 种。【学名诠释与讨论】〈阴〉(人) Joachim Burser,1583-1639,意大利植物学者。另说德国人。此属的学名 "Bursera Jacq. ex L. , Sp. Pl. ,ed. 2;471. Sep 1762" 是保留属名。相应的废弃属名是橄榄科 Burseraceae 的 "Elaphrium Jacq. , Enum. Syst. Pl. ;3,19. Aug-Sep 1760 = Bursera Jacq. ex L. (1762) (保留属名)"。"Bursera L. (1762) ≡Bursera Jacq. ex L. (1762) (保留属名)" 亦应废弃。"Icicariba M. Gomez de la Maza, Fl. Haban. 214. 1897"、"Simaruba Boehmer in Ludwig, Def. Gen. ed. Boehmer 513. 1760" 和 "Terebinthus P. Browne, Civ. Nat. Hist. Jamaica 345. 10 Mar 1756(non P. Miller 1754)" 是 "Bursera Jacq. ex L. (1762) (保留属名)" 的同模式异名(Homotypic synonym, Nomenclatural synonym)。"J. C. Willis. A Dictionary of the Flowering Plants and Ferns (Student Edition). 1985. Cambridge. Cambridge University Press. 1-1245"记载 "Busseria Cramer(1803) Nom. illegit. =Bursera Jacq. ex L. (1762)"似有误。【分布】巴基斯坦,巴拿马,秘鲁,玻利维亚,厄瓜多尔,哥伦比亚(安蒂奥基亚),尼加拉瓜,中美洲。【模式】Bursera gummifera Linnaeus, Nom. illegit. [Pistacia simaruba Linnaeus; Bursera simaruba (Linnaeus) Sargent]。【参考异名】Bursera L. (1762) Nom. illegit. (废弃属名); Burseria Jacq. (1763); Elaphrium Jacq. (1760) (废弃属名); Evrardia Adans. (1763) Nom. illegit. ; Icicariba M. Gómez (1914) Nom. illegit. ; Russeria H. Buek(1858); Simaruba Boehm. (1760) (废弃属名); Terebinthus P. Browne(1756) Nom. illegit. ●☆

7949　Bursera L. (1762) Nom. illegit. (废弃属名) ≡Bursera Jacq. ex L. (1762) (保留属名) [橄榄科 Burseraceae]●☆

7950　Burseraceae Kunth(1824) (保留科名)【汉】橄榄科。【日】カンラン科。【俄】Бурзеровые, Бурсеровые。【英】Bursera Family, Thochwood Family。【包含】世界 16-18 属 540-600 种,中国 5 属 18 种。【分布】热带。【科名模式】Bursera Jacq. ex L. (1762) (保留属名)●

7951　Burseranthe Rizzini（1974）【汉】东巴楝属。【隶属】楝科 Meliaceae。【包含】世界 1 种。【学名诠释与讨论】〈阴〉（人）Joachim Burser, 1583 – 1639, 意大利植物学者 + anthos, 花。antheros, 多花的。antheo, 开花。【分布】巴西（东部）。【模式】Burseranthe pinnata C. T. Rizzini。●☆

7952　Burseria Jacq.（1763）Nom. illegit. = Bursera Jacq. ex L.（1762）（保留属名）［橄榄科 Burseraceae］●☆

7953　Burseria Loefl.（1758）= Verbena L.（1753）［马鞭草科 Verbenaceae］■●

7954　Burshia Raf.（1808）= Myriophyllum L.（1753）［小二仙草科 Haloragaceae//狐尾藻科 Myriophyllaceae］■

7955　Bursinopetalum Wight（1847）= Mastixia Blume（1826）［山茱萸科 Cornaceae//单室茱萸科（马蹄参科）Mastixiaceae］●

7956　Burtinia Buc'hoz = Magnolia L.（1753）［木兰科 Magnoliaceae］●

7957　Burtonia R. Br.（1811）（保留属名）【汉】澳大利亚水龙骨豆属。【隶属】豆科 Fabaceae（Leguminosae）。【包含】世界 13 种。【学名诠释与讨论】〈阴〉（人）Burton, ? -1792, 邱园植物学者。此属的学名"Burtonia R. Br. in Aiton, Hort. Kew. , ed. 2, 3: 12. Oct-Nov 1811"是保留属名。相应的废弃属名是五桠果科 Dilleniaceae 的"Burtonia Salisb. , Parad. Lond. : ad t. 73. 1 Jun 1807 = Hibbertia Andréws（1800）"。ING 记载的"Burtonia R. Brown ex W. T. Aiton, Hortus Kew. ed. 2. 3: 12. Oct-Nov 1811（nom. cons.）"命名人引证有误，更不是保留属名，也应废弃。"Burtinia Buc'hoz"似拼写有误。亦有文献把"Burtonia R. Br.（1811）（保留属名）"处理为"Gompholobium Sm.（1798）"的异名。【分布】澳大利亚。【模式】Burtonia scabra（Smith）R. Brown ［Gompholobium scabrum Sm.］。【参考异名】Burtonia R. Br. ex Aiton（1811）Nom. illegit.（废弃属名）; Gompholobium Sm.（1798）; Weihea Rchb.（1828）Nom. illegit. ●☆

7958　Burtonia R. Br. ex Aiton（1811）Nom. illegit.（废弃属名）≡ Burtonia R. Br.（1811）（保留属名）［豆科 Fabaceae（Leguminosae）］●☆

7959　Burtonia Salisb.（1807）（废弃属名）= Hibbertia Andréws（1800）［五桠果科（第伦桃科，五丫果科，锡叶藤科）Dilleniaceae//纽扣花科 Hibbertiaceae］●☆

7960　Burttdavya Hoyle（1936）【汉】布尔茜属。【隶属】茜草科 Rubiaceae。【包含】世界 1 种。【学名诠释与讨论】〈阴〉（人）Joseph Burtt Davy, 1870–1940, 英国植物学者。【分布】热带非洲东部。【模式】Burttdavya nyasica Hoyle。☆

7961　Burttia Baker f. et Exell（1931）【汉】伯特藤属。【隶属】牛栓藤科 Connaraceae。【包含】世界 1 种。【学名诠释与讨论】〈阴〉（人）Brian Laurence（'Bill'）] Burtt, 1913–, 俄罗斯植物学者。另说 Bernard Dearman Burtt, 1902–1938, 英国植物学者。【分布】热带非洲东部。【模式】Burttia prunoides E. G. Baker et Exell。●☆

7962　Busbeckea Endl.（1833）Nom. illegit. = Capparis L.（1753）［山柑科（白花菜科，醉蝶花科）Capparaceae］●

7963　Busbeckea Mart.（1829）= Salpichroa Miers（1845）［茄科 Solanaceae］●☆

7964　Busbeckia Hecart（1808）= Syringa L.（1753）［木犀榄科（木犀科）Oleaceae//丁香科 Syringaceae］●

7965　Busbeckia Rchb.（1841）Nom. illegit. = Busbeckea Endl.（1833）Nom. illegit. ; ~ = Capparis L.（1753）［天南星科 Araceae］●

7966　Busbequia Salisb.（1866）= Hyacinthus L.（1753）［百合科 Liliaceae//风信子科 Hyacinthaceae］■☆

7967　Buschia Ovcz.（1940）【汉】布施毛茛属。【俄】Бушия。【隶属】毛茛科 Ranunculaceae。【包含】世界 2 种。【学名诠释与讨论】〈阴〉（人）Nicolai Adolfowitsch（Nikolaj Adolfovich）Busch, 1869-

1941, 俄罗斯植物学者。此属的学名是"Buschia P. N. Ovczinnikov, Bot. Zhurn. SSSR 25: 338. 26-31 Oct 1940"。亦有文献把其处理为"Ranunculus L.（1753）"的异名。【分布】地中海西部和欧洲东部至亚洲中部。【模式】Buschia laterifolia（A. P. de Candolle）P. N. Ovczinnikov ［Ranunculus laterifolius A. P. de Candolle］。【参考异名】Ranunculus L.（1753）■☆

7968　Busea Miq.（1856）Nom. illegit. ≡ Cyrtandromoea Zoll.（1855）［玄参科 Scrophulariaceae］■

7969　Buseria T. Durand（1888）= Coffea L.（1753）［茜草科 Rubiaceae//咖啡科 Coffeaceae］●

7970　Bushiola Nieuwl.（1915）Nom. illegit. ≡ Kochia Roth（1801）［藜科 Chenopodiaceae］●■

7971　Busipho Salisb.（1866）= Aloe L.（1753）［百合科 Liliaceae//阿福花科 Asphodelaceae//芦荟科 Aloaceae］●■

7972　Bussea Harms（1902）【汉】布瑟苏木属（奥契瑟苏木属，巴瑟苏木属）。【隶属】豆科 Fabaceae（Leguminosae）。【包含】世界 4-6 种。【学名诠释与讨论】〈阴〉（人）Walter Carl Otto Busse, 1865-1933, 德国植物学者。【分布】马达加斯加，热带非洲。【模式】Bussea massaiensis（Taubert）Harms ［Peltophorum massaiense Taubert］。●☆

7973　Busseria Cramer（1803）Nom. illegit. ≡ Priva Adans.（1763）［马鞭草科 Verbenaceae］■☆

7974　Busseuillia Lesson（1837）= Eriocaulon L.（1753）［谷精草科 Eriocaulaceae］■

7975　Bustamenta Alaman ex DC.（1836）= Eupatorium L.（1753）［菊科 Asteraceae（Compositae）//泽兰科 Eupatoriaceae］■●

7976　Bustelina B. D. Jacks.（1885）= Bustelma E. Fourn.（1885）［萝藦科 Asclepiadaceae］●■

7977　Bustelma E. Fourn.（1885）= Oxystelma R. Br.（1810）［萝藦科 Asclepiadaceae］●■

7978　Bustia Adans.（1763）= Buphthalmum L.（1753）［as 'Buphtalmum'］［菊科 Asteraceae（Compositae）］■

7979　Bustillosia Clos（1848）= Asteriscium Cham. et Schltdl.（1826）［伞形花科（伞形科）Apiaceae（Umbelliferae）］■☆

7980　Butania P. C. Keng（1982）= Arundinaria Michx.（1803）; ~ = Sinarundinaria Nakai（1935）; ~ = Yushania P. C. Keng（1957）［禾本科 Poaceae（Gramineae）//青篱竹科 Arundinariaceae］●

7981　ButayeaDe Wild.（1903）= Sclerochiton Harv.（1842）［爵床科 Acanthaceae］●☆

7982　Butea K. König et Blatt.（1929）descr. emend.（废弃属名）= Butea Roxb. ex Willd.（1802）（保留属名）［豆科 Fabaceae（Leguminosae）//蝶形花科 Papilionaceae］●

7983　Butea K. König ex Roxb.（1795）Nom. inval. , Nom. nud.（废弃属名）≡ Butea Roxb. ex Willd.（1802）（保留属名）［豆科 Fabaceae（Leguminosae）//蝶形花科 Papilionaceae］●

7984　Butea Roxb.（1795）Nom. inval. , Nom. nud.（废弃属名）≡ Butea K. König ex Roxb.（1795）（废弃属名）; ~ ≡ Butea Roxb. ex Willd.（1802）（保留属名）［豆科 Fabaceae（Leguminosae）//蝶形花科 Papilionaceae］●

7985　Butea Roxb. ex Willd.（1802）（保留属名）【汉】紫铆树属（紫矿属，紫矿树属，紫铆属）。【俄】Бугеа。【英】Butea。【隶属】豆科 Fabaceae（Leguminosae）//蝶形花科 Papilionaceae。【包含】世界 2-6 种,中国 2 种。【学名诠释与讨论】〈阴〉（人），1713-1792, Bute 三世伯爵，英国植物学爱好者和赞助人。此属的学名"Butea Roxb. ex Willd. , Sp. Pl. 3: 857,917. 1-10 Nov 1802"是保留属名。相应的废弃属名是豆科 Fabaceae 的"Plaso Adans. , Fam. Pl. 2: 325,592. Jul-Aug 1763 ≡ Butea Roxb. ex Willd.（1802）（保